Technologie der Fette und Öle.

Handbuch der Gewinnung und Verarbeitung der Fette, Öle und Wachsarten des Pflanzen- und Tierreichs.

Unter Mitwirkung von

G. Lutz-Augsburg, **O. Heller**-Berlin, **Felix Kaßler**-Galatz und anderen Fachmännern

herausgegeben

von

Gustav Hefter,

Direktor der Aktiengesellschaft zur Fabrikation vegetabilischer Öle in Triest.

Erster Band.

Gewinnung der Fette und Öle.

Allgemeiner Teil.

Mit 846 Textfiguren und 10 Tafeln.

Manuldruck 1921.

Springer-Verlag Berlin Heidelberg GmbH 1906

Additional material to this book can be downloaded from http://extras.springer.com

ISBN 978-3-662-42707-1 ISBN 978-3-662-42984-6 (eBook)
DOI 10.1007/978-3-662-42984-6
Softcover reprint of the hardcover 1st edition 1906

Manuldruck von F. Ullmann G. m. b. H., Zwickau Sa.

Herrn

Arthur Ritter von Miller zu Aichholz

zugeeignet

vom Verfasser.

Vorwort.

Die in den letzten zwei Jahrzehnten in ungeahnter Weise ausgestaltete *Fettanalyse* war während dieser Zeit mehrfach Gegenstand zusammenfassender literarischer Bearbeitung. Die *Technologie* der Fette und Öle, welche durch die Forschungen auf analytischem und theoretischem Gebiete vielseitige Anregung erfahren hat und gleichfalls in raschem Tempo vorwärts geschritten ist, weist dagegen in ihrer Literatur nur wenige, einzelne Spezialzweige der Fettindustrie behandelnde Monographien auf, während es an einem das gesamte, vielverzweigte Industriegebiet der Fette und Öle in erschöpfender und moderner Weise behandelnden technologischen Buche fehlt. Diesem offenkundigen Mangel soll das vorliegende Werk abhelfen.

Der vielumspannende Stoff ist dabei auf *vier Bände* verteilt worden, von welchen der erste über die *Gewinnungsmethoden* der Öle, Fette und Wachse handelt, der zweite *Einzelbesprechungen* der verschiedenen Fettspezies bringt, während der dritte und der vierte Band der *Weiterverarbeitung* der Fette gewidmet sind. Alles analytische Beiwerk wurde beiseite gelassen, da wir bereits vortreffliche Bücher über die Untersuchung der Fettkörper besitzen. Ein kurzer Abriß der *allgemeinen Chemie der Fette* erschien dagegen als Einleitung unentbehrlich; ich bemühte mich in den betreffenden Kapiteln den Standpunkt des Technologen beizubehalten und speziell die Eigenschaften und das Verhalten der Öle und Fette aus dieser Perspektive zu betrachten.

Ist mein Werk in erster Linie auch als *Hand- und Nachschlagebuch* gedacht, so war ich doch bestrebt, durch streng methodische Stoffbehandlung dem Buche auch eine Brauchbarkeit für das *Studium* der Fettindustrie, also als Leitfaden für den in die Praxis einzuführenden jungen Techniker zu sichern. Dabei hoffe ich, dem erfahrenen Praktiker und Industriellen durch Einbeziehung einiger bei uns wenig oder gar nicht gekannter fremdländischer Fabrikationsweisen, durch Vorführung vieler Apparatkonstruktionen, wie sie bisher nur in Amerika, Frankreich und England zu finden waren, sowie durch ausgiebige Berücksichtigung der in- und ausländischen Patentliteratur *Neues* und *Anregendes* zu bieten.

Den Neben- und Abfallprodukten der verschiedenen Zweige der Fettindustrie ließ ich eine sorgfältige Behandlung angedeihen; es erschien mir das um so mehr geboten, als gerade in dieser Hinsicht die älteren technologischen Arbeiten vieles, wenn nicht alles zu wünschen übrig lassen. Das wirtschaftliche Moment, welches hier übrigens auch mitspricht, wurde überall stark betont, und die Bände 2, 3 und 4 bringen viele graphische Darstellungen über die Produktionsverhältnisse und Preisbewegungen der wichtigsten Fettprodukte sowie wichtige Handels- und Zolldaten. Das immer notwendiger werdende Vertrautsein des Technikers mit den wirtschaftlichen Fragen der ihm nahestehenden Industrien läßt erwarten, daß diesen Teilen meines Werkes nicht nur in Kaufmannskreisen Aufmerksamkeit geschenkt werden wird.

Zur Bewältigung der mir gestellten Aufgaben reichte mein durch Jahrzehnte gesammeltes Erfahrungsmaterial nicht immer aus; es gelang mir aber, einen auserlesenen Stab von Mitarbeitern, welche durchwegs praktisch tätig sind oder doch einen innigen und steten Verkehr mit der Öl- und Fettindustrie unterhalten, zu gewinnen. Um die bekannten Fehler und Mängel der meisten durch Zusammenarbeit mehrerer Fachleute zustande gekommenen Werke zu vermeiden und nicht eine zusammenhanglose Serie von Monographien zu bieten, welche Wiederholungen, vielleicht gar Widersprüche in sich tragen, behielt ich mir die endgültige Textfassung des ganzen Werkes vor.

Durch umfassende Quellenangaben suchte ich dem Leser das Nachschlagen der Originalarbeiten zu erleichtern, durch Beigabe eines ausführlichen Sach- und Namenregisters sowie durch Beidruck von Marginalien die Brauchbarkeit des Werkes als Nachschlagebuch zu erhöhen.

Jene Kapitel, in welchen meine Mitarbeiter zu Worte kommen, sind im Vorworte jedes einzelnen Bandes speziell angeführt. Der erste Band ist von mir allein bearbeitet, doch schulde ich den Herren Ing.-Chem. Jos. Merz in Brünn und Dr. Kasimir Wurster in Berlin, sowie den Firmen Bushnell Press Co. in Thompsonville, Braunschweigische Maschinenbauanstalt in Braunschweig, Brecht B. S. Co. in St. Louis, Brinck und Hübner in Mannheim, The Buckey Iron and Brass Works in Dayton, A. L. G. Dehne in Haale a. S., Göhrich und Leuchs, A.-G. in Darmstadt, Grusonwerke in Magdeburg, C. Haubold jun. in Chemnitz, Karl Hesselbach in Kitzingen, Jeffrey Manufacturing Co. in Columbus (Ohio), G. und B. Koebers Eisen- und Bronzewerke in Harburg a. Elbe, Aktiengesellschaft Körting in Körtingsdorf bei Hannover, F. H. Meyer in Hannover-Hainholz, Fritz Müller in Eßlingen, The Plant Iron Works Co. in Dayton, Aug. Reuschel in Schlotheim, H. C. Sommer in Darmstadt, Fürstl. Stollbergsche Maschinenfabrik in Magdeburg, Amandus Strenge in Hamburg, Thomas Allbright Co. in Goshen, Venuleth und Ellenberger in Darmstadt und anderen für den mir geliehenen Rat und die verschiedenartige Unterstützung meinen Dank, den ich auch an dieser Stelle zum Ausdruck bringen möchte.

Daß trotz der aufgewendeten Mühe für eine übersichtliche Anordnung, kritische Sichtung und Beleuchtung des Stoffes, trotz der Reichhaltigkeit an Illustrationen meine Technologie die Schule der Erfahrung niemals ersetzen kann, ist mir klar; auch wird es an Unvollkommenheiten und Mängeln in meinem Werke gewiß nicht fehlen. Wenn der gewagte Versuch der Schaffung einer brauchbaren modernen Technologie der Fette und Öle bei etwaigen Neuauflagen dem angestrebten, aber heute noch weit entfernten Ideale nähergebracht werden soll, bedarf es der freundlichen Mithilfe aller Fachgenossen, und ich lasse an diese die höfliche Bitte ergehen, mir Verbesserungsvorschläge, Berichtigungen, Sonderabdrucke von Spezialarbeiten, Patentschriften, Konstruktionszeichnungen neuer Maschinen und Apparate, statistisches Material usw. zukommen zu lassen. Für eine solche Unterstützung sage ich im voraus herzlichen Dank.

Einige während der Drucklegung dieses Bandes bekannt gewordene Neuerungen in der Gewinnung der Öle und Fette werden am Schlusse unter „Nachträge und Berichtigungen" kurz erwähnt; die Mehrzahl dieser Neuerungen wird übrigens im 2. Bande gelegentlich der Sonderbesprechung der einzelnen Öle und Fette eingehendere Berücksichtigung finden.

Triest, im August 1906.

Riva Grumula 18.

Gustav Hefter.

Inhaltsverzeichnis.

Erstes Kapitel.

Allgemeines; Vorkommen, Bildung und Zweck der natürlichen Öle, Fette und Wachse.

Seite

Einteilung der Öle, Fette und Wachse 1

Vorkommen der Öle, Fette und Wachse 4

Pflanzenöle und Pflanzenfette 4. Pflanzenwachse 16. Tierfette 18. Animalische Wachse 22.

Bildung der Öle, Fette und Wachse 22

Entstehung des Fettes in der Pflanzenzelle 23. Bildung von Pflanzenwachs 24. Fettbildung im Tierkörper 24. Wachsbildung im Tierkörper 29.

Zweck des Fettes in der Pflanzen- und Tierwelt 29

Zweites Kapitel.

Die Bestandteile der Öle, Fette und Wachsarten.

Allgemeine Übersicht 30

A) Fettsäuren.

Allgemeine Eigenschaften 34

Spezifisches Gewicht 34. Schmelz- und Erstarrungspunkt 35. Siedepunkt 35. Löslichkeit 36. Lichtbrechungsvermögen 36. Verhalten gegen Reagenzien 36.

1. Säuren von der Zusammensetzung $C_nH_{2n}O_2$ 40

Essigsäure 40. Buttersäure 40. Isovaleriansäure 41. Kapronsäure 41. Kaprylsäure 41. Kaprinsäure 42. Laurinsäure 42. Ficocerylsäure 43. Myristinsäure 43. Isocetsäure 43. Palmitinsäure 43. Daturinsäure 44. Stearinsäure 44. Arachinsäure 45. Behensäure 45. Lignocerinsäure 45. Carnaubasäure 46. Pisangcerylsäure 46. Hyänasäure 46. Cerotinsäure 46. Melissinsäure 47. Psyllostearylsäure 47.

Seite
2. Säuren von der Zusammensetzung $C_nH_{2n-2}O_2$ 47
Tiglinsäure 47. Hexylsäure 47. Säuren $C_{12}H_{22}O_2$ und $C_{14}H_{26}O_2$ 47. Hypogäasäure 47. Physetölsäure 48. Lycopodiumsäure 48. Asselinsäure 48. Ölsäure 48. Isoölsäure 51. Rapinsäure 52. Döglinsäure 52. Jecolinsäure 52. Erucasäure 52. Brassidinsäure 53. Isoerucasäure 53.
3. Säuren von der Zusammensetzung $C_nH_{2n-4}O_2$ 53
Linolsäure 55. Taririnsäure 54. Hirseölsäure 54. Telfairasäure 54. Eläomargarinsäure 54.
4. Säuren von der Zusammensetzung $C_nH_{2n-6}O_2$ 55
Linolensäure 53. Isolinolensäure 55. Jecorinsäure 55.
5. Säuren von der Zusammensetzung $C_nH_{2n-8}O_2$ 55
Isansäure 55. Therapinsäure 56. Säuren $C_{20}H_{32}O_2$ und $C_{24}H_{40}O_2$ 56.
6. Säuren von der Zusammensetzung $C_nH_{2n-2}O_3$ 56
Lanopalminsäure 56. Säure $C_{21}H_{42}O_3$ 56. Coccerinsäure 56.
7. Säuren von der Zusammensetzung $C_nH_{2n-2}O_3$ 57
Säure $C_{16}H_{30}O_3$ 57. Rizinolsäure 57. Isorizinolsäure 57. Rizinelaidinsäure 58. Rizinsäure 58. Quittenölsäure 58.
8. Säuren von der Zusammensetzung $C_nH_{2n}O_4$ 58
Dioxystearinsäure 58. Lanocerinsäure 58.
9. Säuren von der Zusammensetzung $C_nH_{2n-2}O_4$ 59
Japansäure 59. Diverse Oxysäuren 60.

B) Alkohole.

Allgemeine Eigenschaften 60
1. Alkohole von der Zusammensetzung $C_nH_{2n+2}O$ 61
Hexylalkohol 61. Octylalkohol 61. Pisangcerylalkohol 61. Cetylalkohol 61. Octodecylalkohol 62. Carnaubylalkohol 62. Alkohole $C_{24}H_{50}O$ und $C_{25}H_{52}O$ 62. Cerylalkohol 62. Isocerylalkohol 63. Myricylalkohol 63. Psyllostearylalkohol 63.
2. Alkohole von der Zusammensetzung $C_nH_{2n}O$ 63
Lanolinalkohol 63. Alkohole $C_{15}H_{30}O$ und $C_{36}H_{72}O$ 64.
3. Alkohole von der Zusammensetzung $C_nH_{2n-6}O$ 64
Ficocerylalkohol 64.
4. Alkohole von der Zusammensetzung $C_nH_{2n+2}O_2$ 64
Alkohol $C_{25}H_{52}O_2$ 64. Coccerylalkohol 64.
5. Alkohole von der Zusammensetzung $C_nH_{2n+2}O_3$ 64
Glyzerin 64.
6. Alkohole der aromatischen Reihe 69
Cholesterin 69. Isocholesterin 69. Phytosterin 70. Sitosterin 70.

Drittes Kapitel.

Chemismus, Eigenschaften und Verhalten der Öle, Fette und Wachse.

Chemismus 71
Allgemeines 71. Monoglyzeride 72. Diglyzeride 73. Triglyzeride 74. Gemischte Glyzeride 76. Wachsarten 77. Verunreinigungen der natürlichen Öle, Fette und Wachse 78.

Seite

Aussehen, Eigenschaften und Verhalten gegen Reagenzien . . . 81

a) Farbe 81. b) Geruch 81. c) Geschmack 82. d) Spezifisches Gewicht 83. e) Viskosität und Konsistenz 84. f) Schmelz- und Erstarrungspunkt 85. g) Optisches Verhalten 88. h) Löslichkeit 88. i) Emulsionsvermögen 91. k) Kapillarität 92. l) Brennbarkeit 92. m) Elektrisches Leitungsvermögen 93. n) Wellenberuhigende Wirkung 94. o) Verhalten gegen Metalle 96. p) Veränderung durch höhere Temperaturen 97. q) Spaltung der Fette und Wachsarten 100. r) Verhalten gegen Luft und Sauerstoff 117. s) Verhalten gegen Mineralsäuren 129. t) Verhalten gegen Halogene 134. u) Verhalten gegen Schwefel und Chlorschwefel 136.

Viertes Kapitel.

Die Erzeugung und Weiterverarbeitung der Öle und Fette im allgemeinen.

Geschichtliches 139

Gewinnung der pflanzlichen Öle und Fette 141

Gewinnung der tierischen Öle und Fette 143

Gewinnung der Wachsarten 144

Synthetische Herstellung von Triglyzeriden 144

Verfahren von Schaal 145. Versuche Zelinskys 146.

Verwendung der Öle, Fette und Wachse 147

Fünftes Kapitel.

Die Gewinnung der vegetabilischen Öle und Fette.

Allgemeines 149

I. Die Saatmagazine und deren Einrichtung 150

Einlagerung der Saaten: Bodenspeicher 151. Silospeicher 154.

Einrichtung der Saatmagazine: A) Transportvorrichtungen: a) Transportschnecke 161. Transportgurte 163. b) Transportgurten 164. c) Förderrinne 168. d) Kratzentransport 169. e) Elevatoren 170. f) Saugrohre 172. g) Fallrohre 173. — B) Wägevorrichtungen: Automatische Wagen 174.

II. Die Reinigung der Ölsaaten 176

Allgemeines 176.

a) *Siebapparate:* Rotativsiebe 178. Plansiebe 181. Siebschnecke 184. Drahtgeflechte 185. Drahtgewebe 185. Perforierte Bleche 185.

b) *Reinigen durch Windströme:* Allgemeines 186. Verteilung der Saat 186. Saatreinigung durch Ventilatoren 187. Plansieb mit Ventilator 187.

c) *Trieure*: Prinzip derselben 188. Trieurbatterie 189.

d) *Magnetapparate:* Allgemeines 189.

e) *Bürsten- und Waschapparate:* Bürstmaschinen 190. Bürstenschnecke 191. Bürstenapparate mit stehender Welle 192. Waschapparate 192. Enthülsungs- und Schälmaschinen 192.

Seite

Handelswert der Ölsaaten und Ölfrüchte: Ermittelung des Fettgehaltes 193. Berechnung der Ölausbeute 193.

III. Das Zerkleinern der Ölsaaten 194

1. *Das Stampf- oder Schlagwerk* 195.
2. *Der Mahlgang* 195.
3. *Der Kollergang* 197.
4. *Walzwerke:* Allgemeines 200. Lage der Walzen 201. Beschaffenheit derselben 203. Antriebsarten 204. Kuchenbrecher 206. Schnitzelwerk 206. Quetschwalzwerk mit zwei Glattwalzen 206. Riffelwalzenstuhl 208. Sechswalzenstuhl 208. Fünfwalzenstühle 208.
5. *Schleudermühlen:* Allgemeines 214. Desintegratoren 215. Dismembratoren 216. Scheibenmühlen 216.
6. *Schlagkreuzmühlen:* Allgemeines 217. Amerikanische Schlagkreuzmühle 219 Aufgabsvorrichtungen 220. Schneidmaschinen 220. Wursters Zerfaserer 221.

IV. Die Ölgewinnung nach dem Preßverfahren 222

Wärmen der Saat: Allgemeines 222. Erwärmen über freiem Feuer 224. Wärmapparate mittels Wasserheizung 225. Dampfwärmer: Einfache Dampfwärmer 226. Doppelwärmer 232. Dreifacher Wärmer 233. Wärmerbatterien 235. Chargierungsapparate 236. Saattrocknungsapparate 237.

Pressen: Allgemeines 238. Offene und geschlossene Pressen 239. Preßtücher 241. Arten der Pressen:

1. Hebelpresse 244.
2. Keil- oder Rammpresse 244.
3. Spindel- oder Schraubenpresse 246.
4. Kniehebelpresse 247.
5. Hydraulische Pressen: a) Kastenpressen 257. b) Seiherpressen 262. Einfache Korbpresse 262. Preßseiher 265. Seiherpressen mit festem Vortisch 272, mit fahrbarem Seiher 273. Vor- und Ausdrückvorrichtungen 274. Seiherwagen 279. Drehpressen 283. Compoundpressen 285. c) Trogpressen 288. Bodmersche Presse 289. Ehrhardtsche Trogpresse 290. Ringpressen 293. d) Packpressen 297. e) Etagenpressen 298. Anglo-amerikanische Presse 298. Preßplatten 298. Formmaschinen 303. Ausziehbare Etagenpresse 311. Kuchenbeschneidmaschinen 315. f) Schachtelpressen 317. Amerikanische Schachtelpresse 317. Preßplatten 317. Liegende Pressen 322. Pumpwerke und Akkumulatoren 323. Aufgabe der Pumpen 342. Konstruktion derselben 325. Akkumulatoren 329.
6. Kontinuierliche Pressen: Ältere Konstruktionen 339. Presse der American Process Company 342. Anderson-Presse 343.

V. Die Ölgewinnung nach dem Extraktionsverfahren 345

Allgemeines und Geschichtliches 345.

Extraktionsmittel: Schwefelkohlenstoff 348. Benzin 353. Äther 353. Aceton 354. Chloroform 355. Tetrachlorkohlenstoff 356. Schweflige Säure 358. Flüssige Kohlensäure 359. Vor- und Nachteile der einzelnen Extraktionsmittel 360.

Seite

Vorbereitende Arbeiten: Reinigen der Saat 363. Zerkleinern derselben 363. Trocknen des Extraktionsgutes 363.

Arbeitsweise der Extraktoren: Der Extraktor 364. Das Destilliergefäß 366. Die Kondensation 367.

Extraktionsapparate nach dem Verdrängungsprinzipe:

a) für Schwefelkohlenstoff: Extraktor von Deiß 368, von Lunge 370, von Boggio 372, von Hädicke 372, von v. Haecht 372, von H. Roth 373.

b) für Benzin: Extraktor von Vohl 377, von Seltsam 379, von Richters 380, von Leuner 381, von Wellstein und Birkenheuer 383, von Pöppinghausen 385, von Schneider 386, von Neumayer 387, von Büttner 389, von Kaleczok 395, von Gerr 396, von Lutze und Heimann 396, von Wegelin und Hübner 398, von Meyer 399, von Merz 400. Kammerextraktor von Heymann 403.

c) für Tetrachlorkohlenstoff: Extraktor von Arens 406. Extraktion unter Verwendung der Zentrifugalwirkung: Extraktor von Lommatsch 408, von Schulze 409.

Extraktionsapparate nach dem Anreicherungssystem: Extraktor von Seyferth 410, von Heyl 412, von Bang und Sanguinetti 415. Kammerextraktor von Boyen und Schliemann 416.

Kontinuierliche Extraktionsapparate: Extraktor von Dombrain 419, von Mitschell 419, von Delattre 421, von Bataille 422, von Minne 424, von Hirzel 425.

Spezialkonstruktionen von Kondensatoren 426, zum Vertreiben des Lösungsmittels 427, zum Trocknen der Rückstände 430.

Vergleich zwischen Extraktion und Pressung 432. Gewinnung vegetabilischer Öle durch Ausschmelzen 435, durch Ausschleudern 435, mittels Elektrizität 435.

VI. Die Rückstände der Fabrikation vegetabilischer Öle und Fette 436

Beschaffenheit der Ölkuchen und Extraktionsmehle 436. Zusammensetzung 441.

Veränderung beim Lagern: Schimmligwerden 444. Ranzigwerden 446.

Verwertung der Ölkuchen: Ölkuchen als Düngemittel 449. Gehalt an Dungstoffen 450. Verwendungsart 452. Ölkuchen als Futtermittel 453. Nährstoffe 455. Futterwerteinheiten 460. Nährwerteinheit 462. Marktpreis 463. Vorteile der Ölkuchenfütterung 464. Qualitätsanforderungen im Ölkuchenhandel 467.

Verwertung der Ölkuchen zu verschiedenen Zwecken 472.

VII. Die Einrichtung der Ölmagazine und die Anlage von Ölfabriken 476

Die Einrichtung der Ölmagazine: Vorratsbehälter 476. Automatische Ölwage 477. Versandbehälter 479.

Die Anlage und Bauart der Ölfabriken: Etagen- und Pavillonsystem 483. Betriebskraft 484. Ortswahl 485.

Pläne von Ölfabriken: Anlage nach älterem System 485. Anlage mit Seiher- und Etagenpressen 486. Anlage zum gleichzeitigen Verarbeiten verschiedener Ölsaaten 487. Exportölmühlen 487. Extraktionsanlagen 488.

Seite

Sechstes Kapitel.

Die Gewinnung der animalischen Öle und Fette.

Allgemeines 490

I. Aufbewahrung des Rohmaterials 491

Leichtes Verderben 491. Trocknen und Kühlhalten 49. Aufbewahrung unter Wasser 492. Verschiedene Konservierungsmethoden 493.

II. Reinigen des Rohmaterials 494

Waschen des Rohfettes 494. Waschen der Knochen 495.

III. Zerkleinern des Rohmaterials 496

Zerkleinern durch Handarbeit 496. Zerkleinern durch Maschinen 499. Häuteschabmaschine 502.

IV. Die Fettgewinnung durch Ausschmelzen 504

Die Trockenschmelze:

a) über direktem Feuer 505. Schmelzkessel nach Dignef 507, nach Hesselbach 508, nach Seifert 508;

b) mittels Dampf 509. Schmelzapparat von Müller & Co. 510, von Haas 511, von Otto 512, von F. X. Miller 513;

c) mittels heißer Luft 515. Schmelzapparat von Wild 515, von Mühleisen 516. Vakuumschmelze nach Flottmann 517, nach Lidoff 517;

d) mittels heißen Wassers 518. Schmelzapparat nach Pfützner 519, nach Hentschel 520.

Die Naßschmelze:

a) Wasserschmelze 522. Ausschmelzen von Klauen und Knochen 520, von Fischer nach Ch. Wacker 523. Margarinschmelze 526.

b) Dampfschmelze 527. Schmelzapparat nach Buff 528. Amerikanische Digestoren 529. Schmelzapparat von Kurtz 530, von Seifert 531, von Hesselbach 531. Knochendämpfer 537.

c) Säureschmelze 534. Schmelzapparat nach Vohl 534, von Fouché 535. Verfahren nach Leblanc 537.

d) Laugenschmelze 538.

Mittel zur Geruchsverminderung: Allgemeines 538. Teilweise Kondensation der Gase und Abführung des nichtkondensierten Anteils in höhere Luftschichten 539. Verbrennung der Gase 539. Absorption derselben 541.

V. Die Gewinnung tierischer Fette durch Pressen, Extrahieren und Zentrifugieren 542

a) Preßverfahren 542.
b) Extraktionsverfahren 543.
c) Zentrifugieren 544.

VI. Die Fettgewinnung aus Kadavern 545

Allgemeines 545. Fettschmelzapparat von Rietschel & Henneberg 546, von Venuleth & Ellenberger 548. Kadaververwertungsapparat von Henneberg 549, von Podewils 550, von Otto 551, von Venuleth & Ellenberger 551. Verschiedene Methoden 555.

Seite

VII. Die bei der Gewinnung animalischer Fette erhaltenen Neben- und Abfallprodukte 555

Allgemeines 555. Entfettung der Grieben durch Pressen 556. Rückstände der Naßschmelze 559. Kadavermehle 560. Fischmehle 562.

VIII. Über die Einrichtung von Fettschmelzereien 564

Allgemeines 564. Bauart der Fettschmelzereien 564. Beschreibung der Leipziger Talgschmelze 565.

Siebentes Kapitel.

Die Gewinnung der Wachsarten und Abfallfette.

a) Wachsarten 568

Auskochen und Auslassen des Wachses 568. Hruschkas Wachsschleudermaschine 569. Schüllers Schmelzapparat 570.

b) Abfallfette 571

Allgemeines 571.

1. *Gewinnung von Walk- und Wollfett aus Abwässern:* Allgemeines 573. α) Basisches Verfahren 575. Verfahren nach Schwammborn 575, nach Vohl 576, nach Neumann 577, nach Graff 578. Verschiedene Methoden 578. β) Säureverfahren 579. Modifikation desselben 580. Methode Kleewein 581. Verfahren nach Vial 581. Verschiedene Methoden 582.

2. *Gewinnung des Wollfettes durch Extraktion der Wolle:* Allgemeines 583. Verschiedene Verfahren 584.

3. *Gewinnung von Fetten aus Sielwässern, Kanalschlamm und Fäkalien*: Allgemeines 585. System Wunsch 585. System Kremer 586. Verfahren von Beck und Henkel 587, von Heimann 588.

Achtes Kapitel.

Das Reinigen der Öle, Fette und Wachsarten.

Allgemeines 590

I. Methoden zur Entfernung mechanischer Verunreinigungen . 591

a) *Klärung durch Abstehenlassen (Selbstklärung):* Klärungbeschleunigende Mittel 592. Günstigste Form der Gefäße 592. Marienbäder 592.

b) *Klärung durch Filtration:* Allgemeines 594.

Filtration wasserfreier Öle:

Sackfilter 595. Filter von Gerritzen 595. Delosfilter 596. Filterkasten 597. Filter von Schneider 598. Filterpresse 599. Dreikammerpresse 605.

Filtration durch Höhendruck 606, mittels Pumpendruck 607, mittels pneumatischen Druckes 608. Saugfiltration 608. Nutschfilter 609. Separator Henke 610.

Leistungsfähigkeit der Filter 610. Filtertuchwaschmaschine 613. Filtrationsmethode Benz 613. Verfahren Niegemann 614.

Seite

Filtration wasserhaltiger Öle:

Filtermaterial 514. Filtration von oben nach abwärts 615, von unten nach aufwärts 616. Filter mit Spiralfedereinlagen 617.

c) *Reinigen durch Zentrifugieren:* Einfache Zentrifuge 618. Jaegers Zentrifuge 619.

Mischvorrichtungen für Öle und Reagenzien 620

Mechanische Rührwerke 621. Luftrührung 624. Zentrifugalmischvorrichtungen 628. Zufuhr der Raffinationsflüssigkeit 632.

II. Methoden zur Entfernung von Eiweißstoffen 634

Koagulation derselben durch Wärme 634.

Ausfällen derselben durch Gerbstoffe und Alaun 635.

Zerstörung der Eiweiß- und Schleimstoffe durch Säuren: Allgemeines 635. Verfahren von Thenard 636, von Cogan 640, von Puscher 641, von Hall 641, von Mills 641, von v. Wagner 641.

Entfernung der Eiweiß- und Schleimstoffe durch Ätzalkalien: Leinölraffination 642. Reinigen von Kottonöl 643.

Ölreinigung mittels Metalloleaten: Methode Nördlingen 644.

III. Methoden zur Entfernung freier Fettsäuren 645

a) *Überführung der Fettsäuren in Seifen:* Mittels Kali oder Natronlauge 645, mittels Ammoniak 649; mittels kohlensaurer Alkalien 650, mittels der Oxyde und Karbonate der Erdalkalien 651, mittels Boraten und Silikaten 652.

b) *Waschmethoden:* Waschen mit Alkohol 653, mit Wasser 653.

c) *Destillier-Verfahren:* Abblasen der Öle und Fette 654. Ranzige Öle und Fette 654.

IV. Methoden zur Entfernung von Farbstoffen 655

Allgemeines 655.

a) *Kolorimetrische Methoden* 655.

b) *Absorptions-Methoden:* Knochenkohle 657. Entfärbungspulver der Blutlaugensalzfabriken 658. Tonerdeartige Produkte 660. Verschiedene Entfärbemittel 663. Ausführungsarten der Absorptionsbleiche 664.

c) *Chemische Bleichmethoden:* α) Ausfällen des Farbstoffes 668. β) Oxydationsbleichen 669. Bleiche durch Belichtung 669. Luft- und Ozonbleiche 671. Wasserstoffsuperoxyd 674. Natriumsuperoxyd 674. Perkarbonate 676. Salpetersäure 676. Bichromatbleiche 677. Permanganatbleiche 678. Chlorabspaltende Prozesse 679. γ) Reduktionsbleiche 681. Schweflige Säure 681. Hydroschweflige Säure 682.

V. Methoden zur Entfernung von Riechstoffen 682

Allgemeines 682.

1. *Verdecken des Riechstoffes* 685.
2. *Absorption desselben* 685. Geruchanziehende Substanzen 685.
3. *Verflüchtigen desselben* 686. Patent von Rocca 686, von Bruyn 687, der Société anonyme des parfums naturels de Cannes 687, der Société fabriques de produits de Thann et Mulhouse 687. Anwendung von Luft 688.
4. *Auswaschen der Riechstoffe* 688.

Seite

5. *Saure Riechstoffe* 689.

6. *Entfernung aldehyd- und ketonartiger Riechstoffe* 689.

7. *Besondere Methoden* 689. Verfahren von Lake 689, von Cullmann 689, von Miller 690.

VI. Methoden, welche auf eine größere Haltbarkeit, eine Geschmacksverbesserung und Ähnliches abzielen 690

Entwässern der Öle und Fette 690. Patent Pick 691. Reinigen mittels Calciumkarbid 691. Algesin 691. Konservieren durch Entlüften 691, durch Bor- und Salizylsäure 691, durch Benzoeharz 692. Elektrisches Verfahren 692.

Geschmacksverbessernde Verfahren 693. Verfahren von Desruelles 693, von Headlington 693, von Lindner 694. Diverse Verfahren 695.

VII. Methoden, welche die Erhöhung des Schmelzpunktes oder eine Herabsetzung des Erstarrungspunktes der Fette und Öle bezwecken 695

Austranen 695. Abpressen 695. Verfahren von Baptiste Bénoit 696. Verschiedene Methoden und Vorschläge 697. Kältebeständigmachen von Olivenöl 698, von Kottonöl 698.

Nachträge und Berichtigungen 700

Alphabetisches Sach- und Namenregister 706

Druckfehlerverzeichnis.

Seite 15,	Zeile 1	v. o.	statt „Der Gehalt an sog. Rohfett, den" lies „Das sog. Rohfett, das".
„ 15,	„ 1	v. o.	statt „aufweist" lies „ausweist".
„ 31,	„ 13	v. u.	statt „Physetöl" lies „Physetölsäure".
„ 34,	„ 14	v. o.	statt „jedoch" lies „wie schon bemerkt".
„ 39,	„ 5	v. o.	statt „J" lies „2 J".
„ 48,	„ 3	v. u.	statt „Konstruktionsformel" lies „Konstitutionsformel".
„ 59,	Fußnote 2		statt „in" lies „im".
Seite 78,	Zeile 21	v. o.	statt „Cerotinsäure-Colesterinester" lies „Cerotinsäure-Cholesterinester".
„ 89,	„ 12	v. u.	statt „Bei Ölen" lies „Von Ölen".
„ 95,	„ 7	v. u.	statt „darstelle" lies „darstellt".
„ 113,	„ 19	v. o.	statt „verhalten sich" lies „wirken".
„ 665,	„ 7	v. o.	statt „Unions" lies „Usines".

Erstes Kapitel.

Allgemeines; Vorkommen, Bildung und Zweck der natürlichen Öle, Fette und Wachse.

Öle und Fette im allgemeinen.

Im allgemeinen Verkehre sind die Begriffe „Öl und Fett“ keine engumschriebenen. Unter „Öl“ versteht der Laie alle bei gewöhnlicher Temperatur flüssigen, schlüpfrigen oder flüchtigen Produkte, mit dem Ausdrucke „Fett“ verbindet er die Vorstellung von salbenartigen oder festen Körpern von schmieriger Beschaffenheit. Wie weit ausgreifend der Begriff „Öl“ ist, zeigt z. B. die noch immer gebräuchliche Bezeichnung „Vitriolöl“ für rauchende Schwefelsäure.

Aber auch wissenschaftlich und technisch sind die Begriffe „Öl und Fett“ keine scharf begrenzten. So müssen neben den aus dem Pflanzen- und Tierreiche stammenden Ölen auch die ätherischen oder flüchtigen Öle, die Mineralöle und die Öle der trockenen Destillation des Harzes, der Steinkohle usw. zu den Ölen im allgemeinen gezählt werden, wie zu den Fetten neben denen vegetabilischer und animalischer Abkunft die paraffinartigen Fette und die verschiedenen technischen Fettkompositionen (z. B. Wagenfett, konsistente Schmierfette, Riemenfette usw.) zu rechnen sind.

Öle und Fette des Pflanzen- und Tierreiches.

In diesem Werke finden nur die aus dem Pflanzen- und Tierreiche stammenden Öle und Fette Besprechung, welche sich von allen anderen mit diesem Namen bedachten Produkten durch ihre chemische Zusammensetzung und ihre physikalischen Eigenschaften unterscheiden. Diese Fettkörper bestehen hauptsächlich aus Glyzerinestern der höheren Glieder der verschiedenen Fettsäurereihen, enthalten neben letzteren meist auch Fettsäuren in freiem Zustande und bilden mit den Ätzalkalien und Metalloxyden Seifen.

In physikalischer Hinsicht zeichnen sich diese teils flüssigen, teils salbenartigen oder festen Produkte durch ihre Unvermischbarkeit mit Wasser, ihre Löslichkeit in Schwefelkohlenstoff, Tetrachlorkohlenstoff, Chloroform, Äther, Benzin (mit Ausnahme des Rizinusöles), ihre Brennbarkeit, durch ihr geringes spezifisches Gewicht (unter dem des Wassers gelegen), die Bildung von bleibenden, durchscheinenden Flecken beim Aufbringen auf Papier und ihre Eigenschaft, bei gewöhnlichem Drucke nicht unzersetzt zu destillieren, aus.

Wachsarten. Die den Fetten nahe verwandten Wachse unterscheiden sich von ersteren durch ein, wenn nicht schon bei gewöhnlicher Temperatur vorhandenes, so doch beim Erwärmen deutlich hervortretendes klebriges Anfühlen und durch ihre chemische Zusammensetzung; Wachse sind Äther einatomiger Alkohole von großer Kohlenstoffatomanzahl mit höheren Fettsäuren.

Der Sprachgebrauch wirft übrigens die Begriffe „Fett" und „Wachs" bisweilen durcheinander; so ist z. B. Japanwachs als Triglyzerid zu den Fetten zu zählen, wogegen wiederum das gewöhnlich zu den Fetten gerechnete Walratöl in die Gruppe der Wachse gehört.

Systematische Einteilung: Die große Anzahl der bekannten Arten von Fetten, Ölen und Wachsen streng systematisch einzuteilen, ist von verschiedenen Gesichtspunkten aus versucht worden, doch fehlt es diesen Einteilungen zumeist an scharfen Unterscheidungsmerkmalen.

Man hat eine Einteilung der Fettkörper nach ihrer Konsistenz (feste und flüssige), nach dem Zwecke, dem sie dienen (Speisefette und Fett für technischen Gebrauch), nach ihrer Abstammung (Pflanzen- und Tierfette) und nach ihrem chemischen Verhalten (trocknende, halbtrocknende und nicht trocknende Fette) versucht.

nach Konsistenz, Am gebräuchlichsten ist die Unterscheidung in feste und flüssige Fette. Die Trennung in diese beiden Gruppen erfolgt nach dem Modus, daß man alle bei gewöhnlicher Temperatur liquiden Fette zur ersten Gruppe, alle anderen zur zweiten Gruppe rechnet. Da der Begriff „gewöhnliche Temperatur" ein sehr unbestimmter ist und an verschiedenen Orten verschieden aufgefaßt wird, da ferner die salbenartige Beschaffenheit gewisser Fette eine scharfe Unterscheidung von flüssig und fest nicht zuläßt, so ist es klar, daß ein präzises Auseinanderhalten der beiden Gruppen nur schwer möglich ist.

Die flüssigen Fette heißt man kurzweg „Öle"[1]), für die festen hat der Kollektivausdruck „Fett" im speziellen Geltung.

Eine weitere Unterteilung kann durch Gliederungen dieser beiden Hauptabteilungen in Produkte vegetabilischer und animalischer Herkunft leicht getroffen werden.

nach Herkunft, Diese Unterscheidung ist eine sehr exakte und nicht nur durch die Provenienz klar gegeben, sondern auch durch die verschiedene chemische Zusammensetzung gekennzeichnet. Alle aus dem Pflanzenreiche stammenden

---

[1]) Zur Vermeidung von Verwechslungen mit ätherischen Ölen und Mineralölen spricht man besser von „fetten Ölen".

Öle und Fette enthalten kleine Mengen „Phytosterin", einen Alkohol der aromatischen Reihe, beigemengt, während in den Ölen und Fetten animalischer Abstammung „Cholesterin", ein dem Phytosterin sehr ähnlicher Körper, vorkommt.

Das Schema:

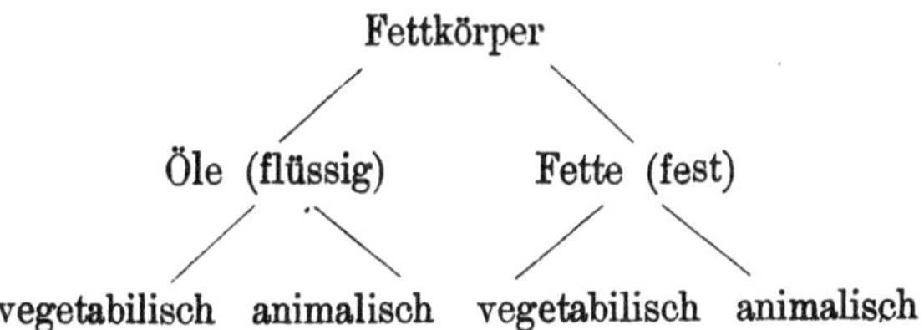

Einteilung nach chem. Verhalten.

kann noch weiter verzweigt werden, wenn man das chemische Verhalten der Glieder einzelner Gruppen in Betracht zieht. So werden einige vegetabilische Öle beim Aussetzen an der Luft unter reichlicher Sauerstoffaufnahme dick und trocknen, in dünner Lage ausgebreitet, zu einer durchscheinenden, geschmeidigen Schichte ein (trocknende Öle); andere zeigen diese Trockenfähigkeit nicht, werden aber dafür an der Luft unter Zunahme des Gehaltes an freien Fettsäuren ranzig (nicht trocknende Öle), während es auch Pflanzenöle gibt, welche sich in ihren Eigenschaften zwischen diesen beiden Gattungen halten (halbtrocknende Öle).

Eine ähnliche Einteilung kann man auch bei den animalischen Ölen treffen (Lewkowitsch), denn auch hier gibt es Arten, die durch ihre Sauerstoffabsorptionsfähigkeit und ihr an die trocknenden Pflanzenöle erinnerndes übriges chemisches Verhalten den trocknenden Ölen an die Seite gestellt werden können (Öle der Seetiere) und solche, die nicht leicht Sauerstoff aufnehmen und in chemischer Beziehung den nicht trocknenden Ölen ähneln (Öle der Landtiere).

Lewkowitsch differenziert die Öle der Seetiere noch weiter, indem er sie in Fischöle, Leberöle und Trane unterteilt. Die Fischöle sind dabei durch ihren größeren Gehalt an festen Triglyzeriden charakterisiert, die Leberöle durch das Vorhandensein beträchtlicher Mengen von Cholesterin und gewissen Gallenstoffen und zu den Tranen zählen alle Seetieröle, die keiner der beiden erstgenannten Gruppen zugeteilt werden können.

Auf die nähere Unterscheidung im chemischen Verhalten der trocknenden, halbtrocknenden und nicht trocknenden Pflanzenöle, der Fischöle, der Leberöle und Trane sowie der Öle von Landtieren wird in späteren Abschnitten ausführlich eingegangen, hier mögen die gegebenen Hauptmerkmale genügen und die getroffene Einteilung durch nachstehendes Schema[1]) festgehalten werden:

---

[1]) Lewkowitsch, Laboratoriumsbuch f. d. Fett- u. Ölindustrie. Braunschweig 1902, S. 4.

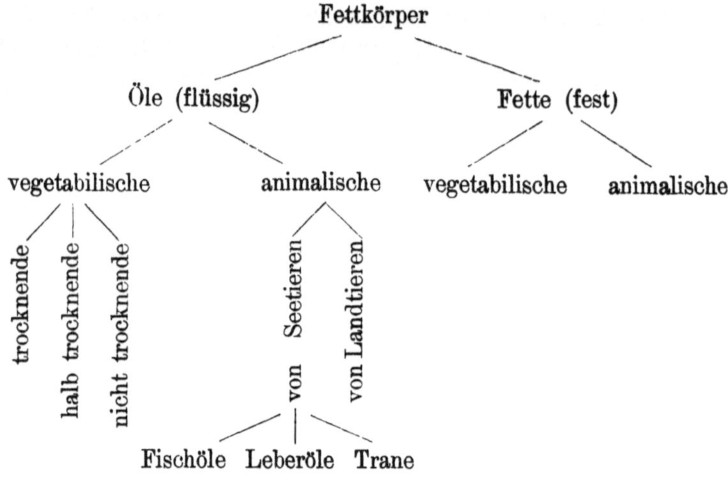

Die Einteilung der Wachse beschränkt sich auf eine Unterscheidung in Pflanzenwachse und Tierwachse[1]).

Vorkommen der Öle, Fette und Wachsarten in der Natur.

Die Öle, Fette und Wachsarten finden sich in der Natur fertig gebildet vor, und zwar ist speziell das Pflanzenreich mit Fettstoffen und Wachsen reich gesegnet.

Vorkommen der Öle und Fette im Pflanzenreiche.

Die **Pflanzenöle und Pflanzenfette** gehören zu den verbreitetsten Stoffen des Pflanzenreiches und finden sich in Form kleinster Tropfen in Zellen eingeschlossen sowohl im Protoplasma als auch im Zellensafte verteilt, teils zerstreut durch den ganzen Pflanzenkörper, teils angehäuft in gewissen Organen. Gewöhnlich kommt das Fett im Innern der Zellen vor, weit seltener zwischen der Zellwand und dem Protoplasma. Als Begleiter der Fette finden sich in den Zellen Stärkekörner (bei Muskatnüssen), Aleuronkörner (Ölsaaten), Chlorophyll (Fruchtfleisch der Oliven), körnige Farbstoffe (Virola sebifera), Harzkörper (Baumwollsamen) und im Fette gelöste Farbstoffe (Palmöl) usw.[2]).

Jede Pflanze (selbst die Schimmelpilze und die Bierhefe), und zwar jeder Teil derselben, enthält etwas Fett, stets aber ist der Samen der Pflanze das Fettreservoir. Hier ist das Fett in Form kleiner Kügelchen im Protoplasma eingelagert und bildet mit den Proteinkörnern eine Art Emulsion. Das Vorhandensein dieser Emulsion ist durch ein Anrühren der zerkleinerten Ölsamen in Wasser leicht nachzuweisen. Die dabei entstehende milchige Flüssigkeit ist ein Beweis, daß emulgiertes Öl in den Samenzellen enthalten war. Beim

[1]) Die hier gegebene Einteilung der Öle, Fette und Wachsarten ist im Band 2 dieses Werkes eingehalten.

[2]) Wiesner, Rohstoffe des Pflanzenreiches, Leipzig 1900, Bd. 1, S. 462.

Erhitzen der zerkleinerten Samenmasse koaguliert das Eiweiß unter Zerstörung der Emulsion; so behandelter Samen gibt beim Auspressen das Öl leichter ab als jener, bei welchem das Öl noch in Emulsionsform vorhanden.

Es existiert kein Samen, der nicht wenigstens einige Prozente Fett enthielte, und zwar ist die Achse des Embrio (Keim) am fettreichsten. Um diese Achse sind im allgemeinen dünnflüssigere (an Ölsäure reichere) Fette abgelagert, während die Cotyledonen (Keimblätter) und das Endosperm (Sameneiweiß) stets festere Fette (stearin- und palmitinreichere) enthalten.

Man kann behaupten, daß der Fettgehalt der Samen um so größer ist, je wärmer das Klima, unter welchem sie reiften. Dadurch erklärt sich auch, daß das kalte und gemäßigte Klima an fettführenden Früchten und Samen relativ arm, die subtropische und heiße Zone dagegen überreich an solchen sind.

Im allgemeinen bleibt das Fett in der Pflanze dort liegen, wo es gebildet wurde und findet sich daher meist im Gewebe eingeschlossen. Mitunter, wenn auch nur selten, aber dringt es aus seiner Erzeugungsstätte hervor und bedeckt die Oberfläche des betreffenden Organes. So z. B. bei den haselnußgroßen Samen des chinesischen Talgbaumes (Stillingia sebifera Willd.[1]). R. H. Schmidt[2]) meint, daß dieses Durchdringen der Fette durch Zellulosegebilde nur so vor sich gehen könne, daß ein in der Zellmembrane befindlicher Körper mit den freien Fettsäuren des Fettes seifenartige Verbindungen eingeht.

Für die Ölgewinnung kommen fast ausschließlich die Samen in Betracht; bei Mais wird nur aus den ölreichen Keimen Öl gewonnen. In wenigen Fällen werden auch andere Pflanzenteile der Ölgewinnung nutzbar gemacht, so z. B. bei dem Olivenöl, dem Palmfette, welch beide nicht aus den Samen, sondern aus dem Fruchtfleische gewonnen werden. Das Fettvorkommen in gewissen Wurzeln (Rhabarber), in manchen Stämmen (Mistel), Blättern (Klee), Rinden (Weide, Roßkastanie), Zwiebeln (Meerzwiebeln), Sporen (Bärlapp) und Blüten (Kamille) hat nur botanisches Interesse.

Stärkemehlarme Samen enthalten mehr Fett als stärkemehlreiche, ja es scheint, daß die Fettmenge in umgekehrtem Verhältnisse zur Menge des vorhandenen Zuckers und der Stärke steht.

Stärkeführende ölarme Pflanzensamen enthalten besonders in den peripherischen Schichten Fette, weshalb der innere Kern weit fettarmer ist als die Kleie.

Übersicht der ölliefernden Pflanzen.

Die Zahl der ölgebenden Pflanzen ist eine große und wird alljährlich durch neu auf den Markt gebrachten Ölsamen vermehrt. Nachstehende tabellarische Zusammenstellung, welcher die von Mikosch getroffene botanische Einteilung zugrunde gelegt ist und in der die Schädlerschen Angaben über den prozentuellen Fettgehalt verwendet wurden, nennt vollständigkeitshalber neben den heute industrielle Bedeutung besitzenden Ölpflanzen auch solche, die zurzeit mehr akademisches Interesse haben. Einige derselben dürften es noch zu praktischer Bedeutung bringen.

---

[1]) Bulletin de la Soc. impér. d'acclimatation, 1863, S. 75.

[2]) Flora 1891, S. 369.

Pflanzenfamilie	Art	Deutscher Name der Pflanze	Bezeichnung des Öles oder Fettes	Pflanzenteil, der zur Ölgewinnung dient	Ölgehalt des betreffenden Pflanzenteiles in Prozenten
Coniferen Nadelhölzer	Picea excelsa Link	Fichte	Fichtensamenöl	Samen	25—32
	Abies alba Mill.	Tanne	Tannensamenöl	"	32—33
	Pinus silvestris L.	Kiefer	Kiefernsamenöl	"	28—30
Gramineen Gräser	Zea Mays L.	Mais	Maisöl	Maiskeime	40—50
	Oryza sativa L.	Reis	Reisöl	Reiskleie	8—15
	Avena sativa L.	Hafer	Haferöl	Haferkleie	—
Cyperaceen Riedgräser	Cyperus esculentus L.	Erdmandel	Erdmandelöl	Samen	20—23
Palmen	Cocos nucifera L.	Kokospalme	Kokosöl	Fruchtschale	40—45
	Cocos butyracea L.	"	"	"	—
	Attalea Cohune Mart.	Cohunepalme	Cohuneöl	"	—
	Elaeis guinensis L.	Ölpalme	Palmöl	Fruchtfleisch	65—72
	El. melanococca Gärt.	"	Palmkernöl	Samenkerne	45—50
	Astrocaryum vulgare Mart.	Steinnuß	Aouaraöl	Fruchtfleisch	40—45
	Oenocarpus Batava Mart.	—	Comuöl	Samen	—
	Oenoc. bacaba Mart.	—	"	"	—
	Acrocomia sclerocarpa Mart.	—	Macajabutter	"	60—70
	Mauritia vinifera Mart.	Muritipalme	Muritifett	Fruchtfleisch	—
	Manicaria saccifera Gärt.	—	Turlurufett	Samen	—
	Euterpe oleracea Mart.	Assaipalme	Parapalmöl	"	—
Juglandeen Walnußbäume	Juglans regia L.	Walnußbaum	Nußöl	Samenkerne	63—65
	Jugl. nigra L.	Schwarznußbaum	Schwarznußöl	"	—
	Carya alba Michaux	Hickorynußbaum	Hickoryöl	Samen	29—30
	Carya illinoënsis Nutt.	"	"	"	29—30
	Carya olivaeformis Nutt.	"	"	"	29—30

Betulaceen Birken	Corylus Avellana L.	Haselnußstrauch	Haselnußöl	Samenkerne	50—60
Fagaceen Buchen	Fagus silvatica L.	Buche	Bucheckeröl	Samen	27—29
Moraceen Maulbeergewächse	Cannabis sativa L.	Hanf	Hanföl	Samen	30—35
Olacaceen	Ximenia americana L.	—	—	Samen	—
	Coula edulis Baik.	—	—	Samen	32—33
Amarantaceen	Celosia cristata L.	Hahnenkamm	Celosiaöl	Samen	—
Myristicaceen Muskatnußbäume	Virola sebifera Aubl.	Talgmuskatnußbaum	Virolafett	Samen	40—45
	Vir. surinamensis Warb.	Ölnußbaum	Ölnußfett	Früchte	—
	Vir. Bicuhyba (Schott.) Warb.	Bicuhybabaum	Bicuhybafett	Samen	70—71
	Vir. guatemalensis (Hemsl) Warb.	—	—	Samen	—
	Myristica fragrans Houtt.	Muskatnußbaum	Muskatbutter	Samen	38—40
	Myr. Otoba Humb. et Bonpl.	Otoba od. amerikan. Muskatbutten	Otobafett	Samen	35—40
	Myr. officinalis Mart.	—	Bicuhybafett	Samen	—
	Myr. angolensis M. longifolia Don.	—	—	Samen	60—70
	Gymnacranthera canarica (King) Warb.	—	—	Samen	—
Lauraceen Lorbeergewächse	Laurus nobilis L.	Lorbeerbaum	Lorbeerfett	Beeren	24—26
	Tetranthera laurifolia Jacq. (Sebifera glutinosa Lour)	Talglorbeerbaum	Lorbeertalg	Samen	—
	Litsea sebifera Bl.	Tangkallaßbaum	—	Samen	—
	Persea gratissima Gärt.	Advogatobaum	Advogatofett (Perseafett)	Früchte	28—30

Pflanzenfamilie	Art	Deutscher Name der Pflanze	Bezeichnung des Öles	Pflanzenteil, der zur Ölgewinnung dient	Ölgehalt des betreffenden Pflanzenteiles in Prozenten
Papaveraceen (Mohngewächse)	Papaver somniferum L.	Mohn	Mohnöl	Samen	41—50
	Glaucium luteum Serp.	Hornmohn	Hornmohnöl	"	30—35
	Argemone mexicana L.	Stachelmohn	—	"	25—30
Cruciferen (Kreuzblütler)	Brassica nigra L.	Schwarzsenf	Senföl	Samen	22—28
	Br. campestris L.	Kohlsaat	Rüböl	"	33—43
	Br. Napus L.	Raps	"	"	35—43
	Br. Rapa L.	Rübsen	"	"	35—40
	Br. juncea D. C.	—	indisch. Senföl	"	—
	Sinapis alba L.	Senf	Senföl	"	25—26
	Camelina sativa Fr.	Leindotter	Leindotteröl	"	31—34
	Rhaphanus sativus L.	Rettig	Rettigöl	"	45—50
	Rh. Rhaphanistrum L.	Hederich	Hederichöl	"	35—40
	Lepidium sativum L.	Gartenkresse	Gartenkressenöl	"	23—25
	Hesperis matronalis L.	Rotraps	Rotrapsöl	"	28—30
Resedaceen Waugewächse	Reseda luteola DC	Reseda, Wau	Wauöl	Samen	30—32
Moringaceen	Moringa oleifera Lam.	Ölmoringe	Behenöl	Samen	35—36
Rosaceen Obstbäume	Prunus Amygdalus Stokes	Mandelbaum	Mandelöl	Samenkerne	48—50
	Pr. Armeniaca L.	Aprikosenbaum	Aprikosenkernöl	"	40—45
	Pr. Persica Sib. et Zucc.	Pflaume	Pfirsichkernöl	"	46—48
	Pr. Brigantiaca Vill.	Pfirsich	Marmotteöl	"	—
	Pr. domestica L.	—	Pflaumenkernöl	"	40—42
	Pr. Cerasus L.	Kirsche	Kirschkernöl	"	35—36
	Pr. Laurocerasus L.	Kirschlorbeer	fettes Kirschlorbeeröl	"	—
	Chrysobalanus Icoca L.	Goldpflaume	Icocaöl	Samen	20—25
	Parinarium Mobola Oliv.	Mobolapflaume	Maboöl, Parinariumöl	"	—

Leguminosen Hülsenfrüchte	Mimosa scandens Roxb.	Riesenbohne	—	Samen	30
	Adenanthera pavonina L.	Korallenbaum	Korallenbaumöl	„	35
	Pentaclethra macrophylla Benth	Owalabaum	Owalaöl	„	44
	Parkia biglandulosa Br.	Inga	Ingaöl	„	18
	Tamarindus indica L.	Tamarindenbaum	Tamarindenöl	„	40
	Banhinia variegata L.	Kavidari	—	„	30
	Caesalpinia Bonducella Roxb.	Kugelstrauch	Bonducnußöl	„	30
	Arachis hypogaea L.	Erdnuß	Erdnußöl	„	45—50
	Coumarouna odorata Aubl.	Toncabohnenbaum	Toncabohnenöl	„	25
	Dahlbergia arborea Roxb.	Korung	Korungöl	„	—
	Glycine hispida Maxim.	Sojabohne	Sojabohnenöl	„	18
	Butea frondosa Roxb.	Kinobaum	Kinobaumöl	„	24—26
Linaceen Leingewächse	Linum usitatissimum L.	Lein	Leinöl	Samen	35—42
Zygophyllaceen jochblättr. Gewächse	Balanites aegyptiaca Delile	Ägypt. Zahnbaum	Zachunöl	Samen	—
Simarubaceen Quassiagewächse	Irvingia gabonensis (Auby-Lec) Baill.	Obabaum	Dikafett	Samen	60—65
	Irv. Oliveri Pierre	—	Cay-Cay-Butter	„	52
	Irv. malayana	—	„	„	52
	Picramnia sp. Oliv.	—	Taririfett	„	67
Burseraceen Balsamgewächse	Canarium Schweinfurthii Engl.	—	—	Fruchtschalen	—
	Can. commune L.	gemeiner Kanarienbaum	Java-Mandelöl	Samen	48
	Can. decumanum Rumph.	—	—	„	—
	Can. oleosum Engl.	—	—	„	—

Pflanzenfamilie	Art	Deutscher Name der Pflanze	Bezeichnung des Öles oder Fettes	Pflanzenteil, der zur Ölgewinnung dient	Ölgehalt des betreffenden Pflanzenteiles in Prozenten
Meliaceen Zedrachgewächse	Carapa moluccensis Lam.	Crapholzbaum	Carapafett	Samen	40—50
	Car. procera DC	—	„	„	—
	Car. guyanensis Aubl.	Crapholzbaum	„	„	65—70
	Trichilia emetica Vahl.	Mafureirabaum	Mafuratalg	„	60—65
	Azadirachta indica Juss.	Zedrach, Paternosterbaum	Zedrachöl	„	40—45
Polygalaceen	Polygala butyracea Heck.	—	Malakangbutter	Samen	—
Euphorbiaceen Wolfsmilchgewächse	Putranjiva Roxburghii Wall.	—	—	Samen	—
	Croton Tiglium L.	Purgier-Kroton	Crotonöl	„	53—56
	Mallotus Philippinensis Müll.	Kramul, Kamala	Camulöl	„	20—24
	Ricinus communis L.	Rizinusstaude	Rizinusöl	„	} 46—53
	R. viridis Willd.	„	„	„	
	R. inermis Jacq.	„	„	„	
	R. americanus Mill.	„	„	„	
	Aleurites moluccana Willd.	Bankulnußbaum	Lichtnußöl, Candlenußöl	„	62—64
	Aleurites cordata Müll. Arg.	Tungbaum	Holzöl, Tungöl	„	40—41
	Jatropha Curcas L.	Purgierstrauch	Curcasöl	„	30—40
	Hevea guyanensis Aubl.	Kautschukbaum	Kautschukbaumöl	„	30—38
	Sapium sebiferum Roxb.	chines. Talgbaum	chinesischer Talg	„	—
	Hura crepitans L.	Sandbüchsenbaum	Sand-box-tree-oil	„	—
	Euphorbia Lathyris L.	Purgierwolfsmilch	Purgirkernöl	„	43—46
	Euph. dracunculoides Lam.	lanzettl. Wolfsmilch	Jy-chee-oil	„	32—35
Anacardiaceen Sumachgewächse	Buchanania latifolia Roxb.	Pyal, Charolee	Chironji-oil	Samen	40—50
	Anacardium occidentale L.	Nierenbaum	Acajouöl	„	40—50
	Pistacia vera L.	Pistazie	Pistazienöl	„	51—53
	Pist. lentiscus L.	Mastixpistazie	Lentiscusöl	Beeren	44—45

Hypocastaneen	Aesculus Hippocastanum L.	Roßkastanie	Roßkastanienöl	—	6—8
Sapindaceen Seifenbaumgewächse	Sapindus Pappea Sond.	—	—	Samen	—
	Sap. saponaria L.	—	—	„	—
	Sap. trifoliatus L.	gem. Seifenbaum	Seifenbaumfett	„	30—35
	Hornea mauritiana Bak.	—	—	„	—
	Nephelium lappaceum L.	Rambutan	Rambutantalg	„	40—45
	Alectryon excelsus Gärt.	Titoki-Baum	—	„	—
	Dilodendron bipinnatum Radlk	—	—	—	—
	Schleichera trijuga Willd.	dreipaar. Schleichera	Macassaröl	Samen	36—40
	Ungnadia speciosa Endl.	Ungnadie	Ungradiaöl	„	9—10
Balsaminaceen	Impatiens racemosa DC	—	—	Samen	—
Vitaceen Rebengewächse	Vitis vinifera L.	Weinrebe	Traubenkernöl	Samen	11—12
Tiliaceen Lindenbäume	Tilia americana L.	—	Baswood-oil	Holz	—
	Tilia ulmifolia Scop.	Linde	Lindensamenöl	Samen	58
Malvaceen Malvengewächse	Hibiscus cannabinus L.	ostind. Hanfrohr	Hanfrohröl	Samen	30—32
	Thespescia populnea Corr.	—	huile amère	„	—
	Gossypium herbaceum L.	Baumwolle, Cotton	Baumwollsamenöl	„	24—26
Bombaceen Malvengewächse	Bombax malabaricum DC	Malabar Wollbaum	—	Samen	—
	Ceiba pentandra (L.) Gärt.	gemein. Wollbaum	Kapoköl	„	25
Sterculiaceen Stinkblütler	Sterculia foetida L.	Stinkmalve	Stinkbaumöl	Samen	25
	St. triphacea R. Br.	—	—	„	—
	St. appendiculata K. Sch.	—	—	„	—
	St. acuminata P. R.	Guranußbaum	Stinkbaumöl	„	—
	Theobroma Cacao L.	Kakao	Kakaofett	„	44—47
Ochnaceen	Lophira alata Banks.	—	Niamfett	Früchte	44—45

Pflanzenfamilie	Art	Deutscher Name der Pflanze	Bezeichnung des Öles oder Fettes	Pflanzenteil, der zur Ölgewinnung dient	Ölgehalt des betreffenden Pflanzenteiles in Prozenten
Caryocaraceen Butternußbaumgewächse	Caryocar tomentosum Cuv.	filziger Caryocar	Sawarrifett	Früchte	—
	Car. Brasiliensis Cuv.	mandeltrag. Caryocar	Caryocaröl	„	—
	Rhizobolus butyrosa W.	Butternußbaum	Pekafett	Fruchtwand	—
Theaceen Teegewächse	Thea Sassanqua (Thumb.) Nois.	Teestrauch	Teesamenöl	Samen	40
	Camellia japonica L.	„	„	„	—
	Cam. oleifera Bot. Reg.	„	Cha-Yau-Öl	„	43—45
	Cam. drupifera Lour.	steinfruchttragender Teestrauch	Teesamenöl	„	—
Guttiferen Gummiguttgewächse	Calophyllum inophyllum L.	ostind. Tacamahac	Njamplungöl, Dombaöl	Samen	60
	Cal. Calaba Jacq.	westind. Tacamahac	Calabafett	„	62—65
	Garcinia indica Choisy.	Mangostane	Kokumbutter	„	22—25
	Garc. pictoria Roxb.	Gamboge	Gambogebutter	„	24—25
	Pentadesma butyraceum Don.	afr. Butterbaum	Kanyabutter	„	59—62
	Allanblackia Stuhlmannii Engl.	ostind. Taljbaum	Mkanifett	„	—
	All. Sacleuxii	—	Kagnéfett	„	—
Dipterocarpeen Kopalbäume	Hopea makrophylla de Vriese, Hop. Balangeran de Vriese Hop. aspera de Vriese, Hop. lanceolata de Vriese.	Borneotalgbaum	Borneotalg	Früchte	45—50
	Shorea stenoptera Burck.	—	Tangkawang (Borneotalg)	Samen	—
	Sh. aptera Burck.	—	„	„	—
	Isoptera borneensis Scheff.	Tangkawangbaum	„	„	—
	Vateria indica L.	Malabar Copal	Vateriafett	„	49
Flacourtiaceen	Gynocardia odorata R. Br.	Gynocardie	Chaulmugraöl	Samen	50—52
	Panguim edule Reinw.	—	Pitjungöl	„	—

Lecythidaceen Myrtenblütler	Barringtonia speciosa L.	Barringtonia	Barringtoniaöl	Samen	—
	Barr. racemosa L.	„	„	„	—
	Lecythis ollaria L.	Sapucaya	Sapucayaöl	„	40—42
	Bertholletia excelsa Humb. et Bonpl.	Paranußbaum	Paranußöl	„	67.
Combretaceen	Combretum butyrosum (Bertol.) Tul.	—	Chignitebutter	Samen	—
	Terminalia Catapa L.	echter Catappenbaum	Catappaöl	„	—
	Term. chebula Retz.	Kayoo-bin	Chebulaöl	„	—
	Term. bellerica Roxb.	Tondi-chettu	Myrobalanenöl	„	—
Cornaceen	Cornus sanguinea L.	roter Hartriegel	Hartriegelöl	Frucht	17—20
Sapotaceen Guttapercha-gewächse	Payena lancifolia Burck.	—	Kelakkifett	Samen	—
	P. latifolia Burck.	—	Bengkutalg	„	—
	P. bankensis Burck.	—	Ketiauwöl	„	—
	Illipe butyracea Engl.	indisch. Butterbaum	Fulwabutter	„	—
	Ill. latifolia (Roxb.) Engl.	Mahwabaum	Mahwabutter	„	50—55
	Ill. Malabrorum König.	„	„	„	51—55
	Palaquium pisang Burck.	—	Balamtalg	„	45
	P. oleosum Blanco.	—	Sunteitalg	„	40—45
	P. oblongifolium Burck.	—	Njatutalg	„	—
	Argania Sideroxylon Roem. et Schult.	—	—	„	—
	Butyrospermum Parkii Kotschy.	Butterbaum	Sheabutter	„	45—48
Oleaceen Ölbaumgewächse	Olea europaea L.	Olive	Olivenöl	Samen- und Fruchtfleisch	Fleisch 40—60; Kern 12—15
Apocyneen Hundwürgerartige Gewächse	Cerbera Thevetia L.	Schellenbaum	Exile-oil	Samen	30
	Cerb. manghas L.	—	—	—	—

Pflanzenfamilie	Art	Deutscher Name der Pflanze	Bezeichnung des Öles oder Fettes	Pflanzenteil, der zur Ölgewinnung dient	Ölgehalt des betreffenden Pflanzenteiles in Prozenten
Labiaten Lippenblütler	Lallemantia iberica Fisch. et Mey.	Lallemantie	Lallemantiaöl	Samen	29—30
	Hyptis spicigera Lamk.	—	Hyptisöl	„	—
Solanaceen Nachtschattengewächse	Hyoscyamus niger L.	Bilsenkraut	Bilsenkrautsamenöl	Samen	35—37
	Nicotiana Tabacum L.	Tabakgewächse	Tabaksamenöl	„	30—32
	Atropa Belladonna L.	Tollkirsche	Belladonnaöl	„	27—28
Scrophulariaceen	Paulownia imperialis Sieb. et Zucc.	filzige Bignonie	huile de toï	Samen	—
Pedaliaceen Sesamgewächse	Sesamum indicum L.	Sesam	Sesamöl	Samen	50—58
	Ses. orientale L.	„	„	„	50—55
Rubiaceen Kaffeegewächse	Coffea arabica L.	Kaffeestrauch	Kaffeebohnenöl	Samen	—
Cucurbitaceen Kürbisgewächse	Telfairia pedata Hook fil.	—	Castanhaöl	Samen	59—60
	Cucurbita Pepo L.	Kürbis	Kürbiskernöl	„	20—25
	Cucumis melo L.	Melone	Melonenöl	„	25—26
	Cucumis sativus L.	gem. Gurke	Gurkenkernöl	„	25—26
	Trichosanthes kadam Miq.	—	Kadamöl	„	—
Compositen Korbblütler	Helianthus annuus L.	Sonnenblume	Sonnenblumenöl	Samen	21—22
	Guizotia abyssinica (L. fil.) Cass.	Abyssin. Ölpflanze	Nigeröl	„	42—48
	Madia sativa Mol.	Ölmadie	Madiaöl	„	32—33
	Carthamus tinctorius L.	Safflor	Safloröl	„	30—35
	Arctium Lappa L.	Klette	Klettenöl	„	19—20
	Onopordon Acanthium L.	Distel	Distelöl	„	30—35
Hypocreaceen Lagerpflanzen	Claviceps purpurea Tul.	Mutterkorn	—	—	—

Zusammensetzung des sogen. Rohfettes.

Der Gehalt an sogenanntem „Rohfett“, den die chemische Analyse ausweist, besteht bei den fetthaltigen Pflanzenteilen nicht bloß aus Fettsäure-Glyzeriden und freien Fettsäuren, sondern enthält neben diesen eine Reihe von Verunreinigungen (Nichtfette). Bei der Extraktion mittels Äther, Benzin und anderen Fettlösungsmitteln gehen nämlich nicht nur die wirklichen Fettstoffe in Lösung, sondern auch Phytosterin, Lecithin[1]), Pflanzenwachs, Chlorophyll, Harze, ätherische Öle usw., die stete Begleiter der Pflanzenfette sind[2]).

Der Gehalt des Rohfettes an wirklichen Fettstoffen kann unter Umständen bis auf 40% heruntersinken (z. B. bei den Rauhfutterstoffen). Bei

---

[1]) Von den genannten Begleitern der Pflanzenfette haben für den Fetttechniker das Phytosterin und die Lecithine das meiste Interesse. Über ersteres wird an anderer Stelle in diesem Bande ausführlich gesprochen; die Lecithine sind wachsähnliche Verbindungen, welche sich in Alkohol, Äther leicht lösen und nicht nur in den Pflanzen (besonders im Samen der Gramineen, Leguminosen und Kruziferenarten), sondern an Eiweiß gebunden in Form sogenannter Lecithalbumine auch im tierischen Organismus vorkommen (Butter, Eifett, Gehirn usw.).

Dem Lecithin dürfte für gewöhnlich die Formel

$$C_3H_5 \begin{cases} O \cdot C_{18}H_{35}O \\ O \cdot C_{16}H_{31}O \\ O \cdot PO \begin{matrix} \diagup OH \\ \diagdown OC_2H_4 \cdot (CH_3)_3N \cdot OH \end{matrix} \end{cases}$$

zukommen. Die Lecithine zerfallen beim Erwärmen mit Basen oder Säuren wie auch beim Erhitzen für sich in Neurin

$$N \cdot C_2H_3 \cdot \begin{matrix} CH_3 \diagdown \\ H \diagup \end{matrix} O,$$

in fette Säuren und in Glyzerinphosphorsäure

$$C_3H_5 \begin{cases} OH \\ OH \\ O \cdot PO \cdot (OH)_2 . \end{cases}$$

Je nachdem eine oder die andere Fettsäure in dem Lecithinmolekül mehr vorwaltet, variieren die Eigenschaften der Lecithine. In den Ölsamen ist Lecithin in ziemlicher Menge vorhanden; so z. B.

in Leinsamen	0,73—0,88%,
„ Kottonsamen	0,94%,
„ Hanfsamen	0,85%,
„ Erbsen	1,05%,
„ Sojabohne	1,64%.

Bei der Verarbeitung des Ölsamens scheint ein Teil des Lecithins zerstört zu werden. Nach den Untersuchungen von E. Schulze und Merlis („Landwirtsch. Versuchsstationen“, Bd. 43, S. 315 und Bd. 45, S. 209) enthalten die Ölkuchen (Preßrückstände der Ölfabrikation) nämlich weit weniger Lecithin, als nach der Zusammensetzung der Saaten zu erwarten wäre, wie auch der Lecithingehalt der Öle ein sehr geringer ist. (Siehe Töplers Phosphorsäurebestimmungen in Ölen in „Landwirtsch. Mitteil. aus Poppelsdorf“, 3. Heft, S. 115).

[2]) C. Peano in Le stazioni sperimentali agrarie italiane, Bd. 35, S. 660.

den ölreicheren Pflanzenteilen wie den Ölsämereien ist das Verhältnis aber ein weit günstigeres und reicht im allgemeinen wohl bis auf einige Prozente an Hundert heran; immerhin aber darf man auch den Rohfettgehalt bei Ölsaaten nicht ohne weiteres dem Gehalte an Fettsäureglyzeriden und Fettsäuren gleichsetzen und muß speziell bei Ausbeuteberechnungen auf Grund von Analysendaten auf diesen Umstand Rücksicht genommen werden.

Elementarzusammensetzung der Öle und Fette.

Obzwar die verschiedenen Pflanzenöle und Fette in ihrer Eigenschaft recht merklich voneinander abweichen, so weisen sie in ihren Elementarzusammensetzungen doch nur ganz geringe Unterschiede auf. Nach König[1]) setzt sich zusammen:

	Kohlenstoff	Wasserstoff	Sauerstoff
Olivenöl	77,20%	11,30%	11,50%
Öl aus Leinsamen	76,80	11,20	12,00
Öl aus Rapssamen	77,99	12,03	9,98
Öl aus Kokosnußschalen	74,28	11,77	13,95
Öl aus Rizinussamen	74,00	10,26	15,71

Vorkommen der Wachse im Pflanzenreiche.

Die **Pflanzenwachse** finden sich nur selten im Innern der Zellen (wie die Öle und Fette), sondern mehr an der Oberfläche der sie erzeugenden Organe und Gewebe. Häufig bedecken sie diese in Form von parallel gestellten Stäbchen, kristallinischen Krusten oder körnerartigen Gebilden, mitunter, wenn auch nicht häufig, als völlig homogene Überzüge.

Gewöhnlich kommt das vegetabilische Wachs auf den Stengeln, Blättern und Früchten der Pflanzen vor. Im Fruchtfleisch abgelagert findet sich Pflanzenwachs nicht, wie es in größeren Mengen auch nicht in den Samen, ähnlich wie die Fette, als Reservestoff anzutreffen ist. Nur die Samen von Rhus succedanea enthalten 25% Wachs in ihren Zellen eingeschlossen. In geringen Mengen findet sich Wachs stets als Bestandteil der Cuticula vor, wenn eine cuticularisierte Oberhaut vorhanden ist. (Also eigentlich an der Oberfläche aller Samen.) Der Glanz oder Reif mancher Samen ist ausschließlich auf einen Wachsgehalt zurückzuführen. Dieser Reif besteht immer aus mikroskopisch kleinen Körnchen oder Kügelchen, welche nur selten, wie bei Rizinusölsamen, gehäuft sind; zumeist bilden sie gleichmäßig dünne Schichten. Wachsüberzüge finden sich auch bei einigen Beerenfrüchten in sehr dünner Schicht. Der Reif der Pflaumen, der Kohlblätter, der Nadeln vieler Koniferen usw. ist auf äußerst zarte, in ihrer Stärke auch mikroskopisch kaum bestimmbare wachsartige Schichten zurückzuführen. Reichlicher finden sich solche Wachsablagerungen bei unserer Hauswurz und bei vielen anderen heimischen und exotischen Pflanzen. Für eine Gewinnung von Wachs kommen aber nur die nachstehend verzeichneten Pflanzen in Betracht, bei welcher Zusammenstellung uns wiederum die botanische Einteilung von Mikosch[2]) diente:

Übersicht der wachsliefernden Pflanzen.

[1]) Landwirtsch. Versuchsstationen, 1870, S. 241.

[2]) Wiesner, Rohstoffe des Pflanzenreichs, Leipzig 1900, Bd. 1, S. 467.

Pflanzenfamilie	Art	Deutscher Name der Pflanze	Bezeichnung des Wachses	Pflanzenteil, aus dem das Wachs gewonnen wird
Palmen	Copernicia cerifera Mart.	Carnaubapalme	Carnaubawachs	Blätter
	Ceroxylon andicola Humb. et Bonpl.	Wachspalme	Palmwachs	Stammrinde
	Klopstockia cerifera	—	—	"
Myricaceen Gagelgewächse	Myrica cerifera L.	Wachsmyrte	Myricawachs	Frucht
	M. carolinensis Willd.	"	"	"
	M. cordifolia L.	"	"	"
	M. quercifolia L.	"	"	"
	M. arguta Kunth.	"	"	"
	M caracassana Humb., Bonpl. et K.	"	"	"
	M. laciniata Willd.	"	"	"
	M. serrata Lam.	—	"	"
	M. brevifolia E. Mey. et C. D C	—	"	"
	M. Kraussiana Buching.	—	"	"
	M. Burmannii L. Pappe	—	"	"
	M. aethiopica L.	—	"	"
	M. Xalapensis Kth.	—	"	"
	M. Taya Ait.	—	"	"
Moraceen	Ficus ceriflua Jungh.	Wachsfeigenbaum	Javanisches Pflanzenwachs	Samen
	Brosimum Galactodendron Don.	Milchbaum	Kuhbaumwachs	Milchsaft
Balanophoraceen Kolbenschosser	Balanophora elongata Bl.		Balanophorenwachs	Knollen der Stämme
	Langsdorffia hypogaea Mart.	Siejas	"	
Myristicaceen Muskatgewächse	Myristica Ocuba Humb. et Bonpl.	Ocuba	Ocubawachs	Früchte
Lauraceen	Cinnamomum pedunculatum N. ab. E.	—	Kagawachs	Früchte
Tamaricaceen	Fouquiera splendens Engelm.	Ocatilla	Ocotillawachs	Rinde
Anacardiaceen Sumachgewächse	Rhus succedanea L.	Wachssumach	Japanwachs	Samen
	Rh. vernicifera D C.	Firnissumach	"	"
	Rh. silvestris Sieb. et Zucc.	Waldsumach	"	"
	Rh. juglandifolia H B.K.	Firnissumach	"	"
Compositen Korbblütler	Bacharis confertifolia Colla.	—	—	?

Vorkommen von Öl und Fett im Tierreiche.

Im **Tierreiche** findet sich Fett in allen Geweben und Organen sowie in allen Flüssigkeiten (mit Ausnahme des Harns), wenn auch nur in geringen Mengen; es kommt auch in eigenen Zellen, im sogenannten Fettgewebe, massenhaft angesammelt und in gewissen Flüssigkeiten (Milch) angehäuft vor.

Die fettreichste Körpersubstanz stellt das Knochenmark dar (90%), an zweiter Stelle kommt das besonders in der Nierengegend, Bauchhöhle, in den Eingeweiden, in der Herzgegend und unter der Haut sich vorfindende Fettgewebe mit 82—83% Fettgehalt, an dritter das Rückenmark mit 23,60% Fett. Die fettärmsten Körperbestandteile sind die Knochen, das Blut mit 0,40%, der Speichel mit 0,02% und der Schweiß mit 0,001% Fettgehalt.

Uns interessiert besonders das Fettgewebe, aus dem (neben den Knochen und der Milch) allein eine industrielle Gewinnung des Fettes möglich ist.

Fettgewebe.

Das Körperfett ist hauptsächlich im Bindegewebe abgelagert, wo es in den sogenannten Fettzellen, welche feine Membranen darstellen, eingeschlossen ist. Soll das Fett durch Lösungsmittel oder durch Ausschmelzen gewonnen werden, so muß die Zellmembrane zerstört werden. Der Einwirkung von Schwefelkohlenstoff, Äther, Benzin leistet dieselbe Widerstand[1]), dem sauren Magensafte dagegen nicht. Sie besteht aus sogenannten Kollagen, einer leimartigen Substanz, die bei Ochsen, Hammeln und Schweinen nach der Reinigung durch Wasser und Salzsäure folgende Elementarzusammensetzung[2]) zeigt:

Zusammensetzung der Zellmembrane.

Kohlenstoff	50,44—50,84%
Wasserstoff	7,19— 7,57
Stickstoff	15,38—15,87
Sauerstoff	24,88—25,19
Asche	0,58— 0,73

Bei den sehr geringen Schwankungen kann man die Zusammensetzung dieses das Fett umschließenden Gewebes bei allen unseren Nutztieren als gleich annehmen.

Alle im Tier- und Menschenkörper vorkommenden Fette sind im lebenden Zustande des Individuums flüssig. Die hohe Körperwärme

---

[1]) Interessant ist die Beobachtung von Bogdanow und Dormayer, daß ein Teil des in den tierischen Organen enthaltenen Fettes durch Äther auch dann nicht extrahierbar ist, wenn man die betreffenden Teile vorher trocknet und feinst pulvert. Das Fett geht nur dann vollständig in Lösung, wenn die Organe vorher durch Behandlung mit Pepsin sozusagen „aufgeschlossen" wurden. J. Nerking erklärt sich dies durch eine teilweise chemische Bindung des Fettes an Eiweißstoffe, für welche Annahme aber ein Beweis durch Herstellung solcher Verbindungen auf synthetischem Wege nicht erbracht wurde. (Archiv f. Physiol., 1901, S. 330.)

[2]) E. Schulze und A. Reinecke, Landwirtsch. Versuchsstationen, Bd. 9, S. 97.

zeigenden Säugetiere ($35^1/_2$—$38^1/_2$ ° C) und Vögel ($39^1/_2$—43 ° C) können Fette enthalten, die erst knapp unter dieser Bluttemperatur schmelzen, die Fette der Kaltblüter müssen dagegen selbst bei niederer Temperatur flüssig bleibende Öle sein.

Beschaffenheit der Fette im lebenden Tierkörper.

Das Sinken der Körperwärme nach dem Tode macht bei Warmblütern das Fett meist erstarren, wodurch die im lebenden Zustande runden, prallen, zierlichen Fettzellen höckerig werden. Das Fettgewebe des Menschen, der fleischfressenden Tiere und der Dickhäuter enthält vorwiegend leichter schmelzbares Palmitin und gibt daher salbenartige Fette; die Wiederkäuer und Nagetiere haben ein mehr stearinhaltiges Fettgewebe und liefern deshalb ein talgartiges, festeres Fett. Das Fett der Fische und Cetaceen, das den Lebensbedingungen dieser Tiere entsprechend auch bei tieferer Temperatur flüssig sein muß, bleibt dies auch noch nach dem Abtöten der Tiere.

Zusammensetzung des Fettgewebes.

E. Schulze und A. Reinecke[1]) haben das Fettgewebe verschiedener Tiere auf seinen Gehalt an Wasser, Fett und Membransubstanz untersucht und folgende Durchschnittszahlen gefunden:

	Wasser	Membran	Fett
bei Hammeln	10,48%	1,64%	87,88%
bei Ochsen	9,96	1,16	88,88
bei Schweinen	6,44	1,35	92,21

von verschiedenen Körperteilen.

Die Genannten haben auch das Fettgewebe von verschiedenen Körperstellen ein und desselben Tieres einer näheren Prüfung unterzogen, wobei sich ergab, daß das Fettgewebe eines gut gemästeten Ochsen enthielt:

	Wasser	Membran	Fett
in der Nierengegend	5,00%	0,85%	94,15%
in der Netzgegend	4,89	0,80	94,31
am Hodensack	8,34	1,63	90,03
an der Brust	30,85	4,88	64,27

Bei einem englischen Schweine fand man im Fettgewebe:

	Wasser	Membran	Fett
in der Brustgegend	9,88%	2,12%	87,99%
in der Bauchgegend	6,84	1,56	91,60
in der inneren Bauchwand	2,61	0,39	97,00

Einfluß der Ernährung auf die Zusammensetzung des Fettgewebes.

Für die praktische Wertbeurteilung des Fettgewebes sind die Beobachtungen von H. Grouven[2]) wichtig, welcher konstatierte, daß dasselbe um so wasserreicher ist, je schlechter das Tier genährt (mager) ist. Die nachstehenden Ziffern zeigen, wie bedeutend der effektive Fettgehalt im Fettgewebe, je nach dem Ernährungszustande des Tieres, variieren kann.

---

[1]) Landwirtsch. Versuchsstationen, Bd. 9, S. 97.

[2]) König, Chemie der Nahrungs- und Genußmittel, Berlin 1904, Bd. 2, S. 504.

	Wasser	Membrane	Fett	Asche
Magerer Bullen	20,95%	4,19%	73,86%	1,00%
Halbfette Kuh	9,41	1,66	88,68	0,25
Fette Kuh	5,29	0,97	93,74	—

Einfluß der Ernährung auf das reine Fett.

Sowie die Zusammensetzung des Fettgewebes nach der Rasse des Tieres, seiner Fütterungsweise und sonstigen Lebensbedingungen schwankt, ist auch die Beschaffenheit des Fettes selbst eine verschiedene. So ist das Fett gemästeter Tiere stets reicher an flüssigen Anteilen als das Fett nicht gemästeter. Amthor und Zink haben beobachtet, daß das Fett der Haustiere stets weicher ist als das der wildlebenden Verwandten der betreffenden Tiere; ein schlagender Beweis, daß üppige, fettreiche Nahrung weichere Fette bildet als schmale Kost.

Beschaffenheit des reinen Fettes an verschiedenen Körperstellen.

Hinsichtlich seiner Zusammensetzung variiert auch das Fett von verschiedenen Körperstellen bei ein und demselben Tiere. So hat Moser[1]) bei Hammeln gefunden:

	Schmelzpunkt des Fettes	Erstarrungspunkt des Fettes
Fett von den Nieren	54,0—55,0° C	40,7—40,9° C
„ „ Netz und Darm	52,0—52,9	39,2—39,7
„ „ Fetthaut	49,5—49,6	34,1—34,9

L. Mayer[2]) hat schon früher ähnliche Verschiedenheiten bei Rinderfett konstatiert und angegeben für:

	Schmelzpunkt	Erstarrungspunkt
Eingeweidefett	50,0° C	35,0° C
Lungenfett	49,3	38,0
Netzfett	49,6	34,5
Herzfett	49,5	36,0
Stichfett	47,1	31,0
Taschenfett	42,5	35,0

V. Henriques und C. Hansen[3]) haben bei der Untersuchung des Fettes von verschiedenen Stellen bei ein und demselben Tiere gefunden, daß der Gehalt an flüssigen Säuren abnimmt, je näher die betreffende Stelle dem wärmsten Teil des Körpers, dem Abdomen, liegt. Die Schmelzbarkeit des Nierenfettes liegt daher zwischen der des Hautfettes und der des Mesenterial- oder Omentfettes. Der Rückenspeck des Schweines ist sogar durch eine Faszie in zwei Schichten geteilt, deren äußere leichter schmelzbar ist als die innere. Diese Eigentümlichkeit erstreckt sich so weit, daß die in den kälteren Klimaten großgezogenen Schweine eine wesentlich ölreichere äußere Speckschichte aufweisen als die in wärmerem

---

[1]) Berichte der Tätigkeit der Versuchsstation Wien, 1882/83, S. 8.
[2]) Wagners Jahresberichte, 1880, S. 844.
[3]) Biedermanns Zentralbl., 1901, S. 182.

Klima aufgewachsenen; beim Fett der inneren Körperpartien macht sich eine solche Verschiedenheit nicht bemerkbar.

Knochen.

Neben dem Fettgewebe unserer Landtiere ist auch das Fett der Knochen von industrieller Wichtigkeit.

Die Knochen bestehen der Hauptsache nach aus einem leimgebenden Gewebe (dem Knochenknorpel) und aus anorganischen Salzen (vorwiegend Calciumphosphat). In den kleinen Kanälen und Lücken des Knochengerüstes ist eine flüssiges Fett, Albumin und Salze enthaltende Flüssigkeit gelagert, deren Menge je nach der Art der Knochen, der Tierart und dem Alter des Tieres in ihrer Menge bedeutend schwankt, wie überhaupt die Knochen eine höchst wechselnde Zusammensetzung aufweisen. Dieselbe bewegt sich innerhalb nachstehender Grenzen:

Wasser	5—50%
Leimgebende Knorpelsubstanz	15—50
Fett	0,5—20
Mineralstoff	20—70

Nach C. Aeby[1]) sollen Rindsknochen mit zunehmendem Alter an Kalksalzen zu- und an organischen Substanzen abnehmen. E. Wild[2]) hat bei Kaninchenknochen ein gleiches bezüglich der Mineralstoffe konstatiert, nicht aber eine Abnahme der organischen Substanzen. Er fand im Gegenteil, daß die Menge der Leimsubstanz beim Alter der Tiere fast vollkommen gleich bleibt, der Wassergehalt sehr bedeutend fällt, unter gleichzeitigem Ansteigen des Fettgehaltes.

Fettgehalt der Knochen.

Der Fettgehalt der Knochen verschiedener Körperteile schwankt ganz bedeutend.

In trockenen Rindsknochen fand z. B. König[3]):

	Leimgebende Knochensubstanz	Fett	Asche
Beckenknochen eines Rindes	29,58%	22,07%	48,08%
Rippe „ „	35,94	11,72	52,34
Schienbein „ „	30,23	0,50	69,27
Unterarm „ „	27,17	18,38	45,45
Röhrenknochen eines Ochsen	29,68	9,88	60,44
Unterschenkelknochen eines Rindes	37,08	2,90	61,32
Rückenwirbel eines Rindes	31,85	22,65	45,50

Das in den Röhrenknochen enthaltene „Knochenmark" ist äußerst fettreich und enthält nach Mène:

---

[1]) Jahresbericht f. Agrikulturchemie, 1870/72, Bd. 3, S. 63.

[2]) Landwirtsch. Versuchsstationen, 1872, S. 404.

[3]) Chemie der Nahrungs- und Genußmittel, Berlin 1904, Bd. 2, S. 502.

	I.	II.
Wasser	3,49%	5,82%
Stickstoffsubstanz	1,30	5,04
Fett	92,53	87,74
Asche	2,78	1,74

Andere fetthaltige Teile des Tierkörpers.

Von Wichtigkeit für die Industrie ist ferner noch der zwischen dem eigentlichen Muskelfleische und der äußeren Haut der Seesäugetiere abgelagerte Speck, die fettreichen Lebern mancher Fische, hauptsächlich der Gadusarten, und das Fett der Eingeweide gewisser Fische, das zur Trangewinnung herangezogen wird, wie auch manche kleinere Fische, die Fett im ganzen Körper verteilt enthalten, behufs Ölgewinnung samt und sonders zerkleinert und dann gepreßt werden.

Die Milch der Säugetiere, die uns nicht nur ein wichtiges Nahrungsmittel, sondern in der Kuhmilch auch Lieferant der Naturbutter ist, enthält das Fett in Form äußerst feiner, mikroskopisch kleiner Tröpfchen (Milchfettkügelchen), von denen ein Liter Kuhmilch nach Schellenberger 1944—6308 Milliarden, nach Soxhlet 691—2291 Billionen enthält. Der prozentuelle Fettgehalt der Kuhmilch, welche die weitaus wichtigste Milchsorte darstellt, schwankt zwischen 3 bis 6%.

Elementare Zusammensetzung der Tierfette.

Die Elementarzusammensetzung der verschiedenen Tierfette weicht nur unwesentlich voneinander ab; so fanden E. Schulze und A. Reinecke[1]) bei Fett vom

	Kohlenstoff	Wasserstoff	Sauerstoff
Hammel	76,61%	12,03%	11,36%
Ochsen	76,50	11,91	11,59
Schwein	76,54	11,94	11,52
Pferd	77,07	11,69	11,24
Kuhbutter	75,63	11,87	12,50

Tierische Wachse.

Die **animalischen Wachse** finden sich teils im Körper mancher Tiere eingeschlossen (Walrat in den Kopfhöhlungen des Pottwals), oder sie stellen Stoffwechselprodukte von Insekten dar (Bienen-, Insektenwachs).

Bildung der Öle, Fette und Wachsarten.

So interessant auch dieses Thema ist, kann es hier doch nicht in seinem ganzen Umfange aufgerollt werden. Eigentlich in die physiologische Chemie gehörend, muß diese Frage aber doch flüchtig berührt werden, weil die Grundzüge der Fettbildung in der Pflanze wie beim Tiere und die diese Vorgänge beeinflussenden und begünstigenden Umstände auch für den Technologen zu wissen wichtig sind.

Trotz der zahlreichen Arbeiten, welche über die Fettbildung im Pflanzen- und Tierkörper vorliegen, ist es noch nicht gelungen, vollständige Klarheit

---

[1]) Landwirtsch. Versuchsstationen, Bd. 9, S. 97.

über die Vorgänge, die sich bei derselben abspielen, zu erlangen. Immerhin aber kann man als feststehend annehmen, daß im Pflanzen- wie im Tierkörper bei der Fettbildung Eiweißstoffe und Kohlenhydrate mitwirken.

Fettbildung in der Pflanze.

Über die **Entstehung des Fettes in der Pflanzenzelle** weiß man heute nur, daß die Fettbildung entweder durch Umwandlung von Kohlenhydraten (Stärke, Glykose oder Zellulose) oder durch Spaltung von Eiweißstoffen erfolgt. Ob dabei das Protoplasma tätig ist, konnte trotz einiger dafür sprechender Beobachtungen noch nicht mit Sicherheit festgestellt werden. Da die Pflanzensamen bei Beginn ihrer Entwicklungsperiode tatsächlich reichliche Mengen Chlorophyll enthalten, weil ferner mitunter Fette in den Chlorophyllkörnern auftreten (bei Kakteen), so hat die Annahme, daß ein Teil der Fette aus Chlorophyll gebildet werde, manches für sich; die aus Chlorophyll entstandenen Fettmengen sind aber jedenfalls nur ganz geringe.

Weil Fett mit Wasser benetzte Membranen nicht zu passieren vermag, so müssen die Rohprodukte der Fettbildung jedenfalls im Innern selbst in reichlichen Mengen vorhanden sein, und von diesen können nur Stärke und Zucker in Betracht kommen.

A. Münz[1]) hat bei Raps die Menge des in Ölsamen von verschiedenen Reifezuständen vorhandenen Öles verfolgt und gefunden, daß der Ölgehalt zur Reifezeit unter gleichzeitiger Abnahme des Stärkegehaltes wächst und bei erlangter vollkommener Reife sein Maximum erreicht. Bleibt der gereifte Samen noch einige Zeit am Halm, so geht der Fettgehalt wieder etwas zurück.

Tag der Probenahme	Beschaffenheit des Rapses	Gewicht von 100 trockenen Samen	In 100 Samen sind enthalten				
			Glykose	Rohrzucker	Stärke	Fett	Rohprotein
		mg	mg	mg	mg	mg	mg
1. Juni	gänzlich unreif	121	10,1	13,0	24,2	17,2	24,4
7. „		155	11,6	12,0	28,7	32,6	33,5
16. „		191	9,6	9,8	25,6	60,1	75,8
27. „		379	11,8	8,11	26,1	168,5	89,4
2. Juli	beginnende Schwärzung	494	12,4	22,9	13,1	215,6	93,9
7. „	reif	549	12,4	25,2	8,3	227,9	105,3
13. „	überreif	498	12,4	24,7	6,7	207,8	105,5

C. Gerber[2]) hat durch Untersuchungen des Gasaustausches, welcher zwischen der Atmosphäre und Oliven in den verschiedenen Stadien ihrer

[1]) Annales des sciences naturelles. Botanique, 7. Serie, Bd. 3, S. 68.
[2]) Chem. Centralbl., 1897, S. 1152.

Entwicklung stattfindet, nachgewiesen, daß das Fett der Oliven aus Mannit (dem Zucker der Oliven) gebildet wird, eine Tatsache, auf die früher schon de Luca[1]) hingewiesen hatte.

Dagegen glaubt Harz[2]) nachgewiesen zu haben, daß die Fettbildung in der Olive nicht auf eine Umwandlung aus Stärke zurückzuführen sei, sondern daß sich das Fett in der Olive direkt bilde, und zwar in der Form einzelner kleiner Kügelchen, welche anfangs ganz andere physikalische Beschaffenheit haben als das Öl reifer Früchte. Diese Ölkörner wachsen mit der zunehmenden Reife der Frucht und füllen schließlich die ganze Zelle mehr oder weniger aus, wobei sie aus dem ursprünglichen kautschukähnlichen Zustande in einen dickflüssigen und endlich in einen dünnflüssigen übergehen, in der Konsistenz aber an der Peripherie dichter bleiben als im Innern.

Wachsbildung in Pflanzen.

Die **Bildung von Wachs in der Pflanze** scheint entweder auf einer teilweisen Umwandlung der Zellmembrane zu beruhen oder aus Stärke zu erfolgen.

Nach der Ansicht Karstens geschieht die Umwandlung der Zellmembrane in Wachs derart, daß ein Teil der Zellulose-Moleküle neben neugebildeten unverändert bleibt und nur der Rest in Wachs übergeht.

Fettbildung im Tierkörper

Die Vorgänge, die sich bei der **Fettbildung im Tierkörper** abspielen, haben seit jeher größeres Interesse erregt als die Prozesse, welche die Fettbildung in den Pflanzen hervorrufen. Der praktische Wert, den eine richtige Erkenntnis der Bedingungen zum Fettansatze im Tierkörper für die Viehmästung hat, ist eben ein ganz bedeutender. Dumas, Boussingault, Payen und andere vertraten seinerzeit die Ansicht, daß alles im Tier aufgespeicherte Fett vom Nahrungsfett stamme, in letzter Linie also vegetabilischer Abkunft sei. Liebig hat zuerst das Unhaltbare dieser Behauptung nachgewiesen und klargelegt, daß tierisches Fett auch aus anderen Nährstoffen gebildet werden müsse. Die Frage der Fettbildung ist seither Gegenstand eifrigsten Studiums gewesen, ohne daß dieselbe mit vollster Präzision und Gewißheit heute gelöst worden wäre.

Nachgewiesen ist in ganz unzweifelhafter Weise nur, daß

1. das mit der Nahrung aufgenommene Fett unter hierzu geeigneten Umständen im Tierkörper direkt abgelagert wird;

2. auch andere Nährstoffe an der Fettbildung teilnehmen.

aus dem Nahrungsfett.

Für den direkten Übergang von Nahrungsfett in Muskelfett ist durch Versuche schon vielmals der Beweis erbracht worden. Es seien hier nur die Experimente von Lebedeff und Munk[3]) (Fütterung ausgehungerter Hunde mit großen Mengen Leinöl und Hammeltalg — entsprechende Beschaffenheit des Körperfettes dieser Tiere), die gleiche Resultate ergebenden Ver-

[1]) C. r. de l'acad. des sciences, 125, S. 658.

[2]) Sitzungsberichte der Akad. d. Wissensch., Wien 1870, Nr. 61.

[3]) Zentralbl. f. d. mediz. Wissensch., 1884, Nr. 41, S. 725.

suche von Henriques und Hansen[1]) an Kaninchen, die Beobachtungen F. Alberts[2]) sowie jene von Winternitz[3]) und Caspari[4]) erwähnt.

F. Albert hat bei Schafen den Einfluß der Fettarten der verschiedenen Kraftfuttermittel auf die Beschaffenheit des angesetzten Fettes festgestellt. Er fand, daß z. B. das Öl der Sonnenblumenkuchen einen leicht streichbaren Rückentalg und einen weichen, beinahe streichbaren Nierentalg gab, daß das Öl der Rapskuchen wesentlich festere Talgarten lieferte und Erdnußkuchen einen krümligen, nicht streichbaren Rückentalg und einen harten krümligen Nierentalg gaben. Daß Fett als solches im Tierkörper direkt zum Ansatze gelangt, haben Winternitz und Caspari durch Verabreichung von Jodfett am deutlichsten gezeigt, denn bei diesen Versuchen konnte Jodfett sowohl im Fettgewebe als in den Knochen und in der Milch nachgewiesen werden.

Das Nahrungsfett wird also unter den geeigneten Bedingungen zweifellos ohne wesentliche Veränderungen im Tierkörper angesetzt. Die verschiedenen Abweichungen, welche die Fette einzelner, mit Fetten gleicher Provenienz gefütterten Tierarten trotzdem zeigen, erklärt sich so, daß das Tierfett der Hauptsache nach ja nicht aus Nahrungsfett gebildet wird, sondern größtenteils anderen Stoffumsetzungen seine Entstehung verdankt, die in den verschiedenen Tierkörpern in verschiedener charakteristischer Weise vor sich gehen.

Die Qualität des Nahrungsfettes beeinflußt nicht nur die Beschaffenheit des Muskelfettes, sondern auch die der anderen im Tierkörper produzierten Fette, wie z. B. des Wollfettes und der Milch. Durch Arbeiten Ramms[5]) ist der Einfluß des Nahrungsfettes auf die Eigenschaften des Wollfettes und durch die Fütterungsversuche, die Klien[6]) (Palmkernkuchen und Rüböl), Heinrich[7]) (Kokos- und Erdnußkuchen), G. Spampani und L. Daddi[8]) (Sesamöl), F. R. Werenskiold[9]) (Baumwollsamenöl), G. Baumert und F. Falke[10]) (Sesam-, Kokos- und Mandelöl), vornahmen, ist der direkte Übergang eines Teiles des Nährfettes in die Milch dargetan.

Die Fette und Öle scheinen sich an den Gärungs- und Fäulnisvorgängen, die sich im Verdauungstrakte abspielen, nicht zu beteiligen.

---

[1]) Biedermanns Zentralbl., 1900, S. 529.

[2]) Landwirtsch. Jahrbücher, 28. Bd., 1899, S. 975.

[3]) Zeitschr. f. physiol. Chem., 24. Bd., 1898, S. 425.

[4]) Archiv f. Anatomie und Physiol., 1899, S. 267.

[5]) Deutsche landwirtsch. Presse, 1898, Nr. 80—84.

[6]) Pott, Tierische Ernährung, Berlin 1904, S. 79.

[7]) Milchzeitung, Bd. 20, S. 912.

[8]) Le Stazioni sperimentali agrarie italiane, Bd. 29, S. 373.

[9]) Jahresbericht über die öffentlichen Veranstaltungen im Interesse der Landwirtschaft in Norwegen i. J. 1897.

[10]) Zeitschr. f. Untersuchung der Nahrungs- und Genußmittel, 1898, Heft 10, S. 665.

Verdauung des Nahrungsfettes.

Die Verdauung des Nahrungsfettes erfolgt vornehmlich durch Vermittlung des Pankreassaftes und der Galle, wie auch Mikroben und Enzyme (Lipase) dabei eine Rolle spielen. Das Fett wird teilweise als solches assimiliert oder es erfolgt vor seiner Resorption eine Zerlegung in seine Bestandteile (Fettsäure und Glyzerin), die dann in leicht lösliche Seifen oder in einem emulsionsartigen Zustande überführt werden, um im Gallendarm oder vermittels der Chylusgefäße aufgesaugt zu werden[1]).

Die Rolle, welche die Galle und der Pankreassaft bei der Fettverdauung und bei der Fettresorption spielen, ist von vielen Physiologen[2]) genau studiert worden und es steht heute fest, daß ohne die beiden Sekrete eine Fettresorption nicht denkbar ist.

Im Chylus finden sich die Fette nicht mehr als Seifen, sondern zum weitaus größten Teil schon wieder als Triglyzeride vor und scheinen die Seifen resp. Fettsäuren beim Durchgang durch die Darmschleimhäute in Triglyzeride rückverwandelt zu werden, eine Umwandlung, die wahrscheinlich ebenfalls auf Enzyme zurückzuführen ist.

Das Verhältnis des im Darm überhaupt zerlegten Fettanteiles zu dem durch einfache Emulsion resorbierten hängt von verschiedenen Umständen ab.

Der Schmelzpunkt der in den Fetten enthaltenen Fettsäuren, gleichgültig, ob in freiem oder gebundenem Zustande, ist auf die Verdaulichkeit des betreffenden Fettes von entscheidendem Einflusse. Arnschink[3]) teilt vom Standpunkte der Verdaulichkeit aus die Fette in drei Gruppen:

1. in solche, die bei niedrigerer Temperatur als die Körperwärme schmelzen, also flüssig sind (Schweinefett, Gänsefett und die verschiedenen Öle),

2. in solche, welche wenig oberhalb der Körperwärme schmelzen, wie z. B. Hammeltalg, und

3. in solche mit einem wesentlich höheren Schmelzpunkt als die Körpertemperatur.

Die Fette der ersten Gruppe werden bis auf 2—3% im Darmkanal resorbiert; bei den Fetten der zweiten Gruppe bleibt schon ein größerer Teil unresorbiert, und zwar 7—11%, und die Fette der dritten Gruppe werden wahrscheinlich nur zum allergeringsten Teil ausgenützt und verlassen den Darm bis zu 90% unresorbiert.

---

[1]) J. Munk, Archiv f. Physiol., 1890, S. 581. — O. Minkowski, Berliner klin. Wochenschr., 1890, Nr. 15. — N. Zuntz, Verhandlung der 63. Versammlung deutscher Naturforscher, 1891, Bd. 2, S. 179. — Vaughan Harley, Chem. Centralbl., 1897, Bd. 2, S. 44.

[2]) J. Lewin, Pflügers Archiv, Bd. 63, S. 171. — E. Pflüger, ebenda, Bd. 80, S. 161, Bd. 82, S. 303, 381, Bd. 85, S. 1, Bd. 86, S. 1, Bd. 88, S. 299 und 431, Bd. 89, S. 211, Bd. 90, S. 1. — L. Hofbauer, ebenda, Bd. 81, S. 263. — S. Exner, ebenda, Bd. 84, S. 628. — Kühne und Radziejewski, Virchows Archiv, Bd. 43, S. 275, Bd. 56, S. 214. — B. Moore und D. P. Rockwood, Chem. Centralbl., 1897, Bd. 1, S. 609.

[3]) Zeitschr. f. Biologie, Bd. 26, S. 434; siehe auch: Amthor und Zink, Beiträge zur Chemie der Tierfette, Zeitschr. f. analyt. Chemie, 1897, Bd. 36, S. 1.

Also auch die bei einer wenig höheren Temperatur als die Körperwärme schmelzenden Fette gelangen zur Resorption, aber eben nur zu ganz geringen Teilen. Munk erklärt sich dies derart, daß diese Fette im Darmkanale eine salbenartige oder butterweiche Konsistenz annehmen und in dieser Form in die Zellen eindringen und weiter befördert werden, während Arnschink annimmt, daß die Zellen entweder auch kleinste feste Fettpartikelchen aufzunehmen vermögen, oder daß diese festeren Fette ausschließlich durch Überführung in Seife zur Aufnahme gelangen.

Die Fettsäuren verhalten sich im Tierkörper ähnlich, wenn auch nicht gleich wie die Neutralfette. Die Untersuchungen von Kühne und Radziejewski[1]), E. Pflüger[2]), Munk[3]) u. a. haben mit Sicherheit erwiesen, daß die nicht flüssigen Fettsäuren zum Teil den gleichen Nähreffekt haben wie das Neutralfett, und Arnschink[4]) hat gezeigt, daß sogar Glyzerin sich ähnlich den Neutralfetten verhält.

Daß neben der Aufspeicherung des Nahrungsfettes auch eine Neubildung von Körperfett stattfindet, hat schon Liebig erkannt und bewiesen. Die aber noch immer offene Frage dabei ist die, wie sich die einzelnen Nährstoffe an der Fettbildung beteiligen.

B. v. Voit und M. v. Pettenkofer[5]) haben aus zahlreichen Versuchen den Schluß gezogen, daß das Protein die Hauptquelle des Fettes sei. Auch wurde man in dieser Annahme durch die Bildung von Fettstoffen bei der Eiweißfäulnis (Leichenwachs oder Adipocire ist hauptsächlich palmitin- und stearinsaurer Kalk), bei der Einwirkung gewisser Gifte (fettige Degeneration der Organe bei Phosphorvergiftung) bestärkt. Pflüger[6]) bestritt jedoch die Richtigkeit der Voit- und Pettenkoferschen Thesen, die aber durch weitere Experimente von E. Voit[7]), Gruber[8]), Cremer[9]) und Kellner[10]) eine gewisse Bestätigung erfuhren. Fettbildung aus Protein,

Ist die direkte Fettbildung aus Eiweiß auch als unbewiesen und zweifelhaft anzusehen, so steht doch fest, daß die Eiweißstoffe zum wenigsten, einem Mastfutter zugelegt, den Fettansatz im Tierkörper beträchtlich erhöhen.

Die Bildung von Körperfett aus Kohlehydraten war praktisch schon längst erwiesen (Schweinemästung), bevor es gelang den schlagenden Beweis einer direkten Beteiligung der Kohlehydrate bei der Fettbildung aus Kohlehydraten.

[1]) Virchows Archiv, Bd. 43, S. 275, Bd. 56, S. 214.
[2]) Pflügers Archiv, Bd. 80, S. 161, Bd. 82, S. 303 und 381.
[3]) Zentralbl. f. Physiol., Bd. 14, S. 121.
[4]) Zeitschr. f. Biologie, Bd. 23, S. 414; siehe auch: H. Leo, Ausnützung des Glyzerin im Tierkörper (Pflügers Archiv, Bd. 93, S. 269).
[5]) Zeitschr. f. Biologie, Bd. 5, 1869, S. 79.
[6]) Archiv f. d. ges. Physiol., Bd. 51, 1892, S. 229, Bd. 68, 1897, S. 176.
[7]) Malys Jahresberichte über Tierchemie, 22. Jahrg., 1892, S. 34.
[8]) Zeitschr. f. Biologie, Bd. 42, 1901, S. 407.
[9]) Zeitschr. f. Biologie, Bd. 38, 1899, S. 307.
[10]) Landwirtsch. Versuchsstationen, Bd. 53, 1900, S. 452.

zu erbringen. Liebig war es, der zuerst auf die Kohlehydrate als die eigentlichen Fettbildner hinwies. J. B. Laves und J. H. Gilbert[1]) haben dann die Umwandlung von Kohlehydraten in Körperfett experimentell festgestellt, Versuche, die später von Soxhlet[2]) in modifizierter Weise ausgeführt, zu demselben Ergebnis führten. N. Tschirwinski[3]) konnte diese Versuchsergebnisse bestätigen, wie auch die Arbeiten von Meißl und Strohmer[4]) sowie Lorenz[5]) gleiche Resultate ergaben. Alle diese Versuche beschränken sich allerdings nur auf die Fütterung bei Schweinen und erst W. Henneberg, E. Kern und H. Watteberg[6]) haben wie auch Kühn[7]) durch ihre Untersuchungen dargetan, daß auch bei Wiederkäuern eine Umwandlung der Kohlehydrate in Fett Platz greift. Auch Kellner[8]) hat nachgewiesen, daß bei kohlehydratreicherer Nahrung größere Mengen Fett angesetzt werden, als aus dem Nahrungsfette und Nahrungsprotein gebildet werden könnten, eine Tatsache, die übrigens auch von Rubner[9]), B. Schulze[10]), Chaniewski[11]), Lehmann und E. Voit[12]) bestätigt worden.

Ob und wie weit sich die stickstoffhaltigen, nicht eiweißhaltigen Stoffe an der Fettbildung beteiligen, ist noch nicht genügend aufgeklärt; nach Kellner scheinen sie an der Fettbildung keinen Anteil zu nehmen.

Fettbildung aus Rohfaser.

Die Rohfaser (speziell die Pentosane) spielt bei der Fettbildung dagegen direkt oder indirekt mit.

Einfluß von Wasser.

Vielfach ist die Meinung verbreitet, daß reichlicher Wassergenuß den Fettansatz befördere. Pott tritt dieser Anschauung mit Recht entgegen und betont, daß wässeriges Mastfutter die Mastqualität fast immer verschlechtere, weil es den Wassergehalt des Tierkörpers vermehre. Der Umlauf und die Wegschaffung größerer Wassermengen im Tierkörper erfordern erhöhte Wärmemengen, so daß die für den Fettansatz disponiblen Stoffe teilweise verbraucht werden und der Fettansatz eher herabgedrückt als gesteigert werde.

Die von M. Kaufmann[13]) aus seinen Versuchen gezogenen Schlußfolgerungen können auch als eine Zusammenfassung des heutigen Standes der Fettbildungsfrage überhaupt betrachtet werden und haben große Wahrscheinlichkeit für sich[14]):

---

1) Report of the Brit. Ass. for the Advancement of Science, 1866.
2) Zentralbl. f. Agrikulturchemie, 1881, S. 674.
3) Landwirtsch. Versuchsstationen, Bd. 29, 1883, S. 317.
4) Sitzungsberichte d. k. k. Akad. d. Wissensch., Wien 1883, Juli-Heft.
5) Zeitschr. f. Biologie, 1886, Bd. 22. S, 63.
6) Journal f. Landwirtsch., 26. Jahrg., 1878, S. 549.
7) Landwirtsch. Versuchsstationen, Bd. 44, 1894, S. 560.
8) Landwirtsch. Versuchsstationen, Bd. 53, 1903, S. 1.
9) Zeitschr. f. Biologie, Bd. 22, 1886, S. 272.
10) Landwirtsch. Jahrbücher, 11. Jahrg., 1882, S. 57.
11) Zeitschr. f. Biologie, Bd. 20, 1884, S. 179.
12) Zeitschr. f. Biologie, Bd. 42, 1901, S. 619.
13) Archiv d. Physiol., 1897, Bd. 8, S. 329.
14) König, Chemie der Nahrungs- und Genußmittel, Berlin 1904, Bd. 2, S. 304.

1. Alle Nährstoffe können im Körper zur Fettbildung beitragen.

2. Bei den Fleischfressern stammt das Fett direkt von Protein und Nahrungsfett.

3. Die Kohlenhydrate können sich unmittelbar in Fette umwandeln, sie tragen aber besonders indirekt zur Fettbildung bei, indem sie die Umsetzung von Protein und Fett einschränken und das angesetzte Fett vor Verbrennung schützen.

Einfluß der Lebensweise.

Auf die Fettbildung im Tierkörper sind außer der Nährstoffzufuhr noch verschiedene andere Momente von Einfluß. So reduziert sich bei mechanischer Arbeitsleistung der Fettansatz sehr bedeutend; Ruhe vermindert den Fettverbrauch und begünstigt daher die Fettmast. Der Fettansatz steigert sich auch beim Lichtentzuge, doch nimmt bei längerer Dauer desselben der günstige Einfluß der Dunkelheit auf den Fettansatz ab, weil bei andauerndem Verweilen im Dunkeln ein gewisser krankhafter, bleichsuchtartiger Zustand eintritt, der die gesamte Ernährung ungünstig beeinflußt.

Wachsbildung im Tierkörper.

Die Vorgänge, welche die **Wachsbildung im Tierkörper** hervorrufen, sind noch nicht näher studiert, und man kennt auch die eigentliche Quelle der Wachsbildung nicht. Genau wie bei der Fettbildung gehen auch hier die Meinungen stark auseinander. Einige wollen die Wachsbildung von der Eiweißnahrung abhängig machen, andere (z. B. Gundlach) haben wiederum bei Bienen, die ausschließlich mit Kandiszucker gefüttert wurden, reiche Wachsbildung beobachtet[1]). R. Fischer[2]) hat gefunden, daß bei Bienen, denen man Hühnerei und Kandislösung vorsetzte, eine ganz erstaunliche Wachserzeugung stattfand. Er führte daher die Wachsbildung auf die Proteinnahrung zurück und macht noch darauf aufmerksam, daß die Wachserzeugung der sich frei bewegenden Bienen zur Zeit der reichsten stickstoffhaltigen Pollenernte am höchsten sei, und daß sich auch eine auffallend hohe Wachserzeugung zeige, wenn eingesperrte Versuchsbienen neben Honig noch Pollen genießen. Versuche von Erlenmeyer und von Planta-Reichenau haben gezeigt, daß Bienen auch bei ausschließlich stickstofffreier Nahrung (Kandiszucker) Fett zu erzeugen vermögen. Gewiß ist nur, daß entweder Protein oder Kohlehydrate, eventuell auch beide gemeinsam zur Wachsbildung beitragen; das genossene Fett genügt jedenfalls für dieselbe nicht.

Zweck des Fettes in der Pflanze und im Tierkörper.

Welchen **Zweck** das Fett im Fruchtfleische mancher Pflanze hat (Palmen, Oliven), ist noch nicht festgestellt; im Samen dient das Fett als Nährstoff während der Keimung und der ersten Entwicklung des jungen Pflänzchens. Im Tierkörper hat das Fett mehrfache Funktionen auszuüben; es wirkt als Ausfüllmittel leerer Räume, als Polster und Druckausgleicher, als Wärmeisolator und ist ein vorzüglicher Wärmebildner.

---

1) Gundlach, Naturgeschichte der Bienen, Kassel, 1842.

2) Landwirtsch. Versuchsstationen, 1866, S. 31.

Zweites Kapitel.

Die Bestandteile der Öle, Fette und Wachsarten.

Daß die natürlichen Öle und Fette Verbindungen des Glyzerins — eines dreibasischen Alkohols — mit verschiedenen Fettsäuren darstellen, die Wachse Verbindungen dieser letzteren mit Alkoholen von höherer Kohlenstoffanzahl sind, wurde schon S. 1 u. 2 gesagt. Durch Behandeln mit Alkalien und Metalloxyden, gespanntem Wasserdampf, Säuren usw. lassen sich sowohl die Fette als auch die Wachse in ihre Bestandteile zerlegen.

Von denselben kommen in den natürlichen Fetten und Wachsen sowie in den Produkten der Fettindustrie die nachstehenden vor:

A) Fettsäuren.

1. Säuren von der Zusammensetzung $C_nH_{2n}O_2$ (Säuren der Essigsäurereihe):

$C_2H_4O_2$	Essigsäure (Macassaröl) [1].
$C_4H_8O_2$	Buttersäure (Kuhbutter).
$C_5H_{10}O_2$	Isovaleriansäure (Delphintran).
$C_6H_{12}O_2$	Kapronsäure (Butter, Kokosöl, Wollfett).
$C_8H_{16}O_2$	Kaprylsäure (Butter, Kokosöl, Menschenfett).
$C_{10}H_{20}O_2$	Kaprinsäure (Butter, Kokosöl, Wollfett).
$C_{12}H_{24}O_2$	Laurinsäure (Lorbeeröl, Kokosfett).
$C_{13}H_{26}O_2$	Ficocerylsäure (Godangwachs).
$C_{14}H_{28}O_2$	Myristinsäure (Otabafett, Dikaöl, Muskatbutter, Schweinefett, Butter, Kokosöl. Wollwachs).
$C_{15}H_{30}O_2$	Isocetsäure (Kurkasöl).

[1]) Die in Klammern beigefügten Namen bezeichnen die Produkte, in welchen sich die betreffenden Säuren oder Alkohole vorfinden.

$C_{16}H_{32}O_2$ Palmitinsäure (fast alle Tier- und Pflanzenfette).

$C_{17}H_{34}O_2$ Daturinsäure (Palmöl, Fett des Stechapfels).

$C_{18}H_{36}O_2$ Stearinsäure (fast alle Tier- und Pflanzenfette).

$C_{20}H_{40}O_2$ Arachinsäure (Erdnußöl, Rambutantalg, Rüböl, Macassaröl, Hollunderöl, Kakaobutter).

$C_{22}H_{44}O_2$ Behensäure (Behenöl).

$C_{24}H_{48}O_2$ Lignocerinsäure (Erdnußöl).

$C_{24}H_{48}O_2$ Carnaubasäure (Carnaubawachs, Wollfett).

$C_{24}H_{48}O_2$ Pisangcerylsäure (Pisangwachs).

$C_{25}H_{50}O_2$ Hyänasäure (Analdrüsen von Hyäna striata).

$C_{26}H_{52}O_2$ Cerotinsäure (Bienenwachs, Carnaubawachs, chinesisches Insektenwachs, Wollwachs usw.).

$C_{30}H_{60}O_2$ Melissinsäure (Bienenwachs).

$C_{33}H_{66}O_2$ Psyllostearylsäure (Psyllawachs).

2. Säuren von der Zusammensetzung $C_nH_{2n-2}O_2$ (Säuren der Akrilsäure und Ölsäurereihe):

$C_5H_8O_2$ Tiglinsäure (Krotonöl).

$C_6H_{10}O_2$ Hexylsäure (Krotonöl).

$C_{12}H_{22}O_2$ Unbenannt (Cochenillefett).

$C_{14}H_{26}O_2$ Unbenannt (Cochenillefett).

$C_{16}H_{30}O_2$ Hypogäasäure (Erdnußöl, Maisöl).

$C_{16}H_{30}O_2$ Physetöl (Walrat, Seehundöl).

$C_{16}H_{30}O_2$ Lycopodiumsäure (Lycopodiumsporen).

$C_{17}H_{32}O_2$ Asellinsäure (Sardinentran).

$C_{18}H_{34}O_2$ Ölsäure (fast alle Pflanzen- und Tieröle).

$C_{18}H_{34}O_2$ Elaidinsäure (alte Ölsäure).

$C_{18}H_{34}O_2$ Isoölsäure (technisch. Destillatstearin).

$C_{18}H_{34}O_2$ Rapinsäure (Rüböl).

$C_{19}H_{36}O_2$ Döglingsäure (Döglingtran).

$C_{19}H_{36}O_2$ Jecoleinsäure (Dorschlebertran).

$C_{22}H_{42}O_2$ Erucasäure (Rüböl, Senföl, Traubenkernöl, Kapuzinerkressenöl).

$C_{22}H_{42}O_2$ Brassidinsäure.

$C_{22}H_{42}O_2$ Iso-Erucasäure.

3. Säuren von der Zusammensetzung $C_nH_{2n-4}O_2$ (Säuren der Linolsäurereihe):

$C_{18}H_{32}O_2$ Linolsäure (trocknende und halbtrocknende Öle).
$C_{18}H_{32}O_2$ Taririnsäure (Fett von Pikramnia).
$C_{18}H_{32}O_2$ Hirseölsäure (Hirseöl).
$C_{18}H_{32}O_2$ Telfairasäure (Koëmeöl).
$C_{18}H_{32}O_2$ Eläomargarinsäure (chinesisches Holzöl).

4. Säuren von der Zusammensetzung $C_nH_{2n-6}O_2$ (Säuren der Linolensäurereihe):

$C_{18}H_{30}O_2$ Linolensäure (trocknende Öle).
$C_{18}H_{30}O_2$ Isolinolensäure (trocknende Öle).
$C_{18}H_{30}O_2$ Jecorinsäure (Sardinenöl).

5. Säuren von der Zusammensetzung $C_nH_{2n-8}O_2$:

$C_{14}H_{20}O_2$ Isansäure (Isanoöl).
$C_{17}H_{26}O_2$ Therapinsäure (Dorschlebertran).
$C_{20}H_{32}O_2$ Unbenannt (Heringsöl).
$C_{24}H_{40}O_2$ Unbenannt (Heringsöl).

6. Säuren von der Zusammensetzung $C_nH_{2n}O_3$:

$C_{16}H_{32}O_3$ Lanopalminsäure (Wollfett).
$C_{21}N_{42}O_3$ Unbenannt (Carnaubawachs).
$C_{31}H_{62}O_3$ Coccerinsäure (Cochenillewachs).

7. Säuren von der Zusammensetzung $C_nH_{2n-2}O_3$ (Säuren der Rizinolsäurereihe):

$C_{16}H_{30}O_3$ Unbenannt (Licopodiumsporen).
$C_{18}H_{34}O_3$ Rizinolsäure (Rizinusöl).
$C_{18}H_{34}O_3$ Isorizinolsäure (Türkischrotöl).
$C_{18}H_{34}O_3$ Rizinelaidinsäure.
$C_{18}H_{34}O_3$ Rizinsäure.
$C_{18}H_{34}O_3$ Quittenölsäure (Quittenöl).

8. Säuren von der Zusammensetzung $C_nH_{2n}O_4$:

$C_{18}H_{36}O_4$ Dioxystearinsäure (Rizinusöl).
$C_{30}H_{60}O_4$ Lanocerinsäure (Wollwachs).

9. Säuren von der Zusammensetzung $C_nH_{2n-2}O_4$:

$C_{22}H_{42}O_4$ Japansäure (Japantalg).

Außer diesen Fettsäuren sind in einigen Produkten der Fettindustrie noch einige hydroxylierte und zweibasische Säuren enthalten.

B) Alkohole.

1. Alkohole von der Zusammensetzung $C_nH_{2n+2}O$:

$C_6H_{14}O$	Hexylalkohol (Herakleumöl).
$C_8H_{18}O$	Octylalkohol (Herakleumöl).
$C_{13}H_{28}O$	Pisangcerylalkohol (Pisangwachs).
$C_{16}H_{34}O$	Cetylalkohol (Walratöl).
$C_{18}H_{38}O$	Octodecylalkohol (Walrat).
$C_{24}H_{50}O$	Carnaubylalkohol (Wollwachs).
$C_{25}H_{52}O$	Unbenannt (Bienenwachs).
$C_{24}H_{50}O$	Unbenannt (Bienenwachs).
$C_{26}H_{54}O$	Cerylalkohol (Flachswachs, Wollwachs, Opiumwachs).
$C_{27}H_{56}O$	Isocerylalkohol (Wachs von Ficus gummiflua).
$C_{30}H_{62}O$	Myricylalkohol (Bienenwachs).
$C_{33}H_{68}O$	Psyllostearylalkohol (Wachs von Psylla alui).

2. Alkohole von der Zusammensetzung $C_nH_{2n}O$:

$C_{12}H_{24}O$	Lanolinalkohol (Wollfett).
$C_{15}H_{30}O$	Unbenannt (Ficus gummiflua).
$C_{36}H_{72}O$	Unbenannt (Cochenillewachs).

3. Alkohole von der Zusammensetzung $C_nH_{2n-6}O$:

$C_{17}H_{28}O$	Ficocerylalkohol (Godangwachs).

4. Alkohole von der Zusammensetzung $C_nH_{2n+2}O_2$:

$C_{25}H_{52}O_2$	Unbenannt (Carnaubawachs).
$C_{30}H_{62}O_2$	Coccerylalkohol (Cochenillewachs).

5. Alkohole von der Zusammensetzung $C_nH_{2n+2}O_3$:

$C_3H_8O_3$	Glyzerin (alle Pflanzen- und Tierfette).

6. Alkohole der aromatischen Reihe:

$C_{26}H_{44}O$	Cholesterin (Wollfett, Gallensteine).
$C_{26}H_{44}O$	Isocholesterin (Wollfett).
$C_{26}H_{44}O$	Phytosterin (Früchte und Samen, Pflanzenöle).
$C_{27}H_{44}O$	Sitosterin (Weizenöl, Reisöl).

A) Fettsäuren.

Allgemeine Eigenschaften.

Ein Blick in das Seite 30—33 gegebene Verzeichnis lehrt, daß nicht alle existenzfähigen Fettsäuren in den natürlichen Fetten und Wachsen zu finden sind. Früher nahm man an, daß in den Naturprodukten nur Fettsäureverbindungen mit einer geraden Anzahl von Kohlenstoffatomen vorkommen, doch hat der unzweifelhafte Nachweis der im Stechapfelöl enthaltenen Daturinsäure ($C_{17}H_{34}O_2$) die Unhaltbarkeit dieser Behauptung gezeigt. Säuren mit einer ungeraden Kohlenstoffanzahl finden sich allerdings in den Fetten und Ölen nur selten und nur in geringer Menge vor, wie auch voraussichtlich einige dieser heute als bestehend angenommenen Säuren sich bei näherer Untersuchung als Gemische anderer Fettsäuren darstellen werden, wie dies z. B. bei der Medullinsäure[1]), Theobrominsäure[2]), Krotonoleinsäure[3]) und der Umbellulsäure[4]) schon geschehen ist.

Die Fettsäuren mit einer geraden Anzahl von Kohlenstoffatomen sind jedoch viel häufiger und reichlicher in den Naturprodukten zu finden als solche mit ungerader Anzahl; besonders die höheren Glieder der Essigsäurereihe (Stearin- und Palmitinsäure) und von den ungesättigten Säuren die Ölsäure, Linolsäure und Rizinoleinsäure, durchweg Fettsäuren mit gerader Kohlenstoffatomanzahl, bilden als einfache und gemischte Glyzeride den Hauptbestandteil der meisten Fette und Öle.

Die Ableitung der einzelnen Fettsäuren bzw. der einzelnen Fettsäurereihen von ihren Grundkohlenwasserstoffen kann an dieser Stelle wohl ebensogut entfallen wie die Erklärung der Begriffe gesättigter und ungesättigter und hydroxylierter Reihen.

Die allgemeinen Eigenschaften der Fettsäuren zeigen eine gewisse Gesetzmäßigkeit besonders innerhalb ein und derselben Reihe, und zwar nehmen die Eigenschaften mit steigender Kohlenstoffatomanzahl entweder zu oder ab. Wir wollen daher die einzelnen Fettsäuren vor deren Einzelbesprechung vom allgemeinen Gesichtspunkte aus betrachten.

Spezifisches Gewicht.

Spezifisches Gewicht: Die weitaus meisten Fettsäuren sind leichter als Wasser, nur die Essigsäure macht eine Ausnahme. Die Säuren der Ölsäurereihe sind spezifisch schwerer als die analogen, gleiche Kohlenstoffatomanzahl im Molekül aufweisenden Fettsäuren der Essigsäurereihe.

Bei den Säuren derselben Reihe beobachtet man in der Regel eine Abnahme des spezifischen Gewichtes bei steigender Anzahl der Kohlenstoffatome im Molekül. Als Beispiel dafür seien einige Glieder der Essigsäure herausgegriffen:

---

[1]) Berichte der deutsch. chem. Gesellsch., Bd. 23, S. 493.
[2]) Berichte der deutsch. chem. Gesellsch., Bd. 16, S. 1103.
[3]) Proc. Royal Soc., 1895, S. 238.
[4]) Americ. chem. Journ., 1902, S. 327.

		Spez. Gewicht	
Essigsäure	$C_2H_4O_2$	1,0515	(bei 15° C)
Buttersäure	$C_4H_8O_2$	0,9580	(„ 14°)
Kaprinsäure	$C_{10}H_{20}O_2$	0,8858	(„ 40°)
Palmitinsäure	$C_{16}H_{32}O_2$	0,8527	(„ 62°)
Stearinsäure	$C_{18}H_{36}O_2$	0,8454	(„ 69°)

Die Ziffern beweisen den aufgestellten Satz, wenngleich die angeführten, bei verschiedener Temperatur abgenommenen Dichten einer Reduktion auf eine einheitliche Temperatur bedürfen.

Schmelz- und Erstarrungspunkt.

Schmelz- und Erstarrungspunkt: Die niedrigen Glieder der Essigsäurereihe (bis einschließlich der Kaprinsäure), ferner Ölsäure, Rapinsäure, Döglingsäure, Linol- und Rizinolsäure sind bei gewöhnlicher Temperatur flüssig, alle anderen Fettsäuren sind fest. Ihr Schmelz- und Erstarrungspunkt liegt nicht beisammen, sie schmelzen vielmehr bei einem um 1—5° C höheren Temperaturgrade als sie erstarren. Der Schmelz- und Erstarrungspunkt der Fettsäuren steigt innerhalb derselben Reihe gewöhnlich mit der Zunahme der Kohlenstoffatomanzahl an. Bei der Essigsäurereihe trifft diese Regel bis zur Behensäure ($C_{22}H_{44}O_2$) vollkommen zu, bei den höheren Gliedern zeigen sich dann Verschiebungen. Interessant ist das Verhalten von Fettsäuregemischen. Diese schmelzen resp. erstarren nicht bei jener Temperatur, die dem Schmelz- und Erstarrungspunkt der Komponenten zufolge zu erwarten wäre, sondern bei weit niedrigeren Temperaturgraden. Es seien aus einer ausführlichen Tabelle de Vissers über die Erstarrungspunkte von Palmitin- und Stearinsäuregemischen folgende Zahlen herausgegriffen:

Reine Palmitinsäure	62,60° C
75 % Palmitinsäure + 25 % Stearinsäure	55,46°
50 % „ + 50 % „	56,40°
25 % „ + 75 % „	63,20°
Reine Stearinsäure	69,30°.

Dieses bei allen Fettsäuregemischen zu beobachtende Verhalten ist für den Kerzenfabrikanten sehr wichtig, da er einerseits auf einen hohen Schmelzpunkt seines Kerzenmaterials hinarbeiten, andrerseits durch Mischung verschiedener Fettsäuren dem Kristallisationsvermögen der Kerzenmasse entgegenarbeiten muß.

Manche Fettsäuregemenge (47,5 % Stearin- und 52,5 % Palmitinsäure) können durch Umkristallisieren aus Alkohol nicht getrennt werden und geben durch dieses Verhalten im Vereine mit dem geänderten niedrigen Schmelzpunkt oft Anlaß, sie für neue einheitliche Verbindungen anzusehen. (Eutektische Verbindungen.)

Siedepunkt.

Siedepunkt der Fettsäuren: Nur Essig-, Butter- und Kapronsäure, Kapryl- und Kaprinsäure sind unter gewöhnlichem Drucke unzersetzt destillierbar. Sie heißen deshalb auch „flüchtige Säuren", zum Unterschiede von den anderen, die bei gewöhnlichem Drucke nur unter teilweiser oder vollständiger Zersetzung destillieren, wobei sie in niedere Fettsäuren und Kohlenwasserstoffe und andere Zersetzungsprodukte zerfallen.

Werden wässerige Lösungen flüchtiger Fettsäuren entspechend lange und unter Zusatz des verdampfenden Wassers destilliert, so gehen sie um so leichter in das Destillat über, je niedriger der Siedepunkt der Säure liegt. Da die Siedepunkte der Fettsäuren innerhalb derselben Reihe mit der Anzahl der Kohlenstoffatome im Molekül anwachsen, so geht also bei Gemischen flüchtiger Fettsäuren die mit dem geringeren Molekulargewichte zuerst über.

Die nicht flüchtigen Fettsäuren destillieren unter vermindertem Drucke oder im Vakuum und unter Zuhilfenahme von überhitztem Wasserdampf ebenfalls unzersetzt; in der Stearinfabrikation macht man von der Destillationsmöglichkeit der Fettsäuren mit überhitztem Dampf ausgiebigen Gebrauch.

Löslichkeit.

Löslichkeit der Fettsäuren: Essig-, Butter- und Isovaleriansäure sind mit Wasser in jedem Verhältnis mischbar, Kapronsäure ist in Wasser zwar noch ziemlich löslich, aber doch nicht mischbar, Kaprylsäure braucht schon die 400fache Menge siedendes Wasser zur Lösung und wird beim Erkalten aus der Lösung fast vollständig wieder ausgeschieden. Kaprin- und Laurinsäure werden von siedendem Wasser nur ganz unmerklich aufgenommen. Alle übrigen Fettsäuren können als vollkommen wasserunlöslich betrachtet werden.

In heißem Alkohol sind die Fettsäuren löslich, und zwar die ungesättigten leichter als die gesättigten. Äther, Petroläther, Schwefelkohlenstoff und Chloroform nehmen ebenfalls die meisten Fettsäuren auf.

Lichtbrechung.

Lichtbrechungsvermögen: Die Fettsäuren der Essigsäurereihe zeigen einen kleineren Refraktionsexponenten als die der übrigen Reihen.

Salze der Fettsäuren (Seifen).

Verhalten gegen Reagenzien[1]): Die Fettsäuren verbinden sich, wie alle Säuren, mit Metallen, resp. deren Oxyde zu Salzen, die man „Seifen" nennt. Der gewöhnliche Sprachgebrauch verbindet mit dem Begriffe „Seife" allerdings die Vorstellung von Natron- und Kaliseifen, das sind jene Fettsäureverbindungen, die im Haushalte als Reinigungsmittel allgemeine Anwendung finden. Zum besseren Unterscheiden dieser „Seifen" im gewöhnlichen Sinne des Wortes nennt man die Verbindungen der Fettsäuren mit den Oxyden der alkalischen Erden und der Schwermetalle „Metallseifen".

Die Alkaliseifen werden durch Zusammenbringen von wässerigen Natron- oder Kalilaugen mit Fettsäuren schon in der Kälte gebildet, besser

---

[1]) Das Verhalten der Fettsäuren gegen Reagenzien ist vielfach dem der entsprechenden Triglyzeride ganz analog; die hier nur in den Hauptzügen festgehaltenen chemischen Reaktionen der Fettsäuren finden daher im 3. Kapitel dieses Bandes mehrfache Ergänzung.

geht die Einwirkung in der Wärme vor sich. In verdünnten Lösungen vollzieht sich die Reaktion nicht in stöchiometrischen Mengen, sondern es findet sich neben der gebildeten Seife stets freies Alkali und freie Fettsäure vor. In alkoholischen Lösungen erfolgt die Verbindung (Verseifung) dagegen vollkommen glatt. Bei erhöhter Temperatur vermögen die Fettsäuren auch die Kohlensäure aus den Alkalikarbonaten auszutreiben; diese Art von Verseifung wird in neuerer Zeit in der Praxis vielfach benützt [Karbonatverseifung[1])].

Mit Ammoniak verbinden sich die Fettsäuren ebenfalls, doch sind Ammoniakseifen sehr unbeständig.

Die Oxyde und Hydroxyde der alkalischen Erden {CaO, SrO, BaO und MgO resp. $Ca(OH)_2$, $Sr(OH)_2$, $Ba(OH)_2$ und $Mg(OH)_2$} verseifen sich mit Fettsäure ebenfalls direkt, und zwar in der Wärme besser als in der Kälte. Die Eigenschaft der Oxyde der Erdalkalien, freie Fettsäuren auch unter gewöhnlichen Verhältnissen abzubinden, die Neutralfette aber nur sehr wenig anzugreifen, läßt sie zur Neutralisation saurer Öle vorteilhaft erscheinen, denn die Alkalien verseifen, für diesen Zweck angewandt, nicht nur die freien Fettsäuren, sondern zum Teil auch das Neutralfett.

Die Seifen der Schwermetalle werden am besten durch Umsetzung einer wässerigen Natron- oder Kaliseifenlösung mit den betreffenden Metallazetaten erhalten, doch gehen manche Metalloxyde (ZnO) auch in direkte Verbindung mit den Fettsäuren. Die Schwermetallseifen finden in manchen Industriezweigen verschiedenartige, aber keine sehr umfassende Verwendung.

Verhalten gegen schmelzende Alkalien.

Schmelzende Alkalien bewirken bei ungesättigten Säuren nicht Verseifung, sondern Zerfall in zwei gesättigte Säuren mit niederem Kohlenstoffgehalt unter Wasserstoffentwicklung.

$$\underset{\text{Tiglinsäure}}{C_4H_7COOH} + 2\,KOH = \underset{\text{Essigsaures Kali}}{CH_3COOK} + \underset{\text{Propionsaures Kali}}{C_2H_5COOK} + H_2\,.$$

$$\underset{\text{Ölsäure}}{C_{17}H_{33}COOH} + 2\,KOH = CH_3COOK + \underset{\text{Palmitinsaures Kali}}{C_{15}H_{31}COOK} + H_2\,.$$

Die Reaktion verläuft jedoch, wie Emed[2]) zeigte, nicht ganz so glatt; es wird vielmehr auch Oxalsäure gebildet, und zwar in einer Menge, welche die der Essigsäure überragt.

gegen Natrium,

Erhitzt man die höheren Glieder der Essigsäurereihe mit metallischem Natrium, Magnesium, Aluminium, Zinn bis auf 350° C, so bilden sich Kohlensäure, Wasserstoff, gasförmige und olefinische Kohlenwasserstoffe mit 22 bis 28 Kohlenstoffatomen im Molekül. Bei den niederen Fettsäuren der gesättigten Reihe (bis zur Laurinsäure) verläuft die Reaktion derart, daß sich dabei Ketone und Kohlenwasserstoffe bilden. Metallisches Silber

[1]) Über die Verseifung der Fette und die Eigenschaften der Seife siehe 3. Kapitel dieses Bandes und 4. Band, der ausschließlich von der Seifenfabrikation handelt.

[2]) Chem. Soc. 1898, S. 633.

und Kupfer zersetzen die Fettsäuren unter denselben Bedingungen nur wenig[1]).

Verhalten gegen Essigsäureanhydrid, Beim Erhitzen mit Essigsäureanhydrid bilden sich bei vielen Fettsäuren die Anhydride derselben; Lewkowitsch[2]) hat dies für die Kaprin-, Laurin-, Palmitin-, Stearin- und Ölsäure nachgewiesen. Wie Fahrion[3]) zeigte, neigen die ungesättigten Fettsäuren zur Polyremisation.

gegen Luft und Sauerstoff, Der Luftsauerstoff wirkt auf die Fettsäuren der verschiedenen Reihen verschieden ein. Die Glieder der Essigsäurereihe werden durch Luft und Sauerstoff nicht oder nur ganz wenig verändert, auf die Fettsäuren der Ölsäurereihe (zum wenigsten auf die höheren Glieder derselben) wirkt Luft nur bei höherer Temperatur ein, unter Bildung von Säuren, die in Petroläther unlöslich sind. Die Angehörigen der Linol- und Linolenreihe absorbieren Sauerstoff aus der Luft schon bei gewöhnlicher Temperatur und werden dabei allmählich fest. Die Zusammensetzung der dabei gebildeten Produkte ist noch nicht näher erforscht. Von der Sauerstoffabsorptionsfähigkeit der Ölsäuren und deren Glyzeriden macht man bei der Erzeugung der sogenannten „geblasenen Öle“ Gebrauch; das Trockenvermögen der Verbindungen der Linol- und Linolensäure wird in der Firnisfabrikation ausgenützt.

gegen Halogene, Das Verhalten der Halogene zu den Fettsäuren und deren Glyzeriden ist ebenfalls ein recht verschiedenes. Die gesättigten Fettsäuren (Essigsäurereihe) addieren kein Chlor, Brom oder Jod, vermögen aber unter Umständen mit diesen Elementen Substitutionsprodukte unter Entwicklung der betreffenden Wasserstoffsäure zu bilden. Die ungesättigten Fettsäuren addieren Brom und Chlor, indem sie dabei in gesättigte Verbindungen übergehen. Jod wird aufgenommen, wenn man es in alkoholischer Lösung in Gegenwart von $HgCl_2$ einwirken läßt; es absorbiert dann das Paar doppeltgebundener Kohlenstoffatome ein Molekül Chlorjod. Analog den Halogenen verhalten sich ihre Wasserstoffsäuren. Die einzelnen Gruppen der ungesättigten Säuren unterscheiden sich durch die Höhe ihrer Halogenabsorptionsfähigkeit.

Ein Molekül der Säuren der Gruppe $C_nH_{2n-2}O_2$ (Ölsäurereihe) vermag 2 Atome Halogene oder ein Molekül deren Wasserstoffsäuren zu absorbieren; die Glieder Linolsäurereihe ($C_nH_{2n-4}O_2$) addieren das Doppelte dieser Mengen, die der Linolensäure ($C_nH_{2n-6}O_2$) das Dreifache usw.

gegen Wasserstoff, Die niederen Glieder der ungesättigten Fettsäuren addieren auch Wasserstoff, wenn man sie in alkalischer Lösung mit Natriumamalgam behandelt. Bei den höheren Gliedern (z. B. Ölsäure) tritt diese Reaktion aber nicht ein; wäre bei Ölsäure eine Wasserstoffaddition auf einfache Weise erreichbar, so würde damit das Problem der Überführung der flüssigen Öl-

---

[1]) Hébert, Bull. de la Soc. Chim., 1903, S. 316.

[2]) Chem.-Ztg., 1893, S. 434.

[3]) Proc. Chem. Soc., 1890, S. 91.

säure ($C_{18}H_{34}O_2$) in feste Stearinsäure ($C_{18}H_{36}O_2$), um das sich viele Stearintechniker bemühen, gelöst sein. Ölsäure ist in Stearinsäure allerdings durch rauchenden Jodwasserstoff in Gegenwart von Phosphor und einer Temperatur von 200—210° C überführbar:

$$\underset{\text{Ölsäure}}{C_{17}H_{33}COOH} + 2\,HJ = \underset{\text{Stearinsäure}}{C_{17}H_{35}COOH} + J\,.$$

Die Reaktion ist jedoch nicht danach angetan, je in die Praxis eingeführt zu werden.

Verhalten gegen Schwefel.

Gegen Schwefel ist das Verhalten der Säuren verschiedener Reihen ein verschiedenes. Die Säuren der Essigsäurereihe geben bei höheren Temperaturen Substitutionsprodukte, die anderen Fettsäurereihen vermögen Schwefel zu addieren. Erhitzt man z. B. Stearinsäure mit Schwefel auf eine den Schmelzpunkt des letzteren wenig übersteigende Temperatur, so wird der Schwefel nur schwierig aufgenommen und die Masse erstarrt beim Erkalten zu einem durch ausgeschiedenen Schwefel milchig aussehenden Kuchen. Bringt man Stearinsäure mit Schwefel bei 200° C zusammen, so bemerkt man an der Schwefelwasserstoffentwicklung, daß eine Substitution von Schwefel eintritt:

$$C_{18}H_{36}O_2 + S_2 = C_{18}H_{34}SO_2 + H_2S\,.$$

Ungesättigte Säuren addieren Schwefel, wie z. B. Ölsäure bei 130 bis 150° C Schwefel ohne jede Schwefelwasserstoffentwicklung auflöst; nur bei hoher Temperatur (200—300° C) tritt außerdem auch Substitution ein.

Die Schwefelfettsäuren lassen sich unzersetzt verseifen; aus den Seifen scheiden Mineralsäuren die unveränderten Schwefelfettsäuren wieder aus.

gegen Schwefelsäure,

Konzentrierte Schwefelsäure löst die kohlenstoffreichen Säuren der Essigsäurereihe auf (z. B. Palmitinsäure), um sie beim Verdünnen mit Wasser wieder unverändert auszuscheiden. Die höheren Säuren der Reihe $C_nH_{2n-2}O_2$ (Ölsäure) lösen sich in kalter, konzentrierter Schwefelsäure unter Bildung von Fettschwefelsäuren. So bildet z. B. $C_{18}H_{34}O_2$ Stearinschwefelsäure, welche beim Kochen mit Wasser in Schwefelsäure, Oxystearinsäure und Stearolakton zerfällt. Nach Saytzeffs Untersuchungen soll nicht Stearinschwefelsäure, sondern Oxystearinschwefelsäure $C_{17}H_{34}\!<\!\begin{smallmatrix}OSO_3H\\COOH\end{smallmatrix}$ gebildet werden[1]). Man macht von dieser Reaktion bei der Türkischrotölerzeugung und in der Stearinfabrikation Gebrauch.

gegen Salpetersäure.

Konzentrierte Salpetersäure greift die höheren gesättigten Fettsäuren nur sehr langsam an; Ölsäure wird dagegen lebhaft oxydiert, wobei flüchtige Fettsäuren (von der Ameisensäure bis zur Kaprinsäure) und nicht flüchtige von der Formel $C_nH_{2n-2}O_4$ (besonders Kork- und Adipinsäure) gebildet werden.

---

[1]) Siehe 3. Band, Kapitel „Türkischrotöle“.

Wichtig ist das Verhalten der salpetrigen Säure zu den Fettsäuren. Die Säuren der Essigsäurereihe werden durch dieselbe nicht verändert; die höheren Glieder der Ölsäurereihe bilden jedoch beim Zusammenbringen mit salpetriger Säure schon bei gewöhnlicher Temperatur feste, kristallisierbare Isomere. Die Fettsäuren der Linol- und Linolensäurereihe geben keine solchen festen Isomere. Da sich die Glyzeride der betreffenden Säuren ganz analog verhalten, so hat man mit dieser Reaktion ein Mittel in der Hand, trocknende Öle von nicht trocknenden zu unterscheiden (Elaidin-Reaktion).

Die der Ölsäure näher verwandten Säuren gehen auch beim Behandeln mit Bisulfit oder schwefliger Säure unter Druck und höherer Temperatur in ihre festen Isomere über.

Kaliumpermanganat in alkalischer Lösung oxydiert die Fettsäuren.

1. Säuren von der Zusammensetzung $C_nH_{2n}O_2$.

Essigsäure.

Essigsäure ($CH_3COOH = C_2H_4O_2$).

Diese kommt in den Fetten nur sehr selten und in sehr geringen Mengen vor und ist nur in dem Macassaröle sowie in den Samen von Evonymus europaeus (Spindelbaum) nachgewiesen worden. Ihre Technologie gehört nicht in das Gebiet der Fette und Öle. Ein näheres Eingehen auf das industriell sonst wichtige Produkt kann daher hier unterbleiben.

Buttersäure.

Buttersäure $= C_4H_8O_2$

wurde im Jahre 1814 von Chevreul als ein Bestandteil der Kuhbutter aufgefunden und isoliert. Sie findet sich teils frei, teils in Form von Salzen in manchen animalischen und pflanzlichen Sekreten (Schweiß), in der Muskelflüssigkeit, in der Milch, in den Exkrementen der Tiere, im Drüsensafte der Karabusarten (Laufkäfer), in den alten Früchten von Sapindus saponaria, Tamarindus indica und Gingko biloba. Auch im Tabak, in den Blüten von Anthemis nobilis, Arnica montana, in den ätherischen Ölen von Heracleum giganteum (Hexyläther) und von Pastinaca sativa (Oktyläther) ist Buttersäure vorhanden[1]). Reine Buttersäure stellt bei gewöhnlicher Temperatur eine farblose, mit Wasser, Alkohol und Äther in jedem Verhältnisse mischbare Flüssigkeit vom spezifischen Gewichte 0,963 (bei 15° C) dar, die frisch destilliert im Geruche lebhaft an Essigsäure erinnert, in verdünntem Zustande aber intensiv nach ranziger Butter riecht. Die Buttersäure kristallisiert bei —19° C und schmelzen die Kristalle erst wieder bei —6° bis +12° C. Wässerige Lösungen von Buttersäure schmecken scharf und beißend sauer, röten Lackmuspapier und entfärben schwach alkalisch reagierende Phenol-

[1]) Schweizer, Jahresberichte, 1851, S. 444.

phthaleinlösungen. Buttersäure siedet bei 161,5° C; beim Destillieren wässeriger Lösungen von Buttersäure geht diese vollständig in das Destillat über; Calciumchlorid und Kochsalz scheiden die Säuren aus ihren wässerigen Lösungen in öligen Tropfen aus.

Kaliumpermangat oxydiert Buttersäure entweder zu Oxalsäure (in alkalischer Lösung) oder zu Essig- und Kohlensäure (in saurer Lösung); konzentrierte Schwefelsäure gibt mit Butter erhitzt Buttersäureäthylester, der durch seinen angenehmen Ananasgeruch kenntlich ist. Eine Esterifaktion der Buttersäure tritt auch beim Verseifen buttersäurehaltiger Fette mit konzentrierter alkoholischer Kalilauge, besonders bei nicht hinreichendem Alkaliüberschuß (Ulzer), ein.

Die meisten Salze der Buttersäure sind in Wasser leicht löslich; Ausnahmen bilden nur die Silber-, Blei- und Merkurosalze.

Isovaleriansäure = $C_5H_{10}O_2$ [1]) Isovaleriansäure.

wurde schon von Chevreul im Delphintrane, in welchem sie sich als Triisovalerin befindet, aufgefunden und „Phocensäure" genannt. De Sanctis[2]) hat ihr Vorkommen auch im Wollfette nachgewiesen.

Isovaleriansäure ist eine farblose Flüssigkeit mit einem an faulenden Käse und Baldrianwurzel erinnernden Geruche. In Wasser ist sie nur wenig löslich (23,6 % Wasser lösen ein Teil Isovaleriansäure) und wird aus der Lösung durch HCl ausgeschieden. Spezifisches Gewicht 0,931 bei 20° C, Siedepunkt 173,7° C (bei 760 mm). Ihr tiefer Erstarrungspunkt (—57° C) ist charakteristisch.

Kapronsäure = $C_6H_{12}O_2$. Kapronsäure.

Von den Isomeren der Kapronsäure kommt das Glyzerid der Isobutylessigsäure $CH_3CH \cdot CH_2CH_2CH_2COOH$ in der Butter, im Kokosöl[3]) und im Wollfette[4]) vor. Die Säure löst sich in Wasser in geringer Menge und besitzt einen schweißähnlichen Geruch. Spezifisches Gewicht 0,932 bei 15° C, Siedepunkt 203—205° C (bei 760 mm), Erstarrungspunkt —18° C, Schmelzpunkt —2° C.

Kaprylsäure = $C_8H_{16}O_2$ Kaprylsäure.

findet sich als Glyzerid im Menschenfett, in der Kuhbutter[5]) und im Kokosöl[6]). Eine farblose Flüssigkeit von intensivem Geruch, die sich in siedendem Wasser wenig löst und beim Erkalten wieder vollständig ausgeschieden wird.

---

[1]) Bull. Soc. Chim., Bd. 13, 1895, S. 758.

[2]) Gazz. Chim., 1894, S. 14.

[3]) Fehling, Liebigs Annalen, Bd. 3, S. 406. — Oudemans, Jahresberichte, 1860, S. 322.

[4]) De Sanctis, Gazz. Chim., 1894, S. 14.

[5]) Lerch, Liebigs Annalen, Bd. 49, S. 214.

[6]) Fehling, Liebigs Annalen, Bd. 53, S. 399.

Spezifisches Gewicht 0,9139 bei 20° C, Siedepunkt 236° C, Erstarrungspunkt 12° C, Schmelzpunkt 16,5° C.

Kaprinsäure.

Kaprinsäure = $C_{10}H_{20}O_2$

kommt als Kapriin in der Ziegen-, Kuhbutter[1]) und im Kokosöl[2]) vor Sie ist auch als Kalisalz im Wollfette enthalten, wie sie auch in dem Fette des Fieberbusches gefunden wurde (Lewkowitsch). Die Kaprinsäure kristallisiert in feinen Nadeln, welche bei gewöhnlicher Temperatur einen mäßigen, in geschmolzenem Zustande einen starken Bocksgeruch verbreiten und sich in der tausendfachen Menge siedenden Wassers lösen. Ihr Alkalisalz wird von Wasser leicht aufgenommen; die Salze der Erdalkali sind nur schwer, die der Schwermetalle unlöslich. Spezifisches Gewicht 0,931 bei 15° C, Siedepunkt 268—270° C, Schmelzpunkt 30—31° C.

Laurinsäure.

Laurinsäure = $C_{12}H_{24}O_2$

findet sich als Glyzerid im Lorbeeröle (Marsson)[3]), im Kokosfette (Görgey)[4]), im Tangkallakfett (Oudemans)[5]), ferner in den Pichurimbohnen, im Walrat und im Fette des Fieberbusches. Die von Stillmann und O. Neill[6]) als Hauptbestandteil des Fettes des kalifornischen Lorbeerbaumes (Umbellularia californiaca) gefundene, als Umbellulsäure ($C_{11}H_{22}O_2$) angesprochene Säure ist nach Lewkowitsch ebenfalls Laurinsäure.

Die Laurinsäure bildet das Übergangsglied von der Reihe der löslichen zu den unlöslichen Fettsäuren. Die beim Umkristallisieren aus Alkohol erhaltenen Nadelkristalle sowie die beim Umschmelzen erhaltenen kristallinischen Schuppen lösen sich in siedendem Wasser nur sehr wenig. Die Alkalisalze der Laurinsäure sind wasserlöslich und zeigen auch bereits das bei den Alkalisalzen der höheren Fettsäuren allbekannte Ausfallen durch Zugeben von Kochsalzlösungen (Aussalzen), nur erfordern die Laurate hierzu große Mengen von Salz. Das schwierige Aussalzen von Kokosseifen erklärt sich aus dem Gehalt des Kokosöles an Laurinsäure.

Die Laurate der alkalischen Erden und der Schwermetalle sind in Wasser nur sehr wenig, in Alkohol mehr löslich (Oudemans). Die Laurinsäure ist auch das erste Glied der Essigsäurereihe, das sich unter gewöhnlichem Druck nicht mehr unzersetzt destillieren läßt.

Schmelzpunkt 43,6° C, spezifisches Gewicht 0,883, Siedepunkt bei 100 mm Druck 225° C.

---

[1]) Lerch, Liebigs Annalen, Bd. 49, S. 223.
[2]) Görgey, Liebigs Annalen, Bd. 66, S. 295.
[3]) Görgey, Liebigs Annalen, Bd. 41, S. 330.
[4]) Görgey, Liebigs Annalen, Bd. 66, S. 295.
[5]) Zeitschr. f. Chemie.
[6]) Americ. chem. Journ., Bd. 4, S. 206.

Ficocerylsäure[1]) = $C_{13}H_{26}O_2$ Ficoceryl-säure.

wurde von Greshoff und Sack im Godangwachs (von ficus ceriflua) aufgefunden. Schmelzpunkt 57° C.

Myristinsäure = $C_{14}H_{28}O_2$ Myristin-säure.

kommt in reichlichen Mengen im Otobafett[2]) (von Myristica otoba), im Dikaöl[3]) und in der Muskatbutter[4]) (von Myristica moschata) vor. Das Fett der Samen der Virola venezuelensis[5]) ist fast reines Myristinglyzerid. Auch in der Kuhbutter und im Schweinefett, im Kokosöle und im Cochenillewachs ist Myristinsäure, wenn auch nur in geringen Mengen, enthalten. Walrat[6]) enthält sie als myristinsaures Cetyl. Die kristallinische Blättchen bildende Myristinsäure ist in Wasser vollkommen unlöslich, kalter Alkohol und Äther lösen sie nur schwierig. Beim Destillieren mit Wasser verflüchtigen sich nur sehr geringe Mengen. Spezifisches Gewicht 0,8622, Schmelzpunkt 53,80° C, Siedepunkt 250,5° C bei 100 mm Druck, 1965° C bei 15 mm Druck und 121° C in der Luftleere.

Isocetsäure = $C_{15}H_{30}O_2$ [7]) Isocet-säure.

ist von Boris im Kurkasöle (von Iatropha curcas) als Glyzerid gefunden worden. Die Existenz dieser Säure wird von vielen bezweifelt.

Palmitinsäure = $C_{16}H_{32}O_2$ Palmitin-säure.

ist als Triglyzerid (Palmitin) in fast allen Pflanzen- und Tierfetten enthalten; besonders reichlich im Palmöle, im chinesischen Pflanzentalg (Stillingia sebifera) und im Japanwachs. Als Cetylpalmitat ist sie im Walrat[8]), als Myricylpalmitat im Bienenwachse[9]) und als Cerylpalmitat im Opiumwachse nachgewiesen worden.

Die reine Palmitinsäure ist geruch- und geschmacklos, kristallisiert in feinen, büschelförmig vereinigten Nadeln, welche beim Umschmelzen zu kristallinischen Schuppen erstarren. In geschmolzenem Zustande oder in Form einer alkoholischen Lösung auf Papier gebracht, hinterläßt sie einen bleibenden Fettfleck. Alkohol löst sie in der Kälte nur wenig, in der Wärme leicht. So fanden Hehner und Mitchell[10]), daß 94prozentiger Alkohol bei 0° nur ungefähr 1% Palmitinsäure löst; absoluter Alkohol zeigt ein

---

1) Rec. Trav. Chim. des Pays-Bas, 1901, S. 65.
2) Liebigs Annalen, Bd. 91, S. 369.
3) Oudemans Jahresberichte, 1860, S. 322.
4) Playfair, Liebigs Annalen, Bd. 37, S. 291.
5) Thoms und Mamich, Berichte d. deutsch. Pharm. Gesellsch., 1901, S. 264.
6) Heintz A., Bd. 42, S. 291.
7) Jahresberichte, 1854, S. 462.
8) Heintz, Liebigs Annalen, Bd. 42, S. 291.
9) Brodie, Liebigs Annalen, Bd. 71, S. 150.
10) Analyst., 1896, S. 323.

großes Lösungsvermögen für Palmitinsäure. Er ist ein vorzügliches Mittel zum Umkristallisieren und Reinigen derselben. Petroläther vermag Palmitinsäure nur in geringen Mengen aufzunehmen.

Der Schmelzpunkt der Palmitinsäure liegt bei 62,6° C (Dichte bei dieser Temperatur 0,8527), der Erstarrungspunkt bei 62,6° C [1]). Bei 339—356° C ist die reine Säure ziemlich unzersetzt destillierbar, unter einem Drucke von 15 mm geht sie schon bei 215° C unverändert über, im Vakuum bei 138—139° C.

Konzentrierte Schwefelsäure löst sie und scheidet dieselbe beim Verdünnen mit Wasser unverändert aus. Konzentrierte Salpetersäure wirkt nur sehr wenig ein. Die Alkalisalze der Palmitinsäure sind im Wasser löslich, die der Erdalkalien und Schwermetalle nicht.

Daturinsäure.

Daturinsäure = $C_{17}H_{34}O_2$

findet sich im Fette des Samens des Stechapfels [2]) (Datura stramonium), auch will sie Nördlinger unter den festen Säuren des Palmöles entdeckt haben. Die Daturinsäure ist in kaltem Alkohol leichter löslich als Palmitinsäure. Nördlinger [3]) ermittelte für die aus Palmöl dargestellten Säure, die auch ein Isomeres der Daturinsäure sein kann, einen Schmelzpunkt von 57° C und einen Siedepunkt von 223—225° C (bei 15 mm Druck).

Stearinsäure.

Stearinsäure = $C_{18}H_{36}O_2$

kommt als Triglyzerid in fast allen natürlichen Fetten vor, in den festen mehr als in den weichen und flüssigen. Die reine Stearinsäure bildet weiße, glänzende Blättchen, die weder Geschmack noch Geruch zeigen, sich fettig anfühlen und beim Umschmelzen zu einer kristallinischen, durchscheinenden Masse erstarren. Als Schmelzpunkt der Stearinsäure nennt Saytzeff 71—71,5° C, de Visser 69,3° C, Fritzweiler 70° C. Das spezifische Gewicht der Stearinsäure ist bei 11° C gleich dem des Wassers; bei höherer Temperatur ist die Säure aber leichter, schwimmt deshalb auf dem Wasser. Bei 70° C (Schmelzpunkt) ist die Dichte der Stearinsäure sogar nur 0,8454.

In gelöstem oder geschmolzenem Zustande auf Papier gebracht, erzeugt sie Fettflecke. In Wasser ist sie unlöslich, in kaltem Alkohol noch weniger löslich als Palmitinsäure, indem 94% Alkohol bei gewöhnlicher Temperatur nur ca. $^1/_{10}$% Stearinsäure, absoluter Alkohol nur 2,5% aufnehmen. Kochender Alkohol und Äther lösen Stearinsäure sehr leicht, ebenso sind Benzol und Schwefelkohlenstoff gute Lösungsmittel für dieselbe.

---

[1]) Rec. Trav. Chim. des Pays-Bas, 17, S. 182 und Chem.-Ztg., 1895, S. 830.

[2]) Gerard, Bull. Soc. Chim., Bd. 5, S. 96. — Holde, Mitteilungen der Kgl. technischen Versuchsstation, 1902, S. 66.

[3]) Zeitschr. f. angew. Chemie, 1892, S. 110.

Die Stearinsäure siedet bei ca. 360° C unter teilweiser Zersetzung, bei Druckverminderung destilliert sie unzersetzt, und zwar bei 100 mm Druck bei 291° C, bei 15 mm Druck bei 232° C und im Vakuum bei 155° C. Im Dampfstrom geht sie leicht und unverändert über.

Beim Erhitzen mit Schwefel entstehen Substitutionsprodukte[1]). Gegen konzentrierte Schwefel- und Salpetersäure verhält sie sich wie Palmitinsäure.

Die früher vielfach genannte „Margarinsäure" $C_{17}H_{34}O_2$ findet sich in den natürlichen Fetten und Ölen nicht vor. Was man damit bezeichnete, hat sich als ein Gemisch von Palmitin- und Stearinsäure erwiesen. Synthetisch ist eine Säure von der Formel $C_{17}H_{34}O_2$ von Krafft dargestellt worden, welche einen Schmelzpunkt von 59,8° C und unter 100 mm Druck einen Siedepunkt von 227° C zeigte[2]).

Arachinsäure = $C_{20}H_{40}O_2$

Arachinsäure.

ist im Erdnußöl[3]) und im Rambutantalg[4]) (von Nephelium lappaceum L.) in reichlicher Menge vorhanden; in geringen Mengen auch in der Kuhbutter, im Macassar- und Hollunderöle, in der Kokosbutter und im Rüböle[5]).

Die kleinen, glänzenden Blätterkristalle schmelzen bei 77° C[6]), sind in kaltem Alkohol noch schwieriger als Stearinsäure löslich, in siedendem dagegen leicht, wobei jedoch ein Teil in den Äthylester der Arachinsäure verwandelt werden soll (?). Äther, Chloroform, Petroläther und Benzol nehmen Arachinsäure leicht auf.

Behensäure = $C_{22}H_{44}O_2$

Behensäure.

kommt im Behenöle[7]) (von Moringa oleifera) vor. Ihre Kristallnadeln schmelzen bei 80—82° C und erstarren bei 72—76° C[8]). Die synthetisch dargestellte Säure[9]) zeigt einen etwas höheren Schmelz- und Erstarrungspunkt. Behensäure ist sowohl im Alkohol als auch im Äther schwer löslich, in letzterem aber doch fast doppelt soviel als in ersterem (Äther löst bei 16° C 0,1922%).

Lignocerinsäure = $C_{24}H_{48}O_2$

Lignocerinsäure.

ist im Arachisöl zuerst von Kreiling[10]) nachgewiesen worden. Die bei 80,5° C schmelzende Säure erstarrt beim Abkühlen zu einer sternförmigen,

[1]) Altschul, Zeitschr. f. angew. Chemie, 1895, S. 535.
[2]) Siehe auch Holde, Mitteilungen der Kgl. technischen Versuchsstation.
[3]) Gößmann, Liebigs Annalen, Bd. 89, S. 1.
[4]) Baczewski, Journ. Soc. Chem. Ind., 1895, S. 1049.
[5]) Poncic, Gazz. Chim., 1894, S. 595.
[6]) Monatshefte für Chemie, 17, 528.
[7]) Liebigs Annalen, 64, S. 342.
[8]) Journ. f. prakt. Chemie, 1894, Nr. 64, S. 61.
[9]) Talenzeff, Journ. f. prakt. Chemie, 1885, Bd. 50, S. 71—75.
[10]) Berichte d. deutsch. chem. Gesellsch., Bd. 12, S. 880.

in der Kälte brüchig werdenden Masse[1]). Die durch Umkristallisieren aus Alkohol erhaltenen, Seidenglanz aufweisenden weißen Flocken werden beim Abpressen zwischen Filtrierpapier perlmutterglänzend und schuppig. Lösungsmittel für Lignocerinsäure sind Benzol, Äther, Schwefelkohlenstoff und siedender Alkohol. In der Kälte nimmt Alkohol nur wenig von der Säure auf.

Carnaubasäure.

Carnaubasäure $= C_{24}H_{48}O_2$

ist als Ester einwertiger Alkohole im Carnaubawachs und Wollfett[2]) enthalten. Die bei 72,5 °C schmelzende, bei 69—67 °C erstarrende Säure ist im Methylalkohol schwer löslich, dagegen leicht in Äthylalkohol, Äther, Petroläther, Eisessig und Benzol. Die Carnaubasäure ist ein Isomere der Lignocerinsäure.

Pisangcerylsäure.

Pisangcerylsäure $= C_{24}H_{48}O_2$,

welche sich im Pisangwachse vorfindet und bei 71 °C schmilzt, ist als ein weiteres Isomere der Lignocerylsäure anzusehen, wenn sie nicht gar mit der Carnaubasäure identisch ist (Lewkowitsch).

Hyänasäure

Hyänasäure $= C_{25}H_{50}O_2$

will Carius[3]) in der Analdrüsentasche von Hyaena striata gefunden haben; Schmelzpunkt 77—78 °C.

Cerotinsäure.

Cerotinsäure $= C_{26}H_{52}O_2$

findet sich sowohl in freiem Zustande im Bienen- und im Carnaubawachse[4]) vor, als cerotinsaures Ceryl im chinesischen Insektenwachs[5]), im Opium- und im Wollwachs, an Glyzeride gebunden im Öle von Aspidium filix mas.

Die durch Umkristallisieren aus Alkohol gereinigte Säure bildet sternförmige, mikroskopische Nadeln; aus Benzol kristallisiert sie in dichten Blättchen, aus Äther tafelförmig[6]). Die rohe Cerotinsäure sieht wachsartig aus und zeigt einen Schmelzpunkt von 78—82 °C.

Die früher von Brodie aufgestellte Formel $C_{27}H_{54}O_2$ wurde im Jahre 1880 von Hell und Hermann[7]) richtiggestellt. Später haben noch Nafzger[8]), Zatzek[9]), Marie[10]), Lewkowitsch[11]), Hen-

[1]) Tortelli und Ruggeri, Chem.-Ztg., 1898, S. 60.

[2]) Stürke, Liebigs Annalen, Bd. 223, S. 306. — Darmstädter und Lifschütz, Berichte d. deutsch. chem. Gesellsch., 1896, S. 618 und 2892.

[3]) Liebigs Annalen, Bd. 129, S. 168.

[4]) Bérard, Zeitschr. f. Chemie, 1868, S. 415. — Nafzger, Liebigs Annalen, Bd. 224, S. 256.

[5]) Brodie, Liebigs Annalen, Bd. 69, S. 180.

[6]) Compt. rendus, 1894, S. 428.

[7]) Berichte d. deutsch. chem. Gesellsch., 1880, S. 1721.

[8]) Liebigs Annalen, Bd. 224, S. 256.

[9]) Monatshefte f. Chemie, 3, 677.

[10]) Compt. rendus, 1894, S. 429.

[11]) Jahrbuch der Chemie, Bd. 7, S. 369.

riques[1]) die Richtigkeit der Formel $C_{26}H_{52}O_2$ bewiesen, entgegen der Behauptung Schalfejeffs, nach welcher die Cerotinsäure als solche nicht existiere, sondern als ein Gemenge verschiedener Säuren anzusehen sei.

Melissinsäure = $C_{30}H_{60}O_2$

Melissinsäure.

kommt in geringer Menge in freiem Zustande im Bienenwachs vor. Ihre glänzenden Schuppen schmelzen bei 90° C. In heißem Alkohol, Chloroform und Schwefelkohlenstoff ist sie leicht, in Petroläther und Äther schwer löslich[2]). Einer von Schwalb[3]) aus Myricylalkohol des Bienenwachses dargestellten Melissinsäure soll die Formel $C_{31}H_{62}O_2$ zukommen.

Psyllostearylsäure = $C_{33}H_{66}O_2$

Psyllostearylsäure.

findet sich an Psyllostearylalkohol gebunden im Psyllawachs. Die bei 94—95° C schmelzenden Kristalle sind in Alkohol leicht, in Petrol- und Äthyläther weniger gut löslich.

2. Säuren von der Zusammensetzung $C_nH_{2n-2}O_2$.

(Säuren der Akril- oder Ölsäurereihe.)

Tiglinsäure = $C_5H_8O_2$

Tiglinsäure.

wurde von Fittig[4]) im Krotonöle als Glyzerid nachgewiesen. Im Geruche an Benzonsäure erinnernd, kristallisiert sie in triklinischen Tafeln, welche bei 64,5° C schmelzen und bei 198,5° C unter gewöhnlichem Drucke destillieren. Ihr spezifisches Gewicht ist bei 74° C 0,9641.

In heißem Wasser ist sie ziemlich leicht, in kaltem schwer löslich.

Hexylsäure = $C_6H_{10}O_2$

Hexylsäure.

findet sich in geringer Menge im Krotonöl, wo sie von Schmidt und Berendes[5]) aufgefunden wurde.

Die Säuren:

$C_{12}H_{22}O_2$ und $C_{14}H_{26}O_2$

$C_{12}H_{22}O_2$ $C_{14}H_{26}O_2$

sollen nach Raymann im Cochenillefett vorkommen. Nähere Untersuchungen über ihre Eigenschaften liegen nicht vor.

Hypogäasäure = $C_{16}H_{30}O_2$

Hypogäasäure.

soll sich nach Angaben von Gößmann und Scheven[6]) sowie Schröder[7])

---

[1]) Zeitschr. f. angew. Chemie, 1897, S. 366.
[2]) Brodie, Liebigs Annalen, Bd. 71, S. 366. — Stürcke, ebenda.
[3]) Brodie, Liebigs Annalen, Bd. 233, S. 135.
[4]) Liebigs Annalen, Bd. 283. — Rupe, Ronus und Lotz, Berichte d. deutsch. chem. Gesellsch. 1902, S. 4265.
[5]) Liebigs Annalen, Bd. 191, S. 121.
[6]) Liebigs Annalen, Bd. 94, S. 230.
[7]) Liebigs Annalen, Bd. 143, S. 22.

im Erdnußöl vorfinden. Schön[1]) hat das Vorhandensein derselben im Erdnußöle angezweifelt, wie auch Bodenstein[2]) dieselbe nicht nachweisen konnte, doch stellt dieser die Säure aus Stearolsäure synthetisch dar. Nach Lewkowitsch[3]) findet sich Hypogäasäure auch im Maisöle.

Hypogäasäure bildet weiße, bei 33° C schmelzende Nadeln, die beim Liegen an der Luft in niedere Fettsäuren zerfallen, wobei ein ranziger Geruch und eine Bräunung der Masse auftritt. Die Säure siedet unter einem Druck von 15 mm bei 236° C, bei einem solchen von 10 mm schon bei 230° C.

Durch die Einwirkung salpetriger Säuren wird Hypogäasäure in ihr Isomere, in Gaidinsäure übergeführt, die bei 39° C schmilzt.

Physetöl-säure.

Physetölsäure $= C_{16}H_{30}O_2$

ist im Walrate[4]) (an Alkohol gebunden) und im Seehundöle (als Glyzerid) enthalten. Die bei 30° C schmelzende Säure unterscheidet sich von der vorbesprochenen dadurch, daß sie mit salpetrigen Säuren keine Veränderungen erleidet und daß sie bei der Destillation nicht Sebacinsäure liefert wie jene.

Lycopodi-umsäure

Lycopodiumsäure $= C_{16}H_{30}O_2$

ist ein weiteres Isomere der Hypogäasäure, die sich nach Langer[5]) in den Sporen vom Lycopodium vorfindet. Bei gewöhnlicher Temperatur flüssig, zerfällt sie bei der Oxydation mit Kaliumpermanganat in Dioxypalmitin-, Isokapron- und Oxykaprinsäure.

Asselin-säure.

Asselinsäure $= C_{17}H_{32}O_2$

will Fahrion[6]) als Glyzerid im japanischen Sardinentran gefunden haben.

Ölsäure.

Ölsäure $= C_{18}H_{34}O_2$

Die Ölsäure ist als Glyzerid in großen Mengen in fast allen Tier- und Pflanzenfetten enthalten. Durch die Untersuchung von Saytzeff[7]) und Lewkowitsch[8]) wurde die Konstruktionsformel

$$\begin{array}{l} CH_3 \cdot (CH_2)_{13} \cdot C \\ \qquad\qquad\qquad\quad \| \\ \qquad\qquad\quad H \cdot C \cdot CH_2 \cdot COOH \end{array} \quad \text{respektive} \quad \begin{array}{l} CH_3 \cdot (CH_2)_7 \cdot CH \\ \qquad\qquad\qquad\quad \| \\ \qquad\qquad\qquad CH \cdot (CH_2)_7 \cdot COOH \end{array}$$

festgestellt.

---

1) Liebigs Annalen, Bd. 244 S. 253.

2) Berichte d. deutsch. chem. Gesellsch., Bd. 28, S. 3347.

3) Chem. Technologie u. Analyse der Fette u. Öle. Braunschweig 1904, S. 110.

4) Hofstädter, Liebigs Annalen, Bd. 91, S. 177.

5) Berichte d. deutsch. chem. Gesellsch., Bd. 22, S. 341 u. 835.

6) Chem.-Ztg. 1893, S. 521.

7) Berichte d. deutsch. chem. Gesellsch., 1894, S. 577.

8) Journ. Soc. Chem. Ind. 1897, S. 391.

Die Darstellung von reiner Ölsäure ist mit besonderer Schwierigkeit verbunden. Das Produkt, das man als „reine" Ölsäure zu kaufen bekommt, ist gewöhnlich aus dem ätherlöslichen Anteil der Bleisalze der Mandelölfettsäuren gewonnen und enthält in der Regel noch geringe Mengen von Linol- und Linolensäure. Talg würde sich zur Darstellung reiner Ölsäure besser eignen als Mandelöl, weil seine ungesättigten Fettsäuren fast ausschließlich aus Ölsäure bestehen und Linol- und Linolensäure nicht vorhanden sind.

Eigenschaften der Ölsäure.

Ganz reine, frisch bereitete Ölsäure ist eine farb- und geruchlose Flüssigkeit, die bei 4° C erstarrt, um erst bei 14° C wieder zu schmelzen. Bei 14° C zeigt sie eine Dichte von 0,898, bei 100° C fällt das spezifische Gewicht auf 0,876. An der Luft oder auch schon durch bloße Belichtung wird die Ölsäure bald gelb und nimmt einen ranzigen Geruch an; sie rötet dann auch Lackmuspapier, gegen welches sie sich im frisch bereiteten Zustande indifferent verhält.

Die Ölsäure ist wasserunlöslich; kalter Alkohol nimmt sie dagegen selbst in verdünnter Form leicht auf. Wird eine alkoholische Ölsäurelösung besonders stark mit Wasser verdünnt, so scheidet die Säure unverändert aus.

Bei der Destillation unter gewöhnlichem Drucke erleidet die Ölsäure eine teilweise Zersetzung in Wasser, Kohlen-, Essig-, Kapryl- und Kaprinsäure, unter gleichzeitiger Bildung von Sebacinsäure und Kohlenwasserstoffen. Mittels überhitzten Wasserdampfes geht die Ölsäure aber leicht bei 250° C unzersetzt über; bei 100 mm Druck ist der Siedepunkt der Ölsäure bei 285—286° C, bei 50 mm Druck nur 264° C und im Vakuum siedet sie schon bei 153° C.

Einwirkung von Luft und Licht.

Luft und Licht verändern die Ölsäure, wie schon oben bemerkt, auch unter gewöhnlichen Verhältnissen. Skala[1]) hat aus einer luft- und lichtexponierten Ölsäure Önanthylaldehyd, Önanthy-, Ameisen-, Essig-, Butter-, Azalein-, Kork- und Dioxystearinsäure gefunden.

Senkowski[2]) fand in einer 19 Jahre alten Probe von Ölsäure Kristalle mit einem Schmelzpunkte von 48° C, welche aus einem Stearolakton haltenden Ester bestanden. Entgegen den Befunden Senkowskis, welcher in der untersuchten alten Ölsäure nur mehr $^1/_3$% wirkliche, unveränderte Ölsäure vorfand, stehen die Beobachtungen Lewkowitschs[3]), der an einer 8 Jahre lagernden technischen Ölsäure fast gar keine Veränderungen konstatieren konnte.

Luft oxydiert die Ölsäure schon bei 120° C ziemlich rasch, nur ist die Bildung der Oxyfettsäure prozentuell keine besonders große. Bläst man

[1]) Staz. sperim. agrar. ital., Bd. 30, S. 613.

[2]) Zeitschr. f. physiolog. Chemie, 1898, S. 434.

[3]) Chem. Technologie der Fette, Öle u. Wachsarten. Braunschweig 1905, Bd. 1, S. 115.

aber bei dieser Temperatur in auf 200° C erhitzte Ölsäure Luft ein, so wird der größte Teil derselben in Oxyölsäure verwandelt[1]).

Verhalten gegen Schwefel. Schwefel vermag Ölsäure bei 130—150° C zu addieren; daß tatsächlich eine Addition und keine Substitution stattfindet, beweist das Nichtauftreten von Schwefelwasserstoff während der Reaktion. In gleicher Weise werden Halogene. Brom und Jodchlorid nicht substituiert, sondern absorbiert. Die so erhaltenen Brom- und Jodstearinsäuren geben bei Reduktion mit Zink und Salzsäure wieder die ursprüngliche Ölsäure, nicht aber die entsprechenden gesättigten Säuren (Stearinsäure). Versuche, die Ölsäure durch Reduktion bzw. durch Addition zweier Wasserstoffatome in die technisch viel wertvollere Stearinsäure zu verwandeln, sind in großer Menge angestellt worden. Die Reduktion mittels Jodwasserstoffsäure und Phosphor wurde bereits S. 39 erwähnt. P. de Wilde und Reychler[2]) versuchten die Umwandlung von Ölsäure in Stearinsäure durch Erhitzen mit 1% Jod im Autoklaven und darauffolgende Destillation des Gemisches zu erreichen. Tissier[3]) will durch Erhitzen der Ölsäure mit Zink im Autoklaven bei 9—10 Atmosphären Druck aus derselben Stearinsäure bilden. Auf alle diese interessanten Reaktionen wird in Band 3 dieses Werkes im Kapitel „Kerzenfabrikation" näher eingegangen.

Überführen in Stearinsäure.

In kalter, konzentrierter Schwefelsäure löst sich Ölsäure auf und bildet Stearinschwefelsäure. Erhitzt man dieselbe mit Wasser, so tritt eine Spaltung in Schwefelsäure und β-Oxystearinsäure ein, unter gleichzeitiger Bildung von etwas Stearolakton. Auch Schwefelsäure von nur 85% H_2SO_4-Gehalt vermag mit Ölsäure Stearinsulfosäure zu bilden[4]).

Zinkchlorid bewirkt, bei 185° C mit Ölsäure zusammengebracht, eine ähnliche Veränderung derselben wie Schwefelsäure und Wasser.

Salpetersäure oxydiert die Ölsäure lebhaft, unter Bildung von zweibasischen Säuren (Adipin-, Pimelin- und Korksäure) und niedrigen gesättigten Säuren (Ameisensäure bis zur Kaprinsäure).

Kaliumpermanganat in saurer Lösung oxydiert die Ölsäure zu einer Reihe zweibasischer Säuren; ein Überschuß von Kaliumpermanganat bildet in alkalischer verdünnter Lösung in der Kälte der Hauptsache nach Dihydroxystearinsäure.

Die Ölsäure liefert mit Alkalien wasserlösliche Salze und zeigen dieselben größere Löslichkeit als die entsprechenden Salze der festen Fettsäuren. Die übrigen Salze der Ölsäure sind in Alkohol löslich, einige davon auch in Äther, wie z. B. das Bleioleat, auf welcher Eigenschaft auch die analytische Trennung der Ölsäure von Stearin- und Palmitinsäure beruht.

---

[1]) Benedikt u. Ulzer, Zeitschr. f. chem. Industrie, 1887, Heft 9.

[2]) Bull. Soc. Chim. 1889, S. 295.

[3]) Russ. Priv. 1499 vom 16. Jan. 1897.

[4]) Twitchell, Journ. Soc. Chem. Ind., 1897, S. 1002.

Beim Behandeln mit salpetriger oder schwefliger Säure geht die Ölsäure in

Elaidinsäure $= C_{18}H_{34}O_2$ Elaidinsäure.

über, welcher die Strukturformel

$$\begin{array}{c} CH_3 \cdot (CH_2)_{13} \cdot CH \\ \| \\ COOH \cdot CH_2 \cdot CH \end{array} \quad \text{oder} \quad \begin{array}{c} CH_3(CH_2)_7CH \\ \| \\ COOH \cdot (CH_2)_7CH \end{array}$$

zukommt. Sie bildet sich in kleinen Mengen auch bei längerem Lagern von Ölsäure.

Elaidinsäure kristallisiert aus Alkohol in Blätterform; die Kristalle schmelzen nach Saytzeff[1]) bei 51—52° C und erstarren bei 44—45° C. Farnsteiner[2]) wie auch Lewkowitsch[3]) haben aber den Schmelzpunkt reiner Elaidinsäure bei 44,5° C gefunden.

Elaidinsäure destilliert fast unzersetzt und siedet unter einem Druck von 100 mm bei 288° C, im absoluten Vakuum bei 154° C (Krafft und Nördlinger). Sie löst sich leicht in Alkohol, Äther, Benzin und Benzol.

Erhitzt man Elaidinsäure unter Druck mit schwefeliger Säure[4]), so wird ein Fünftel der Säure in normale Ölsäure rückverwandelt; ein gleiches findet beim Erhitzen von aus Elaidinsäure dargestellter Jodstearinsäure mit alkoholischer Kalilauge statt, wobei sich gleichzeitig auch etwas Isoölsäure bildet[5]): Die Oxystearinsäure, welche man durch Einwirkung von Schwefelsäure auf Elaidinsäure erhält, ist mit der aus Ölsäure hergestellten Oxystearinsäure vollkommen identisch.

Beim Schmelzen der Elaidinsäure mit KOH erhält man, wie bei Ölsäure, Palmitinsäure[6]).

Isoölsäure (Paraölsäure) $= C_{18}H_{34}O_2$. Isoölsäure.

Eine der Ölsäure isomere Verbindung von der Strukturformel[7]):

$$\begin{array}{c} CH_3 \cdot (CH_2)_{14} \cdot CH \\ \| \\ COOH \cdot C \cdot H \end{array}$$

wird durch Destillation der β-Oxystearinsäure neben gewöhnlicher Ölsäure und unveränderter Oxystearinsäure erhalten[8]). Sie bildet sich daher in

---

1) Journ. f. prakt. Chemie, Bd. 50, 1894, S. 73 u. 175.

2) Zeitschr. f. Unters. d. Nahrungs- und Genußmittel, 1899, S. 5.

3) Chem. Techn. u. Analyse d. Fette u. Öle. Braunschweig 1905, S. 181.

4) Albitzky, Journ. f. prakt. Chemie, Nr. 61, 1900, S. 65.

5) Lebedeff, Journ. f. prakt. Chemie, Bd. 50, 1894, S. 60.

6) Über das Verhalten der Elaidinsäure bei der Oxydation mit Kaliumpermanganat und beim Chlorieren, bei der Einwirkung konzentrierter Schwefelsäure usw. Siehe: Berichte d. deutsch. chem. Gesellsch. 1894, S. 173; Journ. Chem. Soc., 1898, S. 631; Chem.-Ztg. 1896, Bd. 20, S. 239; Journ. f. prakt. Chemie, Nr. 57, 1898, S. 27.

7) Lewkowitsch, Journ. Soc. Chem. Ind., 1897, S. 389.

8) Saytzeff, Journ. f. prakt. Chemie, 1888, S. 145, 269, 442; Shukoff und Schestakoff, Ebenda, Bd. 57, 1903, S. 416.

reichlichen Mengen in der Stearinfabrikation, bei der Destillation von Fettsäuren, die der sogenannten Sulfuration unterzogen wurden oder direkt von der schwefelsauren Verseifung herstammen.

Isoölsäure ist, wie auch Elaidinsäure, bei gewöhnlicher Temperatur fest, man nennt sie daher oft auch kurzweg „feste Ölsäure". Sie bildet aus Äther kristallisiert rhombische Tafeln vom Schmelzpunkte 44—45° C, die sich in Äther schwierig, in Alkohol leicht lösen.

Beim Schmelzen mit Alkali erleidet die Isoölsäure dieselbe Veränderung wie die Öl- und Elaidinsäure. Die Oxydation mit Kaliumpermanganat liefert andere Dioxystearinsäuren, als aus Ölsäure erhalten werden.

Rapinsäure.

Rapinsäure $= C_{18}H_{34}O_2$

ist im Rüböl als Glyzerid enthalten. Reimer und Will[1]) nahmen für die Säure die Formel $C_{18}H_{34}O_3$ an, doch zeigte Zellner[2]), daß es sich nicht um eine hydroxylierte Säure, sondern um ein Isomere der Ölsäure handle. Die Rapinsäure ist flüssig, wird auch in der Kälte nicht fest und durch salpetrige Säure nicht verändert.

Döglingsäure.

Döglingsäure $= C_{19}H_{36}O_2$

findet sich im Döglingtran[3]) an Dodekatylalkohol gebunden. Möglicherweise handelt es sich dabei aber auch nur um ein Isomeres der Ölsäure.

Jecoleinsäure.

Jecoleinsäure $= C_{19}H_{36}O_2$,

deren Vorhandensein im Dorschleberöl Heyerdahl[4]) nachgewiesen zu haben glaubt.

Erucasäure.

Erucasäure (Brassicasäure) $= C_{22}H_{42}O_2$

findet sich als Glyzerinester im Rüböl[5]), im Schwarz- und Weißsenföl[6]), im Traubenkern-[7]) und im Kapuzinerkressenöl[8]), dessen fester Anteil fast reines Trierucin ist. Bull[9]) will Erucasäure auch in Fischölen gefunden haben. Liebermann[10]) hat als Konstitutionsformel der Erucasäure die folgende aufgestellt:

$$\begin{array}{l} C_8H_{17} - CH \\ \qquad\qquad \| \\ \qquad\quad H \cdot C \cdot (CH_2)_{11}COOH\,, \end{array}$$

---

[1]) Berichte d. deutsch. chem. Gesellsch., Bd. 20, S. 2385.
[2]) Journ. Soc. Chem. Ind., 1896, S. 661.
[3]) Scharling, Journ. f. prakt. Chemie, Bd. 43, 1848, 257.
[4]) Cod Liver Oil and Chemistry, London 1895, S. 98.
[5]) Websky 1858, S. 56 (Tortelli).
[6]) Darby, Liebigs Annalen, Bd. 69, S. 1; Goldschmidt, Berichte der k. u. k. Akad. d. Wissensch., Wien, Bd. 70—72, S. 451.
[7]) Berichte d. deutsch. chem. Gesellsch., Bd. 4, S. 442.
[8]) Gadamer, Arch. d. Pharmazie, Bd. 273, 1899, S. 472.
[9]) Chem. Ztg., 1899, S. 996.
[10]) Berichte d. deutsch. chem. Gesellsch., 1893, S. 1869.

während Alexandroff und Saytzeff[1]) die nachstehende annehmen

$$\begin{array}{l} CH_3 \cdot (CH_2)_{17} - CH \\ \qquad\qquad\qquad \| \\ \qquad\qquad\qquad CH \cdot CH_2 \cdot COOH . \end{array}$$

Die Säure bildet lange, feine Kristallnadeln, die bei 33—34° C schmelzen und unter 30 mm Druck bei 281° C, im Vakuum bei 179° C sieden (Krafft und Nördlinger).

Sie ähnelt in ihrem sonstigen Verhalten der Ölsäure und wird wie diese durch Bisulfite oder durch salpetrige Säure in ihre Isomere verwandelt.

Brassidinsäure = $C_{22}H_{42}O_2$ [2]). Brassidinsäure.

Dieser, bei 65° C schmelzenden, bei 56° C erstarrenden, in Nadeln oder Blättchen kristallisierenden Säure, welche im Vakuum bei 180° C und bei 15 mm Druck bei 265° C siedet, kommt die Strukturformel

$$\begin{array}{ccc} COOH \cdot (CH_2)_{11} \cdot CH & & CH_3(CH_2)_{17} \cdot CH \\ \| & \text{oder} & \| \\ C_8H_{17}CH & & COOH \cdot CH_2 \cdot CH \end{array}$$

zu. Ein anderes Isomere der Erucasäure ist die

Isoerucasäure = $C_{22}H_{42}O_2$, Isoerucasäure.

der Saytzeff[3]) die Strukturformel

$$\begin{array}{l} CH_3 \cdot (CH_2)_{17}CH_2CH \\ \qquad\qquad\qquad \| \\ \qquad\qquad COOH \cdot CH \end{array}$$

beilegt. Aus Alkohol umkristallisiert, bildet sie Tafeln, die einen Schmelzpunkt von 54—56° C, einen Erstarrungspunkt von 52—51° C besitzen[4]).

3. Säuren von der Zusammensetzung $C_nH_{2n-4}O_2$.

(Säuren der Linolensäurereihe.)

Linolsäure = $C_{18}H_{32}O_2$. Linolsäure.

Die Linolsäure bildet als Glyzerid einen Hauptbestandteil der sogenannten trocknenden Öle (Lein-, Mohnöl usw.), findet sich aber auch in den halb- und nichttrocknenden Ölen (Mandel-, Oliven-, Erdnußöl) und sogar in festen Fetten (Schweine-, Hasen-, Pferdefett, Talg und Butter).

Die Linolsäure bildet ein schwach gelbliches Öl, das auch bei Temperaturen von —18° C noch flüssig bleibt; ihr spezifisches Gewicht beträgt.

---

[1]) Journ. f. prakt. Chemie, Bd. 49, S. 63, 1894.

[2]) Hausknecht, Liebigs Annalen, Bd. 143, S. 54; Fitz, Berichte d. deutsch. chem. Gesellsch., Bd. 4, S. 444.

[3]) Journ. f. prakt. Chemie, 1892, Bd. 45, S. 301.

[4]) Journ. f. prakt. Chemie, 1894, Bd. 50, S. 65; ebenda, 1894, Bd. 49, S. 58.

bei 14° C 0,9206. Schwach sauer reagierend löst sie sich in Alkohol, Benzin und Äther leicht auf, absorbiert aus der Luft Sauerstoff, wobei sich Oxylinolsäure bildet. In dünnen Schichten ausgebreitet wird sie bei anhaltender Lufteinwirkung fest[1]). Die festgewordene elastische Masse (Linoxyn) ist in Äther unlöslich, in Alkalien löslich. Konzentrierte Schwefelsäure nimmt Linolsäure unter Bildung von Sulfosäure leicht auf: die Sulfosäure ist in Petroläther unlöslich[2]).

Reine Linolsäure hat zuerst Hazura[3]) aus den flüssigen Fettsäuren des Hanföls isoliert. Die von Reformatzky[4]) durch Verseifen ihres Äthylesters dargestellte Linolsäure scheint ein Gemenge der im Leinöl enthaltenen ungesättigten Säuren zu sein. Die Salze der Linolsäure absorbieren noch leichter Sauerstoff aus der Luft als die freien Säuren.

Taririnsäure.

Taririnsäure $= C_{18}H_{32}O_2$

ist ein Isomere der Linolsäure, das als Glyzerid von Grützner im Fette von Picramnia camboita[5]) und von Arnaud im Fette der Samen von Picramnia Sow[6]) gefunden wurde. Nach Arnaud[7]) ist die Konstitutionsformel der bei 50,5° C schmelzenden Taririnsäure:

$$\begin{array}{l} CH_3(CH_2)_{10}C \\ \qquad\qquad\quad \| \\ \qquad\qquad\quad C \cdot (CH_2)_4COOH. \end{array}$$

Hirseölsäure.

Hirseölsäure $= C_{18}H_{32}O_2$

ist nach Kassner als Glyzerid im Hirseöle[8]) enthalten.

Telfairasäure.

Telfairasäure $= C_{18}H_{32}O_2$

findet sich an Glyzerin gebunden im Koëmeöl[9]), aus welchem sie durch fraktionierte Destillation der flüssigen Fettsäuren erhalten werden kann. Erstarrungspunkt der Säure 6° C, Siedepunkt bei 15 mm Druck 220—225° C.

Eläomargarinsäure.

Eläomargarinsäure $= C_{18}H_{32}O_2$,

deren Glyzerid sich im chinesischen Holzöle (Tungöle) findet, wo es zuerst von Cloëz[10]) nachgewiesen wurde. Die in rhombischen Tafeln kristallisierende Säure, deren Schmelzpunkt von de Negri und Sburlatti[11]) mit

---

[1]) Monatshefte f. Chemie. Bd. 9, S. 459; näheres darüber siehe in Bd. 2 unter Kap. „Leinöl" und in Bd. III im Kap. „Firnisse".

[2]) Twitchell, Journ. Soc. Chem. Ind., 1897, S. 1004.

[3]) Monatshefte f. Chemie, Bd. 8, S. 147 u. 267.

[4]) Journ. f. prakt. Chemie, 1890, S. 529.

[5]) Chem.-Ztg. 1898, S. 879 u. 1851.

[6]) Compt. rendu, Bd. 114, S. 79, 1892.

[7]) Compt. rendu, Bd. 122, S. 1000 u. Bd. 134, S. 437.

[8]) Arch. d. Pharmazie, Bd. 25, S. 1081.

[9]) Arch. d. Pharmazie, Bd. 238, S. 48.

[10]) Bull. Soc. Chim., Bd. 26, S. 286, Bd. 28, S. 23.

[11]) Monit. scient., 1896; Chem. Revue, 1896, S. 255.

43° C, von Kametaka[1]) mit 43—44° C, von Cloëz[2]) und Maquenne[3]) mit 48° C angegeben wird, zieht aus der Luft Sauerstoff an und verharzt dabei. In Alkohol und Äther ist die Säure leicht löslich; die Lösungen halten sich im Dunkeln unverändert; wird die alkoholische Lösung jedoch unter Belichtung aufbewahrt, so scheiden sich aus derselben Kristalle ab, welche dieselbe Zusammensetzung Eläomargarinsäure haben, aber erst bei 71° C schmelzen. Die richtige Zusammensetzung der Eläomargarinsäure hat erst Kametaka erkannt; Cloëz nahm seinerzeit die Formel $C_{17}H_{30}O_2$ an, Maquenne $C_{18}H_{30}O_2$, was beides unrichtig war[4]).

4. Säuren von der Zusammensetzung $C_nH_{2n-6}O_2$.

(Säuren der Linolensäurereihe.)

Linolensäure = $C_{18}H_{30}O_2$.

Linolen-säure.

Linolensäure ist als Glyzerid in den trocknenden Ölen enthalten[5]).

Die fast farblose, ölige Flüssigkeit vom spezifischen Gewichte 0,9288 (bei 15° C) absorbiert noch schneller als die Linolsäure Sauerstoff aus der Luft und wird dabei dunkelbraun. Im sonstigen und physikalischen Verhalten ähnelt sie der Linolsäure, nur zeigt sie einen eigenartigen Fischgeruch, der auch den aus Leinöl erzeugten Seifen und der damit gereinigten Wäsche anhaftet.

Isolinolensäure = $C_{18}H_{30}O_2$.

Isolinolen-säure.

Deren Existenz im Leinöl als Glyzerid wird von Hazura[6]) angenommen, obzwar es bisher noch nicht gelungen, die Säure zu isolieren.

Jecorinsäure = $C_{18}H_{30}O_2$

Jecorin-säure

soll nach Fahrions[7]) Annahme im japanischen Sardinentran enthalten sein. Der genaue Nachweis hierfür, wie für das Bestehen dieser Säure überhaupt, ist noch zu erbringen.

5. Säuren von der Zusammensetzung $C_nH_{2n-8}O_2$.

Isansäure = $C_{14}H_{20}O_2$

Isansäure.

ist im Isanoöle[8]) als Glyzerid in größerer Menge gefunden worden. Sie kristallisiert aus Äther in Blättern vom Schmelzpunkte 41° C, löst sich in

1) Journ. Chem. Soc. Ind., 1903, S. 1042.
2) Bull. Soc. Chim., Bd. 26, S. 286; Bd. 28, S. 23.
3) Compt. rendu, Bd. 13, S. 135, S. 696.
4) Lewkowitsch, Jahrb. d. Chemie, Jahrg. 12, S. 367.
5) Monatshefte f. Chemie, Bd. 8, S. 269, Bd. 9, S. 204.
6) Monatshefte f. Chemie, Bd. 8, S. 269 u. Bd. 9, S. 204.
7) Chem. Ztg. 1893, S. 521.
8) Hébert, Journ. Chem. Soc. Ind., 1896, S. 660; Chem. Ztg., 1901, S. 282.

allen bekannten Fettlösungsmitteln leicht auf und zeigt den spezifischen Geruch, der den Isanosamen eigen ist. Beim Stehen an der Luft nimmt sie Sauerstoff auf und färbt sich dabei rosenrot. Die so oxydierte Säure ist in Äther nicht mehr löslich. Die genannte Formel der Isansäure bedarf noch der Bestätigung.

Therapinsäure.

Therapinsäure = $C_{17}H_{26}O_2$

findet sich als Glyzerid in reichlichen Mengen im Leberöle des Dorsches, wo es von Heyerdahl[1]) aufgefunden wurde. Er schreibt dem Vorhandensein dieser Säure im Lebertran den therapeutischen Effekt desselben zu und wählte für die Säure daher auch den Namen „Therapinsäure".

$C_{20}H_{32}O_2$ $C_{24}H_{40}O_2$.

Die Säuren

$$C_{20}H_{32}O_2 \quad \text{und} \quad C_{24}H_{40}O_2$$

sollen nach Bull[2]) in den Heringsölen enthalten sein. Nähere Untersuchungen über dieselben liegen nicht vor.

6. Säuren von der Zusammensetzung $C_nH_{2n-2}O_3$.

(Hydroxylierte Säuren.)

Lanopalminsäure.

Lanopalminsäure = $C_{16}H_{32}O_3$.

Die Säure findet sich im Wollfette und wurde von Darmstädter und Lifschütz[3]) aus demselben hergestellt. Es ist eine bei 87—88° C schmelzende, in büschelförmigen Nadeln kristallisierende Substanz, die sich in den gebräuchlichen Fettlösungsmitteln leicht, ebenso in einem mit etwas Alkohol versetzten kochenden Wasser löst. Reines Wasser vermag jedoch die Säure nicht aufzunehmen, ebensowenig wässerige Alkalilösungen. Setzt man aber den Alkalilösungen unter gleichzeitiger Erwärmung etwas Alkohol zu, so tritt die Bildung von Alkali-Lanopalmitaten leicht ein. Dieselben sind nur in heißer, wässeriger Lösung beständig, beim Abkühlen der Lösung zerfallen sie in saure Salze und freies Alkali.

$C_{21}H_{42}O_3$

Die Säure

$$C_{21}H_{42}O_3,$$

welche sich als Alkohol im Carnaubawachs[4]) findet, konnte in freiem Zustande noch nicht erhalten werden, da sie sich sofort in ihr inneres Anhydrid verwandelt.

Coccerinsäure.

Coccerinsäure = $C_{31}H_{62}O_3$

ist als Coccerylester im Cochenillewachs[5]) enthalten. Sie stellt ein in kaltem Alkohol, Äther, Benzin, Benzol und Eisessig nur schwerlösliches Pulver dar, das bei 92—93° C schmilzt.

---

[1]) Cod Liver Oil and Chemistry, London 1895.

[2]) Chem. Ztg. 1899, S. 996.

[3]) Berichte d. deutsch. chem. Gesellsch., 1896, S. 618 und 2890.

[4]) Stürcke, Liebigs Annalen, Bd. 223, S. 310.

[5]) Liebermann, Berichte d. deutsch. chem. Gesellsch., Bd. 18, S. 1900.

7. Säuren von der Zusammensetzung $C_nH_{2n-2}O_3$.

(Säuren der Rizinolsäurereihe.)

Die Säure

$C_{16}H_{30}O_3$

$C_{16}H_{30}O_3$

ist als Glyzerid von Lange[1]) in alten Licopodiumsporen aufgefunden worden; über die näheren Eigenschaften derselben ist noch nichts bekannt.

Rizinolsäure $C_{18}H_{34}O_3$

Rizinolsäure.

kommt an Glyzerin gebunden im Rizinusöle[2]) vor. Krafft[3]), der die reine Rizinolsäure durch Abpressen der erstarrten Rizinusölfettsäure bei niederer Temperatur (+12° C) darzustellen versuchte, erhielt eine bei 16—17° C schmelzende Kristallmasse; Juillard[4]) wies jedoch nach, daß die von Krafft hergestellte Säure auch Stearinsäure und natürliche Dioxystearinsäure enthielt und zeigte, daß reine Rizinolsäure bei 4—5° C schmelze, in Alkohol und Äther in jedem Verhältnis, in Petroläther dagegen nicht löslich sei und selbst bei stark vermindertem Drucke (15 mm) nicht unzersetzt zu destillieren vermöge. Die Strukturformel der Rizinolsäure haben Goldsobel[5]) und Kasansky[6]) wie folgt ermittelt:

$$\begin{array}{l} C_6H_{13} \cdot CHOH \cdot CH_2 \cdot CH \\ \qquad\qquad\qquad\qquad\quad \| \\ COOH \cdot (CH_2)_7 \cdot CH \end{array}$$

Das Triglyzerid der Rizinolsäure ist fest und bildet wohl den Hauptbestandteil des sich bei längerem Lagern von Rizinolsäure in kühlen Räumen abscheidenden Bodensatzes.

Aus der Luft nimmt Rizinolsäure keinen Sauerstoff auf; doch zeigt sie beim Stehen große Neigung zum Polymerisieren; die Säure wird dabei zähflüssig, ihr spezifisches Gewicht nimmt merklich zu und ihr Jodgehalt fällt. Nach Meyer[7]) werden die Polyrizinolsäuren durch kochende alkoholische Kalilauge leicht wieder in Rizinolsäure rückverwandelt.

Über die sich beim Einwirken von konzentrierter Schwefelsäure auf Rizinolsäure abspielenden Reaktionen wird im 3. Bande im Kapitel „Türkischrotöl" eingehend berichtet. Hier sei nur das eine Reaktionsprodukt: die

Isorizinolsäure = $C_{18}H_{34}O_3$

Isorizinolsäure.

erwähnt, die von Juillard[8]) beschrieben wurde und sich von der Rizinolsäure nur durch ihre Löslichkeit in Petroläther unterscheidet.

---

[1]) Berichte d. deutsch. chem. Gesellsch., Bd. 22, S. 341.
[2]) Saalmüller, Liebigs Annalen, Bd. 64, S. 108.
[3]) Berichte d. deutsch. chem. Gesellsch., Bd. 21, S. 2730.
[4]) Bull. Soc. Chim., Bd. 3, S. 240, 1895.
[5]) Berichte d. deutsch. chem. Gesellsch., 1894, S. 3121.
[6]) Journ. f. prakt. Chemie, Bd. 62, S. 363, 1900.
[7]) Arch. d. Pharmazie, 1897, S. 184.
[8]) Bull. Soc. Chem., 1894, S. 280.

Rizinelaidinsäure.

Rizinelaidinsäure = $C_{18}H_{34}O_3$,

welche durch Einwirkung salpetriger Säure auf Rizinolsäure erhalten wird, ist ein stereometrisches Isomere[1]) der letzteren. Sie kristallisiert in Nadeln, die bei 52—53° C schmelzen und im übrigen Verhalten der Rizinolsäure ziemlich ähneln.

Rizinsäure.

Rizinsäure = $C_{18}H_{34}O_3$

wird durch Erhitzen des Bariumsalzes der Rizinolsäure im Vakuum und Zerlegung des Rückstandes mit Salzsäure erhalten[2]). Glänzende, bei 81° C schmelzende Blättchen, die unter 15 mm Druck ziemlich unzersetzt destillieren.

Quittenölsäure.

Quittenölsäure = $C_{18}H_{34}O_3$.

Diese als Glyzerid im Öle des Quittensamens[3]) gefundene Säure unterscheidet sich von der Rizinolsäure und ihren Isomeren nur durch die verschiedenen Eigenschaften der Bromverbindungen dieser Säuren.

8. Säuren von der Zusammensetzung $C_nH_{2n}O_4$.

(Dihydroxylierte Säuren.)

Dioxystearinsäure.

Dioxystearinsäure = $C_{18}H_{36}O_4$.

Diese von Juillard[4]) aus den Fettsäuren des Rizinusöls isolierte Säure findet sich in diesem bis zu ca. 1%. Sie schmilzt bei 141—142° C, ist in Äther, Petroläther und Benzol unlöslich, in kaltem Toluol, in siedendem Alkohol und kochender Essigsäure leicht löslich. Reduzierende Agenzien führen die Säure in Stearinsäure über[5]).

Lanocerinsäure.

Lanocerinsäure = $C_{30}H_{60}O_4$

wurde von Darmstädter und Lifschütz[6]) im Wollfette gefunden. Ihre nadelförmigen Kristalle schmelzen bei 104—105° C und erstarren bei 103—101° C. Beim Umschmelzen verliert die Säure ein Molekül Wasser und bildet einen noch sauren Rückstand, der wahrscheinlich in seiner inneren Zusammensetzung von der ursprünglichen Substanz nur wenig abweicht, weil das abgespaltene Wassermolekül aus den beiden Hydroxylgruppen gebildet worden sein dürfte. Beim Kochen mit verdünnter Salzsäure geht die Lanocerinsäure in ihr bei 86° C schmelzendes Lakton über.

Lanocerinsäure ist in Wasser und Alkohol in der Kälte so gut wie unlöslich. Wässerige Kalilauge allein greift sie nicht an, wohl aber bei Zusatz von Alkohol; sie verhält sich in dieser Hinsicht also den Lano-

---

[1]) Claus, Berichte d. deutsch. chem. Gesellsch., Bd. 9, S. 1916.

[2]) Krafft, Berichte d. deutsch. chem. Gesellsch., Nr. 21, S. 2736.

[3]) Arch. d. Pharmazie, Bd. 237, 1899, S. 366.

[4]) Journ. Soc. Chem. Ind., 1895, S. 811.

[5]) Mayer, Chem. Revue, 1897, S. 223. — Overbeck, Liebigs Annalen, Bd. 140, S. 72. — Saytzeff, Journ. f. prakt. Chemie, Bd. 34, S. 304. — Gröger, Berichte d. deutsch. chem. Gesellsch., Bd. 18, S. 1268, Bd. 22, S. 620.

[6]) Berichte d. deutsch. chem. Gesellsch., 1896, S. 1474, 2893.

palminsäuren ganz analog. Dieses gilt auch von dem Verhalten ihres Kalisalzes, das nur in heißer Lösung bestehen kann und beim Abkühlen in freies Alkali und in das Salz zerfällt.

9. Säuren von der Zusammensetzung $C_nH_{2n-2}O_4$.

Japansäure $= C_{22}H_{42}O_4$

Japansäure.

wurde von Geitel und van der Want[1]) aus Japanwachs isoliert; sie scheint in demselben mit Palmitinsäure als eingemischtes Glyzerid enthalten zu sein. Aus Alkohol oder Chloroform kristallisiert, stellt sie weiße Blättchen dar, die bei 117,7° C schmelzen, schwerer als Wasser sind und sich in dem bekannten Lösungsmittel nur schwierig lösen. Wird Japansäure auf 200° C erhitzt, so spaltet sie Kohlensäure ab und liefert ein bei 82° C schmelzendes Keton von der Formel

$$\begin{matrix} C_{10}H_{20} \\ C_{10}H_{20} \end{matrix} \!\!>\! CO.$$

Hydroxylierte Säuren.

Mit den hier besprochenen Fettsäuren ist die Reihe der möglichen und bereits dargestellten Fettsäuren noch nicht erschöpft. Es sind neben diesen eine große Anzahl ähnlicher Verbindungen existenzfähig, von denen einige auch schon aus Industrieprodukten der Fettindustrie isoliert oder auf synthetischem Wege erhalten wurden. Die hydroxylierten Säuren sind unter diesen Verbindungen am zahlreichsten vertreten. Hazura und Grüßner haben eine, auch von Saytzeff akzeptierte Regel aufgestellt, nach welcher alle ungesättigten Fettsäuren bei der Oxydation mit übermangansaurem Kali in der Kälte ebensoviel Hydroxylgruppen addieren, als ungesättigte Kohlenstoffatome im Molekül vorkommen, und dabei gesättigte hydroxylierte Säuren von derselben Kohlenstoffanzahl liefern. Darnach ist also die Anzahl der hydroxylierten Säuren, von denen übrigens schon einige auf Seite 56—58 besprochen wurden, eine sehr stattliche und eine Einzelbehandlung derselben würde den Rahmen eines technologischen Handbuches stark überschreiten. Die einfache Anführung einiger Verbindungen, unter Hinweis auf die spezielle Fachliteratur, möge daher genügen[2]).

α-Hydroxystearinsäure[3]).

β-Hydroxystearinsäure[4]).

---

[1]) Journ. f. prakt. Chemie, Bd. 61, 1900, S. 151.

[2]) Siehe auch die Abschnitte über „Fettsäuredestillation und Schwefelsäure-Verseifung" in 3. Bd. dieses Werkes.

[3]) Shukoff u. Schestakoff, Journ. f. prakt. Chemie 1903, Bd. 67, S. 417; M. K. u. A. Saytzeff, Ebenda, Bd. 37, S. 284.

[4]) Adolf C. Geitel, Journ. f. prakt. Chemie, 1903, Bd. 37, S. 53. — Tscherbakoff u. A. Saytzeff, Ebenda, 1898, S. 27. — Hell u. Sadomsky, Berichte d. deutsch. chem. Gesellsch., Bd. 24: S. 2392. — Shukoff u. Schestakoff, Chem. Zeitg., 1900, S. 411.

γ-Hydroxystearinsäure[1]) resp. das Lakton derselben (Stearolakton).
Dihydroxypalmitinsäure[2]).
Dihydroxystearinsäure[3]).
Dihydroxystearidinsäure[4]).
p-Dihydroxystearinsäure[4]).
Dihydroxyjecoleinsäure[4]).
Dihydroxybehensäure[5]).
Isodihydroxybehensäure[4]).
p-Dihydroxybehensäure[4]).
Trihydroxystearinsäure[6]).
α-Isotrihydroxystearinsäure[7]).
β-Isotrihydroxystearinsäure[8]).
Tetrahydroxystearinsäure (Sativinsäure)[9]).
Hexahydroxystearinsäure (Linusin und Isolinusinsäure)[10]).

Zweibasische Säuren.

Außer diesen einbasischen Säuren wären noch die Korksäure ($C_8H_{14}O_4$), die Azalein- ($C_9H_{16}O_4$) und die Sebazinsäure ($C_{10}H_{18}O_4$) als zweibasische Säuren zu nennen, von welchen besonders die Sebazinsäure, welche bei der trockenen Destillation von Ölsäure entsteht, ob ihres hohen Schmelzpunktes (133° C) von Interesse ist.

B) Alkohole.

Allgemeine Eigenschaften der Alkohole.

Die Alkohole, welche sich in den Fetten, Ölen und Wachsen teils frei, teils in Verbindungen vorfinden, sind feste, weiße kristallinische Körper; die wenigen flüssigen Alkohole, wie z. B. der Hexyl- und Octylalkohol,

---

[1]) Lewkowitsch, Journ. Soc. Chem. Ind., 1897, S. 392. — Geitel, Journ. f. prakt. Chem., Bd. 37, S. 53.

[2]) Ljubarsky, Journ. f. prakt. Chem., 1898, S. 26. — Fahrion, Chem. Ztg., 1899, S. 1048. — Saytzeff, Journ. f. prakt. Chem., Bd. 33, S. 304.

[3]) Lewkowitsch, Journ. Soc. Chem. Ind., 1900, S. 845. — Rondel le Sueur, Ebenda, 1901, S. 1316, Chem. Zeitg., 1900, S. 353. — Freundler, Bull. Soc. Chim., 1895, S. 1052.

[4]) Lewkowitsch, Chem. Technologie und Analyse der Öle, Fette und Wachse, Braunschweig 1905, S. 137—138. — Benedikt-Ulzer, Analyse der Fette, Berlin 1903, S. 36—39.

[5]) Alexandroff und Saytzeff, Journ. f. prakt. Chemie, 1894, S. 63.

[6]) Hazura u. Grüßner, Monatshefte f. Chemie, 1894. — Dieff, Journ. f. prakt. Chemie, 1889, S. 339. — Walden, Berichte der deutsch. chem. Gesellsch., 1894, S. 3475.

[7]) Hazura und Grüßner sowie Walden, loc. cit.

[8]) Mangold, Monatshefte f. Chemie, 1892, S. 326. — Hazura und Grüßner, loc. cit.

[9]) Bauer und Hazura, Monatshefte f. Chemie, Bd. 7, S. 216, Bd. 8, S. 153.

[10]) Hazura und Friedreich, Monatshefte f. Chemie, Bd. 8, S. 159. — Hazura, Ebenda, Bd. 9, S. 180.

stellen nicht Bestandteile von Fetten, sondern von ätherischen Ölen dar. Beim Kochen mit alkoholischem Kali bleiben die Alkohole im Gegensatz zu den Fettsäuren unverändert und werden daher in der Fettanalyse unter der Bezeichnung „Unverseifbares" zusammengefaßt. Die Alkohole der Äthanreihe werden mit Erhitzen durch Natronkalk unter Wasserstoffentwicklung in Fettsäuren verwandelt:

$$\underset{\text{Octodecylalkohol}}{C_{17}H_{35}\cdot CH_2OH} + NaOH = \underset{\text{Stearinsaures Natron}}{C_{17}H_{35}COONa} + 2\,H_2\,.$$

Mit konzentrierter Schwefelsäure gehen die Alkohole Verbindungen ein, die beim Kochen mit Wasser oder Erhitzen mit verdünnter Säure wieder in ihre Bestandteile zerlegt werden.

Die Alkohole der aromatischen Reihe weichen in ihrem Verhalten gegen Natronkalk, Schwefelsäure usw. von den nicht aromatischen ab.

1. Alkohole von der Zusammensetzung $C_nH_{2n+2}O$.

(Äthanreihe.)

Hexylalkohol $= C_6H_{14}O$ Hexylalkohol.

ist als Azetat und Butyrat im Öle der Heracleum giganteum[1]) und als Azetat im Öle von Heracleum spondylium[2]) enthalten; eine bei 157° C siedende Flüssigkeit von dem spezifischen Gewicht 0,8333 (0° C).

Octylalkohol $= C_8H_{18}O$ Octylalkohol.

findet sich als Azetat ebenfalls in den Heracleumölen[3]), als Butyrat im Öle von Pastinaca sativa[4]). Siedet bei 195,5° C und hat 0,8375 (bei 0° C) spezifisches Gewicht.

Pisangcerylalkohol $= C_{13}H_{28}O$ Pisangcerylalkohol.

wurde von Greßhoff und Sack[5]) im Pisangwachse, an Pisangcerylsäure gebunden, vorgefunden. Schmelzpunkt 78° C.

Cetylalkohol $= C_{16}H_{34}O$ Cetylalkohol.

Dieser von Chevreul Äthal genannte Alkohol findet sich als Palmitat im Walrat und in freiem Zustande in den Bürzeldrüsen der Gänse und Enten, wo er von de Jonge[6]) konstatiert wurde. Cetylalkohol ist eine geruch- und geschmacklose kristallinische weiße Masse, die bei 50° C schmilzt, ein spezifisches Gewicht von 0,8176 besitzt (bei 49,5° C)

---

[1]) Liebigs Annalen, Bd. 153, S. 193.

[2]) Möslinger, Liebigs Annalen, Bd. 185, S. 26.

[3]) Zinke, Liebigs Annalen, Bd. 152, S. 1. — Franchimont, Berichte d. deutsch. chem. Gesellsch., Bd. 4, S. 822.

[4]) Renesse, Liebigs Annalen, Bd. 166, S. 80.

[5]) Rec. trav. chim. des Pays-Bas et de la Belge, 1901, S. 65.

[6]) Zeitschr. f. physiol. Chemie, Bd. 3, S. 225.

und bei 344° C unzersetzt überdestilliert. Im Vakuum siedet er schon bei 119° C. In Alkohol, Äther, Essigsäure und Benzol löst er sich leicht, in Wasser nicht. Konzentrierte Schwefelsäure löst Cetylalkohole in der Kälte unter Bildung von Cetylschwefelsäure, die beim Kochen mit verdünnter Salzsäure wiederum in ihre Komponenten zerfällt[1]). In essigsaurer Lösung mit Kaliumbichromat und Schwefelsäure oxydiert, gibt er Palmitinsäure (Claus und v. Dresden[2]).

Octodecylalkohol.

Octodecylalkohol = $C_{18}H_{38}O$

ist als Ester im Walrat enthalten[3]). Seine silberglänzenden Blätter schmelzen bei 59° C und sieden unter 15 mm Druck bei 210,5° C. Bei einem nur um weniges höheren Drucke tritt bei der Destillation schon Zersetzung ein. Löst sich leicht in Alkohol.

Carnaubylalkohol.

Carnaubylalkohol = $C_{24}H_{50}O$.

Diese im Wollfette von Darmstädter und Lifschütz nachgewiesene Verbindung stellt bei 68—69° C schmelzende und bei 67—65° C erstarrende Kristalle dar, die mit Wasser zusammengebracht, dieses hartnäckig festhalten und dann eine an Talg erinnernde Masse mit über 70% Wassergehalt geben.

Alkohole von der Formel:

$C_{24}H_{50}O$ — $C_{24}H_{50}O$

$C_{25}H_{52}O$ — $C_{25}H_{52}O$

hat Schwalb[4]) in geringen Mengen im Bienenwachs gefunden, doch wurden diese noch nicht näher untersucht.

Cerylalkohol.

Cerylalkohol = $C_{26}H_{54}O$.

Er kommt als Cerotat im Chinawachs[5]), als Palmitat im Opiumwachs[6]) in freiem Zustande[7]) und als Cerotat[8]) im Wollfette vor und bildet ferner einen Bestandteil des Flachswachses[9]). Aus Alkohol kristallisiert, bildet er Nadeln, die bei 79° C schmelzen, zu einer wachsähnlichen Másse erstarren und nicht unzersetzt destillieren. Konzentrierte Schwefelsäure verhält sich Cerylalkohol gegenüber genau so wie gegen Cetylalkohol.

---

[1]) Cochenhausen, Dingl. polyt. Journ., 1897, Bd. 303, S. 284.
[2]) Journ. f. prakt. Chemie, 1891, Bd. 43, S. 148.
[3]) Krafft, Berichte d. deutsch. chem. Gesellsch., Bd. 17, S. 1628. — Heintz. Liebigs Annalen, Bd. 92, S. 299.
[4]) Liebigs Annalen. Bd. 235, S. 142.
[5]) Brodie, Liebigs Annalen. Bd. 67, S. 201.
[6]) Hesse, Berichte d. deutsch. chem. Gesellsch., Bd. 3, S. 637.
[7]) Lewkowitsch, Journ. Soc. Chem. Ind.. 1892, S. 138.
[8]) Buisine, Bull. Soc. Chim., Bd. 77, S. 201.
[9]) Cross u. Bevan, Journ. Soc. Chem. Ind., 1887, S. 196.

Isocerylalkohol = $C_{27}H_{56}O$.

Isoceryl-alkohol.

Dieser Alkohol ist im Wachse von ficus gommiflua[1]) vorhanden. Er schmilzt bei 62° C. Darmstädter und Lifschütz[2]) haben aus Wollfett auch einen Alkohol von der Formel $C_{27}H_{56}O + 6H_2O$ isoliert. Stürcke[3]) will einen Alkohol $C_{27}H_{56}O$ auch im Carnaubawachs und Schwab[4]) im Bienenwachs gefunden haben.

Myricylalkohol (Melissylalkohol) = $C_{30}H_{62}O$

Myricyl-alkohol.

findet sich als Palmitat im Bienenwachs[5]) und kommt ferner im Carnauba-[6]) und Schellackwachse[7]) vor. Die kleinen, Seidenglanz besitzenden Nadeln schmelzen bei 85—88° C, welche sich in kaltem Alkohol fast gar nicht, in heißem dagegen leicht lösen. Beim Destillieren zersetzt er sich zum Teil. Ob dem Myricylalkohol die Formel $C_{30}H_{62}O$ oder $C_{31}H_{64}O$ zukommt, ist noch nicht mit Sicherheit entschieden. Sowohl Schwalb[8]) als Gascard[9]) schreiben ihm die letztere Formel zu. Wird Myricylalkohol mit Natronkalk erhitzt, so geht er in Melissinsäure über.

Psyllostearylalkohol $C_{33}H_{68}O$.

Psyllo-stearyl-alkohol.

An Psyllostearylsäure gebunden, findet er sich in dem von Psylla alni erzeugten Wachse[10]). Früher nahm man für diesen Alkohol die Formel $C_{33}H_{66}O$ an, später hielt man ihn für ein Anhydrid von der Formel $(C_{33}H_{66}O)_2$, bis dann Sundwick seine richtige Formel feststellte. In Benzol, Chloroform und Benzin leicht löslich, kristallisiert er in glänzenden Schüppchen, die bei 68—70° C schmelzen.

2. Alkohole von der Zusammensetzung $C_nH_{2n}O$.

(Allylreihe.)

Lanolinalkohol $C_{12}H_{24}O$.

Lanolin-alkohol.

Marchetti[11]) hat diesen Alkohol aus dem Wollwachse dargestellt. Er beschreibt ihn als einen bei 102—104° C schmelzenden Körper, der sich in kaltem Alkohol weniger leicht, in heißem Alkohol und Chloroform löst.

---

[1]) Kessel, Berichte d. deutsch. chem. Gesellsch., Bd. 2, S. 2113.
[2]) Kessel, Berichte d. deutsch. chem. Gesellsch., Bd. 29, S. 2895.
[3]) Liebigs Annalen, Bd. 223, S. 293.
[4]) Liebigs Annalen, Bd. 235, S. 142.
[5]) Brodie, Liebigs Annalen, Bd. 71, S. 147.
[6]) Maskelyne, Zeitschr. f. Chemie, 1869, S. 300. — Pienerling, Liebigs Annalen, Bd. 183, S. 344.
[7]) Benedikt-Ulzer, Analyse d. Fette u. Öle, Berlin, 1903, S. 47.
[8]) Liebigs Annalen, Bd. 235, S. 126.
[9]) Journ. Soc. Chem. Ind., 1896, S. 15.
[10]) Journ. Chem. Soc., 1893, S. 125.
[11]) Gazetta chimica, 1895, S. 42.

In Äther ist er unlöslich. Nach Lewkowitsch ist die Existenz dieses Alkohols aber deshalb zweifelhaft, weil sich die früher von Darmstädter und Lifschütz[1]) aus Wollfett dargestellten Alkohole $C_{10}H_{20}O$ und $C_{11}H_{22}O$ ebenfalls als nicht bestehend erwiesen haben[2]).

$C_{15}H_{30}O$

Ein Alkohol

$$C_{15}H_{30}O\,,$$

der unbenannt blieb; soll sich im Wachse von ficus gommiflua[3]) finden. Er schmilzt bei 73° C und ist in Äther leicht löslich. Ein anderer von der Formel

$C_{36}H_{72}O$

$$C_{36}H_{72}O$$

kommt im Cochenillewachs vor und zeigt einen Schmelzpunkt von 66,6° C.

3. Alkohole von der Zusammensetzung $C_nH_{2n-6}O$.

Ficocerylalkohol.

Ficocerylalkohol $C_{17}H_{28}O$

kommt nach Greshoff und Sack im Godangwachse an Ficocerylsäure gebunden vor. Er schmilzt bei 198° C.

4. Alkohole von der Zusammensetzung $C_nH_{2n+2}O_2$.

(Glykolreihe.)

$C_{25}H_{52}O_2$

Einen Alkohol der Formel

$$C_{25}H_{52}O_2$$

hat Stürcke[4]) im Carnaubawachs gefunden. Schmilzt bei 103,5 ° C, ist in Petroläther schwer, in Äther und Benzol etwas leichter löslich.

Coccerylalkohol.

Coccerylalkohol $C_{30}H_{62}O_2$

findet sich als Coccerinat im Cochenillewachse[5]). Löst sich in Alkohol und schmilzt bei 101—104° C.

5. Alkohole von der Zusammensetzung $C_nH_{2n+2}O_3$.

Glyzerin.

Glyzerin $C_3H_8O_3$.

Glyzerin findet sich in allen Fetten und Ölen des Tier- und Pflanzenreiches in reichlicher Menge (ungefähr 10%) und wird in großem Maßstabe bei der Verarbeitung der Fette zu Seifen und Fettsäuren gewonnen. Seine industrielle Gewinnung, Reinigung und vielseitige Verwendung wird in Band 3 unter Kapitel „Glyzerinfabrikation" ausführlich behandelt.

---

[1]) Berichte d. deutsch. chem. Gesellsch., 1895, S. 3133.
[2]) Journ. Soc. Chem. Ind., 1896, S. 15.
[3]) Kessel, Berichte d. deutsch. chem. Gesellsch., Bd. 2, S. 2114.
[4]) Raymann, Monatshefte f. Chemie, Bd. 6, S. 893.
[5]) Liebigs Annalen, Bd. 223, S. 283.

wie denn dort auch auf seine Eigenschaften weit intensiver eingegangen wird als an dieser Stelle.

Eigenschaften.

Reines Glyzerin ist eine ziemlich viskose, neutrale, farb- und geruchlose Flüssigkeit von süßem, ein Wärmegefühl hervorrufendem Geschmacke. Bei anhaltender intensiver Kälte kristallisiert Glyzerin in rhombischen Tafeln, die erst wieder bei 20° C schmelzen. Hat man einmal Glyzerinkristalle zur Verfügung, so kann Glyzerin schon bei 0° C zum Kristallisieren gebracht werden; man wirft in die abgekühlte Flüssigkeit ein Glyzerinkristall, an dem dann ziemlich rasch weitere Kristalle anwachsen. Glyzerin ist sehr hygroskopisch. Beim Stehen an der Luft nimmt es aus derselben die Hälfte seines Eigengewichtes an Feuchtigkeit auf; seine wasserentziehende Eigenschaft erklärt auch das eigenartige Wärmegefühl, das Glyzerin, auf die Haut, Zunge oder Schleimhaut gebracht, hervorruft. Seine Hygroskopizität erschwert die genaue Bestimmung seines spezifischen Gewichtes, über das schwankende Angaben vorliegen. Die Dichte 1,26468 bei 15° C trifft aber wohl das Richtige. Rohglyzerine zeigen ein wesentlich höheres spezifisches Gewicht, weil sie stets Mineralsalze und mitunter auch Seifen gelöst enthalten; ungereinigte Glyzerine von 1,26 Dichte sind daher durchaus nicht als 100prozentig aufzufassen.

Flüchtigkeit.

Glyzerin ist bei gewöhnlicher Temperatur nicht flüchtig; doch beginnt es bei 100° C schon zu verflüchten. Neßler und Barth haben z. B. gezeigt, daß ein im Wasserbade in offener Schale erwärmtes getrocknetes Glyzerin merkliche Mengen verliert, und daß die Größe des Verlustes von der Form der Schale, der Größe der Oberfläche und der Intensität der Lufterneuerung abhängig ist. Eine verdünnte Glyzerinlösung läßt sich ohne Glyzerinverlust bis zu einer Konzentration eindampfen, bei welcher der Glyzeringehalt der Lösung 70% noch nicht überschreitet. Wird noch weiter konzentriert, so reißen die Wasserdämpfe Glyzerin mit. Dieses Verhalten des Glyzerins ist für die Glyzeringewinnung im großen sehr wichtig und spricht für die Anwendung von Vakuumapparaten zur Konzentration der verdünnten Rohglyzerine. Bei 150° C kann Glyzerin aus einer Schale ohne Geruch und ohne Hinterlassung eines Rückstandes verflüchtigt werden. Bei 150° C brennt es auch mit kaum sichtbarer blauer, keinen Geruch hinterlassender Flamme. Wird es aber sehr rasch erhitzt und dann entzündet, so verbrennt es unter Verbreitung eines stechenden Akroleingeruches und liefert einen aus Polyglyzerinen bestehenden Rückstand.

Der eigentliche Siedepunkt reinen Glyzerins liegt bei 290° C, es geht dabei unter nur geringer Zersetzung über; im Vakuum destilliert es vollkommen unzersetzt, unter 50 mm Druck siedet es bei 210° C, unter $12^1/_2$ mm Druck bei 179° C.

Löslichkeitsverhältnisse.

Glyzerin mischt sich mit Wasser in allen Verhältnissen, wobei eine Volumenverminderung und eine Erwärmung eintritt. Nach Gerlach ist die Temperaturerhöhung (5°) am größten, wenn 58 Teile Glyzerin und

42 Teile Wasser vermischt werden; die größte beobachtete Kontraktion beträgt 1,1%. Mit Alkohol ist Glyzerin ebenfalls in jedem Verhältnisse mischbar, auch ein Äther-Alkoholgemisch löst Glyzerin leicht, schwer dagegen Äther allein; 1 Teil Glyzerin braucht annähernd 500 Teile Äther zu seiner Lösung. Unlöslich ist Glyzerin in Schwefelkohlenstoff, Petroläther, Chloroform, Benzol sowie in Fetten und Ölen.

Das Lösungsvermögen des Glyzerins für Oxyde, Salze und Seifen und anderer Körper (z. B. Jod) ist auffallend; es vereinigt in dieser Hinsicht in sich die Eigenschaften des Wassers und des Alkohols. Das Lösungsvermögen für Alkalien und Metalloxyde wird bei der Herstellung der sogenannten Glyzerinate, das für Metallsalze und andere Verbindungen in den verschiedenen Industrien und der Medizin angewandt; es erschwert aber auch die Raffination des Glyzerins sehr bedeutend[1]) und beeinflußt vielfach den glatten Verlauf analytischer Reaktionen in der Analyse.

Glyzeride.

Glyzerin bildet nicht nur mit den vorn beschriebenen Fettsäuren, sondern auch mit vielen anderen organischen und unorganischen Säuren Ester. Seine Dreiwertigkeit läßt die Bildung von Mono-, Di- und Triglyzeriden zu, wie auch gemischte Glyzeride denkbar sind.

Die nachstehenden Formeln, in welchen R ein einwertiges Säureradikal ist, mögen dies veranschaulichen:

$$C_3H_5\begin{cases}OH\\OH\\OH\end{cases} \quad C_3H_5\begin{cases}OR\\OH\\OH\end{cases} \quad C_3H_5\begin{cases}OR\\OR\\OH\end{cases} \quad C_3H_5\begin{cases}OR\\OR\\OR\end{cases}$$

Glyzerin — Monoglyzerid — Diglyzerid — Triglyzerid

$$C_3H_5\begin{cases}OR_1\\OR\\OR\end{cases} \quad C_3H_5\begin{cases}OR_1\\OR_2\\OR_3\end{cases}$$

Gemischte Glyzeride

Mineralsäureester des Glyzerins.

Von den Glyzerinestern der Mineralsäuren seien hier nur jene mit Schwefel-, Salpeter- und Arsenigesäure erwähnt.

Die Glyzerinschwefelsäure $C_3H_5(SO_4H)_3$ bildet sich beim Zusammenbringen mit konzentrierter Schwefelsäure und Glyzerin. Sie ist nur wenig beständig und zerfällt beim Kochen mit Wasser wiederum in Schwefelsäure und Glyzerin.

Das Salpetersäurederivat $C_3H_5(NO_3)_3$, das sogenannte Trinitroglyzerin, das sich beim vorsichtigen Einfließenlassen eines mit 3% konzentrierter Schwefelsäure versetzten Glyzerins in ein gekühltes Gemisch von zwei Teilen Schwefelsäure und einem Teil Salpetersäure bildet, ist eine hellgelbe, bei —20° C erstarrende, höchst explosive Flüssigkeit, die von

[1]) Näheres über die Verbindungen des Glyzerins mit Metalloxyden (Glyzerinate) und über die Löslichkeit der verschiedenen Salze und Seifen in Glyzerin siehe im 3. Band dieses Werkes, Kapitel: „Glyzerin“.

Kieselguhr aufgesaugt, das allbekannte „Dynamit" bildet. Das zur Herstellung von Nitroglyzerin verwendete Glyzerin braucht nicht chemisch rein zu sein, man verwendet dazu allgemein ein Rohglyzerin, nur muß dieses gewissen Anforderungen entsprechen. Man nennt solches Rohglyzerin im Handel „Dynamitglyzerin".

Der Arsenigesäureglyzerinester (Glyzerinarsenit) $C_3H_5AsO_3$ wird durch Erwärmen von zwei Molekülen Glyzerin mit einem Molekül Arsenigesäure auf 150° C als eine zerfließliche butterartige Masse erhalten, die bei 50° C zu einer viskosen Flüssigkeit schmilzt und sich über 290° C zersetzt. Destilliert man eine Lösung Glyzerinarsenit in Glyzerin, so geht ersteres mit Glyzerindämpfen über, wobei allerdings nicht entschieden ist, ob das Arsenit als solches überdestilliert oder ob es vorher in Glyzerin und Arsenigesäure dissoziiert und die beiden dann getrennt destillieren. Dieses Verhalten des Glyzerinarsenits ist deshalb wichtig, weil darnach ein destilliertes Glyzerin keine Garantie für Arsenfreiheit bietet. War das Rohglyzerin arsenhaltig, so ist es auch das Destillat[1]).

Eigenartig ist das Verhalten des Glyzerins gegenüber Borsäure. Wird eine Lösung von borsaurem Natron (Borax), die durch Lackmustinktur blau gefärbt wurde, bei der gewöhnlichen Temperatur mit Glyzerin versetzt, so schlägt die Blaufärbung sofort in ein Rot um. Beim Erwärmen tritt dagegen die ursprüngliche Blaufärbung wieder auf, um beim Erkalten wiederum in rot umzuschlagen. Die mit Glyzerin befeuchtete Boraxperle wird, wie durch Alkohole überhaupt, grün gefärbt.

Charakteristisch für Glyzerin ist auch sein Zerfall in Akrolein, der, wie schon oben bemerkt, beim raschen Erhitzen eintritt und sich durch einen penetranten Geruch bemerkbar macht. Sicherer tritt die Akroleinbildung ein, wenn man Glyzerin nicht allein, sondern unter Zusatz von wasserentziehenden Mitteln erwärmt, von welchen sich Kaliumbisulfat am besten eignet. Der sich bei der Akroleinbildung abspielende chemische Vorgang kann durch nachstehende Gleichung versinnbildlicht werden: Akroleinzerfall.

$$\underset{\text{Glyzerin}}{C_3H_8O_3} = \underset{\text{Akrolein}}{C_3H_4O} + 2\,H_2O\,.$$

Akrolein ist eine durchdringend riechende, farblose Flüssigkeit, deren Dämpfe tränen- und hustenerregend wirken. Sie löst sich in Wasser, siedet bei 42,4° C und verharzt an der Luft leicht. Kleine Mengen Glyzerin können analytisch durch die Akroleinbildung nachgewiesen werden.

Von den mannigfachen Oxydationsmitteln wird Glyzerin in verschiedener Art angegriffen. Eine mit Schwefelsäure angesäuerte Glyzerinlösung wird von einer Lösung Kaliumpermanganat nur sehr langsam entfärbt Oxydation des Glyzerins.

[1]) Lewkowitsch, Year Book of Pharmacy, 1890, S. 380.

und selbst bei Kochhitze findet keine vollständige Oxydation statt. Letztere tritt nur bei einem größeren Überschusse von Kaliumpermanganat ein. Wird Permanganat in alkalischer Lösung angewandt, so bilden sich nach Campani und Bizzari Kohlen-, Ameisen-, Essig-, Propion-, Oxal- und etwas Tartronsäure. Nur unter genauer Beobachtung der von Benedikt und Zsigmondy[1]) gemachten Vorschriften ist die Umwandlung des Glyzerins in Kohlensäure und Oxalsäure eine glatte und zwar verläuft dieselbe nach folgender Gleichung:

$$\underset{\text{Glyzerin}}{C_3H_8O_3} + 2\,\underset{\text{Kaliumpermanganat}}{K_2Mn_2O_8} = \underset{\text{Kaliumoxalat}}{K_2C_2O_4} + \underset{\text{Kaliumkarbonat}}{K_2CO_3} + 4\,\underset{\text{Mangansuperoxyd}}{MnO_2} + 4\,H_2O\,.$$

Sehr heftig ist die Einwirkung von trockenem Kaliumpermanganat auf konzentriertes Glyzerin. Es bilden sich beim Zusammenbringen dieser Stoffe nach kurzer Zeit Dämpfe und unter Aufschäumen der Masse tritt Selbstentzündung ein[2]). Kaliumbichromat und Schwefelsäure oxydieren Glyzerin vollständig zu Kohlensäure und Wasser.

Reduzierende Wirkung.

Auf gewisse Salze übt Glyzerin eine reduzierende Wirkung aus. Erwärmt man z. B. Glyzerin mit einer Lösung Silbernitrat auf dem Wasserbade und setzt dann einige Tropfen Ammoniak zu, so wird metallisches Silber ausgeschieden. Erfolgt der Ammoniakzusatz zu reichlich und vor dem Erwärmen, so findet keine Reduktion statt; letztere tritt jedoch sofort ein, wenn man etwas Kali- oder Natronlauge zusetzt. Nach Bullnheimer[3]) reduziert eine mit Ätznatron alkalisch gemachte Glyzerinlösung auch Gold, Quecksilber, Palladium- und Platinlösungen, unter Ausscheiden der betreffenden Metalle.

Verhalten gegen Zinkstaub, Chlor und Schwefel.

Mit Zinkstaub erhitzt, bildet Glyzerin nach Westphal Akrolein, Allylalkohol, Propylen, einen Alkohol $C_6H_{10}O$ und eine Verbindung von der Formel $C_{12}H_{20}O_2$.

Das Einleiten von Chlor in Glyzerinlösungen liefert Glyzerinsäure und eine ätherlösliche chlorhaltige Verbindung.

Schwefel gibt beim Erhitzen mit Glyzerin auf 300° C nach Keutgen Schwefelwasserstoff, Kohlensäure, Äthylen, Allylmerkaptan und Diallylhexasulfid.

Isoglyzerin.

Ein von Wanklyn und Fox[4]) in den Fetten vermutetes Isomere des Glyzerins, das Isoglyzerin, welches sich von der Orthopropionsäure ableitet und dementsprechend die Formel $C_2H_5 \cdot C(OH)_3$ haben soll, sei nur Kuriosums halber hier genannt. Es existiert wahrscheinlich nicht.

---

[1]) Chem. Ztg., 1885, S. 975.

[2]) Dvořak, Chem. Ztg., 1902, S. 903.

[3]) Forschungsberichte über Lebensmittel und ihre Beziehung zur Hygieine, 1897, S. 12, 31.

[4]) Chem. News, Bd. 48, S. 49.

6. Alkohole der aromatischen Reihe.

Cholesterin = $C_{26}H_{44}O$.

Cholesterin.

Dieser Alkohol bildet einen charakteristischen Bestandteil aller aus dem Tierreiche stammenden Fette und Öle, doch enthalten diese nur 0,2—1,0% Cholesterin; nur im Eier- und Leberöle sowie im Wollfette ist es in etwas reichlicherer Menge vorhanden. Cholesterin findet sich auch in vielen tierischen Organismen (Haar, Blut, Gehirn, Epidermis, Eigelb) und bildet sich bei kranken Tieren in den Produkten des Stoffwechsels. Die Gallensteine bestehen z. B. fast ausschließlich aus Cholesterin. Die genaue Molekularformel des Cholesterins ist noch zu ermitteln. Reinitzer[1]) nimmt 3 Homologe von der Formel $C_{25}H_{42}O$, $C_{26}H_{44}O$ und $C_{27}H_{46}O$ an, Mauthner und Suida[2]) halten $C_{27}H_{44}O$ für das Richtige, und Walitzky stimmt der Formel $C_{29}H_{46}O$ zu.

Das Cholesterin kristallisiert aus Chloroform in Nadeln, aus Alkohol in Blättchen, welch letztere ein Molekül Kristallwasser enthalten, das beim Stehen über Schwefelsäure oder beim Erwärmen auf 100° C leicht abgegeben wird. Sein spezifisches Gewicht ist 1,067, sein Schmelzpunkt 147° C. Es kann bei entsprechender Vorsicht unzersetzt destilliert werden, doch ist die Destillation unter Druckverminderung vorzuziehen.

Es löst sich nicht in Wasser, sehr wenig in kaltem, verdünntem Alkohol, leicht in heißem Alkohol, in Schwefelkohlenstoff, Äther, Chloroform und Benzin. Erhitzt man Cholesterin mit normaler alkoholischer Kalilauge auf dem Wasserbade unter einem Rückflußkühler durch 3—4 Stunden, so werden 20—25% Cholesterinhydrat gebildet. Auf die Farbenreaktion und den Nachweis von Cholesterin in Fetten und Ölen soll hier nicht näher eingegangen werden. Das Vorhandensein von Cholesterin in einem Fette oder Öle ist als Beweis seiner animalischen Abstammung anzusehen.

Isocholesterin = $C_{26}H_{44}O$

Isocholesterin.

findet sich ebenfalls im Wollfette[3]) und ist dem Cholesterin in seinem chemischen und physikalischen Verhalten sehr ähnlich. Es kristallisiert aus Äther in feinen Nadeln, die bei 137—138° C schmelzen, von kaltem Alkohol nur wenig, von heißem leicht gelöst werden und sich aus dieser Lösung beim Erkalten in Form einer gallertartigen Masse ausscheiden. Äther, Eisessig, Schwefelkohlenstoff und Petroläther lösen Isocholesterin leicht auf; diese Lösungen drehen die Ebene des polarisierten Lichtes nach rechts, zum Unterschiede von dem linksdrehenden Cholesterin. Über seine richtige Molekularformel herrschen noch einige Zweifel.

---

[1]) Monatshefte f. Chemie, Bd. 9, S. 421.

[2]) Monatshefte f. Chemie, Bd. 15, S. 365.

[3]) Schulze, Berichte d. deutsch. chem. Gesellsch., 1872, S. 1075; 1873, S. 251; 1874, S. 540.

Phytosterin.

Phytosterin $= C_{26}H_{44}O$.

Dieses kann als das Cholesterin des Pflanzenreiches betrachtet werden; es ist in allen Samen und Früchten enthalten und geht bei der Ölgewinnung aus denselben in geringen Mengen mit in die betreffenden Öle und Fette über. Es ist für die Pflanzenfette genau so charakteristisch wie das Cholesterin für animalische Fette. In der Regel sind die vegetabilischen Fette etwas reicher an Phytosterin als die Tierfette an Cholesterin. Entdeckt wurde das Phytosterin zuerst von Benecke 1862 in den Erbsen, doch hielt man damals diesen Körper vollkommen identisch mit Cholesterin. Erst Hesse (1878) wies auf den Unterschied dieser beiden Alkohole hin und führte den Namen Phytosterin ein. Diese beiden Alkohole unterscheiden sich voneinander nur wenig. Ihr Lösungsvermögen ist ziemlich gleich, nur im Schmelzpunkte und in der Kristallform weichen sie voneinander ab.

Cholesterin schmilzt bei 147° C, Phytosterin bei 137—138° C. Das erstere kristallisiert aus heißem Alkohol in kleinen Blättchen, die sich unter dem Mikroskope als dünne, rhombische Täfelchen mit häufig vorspringenden Winkeln darstellen; Phytosterin kristallisiert in zu Büschel gruppierten monoklinen Nadeln, die unter dem Mikroskop eine deutliche sternförmige Anordnung zeigen. Für den Analytiker ist es zur Unterscheidung von Tier- und Pflanzenfetten sehr wichtig, Cholesterin und Phytosterin richtig zu erkennen. Bei dem sonst ähnlichen Verhalten beider Verbindungen sind die Schmelzpunkte und die Kristallform die einzigen zur Verfügung stehenden Unterscheidungsmerkmale. Bömer[1]) hat sich mit diesen Fragen eingehend beschäftigt und fand bei seinen Untersuchungen in den verschiedenen Ölen Phytosterine von verschiedenen Schmelzpunkten. Es dürfte dies aber weniger auf verschiedene chemische Individuen hindeuten (Erbsen-Alkohol, Bohnen-Alkohol usw.), sondern mehr eine Folge der in jenen Phytosterinen enthaltenen Verunreinigungen sein. Eine Reihe hierher gehöriger Alkohole ist als Caulosterin[2]) Ergosterin, Hydrocaraton usw. beschrieben worden, doch soll hier noch das

Sitosterin.

Sitosterin[3]) $= C_{27}H_{44}O + H_2O$,

welches sich im Weizen- und Maisöle[4]) vorfindet, beschrieben werden. Die weißen Seidenglanz habenden Blättchen erinnern an das Cholesterin aus Gallensteinen, schmelzen bei 137,5° C, lösen sich leicht in heißem Alkohol, Äther, Benzol, Chloroform, Schwefelkohlenstoff, schwer in kaltem Alkohol. Sitosterin ist linksdrehend.

---

[1]) Zeitschr. f. Untersuchung d. Nahrungs- u. Genußmittel, 1898, S. 21 u. 81; 1901, S. 878.

[2]) Frankforter u. Harding, Journ. Americ. Chem. Soc., 1899, S. 758.

[3]) Burian, Monatshefte f. Chemie, 1897, Bd. 18, S. 652.

[4]) Hill u. Tufts, Journ. Americ. Chem. Soc., 1903, S. 251.

Drittes Kapitel.

Chemismus, Eigenschaften und Verhalten der Öle, Fette und Wachse.

Chemismus.

Die in der Natur vorkommenden Öle und Fette sind Verbindungen von Fettsäuren mit Glyzerin, die Wachse solche der ersteren mit kohlenstoffreichen ein- oder zweiwertigen Alkoholen. Die richtige Zusammensetzung der Fette hat bereits Chevreul erkannt und bilden seine klassischen Veröffentlichungen „Les corps gras d'origine animale" das Fundament, auf dem die ganze Fettchemie aufgebaut ist. Berthelot und Wurtz haben später die Befunde Chevreuls bestätigt.

Glyzeride.

Glyzerin vermag als trihydrischer Alkohol drei einwertige Säureradikale zu binden; die so entstandenen neutralen Verbindungen sind gewissermaßen als Salze aufzufassen und können analog diesen benannt werden. So könnte man von ölsaurem Glyzerin oder von Glyzerinoleat sprechen; diese Bezeichnungen werden aber nur sehr selten angewandt und wird allgemein von der weiter unten erörterten Nomenklatur Gebrauch gemacht.

Wie schon auf Seite 66 erwähnt, können im Glyzerin

$$C_3H_5\begin{cases}OH\\OH\\OH\end{cases}$$

ein, zwei oder drei Wasserstoffatome durch Säureradikale substituiert werden, woraus sich dann Mono-, Di- und Triglyzeride ergeben. Man spricht z. B. von einem Oleinmonoglyzerin (oder kurz Monoolein), von einem Oleindiglyzerid (oder Diolein) und einem Oleintriglyzerid (oder Triolein). Die Strukturformel der Monoglyzeride zeigt, daß zwei Isomere denkbar sind

$$\underset{\alpha\text{-Verbindung}}{C_3H_5\begin{cases}OR\\OH\\OH\end{cases}} \quad \text{und} \quad \underset{\beta\text{-Verbindung}}{C_3H_5\begin{cases}OH\\OR\\OH\end{cases}}$$

Ebenso gibt es zwei isomere Diglyzeride

$$C_3H_5\begin{cases}OR\\OH\\OR\end{cases} \quad \text{und} \quad C_3H_5\begin{cases}OR\\OR\\OH\end{cases}$$

α-Verbindung β-Verbindung

während nur ein Triglyzerid denkbar ist:

$$C_3H_5\begin{cases}OR\\OR\\OR\end{cases}.$$

In der Natur kommen anscheinend nur Triglyzeride fertig gebildet vor. Allens Fund von Dipalmitin im Japanwachs hat sich als ein Irrtum erwiesen und das von Reimer und Will[1]) in altem Rüböl konstatierte Dierucin scheint sich aus Trierucin durch Abspaltung während des Lagerns gebildet zu haben. Die Mono- und Diglyzeride können nach der von Berthelot[2]) angegebenen Methode hergestellt werden, nach welcher man Fettsäuren mit Glyzerin in einem zugeschmolzenen Rohre erhitzt. Nimmt man z. B. gleiche Gewichtsteile Stearinsäure und Glyzerin und erhitzt 26 Stunden lang auf 200° C, so wird hauptsächlich Monostearin $C_3H_5(OH)_2O \cdot C_{18}H_{35}O$ gebildet, durch Erhitzen von Monostearin mit der äquivalenten Menge Stearinsäure auf 150—201° C entsteht Distearin $C_3H_5OH \cdot (OC_{18}H_{35}O)_2$ und beim Erhitzen von Distearin mit dem 15—20fachen Gewichte Stearinsäure auf 270° C entsteht nach einigen Stunden Tristearin. Die Berthelotsche Methode ist nur schwer zu kontrollieren und bilden sich bei derselben zumeist Mono-, Di- und Triglyzeride gleichzeitig. Um ausschließlich Triglyzerid zu erhalten, hat Scheij[3]) Glyzerin in einem Überschuß von Fettsäuren angewandt und durch die Reaktionsmasse zwecks vollständiger Esterifizierung einen Strom trockener Luft geleitet, welche das gebildete Wasser wegbringen sollte.

Synthese der Glyzeride.

Zur Herstellung reiner Monoglyzeride mischt man äquivalente Mengen von α-Monochlorhydrin mit fein gepulverten Natronsalzen der betreffenden Fettsäuren und erhitzt das Gemenge[4]); auf die gleiche Weise können Diglyzeride erhalten werden, wenn man an Stelle des α-Monochlorhydrin, α-Dichlorhydrin oder β-Dibromhydrin verwendet. Reine Triglyzeride können durch Erhitzen der Natron- oder Silbersalze der Fettsäuren mit Tribromhydrin dargestellt werden[5]).

Monoglyzeride.

Die **Monoglyzeride** haben ein ausschließlich wissenschaftliches Interesse und seien daher nur die Eigenschaften einiger derselben angeführt:

---

[1]) Berichte d. deutsch. chem. Gesellsch. 1886, S. 3320.

[2]) Chimie org. fondée sur la synthèse, Paris 1890, Vol. 2.

[3]) Recueil des travaux chim. des Pays-Bas, Bd. 18, S. 169.

[4]) Romburgh, Recueil des travaux chim. des Pays-Bas, 1882, S. 186; Guth, Zeitschr. f. Biologie, Bd. 14, S. 78.

[5]) Partheil u. v. Velsen, Arch. d. Pharmazie, 1900, Bd. 238, S. 267.

α-Monobutyrin: ölige, farblose Flüssigkeit, Dichte 1,008 bei 17° C, Siedepunkt 269—271° C. Mit Wasser mischbar, aber nicht in allen Verhältnissen.

α-Monolaurin: fest, schmilzt bei 59° C und siedet im Vakuum bei 142° C.

α-Monomyristin[1]): fest, schmilzt bei 68° C und siedet in der Luftleere bei 162° C.

α-Monopalmitin: Der Schmelzpunkt wird je nach der Herstellung mit 53° C[2]) und mit 72° C[3]) angegeben. Absoluter Alkohol löst ca. 5% von Monopalmitin bei 22° C auf.

α-Monostearin: mikroskopische, bei 73° C (Guth) resp. 78° C (Krafft) schmelzende Nadeln, die in heißem Alkohol und Äther leicht löslich sind. Destilliert im Vakuum unverändert.

α-Monoolein: gelbliche, ölige Flüssigkeit, die beim Lagern schon bei 15—20° C fest wird, in frischem Zustande erst bei 0° C erstarrt. Im Vakuum nicht unzersetzt destillierbar.

Auch die **Diglyzeride** haben keinerlei praktische Bedeutung. In ihren Eigenschaften stehen sie zwischen den Mono- und Triglyzeriden: Diglyzeride.

α-Dibutyrin: flüssig, unter gewöhnlichem Drucke bei 279—282° C siedend, Dichte 1,083 bei 17° C; die Verbindung siedet bei 273—275° C.

α-Dipalmitin ist ein Körper von 59° C (Berthelot) bis 61° C (Chittenden und Smith) Schmelzpunkt, die Verbindung schmilzt erst bei 67° C.

α-Distearin: Der Schmelzpunkt dieses Produktes variiert je nach der Darstellungsart bedeutend. Einige Beobachter fanden 58° C, Hundeshagen[4]) 76,5° C und Guth 72,5° C. Die Verbindung schmilzt bei 74,5° C und kristallisiert in prismatischen, während das α-Distearin rhombische Tafeln kristallisiert.

α-Diolein ist in seiner Eigenschaft dem α-Monoolein sehr ähnlich; es erstarrt wie dieses bei 0° C zu einer weißen Masse, bleibt, einmal fest geworden, auch bei gewöhnlicher Temperatur in diesem Aggregatzustande, bildet sich aber zu einer durchscheinenden, kleine weiße Körner aufweisenden Masse um. Das β-Diolein ähnelt der α-Verbindung und unterscheidet sich von letzterer nur dadurch, daß es bei längerem Lagern nicht wie diese schon bei gewöhnlicher Temperatur fest wird, sondern flüssig bleibt.

Dierucin. Dieses bei 47° C schmelzende Produkt ist von Will und Reimer in altem Rüböle nachgewiesen worden.

Bei den Diglyzeriden müssen die beiden Säureradikale nicht dieselben

---

[1]) Krafft, Berichte d. deutsch. chem. Gesellsch., 1903, S. 4343.
[2]) Chittenden u. Smith, Amerik. chem. Journ., Bd. 6, S. 225.
[3]) Krafft, Berichte d. deutsch. chem. Gesellsch., 1903, S. 4343.
[4]) Journ. f. prakt. Chemie, Bd. 28, S. 227.

sein, sondern es sind auch Verbindungen denkbar, die folgende schematische Formel zeigen:

$$C_3H_5\begin{matrix}\diagup OR_1\\ -OH\\ \diagdown OR_2\end{matrix} \quad \text{und} \quad C_3H_5\begin{matrix}\diagup OR_1\\ -OR_2\\ \diagdown OH\end{matrix}\,.$$

Solche gemischte Verbindungen wurden bei den Diglyzeriden bis heute noch nicht beobachtet, wohl aber bei den

Triglyzeride.

Triglyzeriden,

die in dieser Hinsicht noch weitere Varianten zulassen, nämlich:

$$\underset{\text{Normales Triglyzerid}}{C_3H_5\begin{matrix}\diagup OR_1\\ -OR_1\\ \diagdown OR_1\end{matrix}} \qquad C_3H_5\begin{matrix}\diagup OR_1\\ -OR_2\\ \diagdown OR_2\end{matrix} \qquad C_3H_5\begin{matrix}\diagup OR_2\\ -OR_1\\ \diagdown OR_2\end{matrix}$$

Gemischte Triglyzeryde

$$C_3H_5\begin{matrix}\diagup OR_1\\ -OR_2\\ \diagdown OR_3\end{matrix} \qquad C_3H_4\begin{matrix}\diagup OR_2\\ -OR_1\\ \diagdown OR_3\end{matrix} \qquad C_3H_5\begin{matrix}\diagup OR_1\\ -OR_3\\ \diagdown OR_2\end{matrix}$$

Gemischte Triglyzeride

Bis vor kurzem hielt man das Vorkommen gemischter Triglyzeride in den natürlichen Fetten für ausgeschlossen: der Nachweis von Oleopalmitobutyrat in der Kuhbutter durch Bell und Lewins, von Oleodistearin im Mkanifett durch Heise[1]), von Palmitinsäure-Ölsäure-Stearinsäureglyzerid in der Kakaobutter durch Klimont[2]) und anderen gemischten Glyzeriden in natürlichen Fetten hat jedoch diese Ansicht zum Falle gebracht.

Von den einfachen Triglyzeriden sind die wichtigsten:

Tributyrin (auch Butyrin genannt), butterartige, bei 285° C siedende Masse, von intensiv bitterem Geschmacke, in Wasser fast unlöslich, in Alkohol und den anderen bekannten Fettlösungsmitteln leicht löslich. Kommt in der Kuhbutter, deren charakteristischen Bestandteil es bildet, vor.

Trikaproin oder Kaproin, farb-, geschmack- und geruchlose Flüssigkeit, bei —60° C erstarrend und bei —25° C wieder flüssig werdend. Löslichkeitsverhältnisse wie bei Butyrin. Kommen in der Kuhbutter, im Kokosnußöl und im Palmkernöle vor.

Trikaprylin oder Kaprylin, farblos, zeigt weder Geruch noch Geschmack, erstarrt bei —15° C und schmilzt bei +8° C. Lösungsverhältnisse und Vorkommen wie bei Kaproin.

Trikaprin (Kaprin) bildet bei 31,1° C schmelzende Kristalle, die in Alkohol nur sehr schwierig, in den bekannten Fettlösungsmitteln aber leicht

---

[1]) Arb. aus d. kais. Gesundheitsamt, 1896, S. 540 u. 1897, S. 302; siehe auch Henriques u. Künne, Chem. Revue, 1899, S. 45.

[2]) Berichte d. deutsch. chem. Gesellsch., 1901.

löslich sind. Findet sich gemeinsam mit Kaprylin und Kaproin in der Kuhbutter, dem Palmkern- und Kokosöl.

Trilaurin (Laurin oder Laurostearin), kristallisiert in Nadeln vom Schmelzpunkt 45—46° C, siedet im Vakuum bei 260—275° C, ist in heißem Alkohol schwierig, in Äther leichter löslich. Bildet den charakteristischen Bestandteil des Lorbeeröles in der Pichurimbohne, findet sich aber auch in der Leber einer Crustacee[1]) und im Kokosöle.

Trimystirin (Myristin). Diese in heißem Alkohol, Äther, Benzol und Chloroform leicht lösliche Verbindung bildet kristallinische Blättchen, die bei 54—56° C schmelzen. Der Schmelzpunkt frisch umgeschmolzenen Myristins weicht von dem des normalen nicht unwesentlich ab. Findet sich im Cochenillewachs, in der Muskatbutter und in anderen Fetten.

Tripalmitin (Palmitin) kristallisiert in perlmutterglänzenden Nadeln, die bei 64—65,5° C schmelzen und bei 45—47° C erstarren. Ist in kaltem Alkohol sehr schwierig, etwas leichter in heißem löslich; von Benzin, Äther, Chloroform usw. wird es leicht aufgenommen. Palmitin ist in fast allen Fetten und Ölen enthalten, besonders im chinesischen Talg, im Palmöl und im Myrtenwachs.

Tristearin (Stearin)[2]). Eine kristallinische Masse, die sich in kaltem Alkohol noch schwieriger löst als Palmitin. Kochender Alkohol vermag etwas Tristearin zu lösen; beim Erkalten scheidet sich dasselbe vollständig wieder aus. In Benzol und Chloroform ist Stearin auch in der Kälte leicht löslich; Petroläther und Äther nehmen davon bei gewöhnlicher Temperatur nur wenig auf, beim Erhitzen dagegen bilden sie gute Lösungsmittel für Tristearin.

Reines Tristearin schmilzt bei 71,6° C und erstarrt bei 70° C, wird die geschmolzene Substanz aber um wenigstens 4° C über den Schmelzpunkt hinaus erhitzt, so tritt erst bei 52° C wieder ein Erstarren ein, und zwar bildet sich dabei eine wachsähnliche Masse, die schon bei 55° C wieder schmilzt resp. erweicht; bei weiterem Erhitzen über diesen Punkt hinaus tritt dann erst bei 71,6° C das richtige Schmelzen ein (Guth). Dieses eigenartige Verhalten, das übrigens nicht nur das Tristearin, sondern alle festen Triglyzeride und auch alle natürlichen Fette zeigen, hat zu der Annahme eines doppelten Schmelzpunktes geführt. Daß ein solcher nicht besteht, sondern das Phänomen eine andere Erklärung findet, wird Seite 85 gezeigt. Tristearin, das im Vakuum unzersetzt destilliert, kommt in allen Fetten und Ölen vor.

Triarachin (Arachin) findet sich im Arachis- und im Rüböl.

Tricerotin (Cerotin) bildet dünne Nadeln, die bei 76,5—77° C schmelzen und im Fette von Aspidium filix mas vorkommen sollen.

---

[1]) Chem. Ztg., 1895, S. 651.

[2]) Stearin (Tristearin) darf nicht mit dem Stearin des Handels, das hauptsächlich aus Stearin- und Palmitinsäure besteht, verwechselt werden.

Trimelissin (Melissin)[1]) schmilzt bei 89° C.

Triolein (Olein). Eine fast farb- und geschmacklose, bei —4° C erstarrende Flüssigkeit, die nach Guth bei mehrwöchentlichem Stehen auch bei gewöhnlicher Temperatur erstarrt. Das spezifische Gewicht liegt bei 0,900 (15° C). In Alkohol und Äther löst es sich leichter als Palmitin und Stearin. Salpetrige Säure verwandelt Triolein in Trielaidin, ein Vorgang, der ganz analog der Umwandlung der Ölsäure in Elaidinsäure verläuft (siehe Seite 51). Konzentrierte Schwefelsäure liefert mit Triolein eine gesättigte Verbindung von der Formel:

$$\left\{\begin{array}{c} C_{15}H_{31} \cdot CH_2 \cdot CHCOO \\ | \\ SO_4 \\ | \\ C_{15}H_{31}CH_2CHCOO \end{array}\right\}_3 \cdot (C_3H_5)_2$$ [2])

Das in fast allen Ölen und Fetten, hauptsächlich in dem fast nur aus Triolein bestehenden Coulaöle[3]) vorkommende Ölsäuretriglyzerid destilliert im Vakuum unzersetzt über.

Trierucin (Erucin). Kristallinische, bei 31°C schmelzende Substanz, die sich in kaltem Alkohol fast gar nicht, in heißem dagegen leicht lösen. Äther, Benzol und Petroläther lösen sehr leicht. Ist in Kruziferenölen als charakteristischer Bestandteil vorhanden; mit salpetriger Säure geht Trierucin in

Tribrassidin (Brassidin) über, das bei 54—54,5° C schmilzt.

Tririzinolein (Rizinolein)[4]), farbloses, innerlich genommen, Durchfall erzeugendes Öl von 0,959—0,984 spezifischem Gewicht (bei 15° C). Mischt sich mit absolutem Alkohol und Eisessig, ist aber unlöslich in Petroläther und Ligroin. Beim Erhitzen des Tririzinoleins in einer Lösung von Toluol mit oder ohne Zusatz von Zinkchlorid bilden sich Kondensationsprodukte, die sich von der Ursprungssubstanz durch ihre geringe Löslichkeit in Alkohol und Petroläther unterscheiden.

Gemischte Glyzeride.

Von den

Gemischten Glyzeriden

seien nur die folgenden genannt:

Myristopalmitoolein, schmilzt bei 25—27° C, von Klimont[5]) in der Kakaobutter nachgewiesen.

Oleodipalmitin (Dipalmitoolein). Ein bei 48° C schmelzendes Oleodipalmitin ist von Hansen[6]) aus dem Talg, eines mit dem Schmelzpunkte 29,2° C von Klimont[7]) aus dem chinesischen Talg dargestellt worden.

---

[1]) Marie, Journ. de Pharmacie, 1896, S. 171—177.

[2]) Juillard, Bull. Soc. Chim., 1894, S. 280.

[3]) Compt. rendus, 1895, S. 200.

[4]) Juillard, Bull. Soc. Chim., 1895, S. 240; — Meyer, Pharm. Ztg., 1897, 326 u. Arch. d. Pharmazie, 1897, Bd. 235, S. 184.

[5]) Monatshefte f. Chemie, 1902, Bd. 23, S. 51.

[6]) Arch. f. Hygieine, 1902, Bd. 42, S. 1.

[7]) Monatshefte f. Chemie, 1903, Bd. 24, S. 408.

Sterodipalmitin (Dipalmitostearin), von Hansen gleichfalls aus Talg dargestellt worden, schmilzt bei 55° C; ein von Guth dargestelltes α-Stearodipalmitin, das in rhombischen Tafeln kristallisierte, zeigte den Schmelzpunkt 60° C, ebenso die kristallinische Blätter bildende β-Verbindung.

Oleodimargarin, bei 29° C schmelzend, wurde von Holde und Stange[1]) im Olivenöl gefunden.

Oleopalmitostearin (Stearopalmitoolein) wurde von Klimont[2]) aus Kakaobutter, von Hansen aus Talg isoliert. Schmelzpunkt 31—33° C.

Palmitodistearin (Distearopalmitin). Ebenfalls im Talg vorkommend. Hansen gibt für dasselbe einen Schmelzpunkt von 62,5° C an, doch halten Kreis und Hafner[3]) das Hansensche Produkt für ein Gemisch verschiedener Glyzeride.

Daturodistearin (Distearodaturin)[4]) schmilzt bei 66,2° C und ist im Schweinefett enthalten.

Oleodistearin: Schmilzt bei 44—44,5° C und erstarrt bei 40,8° C. Wurde zuerst von Heise[5]) im Mkanifett und in der Kokumbutter, später von Fritzweiler[6]) in der Kakaobutter aufgefunden. Das synthetisch dargestellte Oleodistearin schmilzt um 2—4° C niedriger als das aus Kokumbutter oder Mkanifett dargestellte Produkt. Durch salpetrige Säure wird das Oleodistearin in

Elaidodistearin[7]) überführt, das einen Schmelzpunkt von 61° C zeigt.

Dioleostearin wurde von Partheil und Ferié[8]) im Menschenfett entdeckt.

Von den in den

Wachsarten

Ester der Wachsarten.

vorkommenden Verbindungen der Fettsäuren mit ein- oder zweiwertigen höheren Alkoholen seien die folgenden genannt:

Palmitinsäure-Cetylester (Cetylpalmitat-Cetin). Weiße, bei 55° C schmelzende Kristalle, die in kaltem Alkohol fast gar nicht, in kochendem leicht löslich sind und im Vakuum unzersetzt destillieren. Bei der Destillation unter gewöhnlichem Drucke, selbst unter einem solchen von 300—400 mm zerfällt es in Palmitinsäure und Hexadecylen oder Ceten.

Palmitinsäure-Cerylester (Cerylpalmitat). Im Opiumwachse enthalten, kristallisiert aus kochendem Alkohol in kleinen prismatischen Kristallen von 79° C Schmelzpunkt und 76° C Erstarrungspunkt.

---

1) Berichte d. deutsch. chem. Gesellsch., 1902, S. 2402.
2) Monatshefte f. Chemie, 1902, Bd. 23, S. 51.
3) Berichte d. deutsch. chem. Gesellsch., 1903, S. 1123.
4) Berichte d. deutsch. chem. Gesellsch., 1903, S. 2766.
5) Arb. aus d. kais. Gesundheitsamt, 1896, S. 540, 1897, S. 302
6) Arb. aus d. kais. Gesundheitsamt, 1902, S. 371.
7) Berichte d. deutsch. chem. Gesellsch., 1899. S. 387.
8) Arch. d. Pharmazie, 1903, S. 545.

Palmitinsäure-Myricylester (Myricylpalmitat-Myricin). Federartige Kristalle vom Schmelzpunkt 72° C; ein Hauptbestandteil des in Alkohol unlöslichen Teiles des Bienenwachses.

Stearinsäure-Cerylester (Cerylcerotat). Schneeweiße Schuppen, die bei 82,5° C schmelzen, im chinesischen Wachs, Opiumwachs und Wollwachse vorkommen.

Coccerinsäure-Coccerylester (Coccerylcoccerat, Coccerin). Perlmutterartige, dünne Blättchen von 106° C Schmelzpunkt. In kaltem Alkohol und Äther fast unlöslich, wenig löslich in kaltem Benzol und Eisessig.

Palmitinsäure-Cholesterinester (Cholesterinpalmitat). Seidenglanz zeigende Nadeln, die bei 77° C schmelzen findet sich im Blutserum[1]).

Ölsäure-Cholesterinester (Cholesterinoleat). Kommt gemeinsam mit der vorher erwähnten Verbindung im Blutserum vor, schmilzt bei 41° C.

Stearinsäure-Cholesterinester (Cholesterinstearat). Bei 65° C schmelzende Nadeln, die in Alkohol fast unlöslich und in Äther nur wenig löslich sind. Findet sich im Wollfette neben dem

Stearinsäure-Isocholesterinester (Isocholesterinstearat). Schmelzpunkt 72° C.

Cerotinsäure-Colesterinester (Cholesterincerotat). Eine amorphe, pulverförmige Substanz von 85,5° C Schmelzpunkt.

Melissinsäure-Myricylester (Myricylmellissat) will Kißling[2]) im Tabak und Heu gefunden haben. Die Angabe seines Vorkommens im Tabak ist nach Thorpe[3]) und Holmes eine irrige.

Verunreinigungen der natürlichen Fette, Öle und Wachse.

Die Öle, Fette und Wachsarten, wie sie aus den ölreichen Samen und Früchten, den tierischen Fettgeweben usw. gewonnen werden, bestehen stets aus mehreren der vorbeschriebenen Fettsäureverbindungen und enthalten außer diesen noch eine gewisse Menge von Begleitstoffen, die allgemein unter dem Namen „Nichtfette" oder „Unverseifbares" zusammengefaßt werden. Sie sind teils natürliche Begleiter der Öle, Fette und Wachsarten und oft für einzelne Spezies ganz charakteristisch, teils sind sie aber auch erst bei Gewinnung der betreffenden Produkte in dieselben geraten. Daß z. B. beim Extrahieren ölhaltiger Pflanzenteile bedeutende Mengen von Nichtfetten mit in Lösung gehen und in der Analyse mit unter dem „Rohfett" erscheinen, wurde schon S. 15 gesagt. Diese Fremdstoffe sind in den Ölen und Fetten gelöst, lassen sich also durch

[1]) Hürthle, Zeitschr. f. phys. Chemie, 1896, Bd. 21, S. 133. — Herbig, Zeitschr. f. öffentl. Chemie, 1898, Bd. 4, S. 227.

[2]) Chem. Ztg., 1901, S. 684.

[3]) Journ. Soc. Chem. Ind., 1901, S. 982.

Filtration nicht entfernen. Bei der Verseifung und nachfolgenden Zersetzung der Seifenlösung mittels Mineralsäure scheiden sie sich in Form dunkler Flocken zwischen der Fettsäureschicht und dem Unterwasser aus oder werden teilweise in letzterem gelöst.

Der Ausdruck „Unverseifbares" für die in den Fetten und Wachsen enthaltenen Nichtfette ist übrigens kein gut gewählter; unverseifbar, d. h. mit Alkalien keine Seife bildend, sind auch das Glyzerin der Fette und die Alkohole der Wachse. In der Fettanalyse werden die wasserunlöslichen Wachsalkohole mit zu dem „Unverseifbaren" gerechnet, das wasserlösliche Glyzerin jedoch nicht.

Der Gehalt der natürlichen Öle und Fette an „Nichtfetten" (Unverseifbares) schwankt zwischen 0,5—3%. Die trocknenden Öle weisen davon 0,3—1,5% auf, die halbtrocknenden 0,5—2,8%, und zwar ist es hier das Maisöl, welches am reichsten an Nichtfetten ist. Die nichttrocknenden Öle enthalten 0,33—1% Unverseifbares und die Öle der Seetiere haben im allgemeinen 0,5—2,6% doch gibt es Herings- und Dorschleberöl mit bis zu 10%, Meerschweintran und Krompfischöl mit über 15% unverseifbarer Substanzen.

Die Nichtfette setzen sich aus Farbstoffen und chromogenen Verbindungen, aus Resten des Zellgewebes, Schleimstoffen, organischen Salzen und Wasser zusammen. Die Farbstoffe sind nur in sehr geringen, kaum bestimmbaren Mengen vorhanden, ebenso die chromogenen Substanzen, das sind jene Verbindungen, deren Gegenwart die Ursache gewisser Farbreaktionen einzelner Öle ist (z. B. Sesamin im Sesamöle). In den tierischen Ölen sind meist eiweißartige Zellsubstanzen enthalten, in den Pflanzenölen findet man wiederum gewöhnlich Schleimstoffe und Zellulose gelöst. Diese Fremdstoffe scheiden sich bei längerem Lagern zum größten Teil aus oder können durch Hitze, Säuren usw. zur Ausscheidung gebracht werden. So z. B. kann der im frischen Leinöle stets gelöste Pflanzenschleim durch rasches Erhitzen zur Koagulierung gebracht werden; dieser Pflanzenschleim besteht nach neueren Untersuchungen hauptsächlich aus Phosphaten und etwas Sulfaten und nur wenig organischen Substanzen[1]).

Art der Begleitstoffe.

Mitunter sind in den Ölen, Fetten und Wachsen auch Kohlenwasserstoffe vorhanden; bei den Wachsen ist das nichts Außergewöhnliches, in die Fette und Öle können Kohlenwasserstoffe dagegen nur durch unzweckmäßige Darstellung (Überhitzung) gelangen.

Bei den Ölen und Fetten wird in dem „Unverseifbaren" auch das frei vorkommende Cholesterin, die Phytosterin und Lecithin zusammengefaßt.

In den vegetabilischen Ölen und Fetten kommt durchwegs Phytosterin, in den animalischer Abkunft Cholesterin vor und bildet das Vor-

Cholesterin und Phytosterin.

[1]) Thompson, Journ. Americ. Chem. Soc., 1903, S. 716.

kommen dieser Alkohole ein Charakteristikon für alle Glieder dieser zwei Gruppen. Huward[1]) hat sich mit der Frage der Zusammensetzung des Unverseifbaren in Tierölen, insbesondere Tranen, näher befaßt und konstatiert, daß das Cholesterin nur 75—85% des Unverseifbaren ausmacht. In dem Reste sind noch Körper vorhanden, die Farbreaktionen geben und eventuell zur Erkennung der einzelnen Öle bei der Analyse derselben herangezogen werden könnten.

Lecithin. Das phosphorhaltige Lecithin[2]) kommt in fast allen Fetten und Ölen vor, doch immer nur in ganz geringen Mengen. So sind z. B. vorhanden:

im Leinöl	0,33%	Lecithin
Sesamöl	0,005	„
Rüböl	0,11	„
Kakaobutter	0,11	„
Kokosöl	0,01	„
Maisöl	1,49	„
Eieröl	0,2	„
Schweinefett	0,022—0,051	„
Rindstalg	0,033—0,073	„
Butterfett	0,000—0,014	„

Schwefel. Einige Fette und Öle sind schwefelhaltig, so z. B. das unraffinierte Rüböl und die Öle der anderen Kruziferenarten, auch die durch Extraktion mittels Schwefelkohlenstoff gewonnenen Öle sowie das technische Wollfett weisen meist Spuren von Schwefel auf.

Freie Fettsäuren. Das Vorkommen freier Fettsäuren in den Fetten und Wachsen ist allgemein, nur besteht in dieser Beziehung zwischen den Fetten und den Wachsarten der Unterschied, daß bei ersteren die vorhandenen Quantitäten freier Fettsäuren relativ geringe sind, während bei den Wachsen auch größere Mengen nichts Außergewöhnliches bedeuten.

Der Gehalt an freien Fettsäuren bewegt sich bei Fetten und Ölen in den Grenzen weniger Prozente und erreicht nur ausnahmsweise einen höheren Wert, was dann gewöhnlich durch ganz besondere Umstände bei der Fabrikation oder Aufbewahrung der Produkte bedingt ist (Knochenfett, Sulfur- und Palmöl).

Bei den Wachsen ist dagegen das Vorkommen größerer Mengen freier Fettsäuren etwas ganz natürliches; Carnauba- und Bienenwachs sowie das natürliche Wollwachs (Wollfett) enthalten z. B. stets beträchtliche Quantitäten freier Fettsäuren. Da in den Wachsen neben den freien Fettsäuren auch ungebundene Alkohole vorkommen, so scheint das Vorkommen der ersteren auf eine Zersetzung der Neutralfettsäureester zurückzuführen zu sein, wie ja auch bei den Fetten die Bildung freier Fettsäuren

[1]) Chem. Revue, 1903, S. 282.
[2]) Siehe S. 15 dieses Bandes.

aus dem Neutralfette durch Abspaltung des Glyzerins erfolgt (näheres siehe unter „Ranzigwerden der Fette").

Das

Aussehen, die Eigenschaften und das Verhalten gegen Reagenzien

der einzelnen Öle, Fette und Wachsarten ist ein sehr verschiedenes und wird einesteils durch die bei jedem einzelnen Produkte wechselnde Zusammensetzung in der Mischung der Glyzeride oder Fettsäureester, andernteils durch die beigemengten verschiedenartigen Nichtfette bedingt.

a) Farbe.

Farbe. Die reinen Glyzeride sind farblos; da aber, wie schon auf S. 79 bemerkt, die in der Natur vorkommenden Fette verschiedene Begleitstoffe enthalten, zu denen auch Farbstoffe zählen, so ist die Färbung der natürlichen Öle und Fette eine sehr verschiedene und schwankt, je nach ihrer Herkunft und Gewinnungsweise, von reinem Weiß bis zum dunkelsten Rot, vom Hellgelb bis zum Dunkelbraun, von einem Grünlichgelb bis zum dunkelsten Grün.

Die weitaus meisten Fette sind hell- bis dunkelgelb. Fast farblos sind das Schweinefett und das Kokosöl, rot das Palmöl und insbesondere das Fett der Palmenart Astrocaryum vulgare sowie das rohe Kottonöl, braun sind das rohe Wollfett und das Knochenfett, grünlichgelb das Olivenöl und dunkelgrün bis grünlichbraun sind das Sulfuröl und alle mittels Schwefelkohlenstoff extrahierten Pflanzenöle.

Fluoreszens. Manche Öle zeigen in Kristallflaschen eine an die Mineralöle erinnernde Fluoreszenz und werden daher mitunter ungerechterweise als verfälscht bezeichnet. Auf die eigenartige Blaufluoreszenz einiger Provenienzen der technischen Erdnußöle und die Grünfluoreszenz von frischraffiniertem Rüböl, mancher roher Leinöle usw. sei daher ausdrücklich aufmerksam gemacht.

Im Handel hält man hellere Öle, Fette und Wachse für wertvoller als dunklere; wenn diese Ansicht auch nicht in allen Fällen haltbar ist, so hat sie im allgemeinen doch viel für sich, weil hellere Farbe auf sorgfältigere Bereitung und Raffination schließen läßt[1]).

b) Geruch.

Geruch der vegetabilischen Öle und Fette. Der Geruch der Fette und Öle ist ein sehr verschiedener und oft recht charakteristischer. Die reinen Glyzeride der höheren Fettsäuren sind geruchlos, die der niederen zeigen dagegen ausgesprochenen Geruch. Bei den natürlichen Fetten und Ölen sind es aber weniger die Glyzeride als die stets vorhandenen freien Fettsäuren und Verunreinigungen aller Art, die den Geruch bedingen.

---

[1]) Über Bleichen der Fette, Öle und Wachse siehe Kapitel 8 dieses Bandes.

Die Pflanzenfette riechen in frischem Zustande meist recht angenehm, wie z. B. frisches Palmöl, das an den lieblichen Geruch der Veilchenwurzel erinnert, Muskatbutter, die das charakteristische Aroma der Muskatnuß aufweist, Kakaobutter, welche an unsere Schokolade mahnt, Olivenöl, das in seinen besten Marken recht appetitlich riecht, rohes Rüböl und Kokosöl, deren Geruch dem des frisch gebackenen Brotes nicht unähnlich ist usw. Unangenehmen Geruch zeigen in frischem Zustande nur wenige Öle und Fette vegetabilischer Abkunft. Es wäre hier höchstens das mancher Nase wenig zusagende Palmkernöl zu nennen, das Senföl und eventuell die nicht gerade angenehm duftenden Öle, die durch Extraktion gewonnen wurden, ihren Geruch aber mehr der Fabrikationsweise verdanken, als ihrer ursprünglichen Beschaffenheit.

Geruch der Wachsarten.

Der Geruch der Wachsarten ist fast durchwegs angenehm, so der honigartige Geruch unseres Bienenwachses, das gute Aroma des Carnaubawachses usw.

der tierischen Fette.

Bei den tierischen Ölen und Fetten gibt es ebenfalls viele, welche einen angenehmen appetitlichen Geruch aufweisen, wie es wiederum andere gibt, welche einen recht unangenehmen Odeur besitzen. Hier spielt allerdings die Gewinnungsweise und vor allem die Qualität des Rohmaterials, aus dem die Fette hergestellt wurden, eine weit wichtigere Rolle als bei den Fetten des Pflanzenreiches.

Als angenehm riechend können gute Naturbutter, Premier jus Oleomargarin, Schweinefett, Gänsefett usw. gelten. Von Haus aus unangenehm riechen nur die Trane, wogegen der zum Teil widerliche Geruch von Bezinknochenfett, Klauen- und Hufölen mehr auf das Konto ihrer unrationellen Gewinnung oder auf Ranzigwerden zu setzen ist.

Allgemeines.

Bei längerem Lagern nehmen alle Öle und Fette einen unangenehmen Geruch an, der entweder als ranzig (nicht trocknende Öle) oder als firnisartig (trocknende Öle) bezeichnet wird. Angenehmer Geruch, insoferne derselbe nicht durch Zutaten von Aromatika künstlich erzielt wurde, gilt als Kriterium der Güte. Unangenehme Gerüche können durch bestimmte Desodorisationsmethoden beseitigt oder durch Zugeben aromatisch riechender Stoffe gedeckt werden[1]).

Die Öle und Fette nehmen fremde Gerüche sehr leicht auf und halten sie fest; welche Eigenschaft in der Parfümerie zur Absorption der Blumendüfte (Enfleurage) ausgedehnte Anwendung findet. (Industrie von Grasse in Frankreich.)

c) Geschmack.

Geschmack.

Der Geschmack der Öle und Fette ist ebenso wie Farbe und Geruch ein sehr variierender. Die reinen Glyzeride, zum wenigsten die

[1]) Näheres über Desodorisierung der Fette und Öle siehe im 8. Kapitel dieses Bandes.

der Fettsäuren mit größerer Kohlenstoffatomanzahl, wie sie sich in den Fetten und Ölen ja vorwiegend finden, sind geschmacklos. Der spezifische Geschmack der einzelnen Öle und Fette wird also genau so wie Farbe und Geruch durch die in denselben enthaltenen Beimengungen bedingt.

Einige der Planzenöle schmecken sehr angenehm und werden daher in der Küche benutzt (Oliven-, Sesam-, Erdnuß- und Kottonöl, in manchen Gegenden auch Rüb- und Leinöl). Direkt unangenehm schmecken nur wenige Öle, wie z. B. Karapafett mit seinem intensiven Bittergeschmacke, Rizinusöl, das wegen seiner unangenehmen Dickflüssigkeit schwer zu nehmen ist, Palmkernöl u. a. Im übrigen ist der Begriff des Wohlgeschmacks bekanntlich ein sehr individueller; so wird z. B. in vielen Alpenländern und in gewissen Gegenden Deutschlands Leinöl mit Vorliebe als Tafelöl benutzt, was einem normalen Gaumen nicht recht wohl behagt. Von den festen Pflanzenfetten werden das Kokos- und das Palmöl in ihren Ursprungsländern vielfach genossen.

Von den Tierölen weist keines einen angenehmen Geschmack auf. Unsere Lebertran einnehmende Jugend wird gerne bestätigen, daß der von den Eskimos genossene Tran keine Delikatesse ist, ein gleiches kann man von Klauen-, Knochen- und Hufölen behaupten, die auch in vollkommen frischem und reinem Zustande eigentümlich ranzig und widerwärtig schmecken. Von den festen Tierfetten sind es die Natur- und Kunstbutter, die verschiedenen Fette unserer Küche (Schweine-, Gänse-, Hühner- und Hasenfett usw.), welche uns wohl munden, während Knochenfette und andere industriellen Produkte (Wollfett) direkt anwidern.

Eine Verbesserung des Geschmackes durch Raffination wird vielfach angestrebt. So z. B. bei den Speiseölen, bei Kokosöl (Herstellung von Kokosbutter), beim Baumwollsaatöl usw.

Die giftige Wirkung gewisser Öle (Krotonöl und bis zu einem gewissen Grade auch Rizinusöl) sei ebenfalls vermerkt. Giftige Öle.

d) Spezifisches Gewicht.

Das spezifische Gewicht der Öle, Fette und Wachsarten liegt unter dem des Wassers. Für die Öle bewegt es sich mit ganz wenigen Ausnahmen innerhalb der Grenze 0,912—0,940, bei den festen Fetten und Wachsarten von 0,925—0,940. Dichte.

Von den Ölen und flüssigen Wachsen ist das Spermacetöl das spezifisch leichteste; es weist nach Allen bei 15° C nur eine Dichte von 0,876—0,884 auf. Unter der normalen Grenze liegen auch das Paradiesnußöl (0,895) und das kalifornische Nußöl (0,9072). Oberhalb der Grenze befinden sich Krotonöl mit 0,942—0,9437 und das Rizinusöl mit 0,960—0,966.

Von den festen Fetten und Wachsarten ist der Pineytalg der spezifisch leichteste (0,8907—0,915) und das Carnaubawachs mit 0,990 bis 0,999 am spezifisch schwersten.

Änderung des spez. Gewichtes beim Lagern.

Das spezifische Gewicht der Öle und Fette ändert sich etwas beim Lagern, besonders wenn dieses unter Luftzutritt stattfindet. Bewirkt wird diese Änderung teils durch Zunahme der freien Fettsäuren, die in der Regel spezifisch leichter sind als die betreffenden Öle, andererseits durch die Oxydation der Glyzeride der ungesättigten Fettsäuren, wodurch eine Zunahme der Dichte erfolgt.

Thomson und Ballantyne[1]) haben die Veränderung des spezifischen Gewichtes, welche Fette und Öle beim Lagern erleiden, untersucht, indem sie Öle in offenen Gefäßen durch sechs Monate der Luft- und Lichteinwirkung aussetzten. Dabei stieg das spezifische Gewicht des

Olivenöles	von	0,9168	auf	0,9246
Rizinusöles	„	0,9679	„	0,9683
Holzöles	„	0,9168	„	0,9320
Kottonöles	„	0,9225	„	0,9320
Erdnußöles	„	0,9209	„	0,9267
Leinöles	„	0,9325	„	0,9385

Ölareometer.

Das spezifische Gewicht schwankt auch bei Ölen und Fetten bestimmter Herkunft nicht unbedeutend; bevor man diese Tatsache richtig erkannte, wurde die Dichte der Öle allgemein als Prüfstein ihrer Reinheit und Unverfälschtheit benutzt und datieren aus jenen Zeiten noch einige speziell für Öle und Fette konstruierte Aräometer, von denen die in Deutschland früher vielfach gebrauchte Fischersche Ölwage, das Lefèbresche Oleometer und die Ölwage von Greiner und Stoppani genannt seien[2]). Der Wert dieser Instrumente ist ein ziemlich problematischer und wurden sie hier nur deshalb erwähnt, weil im Öl- und Fetthandel mitunter noch immer nach „Graden" der Fischerschen Ölwage und anderen Ölprüfern gehandelt wird.

e) Viskosität und Konsistenz.

Viskosität.

Auf die verschiedenartige Konsistenz der Fette wurde schon S. 2 hingewiesen. Der Flüssigkeitsgrad (Viskosität) der Öle ist ein höherer als der des Wassers, was schon an dem eigentümlich schlüpfrigen Gefühl beim Zerreiben der Öle zwischen den Fingern erkennbar ist. Das dünnflüssigste Öl ist bei gewöhnlicher Temperatur das Hanföl, das dickflüssigste das Rizinusöl. Mit dem Ansteigen der Temperatur nimmt der Flüssigkeitsgrad ab, und zwar bei verschiedenen Ölen verschieden intensiv. So ist z. B. Sesamöl bei 15°C ca. achtmal dünnflüssiger als Rizinusöl, wogegen dieses

[1]) Journ. Soc. Chem. Ind., 1891, S. 30.
[2]) Näheres siehe bei Schädler, 2. Aufl., S. 68.

bei 100° C nur um ein Sechstel dickflüssiger ist als jenes. Die Viskositätsfrage wird im 3. Bande in dem Abschnitte „Schmieröle" eingehend behandelt.

Härte.

Die Konsistenz (Härte) der Fette ist von geringerer Wichtigkeit als die Viskosität; obzwar härtere Fette auch in der Regel einen höherliegenden Schmelzpunkt haben, so besteht ein fixer Zusammenhang zwischen Schmelzpunkt und Härte doch nicht. Für die Fabrikation von Kerzen sind härtere Fette wertvoller als weichere und man hat daher früher im Handel die Härte eines Fettes oft als Wertmesser betrachtet. Das hatte zur Folge, daß man künstliche Manipulationen, wie z. B. die partielle Verseifung der Fette (mittels Ätzkalk oder Natronlauge) anwandte, um einzelnen Talgsorten einen besseren Griff zu verleihen. Heute, wo die richtige Erkenntnis des Wertes der Fettuntersuchungen schon so sehr in das praktische Leben eingedrungen und der Öl- und Fetthandel dadurch auf eine reellere Basis gestellt erscheint, kommen derlei Täuschungen, die obendrein auch noch die Inkorporation größerer Wassermengen gestatten, wohl nicht mehr vor.

f) Schmelz- und Erstarrungspunkt.

Schmelzpunkt.

Die Fette und Öle des Pflanzen- und Tierreiches gehen, soweit sie nicht schon bei gewöhnlicher Temperatur flüssig sind, beim Erwärmen bald in einen tropfbarflüssigen Zustand über. Keines der natürlich vorkommenden Fette bleibt bei Temperaturen oberhalb 60° C fest; von den Wachsarten schmelzen einige allerdings erst bei höheren Wärmegraden, so z. B. Carnaubawachs bei 85—90° C.

Da die Fette aus Gemischen mehrerer Glyzeride von verschiedenen Schmelzpunkten bestehen, so ist das Schmelzen der Fette nicht ein plötzlicher Übergang von dem festen in tropfbarflüssigen Zustand, sondern es erfolgt beim Erwärmen zuerst ein Erweichen der Masse und erst nach und nach ein Schmelzen zu einer klaren Flüssigkeit. Unter den Chemikern herrscht heute noch keine volle Übereinstimmung, ob der Erweichungspunkt oder die Temperatur, bei welcher eine vollständige Verflüssigung erfolgt, als Schmelzpunkt zu betrachten sei.

Interessant ist die Beobachtung, daß Fette, die umgeschmolzen wurden, kurz nach ihrem Wiedererstarren einen von ihrem normalen abweichenden Schmelzpunkt zeigen. Erst 2—3 Tage nach ihrem Umschmelzen erhalten Fette ihren ursprünglichen normalen Schmelzpunkt wieder.

Doppelter Schmelzpunkt.

Eigentümlich ist auch der sogenannte doppelte Schmelzpunkt der reinen Glyzeride. Duffy, Heintz und andere haben sich dieses Verhalten durch die Annahme der Existenz zweier Modifikationen erklärt, doch hat später Guth gezeigt, daß doppelte Schmelzpunkte überhaupt nicht existieren, daß derartige Erscheinungen nur bei frisch umgeschmolzenen Fetten auftreten und daß die Konstatierung eines zweifachen Schmelzpunktes ausschließlich auf diesen Umstand oder aber auf die Nichtbeachtung anderer Vorsichtsmaßregeln bei der Schmelzpunktbestimmung zurückzuführen seien. Guth erklärt sich den niederen Schmelzpunkt umgeschmolzener Fette so, daß er annimmt, die erstarrte Substanz sei nicht wieder in den kristallinischen Zustand übergegangen und verhalte sich etwa so, wie übersättigte Salzlösungen oder wie unterkühlte Flüssigkeiten. Tatsächlich werden auch umgeschmolzene Fette beim zweiten Schmelzen nur erweicht und dieser Erweichungspunkt wird meist mit dem Schmelzpunkte verwechselt. Erwärmt man über diesen Erwärmungspunkt hinaus, so wird die Fettmasse nochmals fest und schmilzt dann erst vollständig bei einer Temperatur, welche dem richtigen normalen Schmelzpunkte gleichkommt. Die interessanten Beobachtungen Guths, deren Richtigkeit von Kreis und Haffner[1]) bestätigt wurden, sind nicht nur für den Analytiker, sondern auch für den Praktiker von Interesse.

Schmelzen im großen.

Das Schmelzen fester Fette oder das Auftauen erstarrter flüssiger Fette erfolgt in großen Massen nur langsam. Die Fettkörper sind schlechte Wärmeleiter und geben daher, wenn sie in Fässer oder Barrels eingeschlossen sind, die von außen kommende Wärme nur langsam nach den inneren Partien weiter.

Bei technischen Ölen und Fetten wird daher das Schmelzen resp. Auftauen am besten durch Einblasen direkten Dampfes in die Fässer vorgenommen; bei Produkten, die ein Vermengen mit Kondenzwasser und ein Erwärmen auf höhere Temperatur nicht gestatten, bei denen also nur ein Lagern in mäßig warmen Räumen anwendbar ist, braucht es sehr lange, bis erstarrte Öle sich wieder verflüssigen. Gelöste Öle, die erst bei Temperaturen unter 0° C fest werden, brauchen oft Tage, bevor sie in Magazinen von 15—20° C wieder auftauen. G. Giordan[2]) hat für das Auftauen von feinen Olivenölen einen Apparat konstruiert, der in die Ölbehälter, z. B. in die Spundöffnung der Fässer, eingeführt wird und durch einen Wassermantel die durch eine geeignete Wärmequelle erzeugte Wärme gelinde und gleichmäßig an das Öl weiter gibt.

Erhöhen des Schmelzpunktes.

Für viele technische Zwecke haben hochschmelzende Fette besonderen Wert, man hat daher auch Methoden ausfindig gemacht, um den Schmelzpunkt der Fette zu erhöhen. Ein viel angewandtes Mittel ist das sogenannte Austranen des Talges, bei welchem man geschmolzenen Talg in größeren Behältern sehr langsam erkalten läßt. Es scheiden sich dabei die festeren Glyzeride der Stearin- und Palmitinsäure zuerst ab und gruppieren sich leicht um Holzstäbe, die man in den Talgbehälter einhängt. Bei rechtzeitiger Unterbrechung des Erstarrungsvorganges erzielt man ein festeres, schwerer schmelzbares, an den Stäben hängendes Produkt und ein weicheres Fett, das in gewissem Sinne mit einer Mutterlauge vergleichbar ist.

---

[1]) Berichte, 1903, S. 1125.

[2]) Österr. Patent 3165 v. 25. Jan. 1901.

Eine künstliche Erhöhung des Schmelzpunktes von Fettkörpern erreicht man nach Liebreich[1]) auch durch Zusatz von Acidylderivaten aromatischer Basen (Anilin, Basen der Naphthalinreihe, aromatische Diamine).

Kühlt man die bei gewöhnlicher Temperatur flüssigen Öle ab, so können alle zum Erstarren gebracht werden, doch ist die Temperatur, bei welcher das Festwerden erfolgt, bei den verschiedenen Ölen sehr verschieden. Gewöhnlich hält man die Trane für die kältebeständigsten Öle; in Wirklichkeit halten aber viele Pflanzenöle weit tiefere Temperaturgrade aus, ohne fest zu werden. So liegt der Erstarrungspunkt des Nußöles bei -27^{0} C, des Hanföles bei $-27{,}5^{0}$ C, des Rizinusöles bei -17^{0} C usw. Erstarrungspunkt.

Die gleichen Schwierigkeiten wie bei Fixierung des Schmelzpunktes sind auch bei der Feststellung des Erstarrungspunktes vorhanden. Hier spielt die Zeitdauer der Kälteeinwirkung und die Bewegung des zu erstarrenden Öles eine Rolle.

Nach den Beobachtungen Holdes wird das Gefrieren der Öle durch Bewegung beschleunigt. Setzt man Öl bei vollkommener Ruhe einer regelmäßigen Kälteeinwirkung aus, so kann auch bei Temperaturen weit unter dem eigentlichen Gefrierpunkte das Öl flüssig bleiben. Man hat es hier mit einer sogenannten Unterkältung zu tun, eine Erscheinung, die auch bei anderen Flüssigkeiten beobachtet wurde. Unterkältung.

Der Einfluß des Wassergehaltes auf den Erstarrungspunkt äußert sich in keiner bestimmten Richtung. Die allgemein herrschende Anschauung, daß wasserhaltige Öle unter Null leichter erstarren als wasserfreie, ist eine irrige. Das Wasser zeigt in Ölmischungen häufig Unterkältungserscheinungen und bewirkt daher nicht das zu erwartende frühere Festwerden[2]).

Wie bei dem oben beschriebenen Austranen von Talg kann man auch durch sehr langsames, allmähliches Abkühlen von Ölen eine teilweise Trennung der flüssigeren Öle und der festeren, stearin- und palmitinreicheren Anteile herbeiführen. Bei der Herstellung von Knochenölen aus Knochenfett, der Erzeugung von Lardöl beim Demargarinieren des Kotton- und Olivenöles macht man von dieser partiellen Erstarrung der Öle praktischen Gebrauch. Nicht bei allen Ölen erfolgt dieses teilweise Ausscheiden der festeren Glyzeride so glatt, daß an eine technische Verwertung gedacht werden könnte. So bietet z. B. Arachidöl, wie es aus Koromandelware gepreßt wird, einem Entmargarinisieren unüberwindliche Schwierigkeiten. Das Öl erstarrt auch bei ganz langsam ansteigender Abkühlung nicht kristallinisch, sondern gelatiniert förmlich, so daß eine Trennung der flüssigen Anteile von den festeren nicht denkbar ist. Erzielung größerer Kältebeständigkeit.

---

[1]) D. R. P. 136917 v. 9. Febr. 1900.

[2]) Vergleiche Holde, Untersuchungen der Schmiermittel, Berlin 1897, S. 73.

Der Schmelz- und Erstarrungspunkt der Fette fällt nicht zusammen; sie gleichen in dieser Hinsicht den Fettsäuren. (Siehe Seite 35.)

g) Optisches Verhalten.

Müller[1]) hat zuerst darüber berichtet, daß viele Pflanzenöle im

Spektrum. Spektrum die charakteristischen Streifen des Chlorophylls zeigen. Doumer und Thibaut[2]) haben die einzelnen Öle nach dieser Richtung untersucht und teilen diese auf Grund ihrer Befunde die Öle in vier Klassen:

1. Öle, welche Chlorophyllspektrum zeigen (Oliven-, Hanf- und Nußöl).

2. Öle ohne Lichtabsorptionsvermögen (Rizinus- und Mandelöl).

3. Öle mit Absorptionsfähigkeit für „chemische Strahlen“, aber nicht für rot, orange und gelb (Rüb-, Lein- und fettes Senföl).

4. Öle, die in verschiedenen Partien des Spektrums Absorptionsstreifen zeigen (Sesam-, Erdnuß-, Mohn- und Kottonöl).

Das spektroskopische Verhalten[3]) der Fette und Öle ist nur für den Analytiker von Bedeutung, ebenso wie ihr Lichtbrechungsvermögen und ihr Drehungsvermögen für polarisiertes Licht.

Licht-brechung. Unter Lichtbrechung versteht man bekanntlich die Ablenkung, welche Lichtwellen beim Durchdringen eines Mediums von ihrer ursprünglichen Richtung erfahren. Der sogenannte Brechungsexponent ist das Verhältnis zwischen dem Sinus des Einfallswinkels und dem Sinus des Brechungswinkels.

Polari-sation. Das Drehungsvermögen, d. i. die Eigenschaft, die Ebene des polarisierten Lichtes abzulenken, ist kein besonders starkes. Mandel-, Hanf-, Rüb-, Lein- und Mohnöl sind linksdrehend, Rizinusöl ist rechtsdrehend, Arachidöl bald rechts-, bald linksdrehend. Man neigt heute zur Annahme, daß nicht die in den Ölen enthaltenen Glyzeride die Polarisationsebene drehen, sondern die darin enthaltenen geringen Beimengungen, wahrscheinlich das Phytosterin.

Die Tieröle besitzen kein Drehungsvermögen.

h) Löslichkeit.

Lösungsmittel für Fette und Wachse. Die Öle und Fette lösen sich leicht in Schwefelkohlenstoff, Äther, Chloroform, Amylalkohol, Aceton, in Tetrachlorkohlenstoff, Benzol, Petroleum und Benzin. Rizinusöl weicht hinsichtlich seines Löslichkeitsverhältnisses von den anderen Ölen und Fetten wesentlich ab; es ist nicht wie die sonstigen Fette in Benzin

---

[1]) Dinglers polyt. Journ., Bd. 198, S. 529.

[2]) Chem. Ztg., Bd. 9, S. 534.

[3]) Siehe auch Kenrick, Analyst, 1895, S. 136.

und Mineralölen löslich, löst sich dagegen leicht in Alkohol, welcher die ersteren nicht oder doch nur in geringen Mengen aufzunehmen vermag.

Absoluter Alkohol nimmt von den meisten neutralen Ölen und Fetten nur ca. 2% bei 15°C auf. Nur einige Trane, Butterfett, Kokosöl und diesen verwandte Fette sind in etwas reichlicheren Mengen in Alkohol löslich; ebenso jene Öle, die reichliche Mengen Linolin und Linolenin oder freie Fettsäuren enthalten. Die Wachsarten werden von Alkohol leichter gelöst; so ist z. B. Carnaubawachs in siedendem Alkohol fast ganz löslich. Das Lösungsvermögen des Alkohols wächst übrigens auch für Fette und Öle mit steigender Temperatur und erhöhtem Drucke. Unter Druck vermag absoluter Alkohol mit den Ölen und Fetten bei erhöhter Temperatur homogene Gemische zu bilden, welche zerfallen, sowie die Temperatur auf einen gewissen Grad herabsinkt. (Kritische Lösungstemperatur[1]).

Lösungsvermögen der Essigsäure.

Die Triglyzeride sind auch in Essigsäure teilweise oder ganz löslich. Valenta[2]) teilt die Öle nach ihrem Löslichkeitsgrade in Essigsäure in drei Klassen:

1. in solche, die bei gewöhnlicher Temperatur in Essigsäure vollständig löslich sind;

2. in solche, die bei Temperaturen oberhalb 23° C vollständig oder doch nahezu vollständig löslich sind (die meisten Öle und Fette);

3. in solche, die selbst bei Siedetemperatur der Essigsäure in dieser nicht vollkommen löslich sind (Rüb-, Senf-, Hederichöl).

Das Lösungsvermögen konzentrierter wässeriger Karbolsäure ist von Salzer[3]) studiert worden; es hat, wie auch das Lösungsvermögen in Eisessig, ausschließlich analytisches und wissenschaftliches Interesse.

In Wasser sind die natürlichen Öle, Fette und Wachsarten so gut wie unlöslich. Bei Ölen gehen allerdings Spuren in Lösung über, wenn man große Mengen Wasser mit wenig Öl tüchtig durchschüttelt, wie auch geringe Fettmengen nach dem Klären wässeriger Ölemulsionen in Wasser gelöst bleiben.

Aufnahmsvermögen der Öle und Fette für:

Die Fette und Öle vermögen ihrerseits verschiedene Stoffe, wie Jod, Brom, Phosphor, Schwefel, zu lösen, teils unter Veränderung ihrer chemischen Zusammensetzung. Auch Alkohol und Wasser können die Fette in geringen Mengen aufnehmen, was dem Praktiker oft recht unangenehm wird. So ist eine Entfernung der in den Ölen enthaltenen freien Fettsäuren durch Ausschütteln mit Alkohol deshalb nicht leicht durchführbar, weil stets merkliche Mengen von dem Fettsäure-Lösungsmittel in dem Öle gelöst zurückbleiben. Auch die in ganz klaren Ölen mitunter gelösten

Wasser und Alkohol.

[1]) Bull. de l'assoc. Belge des chim., 1895, S. 71 u. 143; 1896, S. 359.

[2]) Dinglers polyt. Journ., Bd. 253, S. 418; siehe auch Allen. Journ. Soc. Chem. Ind., 1886, S. 69 u. 282. — Huret, ebenda, 1887, S. 22.

[3]) Arch. d. Pharmazie, Bd. 227, S. 433.

geringen Mengen ($^1/_2$% Maximum) von Wasser, die nur sehr schwierig zu beseitigen sind, werden oft Ursache unliebsamer Trübungen.

Die Aufnahmsfähigkeit der Fette für Wasser wird durch Zusatz von Acidylderivaten der aromatischen Basen erhöht, worauf Liebreich[1]) ein Verfahren zur Herstellung von Salben, Schmiermitteln usw. gegründet hat.

Aufnahmsvermögen der Öle und Fette für: Halogene, Schwefel und Phosphor.

Über Jod-, Brom- und Schwefelfette wird weiter unten gesprochen werden; bezüglich des Lösungsvermögen der Öle für Phosphor, das bei der Herstellung der sogenannten „Phosphoröle" Anwendung findet, seien die von Katz[2]) gefundenen Resultate wiedergegeben.

Es vermögen aufzunehmen:

Leinöl	1,15%	Phosphor
Mohnöl	1,10	„
Sesamöl	1,06	„
Rüböl	1,16	„
Mandelöl	1,13	„
Arachidöl	1,20	„
Olivenöl	1,085	„
Rizinusöl	0,70	„
Dorschleberöl	1,13	„

Seifen.

Öle und Fette lösen auch kleine Mengen von Seifen auf. Die Gegenwart von Äther oder Petroläther steigert das Aufnahmevermögen der Öle für Seifen bedeutend. Die Alkaliseifen werden in größerer Menge aufgenommen als die Seifen der Erdalkalien und Schwermetalle. Beim Raffinieren der Öle mittels Alkalien macht sich das Gelöstbleiben der Seifen in den raffinierten Ölen oft unangenehm bemerkbar.

Gase.

Das Lösungsvermögen der Öle für Gase ist noch nicht genügend studiert und stützen sich die in der Literatur zu findenden Angaben hierüber mehr auf Vermutungen als auf exakte Versuche. So hat vor kurzem K. Dieterich[3]) gezeigt, daß Kohlensäure, entgegen früheren Annahmen, in Fetten und Ölen löslich ist, und zwar löst sich sowohl flüssige als auch gasförmige wie auch gefrorene Kohlensäure leicht in Mandel-, Oliven-, Lein- und Rizinusöl usw. auf. Dünnflüssigere Öle nehmen Kohlensäure leichter auf als dickflüssigere. Dieterich benutzt das Lösungsvermögen der Öle für Kohlensäure zur Herstellung von sogenannten „Brauseölen", die sich innerlich leichter nehmen lassen als die gewöhnlichen Öle (Brause-Lebertran). Nach Lewkowitsch ist Kohlensäure auch in festen Fetten löslich, z. B. Schweinefett, dem sie einen eigenartigen Talggeschmack erteilt.

---

[1]) D. R. P. 136917 v. 9. Nov. 1901.

[2]) Arch. d. Pharmazie, 1904, S. 121.

[3]) D. R. P. 109446; Engl. Patent 11410, 1902.

i) Emulsionsvermögen.

Emulsionsvermögen.

Die Öle, geschmolzenen Fette und Wachse können sich in Wasser oder wässerigen Lösungen gewisser Salze unendlich fein verteilen; sie vermögen Emulsionen zu bilden. Nicht alle Öle neigen in gleicher Weise zur Emulsionsbildung. Lein-, Erdnuß- und Olivenöl stehen obenan, Rizinusöl zeigt dagegen fast gar keine Emulsionsneigung. Die Emulsionsfähigkeit hängt von der Ranzidität der betreffenden Öle ab; auch vermögen alkalisch reagierende Lösungen haltbarere Emulsionen zu erzeugen als Säuren oder angesäuertes Wasser. Gad beobachtete, daß ranzige Öle mit Sodalösungen auch ohne mechanische Beihilfe zu emulsieren vermögen (Spontanemulsion), und Löwenthal[1]) fand bei näherer Untersuchung dieser Erscheinung, daß verdünnte Sodalösungen von nur 0,06—0,18% Sodagehalt sich mit Ölen von ca. 6% freien Fettsäuren vorzüglich emulsierten. Bei Gegenwart von nur 1% Kochsalz in 0,06prozentiger Sodalösung genügte sogar schon ein freier Fettsäuregehalt von 2,3%. Steigt der Kochsalzgehalt über 6%, so wirkt er auf die Emulsionsbildung störend, wogegen Seifenzusatz emulsionsfördernd wirkt.

Gelatinöse Substanzen, Gummilösungen erhöhen die Emulsionsfähigkeit der Öle in hohem Maße und finden diese Mittel wie auch Ammoniak, Soda- und Seifenlösungen bei der Herstellung von Emulsionen in der Industrie und Pharmazie Verwendung.

Arellendorf und Kopp[2]) erhöhen die Emulsionsfähigkeit der Öle und Fette durch Zusatz von Cholesterin, Cerylalkohol oder Wollfett. Auch entrahmte Milch wird zur Erzeugung haltbarer Emulsionen verwendet. So z. B. ist die Schleißnersche Lebertran-Milch-Emulsion aus entfetteter Milch und gewöhnlichem Lebertran zusammengesetzt, welches Gemisch ein besserer Ersatz für Frauenmilch sein soll, als es die Kuhmilch ist[3]).

Die Haltbarkeit der Emulsionen hängt von der Intensität der Durchmischung des Öles mit der anderen Flüssigkeit ab; die vollständigste Emulsion erreicht man durch die Zentrifugalemulsoren von de Laval, die im Kap. 8 dieses Bandes, das über das Raffinieren der Öle und Fette handelt, eingehend beschrieben sind.

Trennung von Emulsionen.

Die Zerstörung von Fett-Wasseremulsion ist praktisch oft von Wichtigkeit. Die Ansäuerung ist ein Behelf für die Trennung von Emulsionen, wirkt aber nicht immer zuverlässig. Der Zentrifugalseparator von de Laval trennt dagegen fast alle Emulsionen, mit Ausnahme von jenen eigenartigen Fett-Wassergemischen, die nach Ekenberg als „kritische Emulsionen“ gelten müssen.

---

[1]) Du Bois-Reymonds Archiv, 1897, S. 258.

[2]) Rev. des Prod. Chim., 1904, Nr. 1.

[3]) Österr. Patent 5443 v. 10. Okt. 1901.

Zur Entfernung kleiner Öl- und Fettmengen aus emulsionsartig getrübtem Wasser werden Tonerdesilikate und Tonerdehydrate verwendet. So wird nach einem Patent von A. L. G. Dehne zur Entfettung von ölhaltigem Kondenzwasser in der Weise verfahren, daß man Tonerdepräparate in das klärende Wasser einrührt und dann filtriert. Ähnlich kann man auch bei der oft notwendigen vollständigen Entfettung von Fabrikabwässern vorgehen.

k) Kapillarität.

Kapillarität.

Die Öle und geschmolzenen Fette und Wachse zeigen in hohem Grade die Eigenschaft der Kapillarität, d. h. sie durchdringen poröse Körper, wie Holz, Leder, Ton, Papier usw. mit Leichtigkeit. Die Fettfleckbildung auf Papier und Geweben ist auf Kapillaritätswirkung zurückzuführen. Das große Aufsaugevermögen, welches gewisse Stoffe, Kalk, Pfeifenton, Magnesium, für Fette zeigen, kann benutzt werden, um Fettflecke aus Kleidungsstücken, Papier usw. zu entfernen. Mit Wasser, Benzol oder Alkohol angerührter Ton, Magnesia usw., macht auf Fettflecke aufgetragen, diese fast ganz verschwinden.

Von der Kapillarität der Fette und Öle wird in der Spinnerei und Weberei vielfache Anwendung gemacht (Wollspickmittel), ebenso in der Lederindustrie, wo Fette dazu dienen, das Leder geschmeidig und haltbar zu machen. Die Eigenschaft der Öle und Fette, durch Dochte aufgesaugt zu werden, findet auch bei Benutzung der Öle zu Beleuchtungszwecken Anwendung.

l) Brennbarkeit.

Brennbarkeit.

Die Fette, Öle und Wachse brennen in offenen Gefäßen unter mehr oder weniger starker Rußentwicklung; mittels entsprechender Aufsaugevorrichtungen in Lampen verbrannt, brennen viele derselben aber auch mit ruhiger, rußfreier Flamme. Die stark rußenden Öle benutzt man zur Tuschfabrikation, die anderen als Leuchtöle.

Die unter gleichen Verhältnissen in der Zeiteinheit verbrannten Ölmengen sind bei den einzelnen Ölen sehr verschieden und hängen weniger mit der Viskosität als mit der Kapillarität der Öle zusammen.

Schüblers Versuche.

Schübler hat für eine ganze Reihe von Ölen, in Lampen bestimmter Konstruktion, die während einer Stunde verbrannten Ölmengen festgestellt. Er fand in dochtlosen Lampen folgende stündliche Verbrennungsmengen:

Bei	Olivenöl	53,1 g
	Sonnenblumenöl	41,0
	Erdnußöl	34,2
	Mandelöl	33,5
	Hanföl	31,4
	Senföl	29,3

Kolzaöl	26,9 g
Leinöl	24,2
Rizinusöl	23,3
Sommerrübsenöl	23,1
Mohnöl	19,8
Sommerwachsöl	18,7
Winterrübsenöl	16,7
Winterrapsöl	12,0

Die Zeiten, wo feste Fette zur Beleuchtung Verwendung fanden, sind heute so ziemlich vorüber (Talgkerzen); gebraucht werden in größeren Mengen nur noch die Wachskerzen[1]), besonders für kirchliche Zwecke. Kerzen.

Öle, Fette und Wachse mit größerem Aschengehalt oder gelöstem Pflanzenschleime brennen wegen baldiger Inkrustation des Dochtes in den gebräuchlichen Lampen nur kurze Zeit[2]); zur Entfernung dieser Verunreinigungen nimmt man daher eine Reinigung der natürlichen Öle vor. Brennöle.

Die Leuchtkraft der Fette und Öle ist keine sehr große, man hat daher durch Zusatz aller erdenklichen Stoffe dieselbe zu erhöhen versucht. So empfahl E. Eckstein den Zusatz von in Schwefelkohlenstoff gelöstem Phosphor[3]). Erhöhung der Leuchtkraft.

H. C. Sherman und J. F. Snell haben sich mit der Verbrennungswärme[4]) der Öle und Fette beschäftigt[5]) und die Beziehungen zwischen derselben (dem sogenannten Heizwert) und dem spezifischen Gewichte der Öle zu ergründen versucht. Sie kamen zu folgenden Schlüssen: Verbrennungswärme.

1. Bei den frischen Fetten und Ölen bildet die Verbrennungswärme in gleicher Weise wie das spezifische Gewicht eine konstante Eigenschaft; beide Konstanten stehen zueinander in einem Abhängigkeitsverhältnis.

2. Wenn man Fette und Öle der Oxydation durch die Luft aussetzt, so wird hierdurch die Verbrennungswärme um den gleichen Betrag erniedrigt, um welchen sich das spezifische Gewicht erhöht. Man kann daraus den Schluß ziehen, daß der Sauerstoff durch direkte Addition und ohne eine bemerkenswerte Volumenveränderung des Fettes absorbiert wird.

m) Elektrisches Leitungsvermögen.

Die Fette und Öle sind im allgemeinen schlechte Leiter der Elektrizität. Ihr Leitungsvermögen wächst proportional mit der Temperatur. Die trocknenden Öle werden durch Luftexponierung besser leitend, ebenso leiten die nicht trocknenden Öle in ranzigem Zustande besser als in frischem resp. neutralem. Leitungsvermögen.

---

1) Siehe Bd. 3 dieses Werkes, Kapitel „Kerzenfabrikation".

2) Siehe Bd. 3, Brennöle.

3) D. R. P. 108781 v. 28. Jan .1899.

4) Auch Schübler hat bei seinen Brennversuchen bereits die Verbrennungswärme ermittelt.

5) Journ. of Am. Chem. Soc., 1901, S. 164.

Als Schmiermittel von Stromabnehmern bei Straßenbahnleitungen, Schleifringen und Kollektoren von Dynamos usw. benötigt man ein stromleitendes Fett. Solches wird auf verschiedene Weise, immer aber durch Inkorporationen eines stromleitenden Körpers dargestellt.

So verwenden Ulrich und Pommerhanz[1]) ein Gemisch von Fett mit Antimonbutter ($SbCl_3$), welch letztere dem Schmiermittel eine sehr hohe elektrische Leitungsfähigkeit verleiht.

n) Wellenberuhigende Wirkung.

Läßt man Öle auf Wasser fallen, so breiten sie sich in dünnen Häutchen auf dessen Oberfläche aus, und zwar bildet dabei jedes Öl eigentümliche Gestaltungen, deren Formen von Tomlinsen und Carter[2]) sogar zur Erkennung der Reinheit der Öle benutzt wurden. Die in so hohem Grade vorhandene Neigung der Öle, sich auf Wasser rasch auszubreiten, hat auch eine Glättung bewegter Wasseroberflächen zur Folge und wird zur Wellenberuhigung verwertet.

Geschichtliches.

Aristoteles, Plinius der Ältere sowie Plutarch haben bereits die beruhigende Wirkung beschrieben, welche Öl auf die Meereswellen auszuüben vermag. Die Schiffer des Altertums sollen Öl zur Wellenberuhigung bei Meeresstürmen bereits angewandt haben, doch blieb die Anwendung dieses Sturmmittels infolge eines Aberglaubens verschwiegen. Man glaubte nämlich, daß der Wellenschlag, der durch Aufgießen von Öl auf die Wogen in der Umgebung des Schiffes herabgemindert wird, an anderer Stelle dafür um so heftiger auftrete und andere Schiffe um so mehr gefährde, und hielt daher die Verwendung von Öl gegen Seestürme für etwas Unerlaubtes. Das Mittelalter meldet nichts über eine derartige Anwendung von Öl, und erst durch Benjamin Franklin[3]) kam diese eigenartige Wirkung wieder zur Sprache. Anläßlich einer Expedition nach Louisburgh im Jahre 1757 wurde Franklin durch Zufall auf dieses sonderbare Phänomen aufmerksam; er stellte dann später in dem Dorfe Clapham bei London in einem Weiher nähere Versuche an und bestimmte die Bedingungen, unter welchen das Öl die beste wellenberuhigende Wirkung äußert. Später, im Jahre 1775, erschien vom Engländer Lelgreld eine Abhandlung „Über den Gebrauch von Ölen bei stürmischem Wetter" und in neuerer Zeit war es Bertlett, der sich um eine möglichst klare Lösung der Frage und um ein Eindringen der gefundenen Ergebnisse in die interessierten Kreise besonders bemühte.

Eignung der verschiedenen Öle.

Nach den praktischen Beobachtungen bewähren sich zur Wellenberuhigung die dickflüssigen, viskosen Öle am besten und unter diesen sind es wiederum die Tran- und Fischöle, die sich ganz besonders gut

[1]) Österr. Patent 10248 v. 27. Dez. 1902.

[2]) Chem. News, Bd. 18, S. 413.

[3]) Industrielle Rundschau, Nr. v. 27. Okt. 1887.

eignen. Dünnflüssige Ölsorten, besonders Mineralöle, zeigen dagegen nur sehr geringe Wirkung. Die richtige Art des Aufbringens der Öle auf das Wasser und die Applizierung an die richtigen Stellen ist für die Wirkung von größtem Einfluß. Der Vorschläge, wie die Verteilung des Öles zu erfolgen hat, gibt es eine große Anzahl, doch kann auf die verschiedenen Pumpen, Spritzvorrichtungen, die Art der Ölsäcke, Ölbomben und Raketen hier nicht näher eingegangen werden. In der Regel genügt schon eine geringe Menge Öl, um einen bedeutenden Erfolg zu erzielen, so daß die Kosten dieses Wellenberuhigungsmittels recht geringe sind.

Ursache der Wellenberuhigung.

Die Ursache der beruhigenden Wirkung des Öles ist wahrscheinlich dem Einflusse einer veränderten Oberflächenspannung zuzuschreiben. Die schäumenden Wellen erreichen ihre Höhe und ihren mächtigen Kamm durch eine Verbindung mit Luft, woraus eben der Schaum entsteht. Eine dünne Ölschicht, die sich über die Wasserfläche ausbreitet, verhindert nun durch ihren zähen Zusammenhang ihrer Teilchen die Vermischung der Wellen mit Luft und damit das Schäumen. Auch kann man sich die Sache so erklären, daß der Wind an der glatten Oberfläche wenig Halt findet und daher auch eine geringere Wirkung ausüben kann als auf der leicht beweglichen Wasserfläche. Die Dicke der Ölschicht, welche zur Beseitigung der Wellen dient, mißt nicht einmal $^1/_{1000}$ mm.

Seifenwasser, das auch eine wellenverminderte Wirkung äußert, steht im Effekte den Ölen bei weiten nach. Gatheman hat im Jahre 1898 bei hohem Seegange vergleichende Versuche mit Öl und Seifenwasser angestellt, die unzweifelhaft zugunsten des Öles ausfielen. Im Jahre 1894 hat M. M. Richter eine Studie veröffentlicht, in welcher er auf Grund seiner Untersuchungen mitteilt, daß die in den Ölen enthaltenen freien Fettsäuren als das wirksame Prinzip bei Beruhigung der Wellen angesehen werden müssen. Unwirksames Petroleum, mit einem Zusatz von 1% Ölsäure versehen, glättet sofort die Wellen, wie umgekehrt sonst gutwirkende Pflanzen- und Tieröle ihre wellenberuhigende Eigenschaft sofort verlieren, wenn sie vollständig neutralisiert werden. Nach Richter ist daher die wellenberuhigende Kraft um so höher, je größer der Gehalt eines Öles an freien Fettsäuren (freie Ölsäure, wie Richter sagt) ist. Seiner Meinung nach ist nur die Ölsäure die treibende Kraft, während das Triglyzerid nur toten Ballast darstelle. Richter hat auf Grund seiner Erfahrungen ein Wellenfett fabriziert, das ein Gemenge von Ölsäure oder richtiger technischem Olein und 10% Amylalkohol ist. Dieses Wellenöl soll aber nach dem Urteil vieler Seefahrer in der Wirkung bei weitem hinter gewöhnlichen Ölen, z. B. dem Stichlingstran zurückbleiben, wie denn überhaupt die wissenschaftlich durchaus nicht einwandfreien Untersuchungen Richters von verschiedenen Seiten heftig bekämpft wurden[1]).

Richters Wellenöl.

[1]) Warnecke. Mitteil. f. Küsten- u. Hochseefischerei, 1895, S. 120.

o) Verhalten gegen Metalle.

Verhalten gegen Metalle.

Über die Einwirkung der Öle auf Metalle ist noch wenig gearbeitet worden.

C. W. Volney[1]) hat einige Versuche über die Einwirkung von Oliven-, Baumwollsamen- und Specköl auf Messing angestellt und fand, daß die stärkste Einwirkung Olivenöl, die schwächste Specköl ausübt. M. H. Watson[2]) konstatierte, daß die fetten Öle auf die Metalle stärker einwirken als die Mineralöle; St. Macadam[3]) wies nach, daß die Einwirkung von Ölen auf Metalle bei verschiedenen Proben verschieden ist, ohne daß es ihm gelang, den Grund hierfür zu erforschen.

Später hat Redwood[4]) über die Einwirkung verschiedener Öle auf die einzelnen Metalle umfassende Versuche angestellt und kam auf Grund derselben zu folgenden Schlüssen:

Olivenöl greift am meisten Kupfer, am wenigsten Zinn an.

Rüböl wirkt nicht oder nur sehr wenig auf Messing und Zinn ein, am meisten auf Kupfer.

Talgöl greift am meisten Kupfer, am wenigsten Zinn an.

Specköl am meisten Kupfer, am wenigsten Zinn.

Baumwollsamenöl wirkt am stärksten auf Zink, am geringsten auf Messing ein.

Walfischtran greift Zinn gar nicht, am wenigsten Messing und am meisten Blei an, während

Seehundstran Messing am wenigsten und Kupfer am meisten angreift.

Walrat wirkt am stärksten auf Zink, am geringsten auf Messing ein.

Alle diese Untersuchungen haben leider wenig Wert, weil der Gehalt der Versuchsöle von freien Fettsäuren dabei ganz vernachlässigt wurde. Exakte Versuche wurden in letzter Zeit im Laboratorium der technischen Hochschule in Brünn[5]) vorgenommen und bestätigten dieselben die Annahme, daß weder neutrale Fette noch freie Fettsäuren die technisch verwendeten Metallegierungen anzugreifen vermögen. Streifen von Eisen, Kupfer, Messing und Zinkblech, in große, teils mit stark ranzigem Olivenöl, teils mit technischen Ölsäuren gefüllte Behälter gelegt, zeigten nach drei Wochen eine kaum wahrnehmbare Gewichtsabnahme. Selbst bei Temperaturen von 70—80° C traten Veränderungen nicht ein, solange nicht Luft oder Wasser in die Flüssigkeit geriet.

Es hängt die korrodierende Eigenschaft der Fette und Öle gegenüber den Metallen also nicht unmittelbar und ausschließlich von ihrem Gehalt

[1]) The Analyst, Bd. 8, S. 68.
[2]) Chem. News, Bd. 36, S. 200.
[3]) Journ. Chem. Soc. Ind., Bd. 3, S. 355.
[4]) Journ. Chem. Soc. Ind., 1886, S. 364.
[5]) Seifensieder-Ztg., Augsburg, 1903, S. 657.

an freien Fettsäuren ab, wie bisher angenommen wurde, sondern hauptsächlich davon, ob die Metallflächen mehr oder weniger mit atmosphärischem Sauerstoff in Berührung kommen, oder ob durch Kondensation oder sonstigem Zufall Wasser in die Öle hineingelangt.

p) Veränderung der Öle und Fette durch höhere Temperaturen.

(Chemische Veränderung überhitzter oder erwärmter Fette — Polymerisation — Zerfall in Kohlenwasserstoffe.)

Beim Erwärmen werden die festen Fette sehr bald flüssig (S. 85), bei den Ölen nimmt der Viskositätsgrad (S. 84) mit steigender Temperatur ab. Wärme vermag aber nicht nur die physikalischen Eigenschaften der Öle und Fette zu alterieren, sie wirkt bei einigen auch in chemischer Hinsicht verändernd auf dieselben ein. So wird bei manchen Ölen durch Wärme die chromogene Substanz zerstört, andere unterliegen bei höherer Temperatur einer Polymerisation und bei weiterer Temperatursteigerung tritt eine Zerstörung des Fettmoleküls ein (trockene Destillation).

Zerstörung chromogener Stoffe durch Wärme.

Das Verändern des chemischen Verhaltens einiger Öle durch anhaltende mäßige Wärme oder durch kurz andauernde höhere Temperatureinflüsse hat mehr theoretisches als praktisches Interesse. Allerdings sollen nach Tortelli und Ruggeri[1]) überhitzte Fette gerade wegen ihres veränderten Verhaltens gegen Reagenzien in der Speiseöl- und Speisefett-Industrie zum Verschneiden verwendet werden. Bei der Qualitätseinbuße, die Öle und Fette beim Erhitzen hinsichtlich ihres Geschmackes erleiden, erscheint aber diese Angabe wohl bestätigungsbedürftig.

Von den Veränderungen, die Wärme hervorzurufen vermag, seien folgende erwähnt:

Ein mehrtägiges Stehenlassen von Sesamöl auf dem Wasserbade macht seine Reaktionsfähigkeit gegenüber den Baudoinschen oder Soltsienschen Reagenzien total verschwinden[2]), ja Utz[3]) hat selbst nach $2^1/_2$ stündigem Erwärmen von Sesamöl auf dem Wasserbade eine merkliche Abnahme in der Intensität dieser beiden Reaktionen bemerkt. Hohen, nicht lang andauernden Hitzegraden gegenüber erweist sich Sesamöl dagegen ziemlich widerstandsfähig und die farbgebende Substanz wird dabei nicht zerstört.

Daß dem Kottonöl seine Einwirkungskraft auf chemische Reagenzien durch Erhitzen im Kohlensäurestrom entzogen werden kann, hat schon F. Voigtländer[4]) nachgewiesen und Soltsien[5]) hat gezeigt, daß Baum-

[1]) Annali del Laboratorio Chimico delle Gabelle, Roma, 1900, S. 249—280.
[2]) Bömer, Chem. Ztg., 1899, S. 470.
[3]) Chem. Ztg., 1902, S. 29.
[4]) Zeitschr. f. angew. Chemie, 1898, S. 897.
[5]) Zeitschr. f. öffentl. Chemie, 1899, Heft 14, S. 306.

wollsamenöl nach raschem Erhitzen auf 200° C zwar noch deutliche Becchische Reaktion gibt, daß diese aber schon sehr abgeschwächt erscheint, wenn das Erhitzen nur 10 Minuten andauert und bei 10minutligem Erhitzen auf 250° C gänzlich verschwindet[1]). Ähnlich verhält es sich mit der Halphenschen Reaktion[2]), die nach Temperaturen von 200° C zwar erhalten bleibt, nach einem Erwärmen der Öle auf 250° C aber ausbleibt.

Änderung der Refraktometeranzeige.

Erhitzte Fette zeigen auch Änderungen im Verhalten in der Refraktion. Diese nimmt mit der Höhe der Temperatur wie mit der Dauer der Erhitzung zu. Utz[3]) hat nachgewiesen, daß nicht alle Fette in gleichem Grade beeinflußt werden. Auch die Konstanten scheinen eine Veränderung durch das Erhitzen der Fette zu erfahren, doch liegt darüber heute noch keine Untersuchung vor; nur Späth[4]) berichtet Einschlägiges über erhitztes Butterfett.

Polymerisation von Leinöl,

Beim Erhitzen auf höhere Temperaturen werden einige Öle, wie Leinöl, chinesisches Holzöl, Rizinusöl usw. polymerisiert. Erhitzt man z. B. Leinöl bis zu seinem Flammpunkte und läßt es eine Zeitlang ruhig brennen, so erhält man eine vollständig klare, durchsichtige, aber sehr dickflüssige Masse, die auf Papier keinen Fettfleck mehr hinterläßt. Wird die Erhitzung nicht bis zum Flammpunkte getrieben, so erhält man weniger viskose Flüssigkeiten, die ein wenig dunkler als Leinöl sind und häufig grüne Fluoreszenz zeigen. Bei der Herstellung von Lithographenfirnis macht man von dieser Eigenschaft der Leinöle Gebrauch. Die Triglyzeride erleiden bei dieser Umwandlung keine Zerstörung, es scheint nur parallel mit der Polymerisation eine Oxydation vor sich zu gehen.

von Holzöl,

Erwärmt man chinesisches Holzöl durch 2 Stunden auf 180° C oder auf 250° C während kurzer Zeit, so beginnt die Masse zu gelatinieren und da dieses Festwerden bei Ausschluß von Luft erfolgt, so muß man hier mit Bestimmtheit eine Polymerisation annehmen. Die Polymerisation von Holzöl ist der Lack- und Firnisfabrikation wie auch der Kautschukindustrie dienstbar gemacht worden und bestehen ganze Reihen von Patenten, welche auf eine leichte und sichere Erzielung von Polymerisationsprodukten des Holzöles abzielen[5]).

von Rizinusöl.

Auch Rizinusöl gibt beim Erhitzen resp. bei der partiellen trockenen Destillation ein festes Produkt. Erwärmt man z. B. Rizinusöl in einer

[1]) Bemerkenswert ist die von Soltsien gemachte Entdeckung der sog. Zufärbung des Kottonöles oder kottonölhaltiger Fettgemische. Dieselben werden nämlich bei längerem Aufbewahren teils hell, teils intensiv gelb und wird eine solche Verfärbung auch bei völligem Licht- und teilweisem Luftabschluß beobachtet. Die dieser Zufärbung zugrunde liegenden chemischen Veränderungen sind bisher noch unbekannt.

[2]) Zeitschr. f. öffentl. Chemie. 1899, Heft 7.

[3]) Chem. Revue. 1903, S. 77.

[4]) Zeitschr. f. Untersuchung d. Nahrungs- u. Genußmittel, 1898, S. 377.

[5]) Engl. Patente 17378 (1900); 1386 (1901); 1387 (1901); 2679 (1901); 5789 (1903).

Retorte auf 300° C so lange, bis 5% seines Gewichtes an Destillationsprodukte übergegangen sind, so resultiert in der Blase ein festes Produkt, das in 90prozentigem Alkohol nicht mehr löslich ist, sich dagegen in Mineralölen sehr leicht löst, also ganz verschiedene Löslichkeitserscheinungen zeigt als das normale Rizinusöl[1]). Auch hier handelt es sich offenbar um Glyzeride von polymerisierter Rizinusölsäure. Auf eine Polymerisation ist auch die Umwandlung des Rizinusöles in hornartige Masse zurückzuführen, welche man beim Behandeln des Öles mit Zinkchlorid erhält[2]).

Kronstein ist der Ansicht, daß auch die sogenannten Standöle (Leinöl) und das gekochte Leinöl weniger Produkte der Oxydation als solche der Polymerisation seien. Standöle.

Werden Fette unter Druck erhitzt, so erleiden sie eine Zersetzung in Kohlenwasserstoffe, Kohlensäure und Kohlenoxyd. C. Engler[3]) hat konstatiert, daß Fette und Öle unter einem Drucke von 20—25 Atmosphären auf 365—410° C erhitzt, in Kohlenwasserstoffe zerfallen, und eine Reihe von Versuchen angestellt, um die Mengenverhältnisse der beim Erhitzen der Fettstoffe unter Druck entstehenden Produkte sowie die Zusammensetzung der dabei auftretenden Gase kennen zu lernen. Fischtran, einmal unter gewöhnlichem Drucke, einmal unter Überdruck erhitzt bzw. destilliert, ergab bei der Destillation Gase von folgender Zusammensetzung: Erhitzen unter Druck.

	Atmosphären-Druck	Überdruck
Sumpfgas	25,2 %	38,3 %
Olefine	11,4	7,8
Kohlensäure	26,7	27,4
Kohlenoxyd	34,9	34,5
Unexplodierbarer Rest	1,8	2,0

In noch höherem Grade als in der Zusammensetzung der entstehenden Gase markiert sich der Unterschied der Destillation der Fettsubstanzen unter verändertem Drucke in der Beschaffenheit der flüssigen Destillationsprodukte. Bei gewöhnlichem Luftdruck geht ein großer Teil von Triolein unzersetzt über; ähnlich verhält sich der Tran. Destilliert man aber unter Druck, so erhält man schon bei einmaligem Übertreiben den Hauptbestandteil in Gestalt von Kohlenwasserstoffen im Destillat und durch Wiederholung der Destillation kann fast das gesamte Fett paraffiniert werden. Unter den Bestandteilen des Druckdestillates des Trans ist außer den schon früher isolierten Kohlenwasserstoffen Pentan, Hexan und Heptan noch Diisopropyl, Äthylisoamyl, normales Oktan, sekundäres Oktan (Diisobutyl) und normales Nonan aufgefunden worden. Daneben sind jedenfalls Olefine, vielleicht auch Naphthene enthalten.

---

1) D. R. P. 104499. — Berichte d. deutsch. chem. Gesellsch., 1904. S. 135.
2) Alder Wright, Journ. Soc. Chem. Ind., 1887, S. 326.
3) Berichte d. deutsch. chem. Gesellsch., Bd. 22, S. 592.

Engler hat auf der beim Erhitzen unter Druck erfolgenden Umwandlung der Glyzeride in Kohlenwasserstoffe seine Erdölbildungstheorie aufgebaut. Der Verwirklichung seiner Ansicht, daß mit Rücksicht auf die hohe Leuchtkraft einiger Produkte der trockenen Destillation der Fette, hauptsächlich der Trane, sich auch noch eine Verwertung gewisser Fettabfälle in Zukunft aufbauen lassen könnte, müßte eine tiefgehende Preisverschiebung der in Betracht kommenden Roh- und Endprodukte vorausgehen.

Werden Fette und Öle im Vakuum erhitzt, so tritt eine Zerlegung nur bei sehr hoher Temperatur ein; einige Glyzeride, z. B. das Triolein, destillieren im Vakuum sogar unzersetzt über und auch natürliche Öle, z. B. Tran, können in der Luftleere bis zu $^4/_5$ ihres Gewichtes unzersetzt überdestilliert werden.

Über die Destillation fetter Öle in Gemischen mit Glyzerin hat Arbós y Tor[1]) Versuche angestellt. Destillieren 2 Teile Glyzerin mit 1 Teil Öl, so erleiden beide Substanzen eine Zersetzung. Aus dem Glyzerin wird Akrolein gebildet, aus dem Öl eine sauer reagierende, sich fettig anfühlende klare Flüssigkeit, die Arbós mit dem Namen Pyrolein bezeichnet. Diese Flüssigkeit ist in Wasser unlöslich, in wenig Alkohol vollkommen löslich. Wird sie mit einem Überschuß von Alkohol behandelt, so tritt eine Trübung ein, unter teilweiser Abscheidung eines Öles, das in Äther und Pyrolein selbst löslich ist. Das Pyrolein, welches durch Destillation des Olivenöls und Glyzerin, erhalten wird, zeigt einen durchdringenden Geruch, ist bei durchgehendem Licht tief rot, bei reflektiertem schwarzbraun. Mischungen von Oliven- und Baumwollsamen- oder Sesamöl zeigen bei der Destillation Pyroleine von verschiedenen Eigenschaften und hat Arbós auf diesem Unterschied einen Plan zur Eruierung der Reinheit von Olivenöl aufgebaut.

q) Spaltung der Fette und Wachsarten.

Es wurde schon an früherer Stelle bemerkt, daß sowohl die Glyzeride (Fette und Öle) als auch die Fettsäureester (Wachsarten) unter gewissen Einflüssen in ihre Komponenten zerlegt werden. Ist dieser Zerfall bei den Wachsarten von keinerlei praktischem Interesse, so kommt ihm bei den Fetten eine um so größere Bedeutung zu. Die ganze Seifenindustrie, die Stearin- und Glyzerinfabrikation fußen auf diesem Prozesse.

Verseifung der Glyzeride.

Wissenschaftlich nennt man jede Trennung des Fettmoleküls in Glyzerin und Fettsäuren, gleichgültig, ob diese dabei in freiem oder gebundenem Zustande resultieren, „Verseifung“ oder auch „Hydrolyse“. Der gewöhnliche Sprachgebrauch hält aber diese beiden Fälle — wenn auch nicht immer allzu streng — auseinander und spricht von „Verseifung“ dann, wenn eine Zerlegung von Triglyzeriden unter Absättigung der gebildeten Fettsäuren durch Basen, insbesondere Alkalien stattfindet und von

[1]) Pharm. Rundschau, 1883, S. 142.

„Spaltung" (oder Hydrolyse), wenn die Fettsäuren in freien ungebundenem Zustande verbleiben.

So verschieden die Mittel, welche einen Zerfall des Fettmoleküls herbeizuführen vermögen, auch sind, so läuft dieser Prozeß doch immer auf eine Wasseraddition hinaus, die durch die folgende Gleichung versinnbildlicht werden kann:

$$C_3H_5\begin{cases}OR\\OR\\OR\end{cases} + 3\,HOH = C_3H_5\begin{cases}OH\\OH\\OH\end{cases} + 3\,ROH,$$

worin R ein Fettsäureradikal bedeutet.

Alder Wright[1]) hat die Ansicht ausgesprochen, daß diese Reaktion möglicherweise in drei Phasen verlaufe, indem nämlich vorerst eine Umwandlung der Triglyzeride in Diglyzeride, darauf folgend eine Umwandlung der letzteren in Monoglyzeride und endlich ein Zerfall dieser letzteren in Glyzerin und Fettsäuren stattfinde: Partieller Zerfall.

$$C_3H_5\begin{cases}OR\\OR\\OR\end{cases} + HOH = C_3H_5\begin{cases}OH\\OR\\OR\end{cases} + ROH$$

Diglyzerid + Fettsäure

$$C_3H_5\begin{cases}OH\\OR\\OR\end{cases} + HOH = C_3H_5\begin{cases}OH\\OH\\OR\end{cases} + ROH$$

Monoglyzerid + Fettsäure

$$C_3H_5\begin{cases}OH\\OH\\OR\end{cases} + HOH = C_3H_5\begin{cases}OH\\OH\\OH\end{cases} + ROH$$

Glyzerin + Fettsäure

Spätere Untersuchungen von Geitel[2]) und Lewkowitsch[3]) haben die Richtigkeit der Wrightschen Annahme dargetan, doch steht diesen Beobachtungen die Ansicht von Henriques[4]), Bouis[5]) und Balbiano[6]) entgegen, welche die Bildung von Di- und Monoglyzerid beim Verseifungsprozesse als ausgeschlossen betrachten. Das Vorkommen von Diglyzeriden im Rüböl (Dierucin) spricht aber für einen sukzessiven Zerfall der Triglyzeride.

Wasser wirkt schon unter normalen Verhältnissen hydrolisierend auf die Fette ein, doch fehlt es zumeist an einer näheren molekularen Berührung, weshalb die Reaktion meist sehr langsam vorschreitet und die Zersetzung nur bis zu einem gewissen Grade vor sich geht. Es sei hier Hydrolyse durch Wasser.

[1]) Animal and vegetable fats and oils, London. Second edition, 1903, S. 10.

[2]) Journ. f. prakt. Chemie, 1897, Bd. 55, S. 418.

[3]) Journ. Soc. Chem. Ind., 1898, S. 1107. — Berichte d. deutsch. chem. Gesellsch., 1900, S. 89.

[4]) Zeitschr. f. angew. Chemie, 1898, S. 697.

[5]) Compt. rendus, Bd. 45, S. 35. — Journ. f. prakt. Chemie, 1857, S. 308.

[6]) Sulla saponificazione delle tribenzoina (Gazz. Chim., 32, S. 265).

auf die Beobachtungen Juinnemanns[1]) hingewiesen, nach welcher sehr feinkörnig granuliertes Fett (Talg) in fließendem Wasser nach zwei Monaten eine fast vollständige Zersetzung in Fettsäuren erfahren hatte. Auch ist allgemein bekannt, daß Fette und Öle, die Spuren von Wasser enthalten, beim Lagern leichter freie Fettsäuren bilden als trockene Öle. Die Zersetzung würde auch hier sicher weiter fortschreiten, als es im allgemeinen der Fall, wenn durch lebhafte Bewegung ein innigerer molekularer Kontakt des Wassers mit dem Fette ermöglicht würde.

Hydrolyse durch Wasserdämpfe.

Wasserdämpfe verhalten sich dem Wasser analog, nur ist ihre Wirkung eine im allgemeinen lebhaftere. Läßt man durch ein Fett Wasserdampf (gleichgültig, ob es sich um gesättigten oder um überhitzten handelt) einfach durchströmen, ohne das Fett während der Prozedur unter Druck zu setzen, so ist die Spaltwirkung eine sehr geringe. Bei den vielfachen Kochoperationen, die in der Fettindustrie angewendet werden, bei der Desodorisierung von Fetten und Ölen durch Einleiten von überhitztem Dampf (Abblasen) tritt ja überall Dampf mit dem Fettkörper in Berührung, ohne daß nennenswerte hydrolitische Zersetzungen zu bemerken wären.

Klimont[2]) hat diesbezüglich Experimente angestellt, deren Resultate zwar nicht ohne weiteres auf Fälle der Praxis anwendbar sind, die aber doch zeigen, daß die einzelnen Fette eine sehr verschiedenartige Widerstandskraft gegen durchströmenden Wasserdampf besitzen. Er leitete Dampf von drei Atmosphären Spannung, den er auf verschiedene Temperaturen erhitzte, in vorher neutralisierte Kokos-, Oliven- und Sesamöle ein und fand nach $^1/_2$ stündiger Einwirkung folgende Säurenzahlen der betreffenden Öle[3]):

Wasserdampftemperatur	170° C	180° C	190° C	200° C
Kokosöl	—	—	0,2	0,4
Olivenöl	0,6	1,0	3,1	8,9
Sesamöl	0,6	0,9	2,5	7,4

Die ersten Andeutungen über die zersetzende Wirkung des Wassers auf Fette bei hohen Temperaturen machten Appert (1823) und Manicler (1826), welche sich mit Versuchen über das Ausschmelzen von Fetten aus dem Rohunschlitte beschäftigten und dabei eine teilweise Zerlegung der Fette beobachteten. Berthelot zeigte, daß Wasserdampf von 220° C Neutralfette zu zerlegen vermag und Wilson erkannte, daß bei 293° C die Zerlegung schnell und vollkommen vor sich geht.

Aber auch bei bedeutender Überhitzung des Wasserdampfes verläuft der Spaltungsprozeß viel zu langsam, als daß die darauf gegründeten Be-

[1]) Bayr. Kunst- und Gewerbeblatt, 1866, S. 724.

[2]) Seifensieder-Ztg., Augsburg, 1902, S. 8.

[3]) Hätte Klimont naturelle und nicht künstlich mit Natronlauge neutralisierte Öle angewandt, so würde die Zersetzung jedenfalls noch geringer ausgefallen sein, denn Verfasser hat gefunden, daß jene Spuren von Seifen, welche nach der Neutralisationsoperation auch bei noch so gutem Nachwaschen in Ölen zurückbleiben, der Hydrolyse ganz besonderen Vorschub leisten.

triebsverfahren von Fergusson, Wilson und Payne[1]) mit den übrigen technischen Spaltungsverfahren ernstlich konkurrieren könnten.

Gespannte Wasserdämpfe.

Wenn man Fette durch einfaches Wasser oder Wasserdampf in ihre Bestandteile technisch zerlegen will, so ist ein Arbeiten unter Druck nicht zu umgehen. Wirkt hochgespannter Dampf (12—15 Atmosphären) auf Fette in geschlossenen Gefäßen ein, so ist die Zerlegung des Fettmoleküls in Glyzeride und Fettsäuren eine fast vollständige; bei einer geringeren Wasserdampfspannung bleibt die Zersetzung dagegen selbst bei langer Andauer der Wasserdampfeinwirkung eine unvollkommene.

Auch hierüber hat Klimont[2]) Versuche angestellt und gefunden, daß die Zersetzungsfähigkeit der einzelnen Fettgattungen eine voneinander stark abweichende ist.

Bei einem konstanten Drucke von 7 Atmosphären erhielt er folgende Resultate:

Namen des Fettes	Säurezahl nach			
	2^h	4^h	6^h	8^h
Kokosfett . . .	0,1	0,3	0,5	0,9
Japanwachs . .	4,8	5,3	9,4	13,1
Kerntalg . . .	17,5	37,2	67,3	84,8
Preßtalg . . .	15,3	38,3	65,5	81,6
Kakaobutter . .	12,3	24,5	45,1	62,6
Olivenöl . . .	15,1	32,1	53,0	71,4
Sesamöl . . .	14,3	31,1	56,2	76,0
Kottonöl . . .	10,0	23,2	36,3	51,7
Leinöl	11,4	21,1	43,3	56,1

und bei einem konstanten Drucke von 15 Atmosphären:

Namen des Fettes	Säurezahl nach			
	$1^{1}/_{2}{}^h$	2^h	4^h	6^h
Kokosfett . . .	78,6	90,2	123,9	185,5
Japanwachs . .	—	12,3	32,5	46,1
Kerntalg . . .	—	62,3	106,3	155,8
Preßtalg . . .	—	60,4	98,7	160,2
Kakaobutter . .	—	34,5	76,1	160,5
Olivenöl . . .	—	66,5	114,5	159,5
Sesamöl . . .	—	61,7	108,4	153,7
Kottonöl . . .	—	42,2	80,2	128,6
Leinöl	—	38,1	78,5	130,5

[1]) Wilson und Payne, Engl. Patent v. 24. Aug. 1854, Nr. 1624.

[2]) Zeitschr. f. angew. Chemie, 1901, S. 1270.

Hochgespannter Dampf spaltet also viel rascher, als solcher mit geringer Tension, selbst wenn dieser überhitzt ist. Das erkannte schon Tilghmann[1]) und Berthelot, welche ganz unabhängig voneinander diese Verseifungsart für die Fettindustrie empfehlen, die dann späterhin von Melsens[2]), Wright und Fouché[3]), Droux, Hugues, Michel und anderen weiter ausgebildet wurde.

Weit rascher verläuft der Spaltungsprozeß der Fette, wenn man dem Wasser saure, alkalisch reagierende oder emulsionsbildende Stoffe zusetzt.

Unter den Säuren sind es besonders die Salz- und Schwefelsäure, welche eine fettzersetzende Wirkung äußern. Lewkowitsch[4]), der die

Salzsäure.

Salzsäure[5]) nach dieser Richtung hin untersuchte, fand, daß beim Kochen von Fett mit gleicher Menge Salzsäure vom spezifischen Gewichte 1,16 nach 24stündigem Kochen im Durchschnitt 75% des Fettes gespalten waren. Bei gewöhnlicher Temperatur wirkt die Salzsäure in ähnlicher Weise, wenn für eine entsprechende Durchmischung derselben mit dem Fett gesorgt wird, doch dauert hier die Zersetzung ziemlich lange und waren z. B. nach 213 Tagen in einem Kottonöle erst ca. 65% des Neutralfettes zerlegt.

Lewkowitsch glaubt, daß Salzsäure viel intensiver hydrolysierend wirken würde, wenn man eine Emulsion derselben mit dem Fette herbeiführen könnte, denn die innige Berührung (Emulsionszustand) bildet bei der Fettspaltung das Um und Auf. Lewkowitsch hält bei Auffindung eines Emulsionsmittels für Salzsäurefettmischungen die Möglichkeit einer industriellen Benutzung der Salzsäure als Spaltungsmittel nicht für ausgeschlossen.

Schwefelsäure.

Schwefelsäure wirkt lebhafter hydrolysierend als Salzsäure, und zwar sowohl in verdünntem als auch in konzentriertem Zustande. Ersteres hat Nitsche durch seine Versuche, Fette mit verdünnter Schwefelsäure unter Druck zu zersetzen, bewiesen. Die fettspaltende Wirkung mehr oder weniger konzentrierter Schwefelsäure wird in der Fettindustrie häufig angewandt.

Die Verseifung durch Schwefelsäure kann auf zweifache Art geschehen; man läßt das Fett entweder bei 105—110° C nur durch wenige Minuten mit einigen Prozenten Schwefelsäure in Berührung und vollendet dann die vollständige Verseifung durch mehrstündiges Kochen des Reaktionsgemisches mit Wasser oder Dampfeinströmung, oder aber läßt man die Schwefelsäure durch mehrere Stunden auf das Fett bei hoher Temperatur einwirken.

---

[1]) Dinglers polyt. Journ., Bd. 214, S. 56.

[2]) Engl. Patent v. 18. Dez. 1854, Nr. 2666.

[3]) Wochenschr. d. niederösterr. Gewerbevereins, 1868, S. 284.

[4]) Journ. Soc. Chem. Ind., 1903, S. 67.

[5]) Zuerst beobachtete W. Herbig (Chem. Revue, 1902), daß beim Kochen von Olivenöl mit verdünnter Salzsäure am Rückflußkühler geringe Mengen Glyzerin abgespalten werden.

Bei der ersten Verseifungsart spielt die Schwefelsäure offenbar nur eine emulsionsbildende Rolle und nimmt im chemischen Sinne an der Fettspaltung gar keinen Anteil, wie es schon Staß[1]) ausgesprochen.

Bocks Ansicht.

Nach Bock[2]) stellt die gesäuerte Fettmasse unverändertes Neutralfett dar, welches weder Sulfosäure noch freie Säuren enthält. Das Fett läßt sich nach Bock durch mehrmaliges Waschen mit Wasser auch vollständig von der Schwefelsäure befreien, so daß sich in der Zusammensetzung gegenüber dem Fette vor der Säuerung ein Unterschied nicht zeigt. Ein solcher besteht nur darin, daß das mit Säure behandelte Fett durch Kochen mit Wasser, dem 5% Schwefelsäure zugesetzt wurden, im Laufe weniger Stunden fast vollständig in Fettsäure und Glyzerin zerlegt, zwar während gewöhnliches Neutralfett bei einer ähnlichen Operation soviel wie unverändert bleibt. Bock sieht den Grund hierfür darin, daß die bei Tierfetten aus Fibrin, Gelatin und Albumin, bei den Pflanzenfetten aus Zellulose bestehenden Zellwände durch die Schwefelsäure verkohlt werden, wodurch der Inhalt der Zellen, das eigentliche Fett, der Hydrolyse zugängig gemacht wird. Nach dieser Annahme müßte die dunklere Färbung der bei der Schwefelsäureverseifung erhaltenen Fettsäuren lediglich von diesen verkohlten Zellwänden herrühren, die Fettsäuren sich aber von den nach anderer Art erhaltenen in keiner Weise unterscheiden.

Bleiben Fette mit Schwefelsäure in der Wärme lange Zeit in Berührung, so verläuft die Reaktion nicht so einfach, sondern es bilden sich vorerst Sulfurationsprodukte, die beim Kochen mit Wasser in Schwefelsäure, freie Fettsäuren und Glyzerin zerfallen. Die entstandenen Sulfoverbindungen geben mit Wasser innige Emulsionen, so daß man auch in diesem Falle die fettspaltende Wirkung der Schwefelsäure in gewissem Sinne auf eine emulsionsfördernde Wirkung zurückführen kann.

Twitchell-Reagens.

Das Twitchellsche Reagens[3]) (sulfuromatische Verbindungen, die dem Fette in geringem Prozentsatz zugemischt, bei anhaltendem Kochen eine vollständige Spaltung desselben herbeiführen) verdankt seine Wirkung ebenfalls nur seiner emulsionsfördernden Eigenschaft.

Schweflige Säure und Bisulfit.

Schweflige Säure oder Bisulfite wirken ganz ähnlich wie Schwefel- und Salzsäure. Wenn Fette im Autoklaven bei 170—200° C und 18 Atmosphären Druck mit Lösungen von schwefeliger Säure oder Bisulfit erhitzt werden, so spalten sich die Fette innerhalb neun Stunden vollständig[4]).

Genau so wie Säuren üben auch alkalisch reagierende Verbindungen auf den Verlauf der Hydrolyse einen begünstigenden Einfluß, und zwar ist es

[1]) Wagners Jahresbericht, 1864, S. 628.

[2]) Dinglers polyt. Journ., Bd. 204, S. 560; Bd. 208, S. 229. — Wagners Jahresberichte, 1872, S. 835 u. 1873, S. 229. — Compt. rendus, Bd. 80, S. 1142.

[3]) D. R. P. 114449.

[4]) Stein, Bergé u. de Roubaix, D. R. P. 61329.

durchaus nicht notwendig, daß eine solche Menge von Basen angewandt werde, die zu einer vollständigen Absättigung der entstandenen Fettsäuren nötig ist, sondern genügen schon ganz geringe Quantitäten dieser Substanzen.

Geringe Mengen von Basen. Wenn Fett durch geringere als die zur Absättigung der bei der Hydrolyse gebildeten Fettsäuren notwendigen Mengen gespalten werden soll, so ist dabei allerdings die Anwendung höheren Druckes nicht zu umgehen. In der Industrie macht man von dieser Verseifungsart bei dem sogenannten Milly-Prozeß allgemeinen Gebrauch. Dieser Prozeß soll aber schon 1835 von Runge entdeckt worden sein, doch gebührt de Milly gemeinsam mit Fournier das Verdienst, ihn der Praxis dienstbar gemacht zu haben. Daß alle Metalloxyde und Hydroxyde dem von den Genannten angewendeten Kalke analog wirken, ist heute feststehend. Buff[1]) hat wohl zuerst darauf hingewiesen, daß neben Kalk vorhandenes Alkali auf die Fettspaltung sehr günstig einwirke und ließ er sich sogar zu der in Wahrheit nicht bestehenden Behauptung verleiten, daß eine solche Gegenwart von Alkali bei dem Milly-Prozeß unbedingt nötig sei. Die Alkalien wirken allerdings weit besser als die Oxyde der alkalischen Erden und wird davon beim Autoklavenprozeß nur deshalb kein Gebrauch gemacht, weil das erhaltene Glyzerin seifenhaltig ist und die dadurch gebildeten Emulsionen, welche während der Operation dem Spaltungsprozeß zugute kamen, nachher auch die Trennung der Autoklavenmasse in Fettsäure und Glyzerinwasser hindern oder doch erschweren.

Praktisch wird nur die Druckverseifung mit geringen Mengen Kalk, Magnesia, Zinkoxyd usw. benützt.

Theorie des de Milly-Prozesses. Über die Vorgänge, welche sich bei dieser Operation abspielen, ist schon viel debattiert worden. Payen führte zur Erklärung der Fettspaltung mit geringeren als den theoretischen Basenmengen an, er glaube, daß der Kalk bei der Einwirkung auf die Triglyzeride den Anstoß zu einer Molekularbewegung gebe, welche dann durch das Wasser beendigt werde. Payen meint, daß beim Milly-Prozeß mehrere Perioden zu beobachten seien, in welchen zuerst basische oder neutrale, dann aber saure Seifen gebildet werden, und Wagner glaubt, daß der Kalk den Verseifungsprozeß vor allem einleite und seine Gegenwart im weiteren Verlaufe der zwischen den freien Fettsäuren und dem Glyzerine bestehenden Affinität entgegenwirke.

Offenbar aber spielt die emulsionsfördernde Eigenschaft der Zusätze resp. ihrer Seifen bei dem Prozesse eine Hauptrolle und ist dieser als eine gewöhnliche Wasserverseifung zu betrachten, die durch fremde Beigaben eingeleitet und beschleunigt wurde. Die besonders gute Wirkung solcher Zusätze, welche wasserlösliche Seifen geben (Na, Ka), spricht für die Richtigkeit dieser Anschauung.

---

[1]) Über die Fette und die Fabrikation der Fettsäuren und des Glyzerins, Inaugural-Dissertation, Göttingen 1863.

Daß auch reine Kalkseife bei 155—156° C Olivenöl in Glyzerin und Fettsäuren zu zerlegen vermag, hat Pelouze gezeigt.

Fermentspaltung.

Auf Emulsionsbildung scheint auch die durch Fermente hervorgerufene Spaltung der Neutralfette zu beruhen. Pelouze berichtete schon darüber, daß unverletzte, ruhende, d. h. nicht keimende Samen auch nach längerem Lagern fast ausschließlich Neutralfett enthalten, daß zerstoßene und zerquetschte Samen ihr Fett aber bald in Glyzerin und freie Fettsäuren zerfallen lassen. Er führte die Zerlegung der Neutralfette auf Fermente zurück; Sigmund hat später die Richtigkeit dieser Annahme nachgewiesen und Connstein, Hoyer und Wartenberg haben auf dieser Erscheinung ein technisches Verfahren zum Spalten der Fette (fermentative Fettspaltung) aufgebaut. Niclaux sucht das fettspaltende Prinzip gewisser Ölsamen (besonders Rizinussamen) zu isolieren.

Natriumhypochlorit.

Hammerstein[1]) hat gezeigt, daß auch Natriumhypochlorit verseifend wirken kann. Eine Lösung von 12° Bé. verseifte nach $^3/_4$ stündigem Rühren bei Kokosöl ca. 9% des Öles.

Verseifung durch äquivalente Basenmengen.

Sind bei der Hydrolyse der Fette Basen zugegen, so treten diese mit den Fettsäuren unter Bildung fettsaurer Salze oder Seifen in Verbindung. Wissenschaftlich faßt man alle fettsauren Salze unter dem Namen Seifen zusammen; in landläufigem Sinne versteht man aber unter Seifen nur jene fettsauren Salze, die sich im Wasser unter Schaumbildung lösen. Es sind dies die Kalium- und Natronverbindungen der Fettsäuren; die der Fettsäuren mit den Schwermetallen (Metallseifen) sind wasserunlöslich.

Die Reaktion, welche bei der Bildung von Seifen erfolgt, läßt sich durch folgende Gleichung darstellen:

$$C_3H_5\begin{cases}OR\\OR\\OR\end{cases} + 3\,KOH = C_3H_5\begin{cases}OH\\OH\\OH\end{cases} + 3\,KOR\,.$$

$$2\,C_3H_5\begin{cases}OR\\OR\\OR\end{cases} + 3\,Ca(OH)_2 = C_3H_5\begin{cases}OH\\OH\\OH\end{cases} + 3\,Ca(OR)_2\,.$$

Man kann dabei annehmen, daß das fast immer vorhandene Wasser zuerst hydrolysiert und erst nachher die Fettsäuren mit den Basen in Verbindung treten:

$$C_3H_5\begin{cases}OR\\OR\\OR\end{cases} + 3\,HOH = C_3H_5\begin{cases}OH\\OH\\OH\end{cases} + 3\,ROH\,.$$

$$3\,ROH + 3\,KOH = 3\,KOR + 3\,HOH\,.$$

In diesem Sinne können verseifend wirken: die ätzenden Alkalien, die Oxyde der alkalischen Erden und die Oxyde einiger Schwer-

[1]) Teknisk. Tiddskrift. 1901, Bd. 31, S. 75.

metalle (Blei- und Zinkoxyd). Die Verseifung mit Alkalien verläuft rascher und glatter als mit den anderen Basen, weil die ersteren wasserlösliche Seifen bilden, welche durch ihre emulsierende Wirkung eine raschere Beendigung des Prozesses herbeiführen. Die Oxyde der Erdalkalien und anderen Metalle, welche wasserunlösliche Salze der Fettsäure geben, verseifen sowohl aus diesem Grunde träger als die Alkalien, wie auch die Wasserunlöslichkeit dieser Oxyde keine so vollständige molekulare Berührung mit den Fetten gestattet wie die Lösungen der Ätzalkalien. Bei der Alkaliverseifung hängt die raschere oder langsamere Verseifung von der Beschaffenheit des betreffenden Fettes und von der Konzentration der verwendeten Laugen ab.

Fette mit größerem Gehalte an freien Fettsäuren verseifen sich leichter als Neutralfette, weil hier eine sofortige Seifenbildung durch Vereinigung dieser mit der Lauge eintritt und die so gebildete Seife als Emulsionserreger den weiteren Verlauf des Prozesses unterstützt.

Laugenverseifung.

Die Laugen dürfen weder zu verdünnt noch zu konzentriert sein. Nur das Kokosöl verseift sich um so schneller, je konzentrierter die angewendeten Laugen sind. Im allgemeinen sind Alkalilösungen von 15—20° Bé für die Verseifung von Fetten am geeignetsten.

Wie wichtig auch bei der Alkaliverseifung eine innige Berührung der Fettmoleküle mit den Reagenzien ist, ist schon Mège-Mouriès aufgefallen, der ein besonderes Verseifungsverfahren auf diese Tatsache ausarbeitete (Emulsionsverseifung 1854), welches darin besteht, daß man das Fett vor der eigentlichen Verseifung mit 10% einer Seifenlösung zu einer Emulsion anrührt, die durch mehrere Stunden sich selbst überlassen bleibt. Bignon (1867) und Weineck (1881) haben die Methode noch weiter auszubilden gesucht; im übrigen ist das in der Seifenindustrie übliche „Vorsieden" nichts anderes als eine ganz unbewußte Anwendung des Systems Mège-Mouriès. Die allgemein bekannte „kalte Verseifung" beruht eigentlich auch auf demselben Prinzipe. Unter „kalter Verseifung" versteht man in der Seifenindustrie die Herstellung von Seifen aus Kokosöl und kokosölhaltigen Fettgemischen mit konzentrierter Lauge bei gewöhnlicher Zimmertemperatur. Gemische solcher Fette, mit Lauge innig verrührt und in 20—25° C warmen Räumen der Ruhe überlassen, verseifen sich nach 12—20 Stunden vollständig unter anfänglichem Selbsterwärmen der Masse. Daß nicht nur Kokosöl, sondern auch andere Öle und Fette mit Natronlauge auf kaltem Wege verseift werden können, haben die Versuche der Firma Schimmel & Co. bewiesen, bei welchen Mandelöl mit 38°iger Lauge bei 25° C innerhalb 24—36 Stunden vollkommen verseift wurde.

Emulsionsverseifung.

Kalte Verseifung.

Verseifung erfolgt nicht stöchiometrisch.

In verdünnten wässerigen Lösungen findet die Vereinigung der Alkalien mit den Fettsäuren der Triglyzeride wie auch mit freien Fettsäuren nicht in genau stöchiometrischem Verhältnisse statt, sondern läßt sich vielmehr in dem Reaktionsgemisch neben freien Fettsäuren oder unverseiftem Fette auch freies Alkali nachweisen. Es ist also zur vollständigen Seifenbildung, wenn dieselbe mit einer gewissen Geschwindigkeit vor sich gehen soll, ein Überschuß an Alkali notwendig.

Clapham hat dies durch einen Laboratoriumsversuch bewiesen, bei welchem er Talg mit der stöchiometrischen Menge reinen Ätznatrons verseifte und das Kochen der Seifen länger fortsetzte, als dies im großen bei der Seifenfabrikation üblich ist. In dem erhaltenen Seifenleime waren noch 0,65 % Ätznatron und 6 % unverseiftes Fett vorhanden.

Notwendiger Alkaliüberschuß.

Das erklärt, warum in der Praxis stets mit einem Überschuß an Alkali gearbeitet werden muß, wenn man haltbare, d. h. vollkommen verseifte Handelsseifen erhalten will. Der Überschuß an Alkali läßt sich bei dem eigentümlichen Verhalten der Alkaliseifen gegen Kochsalz ziemlich leicht entfernen. Fügt man nämlich verdünnter Seifenlösung oder auch der durch Eindampfen einer solchen entstandenen hochkonzentrierten „Seifenleim" genannten Lösung Kochsalz zu, so tritt ein Ausscheiden der gelösten Seifen ein, weil diese in kochsalzhaltigen Flüssigkeiten fast unlöslich sind; Kaliseifen werden dabei gleichzeitig teilweise in Natronseifen umgewandelt. Diese „Aussalzen" genannte Operation ist in der Seifensiederei allgemein üblich und wird zur Reinigung der Seifen von überschüssigem Alkali und Entfernung eventueller Verunreinigungen verwendet, die sämtlich in die Mutterlauge (Unterlauge) übergehen. Das Verhalten der Fette bei der Verseifung mit Alkalien ist ein sehr verschiedenes und hängt offenbar damit zusammen, daß in den einzelnen Fetten das Mischungsverhältnis der einzelnen Fettsäuren ein verschiedenes ist und die einzelnen fettsauren Salze sehr verschiedene, voneinander abweichende Eigenschaften haben. Speziell das Verhalten der aus den verschiedenen Fetten erhaltenen Seifen gegen Kochsalz ist ein voneinander stark abweichendes. Die meisten Fette liefern Natronseifen, welche schon durch Zugabe von wenig Salz völlig aus ihren Lösungen ausgeschieden werden, einige wenige, besonders das Kokos- und Palmkernöl, geben Seifen, die nur durch sehr starke Salzzugaben aus ihren Lösungen gefällt werden können.

Aussalzen.

Verhalten der verschiedenen Seifen gegen Kochsalz.

Whitelaw[1]) hat die Einwirkung des Kochsalzes auf Seifen aus verschiedenen Fetten studiert; er untersuchte namentlich das Verhalten der Talg- und Palmkernseifen. Die mit Natronlauge verseiften Öle wurden in Wasser gelöst und soviel Kochsalz zugesetzt, daß sich die Seifen in fester, kerniger Form abschieden. Dazu war bei Palmkernölseifen soviel Kochsalz notwendig, daß die Mutterlauge (Unterlauge) 18 % NaCl enthielt, während bei Talgseifen schon ein Gehalt von 6,2 % NaCl genügte. Palmkernseife ist in der Kochhitze noch in Wasser mit 13 % NaCl Gehalt klar löslich, wogegen Talgseife im Wasser nur 3 % Kochsalz verträgt; läßt man solche heiße Lösungen von Seife mit dem höchstzulässigen Kochsalzgehalt erkalten, so scheidet sich Seife aus.

[1]) Dinglers polyt. Journ., Bd. 260, S. 143.

Nach Stiepel sind auch reine Kokosseifen aussalzbar, nur erfordert dies eben große Salzmengen und die Unterlauge enthält stets geringe Mengen von Seife gelöst, was ihr gallertartiges Aussehen nach dem Erkalten erklärt. Stiepel, der die Salze mehrerer Fettsäuren auf ihr Verhalten gegenüber Kochsalz prüfte, hat gefunden, daß es die Salze der niederen Fettsäuren (Kapron-, Kapryl-, Laurinsäure usw.) sind, die in Salzwasser am leichtesten gelöst bleiben, während die Palmitate, Stearate und Oleate sich sehr leicht durch Salz aus ihren Lösungen fällen lassen. Setzt man den genannten Fettsäuren reine Stearinsäure zu, so erhält man tatsächlich ein Fettsäuregemisch, das sich von Kokosölfettsäure hinsichtlich der Löslichkeit der Seifen gegen Kochsalz nicht unterscheidet.

Seewasserlösliche Seifen.

Um Seifen zu gewinnen, die sich zum Waschen mit Seewasser eignen, braucht man nach Stiepel nur Kokosfettsäure abzupressen und nur den flüssigen, an niederen Fettsäuren reichen Anteil zur Herstellung von Seifen zu verwenden.

Nicht nur Kochsalz wirkt seifenfällend, sondern auch andere Salze; in der Seifenindustrie ist neben Kochsalz bisher aber nur Glaubersalz angewendet worden.

Andere Methoden zur Entfernung des Alkaliüberschusses.

Neben dem Aussalzen hat man zur Herstellung neutraler Seifen noch andere Wege eingeschlagen. So will A. Wright alkalifreie Seifen so darstellen, daß er dem Seifenleim ein Ammoniaksalz zusetzt. Das freie Alkali wird dadurch an die Säure des Ammoniaksalzes gebunden, welches frei und durch den Siedeprozeß ausgetrieben wird. Liebreich schleudert die frischen Seifen in Zentrifugen aus und macht sie dadurch nicht nur laugenfrei, sondern auch wasserarm und salzfrei. Auch die Neutralisation des überschüssigen Alkali durch Borsäure und andere Stoffe ist empfohlen worden.

Verseifung in alkoholischer Lösung.

Besser als in wässerigen Lösungen[1]) verläuft die Verseifung mit alkoholischen Alkalien; die Fettanalyse macht davon Gebrauch. Noch weiter wird der Verseifungsprozeß unterstützt, wenn man die Fette in gelöstem Zustande einwirken läßt. So geht die Verseifung schon bei gewöhnlicher Temperatur quantitativ genau vor sich, wenn man Benzinlösung von Fetten auf alkoholisches Kali einwirken läßt. Henriques hat darauf ein analytisches Verfahren (Bestimmung der Verseifungszahl auf kaltem Wege) gegründet. Die größere Leichtigkeit, mit welcher diese Prozesse verlaufen, erklärt sich nur in der intensiveren molekularen Berührung der Lösung.

Bemerkenswert ist auch die Verseifung mit Natrium- oder Kaliumalkoholat, welche jedoch zu einer vollständigen Glyzerinabspaltung die Gegenwart von Wasser voraussetzt; fehlt Wasser gänzlich, so verwandeln

---

[1]) Daß beim Schmelzen von ungesättigten Säuren mit kaustischem Kali nicht eine bloße Absättigung derselben (Seifenbildung), sondern ein Abbau der Fettsäuren stattfinde, und z. B. beim Verschmelzen von Ölsäure und kaustischem Kali Pailitin neben Oxal- und Essigsäure entstehen, wurde schon S. 37 gezeigt.

sich die Neutralfette durch Alkoholate in die Natronglyzerinate und Äthylester der Fettsäuren, aus denen nur Wasser, Glyzerin und Fettsäuren (die sich sofort mit dem Natron verbinden) frei machen kann:

$$C_3H_5\begin{cases}OR\\OR\\OR\end{cases} + 3\,C_2H_5\cdot ONa = C_3H_5\begin{cases}ONa\\ONa\\ONa\end{cases} + 3\,C_2H_5\cdot OR\,,$$

Natriumglyzerinat Fettsäureäthylester

$$C_3H_5\begin{cases}ONa\\ONa\\ONa\end{cases} + 3\,HOH = C_3H_5\begin{cases}OH\\OH\\OH\end{cases} + 3\,NaOH\,,$$

$$3\,C_2H_5OR + 3\,HOH = 3\,C_2H_5OH + 3\,ROH\,.$$

Die kohlensauren Alkalien wirken auf die Neutralfette nicht glyzerinabspaltend, deshalb können mittels Soda und Pottasche (Karbonatverseifung) nur Fettsäuren zu Seifen versotten werden. Alkalikarbonate.

Ammoniak greift unter normalen Verhältnissen die Neutralfette ebenfalls nicht an. In der Hitze wirkt Ammoniak nach Whitelaw[1]) dagegen verseifend; er erhitzte Kottonöl in einem geschlossenen Rohre mit mehr als dem gleichen Volumen einer konzentrierten Ammoniaklösung auf Temperaturen von 110—120° C. Nach der nicht ganz klaren Beschreibung des Versuchanstellers scheint bei dieser Temperatur eine Spaltung des Neutralfettes stattgefunden zu haben, was allerdings teilweise auch auf die Wirkung des Wassers zurückgeführt werden kann. Ammoniak.

J. Frobert empfiehlt die industrielle Anwendung der Verseifung von Fetten mit Ammoniak unter Druck; die gebildeten Ammoniakseifen will er durch phosphorsaures Natron in Natronseifen umsetzen. Ammoniak bei der Herstellung von Seifen zu benützen, hat vor kurzem auch Stiepel[2]) vorgeschlagen. Die Umsetzung des Kochsalzes mit Ammoniak zu Ammoniumchlorid sollte dabei verwendet werden. Die Umsetzung der Ammoniakseife mit Natronsalzen haben auch schon J. L. Leuchs (1859) für die Ölsäureverarbeitung und Whitelaw (1876) zur Sprache gebracht.

Erwähnungswert ist auch die Verseifung der Fette durch Schwefelalkalien; Pelouze war es, der beobachtete, daß Kristalle von Schwefelnatrium die natürlichen Triglyzeride im Verlauf von 10 Tagen, manchmal schon nach 5—6 Tagen, bei gewöhnlicher Temperatur zu spalten vermöge. Schwefelalkalien

Die Reaktion verläuft dabei nach folgender Gleichung:

$$2\,C_3H_5(OR)_3 + 3\,Na_2S + 6\,HOH = 6\,NaOR + 2\,C_3H_5(OH)_3 + 3\,H_2S\,.$$

Erfolgt die Reaktion in der Wärme, so findet die Umsetzung auf andere Weise statt, es tritt nämlich der bei der ersten Gleichung frei werdende Schwefelwasserstoff nicht mehr in Reaktion, sondern er entweicht

---

[1]) Chem. News, Bd. 45, S. 172. — Chem. Industrie. 1882. S. 231.

[2]) Seifenfabrikant 1901. S. 768.

direkt und soll nach Pelouze der Reaktionsverlauf ein so glatter sein, daß in der Mutterlauge der Seife keine Spur von Sulfiten zurückbleibt, sondern aller Schwefel in Form von Schwefelwasserstoff ausgetrieben wird.

Pelouze[1]) hat diese Reaktion auch praktisch zu verwerten gesucht, doch ging er dabei selbstverständlich nicht von dem viel zu teueren reinen Schwefelnatrium aus, sondern von jenem rohen technischen Produkt, das bei der Reduktion von Glaubersalz und Koks erhalten wird und wesentlich billiger als Soda zu beschaffen ist.

Laurent wie auch Dulle haben die Unzweckmäßigkeit dieses Prozesses sofort erkannt (lästige Schwefelwasserstoffentwicklung); derselbe hat lediglich theoretisches Interesse.

Beständigkeit der verschiedenen Glyzeride.

Die Frage, welches von den verschiedenen Glyzeriden, hauptsächlich von den drei in den natürlichen Fetten am meisten vorkommenden, am leichtesten spaltbar ist, wurde mehrfach studiert. Früher nahm man an, daß sich durch partielle Verseifung eine Trennung des Trioleins von dem Tripalmitin und Tristearin, resp. auch eine Separierung der entsprechenden freien Säuren erzielen lasse und wurden einige Patente (z. B. Baudot: Gewinnung von technischer Stearinsäure durch teilweise Verseifung von Talg-Fettsäure) auf diese irrige Ansicht basiert. Über Benedikts Anregung ist Thum[2]) der Frage: „Wie verhalten sich Mischungen von Öl-, Stearin- und Palmitinsäure bei der Verseifung mit unzureichenden Mengen von Alkalien?“ wissenschaftlich näher getreten und hat dabei konstatiert, daß merkliche Unterschiede in der Verwandtschaft der einzelnen Ölsäuren zu Kalium und Natrium nicht bestehen und daß auch bei ranzigem Fett das Verhältnis der einzelnen, in freiem Zustande vorhandenen freien Fettsäuren genau dasselbe ist wie in dem Neutralfette. Auch Henriques[3]) hat anläßlich seiner Arbeiten über die Bestimmung der Verseifungszahl auf kaltem Wege beobachtet, daß bei einer partiellen Verseifung alle drei Arten von Glyzeriden in demselben prozentuellen Verhältnis verseift werden, wie sie in den betreffenden Fetten vorhanden sind.

Mit diesen Beobachtungen sind die bei der fermentativen Fettspaltung gemachten Beobachtungen von Connstein, Hoyer und Wartenberg[4]) nicht in Einklang zu bringen. Danach sind die Glyzeride der höheren Fettsäuren viel leichter zerlegbar als die der niederen Fettsäuren. So wird z. B. Tributyrin durch Fermente sehr unvollständig hydrolysiert und Triceatyn überhaupt kaum angegriffen, während Tristearin, Tripalmitin und Triolein durch das Rizinussamenferment sehr leicht gespalten werden. Auch die S. 103 erwähnten Versuche von Klimont weisen auf eine verschiedene Beständigkeit der einzelnen Triglyzeride hin.

---

[1]) Compt. rendus, Bd. 59, S. 22. — Dinglers polyt. Journ., Bd. 173, S. 450.

[2]) Zeitschr. f. angew. Chemie, 1890, S. 482.

[3]) Zeitschr. f. angew. Chemie. 1898, S. 338 u. 697.

[4]) Berichte d. deutsch. chem. Gesellsch., 1902, S. 3989.

Ebenso interessant ist die zweite Frage, gegen welches Alkali die Fettsäuren und deren Glyzeride eine größere Affinität zeigen. Die geringe Verwandtschaft des Ammoniaks zu den Fettsäuren und die Nichtbeständigkeit der Ammoniakseifen läßt bei dieser Frage nur Kali und Natron in Betracht kommen. Versuche von Alder Wright und Thompson[1]) haben bewiesen, daß die Affinität von Kali und Natron zu den Fettsäuren die gleiche ist. Wird nämlich eine Fettsäure mit einer zur Verseifung mehr als hinreichenden Menge eines Gemisches von Kali und Natronlauge zusammengebracht, so zeigt sich in der Seifenmasse dasselbe Verhältnis an Kali- und Natronseifen wie an der überschüssigen, nicht in Reaktion getretenen Lauge. Die Alkalikarbonate und Chloride zeigen ein von dieser Tatsache abweichendes Verhalten. Verseifungsversuche mit einem Gemische von Kali- und Natronkarbonat zeigten das Vorherrschen der Tendenz, Kaliseifen zu bilden. Auch wenn man Natronseifen mit kohlensaurem Kali schmilzt, findet eine fast vollständige Umwandlung der ersteren in Kaliseifen statt, während beim Zusammenbringen von Kaliseifen mit Natronkarbonat nur eine ganz geringfügige Bildung von Natronseife stattfand.

Affinität der Fettsäuren zu den verschiedenen Alkalien.

Die Chloride verhalten sich umgekehrt wie die Karbonate; bei ihnen herrscht nämlich die Tendenz, Natronseife zu bilden, vor. Wright und Thompson ließen z. B. auf Gemische von Natron- und Kaliseife (in Proportion ihres Molekulargewichtes) die zehnfach größere Menge eines Kali-Natronchloridgemenges wirken und beobachteten eine Zunahme der Natronseife im Seifengemische. Kaliseifen können daher mit Natronsalzen nicht ausgesalzen werden.

Das Verhalten der Kalisalze verschiedener Fettsäuren gegen Natriumchlorid ist kein gleiches; ölsaures Kali wird nicht so leicht umgesetzt wie Rizinus- und Kokosnußöl-Kaliseife.

Verseifung der Wachse.

Die Verseifung der Wachsarten hat für die Industrie keine Bedeutung und interessiert nur den Analytiker. Im allgemeinen erfolgt bei Wachsen die Verseifung selbst mit alkoholischen Alkalien nur schwer, was darin seinen Grund hat, daß die erhaltenen Seifen im Wasser sehr schwer löslich sind, daher unverseiftes Wachs umhüllen und den Zutritt der Lauge zu demselben erschweren. Wird die alkoholische Lösung eines verseiften Wachses mit Wasser verdünnt, so fallen die höheren Alkohole als in Wasser unlöslich aus und sammeln sich entweder an der Oberfläche der Flüssigkeit oder bleiben in derselben suspendiert, der Flüssigkeit ein emulsionsartiges Aussehen gebend.

Ein sukzessiver Verlauf der Verseifung ist bei Wachsen zufolge ihrer Konstitution nicht möglich:

$$C_{15}H_{31} \cdot CO \cdot O \cdot C_{30}H_{61} + KOH = C_{15}H_{31}CO \cdot OK + C_{30}H_{61} \cdot OH.$$

[1]) Journ. Soc. Chem. Ind., 1885. S. 630.

Allgemeine Eigenschaften der Seife[1]).

Löslichkeitsverhältnisse der Seifen.

Die Alkalisalze der Fettsäuren sind wasserlöslich, und zwar um so leichter, je weniger Kohlenstoffatome im Molekül die betreffende Fettsäure hat. So sind z. B. die Salze der Butter-, der Kaprinsäure usw. auch bei gewöhnlicher Temperatur in Wasser sehr leicht löslich, die Salze der Palmitin- und Stearinsäure werden dagegen nur von heißem Wasser aufgenommen. In Äther, Benzin, Benzol sind die neutralen Alkaliseifen fast unlöslich, leicht löslich dagegen in Alkohol. Werden wässerige Seifenlösungen mit Äther ausgeschüttelt, so gehen nur geringe Mengen derselben in Lösung, bei Petroläther ist die Menge der gelösten Seifen eine noch geringere. Die sauren Seifen verhalten sich hinsichtlich ihrer Löslichkeit von den Neutralseifen abweichend.

Die Salze der Fettsäuren mit Lithium[2]) zeigen weder in Alkohol noch in Wasser nennenswerte Löslichkeit, die Ammoniakseifen sind an und für sich unbeständig und geben beim Erwärmen Ammoniak ab. Schwefelsäure vermag den Ammoniakseifen, wenn diese beiden Stoffe unter einer Glasglocke stehen, Ammoniak zu entziehen, und zwar geht der Ammoniakverlust der Seife rasch bis ungefähr zur Hälfte des ursprünglichen normalen Gehaltes herab; die dann verbleibende saure Seife ist etwas beständiger und gibt nunmehr langsam weiteres Ammoniak ab (Lewkowitsch).

Von den fettsauren Salzen der alkalischen Erden und der Schwermetalle, die am einfachsten durch Fällen wässeriger Alkaliseifenlösungen mit den betreffenden Metallazetaten oder einem anderen Salze des Metalles hergestellt werden, sind nur wenige in Wasser löslich. Nur die Salze der niedersten Fettsäuren zeigen Wasserlöslichkeit, werden aber beim Kochen in Form von basischen Salzen ausgeschieden. Die Fettsäuren von größerem Molekulargewicht geben mit den Oxyden alkalischer Erden und der Schwermetalle durchweg wasserunlösliche Seifen, so ist z. B. schon das Kalksalz der Laurinsäure auch bei Siedetemperatur kaum mehr in Wasser löslich.

Alkohol verhält sich dem Wasser ganz analog; er löst die Metallsalze der niederen Fettsäuren und läßt die der höheren ungelöst. Wichtig ist das Lösungsvermögen des Äthers; er nimmt die Bleisalze der Öl-, der Linol- und Rizinolsäure auf, nicht aber die Bleisalze der höheren gesättigten Fettsäuren. (Trennung der gesättigten und ungesättigten Fettsäuren.)

Siedepunktserhöhung des Wassers durch fettsaure Salze.

Die Salze der höheren Fettsäuren vermögen den Siedepunkt des Wassers nicht hinaufzusetzen, und es erstarren genügend konzentrierte Lösungen beim Erkalten zu gallertartigen Massen. Die Salze der niederen Fettsäuren erhöhen den Siedepunkt des Wassers beträchtlich, und zwar ungefähr um das Doppelte als dem Normalen entsprechen würde.

---

[1]) Näheres über die Salze der einzelnen Fettsäuren findet sich im Bd. 4.

[2]) Partheil und Ferié, Arch. f. Pharmazie, 1903, Bd. 241, S. 545.

Dissoziation der Seifenlösungen.

Läßt man eine mehr oder weniger gesättigte heiße Seifenlösung erkalten, so bildet sich eine kolloidartige Masse, ohne besondere chemische Veränderung der gelöst gewesenen Seifen. Wird aber die klare, heiße wässerige Lösung von Seife mit Wasser verdünnt, so tritt eine Trübung ein, die auf eine Dissoziation der fettsauren Salze zurückzuführen ist. Die Größe dieser Dissoziation hängt von der Menge des zugesetzten Wassers als auch von der Temperatur der Lösung ab.

Theorie Chevreul.

Die teilweise Zersetzung, welche die Alkaliseifen in verdünnter wässeriger Lösung erleiden, ist schon von Chevreul beschrieben worden, der die Vorgänge auch ganz richtig deutete. Chevreul fand, daß eine siedende 5prozentige Lösung von neutralem stearinsauren Kali beim Verdünnen mit der 50fachen Wassermenge beim Abkühlen ein saures Salz von der Zusammensetzung $C_{18}H_{35}O_2K \cdot C_{18}H_{36}O_2$ (saures stearinsaures Kali oder Kalibistearat) abscheidet, während sehr geringe Mengen freier Stearinsäure neben freiem Alkali in Lösung bleiben. Natriumstearat setzt sich in analoger Weise um, nur erfordert dies die 2—3fache Verdünnung wie bei Kaliseifen. Weit beständiger wurden von Chevreul die ölsauren Alkalisalze gefunden, die nur mit sehr großen Wassermengen und bei niederer Temperatur dissozieren, also weit beständiger sind als die Stearate und Palmitate, welch beide sich annähernd gleich verhalten.

Theorie Rotondi.

Rotondi[1]) hat die Hypothese aufgestellt, daß die Alkaliseifen beim Auflösen in Wasser in basische und saure Salze zerfallen, von denen die letzteren in kaltem Wasser nicht, in heißem nur zum Teil löslich sind, die basischen Seifen dagegen von kaltem und warmen Wasser aufgenommen werden. Eine Trennung der sauren Salze von den basischen hat Rotondi in der Fähigkeit der ersteren zu dialysieren, d. h. durch Membranen hindurchzugehen, gefunden. Die Lösungen der basischen Salze vermögen beim Erhitzen die sauren Salze aufzulösen, scheiden sie aber beim Abkühlen wiederum aus.

Studien von Krafft und Stern

Die Befunde Rotondis und die ungefähr gleichlautenden Frickes sind von Krafft und Stern[2]) bekämpft worden, welche sich der Chevreulschen Annahme im wesentlichen anschließen und sagen, daß die aus palmitin-, stearin- und ölsaurem Natron und Kalisalzen bestehenden Handelsseifen in verdünnter wässeriger Lösung saure Palmitate und saure Stearate liefern, während neutrales Oleat und freies Alkali in Lösung bleibe. Die Bildung basischer fettsaurer Salze, die experimentell versucht wurde, sei nicht gelungen, dagegen sei nachgewiesen worden, daß sogar freie Fettsäuren neben freiem Alkali in verdünnter Lösung nebeneinander bestehen können. Die Resultate ihrer Untersuchungen fassen Krafft und Stern in dem folgenden Satze zusammen: „Bei der Zersetzung, welche Seifen in

[1]) Journ. Soc. Chem. Ind., 1885, S. 601.
[2]) Berichte d. deutsch. chem. Gesellsch., 1894, S. 1747.

wässeriger Lösung erleiden, können zwei Phasen unterschieden werden: erstens eine hydrolytische Spaltung der Seifen in freie Fettsäure und freies Alkali, die bei einer genügend großen Wassermenge zuletzt eine vollständige sein muß. Die Abscheidung saurer Seifen neben gelöst bleibendem Alkali, die gewöhnlich als Hauptvorgang betrachtet wird, erfolgt erst bei genügend starker Abkühlung der mehr oder weniger hydrolytisch gespaltenen bzw. milchig getrübten wässerigen Lösung; die Bildung dieser sauren Seifen bzw. Gemische ist als ein sekundärer Vorgang zu betrachten.

Krafft und Wiglow.

Krafft[1]) hat später im Vereine mit Wiglow gezeigt, daß der Zerfall der Seifenlösungen bis zu einer vollständigen Hydrolyse gehen kann, daß also die zuerst gebildeten sauren Salze vollständig in freies Alkali und freie Fettsäuren gespalten werden, wenn man für die Entfernung eines dieser beiden Bestandteile, die bei gleichzeitiger Gegenwart dem weiteren Zerfalle entgegenwirken, Sorge trägt.

Lewkowitsch.

Lewkowitsch[2]) trat dieser Anschauung entgegen, indem er vorhielt, daß eine vollständige Hydrolyse der Seifen durch sukzessive Entfernung der gebildeten Fettsäuren deshalb nicht gut denkbar sei, weil das freie Alkali, wenn sich solches neben freien Fettsäuren auch vorfinden könne, schließlich doch der weiteren Hydrolyse entgegenwirken und eine Art Gleichgewichtszustand zwischen der hydrolysierenden Tendenz des Wassers und der entgegengesetzten Wirkung des Alkalis eintreten müsse.

Neben den Wassermengen ist die Größe der Dissoziationswirkung auch von der Temperatur abhängig. Die Abscheidung der sauren Salze der Fettsäuren kann nur bei Temperaturen erfolgen, die unterhalb des Schmelzpunktes ihrer Säuren liegen, woraus sich auch erklärt, daß die Palmitate und Stearate schon bei relativ hohen Wärmegraden Neigung zur Dissoziation zeigen, während Oleate dies erst bei tieferer Temperatur tun.

Der Dissoziation entgegenwirkende Substanzen.

Verlangsamend auf die Dissoziation wirken freies Alkali, Glyzerin und Alkohol. Absoluter Alkohol, selbst solcher von nur 90—95%, nimmt Seifen ohne jede Dissoziationserscheinung auf und scheidet aus konzentrierten alkoholischen Lösungen die Seife gewöhnlich in Form einer gallertartigen Masse aus, welche bei längerem Stehen Kristallisationserscheinungen zeigt. Setzt man einer alkoholischen Seifenlösung Wasser zu, so wird nur ein Teil der Seife hydrolysiert und muß nach den Versuchen Kanitz' in Wasser-Alkoholgemischen wenigstens 40% Alkohol enthalten sein, wenn die Dissoziation vermieden werden soll. Amylalkohol dagegen vermag schon bei einem 15prozentigen Zusatze die Dissoziationserscheinung zu verhindern.

Neutrale Seifenlösungen.

Infolge der partiellen leichten Zersetzlichkeit wässeriger Lösungen der Salze der Fettsäuren ist die Herstellung einer absolut neutralen Seifenlösung ein Ding der Unmöglichkeit, denn man mag auch noch so gute

---

[1]) Berichte d. deutsch. chem. Gesellsch., 1895, S. 2566.

[2]) Chem. Technologie u. Analyse der Öle, Fette u. Wachse, Braunschweig, 1905, Bd. 1. S. 83.

neutralisierte Seifen in fester Form herstellen — sei es durch Zentrifugieren, sei es durch Abstumpfen der letzten Alkalireste durch irgend ein Neutralisationsmittel — so wird immer beim Gebrauch solcher Neutralseifen eine gewisse Menge Alkali in Freiheit gesetzt werden und die alkalische Reaktion ist wieder da.

Stiepel[1]) hat in richtiger Erkenntnis dieses Umstandes nach fettsauren Salzen gesucht, die mit den Alkalioleaten Stearaten und Palmitaten das eine gemein haben, daß sie schäumende wässerige Lösungen bilden, dabei aber nicht dissoziieren. In der Kapryl-, Kaprin- und Laurinsäure hat er solche Fettsäuren gefunden und stellte aus diesen feste Natron- und salbenartige Seifen für medizinischen Gebrauch her, die auch in wässeriger Lösung absolut neutral bleiben.

Die Beobachtungen Stiepels sind insofern interessant, als sie dargetan haben, daß die Dissoziationswirkung der fettsauren Salze um so größer wird, je höher die Kohlenstoffanzahl im Molekül ist. Zum wenigsten gilt dieser Satz für die Glieder der gesättigten Fettsäurereihe. Die anderen Reihen bilden Gruppen für sich, wie schon die erwähnte größere Beständigkeit des Oleates beweist.

r) Verhalten gegen Luft und Sauerstoff.

(Trocknen — Selbstentzündung — Geblasene Öle — Ranzigwerden.)

Die Veränderungen, welche Öle, Fette und Wachsarten durch die Einwirkung der Atmosphäre erleiden, sind sehr verschieden und hängen einerseits von der Zusammensetzung der betreffenden Produkte, andererseits von den Bedingungen ab, unter welchen die Einwirkung stattfindet. Die Wachsarten werden durch die Luft fast gar nicht verändert, höchstens daß ein Ausbleichen der vorhandenen Farbstoffe erfolgt. Die festen Fette werden nur sehr langsam und wenig verändert, jedenfalls weit langsamer als die Öle, welche, je nachdem sie der trocknenden oder nichttrocknenden Klasse angehören, zum Eintrocknen oder Ranzigwerden neigen, zwischen welchen beiden Klassen die halbtrocknenden Öle stehen.

Trocknen der Öle.

Unter dem „Trocknen" der Öle versteht man die Eigenschaft mancher Öle (Lein-, Holz-, Mohn- und Hanföl), in dünner Schicht der Atmosphäre ausgesetzt, in reichlicher Menge Sauerstoff zu absorbieren und zu einer elastischen, durchsichtigen, gelblichen Haut (Linoxyn) einzutrocknen, die in Wasser und Alkohol ganz unlöslich, auch von Äther nur teilweise aufgenommen wird und schwerer als Wasser ist. Die zu dem Übergange von dem flüssigen in den festen Aggregatzustand nötige Zeit hängt von verschiedenen Faktoren ab (Temperatur, Belichtung, Feuchtigkeit, Dicke der Ölschicht usw.). Höhere Temperatur und Einwirkung von

[1]) Seifenfabrikant, 1901. S. 933.

Sonnenlicht verkürzt die Trockenzeit, welche mit zunehmender Dicke der Ölschicht progressiv wächst. Bei einer Schichtendicke, wie sie beim Verteilen von 1 mg Öl auf 1 qcm resultiert, dauert z. B. das Eintrocknen von Leinöl 3—4 Tage. Dabei tritt eine Gewichtszunahme bis zu 15% und darüber hinaus ein.

Chemismus des Trockenprozesses.

Daß der sich beim Eintrocknen von Ölen abspielende Prozeß kein einfacher ist, wurde durch die Untersuchungen von Mulder[1]), Bauer und Hazura[2]), Fahrion[3]), Lidoff und Phokin[4]) nachgewiesen. Mulder sprach die Ansicht aus, daß ein gut getrocknetes Leinöl keine Glyzeride mehr enthalte, sondern ein mit oxydierter Öl- und Palmitinsäure gemischtes Oxydationsprodukt des Anhydrides der Leinölsäure darstelle (Linoxyn). Das Glyzerin nahm Mulder als in oxydierter Form vollständig verflüchtigt an.

Bauer und Hazura haben auf die Unhaltbarkeit der Mulderschen Behauptung hingewiesen, indem sie zeigten, daß das Muldersche Linoxyn kein Säureanhydrid, sondern ein Triglyzerid sei, das sich offenbar aus den in dem Leinöl enthaltenen Glyzeriden der Linolsäure und Linolensäure durch Oxydation gebildet habe. Bauer und Hazura nennen dieses Gemisch von Oxylinol- und Oxylinolensäureglyzerid Oxylinolein und vermuten, daß die im Leinöl enthaltenen Glyzeride der Ölsäure und der gesättigten Fettsäuren hydrolysiert werden, wobei das Glyzerin eine Oxydation in Wasser und Kohlensäure erleide. Fahrion, sowie Lidoff und Phokin sind auf Grund ihrer Beobachtungen zu den gleichen Resultaten gekommen, doch nehmen die letzteren Beobachter neben der Bildung von Kohlensäure auch noch eine solche von Kohlenoxyd und anderen Kohlenstoffgasen an. Diese Gase entweichen während des Trockenprozesses mit geringen Mengen flüchtiger Fettsäuren, und es ist daher die beim Trocknen der Öle zu konstatierende Gewichtszunahme nicht identisch mit der absorbierten Sauerstoffmenge, sondern stellt vielmehr die Differenz zwischen dieser und den durch Verflüchtigen verloren gegangenen Stoffmengen dar. Daß das Linoxyn noch weiter oxydiert werden kann, hat Reid[5]) gezeigt; es gelang ihm, aus diesem durch weitere Sauerstoffzufuhr eine viskose Flüssigkeit, schwerer als Wasser, zu erhalten, die sich in letzterem in reichlicher Menge löste.

Superoxydiertes Leinöl.

Dieses von Reid als „superoxydiertes Leinöl“ bezeichnete Produkt scheint sich aus Ölfirnissen mit der Zeit ganz von selbst zu bilden und die Zerstörung der Firnisanstriche durch die Atmosphäre zu erklären.

Mit dieser Ansicht steht auch die Tatsache im Einklang, daß die Gewichtszunahme der trocknenden Öle während des Eintrocknens kein konstant bleibendes Maximum erreicht, sondern daß nach einer gewissen

---

1) Mulder, Chemie der trocknenden Öle, Berlin 1867.
2) Monatshefte f. Chemie, 1888, S. 465.
3) Chem. Ztg., 1893, S. 1848.
4) Chem. Revue, 1901, S. 233.
5) Journ. Soc. Chem. Ind., 1894, S. 1020.

Zeit wieder Gewichtsverluste eintreten, was auf ein Weiterschreiten der Oxydation bzw. eine Bildung von gasförmigen, flüchtigen Abbauprodukten deutet. Das Trockenvermögen der Öle steht in direkter Proportion zu der Menge der in denselben enthaltenen Mengen von Linol- und Linolensäure, es ist daher in einem gewissen Zusammenhange mit dem Jodabsorptionsvermögen der Öle, wenngleich dieses nicht als Maßstab für die Trockenfähigkeit gelten kann, denn die Ölsäure besitzt trotz ihrer hohen Jodzahl keine trocknenden Eigenschaften.

Die trocknenden Öle sind also durch ihren Gehalt an Glyzeriden der Fettsäuren der Linol- und Linolensäurereihe charakterisiert, während die nichttrocknenden frei von diesen sind, die halbtrocknenden in ihrer Zusammensetzung zwischen diesen beiden Gruppen stehen und daher schwachtrocknende Eigenschaften zeigen. Übrigens zeigen selbst die nichttrocknenden Öle, wenn sie genügend lange Zeit in entsprechend dünner Schicht der Luft exponiert werden, ein Dickflüssigwerden, das auf einen dem Trocknungsprozeß analogen Vorgang zurückzuführen ist. Nach Livache trocknen bei höherer Temperatur nicht nur alle Öle, sondern sogar die festen Fette. Er hat z. B. Rüböl und Olivenöl bei 120—160° C und auch feste animalische Fette vollkommen einzutrocknen vermocht[1]). Bach[2]) hat durch Erhitzen in geschlossenen Rohren mit reinem Sauerstoff auf eine Temperatur von 110° C konstatiert, daß

1 g	Baumwollsaatöl	111 ccm	Sauerstoff	absorbiert
1	Olivenöl	144	"	"
1	Rüböl	166	"	"

Technische Wichtigkeit hat aber nur das Trockenvermögen der schnell und der bei gewöhnlicher Temperatur trocknenden Öle, besonders das des Leinöls[3]) (Firnisse und Ölfarben).

Beschleunigung des Trocknens.

Den Trockenprozeß des Leinöls abzukürzen war man schon im 12. Jahrhundert bemüht, und es soll Theophilus, nach anderen der Maler van Dyck, die Kunst, das Leinöl durch Kochen schneller trocken zu machen, eingeführt haben. Wird nämlich Leinöl unter Zusatz von etwas Bleiglätte oder Mennige längere Zeit erhitzt, so nimmt die Trockenkraft des Öles auffallend zu; die so erhaltenen Produkte kommen unter dem Namen „gekochte Öle“ oder „Firnisse“ in den Handel[4]).

[1]) Diese Tatsache steht in gewissem Widerspruch mit den Theorien über die beim Trocknen der Öle und Fette stattfindende Linoxynbildung.

[2]) Chem. Ztg., 1888, S. 905.

[3]) Bemerkenswert ist auch das Ansteigen des spezifischen Gewichtes während des Trocknens der Öle. Nach Ballantyne soll eine Volumenänderung der Öle während des Trockenprozesses nicht erfolgen, doch ist die dabei zu beobachtende beträchtliche Erhöhung des spezifischen Gewichtes kaum durch die bloße Sauerstoffabsorption zu erklären, sondern scheint eine Volumenkontraktion mitzuspielen. (Vergleiche S 84.)

[4]) Näheres über „Firnisfabrikation“ siehe in Bd. 3 dieses Werkes.

Die Trockenfähigkeit vermag außer den Bleioxyden auch fein verteiltes Bleipulver, Kupfer und Platinmohr (Ramage) zu erhöhen, doch macht man von diesen Stoffen nur in der Analyse (Livache[1]), nicht aber in der Praxis der Firnissiederei Gebrauch. Hier sind dagegen vielfach Braunstein, Manganoxydhydrat, Manganborat usw. in Gebrauch, wie man in neuerer Zeit auch die Resinate und Linoleate des Bleies und Mangans häufig verwendet. Während man bei den erstgenannten Sikkativen (unter diesen Namen faßt man alle die Trockenfähigkeit erhöhenden Präparate zusammen) das Leinöl aber auf Temperaturen von 220—280° C erhitzen muß (gekochte Firnisse), genügt bei den Resinaten und Linoleaten wegen ihrer leichten Löslichkeit in Öl schon ein Temperaturgrad von 130—150° C oder sogar die gewöhnliche Temperatur zur Herstellung von Firnissen (kalt bereitete oder Resinatfirnisse).

Sikkative.

So wie die Vorgänge beim Trocknen der Öle noch nicht vollständig aufgeklärt sind, besitzen wir auch keine genaue und klare Kenntnis über die Wirkung, welche das Kochen der Öle und die Zugabe von Sikkativen bewirkt. Beim Kochen tritt jedenfalls eine geringe Zersetzung der Glyzeride ein, was sich durch den während des Prozesses zeigenden Akroleingeruch bemerkbar macht; dieser Akroleingeruch ist z. B. beim Trocknen des gekochten Leinöls in den Trockenhäusern der Linoleumfabriken (Skrim-Prozeß) ein höchst intensiver. Die Menge der beim Kochprozeß gespaltenen Triglyzeride ist aber recht gering, und es ist gewiß, daß während desselben eine eingreifende Veränderung der chemischen Zusammensetzung der Öle nicht stattfindet. Der Zusatz von Sikkativen scheint die Bildung einer geringen Menge von Metallseifen zur Folge zu haben, welche während des Trocknens als Sauerstoffüberträger wirken. Ob nebenher auch noch eine teilweise Polymerisation eintritt, bleibe dahingestellt; notwendig erscheint sie jedenfalls nicht, das beweisen die kalt bereiteten Firnisse, bei deren Herstellung eine Polymerisation gänzlich ausgeschlossen ist und nur die gelösten Harz- und Leinölsäureseifen eine Beschleunigung des Trocknens bewirken können.

Trocknen durch Einblasen von Luft oder Sauerstoff.

Man kann die trocknenden Öle nicht nur in Linoxyn verwandeln, indem man sie in dünner Schicht der Luft aussetzt, sondern auch durch Einblasen von Luft in die erwärmten Öle. Dabei findet zuerst ein Hellerwerden derselben statt, dann verdicken sich die Öle mehr und mehr und geben endlich beim Erkalten ein kautschukartiges, elastisches, durchsichtiges Produkt, das in chemischem Sinne mit der Firnishaut, die sich beim Trocknen von Ölen bildet, identisch ist. Wird an Stelle der Luft Sauerstoff eingeblasen, so erfolgt das Festwerden des Leinöls wesentlich rascher.

Dieses durch Luft- oder Sauerstoffbehandlung fest gewordene Leinöl wird in den Linoleumfabriken im großen hergestellt und zu Linoleum verarbeitet.

---

[1]) Compt. rendus, Bd. 102, S. 1167.

Es wurde bereits oben angedeutet, daß die Sauerstoffaufnahme der trocknenden Öle, also das Eintrocknen, um so rascher erfolgt, in je dünneren Schichten man die Öle der Luftwirkung aussetzt, d. h. für je größere Oberflächenwirkung man sorgt. Unter günstigen Vorbedingungen ist die Oxydation oft eine so lebhafte, daß eine bedeutende Selbsterwärmung beobachtet werden kann. Bei mit Leinöl getränkten Sägespänen oder Putzwolle steigert sich die Selbsterwärmung leicht bis zur vollständigen Verkohlung, ja sogar Selbstentzündung kann eintreten.

Selbsterwärmung.

W. D. Mackey[1]) hat einen Apparat konstruiert, um die Neigung feinverteilter Öle zur Selbsterwärmung zu messen, und R. Kißling[2]) hat sich eingehend damit beschäftigt, die Faktoren zu eruieren, von welchen die Höhe der Selbsterwärmung bzw. die Selbstentzündung abhängig ist. Er faßt seine Beobachtungen in folgende Punkte zusammen:

Kießlings Beobachtungen.

1. Bei hinreichend großer Berührungsfläche zwischen den zur freiwilligen Sauerstoffaufnahme neigenden fetten Ölen und Luft und entsprechendem Schutz gegen Abkühlung nach außen hin, wird durch den Oxydationsvorgang eine erhebliche Wärmemenge erzeugt. Schafft man eine solch große Berührungsfläche durch Tränkung von Faserstoffen mit dem betreffenden Öle, so kann unter günstigen Bedingungen die Wärmeentwicklung bis zur Selbstentzündung der Faserstoffe steigen.

2. Die Größe der durch diese freiwillige Oxydation erzeugten Wärmemenge ist abhängig:

a) von der chemischen Beschaffenheit des betreffenden Öles, d. h. von dessen Verwandtschaft zum Sauerstoff,

b) von der Größe der Berührungsfläche zwischen Öl und Luft, also auch von der mechanischen Beschaffenheit des betreffenden Faserstoffes oder des porösen, bzw. in feiner Verteilung befindlichen Körpers, sowie von dem Mengenverhältnisse, in dem das Öl und der letzteres aufnehmende Körper zueinander stehen,

c) von dem Schutze gegen äußere Abkühlung, bzw. von der zugeführten Wärmemenge,

d) von der Einwirkung des Lichtes;

und zwar wurde folgendes konstatiert:

ad a) Vier in dieser Richtung untersuchte Öle verhielten sich sehr verschieden; beim Rüböl ließ sich unter den obwaltenden Bedingungen eine Wärmeentwicklung nicht nachweisen; beim Baumwollsaatöl war sie sehr gering, beim „rohen“ Leinöl etwas stärker, beim Leinölfirnis sehr bedeutend.

ad b) Die untersuchten Faserstoffe verhielten sich ebenfalls verschieden: die größte Wärmeentwicklung wurde bei Anwendung von

---

[1]) Oil Paint and Drug. Rep., Bd. 49, S. 13. — Zeitschr. f. angew. Chemie, 1896, S. 166.

[2]) Zeitschr. f. angew. Chemie, 1894, S. 900.

Seidenfaser beobachtet, dann folgten Tierwolle, Baumwolle, Jute und Hanf.

ad c) Der Schutz gegen Abkühlung und die von außen zugeführte Wärmemenge sind insofern von wesentlicher Bedeutung, als die Fähigkeit der Öle, sich an der Luft unter Wärmeentwicklung zu oxydieren, bei höherer Temperatur eine wesentlich größere ist als bei niederer.

ad d) In gleichem Sinne wie die Temperatur wirkt das Licht ein.

3. Die Tätigkeit von Mikroorganismen ist für die in Rede stehenden Oxydationsvorgänge bedeutungslos; dieselben sind vielmehr als rein chemische Prozesse aufzufassen.

Diese experimentell festgestellten Tatsachen sind für alle jene Betriebe, die sich mit der Herstellung oder Verarbeitung von Ölen befassen, sehr wichtig; viele Fabrikbrände verdanken ihre Entstehung der Nichtbeachtung der großen Feuergefährlichkeit mit Öl getränkter Abfälle, Putzfetzen usw.

Wird in erwärmte, nichttrocknende oder halbtrocknende Öle Luft oder Sauerstoff eingeblasen, so erfolgt, wie bei den trocknenden Ölen, eine Sauerstoffabsorption unter teilweiser Änderung der chemischen und physikalischen Eigenschaften. Diese Änderungen sind allerdings keine so weitgehenden wie bei den trocknenden Ölen, doch erfolgt auch hier die Bildung von Oxysäuren und flüchtigen Fettsäuren; selbst feste Fette erleiden durch Luft eine partielle Oxydation. Die Öle und Fette nehmen dabei außerdem an spezifischem Gewicht und Viskosität merklich zu. Man verwendet das Einblasen von Luft daher zur Herstellung von hoch viskosen Ölen, die unter dem Namen „geblasene Öle" (blown oils) in der Schmierölfabrikation zur Erhöhung der Viskosität einzelner Mineralölsorten verwendet werden. Ihre Mischbarkeit mit Mineralölen im Vereine mit ihrer an Rizinusöl erinnernden Dickflüssigkeit hat ihnen auch den Namen „lösliche Rizinusöle" gegeben. Am bekanntesten sind im Handel das geblasene Rüb-, Kotton- und Maisöl[1]).

Geblasene Öle.

Ranzigwerden der Öle und Fette.

Wichtig sind auch die durch die Atmosphäre bewirkten Veränderungen von Ölen und Fetten, welche man unter dem Namen „Ranzigwerden" zusammenfaßt. Zum Ranzigwerden neigen in erster Linie die nichttrocknenden und halbtrocknenden Öle, aber auch die festen Fette; ja selbst die trocknenden Öle können ranzig werden, d. h. sie können beim Stehen an der Luft einen eigentümlich unangenehmen Geruch und kratzenden, scharfen Geschmack annehmen. Die beim Ranzigwerden stattfindenden chemischen Veränderungen der Fettkörper haben den Gegenstand eifrigsten Studiums gebildet, ohne daß es bisher gelungen wäre, volle Klarheit über diese Frage zu erlangen.

---

[1]) Siehe Kapitel „Geblasene Öle" in Bd. 3 dieses Werkes.

Ansichten über die Vorgänge beim Ranzigwerden.

Charlot[1]) schrieb 1833 das Ranzigwerden der Fette der Bildung von Ölsäure zu. Saussure erkannte vier Jahre später, daß beim Ranziditätsprozeß genau so wie beim Trocknen der Öle, eine Gasentwicklung auftrete, eine Tatsache, auf die dann Freire (1885) seine Formel aufbaute, welche den beim Ranzigwerden stattfindenden Vorgang veranschaulichen sollte:

$$\underset{\text{Triolein}}{C_3H_5(C_{18}H_{33}O_2)_3} + \underset{\text{Sauerstoff}}{6\,O} = \underset{\text{Ölsäure}}{3\,C_{18}H_{34}O_2} + \underset{\text{Kohlensäure}}{3\,CO_2} + \underset{\text{Wasserstoff}}{2\,H}$$

Die Unrichtigkeit dieser Gleichung ist heute erwiesen.

Nach Duclaux[2]) erleidet das Fett beim Ranzigwerden unter dem Einfluß des Sauerstoffes und des Lichtes eine Spaltung in Fettsäuren und Glyzerin, welche Stoffe dann nach seiner Ansicht zu Oxalsäure, Ameisensäure und schließlich Kohlensäure oxydiert werden sollen, und zwar erstreckt sich diese Oxydation auch auf das Glyzerin. Gröger[3]) nimmt eine durch Wasser herbeigeführte Spaltung der Fette und nachherige Oxydation beider Komponenten an; die Fettsäuren zerfallen nach Gröger in kohlenstoffärmere und sauerstoffreichere, teils der Fettsäurereihe, teils der Oxalsäurereihe angehörende Säuren, von denen er die Azelainsäure besonders hervorhebt.

Späth[4]) ist der Meinung, daß vor allem die ungesättigten Fettsäuren unter Bildung von Säuren mit niederem Kohlenstoffgehalt angegriffen werden und nebenbei aldehydartige Körper und Oxyfettsäuren entstehen.

Bondzynski und Rufy[5]) glauben, daß es beim Ranzigsein hauptsächlich auf die Gegenwart von freien, unlöslichen Fettsäuren und Oxyfettsäuren ankomme.

Nach Ritsert[6]) ist das Ranzigwerden ein direkter Oxydationsprozeß, der um so rascher verläuft, je größer die Intensität der gleichzeitigen Lichteinwirkung ist.

Neuere Definition.

Die einzig richtige Definition der beim Ranziditätsprozesse sich abspielenden Vorgänge ist entschieden die, nach welcher das Ranzigwerden als eine teilweise Spaltung des Fettes mit darauf folgender Oxydation der Komponenten des Fettmoleküls aufgefaßt wird. Weder allein durch Hydrolyse noch durch einfache Oxydation können Fette ranzig werden. Beweis dafür ist, daß Öle und Fette oft einen höheren Gehalt an freien Fettsäuren aufweisen, ohne dabei im entferntesten ranzig zu sein, und ebenso Öle und Fette einer Oxydationswirkung ausgesetzt werden können, ohne eine Spur von Ranzidität zu zeigen. Die Versuche Heyer-

---

1) Journ. de Pharm., Bd. 17, S. 357.

2) Annales de l'institut Pasteur, 1888. — Pharm. Zentralhalle, 1887, S. 412.

3) Zeitschr. f. angew. Chemie, 1889, S. 62.

4) Zeitschr. f. analyt. Chemie, 1896, S. 135.

5) Zeitschr. f. analyt. Chemie, 1890, S. 69.

6) Untersuchungen über das Ranzigwerden der Fette, Berlin 1890.

dahls, nach welchen Lebertran bis zu 2% Fettsäuren zugegeben werden können, ohne demselben einen ranzigen Geschmack zu erteilen, die Beobachtungen Lewkowitschs[1]), nach welchen selbst eine Kakaobutter mit 10% freien Fettsäuren nicht als ranzig bezeichnet werden konnte, und die von Ballantyne[2]) mitgeteilte Tatsache, daß lagernde Öle und Fette durchwegs früher einen bemerkenswerten Gehalt von freien Fettsäuren aufweisen als das eigentliche Ranzigwerden beginnt, beweisen zur Genüge, daß für das Ranzigsein eines Öles eine Spaltung des Fettes nicht genügend ist, sondern daß dieser eine Oxydation folgen muß[3]). Nach den Untersuchungen von Lenz ist diese Oxydation bisweilen eine recht ausgiebige; Proben von Pferdefett zeigten nach seinen Angaben in frischem Zustande und nach $2^1/_2$jährigem Aufbewahren an der Luft die folgende Elementarzusammensetzung:

	Frisches Pferdefett	Altes, ranziges Pferdefett
Kohlenstoff	76,72%	71,05%
Wasserstoff	12,11	10,94
Sauerstoff	11,17	18,01
Summe:	100,00%	100,00%

Dabei konnte eine Gewichtszunahme von 3,49% konstatiert werden, die um so auffallender ist, weil während des Ranzigwerdens auch eine Verflüchtigung einzelner Stoffe stattfindet, die Gewichtszunahme also die Differenz zwischen dem absorbierten Sauerstoffe und dem durch die Gasentwicklung stattgehabten Verluste darstellt.

End-produkte des Ranziditätsprozesses.

Welche Produkte durch die Oxydation der in Freiheit gesetzten Fettsäuren und des Glyzerins gebildet werden, darüber gehen die Meinungen noch sehr auseinander. Was die Fettsäuren anbelangt, so nehmen einige Beobachter eine einfache Bildung von Hydroxysäuren an, andere eine solche unter gleichzeitigem Abbau der Fettsäuren, wie auch die Aldehydbildung von einigen lebhaft verfochten wird. Dieselbe Unklarheit herrscht betreffs des Glyzerins, das nach einer Meinung überhaupt nicht oxydiert werden, während nach der Ansicht anderer eine Oxydation desselben zu flüchtigen Produkten stattfinden soll. Gröger führt als Beweis des vollständigen Zerfalles des Glyzerins an, daß es unmöglich sei, in stark ranzigen Fetten freies Glyzerin nachzuweisen. Dem entgegnet Lewkowitsch, daß bei den von Gröger untersuchten ranzigen Fetten die Spaltung möglicherweise nur bis zur Bildung von Mono- und Diglyzeriden fortgeschritten gewesen sein könne und daß freies Glyzerin in solch geringen Mengen, um welche es sich dabei handelt, überhaupt nur sehr schwierig bestimmbar sei.

---

[1]) Journ. Soc. Chem. Ind., 1899, S. 557.

[2]) Journ. Soc. Chem. Ind., 1891, S. 29.

[3]) Siehe auch: Besana, Chem. Ztg., 1891, S. 410. — v. Klecki, Zeitschr. f. analyt. Chemie, 1895, S. 633.

Wie kompliziert die durch das Ranzigwerden bewirkten Veränderungen der Fette sind, beweist eine Arbeit Nagels[1]), der in ranzigen Fetten die folgenden Substanzen in wechselnden Mengen nachweisen konnte:

1. Freie Fettsäuren, sowohl gesättigte als ungesättigte.
2. Oxyfettsäuren.
3. Laktone und Fettsäureanhydride.
4. Alkohole, und zwar Butyl-, Amyl-, Kaproyl- und Kaprylalkohol.
5. Ester von gesättigten, ungesättigten und Oxy-Fettsäuren mit höheren und teilweise auch mehrbasischen Alkoholen, wie Butyl-, Kaproyl- (Hexyl-) und Kaprylalkohol, Glykol usw.
6. Aldehyde, gesättigte, wie Butter-, Kapron- und Kaprylsäurealdehyd usw. und ungesättigte, wie Akrolein (Akrylaldehyd) und Önanthaldehyd.
7. Acetale, welche esterähnliche Verbindungen der obengenannten Aldehyde sind.
8. Terpene.

Nachweis des Ranzigseins.

Welcher dieser Stoffe für die Ranzidität der Fette am charakteristischesten ist, muß noch eruiert werden; heute ist ein chemischer Nachweis, ob ein vorliegendes Fett ranzig ist oder nicht, noch nicht zu erbringen, denn der Nachweis von Aldehyden, die höhere Acetylzahl und die infolge der Oxydation verringerte Verbrennungswärme ranziger Fette bilden keine genügend sichere Basis für einen solchen Nachweis, und muß man sich bei der Prüfung von Fetten auf Ranzidität noch immer auf die Konstatierung der erlittenen physikalischen Veränderungen beschränken, die neben dem eigentümlichen Geruch und Geschmacke auch in gewissen Strukturänderungen (nach Marx zeigt sich frisches Butterfett unter dem Mikroskope als aus Kügelchen bestehend, ranzige Butter weist neben diesen auch nadelförmige Kristalle auf; ranzige Speisefette nehmen talgartigen Charakter an) und in Farbänderungen bestehen. Diese letzteren bestehen meist in einer Entfärbung, mitunter aber auch in einer Zufärbung (Marx[2]). So werden z. B. viele feste, ursprünglich rein weiße Fette beim Ranzigwerden grau und kottonölhaltige Fettgemische färben sich beim Ranzigwerden gelb, wie ranzige Fette auch dunklere Seifen liefern als die analogen Produkte in neutralem Zustande.

Physikalische Änderungen.

Die Säurezahl kein Maßstab für den Ranziditätsgrad.

Vielfach ist noch die irrige Ansicht verbreitet, daß die Säurezahl der Öle und Fette, also der Gehalt dieser letzteren an freien Fettsäuren, als Maßstab für den jeweiligen Ranziditätsgrad angesehen werden könne. Diese falsche Anschauung hat sich besonders in Praktikerkreisen ziemlich festgesetzt, und es kann daher nicht oft genug betont werden, daß eine Abspaltung von freien Fettsäuren von den Triglyzeriden ohne Oxy-

[1]) Americ. Chem. Journ., Bd. 23, S. 173.
[2]) Seifenfabrikant, 1897, S. 404.

dation noch lange kein Ranzigsein bedeutet. Ranzige Öle und Fette müssen zwar stets freie Fettsäuren aufweisen, doch steht die Menge derselben in keinem Zusammenhange mit dem Ranziditätsgrade, wie überhaupt das bloße Vorhandensein von freien Fettsäuren ein Ranzigsein der betreffenden Produkte nicht zur notwendigen Folge hat.

Ursachen des Ranzigwerdens.

Über die Ursachen des Ranziditätsprozesses sind die Meinungen genau so geteilt, wie über die durch denselben bewirkten chemischen Veränderungen der Fettkörper. Gewiß ist nur, daß zum Ranzigwerden außer Luft auch die Gegenwart von Wasser notwendig ist; wenn dieser Umstand früher bisweilen übersehen wurde, so ist das darauf zurückzuführen, daß man den Feuchtigkeitsgehalt der Luft und auch einen geringen Wassergehalt der Fette selbst vergaß. Der Zerfall der Triglyzeride in ihre Komponenten setzt, wie S. 101 gezeigt wurde, die Anwesenheit von Wasser voraus, und es fragt sich nur, ob Feuchtigkeit für sich allein die dem Ranzigwerden vorausgehende partielle Hydrolyse einzuleiten vermag, oder ob diese Reaktion durch irgend welche Mittel (Fermente, Enzyme, Bakterien) unterstützt wird.

Im früheren Abschnitt wurde über die Einwirkung des Wassers auf Triglyzeride gesprochen und gesagt, daß Wasser allein nicht nur bei höheren Temperaturen die Fette zu zerlegen vermöge, sondern daß auch schon unter gewöhnlichen Verhältnissen das Wasser eine Hydrolyse der Fette hervorrufen könne. Wir möchten hier nochmals auf den Versuch Juinnemanns hinweisen, bei welchem granulierter Talg durch zweimonatliche Einwirkung von Flußwasser vollständig in Fettsäuren verwandelt wurde. Eine ähnliche hydrolysierende Wirkung rufen jedenfalls auch geringe Mengen Wasser hervor, wenn sie in Emulsionsform im Öle verteilt sind, also für eine intensive Oberflächenberührung gesorgt ist. Beim Ranzigwerden kommen der diesen Prozeß einleitenden Hydrolyse aber wohl zumeist Fermente zu Hilfe, und es hat diese Ansicht in neuerer Zeit in Lewkowitsch[1]) einen Verfechter gefunden, wie sie übrigens früher auch schon in Klecki[2]), Duclaux[3]) und Geitel[4]) Anhänger hatte, während Ritsert[5]) und Reinemann[6]) eine Fermentwirkung beim Ranziditätsprozesse perhorreszieren, ein Standpunkt, der aber kaum haltbar ist.

Mitwirkung von Fermenten.

Bei gut gereinigten Ölen, bei denen die Menge der vorhandenen Fermente eine sehr geringe ist, tritt z. B. eine Bildung von freien Fett-

---

1) Journ. Soc. Chem. Ind., 1903, S. 68.
2) Zeitschr. f. analyt. Chemie, 1895, S. 633.
3) Compt. rendus, Bd. 102, S. 1077.
4) Journ. f. prakt. Chemie, 1897, S. 448.
5) Untersuchungen über das Ranzigwerden der Fette, Berlin 1903.
6) Zentralblatt f. Bakteriologie, Parasitenkunde und Infektionskrankheiten, 1900, S. 131.

säuren nur in sehr beschränktem Maße ein, während schlechter gereinigte Öle und Fette eine viel intensivere Spaltung erleiden. Besonders weitgehend ist diese dann, wenn die Öle längere Zeit mit organischen Substanzen in Berührung bleiben und denselben so Gelegenheit geboten wird, Fermente aufzunehmen. Die Nachschlag-Olivenöle und das Sulfuröl, das Palmöl, die sämtlich vor ihrer Gewinnung längere Zeit mit dem obendrein vielfach feuchten Fruchtfleisch in Berührung bleiben, zeigen durchwegs einen höheren Gehalt an freien Fettsäuren. Auch die Versuche Dieterichs haben ergeben, daß sich bei tierischen Fetten sehr rasch Spaltungen zeigen, wenn das Fettgewebe vor dem Ausschmelzen längere Zeit lagert, und daß die Fettspaltung besonders dann einen hohen Grad erreicht, wenn Feuchtigkeit während des Lagerns Zutritt hat. Dieterich sieht in diesen Vorgängen allerdings weniger eine Fermentwirkung, als die Folge eines Verwesungsvorganges[1]).

Mitwirkung von Mikroorganismen.

Auch die Mitwirkung von Mikroorganismen beim Ranzigwerden der Fette ist als möglich hingestellt worden, obzwar Ritsert bei seinen Studien nachgewiesen hat, daß in reinem Schweinefett Bakterien aërobischer und anaërobischer Natur abstarben. Kirchner[2]) hat dementgegen in Mohnöl lebende Mikroorganismen nachgewiesen, wie auch in der Butter vielfach ähnliche Beobachtungen gemacht wurden und eine ganze Reihe von in derselben vorkommenden Mikroorganismen näher spezifiziert sind. Die gewöhnliche Kuhbutter darf aber nicht ohne weiteres mit den gewöhnlichen Ölen und Fetten verglichen werden, denn Butter stellt kein reines Fett dar, sondern ein Gemenge von Fett, Wasser und organischen Nichtfetten, welch letztere einen guten Nährboden für Mikroorganismen abgeben. Doch steht Kirchner mit seiner Beobachtung nicht vereinzelt da, denn Kurpjuweit[3]) hat in letzter Zeit in mehreren Olivenölproben avirulente Bakterien gefunden und konnte eine Reihe von pathogenen Bakterien (Staphykokken, Bacterium coli, Diphtherie- und Typhusbazillen, Pyocyaneus, Micro occus ureae) etwa 10 Tage in Ölen lebensfähig erhalten. Auch will Freire in festen Ölen, und zwar sowohl in trocknenden wie in nichttrocknenden, einen Mikroorganismus entdeckt haben, den er microcladus olearum nennt, und Müller-Jacobs hat in Türkischrotölen Organismen gefunden, welche unter völliger Spaltung derselben so lebhafte Zersetzungsvorgänge hervorriefen, daß die Versandfässer der betreffenden Öle durch die entwickelten Gase gesprengt wurden[4]).

---

[1]) Chem. Revue, 1899, S. 168, 181 u. 201.

[2]) Berichte d. deutsch. botan. Gesellsch., 1888, S. 101.

[3]) Zentralblatt f. Bakteriologie, Parasitenkunde und Infektionskrankheiten, 1903, S. 157.

[4]) Einige Bakterien vermögen Fette offenbar gänzlich zu zerstören. Bechhold hat dies durch seine Untersuchungen des Schlammes vom Wasserklärbecken der Stadt Frankfurt a. M. nachgewiesen. Der hohe Fettgehalt des frischen

Nun ist mit der einfachen Auffindung von Mikroorganismen in Fetten noch nicht bewiesen, daß diese hydrolysierend wirken. Reinemann konstatierte, daß 17 verschiedenartige Reinkulturen von aus Butter isolierten Mikroorganismen aus sterilisiertem Rahm hergestellte Sterilrahmbutter nicht eigentlich ranzig zu machen vermochten, wenngleich einige derselben ein Sauerwerden der Butter (Bac. fluorescens ligne faciens, Streptothrix alba) erzeugten, andere derselben einen unangenehmen Geschmack erteilten (coliartige Organismen, Mucor), während Oidium lactis, Micrococcus lactis acidi und Bacillus acidi lactici keine Veränderung, vor allem keine Säuerung bewirkten.

Wenn es bisher nicht gelang, Reinkulturen von das Ranzigwerden einleitenden Mikroben zu erhalten, so ist damit noch nicht gesagt, daß es solche überhaupt nicht gebe, denn es ist nicht ausgeschlossen, daß unsere Kulturmethoden zur Züchtung von Reinkulturen der fraglichen Mikroben nicht genügen. Die Annahme einer Mikrobenwirkung beim Ranzigwerden würde auch die verschiedenen Konservationsmittel — die meist aseptische Präparate darstellen — erklären.

Die wenigen Anhänger der Mikrobentheorie scheinen die Mikroorganismen, welche, wie Bechhold, Ritthausen und Baumann gezeigt haben, Fette unter vollständiger Zerstörung zu oxydieren vermögen, nicht nur als Spaltungserreger, sondern auch als Oxydationsbeschleuniger anzusehen. Eine Oxydation der abgespalteten Glyzeridbestandteile bis zur Ranzidität kann Luft allein jedenfalls nicht bewirken, es ist vielmehr die gleichzeitige Einwirkung von Luft und Licht[1]) notwendig. Ist außerdem noch Feuchtig-

Mitwirkung von Licht.

Schlammes dieses Beckens (14,68%) reduzierte sich innerhalb weniger Monate bis auf $5^1/_2$%, um schließlich bis auf 2% herabzusinken. Die Zerstörung dieses Fettes kann nach Bechhold nur durch Bakterien erfolgt sein, deren nähere Bestimmung bisher allerdings noch nicht gelungen ist. Einen zersetzenden Einfluß von Schimmelpilzen auf Fette haben auch Ritthausen und Baumann (Landwirtsch. Versuchsstationen, 1896, Bd. 47, S. 389) beobachten können. Rübsenkuchen, welche ursprünglich 10,3%, resp. 8,5% Fett enthielten, wiesen nach zweijähriger Lagerung, während welcher Zeit sie von Schimmelpilzen befallen worden waren, nur mehr 1,98, bzw. 1,87% Fett auf.

[1]) Die Veränderungen, welche eine ausschließliche Belichtung von Ölen unter Ausschluß von Luft und Feuchtigkeit bewirkt, ist noch nicht genügend studiert. Daß die meisten Öle und Fette durch die Einwirkung des Lichtes ausbleichen, ist bekannt; das Licht zerstört in den Fetten also die Farbsubstanzen und wahrscheinlich auch die chromogenen Stoffe; denn belichtete Öle zeigen — ähnlich wie überhitzte Fette — vielfach die sie charakterisierenden Farbreaktionen weniger deutlich als die natürlichen. Die größere Erwärmung, welche die dem Sonnenlicht ausgesetzten Öle gegenüber den gewöhnlichen beim Zusammenbringen mit Schwefelsäure zeigen (Maumené-Probe, siehe Seite 130), deutet darauf hin, daß das Licht auch chemische Veränderungen der Fettkörper herbeizuführen imstande ist, wenngleich man in neuerer Zeit zu der Meinung hinneigt, daß dieses auffallende Verhalten der belichteten Öle so zustande gekommen sei, daß während der Belichtungsdauer geringere Mengen Luft und Feuchtigkeit zu den Ölen Zutritt haben. Zeigen doch die eingehenden Studien Ritserts, daß Belichtung allein Fette nicht zu ändern vermag.

keit zugegen, so ist eine Bildung von Wasserstoffsuperoxyd und eine dadurch erhöhte Oxydation wahrscheinlich; hat doch Jorissen beim Schütteln von Ölen mit Wasser und Luft eine Wasserstoffsuperoxydreaktion nachweisen und A. Heffter bei seinen Arbeiten über die Ursache der Zersetzung des Jodkaliums in Salben in einem mit Schweinefett zerriebenen Wasser Wasserstoffsuperoxyd konstatieren können.

Mittel gegen das Ranzigwerden.

Da zum Ranzigwerden Feuchtigkeit, Luft und Licht nötig sind und dasselbe durch Fermente wesentlich gefördert wird, so sind auch die demselben entgegenwirkenden, also die Fette konservierenden Mittel gegeben: Absolute Trockenheit, vollkommene Reinheit der Öle und Fette und Lagerung unter Licht- und Luftabschluß. So einfach diese Mittel auch sind, lassen sie sich in der Praxis doch nur in unvollkommenem Maße anwenden. So ist es vor allem sehr schwierig, die letzten Spuren von Feuchtigkeit aus Fetten und Ölen zu entfernen und alle die Ranzidität begünstigenden Verunreinigungen zu beseitigen. Daß die Verunreinigungen sehr oft die Erreger der Ranzidität sind, beweist das leichte Verderben der minderen Olivenöle, schlecht gereinigten Talges usw., während sehr reine Fette sich sehr lange halten und synthetisch hergestellte Triglyzeride nach Benedikt überhaupt nicht ranzig werden. Das Abhalten von Luft und Licht beim Lagern wird durch Holzfässer oder bedeckte Eisenreservoirs nur unvollständig erreicht; in offenen Gefäßen aufbewahrte Öle und Fette werden aber jedenfalls weitaus schneller ranzig als verschlossen gehaltene, und mag die Beobachtung Friedels[1]), der in Fetten, welche in den mehrere tausend Jahre alten Gräbern von Abydos vorgefundenen wurden, noch unzersetzte Glyzeride nachweisen konnte, als Beispiel angeführt sein, welch konservierende Wirkung Luft- und Lichtabschluß äußern. Eine größere Haltbarkeit der Fette, speziell solcher, die neben Glyzeriden auch noch andere organische Stoffe enthalten (Butter), kann auch durch geringe Zusätze von Kochsalz, Milchzucker, Benzoeharz und aseptischen Mitteln erzielt werden.

s) Verhalten gegen Mineralsäuren.

Die Einwirkung der verschiedenen Mineralsäuren auf Öle und Fette ist eine verschiedenartige. In verdünntem Zustande wirken Salzsäure und Schwefelsäure nur sehr wenig ein. Daß Salzsäure, mit Ölen in innige Berührung gebracht, nach längerer Zeit eine Spaltung der Triglyzeride hervorzurufen vermag, wurde bereits Seite 104 gesagt und ebenso die hydrolysierende Wirkung der Schwefelsäure beschrieben (Seite 105).

Salzsäure.

Schwefelsäure.

Rührt man Schwefelsäure mit Ölen und Fetten zusammmen, so tritt eine mehr oder weniger starke Temperaturerhöhung ein; bei trocknenden Ölen ist dieselbe größer als bei nichttrocknenden. Maumené[2]), Fehling,

[1]) Compt. rendus, 1897, S. 648.
[2]) Compt. rendus, Bd. 35, S. 572; Bd. 92, S. 721.

Casselmann[1]), Allen[2]), Archbutt und andere haben diese Temperaturserhöhung näher studiert; dieselbe wurde zuerst von Maumené als analytischer Behelf vorgeschlagen, der dann von Mitchell[3]), Thomson und Ballantyne[4]), Jenkins[5]), Richmond[6]), Ellis[7]), Jean[8]), Sherman, Danziger und Kohnstamm[9]) näher geprüft wurde und sich als recht wenig zuverlässig erwies. Öle, die eine Zeitlang dem Lichte und der Luft exponiert waren, ergaben größere Temperaturerhöhungen als im Dunkeln aufbewahrte.

Trocknende Öle geben mit Schwefelsäure ein sehr viskoses Reaktionsgemisch, das neben freien Säuren und Glyzerin auch viel unzersetztes Triglyzerid aufweist. Bei nichttrocknenden Ölen findet eine weit geringere Temperaturerhöhung statt als bei trocknenden, dafür tritt bei richtiger Leitung des Prozesses eine vollständige Spaltung der Glyzeride in freie Säure und Glyzerin ein. Die sich dabei abspielenden Vorgänge sind schon vielfach untersucht worden, ohne daß man bis heute darüber ganz im Klaren wäre.

Reaktionsverlauf.

Beschäftigt haben sich mit dem Studium dieser Frage Frémy[10]), Müller-Jacobs[11]), Liechti und Suida[12]), Schmid[13]), Ssabanjeff[14]), Saytzeff[15]), Benedikt und Ulzer[16]), Scheurer-Kestner[17]), Geitel[18]), Juillard[19]), Wolff[20]) und Herbig[21]). Ihre Ansichten sind nicht die gleichen; einige nehmen eine vollständige Spaltung der Glyzeride an, wobei die Schwefelsäure mit der freien Ölsäure in Verbindung treten soll; andere dagegen meinen, daß nur eine partielle Verseifung des gesamten Trioleins zu Monolein stattfinde, welch letzteres dann mit der Schwefelsäure zu einem Glyzerinschwefelsäureester der Oxystearinsäure zusammentrete; und schließ-

---

1) Zeitschr. f. analyt. Chemie, Bd. 6, S. 484.
2) Moniteur scient., Bd. 14, S. 725.
3) Journ. Soc. Chem. Ind., 1897, S. 194.
4) Journ. Soc. Chem. Ind., 1891, S. 234.
5) Journ. Soc. Chem. Ind., 1897, S. 194.
6) Zeitschr. f. angew. Chemie, 1895, S. 300.
7) Journ. Pharm. Chemie, Bd. 20, S. 302.
8) Chem. Ztg. Rep., 1889, S. 306.
9) Journ. Americ. Chem. Soc., 1902, S. 266.
10) Liebigs Annalen, Bd. 19, S. 296; Bd. 20, S. 50; Bd. 33, S. 10.
11) Dinglers polyt. Journ., Bd. 251, S. 449 u. 547; Bd. 253, S. 473; Bd. 254, S. 302.
12) Mitteilung d. technologischen Gewerbemuseums in Wien, Bd. 1. S. 31 u. 59; Dinglers polyt. Journ., Bd. 250, S. 543.
13) Dinglers polyt. Journ., Bd. 250, S. 543; Bd. 251, S. 547; Bd. 254, S. 302 u. 346.
14) Berichte d. deutsch. chem. Gesellsch., Bd. 19, S. 239 Ref.
15) Berichte d. deutsch. chem. Gesellsch., Bd. 19, S. 541.
16) Zeitschr. f. chem. Industrie, 1887, S. 298.
17) Bull. Soc. Ind. Mulh., 1891, S. 53.
18) Journ. f. prakt. Chemie, 1888, S. 13.
19) Arch. des sciences phys. et natur. de Genève, 1890, S. 134.
20) Chem. Revue, 1897, S. 103.
21) Färber-Ztg., 1902, S. 277; 1903, S. 293, 309, 397, 422; 1904, S. 21, 37.

lich ist auch die Ansicht ausgesprochen worden, daß Glyzerin überhaupt nicht abgespalten werde, sondern eine direkte Anlagerung der Schwefelsäure an das Triglyzerid stattfinde. Schon 1777 hat Achard die zersetzende Wirkung der Schwefelsäure auf Fette erkannt, wie später auch Caveton (1831). Auch Chevreul (1824) erwähnte diese Erscheinung in seinen Publikationen über die Fette, doch erst Frémy vermochte den Prozeß richtig zu deuten. Seine Untersuchungen über die Einwirkung der Schwefelsäure auf Oliven- und Mandelöl ergaben, daß Schwefelsäure auf die Glyzeride der Palmitin- und Stearinsäure einfach spaltend wirke, daß aber beim Ölsäureglyzerid neben einer vollständigen Spaltung des Oleins in Glyzerin und freie Ölsäuren gleichzeitig auch eine Verbindung dieser beiden Stoffe mit der überschüssigen Schwefelsäure zu Glyzerinschwefelsäure und Oleinschwefelsäure stattfinde. Leider haben die Arbeiten Frémys nicht jene Würdigung gefunden, die sie eigentlich verdienten.

Über die Natur der gebildeten Sulfosäuren haben M. C. und A. Saytzeff, Ssabanejeff, Benedikt und Ulzer Untersuchungen angestellt. Nach Saytzeff wird auf Grund der Gleichung:

$$C_{15}H_{31} - CH = CH - COOH + H_2SO_4 = C_{15}H_{31} - CH(OSO_3H) - \underset{\substack{|\\ HOOC}}{CH_2}$$

ein Schwefelsäureester der Oxystearinsäure gebildet, der beim Kochen mit Wasser in

$$C_{15}H_{31} \cdot CH(OSO_3H) \cdot CH_2 \cdot COOH + H_2O = H_2SO_4 + C_{15}H_{31}CHOH \cdot \underset{\substack{|\\ HOOC}}{CH_2} \cdot$$

zerfällt, und zwar soll die so entstandene Oxystearinsäure die β-Säure sein, welche (besonders unter Druck oder bei Gegenwart von Salz- oder Schwefelsäure) zu laktidartigen Verbindungen zu kondensieren vermag.

Liechti und Suida[1]) geben eine verseifende Wirkung der Schwefelsäure zu, aber nur insoweit, als aus Triolein Monolein entstehe und diese mit der Schwefelsäure zu einem Oxystearinschwefelsäureester zusammentreten, dem die Genannten die Formel geben:

$$\left.\begin{matrix} C_{18}H_{35}O_3 \\ SO_4 \\ C_{18}H_{35}O_3 \end{matrix}\right\} \cdot \begin{matrix} C_3H_5OH \\ C_3H_5OH \end{matrix} \cdot$$

Auch schreiben sie der Schwefelsäure eine oxydierende Wirkung zu. Müller-Jacobs sowie Benedikt und Ulzer bestreiten die Bildung des von Liechti und Suida angenommenen Esters, Geitel[2]) nimmt die direkte

[1]) Dinglers polyt. Journ., Bd. 250, S. 543; Bd. 251, S. 547.
[2]) Journ. f. prakt. Chemie, Bd. 37, S. 53.

Anlagerung von Schwefelsäure an das Glyzerid der Ölsäure unter Bildung von Estern in nachstehender Weise an:

$$C_3H_5(C_{15}H_{31}-CH=CH-COO)_3+3\,H_2SO_4=C_3H_5\left\{\begin{array}{r} SO_4H \\ | \\ C_{15}H_{31}-CH_2-CH \\ | \\ HOOC \end{array}\right\}_3$$

und

$$2\,C_3H_5(C_{15}H_{31}-CH=CH-COO)_3+3\,H_2SO_4$$

$$=(C_3H_5)_2\left\{\begin{array}{l} C_{15}H_{31}-CH_2-CH-COO \\ \qquad\qquad\qquad\;\; | \\ \qquad\qquad\qquad\; SO_4 \\ \qquad\qquad\qquad\;\; | \\ C_{15}H_{31}-CH_2-CH-COO \end{array}\right\}_3 .$$

Der erste Ester soll sich hauptsächlich bei der Einwirkung von Schwefelsäure auf freie Ölsäure bilden, der zweite soll aus Triolein entstehen. In allerletzter Zeit hat Herbig über diese Frage viel gearbeitet und ist dabei zu folgenden Resultaten gelangt:

1. Bei der Einwirkung konzentrierter Schwefelsäure auf Olivenöl wirkt die konzentrierte Säure verseifend auf das Triglyzerid. Die Menge der zur Reaktion verbrauchten Schwefelsäure ist äquivalent derjenigen Menge Ölsäure, welche zur Bildung von Stearinschwefelsäure verbraucht wird. In besonderen Fällen kann eine größere Menge freier Ölsäuren entstehen, als zur Bindung der beim Sulfonieren verbrauchten Schwefelsäure beansprucht wird.

2. Das Glyzerin, welches beim Verseifen des Öles entsteht, findet sich in der Unterlauge als freies Glyzerin oder als Glyzerinschwefelsäure; letzterer Fall ist indessen nicht sehr wahrscheinlich.

Rizinusöl und Schwefelsäure.

Der Verlauf der Reaktion, die beim Zusammenbringen von Rizinusöl mit Schwefelsäure bei gewöhnlicher Temperatur eintritt, ist von dem bei Olivenöl stattfindenden verschieden; er ist von Bogajewsky studiert worden, und dieser nimmt einen Verlauf von drei Phasen an, wobei sich vor allem aus dem Triglyzerid der Rizinolsäure unter teilweiser Abspaltung von freier Rizinolsäure ein Schwefelsäure-Rizinolsäure-Glyzerinester bildet:

$$C_3H_5\{C_{17}H_{32}(OH)\cdot COO\}_3+H_2SO_4$$

$$=C_{17}H_{32}\cdot OH\cdot COOH+C_3H_5\begin{array}{l}\diagup\{C_{17}H_{32}\cdot OH\cdot COO\}_2 \\ \diagdown O\cdot SO_4H\,.\end{array}$$

welcher Ester weiter derart umgewandelt wird, daß Sulfogruppen an Stelle der Wasserstoffatome der Hydroxylgruppen treten:

$$C_3H_5\begin{array}{l}\diagup\{C_{17}H_{32}-OH\cdot COO\}_2 \\ \diagdown OSO_4H\end{array}+H_2SO_4=C_3H_5\begin{array}{l}\diagup\{C_{17}H_{32}(OSO_4H)COO\}_2 \\ \diagdown OH\end{array}+H_2O$$

und diese Verbindungen endlich polymerisiert werden.

Die Industrie macht von der Einwirkung der Schwefelsäure auf die Fettkörper vielfachen Gebrauch, so in der Stearinindustrie zum Spalten von Fetten und zur Umwandlung der Ölsäure bzw. deren Triglyzeride in festes Kerzenmaterial (Bildung von Oxysäuren). Auch bei der Herstellung von Türkischrotöl wird der Schwefelsäureprozeß benutzt, und wir verdanken gerade dem Studium der Türkischrotölwirkung in der Färberei eine Reihe wertvoller Arbeiten über den Verlauf des Sulfurierungsprozesses von Oliven- und auch Rizinusöl, welches letztere früher fast ausschließlich zur Herstellung von Türkischrotöl verwendet wurde. Im Band 3 wird sowohl beim Kapitel „Türkischrotöl" als auch in dem über die „Fettspaltung" auf den „Sulfurierungsprozeß" eingehend zurückgekommen.

Stearin-industrie.

Türkisch-rotöl.

Von geringerem technischen Interesse als die Einwirkung der Schwefelsäure auf Fette und Öle ist die der Salpetersäure. Bereits in verdünntem Zustande oxydiert diese bei Siedehitze die Fette, wenn auch langsam. Konzentrierte Salpetersäure wirkt sehr energisch ein, unter lebhafter Entwicklung von NO_2-Dämpfen; nach Fahrion bilden sich bei dieser Reaktion aus allen Glyzeriden der ungesättigten Fettsäure hydroxylierte Säuren, die weiter in Nitroderivate derselben übergehen. Mit Lein- und Rizinusöl bildet rauchende Salpetersäure sogenannte „nitrierte Öle". Von diesem Prozeß macht man in der Fettindustrie Gebrauch, indem man diese Produkte ähnlich wie die Faktis als Kautschukersatz und als Acetonlösung auch zu Lacken verwendet. Die Prozesse, welche sich bei der Nitrierung von Lein- und Rizinusöl abspielen, sind noch gar nicht näher untersucht. In der Praxis verwendet man zur Nitrierung nicht rauchende Salpetersäure, sondern ein Gemenge von zwei Teilen Schwefel- und einem Teil Salpetersäure. Die erhaltenen Produkte stellen sehr dicke Flüssigkeiten von höherem spezifischen Gewicht als das Wasser dar, und vereinigen sich mit Nitrozellulose zu homogenen Substanzen.

Salpeter-säure.

Nitrierte Öle.

Die salpetrige Säure wirkt auf das Glyzerid der Ölsäure genau so ein wie auf die freien Ölsäuren, dieses in festes Trielaidin verwandelnd. (Seite 40.) Die zuerst von Poutet im Jahre 1819 beschriebene und für die Untersuchung des Olivenöles auf seine Reinheit empfohlene Reaktion wird heute unter dem Namen „Elaidinprobe" in der Fettanalyse allgemein zur Untersuchung von trocknenden und nichttrocknenden Ölen verwendet. Die zum Festwerden der Öle nötige Dauer der Einwirkung der salpetrigen Säure hängt von einer Reihe von Faktoren ab, von welchen nur erwähnt seien: die Einwirkungsart der salpetrigen Säure, die Innigkeit der Mischung, die Form des Gefäßes, in welcher die Reaktion vorgenommen wird, das Alter des Öles und die frühere Aufbewahrung desselben. Gintl hat gezeigt, daß ein 14 Tage im Sonnenlicht aufbewahrtes Olivenöl die Elaidinreaktion überhaupt nicht mehr gibt.

Salpetrige Säure.

t) Verhalten gegen Halogene.

Chlor und Brom.

Chlor und Brom bilden bei der Einwirkung auf Fette und Öle teils Substitutions-, teils Additionsprodukte. Die Glyzeride der gesättigten Säuren erleiden nämlich eine Substitution, unter Entwicklung von Chlor- oder Bromwasserstoffsäure:

$$\underset{\text{Tristearin}}{C_3H_5(C_{18}H_{35}O_2)_3} + 6\,Cl = \underset{\text{Chlorstearinsäure-Triglyzerid}}{C_3H_5(C_{18}H_{34}ClO_2)_3} + 3\,HCl,$$

während die Glieder der ungesättigten Fettsäuren Halogene addieren:

$$\underset{\text{Triolein}}{C_3H_5(C_{18}H_{33}O_2)_3} + 6\,Cl = \underset{\text{Chlorstearinsäure-Triglyzerid}}{C_3H_5(C_{18}H_{33}Cl_2O_2)_3}.$$

Jod.

Jod gibt mit den Glyzeriden der gesättigten Säuren keine Substitutionsprodukte, wird aber von den ungesättigten Glyzeriden langsam addiert. Viel rascher und glatter verläuft die Reaktion, wenn Jod in Form einer alkoholischen Lösung in Gegenwart von Quecksilberchlorid auf die gelösten Fette einwirkt. Man macht in der Fettanalyse von dieser interessanten Reaktion, auf die hier nicht näher eingegangen werden soll, häufig Gebrauch (Jodzahl).

Werden die Fette mit einer geringeren Menge von Chlor und Jod abgebenden Reagenzien behandelt, als zur vollen Absättigung der ungesättigten Verbindungen notwendig ist, so entstehen Produkte, die sich äußerlich von den Fetten nicht wesentlich unterscheiden und unbegrenzte Haltbarkeit haben. Wird die Absorption aber bis zur Grenze getrieben, so bilden sich farblose, bis weißlichgelbe salbenartige Produkte, welche schon nach kurzer Zeit das gebundene Jod unter Bräunung wieder abgeben.

Haltbare Jodfette.

Um haltbare Jodfette für die Pharmazie zu erhalten, hat daher Merck Produkte herzustellen versucht, bei denen die Halogeneabsorption vor der Sättigung unterbrochen wurde; diese Produkte, welche vom Organismus sehr leicht aufgenommen werden und im Körper direkt als Jodfett teilweise zum Ansatz gelangen [1]), finden therapeutische Verwendung.

Das Mercksche Verfahren wird so ausgeführt [2]), daß man die betreffenden Öle und Fette mit Monochlorjod, das schon J. Ephraim statt der Hüblschen Jodlösung für analytische Zwecke in Vorschlag brachte, in alkoholischer Lösung behandelt. Die alkoholische Lösung von Monochlorjod wird bei 40—50° C mit den Ölen geschüttelt, das gebildete Jodfett dann mit Alkohol gut ausgewaschen und im Vakuum bei 50° C getrocknet. Bei der Herstellung von Bromfetten wird analog verfahren, nur wird an Stelle des Monochlorjods Chlorbrom verwendet. Merck hat in seinem Patente auch andere Jodierungs- und Bromierungsmittel geschützt (Hüblsche Lösung usw.) und das Wesentliche seines Verfahrens läuft, wie schon

[1]) Winternitz: Deutsche mediz. Wochenschrift, 1897, S. 23.

[2]) D. R. P. 96495.

gesagt, darauf hinaus, daß die Halogenmengen zur Erzielung der theoretisch möglichen, höchst gejodeten oder gebromten Verbindungen unzureichend sind.

Bromipin, Jodipin.

Die im Handel unter dem Namen Bromipin[1]) und Jodipin vorkommenden Brom- und Jodfette sind aus Sesamöl gewonnen und werden in zwei Konzentrationen hergestellt; die schwächere enthält 10 % Jod oder Brom, die stärkere 25 % Jod oder 33,3 % Brom. Eine vollständige Sättigung wird erst bei 100—110 % Jod erreicht. In neuerer Zeit verwendet man statt der Glyzeride auch die Methyl- und Äthylester der betreffenden Fettsäure. Um die Jodfette und die Jodöle schmackhafter zu machen, sucht man sie durch Vermischen mit Kasein und Milchzucker in pulverförmige Substanzen zu verwandeln, wodurch der widerwärtige Geschmack ganz behoben wird[2]).

Jod-Bromfette.

Majert[3]) will haltbare, gleichzeitig Jod und Brom enthaltende, unvollständig halogenisierte Fette darstellen. Die Bromjodverbindungen sollen das Jod viel lockerer gebunden enthalten als die Chlorjodverbindungen und daher in therapeutischer Beziehung viel rascher zur Geltung kommen.

Lafay[4]) hat gefunden, daß die geringe Haltbarkeit bzw. das Rotfärben von gesättigten Jodfetten auf die Verunreinigungen der Fette zurückzuführen ist, und daß sich auch haltbare, vollständig halogenisierte Fette darstellen lassen. So hat er durch Einwirkung von Jodwasserstoff auf Mohnöl eine Flüssigkeit erhalten, die bei 40 % Jodgehalt noch die ursprüngliche Färbung des Öles zeigte. Bei Jodfetten aus Sesamöl schreibt Lafay die Rot- und Violettfärbung der Gegenwart des Sesamins zu.

Man hat auch versucht, bei der Herstellung von Jod- und Bromfett die Halogene durch die entsprechenden Wasserstoffverbindungen zu ersetzen[5]).

Jod-Schwefelfette.

Degner will für pharmazeutische Zwecke Fette verwenden, die neben Jod auch Schwefel enthalten. Nach seinem Patente[6]) wird Sesam- oder Mohnöl zuerst mit Jodbenzollösung behandelt und in dieselbe Schwefelwasserstoff eingeleitet, wobei Produkte erhalten werden, die 10—30 % Jod und 2 % Schwefel enthalten. Die Reaktionsprodukte sind gelblichbraun, flüssig, in Benzol, Äther, Ligroin bei gelblicher Färbung löslich und enthalten Jod und Schwefel fest gebunden, so daß sie durch die gewöhnlichen Reagenzien nicht nachgewiesen werden können. Beim Erhitzen über freier Flamme wird das Jod in Form von violetten Dämpfen abgegeben.

Fette und Halogensalze.

Gegen die Salze der Wasserstoffsäuren verhalten sich die Fette indifferent. Die geringe Haltbarkeit der Jodkaliumfette ist nach A. Heffter[7])

[1]) D. R. P. 140827.
[2]) D. R. P. 150763.
[3]) D. R. P. 139566.
[4]) Pharmaz. Zentralhalle, 1900, S. 2.
[5]) D. R. P. 135835.
[6]) Amerik. Patent 696900 v. 1. April 1902. — Chem. Ztg., 1902, Nr. 33.
[7]) Schweiz. Wochenschrift f. Chemie und Pharmazie, 1904, S. 320.

auf eine durch geringe Mengen Wasserstoffsuperoxyd bewirkte Jodabspaltung zurückzuführen, und es kann die dadurch hervorgerufene Bräunung des Fettes durch geringe Beigaben von Natriumthiosulfit hintangehalten werden. Das Wasserstoffsuperoxyd wird in mit etwas Wasser verriebenen Fetten von selbst gebildet.

u) Verhalten gegen Schwefel und Chlorschwefel.

Schwefel.

Schwefel wird von den Ölen und Fetten in der Kälte in geringer Menge gelöst. Bei höheren Temperaturen vermögen alle Öle Schwefel aufzunehmen und wird derselbe ähnlich wie der Sauerstoff absorbiert. Lein-, Rizinus-, Rüb- und Kottonöl, wie alle Fette, nehmen bei 120—160° C Schwefel auf, der sich beim Erkalten zum größten Teil wieder ausscheidet.

Altschul meint, daß die bei Behandlung mit Schwefel erfolgende Reaktion in allen Fällen auf eine Addition hinauslaufe; daß dem nicht so ist, daß vielmehr neben Additions- auch Substitutionsprodukte gebildet werden, hat Henriques nachgewiesen, und zwar soll bei niederer Temperatur hauptsächlich Addition, bei höheren Temperaturen Substitution stattfinden. Da das Verhalten der Triglyzeride dem der betreffenden Fettsäuren ähnlich sein dürfte (s. S. 39), so wird wahrscheinlich das in den Fetten enthaltene Triolein Schwefel addieren, während bei Tristearin und Tripalmitin eine Substitution stattfinden dürfte. Nur bei höheren Temperaturen (200—300° C) dürfte eine solche auch bei Triolein eintreten, weil unter solchen Temperaturgraden auch Ölsäure Schwefel unter Schwefelwasserstoffentwicklung substituiert. Jedenfalls sind die Prozesse, die bei der Schwefelung der Öle eintreten, nicht so einfacher Natur, wie Altschul annimmt. Auch Michael hat die Einwirkung von Schwefel auf ungesättigte organische Verbindungen als Vorgänge von komplizierter Art geschildert.

Verseifen geschwefelter Fette.

Beim Verseifen geschwefelter Öle in der Kälte und nachherigem Abscheiden der Fettsäuren werden geschwefelte Säuren erhalten, wobei sich nur ganz geringe Mengen Schwefelwasserstoff entwickeln. Wird geschwefelte Fettsäure auf 130—200° C erhitzt, so entweicht Schwefelwasserstoff in größerer Menge, unter gleichzeitiger Substituierung eines Wasserstoffmoleküls durch Schwefel.

Faktis.

Von der Schwefelung der Öle und Fette macht man in der Faktis-Industrie Gebrauch; die dabei erhaltenen Produkte sind nämlich wegen ihrer hohen Elastizität als Ersatz für den Naturgummi in der Kautschuk-Industrie gut zu gebrauchen. Auch werden geschwefelte Öle in der pharmazeutischen Industrie angewandt. Das Verfahren von August Seibels[1]), nach welchem Tran mit 12% Schwefelblumen so lange auf 120° C erwärmt wird, bis sich der größte Teil des Schwefels gelöst hat, um dann die Schwefeltranlösung auf 240° C zu erhitzen, verfolgt die Herstellung wasserlöslicher geschwefelter Öle.

---

[1]) D. R. P. 56055 v. 3. Juni 1890.

Nicht unerwähnt soll hier auch die reibungsvermindernde Wirkung bleiben, die Schwefel als Zusatz zu Schmierölen oder Schmierfetten hervorbringt. Wagner[1]) berichtet, daß die von Heeren erwähnte Mischung von Schwefel mit Öl oder Fett, welche zur Abkühlung heißgelaufener Lager verwendet werden soll, in der Tat für genannten Zweck gute Dienste leiste. Ob die Erklärung, daß der durch die Reibung entstehende und Lager wie Zapfen stark angreifende Metallstaub durch den Schwefel in weiches, schmieriges (?) Schwefelmetall verwandelt werde, die richtige sei, möchte aber Verfasser dahingestellt bleiben lassen. Schwefel-Schmieröle.

Chlorschwefel, mit Ölen und Fetten bei mäßiger Wärme zusammengebracht, reagiert unter lebhafter Wärmeentwicklung und Ausscheidung von Salzsäuredämpfen. Die dabei stattfindende Reaktion ist noch nicht genügend aufgeklärt. Berichtet haben über diesen Vorgang schon Rochleder[2]), Russin[3]), Perra[4]), Mercier[5]) u. a. und Warren[6]) hat sogar auf das Verhalten des Schwefelkohlenstoffs gegen diese Reaktionsprodukte eine analytische Methode gegründet. Seine Annahme, daß die aus trocknenden Ölen erhaltenen Reaktionsmassen in CS_2 nicht löslich seien, während die aus nicht trocknenden Ölen entstehenden Produkte von diesem Lösungsmittel aufgenommen werden, ist aber nach den Versuchen Sommers[7]) und Henriques[8]) nicht richtig. Letzterer hat auch gezeigt, daß eine Beziehung zwischen der Trockenfähigkeit eines Öles und der zur Bildung fester Produkte notwendigen Chlorschwefelmenge nicht besteht. Chlorschwefel.

Fawsitt[9]) hat die Temperaturerhöhung näher beobachtet, welche beim Vermischen der Öle mit Chlorschwefel eintritt. Auf Palmöl soll Chlorschwefel nicht verdickend einwirken, alle anderen Öle und Fette werden aber bei andauernder Einwirkung fest.

Es scheint, daß Chlorschwefel auf die Fette ungefähr so wirkt wie Jodchlorid, daß also sowohl Chlor als auch Schwefel von den Fetten aufgenommen werden. Beim Verseifen dieser Produkte wird nur das Chlor in Form von Salzsäure ausgetrieben der Schwefel bleibt an die Fettsäure gebunden. Der Umstand, daß geblasene Öle (oxydierte Öle) weniger Chlorschwefel zur Bildung fester Sulfurierungsprodukte benötigen, wie auch das geringe Jodabsorptionsvermögen dieser Substanzen gegenüber den naturellen Ölen deuten auf Additionsvorgänge hin, die bei der Chlorschwefel-

---

[1]) Dinglers polyt. Journ., Bd. 228, S. 288.
[2]) Dinglers polyt. Journ., Bd. 3, S. 159.
[3]) Dinglers polyt. Journ., Bd. 151, S. 136.
[4]) Dinglers polyt. Journ., Bd. 151, S. 138.
[5]) Compt. rendus, Bd. 84, S. 916.
[6]) Chem. News, 1888, S. 113.
[7]) D. R. P. 5082.
[8]) Chem. Ztg., 1893, S. 634.
[9]) Journ. Soc. Chem. Ind., Bd. 7, S. 552.

behandlung stattgefunden haben. Henriques[1]) nimmt eine Anlagerung des Chlorschwefels an die doppelte Bindung der ungesättigten Säuren an, welche Annahme durch frühere Arbeiten Webers[2]) unterstützt wird. Die Produkte, welche man beim Behandeln fetter Öle mit Chlorschwefel erhält, dienen unter dem Namen „weiße Faktis" ebenso als Kautschuksurrogate wie die durch Schwefelbehandlung erhaltenen, welche man gewöhnlich unter dem Namen „braune Faktis" zusammenfaßt[3]).

Faktis.

Schwefelbalsame.

Die sogenannten Schwefelbalsame[4]) des Handels sind Schwefelderivate der Triglyzeride ungesättigter Fettsäuren, welche so hergestellt werden, daß man die in Benzol gelösten Öle bei Temperaturen unter 40° C mit Chlorschwefel behandelt und nachher das Lösungsmittel vertreibt.

---

[1]) Zeitschr. f. angew. Chemie, 1895, S. 691.

[2]) Zeitschr. f. angew. Chemie, 1893, S. 112 u. 130.

[3]) Näheres Bd. 3, Kapitel: „Herstellung von Faktis".

[4]) Amerik. Patent 498162 v. 23. Mai 1893 (W. D. Field.)

Viertes Kapitel.

Die Erzeugung und Weiterverarbeitung der Öle und Fette im allgemeinen.

Historisches über Pflanzenöle.

Die Gewinnung und Benutzung der im Pflanzen- und Tierreiche vorkommenden Öle und Fette reicht bis in die ältesten Zeiten zurück. Nicht nur das beim Braten des Fleisches von selbst ausschmelzende Fett, sondern auch das aus ölreichen Früchten und Samen durch Auspressen erhaltene Öl ist sicher schon in den frühesten Geschichtsepochen bekannt gewesen und scheinen diese Produkte außer zu Nahrungszwecken auch als Medikamente und Beleuchtungsstoffe gebraucht worden zu sein.

Olivenöl.

Von den Pflanzenölen ist offenbar das Olivenöl am frühesten hergestellt und verwendet worden, weil das Gewinnen desselben aus dem Fruchtfleische der Oliven nur geringe Schwierigkeiten bot. Plinius schreibt in seiner „Naturgeschichte" die Erfindung der Olivenölbereitung dem Aristäus, einem Sohne des Apollo, zu. In Kleinasien ist Olivenöl schon zu Moses Zeiten viel verwendet worden; an mehreren Stellen des Alten Testamentes geschieht dieses Öles Erwähnung, und zwar rühmt man dasselbe als zur Bereitung von Speisen, für Opfer, zum Brennen in Lampen und zum Salben des Haares und des Körpers geeignet. Im Buche Hiob heißt es auch: „Sie zwingen sie Öl zu machen auf ihren Mühlen", ein Beweis, daß die Gewinnung von Olivenöl zur Zeit der Entstehung dieses Bibelteiles (ungefähr 700 Jahre vor Christus) schon gewerbsmäßig betrieben wurde.

Die Griechen scheinen zur Zeit des trojanischen Krieges (1194—1184 v. Chr.) das Öl als Beleuchtungsstoff noch nicht verwendet zu haben. Nach Herodot (484—408 v. Chr.) waren aber die Griechen doch das erste europäische Volk, welches Oliven zu Öl zu verarbeiten verstand, und Homer berichtet (900 v. Chr.) in seiner „Ilias" bereits von der Verwendung desselben in der Weberei.

Samenöle.

Die erste Herstellung von Ölen aus Ölsämereien fällt jedenfalls in eine etwas spätere Epoche als die Anfänge der Ölgewinnung aus Früchten

(Oliven), weil bei der Erzeugung von Samenölen größere technische Schwierigkeiten zu überwinden waren als bei der Olivenölgewinnung. Nur in Länder, wo der Olivenbaum nicht heimisch war, kannte man die Samenöle früher als das Olivenöl, z. B. in Ägypten, wo man Sesamöl, Leinöl, Rizinusöl und Kürbiskernöl vor dem Olivenöl verwendete, was aus einem interessanten Papyrus aus der Zeit des Königs Ptolomäus Philadelphus (259 v. Chr.) hervorgeht. Die Verarbeitung der ölreichen Sämereien hat im Laufe der Jahrhunderte mehr und mehr an Bedeutung gewonnen und hat heute eine wirtschaftliche Wichtigkeit erlangt, welche die des Olivenöles weit überragt. Die Erfindung der hydraulischen Presse und die Einführung der Extraktionsmethode sind die wichtigsten Etappen in der neueren Entwicklungsgeschichte der Ölfabrikation, die trotz ihrer heutigen hohen Stufe technischer Vervollkommnung Erfindern noch immer ein ergiebiges Arbeitsfeld bietet [1]).

Historisches über Tierfette.

Ist die Entwicklungsgeschichte der Gewerbe überhaupt ein ziemlich vernachlässigter Zweig der Geschichtsschreibung, so trifft dieser Vorwurf für die sich mit der Gewinnung animalischer Öle und Fette beschäftigenden Gewerbe ganz besonders zu. Die bei der Zubereitung des Fleisches ausschmelzenden Fettsorten, wie Rindstalg, Schweine- und Hammelfett, dürften diejenigen gewesen sein, die man zuerst sammelte und teils als Speisefette, teils als Beleuchtungsmaterial verwendete. Auch Butter ist jedenfalls schon in sehr früher Zeit bekannt gewesen, weil die Nomadenvölker, welche Milch in Schläuchen auf ihren Reisen mitführten, durch Selbstausscheidung des Milchfettes die Butter kennen lernen mußten. Den Römern und Griechen scheint das Milchfett später bekannt geworden zu sein als den sie umwohnenden Völkerschaften. Der vielgereiste Solon erzählt als besondere Eigentümlichkeit, daß durch Umrühren der Milch ein Fett gewonnen werden könne, und Hecatäus berichtet von den Päonern am Strymon, daß sie sich mit einem aus Milch hergestellten Fette salbten. Der Dichter Anaxandrides (400 v. Chr.) spricht von butteressenden Männern, Herodot schreibt über die Buttergewinnung der Skythen, welche zu diesem Zwecke Pferdemilch verwendeten, Hippokrates (460—377 v. Chr.) läßt sich ebenfalls über die von den Skythen, Thrakern und Phrygern geübten Gewinnungsweise der Butter aus, und Dioskorides (50 n. Chr.) erkannte, daß die beste Butter aus der fettesten Milch erhalten werde, daß Butter wie alle Fette, brennbar sei, und empfahl den Ruß derselben als Arznei.

Das Ausschmelzen der fetthaltigen Körperteile der Tiere zum ausschließlichen Zwecke der Fettgewinnung erscheint erst zu Anfang unserer Zeitrechnung aufgekommen zu sein. Die Schmelzmethode ist bis zum

[1]) Über die Geschichte der in den Ölfabriken verwendeten Maschinen wird im folgenden Kapitel das Wichtigste gesagt. Auch sind im 2. Bande bei den Einzelbesprechungen der verschiedenen Öle und Fette überall geschichtliche Notizen beigegeben.

heutigen Tage die Hauptgewinnungsart für tierische Fette geblieben und hat nur Verbesserungen hinsichtlich der Vermeidung der dabei auftretenden lästigen Gerüche, Erzielung höherer Ausbeute und Erreichung tadelloser, von fremdem Beigeschmack freier Fettqualitäten erfahren, welch letzere Bestrebungen der Margarin- oder Kunstbutterindustrie die Wege ebneten. Die Gewinnung animalischer Fette durch Extraktion, die zuerst um die Mitte des vorigen Jahrhunderts versucht wurde, hat sich nur bei der Knochenentfettung einzubürgern vermocht.

Geschichte des Wachses.

Unter den Wachsarten kann das Bienenwachs als das am längsten bekannte gelten. Die Bienenzucht soll ebenfalls von Aristäus, dem Erfinder der Ölmühlen, angeregt worden sein, doch weiß Homer noch nichts von Bienenstöcken, sondern spricht nur von in der Wildnis lebenden Schwärmen, und erst eine Stelle der hesiodischen Theogonie kennt die künstlichen Bienenkörbe. Wachs ist offenbar auch schon zu Zeiten gewonnen und zu Fackeln und Kerzen verarbeitet worden, wo man eine regelrechte Bienenzucht noch nicht kannte und als Wachsquellen nur die wilden Bienenstöcke zur Verfügung hatte. Die vegetabilischen Wachse begann man erst relativ spät zu gewinnen.

Besondere Umwälzungen sind in der Wachsindustrie nie zu verzeichnen gewesen; die Verbesserungen beschränken sich auf die Vereinfachung in der Trennung des Honigs von den Waben (Zentrifugieren), auf ein zweckentsprechendes Umschmelzen des Wachses und auf das Bleichen desselben.

Gewinnung der Pflanzenöle.

Für die fabrikmäßige **Gewinnung der pflanzlichen Öle und Fette** kommt eigentlich nur das Pressen und Extrahieren in Betracht; das Ausschmelzen oder Auskochen von Ölen oder Fetten aus Pflanzenteilen wie ein Ausschleudern ist nur in wenigen Ausnahmefällen im Gebrauch.

Preß-Verfahren.

Beim Preßverfahren wird das Öl aus den betreffenden Pflanzenteilen durch Druck zum Ausfließen gebracht und wird dieses durch ein vorhergehendes Zerreißen der das Öl enthaltenden Pflanzenzellen erleichtert. Bei Ölfrüchten, z. B. bei Oliven und bei besonders ölreichen Samen, tritt schon während der Zerkleinerung Öl aus den Pflanzenzellen aus, ja überreife Oliven geben sogar ganz freiwillig (auch ohne jede Zerkleinerung) einen Teil ihres Öles beim Lagern ab. Ölärmere Saaten erfordern dagegen für das Auspressen ihres Öles einen beträchtlichen Druck, und es ist ein halbwegs annehmbares Ausbringen selbst dünnflüssigen Öles oft nur durch Erwärmen der zerkleinerten Saat möglich, wie übrigens alle bei gewöhnlicher Temperatur festen Fette von vornherein eine Anwärmung des Preßgutes erfordern. Je nach der Beschaffenheit und dem Ölgehalte der Samen und Früchte variiert der für das Auspressen angewandte Druck von 1—500 Atmosphären. Je geringer der Druck, je weniger intensiv die Zerkleinerung und je niederer die Temperatur des Preßgutes, um so weniger Fremdstoffe nimmt das ausgepreßte Öl aus dem Samen auf und um so größere Ölmengen bleiben in den Preßrückständen zurück. Will man möglichst reine Öle (Speiseöle) gewinnen, so preßt man unter Beobachtung größter Vorsicht den wenig zerkleinerten und nicht gewärmten Samen, läßt dieser ersten Pressung[1]) (Schlag) aber eine zweite und sogar dritte folgen, bei welchen man der möglichst vollkommenen Ausbringung des Öles das Hauptaugenmerk zuwendet, also bei möglichst hohem Drucke arbeitet, sehr fein zerkleinert und stark erwärmt.

Man spricht daher in der Ölindustrie von kalt und warm gepreßten Ölen, von Ölen erster, zweiter und dritter Pressung (wohl auch Vor- und Nachschlagöle genannt).

Durch keine der möglichen Varianten des Preßverfahrens läßt sich das Öl aus den Samen vollständig gewinnen, es restieren vielmehr in den Preßrückständen wenigstens 5%, meist aber 8—12% Fett. Als daher in den 60er Jahren des vorigen Jahrhunderts Verfahren auftauchten, welche eine absolute Entfettung der ölhaltigen Samen versprachen (Auslaugungsmethode, Extraktion), brachte man diesen Neuerungen das lebhafteste Interesse entgegen.

Extraktions-Verfahren.

Das Extraktionsverfahren beruht auf dem Behandeln der zerkleinerten Saaten mit Lösungsmitteln, welche die Fette aufzunehmen vermögen, ohne die übrigen Bestandteile der Samen zu lösen oder zu verändern. Solche Stoffe sind Schwefelkohlenstoff, Benzin, Chloroform, Schwefeläther, Tetrachlorkohlenstoff usw., welche Produkte ein hohes Lösungsvermögen für alle Öle und Fette besitzen, Eiweiß, Kohlehydrate und die sonstigen Samenbestandteile nicht oder doch nur sehr wenig aufnehmen. Werden zerkleinerte ölhaltige Samen und Früchte mit einem der genannten Lösungsmittel (Extraktionsmittel) behandelt und dieses aus der erhaltenen Öllösung durch Erwärmen wiederum verdampft, so bleibt das Öl für sich zurück. Das durch geeignete Kondensationsvorrichtungen wiedergewonnene Extraktionsmittel kann zur Behandlung neuer Mengen Ölsamen verwendet werden; theoretisch kann man daher mit einer bestimmten Menge von Lösungs- oder Extraktionsmitteln unbegrenzte Quanten Rohstoffe extrahieren.

Da diese Methode den gesamten Ölgehalt der Samen zu gewinnen gestattet, so erscheint sie auf den ersten Blick viel vorteilhafter als das Preßverfahren; dennoch hat die Extraktion die Pressung nicht zu verdrängen vermocht, und zwar aus drei Gründen: Erstens lassen sich die bei dem Extraktionsverfahren erhaltenen Rückstände nur schwer von den letzten Spuren des Extraktionsmittels befreien und sind deshalb, wie auch wohl ihres geringen Fettgehaltes wegen, minderwertiger als die Preßrückstände; zweitens ist bei der Leichtflüchtigkeit der Lösungsmittel der durch Verdunstung herbeigeführte Verlust an diesen kein unbedeutender, wodurch die Arbeit teurer wird, als man ursprünglich annahm, und schließlich hält auch die Qualität

[1]) Das Pressen wird in den Ölfabriken auch noch häufig „Schlagen" genannt, welche Bezeichnung von der alten Keil- oder Schlagpresse herrührt. Der vielgebrauchte Ausdruck „Ölmühle" für Ölfabriken verdankt seine Entstehung der großen Ähnlichkeit gewisser Abteilungen der Ölfabriken mit Mahlmühlen.

der erzeugten Öle einen Vergleich mit der durch Pressung gewonnenen nicht aus, weil in den Ölen nicht nur Reste von Extraktionsmitteln zurückbleiben, sondern diese außer dem Öle auch Farbstoffe, Harze usw. aus den Ölsamen lösen und die gewonnenen Öle damit verunreinigen.

Im Handel werden daher gepreßte Öle[1]) von extrahierten scharf unterschieden und ebenso bei den Rückständen der Fabrikation ein Unterschied gemacht, je nachdem sie durch Pressung (Ölkuchen) oder Extraktion (Extraktionsmehl) erhalten wurden.

Eine Gewinnung vegetabilischer Öle durch Auskochen oder Ausschmelzen ist heute nur noch bei den Naturvölkern gebräuchlich; sie wird daher in dem folgenden Kapitel nur flüchtig gestreift werden, um bei den Monographien des zweiten Bandes geeigneten Ortes eingehendere Erwähnung zu finden.

Das Ausschleudern (Zentrifugieren) findet in der Pflanzenölindustrie nur bei der Aufarbeitung von Raffinationsrückständen Anwendung.

Rückstände der Pflanzenölgewinnung.

Die Rückstände der Pflanzenölgewinnung betragen bei den meisten Samen mehr als die Hälfte vom Gewichte des Rohproduktes; sie unterscheiden sich in ihrer Zusammensetzung von jenen der ursprünglichen Ölsaat oder Früchten eigentlich nur durch den geringen Fettgehalt, da ja chemische Eingriffe bei der Verarbeitung derselben nicht Platz gegriffen haben; denn selbst die Extraktion kann nur als einfache Auslaugung, nicht aber als chemischer Prozeß aufgefaßt werden. Das in der Ölsaat enthaltene Pflanzeneiweiß findet sich in den Fabrikationsrückständen daher unverändert vor und macht diese zu einem sehr wertvollen Viehfutter und Düngemittel. Für ersteres sind die Rückstände auch durch den Gehalt an Kohlehydraten und des restlichen Fettes sehr geeignet; bei Verwendung als Düngemittel spielt neben dem im Pflanzeneiweiß (Protein) enthaltenen Stickstoff auch ihr Kali- und Phosphorgehalt eine wichtige Rolle.

Gewinnung der tierischen Fette durch Ausschmelzen.

Die **tierischen Fette und Öle** werden fast ausschließlich durch das Ausschmelzen der betreffenden Körperteile gewonnen. Durch die dabei stattfindende Temperaturerhöhung bersten die Fettzellen, und der flüssig gewordene Inhalt derselben fließt aus. Je nachdem das Ausschmelzen über freiem Feuer oder mittels Dampf erfolgt, spricht man von „feuergeschmolzenem“ und von „Dampftalg“. Der Austritt des Fettes aus den Zellen kann aber auch durch Zerstörung der Zellwände mittels verdünnter Säuren in der Wärme herbeigeführt werden (Säuretalg). Wird der Schmelzprozeß bei relativ niederer Temperatur vorgenommen (wenige Grade über dem Schmelzpunkt des betreffenden Fettes), so resultiert ein sehr reines Fett, das Premier jus heißt, wenn das Rohmaterial aus dem Fettgewebe des Rindes bestand.

---

[1]) Der bisweilen gebrauchte Ausdruck „Samenöle“ besagt, daß die Öle aus Ölsämereien, nicht aus Ölfrüchten (Olivenöl) gewonnen wurden.

Gewinnung der tierischen Fette durch Auspressen und Extrahieren.

Ein Auspressen ist bei der Gewinnung animalischer Fette und Öle nur in wenigen Fällen in Anwendung; so bei der Erzeugung von Fischölen, Lardöl usw.

Ein Extrahieren ist nur bei Aufarbeitung von Knochen usuell, und es bliebe nur noch die Gewinnungsweise des Milchfettes, der Butter, zu erwähnen übrig, die aus der Emulsionsform, wie sie in der Milch enthalten, durch Schlagen und Stoßen abgeschieden wird.

Rückstände bei der Gewinnung tierischer Fette.

Die Rückstände, welche bei der Erzeugung von Tierfetten resultieren, haben meist nicht den hohen Wert der bei der Pflanzenölindustrie erhaltenen Nebenprodukte; sie finden teils als Nahrungs- und Futtermittel (Grammeln, Griefen), teils als Dünger (Rückstände der Säureschmelze) Verwendung. Extrahierte Knochen dienen zur Fabrikation von Superphosphaten, die entfettete Milch als Rohprodukt der Kaseinfabrikation und als Nahrungsmittel.

Gewinnung von Abfallstoffen.

Die verschiedenen Abfallfette, die aus den Abwässern der Wollwäschereien und Tuchfabriken und aus den städtischen Abfallstoffen stammen, werden entweder auf dem Wege der Ausfällung, des Schmelzens oder der Extraktion gewonnen.

Das Ausfällen der in den Abwässern gelösten Seifen erfolgt durch Kalkmilch (basisches Verfahren) oder durch Mineralsäuren (saures Verfahren). Die erstere führt die Seifen in unlösliche Kalkverbindungen über, die Säuren scheiden freie Fettsäuren aus, welche dann einer weiteren Reinigung unterzogen werden.

Bei der Kadaververarbeitung ist das Ausschmelzen, bei der Wollfettgewinnung neben der Waschmethode die Extraktion gebräuchlich.

Gewinnung von Wachs.

Die **Herstellung der Wachsarten** beschränkt sich auf ein Umschmelzen (Läutern) des Rohproduktes; fabrikmäßige Methoden haben in der Wachsindustrie noch wenig Eingang gefunden.

Natürliche Fettquellen.

Die Natur versorgt uns in fast unerschöpflicher Weise mit Ölen und Fetten; ein Versagen weder der im Pflanzen- noch der im Tierreiche fußenden Quellen ist in absehbarer Zeit zu befürchten. Der alljährlichen Steigerung im Konsum der Öle wird vorderhand durch Heranziehung immer neuer Rohmaterialien (bisher unbekannter Ölsämereien), durch intensiveren Anbau bekannter Ölpflanzen und ausgiebigere Viehzucht Rechnung getragen; sollten die vom Tier- und Pflanzenreiche gelieferten Fettmengen nicht mehr genügen, so wird man der Herstellung künstlicher Glyzeride ernstlich näher treten.

Fett-Synthese.

Die **synthetische Herstellung von Triglyzeriden** aus Fettsäuren und Glyzerin ist, wie Seite 72 berichtet wurde, möglich. Auch die Synthese von Glyzerin ist durchführbar, nur die von höheren Fettsäuren ist bislang nicht gelungen, so sehr sich die Chemiker auch bemühten und ihr Bestreben durch Preise, zuletzt durch einen sehr namhaften, seitens der Standard Oil Company ausgesetzten, angeeifert wurde. Das Ausgangsmaterial aller dieser Versuche bilden die Kohlenwasserstoffe, die sich in den Mineralölen in enormen Quanten in der Natur vorfinden, und die Lösung des Problems dreht sich um die Überführung einer in dem Kohlenwasserstoffkomplex enthaltenen CH_3-Gruppe in die Karboxylgruppe (COOH).

Den Anstoß zu Versuchen, Erdöle in verseifbare Substanzen überzuführen, scheint eine auf der Pariser Weltaustellung vom Jahre 1878 exponierte feste Petroleumseife gegeben zu haben. Die bisherigen Experimente liefen zumeist auf einen in Gegenwart alkalischer Substanzen durchgeführten Oxydationsprozeß hinaus. Das Verfahren von E. Schaal[1]) in Stuttgart verwendet dabei als Oxydationsmittel einen Luftstrom. Die zwischen 150—400° C siedenden Kohlenwasserstoffe werden mit einigen Prozenten einer feingepulverten Mischung von Kalk und Ätznatron in einem mit Rückflußkühler versehenen Kessel zum Sieden erhitzt, und sodann wird Luft oder Sauerstoff eingeblasen. Während der Oxydation wird weiteres Alkali zugesetzt und die gebildete Seife entfernt.

Verfahren von Schaal.

Nach einer anderen Methode können aus Kohlenwasserstoffen Fettsäuren erhalten werden, wenn man erstere mit ungefähr 20% eines Gemenges von kaustischen oder kohlensauren Alkalien, Erdalkalien oder ähnlichen Substanzen vermischt, das Gemenge durch Bimsstein, Infusorienerde, Chlornatrium oder Natriumsulfat usw. aufsaugen läßt und das erhaltene trockene Pulver, dem man Kupfersalz, Bleisalz und ähnliche Sauerstoffüberträger zur Beschleunigung der Oxydationswirkung zusetzt, der Luft exponiert.

Auch Chlorkalk und Salpetersäure können dabei als Oxydationsmittel verwendet werden.

Durch ähnliche Oxydationen von Kohlenwasserstoffen soll man drei Gruppen von Fettsäuren erhalten, von denen die erste zur Herstellung wohlriechender Äther (durch Kuppelung mit Methyl-, Äthyl-, Butyl- und Amylalkohol) dienen kann, deren zweite mit Glyzerin Verbindungen gibt, welche ungefähr dem Rüböl gleichkommen und sich auch als Tournantöl verwenden lassen, während die dritte Gruppe der Ölsäure ähnlich sein und mit Glyzerin Verbindungen liefern soll, die unseren natürlichen Ölen und Fetten gleichen und sich mit Alkalien zu guten Seifen verarbeiten lassen[2]).

Lunge[3]) berichtete über ein von der belgischen Firma G. Raeymackers & Co. in Schaerbeck (Belgien) erzeugtes lösliches und verseifbares Mineralöl, das 1889 auf der Pariser Weltausstellung zu sehen war, aber wohl nie in größerem Maßstabe erzeugt wurde.

Von Donath[4]) angestellte Kontrollversuche über die Oxydationsfähigkeit der Kohlenwasserstoffe des Erdöls haben gezeigt, daß sich bei der

---

[1]) D. R. P. Nr. 32705.

[2]) Chem. Ztg., 1885, S. 1520.

[3]) Zeitschr. f. angew. Chemie, 1890, S. 42.

[4]) Chem. Ztg., 1892, S. 590.

Oxydation zwar geringe Quantitäten von Oxydationsprodukten bilden, und zwar solche mit fettartigem Charakter, daß aber die Menge dieser Substanzen so gering ist, daß an eine technische Verwertbarkeit aller dieser Methoden nicht gedacht werden kann. Vom theoretischen Standpunkte gibt jedoch Donath die Möglichkeit zu, aus den in den natürlichen Erdölen vorhandenen Naphthenen verseifbare, der Ölsäure ähnliche, ihr isomere Naphthenkarbonsäuren herzustellen.

Versuche Zelinskys.

In letzter Zeit hat Zelinsky[1]), der durch seine erfolgreichen Arbeiten über die Naphthene bekannt geworden ist, interessante Versuche über die Überführung von Kohlenwasserstoffen in Fettsäuren angestellt, deren Resultate eine industrielle Ausnutzung dieser Experimente erhoffen lassen. Die Zelinskyschen Versuche basieren auf der Anwendung der Grignardschen Reaktion, beruhend auf der Überführung der Kohlenwasserstoffe durch metallisches Magnesium in metallorganische Verbindungen und deren nachträglicher Behandlung mit Kohlensäure. Bei der Bedeutung der Resultate Zelinskys seien die von ihm selbst in einem Vortrag gemachten Angaben über seine Arbeiten hier kurz wiedergegeben:

Die entsprechenden Fraktionen des Erdöls werden durch Behandeln mit Chlor in Chlorverbindungen übergeführt und diese durch Einwirkung von metallischem Magnesium und darauf folgende Behandlung mit Kohlensäure (in ätherischer Lösung) und spätere Zersetzung des Reaktionsproduktes mittels verdünnter Schwefelsäure in organische Säuren der Fettreihe verwandelt. Verschiedene Fraktionen des Erdöls ergeben natürlich verschiedene Säuren; so wurden aus der Fraktion eines russischen Mineralöls mit der Siedetemperatur 25—45° C die Säuren $C_7H_{12}O_2$ und $C_7H_{14}O_2$ erhalten; aus der bei 72—74° C siedenden Fraktion eine Säure von der Formel $C_7H_{12}O_2$, welche aus einem Gemisch der Methylpentamethylen- und Hexamethylenkarbonsäure bestand. Aus der bei 80—85° C siedenden Fraktion erhielt man eine Hexahydrobenzoesäure und aus dem höher siedenden Anteil des Erdöles resultierte eine Säure $C_{10}H_{18}O_2$ mit zyklischen Eigenschaften. Gegen Glyzerin verhalten sich diese Säuren wie die aus natürlichen Fetten abgeschiedenen Fettsäuren. Die Säure $C_{10}H_{18}O_2$ ergab z. B. beim Erhitzen mit Glyzerin auf 250° C ein Diglyzerid und durch Erhitzen mit größerem Überschuß an Glyzerin ein Triglyzerid von den äußeren Eigenschaften der Fette.

Nachrichten über die Verseifbarmachung des Mineralöls sind also nicht mehr ohne weiteres in das Gebiet der Fabel zu verweisen, wenn es auch noch lange Jahre währen dürfte, bis man einen für die Praxis vollkommen reifen Prozeß, der die Herstellung billiger künstlicher Glyzeride gestattet[2]), ausgearbeitet haben wird.

---

[1]) Aus „Nieftiannoje Dielo“ durch Seifensiederztg., Augsburg 1903, S. 273.

[2]) Die mitunter auftauchenden Gerüchte von „verseifbaren Mineralölen“ erklären sich zum Teil dadurch, daß die beim Raffinieren der Mineralöle in die

Die **Verwendung**, welche die Öle und Fette finden, ist eine äußerst vielseitige. Sie bilden vor allem einen unserer wichtigsten Nährstoffe, der in der täglichen Nahrung der Menschen und Tiere nicht fehlen darf. Die notwendige Tagesration Fett beträgt für einen Erwachsenen ungefähr 50 g [1]), welche Menge natürlicherweise nicht ausschließlich in Form reiner Öle und Fette, wie Tafelöl, Butter, Bratenfett usw., dem Organismus zugeführt zu werden braucht, da ja in unserer sonstigen Nahrung schon eine nicht unbeträchtliche Fettmenge enthalten ist. Neben der Butter, dem Schweinefett und den verschiedenen Pflanzenölen, welche im Originalzustande genossen werden, wird eine ganze Reihe von Ölen und Fetten, die in rohem Zustande nicht genußfähig sind, Speisezwecken dadurch zugeführt, daß man sie entweder durch besondere Reinigungsverfahren veredelt (Kottonöl, Kokosbutter), bei deren Herstellung ganz besondere Sorgfalt verwendet (Speisetalg) oder sie einer besonderen Verarbeitung unterzieht (Kunstbutter).

Verwendung der Öle, Fette und Wachse.

Speiseöle und Speisefette.

Die Öle und Fette dienen in rohem und raffiniertem Zustande auch den verschiedenartigsten technischen Zwecken, so z. B. als Beleuchtungsmaterial (Brennöle, Talgkerzen), als Schmiermittel (Rizinusöl, Olivenöl, entsäuertes Rüböl, Knochenöl, Talg usw.) und zum Geschmeidigmachen der Gespinstfaser (Wollspicköle).

Technische Verwertungen.

Eine Reihe von Industrien befaßt sich damit, die Fette zu neuen Produkten umzugestalten, bei welchen Prozessen das Fettmolekül entweder einen vollständigen Zerfall in Glyzerin und Fettsäure erfährt oder solche chemische Veränderungen erleidet, bei denen der Glyzeridcharakter im wesentlichen bestehen bleibt. Dieses letztere ist der Fall bei der Herstellung der Firnisse aus den trocknenden Ölen (Firnisfabrikation), bei der Erzeugung der sogenannten oxydierten Öle (geblasene Öle, blown oils), bei der Darstellung polymerisierter Öle (Lithographen-Firnis usw.), von Kautschuksurrogaten (Faktis), von sulforierten Ölen (Türkischrotölen) und von nitrierten Ölen.

Verarbeitung zu neuen Produkten.

Verarbeiten einzelne dieser Industriezweige auch ganz beträchtliche Fettmengen, so ist die wirtschaftliche Bedeutung jener Gewerbe, bei denen die Triglyzeride eine Spaltung in ihre Komponenten erfahren, doch eine

---

Raffinierlauge übergehenden Naphthensäuren in manchen Fabriken versuchsweise abgeschieden und als „verseifbares Mineralöl“ ausgeboten werden. Diese Naphthensäuren geben, mit Natronlauge abgesättigt, tatsächlich seifenartige, allerdings recht unansehnliche Produkte von unangenehmem Geruch. Weiters hat man häufig Versuche, flüssige Kohlenwasserstoffe normalen Natron- oder Kaliseifen zu inkorporieren, mit dem fälschlichen Ausdruck „Verseifbarmachen“ belegt. Bei diesem Vermischen von Alkaliseifen mit Benzin, Petroleum usw. wirken die Erdöle lediglich als Füllmittel und erfahren in chemischer Hinsicht gar keine Veränderung. Über diese meist unter dem Namen Petroleumseifen auf den Markt gebrachten Fabrikate wird im 4. Band gesprochen werden.

[1]) Die diesbezüglichen Angaben weichen ziemlich voneinander ab. Siehe König, Chemie d. Nahrungs- u. Genußmittel, 4. Aufl., Berlin 1904, S. 374—411.

viel größere. Wird dabei auf eine Scheidung des Glyzerins von den Fettsäuren hingearbeitet (Fettspaltung) und sodann eine möglichst vollständige Separierung der festen Fettsäuren von den flüssigen vorgenommen, wohl auch eine teilweise Festmachung der letzteren angestrebt, so kommen wir zur Stearinindustrie, der sich gewöhnlich eine Umformung des Endproduktes in Kerzen anschließt (Kerzenfabrikation). Der Zweck der Seifenfabrikation ist die Herstellung fettsaurer Alkalien (Kern- und Schmierseifen); diese können durch direktes Zusammenbringen der Alkalien mit den Ölen und Fetten oder durch Neutralisation der vorher aus diesen letzteren abgespalteten Fettsäuren erhalten werden. Der Gewinnung von Metallseifen kommt nur eine untergeordnete Rolle zu, dafür hat das bei der Seifen- und Kerzenindustrie als Nebenprodukt gewonnene Glyzerin (Glyzerinraffination) die größte Wichtigkeit.

Die Wachsarten finden hauptsächlich Verwendung als Kerzenmaterial, dienen aber auch verschiedenen technischen Zwecken[1]).

Die Zahl der bekannten Arten von vegetabilischen und animalischen Ölen und Fetten ist eine so große, ihre Gewinnungsweise, Verwendung und Weiterverarbeitung eine so verschiedenartige, daß das Gesamtgebiet der Fettindustrie an Reichhaltigkeit nichts zu wünschen übrig läßt.

Bei der Vorführung der Technologie dieses weitausgreifenden Industriegebietes sei daher vorerst das Allgemeine über die Gewinnungsmethoden der pflanzlichen und tierischen Öle, Fette und Wachsarten mitgeteilt (1. Band) und anschließend daran eine Spezialbeschreibung aller halbwegs wichtigen Arten von Ölen, Fetten und Wachsen gegeben, in welcher neben den besonderen Fabrikations- und Raffinationsmethoden die Eigenschaften und Verwendungsmöglichkeiten derselben besprochen werden (2. Band); hieran schließt sich dann eine eingehende Darstellung der fettverarbeitenden Industrien, von denen die Seifenfabrikation im 4. Bande, alle anderen im 3. Bande untergebracht sind.

---

[1]) Die geschichtliche Entwicklung der einzelnen Industriezweige und deren wirtschaftliche Bedeutung erfahren bei den betreffenden Kapiteln im 3. und 4. Bande eine ausführliche Darstellung.

Fünftes Kapitel.

Die Gewinnung der vegetabilischen Öle und Fette.

Haltbarkeit der Ölsaaten,

der Ölfrüchte.

Wie schon im vorhergehenden Kapitel ausgeführt wurde, wird bei der Gewinnung der vegetabilischen Öle und Fette im großen nur das Preß- und Extraktionsverfahren angewandt, weil nur diese beiden Methoden einen fabrikmäßigen Betrieb gestatten. Derselbe ist nicht, wie z. B. bei der Rohzuckerfabrikation, an eine nur wenige Monate währende Zeit knapp hinter der Ernte der Ölsamen und Früchte gebunden (Kampagnezeit), sondern in der Regel ein ununterbrochener. Abgesehen davon, daß sich die meisten Rohprodukte der Pflanzenölfabriken ohne jede Qualitätseinbuße längere Zeit auf Lager halten, ein Einlagern der Ölsaaten bis zur nächsten Ernte also möglich ist, können die gleichen Ölsaaten auch aus Ländern mit sehr verschiedenen Ernteperioden bezogen werden, so daß ein kontinuierlicher Betrieb durchaus keine Verproviantierung für ein ganzes Jahr zur Voraussetzung hat. Periodisch müssen nur jene Betriebe arbeiten, deren Rohprodukte selbst kürzer andauernde Einlagerung und längere Verfrachtung nicht vertragen. Unter den Ölsämereien ist dies nur bei der amerikanischen Kottonsaat der Fall, über die im Band 2 dieses Werkes an geeigneter Stelle Näheres gesagt werden wird. Alle anderen Ölsaaten können anstandslos durch 1—2 Jahre, ja sogar noch länger eingelagert werden, ohne zu verderben, wenngleich eine allzu große Lagerzeit speziell jenen Saaten, die zur Speiseölgewinnung dienen, nicht zum Vorteil gereicht. Ölfrüchte (wie z. B. Oliven) unterliegen dagegen sehr leicht dem Verderben. Die sich mit der Erzeugung von Olivenöl befassenden Betriebe arbeiten deshalb alljährlich nur wenige Wochen zur Zeit der Olivenernte und müssen sich außerdem wegen der schwierigen Verfrachtung ihres Rohproduktes auf die Verarbeitung von in ihrem Umkreis geernteten Oliven beschränken. Sie stellen daher nie solch ausgedehnte, Massen verarbeitende Anlagen dar, wie es die in allen Industriestaaten zu findenden Ölfabriken sind, welche sich mit der Verarbeitung von Ölsaaten befassen.

Die Art der Verarbeitung von Ölfrüchten (Oliven) weicht auch sonst vielfach von der Betriebsweise der Samenölfabriken ab. Bei der weitaus größeren wirtschaftlichen Bedeutung, welche letztere haben, wird in der hier gegebenen Darstellung der Pflanzenölgewinnung im allgemeinen hauptsächlich die

Ölgewinnung aus Ölsaaten

Öl-gewinnung aus Samen.

im Auge behalten und nur durch vereinzelte Hinweise auf die abweichende Betriebsart der sich mit der Verarbeitung von Ölfrüchten beschäftigenden Betriebsstätten aufmerksam gemacht werden. Eine eingehende zusammenfassende Beschreibung der Gewinnung von Ölen aus Früchten bringen dafür die Abschnitte „Olivenöl“ und „Palmöl“ des Bandes 2.

Wir gliedern unsere Ausführungen über die Gewinnung der pflanzlichen Öle und Fette in folgende Abschnitte:

I. Die Saatmagazine und deren Einrichtung.
II. Die Reinigung der Ölsaaten und deren Wertbeurteilung.
III. Die Zerkleinerung der Ölsämereien.
IV. Die Ölgewinnung nach dem Preßverfahren.
V. Die Ölgewinnung nach dem Extraktionsverfahren.
VI. Die Nebenprodukte der Ölfabrikation.
VII. Die Einrichtung der Ölmagazine und die Anlage von Ölfabriken.

I. Die Saatmagazine und deren Einrichtung.

Einfluß von Wärme und Feuchtigkeit auf die Saaten.

Es wurde oben bemerkt, daß die Haltbarkeit der Ölsaaten im allgemeinen eine bedeutende sei. Da jedoch die Ölsämereien, wie alle Pflanzensamen, keine toten, sondern nur ruhende Körper sind, so ist diese Haltbarkeit dennoch eine nur bedingte und es kann Zufuhr von Wärme und Feuchtigkeit Veränderungen hervorrufen (Keimen), bei welchen die Saaten teilweise oder ganz verderben, wie sie als organische Körper unter dem Einfluße von Feuchtigkeit natürlich auch einer Selbsterwärmung (Verbrühen der Ölsaat) und Schimmelbildung sowie dem Muffigwerden ausgesetzt sind.

Bei der Einlagerung von Ölsaaten ist daher vor allem darauf zu achten, daß nur gut trockene Ware einmagaziniert werde; bei frisch geernteter, noch nicht vollkommen ausgetrockneter Saat muß durch entsprechenden Luftzutritt für eine weitere Austrocknung gesorgt werden. Trockenvorrichtungen, wie sie in England und Amerika vielfach für Getreide in Anwendung sind, wurden bisher für Ölsämereien noch nicht verwendet, wiewohl sie sich für manche Ölsaaten eignen dürften und besonders bei Kottonsaat Versuche am Platze wären, diese reisefähig zu machen. Überseeische Saaten, die durch ihr Gesundbleiben während des

Seetransportes den Beweis für ihre Trockenheit erbracht haben, können in der Regel mit größerer Ruhe eingelagert werden als heimische Ware, die oft in nicht genügend trockenem Zustande eingebracht wird. Der Wassergehalt guter, lufttrockener Ölsaaten schwankt zwischen 6—12 %.

Saat-einlagerung.

Die Anforderungen, welche man an die Saatmagazine stellt, sind mehrfacher Art; man verlangt von ihnen, daß sie

1. die Ware vor dem Verderben schützen,
2. schädliche Insekten und Tiere abhalten,
3. bequeme Manipulation ermöglichen und
4. möglichst feuersicher seien.

Die beiden Grundtypen von Saatmagazinen, welche man bisher kennt, beruhen auf ganz entgegengesetzten Prinzipien; bei der ersten — dem Bodenspeicher — ist eine Lagerung in möglichst luftigen, lichten und dabei kühlen Räumen Grundsatz, bei der zweiten — Silo — wird die Saat unter möglichst vollständigem Abschluß von Luft und Licht eingelagert.

Keines dieser beiden Magazinsysteme erfüllt, wie wir sehen werden, die an einen guten Saatspeicher zu stellenden Anforderungen vollkommen.

Bodenspeicher.

Boden-speicher.

Unter Bodenspeicher versteht man gewöhnlich mehrere Etagen habende, mitunter aber auch nur ebenerdige Lagerhäuser, die durch möglichst wenige oder gar keine Zwischenwände unterteilt sind, so daß große, saalartige Räume entstehen. Man breitet in diesen Lokalen die Ölsaat entweder lose auf dem Fußboden aus (daher auch der Name „Schüttböden“), oder füllt sie in Säcke und schichtet diese mehrere Meter hoch übereinander. Ersterenfalls darf über eine Höhe von 0,5 bis 1 m nicht gegangen werden, weil sonst die Gefahr des Warmwerdens ziemlich groß ist; bei der Sackschichtung sind Höhen bis zu 4 bis 5 m zulässig. Hier fehlt es nämlich selbst in hochgeschichteten Haufen nicht gänzlich an einer Luftzirkulation, während es bei der losen Lagerung an einer solchen vollkommen mangelt und bei halbwegs feuchter Ware, genau so wie bei feuchtem Heu, die Gefahr einer Selbsterwärmung besteht.

Lagerung in Säcken.

Lose Lagerung.

Das lose Einlagern ist in Ölfabriken relativ selten zu finden. Einige ungarische Ölmühlen, die heimische Rapssaat verarbeiten, pflegen diese kurz nach der Ernte lose auf ihre Magazinböden auszubreiten und durch wiederholte Handumschaufelung einer Nachtrocknung zu unterziehen; auch bei Erdnüssen, die in der Schale bezogen werden, und bei Palmkernen ist die lose Lagerung gebräuchlich, weil bei diesen Produkten Schichthöhen bis zu 6 m, ja sogar 10 m zulässig sind.

Wahl des Ortes.

Bei der Anlage von Bodenspeichern ist darauf zu sehen, daß sie nicht auf feuchte oder üble Ausdünstungen aufweisende Orte zu stehen kommen, wie auch die Nähe von Stallungen auszuschließen ist. Ferner muß man bei deren Projektierung dafür Sorge tragen, daß die Längsseite der Schüttböden nicht gegen Süden gerichtet sei, damit die Sonne keine zu große Erwärmung der Räume herbeiführe. Die Front soll vielmehr gegen die Windseite gekehrt sein, um eine möglichst reichliche Lufterneuerung herbeizuführen.

Ausführungsart.

Das Dach muß aus einem möglichst schlechten Wärmeleiter hergestellt sein und der Zutritt von Luft und Licht ist durch Anbringung möglichst großer und vieler Fenster zu erleichtern. Häufig werden auch knapp unter den Dachsparren Luftlöcher in den Umgrenzungsmauern gelassen (zuerst von Kadura empfohlen), welche Löcher zur Abhaltung von Eindringlingen, wie Vögeln, Ratten usw., mit feinen Drahtgittern zu versehen sind. Der Fußboden der Bodenspeicher muß möglichst gut gehalten werden und hat man darauf zu sehen, daß er dicht, glatt und trocken bleibe.

Vor- und Nachteile der Bodenspeicher.

Bezüglich der Saatkonservierung befriedigt der Bodenspeicher ziemlich, wie durch das Umschaufeln (Umstechen) von loser Saat auch ein Trocknen, also ein Gesunden zu feucht eingelagerter Ware leicht erzielt werden kann. Dagegen ist bei ihm das Abhalten schädlicher Tiere ziemlich schwierig. Nicht nur, daß die Plage durch Nagetiere (Ratten und Mäuse) eine allgemeine ist, wird auch den Insekten die Vermehrung sehr leicht gemacht und leiden viele Ölsaaten unter gewissen Insekten ganz bedeutend. So ist z. B. bei manchen Erdnußpartien der kleine dunkelbraune Käfer Tribolium ferrugineum L. in Millionen von Exemplaren zu finden, in anderen Ölsaaten ist wiederum Necrobia ceorulea F. in zahlreicher Menge vorhanden[1]). Unterzöge man die Ölsaaten vor der Einlagerung einer Reinigung, so würde der Insektenplage merklich vorgebeugt, wenngleich sie dadurch auch nicht gänzlich behoben werden könnte. Trotz allen Putzens verbleiben in der Saat stets noch Eier, Larven und Puppen der Schädlinge, aus denen sich die letzteren dann entwickeln.

Die Manipulation ist bei den Bodenspeichern umständlicher als bei den Silos, wiewohl jene heute auch mit allen möglichen mechanischen Transportvorrichtungen versehen werden, um die Handarbeit möglichst zu umgehen.

In Fig. 1 ist ein fünfetagiger Speicher[2]) wiedergegeben, der mit verschiedenen maschinellen Vorrichtungen zum leichten Einlagern der Saat ausgestattet ist, welche Vorrichtungen im nächsten Abschnitt noch des näheren besprochen werden. Auch das Umschaufeln oder Umstechen, eine Arbeit, die bei Bodenspeichern öfters notwendig wird, kann zum größten Teile erspart werden, wenn man die Magazine mit sogenannten „Rieselvorrichtungen“ versieht.

Rieselvorrichtungen.

[1]) Privatmitteilung des Herrn Joh. Bolle, Direktors der k. k. landw.-chem. Versuchsstation in Görz.

[2]) Schädler, Technologie der Fette, 2. Aufl., Berlin 1892, Tafel 2.

Letztere bestehen einfach aus einem System von Öffnungen von 30—40 mm Durchmesser, die in Reihen von 300—500 mm Entfernung

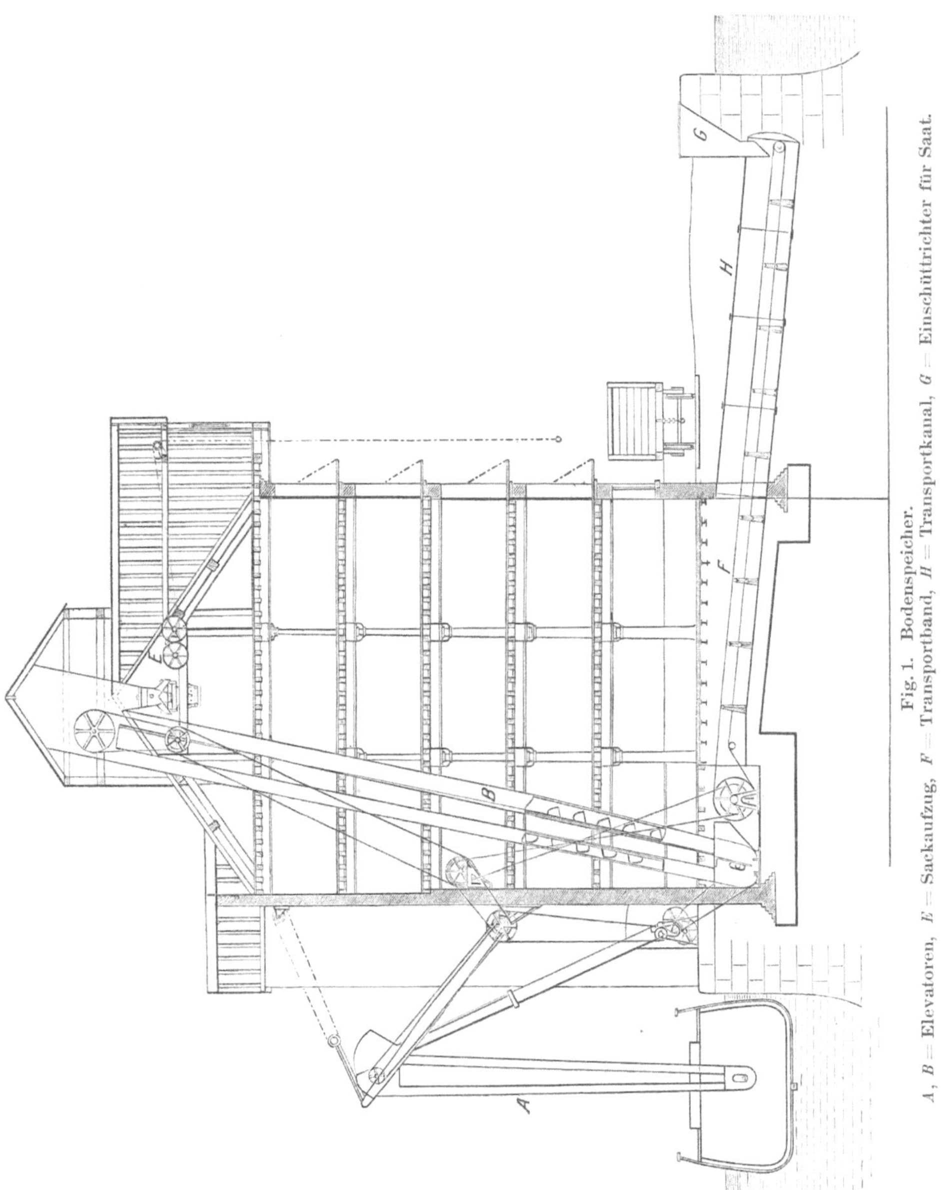

Fig. 1. Bodenspeicher.
A, B = Elevatoren, E = Sackaufzug, F = Transportband, H = Transportkanal, G = Einschütttrichter für Saat.

in den dichtgefügten Boden gebohrt werden. Zum Verschlusse dieser Löcher dienen bewegliche, durch Hebel verstellbare Flacheisenstangen, die an dem Boden dicht anliegen und mit der gleichen Lochung wie dieser versehen sind, also entweder die Löcher verschließen oder mit denselben korrespondieren. Unterhalb der Löcher ist ein sog. Spritzdach angebracht, auf welches die Körner fallen, dort verspritzen und so im Fallen mit Luft reichlich in Berührung kommen, worin die gute Eigenschaft dieser Anlagen hauptsächlich zu suchen ist. Ist die umzustechende Saat von einem Stockwerk in das andere abgelassen, so wird sie durch Schnecken gesammelt und einem Gurtentransporteur oder einer Hauptschnecke zugeführt, welche sie durch Elevatoren wieder an den ursprünglichen Lagerort zurückbringt. Die Zirkulationsvorrichtungen von Conink und Havre[1]) und von Huarts[2]) verfolgen gleiche Zwecke wie die Rieselvorrichtungen.

Häufig findet man in ähnlichen Gebäuden, wie dem in Fig. 1 dargestellten, den Parterreraum und einen Teil des ersten Stockwerkes für die Unterbringung der Putzapparate, Zerkleinerungsmaschinen und Pressen, kurzum der ganzen Fabrikationsmaschinen benützt, während die oberen Etagen als Saatlager dienen. Aus feuersicherheitlichen Gründen ist eine solche Anordnung nicht empfehlenswert, zumal der Bodenspeicher schon an und für sich nur geringen Schutz gegen Feuer bietet[3]).

Die Bodenspeicher haben den Nachteil der schlechten Raumausnützung gegen sich, doch sind sie wegen ihrer sonstigen Vorzüge (billige Herstellung, eventuelle Verwendbarkeit für andere Zwecke) in deutschen, französischen und italienischen Ölfabriken allgemein zu finden; in England dagegen trifft man vielfach die zweite Konstruktionsart der Saatmagazine: die

Silo-Anlagen.

Silospeicher.

Bei diesen wird nicht, wie bei den Bodenspeichern oder Schüttböden, die Ware in mehr oder weniger flachen, horizontalen Schichten gelagert, sondern in hohe Schächte, die man durch Teilung der betreffenden Gebäude mittels vertikaler Scheidewände erhält. (Fig. 2)[4]). Der Name „Silos", der für diese Art von Saatmagazinen gebräuchlich ist, kommt aus dem Spanischen und ist von dem Worte „Silo" abgeleitet, was eigentlich ein Maß bedeutet, in übertragenem Sinne aber als Bezeichnung für eine Getreidegrube[5]) dient, die ein solches Quantum Saat zu fassen vermag. In Amerika

[1]) Kick, die Mehlfabrikation, 3. Aufl., Leipzig 1894, S. 56.

[2]) Wiehe, die Mahlmühlen, Berlin 1885, S. 45.

[3]) Siehe die Aufsätze des Verfassers: Über die Bauart und Anlage von Ölfabriken, Seifensieder-Ztg., Augsburg 1902, S. 221; die Saateinlagerung in Ölfabriken, Seifensieder-Ztg., Augsburg 1902, S. 600.

[4]) Pappenheim, Lehrbuch der Müllerei, Wien 1890, S. 97.

[5]) Eigentlich versteht man unter Silos flaschenförmige Gruben oder Aushöhlungen, die man zum Zwecke der Aufbewahrung von Getreide in Hügel gräbt. Solche Silosgruben hat man schon im Altertum gekannt und ist also die Konservierung von Saaten durch vollständigen Luftabschluß wohl ebenso alt, wie die bei den Bodenspeichern angewandte Art der möglichst reichen Luftzufuhr. In Asien und Afrika, auch in Sizilien, Spanien und Süd-Frankreich, Ungarn und Galizien trifft man Silosgruben noch heute an.

und England, wo die Silosspeicher zu Hause sind, ist für diese auch die Bezeichnung „Elevator“ oder „Grainelevator“ gebräuchlich. Um die Einführung der Silosspeicher haben sich Sinclair, Huart, Salaville, Girard, Deveaux, Pavy, Vallery und Luther verdient gemacht. Die verschiedenen Konstruktionen unterscheiden sich hauptsächlich

1. in der Grundrißform der einzelnen Zellen,
2. in dem Material, aus welchem die Schachtwände hergestellt sind,
3. in der Konstruktion der Schachtsohlen[1]).

Fig. 2. Silospeicher. — A, B = Durchgänge.

Zellenform. Die Grundrißform der Zellen kann entweder quadratisch, rechteckig, sechseckig oder kreisförmig sein. Das Quadrat und das Sechseck gewähren die rationellste Raumausnützung, sind aber hinsichtlich der Stabilität nicht so vorteilhaft wie die kreisförmigen Zellen, die jedoch wiederum wegen der unvermeidlichen Zwickel Raum verloren gehen lassen.

Beschaffenheit der Schachtwände. Die Schacht- oder Trennungswände können aus Holz, Eisen und Mauerwerk hergestellt sein. Holz ist als schlechter Wärmeleiter ganz besonders für den Silosbau geeignet; es hält die Innentemperatur kühl und

[1]) G. Luther, Die Konstruktion und Einrichtung der Speicher, Braunschweig 1886, S. 15.

vermag etwas Feuchtigkeit zu absorbieren, weshalb nicht ganz trocken eingelagerte Saaten sich in hölzernen Silos besser halten als in solchen aus anderem Material. Als weitere Vorzüge des Holzes für diese Zwecke müssen seine Billigkeit und Leichtigkeit gelten, welch letztere einen weniger massiven Unterbau der Silos gestattet und den kostspieligsten Teil der ganzen Konstruktion verwohlfeilert. Man hat dem Holze vorgeworfen, daß es der Einnistung von Insekten Vorschub leiste und nicht jene Feuersicherheit biete wie Eisenblech oder Mauerwerk. Beide Einwände sind nicht haltbar, denn die Ungezieferplage ist in eisernen oder gemauerten Silos keinesfalls geringer als in hölzernen, und eine Feuersgefahr ist dann nicht vorhanden, wenn man die Holzkonstruktion auf die Innenabteilungswände beschränkt, den Außenbau der Silospeicher aber in Stein ausführt.

Eisenblech ist zur Herstellung der Abteilungswände bei Silos nicht gut geeignet und sollte nur dort angewendet werden, wo man aus bestimmten Gründen auf einer zylindrischen Form der Schächte bestehen muß. Eisen ist ein guter Wärmeleiter und trägt daher nicht nur die Außenwärme leicht weiter, sondern teilt auch eventuelle Selbsterwärmung einer Zelle rasch den Nachbarzellen mit. Es vermag ferner keine Feuchtigkeit aus der Saat anzuziehen, sondern schlägt erstere an den kalten Wandungen in Tauform nieder, wodurch die Saat leicht verdirbt und das Eisen selbst rostet; die Haltbarkeit von Eisenzellen ist deshalb keine so große, wie man gewöhnlich annimmt.

Das Mauerwerk steht in seinen Eigenschaften zwischen Holz und Eisen. Es konserviert die Saat besser als Eisen, leitet auch die Wärme weniger leicht als dieses, entbehrt jedoch die hygroskopischen Eigenschaften des Holzes. In feuersicherheitlicher Beziehung bietet das Mauerwerk den besten Schutz, doch beansprucht es ziemlich viel Raum und erfordert durch das große Eigengewicht einen sehr stabilen Unterbau. Durch Herstellung der Zellwände nach den Systemen Monier oder Rabitz läßt sich infolge der geringeren Dicke der Wände der Raumverlust bedeutend vermindern und die Bodenbelastung merklich reduzieren.

Form und Konstruktion der Schachtsohle.

Die Sohle der einzelnen Zellen ist entweder horizontal, oder sie hat die Form einer mit der Spitze nach unten gekehrten Pyramide resp. eines ebensolchen Kegels. Die ebene Sohle gestattet leichter eine Reparatur, erlaubt jedoch keine vollkommen selbständige Entleerung der Zelle. Die zugespitzte Form erschwert die Reparatur nicht unwesentlich, ermöglicht aber dafür eine vollständige Dechargierung der Schächte. Dabei ist nur zu beachten, daß zuerst jene Saatsäule ausfließt, welche direkt oberhalb der Sohlöffnung liegt, während die den Wänden des Schachtes näher liegenden Partien erst später zum Ausflusse gelangen. Wenn die Zellen ganz entleert werden, so hat dieser Umstand nichts auf sich, er verdient jedoch Beachtung, sobald nur eine partielle Materialentnahme stattfindet und vor der kompletten Entleerung der Zelle neues Material zugeführt wird. In einem solchen Falle würde man unter Umständen nur die frischen Saatzuschüsse verarbeiten, während an der Zellperipherie ein und dieselbe Saat beständig lagern bliebe, die selbst bei bester Beschaffenheit endlich verderben müßte. Diesem Übelstande läßt sich vorbeugen, indem man in jeder Zelle mehrere Schachtöffnungen anbringt, wie ihm auch schon gesteuert wird, wenn man die Sohle nicht gar zu konisch gestaltet. Je spitzer der Winkel beim Auslaufe ist, um so träger verharren die an der Seite der Zellen lagernden Saatpartien in Ruhe.

Das Material, aus welchem die Sohle hergestellt ist, richtet sich zumeist nach der Beschaffenheit der Seitenwände und kann wie dort Holz, Eisen und Mauerwerk in Anwendung kommen; das letztere ist aber wohl das Gebräuchlichste.

Der eigentliche Auslauf der Zellen besteht gewöhnlich aus kurzen gußeisernen Röhren, die direkt in die Transportvorrichtungen einmünden.

Bodendruck.

Bei der Berechnung des auf der Sohle lastenden Bodendruckes ist auf eine Eigentümlichkeit der Getreidearten und Ölsaaten ganz besonders Rücksicht zu nehmen. Der Bodendruck entspricht nämlich nicht dem Produkte aus Grundfläche mal Höhe der Getreidesäule mal dem spez. Gewichte des Materials, sondern ist viel kleiner, als zu erwarten wäre. Der Druck auf die Grundfläche wächst also durchaus nicht proportional mit der Beschüttungshöhe; hat diese eine bestimmte Größe erreicht, so steigt auch bei zunehmender Beschüttung der Bodendruck nicht mehr an. Ein Ähnliches gilt von dem Seitendrucke. Diese eigentümliche Erscheinung ist hauptsächlich durch die Reibung der Körner aneinander zu erklären, wie auch ein Teil des Bodendruckes durch die Reibung an den Seitenwänden absorbiert wird. Die letztere Reibung soll z. B. bei Weizen 0,302 bis 0,346 betragen.

Hektolitergewichte der Ölsaaten.

Das Hektolitergewicht der wichtigsten Ölsaaten, das natürlicherweise für die des Boden- und Seitendruckes trotzdem ausschlaggebend ist, beträgt bei

Bankoulnüssen	47 kg
Baumwollsaat	63
Buchenkernen (enthülst)	63
Koprah	62
Krotonkernen	62
Erdnüssen (enthülst)	62
Hanf	54
Kürbiskernen	40—70
Lein	70—75
Maiskeimen	76
Mohn	61
Palmkernen	64

Rizinus	56 kg
Raps	65
Sesam	63
Sonnenblumenkernen	44

Unterbau der Silospeicher.

Der Unterbau der Silos ist in der Regel der kostspieligste Teil der ganzen Anlage; er wird um so teurer, je höher man die Zellsohlen von der eigentlichen Gebäudesohle entfernt hält. Man legt die ersteren daher in der Regel tunlichst tief und sorgt nur durch ein oder zwei höher gehaltene Schächte für einen Durchgang quer durch das Gebäude. In Fig. 2 sind bei A und B solche Durchgänge angebracht, während unter allen übrigen Schächten eine Passage unmöglich ist.

Ein Transportband, das unterhalb der Schachtöffnung läuft und mit seitlichen Elevatoren korrespondiert, welche ihrerseits die Saat auf ein im Dachraum befindliches zweites Transportband bringen, kann den Inhalt der einzelnen Zellen in einen beliebigen anderen Schacht befördern.

Trocknen feuchter Saatpartien.

Dadurch hat man auch ein Mittel in der Hand, nicht ganz trockene Saat einem ähnlichen Vorgange zu unterwerfen, wie es bei den Bodenspeichern das Umschaufeln ist. Die Saat kommt beim Transporte mit ganz neuen Luftschichten in Berührung und ist ihr dabei auch Gelegenheit zum Trocknen gegeben. Ein Zurückarbeiten in denselben Schacht muß jedoch vermieden werden, einesteils wegen des oben erwähnten, in erster Linie die zentralen Partien treffenden Entleerens des Schachtinhaltes, anderenteils wegen der Notwendigkeit einer vollständigen Lufterneuerung in der Zelle, die beim Kreistransporte nicht stattfinden kann.

Zum Trocknen feuchter Saat sind in manchen Silos auch Vorrichtungen zum Ventilieren der Schächte vorhanden. Dasselbe geschieht durch das Einblasen von komprimierter Luft durch am Boden angebrachte Düsen, wobei man darauf zu achten hat, daß der Luftstrom sich keine falschen Wege bahne, d. h. sich nicht selbst einzelne Gänge aussuche, welche der Luft leichten Zutritt gestatten und ein Durchströmen durch die Saat verhindern. Bei richtigem Einbau der Ventilationsvorrichtung funktioniert diese zur größten Zufriedenheit; man vertreibt dabei auch noch das im Getreide enthaltene Ungeziefer, welches sich wegen der Zugluft an der Oberfläche des Schachtes ansammelt. Mitunter trifft man in Silospeichern die Einrichtung, daß nur eine einzige Zelle mit Ventilation versehen ist, welche Zelle zur Aufbesserung feuchter Saat dient (Krankenzelle) und zwecks rascheren Trocknens der letzteren mit erwärmter Luft bedient wird.

Vor- und Nachteile der Silos.

Die Silospeicher gestatten die denkbar vollkommenste Raumausnützung und reduzieren die Handarbeit bei der Ein- und Auslagerung auf ein Minimum; sie sind aber nur für größere Betriebe geeignet und ermöglichen bei feucht ankommender Ware trotz der beschriebenen Trockeneinrichtungen (Umleeren, Ventilieren) doch kein so sicheres Entfeuchten wie die Schüttböden.

Gegen schädliche Insekten und sonstige Tiere bieten sie jedoch beträchtlich höheren Schutz als die Bodenspeicher, bringen ein Vereinfachen der Manipulationen beim Ein- und Auslagern mit sich und können als absolut feuersicher gelten.

Ausgedehnte Feuersbrünste sind bei Silos nur dann denkbar, wenn eine Selbsterhitzung der Saat in den Zellen eintritt; Brände im Unter- oder Oberbau sind mangels jeder Nahrung für das Feuer leicht zu lokalisieren.

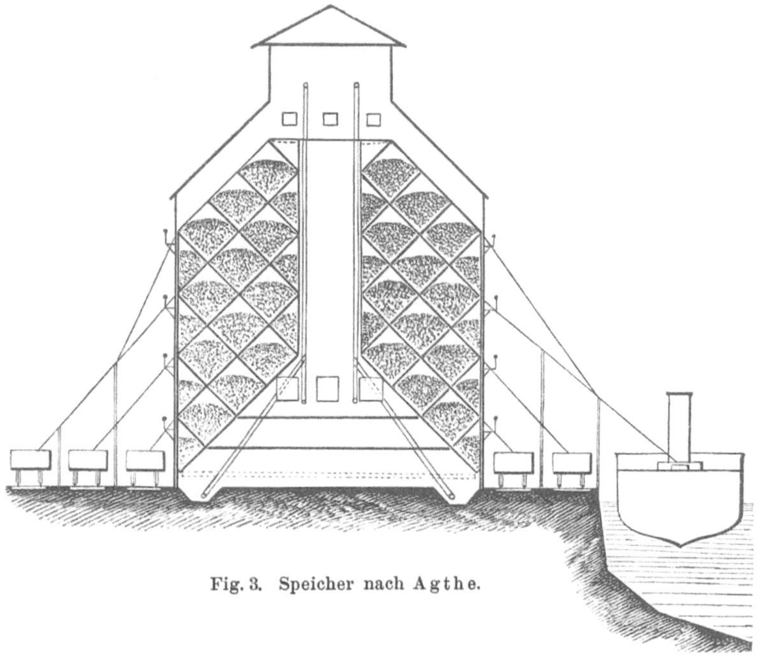

Fig. 3. Speicher nach Agthe.

Kombinierte Speichersysteme.

Mitunter trifft man Kombinationen zwischen Silo- und Bodenspeichern an, bei welchen die frisch geerntete Saat zuerst auf dem Schüttboden eingelagert wird, wo sie verbleibt, bis die überschüssige Feuchtigkeit durch den natürlichen Luftzug entfernt ist, um dann in die Silos transportiert zu werden.

Schließlich muß noch die von Agthe eingeführte Magazinform erwähnt werden, wie sie Fig. 3 zeigt[1]). Auch hier ist die Ware in Schächte gelagert, doch durchziehen diese das Lagerhaus nicht in vertikaler, sondern in schräger Richtung (Neigung von 45°). Der tiefste Punkt der Schächte liegt an den beiden Breitseiten des Gebäudes, der höchste in der Mitte

[1]) G. Luther, Die Konstruktion und Einrichtung der Speicher, Braunschweig 1886, S. 38.

der Längsseiten. Außerdem ist jeder einzelne Schacht noch weiter durch Querwände unterteilt, die alle sowohl mit dem in schräger Richtung wie auch mit dem zunächst unter ihm liegenden Raume kommunizieren.

Über diese Art von Saatspeichern liegt nur wenig Erfahrungsmaterial vor; der Umstand, daß selbst kleine Warenmengen getrennt aufbewahrt werden können, macht diese Saatspeicher aber für Ölfabriken interessant, weil sich bei denselben (spez. bei den Speiseöl erzeugenden Fabriken) oft eine gesonderte Einlagerung mehrerer kleiner Partien als notwendig erweist.

Die Einrichtung der Saatmagazine.

A) Transportvorrichtungen.

Der Transport der ankommenden Ölsaat in die Vorratsmagazine und von hier zur Verarbeitungsstelle wird teils durch Menschenkraft, teils durch mechanische Vorrichtungen besorgt. Nur in Kleinbetrieben, wo der Transportfrage keine besondere Wichtigkeit zukommt, ist Transport durch Menschenkraft in ausgiebigem Maße anzutreffen, doch fehlen auch in derlei Betrieben mechanische Transportvorrichtungen nicht gänzlich. Die großen modernen Ölmühlen suchen sich von der Handarbeit möglichst zu emanzipieren und trachten sowohl das Einbringen der Saat in die Speicher als auch die Beförderung von diesen in die eigentlichen Fabriksräume und hier wiederum von Maschine zu Maschine auf rein mechanische Weise zu bewerkstelligen.

Die überall angewandten Transportmittel, wie Winden, Fahrstühle, Kleinbahnen, Karren usw., sollen hier nicht besprochen werden. Wenn sie auch in Ölmühlen vielfach Verwendung finden, so liegen sie doch außerhalb der eigentlichen Ölfabrikationseinrichtungen. Es sollen hier nur die sogenannten „kontinuierlich arbeitenden Förderungsmittel“ besprochen werden und hiervon wiederum nur jene, welche in Ölfabriken häufig anzutreffen sind.

Kontinuierliche Transportvorrichtungen.

Diese kontinuierlich arbeitenden Transportmittel kann man je nach der Richtung, in welcher sie der Hauptsache nach das Gut befördern, einteilen in:

1. Vorrichtungen für horizontale Förderung,
2. „ „ vertikale „

Diese Unterscheidung darf jedoch nicht als eine allzu exakte aufgefaßt werden, denn die Vorrichtungen beider Gruppen können bis zu einem gewissen Grade auch zur Förderung in schräger Richtung verwendet werden.

Zu der erstgenannten Gruppe gehören:

a) die Transportschnecke (Förderschraube, mechanische Schraube),
b) das Transportband (Fördergurte),
c) die Wippe oder Förderrinne,
d) der Kratzentransport;

zu der zweiten sind zu zählen:

e) der Elevator (Becherwerk),
f) der pneumatische Transport,
g) die Förderrohre.

a) Die Transportschnecke oder Förderschraube

Transportschnecke.

ist die in Ölmühlen am meisten angewandte Transportvorrichtung. Sie besteht aus einer Anzahl schraubenförmiger, um eine eiserne Welle gruppierter Bleche, welche das Fördergut durch ihre Umdrehungen vor sich herschieben. Die Schraube ist meist von einem Trog umgeben, der sich möglichst nahe an die Windungen der Schraube anschließt (Fig. 4).

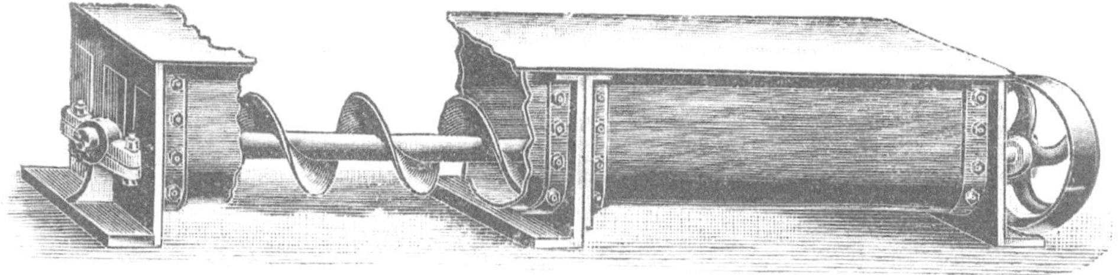

Fig. 4. Transportschnecke.

Die Zufuhr des Fördergutes kann an irgend einer Stelle der Schraube erfolgen, wie auch die Entleerung an einem beliebigen Orte bewirkt werden kann. Man bringt zu letzterem Zwecke an verschiedenen Stellen der Unterseite des Troges Austrittsöffnungen an, die nach Belieben mittels eines Schiebers verschlossen oder geöffnet werden. Je nach der Richtung und Umdrehung des Schraubengewindes kann man das Gut nach rechts oder links befördern. Durch ein wechselndes Schraubengewinde hat man es auch in der Hand, mit ein und derselben Schnecke das Fördergut nach zwei verschiedenen Richtungen zu transportieren. Man kann also mit einer Schnecke längs einer Linie verstreute Saat an einem Punkte sammeln oder auch Ware von einem Zentralpunkte aus nach zwei Richtungen verteilen. Fig. 5 zeigt schematisch die Gewinde-Umdrehungs- und Förderungsrichtung von verschiedenen Schrauben.

Zur Bestimmung, in welcher Richtung eine Schnecke arbeitet, dient folgende Regel: Schrauben mit gleichem Gewinde und gleicher Umdrehungsrichtung bringen das Gut zum Beobachter, Schnecken mit verschiedener Umdrehungs- und Gewinderichtung entfernen das Gut vom Beobachter.

Ausführung der Schnecken.

Die eigentlichen Transportelemente der Förderschraube, die Schaufeln der Schnecke, werden meist aus 2—3 mm starkem Eisenblech hergestellt und durch Steckbolzen oder Schrauben an der Welle befestigt. Diese ist gewöhnlich aus einem Gasrohr gebildet und wird nur in Ausnahmsfällen aus Rundeisen hergestellt. Die

Welle ist in der Regel von drei zu drei Metern durch Zwischenlager unterstützt. Der Trog ist entweder aus Holz oder Eisenblech; letzteres verdient den Vorzug, weil es sich besser an die Schnecke anschmiegt und feuersicherer ist. Der Antrieb der Schnecken erfolgt durch Riemenscheiben, Zahnräder, Winkelräder usw.

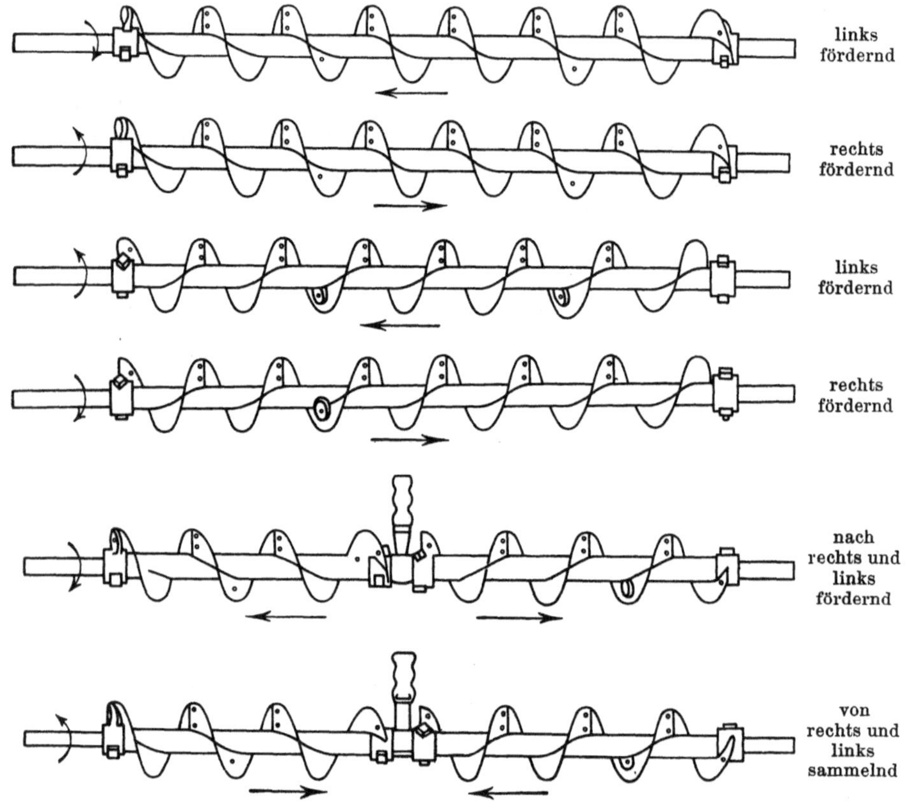

Fig. 5. Transportschnecken, nach verschiedenen Richtungen arbeitend.

Leistungsfähigkeit.

Nach Schmidt[1]) ist die Leistung von Transportschrauben verschiedenen Durchmessers die folgende:

Durchmesser der Schraube	100	155	250	300	400	Millimeter
Tourenzahl pro Minute	100	80	70	60	50	
Leistung pro Stunde in Hektoliter	23	50	150	220	350	

Gewöhnlich rechnet man bei weitem nicht mit so hoher Leistungsfähigkeit, sondern wählt lieber größer dimensionierte Schnecken und beschickt diese weniger. Aus der stündlichen Leistung (L) in Hektolitern, aus der Länge der Schnecke (l) in Metern und dem spezifischen Gewichte

[1]) Baumgartner, Handbuch des Mühlenbaues, Berlin 1901, S. 516.

der zu befördernden Saat (γ) berechnet sich nach Fischer[1]) der Kraftverbrauch einer horizontalen Schnecke (N) wie folgt:

$$N = 0{,}0006 \cdot L \cdot \gamma \cdot l.$$

Nach meinen Erfahrungen liefert diese Formel etwas zu niedrige Resultate.

Die Transportschnecken vermögen das Gut nicht nur in der Ebene fortzuschieben, sie können es auch emporheben, wenn man der Schnecke eine geneigte Lage gibt. Geneigte Schnecken, welche einen Winkel von 30° nicht übersteigen dürfen, wendet man aber nur selten an.

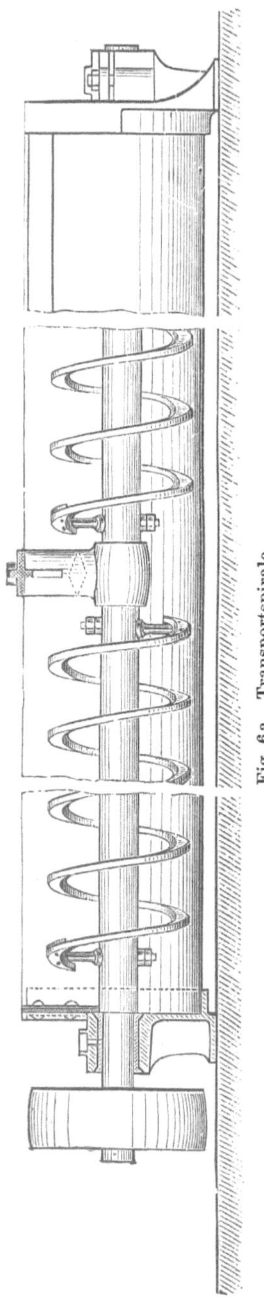

Fig. 6a. Transportspirale.

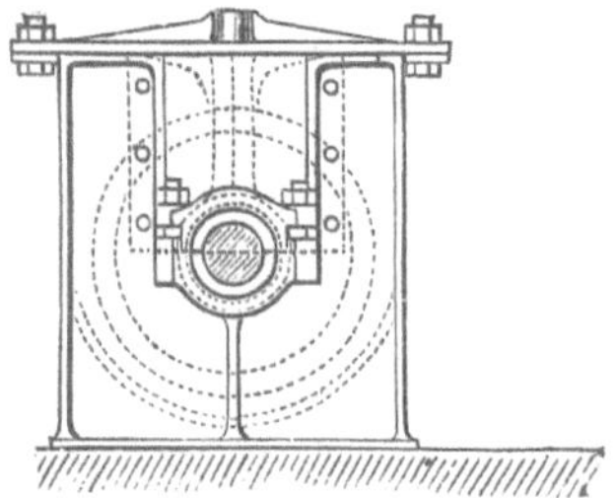

Fig. 6b.

Die Transportschnecken arbeiten mit nur geringem Nutzeffekt und wühlen die Saat stark durcheinander. Dies kann zwar manchmal ganz erwünscht sein, mitunter wirkt es aber auch schädlich. Das Zerreiben und Vermengen des Fördergutes soll durch die

Transportspirale[2])

Transportspirale. (Fig. 6a u. b) vermieden werden. Hier ist an Stelle der vollen Schraubenfläche eine einfache Spirale aus Flacheisen getreten, welche nur die äußeren Partien der im Trog befindlichen Saat in Bewegung bringt, wobei sich letztere dann von selbst auf die innerhalb der Spirale gelegene Saatmenge überträgt. Man glaubt vielfach, daß Transportspiralen kraftsparender arbeiten als Vollschnecken, was aber nach Baumgarten nicht zutreffend ist. Der absolute Kraftverbrauch einer

[1]) Fischer, Die Müllerei, Berlin, S. 1166.

[2]) Dinglers polyt. Journ., 1887, Bd. 264, S. 628.

Transportspirale ist zwar geringer als der einer entsprechenden Vollschnecke, dafür leistet aber auch jene um 20 % weniger als diese. Wo es sich darum handelt, ein Reiben der Saatkörner möglichst zu vermeiden, verdienen die Transportspiralen gegenüber den Transportschnecken den Vorzug. Die Transportspirale ist eine Erfindung von J. Little und wurde zuerst von der Londoner Antifriction Conveyer Company ausgeführt.

Reinigungs- und Mischschnecken.

Die Förderschrauben mit verstellbarem Schneckengewinde sind in den Ölfabriken bisher noch nicht eingeführt, dafür kennt man in diesen Betrieben auch Transportschnecken, die neben ihrer Förderaufgabe noch andere Arbeiten leisten müssen. So die Saatreinigungsschnecken, welchen neben dem Transport der Saat auch die Entfernung sandiger Verunreinigung zufällt, und die Mischschnecken, welche neben dem Fördern des Gutes auch ein Durchmischen besorgen.

Vor- und Nachteile der Schnecken.

Überall dort, wo es sich um Beförderung in der Ebene und um Strecken unter 30 m handelt, sind die Transportschrauben das zweckmäßigste mechanische Beförderungsmittel. Sie werden wegen ihrer geringen Entstehungskosten, ihrer leichten Montage und billigen Instandhaltung am häufigsten angewendet und sind in allen Ölmühlen zu finden.

Handelt es sich um den Transport bedeutender Warenmengen auf größere Entfernungen, so arbeiten die Schnecken zu unökonomisch und werden hier vorteilhaft durch die

b) Transportgurten (Transportbänder)

Transportbänder.

ersetzt. Eine Transportgurte (Transportband) besteht aus einem endlosen Bande B (Fig. 7), welches auf Tragrollen R ruht und durch die Rolle S angetrieben wird. Die bewegliche Rolle M ermöglicht ein Anspannen des Bandes. Mit Hilfe von fahrbaren Trichtern T wird das zu transportierende

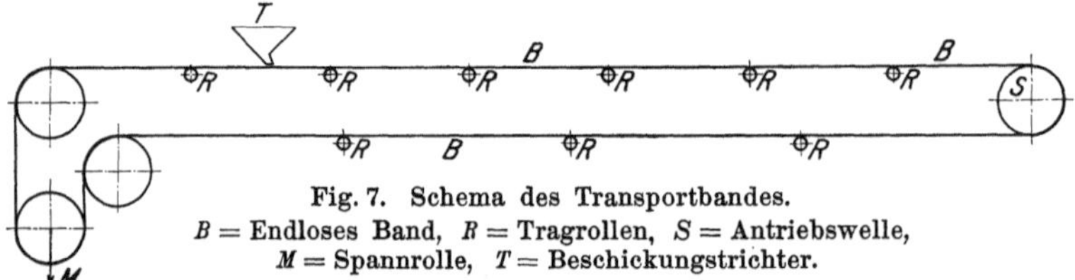

Fig. 7. Schema des Transportbandes.
B = Endloses Band, R = Tragrollen, S = Antriebswelle, M = Spannrolle, T = Beschickungstrichter.

Gut auf das Band gebracht, von welchem es am Ende wieder abgeworfen wird. Das untere Bandtrumm bewegt sich in der Regel leer zur Spannrolle M zurück, doch kann man auch die Einrichtung so treffen, daß der Unterteil der Gurte durch ein tiefer gelegenes Geschoß läuft und gleichfalls zum Transport von Waren benützt wird, die dann allerdings in umgekehrter Richtung befördert werden wie die Materialien des oberen Stockwerkes. Die Breite, in welcher Transportgurten ausgeführt werden, schwankt zwischen 200 und 1000 mm. Der getriebene (tragende) Gurtteil kann entweder völlig flach oder mit einer muldenförmigen Vertiefung laufen; letztere Art ermöglicht eine stärkere Beschickung als bei flachlaufenden Bändern.

Leistungsfähigkeit.

Die stündliche Hektoliterleistung bei ersterer ist nur

$$L = 1000 \cdot B^2 \cdot v,$$

der letzteren

$$L = 2500 \cdot B^2 \cdot v,$$

worin B die Bandbreite in Metern, v die sekundliche Metergeschwindigkeit bedeutet[1]). Auch kommt ein Verstreuen von Fördergut bei den muldenförmigen Transportbändern viel seltener vor als bei flachen. Um dem Bande diese Einbiegung zu geben, sind die Rollen manchmal konisch geformt (Fig. 8), wobei sich die verschiedenen Umfangsgeschwindigkeiten als großer Übelstand bemerkbar machen. Der Gurt rollt dann

Form der Leitrollen.

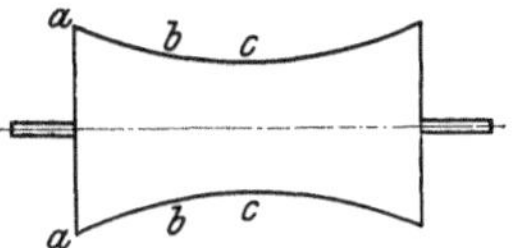

Fig. 8. Geschweifte Rolle.

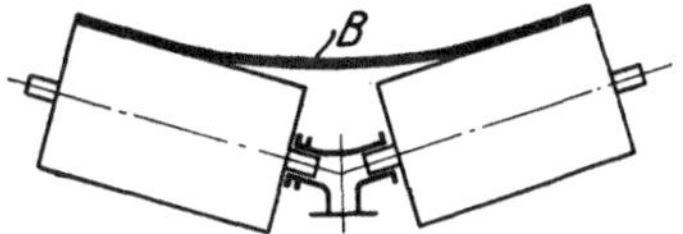

Fig. 9. Tragrollenpaar.

nämlich nicht über alle Punkte der Tragrolle, sondern muß bei den verschiedenen Geschwindigkeiten der Punkte *a b c* teilweise gleiten, was ein Verziehen der Gurten und deren vorzeitiges Unbrauchbarwerden zur Folge hat. Man hat daher die Anordnung der geschweiften Rollen fast ganz verlassen und verwendet an ihrer Stelle zwei zylindrische Rollen, deren Achsen zueinander geneigt sind (Fig. 9). Das Band biegt sich in den hierdurch gebildeten Winkel muldenförmig ein und die in allen Punkten gleiche Umfangsgeschwindigkeit der Rollen gestattet eine reguläre rollende Bewegung der Gurte, die dabei sehr geschont wird. Der nicht tragende Teil des Bandes läuft stets auf zylindrischen Rollen retour, wie auch die Antriebsscheibe vollkommen flach gestaltet ist.

Fig. 10. Rollenanordnung für größere Triebe.

Für Transportbänder mit breiten Gurten wird häufig ein Dreirollensystem gewählt; der tragende Teil wird dabei (siehe Fig. 10) über zwei schräge und eine horizontal gestellte Rolle geleitet und so muldenförmig gestaltet, während der retourlaufende Gurtenteil über drei horizontale Rollen eben zurückkehrt.

Geschwindigkeit der Gurten.

Die Geschwindigkeit des Bandes wird möglichst groß gewählt, doch sind hier Grenzen insofern gezogen, als die Beschüttung unter dem Einfluß der sie umgebenden Luft steht. Bei zu großer Geschwindigkeit des

[1]) Zeitschr. d. Vereins deutsch. Ing., 1891, S. 1014—1018.

Bandes wird das Fördergut durch den Luftwiderstand zum Teil abgeblasen. Usuell sind Geschwindigkeiten von 2—2,5 m in der Sekunde.

Abwurfsvorrichtungen.

Soll das Band ein für allemal nur an seinem Ende abwerfen, wie es z. B. bei Ölsaattransporten vom Speicher in die Fabrik der Fall ist, so bedarf es keiner besonderen Einrichtung; die an der Endrolle abschießende Saat wird einfach in einem Rumpfe oder Trichter aufgefangen. Muß ein Wechsel der Abwurfstellen vorgesehen werden, wie es beim Einlagern von Ölsaaten in die Speicher notwendig erscheint, so ist es erforderlich, das Transportband mit eigenen verschiebbaren Abwurfsvorrichtungen zu versehen. Die einfachste dieser Vorrichtungen ist die von Schröder, bestehend aus einem fahrbaren und drehbaren Abstreicher,

Fig. 11. Gurtentransport für lose Saat.

der je nach der ihm gegebenen Stellung die Saat rechts oder links vom Bande abwirft, wo das Gut in ebenfalls verstellbaren Trichtern aufgefangen wird. Die Schrödersche Vorrichtung leidet aber unter dem starken Ansammeln des Fördergutes vor dem Abstreicher, welche Stauung mit einem Kraftverlust gleichbedeutend ist. Ferner läßt der Abstreifer bei losem Anliegen an das Band Körner durchpassieren; sucht man dies durch dichteres Anschließen, Anordnung von Streifbürsten usw. zu vermeiden, so leidet darunter die Haltbarkeit des Gurtes[1]).

Gurtenmaterial.

Als Gurtenmaterial benützt man Gummi, Balata, Leder und Hanf. Besonders brauchbar haben sich die mit einem Gummibelag versehenen Hanfgurten erwiesen.

Die Transportgurten arbeiten sehr ökonomisch, ihr Kraftverbrauch ist

[1]) G. Luther, Die Konstruktion und Einrichtung der Speicher, S. 91.

ein äußerst minimaler und stellt lediglich die Summe der Achsenreibung der Treib- und Tragrollen dar. Weil diese Reibung ganz und gar von der zweckmäßigen Konstruktion der Rolle abhängt, so läßt sich eine brauchbare Formel über den Kraftverbrauch von Transportbändern nicht aufstellen.

Vor- und Nachteile der Gurten.

Für Speicheranlagen, wo es sich ja stets um Bewältigung von Transporten größerer Lasten auf lange Distanz handelt, ist die Fördergurte das praktischeste Transportmittel. Hier ordnet man die Fördergurte entweder in einem eigenen Gange unterirdisch an (Fig. 11)[1]) oder im obersten Teil des Speichers und läßt sie mit Elevatoren und weiteren Transportmitteln kom-

Fig. 12. Gurtentransport für Saaten in Säcken.

munizieren (siehe auch Fig. 1, Seite 153 und Fig. 2, Seite 155). Kleiner dimensionierte Transportbänder, wie sie manchmal in den eigentlichen Fabriksräumen an Stelle der Schnecken treten, werden am besten in einen Eisenblechtrog eingeschlossen, in dessen Versteifung die Lagerungen für die Treib- und Tragrollen angebracht sind. Die Transportbänder können auch so kräftig konstruiert werden, daß sie sich zum Samentransport in Säcken eignen, in welchem Falle an Stelle der Gurten aus Bretter hergestellte Bänder treten; auch kann man die Transportbänder ansteigend laufen lassen, und zwar bis zu Steigungen von 30—35 ^{0} (Fig. 12).

[1]) Ausführung von Robins Conveying Belt Co. Geschäftsstelle für Deutschland: Richard Ewers, Berlin W., Kurfürstendamm 213.

c) Förderrinne (Wippe).

Förderrinne.

Diese besteht nach Stengl[1]) in der Hauptsache aus einer in leichter Eisenkonstruktion hergestellten trogartigen Rinne, welche auf pendelnden oder Blattfederstützen gelagert ist, so daß sie in ihrer Längsrichtung Schwingbewegungen ausführen kann, während sie in seitlicher Richtung nicht beweglich ist (Fig. 13). Durch eine federnd angreifende Schubstange wird sie mittels eines Kurbelgetriebes oder Doppelkurbelmechanismus in hin und her gehende Bewegung versetzt, wobei die ganze Rinne mit dem zu transportierenden Inhalt bei jedem Spiel beschleunigt nach vorn bewegt, dann, wenn die volle Vorwärtsgeschwindigkeit erreicht ist, möglichst plötzlich stillgehalten und schnell zurückgezogen wird, um das gleiche Spiel von neuem zu beginnen. Dabei wird, weil die Vorwärtsbewegung verhältnismäßig langsam zunimmt, das zu transportierende Material mit nach vorwärts genommen; während hierauf die Rinne selbst wieder schnell zurückgeht, behält das Material seine Geschwindigkeit bei und geht infolgedessen nicht mit der Rinne zurück, die gewissermaßen unter ihm sofort zurückgezogen wird. Diese Wirkung wird noch durch die konstruktive Anordnung der Rinne in bemerkenswerter Weise unterstützt. Die Stützfedern, auf welchen die Rinne ruht, sind nämlich nicht senkrecht, sondern etwas geneigt angeordnet; ebenso greift auch die die Rinne in Bewegung setzende Schubstange nicht

Fig. 13. Förderrinne oder Wippe.

[1]) Zeitschr. f. Gewerbe-Hygieine, 1904, S. 459.

parallel zur Rinnenachse, sondern ebenfalls in geeigneter Richtung — und zwar senkrecht zur Richtung der Stützfedern — an. Die Rinne macht also nicht eine horizontal hin und her gehende Bewegung, sondern bewegt sich gleichzeitig etwas auf- und abwärts, so daß jeder Punkt eine schräge, zur Horizontalen geneigte Bahn durchläuft. Beim Vorwärtsgang bewegt sich dann die Rinne schräg nach vor-aufwärts und erteilt infolgedessen ihrem Inhalt eine schräg nach vor-aufwärts gerichtete Wurfbewegung, und zwar derart, daß die Geschwindigkeit des Fördergutes in der zweiten Hälfte des Vorwärtsganges größer ist als die Geschwindigkeit der Rinne selbst. Geht nun die Rinne wieder schräg nach rückabwärts zurück, so setzen die Teilchen des Transportgutes ihre Wurfbewegung fort und heben sich vom Rinnenboden während dessen Rückganges mehr oder weniger vollständig ab, bis bei Beginn der Wiedervorrückung der Rinne die Vorwärtsbewegung des Transportgutes ihr Ende erreicht hat.

Es geht hieraus hervor, daß die zu transportierenden Massen nur während der Vorwärts-Wurfbewegung der Rinne mit ihrem vollen Gewichte auf dem Rinnenboden ruhen, während sie beim Rückgang der Rinne mehr oder weniger freiliegend ihren Weg nach vorwärts fortsetzen, ohne fest auf dem Rinnenboden zu schleifen. Dieser Umstand ist für die mechanische Abnützung der Rinne durch das Transportgut von großer Bedeutung; indem er den Verschleiß verringert.

Diese Ausführungen Stengls seien durch die Angaben Fischers ergänzt, nach welchen eine Rinne, die mit 0,02 m Hub und 440 Umdrehungen bewegt wird, ein minutliches Vorwärtsschreiten von 20 m bewirken (oder bei jedem Hub 44,4 mm) und eine Röhre von 150 mm lichte Weite stündlich 7200 kg Saat befördern soll[1]). In der Praxis wählt man geringere Tourenzahlen und arbeitet mit 300 Minutentouren sehr vorteilhaft.

Vor- und Nachteile der Wippe.

Die Förderrinnen können nicht nur in horizontaler, sondern auch in geneigter und steigender Richtung arbeiten. Sie schonen das Fördergut vollkommen, lassen sich leicht rein halten und sind dort am Platze, wo Materialien befördert werden sollen, denen ein Reiben schädlich ist, sowie für den Transport grobstückiger Ware, wie z. B. Kokosnüsse. Letztere lassen sich in Schnecken nicht gut fortbringen, bei schmalen Gurten ist die Gefahr des seitlichen Abwerfens sehr hoch, während die Förderrinne, wie sie die Firma Am. Strenge in Hamburg ausführt, hier bessere Dienste leistet. Für die gleichen Zwecke ist auch der

d) Kratzentransport

Kratzentransport.

geeignet, wenngleich er wesentlich kraftabsorbierender arbeitet. Das zu transportierende Material liegt bei diesem in einem Troge von trapez-

[1]) Zeitschr. d. Vereins deutsch. Ing., 1891, S. 1012.

förmigem Querschnitt und wird durch Schaber, die auf einer endlosen Kette laufen, vorwärts geschoben (Fig. 14).

Fig. 14. Kratzentransport.

Von den zum Transport in vertikaler Richtung verwendeten Vorrichtungen sind die wichtigsten die

e) Elevatoren oder Becherwerke,

wohl auch Paternoster-Werke genannt.

Elevatoren.

Sie bestehen aus einem Gurt ohne Ende (auch endloser Kette), an welchem in gewissen Abständen Schöpfbecher sitzen. Der Gurt ist über zwei Scheiben geleitet, durch deren Umdrehung er mitgenommen wird. Das in die unten liegenden Becher zulaufende Fördergut wird dadurch gehoben und, an der oberen Scheibe angekommen, wieder entleert. Die Gruppierung der einzelnen Teile eines Elevators ist aus Fig. 15 zu ersehen. Man unterscheidet das Kopf- und Fußstück, die Elevatorröhre, die Gurte und die Becher.

Teile des Elevators.

Das Kopf- und das Fußstück bilden das obere und untere Ende des Schöpfwerkes; sie umgeben die beiden Gurtscheiben, für deren solide Lagerung sie sorgen.

Das Kopfstück, welches eine geeignete Austrittsöffnung A für das auszuleerende Fördergut besitzt, besteht gewöhnlich aus zwei Teilen, indem es in der Mitte horizontal getrennt ist und ein bequemes Zukommen zu der oberen Elevatorscheibe gestattet; am Elevatorkopf ist auch zumeist der Antrieb des Elevators angebracht, weil ja auch auf der oberen Gurtscheibe R_1 das ganze Gewicht des Becherwerkes lastet. Mitunter befindet sich am Kopfstücke eine Spannvorrichtung (verstellbares Gurtscheibenlager) zum Nachspannen der durch Ausdehnen schlaffgewordenen Gurte, welche Vorrichtung sich in unserer Abbildung jedoch am Fußstücke befindet. (Verstellbares Lager der unteren Gurtenscheibe R_2.) Kopfstück.

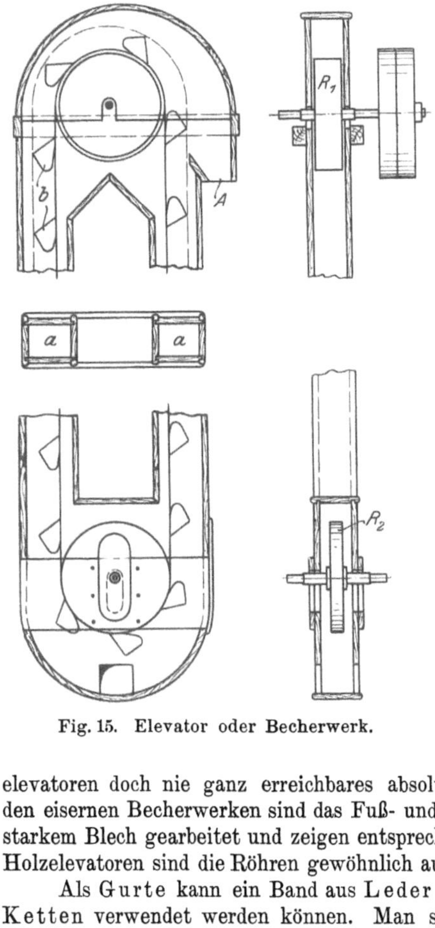

Der Elevatorenfuß muß einen zweckmäßigen Einlauf haben, durch welchen das Fördergut zugeführt wird. Dieser Einlauf kann sich auf einer beliebigen Seite befinden, nur muß man darauf sehen, daß die Zufuhr regelmäßig und nicht übergroß sei. In letzterem Falle tritt eine Verstopfung des Becherwerkes ein. Um bei solcher Gelegenheit in das Innere des Fußstückes gelangen zu können, sind entsprechende Türen an demselben angebracht. Fußstück.

Fig. 15. Elevator oder Becherwerk.

Die Rohre des Becherwerkes a umschließen die becherbeladene Gurte ihrer ganzen Länge nach und haben den Zweck, das Verstauben und Verschütten des Fördergutes zu vermeiden. Sie zeigen einen rechteckigen Querschnitt und haben an verschiedenen Stellen kleine verschließbare Öffnungen, durch welche man leicht zur Gurte gelangen kann. Rohre.

Das Kopf- und Fußstück und die Elevatorröhre sind fast immer in Holz ausgeführt, was bei der großen Feuergefährlichkeit der Ölfabriken ein Unrecht ist. Man sollte diese Elevatorteile nur aus Eisen herstellen, was zwar teurer kommt, aber viel feuersicherer ist und ein bei den Holzelevatoren doch nie ganz erreichbares absolut staubfreies Arbeiten gestattet. Bei den eisernen Becherwerken sind das Fuß- und Kopfstück, sowie die Röhren aus 2 mm starkem Blech gearbeitet und zeigen entsprechende Winkeleisenversteifungen, bei den Holzelevatoren sind die Röhren gewöhnlich aus einzölligem Fichten- oder Kiefernholz.

Als Gurte kann ein Band aus Leder oder Hanf dienen, wie auch eiserne Ketten verwendet werden können. Man spricht daher von Gurten- und Kettenelevatoren. Bei jenen geschieht die Befestigung der Becher mittels Becherschrauben, die viereckige Muttern mit kleinen Unterlagsscheiben aus Blech oder Leder haben. Der Schraubenkopf ist meist rund und hat zwei Spitzen, welche sich in dem Gurt festdrücken, damit das Drehen der Schrauben vermieden werde. Bei den Kettenelevatoren sitzen die Becher auf Gliederketten, deren eine entweder in der Mitte der Becherbreite angeordnet wird oder man gibt besser zwei Gliederketten, wodurch die Führung an Sicherheit gewinnt. Gurte.

Elevatoren mit nur einer Kette zeigen bei großer Länge Neigung zum Verdrehen und durch diese Torsion kommt dann häufig ein Festklemmen der Becher im Gehäuse (Elevatorröhre) vor. Ketten sind nur für großdimensionierte Elevatoren zu empfehlen, bei den gewöhnlichen Becherwerken fährt man mit Hanfgurten oder Lederriemen besser.

Becher.

Die Becher selbst werden für Ölmühlen fast durchwegs aus Schwarzblech hergestellt. Man spricht von der Breite, Tiefe und Ausladung eines Bechers (siehe Fig. 16). Die Form der Becher ist eine verschiedene, doch ist der in Fig. 16 gezeichnete Typus der vorherrschende.

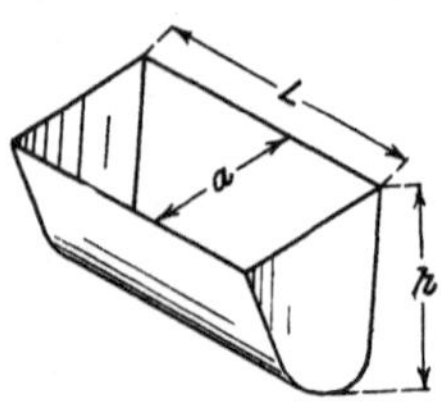

Fig. 16. Elevatorbecher. a = Ausladung, L = Breite, h = Tiefe.

Elevatoren werden bis zur Größe von halbmeterbreiten Bechern angefertigt. Unter der Höhe des Elevators versteht man die Entfernung der beiden Gürtelscheibenmittel. Für Speicher gibt man den Becherwerken bisweilen eine Einrichtung, vermöge welcher sie unmittelbar aus den Waggons oder Schiffsräumen zu schöpfen vermögen, sie sind dann sowohl in vertikaler als auch in horizontaler Richtung verschiebbar. Auf diesbezügliche nähere Details kann hier nicht eingegangen werden. So wie die Transportschnecke, Fördergurte usw. nicht nur in horizontaler, sondern auch in aufsteigender Richtung arbeiten können, gestatten die Elevatoren nicht nur eine vertikale, sondern auch schräge Lagerung. Man sieht solche Anordnungen jedoch relativ selten.

Kraftbedarf.

Das Arbeitserfordernis berechnet sich nach der Formel

$$N = \frac{1}{2000} \cdot L \cdot \gamma \cdot H,$$

wobei L die stündliche Leistung in Hektolitern, γ das spez. Gewicht des Fördergutes und H die Förderhöhe ist.

Vor- und Nachteile der Becherwerke.

Die Becherwerke arbeiten mit sehr günstigem Nutzeffekt und müssen als das beste kontinuierliche Hebetransportmittel angesehen werden. Sie erfordern geringe Instandhaltung und haben nur den einen Nachteil, daß ihre oft durch mehrere Stockwerke ragenden Gehäusearme bei Ausbruch eines Brandes der Fortpflanzung desselben Vorschub leisten. Bei den eisernen Elevatoren ist diese Gefahr zwar insoferne wesentlich reduziert, als die Flammen nur in seltenen Fällen in das Innere des eisernen Gehäuses gelangen können, doch kann mitunter auch Selbstentzündung im Innern des Elevators eintreten.

Eine in ihrer Einfachheit ideale Transportvorrichtung ist der Transport durch

f) Saugrohre (pneumatischer Transport).

Saugrohre.

Hierbei wird die Saat in Röhren durch Luftströme eingesaugt oder fortgepreßt. Die Saugrohre können von einem Gebläse aus nach jeweiligem Bedürfnis sowohl in horizontaler als auch vertikaler oder schräger Richtung gelegt werden. Louis Charles Renard & Charles Marius de la

Haye[1]) ließen sich als die ersten im Jahre 1878 eine pneumatische Getreideförderungsvorrichtung patentieren. Seither hat man durch Saug-, Druck- und Injektionswirkungen eine Vervollkommnung dieser Methode angestrebt[2]), doch ist es noch nicht gelungen, den sehr hohen Kraftverlust des Verfahrens zu beheben. Infolge der Verbesserungen des Londoner Ingenieurs Duckham ist die pneumatische Beförderung jedoch vielfach in Anwendung gekommen, weil die Vorzüge der Einfachheit dieses Systems den hohen Kraftaufwand fast aufwiegen.

Um eine Aufwärtsbewegung der Ölsaaten oder sonstiger Früchte zu erreichen, ist eine ganz bedeutende Luftgeschwindigkeit erforderlich, die nur durch ein starkes Gebläse erzielt werden kann. Die Gebläse arbeiten von vornherein unökonomisch, wozu noch der bedeutende Verlust an Kraft durch die an den Saatkörnern vorbeistreichenden Luftsäulen kommt. Bei horizontalgelagerten Saugröhren setzen sich außerdem die Körner sehr leicht am Boden der Röhre fest und werden dann vom Windstrome nicht mitgenommen. Diesem Übelstand wurde zwar durch besondere Vorrichtungen (Patent Philippot, Schneider & Jaquet in Straßburg) abgeholfen, jedoch auf Kosten der ohnehin schlechten Betriebsökonomie.

Vor- und Nachteile des pneumatischen Transportes.

Für gewisse Ölfrüchte, z. B. für die leichten Arachisnüsse, würde sich die pneumatische Beförderung aber zweifellos besser eignen als für das schwere Getreide. Die dem Winde Angriff gestattende Fläche ist bei Arachisnüssen in der Schale bei kleinem Eigengewichte der Ölfrucht sehr groß; eine relativ geringe Luftgeschwindigkeit wird bei der größeren Angriffsfläche das Schwergewicht der Nüsse leicht überwinden. Die Saugförderung wird heutigen Tages in Ölmühlen noch nicht angewendet.

g) Fallrohre.

Fallrohre.

Die fast immer mit anderen Transportvorrichtungen oder Maschinen verbundenen Fallrohre bringen das Fördergut von irgend einer Stelle nach abwärts. Vollkommen vertikale Fallrohre wendet man nie an, weil durch den dabei eintretenden freien Fall und heftigen Anprall die Ölsaaten leicht schmieren und zerkleinertes Preßgut zu stark zerstiebt. Man umgeht daher eine vertikale Richtung der Fallrohre stets durch mehrere schräge Rohre mit entsprechend angebrachten Kniestücken. Diese dürfen nicht zu scharfkantig sein, sonst verstopfen sich die Abfallrohre. In der Mehrzahl der Fälle will man das Fördergut durch die Fallrohre ohnehin nicht nur in vertikaler, sondern auch in schräger Richtung bewegen; das zulässige Maximum in der Schrägstellung der Rohre ist durch die Reibung des Samens auf dem Rohrmaterial gegeben.

---

[1]) G. Luther, Die Konstruktion und Einrichtung der Speicher, Braunschweig 1886, S. 85.

[2]) Dinglers polyt. Journ., 1878, Bd. 229, S. 132; 1881, Bd. 240, S. 349; 1882, Bd. 246, S. 202. — Prakt. Maschinenkonstruktion, 1880, S. 403; 1894, S. 181.

Die Fallrohre sind entweder aus $^1/_2$—1zölligen Brettern zusammengefügt (geschraubt, nicht genagelt) und quatratisch, oder sie sind aus 1 mm starkem Eisenblech und rund. Eisenblechrohre gestatten einen flacheren Neigungswinkel als Holzrohre, solche aus Weißblech einen flacheren als schwarzblecherne. Bei Produkten, die zum Zusammenbacken neigen, bringt man an den Förderrohren auch Schüttelapparate an, die zwar gute Dienste leisten, deren Antrieb aber nicht immer leicht zu bewerkstelligen ist. Die Fallrohre haben an gut zugänglichen Stellen kleine, gut verschließbare Öffnungen, um eventuell Proben nehmen oder bei Verstopfungen nachhelfen zu können.

B) Wägevorrichtungen.

Automatische Wagen.

Neben einem billigen und bequemen Frachttransport ist eine genaue Kontrolle über die ein- und ausgehenden Warenmengen für Speicheranlagen und Ölfabriken sehr wichtig. Man hat für diese Zwecke selbstregistrierende, automatisch funktionierende Wagen im Gebrauche.

Automatische Wagen müssen das ihnen zugeführte Saatgut selbsttätig, ohne jede Aufsicht und ohne jede Menschen- oder motorische Kraft, unter gleichzeitiger Markierung des gewogenen Quantums verwiegen.

Geschichtliches.

Die selbsttätigen Saatwagen scheinen zu Ende der 60er Jahre des vorigen Jahrhunderts aufgekommen zu sein. Im Jahre 1870 war auf der Oxforder Ausstellung der Royal Agricultur Society die erste zuverläßlich funktionierende automatische Wage, gebaut von W. H. Baxter in Brixton-Hill[1]), zu sehen; dann stellte sich E. Reisert[2]) mit einer Konstruktion ein, ebenso Allen[3]), welchen Modellen später die Systeme von L. A. Riedinger[4]), von C. Reuther & Reisert[5]) und die Konstruktion von Cooley-Hill[6]) und Trent[7]) folgten.

Es würde zu weit führen, auf die Konstruktion aller dieser automatischen Saatwagen näher einzugehen, und sei hier nur die in den deutschen Ölfabriken am häufigsten anzutreffende Konstruktion der Firma C. Reuther & Reisert in Hennef a. d. Sieg (Fig 17) etwas näher beschrieben.

---

1) Engineering, 1870, S. 470.

2) D. R. P. Nr. 275 v. 3. Juli 1877 und Zusatz-Patent Nr. 6478, 17. Nov. 1878. — Dinglers polyt. Journ., 1879, Bd. 233, S. 107.

3) D. R. P. Nr. 10103 vom 24. Dez. 1879.

4) Mitteilungen der k. Normal-Eichungskommission in Berlin, 27. Okt. 1891, Nr. 16, S. 205.

5) Dinglers polyt. Journ., 1892, Bd. 283, S. 201. — D. R. P. Nr. 47748 v. 11. Jan. 1889; D. R. P. Nr. 46690, 46935, beide v. 16. Mai 1888.

6) American Machinist, 1890, Bd. 13, Nr. 52, S. 1. — Dinglers polyt. Journ., 1889, Bd. 273, S. 311.

7) Revue générale de mécanique appliquée, 1891, Bd. 1, Nr. 2, S. 18.

Dieselbe setzt sich aus der eigentlichen Wage, dem Einlauf-, dem Entleerungsmechanismus und dem Zählwerk zusammen. Die eigentliche Wage ist aus einem gewöhnlichen gleicharmigen Wagbalken gebildet, der mit nach abwärts gerichtetem Zeiger versehen ist und auf dessen einer Seite der Getreidebehälter, auf der anderen die Gewichtsschale hängt. Der Einlaßmechanismus besteht aus dem Einlauftrichter und zwei Einlaufklappen. Die eine Einlaufklappe hat den Zweck, kurz vor erreichter genauer Füllung des Getreidebehälters den Zufluß von Getreide zu reduzieren, die andere Einlaufklappe sperrt bei eingetretenem Gleichgewicht den Zufluß gänzlich ab. Durch Lagerung des Getreidebehälters auf drehbaren Schneiden wird die Entleerung ermöglicht. Solange das Füllen des Behälters erfolgt, wird letzterer in seiner aufrechten Stellung durch eine Arretierung festgehalten; sobald aber das genaue Gewicht eingefüllt ist, löst die den Zufluß absperrende zweite Einlaßklappe diese Arretierung, worauf der gefüllte Behälter

Konstruktion von Reuther und Reisert.

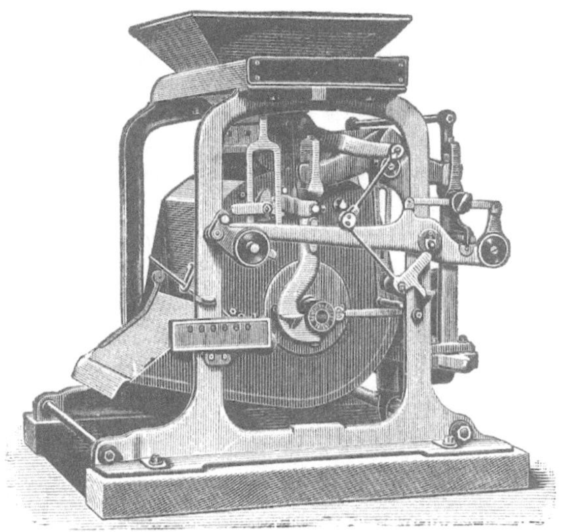

Fig. 17. Automatische Saatwage.

überkippt und seinen Inhalt entleert. Erst nach vollständiger Entleerung richtet sich der Behälter wieder auf und öffnet dadurch die Einlaufklappen und die Zuströmung. Das Zählwerk ist ein sogenannter springender Zähler, welcher bei jeder Entleerung des Behälters um die Kilozahl einer Gefäßfüllung weiterspringt.

Die drei Hauptmomente der Tätigkeit der Wage sind:

1. das Füllen des Behälters, welches durch kontinuierliche Speisung mittels einer Transportvorrichtung geschieht;
2. das genaue Auswiegen, welches eintritt, sobald die obere Einlaufklappe geschlossen und nur noch ganz schwacher Zufluß stattfindet. Da die Wage im Moment des Gleichgewichtes vollständig frei schwingt, verursacht sie das gänzliche Absperren des Zuflusses durch Schließen der zweiten Einlaufklappe ohne jede Reibung;
3. das Überkippen und Entleeren des Behälters. Dieses wird durch die zweite Einlaßklappe veranlaßt, aber erst nachdem diese den Zufluß gänzlich abgesperrt hat. Solange sich der Behälter entleert, bleibt der Zufluß vollständig abgeschlossen; erst nachdem der Behälter voll-

ständig ausgelaufen ist, kann sich derselbe wieder aufrichten und den Zufluß öffnen. Tritt somit in dem Abfluß des gewogenen Getreides eine Störung ein, so bleibt die Wage so lange stehen, als diese Störung dauert, um nach Behebung derselben wieder ganz von selbst die Arbeit aufzunehmen.

Diese automatischen Wagen, bei denen das Gewicht des zu wägenden Materials die einzige treibende Kraft ist und die mangels jeglicher geölten Teile auch staubentwickelnde Saat sicher und zuverläßlich wägen, ja sogar eichfähig sind, können in Elevatoren, Schnecken und Bändertransporte eingeschaltet werden und sind sowohl für die Kontrolle des in die Magazine eingehenden als auch der Fabrik zur Verarbeitung übergebenen Saatquantums sehr zu empfehlen.

II. Die Reinigung der Ölsaaten.

Der Ölmüller sollte, streng genommen, nur reine, von allen fremden Beimengungen freie Ölsaat geliefert erhalten. In Wirklichkeit darf man aber zu rigorose Anforderungen nicht stellen, da es dem Landwirte unmöglich ist, eine Saat zu liefern, die absolut frei von Erdteilchen, Staub, Spreu, Fremdsamen, Stengelteilen, tauben Körnern und Ähnlichem ist.

Die großen Handelsplätze für Ölsaaten haben über das zulässige Maximum des Fremdkörpergehaltes ein für allemal giltige Regeln aufgestellt und erhält der Käufer bei einem die festgesetzten Grenzen überschreitenden Grade von Verunreinigungen der Saaten bestimmte Vergütungen.

Zulässiger Gehalt der Ölsaaten an Fremdkörpern.

In Marseille dürfen die verschiedenen Ölsaaten folgende Mengen an Fremdstoffen (Franchise) enthalten:

Erdnüsse in Schalen	2 %
Erdnüsse, entschält	2
Beraf	2
Sesam	3
Niggersaat	3
Sonnenblumenkerne	3
Mohnsaat	3
Bankoulnüsse	3
Kapok	3
Mowrah	3
Illipé	3
Lein	4
Raps und Rübsen	4
Senf	4
Leindotter	4
Rizinuskerne	4
Hanf	4
Baumwollsaat	5 usw.

Bei der Saatprüfung werden nicht immer alle Fremdkörper mit ihrem Vollgewichte als Verunreinigung angerechnet; bei einigen Ölsaaten (z. B. Lein) setzt man ölhaltige Fremdsämereien nur mit der Hälfte ihres Gewichtes an. Andererseits werden auch taube oder unvollkommen ausgereifte Körner richtiger Provenienz zum Teil als Fremdstoffe angesehen. Die genaueren Details hierüber gelangen im 2. Bande bei der Rohmaterialbeschreibung der einzelnen Öle zur Aufzählung.

Saaten für technische Öle.

Der Gehalt an Fremdkörpern hat bei Ölsaaten, aus denen Öl für technische Zwecke (Seifensiederei, Firniskocherei usw.) gewonnen werden soll, wenig zu sagen. Wenn sich unter den Beimengungen nicht gerade ölhaltige Samen befinden (welche durch ihren eigenen Fettgehalt die Reinheit des gewonnenen Öles beeinträchtigen), so hat man hier nur infolge der Unreinheit der Preßrückstände (Ölkuchen) zu leiden. Da für dieses wichtige Nebenprodukt der Ölfabrikation aber ebenfalls strenge Qualitätsvorschriften existieren, so wird von den Ölmühlen auch die Entfernung der Fremdkörper aus Saaten, die zur Gewinnung technischer Öle dienen, angestrebt.

für Speiseöle.

Handelt es sich um Ölsaaten, aus denen Speiseöle gepreßt werden sollen, so ist die Befreiung der Saat von jedweder Beimengung schon deshalb sehr wichtig, weil die meisten Fremdkörper den Geschmack und die Farbe des Öles in unangenehmster Weise beeinflussen. Eine richtige Reinigung der Saaten vor der eigentlichen Verarbeitung ist daher in Speiseölfabriken als der wichtigste Teil der Fabrikation anzusehen; Fabriken, deren Saatreinigungsanlage nicht gut arbeitet, können nie gute Öle herstellen, denn schon die feinen, an den Samenkörnchen haftenden Staubpartikelchen vermögen dem Öle einen unangenehmen Erdgeschmack zu erteilen, welchen keine Raffinierkunst wegzubringen vermag.

Da die verschiedenen Ölsaaten in ihrer Korngröße und sonstigen Beschaffenheit sehr erheblich voneinander abweichen, ist es natürlich, daß jede Ölsaat ihre speziellen Reinigungsapparate erfordert. Es braucht zwar nicht jede Saatgattung nach besonderen Prinzipien behandelt zu werden, aber die Detaileinrichtung der Reinigungsvorrichtungen muß der jeweiligen Eigenart des zu reinigenden Materials angepaßt werden.

Ihrem Grundgedanken nach lassen sich die verschiedenen Saatreinigungsapparate in die folgenden Gruppen teilen:

a) Siebapparate (benützen die Größenunterschiede zwischen den Saatkörnern und den Fremdkörpern);
b) Ventilationsapparate (basieren auf der Gewichtsverschiedenheit zwischen Saat und Fremdkörpern);
c) Trieure (beruhen auf der Formenverschiedenheit der Saat und der Fremdkörper);
d) Magnetapparate (benützen charakteristische Eigenschaften gewisser Fremdstoffe);

e) Bürsten- und Waschapparate (Schmutzentfernung durch Bürsten und Waschen).

a) Siebapparate.

Reinigung durch Sieben.

Beim Absieben der Ölsaat können zwei Zwecke erstrebt werden: man treibt entweder durch ein Sieb, dessen Maschen nur Körper bis zur Größe des Saatkornes durchlassen, und entfernt so die größeren Verunreinigungen, oder man arbeitet mit einem Siebe, dessen Maschen nur kleineren Körpern als das Saatkorn Durchgang gestatten, entfernt also Staub und kleine Fremdkörper. Nach einer Passage der Ölsaat durch beide Siebgattungen müßte man theoretisch eine Ölsaat erhalten, die nur noch solche Fremdkörper beigemengt enthält, welche genau dieselbe Größe haben wie das Korn der Saat. In der Praxis werden aber außer solchen Verunreinigungen sich auch noch größere und kleinere Fremdkörper in der Saat befinden, weil das effektive Resultat der Siebarbeit hinter dem ideellen stets zurückbleibt. So rutschen auch größere Fremdkörper von langgestreckter Form sehr leicht durch kleinmaschige Siebe, wie andererseits nie aller Staub, und sei er noch so fein, durch Siebpassage entfernbar ist.

Die in den Ölmühlen verwendeten Siebapparate unterscheiden sich in

Rotativsiebe und

Plansiebe.

Bei der ersten Type bildet das Siebgewebe die Seitenflächen eines um seine Längsachse rotierenden Zylinders oder Prismas, bei den Plansieben (auch Schüttelsiebe genannt) wird das Sieb in der Horizontalen bewegt; hier findet also eine strenge Nachahmung des Vorganges statt, wie er beim gewöhnlichen Handaussieben irgend eines Materials geübt wird. Die gebräuchlichste Form der

Rotativsiebe

Sechskanter.

ist der Sechskanter, dessen Wirkungsweise durch die nebenstehende Skizze (Fig. 18) erläutert wird. Die bei a zugeführte Ölsaat gelangt zunächst auf den mit feinmaschigen Sieben bespannten Teil M des etwas geneigt gelagerten Prismas, das sich um die Achse $x_1 x_2$ dreht. In M fällt der Staub und die kleinen fremden Sämereien durch, welche in r gesammelt werden. Der Samen rutscht bei einer Drehung des Prismas allmählich weiter gegen den Teil N des Siebes vor, der mit einem grobmaschigem Sieb bespannt ist. Die Saat fällt dabei nach s durch und wird von hier der weiteren Verarbeitung zugeführt, die größerkalibrigen Verunreinigungen (Schrollen) rollen gegen t weiter und werden hier aufgefangen.

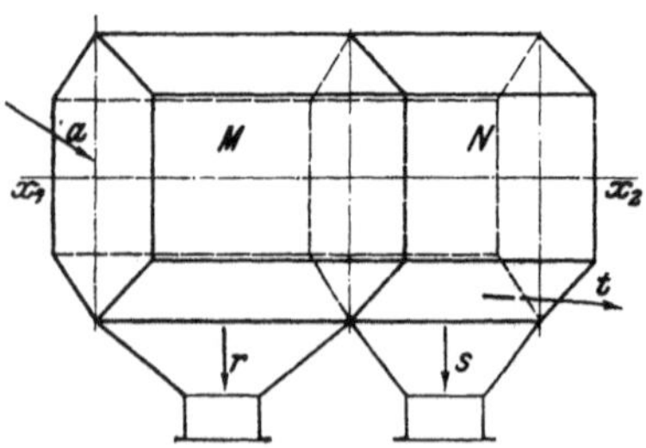

Fig. 18. Schema des Sechskantsiebes.

Eine Ausführungsform des Sechskanters, wie sie für Lein, Sonnenblumenkerne, Raps usw. viel gebraucht wird, zeigt Fig. 19. Hier ist vor allem statt des schräg gelagerten Prismas ein Kegelstumpf mit horizontaler Achse als Siebfläche verwendet. Dieser besorgt infolge der schräg liegenden Seitenflächen das Vorrutschen der Saat genau so wie das schiefgelagerte Prisma. Das Kantengerüst des Kegelstumpfes ist aus Holz und sitzt mittels eiserner Arme auf der Achse. Die Seitenflächen der Trommel sind aus abnehmbaren, mit Reibern oder Schrauben auf dem Kantengerüste befestigten Holzrahmen gebildet, welche die Siebbespannung tragen. In unserer Zeichnung ist die Grenze der beiden Siebgrößen nicht näher kenntlich gemacht. Wichtig ist, daß die Siebrahmen auf dem Gerüste dicht aufsitzen, damit nicht durch etwaige Schlitze Samen durchfalle. Der ganze Apparat ist von

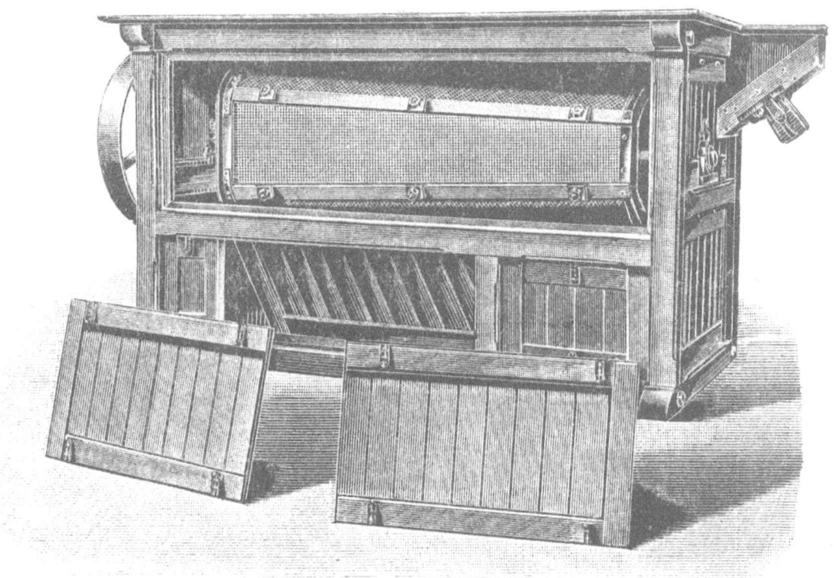

Fig. 19. Sechskantsieb.

einem hölzernen Gehäuse umgeben und steht in der Regel auf einem Gerüst, welche Lage eine bequeme Entleerung des im Unterteil gesammelten Staubes der gröberen Verunreinigung (Schrollen) sowie eine leichte Fortführung der gereinigten Saat gestattet. Letzteres geschieht zumeist durch eine in den Sammelkonus eingebaute Schnecke.

Für Ölsaaten, die besonders sorgfältig gereinigt werden sollen, genügt die einfache Passage durch ein solches Rotativsieb nicht. Man ordnet hier mehrere Siebtrommeln nebeneinander oder auch übereinander an, welche die Saat der Reihe nach passieren muß. Es wird dann gewöhnlich dem ersten Zylinder die Entfernung der groben Verunreinigungen übertragen und den folgenden die Befreiung vom Staube überlassen.

Doppelsiebe.

Eine eigenartige Ausführung des eigentlichen Siebteiles zeigt Fig. 20. Hier sitzen zwei konzentrische Trommeln von sechsseitiger kegelstumpfartiger Gestalt mittels sternförmiger Speichen an einer gemeinsamen rotierenden Achse. Die zu reinigende Ölsaat wird dem inneren Prisma an dessen engerer Stelle zugeführt und rollt auf dem aus perforiertem Blech bestehenden Trommelüberzuge allmählich vor. Letzterer besitzt eine Lochung, genügend groß, um die Saat durchfallen zu lassen, hält aber größere Beimengungen zurück, welche seitlich abgeführt werden. Die äußere Trommel, in welche die Saat fällt, ist mit feinerer Lochung versehen, so daß nur Staub und die feinen Sandteile passieren können, die Saat aber seitlich ausgeworfen wird. Die Anordnung zweier Siebe ineinander hat den Vorteil, auf kleinem Raume eine größere Siebfläche unterzubringen. Für die Palmkernputzerei wird der Apparat sehr empfohlen.

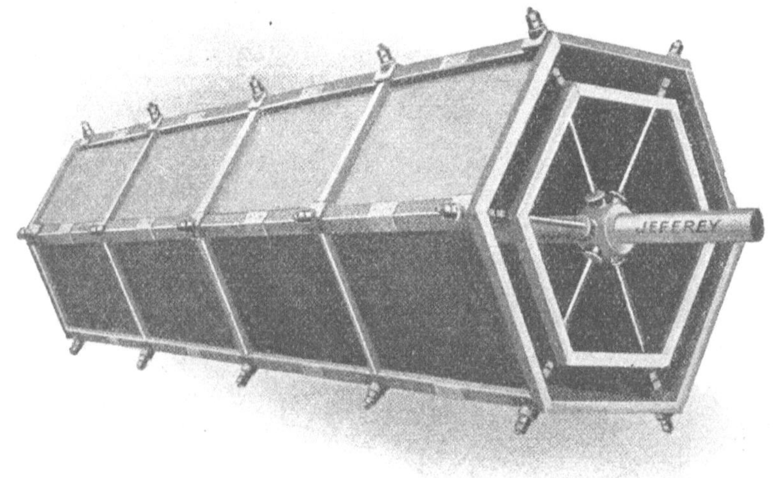

Fig. 20. Ineinander gelagerte Sechskantsiebe.

Zentrifugalsichter.

Die Leistung der Rotativsiebe wird erhöht, wenn man die Saat gegen die Siebfläche peitscht. Dies wird durch innen angebrachte Schlagarme (oder Schlagleisten) erreicht, die schneller rotieren als der Siebzylinder und durch ihre eigenartige Form die Ölsaat bei der Drehung mitnehmen und gegen die Seitenwand schleudern. Man nennt die Apparate, welche in gewissen Fällen vorzügliche Dienste leisten, Zentrifugalsichter (Fig. 21).

Leistungsfähigkeit der Rotativsiebe.

Die gewöhnlichen Rotativsiebe arbeiten mit verschiedener Tourenzahl. Diese richtet sich nach der Größe des Siebes, und zwar soll stets eine Umfangsgeschwindigkeit von ca. 1,2 m pr. Stunde eingehalten werden. Demnach machen Sechskanter von 400 mm Seitenlänge (Durchmesser) 60 Touren per Minute, solche von 1000 mm Seitenlänge 24 Touren.

Für mittelkörnige Ölsaaten (Leinsaat, großkörniger Raps) rechnet man 0,5 m² Siebfläche für den Staubdurchfall und 0,2 m² Siebfläche für den Saatdurchfall für ein pro Stunde zu reinigendes Saatquantum von 100 kg.

Statt der Prismenform des Siebkörpers wurde früher auch die Zylinderform angewendet; diese Apparate arbeiten aber weniger ökonomisch und sind wegen des unbequemen Austauschens der Siebbespannung nicht so beliebt wie die Sechskanter. Sieb-zylinder.

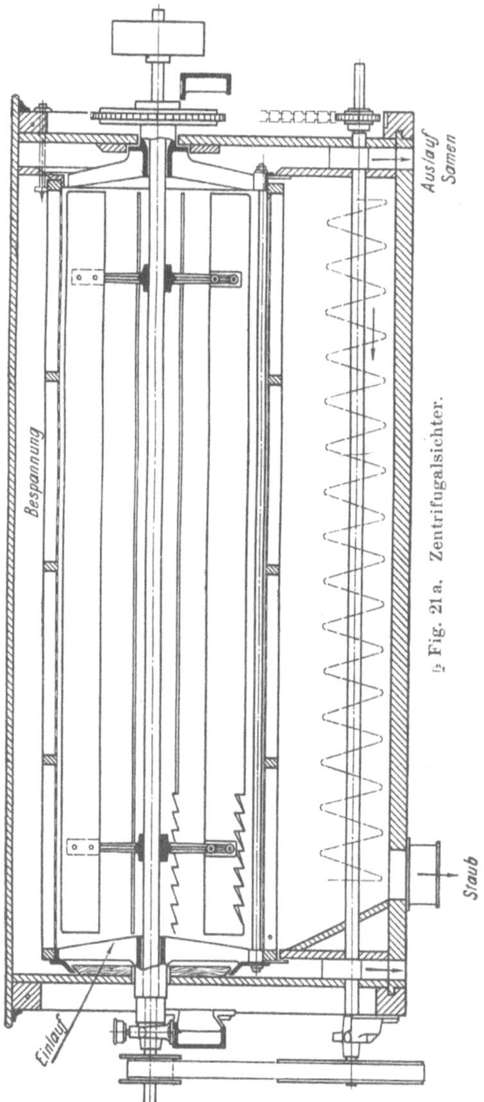

Fig. 21a. Zentrifugalsichter.

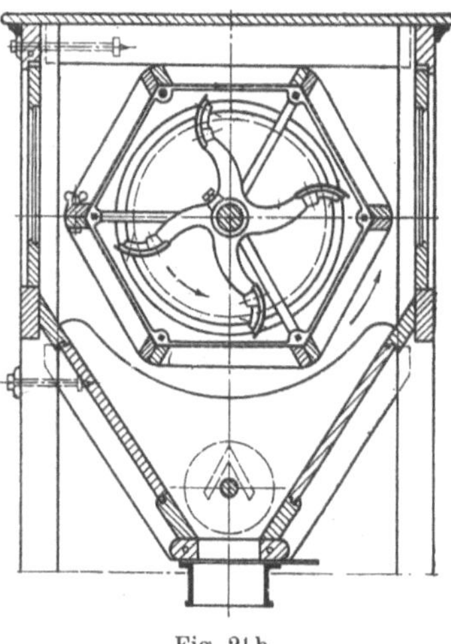

Fig. 21b.

Die

Plansiebe,

auch Flachsiebe genannt, ahmen das gebräuchliche Handsieben nach. Plansiebe bestehen aus rechteckigen übereinandergelagerten Holzrahmen, die mit Siebgeweben bespannt sind und denen durch Kurbel oder Exzenterbetrieb eine hin und her gehende Bewegung erteilt wird. Die Plansiebe arbeiten weit besser als die rotierenden Siebapparate, was nach Baumgartner auch ganz einleuchtend ist. Bei dem Sechskanter wird eben nur ein Teil der Gesamtsiebfläche benützt, wie auch die Saat in der Hauptsache nicht senkrecht auf dem Siebe liegt, da dieses eine drehende Bewegung hat. Die Bewegung des Sichtgutes bei dem Sechskanter ist eine zickzackförmige, Plansiebe.

indem es zuerst durch die Reibung etwas nach aufwärts gebracht wird und dann, wenn die Schwerkraft die Reibung überwunden hat, nach abwärts und vorwärts rutscht. Bei dem Flachsiebe liegt das Sichtgut fast senkrecht auf der Fläche des Siebes und durch die hin und her gehende Bewegung rutscht es darauf fort, und zwar auch etwas nach rückwärts, infolge der Neigung des Siebes aber mehr dem Auslaufe zu. Das Sieb befindet sich in seiner vollen Ausdehnung in Tätigkeit, vorausgesetzt, daß die Beschüttung eine entsprechende ist.

Ausführungsformen. Das Konstruktionsprinzip der gebräuchlichen Schüttelsiebe ist aus Fig. 22 zu ersehen, die gebräuchliche Ausführungsform aus Fig. 23.

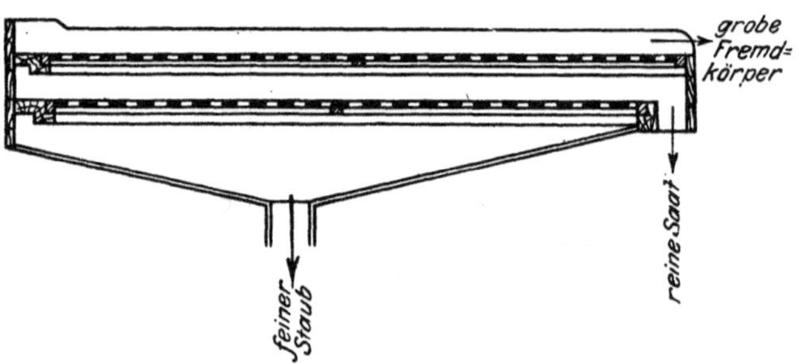

Fig. 22. Schüttelsieb.

Es arbeiten fast immer zwei Flachsiebe zusammen, und zwar so, daß man fein- und grobmaschige Siebflächen entweder hintereinander oder übereinander anordnet. Die erstere Art wird häufiger angewendet. Man kann die Schüttelsiebe auch hängend konstruieren, doch ist die in Fig. 23 gezeichnete Form die gebräuchlichere.

Die Plansiebe sind fast immer aus Holz gefertigt. Die Siebrahmen sind mit Falz versehen, passen genau ineinander und lagern auf Federn aus elastischem Holz (Eschenholz). Auch die die Verbindung zwischen Kurbel und Sieb bildende Schubstange ist meist aus Eschenholz.

100 kg Saat benötigen bei Plansieben 0,1 m² Siebfläche für den Saatdurchfall und 0,2 m² für den Staubdurchfall, also weit weniger als die Rotativsiebe. Meist werden die Plansiebe mit Ventilatoren kombiniert; sie sind in dieser Form in französischen Ölfabriken allgemein anzutreffen. In Deutschland wendet man Schüttelsiebe relativ selten an. Die Amerikaner verwenden in ihren Kottonölfabriken sehr häufig eine Kombination von Rotativ- und Plansieben (Fig. 24) und benützen diese Einrichtung nicht nur zur Reinigung von Kottonsaat, sondern auch zur Separierung der Baumwollhülsen vom Saatfleische nach dem Entschälen, wie überhaupt bei den sogenannten Schälmaschinen für Ölsaaten ein ausgedehnter Gebrauch von Plansieben gemacht wird.

Kombinierte Rotativ- und Plansiebe.

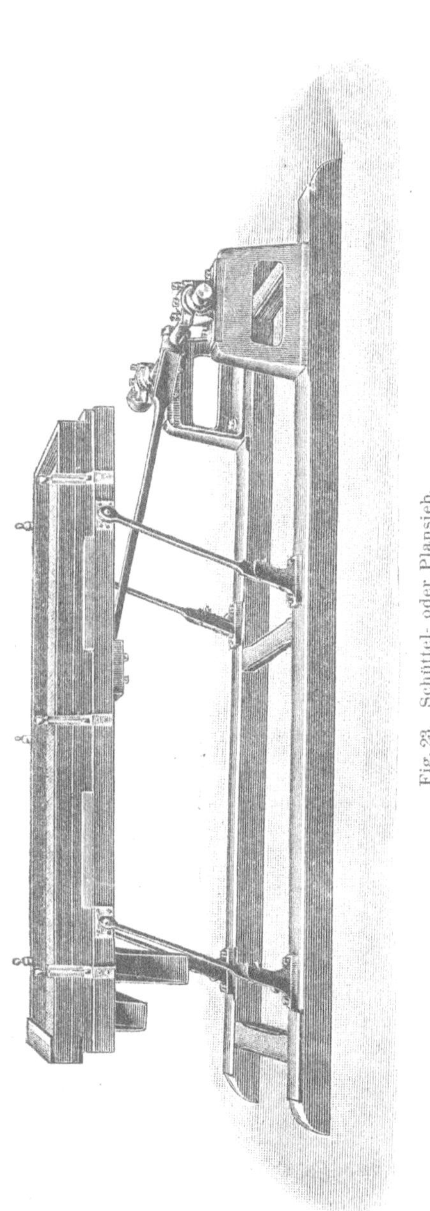

Fig. 23. Schüttel- oder Plansieb.

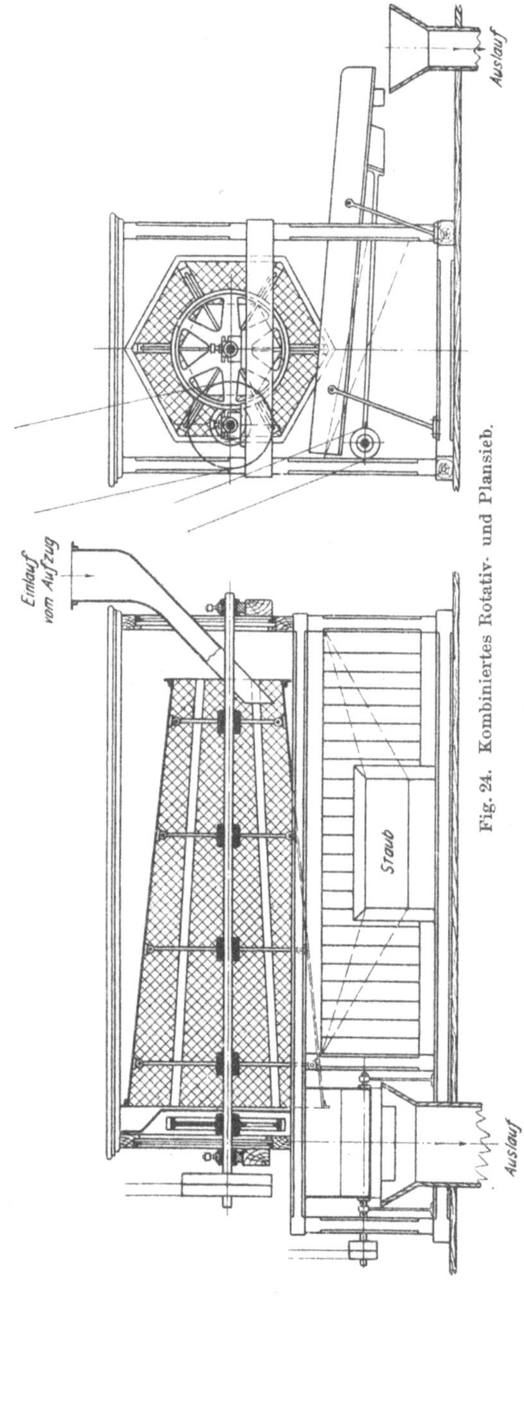

Einlauf vom Aufzug

Staub

Auslauf

Auslauf

Fig. 24. Kombiniertes Rotativ- und Plansieb.

Außer den besprochenen Plan- und Rotativsieben kennt die Ölmüllerei von Siebapparaten noch die

Siebschnecke.

Sieb-schnecken. Bei dieser ist der Trog einer gewöhnlichen Transportschnecke statt aus Vollblech aus perforiertem Blech gebildet, welches ein Durchfallen der

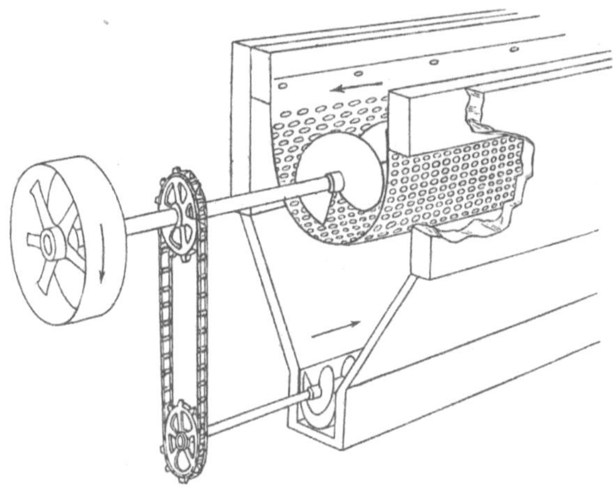

Fig. 25. Siebschnecke.

Saatverunreinigungen gestattet; der feinere Staub wird dann unten durch eine kleine Sammelschnecke abgeführt. (Fig. 25.) Die Siebschnecke verbindet also die Transportarbeit mit einer Saatreinigung. In Amerika werden sandhaltige Baumwollsaaten durch solche Schnecken vielfach in die Saatmagazine transportiert.

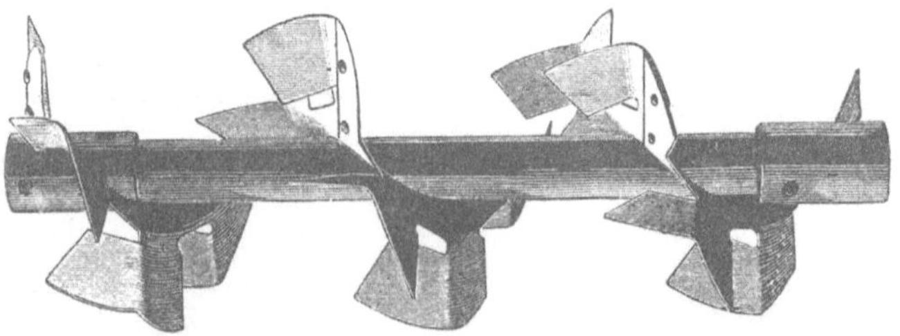

Fig. 26. Eigenartige Schraubenflügel für Siebschnecken.

Die Siebschnecke arbeitet um so besser, je ruckweiser das Vorwärtsrutschen des Fördergutes erfolgt und je mehr dieses durchgewühlt wird. Beides erreichen Schraubenflächen von der in Fig. 26 gezeigten Form viel besser als die normalen Schraubengewinde. (Cadwell cut flight conveyer.)

Die bei den Siebmaschinen angewandten Siebflächen können

Drahtgeflechte,
Drahtgewebe und
perforierte Bleche

sein.

Draht-geflechte.

Die Drahtgeflechte (Fig. 27) sind aus $^3/_4$ bis $1\,^1/_2$ mm dickem Eisendraht hergestellt und haben eine Maschenweite von $5\,^1/_2$ bis 24 mm. Drahtgeflechte von mittlerer Maschenweite sind in Ölmühlen bei allen Einschüttrichtern in Verwendung und dienen zum Rückhalten von Schnüren und sonstigen zufälligen Beimengungen des Samens.

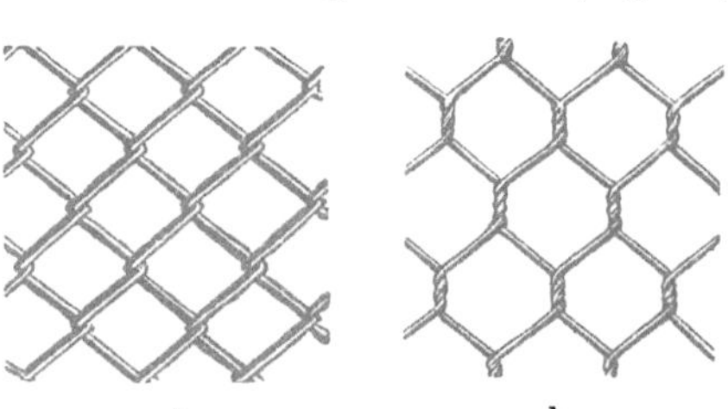

a b
Fig. 27 a und b. Drahtgeflechte.

Draht-gewebe.

Die Drahtgewebe (Fig. 28) werden bei weitem mehr angewandt als die Drahtgeflechte; sie haben eine leinartige Kreuzung und durch eine Einbiegung, welche die Drähte beim Weben erhalten, ist dem Verschieben derselben vorgebeugt, was eine weitere Bindung ganz überflüssig macht. Die Numerierung der Drahtgewebe ist so getroffen, daß die betreffende Nummer die Anzahl der Öffnungen angibt, welche auf einen Quadratzoll entfällt. Die Drahtgewebenummern laufen von 2—140. Die Ölmüllerei verwendet Drahtgewebe aus gewöhnlichem Eisendraht; solche aus verzinntem Eisendraht (Carnevas) oder Messing sind nicht gebräuchlich.

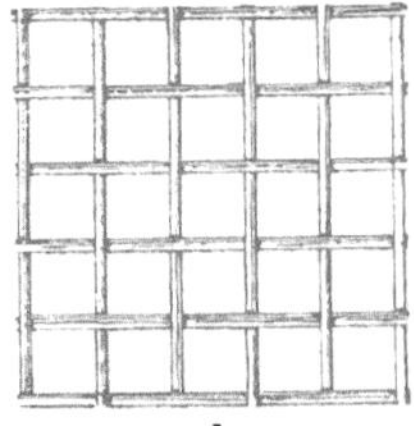

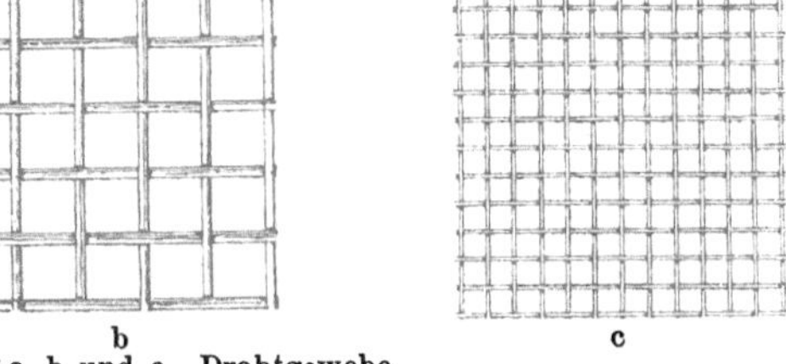

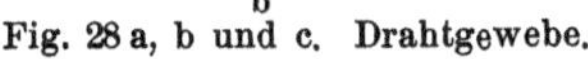

a b c
Fig. 28 a, b und c. Drahtgewebe.

Gelochte Bleche.

Die perforierten Bleche (Fig. 29) können kreisrunde und schlitzförmige Öffnungen haben. Ihre Reinhaltung ist eine leichtere als die der Drahtgewebe. Durch Anpassen

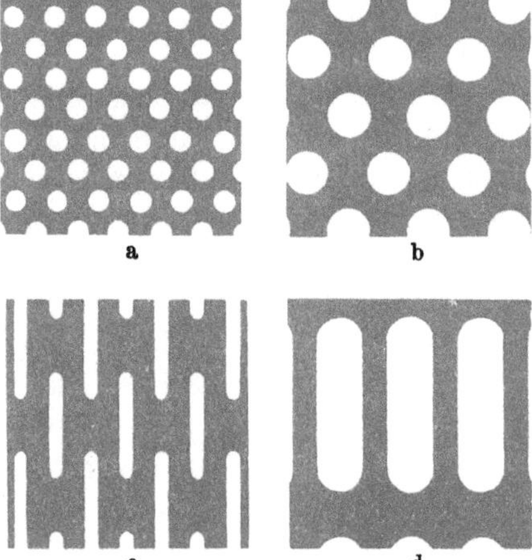

a b c d
Fig. 29 a, b, c und d. Perforierte Bleche.

der Form der Öffnungen an die der hauptsächlichsten Saatverunreinigungen kann man bei Verwendung perforierter Bleche manche Vorteile erreichen; so entfernen z. B. schlitzige Bleche Stengelteile viel leichter als Gewebe.

b) Reinigen durch Windströme.

Reinigen durch Windströme.

Eine Sortierung leichterer Körper von schwereren durch Windströme wird in der Ölfabrikation ungemein oft angewandt. Selten sind aber in den Ölfabriken Maschinen zu finden, die, wie z. B. die sogenannten Aspiratoren oder Tarare in der Mehlmüllerei, ihre Reinigungsarbeit ganz und gar auf die Wirkung von Windströmen aufbauen. Die Ölmüllerei beschränkt sich vielmehr darauf, nach anderen Prinzipen arbeitende Putzapparate mit Ventilatoren oder Luftsaugevorrichtungen zu kombinieren. So werden die Flachsiebe fast immer mit einem Ventilator kombiniert, die diversen Schälmaschinen haben zur Trennung der losen Schalen vom Kern immer Ventilatoren eingebaut usf.

Bei dem Reinigen der Saat durch Luftströme können zwei Fälle eintreten: die Windrichtung ist dem Wege des Saatkornes entgegengesetzt, oder sie ist senkrecht zu ihr. Im ersten Falle hat jedes Korn den Druck des ihm entgegenströmenden Windes auszuhalten, welcher es entweder bei senkrechtem Falle an der Erlangung seiner ihm zugehörigen Fallgeschwindigkeit hindert oder, wenn der Winddruck stark genug ist, sogar mit sich empor reißt. Wirkt aber der Wind horizontal auf den fallenden Körper, so wird derselbe von seiner Fallrichtung abgelenkt, selbst wenn der Winddruck nur ein schwacher ist. Ist letzterer stark genug, so nimmt er den Körper in einer flachen Parabel mit sich fort. Es ist also besser, die Windrichtung senkrecht zur Wegrichtung des Samens zu wählen, weil man dabei schon mit geringen Windstärken die gewünschten Ablenkungen erzielen kann.

Fig. 30. Fallrohre m. Staffeln.

Verteilung der Saaten.

Wichtig ist es auch, daß der Wind nicht einer geschlossenen Masse von Saatkörnern entgegenweht, daß vielmehr für eine möglichst weitgehende und regelmäßige Verteilung der Saat Sorge getragen ist, damit der Luftstrom jeden einzelnen Körper des Saatgemenges trifft. Um eine solche Verteilung der Masse zu erzielen, sind zwei Vorrichtungen vielfach in Anwendung. Bei Fallrohren werden staffelweise Querleisten eingebaut (Fig. 30), welche beim Herabfallen des Samens ein gründliches Verteilen desselben besorgen; bei schiefen Rutschflächen verwendet man wiederum die in Fig. 31 gezeigten Dreieckanordnungen. Trifft nun der Luftstrom die verteilte Saat, so wird er die vollwichtigen, gesunden

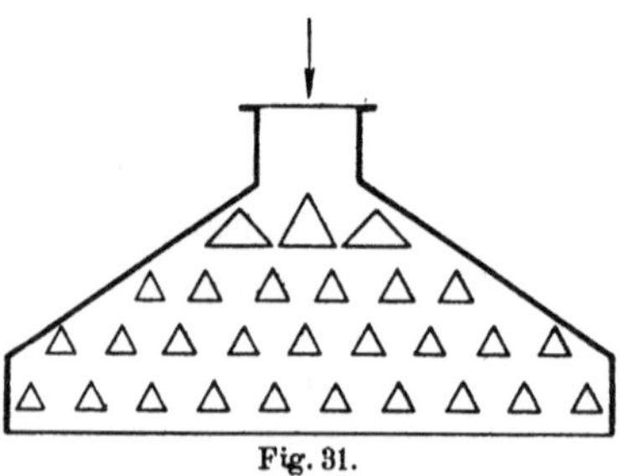

Fig. 31.

Körner wegen ihres zu hohen Eigengewichtes nur wenig abzulenken vermögen, sie werden ihren vorgezeichneten Weg ziemlich unbehindert weitergehen. Die ungesunden und tauben, also leichteren Körner, die der Saat beigemengte Spreu und andere Verunreinigungen mit geringem Eigengewichte werden von der Luftströmung stärker abgelenkt oder gar mit fortgerissen und können an geeigneter Stelle gesammelt werden, so daß sie die Reinigungsmaschine von der gereinigten Saat getrennt verlassen.

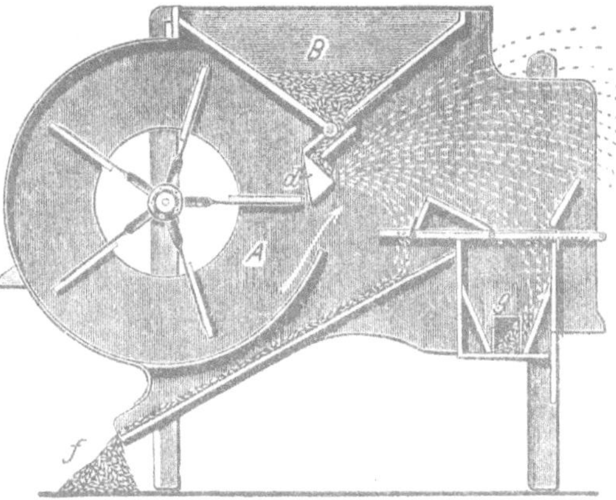

Fig. 32. Saatreinigung durch Ventilatoren.

Die Ventilatoren selbst sind in den Ölmühlen meistens aus Holz und recht einfach konstruiert. Durch auf- und abschiebbare Seitenfenster des Ventilatorgehäuses kann man die Stärke des Luftstromes genau regulieren.

Fig. 32 zeigt die Wirkungsweise einer einfachen Ventilator-Reinigungsmaschine[1]). Der durch den Ventilator *A* erzeugte Windstrom trifft die aus dem Vorratsbehälter *B* kommende, durch eine Speisewalze und das Verteilungsbrett *d* gleichmäßig ausgebreitete Saat. Gesunde, volle Körner widerstehen der Windablenkung und werden bei *f* gesammelt, während taube, leichtere Körner und Unkraut vom Windstrom mitgerissen und bei *g* abgelagert, die ganz leichten Verunreinigungen (Spreu) in die Richtung *h* geblasen werden. Einfache Windreinigungsmaschine.

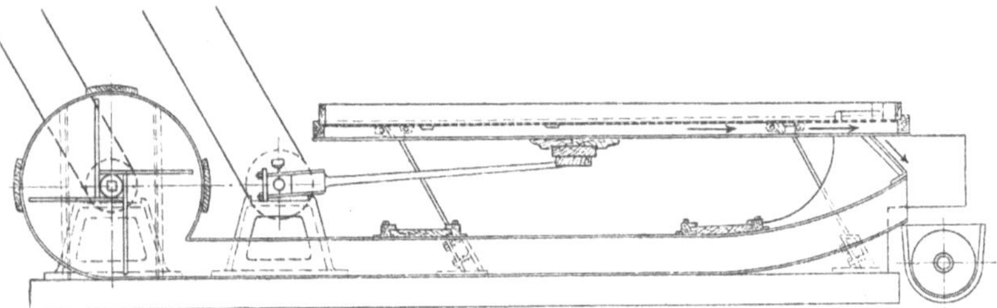

Fig. 33. Plansieb mit Ventilator.

Derartige Ventilatoren sind aber in Ölfabriken selten für sich in Verwendung, sondern zumeist mit Siebapparaten kombiniert.

In Fig. 33 ist ein „Plansieb mit Ventilator" dargestellt, bei welchem das bereits durch die beiden Siebflächen gegangene Saatgut einen Luftstrom passiert. Die Spreu und die tauben Körner werden vom Luftstrome fortgetrieben und in einer geeignet angebrachten Staubkammer gesammelt, die reine Saat wird durch eine Transportschnecke fortgeführt. Plansiebe mit Ventilator.

---

[1]) System Gebr. Röber in Wutha.

c) Trieure.

Trieure.

Diese aus Frankreich stammenden Maschinen benützen die Abweichung der Formen des Ölsaatkornes sowie der der Beimengungen, um letztere auszuscheiden. Sie finden immer erst nach den Sieb- und Ventilationsapparaten Anwendung, und zwar zur Entfernung jener Körper, die sich bei der Passage dieser Apparate von der Saat nicht absondern ließen. In der Mahlmüllerei sehr häufig gebraucht, um Wicken, Mohn, Tressen, Brandköpfe usw. aus dem Getreide zu entfernen, werden die Trieure in den Ölfabriken weit seltener angewandt. Wenn es sich aber darum handelt, aus Leinsaat den beigemengten Rübsen und andere Kruziferensamen auszuscheiden, was z. B. bei der sehr stark verunreinigten rumänischen und russischen Leinsaat manchmal dringend notwendig ist, sind die Trieure die einzig passenden Apparate.

Prinzip der Trieure.

Die Wirkungsweise der Trieure beruht darauf, daß man die Saat in das Innere eines mit halbkugelförmigen Vertiefungen versehenen rotierenden Zinkblechzylinders bringt, wobei längliche, ovale Samen (Leinsaat) in den Vertiefungen keinen rechten Halt finden und daher bei der Drehung des Zylinders nur wenig mit in die Höhe gehoben werden, während die kugelförmigen Samen (Raps, Hederich usw.) genau in die halbkugeligen Vertiefungen passen und deshalb beim Rotieren des Zylinders bis zu einer bestimmten Höhe mitgenommen werden. An dem Punkt e, wo sie infolge ihrer Schwere herabfallen müssen, befindet sich ein Ablenkungsblech M (Fig. 34), von welchem die runde Saat mittels einer Schnecke oder durch ein einfaches Gefälle seitlich entleert wird, der ovale Samen rutscht dagegen längs der Trieurlänge vor, bis er am Ende austritt.

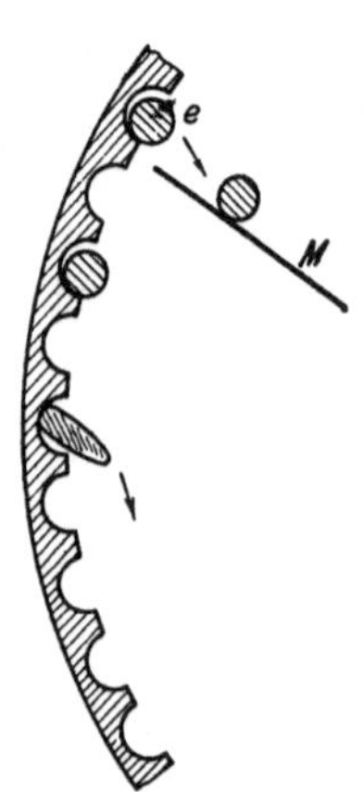

Fig. 34. Prinzip des Trieurs.

Ein und derselbe Trieurzylinder ist nicht für alle Saatgattungen verwendbar, jede Stanzung paßt vielmehr nur für eine bestimmte Saatkorngröße. Die Vertiefungen selbst werden in das Zinkblech entweder eingepreßt (gestanzt) oder eingebohrt (gefräst). Die gestanzten Bleche sind durch die rundlichen Ränder der Zellen (Vertiefungen) gekennzeichnet, die gefrästen durch scharfe Ränder. Letztere sind auf der Rückseite ganz glatt, erstere zeigen dort einen schwachen Abdruck der Stanze. Den gebohrten Blechen (gefrästen) gehört die Zukunft, denn sie verhindern durch ihre scharfkantigen Ränder, daß gebrochene Körner der guten Saat mit in das Unkraut rutschen. Der Trieur darf keine größere Umfangsgeschwindigkeit als 0,30 m bis 0,35 m per Sekunde haben, sonst arbeitet er unbefriedigend.

Man schaltet gewöhnlich mehrere Trieurelemente zu einer Batterie zusammen und kombiniert sie gleichzeitig mit gewöhnlichen Rundsieben, welche die übrigen Verunreinigungen der Saat entfernen (Fig. 35)[1]).

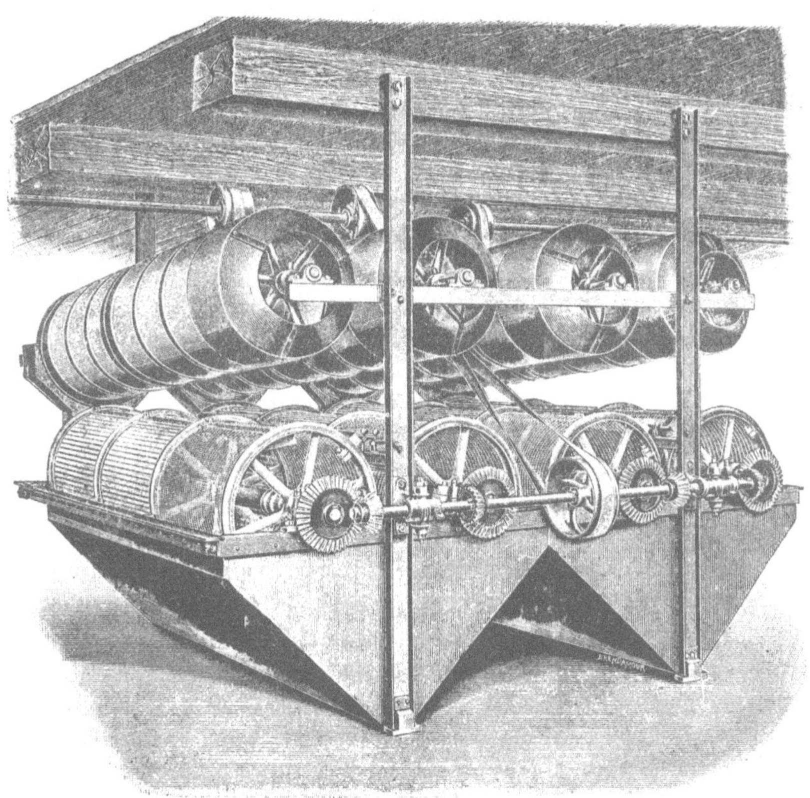

Fig 35. Trieurbatterie mit Siebzylindern.

d) **Magnetapparate.**

Es ist kaum glaublich, wie viele Eisenteile sich in Ölsaaten und im Preßgute vorfinden; bald ist es ein Schrauben- oder Nagelkopf, bald eine Elevatorbecherniete usw. Eisenstückchen gelangen sowohl bei den Erntearbeiten auf dem Felde als auch beim Einmagazinieren und beim Reinigen und Zerkleinern der Saat in dieselbe. Größere Eisenstücke sind relativ ungefährlich, weil sie durch Siebe leicht ausgeschieden werden können; unangenehmer sind die kleineren Eisensplitter, welche allen Reinigungsapparaten Trotz bieten und daher im Preßgute verbleiben und sich schließlich in den Preß- oder Extraktionsrückständen vorfinden, wo sie dem Vieh sehr

Magnetapparate.

---

[1]) Ausführung von G. Luther in Braunschweig.

gefährlich werden können (siehe Abschnitt Ölkuchen). Eisenteile können aber auch im Betriebe selbst Unheil anstiften, indem sie in schnell rotierenden Zerkleinerungsapparaten zur Funkenbildung Anlaß geben und Ursachen von Bränden werden können und auch die Maschine selbst beschädigen. Bei den Magnetapparaten werden, wie schon der Name andeutet, die sich in der Saat vorfindenden Eisenstücke durch Magnete angezogen und festgehalten. Man läßt gewöhnlich die Saat in gut verteilten dünnen Schichten über eine schiefe Ebene herabrutschen, in welche Magnete derart eingesetzt sind, daß sie die Rutschbewegung der Saat nicht hemmen, wohl aber Eisenteile festhalten können. Letztere müssen von Zeit zu Zeit mit der Hand entfernt werden, wenn nicht am Magnet besondere Vorrichtungen angebracht sind, welche die Eisenstückchen automatisch abstreifen. Von diesen Abstreifern kennt man zwei Konstruktionen: bei der einen ist der Magnet feststehend und die Abstreifer beweglich, bei der anderen dreht sich der Magnet mit seiner Fassung und die Abstreifvorrichtung bleibt fest.

e) Bürsten- und Waschapparate.

Die Sieb-, Ventilations-, Magnetapparate und Trieure haben die Ölsaat nur von losen Fremdkörpern befreit, nicht aber die am Ölsaatkorne fester haftenden Verunreinigungen, wie Staub, Erde usw. entfernt. Die Reinigung des Saatkornes an sich ist aber speziell bei der Speiseölfabrikation eben so wichtig wie die Entfernung der Fremdsamen und anderer loser Verunreinigungen der Saat. Die Entfernung jener Teile, welche der Saat mechanisch fester anhaften, erfolgt am besten durch

Bürstenmaschinen.

Bürstenmaschinen.

Nach Fischer[1]) ist die kennzeichnende Wirkung der Bürstenmaschinen diejenige der nachgiebigen Borstenenden auf die Körner, vermöge welcher Nachgiebigkeit die mehr oder weniger gerundeten Endflächen der zahlreichen Bürstenhaare den Unebenheiten der Körneroberfläche und den dort haftenden Schmutz ablösen. Hauptbedingung ist dabei eine mäßige Geschwindigkeit, die niemals 5 m pro Sekunde übersteigen darf. Die Bürste ist so lange imstande Staubteile abzulösen, als sie Gelegenheit hat, dieselben wieder von sich abzustoßen; hört diese Möglichkeit auf, so überträgt sie den Staub nur von einem Korn auf das andere. Der Bürste gegenüber muß immer eine siebartige Fläche angeordnet sein, wie man auch durch Luftzug die Staubabfuhr unterstützen kann.

Bürsten-Material.

Die Bürsten selbst können aus Pflanzenfasern oder Borsten bestehen. Drahtbürsten sind für Ölsaaten ausgeschlossen, weil sie das Saatkorn lädieren würden und das dadurch austretende Öl ein Verschmieren des ganzen Bürstenapparates zur Folge hätte; Tierborsten sind etwas zu weich. Die widerstandsfähigeren Pflanzenfasern treffen das Richtige.

---

[1]) Fischer, Die Müllerei, Berlin 1892, S. 1176.

Die Bürstenbüschel sind in Holz gefaßt, was auf zweierlei Weise geschehen kann. Man kittet sie entweder in die betreffenden Löcher mit heißem schwarzen Pech ein, oder man befestigt sie durch Draht. Die erste Methode (Rauharbeit) ist weit weniger solid als die zweite. Die Siebflächen, gegen welche die Bürsten arbeiten, müssen immer möglichst glatt sein, weil sonst das Saatkorn aufgerieben wird und auch die Abnützung der übrigens recht teuren Bürsten eine zu hohe ist.

Arten der Bürstenmaschinen.

Je nach der Lage der Wellen spricht man in Getreidemühlen, wo die Bürstenapparate ausgedehnte Anwendung finden, von

Maschinen mit stehender Welle und
Maschinen mit liegender Welle.

Bei der ersten Gruppe kennt man wieder drei Unterabteilungen, je nachdem die Bürstenform zylindrisch, kegelförmig oder tellerförmig ist, bei der zweiten unterscheidet man Maschinen mit geteilten und mit Schneckenbürsten.

Die Ölmüllerei verwendet Bürstenmaschinen noch lange nicht in jenem Maße, wie es angezeigt wäre. Es muß allerdings betont werden, daß der Bürstprozeß bei Ölsaaten viel größere Aufmerksamkeit erfordert als bei Getreidearten. Ist die Reibung an der Siebfläche nur um ein klein wenig zu stark, so treten feine Öltröpfchen an die Oberfläche der Saat, die dann direkt als Staubfänger wirken und nebenbei die Bürste und das Sieb in kurzer Zeit verschmieren. Das richtige Einschalten der Bürstenmaschine in die Reihe der Reinigungsapparate, welche die Saat durchlaufen muß, ist deshalb sehr wichtig. Ein reicheres Erfahrungsmaterial über die Erfolge der Bürstenmaschine in den Ölfabriken liegt nicht vor. Jedenfalls sind im Ölfabriksbetriebe die einfach konstruierten Bürstenapparate die besten und zweckmäßigsten. Der einfachste derselben ist die sogenannte

Bürstenschnecke,

Bürstenschnecke.

welche von F. Holtzhausen in Nossen erfunden wurde und nun sehr verbreitet ist, weil sie auf geringem Raume ziemlich viel leistet und nebenbei billig in der Anschaffung ist. Auf einer Holzwelle sitzen schraubenförmig angeordnete Bürstenbüschel, genau so wie die Schraubenflächen bei der auf Seite 161 beschriebenen Transportschnecke. Bei der Umdrehung der Holzwelle, welche beiderseits in eine eiserne Welle übergeht, um solidere Lagerung zu finden, wird die Saat in dem halbkreisförmigen Siebtroge nicht nur gebürstet, sondern auch vorwärts geschoben. Der abgebürstete Staub fällt unten durch den Siebtrog und wird dort gesammelt. Um den Transport möglichst zu verlangsamen, muß die Umdrehungszahl der Schnecke sehr gering gewählt werden und die Steigung der Gewinde darf nicht zu groß sein. Der Siebtrog ist immer halbrund, so daß die Bürste in ihrer oberen Hälfte frei geht. Das ist die Einrichtung, wie sie die Bürstenschnecke für gewöhnlich zeigt, und welche an die Siebschnecken (Seite 184) erinnert.

Bei den Holtzhausenschen Originalschnecken haben aber die Bürsten nicht allein Schneckenwindung, sondern die Holzwelle ist außerdem noch mit 3—4 Längsbürsten besetzt. Diese sollen die Saat emporheben und über die Bürste hinweg auf die andere Mantelseite schaffen. Das ist ein nicht zu unterschätzender Vorteil, denn es ist klar, daß sich die Ölsaat meistenteils auf der Seite anstaut, auf welcher sie durch die Drehrichtung geschoben wird, während die untere Seite weniger zur Tätigkeit gelangt. Durch das Überwerfen werden aber beide Teile gleich beansprucht. Holtzhausen nennt die so eingerichteten Bürstenschnecken „Überhebend" und legt auf deren Besonderheit mit Recht großen Wert.

Komplizierter in der Bauart sind die

Bürstenapparate mit stehender Welle.

Bürstenmaschinen mit stehender Welle.

Diese sind gewöhnlich mit einem Ventilator versehen, der aus dem Innern der Apparate Luft ansaugt (Aspirator). Die zu reinigende Saat wird von den Bürsten gegen einen perforierten Mantel gedrückt, der konisch geformt ist und welchen die oben zugeführte Saat schraubenförmig passieren muß, um ihn in gereinigtem Zustande unten zu verlassen.

Der den Saatkörnern anhaftende Schmutz kann nicht nur durch Bürsten entfernt werden, man kann auch ein Waschen der Saat vornehmen. Die

Waschapparate,

Waschapparate.

welche für Getreide vielfach in Gebrauch kommen, sind bei Ölsaaten bisher noch nicht zur Anwendung gelangt. Die feuchte Reinigung eignet sich nämlich für Ölsaaten nicht besonders, weil das beim Waschen von der Saat aufgenommene Wasser vor der Pressung wieder entfernt werden muß, eine Arbeit, bei der leider auch meist die Güte des in der Saat enthaltenen Öles selbst stark leidet.

Enthülsungs- und Schälmaschinen.

Außer diesen Apparaten, welchen die Reinigung der Ölsaat obliegt, müssen hier auch noch jene Maschinen Erwähnung finden, welche dazu dienen, bei Schalenfrüchten die mehr oder minder harten Fruchthülsen aufzubrechen und zu entfernen (Enthülsungsmaschinen), sowie jene Vorrichtungen, die zur Entfernung der obersten Samenhaut des ölhaltigen Kornes dienen, welche Entfernung in vielen Fällen deshalb erwünscht ist, weil diese Samenhaut der Sitz von Bitter- und Farbstoffen ist, welche die Ölqualität unter Umständen beeinträchtigen können (Schälmaschinen).

Die Enthülsungsmaschinen, welche also zur Freilegung des ölhaltigen Kernes bei Schalenfrüchten, wie Erdnüssen, Sonnenblumenkernen, Holznüssen usw., dienen, arbeiten so, daß sie die den Kern umgebende harte Hülse zerschneiden oder zertrümmern, ohne dabei den eigentlichen Kern zu beschädigen, und hierauf die Hülsentrümmer durch Siebmaschinen, Aspiratoren, Bürstenapparate usw. absondern. Die Enthülsungsmaschinen müssen sich ganz und gar der Eigenart des zu schälenden Materials anpassen und werden daher besser im 2. Bande bei den einzelnen Saatgattungen besprochen, bei welchen sie zur Anwendung gelangen (Sonnenblumensaat, Erdnüsse usw.).

Die Schälmaschinen, welche die Samenoberhaut entfernen sollen, sind wenig im Gebrauch.

Reinigung von Ölfrüchten.

Bei Ölfrüchten sind die Reinigungsarbeiten weit schwieriger durch Maschinen zu verrichten als bei Ölsaaten; sie beschränken sich im übrigen auf ein Entkernen und Entschälen, Operationen, die im Abschnitte Olivenöl des 2. Bandes ausführlich besprochen werden sollen.

Handelswert der Ölsaaten.

Handelswert der Ölsaaten und Ölfrüchte. Wertbestimmend für diese sind die Brauchbarkeit und die Menge des darin enthaltenen Öles sowie die mehr oder weniger leichte Gewinnbarkeit desselben und die Verwendbarkeit der Rückstände. Auf den jeweiligen Preis der einzelnen Ölsaaten und Früchte übt die Ergiebigkeit der Ernte einen ausschlaggebenden Einfluß; Jahre der Mißernte haben stets Preissteigerungen zur Folge und die Ölsaaten zeigen zu solchen Zeiten außerdem noch eine sehr geringe Ölergiebigkeit. Letztere wird durch das Klima im allgemeinen und hauptsächlich durch die Witterungsverhältnisse zur Reifezeit stark influiert, wie auch durch den Standort und die Düngung. Wenn H. Vohl angibt, daß die Schwankung des Ölgehaltes von Ölsaaten gleicher Herkunft in verschiedenen Jahrgängen bis zu 10 Prozent hinanreichen könne, so ist das allerdings etwas hoch gegriffen und scheint Vohl[1]) bei seinen diesbezüglichen Untersuchungen Saaten von verschiedener Spielart in Händen gehabt zu haben.

Analytische Ermittlung des Fettgehaltes.

Jedenfalls ist die analytische Ermittlung des Fettgehaltes der Sämereien neben der Bestimmung der Verunreinigungen (Seite 177) beim Ankaufe derselben dringendst zu empfehlen. Leider sind die Fehlerquellen bei den Fettbestimmungen größer, als man gewöhnlich annimmt; dieser Umstand im Verein mit der Seite 16 erwähnten Tatsache, daß der vom Analytiker ermittelte Gehalt der Ölsaaten an sog. „Rohfett" durchaus nicht identisch ist mit dem wirklichen Gehalt an reinem Öle, macht eine genaue Berechnung der technisch erzielbaren Ölausbeute aus den Analysenbefunden zwar unmöglich, doch geben derlei Analysen immerhin sehr wertvolle Aufschlüsse und gestatten an Hand von praktischem Erfahrungsmaterial zuverläßliche Vergleiche.

Berechnung der Ölausbeute aus der Analyse.

Die von Cloez[2]) aufgestellten Formeln zur Berechnung der voraussichtlichen Ölausbeute seien hier deshalb übergangen, weil sie trotz ihrer für praktische Bedürfnisse zu großen Komplikation nur ungenaue Resultate liefern. Sie lassen nämlich die in vielen Fällen bei der Fabrikation ein-

[1]) Dinglers polyt. Journ., Bd. 200, S. 236 und 410; Polyt. Zentralbl., 1871, S. 771 und 1097; Chem. News, 1871.

[2]) Bull. Soc. Chim., 1865, S. 50.

tretende Schwendung (durch Staubgehalt und Wasserverlust) unberücksichtigt. Die einfache Formel

$$x = \frac{A - a}{1 - \frac{a}{100}}$$

worin x die technische Ölausbeute, A den Ölgehalt der Saat, a den durchschnittlichen Ölgehalt der Rückstände bedeutet, ist daher vorzuziehen.

III. Das Zerkleinern der Ölsaaten.

Zweck der Zerkleinerung.

Um das Öl aus ölhaltigen Samen und Früchten gewinnen zu können, müssen die ölführenden Pflanzenzellen geöffnet werden, was durch Zerkleinern der betreffenden Samen und Früchte erreicht wird. Bei den Ölsämereien wird dabei auch die zumeist harte, spröde Samenhaut, welche das im Sameninnern enthaltene Öl vor Luftzutritt und somit vor dem Ranzigwerden schützt, die aber auch ein Ausfließen des Öles unmöglich machen würde, zerbrochen.

Bei den Ölfrüchten (Oliven, Palmfrüchten) ist das Zerkleinern wegen der weichen, leicht zerfaserbaren Beschaffenheit der ölführenden Teile ziemlich einfach und stehen hier auch im allgemeinen recht primitive Vorrichtungen in Anwendung. Für Ölsaaten, die mitunter eine große Härte und Widerstandskraft zeigen, sind dagegen vollkommenere Maschinen notwendig, um den beabsichtigten Zweck der Zellenöffnung zu erfüllen.

Dabei müssen dieselben so arbeiten, daß ein Austreten des Öles aus den geöffneten Zellen nicht stattfinde, denn vorzeitig ausfließendes Öl bedingt meist Ausbeuteverluste.

Die verschiedenartigen Konstruktionen der in Ölfabriken zur Verwendung kommenden Zerkleinerungsvorrichtungen lassen sich auf die folgenden Grundformen zurückführen:

Arten der Zerkleinerungsvorrichtungen.

1. das Stampf- oder Schlagwerk,
2. der Mahlgang,
3. der Kollergang,
4. das Walz- oder Quetschwerk,
5. Schleudermühlen,
6. Schlagkreuzmühlen.

Einige dieser Maschinen dienen nicht nur zum Zerkleinern von Ölsamen, sondern auch von Ölkuchen. Da letztere Operationen mit der ganzen Ölfabrikation aufs innigste zusammenhängen, seien an dieser Stelle auch gleich die Spezialkonstruktionen von Zerkleinerungsmaschinen für Ölkuchen behandelt.

1. Das Stampf- oder Schlagwerk

Stampfwerke.

gehört heute fast schon der Geschichte an. Früher verwendete man die schon im Altertum bekannten Pochwerke, welche durch eine mit mehreren Daumen versehene horizontale Welle ein System von Schlägern heben, die frei herabfallen und durch ihr Anschlagen auf eine feste, harte Unterlage das auf dieser befindliche Material zerstampfen, fast ausschließlich zur Zerkleinerung von Ölsaaten, woher der noch manchmal angewandte Name „Ölstampfen" für Ölfabriken stammt[1]). Da die Stampfwerke mit nur geringer Leistung arbeiten, ein lästiges Gepolter verursachen, viel Raum beanspruchen und große Unterhaltungskosten erfordern, sind sie durch andere Zerkleinerungsvorrichtungen aus den Ölfabriksbetrieben fast gänzlich verdrängt worden.

2. Der Mahlgang.

Geschichte des Mahlganges.

Der Mahlgang ist ebenfalls — wenn auch in primitivster Form — schon seit urdenklichen Zeiten bekannt, doch weiß man nicht, wann und von wem das Mahlen zwischen zwei Steinen erfunden wurde. Auf Rhodus wurde ein Telechine namens Mylas als der Erfinder des Mühlsteins verehrt[2]); Belege für die Richtigkeit dieser Annahme liegen aber nicht vor. Die Israeliten kannten das Prinzip der Mahlgänge schon 1600 v. Christi, denn im 5. Buche Moses heißt es: „Du sollst nicht zum Pfande nehmen den untersten und obersten Mühlstein" [3]); Homer (1000 v. Chr.) spricht ebenfalls schon von den Mahlmühlen; so sagt er z. B. in seiner „Odyssee" von den Sklavinnen: „Diese mit rasselnder Mühle zermalmten gelbes Getreide."

Um die technische Vervollkommnung der Mahlgänge (so nennt man ein Paar zusammenarbeitende Mühlsteine) haben sich die Deutschen und Franzosen verdient gemacht[4]).

Arbeitsprinzip des Mahlganges.

Bei den Mahlgängen findet ein Zerdrücken und Zerreiben des Mahlgutes zwischen zwei Steinen, von denen der eine festliegt, der andere mit 120—150 Umdrehungen pro Minute rotiert, statt. Die Entfernung der beiden Mahlsteine ist verstellbar, so daß die Feinheit des gelieferten Produktes reguliert werden kann. Wird die Entfernung der Steine ent-

---

[1]) G. L. Schreiber, Ölmühlen, Königsberg 1837, S. 21. — Derselbe, Beiträge zur Mühlenbaukunde, Königsberg 1841, S. 2. — Schwahn, Lehrbuch der Mühlenbaukunde, 5. Abteilung, Berlin 1852, S. 46. — Deite, Industrie der Fette, Braunschweig 1878, S. 66. — Schädler, Technologie d. Fette u. Öle, 2. Aufl., Leipzig 1892, S. 284. — Bornemann, die fetten Öle, Weimar 1889, S. 27.

[2]) Pauly, Real-Enzyklopädie der klassischen Altertumswissenschaften, Stuttgart 1848, Bd. 5, S. 128.

[3]) Fünftes Buch Moses, Kapitel 24, Vers 6.

[4]) Die Literatur über Mahlgänge und deren Konstruktion ist eine ziemlich reichhaltige; es seien hier nur angeführt: Hermann Fischer, die Müllerei, Berlin 1892, S. 1197—1210; F. Kick, die Mehlfabrikation, Leipzig 1894, S. 127—226; Pappenheim, Lehrbuch der Müllerei, Wien 1890, S. 210—255; Baumgartner, Handbuch des Mühlenbaues, Berlin 1900, Bd. 1, S. 151—208.

sprechend groß genommen, so tritt kein Zerdrücken der Ölsaat, sondern nur eine partielle Beschädigung der äußeren Schicht derselben ein. Man kann diesen Vorgang zum Schälen von Hülsenfrüchten z. B. Sonnenblumenkernen, benützen; in Rußland und Ungarn sind Mahlgänge als Entschälmaschinen in den Sonnenblumenöl-Industrie treibenden Distrikten allgemein eingeführt.

Steinmaterial.

Als Material für Mühlsteine, die mit 0,9—1,6 m Durchmesser ausgeführt werden, benützt man Sandsteine, Basalt, Lavasteine, Porphyre, Granite und Süßwasserquarze (letztere aus dem „Seine-et-Marne-Departement" stammend und unter dem Namen „französische Steine" bekannt).

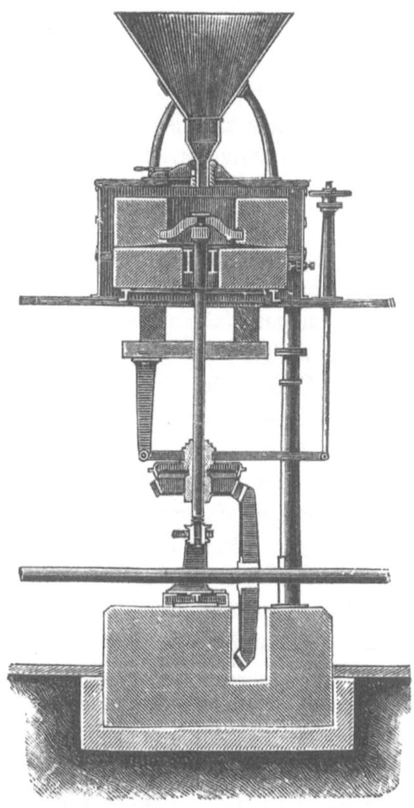

Fig. 36. Mahlgang.

Behauen der Steine.

Die Steine müssen neben dem Zerkleinern auch das Fortführen des Mahlgutes besorgen und werden selbe auf ihren sonst vollkommen ebenen Flächen mit Furchen oder Hauschlägen versehen, die öfter erneuert werden müssen, gegen den Steinhalbmesser geneigt sind und das Mahlgut allmählich nach außen drängen.

Erwärmung des Mahlganges.

Der durch die Reibung entstehenden Erwärmung kann bei Mahlgängen durch Aspirationsvorrichtungen vorgebeugt werden, doch sind solche bei den in Ölfabriken zu findenden Mahlgangskonstruktionen nicht im Gebrauch. Hier kennt man hauptsächlich die in Fig. 36 gezeigte Ausführung.

Der umlaufende, von unten angetriebene Oberstein sitzt auf einer stählernen Königswelle, welche in einem mit einer Bronzeschale gefütterten Fußlager läuft. Dasselbe ist mittels eines Handrades und eines Druckhebels bequem hebbar, wodurch der obere Laufstein verstellbar wird. Ebenso kann der untere Mahlstein mittelst einer Druckschraube eingestellt werden. Der Fülltrichter und die die beiden Steine umschließenden schmiedeeisernen Zargen sind abnehmbar, so daß mittels eines in Fig. 36 nicht gezeichneten Drehkranes der Oberstein nach der Demontage abgehoben und ohne besondere Schwierigkeiten geschärft werden kann.

Mahlgänge liefern ein faseriges Mahlgut, das sich bei nachfolgender Pressung verfilzt und sehr haltbare, feste Kuchen liefert. Zum Zerkleinern von Ölsaaten findet der Mahlgang kaum Anwendung; man gebraucht ihn aber, wie schon bemerkt, zum Entschälen der Ölsaaten sowie auch zum Vermahlen von Ölkuchen.

3. Der Kollergang.

Geschichte des Kollerganges.

Diese bereits den alten Römern bekannte Zerkleinerungsmaschine fand im 17. Jahrhundert durch die Holländer in verschiedenen Gewerben Eingang. Ihre ursprüngliche Form ist die zum Zerquetschen von Oliven dienende Vorrichtung, welche unter dem Namen „Tarpetum oder Tarpetus“ beschrieben wird und bei den Ausgrabungen in Gragnano (dem alten Stabiä) entdeckt wurde. In seiner heutigen Gestalt scheint der Kollergang seit Anfang des vorigen Jahrhunderts in Ölfabriken zu finden zu sein. Die erste ausführliche Beschreibung dieser Maschine gibt Le Blanc in seinem für die Ölindustrie bedeutsamen Werke: „Recueil des Machines“.

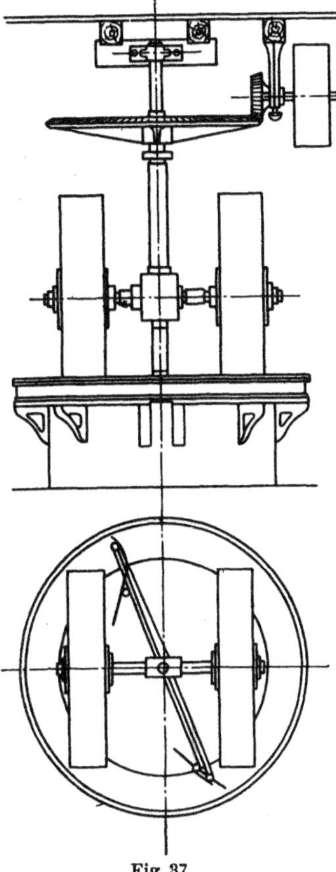

Fig. 37.
Kollergang mit Oberantrieb.

Arbeitsprinzip des Kollerganges.

Der Kollergang besteht im wesentlichen aus zwei mühlsteinförmigen, senkrecht gestellten Walzen (Laufsteinen), die um eine vertikale Achse (Königsstock) kreisen und gleichzeitig ihre Mantelfläche auf einer sie stützenden, das Mahlgut tragenden horizontalen Grundplatte (Bodenstein) abrollen. Ein einfaches Abrollen würde bei dieser eigenartigen Anordnung nur dann stattfinden können, wenn die beiden Laufsteine kegelförmig und nicht zylindrisch zugeschnitten wären. Die zylindrische Form der Steine bedingt vielmehr beim Umlaufen derselben neben dem Abrollen auch ein Rutschen, welch letzteres für die richtige Arbeit des Kollerganges sehr wichtig ist. Das zu zerkleinernde Material erfährt dadurch außer dem Zerquetschen durch das Gewicht der Steine auch ein Vermahlen, und zwar ist die Mahlwirkung um so größer, je näher die Steine der Vertikalachse sitzen.

Bestandteile des Kollerganges.

Der Kollergang besteht in der Hauptsache aus dem Bodensteine mit der Zarge, dem Laufsteine, der Scharr- oder Einschürvorrichtung, dem Entleerungsapparat und dem Triebwerk.

Fig. 37, welche die Konstruktion eines Kollerganges zeigt, bedarf kaum einer weiteren Erklärung.

Der Bodenstein (auch Grund-, Herd- oder Bettstein genannt) besteht gewöhnlich aus bestem, widerstandsfähigem Sandstein oder Granit. Er ist von einem schmiedeartigen Trog umgeben, dessen aufrechtstehender Teil (Zarge) vor dem Auswerfen des Materials schützt, und trägt in seinem horizontalen Teile (der eine Verbreitung des Bodensteines darstellt) eine oder mehrere durch Schieber verschließbare Entleeröffnungen.

Die beiden Läufer sind wie der Bodenstein gewöhnlich aus Sandstein, bisweilen auch aus Granit gefertigt und mit durchgehenden massiven gußeisernen Naben versehen, die an jedem Ende auswechselbare, starke Rotgußbüchsen tragen und haben bei kleineren Kollergängen eine gemeinsame Horizontalachse; für größere Ausführungen wird jedoch jeder der Läufer in einer separaten Kurbelachse gelagert, was eine vollständig unabhängige Bewegung der beiden Steine gestattet. Solche mit Kurbelachsen versehene Steine laufen leichter, nützen sich wesentlich gleichmäßiger ab und geben fast gar keinen Anlaß zu Reparaturen, ausgenommen das von Zeit zu Zeit notwendige Aufhauen der Laufflächen derselben. Kollergänge mit nur einem Laufsteine, wie sie früher mitunter gebaut wurden, sind heute kaum noch zu finden. Schreiber[1]) hat vorgeschlagen, die beiden Steine in verschiedenen Entfernungen von der stehenden Welle zu halten, so daß der eine die Hälfte der Bahn des anderen überschreitet und die Samenmasse nicht immer an derselben Stelle von den Steinen getroffen wird.

M. Kastner in Ebnet[2]) hat ein Patent auf einen Kollergang mit kegelförmigen Laufsteinen genommen, deren Achsen gesondert in schlittenförmigen Gleitstücken gelagert sind. Da der kegelförmige Stein die Gleitwirkung vermeidet und sich einfach abrollt, so ist er infolge der ausbleibenden Mahlwirkung für Ölfabriken nicht empfehlenswert.

Die Scharr- oder Einschürvorrichtung verfolgt den Zweck, das Mahlgut unter die Läufer zu schieben, also es immer in der Bewegungslinie derselben zu halten; das Entleerwerk (Auskehrer) dient zum Zuschieben des fertig gemahlenen Gutes zu der in dem Troge befindlichen Entleeröffnung.

Die beweglichen Teile der Scharr- und Entleervorrichtung werden gewöhnlich aus Schmiedeeisen oder Stahl hergestellt, während die fixen Teile meist gußeisern sind. Sowohl der Einschürer als auch der Entleerer sind zwecks gefahrloser Bedienung von einem festen Punkte außerhalb des Steinwerkes zu hantieren.

Die Königswelle soll aus Siemens-Martinstahl bestehen, ihre Lager aus Stahl oder Phosphorbronze.

Der Antrieb des Kollergangs kann von oben oder unten erfolgen; der Untenantrieb ist der ruhigere und daher bessere, doch lassen die

---

[1]) G. L. Schreiber, Ölmühlen, Königsberg 1837, S. 12.

[2]) D. R. P. Nr. 37834 v. 19. Mai 1886.

örtlichen Verhältnisse einen solchen mitunter nicht zu. Die bei Kollergängen unvermeidlichen Zahngetriebe werden des ruhigeren, geräuschlosen Ganges halber aus Holz auf Eisen ausgeführt. Die Zuführung des zu vermahlenden Materials kann entweder von Hand aus durch Schaufelzuwurf oder aber

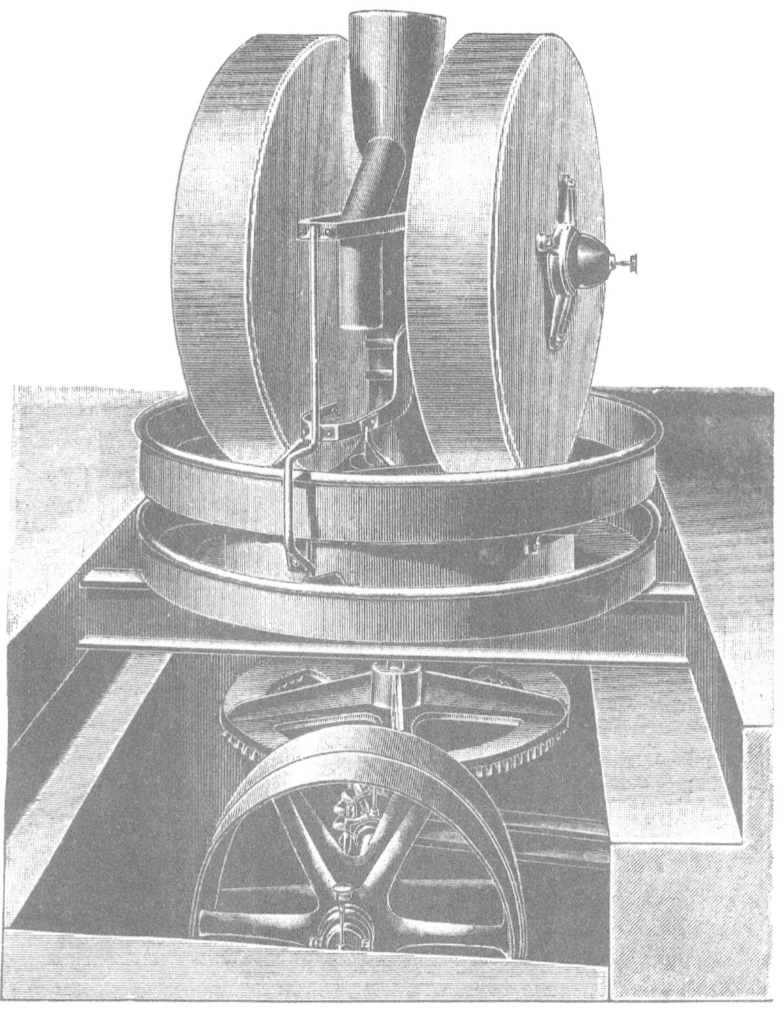

Fig. 38

durch einen zwischen den Läufern auf den Kopf der stehenden Welle angeschraubten Trichter geschehen. (Siehe Fig. 38.) Man kann die Kollergänge kontinuierlich oder periodisch arbeiten lassen. Der kontinuierliche Betrieb macht ein Aussieben des erzeugten Produktes notwendig,

Kontinuierlich arbeitender Kollergang.

wobei man gewöhnlich die Einrichtung trifft, daß das vom Sieb ausgeschiedene all zu grobe Material zu dem Kollergange selbsttätig zwecks nochmaliger Zerkleinerung zurückkehrt.

Die Kollergänge mit kontinuierlichem Betrieb versieht man vielfach auch mit zwei übereinander liegenden Trögen (Fig. 38), in deren oberen segmentartige Öffnungen eingesetzt sind, an welchen in schmiedeeisernen Rahmen befestigte Siebe lagern, die behufs Erzielung verschiedener Feinheitsgrade leicht ausgewechselt werden können. Eine mitlaufende Bürste unterstützt das Durchsieben des Materials und sorgt für das Freihalten der Sieböffnungen. In der unteren Sammelschale schiebt ein rotierender Kamm das fertige Gut der Entleeröffnung zu.

Vorteile der Kollergänge.

Der Kollergang hat den Vorteil, daß man das Mahlgut bequem übersehen und leicht den Zeitpunkt erkennen kann, in welchem die Zerkleinerung den gewünschten Feinheitsgrad erreicht hat. Seine Bedienung ist höchst einfach, er versagt nie und liefert ein Mahlgut von ganz besonderer Weichgriffigkeit, wie es andere Zerkleinerungsmaschinen nicht herzustellen vermögen. Auch ist der Kollergang überall dort angenehm, wo man mit dem Zerkleinern ein Anfeuchten des Materials verbinden muß. Solange man die Anfeuchtung während des Wärmeprozesses nicht kannte, war der Kollergang das wichtigste Zerkleinerungsrequisit der Ölmühlen, weil nur er eine Netzung des Materials gestattete. Die Wasserbesprengung des Mahlgutes wirkt gleichzeitig auch der durch das Kollern hervorgerufenen Erwärmung der Masse entgegen, was allerdings in den Ölfabriken nicht gerade erwünscht ist, weil das Mahlgut vor der Weiterverarbeitung ohnehin fast immer erwärmt wird.

Hat der Kollergang durch die in den letzten Jahren aufgetauchten leistungsfähigeren und mit geringerem Kraftverbrauche arbeitenden Zerkleinerungsmaschinen auch an seiner früheren Beliebtheit manches eingebüßt, so sichert ihm die leichte Instandhaltung und Bedienung sowie sein nie versagendes Funktionieren einen bleibenden Platz in den Ölfabriksbetrieben, speziell dort, wo es sich um möglichst intensive Zerkleinerung und um ein Zerreiben des Produktes handelt und wo man auf eine Weichgriffigkeit des Gutes besonderen Wert legt.

4. Walzwerke.

Geschichtliches.

Das Zerkleinern der Ölsaaten durch Walzen scheint erst zu Anfang dieses Jahrhunderts allgemeiner bekannt geworden zu sein und hängt wahrscheinlich mit der Einführung der Walzarbeit in den Mahlmühlen zusammen, um welche sich v. Müller in Luzern[1]), Helfenberg in Rohrschach, Bollinger in Wien[2]) und

---

[1]) Leuchs, Allgemeine polyt. Ztg., April 1834, S. 75.

[2]) Mitteilungen des Gewerbevereins in Hannover, Jahrg. 1835, S. 510. — Prechtl, Technolog. Enzykl., Stuttgart 1840, S. 173ff.

Collier in Paris[1]) in den 30er Jahren des vorigen Jahrhunderts bemühten[2]).

Prinzip und Einteilung der Walzwerke.

Die Walzwerke (auch Walzenstühle genannt) bestehen aus zwei oder mehreren in verschiedener Richtung rotierenden Walzen, welche mit mehr oder weniger Druck gegeneinander gepreßt oder durch besondere Vorrichtungen in bestimmter Entfernung voneinander gehalten werden, wie es eben die Beschaffenheit des zu zerkleinernden Materials notwendig macht.

Eine Einteilung der verschiedenen Konstruktionen von Walzwerken kann man von verschiedenen Gesichtspunkten aus vornehmen.

So läßt sich vor allem eine Unterscheidung nach der Lage der zusammenarbeitenden Walzen zueinander treffen; diese können nämlich:

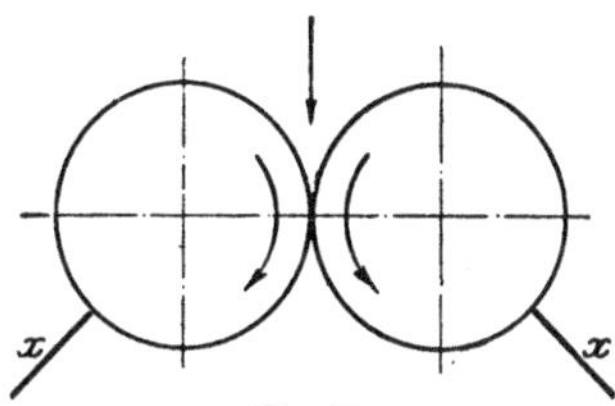

Fig. 39. Nebeneinander lagerndes Walzenpaar. — x = Abstreifbleche.

a) nebeneinander lagern, in welchem Falle sie paarweise angeordnet und eventuell zwei oder mehrere übereinanderliegende Walzenapparate kombiniert sind (Fig. 39);

b) übereinander lagern, wobei gewöhnlich mehrere zusammenarbeiten, von denen die in Mittelstellung befindlichen an zwei Punkten Arbeit leisten. (Fig. 40.)

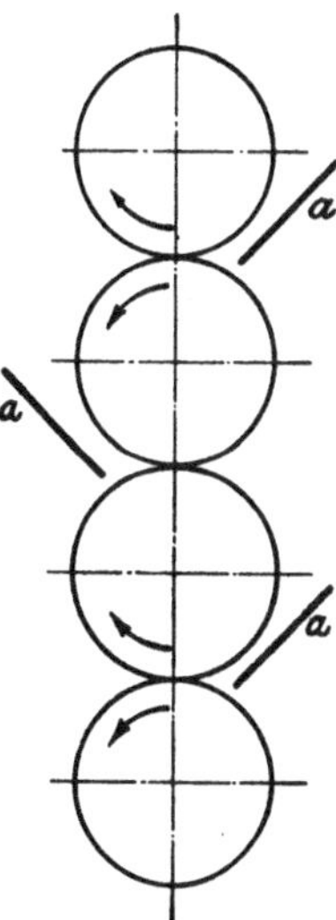

Fig. 40. Übereinander liegende Walzen. a = Zufuhrbleche.

Ein zweites Gruppierungsmerkmal bildet die Geschwindigkeit der Walzen. Man kennt Walzwerke, bei welchen die gegeneinander arbeitenden Walzen

1. dieselbe Umfangsgeschwindigkeit haben,
2. mit verschiedener Geschwindigkeit laufen.

Bei den ersteren wird in der Regel nur eine Walze angetrieben, die andere durch bloße Reibung mitgenommen (Schleppwalze). Die verschiedene Geschwindigkeit der zweiten Art (Differential-Walzenstühle) erreicht man entweder

a) durch verschiedene Tourenzahl bei Walzen von gleichem Durchmesser;

b) durch verschiedene Durchmesser von mit gleicher Tourenzahl arbeitenden Walzen.

---

[1]) Benoit, Guide du Meunier, 1830, S. 557.

[2]) Über die Geschichte der Walzwerke siehe auch: Prechtl, Technolog. Enzykl., Stuttgart, 1840, Bd. 10, S. 172. — Dinglers polyt. Journ., 1826, Bd. 22, S. 174; 1842, Bd. 84, S. 69, Bd. 85, S. 58; 1843, Bd. 88, S. 251. — Rühlmann, Allgemeine Maschinenlehre, 2. Aufl., Berlin 1877, Bd. 2, S. 77 u. 183. — Sellnick, die Müllerei mit Walzen, Leipzig 1878.

In beiden Fällen sind natürlich Schleppwalzen ausgeschlossen und muß der Antrieb jeder Walze für sich erfolgen.

Endlich kann eine Einteilung auch hinsichtlich der Oberflächenbeschaffenheit der Walzen, der Art und Weise des Walzentriebes und der Lagerung der Walzen erfolgen.

Die Oberfläche der Walzen kann

a) vollkommen glatt,
b) geriffelt oder
c) gezähnt

sein; der Antrieb der einzelnen Walzen kann durch

Riemen oder
Zahnräder

erfolgen und die Walzen können so gelagert sein, daß sie

1. durch ihr Eigengewicht,
2. durch Federdruck,
3. durch Hebelbelastung zusammengedrückt werden oder
4. nur eine Einstellung auf bestimmte Entfernung gestatten.

Gegenüber liegende Walzen.

Was die Lage der Walzen anbelangt, so wäre zu bemerken, daß Walzwerke mit horizontal gelagerten Walzenpaaren für Glattwalzen nur selten konstruiert werden; nur die Franzosen verwenden sie mit Vorliebe. In Deutschland, England und Amerika benützt man diese Walzensituierung nur bei Riffel- und Stachelwalzen, besonders bei letzteren ist sie wohl allgemein eingeführt.

Übereinander liegende Walzen.

Walzwerke mit übereinander gelagerten Walzen sind wegen der von der Mittelwalze geleisteten Doppelarbeit sehr beliebt und unter dem Namen „anglo-amerikanische Walzenstühle" in fast allen Ölfabriken zu finden. Sie versagen jedoch leichter als die Stühle mit Walzenpaaren, welche das Material leichter fassen und im Betriebe weniger heikel sind. Zwecks Zuführung des zu zerkleinernden Materials sind hier eigene Zuführungsbleche (*a*) notwendig, welche bei den Walzwerken mit gegenüberliegenden Walzen wegfallen. Diese Zuführungsbleche dienen gleichzeitig auch als Abstreifer, welch letztere bei den erstgenannten Walzwerken in der Regel eigens angebracht sind (siehe Fig. 39 und 40).

Walzengeschwindigkeit.

Walzwerke, deren Walzen eine gleiche Umfangsgeschwindigkeit haben, stehen in ihrer Wirkung solchen mit Differentialgeschwindigkeit nach, weil bei diesen neben dem Zerquetschen der Saat auch ein merkbares Zerreißen stattfindet, welches die Pflanzenzellen öffnet und das Material für die Ölgewinnung besonders geeignet macht, während sich bei jenen der Hauptsache nach nur ein einfacher Quetschprozeß abspielt.

Die Art, auf welche die Differentialgeschwindigkeit erzielt wird, ist ohne Einfluß auf die Wirksamkeit der Walzwerke.

Die Walzen selbst müssen aus einem widerstandsfähigen, harten Material sein, gewöhnlich aus Koquillen-Hartguß. Die Glatt- und Riffelwalzen, welche bis zu einem Durchmesser von 500 mm hergestellt werden, sind daher immer hohl und haben eine eingezogene Stahlachse, während die Stachelwalzen, wie weiter unten ausgeführt wird, massiv sind und aus mehreren an einer Stahlwelle festsitzenden Scheiben bestehen. Bei den Glattwalzen ist das Hauptaugenmerk auf eine glatte Oberfläche zu richten und das durch den Betrieb erfolgende Unebenwerden durch öfteres Abdrehen rechtzeitig zu beseitigen. Glattwalzen sind dort am Platze, wo es sich um eine möglichst feine Zerkleinerung feinkörnigen Materials handelt. Großkörnige Saaten erfordern eine Vorzerkleinerung, ehe sie auf Glattwalzen gebracht werden. Walzenmaterial. Glattwalzen.

Die Riffelwalzen (auch Schrotwalzen) zeigen an ihrer Oberfläche parallele, schräg zulaufende Riffeln, vermöge welcher sie auch grobkörniges Material zu packen vermögen, das durch die Riffeln ein Schneiden oder auch ein Abscheren erfährt. Riffelwalzen.

Bei den Riffelwalzen mit Differentialgeschwindigkeit müssen die Schneidkanten so ausgerüstet sein, daß das Gut beim Durchgang von der Riffelung der einen Walze gehalten wird, während es die zweite, rascher laufende Walze durchschneidet. Kombinationen zwischen Riffel- und Glattwalzen trifft man häufig bei den für Palmkerne und Koprah bestimmten Walzwerken. Die geriffelte Walze wird gewöhnlich oben, die glatte unten angeordnet. Die Abnützung der Riffelung oder auch Riefung ist eine bedeutende und muß hier noch öfter nachgeholfen werden als bei den Glattwalzen. Zur Nachriffelung sind eigene Maschinen in Verwendung, auf die wir hier aber nicht näher eingehen wollen[1]).

Gezahnte oder Stachelwalzen werden dort angewendet, wo es sich um die Zerkleinerung großer Stücke handelt, die auch von geriffelten Walzen nicht gefaßt werden könnten. Um ein ruckweises, ungleichmäßiges Arbeiten zu vermeiden, sind die einzelnen Stacheln oder Zähne so gegeneinander versetzt, daß die Zähne der einen Walze in die Vertiefungen der anderen eingreifen, wobei so viel Raum frei bleiben muß, daß das Material ohne ein Festklemmen der Walzen aufgearbeitet wird und die Maschine passieren kann. Die Form der Stacheln muß so gewählt werden, daß sie hauptsächlich nur eine Beanspruchung auf Biegung erfahren. Stachelwalzen sollen auch nicht aus einem Stücke bestehen, sondern müssen zweckentsprechend aus einzelnen Scheiben zusammengesetzt sein, deren sauber gedrehte Stirnflächen glatt aneinander passen. Dadurch kann beim Abbrechen eines Zahnes durch Austausch der betreffenden Scheibe dem Defekte leicht abgeholfen werden. Stachelwalzen.

[1]) Siehe: Zeitschr. d. Vereins deutsch. Ing., 1882, S. 98; 1886, S. 1086; 1887, S. 1097. — Dinglers polyt. Journ., 1881, Bd. 240, S. 93; 1882, Bd. 243, S. 374 u. 455; Bd. 244, S. 22; 1884, Bd. 253, S. 19; 1890, Bd. 276, S. 529 u. 573.

Lagerung der Walzen.

Eine gute Lagerung der Walzen ist für das richtige Arbeiten der Walzwerke Hauptbedingung; es muß daher auf gut durchgebildete Lager besondere Sorgfalt verwendet werden. Nach Versuchen der Firma Ganz & Co. soll die Geschwindigkeit der Walzen die Güte der Arbeit nicht beeinflussen; schnell laufende Walzwerke leisten natürlich mehr als gleich große langsam gehende, doch ist eine zu hohe Geschwindigkeit wegen der dadurch forcierten Erwärmung der Walzen nicht ratsam. Vorkehrungen gegen eine zu starke Erwärmung gibt es mehrere; da dieselben in Ölfabriken aber bisher keine Verwendung finden, so sei hier nur gesagt, daß man eine Kühlung der Walzen teils durch Absaugen der warmen Luft aus der Nähe der Walzen, teils durch Zufuhr von frischer, kalter Luft in die hohlkonstruierten Walzen oder durch Schaffung eines Luftkanals auf der Außenseite der Walzen zu erreichen sucht[1]).

Erwärmung der Walzen.

Ob ein Riemen- oder ein Zahnantrieb der einzelnen Walzen vorzuziehen ist, bleibt eine noch offene Frage.

Der Riemenbetrieb ist ruhiger als der Zahnbetrieb, bedingt aber einen ziemlichen Riemenverschleiß und durch Rutschen des Riemens auf den Scheiben wird oft die beabsichtigte Geschwindigkeit der einzelnen Walzen nicht eingehalten. Der Zahnbetrieb bringt ein sehr geräuschvolles Arbeiten mit sich, hat aber den Vorteil der stets exakt eingehaltenen Differentialgeschwindigkeit. Das Material, aus dem die Zahnräder hergestellt sind, muß zähe und widerstandsfähig sein, sonst brechen zu oft einzelne Zähne aus; übrigens erfordert auch die Abnützung der Zahnräder selbst ein öfteres Wechseln derselben. Eisenräder mit Holzzähnen, die vielfachen Vorteil böten, sind nicht im Gebrauch.

Zahntrieb.

Riementrieb.

Werden die einzelnen Walzen durch Riemen angetrieben, so können die verschiedenartigsten Anordnungen getroffen werden. Es kann z. B. nur eine einzige Walze direkten Antrieb haben und alle übrigen von dieser angetrieben werden, oder es können mehrere Walzen von der Transmissionswelle aus ihre Bewegung erhalten.

Der indirekte Antrieb der Welle kann auf verschiedene Weise erfolgen; meist befinden sich des gleichmäßigen Zuges halber auf beiden Seiten der Walzen Antriebscheiben. Zwei Beispiele der Riemenführung bei anglo-amerikanischen Walzwerken sind in Fig. 41 wiedergegeben.

Besonderes Interesse verdient die in Fig. 41b u. c gezeigte Riemenführung, bei welcher eine verstellbare Spannrolle ein stetes Straffspannen des Verbindungsriemens gestattet.

Nur höchst selten werden die Walzen fest gelagert; man versieht sie vielmehr mit einer Vorrichtung, welche die Walzen aneinander preßt oder

[1]) Dinglers polyt. Journ., 1881, Bd. 242, S. 194; 1883, Bd. 250, S. 484; 1888, Bd. 269, S. 491. — Prakt. Masch.-Konstr., 1884, S. 150.

in einer bestimmten Entfernung voneinander hält und ein Auseinandergehen derselben bewirkt, sobald harte Fremdkörper zwischen die Walzen geraten oder letztere übermäßig beschickt wurden[1]).

Beschicken der Walzwerke.

Ein gleichmäßiges Beschicken des Walzenstuhles und ein gleichförmiges Verteilen des zu zerkleinernden Materials über die ganze Länge der Walzen ist für das gute Funktionieren des Walzenstuhles von großer Wichtigkeit.

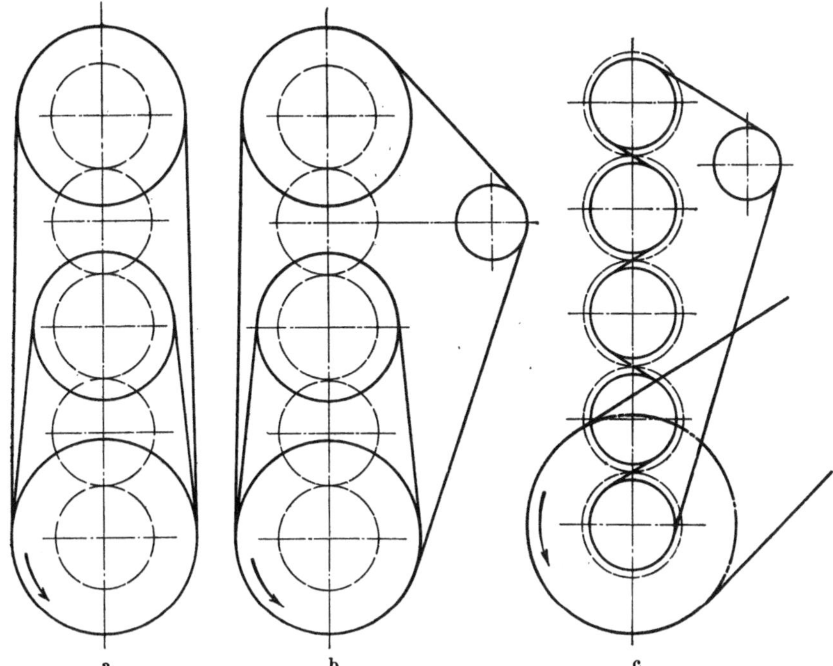

Fig. 41 a, b und c. Riemenführung bei anglo-amerikanischen Walzenstühlen.

Eigene Aufgabevorrichtungen, wie sie z. B. bei den Schleuder- und Schlagkreuzmühlen allgemein üblich sind, wären daher auch für Walzenstühle am Platze; man behilft sich jedoch bei denselben mit einer Speisewalze, die oberhalb des Walzwerkes angeordnet ist und aus einem durch mehrere Längsfurchen geteilten Zylinder besteht, dessen fächerförmige Einteilung ein Ausbreiten des Materials bewirken soll, diesen Zweck aber nur unvollkommen erreicht.

Nach diesen allgemeinen Erörterungen seien einige typische Konstruktionen von Walzwerken vorgeführt:

---

[1]) Dinglers polyt. Journ., 1880, Bd. 237, S. 112; 1881, Bd. 242, S. 192; 1886, Bd. 260, S. 8; 1888, Bd. 269, S. 491.

Kuchenbrecher.

1. Der sogenannte **Kuchenbrecher** (Fig. 42), der aus zwei Walzenpaaren besteht, deren oberstes aus Stachelwalzen gebildet wird, während das untere Walzenpaar geriffelt ist. Diese Maschine dient hauptsächlich zum Brechen einmal gepreßter, nur wenig harter Kuchen; sie arbeitet dem Kollergang und Walzwerken vor und zerkleinert das ihr zugeführte Material nur bis zu einer solchen Korngröße, daß es diese beiden Arten von Zerkleinerungsmaschinen leicht fassen können. Das obere Walzenpaar ist aus Gußeisenscheiben kombiniert und hat eine gleiche Umfangsgeschwindigkeit; die unteren Riffelwalzen arbeiten dagegen

Fig. 42. Kuchenbrecher.

mit Differentialgeschwindigkeit. Die Entfernung der Walzenlager ist mittelst Druck- und Distanzschrauben regulierbar. Eine Verteilungswalze fehlt bei diesen Kuchenbrechern und erhalten sie das zu zerkleinernde Material (Ölkuchen) von Hand aus zugeführt.

Schnitzelwalzwerk.

2. Das **Schnitzelwalzwerk** (Fig. 43), welches zur Vermahlung der bei den später zur Besprechung kommenden Kuchenschneidmaschinen abfallenden Kuchenreste dient, ist eine leichtere Ausführungsart des Kuchenbrechers. Wie bei diesem, kommt das Material zuerst zwischen zwei Stachelwalzen, die aber kleiner und leichter gehalten sind als beim Kuchenbrecher. Diese Walzen geben das Gut an ein Riffelwalzenpaar weiter.

Ein nur wenig intensives Zerkleinern von Ölsaaten erreicht

Quetschwalzwerk.

3. das **Quetschwalzwerk** mit zwei Glattwalzen, wie es Fig. 44 zeigt. Es besteht aus einer einfachen Speisewalze und einem Paar Glattwalzen. Für Saaten, welche schwierig gefaßt werden, ist eine vorherige Passage durch Riffelwalzen nötig.

Fig. 43. Schnitzelwalzwerk.

Fig. 44. Quetschwalzwerk mit Glattwalzen.

Schrotwalzwerk.

4. Ein Riffel- oder Schrotwalzwerk, wie es für Palmkerne und Koprah gebraucht wird, stellt Fig. 45 dar. Die Frucht wird auf die mit Nuten versehene Speisewalze gehoben und fällt nach Passieren des obersten Walzenpaares mit grober Riffelung dem untern Walzenpaar zu, welches eine feinere Riffelung besitzt. Koebers Eisenwerk in Harburg a. Elbe liefert solche Riffelwalzenstühle mit Walzen aus einem besonderen Koquillen Walzen-Spezialeisen, welches ein Nachriffeln derselben auf der Riffelmaschine erspart und nur das Bearbeiten auf einer gewöhnlichen Dreh- und Hobelmaschine erfordert. Häufig macht man die Walzen mit elastischem Druck in Federgehäusen forcierbar und lassen sich erstere nach Lösung der Lagerschrauben leicht herausnehmen.

Fig. 45. Riffel- oder Schrotwalzwerk.

Sechswalzenstuhl.

5. Eine Kombination von zwei Paar Riffelwalzen mit einem Glattwalzenpaar (Sechswalzenstuhl) ist in Fig. 46 veranschaulicht. Bei diesem Sechswalzenstuhl, dessen oberste beide Walzen grobe, die beiden mittleren eine feine Riffelung haben, während das unterste Paar glatt ist, liegen die Walzen einerseits fix in geteilten Lagern, andererseits sind sie horizontal in Schlittenlagern beweglich, welche das Nachstellen oder Anpressen mittels eines Federgehäuses und Handrades auch während des Betriebes gestatten. Der Antrieb aller Walzen erfolgt durch Riemen. Für Koprah, Palmkerne, Erdnüsse usw. leistet der Sechswalzenstuhl die besten Dienste.

Fünfwalzenstuhl.

Der sogenannte anglo-amerikanische oder Fünfwalzenstuhl, wie ihn Fig. 47 zur Darstellung bringt, ist zur direkten Zerkleinerung kleinkörniger Ölsaaten, wie Lein, Raps, Hanf usw., und zum Nachzerkleinern von Palmkernen, Koprah, Sonnenblumenkernen etc. in allen größeren Betrieben der

Fig. 47. Anglo-amerikanischer Fünfwalzenstuhl.

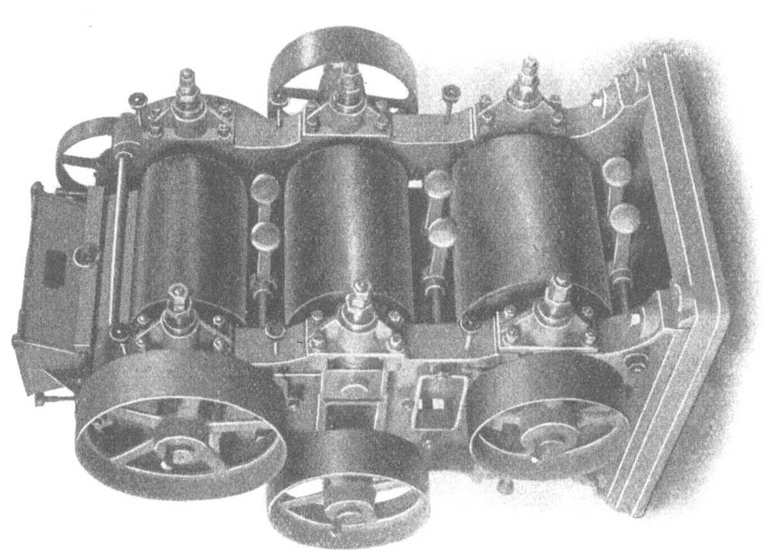

Fig. 46. Sechswalzenstuhl.

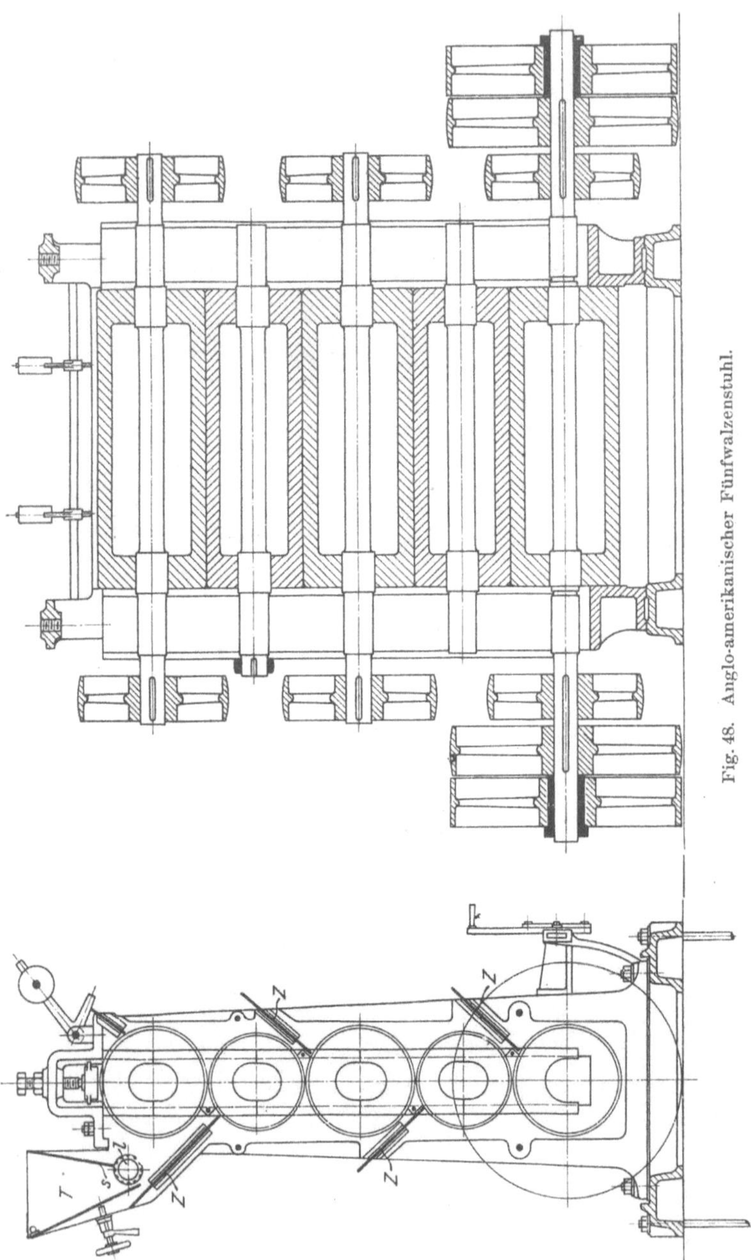

Fig. 48. Anglo-amerikanischer Fünfwalzenstuhl.

Ölfabrikation in Anwendung. Fig. 48 zeigt die genaue Konstruktion des Fünfwalzenstuhles, dessen Arbeitsweise die folgende ist:

Durch eine Verteilungs(Speise)walze *l* und das Zufuhrblech *Z* wird die Saat den beiden obersten Walzen zugeführt und kann die Saatmenge durch Verstellen des einen Seitenbleches (gegenüber *s*) des Fülltrichters *T* beliebig reguliert werden. Nachdem die Saat alle vier Durchgangsstellen zickzackförmig passiert hat (wobei die unteren drei Zufuhrbleche *Z* sowohl die Zuleitung der Saat als auch das Abstreifen

Fig. 49. Fünfwalzenstuhl mit einer Spannrolle.

des an den Walzen harten bleibenden Saatmehles besorgen, während für die oberste Walze ein eigens durch einen Kniehebel an die Walze gepreßtes Abstreifblech angebracht ist), verläßt sie den Walzenstuhl. Die Walzen ruhen durch ihr Eigengewicht aufeinander, können aber durch Federpressung beliebig stark gegeneinander gedrückt werden. Diese Art von Walzwerken, wie übrigens auch die meisten anderen Konstruktionen werden behufs Vermeidung des Verstaubens des Materials mit seitlichen Verkleidungsblechen versehen, die leicht abnehmbar sind und in unseren Figuren durchweg fehlen.

Zwei amerikanische Ausführungsformen von Walzwerken mit übereinander liegenden Walzen zeigen die Fig. 49 und 50, welch beide mit verstellbaren Leit- bzw. Spannrollen für den Walzentreibriemen versehen sind und hauptsächlich für Leinsaat und Baumwollsamen verwendet werden.

Walzenstühle mit heizbaren Walzen.

Die von Sabitzky[1]) erwähnten Walzenstühle mit heizbaren Walzen scheinen sehr wenig verbreitet zu sein.

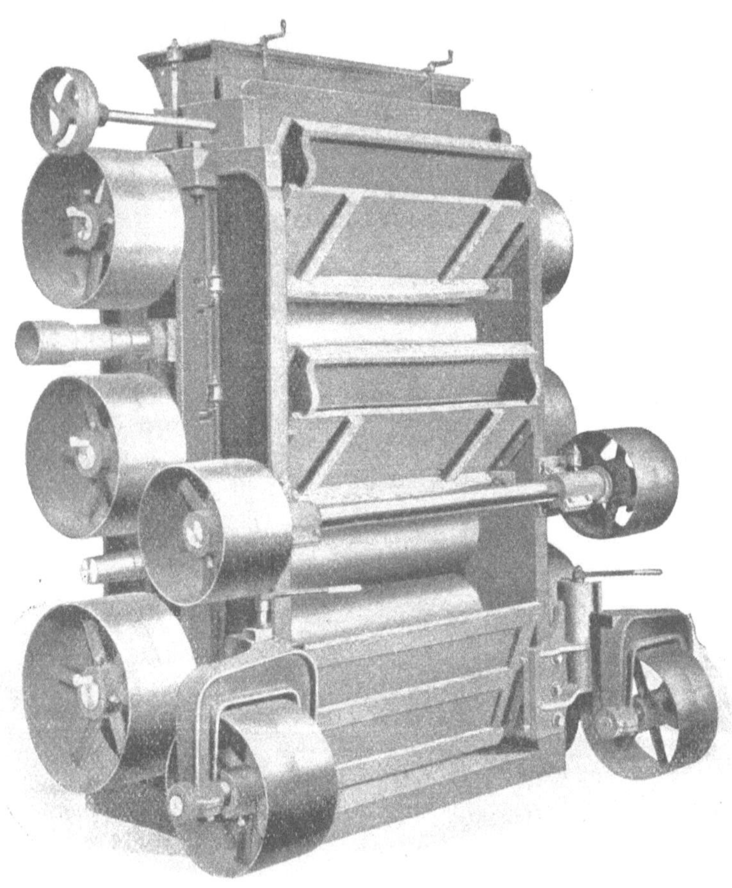

Fig. 50. Fünfwalzenstuhl mit zwei Spannrollen.

Die Walzenstühle sind für eine rationelle Fabrikation unentbehrlich; sie arbeiten sauber und funktionieren gut, wenn die Saat nicht zu feucht ist und eignen sich zur Zerkleinerung fast aller Ölsaaten, wobei die Kombinationsfähigkeit von Glattwalzen mit Riffel- und Stachelwalzen sehr zugute kommt.

Walzwerkanordnungen.

In großen Betrieben ordnet man die Walzenstühle reihenförmig an, zwischen je zwei Reihen eine bequeme Hauptpassage lassend. Fig. 51 und 52 geben zwei derartige amerikanische Musteranlagen wieder.

[1]) Führer durch die Fettindustrie, St. Petersburg 1901, S. 203.

Fig. 51. Walzenstuhl-Anlage einer Leinölfabrik.

Fig. 52. Walzenstuhl-Anlage einer Leinölfabrik.

Einige Spezialkonstruktionen von Walzenstühlen werden im 2. Bande bei Besprechung der Gewinnung der einzelnen Öle noch ausführlicher beschrieben werden.

5. Die Schleudermühlen.

Schleudermühlen.

Zu den in der Ölfabrikation zur Vermahlung der Saat und zum Zerkleinern der Ölkuchen vielfach angewandten Maschinen gehören die sogenannten Schleudermühlen (Desintegratoren, Dismembratoren, Scheibenmühlen) und die Schlagkreuzmühlen (Desaggregatoren)[1].

Prinzip derselben.

Das die Schleudermühlen kennzeichnende Prinzip ist die Schlagwirkung. An einer Scheibe angebrachte schnell bewegte Bolzen, Stifte oder sonstige Vorsprünge und Unebenheiten schlagen gegen das nicht unterstützte bzw. schwebende Mahlgut. Das Zerschleudern desselben setzt eine entsprechende Geschwindigkeit der die Schlagwirkung ausübenden Teile voraus, welche um so größer sein muß, je weniger spröde das zu zerkleinernde Material ist. Nach Kick läßt sich die Wirkung der Schleudermühlen direkt mit jener eines gegen eine feste Wand geschleuderten oder aus bedeutender Höhe herabfallenden und auf einen festen Gegenstand aufprallenden Körpers vergleichen. Ebenso wie hier ein Zerschmettern des geworfenen oder fallenden Körpers nur dann eintritt, wenn die Heftigkeit des Anpralles (also die Geschwindigkeit entsprechend groß ist, so ist bei den Schleudermühlen eine genügend rasche Rotation der Schlagbolzen nötig, um eine Zerkleinerung zu erzielen. Fällt die Geschwindigkeit unter eine gewisse Grenze (die für jedes Material verschieden ist), so tritt eine Zerkleinerung des Mahlgutes überhaupt nicht ein.

Die zuerst von dem Engländer Thomas Carr empfohlenen Schleudermühlen bestehen im wesentlichen aus zwei Scheiben, an welchen 1, 2, 3 oder 4 kreisförmige und konzentrisch angeordnete stählerne Schlagbolzen sitzen.

Arten der Schleudermühlen.

Ist nur eine Scheibe beweglich, so spricht man von Dismembratoren, bewegen sich beide Scheiben (natürlich in entgegengesetzter Richtung), so heißt man die Maschinen Desintegratoren, während die Scheibenmühlen den Dismembratoren ähneln und sich von diesen nur dadurch unterscheiden, daß die Scheiben keine Bolzen tragen, sondern Unebenheiten (Furchen, Zähne usw.) aufweisen, an welchen das Mahlgut zerschellt.

Der infolge der hohen Geschwindigkeit der Dismembratoren im Innern der Maschine erzeugte Luftwiderstand, in Verbindung mit der großen Lagerreibung, hat einen großen Kraftverbrauch zur Folge. Den Luft-

[1]) Siehe: Zeitschr. d. Vereins deutsch. Ing., 1872, S. 527; 1886, S. 189. — Dinglers polyt. Journ., 1872, Bd. 204, S. 447; 1874, Bd. 211, S. 102; 1879, Bd. 231, S. 102 u. 308; 1880, Bd. 237, S. 197; 1881, Bd. 242, S. 188 und 263; 1883. Bd. 250, S. 477; 1886, Bd. 259, S. 393, Bd. 260, S. 1; 1889, Bd. 269, S. 488 und 493.

widerstand hat man durch Ventilation der Maschine zu reduzieren versucht und Konstruktionen geschaffen, die in einem annähernd luftleeren Raume arbeiten. Bei den Desintegratoren braucht, infolge der Gegenbewegung der beiden Scheiben, deren Tourenzahl nur halb so groß zu sein wie bei den Dismembratoren, doch ist auch bei diesen der Kraftverbrauch immer größer als bei quetschend, abscharrend oder brechend wirkenden Zerkleinerungsmaschinen.

Der Sprachgebrauch macht übrigens zwischen Dismembratoren und Desintegratoren kaum einen Unterschied.

Desintegrator.

In Fig. 53 ist eine Schleudermühle (Desintegrator), wie sie in Ölmühlen Verwendung findet und von Brinck & Hübner in Mannheim gebaut wird, wiedergegeben. Dieselbe besteht aus sechs Reihen von Schlagbolzen, die auf zwei beweglichen Scheiben

Fig. 53. Schleudermühle oder Desintegrator.

befestigt und in Fig. 53 in seitlich ausgezogenem Zustande gezeichnet sind. In die innerste Trommel werden die zu zerkleinernden Materialien eingebracht, welche von der sich rasch drehenden Trommel mit großer Vehemenz herumgeschleudert und dadurch zerbrochen und zerrieben werden. Sie gelangen dann infolge der zentrifugalen Bewegung durch die Zwischenräume der Schlagstäbe in die zweite konzentrische Trommel, welche in entgegengesetzter Richtung rotiert und die Materialien in gleicher Weise herumwirft. Dieses Zerbrechen und Zerreiben setzt sich von Trommel zu Trommel fort und nimmt in immer höherem Grade zu, je mehr sich das Material den äußeren Stabreihen nähert. Die letzte, sechste Trommel verläßt das Material in dem gewünschten zerkleinerten Zustande. Ein in Fig. 53 weggelassener, leicht abnehmbarer Schutzkorb umschließt die Trommelgarnituren vollständig luftdicht und beugt dem Verstäuben vor. Die Einführung des Materials geschieht zentral durch einen gleichfalls nicht gezeichneten Einwurftrichter. Durch die Möglichkeit des Ausziehens der beiden Scheiben ist auch das Reinigen und Reparieren des Bolzensystems wesentlich erleichtert.

Dismembrator und Scheibenmühle.

Einen Dismembrator zeigt Fig. 54, eine Scheibenmühle Fig. 55.

Fig. 54. Dismembrator.

Fig. 55. Scheibenmühle.

6. Die Schlagkreuzmühle.

Prinzip der Schlagkreuzmühle.

Wie schon der Name sagt, wirken auch die Schlagkreuzmühlen ähnlich wie die Schleudermühlen durch Schlag, doch wird hier die Schlagwirkung durch einen Rost enggestellter Messer unterstützt, gegen welche das

Material geworfen wird und den es beim Verlassen der Maschine passieren muß. Durch die Entfernung der Messer kann man den Freiheitsgrad des Mahlgutes regulieren.

Die Einrichtung der Schlagkreuzmühlen zeigt in schematischer Weise Fig. 56. Das bei *A* zugebrachte Material wird durch die mit 1800—2000 Touren pro Minute rotierenden Schlagarme *S* schon zum großen Teil zerbrochen; es wird von diesen aber auch gegen den Messerrost *M* geworfen, durch welchen es zerschnitten wird, um ihn dann in zerkleinerter Form zu passieren.

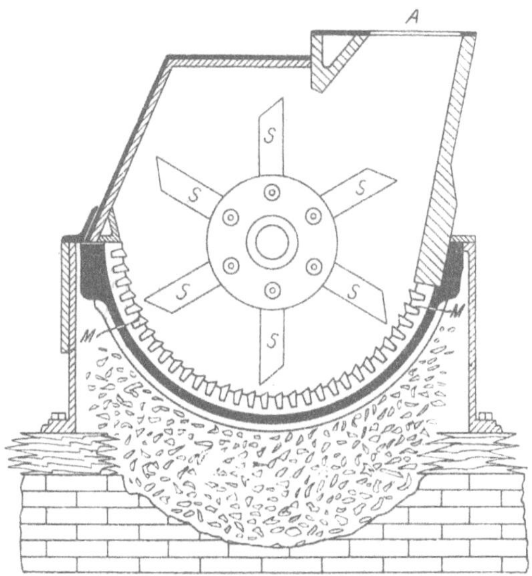

Fig. 56. Schlagkreuzmühle.

Eine in Deutschland vielfach anzutreffende, besonders vom Magdeburger Grusonwerk ausgeführte Form der Schlagkreuzmühlen zeigen die Fig. 57 u. 58.

Konstruktion der Schlagkreuzmühle.

Die Schlagkreuzmühle besteht aus einem Zylindergehäuse, in welchem ein Schlagkreuz mit großer Geschwindigkeit rotiert. Letzteres ist aus einer auf eine wagrechte Welle aufgekeilten gußeisernen Scheibe, welche mit vier bis sechs auswechselbaren radialen Stahlarmen versehen ist, gebildet. Die beiden Stirnwände des Gehäuses sind an das die Wellenlager tragende Maschinengestell angegossen und auf ihren Innenflächen mit gerippten, auf Koquille gegossenen Hartgußplatten belegt, welche zwei ringförmige Mahlbahnen bilden, deren jede einzeln für sich ausgewechselt werden kann.

Der Mantel des Gehäuses ist zylindrisch und besteht dessen obere Hälfte aus einer mit den Stirnwänden verschraubten schmiedeeisernen Haube, von deren Innenfläche vierkantige, zwischen die Stirnwände eingelegte Stahlstäbe leistenartig vorspringen. Den unteren Teil des Mantels bildet ein halbzylindrischer zweiteiliger Rost. Jede Rosthälfte ist aus einem zylindrisch gebogenen Rahmen und einer größeren Anzahl von Stahlstäben zusammengesetzt, deren Köpfe in eine kreisbogenförmige Nut der gebogenen Wangen des Rahmens eingeschoben werden. Die Rost-

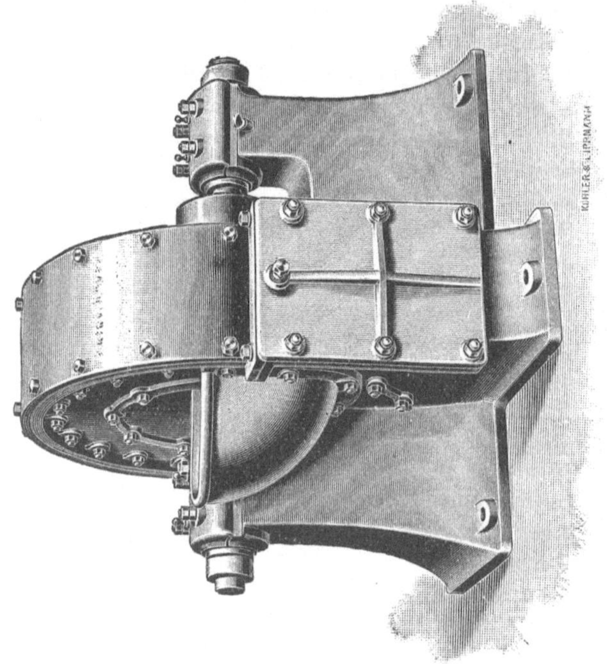

Fig. 58. Schlagkreuzmühle (geschlossen).

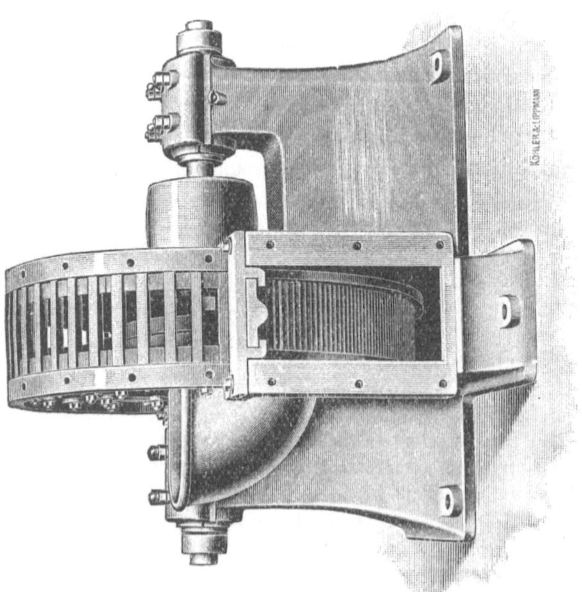

Fig. 57. Schlagkreuzmühle (geöffnet).

stäbe sind daher auswechselbar und ihre Spaltweite läßt sich verstellen. Auch die Stahlstäbe der oberen Mantelhälfte lassen sich auswechseln, wenn sie völlig unbrauchbar geworden sind, und wenden, wenn nur eine Stabseite abgenutzt ist. Das Mahlgut kann der Größe der Mühle entsprechend in Stücken von Wallnuß- bis zu Faustgröße aufgegeben werden und verläßt die Maschine, je nach der Spaltbreite zwischen den Roststäben, in verschiedenem Feinheitsgrad. Die Zuführung des Mahlgutes erfolgt durch eine Öffnung in der einen Stirnwand des Gehäuses mittels eines an diesem befestigten Aufgabetrichters. Das in das Innere des Gehäuses gelangende Gut wird von den Armen des Schlagkreuzes erfaßt, gegen die aus den Hartgußplatten und Stahlstäben gebildete Mahlbahn geschleudert und dort zertrümmert. Nach Erreichung des dazu erforderlichen Feinheitsgrades fällt das Erzeugnis durch die Rostspalten in einen Schacht unter dem Gestell. Zwei an jede Seite des letzteren angeschraubte Deckel machen den Auslaufschacht zugänglich und ermöglichen es, die beiden Rosthälften durch denselben herauszunehmen.

Fig. 59. Amerikanische Schlagkreuzmühle.

Die verschiedene Konstruktion von Schlagkreuzmühlen unterscheidet sich hauptsächlich durch die Art des Messerrostes. Nicht nur die Form der Messer kann variieren (dreikantig oder trapezförmig), auch die Lagerung der Messer im Rost kann eine sehr variable sein. *Arten der Messerroste.*

Man kennt auch patentgeschützte Rostausführungen, bei welchen während des Ganges der Maschine ein Durchrütteln vorgenommen, also dem Verstopfen entgegengearbeitet werden kann.

Die Amerikaner bauen ihre Schlagkreuzmühlen etwas breiter, als wir dies gewohnt sind, und erhöhen die Leistungsfähigkeit, indem sie der Breite nach mehrere Arme nebeneinander anordnen. (Siehe Fig. 59.) *Amerikanische Schlagkreuzmühle.*

Gelangen harte Fremdkörper (Steine, Eisenstücke) in die Schlagkreuzmühle, so sind Beschädigungen des Rostes die Folge. Auch tritt dabei meist Funkenbildung ein, was bei brennbarem Material, wie es Ölsamen oder Ölkuchen sind, leicht Ursache eines Innenbrandes werden *Besondere Ausführungsarten.*

kann. Als Schutzmittel gegen diese Gefahr ist das Anfüllen des Arbeitsraumes der Schlagkreuzmühle mit Kohlensäure empfohlen worden; doch dürfte die Durchführung dieses Vorschlages, der, wenn wir nicht irren, sogar patentiert wurde, am Kostenpunkt scheitern. Dem Erwärmen einer Schlagkreuzmühle können Ventilationsvorrichtungen vorbeugen, die gleichzeitig den Kraftverbrauch etwas herabmindern.

Aufgabsvorrichtungen.

Wie bei den Walzenstühlen, ist auch bei den Schleuder- und Schlagkreuzmühlen ein gleichmäßiges Zuführen des Materials von Wichtigkeit und sind diese Maschinen daher meist mit eigenen Aufgabsvorrichtungen versehen, welche sich nach ihrem Arbeitsprinzip in vier Gruppen unterscheiden, nämlich in

1. Schubaufgaben,
2. Kolbenaufgaben,
3. Stoßaufgaben,
4. Schüttelaufgaben.

Die Schubaufgabsvorrichtungen bestehen aus einem Wagen, der durch einen verstellbaren Exzenter bewegt wird und mittels eines Streichers bei jedem Schub eine bestimmte Menge des Mahlgutes abstreift; bei den Kolbenaufgabsvorrichtungen wird durch einen hin und her gehenden Kolben das Mahlgut partienweise vorgestoßen. Die Stoßvorrichtungen bestehen aus einem gußeisernen Schuh, dem durch einen Zweischlag eine Stoßbewegung erteilt wird, welche eine Vorwärtsbewegung des Materials zur Folge hat. Die Schüttelvorrichtungen endlich arbeiten durch einen Schüttelschuh, dem aus einer durch Schieber regulierbaren Öffnung Material zuströmt.

Vorteile der Schlagkreuz- und Schleudermühlen.

Die Schlagkreuz- und Schleudermühlen eignen sich nicht nur zum Vorbrechen der meisten Ölfrüchte, sondern auch zum Zerkleinern der Ölkuchen vortrefflich. Sie haben in den letzten Jahren große Verbreitung gefunden, wenngleich selbe ein sprödes, sich hart angreifendes Produkt liefern, das sich von dem weichen, aus Koller- oder Mahlgängen kommenden wesentlich unterscheidet. Die Leistungsfähigkeit der verschiedenen Ausführungstypen dieser Gruppe ist eine sehr hohe, wohl aber auch der Kraftverbrauch.

Außer den Seite 195—219 beschriebenen Zerkleinerungsmaschinen wären noch die sogenannten

Schneidemaschinen

zu nennen, wie sie z. B. bei Koprah im Gebrauch sind. Sie bestehen aus vielen an einer horizontalen Welle sitzenden, mit Schneidezähnen versehenen Scheiben, die bei ihrer Rotation gegen einen festen Rost arbeiten und dabei das Material zerschneiden.

Die von E. Cuvelier[1]) in Thomery patentierte Zerkleinerungsmaschine für Mohn, Lein und Raps und die von den Gebrüdern Peugeot[2])

[1]) D. R. P. Nr. 42325 v. 13. Mai 1887.
[2]) D. R. P. Nr. 12771 v. 2. Juni 1880.

in Valentgney (Frankreich) eingeführte eigenartige Walze zum Zerkleinern von Ölsamen aller Art haben es zu einer nennenswerten Bedeutung nicht zu bringen vermocht. Die Cuveliersche Konstruktion ist eigentlich eine Kombination von Zerkleinerungsapparat und Presse.

Schließlich sei noch eine in letzter Zeit in der Papierfabrikation mit besonderem Erfolge angewandte, von Casimir Wurster konstruierte Zerkleinerungsmaschine, der sogenannte „Zerfaserer"[1]) erwähnt. Bei demselben (Fig. 60) erfolgt das Zerkleinern durch schaufelförmige

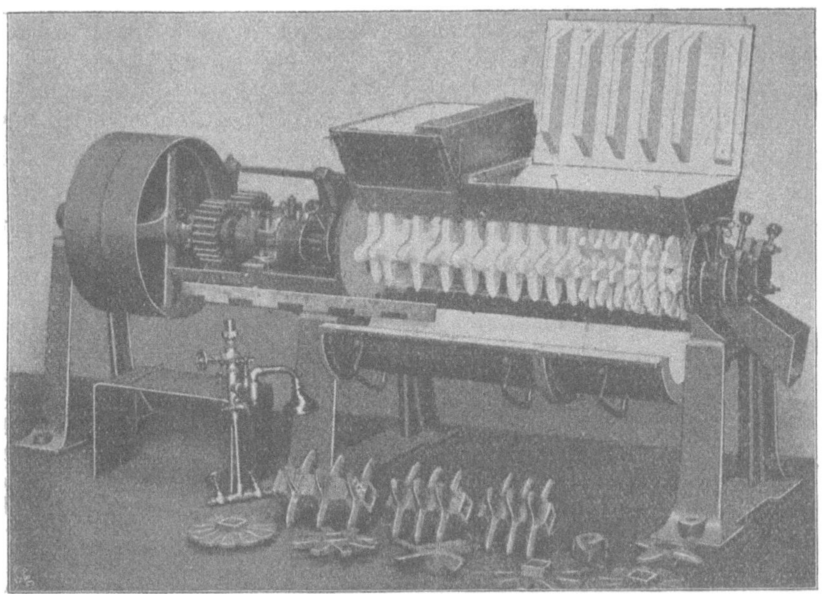

Fig. 60. Wursters „Zerfaserer".

Flügel, die auf zwei Quadratwellen aufgesteckt sind und sich gegeneinander drehen. Die Flügel, welche entweder einzeln auf den Wellen sitzen oder auch in mehreren Stücken zusammengegossen sind, können bequem herausgenommen und durch andere ersetzt werden; der letzte Flügel ist als Schraubenmutter ausgebildet und preßt beim Arbeiten die einzelnen Flügel zusammen. Damit der Zerfaserer mahle und nicht nur eine einfache Mischoperation vollführe, ist eine eigene Armierung der Welle notwendig, auf die aber nicht näher eingegangen werden soll.

---

[1]) Ausgeführt von Ostenbach & Vogel in Bitterfeld und J. M. Voith in Heidenheim.

IV. Die Ölgewinnung nach dem Preßverfahren.

Die Gewinnung des in Samen und Früchten enthaltenen Öles durch Auspressen ist seit den ältesten Zeiten im Gebrauche[1]). Bis zum Jahre 1840 bildete diese Preßmethode die einzige für die gewerbliche Erzeugung von Pflanzenölen in Betracht kommende Gewinnungsweise, und sie stellt noch heute, trotz des inzwischen aufgetauchten Extraktionssystems, das für die Fabrikation von vegetabilischen Ölen und Fetten wichtigste Verfahren dar[2]).

Allgemeines.

Ein vollständiges Ausbringen des in Samen oder Früchten enthaltenen Öles durch Pressung ist nicht möglich. Das Zerkleinern der betreffenden Pflanzenteile, durch welches die ölhaltigen Zellen geöffnet werden, erleichtert zwar den Ölaustritt ganz bedeutend (Seite 194), doch verbleiben auch bei gut zerkleinerten Samen noch ungefähr 20% Öl in den Preßrückständen, wenn man das Preßgut bei gewöhnlicher Temperatur abpreßt. Weniger Öl wird von den Preßrückständen rückgehalten, wenn man das Gut vor dem Pressen erwärmt. Da dies, wie weiter unten ausgeführt wird, nicht immer opportun ist, so läßt man in allen jenen Fällen, wo die Saat bei gewöhnlicher Temperatur gepreßt wurde (kaltgepreßte Öle), eine weitere heiße Pressung folgen (warmgepreßte Öle), oder man entzieht den Preßrückständen das nach der Kaltpressung in denselben verbliebene Fett durch Extraktion.

Das

Wärmen der Saat

Geschichtliches.

vor dem Pressen wird schon lange geübt, und zwar geschah dasselbe früher entweder in offenen Pfannen über freiem Feuer oder über kochendem Wasser. Die erste Methode ist in Europa schon seit Jahrhunderten im Gebrauche und hat sich in einigen wenigen Fabriken bis auf den heutigen Tag erhalten; das zweite Verfahren, das bei uns wenig Eingang gefunden hat, scheint zuerst von den Chinesen geübt worden zu sein, bei denen es noch heute fast ausschließlich in Anwendung stehen soll[3]). Beschrieben

[1]) Vergleiche Seite 139.

[2]) Lesenswertes über die Entwicklungsgeschichte der Ölpresserei findet sich in Rühlmanns Allgemeiner Maschinenlehre, 2. Aufl., Berlin 1877, Bd. 2, S. 342 u. ff., wo auch noch die folgenden Quellen angegeben sind: Busch, Versuch eines Handbuches der Erfindungen, Prag 1801, 4. Teil, S. 367; Poppe, Handbuch der Erfindungen, Hannover 1818, S. 73; Poppe, Geschichte der Erfindungen, Dresden 1828, S. 57; Donndorf, Geschichte der Erfindungen, Quedlinburg 1821, 6. Bd., S. 303; Samuelson, Lecture on Oil Machinery, Institution of Mechanical Engineers, January 1858; Blümer, Technologie u. Terminologie d. Gewerbe u. Künste bei den Griechen u. Römern, Leipzig 1847, Bd. 1, S. 328 u. ff.

[3]) Emil Marx, Ölfabrikation in China, Seifensiederztg., Augsburg 1900, S. 351.

hat dieses Verfahren zuerst Ekeberg[1]) in seiner 1767 erschienenen Abhandlung: „Die chinesische Ölpresse und Pressungsart.“ Nach seinen Mitteilungen wärmen die Chinesen den gemahlenen Ölsamen vor dem Pressen derart an, daß sie ihn auf Matten ausbreiten, welche über ein mit kochendem Wasser gefülltes Gefäß gehalten werden. Dabei durchdringen die sich bildenden Wasserdämpfe das Samenmehl, wodurch das Anbrennen desselben und ein Ranzigwerden des Öles vollständig verhütet wird, Vorteile, welche bereits Ekeberg ausdrücklich anführte. 1787 nahm dann Smeaton[2]) ein englisches Patent auf einen Wasserheizapparat für Ölsaaten und noch viele Jahre später ist in der Fachliteratur von den sogenannten „Dunstbädern“ vielfach die Rede. So wird z. B. eine derartige Einrichtung des Grafen v. Kaiserling in Kurland besonders gerühmt[3]).

Diese Wasserwärmvorrichtungen verloren ihren Wert, als die Dampfmaschinen in die Ölmühlen einzogen, von welchem Moment an man die Erwärmung der Saat durch gespannte Wasserdämpfe vornahm, die in einem eigenen, von dem Wärmer getrennten Entwicklungsgefäße (Dampfkessel) erzeugt wurden.

Zweck der Wärmung.

Das Anwärmen der Ölsaat vor dem Pressen hat eine mehrfache Wirkung. Vor allem ist das Öl bei höherer Temperatur dünnflüssiger[4]) und daher leichter ausfließbar; zweitens gerinnt beim Erwärmen das Sameneiweiß, wodurch der Ölaustritt ebenfalls erleichtert wird (siehe Seite 5); ferner fallen bei der Koagulierung des Eiweißes die im Öl gelöst gewesenen Schleimstoffe zum größten Teil aus, weshalb ein aus erwärmter Saat erzeugtes Öl schleimfreier ist als ein aus nicht erwärmter Saat gewonnenes; und endlich kann das Anwärmen der Saat zur Regulierung des Feuchtigkeitsgrades des Preßgutes verwendet werden, sei es daß man durch den Wärmprozeß ein Zuviel an Feuchtigkeit verdunstet, sei es, daß man bei zu trockener Saat durch Anwärmen mit direktem Dampfe ein vorhandenes Manko an Wasser wettmacht.

Nachteile des Wärmens.

Diesen Vorteilen stehen allerdings auch Nachteile gegenüber. So gehen einmal durch das Anwärmen die in den Ölsaaten und Ölfrüchten enthaltenenen Farbstoffe wie auch übelschmeckende Substanzen in das Öl über und verschlechtern dessen Qualität hinsichtlich Farbe und Geschmack. Ein schlecht geleiteter Wärmprozeß kann sogar eine teilweise

---

[1]) Abhandlungen aus der Naturlehre, Mechanik usw. auf das Jahr 1767. Königl. schwed. Akademie der Wissenschaften. Deutsch von Kästner, Leipzig 1770, S. 349.

[2]) Engl. Pat. Nr. 1597 v. 4. April 1787; siehe auch „Rolls Chapel Reports“, 6. the Report, S. 176.

[3]) Hermbstädt, Bulletin d. Neuesten u. Wissenswürdigsten aus der Naturwissenschaft, den technischen Gewerben usw., 14. Bd., Leipzig 1813, S. 315.

[4]) Ölsaaten, welche bei gewöhnlicher Temperatur feste Fette enthalten, würden ohne eine das Fett verflüssigende Erwärmung durch Pressen überhaupt nicht zu verarbeiten sein.

Zersetzung des Öles nach sich ziehen, wie in zweiter Linie auch die Qualität der Rückstände verschlechtert werden kann (verbrannte Ölkuchen).

Die Qualitätseinbuße, welche das Öl durch das Anwärmen erleidet, ist so bedeutend, daß es Grundsatz ist, bei der Gewinnung von Speiseölen eine Erwärmung nicht anzuwenden. Dort, wo selbe aus technischen Gründen nicht zu umgehen ist, muß eine spätere Raffination das wieder gut machen, was der Wärmprozeß verschuldet hat. Mitunter wird ein Übergehen gewisser Fremdstoffe in das erzeugte Öl allerdings gewünscht, wie z. B. bei der Herstellung von Speise-Leinöl. Dieses wird in manchen Gebirgsgegenden besonders dann gerne genommen, wenn es einen eigenartig brenzlichen, bitteren Beigeschmack hat, der nur durch starke Erwärmung der Saat oder, richtiger ausgedrückt, durch ein teilweises „Rösten" derselben erzielt werden kann.

Jedenfalls ist dem Wärmprozeß in den Ölfabriksbetrieben ganz besondere Aufmerksamkeit zuzuwenden, denn von der richtigen Leitung der Erwärmung des Preßgutes hängt neben einer sachgemäßen Zerkleinerung die Ausbeute wie auch die Güte des gewonnenen Öles ab.

Wie schon aus den historischen Bemerkungen über die Saatwärmung hervorgeht, kennt man nach der Art der Wärmequelle

Arten des Wärmens.

a) Wärmapparate über offenem Feuer,
b) mit Wasserheizung,
c) mit Dampfheizung.

Wärmung über direktem Feuer.

Die Erwärmung über freiem Feuer ist die unzweckmäßigste, weshalb sie heute nur noch in ganz wenigen Betrieben zu finden ist. Wärmapparate über freiem Feuer erfordern eine äußerst umsichtige Bedienung, wenn eine gleichmäßige Durchwärmung der Masse erzielt und ein Überhitzen, bzw. Rösten des Samens vermieden werden soll.

Die Feuerwärmapparate bestehen aus flachen, gewöhnlich zylindrischen Pfannen mit ebenem oder nach innen bombiertem Boden, auf welchem ein Rührwerk kreist. Ihre Feuerung ist derart eingerichtet, daß die Rauchkanäle alle Teile der Pfanne umspülen und eine möglichst gleichförmige Durchwärmung derselben hervorrufen.

Vor- und Nachteile des Wärmens über direktem Feuer.

Die Feuerungspfannen arbeiten nicht ökonomisch, ergeben leicht angebranntes Material und benötigen viel Bedienungsmannschaft. Trotz dieser offenkundigen Nachteile haben sie sich infolge ihrer einfachen Konstruktion und ihrer Wohlfeilheit in den Ölfabriken bis in die letzten Jahrzehnte vereinzelt behauptet. In den 50- und 60er Jahren des vorigen Jahrhunderts gab man ihnen sogar den Vorzug vor den Dampfwärmeapparaten und begründete dies durch die größere Ölausbeute, welche feuergewärmte Saat gegenüber dampfgewärmter ergab. Tatsächlich erhält man beim Erwärmen über direktem Feuer ein sich rescher anfühlendes Gut als bei Dampfwärmung, was ein gutes Zeichen für die leichte Auspressung des Öles ist. Auch kann man bei den Wärmpfannen über freiem Feuer die Erwärmung ohne Schaden für das Saatgut weiter treiben als bei Dampfwärmern, ja man kann eine förmliche Röstung des Materials erzielen (daher auch der Name „Röstpfannen"), doch erfordert eine so weitgehende, für die Ölausbeute sehr günstige Erwärmung ein gut geschultes Personal. Heute, wo man Wärmpfannen für hochgespannte Dämpfe konstruiert, besteht übrigens auch dieser Vorsprung der Feuerwärmung kaum mehr.

Eine bildliche Vorführung und detaillierte Beschreibung der Feuerröstpfannen glauben wir unterlassen zu können, denn die sogenannte deutsche Wärmpfanne, wie auch die von Maudslay in London[1]) herrührende Konstruktion der holländischen Wärmpfanne, gehören heute schon der Geschichte an[2]).

Wasserheizung.

Die Wärmapparate mit Wasserheizung bestehen im wesentlichen entweder aus einem einfachen, das zu erwärmende Saatgut aufnehmenden Behälter (Wärmpfanne), der in einem mittels direkter Feuerung oder Dampf geheizten Wasserbade steht, oder aus einer doppelwandigen Pfanne, in deren Mantelraum heißes Wasser zirkuliert. Die erstere Art[3]) ist unpraktisch, die zweite Ausführungsweise bietet dagegen den großen Vorteil, daß sie ein sehr gelindes Anwärmen des Preßgutes gestattet. Diese Wasserwärmpfannen leisten dort gute Dienste, wo man die Nachteile des Wärmprozesses (Übergehen von Fremdstoffen in das Öl) auf ein Minimum reduzieren will. Bei den Feuer- oder Dampfwärmpfannen kommen nämlich die einzelnen Saatpartikelchen mit wenigstens 100° C heißen Wandungen in Berührung, wobei leicht ein partielles Überhitzen eintritt, während bei den Heißwasserwärmern die Temperatur der Wandungen beliebig geregelt werden kann. Trotzdem sind diese Apparate bis heute in den Ölfabriken nur wenig in Anwendung gekommen und liegen nähere Betriebsresultate über dieselben nicht vor.

Dampfwärmapparate.

Die eingangs dieses Abschnittes erwähnten Wärmapparate der Chinesen sind nicht als Wasserwärmer, sondern als Dampfwärmer zu betrachten, wenn auch als solche von primitivster Form. Die Einführung der heute in allen modernen Ölfabriksbetrieben anzutreffenden Dampfwärmpfannen, bei welchen das Prinzip festgehalten ist, daß der zur Heizung verwendete Dampf von einem separierten Dampferzeuger dem Wärmapparate zugeleitet wird, verdanken wir Cazalis und Cordier, welche um das Jahr 1830

---

[1]) Le Blanc, Recueil des Machines, T. I. Pl. 57.

[2]) Details über Feuerwärmpfannen siehe: G. L. Schreiber, Ölmühlen, Königsberg 1837, S. 62; Schwahn, Lehrbuch d. Mühlenbaukunde, 5. Abtlg., Berlin 1852, S. 58; Scholl, Bau- u. Betrieb d. Ölmühlen, Darmstadt 1844, S. 84; Deite, Industrie d. Fette, Braunschweig 1878, S. 83; Rühlmann, Allgemeine Maschinenlehre, 2. Aufl. Berlin 1877, S. 371; Bornemann, Die fetten Öle, Weimar 1889, S. 35; Schädler, Technologie d. Fette u. Öle, 2. Aufl., Leipzig 1892, S. 302.

[3]) Fischer, Die Müllerei, Berlin 1892, S. 1255.

die ersten derartigen Apparate in der Salleronschen Ölfabrik zu Paris aufstellten. Seither hat die Konstruktion der Dampfwärmer eine vielseitige

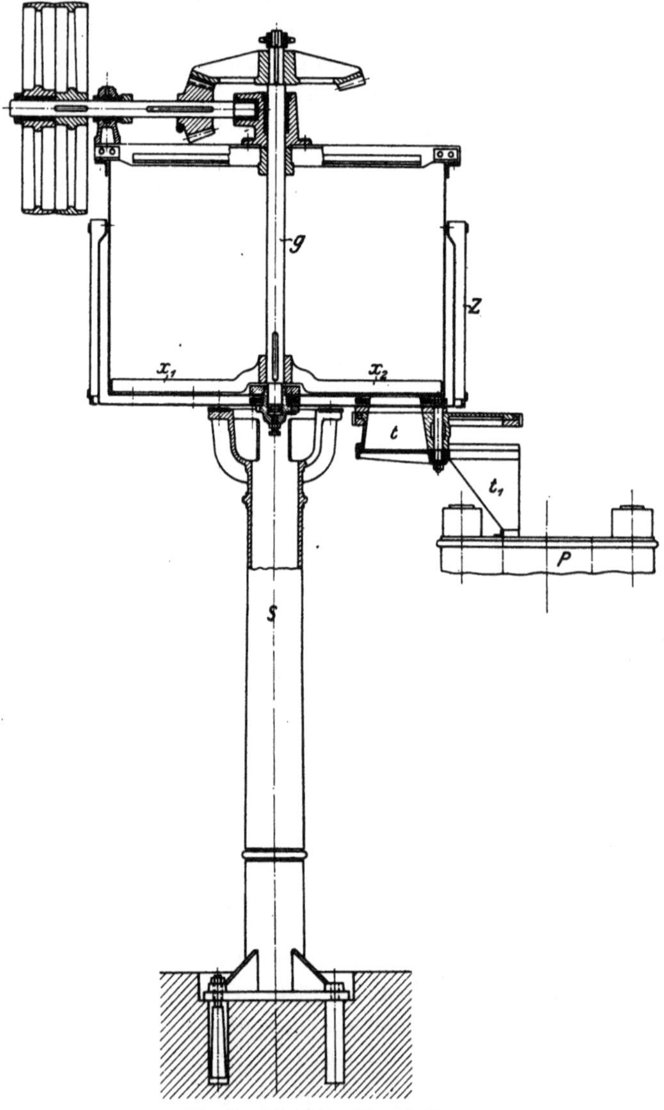

Fig. 61. Einfacher Dampfwärmer.
g = Antriebswelle, $x_1 x_2$ = Rührflügel, $t t_1$ = Entleervorrichtung, S = Säulenständer, P = Pressen-Kopfstück, Z = Isolationsschicht.

Ausgestaltung gefunden. Die Dampfwärmer bestehen aus meist flach gehaltenen zylindrischen, mit Dampfmantel versehenen Kesseln (Fig. 61), an welchen folgende Teile zu unterscheiden sind:

1. Wärmpfanne,
2. Rührwerk,
3. Füll- und Entleervorrichtung,
4. Dampfzuleitung und Dampfableitung
5. Isolierung.

Konstruktion der Pfanne.

Die Wärmpfannen werden sowohl aus Schmiede- als auch aus Gußeisen hergestellt. Bei den schmiedeeisernen Wärmern soll der innere und äußere Mantel in der Längsnaht rundum angeschweißt sein, damit im Innern der Pfanne nirgends ein Nietkopf vorstehe. Bei dieser Ausführung ist die Wärmetransmission eine günstigere als bei gußeisernen Pfannen. Letztere können zweiteilig, mit aufgeschraubten Boden geliefert werden, wobei das Bodenstück und die Seitenwände oder nur diese heizbar eingerichtet sein können. Amerikanische Firmen, z. B. die Buckeye Iron and Brass Works in Dayton, rühmen ihren zweiteiligen Wärmern mit heizbarem Boden, bei denen ein Dichtungsmaterial nicht gebraucht wird, verschiedentliche Vorteile nach; so eine leichtere Temperaturregulierung und eine große Betriebssicherheit. Die Gußpfannen aus einem Stücke haben dafür die absolute Dichtheit und die bessere Wärmeübertragung für sich; bei Defekten muß hier aber die ganze Pfanne durch eine neue ersetzt werden, während bei den zweiteiligen Wärmern eine Erneuerung des beschädigten Teiles genügt.

Zu erwähnen sind auch noch die Wärmpfannen des Systems Frederking[1]), nach welchem in die Wandungen schmiedeeiserne Rohre eingegossen werden, wodurch eine vollständige Betriebssicherheit gewährleistet wird, Verschraubungen gänzlich wegfallen und die Wärmeregulierung eine sehr exakte sein soll.

Der Durchmesser der Wärmpfannen schwankt zwischen 700—2000 mm, die Höhe zwischen 300—1000 mm, doch geht man in einigen Fällen auch über diese Maße hinaus.

Konstruktion des Rührwerkes.

Das Rührwerk bezweckt eine Durchmischung des zu erwärmenden Materials, damit immer neue Partien desselben mit den heißen Wandungen der Pfanne in Berührung kommen. Es besteht aus 2—4 einfachen Rührarmen (x_1 x_2, Fig. 61), die knapp am Boden der Pfanne kreisen und daher in erster Linie eine Art Schabwirkung äußern, welche dem Festbacken des Saatgutes vorbeugt; ein intensives Mischen des Wärmeinhaltes erreichen die Rührer aber in der Regel nicht. Die Saat gerät durch das Rührwerk vielmehr in eine rotierende Bewegung, welche nicht ohne weiteres die Berührung eines jeden Saatpartikelchens mit den heißen Wandungen herbeiführt. Durch fixe, in das Innere der Pfanne ragende Schlagleisten kann die kreisende Bewegung des Wärmeinhaltes unterbrochen und ein etwas besseres Durchmischen der Saat erzielt werden, ohne daß diese Vorrichtung das anzustrebende Ideal erreichte.

[1]) D. R. P. Nr. 63315 und Nr. 77213.

Einer besseren Durchmischung wäre besonders in jenen Fällen Aufmerksamkeit zuzuwenden, wo mit dem Anwärmen auch ein Anfeuchten der Saat verbunden werden soll. Eine solche Anfeuchtung wurde zuerst durch direktes Einspritzen von Wasser oder Dampf von oben in die Wärmpfanne versucht, doch hat man dies mangels eines greifbaren Effektes bald wieder aufgegeben. Die dann in den Wärmpfannenböden angebrachten Dampfrohrspiralen bildeten sehr leicht Klumpen in dem Preßgute, besonders wenn der zugeführte Dampf etwas feucht war; in die Flügel des Rührwerkes zentral eingebaute Rohre erschütterten wiederum die Wände des Wärmers sehr beträchtlich.

Rührflügel mit Dampfzuführung.

Alle diese Unzukömmlichkeiten werden vermieden, wenn man die Rührflügel selbst zur Dampfzuführung benützt, indem man diese hohl gestaltet und den Dampf von unten in die Achse des Rührwerkes, welche mit den Rührflügeln kommuniziert, einführt. Dadurch, daß der Dampf auf der der Bewegung der Flügel des Rührwerkes entgegengesetzten Seite austritt, durchströmt er das ganze Preßgut und feuchtet gerade jene Partien an, die am meisten aufgelockert sind und fast in dem gleichen Moment aus dem Wärmer in die Pressen gelangen (Fig. 62)[1]. Heute sind derartige Wärmer-Rührvorrichtungen für alle jene Ölsamen in Anwendung, welche eine Anfeuchtung vor der Pressung erfordern.

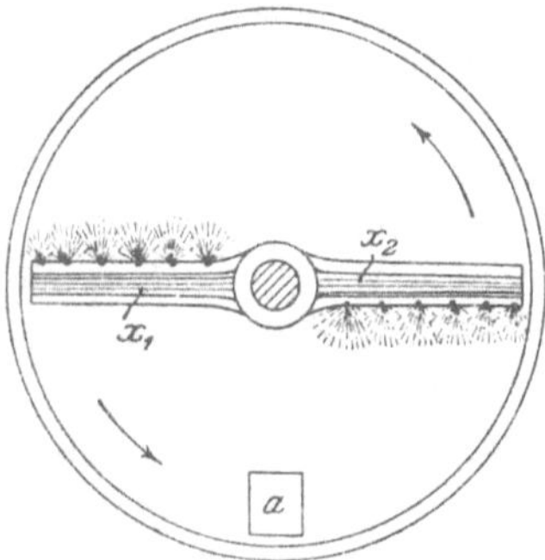

Fig. 62 Wärmpfanne mit Dampfzuführung durch die Rührerarme. $x_1 x_2$ = Rührerarme, a = Entleeröffnung.

Antrieb und Tourenzahl der Rührwerke.

Der Antrieb der Rührwerkzeuge kann entweder von oben oder von unten erfolgen und hängt dies von den jeweiligen örtlichen Verhältnissen ab.

Die Tourenzahl des Rührwerkes ist von der Anzahl der Rührarme abhängig. Es gilt als Regel, daß jeder Punkt der Bodenfläche des Wärmers in der Minute 145mal von den Rührarmen bestrichen werden muß, woraus sich ergibt, daß zweiarmige Rührwerke ungefähr 70 Touren, dreiarmige ca. 45 Touren machen müssen.

Füll- und Entleervorrichtung.

Die Füllvorrichtung besteht gewöhnlich aus einem einfachen Füllstutzen; nur in wenigen Ausnahmsfällen sind eigene Chargierungsapparate im Gebrauch, über welche weiter unten noch des näheren berichtet wird.

Die Entleerungsvorrichtung der Wärmer (*t t*, Fig. 61) hängt von der Art des Pressensystems ab, welches die Wärmer bedienen. Bei Etagenpressen, die in Verbindung mit eigenen Formmaschinen arbeiten, sind am Boden der Wärmpfanne Schiebmasse angebracht, welche das zur Bildung eines

[1]) Führer durch die Fettindustrie, St. Petersburg 1902, S. 81.

Kuchens notwendige Saatquantum zu fassen vermögen. Wenn die Wärmer zur Bedienung von Seiherpressen verwendet werden, so bestehen die Entleervorrichtungen aus eigenartigen Drehschiebern, die ihren Trieb von der Achse des Rührwerks aus erhalten. Damit die Entleerapparate direkt in die Formmaschinen oder Seiher arbeiten können, müssen die Wärmer

Fig. 63. Einfacher Dampfwärmer mit zwei Entleervorrichtungen.

hoch postiert sein; sie sind gewöhnlich auf Säulen oder auch auf Trägergerüsten gelagert.

Dampfleitungen.

Die Zuleitung und Ableitung des Dampfes bietet keinen Anlaß zu besonderen Bemerkungen; bei sogenannten Doppelwärmern erhält der Ober- und Unterwärmer separate Dampfleitung. Die Anbringung von Manometern am Dampfmantel ist usuell, nicht so die von Thermometern im Innern der Wärmer.

Isolierung. Die Isolierung der Wärmer (*Z* Fig. 61) an der äußeren Mantelfläche ist zur Vermeidung von Wärmeverlusten wichtig; sie besteht aus einer Holzverschalung oder einer Umkleidung mit einem andern schlechten Wärmeleiter.

Unrichtig ist die Angabe Bornemanns[1]), wonach man die Wärmer nur 50 mm hoch beschicken dürfe; im Gegenteil wird der Wärmer in der Regel über halbvoll gehalten oder doch zum wenigsten derart beschickt, daß jede Charge für die Füllung einer oder zweier Pressen genügt. Die Chargemenge richtet sich nach der Zeitdauer der Wärmung, die 20 bis 30 Minuten beträgt; ist die Charge im Verhältnis zum Wärmervolumen und zur Zeitdauer des Wärmeprozesses zu groß, steht also die zu erhitzende Saatquantität zur wärmeabgebenden Fläche von vornherein in einem Mißverhältnis, oder wird den einzelnen Saatpartikelchen nicht Zeit gegeben, mit den Wärmerwandungen in Berührung zu kommen, so ist eine ungleichmäßige Durchwärmung des Materials die Folge und man erhält statt eines gut gewärmten, preßfähigen Produktes ein Konglomerat von ungaren, garen und übergaren Partien, aus welchen das Öl sehr schwer ausbringbar ist.

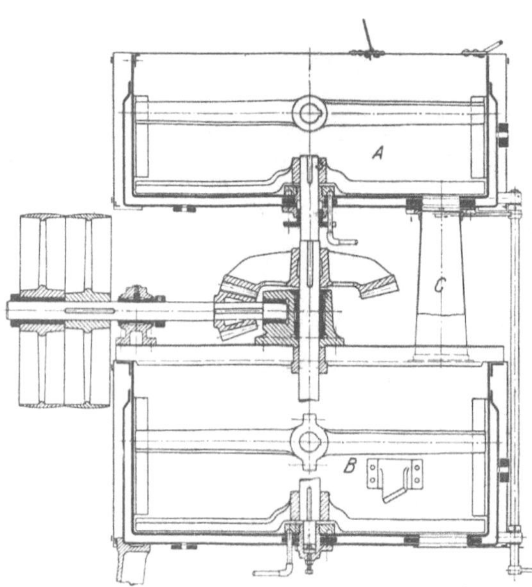

Fig. 64. Doppelwärmer.

Einfacher Dampfwärmer. Die einfache Wärmpfanne, wie sie Fig. 61 in Schnitt und Fig. 63 in Ansicht zeigt, findet nur beschränkte Anwendung. Sie ist bloß für die Vorpressung von Ölsaaten verwendbar, in bezug auf die letzte Pressung bietet sie zu wenig Garantie für ein gleichmäßig durchwärmtes Preßgut, weil bei der fortlaufenden Materialentnahme auch ein kontinuierliches Beschicken des Wärmers nötig ist, daher die Gefahr besteht, daß noch nicht genügend durchwärmtes, erst in die Wärmpfanne gelangtes Saatmehl zur Entnahme und somit zur Pressung gelange.

Rasches und langsames Wärmen. Diesem Übelstande kann durch die Kombination mehrerer Wärmpfannen vorgebeugt werden. Von diesen kombinierten Wärmern kennt man verschiedene Anordnungen, je nach der Art der zu verarbei-

---

[1]) Bornemann, Die fetten Öle, Weimar 1889, S. 38.

tenden Ölsaat. Nicht alle Ölsaaten verlangen nämlich die gleiche Art der Vorwärmung; einige müssen möglichst rasch und auf eine höhere Temperatur erhitzt werden, andere benötigen eine möglichst lang andauernde, dafür aber weniger intensive Durchwärmung. Zur ersten Kategorie gehört die Baumwollsaat, zur letzteren die Leinsaat. Um den Anforderungen einer möglichst raschen und intensiven Er-

Fig. 65. Doppelwärmer mit Zwischenstück.

wärmung nachzukommen, sind nicht zu groß dimensionierte Wärmpfannen nötig, deren Inhalt ebenso rasch verpreßt werden kann, als er erhitzt wurde. Das langsame Durchwärmen von Leinsaat spricht für größere Wärmertypen und schaltet man hierfür auch mehrere Wärmer übereinander, das Preßgut von einem in den andern fallen lassend und so ein möglichst langes Verweilen des Materials in den Wärmern vermittelnd.

Doppelwärmer. Ein Doppelwärmer einfachster Konstruktion ist in Fig. 64 skizziert. Diese Wärmerform ist insofern auch interessant, als sich das Triebwerk für die Rührer zwischen dem oberen und unteren Wärmer befindet. Vielfach werden derartige Doppelpfannen auch so ausgeführt, daß man die

Fig. 66. Dreifacher Wärmer mit übereinander liegenden Pfannen.

beiden Pfannen durch eine umlaufende, mit Einsteigöffnung versehene Zarge verbindet (Zwischenstück) und das an einer gemeinschaftlichen Achse sitzende Rührwerk von oben treibt (Fig. 65)[1]. Die Form der Rührarme

[1] Die Einsteigöffnung ist in Fig. 65 nicht zu sehen, weil sie sich auf der dem Beschauer abgewandten Seite befindet.

ist aus Fig. 64 ersichtlich, wo innerhalb der beiden Wärmpfannen die Grundrisse der Rührflügel eingezeichnet sind.

Das Arbeiten dieser Doppelpfannen bedarf kaum einer Erklärung. Die zerkleinerte Saat wird in die obere Pfanne eingebracht, dort vorgewärmt und ebenfalls gefeuchtet, um in der unteren Pfanne vollkommen gar gekocht zu werden.

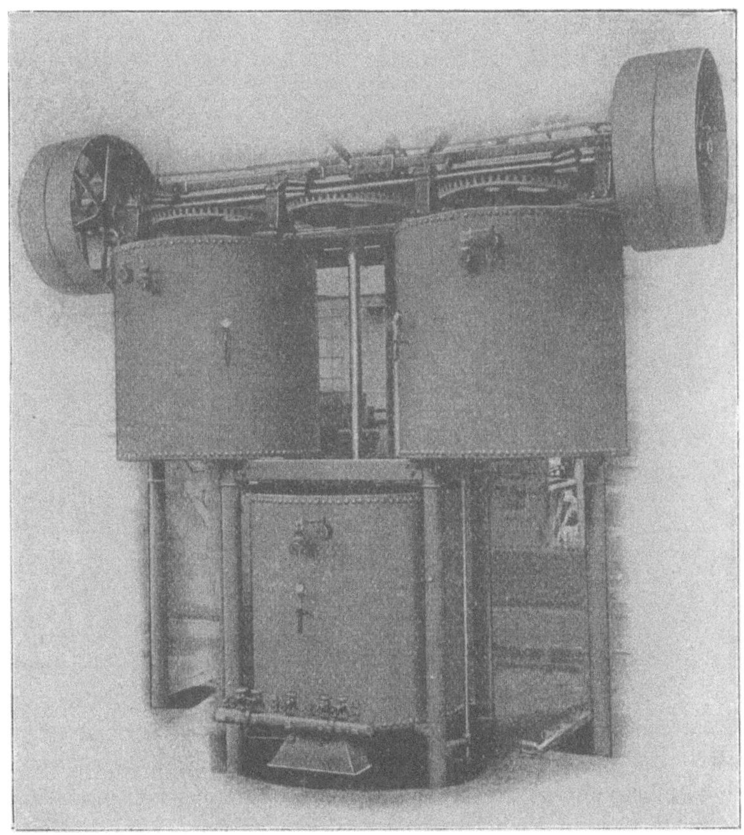

Fig. 67. Wärmersystem mit drei Pfannen.

Dreifache Wärmer für Leinsaat und ähnliche Ölsämereien.

Mitunter läßt man sogar drei Pfannen übereinander arbeiten und kommt dann auf eine Ausführungsform, wie sie Fig. 66 zeigt. Meist wird aber das Dreipfannensystem in anderer Weise ausgeführt, und zwar so, wie es in Fig. 67 festgehalten ist, bei welcher Konstruktion übrigens auch die große Bauhöhe der einzelnen Wärmer auffällt.

Die Saat gelangt dabei in der oberen Pfanne zur Anfeuchtung und Vorwärmung, und zwar wird immer eine Charge fertig gewärmt, ohne daß durch Hinzufließen von kalter Saat der Wärmeprozeß unterbrochen würde. Nach Beendigung der Operation wird dann der Inhalt der betreffenden oberen Pfanne in die untere entleert, welche lediglich den Zweck hat, die Temperatur der Saat auf richtiger Höhe zu halten, so lange, bis das Preßgut in die Kuchenformmaschine oder in den Preßseiher gelangt.

Die in Fig. 64—67 vorgeführten Wärmer sind für solche Ölsaaten geeignet, die das Öl umso leichter und vollständiger abgeben, je länger sie in den Wärmpfannen bleiben (Leinsaat).

Fig. 68. Wärmergarnitur mit drei eigentlichen Wärmpfannen und einer Sammelpfanne.

Wärmerkombinationen für Kottonsaat.

Für Saaten, welche ein rasches und intensives Erwärmen erfordern, werden die Wärmer nur so groß konstruiert, daß eine Charge gerade für eine Preßfüllung genügt, und wird dann die in den relativ kleinen Wärmern gar gekochte Saat in einen gewärmten Behälter (Receiver) entleert, der lediglich den Zweck hat, die Saat bis zum Anfüllen in die Pressen vor Auskühlung zu schützen, und daher nur einen heizbaren Boden, aber keinen heizbaren Seitenmantel hat.

Fig. 68 zeigt eine solche Wärmeranordnung, bei welcher drei eigentliche Wärmer direkt durch Abfallstutzen mit einer Sammelpfanne korrespondieren.

Sind mehr als drei Wärmepfannen vorhanden, so muß zur Überführung des fertig gewärmten Preßgutes in die Sammelpfanne eine Schnecke benutzt werden, welche man zweckmäßig möglichst groß dimensioniert und schnell laufen läßt, damit das durchwärmte Material auf dem Wege von den Wärmern zur Sammelpfanne keine Abkühlung erleide. Mitunter wird diese Transportschnecke mit heizbaren Wänden versehen, was natürlich einer Abkühlung des zu befördernden Gutes gründlichst vorbeugt.

Fig. 69. Wärmerbatterie für Baumwollsaat.

Beschickungstrichter für Kottonsaat.

In Fig. 69 ist eine derartige Anordnung wiedergegeben, die auch wegen des praktischen Unterantriebes der ganzen Anlage und der eigenartigen Beschickungsvorrichtungen interessant ist.

Bei Lein, wo mehrere Wärmer zusammen arbeiten und so dem Nachchargieren während einer Operation entweder ganz vorgebeugt wird (Fig. 67) oder aber die Nachteile des Nachchargierens durch eine Garkochung im zweiten Wärmer wettgemacht werden (Fig. 65 und 66), sind besondere Vorkehrungen für das Beschicken nicht notwendig. Bei solchen Wärmevorrichtungen aber, wo in einer einzelnen Pfanne die Erwärmung vollendet wird und der Unterwärmer nur als Reservoir zu betrachten ist, erscheint eine Nachchargierung während der Operation unzulässig und muß die Beschickung jeder einzelnen Pfanne kurz vor Beginn jeder Operation vorgenommen werden, wobei auch darauf zu achten ist, daß jedesmal das gleiche Quantum von Saatgut den Wärmern zugeführt werde. Die amerikanischen Kottonöl-Fabriken erreichen diese sehr wichtige regelmäßige Beschickung durch eigene auf die Wärmer gesetzte Füllstutzen.

Diese Chargierungsapparate (siehe Fig. 70) bestehen aus einem ganz einfachen Blechkasten, der oben mit der zerkleinerten Ölsaat angefüllt und unten durch ein schräg gestelltes Blech verschlossen gehalten wird. Durch einen Hebel läßt sich diese Verschlußklappe seitens des die Wärmer bedienenden Arbeiters leicht öffnen und dadurch ein Beschicken des Wärmers mit einer genau abgemessenen Menge Saatgut bewirken.

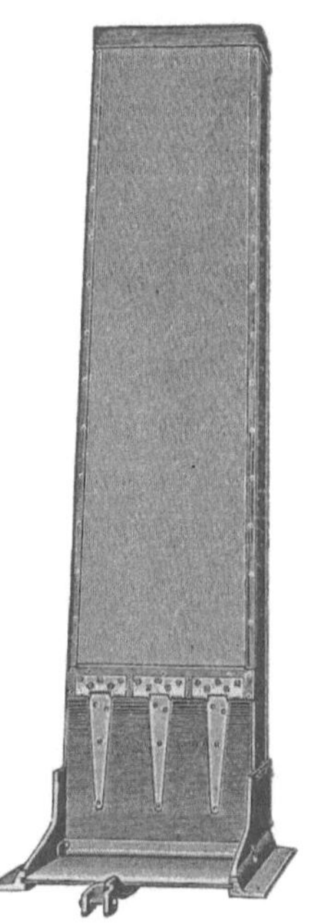

Fig. 70.

Leistungsfähigkeit der Dampfwärmer.

Bezüglich der Leistung der Wärmer lassen sich präzise Angaben nicht machen, weil dieselbe von den verschiedensten Faktoren abhängt; in erster Linie von der Art und der jeweiligen Beschaffenheit der zu erwärmenden Ölsaat, dann aber auch von der Spannung des verwendeten Dampfes und endlich von der Wärmerkonstruktion selbst. Es ist ratsam, den Wärmapparaten nicht zu viel Arbeit zuzumuten, weil sich jedes Forcieren des Wärmprozesses in der Ölausbeute bitter rächt. Die in der Fachliteratur zu findenden Angaben, nach welchen zur Erwärmung von 1 kg Samenmehl innerhalb einer halben Stunde je nach der Dampfspannung 0,31—0,86 dm^2 Heizfläche nötig sind, bedürfen ebenso der Überprüfung wie die weiteren Daten über die zur Erwärmung für ein Kilo Samenmehl notwendige Dampfmenge, welche bei einer Dampftemperatur von 110° C für Raps und Rübsen mit 0,25 kg für die erste und 0,18 kg für die zweite Pressung angegeben wird.

In der Praxis wird die zur Saaterwärmung notwendige Dampfmenge gewöhnlich unterschätzt, wie man andererseits von den Wärmern meist zu große Leistungen verlangt. Viele Betriebe kranken an einer ungenügenden Saatwärmung und haben ihre ungünstigen Ausbeuteergebnisse in erster Linie diesem Umstande zuzuschreiben.

Feuchten während des Wärmprozesses.

Über das Feuchten des Preßgutes während des Wärmprozesses lassen sich allgemein gültige Regeln nicht geben. Die Beschaffenheit der Saat entscheidet, ob und wieviel Feuchtigkeit in Form von direktem Dampfe zugeführt werden muß, um den für die Preßarbeit günstigsten Wassergehalt des Preßgutes zu erreichen. Im allgemeinen ist aus trockener Saat das Öl schwieriger auspreßbar als aus feuchter, weil das Wasser die Pflanzenzellen aufquellen macht und das Öl daraus gewissermaßen verdrängt, anderseits sprengt zu feuchte Saat aber auch die Preßtücher und erhöht den Verschleiß an diesen nicht unbeträchtlich.

Verfahren Spindler und Stautz.

Spindler und Stautz in Darmstadt[1]) wollen durch Chlornatrium (Kochsalz), Zucker (Melasse) etc., wovon sie der Saat während des Zerkleinerungsprozesses ca. 5 % zusetzen, eine bemerkenswerte Verstärkung des Aufquellens der Pflanzenzellen erzielt haben. Das Salz, welches durch den direkten Dampf in den Wärmpfannen in eine konzentrierte Salzlösung verwandelt wird, die Melasse usw. üben nach Spindler und Stautz eine Diffusionstätigkeit aus und machen die Zellen des Ölsamens so prall, daß schon ein geringer Druck genügt, um diese zu sprengen und das Öl zum Ausfließen zu bringen, während bei einer einfachen Dämpfung bei alter, trockener Ölsaat ein Aufquellen der schon eingeschrumpften Zellen nicht eintritt und die beim Zerkleinern der Saat unzerrissen gebliebenen Zellgewebe durch Druck nicht gesprengt werden können.

Das Verfahren scheint sich in der Praxis offenbar nicht bewährt zu haben, denn von einer allgemeinen Einführung desselben hat man nichts vernommen. — Daß konzentrierte Salzlösungen einen günstigen Einfluß auf die Ausbeute ausüben, läßt sich wohl kaum bestreiten, doch ist zu berücksichtigen, daß die der Ölsaat zugesetzten Salzmengen in den Preßrückständen verbleiben und bei Verwendung derselben als Viehfutter die ohnehin stoffwechselfördernde Wirkung der Ölkuchen noch beträchtlich erhöhen, was unter Umständen nicht im Interesse des Viehzüchters gelegen ist.

In die Gruppe der Saatwärmer gehören auch die Saattrocknungsapparate (Saatdarren), welche dazu dienen, abnormal feuchte Saat vor dem Zerkleinern zu trocknen und damit den Zerkleinerungsprozeß (bei Sonnenblumenkernen und Hanf wohl auch die Entschälung) zu erleichtern. Die Saattrocknungsapparate wurden bisher nur äußerst selten angewendet; neueren Mitteilungen[2]) zufolge scheinen sie aber in Rußland jetzt in Gebrauch zu kommen.

Fig. 71 zeigt einen Saattrocknungsapparat mit direkter Feuerung, Fig. 72 einen solchen für Dampfbetrieb.

Der erstere (Fig. 71) besteht aus einer rotierbaren, kegelförmig zugespitzten geneigten Trommel T, welcher die zu trocknende Saat durch den Trichter B zugeführt wird. Die Feuerung erwärmt die Saattrommel T nicht direkt, sondern durch

---

[1]) D. R. P. Nr. 72211 vom 4. Okt. 1892.

[2]) Vinohradov, Führer durch die Fettindustrie, St. Petersburg 1905, Nr. 10, S. 147.

Vermittlung eines Luftmantels, der durch eine äußere fixe Trommel U gebildet wird. Die Welle (w) der Zuführungsschnecke s ist hohl und entweicht durch dieselbe das aus dem Samen verdampfte Wasser. Die Intensität der Trocknung kann man einerseits durch die Stärke der Feuerung andererseits durch eine mehr oder wenig große Neigung der Trommel T regulieren, wodurch die Saat langsamer oder schneller durchfließt, also längere oder kürzere Zeit der Erwärmung ausgesetzt bleibt.

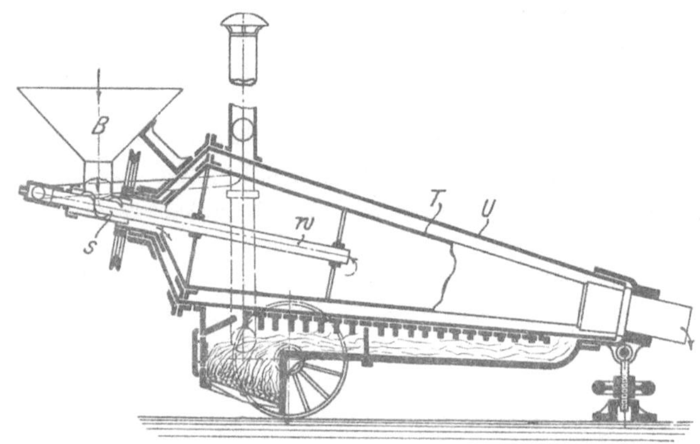

Fig. 71. **Saattrocknungsapparat mit direkter Feuerung.**

Der in Fig. 72 gezeigte Saattrockner mit Dampfheizung bedarf keiner weiteren Erklärung.

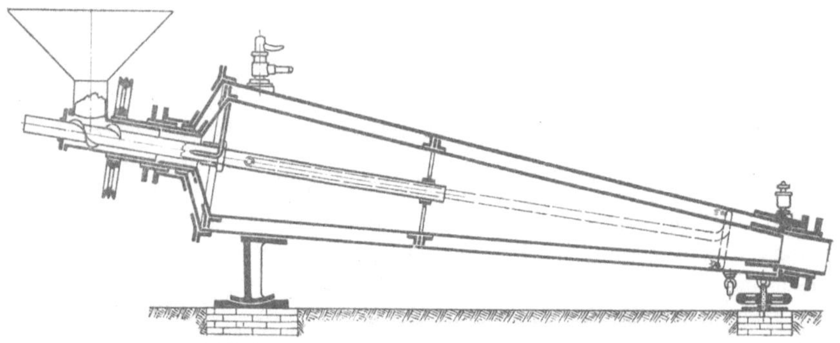

Fig. 72. **Saattrocknungsapparat mit Dampfheizung.**

Die verschiedenartigen Vorrichtungen, deren man sich zum Auspressen des zerkleinerten und eventuell vorgewärmten Gutes bedient, faßt man unter dem Namen

Pressen.

Pressen

zusammen. Man verlangt von einer brauchbaren Presse die Erfüllung folgender Bedingungen:

1. große Tagesleistung bei geringer Bedienungsmannschaft,
2. geringe Instandhaltung und Betriebskosten,

3. langsames Anwachsen und schließliches Konstantbleiben des Druckes bei langsamem Kleinwerden des Preßraumes,
4. größtmöglichste Ölausbeute,
5. sauberes Arbeiten.

Allen diesen Anforderungen wird keine der vielen Pressenkonstruktionen gerecht und man muß deshalb bei der Wahl des Pressensystems den jeweiligen speziellen Fall ins Auge fassen und untersuchen, welcher Faktor als der wichtigste eine absolute Erfüllung heischt und welchen Punkten weniger Gewicht beizulegen ist.

Zu erfüllende Forderungen.

Große Tagesleistung bei geringer Bedienungsmannschaft muß von der Presse aus betriebsökonomischen Gründen verlangt werden, ebenso geringe Instandhaltungskosten und Betriebsspesen. Von letzteren sind es besonders die Preßtücher, welche das Preßgut entweder ganz umschließen oder als Zwischenlagen für die einzelnen Chargen dienen und große laufende Auslagen verursachen. Ein langsames Anwachsen des Druckes bei einem ganz allmählichen Abnehmen des Preßraumes ist notwendig, damit das Öl Zeit zum Abfließen finde; mit dem zunehmenden Widerstande muß auch der Druck anwachsen und nach Erreichung des gewünschten Maximaldruckes konstant bleiben, unbeschadet der Volumenverringerung des Preßgutes durch den weiteren Ölabfluß.

Faktoren für Ölausbeute.

Für die Ölausbeute [1]) ist in erster Linie die Größe des ausgeübten Druckes maßgebend, doch ist auch die Druckdauer von Bedeutung. Je größer diese ist, umso vollständiger vermag das Öl auszufließen, und man kann daher mit niedrigem, entsprechend lange Zeit andauerndem Drucke annähernd dasselbe erreichen wie mit höherem, aber nur kurze Zeit währendem Drucke.

Dabei spielen natürlich die Weglängen, welche das Öl bis zu seiner Abscheidung zu durchlaufen hat, eine wichtige Rolle, so daß verschiedene Pressensysteme bei sonst gleichen Arbeitsbedingungen voneinander abweichende Ausbeute liefern. Auch ist es von Wichtigkeit, wie der Preßraum beschaffen ist, in welchem sich das Preßgut befindet. Kann das ausgepreßte Öl leicht und frei aus dem Preßraum austreten (offene Pressen), so wird die Ausbeute bei sonst gleichen Bedingungen eine bessere sein als bei Pressen, bei denen das austretende Öl gewisse Widerstände zu überwinden hat (geschlossene Pressen).

---

[1]) E. L. Johnson in Memphis (Amerik. Patent Nr. 691342 v. 14. Jan. 1902) sucht die Ölausbeute durch Zugabe eines indifferenten Stoffes, z B. Spreu, Kottonsaatschalen etc., zum Preßgute zu erhöhen; die Preßtuch-Spesen sollen sich bei Verarbeitung eines derartig vermischten Produktes merklich reduzieren, weil sich die Preßtücher von den Preßkuchen leichter abziehen lassen als von unvermischten Preßrückständen. Die Zusatzstoffe dürfen, wenn sie auf die Ölausbeute verbessernd wirken sollen, allerdings kein Aufsaugungsvermögen für Öl besitzen (Soap Gazette 1902, S. 20).

Das saubere Arbeiten der Pressen hängt von deren Konstruktion und Montierungsart ab.

Preßbehälter.

Um flüssiges Öl oder durch Erwärmen verflüssigtes Fett durch Druck zum Ausfließen zu bringen, muß man dafür sorgen, daß das auszupressende Material dem Drucke nicht ausweiche, also irgendwie eingeschlossen sei. Zur Aufnahme des Preßgutes dienen entweder aus hartem Material (Holz, Eisen oder Stahl) hergestellte unnachgiebige Behälter (sogenannte Preßtröge, Preßtöpfe, Preßseiher) oder widerstandsfähige, dabei aber öldurchlässige Gewebe (Preßtücher), in welche man das Preßgut einfüllt und die so erhaltenen Pakete unter die Presse bringt.

Geschlossene Pressen.

Bei der ersten Art von Pressen ist das Preßgut m (siehe Fig. 73) in einem zylindrischen, quadratischen, rechteckigen oder trapezförmigen Hohlraum eingeschlossen, dessen Wandungen $w\,w_1$ mit Abflußöffnungen a versehen sind. Der Preßtopf wird nur selten mit dem Preßgute m von oben bis hinunter ohne jede Zwischenlage angefüllt, weil bei einer solchen Beschickungsweise das Öl aus der mittleren Partie des Topfes nur schwierig einen Ausfluß finden könnte; man teilt den Inhalt der Preßtöpfe vielmehr in mehrere nicht zu große Chargen und trennt in der aus Fig. 73 ersichtlichen Anordnung je zwei Chargen durch eiserne Zwischenplatten, welche zwischen zwei Filter- oder Preßstoffzwischenlagen s liegen.

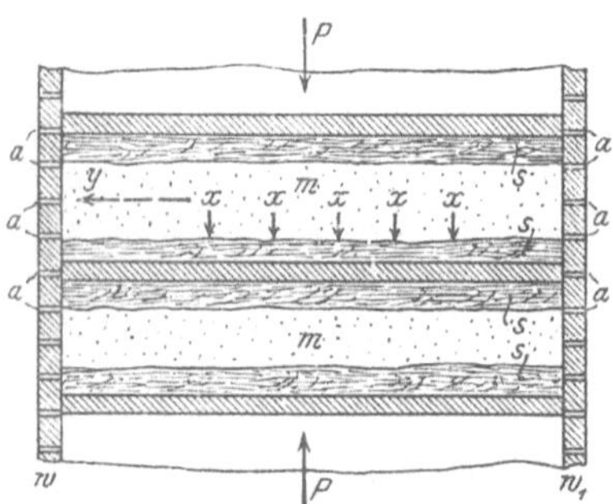

Fig. 73. Prinzip der geschlossenen Presse.

Dadurch ist dem Öl der Austritt bedeutend erleichtert, denn dasselbe braucht, um bei der Ausflußöffnung a austreten zu können, nicht den Weg durch das nur wenig zulässige Preßgut m vom Innern des Preßgutes aus bis zur Peripherie (Pfeilrichtung y) zurückzulegen, sondern wird den durch die Pfeilrichtung x angedeuteten sehr kurzen Weg gegen das elastische und öldurchlässige Filter- oder Preßtuch s wählen und dann entlang dieses leicht nach a vordringen. Der von oben und unten wirkende Druck P komprimiert nicht nur den ganzen Inhalt des Preßbehälters, sondern übt auch eine große Reibung an den Wandungen des Preßbehälters aus, was einerseits den Druck gegen die Mitte des Preßtopfes reduziert, anderseits eine gewisse Drosselung des Ölablaufes mit sich bringt. Die mit Preßbehältern nach Art der in Fig. 73 dargestellten arbeitenden Pressen — geschlossene Pressen genannt — geben daher bei sonst gleichen Bedingungen etwas geringere Ölausbeute als die Packpressen (Fig. 74), bei welchen das auszupressende Material m in Preßtüchern s vollständig eingehüllt ist.

Offene Pressen.

Man kann mehrere dieser Pakete direkt übereinander legen oder auch bewegliche Eisenplatten einschieben (wie in Fig. 74). Wirkt auf eine so beschickte Presse der Druck P ein, so werden sich vorerst die einzelnen Saatpakete etwas seitlich (gegen a und b) strecken, die Preßtuchwände aber bald dem seitlichen Ausweichen der Saat Widerstand bieten, wodurch sich in dem Preßgute ein Druck etabliert, der das Ausfließen des Öles zur Folge hat. Das Öl wird hierbei auch kaum den direkten Weg (Pfeilrichtung y) vom Innern des Preßpaketes an die Peripherie nehmen, sondern die Richtung i einschlagen, um beim Preßtuche angelangt, längst dieses elastischen und öldurchlässigen Mediums bis zum freien Abflusse weiterzulaufen. Häufig umhüllt das Preßtuch das Preßgut nicht allseitig, wodurch der Ölabfluß noch mehr erleichtert wird. Diese letzteren Pressen, sowie auch die nach dem Prinzip Fig. 74 arbeitenden faßt man unter dem Namen „offene Pressen" zusammen.

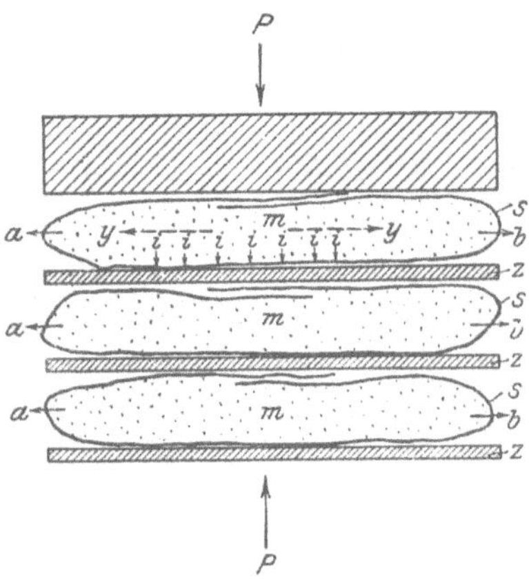

Fig. 74. Prinzip der offenen Presse.

Die bei der Preßarbeit eine wichtige Rolle spielenden

Preßtücher

müssen vier Eigenschaften besitzen:

Sie müssen erstens dem Öle bequemen Durchtritt gestatten, dürfen dabei aber doch nicht so porös sein, daß sie auch Samenmehl durchlassen; zweitens darf ihre Filtrierfähigkeit beim Gebrauche keine Einbuße erleiden, sie dürfen also nicht verfilzen; drittens müssen sie eine hinreichende Haltbarkeit haben und viertens dürfen sie keine oder doch nur wenig Haare oder Fasern an den Preßrückständen haften lassen. Preßtücher.

Als Material für Preßstoffe kommen hauptsächlich in Betracht: Roß-, Kamel-, Kuhschweif- und Bockshaare, Baum- und Schafwolle, wovon Bockshaar das am wenigsten geeignete ist; Kamelhaare und Schafwollstoffe liefern die haarfreiesten Kuchen, stellen sich aber ziemlich teuer, während Baumwolltücher rasch verschleißen. Preßtücher aus gutem langhaarigen Roßhaar können als die besten bezeichnet werden. Es sind auch Preßstoffe aus sogenannter vulkanisierter Faser[1]) empfohlen worden, ebenso solche aus Menschenhaar[2]).

---

[1]) D. R. P. Nr. 23654 v. 16. März 1883 von C. Eskrett und W. H. Searle in Hull.

[2]) Engl. Patent Nr. 22947 v. 15. Dez. 1900 von H. Spitz in Bradford.

Die Preßstoffe können gewebt oder geflochten sein; gewebte Stoffe sind meist aus Kamelhaar, Schaf- oder Baumwolle hergestellt, geflochtene aus Roßhaar oder Kuhschweif- und Bockshaar.

Die gebräuchlichsten Formen der Preßtücher sind in Fig. 75—78 wiedergegeben.

Preßdeckel.

Fig. 75 zeigt ein Preßtuch für geschlossene Pressen (Topfpresse, Seiherpresse), deren Packungsart in Fig. 73 dargestellt ist. Diese Preßtücher, welche das Preßgut nicht einhüllen, sondern nur als öldurchlässige Zwischenlage gebraucht werden, nennt man gewöhnlich „Preßdeckel" und fertigt sie aus Roß-, Kamelhaar oder Schafwolle.

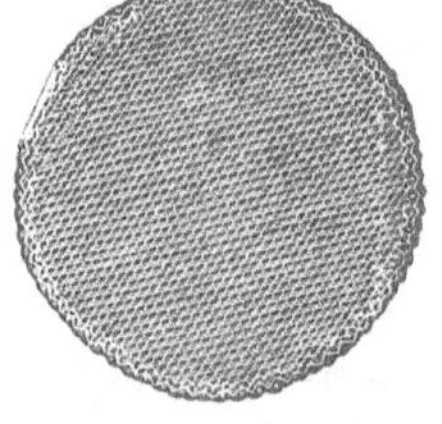

Fig. 75. Preßtücher für geschlossene Pressen.

Scourtins.

Zum vollständigen Einhüllen des Preßgutes dienen die sogenannten Kreuztücher Fig. 76 (in Frankreich „Scourtins" genannt). Sie werden gewöhnlich in ziemlich steifen Ausführungen geliefert und aus Aloefasern, Roßhaar etc. hergestellt. An den vier Zwickeln sind Eckansätze gemacht, welche ein Offenbleiben des Preßgutpaketes an den Ecken vermeiden.

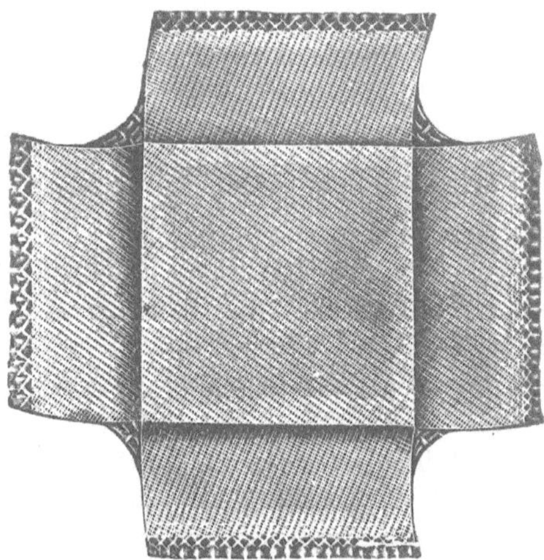

Fig. 76. Preßtuch (Scourtin) für offene Pressen (Marseiller Pressen).

Einschlagtücher.

Preßtücher nach Fig. 77 und 78 schlagen das Preßgut nicht vollständig ein, sondern lassen es auf zwei Seiten offen. Die Form nach Fig. 77 ist bei der sogenannten anglo-amerikanischen Presse in Anwendung und wird hier das Tuch seiner Länge nach zweimal eingeschlagen und so ein Pack gebildet, der an die Umschläge der Kreuzbandsendungen unserer Buchhändler erinnert. Fig. 78 zeigt diese zusammengeschlagene Form, nur ist hier nicht ein rechteckiger Pack gebildet, sondern absichtlich auf ein trapezförmiges Kuchenformat hingearbeitet, wie sich die beiden Zipfel auch meist ganz überdecken. Die Preßtücher bedeuten in allen Ölfabriken einen bedeutenden Ausgabeposten und ist deren Instandhaltung (Waschen

Fig. 77. Preßtuch für offene Pressen (anglo-amerikanische Pressen).

und Reparieren in Verschleiß begriffener Tücher auf starkgebauten Nähmaschinen) gewöhnlich eine besondere Betriebsabteilung gewidmet.

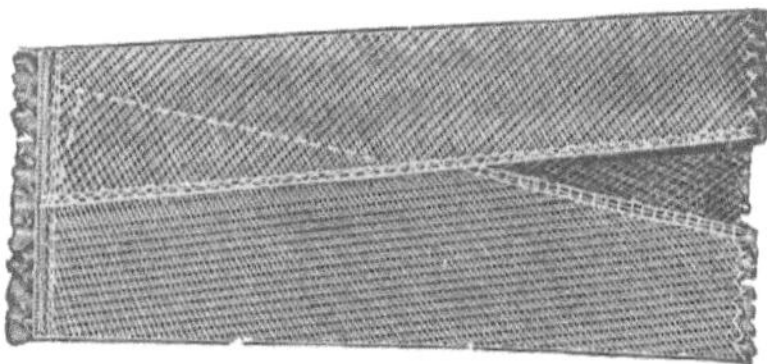

Fig. 78. Preßtuch für offene Pressen (trapezförmige Kuchen).

Die

Pressen

werden, je nachdem das Material in denselben einen vertikalen oder horizontalen Druck erfährt, in stehende (vertikale) und liegende (horizontale) unterschieden.

Vertikal-Pressen. Horizontal-Pressen.

Die vertikalen Pressen haben den Vorteil, daß der Preßkolben nach beendeter Operation infolge seiner Schwere von selbst in seine ursprüngliche Lage zurückkehrt, während dies bei den horizontalen Pressen durch besondere Vorrichtungen erreicht werden muß. Diese letzteren gestatten dafür ein bequemeres Auffangen des Öles, doch sind sie in den Ölfabriken nur noch in ganz vereinzelten Exemplaren zu finden, wie denn die liegende Presse sich überhaupt nur in der Stearinindustrie ein bleibendes Bürgerrecht zu erwerben vermocht hat.

Nach dem den verschiedenen Pressenkonstruktionen zugrunde liegenden Prinzip kann man unterscheiden:

1. Hebelpressen,
2. Keilpressen,
3. Spindelpressen,
4. Kniehebelpressen,

5. hydraulische Pressen,
6. kontinuierliche Pressen.

Von diesen Pressensystemen haben einige fast nur mehr historisches Interesse, so

1. die Hebelpresse,

Hebelpresse. welche in Europa für Zwecke der Ölgewinnung kaum noch Verwendung findet, in früherer Zeit aber zur Erzeugung von Olivenöl allgemein im Gebrauch war. Eine eigenartige Hebelpresse, die man in Indien noch immer antrifft, ist die von Samuelson beschriebene (Fig. 79)[1]. Dabei ist A ein senkrechter hölzerner Ständer, in vielen Fällen ein Baumstumpf, an dessen oberem Ende ein einarmiger Hebel B, nahe dem unteren Ende aber eine bewegliche Stange C so angebracht ist, daß zwischen A und C ein keilförmiger Raum entsteht, worin die ölgebende Masse placiert und gepreßt werden kann. Der hierzu erforderliche Druck wird gewöhnlich durch das Gewicht eines Menschen bewirkt, welcher sich auf eine am äußersten Ende des Hebels B aufgehängte Schale setzt.

Fig. 79. Indische Kniehebelpresse.

Hebelpressen, mit denen ein weit größerer Druck ausgeübt werden kann als mit der oben beschriebenen indischen, kannte man bis vor kurzer Zeit in Arabien und Ägypten, und beschreiben dieselben sowohl Niebuhr[2]) als auch Napoleon[3]). Die eigenartige Ölpreßvorrichtung, welche bei den Chekku. Singhalesen unter dem Namen „Chekku"[4]) bekannt ist und unter der Bezeichnung „Samarkandpresse" von Wuttich[5]) beschrieben wurde, ist im gewissen Sinne ebenfalls zu den Hebelpressen zu rechnen.

2. Die Keil- oder Rammpresse,

Keilpresse. die zuerst in Deutschland zur Anwendung gekommen zu sein scheint, wird schon um das Jahr 1600 unter dem Namen „deutsche Keilpresse" in Schriften erwähnt. Später erfuhr sie durch die Holländer bemerkenswerte Verbesserungen in der Konstruktion, in welcher Form sie noch heute,

---

1) Rühlmann, Allgemeine Maschinenlehre, 2. Aufl., Berlin 1877, Bd. 2, S. 347.

2) Beschreibung einer Reise in Arabien, Kopenhagen 1774, S. 151.

3) Description de l'Egypte, Bd. 2, Paris 1812, Mémoire sur l'Agriculture, l'Industrie etc., S. 605.

4) Näheres darüber siehe Kapitel „Kokosöl" im 2. Bande dieses Werkes.

5) Hermbstädt, Bulletin des Neuesten und Wissenswürdigsten aus der Naturwissenschaft, den Künsten und technischen Gewerben usw., Berlin 1813, Bd. 14, S. 102.

wenn auch nicht zur gewerbsmäßigen Ölgewinnung, so doch zur Herstellung von Öl für den eigenen Hausbedarf in einigen entlegenen Bauernhöfen gebraucht wird.

Bei den Keilpressen wird eine Pressung durch das Einschlagen keilförmiger Holz- oder Eisenstücke in einen engumgrenzten Preßraum erzielt und läßt dieses Prinzip verschiedene Lösungen zu. Die vollkommenste Art von Keilpressen ist jene, bei welcher der Preßtrog, das ist jener Teil der ganzen Konstruktion, in welchem sich der Preßvorgang abspielt, die in Fig. 80 schematisch wiedergegebene Einrichtung zeigt.

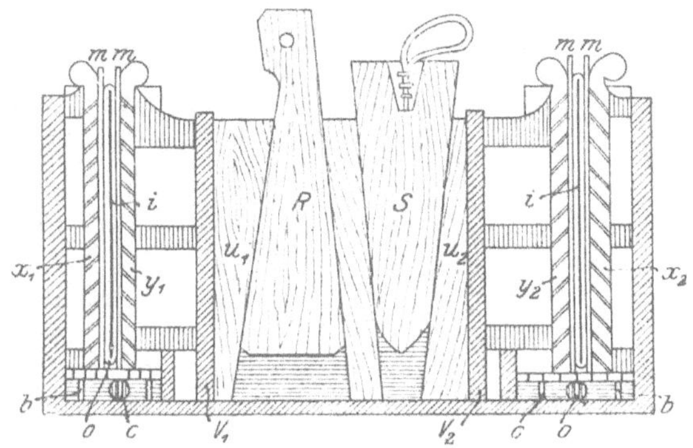

Fig. 80. Schema der Keilpresse.

Das auszupressende Saatgut *i* befindet sich in Preßsäcken *o*, welche von je zwei gelochten Blechen *m m* umgeben sind, an welchen sich wiederum beiderseits gußeiserne Platten schließen, von denen ein Paar fest steht (x_1 x_2 = Stirnplatten), das andere beweglich ist und „Jager" genannt wird (y_1 y_2). Die Jager werden durch das Eintreiben des Preßkeiles *S* gegen die Stirnplatte gedrückt, wodurch das Öl aus dem Preßgut ausläuft und eine gelochte Fußplatte passiert, um durch die Abflußrohre *c* und *b* auszutreten. Die Futter V_1 V_2, die keilförmigen Spunde U_1 U_2, der Rammkeil *S* und der Lösekeil *R* sind weitere Bestandteile des Preßtroges, von welchen in einer Keilpresse gewöhnlich mehrere nebeneinander angeordnet sind. Ein Niederdrücken des Keiles *S* und ein Aufziehen des Keiles *R* wird eine Preßwirkung auf die Preßsäcke *o* äußern, wie anderseits ein Niederstoßen des Keiles *R* und ein Emporziehen von *S* ein Lockern des Preßtroginhaltes zur Folge haben muß.

Sowohl das Niederstoßen als auch das Herausnehmen der Keile erfolgt durch stampfwerkartige Schlagvorrichtungen, deren nähere Beschreibung hier unterbleiben soll[1]). Dieselben haben den heute noch vielgebrauchten Ausdruck „Ölschlagen" für Ölpressen geschaffen.

Als Vorteil der Keilpresse müssen die geringen Herstellungskosten und ihre leichte Bedienung genannt werden, während die sehr geringe Leistung und die schlechte Arbeitsausnützung schwerwiegende Nachteile derselben sind.

---

[1]) Siehe Deite, Industrie der Fette, Braunschweig 1878, S. 91.

3. Spindel- oder Schraubenpresse.

Spindelpresse.

Bei dieser wird eine Preßplatte durch eine kräftige, möglichst flachgängige Schraube gegen das auszupressende Material bewegt, und zwar kann diese Bewegung sowohl von Hand aus als auch durch Maschinenkraft erfolgen. Die einfachste Form der Spindelpresse ist die in Fig. 81 gezeigte. In dieser Art wird die Presse zur Gewinnung von Olivenöl allgemein angewandt, und zwar befinden sich die auszupressenden Oliven in eigenen, aus Stroh- oder Roßhaargeflecht bestehenden Einschlagtüchern und wird die bewegliche Preßplatte zuerst von Hand aus, dann aber mittels eines hölzernen Hebels mit Sperrklingenvorrichtung niedergeschraubt.

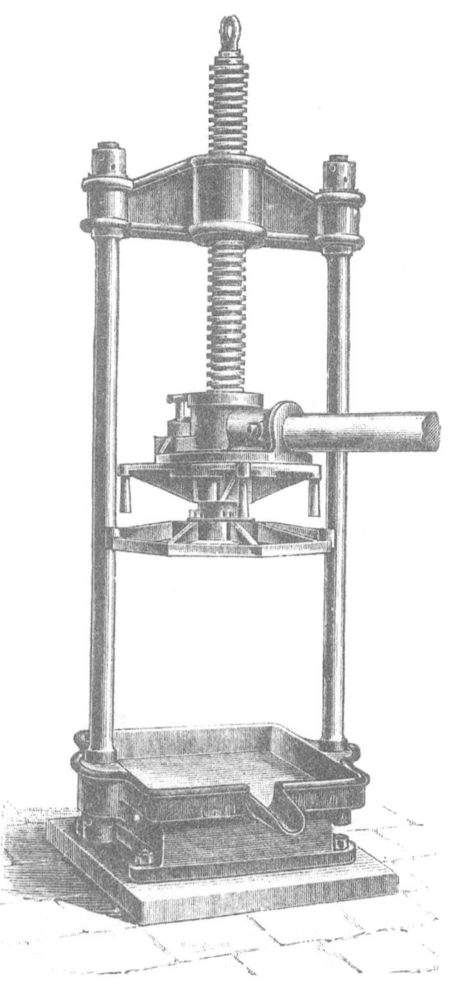

Fig. 81. Spindelpresse.

Die Anordnung der Preßspindel kann eine verschiedene sein. Sie kann nicht nur wie in Fig. 81 von oben nach abwärts arbeiten, sondern auch von unten nach aufwärts. Im ersteren Falle bereitet das Niederschrauben der Preßspindel Schwierigkeiten, weil beim Beginn der Pressung die Schraube etwas zu hoch liegt, und nach beendigter Pressung ist das Entleeren der Preßrückstände unbequem, weil diese zu tief liegen.

Die zweite Anordnung mit der von unten nach aufwärts gehenden Preßplatte tauscht diese Schwierigkeiten gegen andere ein und ist deshalb die Rostsche[1]) Konstruktion, welche alle diese Nachteile vermeidet, beachtenswert.

[1]) D. R. P. Nr. 14455 v. 23. Nov. 1880.

4. Die Kniehebelpresse.

Kniehebelpresse.

Die Erfindung derselben wird von einigen den Engländern Sudds, Barker und Atkins[1]), von anderen dem Russen J. Nevedomsky zugeschrieben.

Bei der Kniehebelpresse, Fig. 82, wird die Preßplatte gegen das auszupressende Material mittels zweier Kniehebel niedergedrückt, deren Streckung durch eine Schraubenspindel erfolgt. In Olivenöl-Fabriken ist diese Presse sehr häufig zu finden, nicht aber in Fabriken, wo Ölsamen

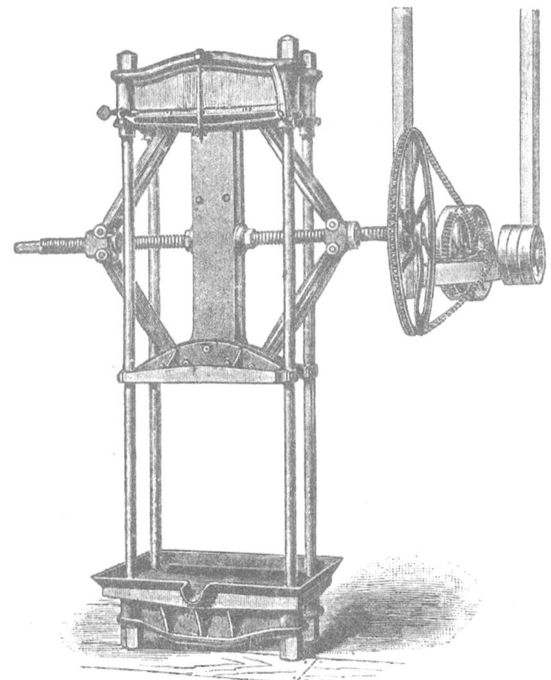

Fig. 82. Kniehebelpresse.

verarbeitet werden. Bei der Gewinnung von Lardöl, Fischöl usw. finden dagegen Kniehebelpressen wie auch einfache Hebel- und Spindelpressen häufigere Anwendung, weshalb dieselben im folgenden Kapitel (Gewinnung von animalischen Ölen und Fetten) nochmals erwähnt werden und auch im Band 2 bei Beschreibung der betreffenden Fettprodukte zur Erörterung gelangen.

Die Kniehebelpressen arbeiten im allgemeinen ökonomisch, doch ist ihre Abnützung eine beträchtliche.

---

[1]) Le Blanc et Pouillet, Portefeuille industrielle, Bd. I, Bl. 23.

5. Die hydraulische Presse.

Pasqualscher Lehrsatz.

Die Lehre von der gleichförmigen Druckfortpflanzung in tropfbarflüssigen Medien verdanken wir dem im Jahre 1653 in einem Alter von kaum 39 Jahren verstorbenen genialen französischen Mathematiker Pasqual. Dieser brachte einen starken Holzbottich dadurch zum Bersten, daß er ihn mit Wasser füllte, eine lange, nach aufwärts gerichtete, dünne, oben offene Röhre unter guter Abdichtung in den Bottich steckte und diese Röhre dann ebenfalls mit Wasser füllte (1652).

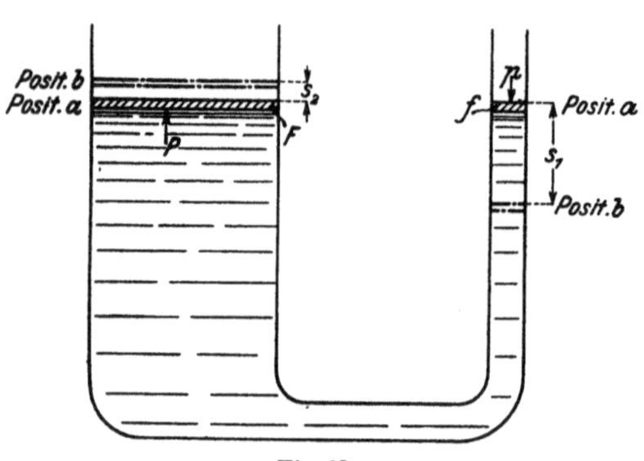

Fig. 83. Pasquals Druckfortpflanzung in Flüssigkeiten.

Pasqual erkannte, daß ein auf eine Flüssigkeitssäule ausgeübter Druck p (Fig. 83) sich infolge der allseitig gleichmäßigen Fortpflanzung auf die Fläche F in einer Größe von P äußert, welche zu p im selben Verhältnisse steht wie $F : f$. Es gilt also die Proportion

$$P : p = F : f .$$

Denkt man sich die Fläche f und F beweglich, so wird beim Niederdrücken von f um eine bestimmte Länge s_1 die Fläche F eine weit geringere Aufwärtsbewegung erfahren, und zwar werden sich die beiden Wege umgekehrt wie die Flächeninhalte f und F verhalten:

$$f : F = s_2 : s_1 .$$

Es blieb Josef Bramah in London vorbehalten, die interessanten Beobachtungen Pasquals praktisch zu verwerten. Bramah nahm am 30. April 1795 ein englisches Patent, das nicht nur für die Entwicklung der Preßarbeit in Ölfabriken, sondern auch für die Ausbildung der Preßverfahren im allgemeinen von grundlegender Bedeutung war Die Patentschrift sei daher in der deutschen Übersetzung (nach Bornemann)[1]) vollinhaltlich wiedergegeben:

Patentschrift Bramahs.

„Patent des Ingenieurs Josef Bramah aus Piccadilly in der Grafschaft Middlesex, betreffend einige neue Methoden der Erzeugung und Anwendung eines höheren Grades von Kraft auf alle Arten von mechanischen Apparaten und anderen Bewegungs- und Kraftmaschinen, als bisher durch irgend welche Mittel für diesen Zweck zu erreichen war.

Die Verdienste und besonderen Vorteile, welche meine Erfindung besitzt, beruhen auf einer neuen und besonderen Art und Weise der Anwendung von Wasser oder anderer Flüssigkeiten bei der Arbeit mit verschiedenen Maschinen und mechanischen Einrichtungen. Durch dieselben werden die Maschinen in

[1]) Bornemann, Die fetten Öle, Weimar 1889, S. 47.

einigen Fällen fähig, mit ungeheurer Kraft zu wirken, in anderen Fällen die Bewegung und Kraft des einen Teils der Maschine auf irgend einen anderen Teil derselben Maschine zu übertragen und in weiteren Fällen fähig, die Eigenschaft von Bewegung und Kraft der einen denjenigen einer anderen Maschine mitzuteilen, wo die örtliche Anordnung der Maschinen alle anderen bekannten Methoden der Verbindungen ausschließt . . .

Fig. 84 zeigt den Durchschnitt einer Maschine, die buchstäblich nichts weiter ist als die Verbindung zweier Pumpen von verschiedenem Durchmesser, welche aufeinander wirken. *A* ist ein Zylinder aus Eisen oder anderem Material, genügend stark und vollständig glatt und zylindrisch ausgebohrt, in welchem der Stempel *B* eingepaßt ist. Letzterer muß durch Leder oder anderes Material, wie man es bei der Herstellung von Pumpen anwendet, völlig wasserdicht gemacht werden. Der Boden und der übrige Teil der Zylinderoberfläche müssen ebenso genügend stark hergestellt sein, damit sie der größten Kraft oder dem größten Drucke, welcher je ausgeübt wird, zu widerstehen vermögen. Im Boden ist das Ende der Röhre *C* eingesetzt, deren Öffnung mit dem Innern des Zylinders unter dem Stempel *B* kommuniziert und mit einem kleinen Ventil *D* geschlossen ist, wie solches die Saugrohre von gewöhnlichen Pumpen tragen. Das andere Ende der Röhre *C* steht in Verbindung mit der kleinen Druck- oder Injektionspumpe *E*, durch welche Wasser oder eine andere Flüssigkeit in den Zylinder *A* unter den Stempel *B* gedrückt oder injiziert werden kann. Besitzt z. B. der Zylinder *A* den Durchmesser von 12 engl. Zoll (30,48 cm) und der Stempel der kleinen Pumpe *E* einen Durchmesser von nur $^1/_4$ engl. Zoll (0,635 cm), so ist das Verhältnis der Oberflächen oder Enden der beiden Stempel 1:2304. Setzen wir voraus, daß der Zwischenraum zwischen ihnen mit Wasser oder einer anderen Flüssigkeit, welche genügenden Widerstand zu leisten vermag, ausgefüllt ist, so wird die Kraft des einen Stempels auf den andern eben im obigen Verhältnisse einwirken, nämlich wie 1:2304. Wird nun der kleine Stempel in der Injektionspumpe niedergedrückt, um Wasser in den Zylinder *A* zu pumpen und einzutreiben, und zwar mit der Kraft von 20 kwt (1016,048 kg), welche leicht durch den Hebel *H* ausgeübt werden kann, so wird der Stempel *B* aufwärts bewegt werden mit einer Kraft gleich 20 · 2304 kwt (2304 tons = 20707,75 q). So ist eine hydraulische Maschine konstruiert, bei welcher ein Gewicht von 2304 tons durch einen einfachen Hebel auf dieselbe Höhe in viel kürzerer Zeit gehoben werden kann, als durch irgend einen Apparat, der nach bekannten Regeln der Mechanik eingerichtet ist.

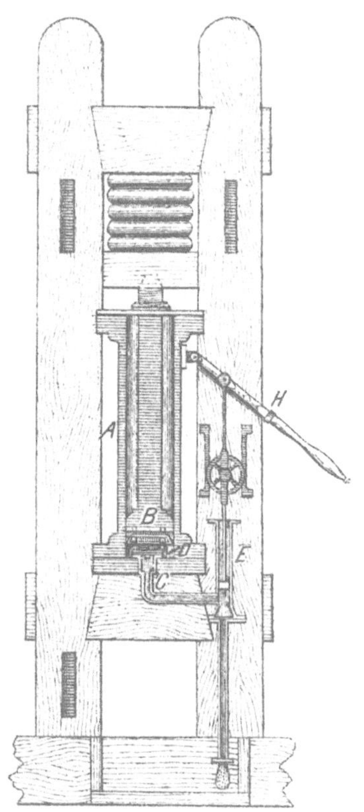

Fig. 84.

Die Kraft irgend einer nach diesem Prinzip wirkenden Maschine kann ad infinitum vergrößert werden, entweder durch Vergrößerung des Verhältnisses zwischen dem Durchmesser von Injektionspumpe und Zylinder *A* oder durch Verwendung einer größeren Kraft am Hebel *H*.“

Bramah gab neben Wasser auch Druckluft als Druck ausübendes Medium an und empfahl die Anwendung seiner Presse vorzugsweise als Ersatz der Schraubenpresse in den verschiedenen Gewerben zum Heben von Lasten an Stelle der Krane, als Packpresse, zum Ausziehen eingerammter Pfähle, zur Festigkeitsprüfung von Maschinenteilen usw.[1]) An die Verwendung der Presse zur Ölgewinnung scheint Bramah nicht gedacht zu haben; wenigstens enthalten die um diese Zeit erschienenen Werke über Pressen zur Ölgewinnung keinen derartigen Vermerk[2]). Dies scheint vielmehr nach Barlows Mitteilungen ein Verdienst des Engländers Henry Plump[3]) zu sein, der eine liegende hydraulische Presse in einer Bremer Ölmühle im Jahre 1821 aufstellte. Die Barlowschen Angaben wurden später von Treviranus[4]) dahin richtig zu stellen versucht, daß Plump vor allem kein Engländer, sondern ein Deutscher gewesen sei und die Firma Bramah und Söhne in London unter Mitwirkung von Hoblin schon früher eine ganz gleiche Presse zum Entfetten von Kakaobohnen konstruiert habe. Diese Einwendungen haben insofern manches für sich, als alle Anwendungsmethoden und Verbesserungen der hydraulischen Presse in den ersten Jahrzehnten ihres Bestehens ihre Wege von England aus nahmen, und die Mitteilungen Gilberts[5]), nach welchen schon im Jahre 1818 ein Mechaniker namens Neubauer in der Maschinenfabrik Nathusius zu Hundisburg bei Magdeburg eine Presse zustande gebracht habe, „welche einen Druck von 30000 Pfund zu erzeugen vermöge und sich vorzüglich zum Auspressen von Rübensaft und Öl aus den Samen eigne", machen Plump das ihm von Barlow zugeschriebene Verdienst direkt streitig.

Geschichte der hydraulischen Presse.

In Deutschland veröffentlichte dann Marechaux[6]) einen Aufsatz über hydraulische Pressen und in Frankreich war es Borgnis[7]), der zuerst auf diese Neuerungen aufmerksam machte. 1819 befand sich dann bereits eine von Montgolfier konstruierte hydraulische Presse für Ölgewinnung auf der Pariser Industrie-Ausstellung[8]). Die dabei von Montgolfier angewendete Injektionspumpe besaß deshalb besonderes Interesse, weil sie

---

[1]) Vergleiche Nichelsons Berichte in Gilberts Annalen der Physik, 1819, Bd. 60, S. 1. — Dupin, Reisen nach Großbritannien im Jahre 1816 usw., 1. Teil, S. 296—308.

[2]) Nichelson, Prakt. Mechaniker, Weimar 1826. — Weder der Abschnitt „Bramahs Presse" S. 293, noch jener über „Ölmühlen" S. 468, enthalten eine Bemerkung über die Verwendung der hydraulischen Presse in den Ölfabriken.

[3]) Encyclopaedia Metripolitana, Bd. 41 (Manufactures), S. 375.

[4]) Dinglers polyt. Journ., Bd. 175, S. 422.

[5]) Annalen der Physik, 1819, Bd. 60, S. 13.

[6]) Dinglers polyt. Journ., 1820, Bd. 1, S. 1.

[7]) Composition des Machines, Paris 1818, S. 706 und Machines employées dans divers fabricats, Paris 1819, S. 224.

[8]) Annales de l'Industrie Exposition de 1819, Bd. 4, S. 132.

zwei untereinander liegende, an derselben Stange befindliche Kolben hatte und man den Hub dieser Kolben nach Belieben vergrößern oder verkleinern konnte.

In England hat man sich scheinbar gleich der vertikalen Presse zugewendet und ist nach Angaben von Samuelson[1]) speziell die Seiherpresse englischen Ursprungs[2]).

Die heute in Ölfabriken im Betrieb stehenden hydraulischen Pressen weichen in ihrer Konstruktionsart nicht unbeträchtlich voneinander ab. Eine systematische Einteilung derselben kann man nach dem bereits Seite 239 erwähnten Gesichtspunkte treffen, also nach der Verpackungsart, in welcher das Preßgut unter die Presse gebracht wird.

Einteilung der hydraulischen Presse.

Man unterscheidet darnach zwei große Gruppen von Pressen: solche, bei welchen sich das Preßgut in einem unnachgiebigen, feststehenden oder beweglichen Behälter befindet (geschlossene Pressen), und Pressen, bei welchen das Preßgut in Form von Paketen, die allseitig frei bleiben, unter die Presse kommt (offene Pressen).

Die geschlossenen Pressen gliedern sich dann weiter in:

a) Kastenpressen,
b) Seiherpressen und
c) Trog- oder Ringpressen;

die offenen Pressen in:

d) gewöhnliche Packpressen (Marseiller Pressen),
e) anglo-amerikanische oder Etagenpressen,
f) amerikanische Schachtelpressen.

Bei den Kastenpressen befindet sich das Preßgut in einem siebartigen Behälter, der von einem massiven, am Preßtische fixierten Gußeisenkasten umschlossen ist.

Bei den Seiherpressen steht dieser siebartige Behälter für das Preßgut frei unter der Presse und geschieht das Beschicken und Entleeren desselben meist außerhalb der Presse.

Die Trogpresse muß man sich als eine Konstruktion denken, bei welcher der Preßbehälter der Höhe nach in mehrere Teile zerschnitten wurde, so daß eine Anzahl niedriger Preßseiher entstehen, die übereinander in die Presse eingeschoben werden.

Bei der gewöhnlichen Packpresse (Marseiller Presse) wird das Preßgut in Einschlagtücher allseitig eingehüllt.

---

[1]) Wick, Deutsche Gewerbeztg., 1859, S. 281. — Dinglers polyt. Journ., 1832, Bd. 45, S. 38.

[2]) Nähere Details über die Entwicklungsgeschichte der hydraulischen Presse siehe Rühlmann, Allgemeine Maschinenlehre, 2. Aufl., Berlin 1877, Bd. 2, S. 359 u. ff., welchem Werke zum größten Teil auch die oben gegebenen historischen Daten entnommen sind.

Die sogenannte anglo-amerikanische Presse, auch kurz Etagenpresse genannt, umhüllt das Preßgut ebenfalls, läßt es dabei aber nach zwei Seiten hin offen und beugt dem seitlichen Ausdrücken desselben während des Pressens durch eigens geformte Zwischenplatten vor.

Ähnlich arbeiten die amerikanischen Schachtelpressen (box-press), bei welchen das Preßgut, wie bei dem vorherigen Pressensystem, ebenfalls nur von zwei Seiten vom Preßtuch eingeschlossen wird; das Austreten in der Richtung der offen gelassenen Seiten wird hier aber durch besondere Ansätze an der Unterseite der Preßplatten vermieden, welche Ansätze beim Zusammengehen der Presse mit der nächsten unteren Platte eine Schachtel (box) bilden.

Der hydraulische Druck wird bei allen diesen Pressen in der Regel durch Pumpen erzeugt, die durch Rohrleitungen mit der Presse in Verbindung stehen; bei größeren Anlagen ist in diese Leitungen ein Drucksammler (Akkumulator) eingeschaltet. Die ohne Pumpwerk arbeitenden hydraulischen Pressen haben bisher keine Bedeutung erlangt.

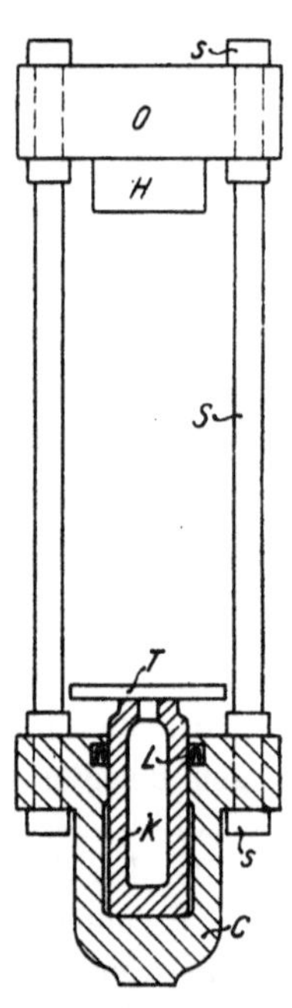

Fig. 85. Hydraulische Presse.

Welchem System eine hydraulische Presse immer angehören mag, es lassen sich an ihr stets die folgenden Hauptstücke unterscheiden (Fig. 85):

1. der Preßzylinder (*C*),
2. der Preßkolben (*K*),
3. die Kolbendichtung (*L*),
4. der Preßtisch (*T*),
5. das Kopfstück (*O*),
6. die Säulen (*S*).

Preßzylinder.

Der Zylinder (*C*, Fig. 85) ist bei allen mit höherem Druck arbeitenden Pressen aus bestem Gußstahl, exakt gebohrt und gehobelt und hat für die Aufnahme der Säulen entweder massive Ansätze angegossen oder hängt in einem separaten Gußstücke, an welchem die Säulen montiert sind.

Die Kreisform des Zylinders ändert sich mit der Zeit in ein Ovale um, welches sich in der Richtung seiner größten Achse immer mehr und mehr ausbildet, so daß die ursprünglichen gleich großen Durchmesser von Kolben und Zylinder oft ganz beträchtlich differieren. Die zur Abdichtung des Kolbens notwendige Ausrundung des Zylinders durch Abdrehen auf der Drehbank ist keine angenehme Arbeit, weil das Überführen des Zylinders in die Reparaturwerkstätte nicht nur einen großen Aufwand an Zeit und Kosten (vollständige Demontage der Presse) erfordert, sondern mitunter überhaupt kaum auszuführen ist (bei einzementierten Pressen).

Witoshenz[1]) empfahl daher an Stelle des Abdrehens des Kolbens das Einpassen neuer Kolben in die unrunde Zylinderform durch Abfeilen ersterer nach dem Zylinderquerschnitte. Dieser Vorschlag ist aber kein sehr glücklicher, umso weniger, als man Apparate kennt, welche das Ausbohren der Zylinder ohne Demontage ermöglichen.

Der runde Tragring dieser Apparate (Fig. 86)[2]) wird auf den Zylinder aufgesetzt und durch Druckschrauben zentriert und fest gespannt. Da die Aufsatzfläche des Tragringes senkrecht zur Bohrachse steht, muß die Bohrung des Zylinders senkrecht zur oberen gedachten Kante derselben stehen, sobald der Apparat richtig eingestellt ist. Der Transport des Stichels erfolgt automatisch durch Differenzial-Rädergetriebe, die Bewegung desselben von Hand aus oder auch durch Transmission (Antriebsscheiben sind in Fig. 86 zu sehen).

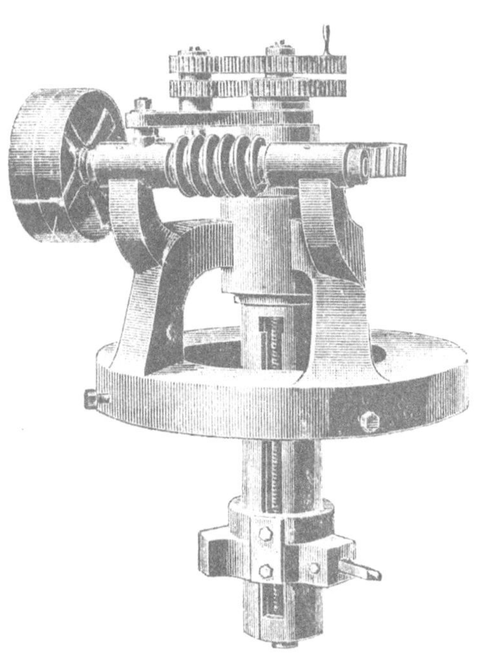

Fig. 86. Zylinderbohrapparat.

Die Angaben von D. More[3]) über die Herstellung von Preßzylindern sind heute stark antiquiert und seien daher nicht näher erörtert, wie auch Berechnungen über die notwendigen Wandstärken des Zylinders als in das Gebiet des Maschinenbaues gehörig hier weggelassen seien[4]).

Der Preßkolben (K, Fig. 85) soll vollkommen zylindrisch und an der Außenseite gut poliert sein. Die aus Grauguß hergestellten Kolben zeigen in verhältnismäßig kurzer Zeit ein Rauhwerden und Riefenbildung. Auch geben die im Gußeisen stets vorhandenen Poren Anlaß zu gewissen Schärfen, welche die Lederdichtungen leicht ritzen oder gar durchschneiden und ein öfteres Auswechseln derselben notwendig machen. Kolben, die infolge ungenügenden Materials Riefen zeigen, erhöhen außerdem die Reibung der Manschetten auf ein Multiples der Normalen; der Reibungsverlust soll unter Umständen auf 19 % des Gesamtdruckes ansteigen. Preßkolben.

[1]) Führer durch die Fettindustrie, St. Petersburg 1900, S. 153.

[2]) Konstruktion von G. & R. Koebers Eisenwerken in Harburg a. Elbe.

[3]) Dinglers polyt. Journ., Bd. 59, S. 414.

[4]) Es sei hier auf die Abhandlung über Preßzylinder in Dinglers polyt. Journ., 1893, Bd. 289, S. 226, hingewiesen, in welcher die neueren Berechnungen nach Sellers wiedergegeben sind.

Die an Stelle der Graugußkolben verwendeten Hartgußkolben stellen sich ziemlich teuer und sind, einmal abgenutzt, nur schwierig neu zu bearbeiten.

Ein absolut porenfreies Gußeisen, das in der Härte zwischen Grauguß und Hartguß steht, ist daher am geeignetsten, wie auch die mit Kupfermantel überzogenen Kolben zu empfehlen sind, wenngleich ihre Abnützung eine ziemlich große und ihr Anschaffungspreis kein geringer ist.

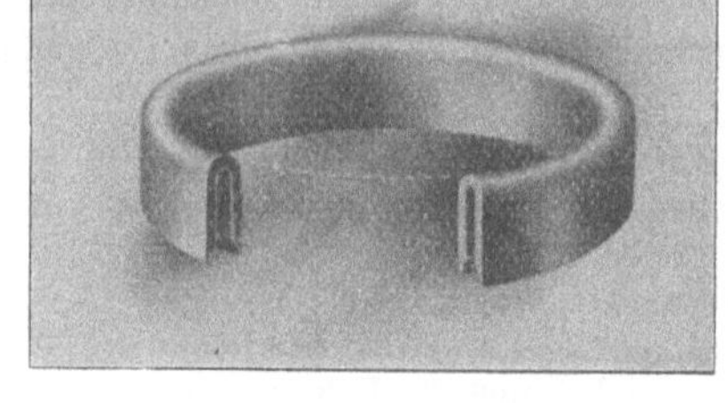

Fig. 87. Dichtungsmanschette.

Kolbenliderung.

Die Kolbenliderung (*L*, Fig. 85) verfolgt den Zweck, einen gut dichtenden und dabei doch nur geringe Reibung hervorrufenden Abschluß zwischen dem beweglichen Kolben und dem Preßzylinder herbeizuführen. Wer die jetzt allgemein angewandte Kolbendichtung (Manschetten) erfunden hat, ist nicht genau bekannt; einige schreiben dies Henry Maudslay[1]), andere Benjamin Hick in London zu[2]).

Die Kolbenliderung (Fig. 87) besteht aus einem im Querschnitt die Form eines umgekehrten U habenden Kranze aus Leder, Kautschuk oder anderem geeigneten Material, das elastisch, aber doch widerstandsfähig sein muß.

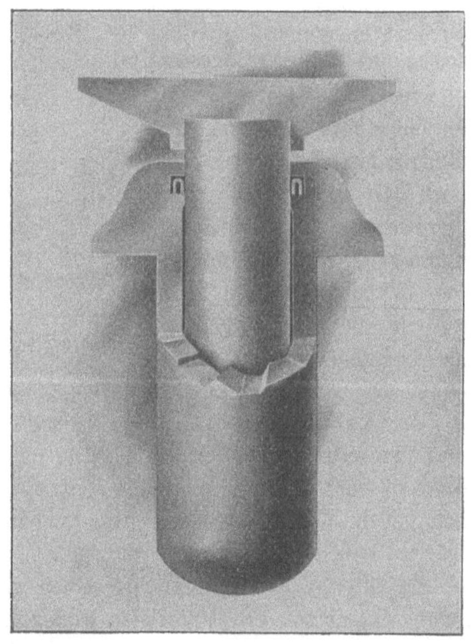

Fig. 88.
Zylinder mit Kolben und Dichtungsmanschette.

Manschettenmaterial.

Zur Aufnahme der Kolbenmanschetten besitzt der Preßzylinder einen eigenartigen Kanal; die Position der Manschetten in diesem ist aus Fig. 88 zu ersehen. Das Druckwasser, welches den Preßkolben nach aufwärts bewegt, dringt auch in das Innere der Manschette ein, bläht diese auf und drückt den inneren Seitenkranz derselben an den Preßkolben, auf diese Weise das Ausfließen von Druckwasser verhindernd.

---

1) Rühlmann, Allgemeine Maschinenlehre, 2. Aufl., Berlin 1877, S. 362.
2) Mech. Magazine, Juni 1864, S. 360.

Die Manschetten werden entweder aus bestem, gleichmäßig starkem Leder auf eigenen Manschettenpressen in einem Stücke hergestellt, oder aber aus Kautschuk in Gummifabriken angefertigt.

Manschettenpresse.

Fig. 89 zeigt eine Manschettenpresse; das durch Einweichen in Wasser geschmeidig gemachte Leder wird in Form eines Kreisringes zugeschnitten und über die U-förmige Vertiefung der links gezeichneten Preßplatte gelegt. Über diese stülpt man dann die rechts gezeichnete Preßplatte derart, daß deren vorstehende Kreiswulst in die Vertiefung der ersten Preßplatte fällt, verbindet beide mit 4 Schrauben, die man allmählich und regelmäßig anzieht, wodurch die Erhöhung der einen Preßplatte mehr und mehr in die Vertiefung der anderen dringt und dem dazwischenliegenden Leder die gewünschte U-Form gibt.

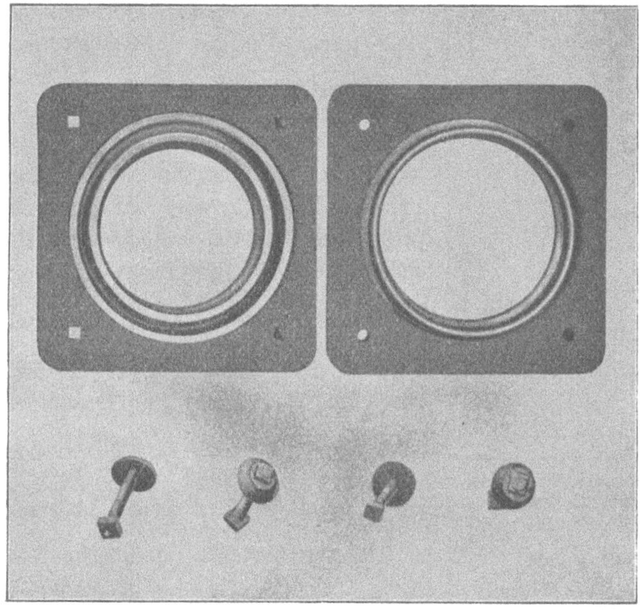

Fig. 89. Manschettenpresse.

Damit letztere beim Einlegen der Manschette in die Presse erhalten bleibe, wird in dieselbe entweder ein aus zwei Teilen bestehender Metallring oder besser ein gut gefetteter Hanfzopf eingeschoben.

Selbst das beste Manschettenmaterial nützt sich bald ab; sobald an einer Stelle ein Einreißen der Manschette stattgefunden hat, nimmt es mit dem Dichthalten der Presse ein Ende und das Einsetzen einer neuen Manschette wird zur dringenden Forderung. Die Haltbarkeit der Manschette hängt hauptsächlich von dem guten Instandhalten der Preßkolben ab; unrunde oder unglatte Kolben nehmen die Liderungen sehr stark mit. Spezielle Aufmerksamkeit ist darauf zu wenden, daß keine harten Fremdkörper in das

Druckwasser geraten; kleine, von den Preßrohren oder von den Zylinderwandungen losgelöste Eisenteilchen sowie sehr feiner in das Druckwasser geratener Sand wirken auf die Manschetten sehr nachteilig ein.

Preßtisch.

Der bewegliche **Preßtisch** (T, Fig. 85) dient zur Aufnahme des verpackten auszupressenden Materials und kommen bei der Verschiedenartigkeit der Pressenbeschickung die verschiedensten Konstruktionen vor. Bei der Vertikalpresse besitzt der Preßtisch zumeist Vorrichtungen zum Auffangen und Weiterleiten des ausgepreßten Öles.

Die Größe der Preßtischflächen oder richtiger die Größe der vom auszupressenden Material bedeckten Preßtischfläche ist bestimmend auf den spezifischen Druck, welchen das Material erfährt.

Absoluter und spezifischer Druck.

Wird auf f der Druck p ausgeübt (siehe Fig. 90), so pflanzt sich dieser, wie schon auf Seite 248 gesagt, in der Flüssigkeit im Verhältnisse $F:f$ fort, wird bei F also $p \cdot \frac{F}{f}$ betragen. Dieser letztere Druck, den wir P nennen wollen, wird dann aber auf die ganze Preßtischfläche T_1 oder auf den vom auszupressenden Material bedeckten Teil T_2 derselben verteilt. Der Druck P, welcher pro Quadratzentimeter $\frac{P}{F} = x$ Atmosphären beträgt, wird auf F, T_1 und T_2 zwar mit der gleichen absoluten Stärke wirken, pro Quadratzentimeter wird aber der Druck auf T_1 betragen $x \cdot \frac{F}{T_1}$, auf T_2 wird er $x \cdot \frac{F}{T_2}$ sein. Ist nun T_1 oder T_2 größer als F, so wird der Atmosphärendruck (spezifischer Druck) auf T_1 und T_2 kleiner sein als der auf F wirkende und umgekehrt.

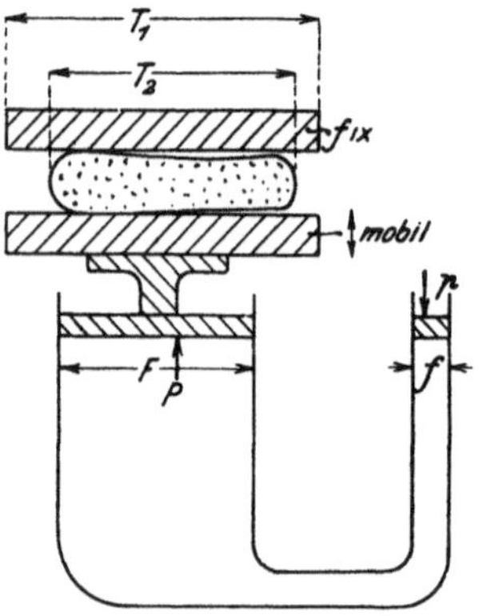

Fig. 90. Schema der hydraulischen Presse.

Die Angabe des Druckes, unter welchem eine Presse arbeitet, läßt daher bei Verschweigen des Flächenverhältnisses zwischen Zylinder- und Tischfläche bzw. des mit Preßgut bedeckten Teiles der Tischfläche keinen Schluß zu, welchem Drucke das Preßgut eigentlich ausgesetzt ist. Die landläufige Annahme, daß eine mit a Atmosphären arbeitende Preßpumpe auch a Atmosphären Druck im Preßmateriale äußern müsse, ist daher unrichtig.

Kopfstück.

Das feststehende Kopfstück (K, Fig. 85) der Presse, das aus Gußeisen hergestellt wird, ist in der Regel von ebener Unterfläche. Mitunter wird am Kopfstück aber auch ein sogenanntes „**Hängstück**" (H, Fig. 85) angebracht, welches beim Hinaufgehen des Preßtisches in den Preßbehälter (Seiher) eindringt. Über besondere Ausführungen des Kopfstückes (z. B. ausziehbare Etagenpresse) wird später an geeigneter Stelle berichtet.

Säulen.

Die Säulen (*S*, Fig. 85) der Presse bestehen aus Schmiedestahl; die beiderseitigen Säulenköpfe sind heute nur selten angeschweißt, sondern meist aus massiven Stahlmuttern gebildet, die auf den Säulengewinden sitzen. Man kennt Pressen mit zwei, drei und vier Säulen.

Läßt schon die Detailkonstruktion der nackten Presse eine Menge von Ausführungsformen zu, so wächst diese infolge der Verschiedenartigkeit der Preßbehälter sowie deren Füll- und Entleerungsvorrichtungen zu einer sehr stattlichen Zahl an. Es ist daher geradezu unmöglich, alle jemals in der Fachliteratur beschriebenen Typen von Ölpressen — deren viele übrigens eine praktische Verwendung gar nicht gefunden haben, wie andererseits über manche bewährte Pressenkonstruktion noch nichts veröffentlicht wurde — zu behandeln. Wir besprechen daher in den nachstehenden Ausführungen in erster Linie jene Pressenkonstruktionen, die sich in den Ölfabriken zu behaupten wußten, und solche, die für die Weiterentwicklung des Pressenbaues von Bedeutung waren.

a) Kastenpressen.

Geschichtliches.

Diese besitzen zur Aufnahme des Preßgutes einen siebtopfartigen, in einem gußeisernen Kasten sitzenden Behälter, dessen Füllung und Entleerung unter der Presse geschieht. F. Robinson und Ed. Cotham[1]) scheinen die Kastenpresse zuerst angewandt zu haben, wenige Jahre später wurden sie dann in Deutschland von den Maschinenfabriken Luther und Peters in Wolfenbüttel, G. Egestorff in Hannover und dem Lüneburger Eisenwerke gebaut[2]).

Frühere Bauart der Kastenpressen.

Bei den ersten Konstruktionen der Kastenpresse (Fig. 91) war der auf dem Scheitel des Arbeitskolbens sitzende Preßtisch zu einem topfförmigen Gefässe *b* ausgestaltet, in welchem der eigentliche, quadratischen Querschnitt habende Preßgutbehälter, der Siebtopf *a* saß. Letzterer wurde von zwei Seiten durch ausgehöhlte Keile *e e* im Kasten *b* festgehalten, die oben mit Ösen *d* zum Herausziehen versehen waren. Der quadratische Preßstempel *m* war oben am Holme *g* in Gleitschienen *h* aufgehangen und gestattete eine seitliche Verschiebung des Preßstempels *m*, welche mittels des Griffes *i* von Hand aus vorgenommen wurde. Die vier Innenwände und der Boden des Preßkastens *b* besaßen Rillen zum Ablassen des Öles, ebenso die Befestigungskeile *e e*.

Das Beschicken des Siebtopfes *a* erfolgte derart, daß man zuerst als Bodenplatte über die Rillen der Horizontalfläche des Kastens *b* eine quadratische gelochte Preßscheibe postierte, sodann das erste Paket der in ein Wolltuch eingeschlagenen Saat in den Siebtopf *a* brachte, auf jenes eine nicht durchlochte Eisenplatte legte, auf diese die nächste Saatgutcharge usw., bis *a* ganz gefüllt war. Beim Angehen der Presse drang der Preßstempel *m* in den Siebbehälter *a* und brachte das Öl zum Ausfließen. Nach beendeter Pressung wurden zwei am Preßholm *g* angebrachte Haken *f* in die Ösen der beiden Keile *e e* eingefügt, wodurch der Niedergang des Kolbens selbsttätig das Herausziehen des Keiles und damit das Lockern des angespannten Preßgutes in *a* besorgte.

[1]) Engl. Patent Nr. 670 v. 30. März 1858.

[2]) Rühlmann, Allgemeine Maschinenlehre, 2. Aufl., Berlin 1877, S. 404 u. 405.

Das Herausziehen der Preßrückstände wie auch das Füllen des Preßkasteneinsatzes, das bei der Kastenpresse also von Hand aus erfolgt, ist ziemlich umständlich; dennoch befindet sich diese Art von Pressen noch immer im Gebrauche, und ihre heutige Form weicht von der ursprünglichen, in Fig. 91 gezeigten, nur sehr wenig ab.

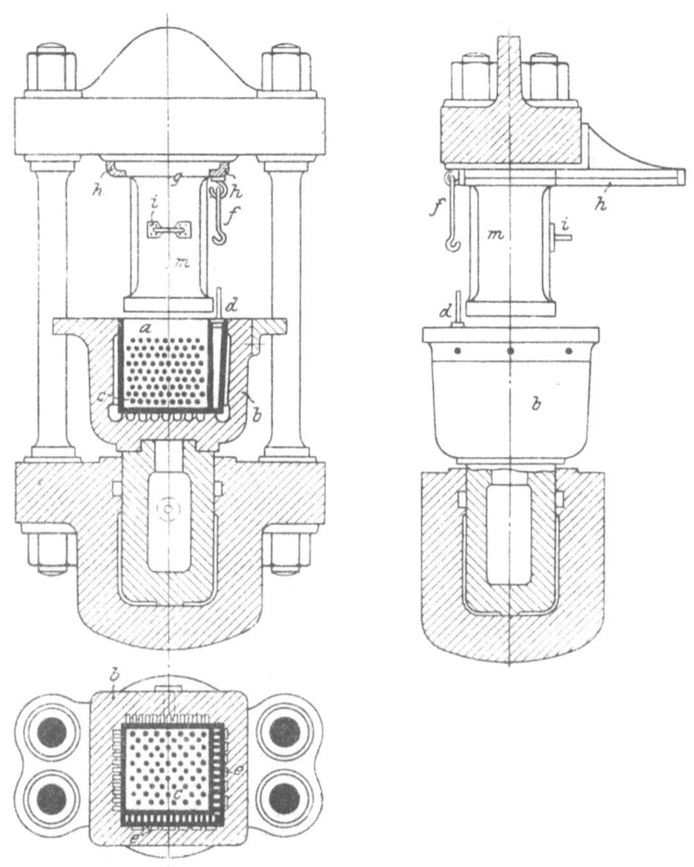

Fig. 91. Kastenpresse.

Jetzige Form der Kastenpressen. Die heutigen Kastenpressen (Fig. 92) haben gewöhnlich sehr groß dimensionierte Druckkolben, arbeiten mit hohem Drucke und geben daher eine recht zufriedenstellende Ausbeute. Der Preßkasten ist massiv und schwer, damit beim Herabgehen des Preßkolbens die Keile leicht herausgezogen werden können. Um ein bequemeres Beschicken und Entleeren des Kasteneinsatzes zu erreichen, wird dieser so eingerichtet, daß der halbe Seihereinsatz seitlich um die Keilbreite verschiebbar ist, sobald die Keile herausgenommen sind.

Einen Fortschritt gegen diese Kastenpresse stellt jene dar, bei welcher die Kuchen nach beendeter Pressung von unten nach aufwärts ausgedrückt werden (Fig. 93).

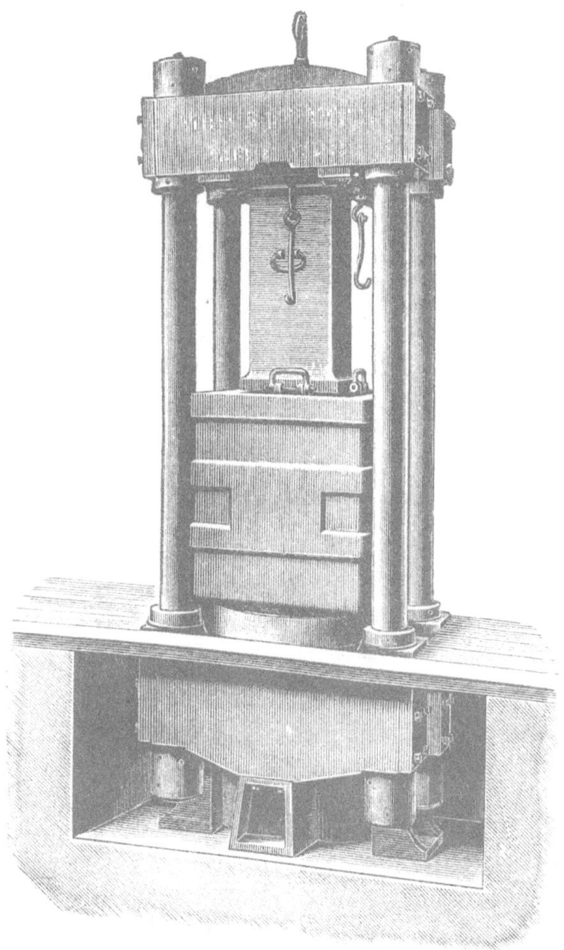

Fig. 92. Kastenpresse.

Der Boden des Preßkastens ist hier beweglich, d. h. er wird durch einen quadratischen Kolbenaufsatz (eigentlich Preßtisch) gebildet, der sich dicht an die Seitenwände des Preßkastens anschließt und beim Hochgang des Kolbens in den Kasten eindringt.

Ist die Pressung beendet, so wird der auf Rollenführung gleitende Stempel rückwärts geschoben und das Druckventil geöffnet. Der Kolben nimmt den Kasten mit, welcher sich gegen die vorspringenden Bunde der Preßsäulen legt, und drückt die Kuchen nach aufwärts aus.

Ist die Reibung der Kuchen an den Wandungen geringer geworden als das Gewicht des Kastens, so sinkt letzterer um einige Zentimeter und wird in seiner Tiefstellung mittels zweier kräftiger angeschraubter Konsolen von einem Paar Lokomotivfedern getragen.

Nach vollendetem Ausstoßen wird der Kolben umgesteuert, und das Füllen kann in bequemer Weise erfolgen, wobei der Mann nur an der Oberfläche zu arbeiten und zur Ebnung der Saat nicht in den Kasten über seine ganze Höhe hineinzugreifen hat.

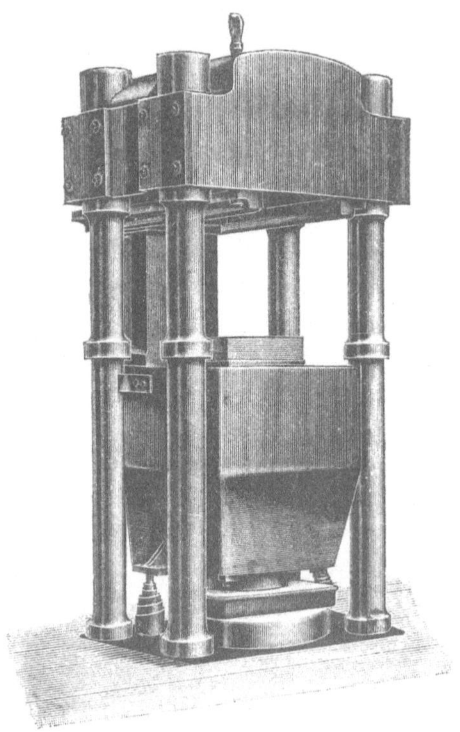

Fig. 93.

Kastenpresse, bei welcher die Kuchen nach aufwärts ausgepreßt werden.

Vor- und Nachteile der Kastenpressen.

Die Kastenpressen sind dort, wo man quadratische, rechteckige oder trapezförmige Preßrückstände wünscht, am Platze; sie zeichnen sich durch große Dauerhaftigkeit und gute Ölausbeute aus, haben aber nur eine geringe Leistungsfähigkeit und erfordern viel Bedienungsmannschaft, weshalb sie mehr und mehr an Feld verlieren.

b) Seiherpressen.

Bei diesen befindet sich das Preßgut in einem ähnlichen, siebtopfartigen Behälter wie bei der Kastenpresse, nur ist dieser Behälter (Seiher genannt) nicht von einem Kasten umgeben, sondern steht frei unter der

Presse und wird zum Zwecke des Füllens und Entleerens gewöhnlich aus dieser herausgezogen.

Geschichtliches.

Dieses Pressensystem zählt zu den ältesten Formen der hydraulischen Ölpresse; über eine in die Klasse der Seiherpressen gehörige Ölpreßvorrichtung wird schon im Jahre 1832 berichtet[1]).

Bei den ersten Ausführungsformen der Seiherpresse wurde der Samen genau wie bei den Packpressen in Säcke oder in Tücher eingeschlagen oder in sogenannte Preßbeutel eingehüllt und so verpackt in den Preßseiher eingetragen. Dabei gingen die Hauptvorteile der Seiherpresse (die leichte Beschickungsart und der Ersatz der Einschlagtücher durch einfache Filterzwischenlagen) gänzlich verloren und die Folge davon war, daß man sich in den folgenden Jahrzehnten von der Seiherpresse mehr und mehr emanzipierte, bis man erkannte, daß ein Einschlagen des Preßgutes bei den Seiherpressen gar nicht nötig sei, sondern ein einfaches Einfüllen des losen Preßgutes in die Seiher genüge, und es zur Erzielung einer

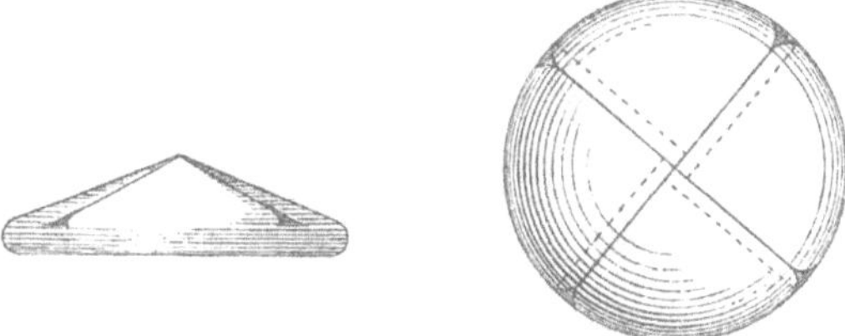

Fig. 94. Preßsäcke für Seiherpressen.

besseren Ölausbeute lediglich notwendig sei, den Inhalt des Preßseihers durch Zwischenlagen aus Eisenplatten und einem öldurchlässigen Gewebe oder Geflechte in mehrere dünne Chargenlager zu zerlegen (siehe Fig. 73, Seite 240).

Wem das Verdienst dieser Vereinfachung gebührt, ist unbekannt geblieben. Jedenfalls fällt die Einführung der Preßdeckel an Stelle der Einschlagtücher, womit der Seiherpresse der weitere Weg geebnet worden ist, in die zweite Hälfte des vorigen Jahrhunderts. Die Faßbendersche Presse mit zylindrischem Seiher, welche Rühlmann[2]) eingehend beschreibt, arbeitet noch mit Preßsäcken aus Schafwolle, welche eigens angefertigt wurden und sich dem kreisförmigen Querschnitt des Seihers anschmiegten (Fig. 94)[3]).

In den letzten drei Jahrzehnten hat die Seiherpresse eine großartige Ausgestaltung und Vervollkommnung erfahren, wobei man vielleicht manch-

---

[1]) Dinglers polyt. Journ., Bd. 45, S. 38; siehe auch „Mechanics Magazine“, 7. April 1832, Bd. 17, S. 1, den Artikel: „Russels Hydraulic Press“.

[2]) Rühlmann, Allgemeine Maschinenlehre, 2. Aufl., Berlin 1878, S. 402.

[3]) Bornemann, Die fetten Öle, Weimar 1889, S. 59.

mal in der Tendenz, die Bedienung der Presse möglichst zu vereinfachen, sogar zu weit ging und Konstruktionen schuf, deren Kompliziertheit eine Abnützung einzelner Teile mit sich bringt, welche die erzielten Lohnersparnisse reichlich aufwiegt.

Einfache Seiher- (Korb-) Presse für Oliven.

Von den heute gebräuchlichen Seiherpressen ist die zum Auspressen von Olivenöl verwendete die einfachste. Bei derselben (Fig. 95)[1]) befindet sich

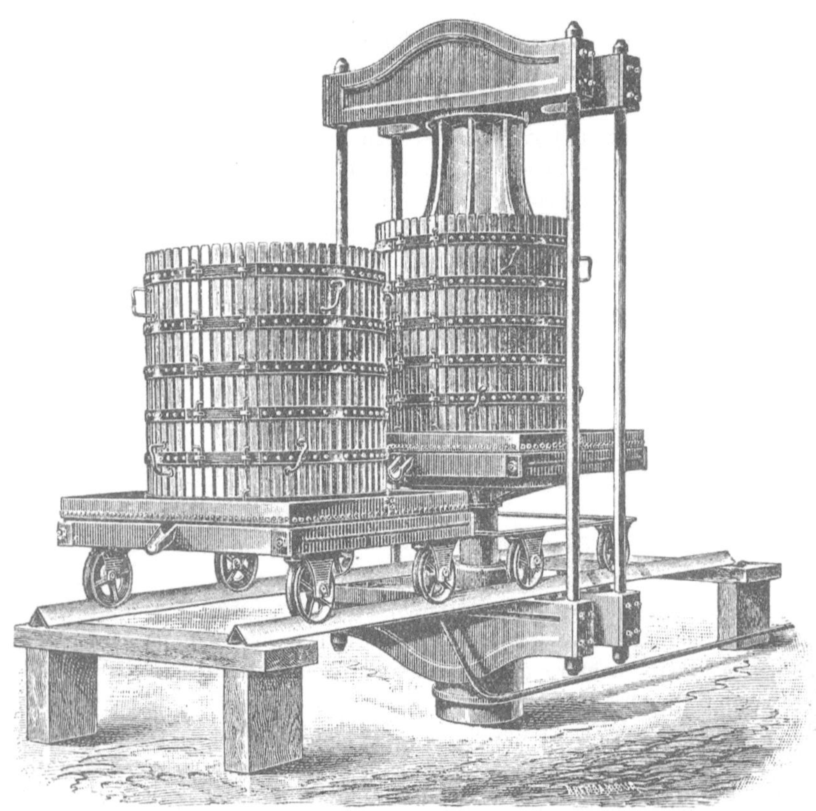

Fig. 95. Oliven-Seiherpresse mit hölzernen Preßseihern.

das auszupressende Material (Oliven)[2]) in einem aus widerstandsfähigen Holzlamellen gebildeten, durch verschiedene Eisenringe armierten Korbe, bei welchem die einzelnen Holzlamellen zwar eng, aber doch so weit vonein-

---

[1]) Ausgeführt von C. Lindemann in Bari.

[2]) Seiherpressen zur Gewinnung von Olivenöl haben auch konstruiert: E. Opelt in Alora (D. R. P. Nr. 37711 v. 21. Mai 1886, Presse mit Ringseihern); W. Theis in Palermo (Zeitschr. d. Vereins deutsch. Ing., 1872, S. 756); Brenot und Sohn in Paris (D. R. P. Nr. 20692 v. 4. Juli 1882, bewegliche Seiher); Enea Torelli in Varese (D. R. P. Nr. 32699 vom 30. März 1885).

ander entfernt angeordnet sind, daß das Austreten des Öles leicht möglich ist. In diesen Holzseiher werden die Oliven, nicht wie es sonst bei Seiherpressen üblich ist, in dünner Lage ohne weitere Verpackung gebracht, sondern sie werden, wie bei den Packpressen und bei der oben erwähnten Faßbenderschen Presse, in runde Preßbeutel eingefüllt, was bei Oliven deshalb angenehm ist, weil das Öl beim Pressen kleine Fruchtfleischstückchen mitreißt, die so durch das Gewebe der Preßbeutel rückgehalten werden.

Zum Füllen und Entleeren werden die Preßkörbe zusammen mit dem Preßtische auf Wagengestellen aus der Presse herausgezogen.

Seiherpressen für Ölsaaten.

Für die Gewinnung von Samenölen wählt man wesentlich stärker konstruierte Pressen und Preßgutbehälter (Seiher) als bei diesen Olivenpressen. Die zum Auspressen von Ölsaaten aller Art in Verwendung stehenden Seiherpressen sind im wesentlichen auf die Formen Fig. 96 und Fig. 97 zurückzuführen.

Bei der ersten Art (Fig. 96) steht auf dem Preßkolben der ebene, mit einer Ölauffangrinne versehene Preßtisch T, welcher beim Aufgehen des Kolbens den auf ihm ruhenden Seiher mit in die Höhe nimmt und ihn gegen einen am Kopfstück der Presse angebrachten Preßstempel S (Hängstück) drückt, wodurch der Seiherinhalt einen von oben nach abwärts wirkenden Druck erfährt. In Fig. 96 ist auch der zur Beförderung des Seihers dienende Wagen (siehe weiter unten) abgebildet.

Bei der zweiten Art (Fig. 97) ruht der Seiher auf einem Preßtische, der nicht, wie bei Fig. 96, aus einem einzigen Stück besteht, sondern aus einem stabilen Kreisringe Z_1 und einem sich als Verlängerung des Preßkolbens anreihenden Mittelstücke S. Der Preßkolben hat hier nämlich einen besonderen Aufsatz erhalten, welcher beim Hochgehen des Kolbens in den Seiher eindringt und den Seiherinhalt einem von unten nach aufwärts wirkenden Drucke aussetzt.

Diese eigenartige Verlängerung des Kolbens, welche die Bauhöhe der Presse vergrößert und daher eine stärkere Dimensionierung der Säulen erfordert, ist notwendig, weil der eigentliche Kolben auch bei gleichem Diameter wie der des Preßseihers in diesen nicht eindringen könnte, ohne Wasser oder sonstige Verunreinigungen aus dem Preßzylinder auf das Preßgut zu übertragen. Bei der in Fig. 97 gezeigten Anordnung erfährt der sich als Verlängerung des Preßkolbens darstellende Preßstempel keinerlei Berührung mit dem Druckwasser und eine Gefahr der Verunreinigung des ausgepreßten Öles besteht daher nicht. Letzteres, das teils in der Pfeilrichtung x austritt, teils auch längs des Preßstempels S abtropft, wird in den beiden Auffangrinnen X und $R_1 R_2$ gesammelt und von hier durch Rohre abgeleitet.

Bei den Seiherpressen fehlt das sogenannte „Hängstück“ fast nie gänzlich (S in Fig. 96), nur besitzt es nicht jene Länge wie bei Fig. 96; es hat hier weniger die Aufgabe eines Preßstempels zu erfüllen, sondern dient dem Seiher vielmehr als Führung.

Bei Pressen nach Fig. 96, also bei langen Hängstücken, soll der obere Rand des Seihers nie das Kopfstück der Presse berühren, weil in diesem Momente nicht der Seiherinhalt, sondern die Seiherwände den weiteren

Druck empfangen würden. Im zweiten Falle (Fig. 97) wird dagegen der Seiher immer am Kopfstück anstoßen, das hier geradezu als Widerlager dient.

Man kennt auch Pressen, bei denen sowohl ein Hängstück von oben als auch ein Preßstempel von unten in den Seiher eindringen. Bei dieser

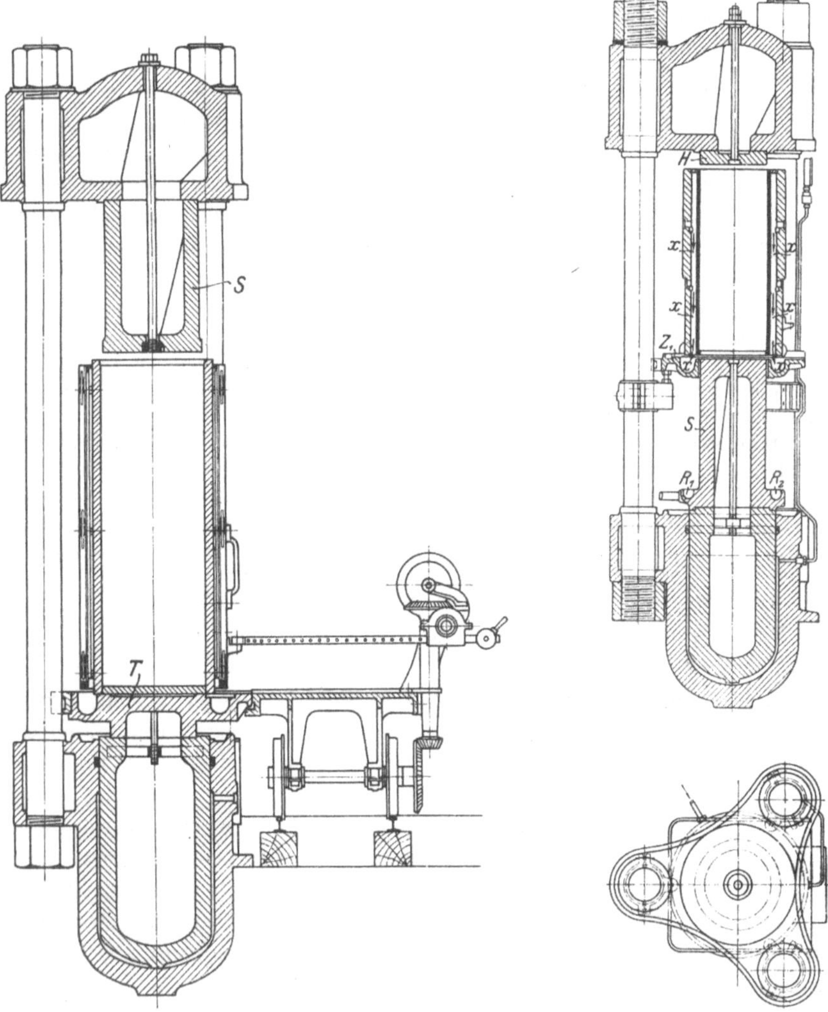

Fig. 96. Seiherpresse mit von oben in den Seiher eindringendem Preßstempel.

Fig. 97. Seiherpresse mit von unten in den Seiher eindringendem Preßstempel.

Konstruktion wird sich der Seiher während der Arbeit in schwebender Lage befinden, welche Art der Pressung die richtigste ist, weil hierbei der Druck von zwei Seiten erfolgt und der nicht geringen Reibung des Preßgutes an den Seiherwandungen in doppelter Weise begegnet wird.

Der auf den Seiherinhalt wirkende Druck löst nämlich auch Seitenkomponenten aus, welche, wie bereits betont, auf den Ölablauf eine gewisse Bremswirkung ausüben; der Seitendruck erzeugt aber auch eine beträchtliche Reibung des Seiherinhaltes an den Seiherwandungen, welche Friktion bei den mittleren Chargen des Seihers am größten sein wird. Hielte man die Seiher unendlich hoch, so würde sich der Druck nur bis zu einem gewissen Teil im Innern des Seihers fortpflanzen und das Material im Mittelteile des Seihers überhaupt keine Pressung erfahren. Man soll daher die Seiher nicht zu hoch bauen (größte Höhe ungefähr 1800—2000 mm); bei größeren Bauhöhen kommt dann ein beiderseitiges Eindringen des Preßstempels sehr zu Hilfe, denn man halbiert damit eigentlich die Seiherhöhe und reduziert die Reibungsverluste in den Mittelpartien des Seihers ungefähr um die Hälfte.

Fig. 98. Einfacher Seiher mit aufklappbarem Mantel.

Die richtige Konstruktion der

Preßseiher

ist von großer Wichtigkeit. Da die Kreisform die beste Volumenausnützung und auch die größte Widerstandsfähigkeit gegen Druck bietet, werden die Preßseiher in der Regel zylindrisch gehalten; nur dort, wo man besonders geformte Preßrückstände wünscht, sind quadratische, rechteckige oder trapezförmige Preßseiher im Gebrauch. Preßseiher.

Einfache Seiher.

Kleinere Seiher können aus einem massiven Stahlring bestehen, den man aus einem glühenden Stahlblock durch Aufdornen und Schmieden herstellt. Die für den Ölaustritt notwendigen Öffnungen werden gebohrt, doch ist bei dieser Ausführungsart der Seiher die Zahl der Bohrungen eine beschränkte, weil ein Zuviel die Haltbarkeit des Seihers beeinträchtigen würde. Zur Vermeidung des Verspritzens von Öl werden diese Seiher mit einem aus zwei aufklappbaren Hälften versehenen Mantel versehen, der in einem gewissen Abstande von der eigentlichen Seiherpresse gehalten wird, durch welchen Zwischenraum das Öl bequemen Abfluß findet (Fig. 98).

Bei Seihern über 1000 mm Höhe ist diese Ausführungsart nicht mehr möglich und werden höhere Seiher derart gebaut, daß man die Ölabflußöffnungen an einen schwachwandigen inneren Zylinder anbringt und einen in geringer Entfernung von diesem Innenzylinder befestigten widerstandsfähigen Mantel für die Festigkeit sorgen läßt.

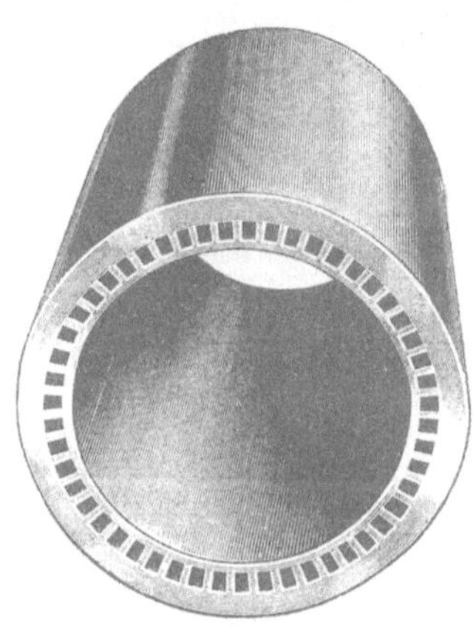

Fig. 99.
Doppelseiher.

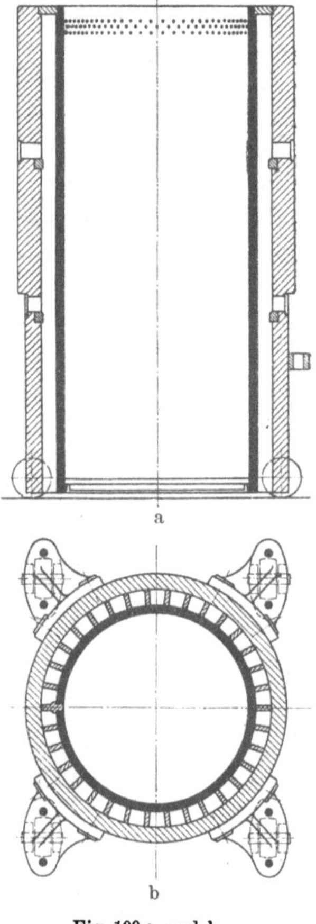

Fig. 100 a und b.
Doppelseiher m. 3 teil. Mantel.

Doppelseiher. Bei diesen Doppelseihern besteht der innere gebohrte Seihereinsatz aus einem geschweißten, allseitig gedrehten Hohlzylinder, welcher den Druck durch Stahlstäbe auf den äußeren massiven Mantel überträgt (Fig. 99). Dieser wird fast nie aus einem einzigen Stücke, sondern gewöhnlich aus zwei oder drei Teilen gebildet, schweren Stahlringen, welche ohne Schweißnaht hergestellt, auf allen Seiten genau gedreht und in heißem Zustande um den Einsatz mit den Stahlstäbchen geschrumpft sind.

Mitunter ist der untere Ring stärker, manchmal auch die beiden oberen (Fig. 100), je nachdem der Druck von oben oder unten erfolgt.

Die Reinigung dieser Seiher erfolgt durch einfaches Durchstoßen der senkrechten Kanäle, die in Fig. 99 besonders deutlich zu sehen sind. Man kann zu diesen Kanälen auch seitlich gelangen, und zwar an den Zwischenräumen zwischen den einzelnen Mantelteilen, welche beim Betriebe durch eigene, mit Scharnieren versehene Schlußbänder (siehe Fig. 100) der Sauberkeit halber verschlossen gehalten werden.

An Stelle der immerhin breiten Mantelteile, welche den größten Teil des inneren Seiherbleches bedecken und eine Reinigung aller Bohrlöcher unmöglich machen, wird dem Innenzylinder mitunter auch durch mehrere schmale aufgezogene Ringe die notwendige Festigkeit erteilt (Fig. 101).

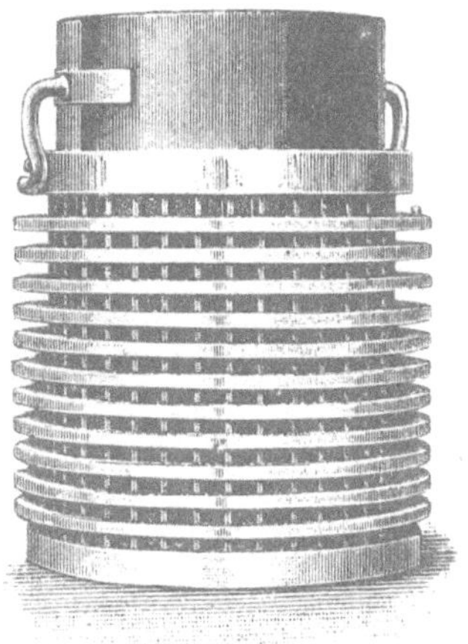

Fig. 101.
Seiher mit aufgezogenen Ringen.

M. Ehrhardt in Wolfenbüttel[1]) empfiehlt Seiher, bei welchen der innere Zylinder aus dem äußeren Mantel leicht herausgenommen werden kann, zu welchem Zweck der erstere aus mehreren Segmenten besteht. Zwischen je zwei Segmenten befindet sich ein Zwischenstück, das durch Schrauben mit dem Außenmantel verbunden ist. Diese Seiherausführung, welche die bequeme Reinigung der Seiheröffnungen für sich hat, dürfte aber keine besondere Haltbarkeit besitzen.

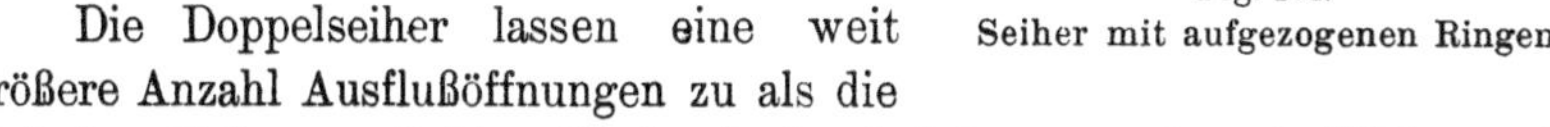

Die Doppelseiher lassen eine weit größere Anzahl Ausflußöffnungen zu als die einfachen Seiher, weil hier die durch das Anbohren verringerte Widerstandsfähigkeit des Seiherbleches weniger zu bedeuten hat.

Neben diesen gebohrten Seiherarten kennt man auch solche, bei welchen die Ausflußöffnungen nicht durch kreisrunde Öffnungen, sondern durch senkrechte Schlitze längs des Seihers gebildet werden. Diese „Stabseiher“ genannte Konstruktion erinnert an die für Olivenölpressung verwendeten Preßkörbe (siehe Fig. 95) und besteht aus vielen schmalen Stahllamellen, die zu einem Zylinder zusammengefügt sind[2]). Stabseiher.

Die Stabseiher haben eine Zeitlang viel von sich reden gemacht, doch vermochten sie die gebohrten Seiher nicht zu verdrängen. Bei noch so solider Arbeit zeigen die Stabseiher sehr bald ein Verrücken der einzelnen Lamellen, wodurch die einzelnen Ausflußspalten teils zu klein werden und sich verstopfen, teils sich aber auch derart vergrößern, daß nicht nur Öl, sondern das Preßgut selbst durch diese austritt.

---

[1]) D. R. P. Nr. 46208 v. 20. Juni 1888.

[2]) D. R. P. Nr. 25927 v. 14. April 1883 von William Bushell und Walter Thomas Haydon in Dover. — Engl. Patent Nr. 4686 v. 2. Okt. 1882.

Seiher für eckige Kuchen.

Für quadratische oder von der Kreisform überhaupt abweichende Preßkuchen werden Seiher in einer Ausführung dargestellt, wie sie aus Fig. 102 und 103 ersichtlich ist.

Fig. 102. Seiher für eckige Kuchen.

Diese Seiher bestehen aus vier gebohrten Stahlplatteneinsätzen mit eigener Eckverbindung, welche in einen viereckigen ausgestoßenen gußeisernen Zylinder eingepaßt und durch besondere Leisten am Verschieben verhindert sind (Fig. 103). In dem gußeisernen Zylinder sind breite Ausflußkanäle ausgesparrt, und das Ganze wird durch kräftige stählerne Ringe noch weiter armiert.

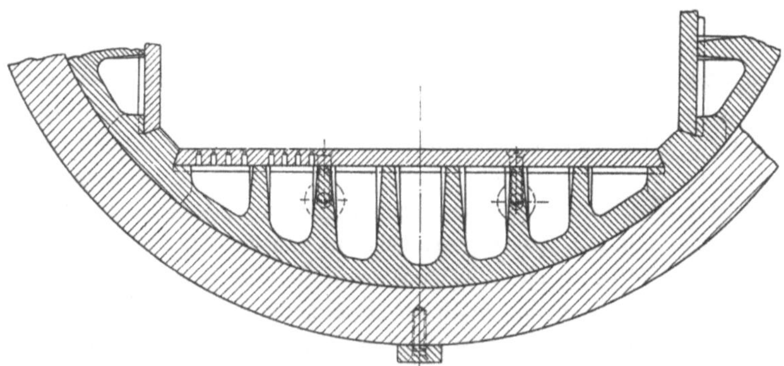

Fig. 103. Seiher für eckige Kuchen mit abgesetzt konischen Bohrlöchern.

Diese Seiher laufen gewöhnlich auf Rollen, um die Reibung beim Transport derselben nach Möglichkeit zu verhindern, was bei ihrem großen Eigengewichte sehr notwendig ist.

Die Bohrlöcher der Seiher, welche $\frac{1}{3}$—1 mm Durchmeser haben und deren Zahl pro Seiher 10000—15000 beträgt, sind mitunter einfach konisch, und zwar so, daß die kleine Öffnung des Bohrkonus gegen das Innere des Seihermantels zu liegt, wodurch ein Verstopfen der Seiher durch Preßgut erschwert wird; sehr häufig wird aber den Öffnungen statt der einfachen konischen Bohrung die in Fig. 103 gezeigte abgesetzte Form gegeben.

Runden Seihern wird nicht selten ein aus ungelochtem Eisenblech geformter Hohlzylinder, ein sogenannter Zylinderhut, aufgestülpt; derselbe soll die Chargierung des Seihers erhöhen. Infolge der zu vermeidenden Zwischenräume, die sich beim Beschicken des Seihers zwischen den einzelnen Chargen, Preßplatten und Preßdeckeln bilden, wird das Preßgut erst dann einen Druck erfahren und daher Öl abgeben, wenn der Inhalt des um den Seiherhut verlängerten Seihers bis zu einem Niveau unterhalb der Oberkante des eigentlichen Seihers zusammengepreßt ist, welches Vorpressen oder Komprimieren gewöhnlich außerhalb der Presse in besonders hierfür konstruierten Apparaten (Vor- oder Füllpressen) erfolgt. Seiherhut.

Der Seiherhut, der gewöhnlich nur während des Chargierens und Vorpressens des Seihers auf diesem sitzt, kann also die Lochung wohl entbehren und braucht auch nicht besonders widerstandsfähig zu sein.

Für Ölsaaten, welche bei gewöhnlicher Temperatur feste Fette enthalten, werden auch heizbare Seiher konstruiert. Bei diesen ist der Seiher von einem Dampfmantel umgeben, wie auch der Preßtisch und die Hängstücke der Presse in solchen Fällen meist Dampfheizung besitzen. Die Dampfzuleitung erfolgt bei solchen Seihern durch Gelenkstücke oder flexible Rohre. Fig. 104 zeigt ein heizbares Seiherpaar, wie es für Drehpressen konstruiert wird. Heizbare Seiher.

Für Koprah- und Palmkernöl sind heizbare Seiher, die eine gewisse Unbequemlichkeit im Arbeiten mit sich bringen, nicht notwendig; für die Herstellung höher schmelzender Pflanzenfette, wie z. B. Mowrah, Illipe-Fett usw., wie auch des dickflüssigen Rizinusöles sind mit Dampfmantel versehene Seiher aber empfehlenswert.

Die Größe der Seiher wird verschieden gewählt; als größtzulässige Durchmesser können 450—500 mm gelten, als größte Höhe 1500—2000 mm. Höher gebaute Seiher empfehlen sich deshalb nicht, weil bei denselben die mittleren Chargierungspartien infolge der Seitenreibung (siehe Seite 265) einen zu geringen Druck erfahren. Größe der Seiher.

Die Füllung des Seihers (vergleiche Seite 240, Fig. 73) besteht abwechselnd aus folgenden Lagen: Füllung des Seihers.

eiserne Preßplatte
Preßtuch (Preßdeckel)
Saatgut
Preßtuch (Preßdeckel)
eiserne Platte
Preßtuch (Preßdeckel)
Saatgut
Preßtuch (Preßdeckel)
usf.

Um den Ölaustritt zu erleichtern und die Preßdeckel in ihrer Arbeit zu entlasten, hat man auch mit Kanälen versehene Preßplatten in Vorschlag gebracht. So empfahl F. Kraus[1]) in Neuß a. Rh. Preßplatten mit

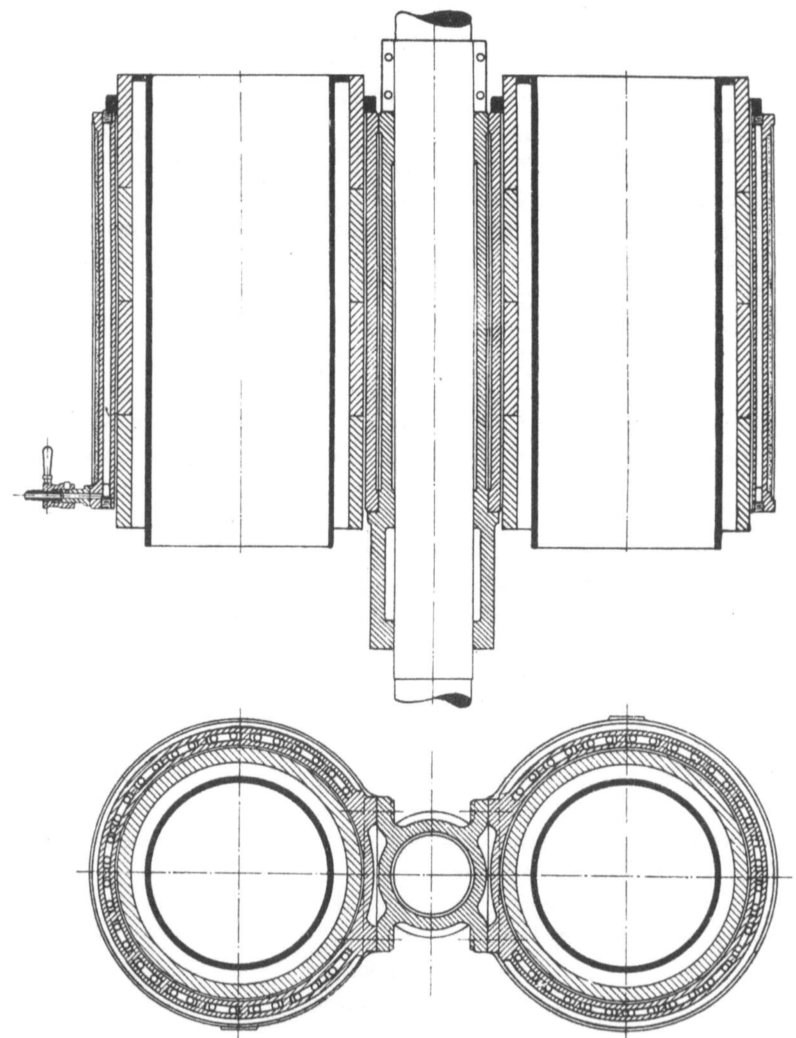

Fig. 104. Heizbares Seiherpaar für Drehpressen.

strahlenförmigen Rinnen, welche nach der Peripherie hin weiter und tiefer werden. In diese Rinnen wurden außerdem Lochungen gebohrt, wodurch der Ölablauf noch mehr befördert wird.

---

[1]) D. R. P. Nr. 22970 v. 30. Sept. 1882.

Sind die Seiherpressen an und für sich auch ganz einfacher Konstruktion (siehe Fig. 96 und 97), so komplizieren sich die Seiherpressen-Anlagen in maschineller Hinsicht durch die Vorrichtungen zum Füllen und Entleeren der Seiher ganz beträchtlich.

Jene nur in kleinen Betrieben anwendbaren Seiherpressen, bei welchen das Füllen und Entleeren des Seihers ohne Lageveränderung desselben erfolgt, sollen hier nicht näher besprochen werden.

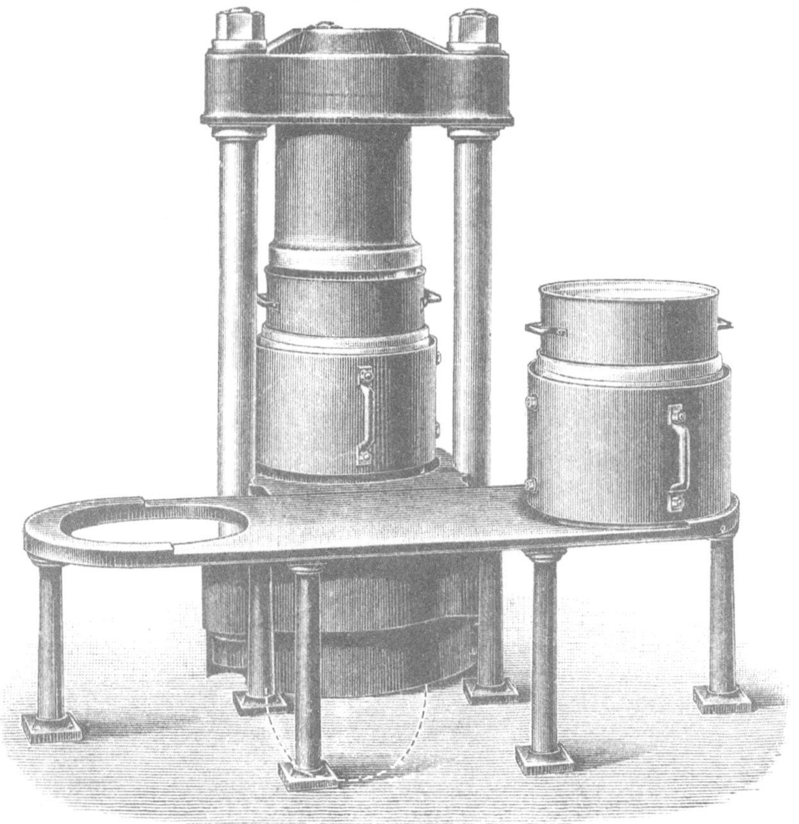

Fig. 105. Seiherpresse mit feststehendem Vortisch.

Entleer- und Füll-vorrichtungen.

Bei allen halbwegs größeren Anlagen wird der Seiher zum Zwecke des Entleerens und Neufüllens aus der Presse herausgezogen, und zwar kann er

a) auf einen direkt vor der Presse stehenden fixen Arbeitstisch transportiert, oder

b) von der Presse weg in besondere Füll- und Entleerapparate geschafft werden, welche mehrere Pressen bedienen.

Je nachdem der Transport der Seiher von diesen Apparaten in die Presse und umgekehrt auf Wagen oder durch Drehung des Seihers um eine fixe Säule erfolgt, spricht man von Pressenanlagen mit fahrbaren Seihern und von Drehpressen.

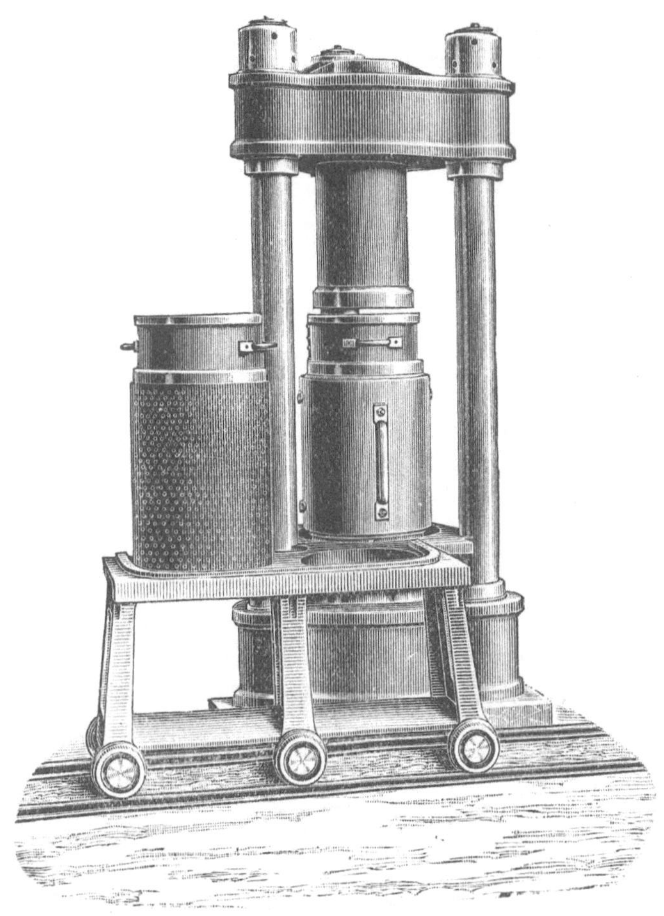

Fig. 106. Seiherpresse mit fahrbarem Seiher.

Seiherpresse mit festem Vortisch.

Eine Seiherpresse mit festem Vortisch, auf welchen der Preßseiher nach beendeter Pressung herausgezogen wird, zeigt Fig. 105.

Der Transport des Seihers von der Presse auf den Vortisch erfolgt von Hand aus, wie auch der frisch beschickte Seiher auf die gleiche Weise unter die Presse eingeschoben wird. Das Füllen des Seihers geschieht ebenfalls durch Handarbeit; das Entleeren desselben nach der Pressung wird so vorgenommen, daß man den Seiher über die kreisrunde Öffnung des Vortisches postiert und den Seiherinhalt durch Schläge auf die oberste Preßplatte nach abwärts ausstößt. Die in Fig 105 dargestellten Seiher tragen Seiherhüte.

Ein bequemeres Füllen der Seiher, als dies auf den fixen Vortischen der Fall ist, wird ermöglicht, wenn der Seiher auf einem Wagen (Fig. 106) von der Presse direkt unter den Wärmer fahren kann (Pressen mit fahrbarem Seiher). Die Seiher einer ganzen Serie von Pressen können auf

Fahrbarer Seiher.

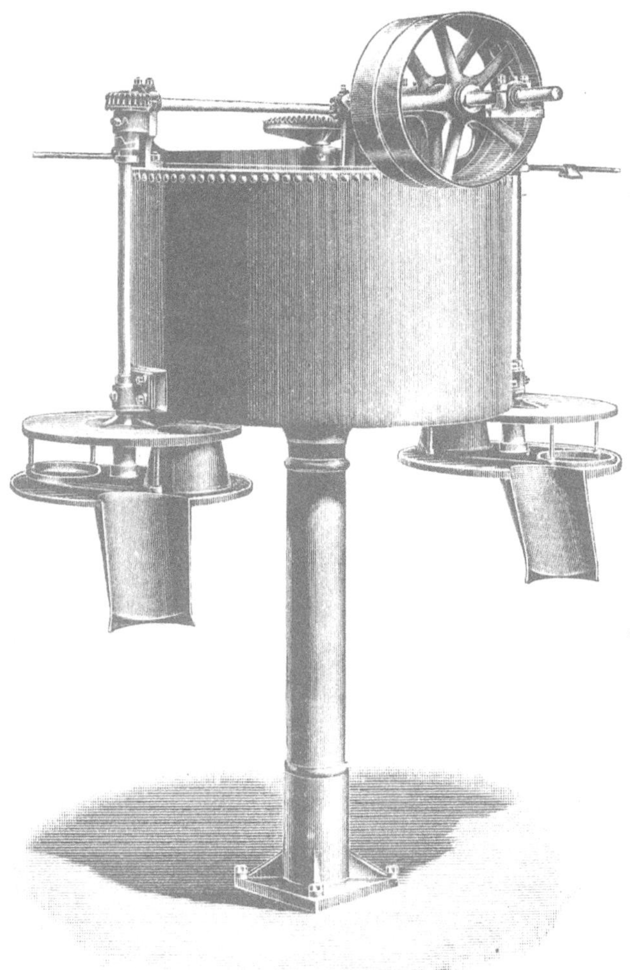

Fig. 107. Wärmer mit zwei Füllvorrichtungen für Seiher.

diese Weise von einer einzigen Wärmpfanne aus leicht bedient werden. Auch kann bei den fahrbaren Seihern das Ausstoßen der Kuchen an einer beliebigen Stelle erfolgen.

Füllen des Seihers.

Das Füllen des Seihers geschieht dabei durch die Seite 229 erwähnten Drehmasse, von denen sich mitunter zwei an einem Wärmer befinden.

Der untere Teil der Füllvorrichtungen (Fig. 107) hat eine Auslaufschnauze und steht fest, während sich der obere dreht und das Füllmaß beim Durchgang unter der Auslauföffnung des Wärmers das Saatquantum für einen Kuchen mitnimmt, um es bei der weiteren Drehung in die Auslaufschnauze fallen zu lassen. Die vertikale Achse der Füllvorrichtung ist über die Pfannenoberkante hinaus verlängert und wird von der horizentalen Triebwelle des Wärmers durch Schneckenradübersetzung oder von der vertikalen Rührwelle durch Riemen oder eine Gliederkette (siehe Fig. 63 Seite 229) angetrieben. Durch eine Klauenkuppelung, welche von dem Bedienungsmann leicht ein- und ausgerückt werden kann, wird der Apparat in und außer Tätigkeit gesetzt.

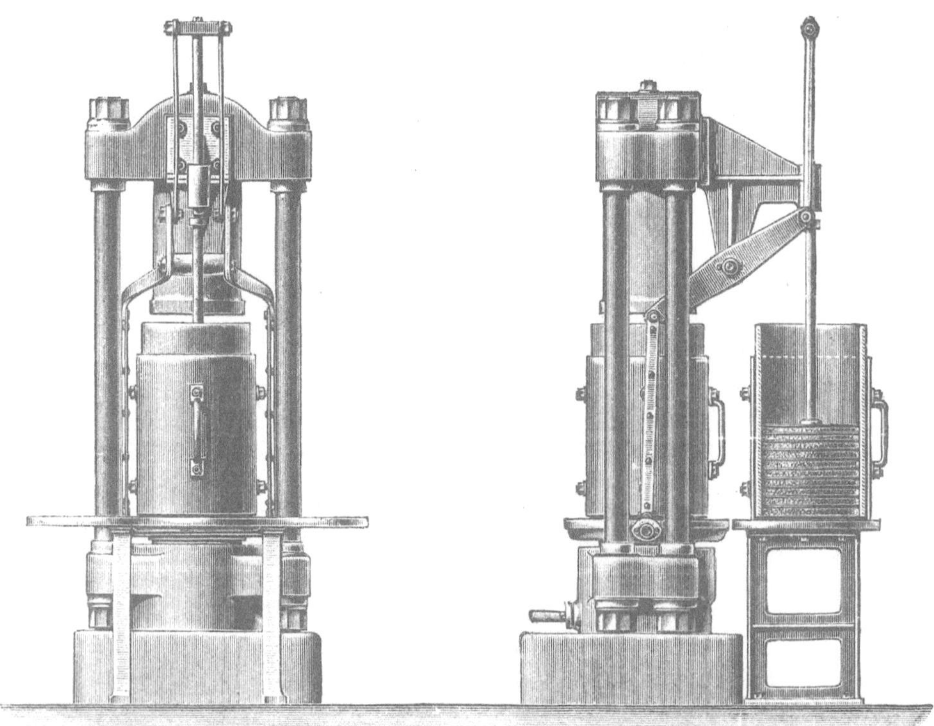

Fig. 108. Ausdrückapparat für Preßseiher.

Dort, wo mit höherem Drucke gearbeitet wird, haften die Kuchen derart fest an den Seiherwänden, daß sie von Hand aus kaum auszustoßen sind. Man bedient sich daher zum Entleeren der ausgepreßten Seiher eigener Ausdrückapparate, welche sowohl von oben nach abwärts als auch von unten nach aufwärts arbeiten können.

Ausdrückapparate.

Ursprünglich wurden zum Ausdrücken der Kuchen Hebel verwendet, die ihren Druck vom Preßkolben aus erhielten. Beim Steigen des Preßkolbens überträgt dieser seine Kraft auf das Ende zweier Hebel, welche gemeinsam eine Abwärtsbewegung des Ausstoßstempels bewirken (Fig. 108)[1]).

Rationeller wirken die hydraulischen Ausdrückapparate, welche bei modernen Anlagen heute fast ausschließlich anzutreffen sind.

Die einfachste Form des hydraulischen Seiherentleerapparates ist die, bei welcher sich derselbe an dem nach vorwärts erweiterten Preßkopfe befindet (Fig. 109).

Der Ausdrückapparat ist als eine hydraulische Presse aufzufassen, deren Kolben sich von oben nach abwärts bewegt. In einer Serie von Pressen (Batterie) braucht nur eine Presse einen solchen Ausdrückapparat zu besitzen, der dann nicht nur zum Entleeren des Seihers, sondern auch zum Zusammendrücken (Vorpressen) der frisch gefüllten Seiher dienen kann. Die Seiher sind behufs größerer Chargierung auch mit den Seite 269 beschriebenen Seiherhüten versehen, deren Form in der Figur 109 deutlich als ein auf dem Seiher befindlicher Aufsatz erkennbar ist.

Die von oben nach abwärts wirkenden Entleerapparate benötigen einen gelochten Seiherwagentisch, durch dessen Öffnung die Entleerung des Seiherinhaltes erfolgen kann. Das Ausstoßen der Kuchen nach abwärts ist übrigens eine ziemlich unsaubere und auch umständliche Arbeit, weil einesteils die Preßrückstände leicht zerbrechen oder doch stark abbröckeln, andererseits der ganze Seiherinhalt, also die Preßrückstände, die eisernen Zwischenplatten und die Preßtücher unter dem Seiherwagen vom Boden zusammengelesen werden müssen.

Die von unten nach aufwärts arbeitenden Ausdrücker zeigen diese Übelstände nicht und müssen als ein wesentlicher Fortschritt in der Konstruktion der Seiherpressen betrachtet werden. Sie sind fast immer derart gebaut, daß sie nicht nur ein Entleeren der Seiher, sondern auch das Vorpressen der frisch gefüllten Seiher gestatten.

Die hydraulischen Vor- und Ausdrückapparate — gewöhnlich Füll- und Entleerpressen, kurzweg wohl auch nur Füllpressen genannt — werden zweckmäßig unterhalb der Wärmpfanne angeordnet, so daß das Füllmaß derselben direkt in die unter dem Wärmer stehende Füllpresse arbeitet.

Die hydraulischen Füll- und Entleerapparate können als doppelt wirkende hydraulische Pressen aufgefaßt werden, deren Ober- und Unterzylinder man nach Belieben in Tätigkeit setzen kann.

Fig. 110 zeigt eine solche Füllpresse, doch ist in der Zeichnung das Füllmaß der Einfachheit halber weggelassen worden. Das Entleeren des Seihers geschieht durch Eindringen des unteren Preßkolbenkopfes K in den Seiher S, wodurch die Kuchen nach aufwärts ausgestoßen werden. Der Arbeiter hat es in der Hand, durch entsprechendes Öffnen des Preßventils den Kolben schnell oder langsam in die Höhe gehen zu lassen, so daß er nach Maßgabe seiner Handfertigkeit den Presseninhalt mit jener Schnelligkeit aus dem Seiher drücken kann, bei welcher er gerade noch die an den Kuchen haftenden Preßtücher abziehen und diese sowie die eisernen

[1]) Ausführung der Maschinenfabrik M. Ehrhardt in Wolfenbüttel.

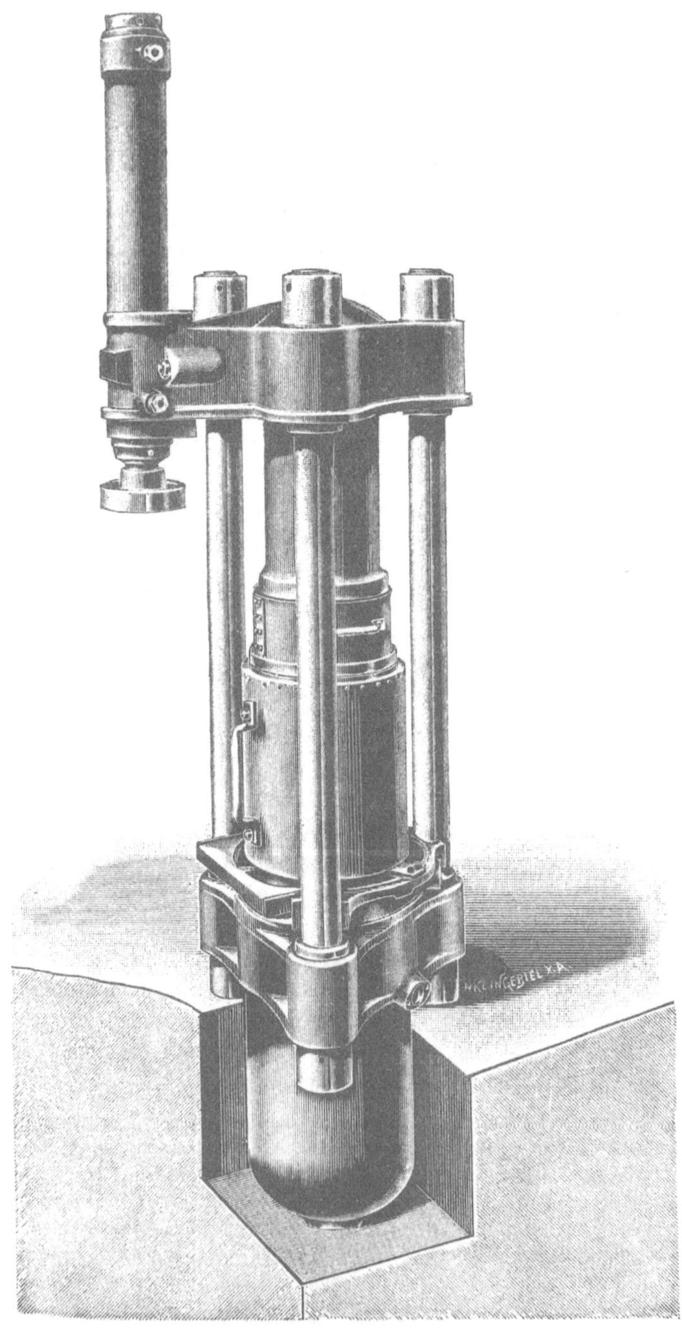

Fig. 109. Hydraulische Ausdrückvorrichtung.

Preßplatten an die dafür bestimmten Stellen bringen kann. Um möglichst rasch zu arbeiten, empfiehlt es sich, dem Bedienungsmann hierfür eine Beihilfe zu geben. Ist der Seiher entleert, so wird der Kolben umgesteuert und geht in seine ursprüngliche Tieflage zurück. Die Geschwindigkeit des Sinkens ist durch ein Bremsventil regulierbar, und der Bedienungsmann kann die Geschwindigkeit des Niedergehens leicht so einstellen, daß er bei der Chargierarbeit immer an der Oberfläche der Füll-

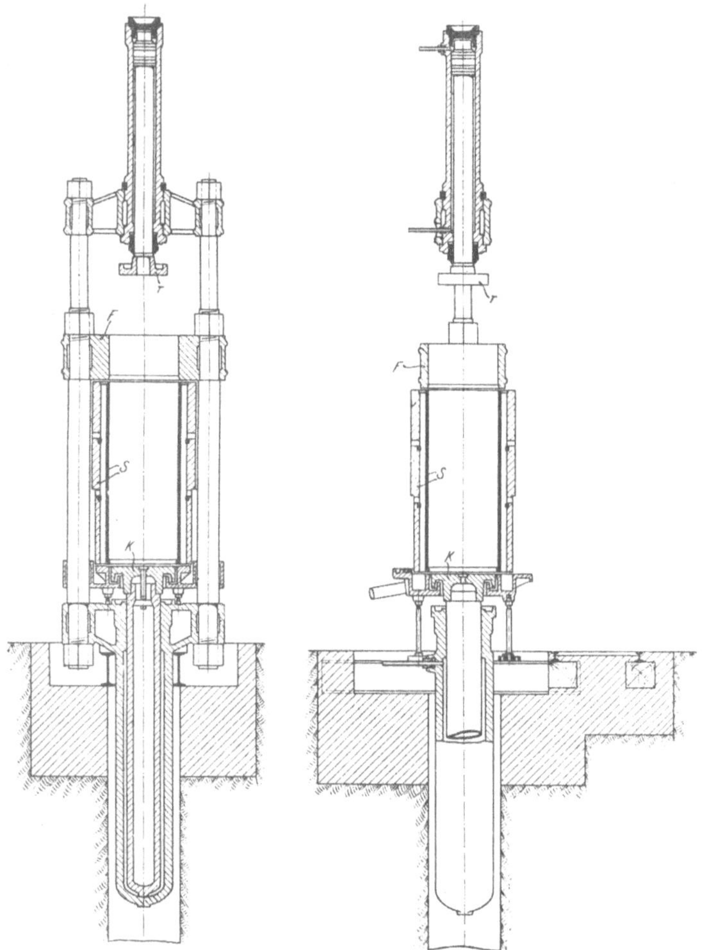

Fig. 110. Hydraulischer Vor- und Ausdrückapparat.

brille F arbeiten kann. Das von dem Füllmaße kommende Material läßt sich daher gut im Seiher ausgleichen, so daß keilförmige Kuchen nicht entstehen können. Ist der Seiher bis hinauf angefüllt, so tritt der hydraulische Vordruckapparat in Tätigkeit, indem man das zu diesem führende Ventil öffnet, wodurch der Preßstempel r nach abwärts vordringt und ein Komprimieren des Seiherinhaltes bewirkt. Der dadurch im Seiher freigewordene Platz wird durch Nachchargieren ausgefüllt und das Vordrücken so lange wiederholt, als sich noch toter Raum ergibt.

Die Füllbrille *F* übt bei dieser Konstruktion eine doppelte Funktion aus; beim Ausdrücken dient sie dem Seiher als Widerlager, beim Füllen wirkt sie ähnlich wie ein Seiherhut, eine reichlichere Erstchargierung des Seihers ermöglichend und ein wiederholtes Nachfüllen desselben überflüssig machend.

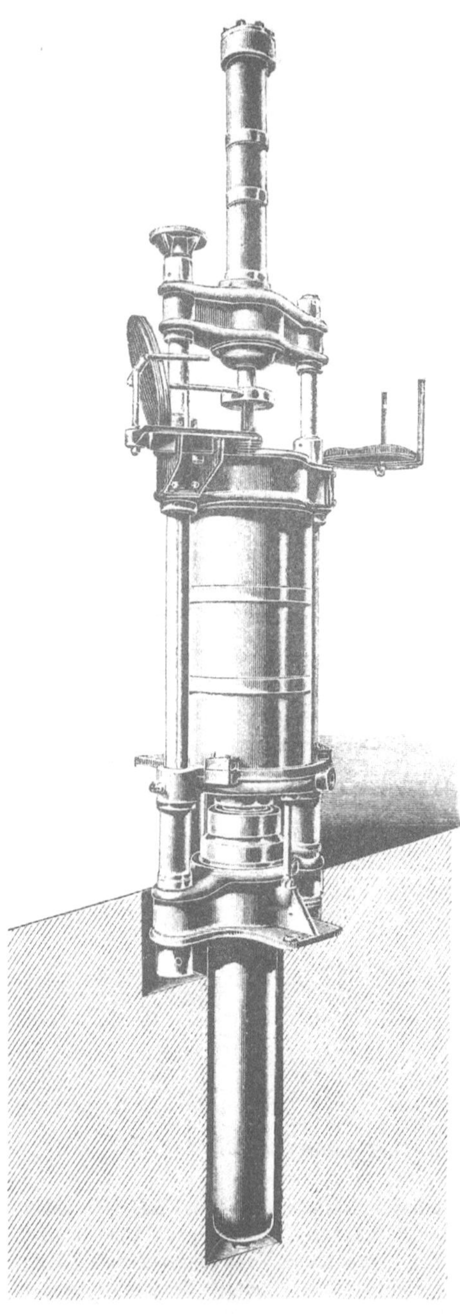

Fig. 111.
Hydraulischer Vor- und Ausdrückapparat.

Diese Füllpresse zeigt Fig. 111 in Perspektive. Aus der Figur sind auch die Ablagerungspodeste für Preßtücher und Preßplatten zu ersehen.

Bei diesem mit zwei Preßzylindern arbeitenden Füll- und Entleerapparat besteht die Gefahr, daß infolge Undichtwerdens der Kolbenliderung im oberen Zylinder wie auch durch kleine Defekte in der Zuleitung und Ableitung des Druckwassers Wasser in das Preßgut gelangt. Der Füllpresse, welche das Füllen und Entleeren des Seihers mit nur einem einzigen unten angeordneten Preßzylinder vollführt, gebührt daher die größte Beachtung[1]).

Bei diesen von Fritz Müller in Eßlingen konstruierten Füllpressen (Fig. 112) kann entweder der Kolbenaufsatz *k* in das Innere

[1]) Hierher gehören auch jene Pressen, bei welchen das Kopfstück eine abhebbare Glocke besitzt, nach deren Wegnahme die Kuchen nach aufwärts ausgedrückt werden können (D.R.P. Nr. 32699 v. 30. März 1885 des Enea Torelli in Varese und D. R. P. Nr. 25927 v. 14. April 1883 bzw. engl. Patent Nr. 4686 v. 26. Okt. 1882 von W. Bushell und W. Th. Haydon in Dover [Doverpressen]).

des Seihers eindringen, während letzterer durch die am Kopfstücke der Presse angebrachten Daumen dd_1 in seiner Lage festgehalten wird, oder es kann mit dem Kolben und dem Kolbenaufsatze auch der ganze Preßtisch t gehoben werden; das Auswärtsschieben der Daumen dd_1 bewirkt dabei durch ein Hebelgestänge das Festklemmen des Tisches t an den Kolben k. Dabei hebt sich natürlich auch der auf dem Preßtische ruhende Seiher, dessen Inhalt durch den Preßstempel h zusammengepreßt wird.

Kommt ein ausgepreßter Seiher unter die Füllpresse, so wird vor allem das in Führung laufende Hängstück h auf die Seite geschoben, die Daumenhebel dd_1 in eine Position gebracht, in welcher sie den Seiher festhalten, wobei durch ein Gestänge gleichzeitig auch die Verbindung des Preßtisches t mit dem Kolben h gelöst wird, so daß dieser in den Seiher eindringt und dessen Inhalt nach aufwärts ausdrückt. Ist dies geschehen, so schaltet man das Druckventil um und läßt den Kolben langsam niedergehen, gleichzeitig ein Neuchargieren des Seihers besorgend. Nach dem Anfüllen desselben schiebt man das Hängstück h unter die Presse zurück und löst die Daumen dd_1 von dem Seiher, wodurch automatisch auch eine Verbindung des Preßtisches t mit dem Kolbenaufsatz h bewirkt wird. Beim neuerlichen Aufgehen der Presse wird dann der Seiherinhalt gegen den Preßstempel h gedrückt und so ein Vorpressen des Seiherinhaltes erzielt.

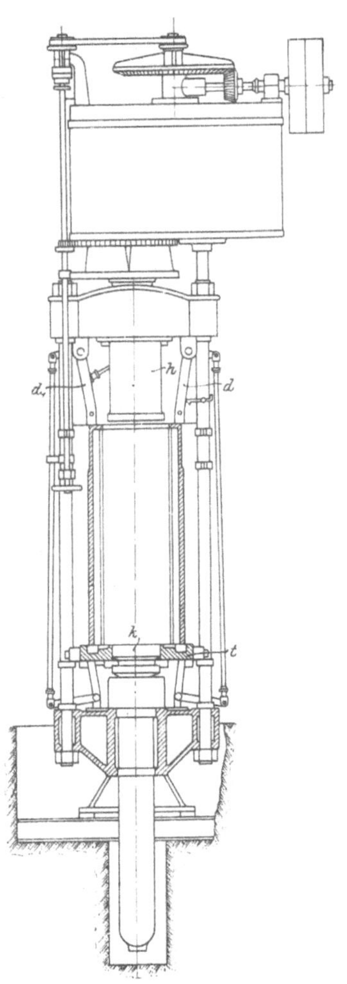

Fig. 112. Hydraulische Füllpresse.

Die Ausführung der einzelnen Teile der verschiedenen Füll- und Entleerapparate (wie Zylinder, Kolben, Liderung etc.) ähnelt ganz und gar derjenigen der hydraulischen Pressen (siehe Seite 252—257). Der geringe Zylinderdurchmesser bringt aber eine leichtere Bauart der Füllpressen mit sich, wie diese auch gewöhnlich mit minder hohem Drucke arbeiten als die eigentliche Presse.

Der

Seiherwagen,

welcher den Transport von den Füll- zu den Effektivpressen besorgt, wird bei kleinen Anlagen von Hand aus betrieben und hat die Einrichtung nach Fig. 113. (Vergleiche auch Fig. 106.) Seiherwagen.

Eine Handkurbel sorgt durch ein Zahngetriebe für die Fortbewegung des Wagens, während eine zweite Kurbel das Herausziehen des Seihers auf den Wagen durchführt, wobei der Seiher an einem Riemen, der sich auf einer an der Kurbelachse angebrachten Spule aufwickelt, herausgezogen wird.

Seiherwagen mit Handbetrieb.

Eine vollkommenere Form der Wagen mit Handbetrieb zeigt Fig. 114. Hier geschieht sowohl die Vorwärtsbewegung des Wagens als auch das Herausziehen und Hineinschieben des Seihers von einer einzigen Kurbel aus.

Diese Kurbel braucht nämlich nur um wenige Zentimeter verschoben zu werden, um statt für die konischen Triebräder zur Wagenbewegung in zwei Stirnräder für das Einschieben und Ausziehen des Seihers einzugreifen, was hier mittels einer stählernen Zahnstange geschieht. Letztere ist auf ihrer Antriebswelle verschiebbar und besitzt an dem einen Ende einen Ansatz, der in den Seiherhenkel eingreift und den Seiher bequem herausziehen läßt, an dem anderen einen segmentförmigen, in die Seiherrundung passenden Ansatz, mit welchem ein Hineinschieben des Seihers leicht bewirkt werden kann.

Fig. 113. Seiherwagen für Handbetrieb.

mit maschinellem Antrieb.

Für größere Anlagen empfehlen sich Wagenkonstruktionen, welche maschinell angetrieben werden, denn die zu bewegenden Lasten sind für Handbetrieb etwas zu groß. Der automatische Antrieb der Seiherwagen ist aber mit gewissen Schwierigkeiten verbunden. Man hat die verschiedenartigsten Triebmittel ausprobiert (Seil, Gliederkette, Vierkantwelle usw.), wobei sich der Vierkantwellenbetrieb (System Fritz Müller in Eßlingen) als der zweckmäßigste erwies und bei den neuen Seiherpressenanlagen zumeist in Anwendung ist. Die näheren Details dieser mechanisch angetriebenen Seiherwagen neigen zu sehr dem Gebiete des eigentlichen Maschinenbaues zu, als daß sie hier besprochen werden müßten.

Durch die rasch arbeitenden und wenig Bedienung erfordernden neueren Füll- und Entleerapparate, wie sie in Fig. 110—112 vorgeführt wurden, ist der Seiherpressenbetrieb mit fahrbaren Seihern auf eine hohe Stufe der Vervollkommnung gebracht worden. Die eigentlichen Pressen (Effektivpressen) stehen eigentlich konstant unter Druck und werden nur für jenen kurzen Moment außer Druck gesetzt, wo das Austauschen eines ausgepreßten gegen einen frisch beschickten Seiher stattfindet, eine

Arbeit, die kaum zwei bis drei Minuten währt. Das Füllen und Entleeren eines Seihers dauert bei flinker Arbeit, je nach der Seihergröße, insgesamt 10—15 Minuten. Bediente nun jeder Füllapparat nur eine Effektivpresse, so würde auch die Zeit, während welcher das Preßgut unter Druck steht, nur 10—15 Minuten umfassen und jedenfalls viel zu kurz sein, um alles gewinnbare Öl aus den Seihern ausfließen zu lassen.

Es wurde schon Seite 239 bemerkt, daß die Druckdauer ein wesentlicher Faktor für die Ölausbeute ist; man verlängert bei den Seiherpressen die Druckdauer dadurch, daß man neben jedem Füllapparat zwei

Fig. 114. Seiherwagen für Handbetrieb. (Verbesserte Konstruktion.)

oder mehrere Effektivpressen montiert. Die Zeit, während welcher das Preßgut unter Druck steht, wird dadurch verlängert, und zwar um so ausgiebiger, je mehr Effektivpressen die Füllpresse zu bedienen hat.

Pressenbatterien.

Solche Gruppen mehrerer Effektivpressen samt Füllpresse und Seiherwagen nennt man Pressenbatterien. Es gibt solche von zwei bis fünf Effektivpressen.

Für rasch abfließendes Öl, z. B. Raps, genügen Pressenbatterien mit zwei Effektivpressen, für schwer ausfließende, viskose Öle (z. B. Rizinusöl) sind Pressenbatterien mit vier und fünf Effektivpressen am Platze, weil nur dann eine zum Ölabflusse hinreichende Druckdauer gewährleistet ist.

Ist die Aufstellung solch vielpressiger Batterien nicht erwünscht, so kann die notwendige Druckdauer selbstredend auch durch periodisches Nichtarbeiten der Füllpresse erzielt werden, ein System, das aber wegen der damit verbundenen ungleichmäßigen Saaterwärmung bei der unvollständigen Ausnutzung der Apparatur nicht empfohlen werden kann.

Fig. 115. Saal mit Seiherpressen-Batterien.

Fig. 115 zeigt einen Pressensaal mit Seiherpressenbatterien[1]). Neben dem die Filterpresse bedienenden Arbeiter ist nur noch ein Mann zum Seihertransport notwendig, doch kann dieser letztere bequem zwei oder drei Batterien bedienen.

Wird der Transport des Seihers von der Presse zum Entleer- und Füllapparat und umgekehrt nicht auf Wagen besorgt, sondern geschieht

[1]) Ausgeführt von Fritz Müller in Eßlingen.

dies durch Drehung der Seiher um eine fixe Achse, so kommt man zu den sogenannten

Seiher-Drehpressen.

Einer der ersten, welcher um eine Achse drehbare Preßbehälter anwandte, war Lederle[1]). Laurent und Collot[2]) in Dijon beschrieben dann diese Art von Pressen näher und die Société anonyme du compresseur Jourdan in Paris[3]) ließ sich im Jahre 1886 eine ähnliche Vorrichtung für Olivenölpressen patentieren. Um die Vervollkommnung der Drehpressen für Ölsämereien haben sich G. & R. Koebers Eisenwerke[4]) in Harburg a. Elbe besondere Verdienste erworben[5]). Drehpressen.

Bei diesen Pressen sind zwei Seiher konstruktiv miteinander verbunden und drehen sich um die eine Säule der auf zwei Säulen ruhenden Effektivpresse. Die Drehung der Seiher kann entweder von Hand aus oder maschinell erfolgen. Auf den Bewegungsmechanismus selbst kann hier nicht näher eingegangen werden und sei nur bemerkt, daß die einfache Bewegung eines (in Fig. 118 ersichtlichen) Hebels genügt, um eine Schwenkung der Seiher hervorzurufen.

Bei der Drehpresse (Fig. 116) ruhen die beiden Seiher mit ihrem gemeinsamen Hohlschafte auf gehärteten Stahlkugeln auf und die Bewegung des Seiherpaares erfolgt daher äußerst leicht. Der Preßkolben der eigentlichen Presse P dringt von unten in den Seiher ein. Das abgepreßte Öl sammelt sich in der Auffangrinne des Preßtisches und fließt durch ein Ablaufrohr ab. Während der eine Seiher sich unter Druck befindet, ist der zweite unter dem Entleer- und Füllapparate, um entleert und frisch beschickt zu werden. Das Ausstoßen des Seihers erfolgt von unten nach aufwärts, das Füllen auf die gewöhnliche Weise durch einen Drehschieber. Eine Arretierungsvorrichtung hält die Seiher bei der Drehung an der richtigen Stelle fest und konzentriert dieselbe genau, wodurch ein Beschädigen infolge Hochgehens des Preßkolbens bei unrichtiger Stellung des Seihers vermieden wird.

Bei Saaten, welche nach der Pressung eine starke Quellung zeigen, wie beim Arbeiten mit hohem Druck überhaupt, ist es vorteilhaft, wenn die Seiher in vertikaler Richtung unabhängig voneinander frei beweglich sind. Man hängt zu diesem Zwecke die Seiher in ausgedrehte, gußeiserne, mit Tragringen armierte Hülsen, welche den Seihern zur Auflage und Führung dienen. Diese Hülsen sind mit einer Traverse, welche den Tisch durchsetzt und sich auf ihrer unteren Seite auf einem Spurkranze von gehärteten Gußstahlkugeln dreht, verschraubt. In eingeschwenktem Zustande werden die Seiherhülsen bei diesem Pressensystem durch eine besondere Gekuppelter Seiher mit unabhängiger Bewegung.

---

[1]) D. R. P. Nr. 19061 v. 24. Febr. 1882.

[2]) Armengauds Publication industrielle, 1882, Bd. 28, S. 241. — Chem. Industrie, Bd. 5, S. 302.

[3]) D. R. P. Nr. 38381 v. 28. Aug. 1886.

[4]) D. R. P. Nr. 94774 v. 17. Sept. 1896.

[5]) Zu erwähnen ist auch die Drehpresse von Herbert Lambert in Leeds (Engl. Patent Nr. 13332 v. 10. Juni 1896).

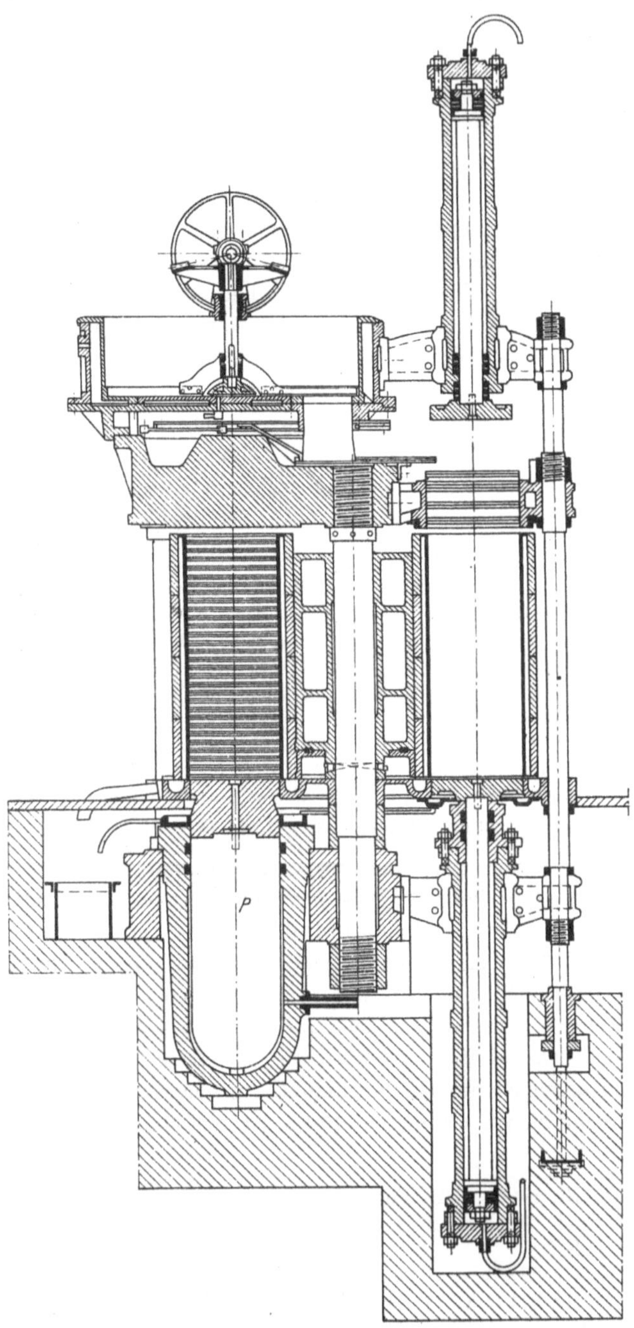

Fig. 116. Seiher-Drehpresse.

Schnappvorrichtung arretiert, unter der Füll- und Effektivpresse also genau so konzentriert wie bei der Konstruktion nach Fig. 116.

Bei den Drehpressen hat der Füll- und Entleerapparat vielfache Ruhepausen, denn das Beschicken und Dechargieren eines Seihers erfordert ungefähr 10—15 Minuten, während welcher kurzen Zeit aber das Öl aus dem unter der Effektivpresse stehenden Seiher nicht ausgepreßt werden kann. (Vgl. Seite 281.) Läßt man den Seiher länger unter Druck, so verharrt der Füll- und Entleerapparat während dieser Zeit in Untätigkeit. Um ihn unausgesetzt zu beschäftigen, hat man denselben zur eigentlichen Pressung heranzuziehen versucht, und nennt solche Pressen

Compound-Pressen.

Compound-Pressen.

Der Ausdrückapparat dieser Pressen ist gewöhnlich so dimensioniert, daß er, unter Hochdruck stehend, den gleichen Druck ausübt wie der Kolben der eigentlichen Presse unter Niederdruck[1]). Beim Vor- und Ausdrückapparat der Compound-Presse besorgt also das Entleeren und Beschicken der Seiher die Niederdruckarbeit, so daß der Effektivpresse nur die Hochdruckarbeit zu leisten übrig bleibt und dadurch eine erhebliche Verlängerung der Totaldruckzeit des Preßgutes erreicht wird.

G. & R. Koebers Eisenwerke in Harburg a. Elbe haben außerdem durch die Kombinierung zweier einfacher Drehpressen zu einer Art Drehpressenbatterie, bei welcher ein Füll- und Entleerapparat zwei Effektivpressen bedient, die Druckdauer zu verlängern versucht. Die Zeit, während welcher bei dieser Drehbatterie die Seiher unter der Effektivpresse bleiben, ist doppelt so groß wie die Entleer- und Fülldauer eines Seihers, was der Ölausbeute sehr zu gute kommt.

Diese mit drei Seihern arbeitende Drehpresse (Fig. 117) gestattet ein beliebiges Vertauschen der Seiher, welche in gußeisernen, mit Aussparungsöffnungen versehenen Hülsen (in Fig. 118 deutlich zu sehen) geführt werden. Das Führungsgehäuse jedes der drei Seiher kann durch ein Handrad von den zwei Drehtraversen losgekoppelt oder mit ihnen verbunden werden, so daß man immer zwei Seiher je nach Belieben miteinander verbinden und um eine der beiden mittleren von vier vorhandenen Preßsäulen drehen kann. Diese Drehung, die man, wie bei allen Drehpressen, durch eine Bewegung des Hebels einleitet, erfolgt auch hier sehr leicht und glatt. Der mittlere Seiher ist stets unterhalb der Füllpresse postiert und wird auf die bekannte Weise ausgedrückt und vorgepreßt. (Siehe Seite 277.) Der bedienende Arbeiter steht in der Mitte der Presse auf einem Podium, das ungefähr in der halben Seiherhöhe angebracht ist, und kann von hier aus nicht nur leicht das Füllen und Entleeren der Seiher, sondern auch das Ein- und Loskoppeln je zweier Seiher und die Drehung derselben ausführen.

Früher erfolgte die Drehung der Seiherpaare in der Regel durch Riemenantrieb, bei den neuen Konstruktionen (Fig. 117) geschieht dieselbe jedoch hydraulisch, indem zwei Druckzylinder C_1 C_2 eine Zahnstange vorschieben, die in ein Zahngetriebe eingreift, welches die Drehung vollführt.

---

[1]) Die Ausdrücke „Hoch- und Niederdruck“ finden beim Abschnitte „Pumpen und Akkumulatoren“ ihre Erklärung.

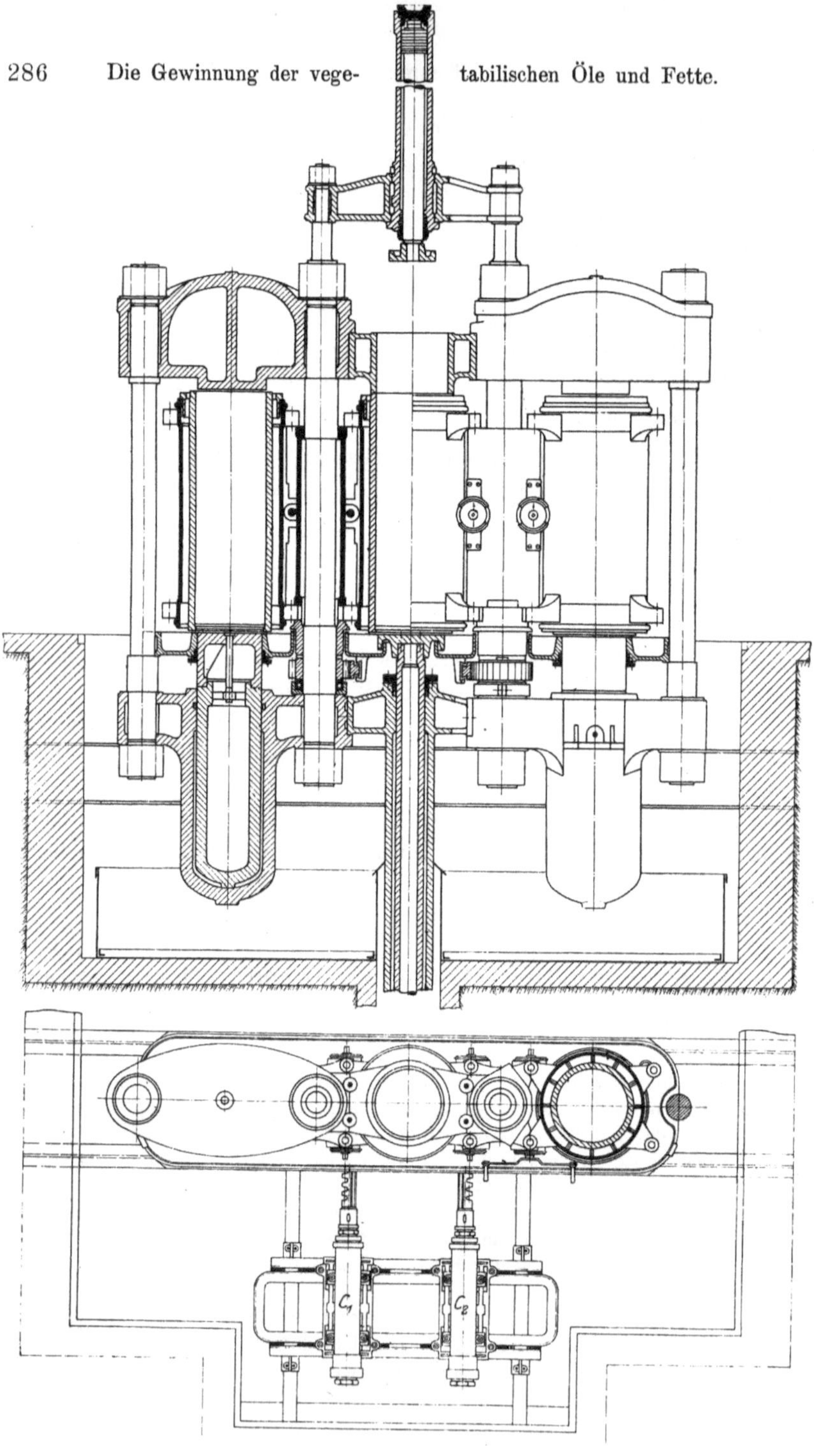

Fig. 117. Compound-Drehpresse.

Fig. 118 zeigt eine solche Presse in der Perspektive; der Vordruckzylinder der Füllpresse ist hier noch nicht aufmontiert.

Fig. 118. Compound-Drehpresse.

Die Seiherpressen[1]), sowohl die mit fahrbarem Seiher als auch die Drehpressen, haben den Vorzug des reinlichen Arbeitens vor allen anderen Pressensystemen. Sie erfordern ferner nur wenig Bedienungsmannschaft

Vor- und Nachteile der Seiherpresse.

[1]) Die eigenartige Presse von L. Brüggemann in Heilbronn (D. R. P. Nr. 36564 v. 19. Jan. 1886) gehört ebenfalls zu den Seiherpressen, desgleichen die Presse mit dem doppelten Preßkasten von H. O. Schneider in Köln (D. R. P. Nr. 18907 v. 15. Nov. 1881).

und zeigen einen geringeren Preßtuchverschleiß als die Packpressen. Bei gleichen Arbeitsbedingungen geben sie aber eine etwas geringere Ölausbeute, welches Manko jedoch durch ein bei Seiherpressen leicht zulässiges Arbeiten unter höherem Drucke zum Verschwinden gebracht werden kann. Nur die Seiher und Seiherwagen bzw. die Drehvorrichtungen sowie die Füllpressen bringen Reparaturen mit sich, die Effektivpressen bedingen dagegen bei richtiger, genügend kräftiger Konstruktion fast gar keine Instandhaltungskosten.

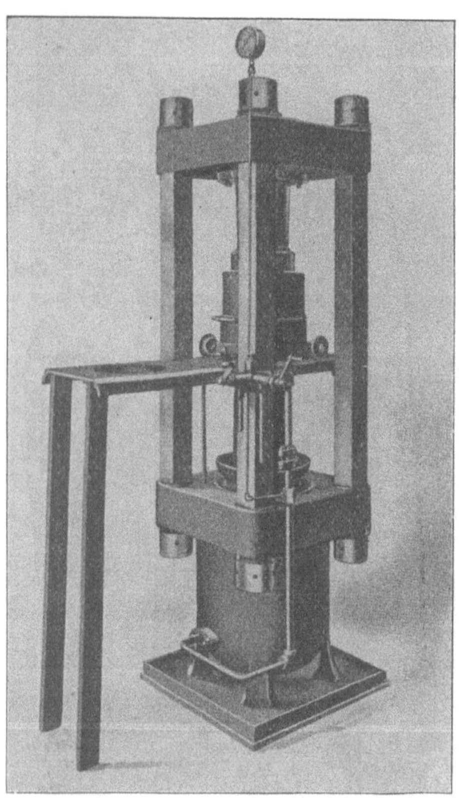

Fig. 119. Amerikanische Seiherpresse.

Die Seiherpresse gilt daher als eine der zweckmäßigsten Pressentypen und ist besonders in deutschen Ölfabriken viel anzutreffen, denn in Deutschland ist die aus England stammende Grundform der Seiherpresse auf die heutige Höhe der Vervollkommnung gebracht worden. In England stehen Seiherpressen ebenfalls in ziemlicher Anzahl in Betrieb, weniger in Frankreich. Amerika kennt die Seiherpresse in ihrer höchsten konstruktiven Durchbildung nicht; die wenigen von amerikanischen Maschinenfabriken zum Pressen von Rizinussaat und Erdnüssen empfohlenen Seiherpressen (Fig. 119) ähneln mehr der in Fig. 106, Seite 271 gezeigten primitiven Form, arbeiten mit sehr kleinen und niedrigen Seihern und können daher fast zu den

c) Trogpressen

Trogpressen.

gerechnet werden. Bei dieser Pressentype ist der Preßbehälter ähnlich gebaut wie ein Preßseiher, nur muß man sich letzteren der Höhe nach in mehrere Teile zerlegt denken, so daß man an Stelle des einen hohen Zylinders (Preßseihers) mehrere niedrige trommelförmige Gefäße (Tröge) erhält. Dieselben können eine beliebige Grundrißform haben; ursprünglich paßten sie sich der früher sehr beliebten Trapezform der Kuchen an, später wurden sie rechteckig und quadratisch, und heute werden sie fast ausschließlich kreisrund gehalten und die damit bedienten Pressen „Ringpressen" genannt. Um den Preßtrögen unter der Presse eine Auflage zu verschaffen, besitzt letztere mehrere fix eingebaute Zwischentische aus Gußeisen oder Gußstahl, die gewöhnlich auch den für jeden Preßtopf nötigen Preßstempel tragen, welcher wegen der geringen Höhe des Preßgutbehälters hier natürlich nur ganz niedrig zu sein braucht.

Die Preßtröge (Preßringe) können entweder beim Füllen und Entleeren unter der Presse bleiben, oder aber zwecks leichteren Hantierens hierbei aus der Presse entfernt werden. Preßtröge.

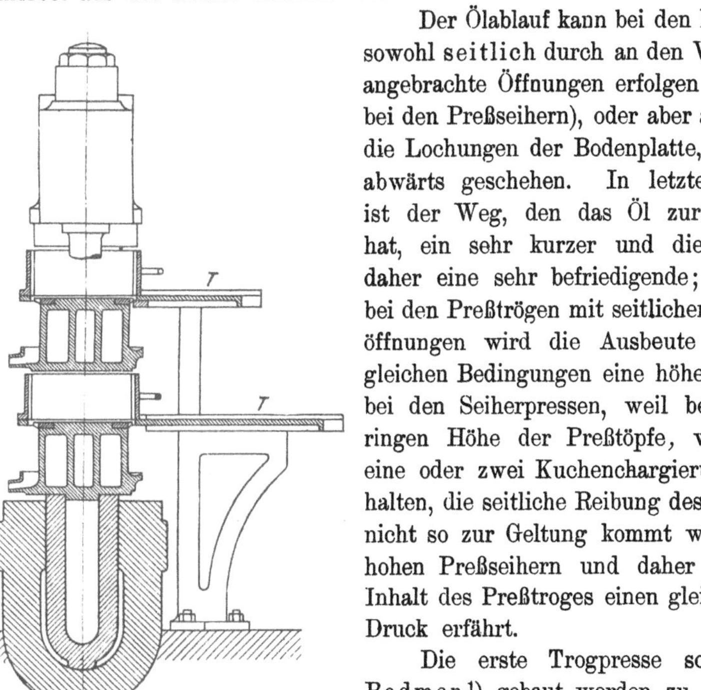

Fig. 120. Bodmersche Trogpresse.

Der Ölablauf kann bei den Preßtrögen sowohl seitlich durch an den Wandungen angebrachte Öffnungen erfolgen (ganz wie bei den Preßseihern), oder aber auch durch die Lochungen der Bodenplatte, also nach abwärts geschehen. In letzterem Falle ist der Weg, den das Öl zurückzulegen hat, ein sehr kurzer und die Ausbeute daher eine sehr befriedigende; aber auch bei den Preßtrögen mit seitlichen Austrittsöffnungen wird die Ausbeute bei sonst gleichen Bedingungen eine höhere sein als bei den Seiherpressen, weil bei der geringen Höhe der Preßtöpfe, welche nur eine oder zwei Kuchenchargierungen enthalten, die seitliche Reibung des Preßgutes nicht so zur Geltung kommt wie bei den hohen Preßseihern und daher der ganze Inhalt des Preßtroges einen gleichmäßigen Druck erfährt.

Die erste Trogpresse scheint von Bodmer[1]) gebaut worden zu sein. Das Arbeiten mit derselben war ein sehr umständliches; sie wurde in vertikaler Richtung beschickt und sodann durch eine besondere Drehvorrichtung in eine horizontale Lage gebracht, in welcher sie während der ganzen Preßdauer verblieb. Bodmer selbst erkannte sehr bald die Nachteile dieser Konstruktion und suchte dieselben zu beheben. Bei der zweiten verbesserten Bauart stellt sich seine Trogpresse als eine stehende, stabile Presse dar, welche an die heute noch viel gebrauchte Ringpresse erinnert. Bodmersche Trogpresse.

Bei der verbesserten Bodmerschen Ölpresse werden die Preßtöpfe beim Entleeren und Füllen auf Vortische gezogen[2]) (Fig. 120). Der Boden der Preßtöpfe

[1]) Engl. Patent Nr. 2886 v. Jahre 1885.
[2]) Schweiz. polyt. Zeitschr., 1859, S. 5.

wird mit einer genau passenden runden Preßmatte bedeckt, auf diese das Samenmehl gefüllt und oben mit einer zweiten Matte abgeschlossen. Will man dünne Kuchen haben, so kann der Topfinhalt auch in zwei Chargen zerlegt werden, welche man mit einer Eisenplatte mit beiderseitigem Preßmattenbelage trennt. Beim Gebrauch der Presse bedient man sich zweier Sätze von Töpfen; während sich der eine Satz in der Presse befindet, wird der andere entleert und gefüllt, um sogleich in die Presse gebracht werden zu können, wenn der erste fertig gepreßt ist. Die Ausschlagtische T sind derartig konstruiert, daß sie sowohl ein bequemes Ausschlagen der Preßkuchen als auch ein bequemes Füllen der Preßtöpfe von den Saatwärmern aus gestatten.

Um die gleiche Zeit wie die Bodmersche Presse ist eine ähnliche von dem Magdeburger Grusonwerke konstruiert worden[1]); nicht viel später trat dann der Franzose Poteau[2]) mit einer Trogpresse auf, bei welcher der Ölaustritt nicht durch die Seitenwände, sondern durch den gelochten Boden der Preßtöpfe stattfand. Die Beschickung der Preßtöpfe war bei dieser Poteauschen Presse die folgende:

Presse von Poteau,

Zu unterst kam ein durchlochtes, nach abwärts sich konisch erweiterndes Stahlblech, auf dieses ein feinmaschiges Messingsieb, dann ein wollenes dicht gewebtes Preßtuch und endlich die Ölsaat; oberhalb derselben wurde dann wiederum ein Preßtuch, ein Messingsieb und ein gelochtes Eisenblech gelegt. Außerdem waren die Preßtöpfe heizbar eingerichtet, ruhten nicht auf eigenen Zwischentischen, sondern nur auf an den Säulen befestigten Vorsprüngen, hatten besondere Zentriervorrichtungen und konnten auf ein neben der Presse befindliches Gestell herausgezogen werden. Weder die Presse von Poteau noch eine ähnlich konstruierte von Bandell[3]) vermochten sich in der Ölindustrie Eingang zu verschaffen.

von Ehrhardt.

Mehr Beachtung wurde der Ehrhardtschen Trogpresse[4]) geschenkt, welche den Zweck verfolgte, das Füllen und Entleeren der Preßtröge zu vereinfachen.

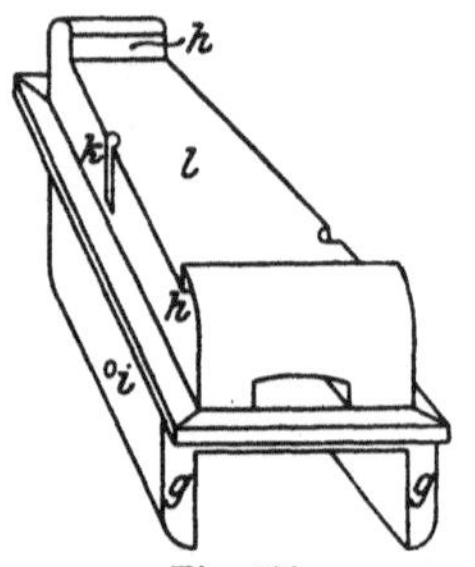

Fig. 121. Formkasten der Ehrhardtschen Trogpresse.

Geschah die Entleerung der Preßrückstände aus den Preßtrögen nicht durch Ausstoßen von oben nach abwärts, so waren an den Trögen seitliche Verschlüsse angebracht, die beim Entleeren derselben gelöst wurden. Bei den früher allgemein gebrauchten trapezförmigen Kasten waren an der breiteren Querseite gewöhnlich ein oder zwei solche Verschlüsse vorhanden.

Die Ehrhardtsche Presse sucht nun diese Verschlüsse auf folgende Weise zu vermeiden:

Die Seitenwände der Formkasten sind durch feste Knaggen g gebildet, welche bei stattfindender Pressung um den stempelartigen Ansatz des darüber, bzw. des

[1]) Vgl. L. Ramdohrs Aufsatz in Dinglers polyt. Journ., Bd. 218, S. 480.
[2]) Dinglers polyt. Journ., Bd. 218, S. 478.
[3]) Bornemann, Die fetten Öle, Weimar 1889, S. 73.
[4]) D. R. P. Nr. 14990 v. 8. Jan. 1881.

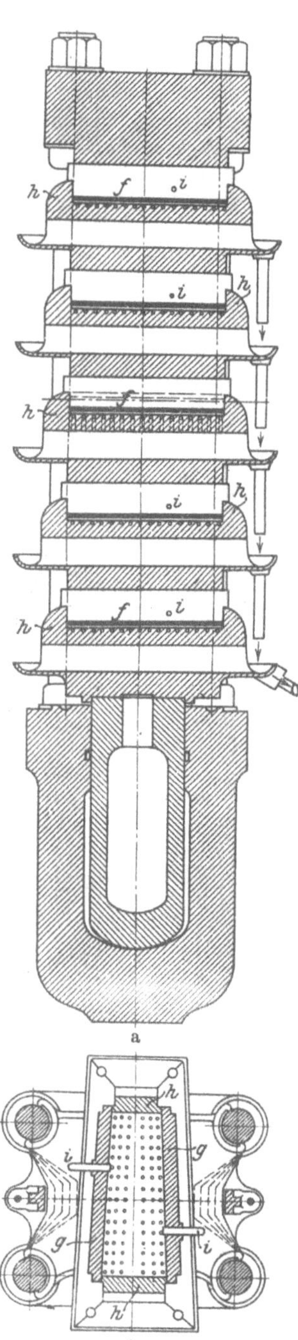

Fig. 122 a und b. Ehrhardtsche Trogpresse.

darunter liegenden Kastens greifen (Fig. 121, 122). Die Knaggen *h*, welche die Querwände bilden, sind in ihrer Höhe so bemessen, daß sie bei der größten Entfernung der Kasten voneinander Öffnungen von etwa 50 mm Höhe lassen, durch welche die Beschickung oder die Entnahme des Preßgutes erfolgt. Für das Ausheben werden die Kuchen von der Presse selbst bereit gelegt, indem bei Niedergang des Preßkolbens, also bei der gegenseitigen Entfernung der einzelnen Formkasten, in Löcher der Knaggen *g* bei *i* eingesteckte Stifte so weit in entsprechende Nuten *k* eingeschoben werden, daß die auf der Sohle *l* des Kastens liegende durchlochte Preßplatte *f* und somit der darüber befindliche Kuchen bis an den Rand der Knaggen *h* gehoben wird. Bei der Entnahme des Kuchens bedarf es dann nur eines seitlichen Herausschiebens. Bevor die Füllung erfolgt, werden die Stifte aus der Nut wieder zurückgezogen[1]).

Verbesserte Ehrhardtsche Presse.

Um ein ununterbrochenes Arbeiten zu ermöglichen, hat später Ehrhardt[2]) die Kasten auf Gleitschienen gelegt und ausziehbar gemacht; dadurch kann eine Garnitur von Preßtöpfen frisch beschickt werden, während die andere unter Druck ist, wie dies schon Bodmer empfahl und wie es zurzeit bei allen Topfpressen geschieht.

Die nähere Einrichtung dieser verbesserten Ehrhardtschen Topfpresse zeigt Fig. 123.

Zum bequemen Ein- und Ausbringen dieser Kasten sind zu beiden Seiten jedes Stempels an diesem horizontal liegende Gleitschienen *G* angebracht, auf welchen ein Aus- und Einschieben erfolgt. Die Kasten selbst werden aus je einem schmiedeeisernen Ringe *H* gebildet, welcher zwei gußeiserne Segmente *J* so umfaßt, daß zwischen letztere eine der Gestalt des Stempels entsprechende Form *A* verbleibt, die unten von dem auf Vorsprüngen ruhenden Seiherboden *K* abgeschlossen wird. Bei der Pressung heben die aufwärtsgehenden, in die Öffnung *A* eintretenden Stempel *B* den Seiherboden *K* und drücken dadurch das Preßgut gegen die untere Fläche des darüber liegenden Stempels. Sobald auf diese Weise die einzelnen Kuchen gebildet sind, wird der Niedergang des hydraulischen Kolbens veranlaßt, die Ringkasten nach der einen Seite aus der Presse gehoben und

[1]) Dinglers polyt. Journ., Bd. 240, S. 39.
[2]) D. R. P. Nr. 16539 v. 9. April 1881.

die inzwischen mit frischer Ware gefüllten Kasten von der andern Seite eingebracht, wobei man sich behufs noch größerer Zeitersparnis zweckmäßig eines an alle übereinander liegenden Kasten zu drückenden, bzw. in die kleinen Handgriffe *h* einzusteckenden Stabes als Handhabe bedienen kann. Die Endstellung der Kasten innerhalb wie außerhalb der Presse sichern geeignet angebrachte Anschläge[1]).

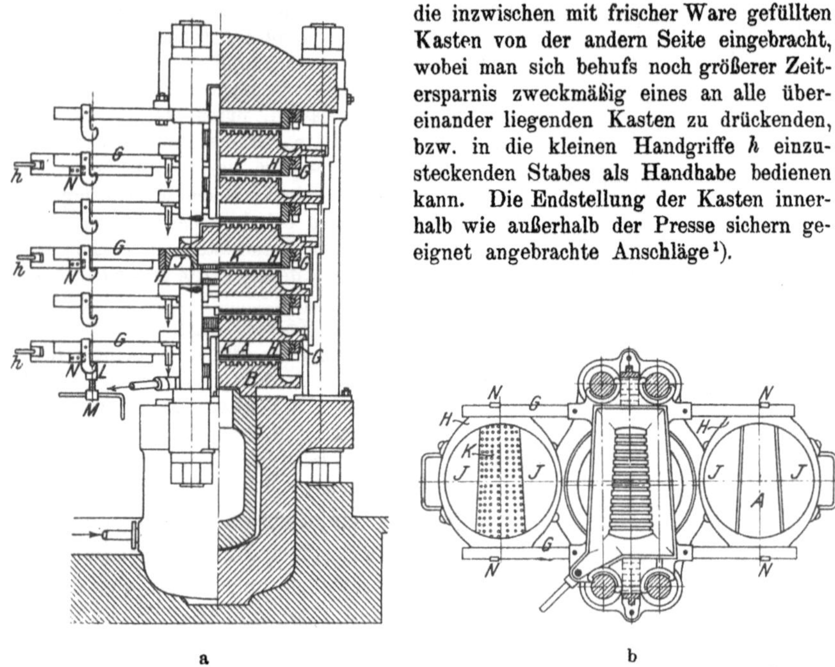

Fig. 123 a und b. Verbesserte Ehrhardtsche Trogpresse.

Zur Entnahme der Kuchen aus den ausgezogenen Kasten dient die in Fig. 124 dargestellte transportable Vorrichtung, welche mit den Enden des Bügels *L* in die an den Gleitschienen befindlichen hakenförmigen Hängstücke *N* eingesteckt wird; bei Drehung der Schraube *M* legt der aufsteigende Trogboden *K* den Kuchen zur Wegnahme bereit (siehe auch Fig. 123 a und b).

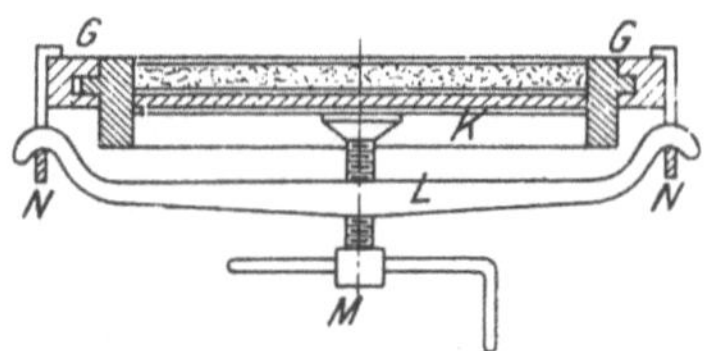

Fig. 124. Ausdrückvorrichtung der verbesserten Ehrhardtschen Trogpresse.

Eine einfache, praktische Form der Trogpresse mit ausziehbaren Preßtöpfen zeigt Fig. 125. Es sind hier in jeder Etage zwei Preßtröge angeordnet, die wegen ihres kleinen Formates leicht zu handhaben sind.

[1]) Dinglers polyt. Journ., Bd. 243, S. 141.

Wählt man statt der trapezförmig oder rechteckig geformten Tröge zylindrische, so kommt man auf die Pressenform (Fig. 126) der sogenannten

Ringpresse.

Die Preßbehälter (Ringe) der Ringpressen sind am Boden durch eine mit Löchern versehene bewegliche Stahlplatte abgeschlossen. Auf diese Ringpressen

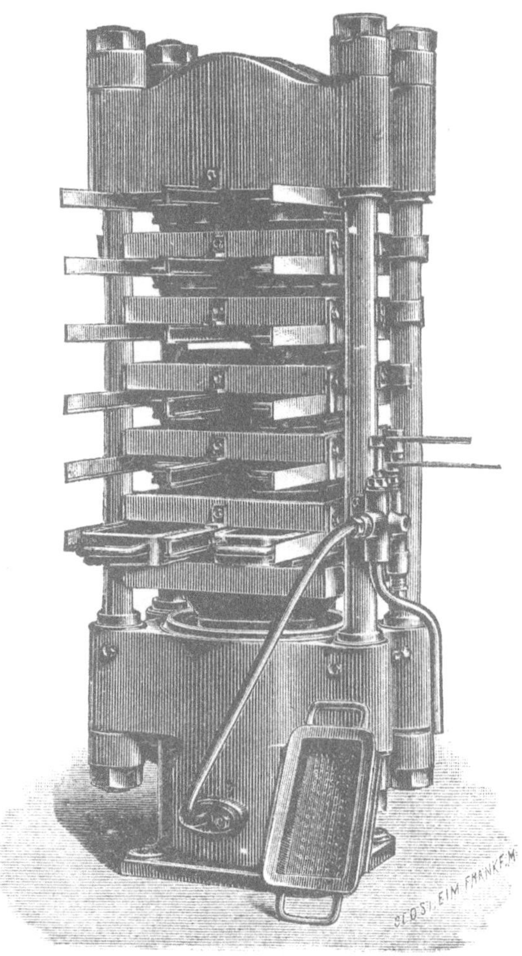

Fig. 125. Trogpresse mit ausziehbaren Preßtöpfen (System Brinck & Hübner in Mannheim).

kommt ein geflochtener Roßhaardeckel oder auch ein Preßfilz, darauf eine Schicht auszupressenden Samens und zum Schluß wieder ein Roßhaardeckel. Der obere Teil eines jeden Preßtisches ist geriffelt und dringt beim Hochgehen der Presse in den darüber liegenden Ring ein. Das Öl fließt dann durch den Roßhaardeckel und durch die gelochte Stahlplatte sowie die Rinnen des Preßtellers in den eigentlichen Ölablaufkanal (System Brinck & Hübner).

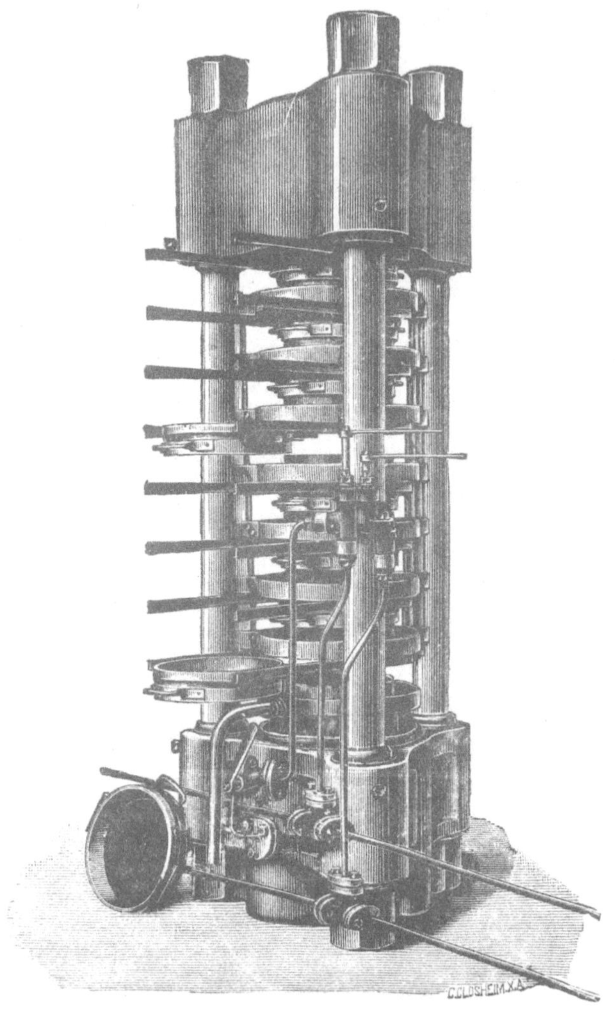

Fig. 126. Ringpresse (System Brinck & Hübner in Mannheim).

Mitunter versieht man auch diese Ringpresse beiderseitig mit Gestellen zum Herausziehen der Ringe (Fig. 127) und richtet die Zwischentische heizbar ein [1]).

[1]) Brinck & Hübner in Mannheim haben zu ihrer Ringpresse einen eigenen Füllapparat konstruiert (D. R. P. Nr. 35778 v. 13. Nov. 1885).

Fig. 127. Ringpresse mit beiderseitigen Ausziehvorrichtungen.

Vor- und Nachteile der Trog- und Ringpresse.

Die Trog- und Ringpressen geben eine sehr gute Ausbeute und zeichnen sich durch Dauerhaftigkeit und sehr geringen Preßtuchverschleiß aus. Leider ist das Bedienen dieser Pressen wesentlich umständlicher als das der Seiherpressen.

Dennoch sind die Ringpressen für manche Saaten, speziell für solche, die hoch schmelzbare Fette enthalten, recht empfehlenswert. Der Querschnitt der Preßtröge und Preßringe bewegt sich in denselben Größen wie jener der Preßbehälter der Kasten- und Seiherpressen.

Die Kasten-, Seiher- und Trogpressen liefern Preßrückstände (Ölkuchen) mit gut ausgepreßten, nicht abbröckelnden Rändern; diese Ölkuchen gelten daher gewöhnlich in der Form, wie sie von

Fig. 128. Beschneidmaschine für runde Kuchen.

Beschneiden der Kuchen.

der Presse kommen, als versandfertig. Da aber von den verwendeten Preßtüchern her an dem Rande der Kuchen häufig einzelne, mitunter wohl auch ganze Büschel von Haaren oder Gespinstfasern haften, so wird bisweilen zur Entfernung derselben ein Abscheren des Randes (Beschneiden) vorgenommen. Die dazu verwendete Vorrichtung zeigt Fig. 128.

Zwei rotierende Scheiben werden durch einen Fußhebel gegeneinander gedrückt, erfassen den Kuchen, gegen welchen das an einem Handhebel befestigte Schneidmesser gedrückt wird.

d) Packpressen.

Packpressen.

Bei denselben wird das Preßgut zu quadratischen oder rechteckigen Paketen von 2—3 cm Dicke geformt und in dieser Verpackung unter die Presse gebracht.

Die durch Montgolfier (1819) eingeführten Packpressen sind in der Stearinindustrie und in der Margarinefabrikation allgemein im Gebrauche, in der Ölfabrikation werden sie dagegen wenig angewendet. Nur Marseille mit seiner großen und mächtigen Ölindustrie kann sich von diesen Pressen nicht lossagen [1]), weshalb die Packpresse bei den Ölmüllern allgemein unter dem Namen „Marseiller Presse“ bekannt ist.

Marseiller Presse.

Das Füllen und Herstellen der Preßpakete geschieht bei der Marseiller Presse auf ganz einfachen Arbeitstischen, welche unter den Wärmpfannen stehen. Diese lassen durch ein Schiebmaß ein genau gemessenes Quantum Preßgut in das offene Einschlagtuch fallen, das dann von dem Arbeiter, nachdem er die Saat in dem Tuche ausgebreitet hat, von allen vier Seiten eingeschlagen und auf kleinen Handwägelchen zur Presse gebracht wird. Hier wird jedes einzelne Paket von Hand aus in die Presse gelegt und zwischen je zwei Pakete eine schmiedeeiserne Platte postiert. Stärkere schmiedeeiserne Zwischenplatten, welche in Ketten hängen und durch Rollen und Gegengewichte leicht hoch und niedergezogen werden können, werden zwischen je 5—6 Pakete eingeschoben, um einem bei keilförmigen Preßpaketen eintretenden Schiefgehen der Presse, das ohne diese schweren, Unegalitäten ausgleichenden Zwischenplatten kaum zu vermeiden wäre, vorzubeugen. Die bei der Marseiller Presse verwendeten Einschlagtücher müssen den ganzen Seitendruck des Preßgutes aufnehmen und werden daher aus sehr widerstandsfähigem Material gefertigt; bekannt sind diese steifen Preßtücher unter dem Namen „Scourtins“.

Bei der Marseiller Presse ist die Kolbenfläche in der Regel kleiner als die Kuchenfläche (Preßfläche), weshalb der spezifische, auf das Preßgut ausgeübte Druck geringer ist als der des zugeführten Druckwassers. Trotzdem ist die Ausbeute, wohl des allseitig freien, ungedrosselten Ölabflusses wegen, eine relativ günstige. Könnte man bei diesen einfachen Packpressen mit so hohem Drucke arbeiten wie bei den Seiherpressen, so würde die Ölausbeute gar nichts zu wünschen übrig lassen; ersteres ist aber wegen des leichten Schiefgehens der Presse und der meist geringen Widerstandsfähigkeit der Einschlagtücher nicht gut möglich.

Die mit dieser einfachen Packpresse erhaltenen Ölkuchen haben sehr weiche und ölreiche Ränder; dieselben werden von Hand aus abgeschnitten und nochmals verpreßt.

---

[1]) Eine in jüngster Zeit erschienene Broschüre von Soiron bekämpft das veraltete Marseiller Pressensystem und empfiehlt der Ölindustrie Marseilles eine baldige Modernisierung ihrer maschinellen Einrichtung.

Vor- und Nachteile der Packpresse. Geringe Anschaffungskosten, einfacher Mechanismus und daher geringe Schulung des Personals zählen zu den schätzenswerten Vorteilen dieser Presse; zu den Nachteilen die umständliche Bedienung, der große Verschleiß an Preßtüchern und das nicht sehr reinliche Arbeiten.

e) Etagenpressen.

Unter diesem Namen könnte man alle jene Pressen zusammenfassen, die durch Zwischentische die freie Beschickungshöhe der Pressen unterteilen. In der Praxis versteht man darunter aber in erster Linie jenen, unter dem Namen „anglo-amerikanische Presse" bekannten Pressentypus, bei welchem das Preßgut zwar auch in Tücher eingehüllt unter die Presse gebracht, dabei aber nicht, wie bei der Marseiller Presse, allseits eingeschlagen, sondern an der Längsseite offen gelassen wird[1]. Eigentümlich geformte horizontal gelegene Zwischenplatten, die beim Niedergehen der Presse in bestimmter Entfernung voneinander gehalten werden, erleichtern das Beschicken der Presse und verhindern, daß Preßgut beim Indruckgehen der Presse an den offenen Seiten hinausgepreßt werde, und vermeiden ein Schiefgehen der beschickten Presse.

Anglo-amerikanische Presse.

Dabei wird gleichzeitig an Preßtuchmaterial gespart und durch maschinelle Formgebung der einzelnen Saatchargen das Bauschige und Volumenfressende der Preßpakete der Marseiller Presse vermieden.

Eine anglo-amerikanische Presse für 12 Kuchen zeigt Fig. 129, eine für 14 Kuchen Fig. 130 und eine für 17 Kuchen ist perspektivisch in Fig. 131 abgebildet.

Die Konstruktion dieser Presse wird aus der Abbildung ohne weiteres klar und ist nur zu bemerken, daß die Preßplatten beim Tiefstande der Presse entweder in Gliederketten *G* hängen (Fig. 129) oder auf Staffeln *S* aufruhen (Fig. 130).

Preßplatten. Den Preßplatten kommt bei der Etagenpresse eine wichtige Rolle zu; sie müssen einmal dem seitlichen Austreten des Preßgutes vorbeugen, andererseits dem Öle einen leichten Abfluß gewähren. Die in der Längsrichtung gewellten Platten sind in der Querrichtung derartig eingezogen, daß das Preßgut durch die beim Druck entstehenden Seitenkomponenten zurückgehalten wird. Die Form und die Wellung der Platten ist für deren Haltbarkeit wie auch für die Ölausbeute sehr wichtig; die Zahl der in

---

[1]) Rud. Traumann in Mannheim (D. R. P. Nr. 26461 v. 17. Jan. 1883) schlug vor, das umständliche Einschlagen des Preßgutes bei den Marseiller Pressen zu umgehen, indem er an Stelle der Einschlagtücher (Scourtins) einfache Preßmatten empfahl, welche man, ohne sie umzuschlagen, zwischen die einzelnen Schichten des Preßgutes legt. Das seitliche Ausdrücken wird dabei einzig durch sehr langsames Unterdruckgehen der Presse vermieden. Diese Preßmatten werden an den Preßplatten angebracht.

Vorschlag gebrachten Ausführungsarten und Formen für Preßplatten ist daher Legion[1]). Mit wenigen Ausnahmen lassen sich aber alle auf zwei

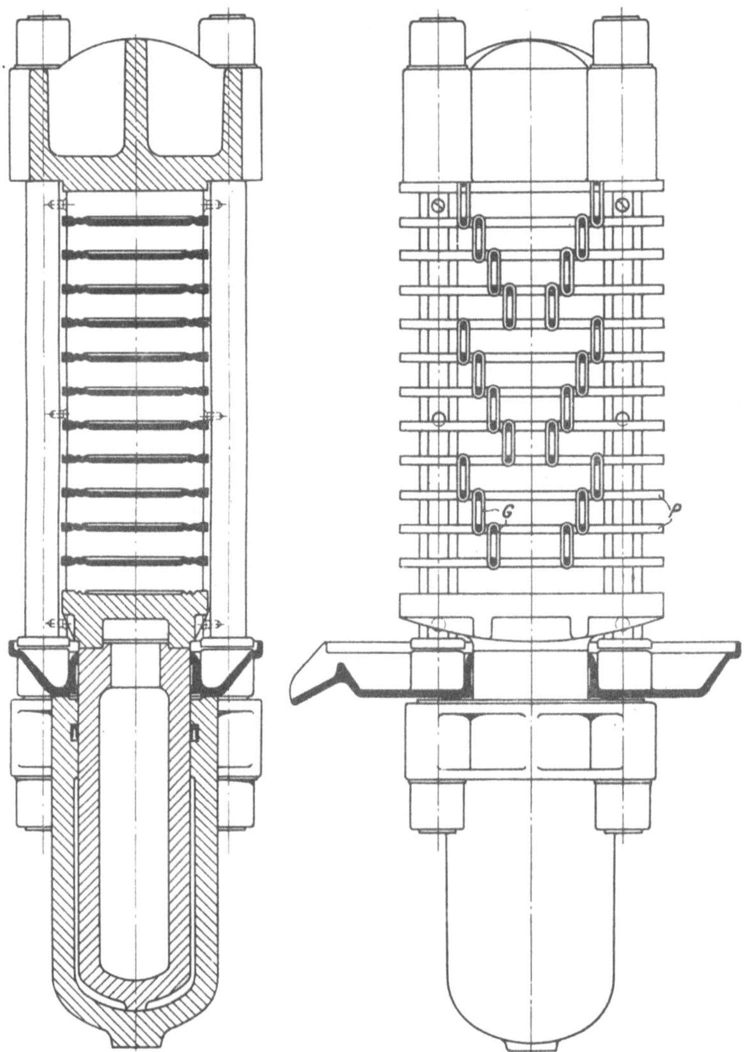

Fig. 129. Etagenpresse für 12 Kuchen.

Grundtypen zurückführen: Sie bestehen entweder aus einem Stück und sind dann aus Tiegelgußstahl hergestellt, oder sie sind aus einem an den Kanten

[1]) Die englische Patentliteratur ist besonders reich an vorgeschlagenen Preßplattenkonstruktionen und dazu gehörigen Preßtüchern und Preßmatten. Wir nennen

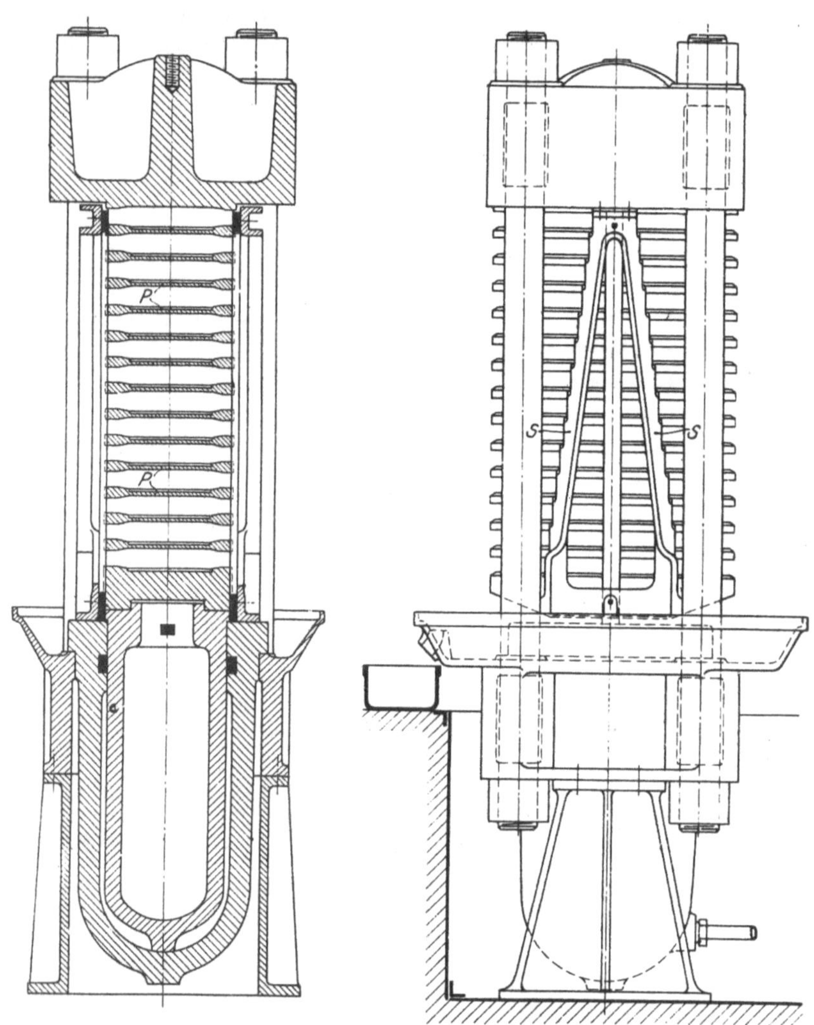

Fig. 130. Etagenpresse für 14 Kuchen.

von diesen englischen Patenten nur die folgenden: J. Thom v. 11. Juli 1867, Nr. 1716. — W. Walker und H. F. Smith v. 5. Mai 1868, Nr. 1472. — B. Pickering v. 7. Mai 1868, Nr. 1497. — J. H. Nutt v. 12. Mai 1868, Nr. 1550 und v. 26. Okt. 1869, Nr. 3105. — M. Samuelson v. 4. Nov. 1869, Nr. 3346. — D. Joy v. 2. Jan. 1869, Nr. 315 und v. 24. Nov. 1870, Nr. 3074. — J. Sterriker v. 5. April 1869, Nr. 1032. — M. Samuelson und C. Eskrett v. 13. April 1869, Nr. 1139. — C. Eskrett und H. Searle v. 16. Sept. 1869, Nr. 2706; v. 10. Mai 1877, Nr. 1820; v. 25. Febr. 1878, Nr. 779; v. 6. Juni 1883, Nr. 2809. — T. Atkinson v. 5. Okt. 1869, Nr. 2881. — G. J. Pearson v. 6. Juli 1877, Nr. 2610. — H. Holt

Fig. 131. Etagenpresse für 17 Kuchen.

v. 2. Mai 1878, Nr. 1778. — J. Whitham v. 13. Juli 1878, Nr. 2810. — C. S. Brittain und H. King v. 24. Okt. 1878, Nr. 4251. — T. M. Spiby v. 18. Juli 1879, Nr. 2941. — M. Gandy und C. S. Brittain v. 28. April 1880, Nr. 1732. — R. P. Thaker v. 28. April 1880, Nr. 1734. — C. Benson und J. W. Garrett v. 10. Aug. 1885, Nr. 9493. — T. Mc. Donald v. 21. April 1887, Nr. 5817. — J. M. Paton und J. Wilkinson v. 11. Okt. 1887, Nr. 13739. — W. C. Leechman v. 19. Juni 1890, Nr. 9526 und v. 5. April 1893, Nr. 7039. — G. E. Selby v. 26. April 1895, Nr. 8323. — A. Contet v. 22. Juli 1896, Nr. 16218. — H. W. J. Bastiaans und H. Greenwood v. 3. Juli 1897, Nr. 15875. — C. Contet v. 9. Nov. 1897, Nr. 25995. — J. W. Mackenzie (Rigaer Eisengießerei und Maschinenfabrik vorm. Felser & Co.) v. 3. Aug. 1900, Nr. 13991.

gehobelten Flußeisenblech von zäher Beschaffenheit gebildet, auf welchem man beiderseits Wellenplatten aus schmiedbarem Guß angebracht hat. (Siehe Fig. 132).

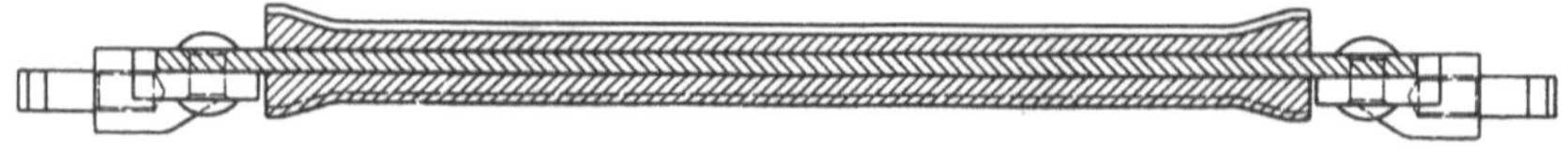

Fig. 132 a.

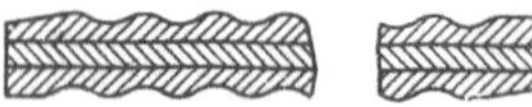

Fig. 132 b.

Fig. 132 a und b. Schmiedeeiserne Preßplatten.

a = Schnitt nach der Breitseite,
b = Schnitt nach der Längsseite.

Die Längsseiten dieser letzteren sind mit kräftigen Winkeln armiert und besitzen am Rande Löcher zum Abfließen des abgepreßten Öles, welches (wie auch Fig. 129—131 zeigen) in einer an dem Preßzylinder angegossenen Schale aufgefangen wird. Die Preßplatten haben eine ziemlich langgestreckte Form (siehe Fig. 133); ihre größte Länge beträgt 900 mm, ihre größte Breite 400 mm.

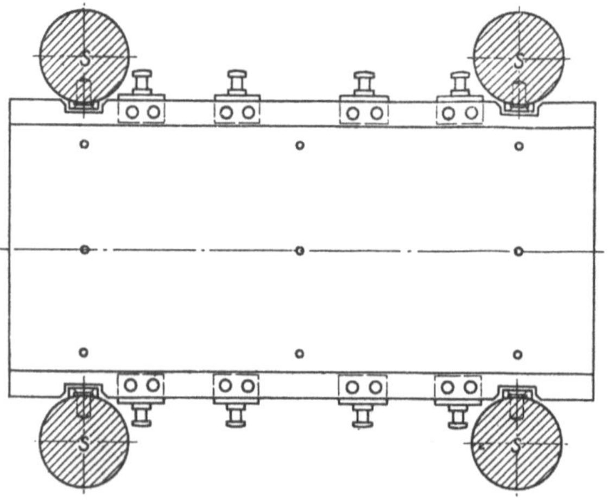

Fig. 133. Grundriß einer Preßplatte.
S = Pressensäulen.

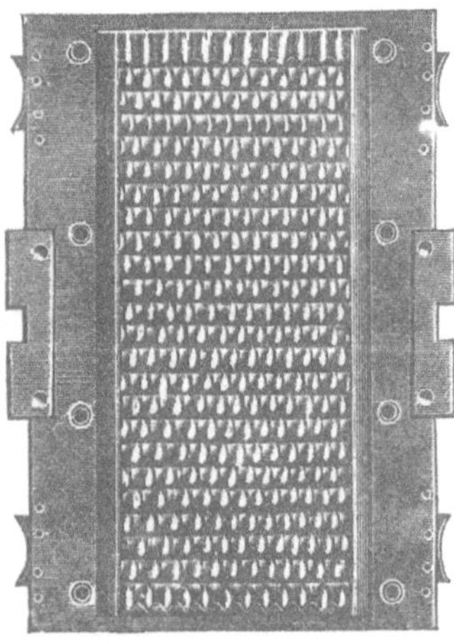

Fig. 134. Preßplatte mit Längs- und Querwellung (Würfelplatte).

In neuerer Zeit werden auch sogenannte **Würfelplatten** erzeugt (System **Koeber**), welche neben der normalen Längswellung auch eine **Querwellung** haben (Fig. 134), bei der die Wellen aber in jedem Felde um eine halbe Teilung gegeneinander versetzt sind. Die Wellung der Platten ist außerdem so gestaltet, daß die Erhöhungen der oberen in die gleichartigen Vertiefungen der unteren eingreifen und so ein seitliches Verschieben des Saatgutes beim Indruckgehen der Presse allseitigen Widerstand findet, wodurch die Preßtücher sehr geschont werden und die Ausbeute erhöht wird.

Neben den gewellten Preßplatten kennt man auch solche mit Einlagen von Haarmatten, welche ein besonders leichtes Abfließen des Öles bewirken sollen. Preßplatten mit Haarmatten.

Diese Preßplatten (Fig. 135)[1]) haben einen etwas vorstehenden Rand, und die innere Preßfläche ist perforiert. Über diese feingelochte Fläche wird eine dicke Haarmatte gelegt, die man zum Schutze mit einem dünnen, ebenfalls gelochten Stahlblech bedeckt, welches durch Hufnägel an der Matte befestigt wird.

Fig. 135. Preßplatte mit Haarmatte.
a = **Preßplatte,** *b* = **Haarmatte,** *c* = **Schutzblech mit Löchern für Nägel zum Befestigen an der Haarmatte.**

Derartige mit Haarmatten kombinierte Preßplatten sollen für Leinsaat gute Dienste leisten und sind in Amerika vielfach in Anwendung. Die sogenannten Drainageplatten, welche bei den Schachtelpressen allgemein üblich sind, bieten in dieser Hinsicht aber noch Vollkommeneres.

Die bei Etagenpressen und auch bei der später zu besprechenden Schachtelpresse gebräuchlichen

Formmaschinen

arbeiten derart, daß sie ein von der Wärmpfanne kommendes, durch ein Schiebmaß zugeführtes Saatquantum in eine der gewünschten Kuchenform Formmaschinen.

---

1) Ausführung von Buckeye Iron and Brass Works in Dayton.

entprechende muldenförmige, mit Preßtuch ausgekleidete Vertiefung aufnehmen und nach dem Zusammenschlagen der beiden Enden des Preßtuches eine Komprimierung der losen Masse herbeiführen.

Die Formmaschinen können durch Dampf, hydraulischen Druck oder von der Transmission aus betrieben werden.

Fig. 136. Kuchenformmaschine mit Dampfbetrieb.

Dampf-Kuchenformer.

Bei dem in Fig. 136 dargestellten Dampf-Kuchenformer unterscheidet man vor allem ein kegelstutzenartiges, auf Rollen laufendes Schiebmaß, welches das Preßgut in genau abgemessenen Quanten von der Wärmpfanne zur Formmaschine bringt. Hier fällt es in einen um zwei fixe Punkte aufkippbaren Rahmen, dessen Längsränder dem Füllmaße gleichzeitig als Gleitschienen dienen. Will der Arbeiter einen Kuchen formen, so bringt er das Schiebmaß unter den Wärmer, breitet in der Rahmenvertiefung das Preßtuch aus, zieht dann das Schiebmaß auf den Formrahmen, läßt es wieder zurückgehen und verteilt das damit herübergebrachte Preßgut gleichmäßig in der Mulde des Formrahmens. Nun schlägt er die beiden freien Enden des Einschlagtuches rechts und links zusammen, hebt den Formrahmen hoch und schiebt den eigentlichen Preßtisch, auf welchem nun das Preßgut aufruht, unter die

Presse. Das ist sehr leicht mittels des in Fig. 136 ersichtlichen kurzen Handgriffes auszuführen, denn der Preßtisch gleitet in gehobelten Führungen. Ist der Tisch unter dem Preßholme, so läßt man durch einen Hebeldruck den Dampfkolben der Presse hochgehen, wobei der Preßtisch mit dem Saatpaket gegen den fixen Preßholm gedrückt und so die gewünschte Komprimierung des bereits geformten Kuchens

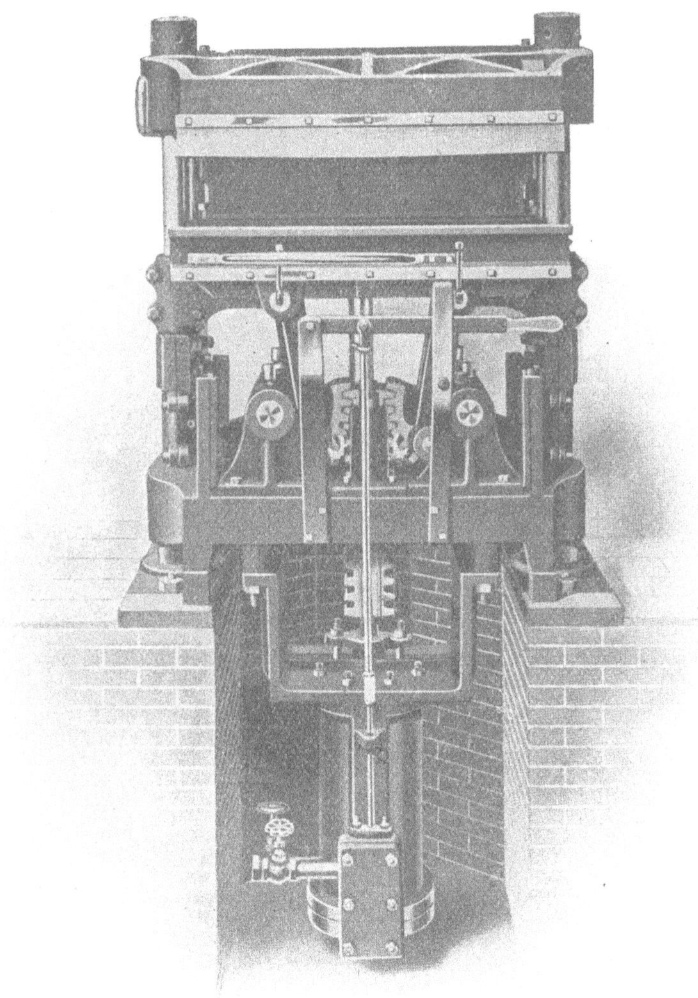

Fig. 137. Dampf-Kuchenformmaschine mit tiefliegendem Dampfzylinder.

erzielt wird. Der Kolben geht rasch wieder zurück, der Preßtisch wird abermals vorgezogen, der Kuchen abgehoben und unter die Presse gebracht. Der während des Vorpressens hochstehende Formrahmen wird nun wieder heruntergeklappt, in die Öffnung desselben ein Preßtuch gebreitet und eine neue Kuchencharge von dem Wärmer zugeführt, worauf das Spiel von neuem beginnt.

Doppelt wirkende Formmaschinen.

Um die Leistungsfähigkeit der Formmaschinen zu erhöhen, hat man dieselben mit zwei Fülltischen und Rahmen versehen, von denen je einer vorne und hinten angeordnet ist. Während auf der einen Seite gefüllt wird, der Rahmen also in Tiefstellung sich befindet, wird auf der anderen Seite gerade der Kuchen komprimiert, weshalb der Rahmen in Hochstellung sein muß, wie in Fig. 136.

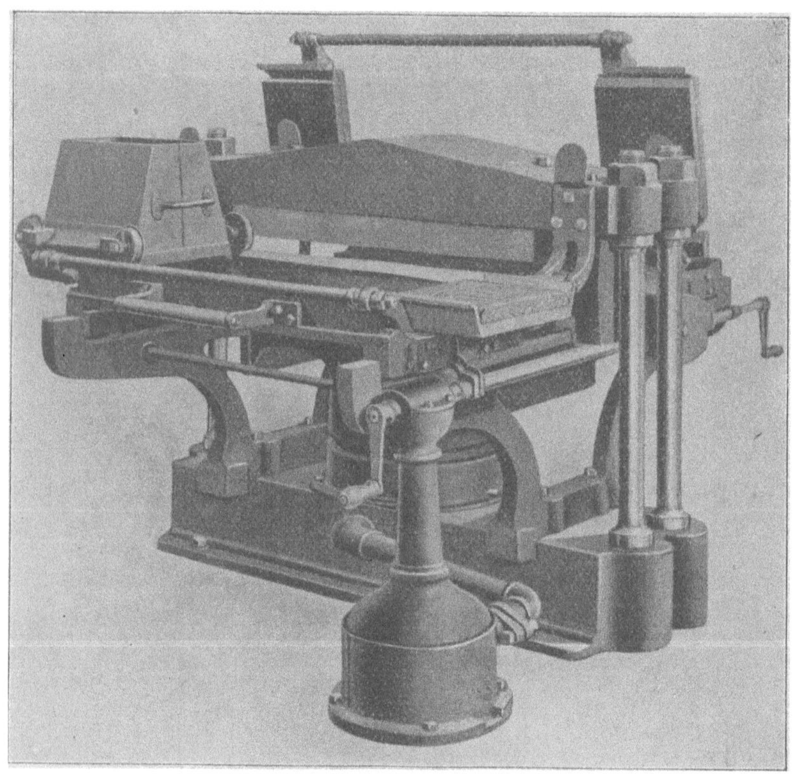

Fig. 138. Hydraulische Kuchenformmaschine.

In neuerer Zeit konstruiert man diese Dampfformer auch derart, daß das Einschieben des Preßtisches unter die Presse nicht mehr von Hand aus, sondern automatisch ausgeführt wird.

Zur Verminderung des Dampfkonsums ist es angezeigt, den Kolbenhub recht klein zu nehmen, die Maschine also recht niedrig zu bauen.

Die Dampfformer zeigen infolge ihres sehr raschen Arbeitens große Leistungsfähigkeit, belästigen aber den Arbeiter durch die ausstrahlende Hitze und durch das Heißwerden aller Teile der Maschine. Auch arbeiten sie nicht gerade sehr sauber, denn selbst bei bester Instandhaltung zeigt der Preßkolben leicht Undichtheiten, und der ausströmende Dampf gibt mit dem verstreuten Saatmehl eine schmierige Masse, die obendrein sehr leicht an den heißen Wandungen des Zylinders festbäckt.

Das Isolieren der Dampfzylinder hilft diesen Übelständen nicht in der erwünschten radikalen Weise ab, weshalb jene Konstruktion der Dampfformer Beachtung verdient, bei welcher der Zylinder unterhalb des Fußbodens postiert ist (Fig. 137).

Fig. 139. Kuchenformmaschine mit mechanischem Antrieb.

Hydraulische Former.

Die hydraulischen Formmaschinen (Fig. 138) werden durch Pumpen, vorteilhafter aber von einem Niederdruck-Akkumulator gespeist. Sie ähneln im übrigen in der Konstruktion und Arbeitsweise ganz und gar den Dampfformern.

Das Hoch- und Niedergehen des Kolbens wird durch zwei aus Fig. 138 ersichtliche Handkurbeln betätigt. Damit das Rückgehen des Kolbens möglichst schnell erfolge, ist es notwendig, den Kolben und den Preßtisch möglichst massiv zu halten; das größere Gewicht bewirkt dann ein rasches Sinken des Kolbens.

Die hydraulischen Former, die gewöhnlich doppelt wirkend gebaut werden, arbeiten rasch, belästigen die Arbeiter in keiner Weise, ermöglichen das Sauberhalten und sind daher sehr beliebt.

Formmaschinen mit Kraftbetrieb.

Für kleinere Betriebe sind auch Kraftformer in Verwendung; bei diesen ist der Preßtisch gewöhnlich nicht mobil, sondern feststehend und der Preßholm führt eine seitliche, auf- und niedergehende Bewegung aus.

Die in Fig. 139 gezeigte offene Stellung läßt dem Schiebmaße gerade Raum zur Passage. Sind die beiden Enden des Preßtuches umgeschlagen, so kann durch einen Hebeldruck der jetzt hinten liegende Preßholm nach vor- und abwärts bewegt werden, wobei er den Kuchen trifft und zusammenpreßt, um dann in die in der Abbildung festgehaltene Stellung wieder zurückzukehren.

Die Formmaschinen sind für die Etagenpressen dasselbe, was die Vordruckapparate für die Seiherpressen sind. Trotz der mit den Formmaschinen erreichten Reduktion des toten Raumes in der Presse und der damit verbundenen Verringerung des Abstandes der Preßplatten ist die Anzahl der in einer Presse unterzubringenden Kuchen beschränkt. Bei zu hoch gebauten Pressen ist das Einlegen und Herausnehmen der Kuchen schwierig, weshalb Etagenpressen für gewöhnlich nur bis zu einer Kapazität von 17 Kuchen konstruiert werden.

Etagenpressen mit größerer Chargierfähigkeit.

Dieser Beschränkung in der Größe und Chargierfähigkeit der Etagenpressen haben G. & R. Koebers Eisenwerke durch eine eigene Hubvorrichtung für einen Teil der Etagen abgeholfen.

Bei dieser Presse (Fig. 140) hängen die oberen 15 Etagen an einem Gestänge, das durch eine am Holm der Presse angebrachte hydraulische Hubvorrichtung aufgezogen werden kann. Beim Beschicken der Presse befindet sich der Preßkolben *K* wie auch der Kolben *H* der Hubvorrichtung in Tiefstellung; die unteren sechs Platten ruhen dabei direkt aufeinander, während die oberen 15 Etagen durch Schraubenverbindungen in bestimmten Entfernungen voneinander gehalten werden, wodurch sie sich bequem füllen lassen. Ist letzteres geschehen, so wird die Hubvorrichtung in Tätigkeit gesetzt, die an dem Gestänge hängenden oberen 15 Etagen werden dadurch hochgezogen, wobei sie sich aufeinander legen und der tote Raum zwischen Kuchen und Preßplatten vollständig verschwindet. Die unteren sechs Platten werden dabei gleichzeitig auseinander gezogen, soweit es die Stellschrauben gestatten, und können nun bequem beschickt werden. Nach vollständiger Chargierung aller Etagen tritt dann in bekannter Weise der eigentliche Preßkolben *K* in Tätigkeit und die Presse arbeitet wie sonst üblich.

Das Entleeren der Presse wird nach vollzogener Pressung so vorgenommen, daß man den Kolben der Hubvorrichtung *H* auf Tiefstand setzt, wodurch wiederum die unteren fünf Etagen mit den dazwischen liegenden ausgepreßten Kuchen direkt aufeinander liegen, während die oberen Etagen in gewissen Entfernungen voneinander gehalten und leicht entleert und neugefüllt werden können. Ist die Neufüllung dieser oberen Etagen beendet, so werden letztere durch die Hubvorrichtung hochgezogen und sodann aus den unteren, jetzt auseinander gezogenen Etagen die ausgepreßten Kuchen herausgenommen und neue Pakete eingebracht.

Diese Presse kann für 21 und mehr Kuchen konstruiert werden, weshalb ihre Leistungsfähigkeit 20% mehr beträgt als die der gewöhnlichen Etagenpressen.

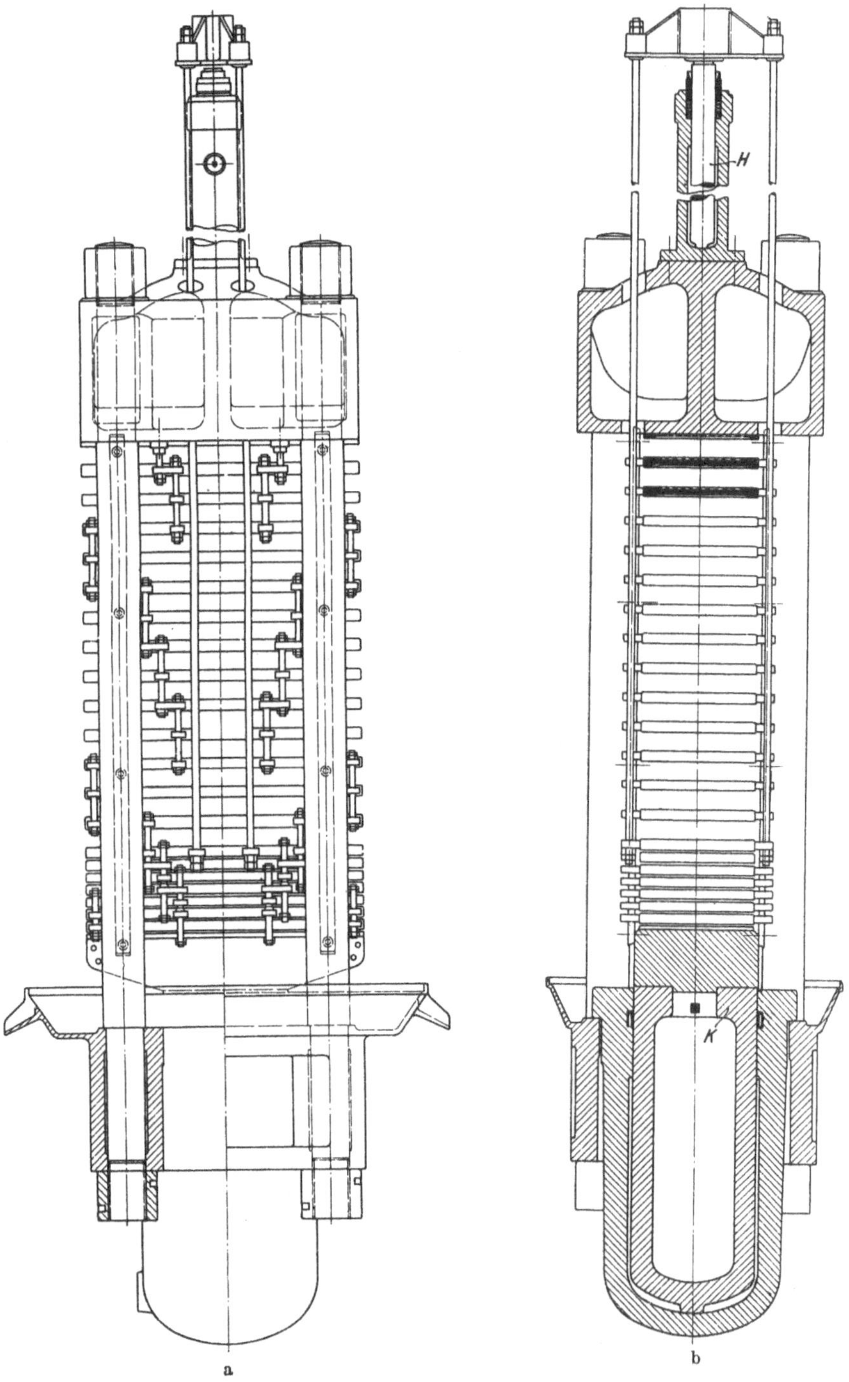

Fig. 140 a und b. Etagenpresse mit Hubvorrichtung.

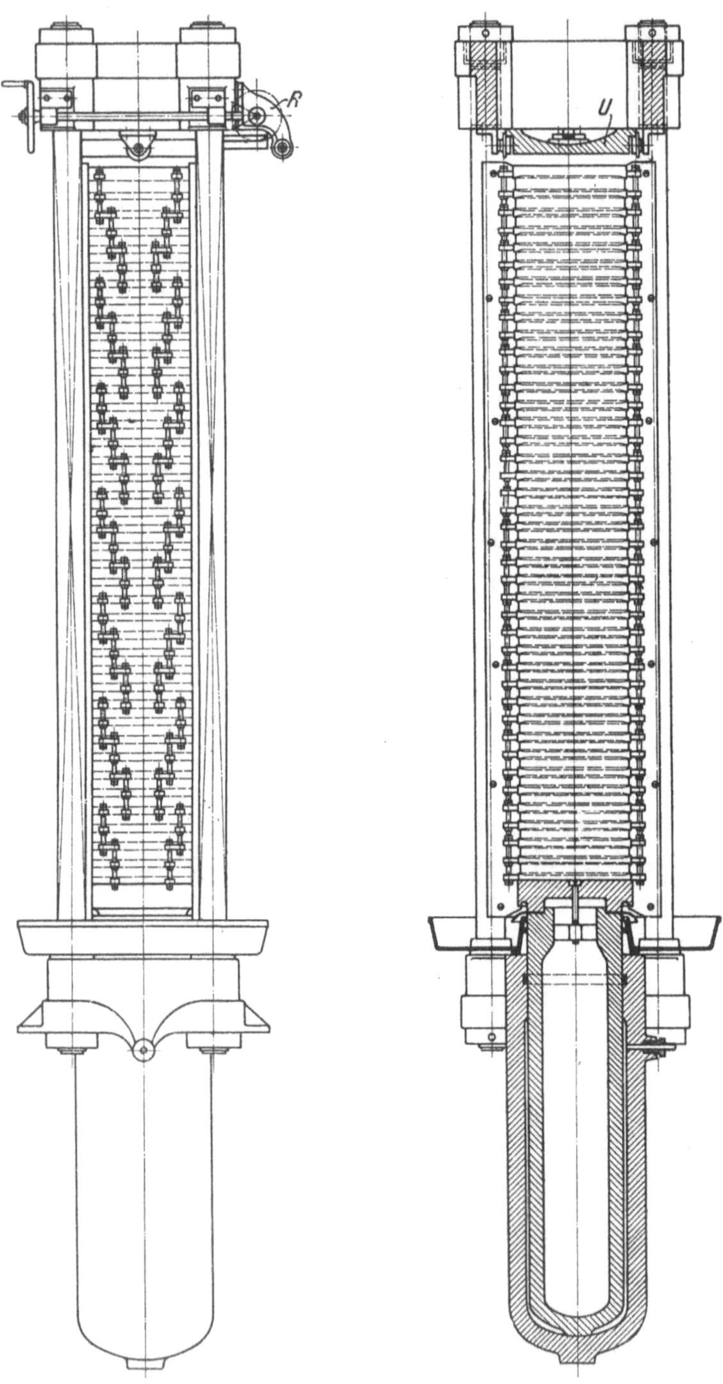

Fig. 141 a und b. Ausziehbare Etagenpresse (Harmonikapresse).

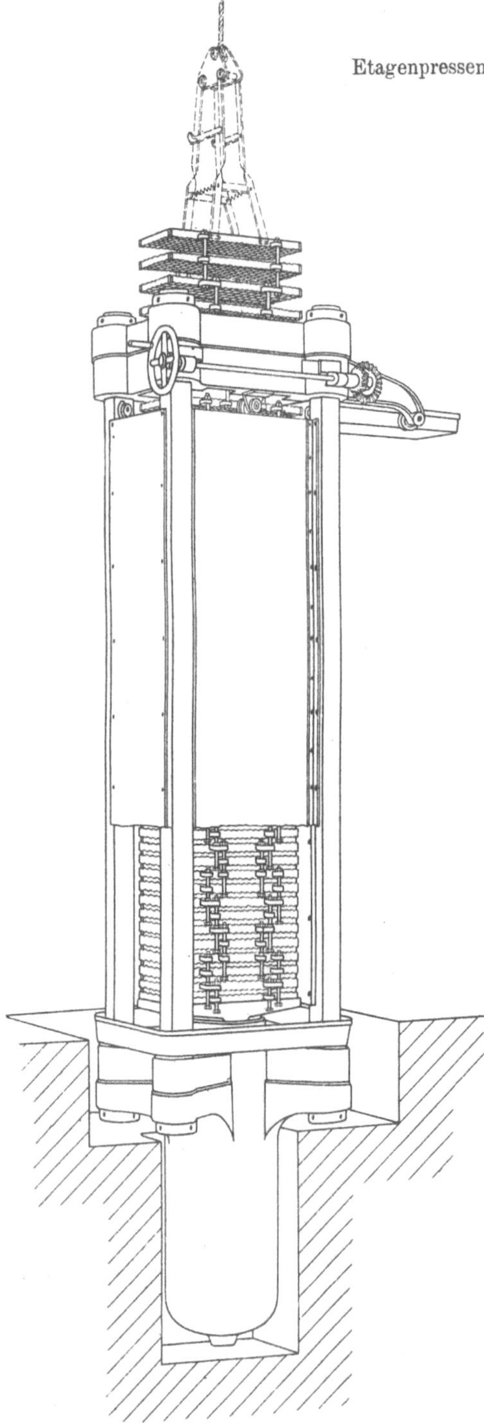

Fig. 142. Ausziehbare Etagenpresse (Harmonikapresse).

Ausziehbare oder Harmonika-Etagenpresse.

Noch weiter ist man in dieser Richtung bei der sogenannten **ausziehbaren Etagenpresse** (auch **Harmonikapresse** genannt) gegangen. Diese Presse, auf welche G. & R. **Koebers Eisenwerke** in Harburg a. Elbe ein Patent erworben haben, hat außer der bei weitem größeren Leistungsfähigkeit vor der normalen Etagenpresse den großen Vorzug, daß die Füllung und Entleerung der einzelnen Etagen in einer gleichbleibenden, beliebig zu wählenden Höhe erfolgt. Diese originelle Pressen-Konstruktion ist in Fig. 141 und 142 dargestellt.

Das Kopfstück dieser Presse (Fig. 141 a und b) ist als Rahmen ausgebildet, durch dessen Öffnung das ganze System von Preßplatten mittels einer hydraulischen oder mechanischen Hebevorrichtung hindurchgezogen werden kann. Eine kräftige verschiebbare Platte *N*, die durch eine eigene Vorrichtung *R* seitlich verschiebbar ist, dient während der Pressung dem Kopfstücke als Abschluß und den Preßplatten als Widerlager.

Zwecks Beschickung und Entleerung der Presse wird das ganze Etagensystem nach Öffnen des Kopfstückes durch dieses emporgezogen, wobei sich die einzelnen untereinander aufgehängten Preßplatten auf bestimmte Entfernung einstellen (Fig. 142) und ein leichtes Füllen und Entleeren gestatten, während die einzelnen Platten in der Presse direkt aufeinander ruhen und ein toter Raum vollständig vermieden wird.

In Fig. 141 ist die Presse beschickt und kurz vor dem

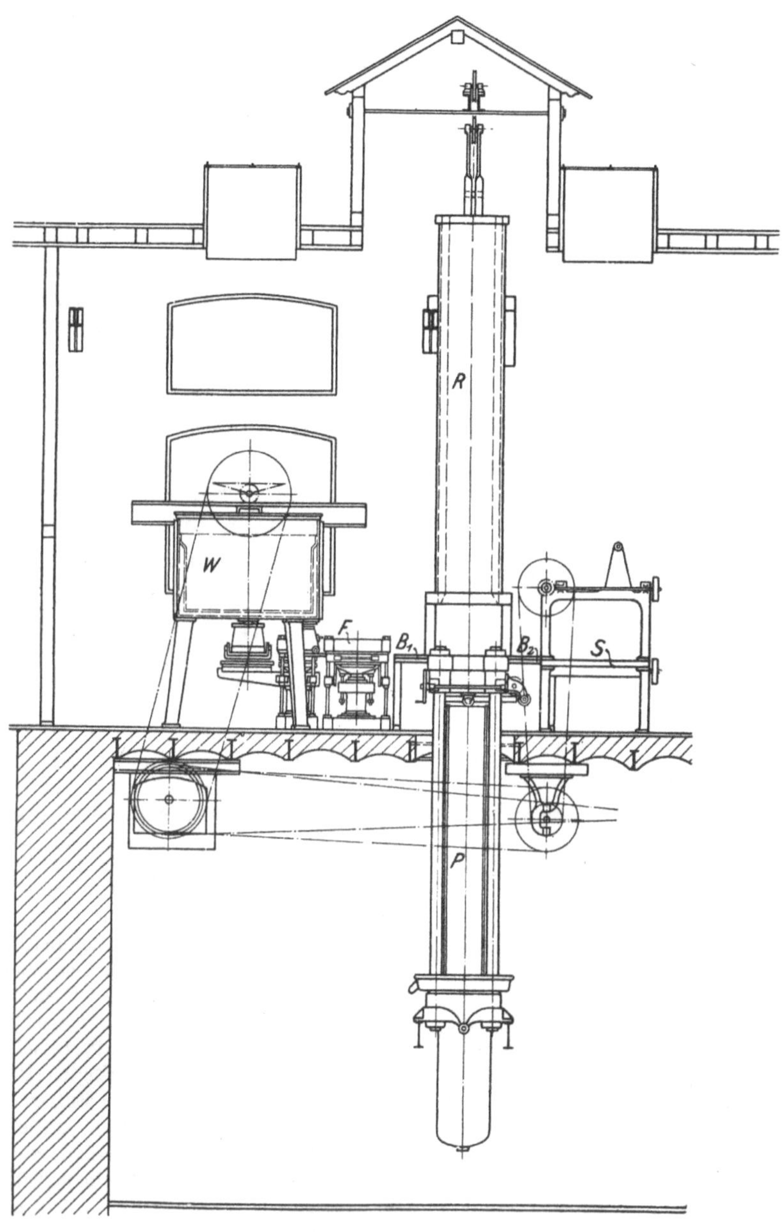

Fig. 143 a.

Dispositionsplan der Harmonikapresse.

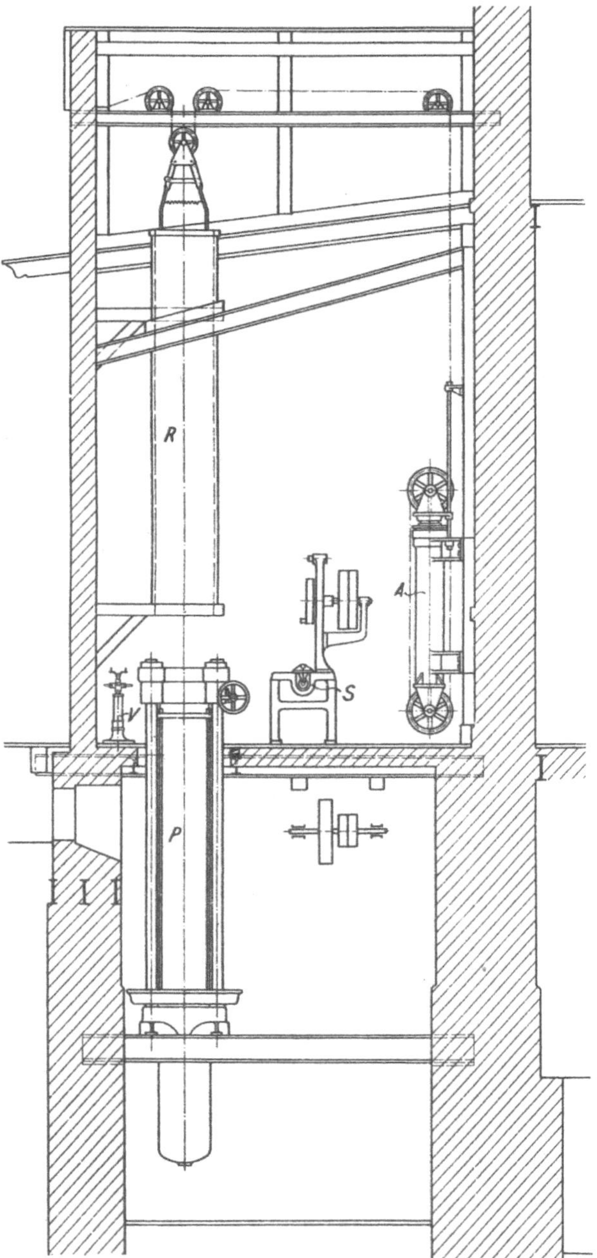

Fig. 143 b.

Dispositionsplan der Harmonikapresse.

Indruckgehen wiedergegeben, in Fig. 142 wird sie eben zur Füllung herabgelassen. In der letzten Abbildung sind auch die seitlichen Verkleidungsbleche der Presse zu sehen, die zum besseren Warmhalten und zur Vermeidung von Öl- und Preßgutverlusten durch Verspritzen und Verstäuben dienen.

Wegen der großen Bauhöhe der Presse (ca. 3 m) und des für das Ausziehen der Platten notwendigen Raumes muß eine ganz besondere Aufstellung der Harmonikapresse platzgreifen. Man postiert die Presse selbst in einem Souterrainraume und läßt nur den obersten Teil derselben über den Fußboden des Arbeitsraumes ragen (Fig. 143 a und b).

Das Entleeren und Füllen der Presse *P* geschieht auf Arbeitstischen B_1 B_2, die rechts und links vom Kopfstück in der Höhe desselben angebracht sind. Das Beschicken der Presse erfolgt so, daß man das ganze System von Preßplatten, das in einer wärmedichten Holzkammer *R* emporgezogen ist, langsam herabläßt und zwischen die einzelnen Platten die auf der Formmaschine *F* (welche vom Wärmer *W* gespeist wird) hergerichteten Preßpakete (mittels Tisch B_1) einschiebt. Sind alle Platten in die Presse herabgelassen, so wird der Kopfstückverschluß, welcher bisher seitlich ausgezogen war, unter die Presse geschoben und letztere mittels des Druckventils *V* in Tätigkeit gesetzt. Nach Beendigung der Pressung verschiebt man den Kopfstückverschluß wiederum seitlich und zieht durch den nun offenen Rahmen die Etagen mit den dazwischenliegenden Preßkuchen nach *R* empor, was durch die Aufzugsvorrichtung *A* bewirkt wird. Wenn die einzelnen Preßplatten in der Höhe des Tisches B_2 anlangen, werden die Kuchenpakete herausgenommen und auf die Schneidmaschine *S* gebracht, um ihre Ränder abzuschneiden. Ist die Presse vollständig entleert, so steuert man *A* um, und die Presse wird aufs neue beschickt.

Das eigentliche Auspressen des Öles geschieht hier also in einem unterhalb des Arbeitssaales liegenden Raum. Die Presse selbst kann vollkommen durch Verschalungsbleche eingeschlossen und so einem Materialverluste vorgebeugt werden; die Bedienungsmannschaft arbeitet stets in der gleichen, bequem gelegenen Höhe, wodurch die Chargierungszeit wesentlich verkürzt wird. Die Leistungsfähigkeit der Presse ist bei der großen Plattenanzahl groß und die Vermeidung des toten Raumes in der Presse bedingt eine beträchtliche Ersparnis an Druckwasser.

Diese erst wenige Monate bekannte Pressenkonstruktion wird auch mit einer besonderen Preßplatte ausgestattet, welche eine Verwendung von rechteckigen Preßdeckeln an Stelle der bei Etagenpressen sonst gebräuchlichen Preßtücher gestattet.

Die Ränder der von den Etagenpressen gelieferten Kuchen, welch letztere eine Breite bis zu 300 mm und eine Länge bis zu 600 mm haben, sind genau so wie bei den von der Marseiller Presse erzeugten Kuchen sehr ölreich und weich. Um beim Versand das Abbröckeln der Kuchen zu vermeiden und das in den Rändern enthaltene Zuviel an Öl zu gewinnen, werden dieselben durch eigene Beschneidmaschinen beschnitten und die ölreichen Abschnitzel verpreßt.

Kuchenschneidmaschinen.

Die Messer der Beschneidmaschinen sind entweder gerade oder segmentartig; erstere liefern scharfkantige Kuchen, letztere geben abgerundete Ränder.

Die Riemenscheibe der Kuchenschneidmaschine (Fig. 144) trägt einen Exzenter, welcher mittels Pleuelstange und Hebel den Messerkopf in eine hin und her schwingende Bewegung versetzt. Letzterer ist zwecks bequemen Auseinandernehmens zweiteilig und trägt auf einer der beiden Seiten Stahlmesser mit halbrunden Schneidkanten. Bei jedem Hin- und Hergange wird eine Kuchenseite beschnitten.

Fig. 144. Beschneidmaschinen für Etagenpreßkuchen.

Die oberhalb der Tischfläche liegenden Triebwerke sind nicht gerade angenehm, weshalb man auch Schneidmaschinen kennt, bei welchen die arbeitenden Teile unter dem Tische liegen. Dabei ist es notwendig, die Messerführungen gegen Kuchenstaub zu sichern, weil sonst die Abnützung sehr groß wird [1]).

[1]) Siehe auch D. R. P. Nr. 120140, 125061 und 157599. — Chem. Rev., 1905, S. 145.

Fig. 145. Pressensaal der Spencer Kellogg-Linseed-oil-mill in Buffalo.

Fig. 146. Pressensaal der Spencer Kellogg-Linseed-oil-mill in Buffalo.

Einen Saal mit anglo-amerikanischen Pressen zeigen Fig. 145 und 146 [1]) (Spencer Kellogg-Linseed-oil-mill in Buffalo, U. S. A.).

Vor- und Nachteile der anglo-amerikanischen Pressen.

Die Etagenpressen haben gegenüber den einfachen Packpressen (Marseiller Pressen) die größere Leistungsfähigkeit, den geringeren Preßtuchverschleiß und die bequemere Bedienung voraus; sie arbeiten jedoch nicht so sauber wie die Seiherpressen, mit welchen sie auch hinsichtlich des sparsamen Preßtuchverbrauches und ihrer leichten Instandhaltung nicht konkurrieren können, geben aber etwas bessere Ausbeute als diese. Für Lein, Raps und ähnliche Sämereien ist die Etagenpresse, welche neben der Seiherpresse den verbreitetsten Pressentypus darstellt, bestgeeignet.

f) Die amerikanische Schachtelpresse (box-press).

Schachtelpresse.

Diese in Amerika stark verbreitete Presse ähnelt dem letztbesprochenen System. Das Preßgut ist hier ebenfalls nur von zwei Seiten vom Preßtuche eingeschlagen, wie auch das seitliche Austreten nach den beiden

Fig. 147. Drainageplatten für amerikanische Schachtelpressen.

offenen Seiten hier durch besonders geformte Platten vermieden wird. Man erreicht dies nicht durch eine wellenförmige Oberfläche der Platten, sondern durch besondere, an der Unterseite angebrachte Ansätze, welche in die nächste tieferliegende Platte eingreifen und so eine Art Schachtel (box) bilden, die an den zwei Seiten, wo das Preßgut nicht vom Preßtuch umhüllt wird, vollkommen abschließt. Im übrigen ist die Einrichtung der Presse, deren Beschickung, die Art der Kuchenformer usw. ganz so wie bei der anglo-amerikanischen Etagenpresse.

Preßplatten.

Wichtig ist bei der Schachtelpresse die Konstruktion der Preßplatten. Man verwendet hier ausschließlich Drainageplatten, welche in verschiedenen Ausführungen geliefert werden.

---

[1]) Ausgeführt von den Buckeye Iron and Brass Works in Dayton.

Bei der in Fig. 147 dargestellten Platte fließt das Öl durch sehr enge rostartige Schlitze, welche so klein sind, daß das Preßtuch selbst durch den Druck nicht hineingeklemmt werden kann, in größere, senkrecht auf der Schlitzrichtung stehende Kanäle, welche das Öl an den Schmalseiten der Platten abtropfen lassen. Der Ansatz an der unteren Seite der Platte ist angenietet und greift genau in den Drainageaufsatz der nächst tieferen Platte ein. Neben diesen aus Stahl hergestellten Preßplatten kennt man auch solche einfacherer Ausführung; im übrigen steht die Zahl der für Schachtelpressen in Vorschlag gebrachten Arten von Platten der für Etagenpressen empfohlenen nicht nach.

Hier seien nur noch die Bronze-Preßplatten der Buckeye Iron and Brass Works erwähnt, die sich in der Erstanschaffung zwar teuer stellen, durch große Haltbarkeit und geringen Preßtuchverschleiß aber sehr bald rentabel machen.

Diese Platten (Fig. 148) bestehen aus drei Teilen: der Hauptplatte, der Drainageeinlage und der Oberplatte. Die untere Fläche (*a*) der bronzenen Hauptplatte ist würfelartig gewellt und trägt die zwei seitlichen schachtelbildenden Vorsprünge, die Oberseite (*b*) der Hauptplatte ist glatt. Auf ihr liegt die Drainageeinlage (*c*), eine stark kannelierte Stahlplatte, auf der der metallene Oberteil zu liegen kommt. Die Unterseite (*d*) desselben ist glatt, die Oberseite (*e*) gewürfelt; zwischen den Erhebungen sind kleine Bohrungen zum Ablauf des Öles angebracht.

Man denke sich *b*, *c* und *e* in der gezeichneten Ansicht direkt übereinander gelegt, und man hat die komplette Drainageplatte. Das aus dem Preßkuchen austretende Öl durchdringt die Bohrungen der Oberplatte *e* und läuft dann längs der Kanäle des Mittelstückes *c* gegen das am hinteren Ende von *b* angebrachte Ausflußrohr, welches auf Fig. 150 deutlich zu sehen ist.

Vorder- und Seitenansicht einer amerikanischen Schachtelpresse zeigen die Figuren 149 und 150.

Eine eigenartige Plattenkonstruktion (Taylor-System) tragen die Pressen der Batterien auf Fig. 151; das gegenseitige Eingreifen der Platten tritt auf diesem Bilde deutlich hervor, ebenso die seitlich angebrachte Dampfheizung, welche weniger das Warmhalten während des Betriebes, als ein Anwärmen der Presse bei Inbetriebsetzung nach mehrstündigem Stillstande bezweckt.

Vor- und Nachteile der Schachtelpressen.

Die amerikanischen Schachtelpressen zeigen im großen und ganzen alle Vor- und Nachteile der anglo-amerikanischen Etagenpresse, nur geben sie infolge des durch die Plattendrainage erleichterten Ölablaufes eine bessere Ölausbeute und machen das Beschneiden der Kuchen überflüssig, weil diese von zwei Seiten direkt eingeklemmt, auf den anderen beiden Seiten von dem straff gespannten Preßtuch umgeben sind, ein Herausdrücken von Preßgut und damit die Bildung weicher, ungenügend ausgepreßter Ränder also nicht stattfinden kann. Ihre Anschaffungskosten stellen sich aber bedeutend höher als die der anglo-amerikanischen Presse.

Die Schachtelpressen sind in Amerika zum Pressen der Kottonsaat allgemein in Anwendung, in europäischen Fabriken findet man sie dagegen nur höchst selten.

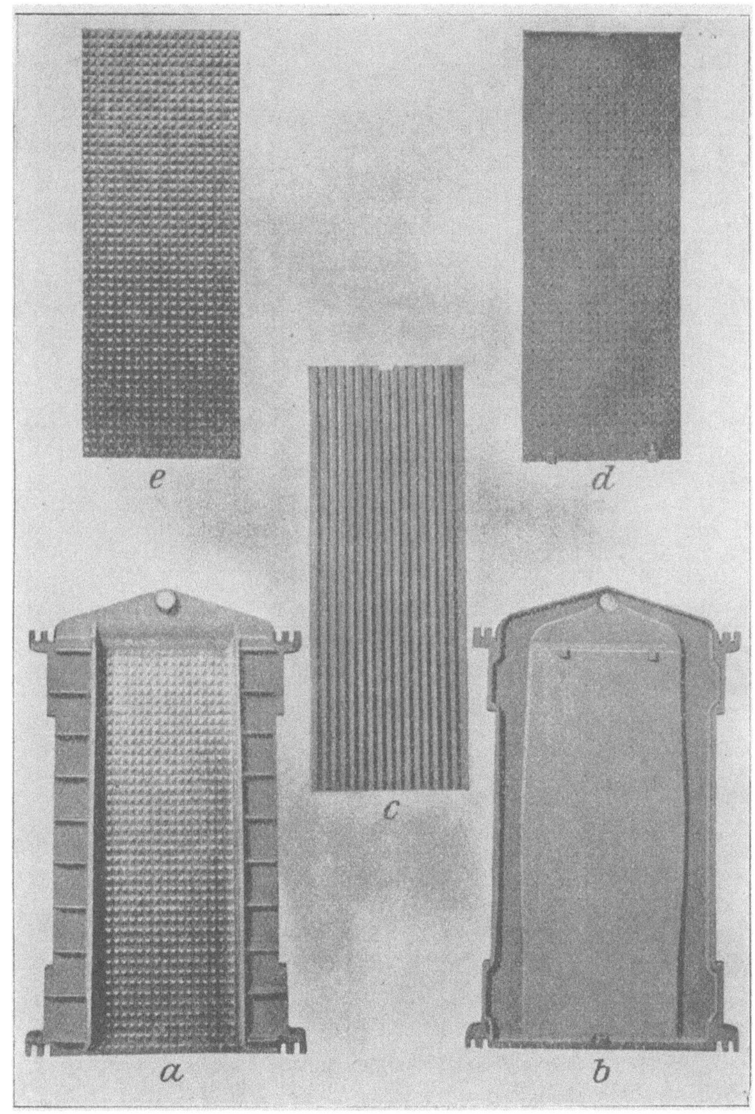

Fig. 148.

Bronze-Preßplatten.

a = Unterseite der Hauptplatte, b = Oberseite der Hauptplatte,
c = Drainageeinlage, d = Unterseite des Oberteiles,
e = Oberseite des Oberteiles.

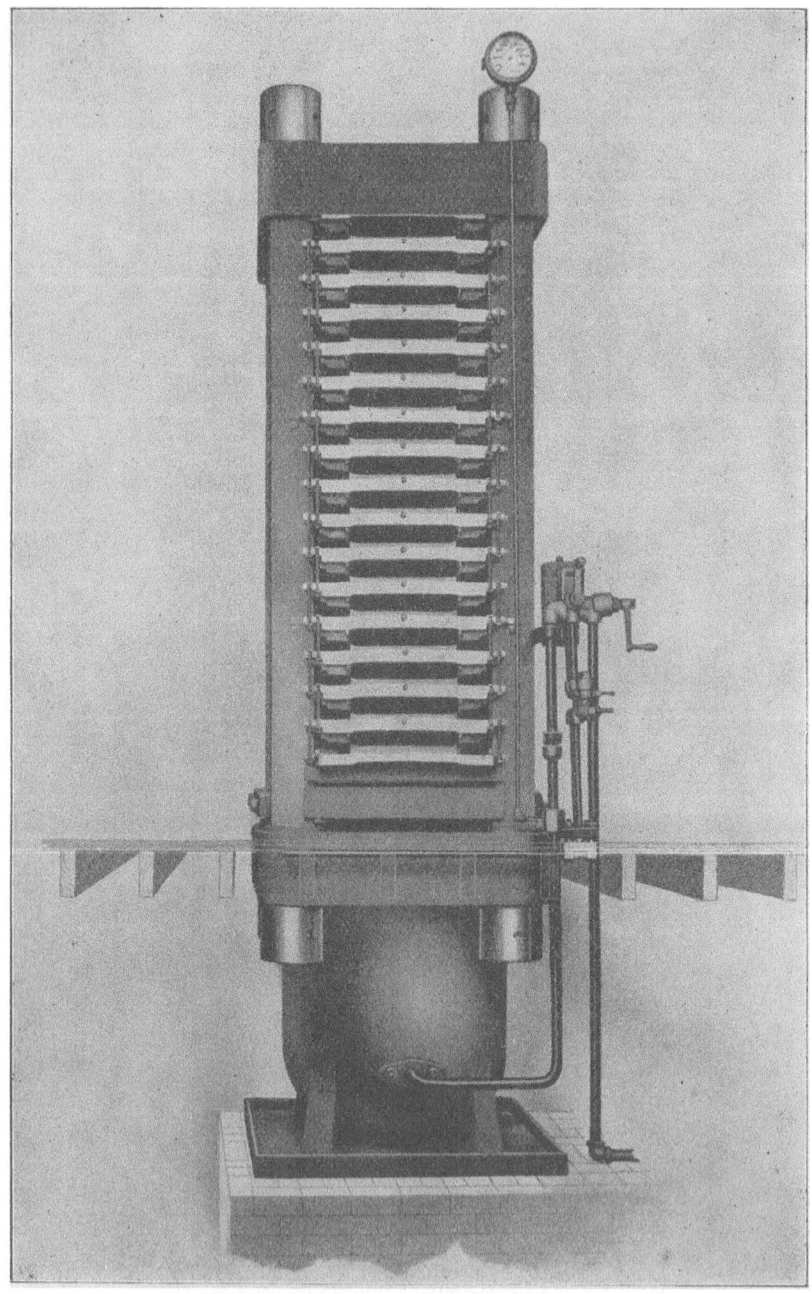

Fig. 149. Schachtelpresse (Vorderansicht).

Fig. 150. Schachtelpresse (Seitenansicht).

Fig. 151. Pressenbatterie mit Taylor-Platten.

Liegende Pressen.

Die bisher besprochenen Pressen waren durchweg Vertikalpressen. Horizontale Pressen sind heute in den Ölfabriken fast gar nicht mehr im Gebrauche, weil ihre von mancher Seite gerühmten Vorteile (leichterer Ölabfluß, bequemere Handhabung) recht fraglicher Art sind, ihre allseits bekannten Nachteile (großer Raumbedarf, notwendige Vorrichtung zum Rückgange des Preßkolbens und Verwendung von Einschlagtüchern) keine Abhilfe zulassen.

Die ersten hydraulischen Horizontalpressen dürften bereits in den zwanziger Jahren des vorigen Jahrhunderts gearbeitet haben[1]), einige Jahrzehnte später tauchte dann die Faßbendersche liegende Presse auf, welche in rheinischen Ölmühlen noch heute anzutreffen ist.

Liegende Presse nach Faßbender.

Bei der Faßbenderschen Presse werden die trapezförmigen Preßgutpakete mittels entsprechend zusammengelegter Preßtücher gebildet und diese zwischen eigenartige schmiedeeiserne, nicht durchlöcherte Preßplatten (Fiersen) geschoben, wovon je drei ein zusammenhängendes System darstellen.

Die erste, längste Platte (*a* Fig. 152) heißt Langohr, die zweite (*b*) Mittelblatt und die dritte (*c*) Seitenblatt. Das Mittelblatt ist auf beiden Seiten mit 14 bis 15 horizontal laufenden abgerundeten Rippen versehen, jedes der anderen Blätter nur nach innen zu, während deren Außenseiten eben und glatt sind. An den unteren Enden sind alle drei Fiersen durch kleine Kettchen (*g*) in der Weise miteinander verbunden, wie Fig. 152 zeigt.

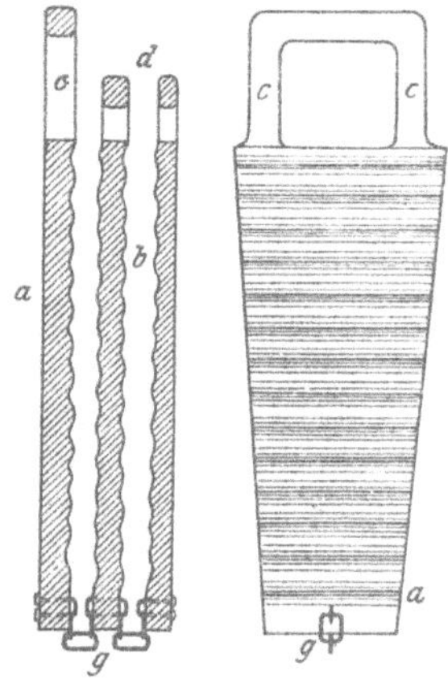

a b

Fig. 152 a und b.

Preßplatten für liegende Pressen.

In eine Presse wurden zwischen Preßkopf und Preßtisch ursprünglich nur vier solcher Fiersensysteme eingeschoben (von denen jedes zwei Kuchenpakete aufnehmen konnte), so daß in einer Presse nur acht Kuchen enthalten waren. Später baute man diese Pressen auch entsprechend länger und richtete sie für zehn Fiersensysteme und darüber ein. Vielfach sind die Fiersen auch aus wiederstandsfähigen, steifen Geweben hergestellt, ähnlich wie die in der Stearinindustrie verwendeten Étreindelles.

Von neueren Konstruktionen liegender Pressen sind die von L. D. Trannin[3]) in Paris und von Bricke in Kottbus[4]) zu nennen. Die Ölindustrie sucht sich von den liegenden Pressen ganz und gar zu emanzipieren und sind in den letzten zwei Dezennien neue Typen von Horizontalpressen nicht mehr aufgetaucht.

Pumpwerke und Akkumulatoren.

Um bei den hydraulischen Pressen eine Bewegung des Preßtisches gegen den Preßkopf herbeizuführen, muß entweder eine Verdrängung der im Preßzylinder enthaltenen Druckflüssigkeit erreicht werden oder eine Zufuhr neuer Flüssigkeitsmengen stattfinden.

Hydraulische Presse ohne Pumpwerk.

Die hydraulischen Pressen des ersten Systems, bei welchen also während der Arbeit keine Flüssigkeit zugeführt, sondern stets mit

---

[1]) Die Plumpsche Presse war eine liegende Presse (siehe S. 250).

[2]) Rühlmann, Allgemeine Maschinenlehre, 2. Aufl., Berlin 1878, S. 419.

[3]) D. R. P. Nr. 14499 v. 29. Okt. 1881.

[4]) D. R. P. Nr. 12421 v. 29. Juni 1880.

demselben Flüssigkeitsquantum gearbeitet wird, haben keine praktische Bedeutung. Diese sogenannten hydraulischen Pressen ohne Pumpwerk kranken alle an dem Fehler, daß der Preßkolben nur einen ganz kurzen Weg zurücklegen kann, der nicht hinreicht, um die während des Pressens stattfindende Volumenverringerung auszugleichen.

Pressen mit Pumpwerk.

Vorrichtungen, mittels welcher man neue Flüssigkeitsmengen in die Pressen schaffen kann, sind daher für den modernen Betrieb hydraulischer Pressen unentbehrlich. Wenn diese Vorrichtungen (Pumpen) ihren Zweck voll erfüllen sollen, müssen sie ihre Leistung dem jeweiligen Bedürfnisse der Presse ohne Schwierigkeit anpassen, was nicht leicht ist.

Bei Beginn der Pressung soll ein möglichst rasches Aufsteigen des Preßtisches stattfinden, während letzterer im weiteren Verlaufe der Pressung allmählich langsamer vordringen soll.

Aufgabe der Pumpen.

Beim Ingangsetzen einer frischbeschickten Presse wird der Preßkolben bei seinem Vorwärtsdringen gegen den Preßholm zuerst einen gewissen Weg zurücklegen, auf welchem er einen eigentlichen Widerstand nicht findet, weil es sich vorerst nur um den Ausgleich der beim Beschicken der Presse freigebliebenen Zwischenräume (den toten Raum) handelt. Zur Verrichtung dieser Arbeit genügt ein ganz geringer Druck, der nur so groß zu sein braucht, daß er die Reibung des Preßkolbens, dessen eigene Schwere, das auf ihm ruhende Gewicht des Preßtisches und dessen Beschickung überwindet. Diese Arbeit wird rationellerweise durch ein Druckwasser geleistet, das nur ganz minimalen Überdruck hat. Damit das erste Ansteigen des Kolbens möglichst rasch vor sich gehe, die zur Verdrängung des toten Raumes benötigte und als verloren anzusehende Zeit also möglichst abgekürzt werde, muß das Druckwasser aber in recht reichlicher Menge zuströmen. Für den Anfang der Pressung soll daher die die hydraulische Presse speisende Vorrichtung (Druckpumpe) pro Zeiteinheit große Mengen Flüssigkeit von nur geringem Druck zu liefern haben.

Von dem Moment an, wo sich in dem Preßgut Spannung zeigt und das Ausfließen der auszupressenden Flüssigkeit beginnt, findet der Preßkolben in seinem Vordringen einen größeren Widerstand, und zwar wird derselbe anfänglich, wo noch reichliche Mengen von Öl ausfließen, für das Vorwärtsdringen des Kolbens also Platz geschaffen ist, ein geringerer sein als gegen Schluß der Pressung, wo nur noch ein sehr geringer Flüssigkeitsabfluß stattfindet, die neu geschaffene Steigmöglichkeit also immer kleiner wird, bis sie endlich mit dem Aufhören jedes Flüssigkeitsabflusses auf Null herabsinkt und jedes Molekül dem Zylinder neu zugeführter Druckflüssigkeit ein Anwachsen des im Preßgut etablierten Druckes zur Folge hat. Vom Druckbeginn an wird man daher das gelieferte Quantum an Druckflüssigkeit vorteilhafterweise allmählich verringern, dafür aber dessen Druck steigern. Das zugebrachte Wasserquantum muß dem von der Presse abfließenden Flüssigkeitsquantum plus einem nicht zu reichlichen Überschuß entsprechen. Bei den zur Speisung von hydraulischen Pressen gebrauchten Pumpen kann diese wechselnde Leistung erreicht werden, indem man die Pumpe entweder

1. mit verschiedenen Durchmesser habenden Kolben arbeiten läßt,
2. den Kolbenhub variiert,
3. die Hubanzahl pro Minute ändert.

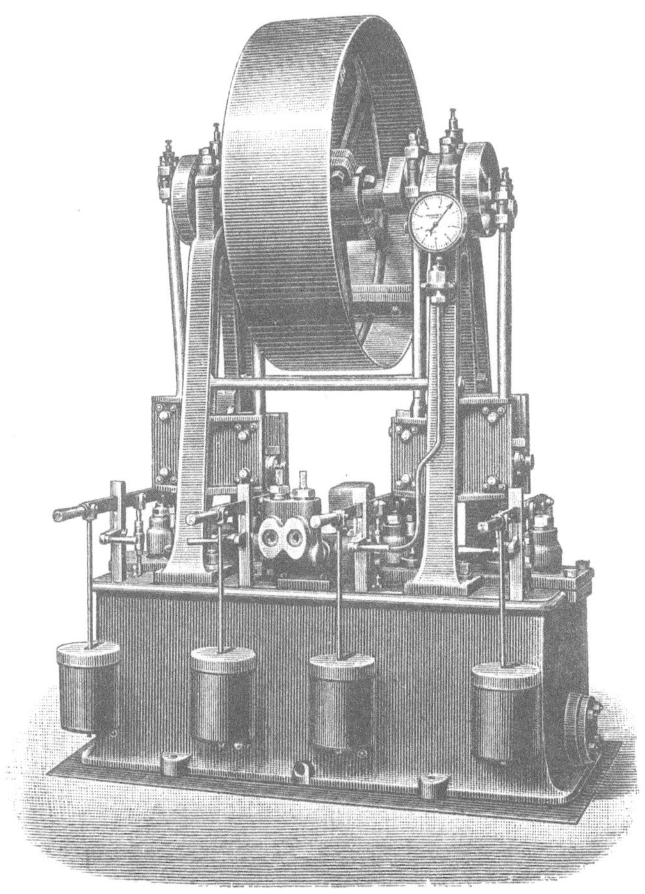

Fig. 153. Pumpwerk mit vier Kolben.

Von diesen drei Möglichkeiten wird die zweite nur selten angewendet; die durch Transmission betriebenen Preßpumpen arbeiten gewöhnlich mit Pumpenkolben von verschiedenem Durchmesser, die Dampfpumpen variieren ihre Hubanzahl. **Transmissionspumpen.**

Die Transmissionspumpen haben in der Regel zwei, drei und mehr Pumpenkolben, die bei Ingangsetzung der Presse alle in Tätigkeit sind und

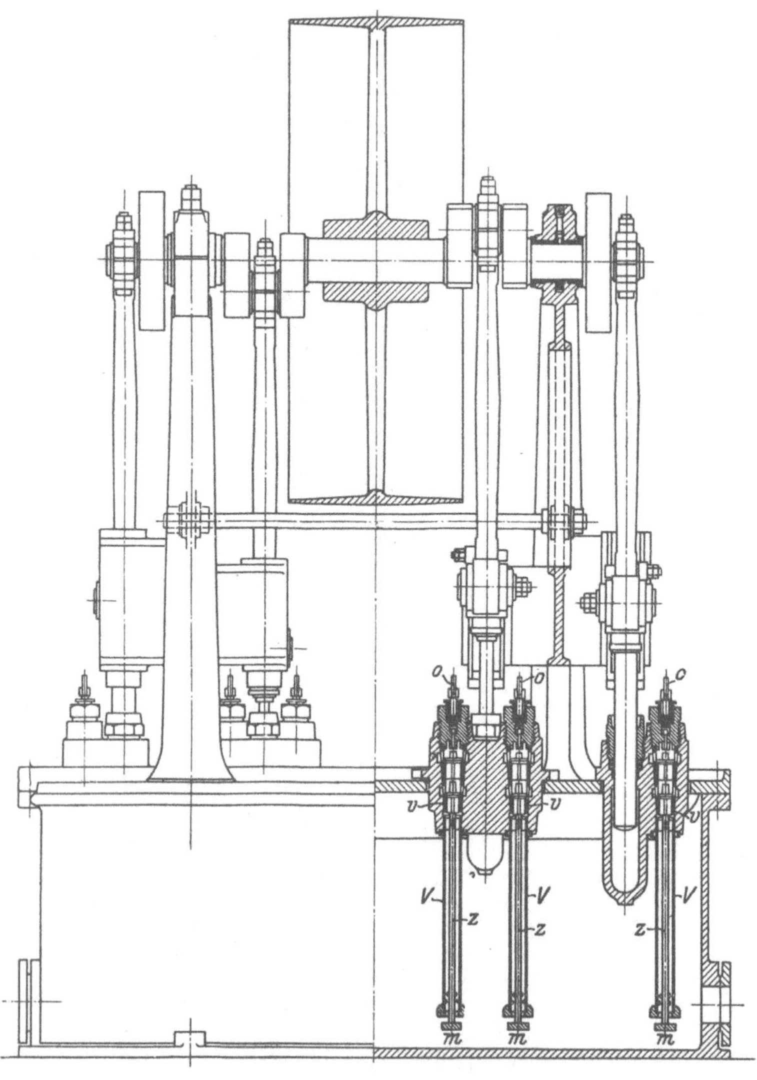

Fig. 154 a.

Fig. 154 a und b. Pump-

ein relativ großes Flüssigkeitsquantum fördern. Sobald der tote Preßraum durch Emporsteigen des Preßtisches verschwunden ist und die Presse „in Druck geht", löst sich der größtdimensionierte Kolben selbsttätig aus, während die anderen Kolben weiter arbeiten, natürlicherweise ein geringeres Quantum liefernd, als die Pumpe bei Mitarbeit des größten Kolbens förderte. Bei weiter ansteigendem Druck wird der nächstgrößte Kolben arretiert usf.,

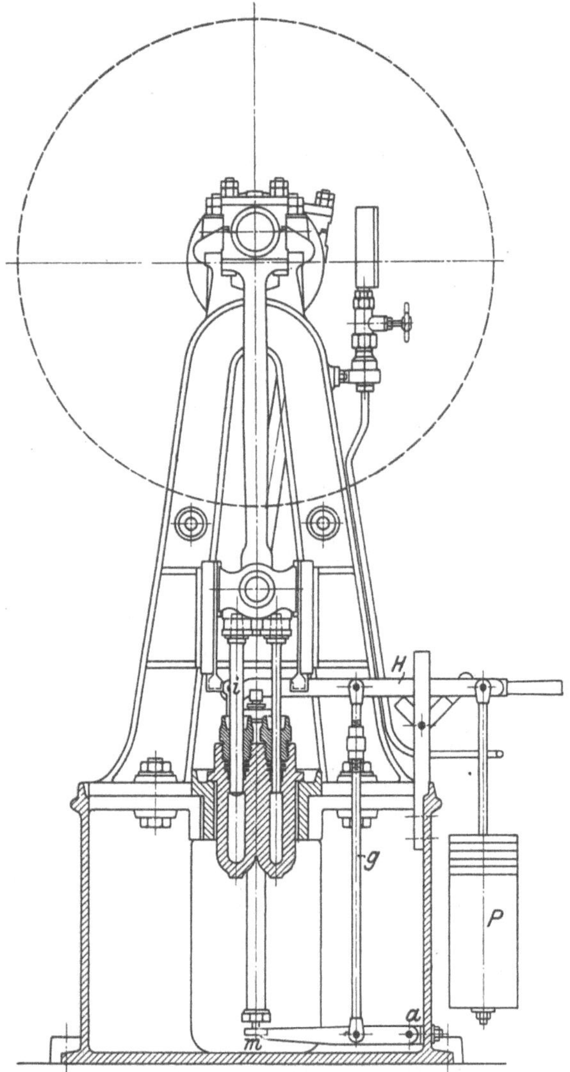

Fig. 154 b.

werk mit vier Kolben.

bis schließlich nur noch der kleinste fortarbeitet, der erst dann zur Auslösung gelangt, wenn die Presse ihren höchstzulässigen Maximaldruck erreicht hat.

Da durch Undichtheiten in den Preßleitungen und durch den, wenn auch in ganz geringem Maße, stattfindenden Abfluß von Flüssigkeit aus dem Preßgut selbst nach erreichtem Maximaldruck eine kleine Druckverringerung eintritt, andererseits es aber notwendig ist, das Preßgut möglichst lang unter Maximaldruck zu lassen, so wird der beim Höchststande ausgelöste kleinste Kolben automatisch wieder in Tätigkeit gesetzt, sobald die Druckverminderung in der Presse einige Atmosphären beträgt.

Die zum Auslösen der einzelnen Pumpenkolben gebräuchlichen Vorrichtungen heben das Saugventil der betreffenden Pumpenelemente, wodurch die Pumpe so lange leer arbeitet, bis das Saugventil wieder losgelassen wird und auf dem Ventilsitze frei spielen kann.

Dampfpumpen.

Die Dampfpumpen (gewöhnliche Kolbenpumpen, die durch eigene Dampfzylinder getrieben werden) verringern mit dem Ansteigen des Druckes ihr Lieferquantum an Flüssigkeit durch Verlangsamen ihres Ganges. Zu diesem Zwecke ist in die Dampfleitung ein Regulierventil eingeschaltet, welches die Dampfausströmung mit steigendem Drucke abmindert und dadurch die Hubanzahl verringert.

Diese Dampfpumpen für Pressenbetrieb arbeiten sehr unökonomisch und sollen daher hier nicht näher besprochen werden. Sie sind nur in amerikanischen Ölfabriken anzutreffen.

Von einem guten Pumpwerk verlangt man ruhigen Gang und hohen Nutzeffekt bei leichter Bedienung. Man erreicht dies durch breite Lagerung der Triebachse, der Kurbel- und Triebstangen, durch fachgemäße Konstruktion der Saug- und Druckventile, Auslösungen sowie durch möglichste Verminderung der Reibung an den Liderungen und Kolben.

Stehende Pumpwerke.

Ein Pumpwerk mit vier Kolben ist in Fig. 153 perspektivisch dargestellt, Fig. 154 zeigt dasselbe im Schnitt.

Aus Fig. 154 ersieht man auch die Art der Hebelauslösung. Sobald der Druck im Ventilgehäuse V so groß ist, daß er den durch das Belastungsgewicht P mittels des Hebels H auf o übertragenen Druck überschreitet, bewegt sich der am Drehpunkt i bewegliche Hebel nach aufwärts, nimmt dabei mit Hilfe des Verbindungsstabes g auch den um a drehbaren Hebel a/m mit, wobei m durch die Stange z ein Heben, also Auslösen der Ventile v bewirkt.

Ein Pumpwerk mit fünf Pumpenelementen und elektrischem Antriebe ist in Fig. 155 wiedergegeben. Der Elektromotor ist dabei praktischer Weise so angeordnet, daß ein auf seiner Achse sitzendes Zahnrad direkt in dasjenige der Pumpe eingreift[1]).

Liegende Pumpwerke.

Neben diesen stehenden Pumpwerken kennt man auch liegende, mit horizontal liegenden Kolben.

Pumpwerke, welche während der einzelnen Phasen des Preßprozesses verschiedene Arbeit leisten und diese selbsttätig regulieren, können naturgemäß höchstens zwei Pressen bedienen; sie können eine derselben speisen, während die andere entleert und frisch beschickt wird.

Die direkte Speisung der Pressen durch Pumpwerke ist also nur bei kleinen Preßanlagen leicht möglich; dort, wo es sich um die Bedienung einer

[1]) Ausführung des Grusonwerkes in Magdeburg.

großen Anzahl von Pressen handelt, müßte man so viele Pumpwerke haben, daß deren Instandhaltung eine empfindliche Betriebsschwierigkeit bedeuten würde. Man hat daher auf Mittel gesonnen, Druckflüssigkeit irgendwie aufzuspeichern und von einer Sammelstelle aus den Pressen zuzuführen.

Als die älteste Vorrichtung dieser Art muß der von E. Alban[1]) angeregte Windkessel gelten, der zwischen Pumpe und Kessel eingeschaltet

Fig. 155. Pumpwerk mit elektrischem Antrieb.

wurde. Aber erst die im Jahre 1843 von Armstrong[2]) beschriebenen und später von Lecointe[3]) verbesserten Akkumulatoren[4]) haben diesen Druckwasserreservoirs oder Akkumulatoren allgemeinen Eingang geschafft. Akkumulatoren.

---

[1]) Dinglers polyt. Journ., 1829, Bd. 32, S. 73.

[2]) Armengaud, Les progrès de l'Industrie, Paris 1869, Bd. 2, Taf. 105.

[3]) Dinglers polyt. Journ., 1865, Bd. 175, S. 98.

[4]) Dieselben waren zuerst auf der Londoner Industrieausstellung des Jahres 1862 zu sehen.

Die Akkumulatoren zeigen im allgemeinen eine Einrichtung nach Fig. 156[1]).

In einem gußeisernen, möglichst hohen Zylinder bewegt sich ein gut abgedichteter Kolben L, der oben ein Kopfstück trägt, in welchem mittels Rundeisen eine Serie von gußeisernen Belastungsgewichten aufgehängt ist. Letztere sind nicht immer so gruppiert, daß sie um einen zylindrischen Ringkörper angeordnet erscheinen (Fig. 156), sondern reichen unter Wegfall des Zwischenstückes meist bis an die Außenwand des Zylinders heran.

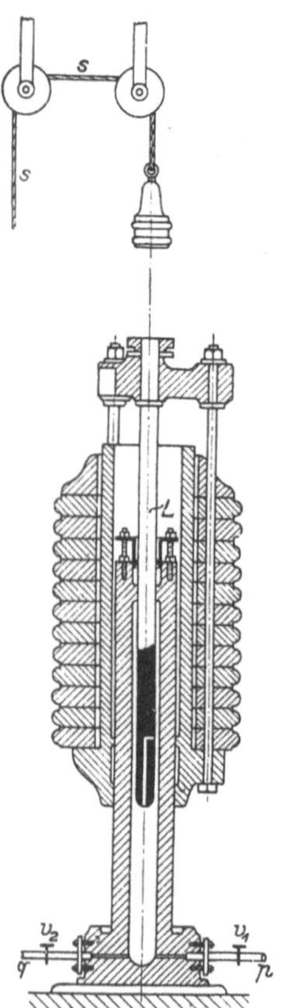

Fig. 156. Akkumulator.

Läßt man nun durch p unter Druck stehendes Wasser in den Zylinder, so wird sich der Kolben L und mit ihm das ganze am Kopfstück hängende Gewichtssystem heben, sobald der Wasserdruck das Gewicht des Kolbens samt all seinem Zubehör überschreitet. Um den Kolben L nicht so weit zu heben, daß er aus dem Zylinder ganz heraustritt, ist das Kopfstück mit einer Anschlagfläche versehen, welche bei dem zulässigen Höchststande gegen ein an einer Schnurverbindung s hängendes Gewicht stößt und dieses hebt, wodurch die Ventile der den Akkumulator speisenden Pumpe ausgelöst werden. Außerdem ist am Kolben L eine als Sicherheitsvorrichtung wirkende Bohrung angebracht, durch welche beim Höchststande des Kolbens Druckwasser ins Freie entweichen kann.

Durch Öffnen des Ventils v_2 kann durch das Rohr q dem Akkumulator das im Zylinder angesammelte Druckwasser entnommen werden. Die Menge des anzusammelnden Druckwassers ist durch das Volumen des Zylinderinnern gegeben.

Eigentümlich ist bei den Akkumulatoren auch die Art der Kolbenliderung. Durch eine Stopfbüchse ist es möglich gemacht, die Dichtung des Kolbens (s. Fig. 156) ohne Herausziehen desselben zu erneuern.

Die Akkumulatoren können also als Reservoirs betrachtet werden, in welchen man beliebig Druck aufspeichern kann, um ihn im Bedarfsfalle rasch zur Hand zu haben. Schaltet man in die von der Preßpumpe zur Presse führende Rohrleitung Akkumulatoren ein, so kann man mit dem in letzteren aufgespeicherten Vorrate von Druckwasser die Presse rasch bedienen.

Arbeitsweise der Akkumulatoren.

Der jeweilige, stets variierende Druckwasserbedarf verliert durch die Einschaltung den direkten Einfluß auf die Pumpenarbeit; wird im Preßlokale mehr Druckwasser konsumiert, als die Pumpen liefern können, so entnimmt man dieses Manko aus der Vorratsmenge der Akkumulatoren (Fallen des Akkumulators), wie umgekehrt bei geringerem Bedarf im

[1]) Bornemann, Die fetten Öle, Weimar 1889, S. 90. — Rühlmann, Allgemeine Maschinenlehre, Berlin 1878, Bd. 2, S. 383.

Preßraume das Zuviel an geliefertem Druckwasser in den Akkumulatoren aufgespeichert wird (Steigen des Akkumulators). Auch ist es nicht mehr notwendig, daß für je zwei Pressen eine Pumpe vorhanden ist, sondern es können wenige, aber möglichst große Pumpen eine stattliche Serie von Pressen bedienen. Neben diesem Vorteile der leichteren zentralen Bedienung spricht für die Akkumulatoren auch noch das durch sie ermöglichte rasche Unterdruckgehen der Pressen, die sichere Vorbeugung einer Überschreitung des Maximaldruckes und der ruhige, konstant wirkende Druck, der durch die Belastung des Kolbens genau eingestellt werden kann. Das Arbeiten mit Akkumulatoren hat aber auch einen Nachteil: es erfüllt nicht die bei der Preßarbeit im allgemeinen zu stellende Bedingung des allmählich langsamer werdenden Zuströmens der Druckflüssigkeit bei steigendem Preßdrucke. Der Druck tritt vielmehr ganz jäh in die Presse, und das im Preßgute enthaltene Öl erfährt dabei eine förmliche Einkapselung[1]).

Vor- und Nachteile der Akkumulatoren.

Man hat diesem Übelstande durch Einschaltung von Bremsventilen in die Druckleitung zu steuern gesucht; bei Pumpenanlagen, welche mit Öl statt mit Wasser arbeiten, funktionieren diese Bremsventile recht zufriedenstellend, für Wasser sind sie dagegen nicht geeignet. Im allgemeinen findet man sich mit diesem Nachteile der Akkumulatoren ab und sucht ihn nur dadurch abzumildern, daß man mehrere Akkumulatoren mit verschieden hohem Drucke zusammen arbeiten läßt. Der eine Akkumulator hat dabei einen möglichst großen Kolbendurchmesser und kann daher relativ große Quanten von Druckflüssigkeit aufspeichern; die Größe seiner Belastungsgewichte wird so gewählt, daß pro Quadratzentimeter Kolbenfläche ein Druck von 40—50 kg ausgeübt wird, die Flüssigkeit also 40—50 cm Druck hat (Niederdruckakkumulatoren).

Bremsventile.

Nieder-, Mittel- und Hochdruck.

Ein anderer Akkumulator hat kleiner dimensionierte Kolben, kann daher nicht so große Flüssigkeitsmengen ansammeln wie der erstere, doch steht diese Flüssigkeit durch geeignete Belastung des Kolbens unter einem höheren Druck, gewöhnlich 120—150 Atmosphären (Mitteldruckakkumulatoren).

Endlich gibt es Akkumulatoren mit noch kleinerem Kolbendurchmesser, welche nur relativ wenig Druckflüssigkeit anzusammeln vermögen, doch steht letztere unter einem Drucke von 250—400 Atmosphären (Hochdruckakkumulatoren[2]).

---

[1]) Ein mit Wasser vollgesogenes Wäschestück, ein Badeschwamm usw. werden durch plötzliches Zusammendrücken nie so vollständig entwässert werden können, als wenn man anfangs ganz leicht zusammendrückt und so dem größten Teil des Wassers Abfluß verschafft und erst später das Zusammendrücken und Auswinden intensiver werden läßt.

Vergleiche den Artikel des Verfassers: „Betrachtungen über Pumpen- und Akkumulatoren-Anlagen für hydraulische Pressen", Seifensiederztg., Augsburg 1904, S. 936.

[2]) In vielen Fabriken arbeitet man auch nur mit Hoch- und Niederdruckakkumulatoren.

Man läßt beim Vorhandensein mehrerer Akkumulatoren bei Beginn der Pressung den mit dem niedrigsten Drucke arbeitenden in Tätigkeit treten, denn für das Verdrängen des toten Raumes der beschickten Presse und für die anfängliche Druckarbeit genügt eine Flüssigkeit mit relativ geringem Drucke, und es wäre im höchsten Grad unökonomisch, hierfür hochgespannte Flüssigkeit zu verwenden. Hat der Niederdruckakkumulator eine entsprechend lange Zeit eingewirkt, so schaltet man denselben aus, und der Mitteldruckakkumulator tritt an seine Stelle. Er setzt die Presse unter einen höheren Druck, den man so lange anhalten läßt, als noch Öl aus dem Preßgute ausfließt. Der Mitteldruckakkumulator wird weit weniger Flüssigkeit abzugeben brauchen

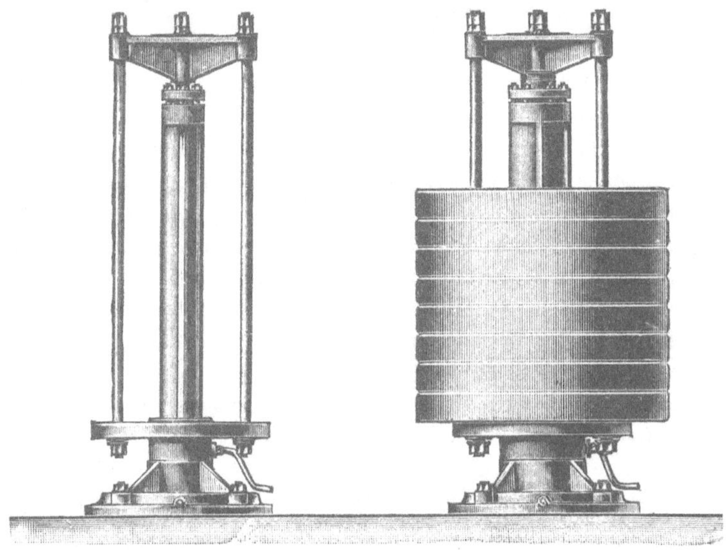

Fig. 157. Druckakkumulator.

als der Niederdruckakkumulator, aber doch viel mehr als der Hochdruckakkumulator, der zum Schluß der Pressung in Funktion tritt und unter dem höchsten Drucke steht.

Durch das aufeinanderfolgende Einschalten der Nieder-, Mittel- und Hochdruckakkumulatoren wird ein etappenweises Ansteigen des Druckes erreicht, was allerdings nicht der erwünschten ganz allmählichen Drucksteigerung gleichkommt, aber doch besser wirkt und dabei rationeller ist als das Arbeiten unter nur einem Drucke[1]).

Die vielgebrauchten Ausdrücke Nieder-, Mittel- und Hochdruck erklären sich durch obige Ausführungen von selbst[2]).

[1]) Dinglers polyt. Journ., 1890, Bd. 279, S. 15. — Revue industr., 1891, S. 115. — Dinglers polyt. Journ., 1893, Bd. 289, S. 277.

[2]) Vgl. Anmerkung auf S. 285.

Die Zylinder der Akkumulatoren für Niederdruck bestehen gewöhnlich aus Gußeisen, die für Mittel- und Hochdruck aus Guß- oder Schmiedestahl. Die Kolben sind aus Bessemerstahl oder Gußeisen.

Fig. 158. Druckakkumulator mit Mauerwerkbelastung.

Akkumulatoren mit eisernen Belastungsringen.

Eine vielgebaute Ausführungsform der hydraulischen Akkumulatoren zeigt Fig. 157. Das ringförmige Führungsstück ist hier fortgelassen und die gußeisernen Belastungsringe reichen bis knapp an den Zylinder, der

Fig. 159.

Druckakkumulator mit trommelförmigen Belastungskörpern.

mitunter sogar mit einer Art Führung für dieselben versehen ist. Das Zu- und Wegbringen der Belastungsgewichte erfolgt durch Demontage des Kopfstückes.

Akkumulatoren mit Mauerwerkballast,

An Stelle dieser gußeisernen Belastungsringe kann man auch den Akkumulatorenkolben durch ein Mauerwerk belasten, das auf einer eisernen, am Kolbenkopfe aufgehängten Grundplatte ruht (Fig. 158). Um die hier fehlende Führung und die dadurch erhöhte Stabilität, welche bei den Akkumulatoren nach Fig. 156 durch die drei Rundeisen gegeben ist, zu ersetzen, wird das Mauerwerk mittels kleiner Rollen an seitlich angebrachten Führungsbalken geleitet.

mit Ballasttrommel.

Bei einer dritten Ausführungsart ist an dem Kopfstücke des Akkumulators ein trommelförmiger schmiedeeiserner Behälter angebracht, den man mit Steinen, Sand, Alteisen oder sonstigem Ballast anfüllt.

In Fig. 159, welche zwei Akkumulatoren dieser Art zeigt, ist das Gleichgewicht durch eine Führung in Doppelträgern gesichert. Die Auslösungsvorrichtungen für die Pumpen werden hier nicht vom Kopfstücke aus betätigt, sondern durch einen seitlich an den Führungsschienen angebrachten Hebel, auf welchen beim Hochgehen des Akkumulators ein an die Trommel angeschraubter Dorn anschlägt.

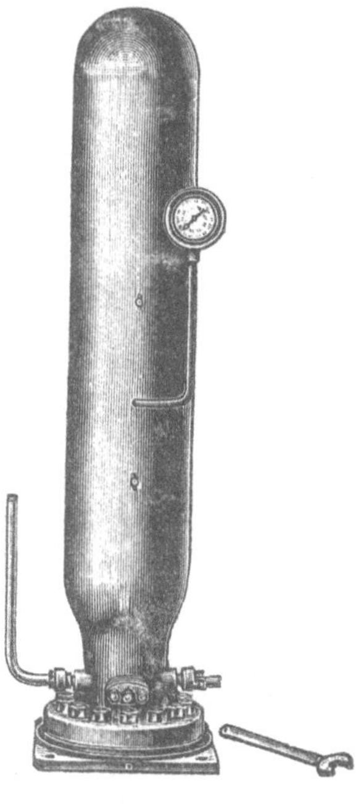

Pneumatische Akkumulatoren.

Außer diesen Belastungsakkumulatoren gibt es auch noch sogenannte „pneumatische Akkumulatoren“. Diese zuerst von Alban empfohlenen Apparate gleichen eigentlich nur das stoßweise Arbeiten der Pumpen aus und können als eigentliche Drucksammler kaum aufgefaßt werden.

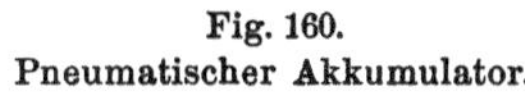

Fig. 160.
Pneumatischer Akkumulator.

Die pneumatischen Akkumulatoren (Fig. 160) sind eigentlich nichts anderes als Windkessel, wie sie z. B. bei den Feuerspritzen allgemein Verwendung finden. Schaltet man einen solchen in die Druckleitung, welche die Pumpe mit der Presse verbindet, ein, so wird mit dem wachsenden Druck der Presse auch die Luft des Windkessels komprimiert, wodurch gleichzeitig eine der Volumenverminderung der Luft entsprechende Menge Druckwasser darin zur Aufspeicherung gelangt.

Während bei den Belastungsakkumulatoren das den Pressen zugeführte Wasser konstanten Druck aufweist, fällt die Spannung bei den pneumatischen Akkumulatoren mit zunehmender Wasserentnahme, denn der Abgang von Flüssigkeit hat hier sofort eine Volumenvergrößerung der komprimierten Luft und damit eine Druckverringerung zur Folge.

Die Luftakkumulatoren leisten als Stoßausgleicher in kleineren Betrieben gute Dienste, ermöglichen durch Anbringung von Sicherheitsventilen eine Erhöhung der Betriebssicherheit, wie außerdem auch die fast unbegrenzte Zusammendrückbarkeit des Luftpolsters den einen großen Vorteil hat, daß bei nicht rechtzeitigem Auslösen der Pumpe und gleichzeitigem Versagen des Sicherheitsventils das Fortarbeiten der Pumpe sich nicht gleich so vehement bemerkbar macht wie bei den Belastungsakkumulatoren. Die Komprimierfähigkeit des Luftpolsters gibt nämlich zum mindesten etwas Platz für das neuzugebrachte Druckwasser, während bei der Unzusammendrückbarkeit der Flüssigkeiten die Belastungsakkumulatoren sofort ein Überschreiten des Druckes stattfindet.

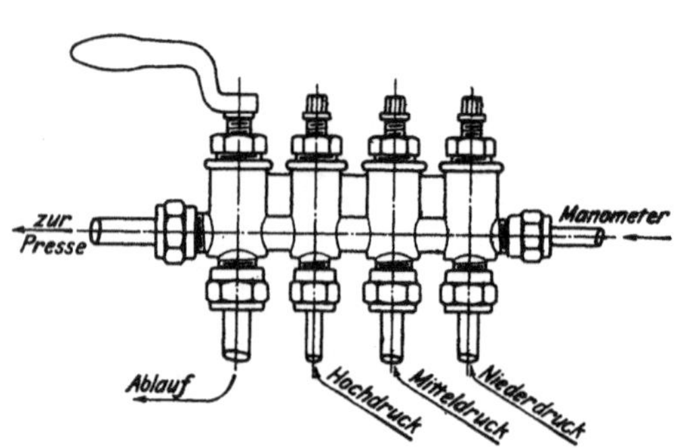

Fig. 161. Druckverteiler.

Fig. 162. Druckverteilungskörper.

Die pneumatischen Akkumulatoren finden aber nur selten Anwendung; in Amerika trifft man sie häufiger als bei uns.

Bartletts Akkumulatorpresse.

Eine Kombination des pneumatischen Akkumulators mit einer hydraulischen Presse hat H. J. Bartlett[1]) empfohlen; bei derselben sind die Säulen des Preßkolbens zu Luftdruckakkumulatoren ausgestaltet. C. Prott-Seelhoff[2]) hat pneumatische Akkumulatoren mit verflüssigten Gasen vorgeschlagen.

Druckverteiler.

Um die Druckflüssigkeit aus den Akkumulatoren (oder auch direkt von den Pumpen) in die einzelnen Pressen zu verteilen, sind eigene Druckventile in Verwendung. Fig. 161 zeigt einen solchen Verteilungskörper, den jede Presse besitzen muß, und der einer näheren Erklärung kaum bedarf.

In Fig. 162 ist ein Druckverteilungsventil abgebildet, wie sie für Zentralstationen Verwendung finden. Mit demselben können vier Pressen mit Nieder-, Mittel- und Hochdruck bedient werden. Der Ventilblock ruht auf einem gußeisernen Stativ mit einer darunter befindlichen Auffangschale für Tropföl.

---

[1]) Schädler, Technologie der Fette, 2. Aufl., Leipzig 1892, S. 376.
[2]) D. R. P. Nr. 43434 v. 31. Aug. 1887.

Fig. 163. Pumpen- und Akkumulatorenstation.

Verschiedene Druckflüssigkeiten.

Als Druckflüssigkeit für die Pumpen, Akkumulatoren und Pressen kann Wasser, Glyzerin und Öl verwendet werden.

Wasser.

Das am meisten verwendete Wasser hat den großen Vorteil für sich, daß irgend welche Undichtheiten in den Leitungen oder bei den Kolbenliderungen keinen Verlust an wertvollem Material zur Folge haben; andererseits ist aber das Wasser ein Medium, bei welchem das Dichthalten aller Teile der Presse sich recht schwierig gestaltet. Wasser korrodiert nicht nur die Druckleitungen, die Wandungen der Zylinder und die Kolbenfläche, sondern macht auch die Manschetten in den Pressen weit eher unbrauchbar als Glyzerin oder Öl.

Glyzerin und Öl.

Die beiden letzteren üben auf die einzelnen Maschinenteile und die Pressrohre keine korrodierende Wirkung und bilden infolge ihrer viskosen Beschaffenheit und konservierenden Eigenschaft ein sehr brauchbares Betriebsmaterial. Leider machen sich bei diesen relativ teuren Produkten Verluste im Betriebskonto als recht unangenehme Ausgabeposten bemerkbar.

Glyzerin wird in den Ölfabriken wohl nur in den seltensten Ausnahmsfällen verwendet.

Mit Öl, besonders mit Pflanzenöl, wohl aber auch mit Mineralölen, wird dagegen sehr häufig gearbeitet. Für die Fabrikation von Speiseölen ist ein Betrieb der Pressen mit Öl aber nicht zu empfehlen, weil bei Undichtwerden der Druckrohre oder der Preßzylinderliderung Drucköl in das erzeugte Speiseöl gelangen kann und ein Trennen des letzteren vom ersteren nicht möglich ist. Gelangt dagegen Druckwasser in das erzeugte Öl, so läßt sich durch einfaches Abstehenlassen leicht eine Trennung herbeiführen.

Eine Pressen- und Akkumulatorenstation für größere Fabrikbetriebe zeigt Fig. 163 [1]). Hier sind liegende Pumpen in Verwendung; die von den Akkumulatoren bewirkte Auslösung der Pumpen geschieht durch Anschlaggewichte und Rollenübersetzung.

Kontinuierliche Pressen.

Prinzip der kontinuierlichen Pressen.

Bei den Seite 248—323 besprochenen Pressen tritt nach vollendeter Pressung stets eine Unterbrechung der Arbeit ein, die umso länger währt, je umständlicher das Entleeren und Neubeschicken der Presse ist. Dieser Übelstand wird bei den sogenannten kontinuierlichen Pressen umgangen, bei welchen ein fortlaufendes Beschicken der Presse bei einem kontinuierlichen Entleeren des ausgepreßten Preßgutes stattfindet.

Die kontinuierlichen Pressen können sowohl mit hydraulischem Drucke arbeiten als auch mechanisch angetrieben werden. Die bis heute in Vorschlag gebrachten Konstruktionen, von denen die wenigsten eine ausgedehntere praktische Anwendung gefunden haben, gehören den verschiedensten

[1]) Anlage der „Aktiengesellschaft zur Fabrikation vegetabilischer Öle in Triest“, ausgeführt von Fritz Müller in Eßlingen.

Systemen an; bei fast allen Formen wird aber das Material durch einen zylindrischen oder sich verjüngenden Raum gepreßt.

Als eine der ersten kontinuierlich arbeitenden Pressen muß die von H. Bessemer & J. Haywood[1]) angesehen werden. Bei derselben wird das Preßgut durch einen mittels Kurbel- und Pleuelstange bewegten Kolben in einen siebartigen Zylinder gepreßt, der sich an einem Ende ziemlich jäh verjüngt, wodurch die im Zylinder vorwärts getriebene Masse Widerstand findet und einem beträchtlichen Drucke ausgesetzt wird[2]). Presse von Bessemer und Haywood,

Fritz Müller in Eßlingen[3]) hat später versucht, das Preßgut durch einen zylindrischen liegenden Preßseiher förmlich durchzupumpen. von Fritz Müller.

Kurze Zeit vorher war W. Fritsche mit seiner rotierenden Walzenpresse und der rotierenden Keilpresse an die Öffentlichkeit getreten. Fritsches rotierende Walzenpresse.

Bei den ersteren[4]) läuft in einer Hohlwalze eine etwas kleinere Vollwalze; jene stützt sich dabei auf zwei unter ihr befindliche, im Gestell gelagerte Friktionswellen, ist durchwegs fein durchlöchert und beiderseitig mit vorspringenden, die Vollwalze umfassenden Seitenscheiben versehen. Der Raum zwischen beiden exzentrisch gelagerten Walzen erweitert sich von einer engsten Stelle aus beiderseits sichelförmig. Das zu pressende Material wird an der weitesten Stelle aufgegeben, durch die beiden sich mit gleicher Umfangsgeschwindigkeit drehenden Walzen mit fortgezogen, bis zur engsten Stelle hin, dabei mehr und mehr ausgepreßt, um dann wieder in den sich allmählich erweiternden, sichelförmigen Hohlraum zu gelangen, aus welchem es durch einen Abstreicher entfernt wird. Das ausgepreßte Öl fließt durch die feinen Löcher der Ringwalze in ein untergestelltes Gefäß ab.

Bei der rotierenden Keilpresse[5]) wird das Preßgut aus einem Fülltrichter in eine an einer rotierenden Scheibe angebrachte Nut gebracht, in welcher es durch einen an derselben Scheibe befestigten Keil zu verbleiben gezwungen wird. Bei der Drehung der Scheibe muß nun das auszupressende Material den Druck eines Widerlagers aushalten und einen sich sichelförmig verjüngenden Raum passieren, wodurch das Auspressen erfolgt. Fritsches rotierende Keilpresse.

Sowohl die Fritschesche Walzenpresse als auch die rotierende Keilpresse kranken an zu geringer Leistungsfähigkeit und an dem Übelstande, daß bei halbwegs flotter Arbeit die Druckdauer zu kurz ist[6]).

---

[1]) Engl. Patent Nr. 12611 v. 15. Mai 1849. — Mechanics Magazine, Bd. 51, S. 500.

[2]) Die Presse von E. Cuvelier (Engl. Patent Nr. 9382 v. 20. Juli 1899, erinnert sehr an die Konstruktion von Bessemer und Haywood.

[3]) D. R. P. Nr. 26343 v. 18. Sept. 1883 und Nr. 35781 v. 15. Dez. 1885.

[4]) D. R. P. Nr. 3601 v. 21. April 1878.

[5]) D. R. P. Nr. 16549 v. 15. Juni 1881.

[6]) Vgl. auch die engl. Patente Nr. 14526 v. 9. Okt. 1888 und Nr. 16328 v. 10. Nov. 1888 von Thompson und Crawford.

Presse von Tissot.

Die Presse von J. M. Tissot[1]) besteht in einer Kombination von Druckwalzen und Filtertüchern. Zwei endlose Filtertücher sind über zwei Systeme von Walzen derart gespannt, daß das auf das untere Filtertuch gebrachte Preßgut durch das sich nähernde obere Filtertuch allmählich verdichtet und ausgepreßt wird, bis endlich beim Durchgange der beiden Filtertücher durch die belasteten Druckwalzen die vollständige Entsaftung des zwischen den Tüchern eingeschlossenen Materials stattfindet. Die Belastung der Druckwalzen erfolgt durch das Gewicht eines Hebels. Zwecks Spannen der beiden Tücher ist je eine ihrer Führungswalzen beweglich gelagert und durch Stellschrauben und Handrad anzuziehen[2]). Die Filtertücher bestehen aus drei Lagen, deren unterste von sehr starken Hanfgurten gebildet wird, die mittels kurzer Kupferröhrchen verbunden sind und so der ausgepreßten Flüssigkeit den Durchgang gestatten. Darüber ist ein grobes Gewebe von Haaren, Wolle, Leinen oder sonstigen Fasern, welche sich wenig oder gar nicht verfilzen, während das oberste feine Gewebe, aus Merino, Alpaka, Kaschmir u. dgl., den eigentlichen Filterstoff bildet[3]).

Der auf das Preßgut ausgeübte Druck ist bei diesen Walzenpressen sehr gering; dieselben könnten wohl nur für Auspressen des Fruchtfleisches der Oliven oder Palmfrüchte Verwendung finden.

von Dujardin.

Das Gleiche muß von der Walzenpresse Dujardins gesagt werden, welche ohne Filtertücher, nur mit zwei gegeneinander gepreßten Walzen arbeitet, die aus fein gelochten Blechen gebildet werden. Die einzelnen, sehr dicht nebeneinander stehenden Löcher sind auf eine Dicke von $^2/_3$ mm zylindrisch, die übrigen $1^1/_3$ mm nach dem Innern jeder Preßwalze hin konisch erweitert[4]). Die Walzenbezüge können daher um $^2/_3$ mm abgenutzt sein, ehe die einzelnen Löcher sich zu erweitern anfangen. Die auszupressende Masse wird zwischen die in einem viereckigen Kasten dicht eingeschlossenen Walzen geleitet, die ausgepreßte Flüssigkeit dringt in das Walzeninnere, der Preßrückstand dagegen wird über den Walzen in einer festen Führung aufgenommen, welche ihn in kompromiertem Zustande bis über die eine Kastenwand der Presse herausführt.

Die Abdichtung der Walzenenden in den beiden zugehörigen Kastenwänden geschieht durch Ringe, welche in eingedrehte Nuten der Walzen eingreifen. Dieser Abschluß ist indes kein dicht schließender, sondern läßt absichtlich einen kleinen Spielraum, welcher sich mit der zu pressenden Masse ausfüllt. Die so entstehende Dichtung soll sich sowohl wegen ihres guten Abschlusses als auch wegen der bei ihr auftretenden geringen Reibung

---

[1]) D. R. P. Nr. 39 v. 22. Juli 1877.

[2]) Dinglers polyt. Journ., Bd. 230 (1878), S. 336.

[3]) Die Urbainsche Preßvorrichtung (Engl. Patent Nr. 1017 v. 8. Jan. 1884) hat mit der Presse Tissot große Ähnlichkeit.

[4]) Also umgekehrt wie bei den Preßseihern.

empfehlen. Der Betrieb der beiden Walzen geschieht durch Schneckenräder, in welche eine gemeinsame Schnecke ohne Ende eingreift[1]).

Obwohl die Walzen sehr langsam rotieren (sechs Umdrehungen pro Minute), ist doch die Druckdauer viel zu gering, um eine genügende Entölung

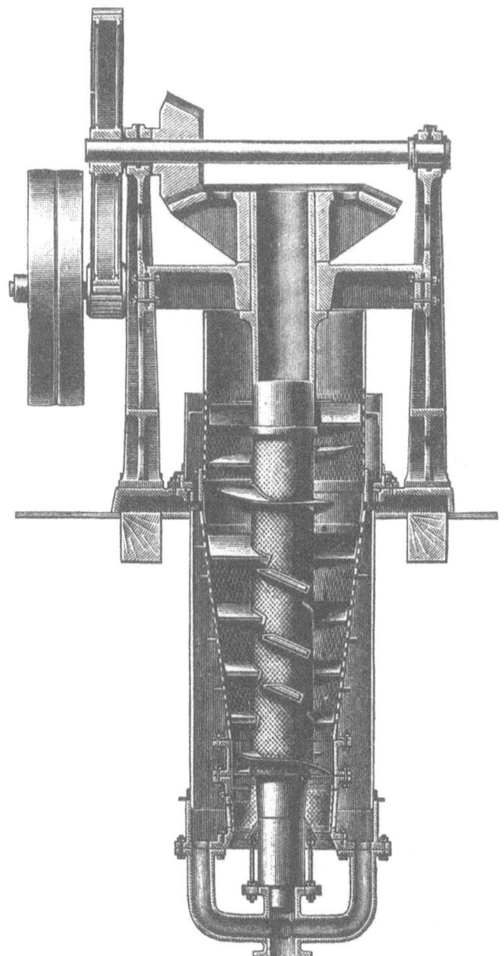

Fig. 164. Berggreens kontinuierliche Presse.

herbeizuführen. Die Presse ist übrigens nicht speziell für die Verarbeitung von Ölsaaten konstruiert worden, sondern zum Auspressen von Rübenbrei[2]), wie auch die Pressen, bei welchen eine Schraube das auszupressende Ma-

---

[1]) Chem. Industrie, 1879, S. 173.

[2]) Sucrerie indigène, 1879, Nr. 13, S. 312.

terial durch ein sich verjüngendes Seiherrohr drückt, ursprünglich nur zum Entwässern von Rübenschnitzeln verwendet wurden.

Presse nach Berggreen.

Eine solche Presse, wie sie die Sangerhäuser Maschinenfabrik[1]) zur Ausführung bringt, zeigt Fig. 164.

Das oben durch einen Trichter in den aus gelochtem Blech hergestellten Kegelstumpf gebrachte Material wird durch die an der senkrechten Welle sitzende Schraubenfläche nach abwärts weiter geschoben und fällt endlich unten heraus, während die ausgepreßte Flüssigkeit in den Raum zwischen dem äußeren Mantel und dem Preßkonus tritt, von wo sie durch Rohre abgeleitet wird.

Das Berggreensche Prinzip ist auch einer Presse zugrunde gelegt, welche die American Proceß Company in New York für Ölfabrikationszwecke baut und die mit einem kontinuierlichen Wärmer zusammenarbeitet.

Der Wärmer dieser Presse (s. Fig. 165)[2]) besteht aus einem schmiedeeisernen Zylinder *A*, welchem durch einen Trichter mit Lieferungsvorrichtung *L* das zu verarbeitende Material zugeführt wird. Im Zylinder *A*, der mit Manometer und Sicher-

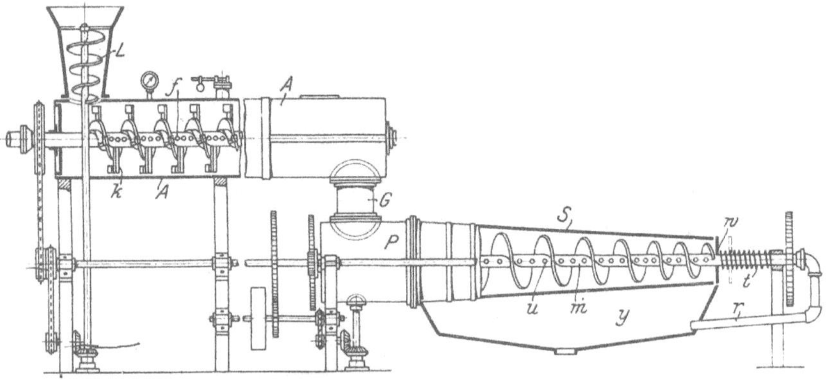

Fig. 165. Kontinuierliche Presse der American Process Company.

heitsventil versehen ist, rotiert eine Schnecke mit Schlagarmen *k*, welche auf einer Hohlwelle sitzen, durch deren Öffnungen *f* Dampf in das Innere des Zylinders *A* geleitet werden kann. Diese zentrale Dampfzuführung in Verbindung mit dem ununterbrochenen Durchmischen des Materials soll eine höchst gleichmäßige Erwärmung des Preßgutes erreichen, das durch den Verbindungsstutzen *G* in den Vorraum der Presse *P* fällt. Der eigentliche Preßseiher *S* ist nach Art der Stabseiher (S. 267) konstruiert, aber nicht zylindrisch, sondern konisch geformt. Eine durch die Feder *t* angedrückte Platte *w* schließt den Seiher ab und läßt aus diesem nur dann Material austreten, wenn der Druck, mit welchem das Preßgut durch die Schraube gegen *w* gepreßt wird, größer ist als der von außen wirkende Federdruck.

Das während des Vorwärtsschiebens des Materials austretende Öl sammelt sich in dem Gefäße *y*, wird aber auch zum Teil durch die Öffnungen *u* der Hohlwelle *m* austreten und dann durch *r* nach *y* geleitet werden. Der Antrieb der Achse des Wärmers und der Presse ist aus Fig. 165 ersichtlich.

---

[1]) D. R. P. Nr. 65165 v. 13. Febr. 1892 (R. Berggreen).

[2]) Engl. Patent Nr. 954 v. 16. Jan. 1900 von J. F. Bussels und American Process Company.

Die Presse der American Process Company dürfte bei sehr ölreichen Materialien, wie Koprah, Oliven usw., gute Resultate geben, besonders bewährt hat sie sich bei der Verarbeitung von Fischen zu Öl und Dünger. Ihre Beschreibung würde daher auch in dem über die Gewinnung der animalischen Öle und Fette handelnden Kapitel Platz gefunden haben, wenn diese Presse nicht in dieselbe Gruppe gehörte wie die Pressen von Bessemer & Haywood, Müller, Berggreen und die sogenannte Anderson-Presse, welch letztere in neuerer Zeit den Weg von Amerika nach Europa gefunden hat und für die Verarbeitung von Leinsaat, Raps usw. sehr empfohlen wird.

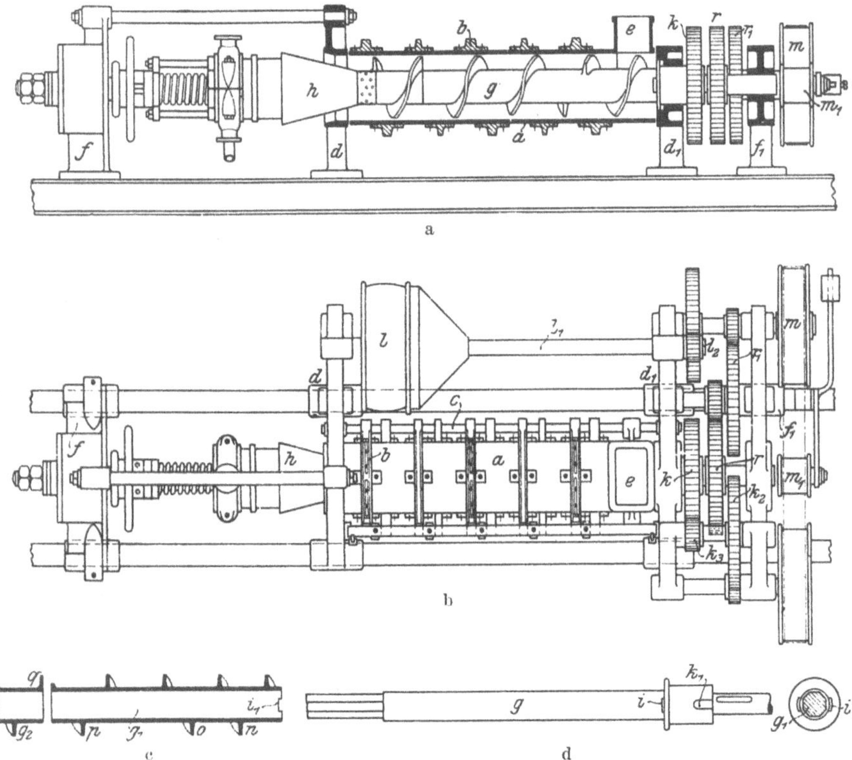

Fig. 166 a, b, c und d. Anderson-Presse.

Anderson-Presse.

Die Pressenkonstruktion von Valerius D. Anderson in Cleveland drängt das zu entölende Material nicht durch einen konisch zulaufenden, sondern einen zylindrisch geformten Seiher und bedient sich zum Vorwärtsschieben des Materials nicht, wie seinerzeit Bessemer & Haywood, eines Kolbens, sondern einer Schraube, wie dies die Pressentype der American Process Company tut.

Bei der Anderson-Presse (Fig. 166) ist der Preßbehälter a ebenfalls stabseiherartig konstruiert. Die Stäbe sind dabei in zwei Serien gruppiert, deren jede durch halbkreisförmige Bänder b zusammengehalten wird und um die Stange c

drehbar ist. Dadurch ist die Möglichkeit gegeben, nach Abheben eines als Verschluß dienenden Flacheisens die obere Hälfte des Zylinders aufzuklappen und zu kontrollieren, ob die Lage der Stäbe richtig ist (s. S. 267, wo das Verschieben der Stäbe als Nachteil der Stabseiher erwähnt wurde). Die Spindel der Preßschraube ruht in den beiden Lagern f und f_1 (Fig. 166a) und trägt ihrem in Fig. 166d mit g bezeichneten zylindrischen Teile die Schraube g_1 (Fig. 163c) an. Nach dem Auslaufe h zu reiht sich an diese der kurze Teil g_2 (Fig. 162c), an den sich der Konus h anschließt. Letzterer entspricht in seiner Dossierung dem Auslaufe am Zylinder a, der, wie man aus Fig. a erkennt, in einem Ständer $d\,d_1$ untergebracht ist. Außer der Rotationsbewegung, welche der Kegel h von der Achse g aus empfängt, untersteht derselbe noch dem Einfluß der in Fig. a und b links ersichtlichen Stellvorrichtung, die es ermöglicht, den Konus mehr oder weniger tief in den Zylinder a hineinzustoßen.

Die Welle g wird durch ein Rad r betätigt, das neben dem Rade k sitzt. Dieses trägt eine Büchse k_1, die durch ihren Ansatz i, welcher mit dem Schlitz i_1 in der Schraube g_1 gekuppelt ist, das Mitnehmen der letzteren garantiert. Diese übrigens leicht abnehmbare Schraube wird gleich der Welle g von der Welle l_1 des Antriebsvorgeleges (Fig. 163b) aus betätigt; ein auf dieser Welle sitzendes Stirnrad l_2 bewegt nämlich durch zwei Zwischenräder auf einer Zwischenwelle das Rad r_1 auf der Achse f_1, von der aus wiederum das Rad r seine Bewegung empfängt.

Der Antrieb der Schraube g_1 erfolgt, wie schon angedeutet, ebenfalls vom Vorgelege aus, und zwar durch die Riemenscheibe m, welche unter Vermittlung eines über die Spannrolle m_1 gelegten Riemens eine Riemenscheibe auf der Welle k_2 betätigt, von der aus das Rad k durch das Vorgelege k_3 in Rotation versetzt wird.

Die Antriebe der Welle g und Schraube g_1 sind demgemäß so gekuppelt, daß der Synchronismus in der Bewegung der Wellen gewahrt erscheint. Die Einschaltung des Riemens in den Trieb hat den Zweck, im Falle, daß die Schraube g_1 der Welle g nicht zu folgen vermag, das Zerstören der Räder zu verhindern.

Das ganze Arbeiten der Schrauben g_1, g_2 ist derartig, daß der Druck auf das bei e in den Preßzylinder a eingeführte ölhaltige Korn bei dessen Vorwärtsbewegung sich fortgesetzt verstärkt und am Schlusse eine Höhe erreicht, die auch die letzten Reste des Öles aus den Körnern austreibt. Wird hierbei einmal eine gewisse obere Druckgrenze überschritten, so sorgt der Riemen auf den Scheiben m dafür, daß ein Bruch im Getriebe nicht eintrete, indem er auf den Scheiben zu gleiten beginnt. Die Schraube g_1 ihrerseits dreht sich dann nur noch intermittierend; die andere Schraube g_2 dagegen rotiert ungestört weiter, was zur Folge hat, daß sehr bald ein Teil der verstopfenden Massen aus der Presse (durch h) herausgetrieben und so der Übelstand nach und nach ohne Mithilfe eines Arbeiters beseitigt wird. Andererseits bleibt der Druck dauernd hoch genug, um jede Reabsorption des Öles durch die Masse der Residuen auszuschließen. Letztere werden hier in der Folge bis zu einem gewissen Grade auch als Filtermaterial dienen, welches das ausgepreßte Öl reinigt[1]).

Die Anderson-Presse soll angeblich Preßrückstände liefern, die nur ungefähr 5% Öl enthalten. Sie gelangte in Deutschland bisher nur in einer Ölfabrik versuchsweise zur Anwendung, und ist über die mit dieser Presse effektiv erzielten Ölausbeute, über deren Kraftverbrauch und nstandhaltungsspesen noch nichts Näheres bekannt geworden.

---

[1]) Seifensiederztg., Augsburg 1904, S. 934. (Aus Uhlands techn. Rundschau.)

Bei allen kontinuierlichen Pressen ist die Reibung sehr bedeutend, weshalb sie zum Betriebe übermäßig viel Kraft erfordern. Eine wirksame Konkurrenz konnten sie aus diesem Grunde der ökonomisch arbeitenden hydraulischen Presse bisher nicht machen.

V. Die Gewinnung nach dem Extraktionsverfahren.

Pressung und Verdrängung.

Es wurde bereits auf Seite 142 gesagt, daß sich durch Auspressen der ölhaltigen Samen und Früchte das darin enthaltene Öl nicht vollständig gewinnen lasse, weil ein Teil desselben (5—10% vom Gewichte des Rückstandes) durch Oberflächenanziehung von den Zellwänden festgehalten wird. Der Versuch lag nahe, diese Ölreste aus den Pflanzenzellen durch Verdrängung mittels anderer Flüssigkeiten auszubringen, und das Anfeuchten der Ölsaaten vor der Pressung, das Verfahren von Spindler und Stautz, das von Bessemer und Haywood versuchte Auspressen der zerkleinerten Ölsaaten durch direktes Einwirkenlassen gespannten Wassers sowie die Methode von Th. Graham und Kellogg[1]) laufen durchwegs auf eine mechanische Verdrängung des Öles durch andere Flüssigkeiten hinaus.

Wasser und wässerige Salzlösungen eignen sich zu diesem Zweck aber sehr wenig, weil das Wasser, da mit Öl nicht mischbar, nur schwer in die fetten Pflanzenzellen eindringt; läßt man aber Fett und Öl lösende Flüssigkeiten auf den zerkleinerten Ölsamen einwirken, so tritt eine Diffusion ein und die Ölsaat wird bei genügend langer Berührung und mehrmaliger Zuführung neuer Mengen des Lösungsmittels ihren Ölgehalt schließlich vollkommen an dasselbe abgeben.

Auslaugung

Voraussetzung für eine solche Entölung durch Auslaugung (Extraktion) ist, daß das verwendete Lösungs-(Extraktions-)mittel seine lösenden Eigenschaften nur auf das Öl und Fett, nicht aber auf die anderen Bestandteile des zu entfettenden Materials (Extraktionsgutes) äußere.

Geschichte der Fettextraktion.

Das Verdienst, das Extraktionsverfahren in der Öl- und Fettindustrie eingeführt zu haben, gebührt zweifellos dem Franzosen Deiß[2]), der sich im Jahre 1856 diese Methode der Ölgewinnung in England patentieren ließ. Wenn vor ihm auch bereits Ferrand (für Millon[3]) in Frankreich ein Patent zur Ausziehung der Gerüche aus Pflanzenteilen mittels Äther und Schwefelkohlenstoff erhalten[4]) hat, so muß doch die der Deißschen Patent-

---

[1]) Dieses Verfahren (D. R. P. Nr. 109 239) beruht darauf, die fein zerkleinerten ölreichen Nüsse in der Wärme mit Wasser zusammenzubringen, wobei dieses das Öl verdrängt, welches, da spezifisch leichter, in dem Gemisch von Saat und Wasser nach aufwärts steigt.

[2]) Englisches Patent Nr. 390 v. 14. Febr. 1856.

[3]) Französisches Patent v. 17. Jan. 1855.

[4]) Siehe O. Brauns Berichte über die Wiener Weltausstellung von 1874, Bd. 3, Abteilung I, S. 260.

schrift zugrundeliegende Idee als ganz selbständig und neu betrachtet werden[1]). Der Umstand, daß Deiß sofort eine ganze Reihe Extraktionsmittel empfahl, verleiht seinem Patente einen ganz besonderen Wert, denn dadurch wurde bereits die weitere Ausgestaltung des Extraktionsverfahrens überhaupt angebahnt.

Schwefelkohlenstoff. Dem ersten Extraktionsapparat von Deiß[2]), der die Verwendung von Schwefelkohlenstoff als Extraktionsmittel vorsah, folgten sehr rasch weitere Konstruktionen von A. Seyferth[3]), Moussu[4]) (1859), Deiß[5]) (verbesserter Apparat 1861), Löwenberg[6]), Bonière Deprat und Pignol[7]), Moison[8]) (1863), Lunge[9]) (1863), Boggio[10]) (1864), Heyl[11]) (1866), Hirzel[12]) (1866), Hädicke[13]) (1871), Braun[14])(1873) und van Haecht[15]) (1878), welche durchwegs mit Schwefelkohlenstoff arbeiteten.

Die Urteile über die Zukunft des Extraktionsverfahrens lauteten anfangs sehr verschieden. Einige Fachleute erblickten in demselben einen ungeheuren Fortschritt gegenüber der Preßmethode, welcher sie nunmehr nur noch kurze Lebensdauer prognostizierten; andere sprachen wiederum der Extraktion jedwede Lebensfähigkeit ab und machten für ihre Ansicht hauptsächlich die mindere Qualität der durch Extraktion gewonnenen Öle sowie die Feuergefährlichkeit derartiger Betriebe geltend.

Hinsichtlich der Qualität der erhaltenen Öle hat das Extraktionsverfahren gewiß etwas enttäuscht, denn man hoffte damit auch Speiseöle herstellen zu können, wogegen ursprünglich ziemlich unreine Produkte erzielt wurden und auch heute noch die Extraktionsöle qualitativ

---

[1]) Nach Schädler (Technologie der Fette und Öle, 2. Aufl., Leipzig 1892, S. 416) soll Jesse Fischer in Birmingham bereits 1843 Fette durch Schwefelkohlenstoff zu extrahieren versucht haben; doch zitiert Schädler keine Quelle für seine Angabe. Jesse Fischer war einer der ersten Produzenten von Schwefelkohlenstoff. (Vgl. Wagners Jahresbericht, 1874, S. 280.)

[2]) Dinglers polyt. Journ., Bd. 140, S. 133 und Bd. 146, S. 433. — Compt. rendus, Bd. 42, S. 207.

[3]) Hannoverisches Patent v. 4. Sept. 1857. — Dinglers polyt. Journ., Bd. 148, S. 275. — Bayrisches Kunst- und Gewerbeblatt, 1857, S. 735.

[4]) Payen, Précis de Chemie Industrielle, 4. Aufl., Paris 1859, Bd. I, S. 134.

[5]) Dinglers polyt. Journ., Bd. 159, S. 436.

[6]) Mitteilungen d. Gewerbevereins f. Hannover, 1862, S. 115.

[7]) Dinglers polyt. Journ., Bd. 169, S. 69.

[8]) Dinglers polyt. Journ., Bd. 170, S. 290.

[9]) Dinglers polyt. Journ., Bd. 170, S. 378.

[10]) Newtons London Journal of Arts and Sciences, N. S. 22, 1865.

[11]) Dinglers polyt. Journ., Bd. 181, S. 237. — Monatsblatt d. Gewerbevereins f. Hannover, 1867, S. 68.

[12]) Engl. Patent Nr. 2987 v. 7. November 1863.

[13]) Dinglers polyt. Journ., Bd. 201, S. 427.

[14]) Amtl. Berichte über die Wiener Weltausstellung von 1873, Braunschweig, Bd. 3, Abteilung I, S. 272.

[15]) Dinglers polyt. Journ., Bd. 229, S. 388. — Wochenschrift für den Öl- und Fetthandel, 1878, S. 17.

gewöhnlich hinter den gepreßten Ölen zurückstehen. Eine Zeitlang schien es sogar, als würde sich die Extraktionsmethode nur für die Aufarbeitung der Olivenölfabrikationsrückstände (Sanza) eignen[1]), zumal gegen die Anwendung des Schwefelkohlenstoffes als Extraktionsmittel Dullo[2]) (1865) und Vohl[3]) (1866) auftraten, deren Bedenken jedoch von E. F. Richter[4]), C. Kurtz[5]) und Fischer[6]) zurückgewiesen wurden.

Benzin.

Nachdem Richardson, Irvine und Lundy[7]) sowie Vohl[8]) und H. Hirzel[9]) die bereits von Deiß angeregte Idee der Verwendung des Benzins als Extraktionsmittel aufgegriffen, bahnten sich die von Vohl[10]), Adamson[11]) (1879), Seltsam[12]), Richters[13]) (1880), Büttner[14]), Merz[15]) und anderen konstruierten Benzinextraktoren allmählich ihren Weg, nicht nur in der Pflanzenölfabrikation, sondern auch in der Knochenverarbeitung Eingang findend und das frühere Arbeiten mit Schwefelkohlenstoff mehr und mehr einschränkend.

Die übrigen in Vorschlag gebrachten Fettlösungsmittel (Äther, Chloroform, Aceton, Benzol usw.) haben es zu einer allgemeinen Anwendung in der Fettextraktion nicht zu bringen vermocht, so daß Benzin und Schwefelkohlenstoff als die fast ausschließlich angewandten Extraktionsmittel gelten können, zu welchen sich in allerletzter Zeit nur der Tetra-

---

1) Diese von Deiß eingeführte Art Sanza-Verarbeitung nahm 1862 in Marseille ihren Anfang und verbreitete sich dann rasch über ganz Italien, so daß man 1880 in den Provinzen Bari, Lecce und Calabrien bereits 19 solcher Anlagen zählte. (Wagners Jahresbericht, 1863, S. 562).

2) Dinglers polyt. Journ., Bd. 178, S. 273. — Wiecks Deutsche Gewerbeztg., 1865, S. 152—159.

3) Dinglers polyt. Journ., Bd. 182, S. 319, und Bd. 185, S. 456.

4) Dinglers polyt. Journ., Bd. 183, S. 254. — Deutsche Industrieztg., 1866, S. 272.

5) Dinglers polyt. Journ., Bd. 184, S. 362.

6) Dinglers polyt. Journ., Bd. 205, S. 274. — Polyt. Zentralbl., 1872, S. 831. — Deutsche Industrieztg., 1872, S. 272.

7) Armengauds Génie industr., 1864, S. 109. — Dinglers polyt. Journ., Bd. 174, S. 165.

8) Dinglers polyt. Journ., Bd. 182, S. 319.

9) Jahrbuch der Erfindungen, Leipzig 1866, S. 277.

10) Dinglers polyt. Journ., Bd. 201, S. 165. — Polyt. Zentralbl., 1871, S. 1165. — Chem. Zentralbl., 1871, S. 536. — Deutsche Industrieztg., 1871, S. 364. — Chem. News, 1871, Nr. 619, S. 168.

11) Bolder und Adamson sollen in Philadelphia schon 1875 Knochen mit Benzin entfettet haben (E. van Haecht, Die Entfettung der Knochen durch Benzin, Seifenfabrikant, 1881, S. 292).

12) D. R. P. Nr. 10196 v. 7. Dez. 1879 und Österr. Privil. v. 7. Febr. 1885.

13) D. R. P. Nr. 14934 v. 3. Dez. 1880 und D. R. P. Nr. 15984 v. 23. Sept. 1880.

14) D. R. P. Nr. 17181 und D. R. P. Nr. 25011 v. 6. Okt. 1882; D. R. P. Nr. 31657 v. 6. Dez. 1883; D. R. P. Nr. 32689 v. 20. Febr. 1884; D. R. P. Nr. 32955 v. 18. Juni 1884; D. R. P. Nr. 40001 v. 24. Febr. 1886.

15) D. R. P. Nr. 20742 v. 18. Mai 1882.

chlorkohlenstoff gesellt hat. Leider erschwert dessen immer noch hoch zu nennender Preis und die Notwendigkeit der Apparatverbleiung die Einführung dieses Lösungsmittels, dessen Unverbrennlichkeit die bisherige Feuergefährlichkeit der Extraktionsbetriebe gründlich beseitigen würde.

Die Apparate, in welchen das Extrahieren vorgenommen wird, sind entweder der Eigenart des verwendeten Lösungsmittels angepaßt oder so konstruiert, daß sie mit jedem beliebigen Extraktionsmittel arbeiten können. Jedenfalls muß sich aber die Betriebsführung den Eigenschaften des verwendeten Extraktionsmittels akkommodieren, weshalb wir der Besprechung der eigentlichen Extraktionsapparate eine Beschreibung der verschiedenen

Extraktionsmittel

vorausgehen lassen.

Notwendige Eigenschaften eines Extraktionsmittels.

Ein ideales Extraktionsmittel müßte den nachstehenden Forderungen[1]) gerecht werden. Es soll

1. weder feuer- noch explosionsgefährlich sein;
2. sich leicht und vollständig, ohne Hinterlassung eines Geruches, verflüchtigen lassen;
3. einen einheitlichen chemischen Körper bilden, der beim Abdestillieren keine Fraktionierung erleidet;
4. nur das im Extraktionsgut enthaltene Öl und Fett, nicht aber die anderen Bestandteile des ersteren lösen, dieses aber rasch durchdringen;
5. keine für die Gesundheit der Arbeiter schädlichen Dämpfe entwickeln;

ferner darf es

6. das zu gewinnende Öl und den Extraktionsrückstand nicht angreifen oder verändern;
7. auch bei Temperaturen unter Null nicht gleich fest werden und endlich
8. nicht zu hoch im Preise stehen.

Ein Produkt, das alle diese Forderungen erfüllt, existiert nicht; inwieweit die einzelnen in der Technik angewandten Extraktionsmittel den verschiedenen Bedingungen genügen oder diesbezüglich zu wünschen übrig lassen, wird weiter unten ausgeführt werden.

Das zur Fettextraktion zuerst verwendete Extraktionsmittel ist der

Schwefelkohlenstoff $= CS_2$

Geschichte des Schwefelkohlenstoffes.

(Kohlenstoffbisulfid); er wurde 1796 von Lampadius entdeckt und in seinen Haupteigenschaften erkannt, aber erst Schrötter hat ihn 1838 in größeren Mengen dargestellt.

---

[1]) Vergleiche: A. Ganswindt, Zeitschr. f. angew. Chemie, 1899, S. 537.

Der Engländer Jesse Fischer hat 1844 Schwefelkohlenstoff bereits fabrikmäßig erzeugt; ihm folgte in Deutschland Marquardt in Bonn (1850) und in Frankreich Chaudelon und Perroncel, später auch Deiß, welch letzterer für die Entfaltung der Schwefelkohlenstoffindustrie wohl das Meiste getan hat[1]).

Die Darstellung des Schwefelkohlenstoffes erfolgt durch Zusammenbringen von Schwefeldampf mit rotglühender Kohle[2]); an Stelle des Schwefels können auch Schwefelmetalle verwendet werden, die beim Rösten ihren Schwefelgehalt an die Kohle abgeben; doch hat diese letztere Methode trotz mehrfach darauf genommener Patente[3]) bis heute keinen Eingang in der Industrie gefunden. **Darstellung des Schwefelkohlenstoffes.**

Der rohe Schwefelkohlenstoff ist teils durch Schwefel, teils durch die bei der Fabrikation benutzte Holzkohle (oder Koks) verunreinigt. Er enthält gewöhnlich 8—12 % Schwefel in Lösung, außerdem Kohlenstoffprotosulfür wie auch Schwefelwasserstoff und flüchtige Verbindungen des Kohlenstoffes mit Schwefel und Sauerstoff, welche sich bei dem Herstellungsprozeß bilden und dem Produkt einen höchst widerlichen Geruch erteilen.

Eine einfache Destillation des rohen Schwefelkohlenstoffes genügt für dessen Reinigung nicht. Man muß vorerst den Schwefelwasserstoff durch eine Waschung mit Kalkwasser entfernen und dann unter Zusatz von 1 % eines möglichst reinen und farblosen fetten Öles und einer verdünnten wässerigen Bleizuckerlösung auf dem Wasserbade destillieren; eventuell muß die Destillation über Öl wiederholt werden[4]). **Reinigung desselben.**

Der rohe oder unvollständig gereinigte Schwefelkohlenstoff bildet eine bei gewöhnlicher Temperatur blaßgelbe Flüssigkeit von der Dichte 1,293. Der gereinigte Schwefelkohlenstoff ist wasserhell, dünnflüssig und leicht beweglich, zeigt ein starkes Lichtbrechungsvermögen, ist von durchdringendem, an Chloroform erinnerndem Geruche und aromatischem Geschmacke. Sein spezifisches Gewicht beträgt 1,286, sein Siedepunkt 46,5° C, doch verflüchtigt sich Schwefelkohlenstoff auch schon bei gewöhnlicher Temperatur sehr merklich. Bei —116° C wird er fest und schmilzt die erstarrte Masse erst wieder bei —110° C. Bei lebhaftem Verdunsten des Schwefelkohlenstoffes schlägt sich ein Teil des Dampfes als schneeartige Masse nieder, während die noch nicht verflüssigten Teile des Schwefelkohlenstoffes zu blumenkohlartigen Massen erstarren. **Allgemeine Eigenschaften.**

---

[1]) Wagners Jahresberichte, 1874, S. 280.

[2]) Franz. Patent Nr. 77731 v. 5. Sept. 1867 von Deiß. — Engl. Patent Nr. 2085 v. 31. Juli 1857 von Galy, Cazalat und Huillard. — J. Singer, Journ. Soc. Chem. Ind., 1889, S. 93. — W. Stein, Polyt. Zentralbl., 1889, S. 392.

[3]) Franz. Patente Nr. 132723 v. 15. Sept. 1879 und Nr. 133244 v. 18. Okt. 1879 von E. und L. Labois mit Nachtragspatenten v. 18. Okt. 1880, 31. März 1881, 4. April 1884 und 5. Juni 1884.

[4]) J. Singer, Journ. Soc. Chem. Ind., 1889, S. 93. — Moniteur scientif., 1889, S. 530.

Brennbarkeit.

Der Schwefelkohlenstoff ist sehr leicht entzündlich und verbrennt mit fahlblauer Flamme zu Schwefeldioxyd und Kohlensäure. Die Dämpfe von Schwefelkohlenstoff sind $2^2/_3$ mal schwerer als Luft und zeigen im Gemisch mit dieser oder mit Sauerstoff explosive Eigenschaften.

Ihre Entzündungstemperatur liegt nach Braun bei 170° C, nach Franklin bei 149° C, bei Berührung mit staubbedeckten Metallflächen aber schon bei 100° C. Nach M. Pöpel[1]) sollen sich Schwefelkohlenstoffdämpfe schon unter dem Siedepunkte des Wassers von selbst entzünden, was jedoch von Rempel[2]) bestritten wird. Letzterer hat zwar an einer gußeisernen Dampfleitung, die unter einem Überdruck von 3,8 Atmosphären stand, Schwefelkohlenstoffdämpfe zur Entzündung bringen können, wie es ihm auch sehr leicht gelang, explosionsartige Erscheinungen durch plötzliches Verdampfenlassen von ungefähr 10 cm^3 Schwefelkohlenstoff an der Leitung hervorzurufen und waren die Explosionen besonders dann regelmäßig, wenn jeder Luftzug im Raume vermieden wurde; Selbstentzündungen unter 100° C vermochte aber Rempel nicht zu erzielen.

Haltbarkeit.

Der flüssige Schwefelkohlenstoff erfährt bei der Belichtung eine teilweise Zersetzung; er färbt sich gelb, um schließlich einen rotbraunen Körper auszuscheiden und den unangenehmen Geruch des Rohproduktes wieder anzunehmen. Der dabei sich abspielende Prozeß soll der folgenden Gleichung entsprechen:

$$nCS_2 = (CS)_n + nS.$$

Der ausgeschiedene Schwefel löst sich in dem unzersetzten Schwefelkohlenstoff auf, diesem eine gelbe Färbung erteilend, während das polymere Kohlenstoffmonosulfid als unlöslich ausfällt.

Lösungsvermögen.

Der Schwefelkohlenstoff verbindet sich nicht mit Wasser, löst sich aber darin nach Sestini bis zu ca. 1% auf. Diese Angabe wird von Page[3]) dahin richtiggestellt, daß Schwefelkohlenstoff nur 0,2% Wasser zu lösen vermöge. Ältere Angaben von Chancel und Parmentier stimmen mit den Befunden Pages überein, während Ckiandi Bey eine Löslichkeit von 0,45% Wasser angibt.

Die chloroformähnlich riechenden wässerigen Lösungen schmecken anfangs süß, dann aber brennend, erzeugen ein Wärmegefühl im Magen, ein eigentümliches Prickeln in der Nase und eine leichte vorübergehende Befangenheit des Kopfes. Eine mit Petroleum versetzte Seifenlösung löst nach Livache Schwefelkohlenstoff sehr leicht auf und scheidet diesen nach Verdünnen mit Wasser nicht wieder aus[4]).

Mit Alkohol, Äther und ähnlichen Flüssigkeiten ist Schwefelkohlenstoff in allen Verhältnissen mischbar. Öle, Fette, Wachse, Kaut-

[1]) Chem.-Ztg., 1891, S. 822.

[2]) Zeitschr. f. angew. Chemie, 1891, S. 322 und 432.

[3]) Chem. Industrie, 1880, S. 391.

[4]) Bornemann, Die fetten Öle, Weimar 1889, S. 108.

schuk, Kampfer, Schwefel, Phosphor, Brom und Jod löst er in beliebiger Menge auf. Mit elektropositiven Schwefelmetallen verbindet er sich zu sogenannten Sulfokarbonsäuren:

$$Na_2S + CS_2 = Na_2CS_3 .$$

Die Dämpfe des Schwefelkohlenstoffes wirken auf den menschlichen und tierischen Organismus giftig ein. Ein längeres Einatmen einer schwefelkohlenstoffhaltigen Atmosphäre erzeugt bei den meisten Personen Kopfweh, Erbrechen, Schmerz in den Gliedmassen, hauptsächlich in den Beinen, und eine allgemeine Schwäche des Körpers und Geistes. Giftigkeit.

Bei Wiederholung dieser Einwirkung steigern sich diese unangenehmen Eigenschaften in auffallender Weise.

Die Hauptursache der Giftigkeit des Schwefelkohlenstoffes sollen nach Pettenkofer[1]) unbekannte Verbindungen sein, die sich in demselben als Verunreinigungen vorfinden; daraus erklärt es sich auch, daß verschiedene Schwefelkohlenstoffsorten eine verschieden starke Giftigkeit zeigen.

Benzin

(Petroläther, Ligroin, Canadol, Gasolin, Rigolen).

Das Benzin, ein Nebenprodukt der Petroleumindustrie, wurde zwar schon von Deiß in seinem Extraktionspatente als Extraktionsmittel vorgesehen und späterhin von Richardson, Irvin und Lundy, von Vohl, Hirzel und anderen für die Fettextraktion empfohlen, doch konnte es ein wirksamer Konkurrent des Schwefelkohlenstoffes erst nach dem Aufblühen der Naphthaindustrie Amerikas, Rußlands und Österreichs und seiner damit Hand in Hand gehenden Verbilligung werden[2]). Geschichte.

Die leicht siedenden Mineralölfraktionen haben besonders durch die von Seltsam vorgeschlagene, von Davidson anfänglich bekämpfte Knochenentfettung eine ausgedehnte Verwendung bei der Fettextraktion erfahren, und heute ist Benzin das weitaus gebrauchteste Extraktionsmittel.

Die verschiedenen Namen, wie Canadol, Ligroin, Petrolin, Benzin, kennzeichnen kein einheitlich zusammengesetztes chemisches Produkt, sondern sind willkürlich gewählte Bezeichnungen für die ersten bei der Mineralöldestillation erhaltenen Fraktionen, ohne daß sie die Art derselben schärfer präzisierten.

---

[1]) Pettenkofer, Gesundheitsschädlichkeit mehrerer Gase und Dämpfe, München 1887.

[2]) Über die Geschichte der Naphtha-(Petrol-)Industrie Amerikas siehe: H. F. Wrigley, Special Report on the Petroleum of Pennsylvania, 1875; Alex. Veith, Das Erdöl, Braunschweig 1892. Über die historische Entwicklung derselben im Kaukasus: Engler, Das Erdöl in Baku, Stuttgart 1889; Osk. Schneider, Über die kaukasische Naphthaproduktion usw. — Über die galizische Mineralölindustrie siehe: L. Strippelmann, Die Petrolindustrie Österreichs und Deutschlands.

Gewinnungsweise. Bekanntlich gehen bei der Destillation von Mineralölen anfangs die leicht siedenden und leicht flüchtigen Kohlenwasserstoffe, später die als Petroleum bekannten Anteile und endlich die Mineralschmieröle über. Unter dem Namen „Rohbenzin" faßt man jene Mineralölfraktionen zusammen, die bei 70—120° C überdestillieren und deren spezifisches Gewicht zwischen 0,630—0,745 liegt. Höfer[1]) unterscheidet bei dem Rohbenzin folgende Abstufungen:

1. Petroläther (Rigolen, Scheerwood-oil), siedet schon bei gewöhnlicher Temperatur und verflüchtigt sich ganz bei 70° C. Dieses in amerikanischen Mineralöl-Raffinerien C-Naphtha genannte Produkt zeigt eine Dichte von 0,635—0,660.
2. Gasolin (Canadol, B-Naphtha), siedet zwischen 70—80° C und zeigt ein spezifisches Gewicht von 0,650—0,680.
3. Benzin (Ligroin, A-Naphtha), siedet bei 80—120° C und hat eine Dichte von 0,680—0,720.

Diese Rohdestillate werden einer — mitunter mehrfachen — Rektifikation unterzogen, um möglichst einheitliche, zusammengesetzte Produkte zu erhalten, die frei von zu flüchtigen und zu hoch siedenden Beimengungen sind. Nach der Rektifikation folgt eine Reinigung mittels Schwefelsäure und Lauge, unter Umständen auch eine Beseitigung der in den Benzinarten bisweilen enthaltenen Schwefelverbindungen.

Die russisches Mineralöl verarbeitenden Petroleumraffinerien erzeugen gewöhnlich ein Benzin von dem spezifischen Gewicht 0,700—0,705 und manchmal eine eigene Marke: das „Extraktionsbenzin", dessen Dichte sich in den Grenzen 0,725—0,729 bewegt, verhältnismäßig wenig flüchtige Kohlenwasserstoffe enthält und daher beim Extrahieren nur geringe Verluste ergibt[2]).

Die am leichtesten siedenden und gut gereinigten Mineralölfraktionen (gewöhnlich Petroläther genannt) können wegen ihres hohen Preises nur in der Fettanalyse verwendet werden; zur Fettextraktion im großen kommen nur die billigen Fraktionen mit höherem Siedepunkte in Betracht.

Allgemeine Eigenschaften. Alle Benzinsorten stellen sich als farblose, eigentümlich riechende, sehr bewegliche und leicht entzündliche Flüssigkeiten dar, die sich nicht mit Wasser, wohl aber mit absolutem Alkohol, Äther, Benzol, Schwefelkohlenstoff, Chloroform und fetten Ölen in allen Verhältnissen mischen.

Sie bestehen aus einem Gemenge von Kohlenwasserstoffen, in welchem, je nach dem Siedepunkte des betreffenden Produktes, Butan, Pentan, Hexan, Heptan oder Oktan vorherrscht. Eingeatmet rufen die Dämpfe von Benzin Betäubung hervor. Auf die Haut appliziert wirkt Benzin,

---

[1]) Höfer, Das Erdöl und seine Verwandten, Braunschweig 1889, S. 59.

[2]) Siehe Veith: Über Benzinrektifikation, Dinglers polyt. Journ., Bd 282, S. 159.

besonders leichter siedendes, lokal anästhetisierend, und zwar teilweise infolge der durch die schnelle Verdunstung entstandenen Kälte, teilweise auch dadurch, daß es die Reizbarkeit der sensorischen Nerven abschwächt[1]). Raupen, Läuse, Flöhe und ähnliches Ungeziefer werden durch Benzin getötet.

Nach Kwjatkowsky-Rakusin[2]) werden eiserne Fässer oder Zisternen, welche für Benzintransport bestimmt sind, und auch stationäre Behälter für dieses Produkt zweckmäßigerweise mit Hentzeschen inneren Kühlnetzen und leicht schmelzbaren Sicherheitspfropfen versehen; die sich eventuell entwickelnden Gase finden dadurch Austritt und wird einer Explosion sicher vorgebeugt.

In seinem Verhalten dem Petroleumbenzin sehr nahe verwandt ist das

Benzol,

wohl auch Steinkohlenbenzin genannt, das als Vorlauf bei der Teerdestillation erhalten wird. Es ist seinerzeit gleichzeitig mit dem Schwefelkohlenstoff, Benzin und anderen Fettlösungsmitteln zur Extraktion vorgeschlagen worden, doch hat es hier nur eine beschränkte Anwendung gefunden. Neuerdings wurde es von F. Frank[3]) besonders zur Entfettung von Knochen empfohlen. Eigenschaften.

Im Handel kennt man nachstehende Benzolmarken[4]):

	Spezifisches Gewicht	Siedegrenzen
90 proz. Benzol	0,880—0,883	bis 100° C 90 % Rest bis 120° C übergehend
50 „ „	0,875—0,877	„ „ „ 50 „ „ 120° „ „
30 „ „	0,872	„ „ „ 30 „ „ 120° „ „
0 „ „	0,870—0,872	„ „ „ 0 „ „ 120° „ „

In bezug auf seine physikalischen Eigenschaften ähnelt das Benzol sehr dem Benzin; in chemischer Hinsicht unterscheiden sich diese Produkte dadurch, daß das Benzol des Steinkohlenteers eine Reihe aromatischer Kohlenwasserstoffe enthält (Benzol, Toluol und Xylol), während das Benzin aus einem Gemenge von Kohlenwasserstoffen der aliphatischen Reihe besteht.

Äther = $C_2H_5 \cdot O \cdot C_2H_5$

(Schwefeläther, Äthyläther, Naphtha vitrioli, Äther sulfuricus)

soll schon den Alchymisten des 13. Jahrhunderts bekannt gewesen sein; jedenfalls wurde er schon im Jahre 1540 von Valerius Cordus Geschichte.

---

[1]) Veith, Das Erdöl, Braunschweig 1892, S. 496.

[2]) Kwjatkowsky-Rakusin, Naphtha und ihre Produkte, 2. Aufl., Berlin 1904, S. 116.

[3]) Chem. Rev., 1900, S. 97.

[4]) Lunge, Chem.-techn. Untersuchungsmethoden, 5. Aufl., Berlin 1905, Bd. 2, S. 746.

als Oleum vitrioli dulce durch Destillation gleicher Volume Alkohol und Schwefelsäure dargestellt. Diese Entdeckung geriet aber ganz in Vergessenheit, so daß der Londoner Apotheker Frobenius den Äther im Jahre 1730 von neuem entdecken konnte. Wegen der bei seiner Herstellung verwendeten Schwefelsäure nannte man das Produkt Schwefeläther, doch zeigte Rose schon im Jahre 1800, daß Schwefel in demselben nicht enthalten ist.

Die Zusammensetzung, die Eigenschaften und die Bildung des Äthers studierten Saussure, Boullay, Dumas, Mitscherlich, Liebig, Soubeiran und Williamson.

Zur Fettextraktion ist der Äther wohl zuerst von O. Braun angewandt worden; eine ausgedehntere Verwendung für diese Zwecke hat er aber nicht gefunden.

Darstellung.

Seine Darstellung im großen erfolgt durch Erhitzen von 5 Teilen 96prozentigen Alkohols mit 9 Teilen konzentrierter Schwefelsäure auf 140° C und Rektifikation des erhaltenen Rohäthers.

Allgemeine Eigenschaften.

Der reine, wasser- und weingeistfreie Äther ist eine leicht bewegliche farblose Flüssigkeit vom spezifischen Gewicht 0,7285 (bei 17,5° C) mit einem Siedepunkt von 35° C. Wasserhaltiger Äther erstarrt bei —40° C zu einer weißen kristallinischen Masse, wasserfreier Äther gefriert erst bei —129° C und schmilzt die einmal fest gewordene Masse erst wieder bei —117,4° C. Die Ätherdämpfe sind schwerer als Luft, haben einen sehr niedrigen Flammpunkt und sind in hohem Grade feuergefährlich.

Lösungsvermögen.

Bei 17,5° C lösen 10 Teile Wasser 1 Teil Äther und 35 Teile Äther 1 Teil Wasser auf. Mit Weingeist, Chloroform, Schwefelkohlenstoff, Benzin, Petroläther usw. mischt sich Äther in beliebigem Verhältnisse. Er löst Öle, Fette und Wachse sehr leicht auf, ebenso Schwefel, Phosphor, Jod, Salzsäure, Schwefelsäure und eine grosse Anzahl organischer Verbindungen. Eingeatmet, bewirkt der Äther Bewußt- und Empfindungslosigkeit.

Im Handel kommen drei Arten von Äther vor, welche sich durch ihren Gehalt an Wasser und Alkohol voneinander unterscheiden:

1. der absolute Äther vom spezifischen Gewicht 0,720 bei 15° C;
2. der gewöhnliche oder offizinelle Äther vom spezifischen Gewicht 0,724 bei 15° C;
3. der rohe Äther vom spezifischen Gewicht 0,730—0,745 bei 15° C.

Aceton = $CH_3 \cdot CO \cdot CH_3 = C_3H_6O$

(Dimethylketon, Mesitgeist, Mesitalkohol, Essigalkohol, Spiritus pyroaceticus)

Geschichte.

scheint schon im 15. Jahrhundert bei der Destillation von essigsaurem Blei beobachtet worden zu sein, doch hat erst Liebig (1832) die Zusammensetzung dieses Produktes erkannt und seine Reindarstellung gelehrt. In der Fettextraktion (Wollfettraffination) hat es bisher nur beschränkte Verwendung gefunden[1]).

Es wird heute aus rohem Holzgeiste, aus Calciumacetat und Essigsäure gewonnen und stellt eine farblose, leicht bewegliche, eigentümlich, aber nicht unangenehm riechende, mit Wasser, Alkohol und Äther mischbare Flüssigkeit dar, die einen an Pfefferminze erinnernden Geschmack zeigt. Aus der wässerigen Lösung kann Aceton durch in Wasser leicht lösliche Salze (Chlorcalcium, Kaliumkarbonat usw.) ausgeschieden werden. Darstellung und Eigenschaften.

Aceton hat bei 0° C ein spezifisches Gewicht von 0,814, bei 15° C von 0,8008 und siedet bei 56° C.

Mit sauren schwefligsauren Alkalien verbindet es sich zu kristallinischen, acetonschwefligsauren Salzen; starke Mineralsäuren (konzentrierte Schwefelsäure und Salzsäure), Aluminiumchlorid, Ätzkalien, Ätzkalk usf. spalten aus dem Aceton schon bei mäßiger Erwärmung Wasser ab und liefern kohlenstoffreiche Kondensationsprodukte. Starke Salpetersäure wirkt sehr energisch auf Aceton ein, unter Bildung von Kohlensäure, Kohlenmonoxyd, Stickstoff, Stickoxyd, Essigsäure, Oxalsäure und leicht zersetzlicher Nitrosoverbindungen des Acetons.

Öle, Fette und Wachse vermag Aceton in bedeutender Menge zu lösen.

Chloroform. ($CHCl_3$).

(Trichlormethan, Formyltrichlorid.)

Das Chloroform wurde im Jahre 1831 fast gleichzeitig von Liebig und Soubeiran entdeckt; die Zusammensetzung desselben erforschte aber erst 1834 Dumas. Zur Fettextraktion hat das Chloroform bereits Deiß in seinem grundlegenden Patente vom 14. Februar 1856 in Vorschlag gebracht; es wird aber heute nur selten für diesen Zweck verwendet. Geschichte und Darstellung.

Je nach der Darstellungsweise unterscheidet man im Handel Alkoholchloroform (Acetonchloroform) und Chloralchloroform. Das erste wird aus Alkohol mittels Chlorkalk hergestellt, das letztere durch Destillation von Chloralhydrat mit Ätznatronlauge.

Das Chloroform bildet eine farblose neutrale Flüssigkeit von eigentümlich süßem Geruch und Geschmack. Sein spezifisches Gewicht beträgt bei 15° C 1,502. Bei sehr niedriger Temperatur erstarrt es zu einer kristallinischen weißen Masse, welche bei —70° C wieder schmilzt. Sein Siedepunkt liegt bei 62,5° C, seine Dämpfe sind 4,199 mal schwerer als Luft. Eigenschaften.

Chloroform ist bei weitem nicht so feuergefährlich wie Äther, Benzin

[1]) In letzter Zeit ist Aceton wiederum von G. N. Vis als Extraktionsmittel empfohlen worden (D. R. P. Nr. 98911). Das Arbeiten mit demselben hat den Vorteil, daß die erhaltene Fettlösung beim Verdünnen mit Wasser das Fett sofort abscheidet, doch ist andererseits die Wiedergewinnung des Acetons aus seiner wässerigen Lösung umständlich.

und Schwefelkohlenstoff; ein brennender Holzspan verlöscht sogar, wenn er bei Zimmertemperatur in Chloroform eingetaucht wird. Bei höherer Temperatur entzündet, verbrennt Chloroform mit grünlicher rußender Flamme.

Gleichzeitige Einwirkung von Luft und Licht vermag das reine Chloroform unter Bildung von Chlor, Chlorwasserstoff, Chlorkohlenoxyd usw. zu zerlegen. Diese Zersetzung tritt nicht ein, wenn das Chloroform ganz geringe Mengen (0,3—0,5%) Alkohol zugemischt enthält, weshalb dieser Zusatz für das Arbeiten im großen sehr zu empfehlen ist. 100 Teile Wasser lösen bei 15° C 0,7 Teile Chloroform; letzteres nimmt auch ganz geringe Mengen Wasser auf, löst aber Öle, Fette und Wachse sowie Harz, Kautschuk und Alkaloide sehr leicht. Von alkoholischer Kali- und Natronlauge wird es unter Bildung von Alkalichloridformiat und Wasser zersetzt.

Innerlich wirkt es giftig, äußerlich schmerzstillend. Eingeatmet erzeugen seine Dämpfe Betäubung und machen gefühllos, größere Mengen können sogar den Tod herbeiführen; in geringen Dosen wirkt Chloroform antiseptisch.

Im chemischen Sinne mit dem Chloroform sehr nahe verwandt ist der

Tetrachlorkohlenstoff = CCl_4

(Vierfachchlorkohlenstoff, Kohlenstofftetrachlorid, Kohlenstoffperchlorid, Tetrachlormethan, Perchlormethan).

Geschichte. Er wurde im Jahre 1839 von V. Regnault[1]) entdeckt. Während dieser aber durch Chlorieren des Chloroforms zum Tetrachlorkohlenstoff gelangte, zeigte Dumas[2]) seine Herstellung aus Methan und H. Kolbe[3]) gab 1843 das erste technisch brauchbare Verfahren zur Darstellung dieses Produktes an, indem er Schwefelkohlenstoff als Ausgangsmaterial wählte. A. W. Hofmann[4]) modifizierte im Jahre 1860 das Kolbesche Verfahren (Benutzung von Antimonchlorid als Chlorierungsmittel bzw. Chlorüberträger), W. H. und J. D. Lever und E. J. Scott[5]) suchten durch Anwendung von Jod als Chlorüberträger die Überführung des Schwefelkohlenstoffes in Tetrachlorkohlenstoff noch glatter zu gestalten, während Müller und Dubois[6]) ein gleiches durch Chlorschwefel bei Gegenwart von Metallen bzw. Metallchloriden zu erreichen trachteten[7]).

---

[1]) Ann. Chem. Pharm, 1840, S. 310.

[2]) Ann. Chem. Pharm., 1840, S. 187.

[3]) Ann. Chem. Pharm., 1843, S. 41—46.

[4]) Ann. Chem. Pharm., 1860, S. 264.

[5]) Engl. Patent Nr. 18990 v. 26. Nov. 1891. — Chem. Ztg., 1891, S. 707.

[6]) D. R. P. Nr. 72999 v. 28. Jan. 1892; am 1. Juni 1890 an die chemische Fabrik Griesheim Elektron in Frankfurt a. M. übertragen, welche Firma sich die Einführung des Tetrachlorkohlenstoffes als Extraktionsmittel sehr angelegen sein läßt.

[7]) In jüngster Zeit haben F. J. Machalske in Brooklyn (Amerik. Patent Nr. 808100 v. 26. Nov. 1905), J. B. Febvre (Franz. Patent Nr. 355423 v. 21. April 1905) und E. F. Côte (Franz. Patent Nr. 357781 v. 15. Sept. 1905) Patente zur Herstellung bzw. Reinigung von Tetrachlorkohlenstoff erworben.

Die Verwendung des Tetrachlorkohlenstoffes für die Fettextraktion brachte O. Braun[1]) in Vorschlag. Im Jahre 1889 nahmen dann die Gebrüder Lever ein diesbezügliches Patent[2]) für die Pflanzenölgewinnung, R. Arens[3]) schlug 1892 das Entfetten der Knochen mittels Tetrachlorkohlenstoff vor, Lallemand[4]) empfahl ihn zum Entfetten von Häuten, Leder usw. und die Firma Delainage Vervietois Peltzer et Compagnie[5]) will ihn zu gleichen Zwecken bei Rohwolle anwenden[6]). Auf die vortreffliche Eigenschaft des Tetrachlorkohlenstoffes als Extraktionsmittel haben übrigens auch Philipp[7]), O. Brücke[8]), P. Bernard[9]), L. L. Bianchini[10]) hingewiesen[11]).

Gewinnungsweise.

In Deutschland wendet man heute zur fabrikmäßigen Darstellung des Tetrachlorkohlenstoffes oder des „Tetra“, wie man ihn in der Praxis seit neuester Zeit kurz zu nennen pflegt, das direkte Chlorierungsverfahren und das Verfahren von Müller und Dubois an, während in Frankreich nach der Methode M. Urbain[12]) (Mitverwendung von Aluminiumchlorid als Chlorüberträger) gearbeitet wird.

Der rohe Tetrachlorkohlenstoff wird durch Alkohol, Kalilauge und Rektifikation gereinigt[13]) und gelangt in zwei Qualitäten auf den Markt: als

Tetrachlorkohlenstoff, technisch rein, und
Tetrachlorkohlenstoff, schwefelfrei.

---

1) A. W. Hofmanns Berichte über die Wiener Weltausstellung von 1873, Braunschweig 1875, Bd. 1, S. 278.

2) D. R. P. Nr. 53571 v. 26. Nov. 1889.

3) D. R. P. Nr. 74432 v. 21. Okt. 1892.

4) Franz. Patent Nr. 338495 v. 28. März 1903.

5) D. R. P. Nr. 122800 v. Febr. 1900.

6) Über das Entfetten der Wolle mittels Tetrachlorkohlenstoff siehe auch: Margosches, Techn. Fortschritte auf dem Gebiete des Wollfettes, Zeitschr. f. d. gesamte Textilindustrie, 1903/04, S. 204; ferner: Tetrachloride of carbon in wool-washing, Textile Color. 1901; Industrie textile, 1902, S. 393.

7) Zeitschr. f. angew. Chemie, 1892, S. 37.

8) Chem. Rev., 1905, S. 100.

9) Franz. Patent Nr. 338354 v. 24. Dez. 1903.

10) Le stazioni sperimentali agrarie italiane, 1904, S. 171—184.

11) Tetrachlorkohlenstoff ist hinsichtlich Feuersicherheit, Kohlenersparnis (S. 360 u. 361), Qualität der erhaltenen Produkte und Materialverlust allen anderen Extraktionsmitteln vorzuziehen, und bemüht sich die chemische Fabrik in Griesheim, „Elektron“, in lobenswerter Weise um die Einführung dieses Lösemittels in die Fettextraktion. Näheres hierüber im 2. Bande beim Abschnitte „Knochenfett“. (Siehe auch Chem. Rev., 1905, S. 100, S. 236 und S. 299.)

12) Franz. Patent Nr. 308916 vom Jahre 1901. — Engl. Patent Nr. 13733 v. 5. Juli 1901. — Chem. Ztg., 1901, S. 1086.

13) Eingehende Auskunft über die Gewinnung, Eigenschaften und Verwendung des Tetrachlorkohlenstoffes gibt die Monographie von B. M. Margosches: „Der Tetrachlorkohlenstoff“, Stuttgart 1905.

Die Marke „technisch rein" enthält noch sehr geringe Mengen von Schwefelkohlenstoff- und Chlorschwefelkohlenstoffverbindungen; die Marke „schwefelfrei" ist als „chemisch rein" zu betrachten.

Allgemeine Eigenschaften.

Der Tetrachlorkohlenstoff ist eine farblose, neutral reagierende Flüssigkeit, die in ihrem Geruche an Chloroform erinnert, eine Dichte von 1,60 bei 15° C hat und einen Siedepunkt von 76—77° C zeigt. Bei —24,7° C (Regnault) erstarrt der Tetrachlorkohlenstoff zu einer kristallinischen Masse.

Tetrachlorkohlenstoff ist weder im flüssigen Zustande noch in Dampfform zu entzünden, auch Gemenge der Dämpfe mit Luft brennen nicht, wie seine Dämpfe auch eine Verbrennung anderer Stoffe nicht zu unterhalten vermögen.

Lösungsvermögen.

In Wasser ist Tetrachlorkohlenstoff so gut wie unlöslich, auf Schwefel wirkt er bei 130° C leicht ein und bildet Thiokarbonchlorid und Chlorschwefel; Öle, Fette, Wachse, Harze und Kautschuk löst er leicht auf, Eisen und Kupfer greift er an, weshalb die mit Tetrachlorkohlenstoff arbeitenden Extraktionsapparate entweder verbleit oder verzinnt sein müssen.

Physiologisches Verhalten.

Über das physiologische Verhalten des Tetrachlorkohlenstoffes liegen sehr widersprechende Angaben vor. Wöhler[1]) erwähnte bereits 1874 seine an Chloroform erinnernde anästhetisierende Wirkung, A. Morel[2]), J. Regnault und Villejean[3]) kamen bei ihren in dieser Richtung unternommenen Versuchen jedoch zu ganz verschiedenen Resultaten. Jedenfalls wirkt, trotz mancher gegenteiligen Behauptungen, Tetrachlorkohlenstoff ähnlich wie Chloroform[4]), weshalb beim Arbeiten mit diesem Stoff gewisse Vorsichtsmaßregeln zu beobachten sind. Daß seine narkotisierende Wirkung fast gleich kräftig ist wie die des Chloroforms, darauf deutet der Vorschlag englischer Ärzte hin, den Tetrachlorkohlenstoff an Stelle des Chloroforms in der Narkose[5]) zu verwenden[6]).

Schweflige Säure = SO_2.

Schweflige Säure?

Das Lösungsvermögen der komprimierten flüssigen schwefligen Säure ist von W. Grillo und M. Schroeder[7]) erkannt worden.

---

[1]) Wöhler, Grundrisse d. organischen Chemie, 9. Aufl., Braunschweig 1874, S. 26.

[2]) Compt. rendus, 1877, S. 1460.

[3]) Compt. rendus, 1855, S. 1146.

[4]) In letzter Zeit hat C. F. Göhring (Chem.-Ztg., 1903, S. 1137) auf die hygienischen Bedenken gegen die Anwendung des Tetrachlorkohlenstoffes zur Wollentfettung aufmerksam gemacht, während Bianchini die anästhetisierende Wirkung der Dämpfe für nur gering erklärt (Staz. sperim. agrar. ital., 1904, S. 171—184).

[5]) E. Schmidt, Lehrbuch der pharm. Chemie, 3. Aufl., Braunschweig 1896, Bd. 2, S. 148.

[6]) Tetrachlorkohlenstoff kommt unter dem Namen „Benzinoform" auch als Fleckenreinigungsmittel auf den Markt. (Apoth.-Ztg., 1904, Nr. 99.)

[7]) D. R. P. Nr. 50360 v. 13. Juni 1889.

Die nach dem Verfahren von Raoul Pictet in Genf, Hart sowie Hänisch und Schroeder hergestellte flüssige schweflige Säure hat eine Dichte von 1,4—1,45 und einen Siedepunkt von —10° C.

Die schweflige Säure ist nicht in jedem Verhältnis mit Ölen und Fetten mischbar, wie dies bei den übrigen Extraktionsmitteln der Fall ist; immerhin löst sie aber Fette doch in solcher Menge auf, daß sie an Stelle des Benzins und Schwefelkohlenstoffes zur Extraktion Verwendung finden könnte. Bisher scheint dies allerdings nicht in sehr ausgiebigem Maße der Fall zu sein, wenigstens hat man nichts näheres über das Verfahren von Grillo und Schroeder gehört. Nach diesen erfolgt die Mischung bzw. Lösung zwischen komprimierter flüssiger schwefliger Säure und Öl glatt, so lange das Öl dem Volumen nach in Überschuß vorhanden ist; im umgekehrten Falle ergibt sich keine vollkommene Mischung, sondern es bilden sich zwei übereinander stehende Schichten, in welchen ganz verschiedene Mischungsverhältnisse beider Bestandteile herrschen[1]). Eigenschaften.

Abgesehen von der absoluten Feuersicherheit einer Extraktion mit schwefliger Säure, läßt sich diese infolge ihres niederen Siedepunktes (—10° C) aus dem extrahierten Öl und dem entfetteten Material auch ohne Anwendung von Dampf sehr leicht vertreiben. Ebenso können im Öl zurückgebliebene Spuren von Schwefeldioxyd auch durch eine Waschung mit alkalisch reagierenden Flüssigkeiten leicht entfernt werden. Außerdem kommt die desinfizierende und bleichende Wirkung bei der Extraktion sehr zu statten. Zu den Nachteilen der schwefligen Säure bei ihrer Verwendung als Extraktionsmittel ist der Umstand zu rechnen, daß entsprechend der Natur dieses Produktes die Extraktion unter Druck vorgenommen werden muß, also stärker konstruierte Apparate zur Anwendung gelangen müssen. Bei der gewöhnlich eingehaltenen Extraktionstemperatur von 30—40° C muß man unter einem Druck von 5—6 Atmosphären arbeiten.

Albert Sachs[2]) hat kürzlich auch

flüssige Kohlensäure = CO_2

als Extraktionsmittel vorgeschlagen. Dieselbe soll Öle und Fette leicht lösen, doch ist das Arbeiten mit derselben mit noch größeren Schwierigkeiten verknüpft als bei der schwefligen Säure. Dafür ist die Verflüchtigung aus den Extraktionsprodukten sehr leicht und werden dieselben absolut geruchfrei erhalten. Kohlensäure.

---

[1]) Werden z. B. 70 Vol. % schwefliger Säure und 30 Vol. % Knochenöl vermischt, so entstehen zwei Schichten, von denen die oben schwimmende aus 40% Öl und 60% schwefliger Säure und die unterste aus 4 Teilen Öl und 96 Teilen schwefliger Säure besteht.

[2]) D. R. P. Nr. 163057 v. 29. Okt. 1904.

Vor- und Nachteile der einzelnen Extraktionsmittel.

Feuersicherheit.

Der ersten von den auf Seite 348 genannten Bedingungen, welche ein Extraktionsmittel eigentlich erfüllen sollte — der Feuer- und Explosionssicherheit — werden in bezug auf die oben besprochenen Stoffe nur der Tetrachlorkohlenstoff, die schweflige Säure und die Kohlensäure vollständig gerecht. Chloroform und Aceton sind zwar nicht gerade als besonders feuergefährlich anzusprechen, aber immerhin brennbar. Das in Extraktionsanlagen am meisten angewandte Benzin ist nicht explosionsgefährlich, wohl aber sehr leicht entzündlich. Der Schwefelkohlenstoff entspricht der Feuer- und Explosionssicherheit am allerwenigsten, doch gestattet er infolge seines spezifischen Gewichtes eine Aufbewahrung unter Wasser und läßt sich ein entstandener Brand aus demselben Grunde auch durch Wasser löschen, während Benzin auf letzterem schwimmt und Benzinbränden daher auf die gewöhnliche Art der Feuerlöschung nicht beizukommen ist[1]).

Bornemann macht übrigens darauf aufmerksam, daß bei Undichtheiten der Extraktionsapparate Luft leichter in die Apparate dringe als umgekehrt der Dampf des Lösungsmittels in die Luft austrete. Ist dadurch die Feuergefährlichkeit bei der Benzin- und Schwefelkohlenstoffextraktion auch wesentlich herabgedrückt, so besteht trotzdem ein sehr lebhafter Wunsch nach einem absolut feuersicheren Extraktionsmittel. Beweis dafür ist das allgemeine Interesse, welches man dem Tetrachlorkohlenstoff entgegenbringt, der in jüngster Zeit zu einem Preise erzeugt wird, welcher seine technische Verwendung zwar ermöglicht, aber doch noch zu hoch ist, um die anderen Extraktionsmittel zu verdrängen.

Man hat versucht, den auch als Feuerlöschmittel empfohlenen Tetrachlorkohlenstoff in Gemischen mit Benzin und Schwefelkohlenstoff zu benutzen, um deren Feuergefährlichkeit herabzumindern. Entgegen den Berichten, wonach ein Zusatz von 25—30% Tetrachlorkohlenstoff zu Benzin und Benzol diese letzteren unverbrennbar machen soll[2]), haben Margosches und Bräunlich[3]) konstatiert, daß diese angeblichen Gemische vollständig wertlos sind, was früher auch schon Pfister[4]) gefunden hat. Merz[5]) machte übrigens darauf aufmerksam, daß Tetrachlorkohlenstoff-Benzinmischungen als Extraktionsmittel ganz zwecklos wären, weil schon nach der ersten Destillation eine Scheidung der beiden Flüssigkeiten eintreten würde.

---

[1]) Die in chemischen Wäschereien beobachteten Selbstentzündungen von Benzin durch elektrische Spannung sind bei der Extraktion nicht zu fürchten und daher auch die Vorschläge, dem Extraktionsbenzin etwas Seife zur Herabminderung seiner diesbezüglichen Gefährlichkeit hinzuzusetzen, deplaciert.

[2]) Pharm. Ztg., 1904, Nr. 94.

[3]) Margosches, Der Tetrachlorkohlenstoff, Stuttgart 1905, S. 97.

[4]) Pharm. Ztg., 1905, S. 39.

[5]) Seifensiederztg., Augsburg 1905, S. 39.

Der zweiten Anforderung, daß sich das Extraktionsmittel leicht und vollständig, ohne Hinterlassung irgend eines Geruches verflüchtigen lasse, entsprechen alle Extraktionsmittel, vorausgesetzt, daß sie in entsprechend reinem Zustande zur Verwendung gelangen. Leider lassen Schwefelkohlenstoff wie auch Benzin in dieser Hinsicht vielfach zu wünschen übrig.

Flüchtigkeit.

Für die Betriebsökonomie sind übrigens die Siedetemperatur des Extraktionsmittels, dessen spezifische Wärme und Verdampfungswärme von Wichtigkeit, weil diese drei Faktoren für die zur Verdampfung eines Kilogramms des betreffenden Extraktionsmittels notwendige Wärmemenge und andererseits für die zur Kondensation der Dämpfe benötigte Wassermenge bestimmend sind.

Für Schwefelkohlenstoff, Benzin und Tetrachlorkohlenstoff sind diese Zahlen die folgenden:

	Siedepunkt	Spez. Wärme	Latente Verdampfungswärme
Schwefelkohlenstoff	76,5° C	0,157	79,9 Cal.
Benzin	78,5	0,401	92,3
Tetrachlorkohlenstoff	76,5	0,131	46,6

Der Tetrachlorkohlenstoff verhält sich also in bezug auf den Wärmeverbrauch am günstigsten, denn nicht nur seine spezifische Wärme, sondern auch seine Verdampfungswärme ist die geringste. Da die zur Extraktion notwendige Menge der verschiedenen Extraktionsmittel für das Volumen maßgebend ist, benötigt man allerdings von dem spezifisch schweren Tetrachlorkohlenstoff dem Gewichte nach fast doppelt so viel wie vom Benzin; dennoch stellt sich bei ersterem der Wärmeverbrauch günstiger als bei diesem.

Einheitlich chemische Zusammensetzung.

Der 3. Punkt der aufgestellten Forderungen, welcher eine einheitliche chemische Zusammensetzung des Extraktionsmittels verlangt, ist beim Benzin und Benzol nicht streng eingehalten. Diese bestehen stets aus einer Serie von Kohlenwasserstoffen, deren einzelne Glieder bei verschiedener Temperatur sieden, so daß sich im Extraktor unter Umständen eine Fraktionierung des Extraktionsmittels ergeben kann. Auch verflüchtigen sich beim Ausbringen der von den Extraktionsprodukten rückgehaltenen Reste des Lösungsmittels zuerst die leichter siedenden Anteile des Benzins, während die höher siedenden und schwerer flüchtigen Teile länger zurückgehalten werden und sich dann überhaupt nur schwierig aus den betreffenden Produkten vollständig entfernen lassen.

Lösungsverhältnisse.

Ein Extraktionsmittel, das ausschließlich nur Fettkörper löst, aus Ölsämereien und Ölfrüchten aber keine sonstigen Bestandteile aufnimmt, existert nicht. Alle Extraktionsmittel lösen neben den Fettkörpern auch Farbstoffe, Harze und ähnliche Verbindungen auf, nur ist die Menge der von den verschiedenen Extraktionsmitteln gelösten Stoffe dieser Art verschieden. Schwefelkohlenstoff und Äther lösen von den Farb- und Harzstoffen jedenfalls viel größere Mengen als Benzin, worauf schon Vohl aufmerksam gemacht hat. Tetrachlorkohlenstoff liefert sehr reine Extrakte und ist in dieser Hinsicht als das erste der erkannten Extraktionsmittel zu betrachten[1]).

Im übrigen macht Kurtz[2]) mit Recht darauf aufmerksam, daß jedes Extraktionsmittel gewisse Fremdstoffe mit in Lösung nehme, weil diese gewöhnlich im Öle selbst löslich seien und daher durch dieses indirekt extrahiert würden.

Die in der Fachliteratur vielfach ausgesprochene Ansicht, daß extrahierte Öle reiner seien als gepreßte, trifft keinesfalls zu. Verschiedene Angaben, nach welchen Speiseöle durch Extraktion gewonnen werden sollen, müssen als unzutreffend bezeichnet werden. Die Anstrengungen, welche man jetzt macht, um mittels des Tetrachlorkohlenstoffes speisefähige Öle zu erzeugen, haben keinerlei Aussicht auf Erfolg.

Bei der Extraktion gehen stets größere Mengen Nichtfette in Lösung als bei vorsichtig geleiteter Pressung; das Abtreiben des Lösungsmittels aus dem Extrakt nimmt außerdem dem Öle das sogenannte Bouquet, so daß auf feinere, durch Extraktion gewonnene Öle gar nicht zu rechnen ist.

Was das Aufnahmsvermögen für Fette anbelangt, so stehen Schwefelkohlenstoff und Äther obenan, dann folgen Benzin und Tetrachlorkohlenstoff, zum Schlusse kommen schweflige Säure und Kohlensäure. Dem Benzin sagt man nach, daß es oxydiere, resp. verharzte Fette nur unvollständig löse und daher zur Extraktion von Putzlappen, Putzwolle, längere Zeit gelagerten Ölsamen usw. nicht gut geeignet sei.

Dafür durchdringt Benzin das zu extrahierende Material rascher als alle anderen Extraktionsmittel.

Gesundheitsschädlichkeit.

Die weitere Forderung, daß ein Extraktionsmittel keine für die Arbeiter schädlichen Dämpfe entwickeln dürfe, wird eigentlich nur vom Benzin erfüllt; aber selbst Benzindämpfe wirken eingeatmet für die Gesundheit nachteilig, wenngleich sie nicht die giftigen Eigenschaften des Schwefelkohlenstoffes zeigen und nicht so stark anästhetisierend wirken wie Chloroform und Tetrachlorkohlenstoff. Die Wirkung der schwefligen Säure auf die Atmungsorgane ist zu bekannt, als daß hier speziell darauf aufmerksam gemacht werden müßte.

Bei einiger Vorsicht läßt sich aber mit den heute gebräuchlichen Extraktionsmitteln arbeiten, ohne daß die Gesundheit der Arbeiter gefährdet würde.

Chemische Einwirkung.

Eine chemische Veränderung der Fettkörper und Extraktionsrückstände wird durch keines der besprochenen Lösungsmittel herbeigeführt. Die schweflige Säure greift dagegen gewisse Farbstoffe an, was aber im allgemeinen sehr erwünscht ist. Tetrachlorkohlenstoff wirkt auf Eisen und Kupfer

---

[1]) Mittels Tetrachlorkohlenstoff gewonnenes Knochenfett soll hinsichtlich Farbe und Geruch dem besten Naturknochenfett nicht nachstehen und Benzinknochenfett in Qualität weit übertreffen (Chem. Rev., 1905, S. 100 und 300).

[2]) Rempel, Zeitschr. f. angew. Chemie, 1891, S. 322.

korrodierend, weshalb man in verzinnten oder verbleiten Apparaten arbeiten muß, wenn man ihn als Extraktionsmittel anwenden will.

Kältebeständigkeit.

Alle Extraktionsmittel sind kältebeständig und entsprechen daher dem Punkt 7 der Seite 348 genannten Bedingungen; demselben kommen am besten die schweflige Säure und flüssige Kohlensäure nach.

Preisfrage.

Was endlich den Preis anbelangt, so ist das Benzin am billigsten; teurer stellt sich der Schwefelkohlenstoff. Der aus letzterem hergestellte Tetrachlorkohlenstoff steht im Preise höher als jener; sollte es gelingen, den Handelswert dieses Produktes noch weiter herabzusetzen, als dies in letzter Zeit schon geschehen ist, so wird der Tetrachlorkohlenstoff sowohl das Benzin als auch den Schwefelkohlenstoff, welch beide heute in der Fettextraktion fast ausschließlich angewendet werden, allmählich verdrängen.

Vorbereitende Arbeiten.

Reinigung der Saat.

Da die durch Extraktion gewonnenen Öle und Fette niemals Speisezwecken dienen, wird von einer Reinigung der Ölsaaten zumeist abgesehen, obwohl diese im Interesse der Reinheit des Extraktionsgutes (besonders wenn dieses als Futtermittel Verwendung finden soll) zu wünschen wäre. Eine so gründliche Reinigung, wie sie bei dem Preßverfahren in der Regel geübt wird (Seite 176—193), kennt man in den nach der Extraktionsmethode arbeitenden Fabriken jedenfalls nicht.

Zerkleinern der Saat.

Ein Zerkleinern der Ölsaat muß aber der eigentlichen Extraktion vorausgehen, weil ein Öffnen der Zellen für das Eindringen des Lösungsmittels Vorbedingung ist. Die hier in Anwendung stehenden Zerkleinerungsmaschinen fanden Seite 194—208 eingehende Besprechung und braucht an dieser Stelle nur nachgetragen zu werden, daß ein zu intensives Zerkleinern für zu extrahierende Saaten nicht vorteilhaft ist, weil das Extraktionsgut sich sonst zu dicht zusammenballt und das Lösungsmittel die Massen dann nicht vollständig durchdringen kann. Einfache Walzen mit Differentialgeschwindigkeit, welche die Pflanzenzellen zerreißen und ein Produkt mit blättrigem nicht körnigem Gefüge geben, eignen sich am besten.

Erwärmen bzw. Trocknen.

Ein Erwärmen der zerkleinerten Ölsaat vor dem Zusammenbringen mit dem Extraktionsmittel ist nicht usuell, weil man besser und leichter letzteres selbst erwärmt. Am Platze ist aber ein Vortrocknen des Extraktionsgutes, wenn dieses zu feucht ist; wasserhaltige Massen geben ihren Ölgehalt nur unvollständig an das Lösemittel ab.

Ein Vortrocknen von Ölsaaten, Olivenpreßlingen usw. wird trotzdem fast nirgends gepflogen, besonders seitdem man Benzin[1]) anwendet, welches auch aus feuchter Ware Fette löst, jedenfalls leichter als die anderen Extraktions-

---

[1]) Der Analytiker braucht daher bei Bestimmung des Ölgehaltes von Ölsämereien, Ölkuchen nicht vortrocknen, falls er mit Petroläther extrahiert, wohl aber, wenn er mit Schwefeläther arbeitet.

mittel. Bei Knochen und anderen zu entfettenden Materialien (Fischen) geht dagegen mitunter der Extraktion ein Trocknen[1]) voraus[2]).

Arbeitsweise der Extraktoren.

Allgemeines. Bei der Öl- und Fettgewinnung durch Extraktion sind drei Arbeitsphasen zu unterscheiden:

1. das Lösen des Öles (Fettes);
2. die Scheidung der erhaltenen Lösung in reines Öl (Fett) und Lösungsmittel;
3. die Befreiung des Extraktionsrückstandes von dem rückgehaltenen Lösemittel.

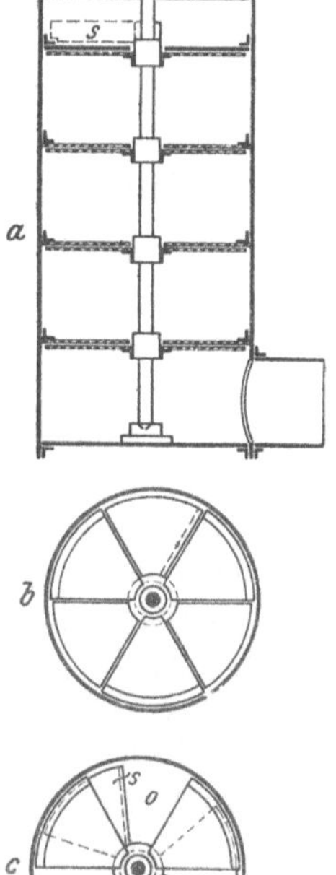

Fig. 167 a, b und c. Wellsteins Siebeinlagen.

Die erste Phase (die Lösung des Fettes) erfolgt in dem sogenannten Extraktor; die Trennung der Lösung in ihre Bestandteile wird in dem Destillator und Kondensator vorgenommen und die Befreiung des Rückstandes von dem rückgehaltenen Lösungsmittel geschieht entweder im Extraktor oder in eigenen Apparaten.

Extraktor. Der **Extraktor,** also jenes Gefäß, in welchem die zu entfettende Substanz mit dem Lösungsmittel in Berührung gebracht wird, kann die verschiedenartigsten Formen haben, welche sich sowohl der Beschaffenheit des zu entfettenden Materials als auch den Eigenschaften des zu verwendenden Extraktionsmittels anpassen.

Es ist vorteilhaft, die Extraktoren nicht allzu groß zu wählen, damit das Lösungsmittel das Extraktionsgut schneller und besser durchdringe. Aus dem gleichen Grunde ist eine schichtenweis abgetrennte Lagerung des zu extrahierenden Materials sehr am Platze. H. Wellstein[3]) in Bamberg erzielt dies durch eine Anordnung übereinander liegender Siebe. (Fig. 168.)

---

[1]) Hirzel (D. R. P. Nr. 19588 v. 19. Jan. 1882) empfiehlt ein Trocknen der zu extrahierenden Masse durch ein konstant bleibendes Vakuum und anhaltende Erwärmung in dem mit Kühler und Luftpumpe verbundenen Digestor unter Benutzung von Schwefelsäure oder anderen Wasser absorbierenden Mitteln, welche sich in einem zwischen Kühler bzw. Vorlage und Luftpumpe eingeschalteten Absorber befinden. — T. C. Vogellus (Amerik. Patent Nr. 294900 v. 11. März 1884) entwässert Fische und ähnliches Material vor dem Extrahieren mittels gebrannten Gipses.

[2]) Tetrachlorkohlenstoff entfettet feuchte Substanzen ebensogut wie Benzin. (Brücke, Chem. Rev., 1905, S. 300.)

[3]) D. R. P. Nr. 31681 v. 30. Okt. 1884.

Die etagenförmig angeordneten Siebe sind in Sektoren geteilt und sitzt abwechselnd je ein Siebsektor fest am Mantel des Apparates und je einer fest an der Vertikalwelle. Durch Drehung der letzteren können dann Öffnungen *o* geschaffen werden, durch welche sowohl die Füllung als auch Entleerung des Apparates bequem erfolgen kann. Um die bei der Wellendrehung noch auf der einen Hälfte der Siebsektoren verbleibenden Materialienreste zu entfernen, werden Abstreifer *s* angeordnet, welche entweder beweglich, also an der Welle sitzend, oder auch fest, also am Mantel angebracht sein können, je nachdem die oben abzustreifenden Siebe am Mantel oder an der Welle sitzen.

Da die Extraktionsmittel, mit Ausnahme des Tetrachlorkohlenstoffes, Eisen nicht angreifen und auch die zu extrahierenden Fette in der Regel eine stärkere korrodierende Wirkung auf Eisen nicht ausüben, so sind die Extraktionsgefäße zumeist aus Schmiedeeisen hergestellt. Nur die für Tetrachlorkohlenstoff gebauten Apparate müssen, wie schon mehrfach erwähnt, verbleit oder verzinnt sein; homogen verbleite Eisengefäße eignen sich für dieses Extraktionsmittel am besten.

Temperatur.

Die Einwirkung des Lösungsmittels auf das zu extrahierende Material kann sowohl

bei höherer als auch
bei gewöhnlicher Temperatur

erfolgen und ist die Bauart der Extraktionsgefäße demgemäß verschieden.

Bei höherer Temperatur arbeitet man gewöhnlich dann, wenn Benzin oder Tetrachlorkohlenstoff als Extraktionsmittel angewandt werden; bei Schwefelkohlenstoff genügt auch ein Extrahieren bei gewöhnlicher Temperatur.

Gasförmige und flüssige Extraktionsmittel.

Das Lösungsmittel kann ferner nicht nur

in flüssiger, sondern auch
in Gasform[1])

auf das Extraktionsgut einwirken.

Für die Verarbeitung von Ölsaaten eignen sich Apparate, bei welchen das Lösungsmittel gasförmig mit dem Extraktionsgut in Berührung kommt, nicht besonders, dagegen sollen diese Arten von Apparaten sich für Knochenentfettung recht gut bewähren.

Druck während der Extraktion.

Endlich kann der Druck, unter welchem das Lösungsmittel mit dem zu extrahierenden Stoffe zusammengebracht wird, und die Zeitdauer der Einwirkung verschieden sein. Es kann

unter normalen Druck,

---

[1]) Neben den in der Folge zur Besprechung kommenden Extraktoren, bei welchen das Lösungsmittel in gasförmigem Zustande auf das zu entfettende Material einwirkt, seien hier auch die nach gleichem Prinzipe arbeitenden Konstruktionen von J. A. Lighthall (Amerik. Patent Nr. 515240 v. 20. Febr. 1894), E. J. Machalski (Amerik. Patent Nr. 516769 v. 20. März 1894), W. T. Forbes (Amerik. Patent Nr. 519424 v. 8. Mai 1894), A. Schweizer (Amerik. Patent Nr. 520743 v. 29. Mai 1894) und W. O. Robbins (Amerik. Patent Nr. 520743 v. 31. Juli 1894) erwähnt.

unter Überdruck und
unter Luftverdünnung

gearbeitet werden.

Die meisten Apparate arbeiten unter normalem Drucke; unter Druck stehende Extraktoren bieten Schwierigkeiten bezüglich des Dichthaltens; solche mit Luftverdünnung sind dann empfehlenswert, wenn letztere nur während des Zuflusses des Extraktionsmittels wirkt (besseres Eindringen des Lösungsmittels in das Extraktionsgut), arbeiten dagegen nicht zufriedenstellend, wenn das Vakkuum während der ganzen Extraktionsdauer anhält, weil infolge der durch die Druckverminderung hervorgerufenen starken Verdunstung des Lösemittels eine zu starke Abkühlung des Extraktorinhaltes erfolgt.

Extraktionsdauer.

Eine weitere Frage ist die der Einwirkungsdauer. In einigen Fällen bleibt eine bestimmte Menge des Extraktionsmittels im Extraktor mit dem zu entfettenden Material stundenlang in Berührung, meist aber durchfließt das Lösungsmittel den Extraktor, was entweder in sehr langsamem Tempo oder auch relativ schnell erfolgen kann. Da aber zum Lösen des Fettes eine gewisse Zeit erforderlich ist, muß bei jenen Extraktionsapparaten, bei welchen das Lösungsmittel sich in konstanter Berührung befindet, Sorge getragen werden, daß bei größerer Geschwindigkeit des Durchfließens der Weg entsprechend verlängert werde, damit das Extraktionsmittel dennoch Zeit finde, sich mit dem Fett möglichst zu sättigen.

Weg des Extraktionsmittels.

Das Lösungsmittel kann das Extraktionsgut von oben nach abwärts oder auch in umgekehrter Richtung durchdringen. Nach Bornemann ist bei Lösemitteln, die spezifisch schwerer sind als Öle (CS_2, CCl_4), der Weg von unten nach aufwärts der richtigere, während bei Benzin und allen spezifisch leichteren Extraktionsmitteln die Zufuhr von oben nach abwärts am Platze ist. Bei Verwendung der erstgenannten Stoffe ist nämlich die erhaltene Öllösung spezifisch leichter als das Lösemittel und eine autwärtsgehende Strömung das Natürliche; bei den spezifisch leichteren Lösungsmitteln ist das Umgekehrte der Fall.

Die Trennung der erhaltenen Fettlösung in ihre Bestandteile geschieht durch Abdestillieren des flüchtigen Lösungsmittels (Destillierapparat), wobei die Dämpfe des letzteren durch geeignete Vorrichtungen (Kondensatoren) verflüssigt, also wieder gewonnen werden.

Destilliergefäß.

Das **Destilliergefäß** besteht meist aus Schmiedeeisen, seltener aus Kupfer; für Tetrachlorkohlenstoff muß es verbleit sein. Die Erwärmung der Fettlösung bis zum Siedepunkt des Extraktionsmittels erfolgt durch indirekten Dampf (kupferne Dampfschlangen). Ist der größte Teil des Lösemittels verflüchtigt, so wird das in der Destillierblase rückbleibende Öl von dem festgehaltenen Reste des Lösungsmittels durch Einleiten direkten Dampfes und eventuell durch Evakuieren befreit.

Zur **Kondensation** der Dämpfe des Lösungsmittels sind vielfach gewöhnliche Kühlschlangen in Anwendung, mitunter aber auch Vorrichtungen komplizierterer Art. Dem Kondensator obliegt nicht nur die Verflüssigung der aus der Fettlösung abdestillierten Dämpfe, er muß auch für die Wiedergewinnung jener Teile des Extraktionsmittels sorgen, die von den entölten Rückständen festgehalten werden und welche man aus diesen durch eigene Vorrichtungen mittels Kondensator.

indirekt wirkenden Dampfes,
direkten, eventuell überhitzten Dampfes oder
Evakuierung

entfernen muß.

Die Wegbringung der letzten Reste des Lösungsmittels aus den erhaltenen Ölen und dem Extraktionsrückstande ist sehr wichtig, weil diese Produkte sonst eine bedeutende Qualitätseinbuße erleiden. Die volle Vertreibung des Extraktionsmittels aus den Ölen und Fetten ist einfacher als aus den Rückständen, weil diese das verwendete Lösungsmittel zäh festhalten; auch bewirkt ein zu langes Dämpfen der stärkemehlhaltigen Ölsämereien leicht eine Verkleisterung der Stärke, besonders dann, wenn man mit direktem Dampf arbeitet und dieser sich teilweise in dem Material kondensiert. Um jede Wasserzufuhr und die dadurch begünstigte Verkleisterung zu vermeiden, ist darauf zu achten, daß die entfetteten Ölsaaten vor dem Einleiten direkten Dampfes eine Temperatur zeigen, welche jede Kondensation des Dampfes ausschließt. Behandlung des Extraktionsrückstandes.

Das richtige Funktionieren des Kondensators (möglichst vollständige Wiedergewinnung des Extraktionsmittels, also tunlichste Vermeidung von Verlusten desselben und somit Herabdrücken der Betriebsspesen) und die vollkommene Befreiung der durch die Extraktion erhaltenen Endprodukte von den letzten Spuren des Lösemittels sind ausschlaggebende Faktoren für die Rentabilität einer Extraktionsanlage.

Die oben angedeutete verschiedenartige Arbeitsweise und die Tendenz, die Form der Apparate der Beschaffenheit des zu entfettenden Stoffes sowie des verwendeten Lösungsmittels anzupassen, haben im Laufe der Zeit eine fast unübersehbare Anzahl von Vorschlägen für Extraktionsapparate gezeitigt, weshalb eine vollständige und lückenlose Vorführung aller in Vorschlag gebrachten oder selbst der in praktischer Verwendung stehenden Extraktionsapparate kaum möglich ist. Es kann nachstehend nur über die wichtigsten Formen der Extraktionsapparate referiert werden, wobei jedoch der abgerundeten Betrachtung halber nicht nur jene Konstruktionen Beachtung finden, die ausschließlich zur Gewinnung vegetabilischer Öle empfohlen werden, sondern auch jene, welche zur Entfettung von Knochen, Wolle[1]) usw. in Verwendung stehen. Sind diese letzteren Apparate zumeist auch nicht ohne weiteres für die Pflanzenölgewinnung anwendbar, so zeigen sich doch verschiedene Konstruktionsdetails, die für die Extraktionsanlagen im allgemeinen Interesse haben.

Die Extraktionsapparate lassen sich in drei Gruppen teilen:

1. in solche, bei welchen das zu entfettende Material mit einem reinen fettfreien Extraktionsmittel so lange ausgelaugt wird, bis es vollständig entfettet ist (Verdrängungsapparate);

2. in solche, bei welchen das Extraktionsmittel ein System von mehreren Extraktoren durchfließt und sich auf seinem Wege systematisch mit Öl (Fett) anreichert. Dabei wird das in der chemischen Industrie vielgebrauchte Gegenstromprinzip angewendet, so daß das reine Lösungsmittel zuerst mit Material in Berührung kommt, welches nur sehr wenig Fett enthält, welche Reste aber das aufnahmsfähige, vollkommen fettfreie Extraktionsmittel leicht zu lösen vermag; letzteres passiert dann Materialpartien mit immer höheren Fettgehalten, bis endlich die schon ziemlich gesättigte Fettlösung neu zugebrachtes, also ölreichstes Material durchfließt, aus welchem es noch weitere Mengen Fett bis zum eventuellen Sättigungspunkte aufnimmt (Apparate mit systematischer Anreicherung);

3. in kontinuierlich arbeitende[2]) Apparate, bei welchen die fetthaltigen Substanzen in kontinuierlichem Strome durch den Extraktor geführt werden, um diesen vollständig entfettet zu verlassen (kontinuierliche Extraktionsapparate).

Extraktionsapparate nach dem Verdrängungsprinzip.

a) Für Schwefelkohlenstoffbetrieb.

Die ersten Apparate dieser Art arbeiteten mit Schwefelkohlenstoff als Lösemittel. Die von Ed. Deiß[3]) empfohlene Konstruktion, bei welcher die Befreiung des Extraktionsgutes von dem zurückgehaltenen Lösungsmittel

---

[1]) Siehe auch das Kapitel 6 dieses Bandes (Gewinnung der animalischen Öle und Fette) und Kapitel 7 (Abfallfette); ebenso die Abschnitte Knochenfett und Wollfett im 2. Bande.

[2]) Die sogenannten ununterbrochen arbeitenden Extraktionsapparate dürfen mit den kontinuierlichen nicht verwechselt werden. Unter ersteren versteht man gewöhnlich Apparate der ersten zwei Gruppen, bei welchen mehrere Extraktoren oder Extraktorelemente zusammenarbeiten und einzeln beschickt sowie entleert werden können, ohne den Gesamtbetrieb zu stören. Bei diesen Apparaten findet aber nicht, wie bei den kontinuierlichen, ein gleichmäßiges Zuströmen des zu entölenden Materials und analoge Entnahme entfetteter Substanz statt.

[3]) Engl. Patent Nr. 390 v. 14. Febr. 1856. Eine vollständige Wiedergabe der Patentschrift findet sich in: Bornemann, Die fetten Öle, Weimar 1899, S. 111—114, in welchem Werke die „Ölgewinnung durch Extraktion“ in vortrefflicher Weise behandelt ist und die verschiedenen Apparate eine kritische Besprechung erfahren.

mittels Durchsaugens erwärmter Luft erfolgte, wurde von Deiß bald durch eine bessere ersetzt. Dieselbe ist in Fig. 168 abgebildet[1]).

Der Deißsche Apparat besteht aus dem Extraktionsgefäß *A*, dem Destillierapparat *C*, dem Kühler *D* und dem Sammelgefäße *E*. Die zu extrahierenden Substanzen werden durch das Mannloch *m* in den Extraktor *A* gebracht, wo sie zwischen zwei gelochte Platten zu liegen kommen. Man pumpt dann durch das Rohr *L*, den Hahn *N* und den Rohrstutzen *M* Schwefelkohlenstoff aus dem Vorratsbehälter *E* nach *A*, welcher das Extraktionsgut von unten durchdringt und allmählich bis zum Helm des Extraktors steigt, wo er durch das Rohr *B* in den Destillator *C* überfließt. Es wird so lange Schwefelkohlenstoff zugeführt, bis eine am Probehahn *n* genommene Probe sich vollkommen fettfrei erweist. Hierauf hört man mit der weiteren Zufuhr des Extraktionsmittels auf, verschließt durch *n* das Rohr *B*, stellt den Dreiweghahn *N* derartig, daß *M* nicht mehr mit *L*, sondern mit *P* kommuniziert, und läßt nunmehr durch *P* Dampf in den entölten Rückstand. Das von diesem rückgehaltene Extraktionsmittel wird dadurch verflüchtigt und

Extraktionsapparat von Deiß.

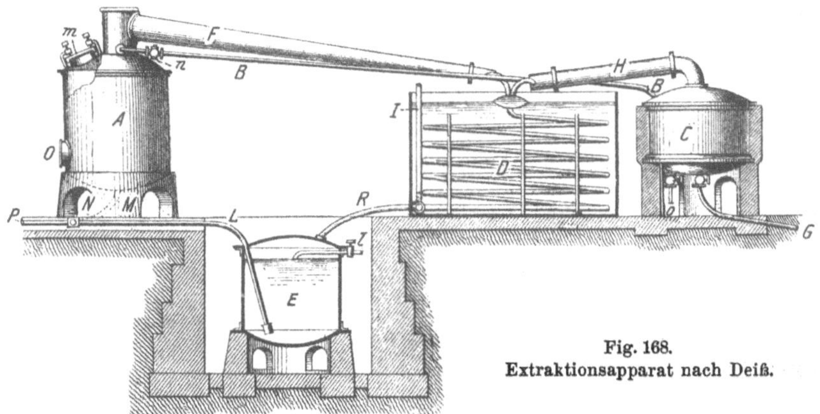

Fig. 168. Extraktionsapparat nach Deiß.

geht durch *F* in die Kondensationsschlange *D*, wird hier verflüssigt und gelangt durch das Rohr *R* nach *E*. In *C* findet während der Dauer der Extraktion ein Abdestillieren der zugeführten Fettschwefelkohlenstofflösung statt. Die Dämpfe des Extraktionsmittels gehen durch *H* nach der Kondensatorschlange *D*, werden hier verflüssigt und fließen ebenfalls nach *E*, um sodann den Kreislauf aufs neue zu beginnen. Die Extraktion muß zeitweise unterbrochen werden, um das in *C* befindliche Gemisch von Fett und Schwefelkohlenstoff vollständig zu trennen. Das zurückbleibende Öl wird dann durch das Rohr *G* in das Ölreservoir abgelassen. *O* ist ein Mannloch zum Entleeren des Extraktors, *l* ein Rohr zum Anfüllen des Sammelgefäßes *E* mit Schwefelkohlenstoff, *I* ist ein Entlüftungsrohr.

Das Dämpfen der Extraktionsrückstände an Stelle des früheren Durchsaugens erwärmter Luft bedeutete einen wesentlichen Fortschritt und eine Neuerung, und es ist nicht recht zu verstehen, weshalb eine dem Deißschen Apparate nachgebildete Konstruktion von Deprat[2]) von den Gerichten nicht als Patentverletzung angesehen wurde.

[1]) Dinglers polyt. Journ., Bd. 159, S. 436. — Bornemann, Die fetten Öle, Weimar 1889, S. 115.

[2]) Monit. scientif., 1865, S. 298.

Extraktionsapparat von Moussu, Auch der Moussusche[1]) Extraktionsapparat (1859) erinnert an den von Deiß; die Rückstände der Extraktoren wurden bei demselben mittels Dampf und Evakuierung von den letzten Resten des Schwefelkohlenstoffes befreit[2]).

von Bonière Deprat und Pignol, Der Extraktor von Bonière Deprat und Pignol[3]) bot ebenfalls wenig Neues, nur deren Destillationsapparat wich von den früheren Systemen ab.

von Moison, Auch die Moisonsche Konstruktion war nach dem Prinzip Deiß' gebaut. Da Moison in erster Linie auf die Entfettung von Wolle bedacht war, durfte er den zurückgehaltenen Schwefelkohlenstoff nicht durch Dampf

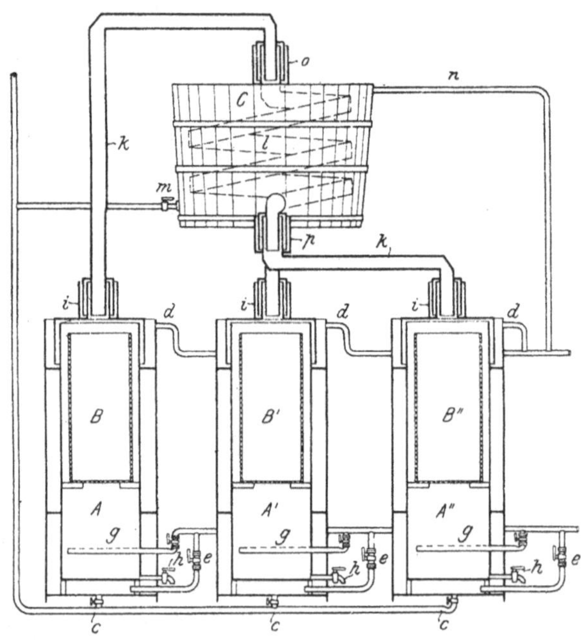

Fig. 169. Extraktor nach Lunge.

vertreiben, sondern mußte hiefür erhitzte Luft verwenden. Um allzu große Schwefelkohlenstoffverluste beim Abtreiben der extrahierten Rückstände hintanzuhalten, arbeitete Moison stets mit derselben Luftmenge, was als Vorteil seines Systems[4]) besonders zu erwähnen ist. **von Lunge.** Eine Neuerung bedeutete der Apparat Lunges[5]), bei welchem zuerst der

[1]) Payen, Précis de Chimie Industrielle, 4. Bd., 1859, Bd. 1, S. 134.

[2]) Im Jahre 1861 nahm auch J. J. Hoffmann ein Patent betreffend einen Schwefelkohlenstoffextraktor (Bayr. Kunst- und Gewerbeblatt, 1861, S. 633). — Eine Modifikation der Deißschen und Moussuschen Apparate wurde Blessichi in Florenz mit ital. Patent Nr. 59 v. 16. Aug. 1879 patentiert.

[3]) Dinglers polyt. Journ., 1863, Bd. 169, S. 69.

[4]) Dinglers polyt. Journ., 1863, Bd. 170, S. 290.

[5]) Dinglers polyt. Journ., 1863, Bd. 170, S. 378.

Wasserverschluß als Abdichtungsmittel angewandt wurde, wie die bei demselben getroffene Anordnung von drei Extraktionsgefäßen auch ein ununterbrochenes Arbeiten der Anlage gestattet.

Bei dem Lungeschen Extraktionsapparate dienen zur Aufnahme der zu entfettenden Samen siebartige Gefäße *B*, *B'*, *B''* (Fig. 169), welche ihrerseits in doppelwandigen Behältern *A*, *A'*, *A''* untergebracht sind. Der Mantelraum dieser Behälter gestattet durch das Rohr *c* die Füllung mit Wasser, welches man durch Dampf (Hahn *e*) erwärmen und bei *d* abfließen lassen kann. In den inneren Teil der Behälter mündet ein Dampfrohr *g*.

Gearbeitet wird mit dem Apparate in folgender Weise: In den ersten Extraktor *A* wird nach Abheben des Deckels *i* eine bestimmte Menge Schwefelkohlenstoff gebracht, während man das Siebgefäß *B''* des dritten Apparates gleichzeitig mit Ölsaat beschickt. Nun füllt man den Mantelraum von *A* durch *c* mit Wasser und wärmt dieses durch den von *e* kommenden Dampf bis auf ca. 50°C an. Der Schwefelkohlenstoff gerät dadurch ins Sieden, seine Dämpfe gehen durch das Rohr *k* in den Kondensator *C*, werden hier durch die Kühlschlange *l* unter flottem Zu- und Ablauf von Kühlwasser (Rohre *m* und *n*) verflüssigt und gelangen durch *p* und *k* nach *B''*, wo sie die Ölsaat durchrieseln. Ist aller Schwefelkohlenstoff aus *A* abdestilliert, so wird die Dampfzuströmung nach *A* unterbrochen und die Rohrverbindung mit dem Kondensator *C* gelöst, um diese in analoger Weise mit dem dritten Apparate herzustellen, das Abflußrohr des Kondensators aber nunmehr in den zweiten Apparat zu leiten. Man destilliert nun die in *A''* befindliche Fettlösung nach dem mittlerweile mit Saatgut beschickten Siebkorb *B'* genau so über, wie dies früher von *A* nach *B''* geschah, wodurch in dem dritten Apparat schließlich nur noch entfettete Rückstände (in *B''*) und extrahiertes Öl (am Boden von *A''*) zurückbleiben. Hierauf läßt man in analoger Weise *A'* mit dem ersten, mit Ölsaat frischbeschickten Behälter (*A*) zusammenarbeiten und setzt später den Kreislauf in der angedeuteten Weise fort.

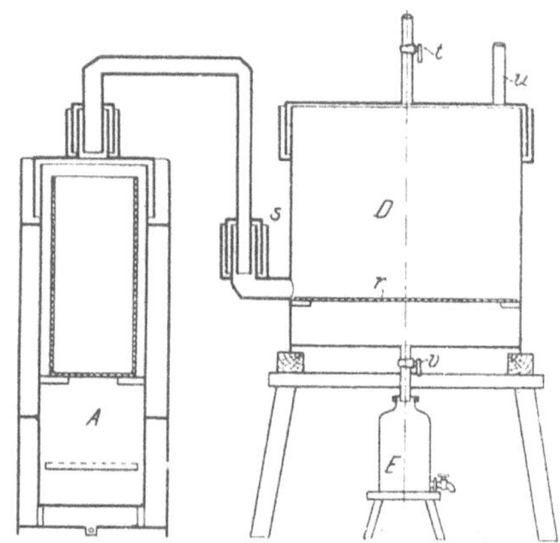

Fig. 170.
Kondensator zum Lungeschen Extraktor.

Während man in zwei Apparaten extrahiert resp. destilliert, werden im dritten die Endprodukte gänzlich von dem festgehaltenen Extraktionsmittel befreit. Dies erreicht man durch Einleiten von direktem Dampf in das gewonnene Öl (durch *g*), wodurch nicht nur dieses, sondern auch der in *B''* befindliche entölte Rückstand die letzten Reste Schwefelkohlenstoffdämpfe abgeben. Damit die ausgetriebenen Schwefelkohlenstoffdämpfe nicht verloren gehen, werden sie in einen besonderen Kondensator *D* geleitet (siehe Fig. 170), auf dessen Siebboden *r* Korkstücke geschichtet sind, auf welche durch *t* mittels einer Brause fein verteiltes Wasser fließt. Die innige Berührung der Schwefelkohlenstoffdämpfe mit herabfließendem Wasser bewirkt eine vollständige Kondensation der ersteren und kann das wieder gewonnene Lösungsmittel, welches sich am Boden von *D* ansammelt, durch *v* nach *E* abgelassen werden; *u* ist ein einfaches Entlüftungsrohr[1]).

[1]) Preuß. Patent v. 17. Jan. 1862.

Interessant sind bei dem Lungeschen Apparate die bereits erwähnten Wasserverschlüsse (*o*, *p*, *i* in Fig. 169 und *s* in Fig. 170), welche den Verlust von Schwefelkohlenstoff auf ein Minimum herabdrücken.

Apparat von Boggio, Bei dem Verfahren von G. G. Boggio[1]) ist die Verwendung des Vakuums in dem gewonnenen Öle zwecks besserer Verflüchtigung des Extraktionsmittels aus den erhaltenen Rückständen erwähnenswert. Auf der Pariser Weltausstellung des Jahres 1867 wurde eine Reihe von Schwefelkohlenstoffextraktoren gezeigt, worüber F. Loy[2]), J. A. Barral[3]) und C. Thiel[4]) berichteten.

von Hädicke, Hädicke[5]) empfahl einen Apparat zur vollständigen Entölung der Preßrückstände von Raps, im Verfolge der Vorschläge von Deiß und Seyferth, die Ölsamen vorerst zu pressen und die erhaltenen Preßkuchen durch Extraktion vollständig zu entölen[6]).

von van Haecht. Einen einfachen, praktischen Apparat hat van Haecht gebaut. Derselbe ist zwar mehrfach besprochen worden[7]), doch wurde die genaue Einrichtung dieses Extraktors nicht bekannt gegeben. Die eingehendste und klarste Darstellung desselben gibt Bornemann[8]), welche wir nach dieser Quelle auch zitieren:

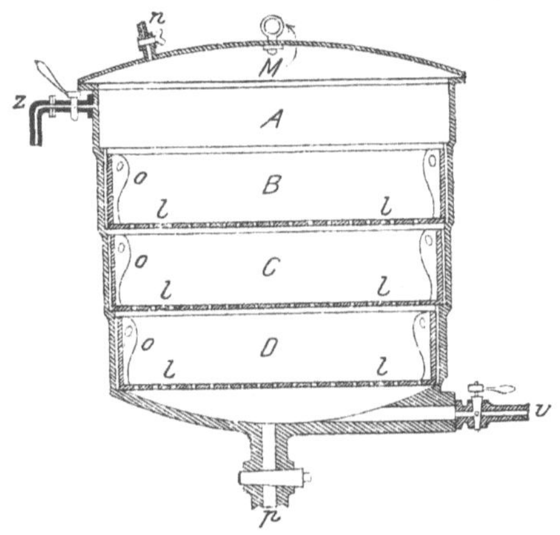

Fig. 171.
Extraktor nach Haecht.

Bei dem Haechtschen Apparat wird die Saat in Körben in den Extraktor eingesetzt, was ein bequemes Beschicken und Entleeren mit sich bringt, wie die etagenförmige Lagerung des Materials auch ein besseres Durchdringen des Gutes durch das Extraktionsmittel ermöglicht.

In das mit dem Deckel *M* (Fig. 171) versehene zylindrische Gefäß sind auf vorspringende Ringe am inneren Umfange desselben die Körbe *BCD* eingesetzt, in denen sich auf den gelochten Böden *l* die Saat befindet. Der obere Teil *A* wird mit keinem

---

1) Engl. Patent Nr. 2076 v. 23. Aug. 1864.

2) Österr. Ausstellungsbericht, Wien 1868, Lief. 7, S. 47.

3) Rapp. du Jury intern., Paris 1868, S. 106.

4) Kultur-Ingenieur, 1868, S. 118.

5) Dinglers polyt. Journ., 1871, Bd. 201, S. 427.

6) Der Apparat von Hädicke ähnelt sehr dem Vohlschen Benzinextraktor, wie er in einzelnen Details auch an den systematischen Anreicherungsapparat von Heyl erinnert.

7) Schwarz, Offizieller Ausstellungsbericht über die Wiener Weltausstellung 1873, Gruppe 3, Sektion 3 und 4, S. 3. — Grothes Allg. deutsch. polyt. Ztg., 1874, S. 123. — Dinglers polyt. Journ., 1878, Bd. 229, S. 388.

8) Bornemann, Die fetten Öle, Weimar 1889, S. 133.

Korbe beschickt. Von *p* aus läßt man den aus einem hochgelegenen Behälter kommenden Schwefelkohlenstoff eintreten, bis derselbe die Höhe des Ablaufrohres *z* erreicht hat, worauf man die Hähne an *p* und *z* verschließt und das Lösungsmittel einige Stunden einwirken läßt. Dann öffnet man *p* und *z* und läßt nun so lange Schwefelkohlenstoff von *p* nach *z* und von hier in den Destillator fließen, bis eine aus *z* genommene Probe sich frei von Öl erweist. Nunmehr schließt man *z*, öffnet den Lufthahn *n* und läßt durch *p* den Schwefelkohlenstoff aus dem Extraktor nach einem tiefer liegenden Reservoir laufen. Jetzt wird *n* und *p* geschlossen, *u* geöffnet, worauf durch *u* Dampf eintritt. Derselbe entweicht, mit Schwefelkohlenstoff beladen, durch ein (nicht gezeichnetes) Rohr nach dem Kondensator. Ist die Dämpfung beendet, so nimmt man den Deckel *M* ab und hakt in die Lappen *o* Ketten ein, die über eine Rolle an der Decke geführt sind und mit deren Hilfe sich die Körbe mit dem Extraktionsrückstand bequem herausheben lassen. Ist eine doppelte Korbanzahl vorhanden, so kann man inzwischen gefüllte Körbe sofort wieder einsetzen und die Arbeit nach Verschluß des Extraktors von neuem beginnen lassen.

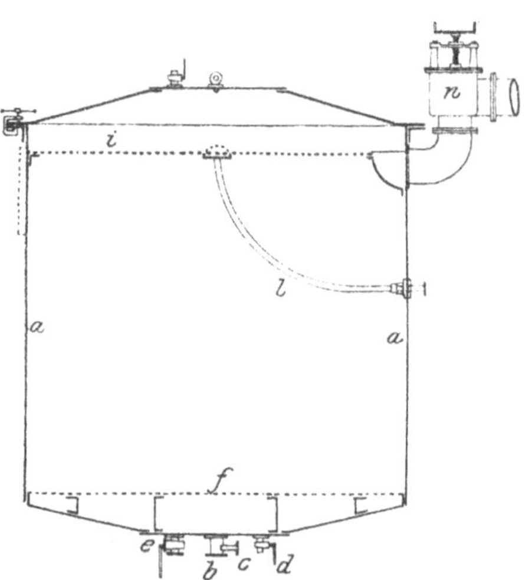

Fig. 172. Extraktor nach Roth.

Apparat von Roth.

Für die Entölung der Olivenpreßlinge (Sanza) hat H. Roth[1]) einen mit Schwefelkohlenstoff arbeitenden Extraktor beschrieben, wie er in Italien zur Verarbeitung dieser Rückstände vielfach Verwendung findet[2]). Bei dem mitunter nicht unbeträchtlichen Wassergehalt der Sanza ist es notwendig, dieselbe vor der Extraktion zu trocknen, wozu manchmal eigene Trockenvorrichtungen vorhanden sind, vielfach aber einfache Lufttrocknung angewendet wird.

Die von Roth beschriebene Anlage besteht aus einem zylindrischen Extraktionsgefäße *a* (Fig. 172), dessen unterer Boden in der Mitte einen T-förmigen Stutzen aus Gußeisen mit den Eintrittsöffnungen *b* und *c* für Schwefelkohlenstoff bzw. Dampf trägt, während der Bronzehahn *d* zur Ableitung des Kondensationswassers bei der Destillation dient und der Hahn *e* die Verbindung mit dem zweiten Extraktionsgefäß vermittelt. Ein aus drei Teilen bestehender gelochter Boden *f* ist mit Sackleinwand überzogen und ruht auf Winkelstützen; 2,25 m von diesem entfernt ist oben ein zweiter gelochter, ebenfalls mit Sackleinwand überzogener, auf Winkeln gestützter Boden *i*; der Raum zwischen beiden wird mit Sanza angefüllt. Hierauf leitet man den Schwefelkohlenstoff aus dem Vorratsgefäß der Sulfurkufe (Fig. 174) in den Extraktor langsam von unten ein, so daß er nach zwei Stunden oben an-

[1]) Prakt. Maschinenkonstrukteur, 1880, S. 225.

[2]) Die erste Fabrik, welche Sanza extrahierte und daraus das sogenannte Sulfuröl gewann, befand sich in Marseille (Wagners Jahresberichte, 1863, S. 562). Im Jahre 1880 gab es in den Provinzen Bari, Lecce und Kalabrien bereits 19 Anlagen zur Gewinnung von Sulfuröl.

kommt und dann als Mischung von Öl und Schwefelkohlenstoff (Miscella) durch das mit einem Seiher und an der Zylinderwandung mit Bajonettverschluß versehene gebogene Rohr *l* in den Destillationsapparat abläuft. Durch Zuführung von frischem Schwefelkohlenstoff wird die Miscella in den Destillator gedrängt, die weitere Zuführung von Schwefelkohlenstoff sodann eingestellt und mit der Destillation der Miscella begonnen, wobei die Schwefelkohlenstoffdämpfe in größere Röhrenkühler gehen und sich verdichten. Ist nun eine entsprechende Menge Schwefelkohlenstoff übergetrieben, im Destillator also Platz geschaffen, so führt man von neuem frischen Schwefelkohlenstoff in den Extraktor ein (Waschen der Sanza), bis Proben am Extraktor anzeigen, daß reiner Schwefelkohlenstoff angekommen ist. Dies ist gewöhnlich der Fall, wenn drei dieser Waschungen gemacht wurden. Ist die letzte Waschung in den Destillator gedrängt, so wird die Destillation verstärkt, bis aller Schwefelkohlenstoff aus dem Öl verdrängt ist, worauf man das Öl in einen kleinen Behälter abläßt. Die Dauer der Destillation währt 5—7 Stunden. Der nun in dem Extraktor befindliche Schwefelkohlenstoff wird jetzt in den zweiten Extraktor, der unterdessen gefüllt sein muß, geleitet. Es ist jedoch nur möglich, die Hälfte des Schwefelkohlenstoffes in den anderen der beiden miteinander verbundenen Apparate einzuführen, die zweite Hälfte läßt man in die Sulfurkufe zurückgehen. Nach dem Ablaufen des Schwefelkohlenstoffes werden sämtliche Verbindungen geschlossen, das Ventil *n* zu einem zweiten Kühler geöffnet und von unten Dampf gegeben, die Sanzamasse erhitzt und auf diese Weise der ihr noch anhaftende Schwefelkohlenstoff abdestilliert. Diese Operation dauert, je nach Anlage der Röhrenkühler, 4—8 Stunden. Haben entsprechende Proben gezeigt, daß die Sanza vollkommen frei von Schwefelkohlenstoff ist, so wird der Deckel mit Hilfe eines Flaschenzuges aufgehoben, der obere gelochte Boden *i* sowie das gebogene Rohr *l* abgenommen und die ausgelaugte Sanza von zwei Mann ausgeschaufelt, während zwei andere zur Ablösung bereit stehen, so daß etwa 5 Tonnen in einer Stunde herausgeschafft werden. Hierauf füllt man den Apparat mit inzwischen in Säcken bereit liegenden neuen Rückständen, verschließt ihn und führt abermals Schwefelkohlenstoff ein. Gewöhnlich wird ein Destillator für zwei Extraktoren gebaut; einige Fabriken mit bloß drei Auslaugapparaten haben auch nur einen, aber größeren Destillator. Die Betriebsweise unterscheidet sich von der oben angegebenen dadurch, daß der Destillator die Miscella und die Waschungen von allen drei Extraktoren innerhalb 24 Stunden aufnimmt, also längere Zeit so langsam destilliert und nur am Schlusse der Waschungen, einmal des Tages, das Öl vollkommen ausdestilliert.

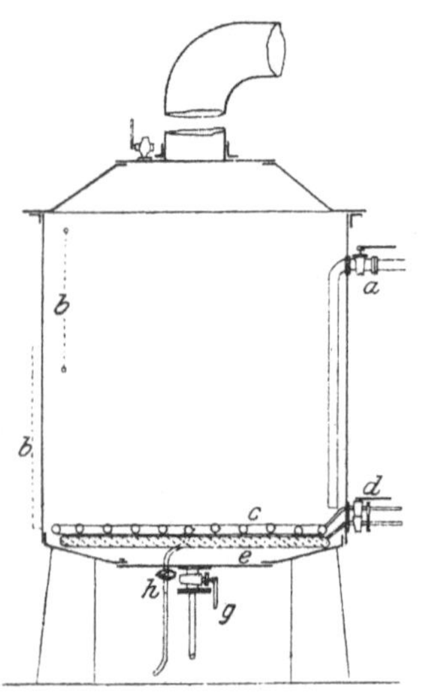

Fig. 173.
Destillator zum Rothschen Extraktor.

Der Destillationsapparat Fig. 173 (Lambicco genannt) besteht aus einem zylindrischen Gefäß mit festgenietetem Boden und aufgeschraubtem, gut mit Schellack und Pappe gedichtetem Deckel. Dieser besitzt ein verschließbares Mannloch und in der Mitte einen 400 mm weiten Schwanenhals, welcher die Schwefelkohlenstoffgase zum Kühler leitet. Außerdem befindet sich auf dem Deckel ein Lufthahn zum Ablassen des Dampfes nach der Destillation. Durch den Hahn *a* wird die Miscella in den Destillator geführt und steigt bis auf die halbe Höhe desselben, welchen Stand man durch die angebrachten Standgläser *b* genau ersehen kann. Am Boden liegen zwei spiralförmig gewundene Dampfschlangen, deren obere *c* vollkommen dicht verschlossen sein muß, während die untere *e* mit über 200 kleinen Löchern versehen ist. Die Destillation wird durch die obere Dampfschlange begonnen, indem durch dieselbe mittels des Hahnes *d* langsam Dampf eingeleitet und auf diese Weise die Miscella erwärmt und die Destillation des Schwefelkohlenstoffes bewirkt wird. Um mit einer solchen geschlossenen Schlange 3—3,5 Tonnen stündlich destillieren zu können, muß dieselbe eine Oberfläche von 5,64 m^2 besitzen, der ein Röhrenstrang von 35 m Länge und 60 mm Durchmesser entspricht. Die unten liegende Dampfschlange *e* wird dagegen nur zur Vertreibung der im Öl noch enthaltenen letzten Spuren von Schwefelkohlenstoff verwendet. Nach Beendigung dieser Operation läßt man das Öl nebst dem angesammelten Kondensationswasser, welches durch die offene Schlange eingeführt wurde, durch den Hahn *g* in das Ölgefäß ablaufen, von wo es nach etwa 4 Stunden getrennt vom Wasser in das Ölmagazin gepumpt wird; das Kondensationswasser, welches sich in der geschlossenen Schlange bildet, wird durch den Hahn *h* abgeleitet. Den Destillationsapparat

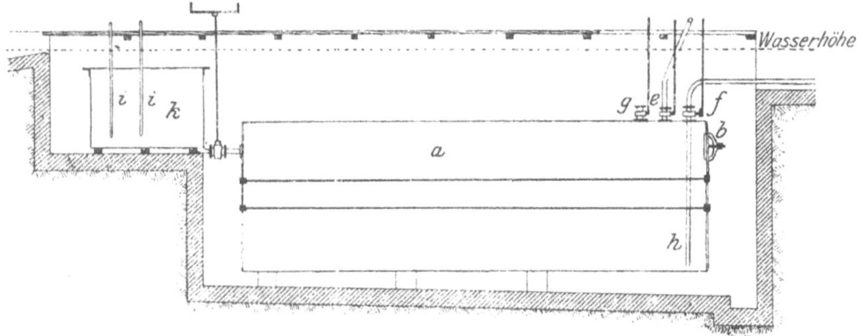

Fig. 174. Rothscher Vorratsbehälter für Schwefelkohlenstoff.

nimmt man doppelt so groß, wie der Raum ist, den die bestimmte Menge Miscella einnehmen würde, da es häufig, besonders bei längere Zeit liegenden Rückständen vorkommt, daß das Öl ungemein viel Schaumblasen entwickelt. Der destillierte Schwefelkohlenstoff gelangt durch Röhren *i* (Fig. 174) in einen Behälter *k*, welcher gleich der damit verbundenen Sulfurkufe *a* in einer gemauerten, mit Zement verputzten Grube liegt und vollständig unter Wasser gehalten wird, um jede Gasentwicklung des Schwefelkohlenstoffes, die schon bei gewöhnlicher Temperatur eintreten kann, zu vermeiden. Die Sulfurkufe besteht aus einem zylindrischen gut vernieteten und verstemmten Blechkessel und ist mit zwei Mannlöchern *b* versehen, welche bei der alle zwei Jahre vorzunehmenden Reinigung den Eingang bieten und dabei zugleich eine geringe Ventilation möglich machen. Der Hahn *e* verbindet die Sulfurkufe mit dem Wasserbehälter, welcher gewöhnlich 6 m über dem Boden aufgestellt ist; die Wassersäule drückt den Schwefelkohlenstoff durch das Rohr *h* und den Hahn *f* in die Extraktoren. Der Hahn *g* dient zum Ablassen des Wassers, welches von dem Hochbehälter bei Verdrängung des Schwefelkohlenstoffes in die Sulfurkufe gelangt ist; der vom Gefäß *k* kommende destillierte Schwefelkohlenstoff treibt vermöge seiner größeren Schwere das Wasser von selbst durch den Hahn *g*. Um die Messung des in der Sulfurkufe vorhandenen Schwefelkohlenstoffes vornehmen zu können, bestreicht man eine kleine Eisenstange mit Schweinefett, taucht dieselbe durch den Hahn *g* in die Kufe und läßt sie einige

Stunden ruhig stehen. Beim Herausnehmen zeigt der Schwefelkohlenstoff den Stand seiner Oberfläche selbst an, da, soweit das gefettete Stängelchen in Schwefelkohlenstoff tauchte, das Fett gelöst ist[1]).

Apparat von Schneider.

W. Schneider in Lehrberg[2]) hat einen mit Schwefelkohlenstoff arbeitenden Extraktionsapparat konstruiert, der hauptsächlich für die Entfettung von Knochen bestimmt ist. Die erste Konstruktion wurde später von Schneider wesentlich modifiziert und speziell für Benzin eingerichtet. Übrigens ist auch die nachstehende ursprüngliche Form des Schneiderschen Extraktionsapparates zum Arbeiten mit Benzin geeignet.

Der Apparat *A* (Fig. 175) wird mit dem zu entfettenden Material gefüllt und das Lösungsmittel aus dem Kessel *C* durch ein Rohr *y* nach *A* gedrückt, unter gleichzeitiger Dampfzuleitung durch die Schlange *d*. Sobald die entwickelten

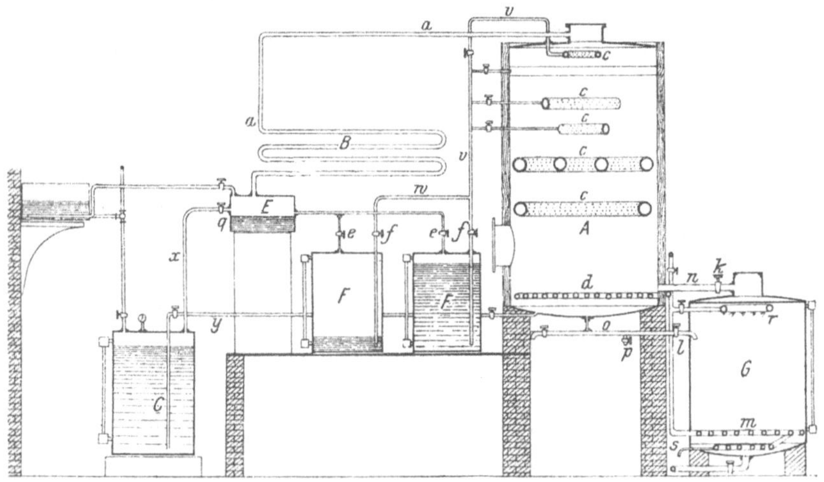

Fig. 175. Extraktionsapparat nach Schneider.

Dämpfe nach *B* übergehen, wird der Dampf von *d* abgesperrt, worauf man die Hähne *k* und *l* öffnet. Die in *A* entstandene Fett-Schwefelkohlenstoff-Mischung tritt durch das Rohr *o* in das Gefäß *G*. Sobald die Dampfschlange *m* davon bedeckt ist, läßt man Dampf eintreten. Die entwickelten Schwefelkohlenstoffdämpfe gehen durch das Rohr *n* nach dem Apparate *A*, durchziehen das in *A* befindliche zu entfettende Material und streichen durch das Rohr *a* in die Kühlschlange *B*. Das verflüssigte Lösungsmittel sammelt sich in dem Behälter *E* und gelangt durch die Hähne *e* in die Gefäße *F*. Von hier wird die Flüssigkeit durch Röhren *w* und *v* nach dem Öffnen der Hähne *f* in die Brausehähne *c* des Extraktors *A* gedrückt. Dabei erfährt die Einleitung von Schwefelkohlenstoffdämpfen aus dem Behälter *G* keine Unterbrechung, so daß sich ein Kreisprozeß entwickelt: Der Schwefelkohlenstoff aus *F* wird in den Kessel *A* getrieben, kommt hier zur Ausströmung, sickert dabei durch alle Materialschichten herunter, indem er den von unten aufsteigenden Dämpfen begegnet und sich mit Fett aus dem Extraktionsgut belädt, um durch *o*

[1]) Wagners Jahresberichte, 1880, S. 840. — Dinglers polyt. Journ., Bd. 239, S. 295.
[2]) D. R. P. Nr. 26687 v. 21. April 1883.

nach *G* zu kor men. Hier wirkt sofort die Dampfschlange auf die Lösungsflüssigkeit ein und verwandelt sie unter Ausscheidung des Fettes in Dämpfe, welche nach *A* übersteigen, durch die Materialschichten emporziehen, durch die Rohrleitung *a* in die Kühlschlange *B* treten und durch *B* hindurch nach einem der Einströmungsdruckgefäße *F* sich begeben, um demnächst wieder als Lösungsflüssigkeit in den Kessel eingetrieben zu werden.

Findet man bei Entnahme von Proben durch den Probierhahn *p*, daß der Kreisprozeß lang genug angedauert habe, so schließt man den Hahn *l* im Rohre *o*, ebenso die Hähne *f* und läßt die Verdampfung in *G* noch andauern, um die letzten Reste des flüchtigen Lösungsmittels wegzuschaffen. Hierbei zeigt die Fettlösung in *G* das Bestreben, nach *n* hin überzuschäumen. Um dies zu verhindern, benützt man das Brauserohr *r* in *G*, durch welches Dampf eingeleitet wird, welcher den Fettschaum niederwirft. Zum Schlusse läßt man noch durch das Rohr *s* Dampf in die Fettmasse eintreten. Alle diese Dämpfe steigen hierauf durch *n* in den Apparat *A* und vertreiben hier das Extraktionsmittel aus dem entfetteten Material, was noch durch direkt in *A* geleiteten Dampf befördert werden kann. Die mit Schwefelkohlenstoff beladenen Dämpfe kondensieren sich in der Rohrleitung *a*, treten in den Wasserabscheider *E* und die Benzinflüssigkeit geht, da die Hähne *f* geschlossen sind, bei Öffnung des Hahnes *q* durch das Rohr *x* nach dem Kessel *C* über[1]).

b) Extraktionsapparate für Benzin[2]).

Extraktionsapparat für Benzin.

Das schon von E. Deiß in seinem grundlegenden Patente vorgeschlagene Benzin, welches später auch von Richardson, Irvine und Lundy, von Hirzel und anderen an Stelle des Schwefelkohlenstoffes empfohlen wurde (vgl. S. 347), hat durch den Vohlschen Apparat in der Pflanzenölextraktion, durch Seltsam in der Knochenentfettung allgemeine Einführung gefunden.

Apparat von Vohl.

Da der Vohlsche Extraktor für die verschiedenen späteren Formen lange Zeit vorbildlich war, soll er hier eine eingehende Besprechung finden[3]).

Der Vohlsche Apparat (Fig. 176) besteht aus zwei Extraktoren *A*, dem Sammel- und Verdampfungsgefäße *B* und dem Kondensator *C*. Die Extraktoren bestehen aus kupfernen innen stark verzinnten Zylindern *a a*, welche an beiden Enden mit gewölbten Böden *c c* versehen sind und sich in einem Mantel *b b* aus Eisenblech befinden. In den Mantelraum zwischen *a* und *b* kann durch das Rohr *d'* Dampf oder heißes Wasser geleitet werden, das bei *e* austritt. Im Innern der verzinnten Kupferzylinder befinden sich Dampfschlangen *f*, welche einerseits durch die Rohre *g* mit dem Sammel- und Verdampfungsgefäß *B*, andererseits durch *i* mit dem Kondensator *C* verbunden sind. An den beiden Böden *c* der Extraktionsgefäße *a a* sind Mannlöcher *k* und *t* wie auch mehrere Stutzen angebracht, an welche sich verschiedene Rohrleitungen anschließen.

Das Sammel- und Destilliergefäß *B* besteht aus einem rotkupfernen innen verzinnten halbkugelförmigen Gefäß *T*, welches von einem gußeisernen Mantel umkleidet ist. Der Hohlraum zwischen *T* und *J* dient als Heizraum.

Der Kondensator *C* ist aus Eisenblech hergestellt und enthält zwei verzinnte Kupferschlangen, deren jede mit einem Extraktor in Verbindung steht.

---

[1]) Dinglers polyt. Journ., 1884, Bd. 253, S. 123.

[2]) Diese Apparate lassen vielfach auch die Anwendung anderer Extraktionsmittel zu.

[3]) Dinglers polyt. Journ., 1871, Bd. 201, S. 165.

Die Arbeitsweise mit dem Vohlschen Apparat ist nun die folgende:

Man bedeckt den Boden des einen Extraktors *A* mit einer ungefähr $^1/_4$ Zoll dicken Filzscheibe, welche ca. $^2/_3$ der Bodenoberfläche einnimmt und im Mittelpunkte einen Filzpfropfen hat, der bequem in die Röhre *u* eingepaßt werden kann. Durch das Mannloch *k* wird das zu extrahierende Produkt eingetragen, und zwar möglichst lose geschichtet, keinesfalls zusammengedrückt. Ist das Gefäß bis hinauf gefüllt, so gibt man oben als Abschluß wiederum eine Filzscheibe und schließt das Mann-

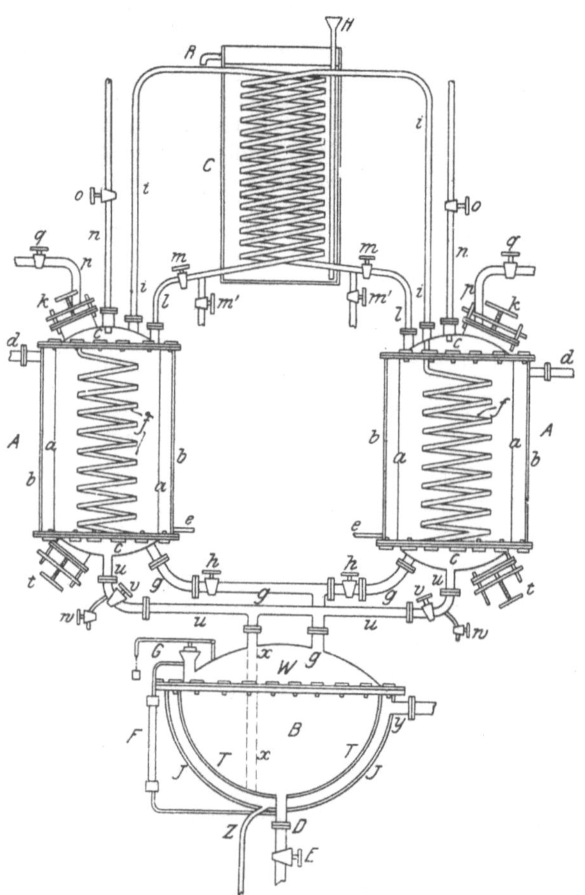

Fig. 176. Vohlscher Extraktionsapparat.

loch *k*. Die Hähne *o*, *q*, *w*, *E* sind vorerst geschlossen, *m* und *m'*, *v* und *h* geöffnet. Durch Öffnen des Hahnes *o* der Röhre *n* fließt Benzin aus dem nicht gezeichneten Vorratsbehälter in den Extraktor und wird durch die oben aufgelegte Filzscheibe über die ganze Oberfläche des Extraktionsgutes gleichförmig verteilt, während die in dem Apparat befindliche Luft durch die Hähne *m* und *m'* entweicht. Das Lösungsmittel durchfließt *A*, nimmt Fett auf und gelangt durch die Röhre *u*, den geöffneten Hahn *v* und das Rohr *x* in das Sammelgefäß *B*. Ist dieses ungefähr bis zu $^2/_3$ der Höhe gefüllt, was man an dem Niveauanzeiger *F* erkennt, so wird der Hahn *o* geschlossen und durch das Rohr *y* Dampf in den *B* umgebenden Mantel gelassen, wodurch das in *B* enthaltene Benzin zum Sieden kommt. Die Dämpfe entweichen durch das Rohr *g*, gelangen von hier in die Schlangen *f*, wo sie anfänglich kondensiert werden und nach *B* zurückfließen, später aber, nachdem sich der Inhalt in *A* erwärmt hat, ungehindert durch *f* und die Rohre *i* bis in den Kondensator *C* gelangen, wo sie verdichtet werden und durch den Hahn *m* und das Rohr *l* wieder auf das zu extrahierende Gut nach *a* zurückfließen.

Der Hahn *m'* dient lediglich Kontrollzwecken, ebenso der Hahn *w*; durch ersteren beobachtet man, wie die Extraktion läuft, durch *w*, ob alles Öl bereits aus dem Extraktionsgut ausgezogen wurde: einige auf Papier gebrachte Tropfen des Benzins dürfen nach dem Verdunsten keinen Fettfleck hinterlassen.

Ist das zu extrahierende Gut erschöpft, so schließt man den Hahn *m* und leitet das im Kondensator verflüssigte Benzin durch *m'* in ein in unserer Figur nicht gezeichnetes Sammelgefäß. Durch das Rohr *d* läßt man nun Dampf in die Mantelfläche des Extraktors eintreten, wodurch das Verdampfen des Benzins stattfindet und ein gewisser Druck innerhalb *a* sich etabliert, welcher den größten Teil des von dem Samen aufgesaugten Lösungsmittels durch *u* nach *x* und *B* preßt.

Hat man so den größten Teil des Extraktionsmittels von dem Extraktionsgut abgedrückt, so öffnet man *q* und schließt *v*. Das Rohr *p* ist mit einer Kühlvorrichtung und diese mit einem Exhaustor in Verbindung, der nun in Wirksamkeit tritt und die letzten Benzinreste aus den Samenrückständen absaugt. Ist dies geschehen, so wird das Mannloch *T* geöffnet und das entölte Produkt, welches nur einen ganz schwachen Geruch nach dem Extraktionsmittel haben soll, entleert. In *B* hat sich das ganze durch das Benzin in Lösung gegangene Fett angesammelt und wird durch den Hahn *E* entfernt, um in eigenen Apparaten von dem noch anhaftenden Benzin befreit zu werden. Das Vorhandensein von zwei Extraktionsgefäßen gestattet durch abwechselnde Benützung derselben einen fortlaufenden Betrieb.

Vohl nannte den von ihm angewandten Petroläther Kanadol, und sein Apparat fand vielfache Nachahmung. Sind doch im Jahre 1879 in Amerika fast 50 Patente[1]) auf Benzinextraktoren erteilt worden, die zumeist nach dem Verdrängungsprinzip gebaut waren.

Neue Formen von Extraktionsapparaten wurden in der Folge besonders durch die von Seltsam versuchte Entfettung von Knochen mittels Benzin geschaffen. Mehrere dieser in erster Linie für Knochenextraktion bestimmten Apparate sind ohne weiteres auch für die Extraktion von Ölsämereien verwendbar, andere wieder passen in ihrer Einrichtung und Arbeitsweise nur für die Knochenverarbeitung, doch sind gewisse Details dieser Apparate auch für den Bau von Samenextraktoren von Interesse.

Apparat von Seltsam.

Die Einrichtung des Seltsamschen Extraktionsapparates[2]) ist in Fig. 177 schematisch festgehalten.

Eine Pumpe *B* befördert aus dem Reservoir *C* durch das Rohr *n* das nötige Quantum Benzin in das Extraktionsgefäß *A*, in welchem dasselbe durch geeignete Vorrichtungen in Dampfform verwandelt wird. Die entstehenden Dämpfe verdrängen die Luft aus dem Kondensator *F*, werden verdichtet und fließen in das Reservoir *C* zurück. Nachdem alle Luft aus dem Apparat entfernt ist, wird das Ventil

[1]) Scientific American, 1879, S. 228.

[2]) D. R. P. Nr. 10196 v. 7. Dez. 1879.

des Rohres *e* geschlossen, durch eine in dem Extraktionsgefäße *A* befindliche Dampfschlange das in dem Apparat befindliche Benzin vergast und die Heizung so geregelt, daß in *A* ein Druck von einigen Atmosphären entsteht. Man unterhält diesen Druck so lange, bis das Fett völlig gelöst ist und öffnet dann den Hahn des Rohres *h*, so daß die Lösung von dem mit Dampfheizung versehenen Apparat *J* gepreßt wird. Das Lösungsmittel geht in Dampfform durch das Rohr *k* zum Kühler *F* und fließt in den Behälter *C* zurück, während das Fett im Destillationsapparat *J* bleibt. Sobald das Manometer des letzteren keinen Druck mehr anzeigt, wird der Hahn im Rohre *h* wieder geschlossen und der Apparat *A* auf geeignete Weise weiter erhitzt, wodurch das den Knochen noch anhaftende Lösungsmittel durch den geöffneten Hahn des Rohres *e* entweicht und wieder gewonnen wird.

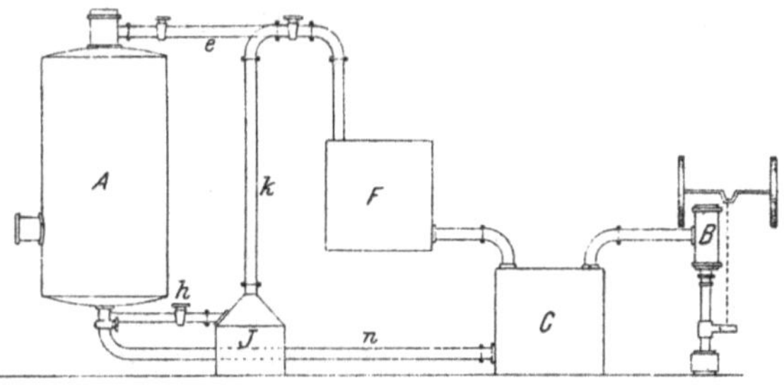

Fig. 177. Extraktionsapparat nach Seltsam.

Der Seltsamsche Apparat dürfte der erste gewesen sein, bei dem unter Druck gearbeitet wurde. Anfangs rechnete man ihm dies als Nachteil an[1]) und suchten Th. Richters und A. Leuner an Stelle des Seltsamschen Apparates ihre einen Überdruck vermeidenden Konstruktionen einzuführen.

Apparat von Richters.

Das Richterssche System (Fig. 178) besteht aus zwei aus starkem Blech hergestellten Gefäßen *A* und *B* mit doppeltem Boden, deren jedes in einem weiteren, oben offenen Gefäße *C* sitzt und mit einem Vakuummeter *L* versehen ist. Die Gefäße *A* und *B* werden nun durch die verschließbaren Öffnungen *F* mit Knochen gefüllt, welche auf den Siebböden *K* zu liegen kommen; sodann schließt man alle Hähne bis auf *a* und *e* und setzt die Luftpumpe *D* in Gang. Ist ein genügendes Vakuum in *A* entstanden, so läßt man aus dem Gefäße *H* durch Öffnen des Hahnes *m* Wasser in den Raum *R* treten, schließt *m* und öffnet den Dampfhahn *r*. Der in den Zwischenraum *O* eintretende Dampf bringt das in dem Raume *R* enthaltene Wasser zum Sieden und mit dem in *A* sich entwickelnden Wasserdampf wird die darin befindliche Luft mittels der Luftpumpe durch den Hahn *e* entfernt. Hierauf setzt man die Luftpumpe außer Betrieb und schließt alle Hähne bis auf *n*, so daß das Lösungsmittel, Benzin, Schwefelkohlenstoff u. dgl., von *G* nach *R* übertritt. Der Hahn *n* wird dann zugedreht, das Benzin durch Einlassen von Wasserdampf in den Raum *O* verdunstet, der Wasserhahn *f* geöffnet, so daß kaltes Wasser in das Gefäß *C* tritt und das fetthaltige Benzin im Raume *R* sich verdichtet. Nachdem dann das Wasser aus *C* abgelassen ist, läßt man wieder Dampf in *O* eintreten; die so entwickelte Hitze verdunstet das Benzin, welches die Luftpumpe *D* mit Hilfe der geöffneten Hähne *a* und *c* nach *B* hinüberdrückt. *B* ist inzwischen in gleicher

[1]) D. R. P. Nr. 14934 v. 3. Dez. 1880.

Weise, wie bei *A* angegeben, luftleer gemacht worden und wiederholt sich dort derselbe Vorgang wie in *A*. Unterdessen wird durch die Öffnung des Lufthahnes *x* das Vakuum in *A* aufgehoben und man kann nun das abgeschiedene Fett durch den Hahn *z* ablassen. Das entfettete Material wird durch *F* entfernt und frisches eingefüllt, so daß der in *B* beendigte Entfettungsprozeß in *A* von neuem beginnen kann[1].

Richters hat später auch die Extraktion im Vakuum vorgeschlagen[2]. Er evakuiert den beschickten Extraktor vor Einbringung des Lösemittels und läßt dieses bei abgestellter Luftpumpe einfließen. Die herrschende

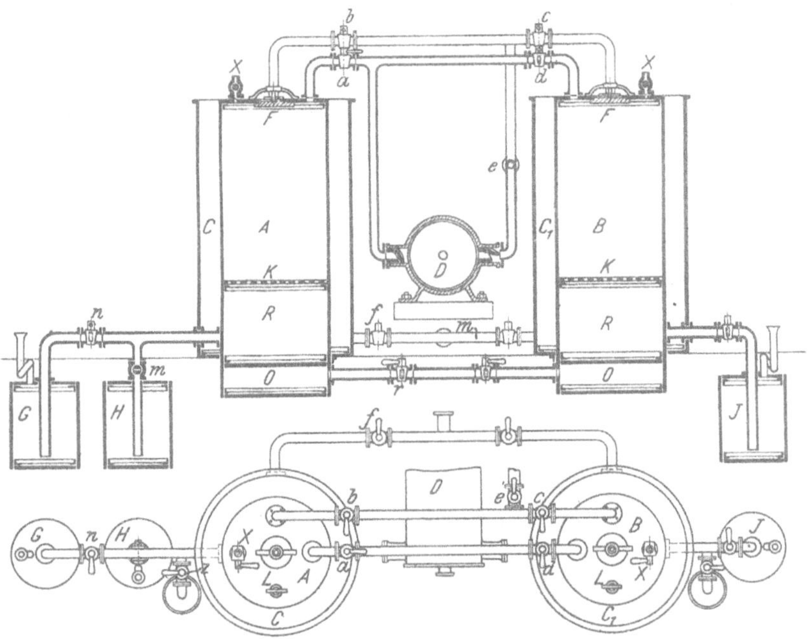

Fig. 178. Extraktionsapparat nach Richters.

Luftleere bewirkt ein rasches und vollständiges Durchtränken des Extraktionsgutes mit dem Lösungsmittel, das durch neuerliche Ingangsetzung der Luftpumpe nun verdunstet und den ganzen Raum des Extraktors mit Dampf erfüllt. Haben die Dämpfe einige Zeit auf das zu entfettende Material eingewirkt, so hebt man das Vakuum auf, wodurch sich die Benzindämpfe kondensieren und die Fettbenzinlösung abgezogen werden kann.

Apparat von Leuner.

Bei dem Entfettungsapparat von A. Leuner[3] wird der mit einem Siebboden versehene Extraktor *A* (Fig. 179) mit dem zu entfettenden Material (Knochen) gefüllt und bis auf den Hahn *p* dampfdicht verschlossen. Durch das Rohr *b* wird direkter

---

1) D. R. P. Nr. 14934 v. 3. Dez. 1880.
2) D. R. P. Nr. 15984 v. 23. Sept. 1880.
3) D. R. P. Nr. 17171 v. 5. März 1881.

Dampf eingeführt, bis die Luft ausgetrieben ist, worauf man auch den Hahn *p* schließt und den Dampfdruck steigert. Ist das Fett auf diese Weise löslicher gemacht und die Leimbildung eingeleitet, so wird der Dampf abgesperrt, der Hahn *p* geöffnet und das Kondensationswasser durch das Rohr *d* abgelassen[1]). Inzwischen ist der Kessel *B* mit Wasser und Benzin zu gleichen Teilen gefüllt. Nach Schließung der Hähne *p* und *d* wird der Hahn *g* und *i* geöffnet und so die Verbindung von *A* mit der Vorlage *C* und von *B* mit dem Rückflußkühler *D* hergestellt. Durch Öffnen der Hähne *q* und *r* entleert sich der Inhalt von *B* in den Apparat *A*; nach Absperrung dieser Hähne wird *B* wieder mit der gleichen Menge Wasser gefüllt. Die untere Wasser-

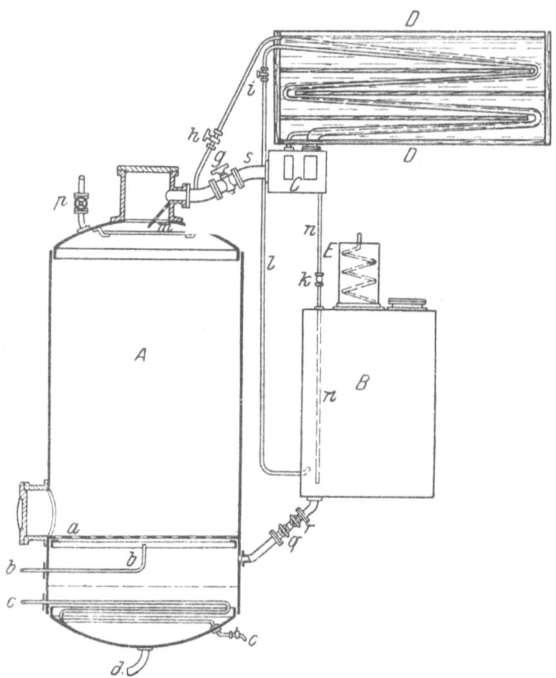

Fig. 179. Leuners Extraktionsapparat.

schicht in dem Apparat *A* wird nun durch eine Dampfheizung *c* erwärmt und gibt die Wärme an die obere Benzinschicht ab. Der Apparat *A* füllt sich dadurch mit Benzindampf, welcher durch das Rohr *s* und die Vorlage *C* in den Rückflußkühler *D* gelangt, nach *A* zurückfließt und von der Verteilungsschale *m* aus über die Knochen rieselt. Die nicht völlig verdichteten Dämpfe gehen durch das Rohr *l*, treten unter Wasser in *B* ein, aus welchem Apparat die Verbindung mit der äußeren Luft nur durch den kleineren Rückflußkühler *E* stattfindet, welcher den Rest des Gasgemenges verdichtet und nach *B* zurückführt. Nachdem in dieser Weise Wasserdampf, Benzin-

[1]) Bei dem Leunerschen Verfahren und mehreren anderen Knochenextrakteuren erfährt das Extraktionsgut also vor der Behandlung mit Benzin eine direkte Anfeuchtung, was natürlich bei der Verarbeitung von Ölsaaten ganz unzulässig ist. Eine Verbesserung der Leunerschen Apparatur hat Wilh. Büttner in Gummersbach (D. R. P. Nr. 25011 v. 6. Okt. 1882) vorgeschlagen.

dampf und flüssiges Benzin einige Zeit auf die Knochen eingewirkt haben, öffnet man den Hahn *h*, schließt *g* und läßt die zweite, punktiert gezeichnete Rohrlage des Apparates *D* als Kühlschlange wirken. Durch Öffnung des Hahnes *k* fließt das Benzin durch das unter Wasser endende Rohr *n* nach *B*. Durch fortgesetztes Kochen der Flüssigkeiten im Kessel *A* wird alles Benzin ausgetrieben und im Behälter *B* wieder gewonnen. Sobald nur noch Wasser überdestilliert, was man bei *C* durch eingesetzte Beobachtungsgläser ersehen kann, ist die Entfettung beendet. Es wird durch *D* Wasser und Fett aus *A* abgelassen, das Fett von der für die Leimfabrikation verwendbaren Flüssigkeit getrennt und die entfetteten Knochen in der herkömmlichen Weise weiter verarbeitet.

Apparat von Wellstein und Birkenheuer.

J. Wellstein und B. Birkenheuer[1]) haben einen in der vorgeschlagenen Form ebenfalls nur für Knochenentfettung geeigneten Extraktionsapparat konstruiert, der einen eigenen Behälter zur Raffination des extrahierten Fettes vorsieht.

Der Apparat (Fig. 180) besteht aus einem mit Dampfmantel versehenen Extraktionskessel *A*, in welchen das zu entfettende Material durch das Mannloch *a* gebracht wird. Durch Öffnen des Hahnes *b* läßt man Dampf in den Kondensator *B*, wodurch die darin befindliche Luft durch *c* entweicht. Nun schließt man *b* und *c* und speist mittels der Pumpe *C* kaltes Wasser durch *u* in den Kondensator *E*, bis sich ein Vakuum bildet. Dann öffnet man den Hahn *d* des Rohres *H*, so daß aus dem Kessel *A* Luft nach *B* angesaugt wird, welche man wieder in derselben Weise mittels Dampf austreibt. Nun öffnet man die Hähne *g*, wobei das in dem Behälter *D* befindliche Benzin durch die Rohre *K* und *h* in den Kessel *A* tritt, worauf die Hähne *g* wieder geschlossen werden. Man öffnet nun den Hahn *P* und läßt Dampf von 5 Atmosphären Überdruck in den Dampfmantel, dessen Lufthahn anfangs geöffnet ist. Sobald im Kessel ein Überdruck von 5 Atmosphären ist, stellt man den Dampf wieder ab, worauf sich die Dämpfe im Kessel kondensieren, die in den Knochen enthaltenen Fette angeblich ausscheiden und unter dem Siebboden *k* ansammeln sollen. Ist der Druck im Kessel auf 0,2 Atmosphären zurückgegangen, so läßt man das Lösungsmittel durch die Rohre *h* und *K* nach dem Behälter *D* bei geöffnetem Hahn *f* zurückfließen.

Damit hierbei kein Fett mit fortgerissen werde, ist das Rohr *h* durch ein an ihm festgekeiltes Handrad *l* senkrecht dadurch verstellbar, daß es mit seinem unteren Ende mit dem mit einer Stopfbüchse versehenen Rohrstutzen *m* eingeschraubt ist und oben in der Stopfbüchse des Stutzens seine Führung hat. Wenn nun Fette mit austreten, was durch die Glasröhre *o* bemerkbar ist, so wird das Rohr *h* durch Drehung des Rades *l* emporgeschraubt, bis keine Fette mehr entweichen, so daß angeblich die Lösungsmittel bis auf einen kleinen Rest ohne Vergasung abgeführt werden können. Die dann noch rückständigen Lösungsmittel werden mittels Erhitzung durch Dampf, welchen man in den Dampfmantel des Kessels *A* einläßt, dampfförmig nach dem Kondensator abgeführt, wo sie durch Einlassen von kaltem Wasser durch das Zweigrohr *e* in den Mantel des Kondensators verflüssigt werden und durch das Rohr *r* nach dem Behälter *D* zurückfließen, aus welchem mit übergegangenes Wasser durch das Rohr *s* wieder abgelassen werden kann. Das Kühlwasser vom Kondensator fließt durch das Rohr *p*, das Kondensationswasser aus dem Dampfmantel des Kessels *A* durch *q* ab.

Das unter dem Siebboden *k* angesammelte Fett läßt man nach dem mit dem Rohr *U* und Standrohr *v* versehenen Fettbehälter *E* abfließen. Dasselbe wird nun durch Zuleiten von Dampf in das Schlangenrohr *w* von dem anhaftenden Benzin

---

[1]) D. R. P. Nr. 19774 v. 23. Sept. 1881.

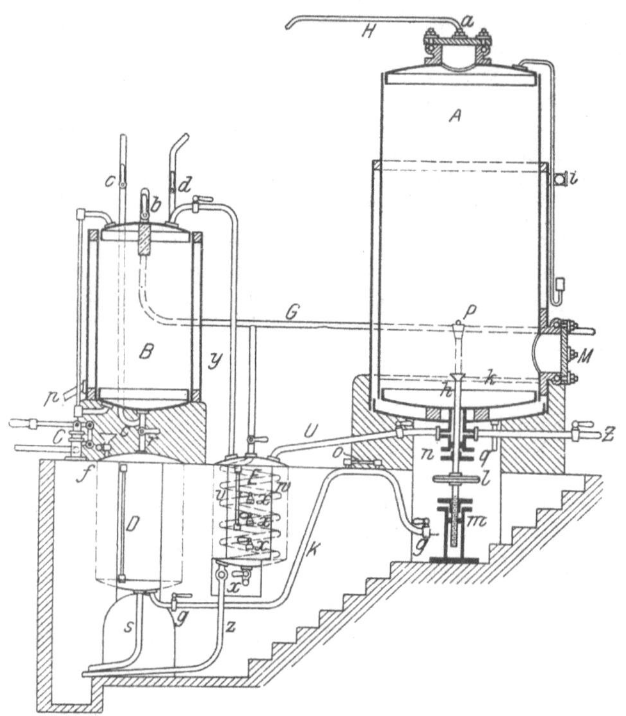

Fig. 180 a.

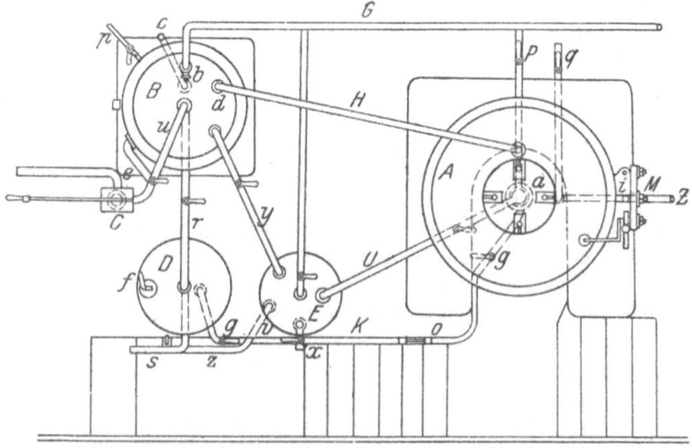

Fig. 180 b.

Fig. 180 a und b. Extraktionsapparat nach Wellstein und Birkenheuer.

befreit, eventuell raffiniert und durch die Hähne x abgelassen. Die sich hierbei entwickelnden Benzindämpfe werden durch das Rohr y nach dem Kondensator B übergeführt; das im Schlangenrohr w gebildete Kondensationswasser fließt durch das Rohr z ab. Um nach dem Ablassen des Fettes aus dem Kessel sofort mit dem Sieden des Leimes zu beginnen, läßt man so lange Dampf in den Kessel treten, bis die Knochen vollständig ausgezogen sind; die gebildete Leimlösung wird durch das Rohr Z abgelassen, während die Entfernung der Knochenrückstände bei M erfolgt[1]).

Von den unter Druck arbeitenden Extraktionsapparaten nach dem Verdrängungsprinzip sind noch die Konstruktionen von Pöppinghausen[2]) und von W. Schneider beachtenswert.

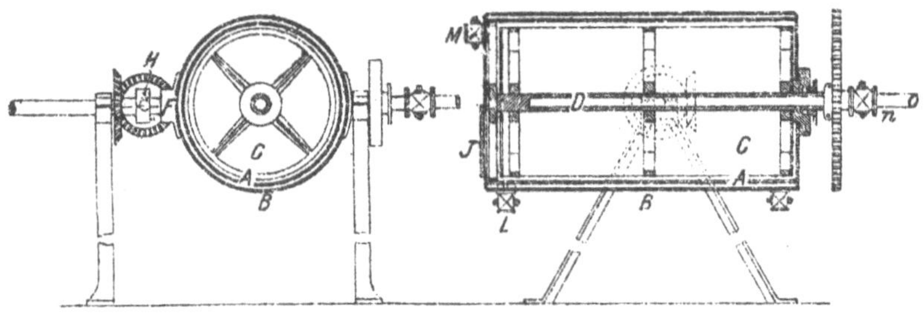

Fig. 181 a. Schnitt III IV. Fig. 181 b. Schnitt I II.

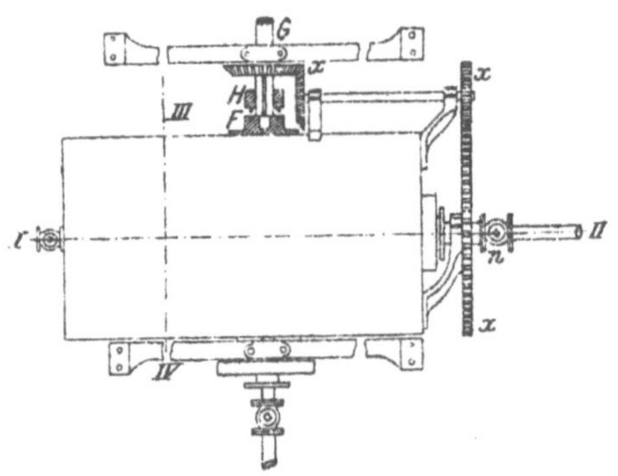

Fig. 181 c. Grundriß.

Fig. 181 a, b und c, Extraktor nach Pöppinghausen.

Bei ersteren bildet den Extraktor eine rotierende Trommel, deren Achse zur Zu- und Ableitung des Extraktionsmittels dient.

Die Trommel A (Fig. 181) ist mit einem Dampfmantel B versehen, welcher für einen Druck von 6 Atm. gebaut ist. Auf der mit kleinen Löchern versehenen Hohlwelle D ist die Siebtrommel C befestigt und mit dieser drehbar. Auf der vorn vierkantigen Welle G sitzt der Einrücker H, welcher zur Verkupplung gegen das Lager F gerückt wird. Der Apparat läßt sich dadurch derart drehen, daß das Mannloch J Apparat von Pöppinghausen.

[1]) Dinglers polyt. Journ., 1883, Bd. 247, S. 467.
[2]) D. R. P. Nr. 16810 v. 24. April 1881.

bald oben, bald unten erscheint. Durch dieses Mannloch wird nun die Siebtrommel *C* mit zerkleinerten Knochen gefüllt, *J* fest verschlossen und der Apparat in eine nach dem Hahn *L* hin etwas geneigte Lage gebracht. Durch die Hohlwelle *D* wird nun die nötige Menge Benzin eingelassen, worauf man erstere mit einem Destillationsapparat verbindet. Mittels der Welle *G* und der Räder *x* wird dann, nach Lösung der Kupplung *HF*, die Siebtrommel um die Achse *I II* gedreht, dabei das mit Fett und Schmutz beladene Lösungsmittel durch den Hahn *L* zum Destillator gelassen, dort verdampft und in Dampfform durch die Hohlwelle *D* wieder eingeführt, um es es durch das im Mantel *B* befindliche Kühlwasser wieder zu verflüssigen. Ist nach wiederholtem Kreislaufe des Benzins die Extraktion beendet, so läßt man alles Benzin in den Destillationsapparat ab, schließt die Hähne *n* und *L* und läßt in den Mantel *B* Wasserdampf von etwa 3 Atm. Spannung eintreten, so daß das Benzin und Wasser in verdampftem Zustande durch den Hahn *M* zu einem Kühler getrieben werden. Durch Einströmen von Dampf in den Mantel *B* wird das entfettete Material so lange erwärmt, bis alles Benzin verdampft ist. Der schließlich durch die Hohlwelle *D* zugeleitete direkte Wasserdampf kann bei der mittlerweile sich etablierten Wärme in *B* nicht zum Niederschlage kommen, so daß ein Naßwerden des Extraktionsgutes vermieden wird und die nachfolgende Trocknung desselben unterbleiben kann [1]).

Die Schneidersche [2]) Einrichtung (vergleiche Seite 376) ist besonders durch die Art der Rückgewinnung der letzten Spuren des Benzins interessant.

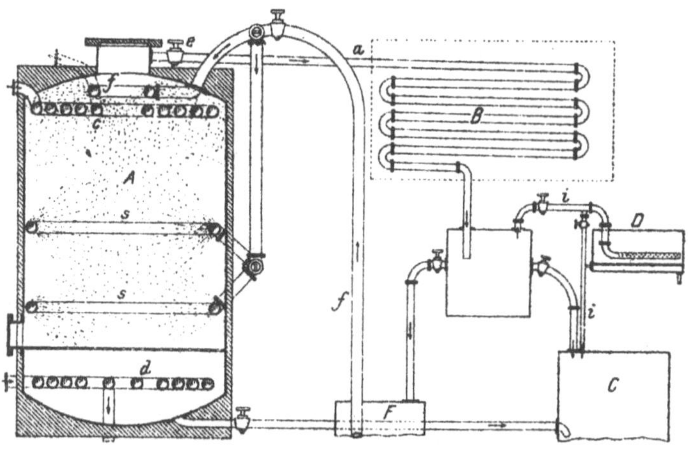

Fig. 182. Extraktionsapparat nach Schneider.

Apparat von Schneider.

Nach Einfüllung des zu entfettenden Materials in den Extraktor *A* (Fig. 182) wird derselbe zu etwa $^4/_5$ seines Inhaltes aus dem Behälter *C* mit Benzin oder dgl. gefüllt und dieses durch Einleiten von Dampf in die Schlange *d* zum Sieden gebracht. Sobald durch das Rohr *a* Benzindämpfe übergehen, schließt man den Hahn *e* und preßt mit mindestens 1 Atm. Überdruck aus dem Behälter *F* durch das Rohr *f* und die seitlichen Brausen *s* Benzin nach *A*, so daß dasselbe das erwärmte Extraktionsgut umspült. Wird nun nach 10 oder 15 Minuten der Hahn *e* wieder geöffnet und der Apparat durch die Schlange *d* erwärmt, so destilliert ein Teil des Benzins

---

[1]) Dinglers polyt. Journ., 1882, Bd. 244, S. 233.

[2]) D. R. P. Nr. 22295 v. 31. Mai 1882.

durch den Kondensator *B* nach *F* über. Dasselbe wird sodann wieder nach *A* gedrückt und ausgebraust und dieser Vorgang abwechselnd mehrfach fortgesetzt; man erhöht jedoch bei jeder Wiederholung der Überbrausung den Druck im Gefäße *A* und natürlich noch mehr im Benzinhilfsgefäße *F*, bis das Benzin zuletzt mit etwa 2 Atm. Überdruck eingetrieben ist. Dieser allmählich wachsende Druck bewirkt ein gesteigertes Auswaschen und Tiefertreiben der Benzinflüssigkeit in die Poren des Extraktionsgutes. Die Wirkung des Benzinregens kann dadurch verstärkt werden, daß man das Schlangenrohr *c* von kaltem Wasser durchfließen läßt. Nach Beendigung dieser Behandlung wird das Benzin gewöhnlich durch Wasserdampf abgetrieben und durch die Kühlschlange *B* nach *F* und *C* überdestilliert.

Um die mit der ausgetriebenen Luft entweichenden Benzindämpfe zu gewinnen, ist der Benzinauffänger *D* in den Apparat eingeschaltet, bestehend aus einem Gefäße mit Doppelboden, in welches man warmes oder kaltes Wasser strömen läßt. Die benzinhaltige Luft wird durch die Röhren *i* in den Apparat *D* geleitet, welcher zu einem Teile mit solchem Fette gefüllt ist, wie das zu entfettende Material enthält. Es ergibt sich ein Benzinfett, welches bei der folgenden Behandlung in *A* mit eingeführt wird[1]).

Neben den Pöppinghausenschen und Schneiderschen Extraktionsapparaten, welche, wie der Seltsamsche, unter Druck arbeiten, ist noch die Konstruktion von Weber & Co.[2]) in Thann als in diese Gruppe gehörig zu nennen.

Bei den Apparaten von Neumeyer, Friedrich, Büttner, Kaleczok, Gerr und anderen wird unter normalem Drucke oder unter Luftverdünnung extrahiert.

Der Extraktor von H. Neumeyer[3]) in Nürnberg (Fig. 183) arbeitet in der folgenden Weise:

Extraktor von Neumeyer.

Das zu entfettende Material (Knochen) wird durch das Mannloch *a* in den Extraktor *A* eingeführt. Das Mannloch *a* und alle Hähne, außer *F* und *k*, werden geschlossen, worauf man mittels des Strahlapparates *m* die Behälter *A* und *B* (Verbindungsrohre *d* und *g*) luftleer macht. Hierdurch wird nach Schließen des Hahnes *k* und Öffnen des Hahnes *b* das Lösungsmittel vom Kessel *D* durch das Rohr *g* nach *A* gesaugt; dann schließt man die Hähne *b* und *F* und leitet Dampf zwischen die Doppelwandung *H*, bis im Kessel *A* der gewünschte Druck erreicht ist. Nun wird der Hahn *F* geöffnet, so daß die Dämpfe des Lösungsmittels nach dem Kühler *B* übertreten und dort durch Zuführen von kaltem Wasser zwischen die Doppelwandung zur Kondensation gelangen. Die wieder in flüssigen Zustand verwandelten Lösungsmittel laufen durch das Verbindungsrohr *r V* in den Kessel *D* zurück. Die mit dem kondensierten Benzin aus *B* nach *D* übergetretenen Benzindämpfe treten teilweise durch die Röhre *o* nach dem Rückkühler *S*, werden hier vollständig kondensiert und laufen durch *Q* nach dem Behälter *D* zurück. Der nach beendeter Extraktion vom Extraktionsgute etwa noch festgehaltene Rest des Lösungsmittels wird mittels der Dampfbrause *P* unterhalb des Siebbodens in *A* nach dem Kühler *B* abgetrieben.

Die Fettlösung wird durch das Rohr *U* nach dem Fettbehälter *E* abgelassen und dortselbst, nachdem der Hahn *u* geschlossen ist, durch eine Brause erwärmt, um das Lösungsmittel in Dampfform durch das Rohr *y* nach dem Kühler *B* und von dort nach *D* überzuführen.

---

1) Wagners Jahresberichte, 1883, S. 1139.

2) D. R. P. Nr. 32849 v. 30. Jan. 1885.

3) D. R. P. Nr. 26882 v. 17. März 1883.

Das durch Abtreiben der Lösungsmittelreste aus *A* und *E* eventuell nach *B* gelangte, hier kondensierte und nach *D* abgeführte Wasser wird nun durch das Rohr *s* aus *D* abgelassen[1]).

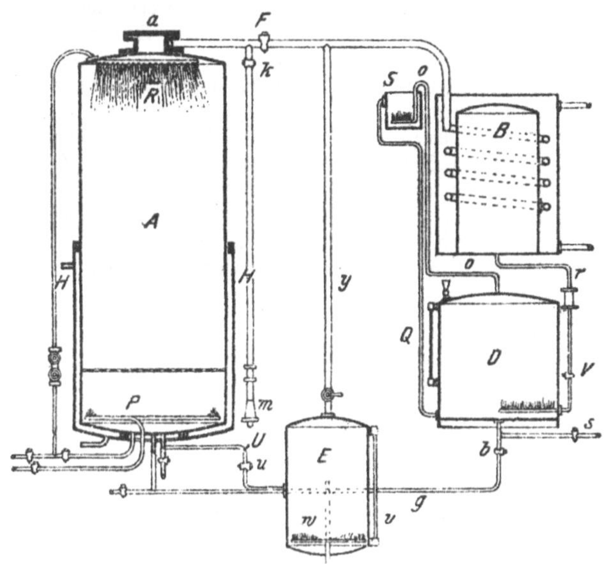

Fig. 183 a.

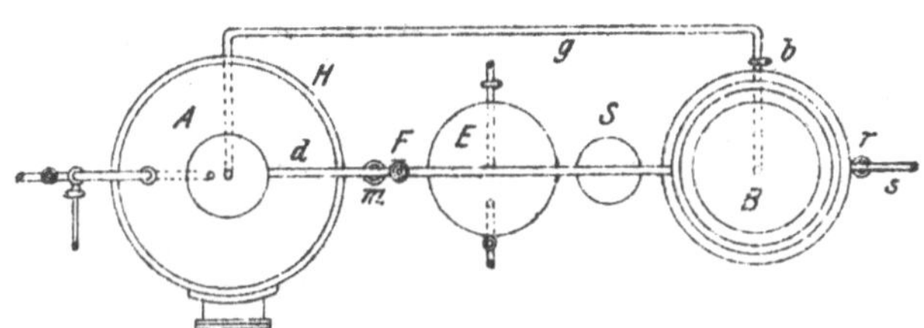

Fig. 183 b.

Fig. 183 a und b. Extraktionsapparat von Neumeyer.

Extraktor von Friedrich & Co.

Das Eigenartige des Apparates von M. Friedrich & Co.[2]) in Plagwitz ist in der Anordnung der Rohrleitungen im Extraktor zu suchen. Dieselben stehen nämlich mit den Wandungen des letzteren in keiner direkten Verbindung, sondern ruhen auf einem gußeisernen, am Boden des Extraktors stehenden Untersatze, was eine eventuelle Auskleidung des Extraktors mit Zinn oder Blei sehr erleichtert.

Die mannigfachen Patente, welche W. Büttner in Gummersbach erworben hat, betreffen verschiedene Einzelheiten.

[1]) Dinglers polyt. Journ., 1884, Bd. 253, S. 125.

[2]) D.R.P. Nr. 38453 v. 28. Dez. 1885.

Das älteste[1]) der Büttnerschen Patente läuft auf eine Verbesserung des Leunerschen Verfahrens hinaus. Das zweite[2]) betrifft eine Absaugevorrichtung der sich beim Extrahieren von Knochen und Abfallstoffen bildenden übelriechenden Dämpfe aus dem Extraktor und die Art der Zuführung des Lösungsmittels, welches periodisch in Massen direkt auf das erwärmte Extraktionsgut geleitet wird und eine Strömung von oben nach abwärts besitzt.

Büttner schreibt diesem periodischen Beschicken des Extraktors durch Lösemittel und der lebhafteren Strömung derselben eine bessere Entfettung zu. Er hat in einem Zusatzpatente[3]) auch noch eine Vorrichtung zur innigeren Berührung des Extraktionsgutes mit dem Extraktionsmittel geschützt.

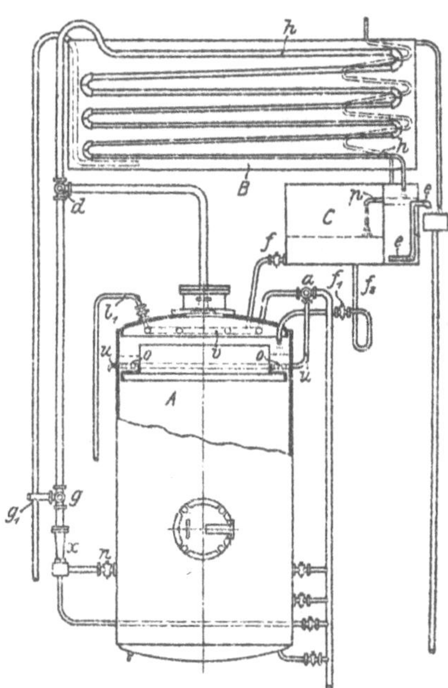

Fig. 184. Extraktionsapparat nach Büttner. (D.R.P. Nr. 32689.)

Büttners Extraktor (D.R.P. Nr. 32689).

Bei diesem Extraktionsapparate (Fig. 184) ist an dem Extraktor A ein ringförmiger Behälter o mit einer Dampfschlange u angebracht.

Die in dem Behälter C sich ansammelnden Lösungsmittel werden durch den Hahn f_1 und das Rohr f_2 in den ringförmigen Behälter o geleitet und dort der Einwirkung der in die Schlange u eingeführten Wasserdämpfe ausgesetzt; die in Dampf verwandelten Lösungsmittel strömen nach abwärts aus und kommen mit den zu entfettenden Körpern (Knochen, Wolle usw.) in Berührung.

Der Luftsaugeapparat x saugt die im Extraktor befindlichen Dämpfe durch das Rohr n an und führt sie durch die Dreiweghähne g und d in die Schlange h des Kondensators B und von dort in flüssigem Zustande in den Behälter C, aus welchem das Lösungsmittel wieder in den ringförmigen Behälter o gelangt, um in Dampfform seinen Kreislauf von neuem zu beginnen. Der Benzinzufluß in den Extraktor kann auch durch das Rohr f erfolgen, in welchem Falle man die Verdampfung durch ein im obersten Teile des Extraktors angebrachtes Schlangenrohr v bewirkt, welches mittels des Dreiweghahnes a Dampf zugeführt erhält und bei l_1 in eine Kondensleitung ausmündet. Derselbe Hahn a besorgt auch die Dampfzuführung zum Luftsauger x, zum Extraktor A (für das Dämpfen des Extraktionsgutes) und zum Rohre u.

---

[1]) D. R. P. Nr. 25011 v. 6. Okt. 1882; vgl. S. 382.

[2]) D. R. P. Nr. 31657 v. 6. Dez. 1883.

[3]) D. R. P. Nr. 32689 v. 20. Febr. 1884.

Das im Kondensator *B* verflüssigte Benzin enthält zumeist Wasser, welches durch eine am Benzinbehälter *C* angebrachte Separationsvorrichtung abgeschieden wird. Das spezifisch schwere Wasser fließt durch das Rohr *e* ab, während das leichte, obenauf schwimmende Benzin durch das Rohr *p* nach *C* fließt. Beim Dämpfen des Extraktionsgutes nach beendigter Extraktion wird der Hahn *g* so gestellt, daß die angesaugten Dämpfe durch g_1 ins Freie entweichen.

Bei einem weiteren Apparat Büttners[1]) wird das Lösungsmittel mittels eines Wasserstrahlapparates in dem Extraktor an- und auch wieder abgesaugt und kommt das Extraktionsgut nicht, wie bei vielen anderen Knochenfettextraktionen, mit direktem Dampf in Berührung, weshalb der Apparat auch für Ölsämereien brauchbar ist.

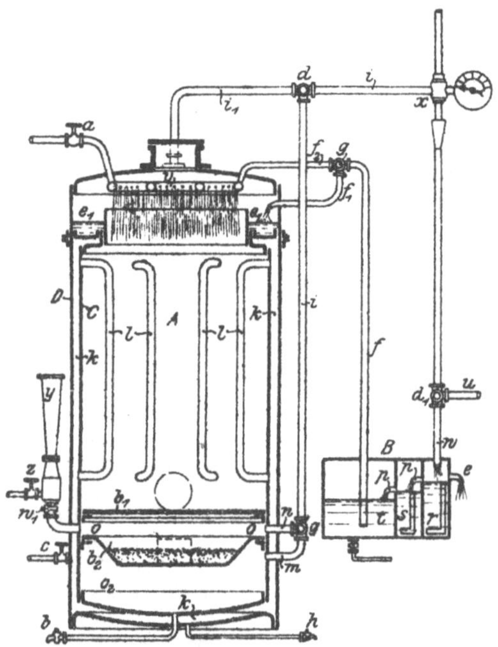

Fig. 185. Extraktor nach Büttner. (D.R.P. Nr. 32955.)

Büttners Extraktor (D.R.P. Nr. 32955).

Der Extraktor *A* (Fig. 185) wird mit dem Extraktionsgut gefüllt (Siebboden b_1), luftdicht verschlossen und durch den Hahn *c* sodann direkter Dampf in den Raum *k* (Wandungen *D* und *C*, Kondenswasserableitung *h*) und in die Rohre *l* eingelassen, wobei die bei der Erwärmung von wasserhaltigem Extraktionsgut sich bildende feuchte Luft durch den Dampfstrahlventilator *y* (Dampfventil *z*) bei *o* (siehe Hahn w_1) abgesaugt wird. Ist alle Feuchtigkeit aus dem Extraktor entfernt, so wird der Hahn *g* zum Rohre *n*, der Hahn *d* zum Rohre *i* und der Hahn d_1 nach dem Rohre *u* geöffnet und durch den Wasserstrahlkondensator *x* die noch rückständige Luft aus dem Extraktor so lange angesaugt, bis ein genügendes Vakuum erzeugt ist, wonach man den Hahn *g* zum Rohre *n* schließt.

[1]) D. R. P. Nr. 32955 v. 18. Juni 1884.

Durch Öffnen des zweiten Hahnes g (zwischen f_1 und f_2) zum Rohre f_2 steigt das im Raume t des Behälters B befindliche Lösungsmittel im Rohr f hoch, dringt in die unten durchlochte Schlange v in den Extraktor A ein, fällt in Regenform auf das luftleere, trockene und heiße Material und dringt in dasselbe ein. Sodann wird der Rest der Lösungsmittel durch das Rohr f_1 in den Behälter e_1 eingelassen und dort verdampft. Die Dämpfe des Lösungsmittels werden nun mit Hilfe des Wasserstrahlenkondensators x von oben nach abwärts durch den Extraktor, durch das Rohr n, die Hähne g, d und das Rohr i nach dem Wasserstrahlenkondensator x gesaugt, auf ihrem Wege von x bis zum Behälter B (Rohr w) von dem Betriebswasser des Wasserstrahlenkondensators kondensiert und mit demselben in flüssigem Zustande in dem Raum r des Behälters gesammelt. Das Wasser fließt zum größten Teile durch das Rohr e ab, während das Benzin durch das Rohr p in den Raum s fließt. Das nach s etwa übergerissene Wasser fließt wieder durch ein besonderes Rohr ab, während das reine Benzin durch p seinen Weg nach dem Raume t nimmt, um nach Bildung eines Vakuums wie vorhin in die Schlange v und in den Behälter e_1 eingelassen zu werden.

Nachdem sich diese Vorgänge einigemal wiederholt haben, bzw. die Entfettung beendet ist, wird das Lösungsmittel durch Einlassen von Dampf in den Raum k ausgetrieben und im Raum t des Behälters B gesammelt, um bei der nächsten Operation von neuem verwendet zu werden.

Nun wird im Raume o_2 unterhalb des Senkbodens b_2, wo sich das extrahierte Fett angesammelt hat, durch Öffnen des Hahnes g zum Rohre m vermittels des Wasserstrahlenkondensators x Vakuum erzeugt und das auf der Filtrierschicht des Senkbodens b_2 befindliche Fett durchgesaugt, wobei aus dem Fett gleichzeitig die übelriechenden Gase zur Absaugung gelangen und das reine Fett bei b abgelassen wird.

Der in Fig. 185 vorgeführte Apparat ist mit einer besonderen Vorrichtung versehen, um beim Entfetten von Knochen die Extraktionsrückstände sofort verleimen zu können; soll der Apparat andere Stoffe verarbeiten, so müssen die betreffenden Einrichtungen eine Modifizierung erfahren.

Interesse erweckt auch eine weitere Konstruktion Büttners[1]), bei welcher die Erwärmung des Extraktionsgutes entweder durch einen Dampfmantel oder ein im Innern des Extraktors angebrachtes Schlangenrohr besorgt wird und die richtige Verbreitung der Wärme gegen das Innere des Apparates zu durch einen Luftsaugapparat geschieht, welcher die an der Peripherie des Extraktors erzeugten Dämpfe durch ein in der Mitte desselben angebrachtes Rohr abführt und so ein gleichmäßiges Durchwärmen bewirkt.

Büttners Extraktionsapparat (D.R.P. Nr. 40001).

Der mit einem Doppelmantel k oder einer Dampfschlange w_1 versehene Extraktor A (Fig. 186) wird durch das Mannloch y mit dem zu extrahierenden Material (Siebboden b_1) gefüllt und luftdicht verschlossen, die Schlangen w und w_1 oder der Dampfmantel k[2]) werden mit direktem Dampf gespeist, das Ventil d, die Hähne d_1 und d_2 nach u geöffnet und der Luftsaugapparat x, welcher nun mit dem durchlochten Rohr z verbunden ist, wird in Tätigkeit gesetzt. Dadurch wird die durch die Schlange w_1 oder den Doppelmantel k erzeugte Wärme nach dem im Mittelpunkt des Extraktors

[1]) D. R. P. Nr. 40001 v. 24. Febr. 1886.

[2]) In Fig. 186 ist der Extraktor A zur einen Hälfte mit dem Dampfmantel k, zur anderen mit einer Dampfschlange w_1 gezeichnet.

befindlichen Rohr *z* und aus diesem durch das Ventil d, den Hahn d_1 und den Hahn d_2 bei *u* abgesaugt, bis die Materialien nach Bedarf erwärmt oder getrocknet sind und sich Vakuum im Extraktor *A* gebildet hat. Nun wird das Lösungsmittel, welches sich im unteren Teile des Behälters *B* befindet, durch den Hahn *f* (Verbindungsrohre *v*) in den Extraktor *A* eingelassen. Dasselbe nimmt seinen Weg von oben nach abwärts durch die Materialien und gelangt, mit Extrakt und Schmutz

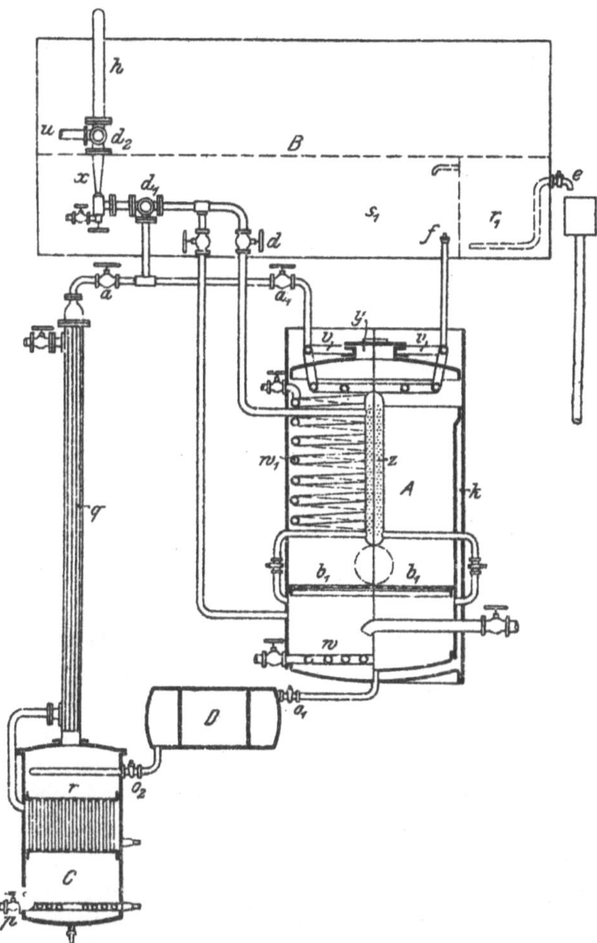

Fig. 186. Extraktionsapparat nach Büttner. (D.R.P. Nr. 40001.)

vermischt, durch den Hahn o_1 in den Behälter *D*, welcher zum Filtrieren des gewonnenen Extraktes dient. Das Lösungsmittel und das gewonnene Extraktionsgemisch gelangen in gereinigtem und fein verteiltem Zustande durch den Hahn und das Rohr o_2 auf das mit Dampf geheizte Röhrensystem *r* im Behälter *C* (Dampfzuleitung bei *p*), wo das Lösungsmittel sofort wieder verdampft und vom Fett getrennt wird. Die wiedergewonnenen Lösungsmitteldämpfe treten durch das

Röhrensystem q entweder durch die Ventile a und a_1 oder durch das Ventil a, die Hähne d_1 und d_2 sowie das Rohr h in den Behälter B, von hier durch den Hahn f in den Extraktor A, um ihren Weg von neuem in gereinigtem Zustande durch die Materialien zu nehmen, bis die Extraktion vollständig beendet ist.

Sodann werden alle Hähne und Ventile bis auf d, d_1 und d_2 zur Schlange h im Kondensator B geschlossen und der Luftsaugapparat x wieder in Bewegung gesetzt. Dadurch wird wieder die durch die Schlange w_1 oder den Doppelmantel k erzeugte Wärme und mit dieser das in den Materialien enthaltene Lösungsmittel und Wasser in Dampfform nach dem Mittelpunkte des Extraktors in das durchlochte Rohr z gesaugt, bis alles Lösungsmittel und Wasser aus den Materialien entfernt und ersteres im unteren Teile des Behälters B wiedergewonnen ist. Im Raum r_1 des Behälters B scheidet sich das Wasser vom Benzin, und während jenes bei e abläuft, fließt das reine Benzin nach den Raum s_1, um bei der nächsten Operation von neuem verwendet zu werden[1]).

In derselben Patentschrift wird auch ein dem eben beschriebenen Apparate sehr ähnlicher unter Patentschutz gestellt, bei welchem an Stelle des Benzins Extraktionsmittel verwendet werden, die schwerer sind als Wasser (Schwefelkohlenstoff, Tetrachlorkohlenstoff).

Büttners Extraktor für spezifisch schwere Extraktionsmittel.

Der mit 2 Siebböden b_1 und b_2 (Fig. 187) versehene Extraktor A wird durch das Mannloch y mit dem zu extrahierenden Material gefüllt, der Siebboden b_2 aufgelegt und befestigt, der Apparat bis auf das Ventil o_1 luftdicht verschlossen, das Lösungsmittel hierauf durch Öffnen der Hähne f und f_1 aus dem Behälter B in den unteren Teil des Extraktors A eingelassen und durch die Dampfschlange w (Ventil n) erwärmt. Das Lösungsmittel steigt nun in heißem Zustande in den Materialien, welche zwischen den beiden Siebböden b_1 und b_2 liegen, hoch und treibt den zu gewinnenden Extrakt mit aufwärts. Lösungsmittel und Extraktgemisch treten durch das Ventil o_1 in den Behälter D, welcher zum Reinigen und Filtrieren des gewonnenen Extraktes bestimmt ist. Dieses Gemisch fällt durch den Hahn und das Rohr o_2 wieder in fein verteilter Form auf das mit Dampf geheizte Röhrensystem r (Dampfventil i) im Behälter C. Dadurch wird das Lösungsmittel sofort wieder verdampft, gelangt durch a in den Behälter B, wird durch die Schlange h kondensiert und im unteren Teile des Behälters B, woselbst sich das Lösungsmittel wieder vom Wasser scheidet, flüssig wiedergewonnen, um von da aus seinen Weg von neuem selbsttätig durch die Materialien zu nehmen, bis die Extraktion vollständig beendet und der Extrakt im unteren Teile des Behälters C gesammelt ist. Nun wird das Lösungsmittel mit Hilfe der Schlange w_1, des Rohres z (Dampfventil s) in Verbindung mit dem Luftsauger x und dem Kondensator B aus dem Extraktionsgute vertrieben und wiedergewonnen. Die in C angesammelte Fettlösung wird durch das Heizsystem r und die im unteren Teile von C angebrachte Dampfschlange w (Ventil n_3) verdampft und die Dämpfe mittels des Luftsaugers x durch Ventil a (bei geschlossenen Ventilen a_1, c_1 und c) abgesaugt. Die Einrichtung des Kondensators B ist ähnlich wie bei Fig. 186, nur muß dabei auf das höhere spez. Gewicht des Extraktionsmittels Rücksicht genommen werden.

Bei einigen Extraktoren ist die von oben erfolgende Einführung der Luft zwecks Befreiung der Extraktionsrückstände vom Lösemittel und Trocknung des Rückstandes bemerkenswert. Bei der sonst gebräuchlichen

---

[1]) Der Apparat kann dann noch weiter zum Dämpfen und Entleimen benutzt werden, falls er zur Knochenentfettung diente.

Untenzuführung der Luft oder anderer Gase können letztere die Flüssigkeit nur dann aus dem Extraktionsgute verdrängen, wenn ein genügender Gasdruck vorhanden oder wenn die Temperatur so hoch ist, daß die Flüssigkeit verdampft und in Dampfform mit aufwärts gerissen wird. Tritt aber die Luft von oben ein, so kann sie die Flüssigkeit sehr

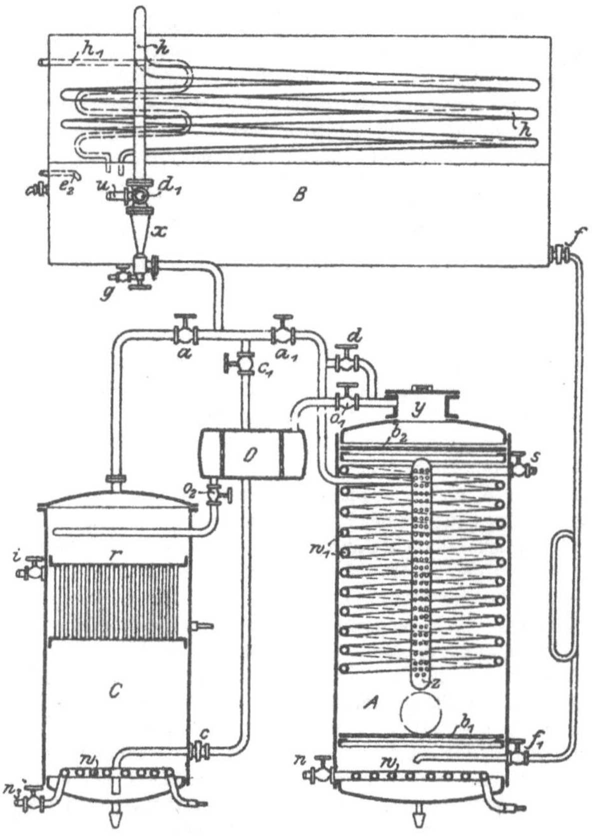

Fig. 187. Büttners Extraktionsapparat für Extraktionsmittel schwerer als Wasser.

leicht abwärts verdrängen, man erreicht also hier bei niederer Temperatur und mäßigem Luftdruck dasselbe, was sonst nur durch Arbeiten in der Hitze und großen Überdruck möglich ist.

Extraktor von Kaleczok.

Der Extraktionsapparat von J. Kaleczok[1]) arbeitet mit Benzindämpfen, welche auf eigenartige Weise im Extraktor gebildet werden, und benutzt zur Vertreibung des Lösungsmittels aus den Rückständen den Dampf des ersteren.

---

[1]) D. R. P. Nr. 81560 v. 2. Juni 1894.

Das Lösungsmittel (Benzin) wird dem Kaleczokschen Extraktor in flüssiger Form zugeführt, und zwar durch das Verteilungsrohr b_1 (Fig. 188), von welchem es durch Öffnungen c_1 auf sichelförmig geformte Dampfrohre d_1 tropft, wodurch sofort eine Verdampfung eintritt. Um die Fettlösung, welche aus dem Extraktor abgezogen wird, nicht mit diesen sichelförmigen Dampfrohren in Berührung zu bringen, sind oberhalb derselben eigene Ablaufschirme angebracht, wie dies aus Fig. 189 zu ersehen ist.

Der Apparat selbst (Fig. 189) dient hauptsächlich zur Verarbeitung von Knochen.

Der mit einem gelochten Senkboden versehene Extraktor *A* wird mit dem zu extrahierenden Material angefüllt und die Mannlöcher *b b* dicht verschlossen. Hierauf wird in die halbmondförmigen Querschnitte d_1, welche unter dem Siebboden des Extraktors liegen, Dampf eingelassen und nach dem Warmwerden der Schlange das Benzinzuleitungsventil *d* geöffnet. Das Benzin fließt dann durch b_1 b_1 auf die Dampfrohre, die gebildeten Dämpfe durchstreichen das im Extraktor befindliche Material und entweicht mit dem sich eventuell aus letzterem selbst bildenden Dampf durch das Rohr *e* nach dem Kondensator *f*.

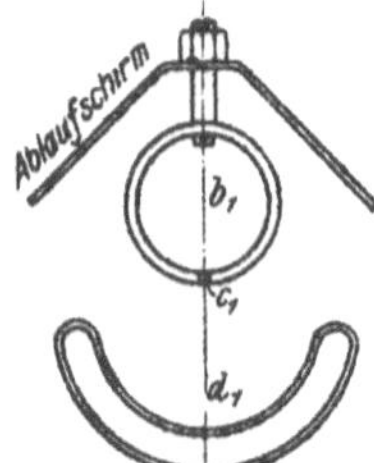

Fig. 188.
Benzinverdampfer nach Kaleczok.

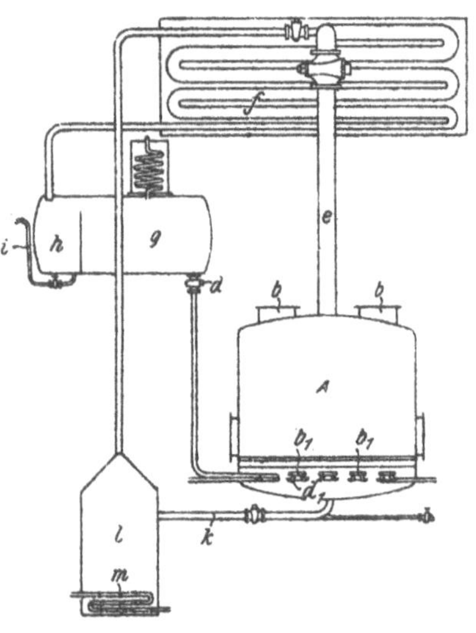

Fig. 189.
Extraktionsapparat nach Kaleczok.

Die Kondensation dieser Dämpfe erfolgt durch eine Kondensationsschlange, welche mit einem Separator in Verbindung steht. Hier wird das Wasser, welches eventuell aus dem zu extrahierenden Material in Dampfform mitgerissen wurde, von dem Extraktionsmittel getrennt, sammelt sich in der Kammer *h* und fließt durch *i* ab, während das Lösungsmittel, in der Regel Benzin, von der Kammer *h* nach *g* überfließt und von hier durch den Hahn *d* wieder den Weg zurück nach dem Extraktor nimmt. Um einen Verlust an Lösungsmitteln möglichst zu vermeiden, ist oberhalb *g* noch eine Kondensationsschlange angebracht.

Die im Extraktor *A* erhaltene Fettlösung fließt von diesem durch das Rohr *k* in den Behälter *l* und wird das Lösungsmittel durch eine Dampfschlange *m* abdestilliert. Die Dämpfe desselben gehen durch die Kondensationsschlange *f*, gelangen nach Passierung der Separationskammer *h* nach *g* und von hier wiederum nach dem Extraktor.

Jul. Gerr in Heufeld[1]) extrahiert bei gewöhnlicher Temperatur unter Vakuum.

[1]) Seifenfabrikant, 1898, S. 431.

Extraktionsapparat von Gerr.

Der Extraktionskessel *A* (Fig. 190) wird mit der zu entfettenden Substanz gefüllt und die Temperatur derselben durch die Dampfschlange s_1 (Zu- und Ableitung *l* und *d*) auf ca. 30° C gebracht. Hierauf wird durch den Luftsaug- und Druckapparat *E* die Luft aus *A* gesaugt, der Wechsel *a* geschlossen und der Hahn am Rohre *s* geöffnet. Das Benzin tritt nun durch *s* nach *a*, und man läßt so viel Lösungsmittel zufließen, bis das Extraktionsgut ganz von demselben bedeckt ist. Hierauf wird *s* abgestellt, das Benzin 2 Stunden lang in *A* gelassen und die entstandene Fettlösung durch *b* in den Kessel *B* abgezogen, der sich in einem mit Wasser-Zu- und Ablauf versehenen, in Fig. 190 nicht gezeichneten Gefäße befindet und mit Dampfheizung (Rohr d_1) ausgestattet ist. Man schließt nun die Kommunikation zwischen *A* und *B*, verbindet *B* mit dem Luftsauger *E*, welcher die Benzindämpfe bei gewöhnlicher Temperatur durch das Rohr *e* absaugt und teils in die Kühlschlange *k*, teils durch *g* in den gekühlten und vorher evakuierten Zylinder *V* drückt, wo sie kondensiert und als Flüssigkeit durch ein nicht gezeichnetes Rohr in die Luftschlange *k* gelangen, in welcher noch etwa vorhandene Spuren von Benzindampf verflüssigt werden.

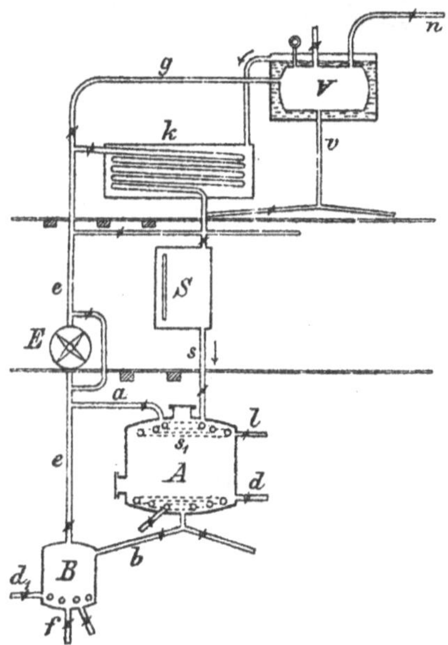

Fig. 190.
Extraktionsapparat nach Gerr.

Mit der Maschine *E* setzt sich gleichzeitig eine Wasserpumpe in Bewegung, welche gekühltes Wasser in den Behälter bringt, in welchem sich der Zylinder *V* befindet. Aus diesem läuft das gekühlte Wasser in den mit einer Kühlschlange *k* ausgestatteten Kasten. Sobald alles Benzin abgesaugt ist, wird die Verbindung zwischen der Maschine *E* und dem Kessel *B* geschlossen und das Fett bei *f* abgelassen. Gleichzeitig bringt man auch das Benzin aus den Kondensierräumen in den Sammler *S*. Um die in dem entfetteten Material des Kessels *A* etwa noch vorhandenen Benzinrückstände zu gewinnen, wird *A* mit der Maschine *E* direkt verbunden, letztere in Bewegung gesetzt, wobei sich der gleiche Vorgang wie bei der Benzinabsaugung des Kessels *B* wiederholt. Die Verbindungsröhre *v* dient dazu, um das kondensierte Lösungsmittel aus dem Zylinder *V* nach *S* abzulassen; *n* ist ein Entlüftungsrohr.

Bei dem Extraktor von Lutze & Heimann[1]) in Berlin wird das ausgelaugte Material von dem zurückgehaltenen Lösungsmittel befreit, ohne dabei mit Dampf in Berührung zu kommen.

Extraktor von Lutze & Heimann.

Der eigentliche Extraktor besteht bei dieser Konstruktion aus einem geschlossenen Kessel *A* (Fig. 191 und 192), welcher an Zapfen in 2 Lagern drehbar ist. Der Zylinder ist durch die Wand *e* in zwei Teile abgeschieden, deren erster *a* zur Aufnahme der auszulaugenden Stoffe bestimmt und etwa doppelt so groß ist wie der andere. Nahe am Boden des Zylinders ist ein Siebblech *d* zum Auflegen eines

---

[1]) D. R. P. Nr. 97100 v. 24. Febr. 1897.

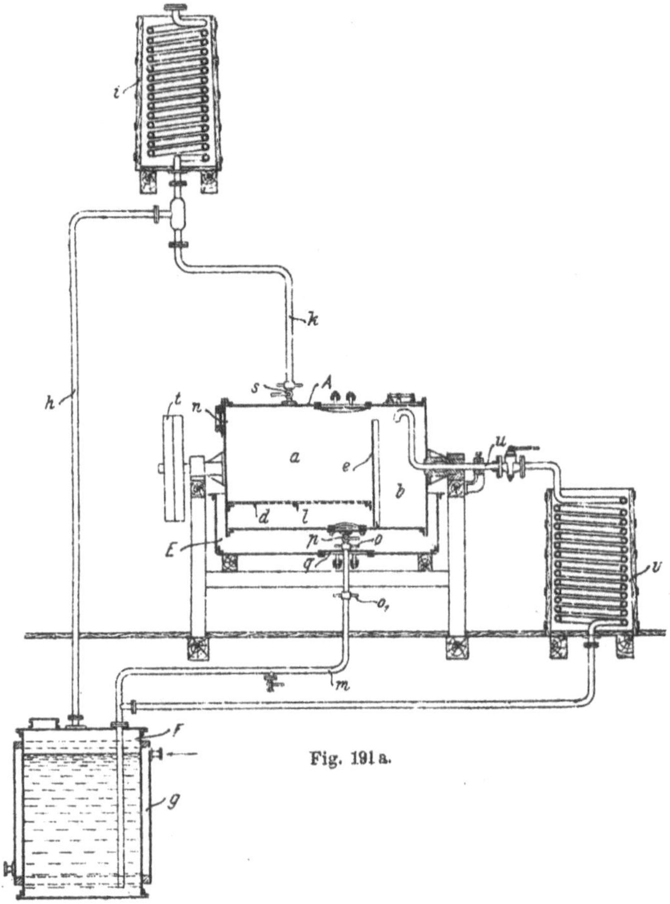

Fig. 191 a.

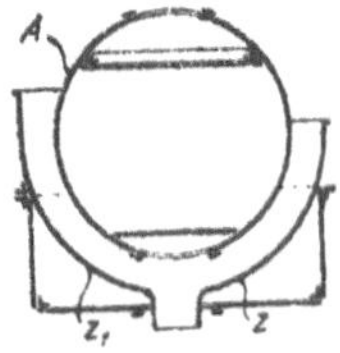

Fig. 191 b.

Fig. 191 a und b. Extraktionsapparat nach Lutze & Heimann.

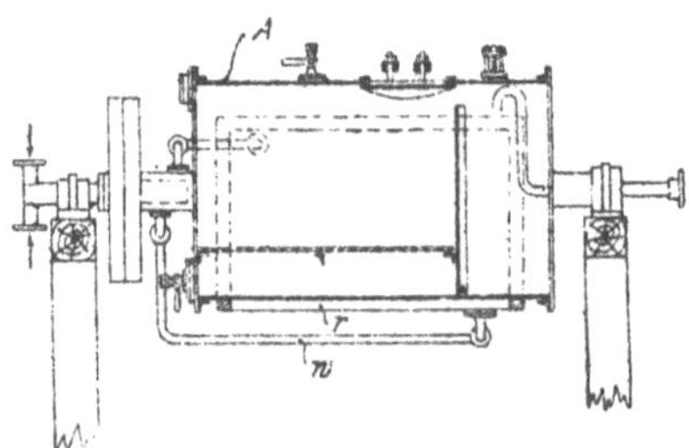

Fig. 192. Extraktionsgefäß nach Lutze & Heimann.

Filtertuches angebracht. Ein Gefäß *E* umgibt den unteren Teil des Zylinders und kann mit einer Heizflüssigkeit gefüllt werden. In dem tiefer liegenden Behälter *F* befindet sich das Lösungsmittel, welches durch den im Mantel *g* kreisenden Dampf verdampft und im Rohre *h* zum Kühler *i* emporsteigt, um hier verdichtet zu werden. Durch das Rohr *k* fließt die so gebildete Flüssigkeit auf das in dem Raume *a* des Zylinders *A* befindliche Material, um es zu durchsickern und nach Aufnahme aller sich lösenden Stoffe in den Raum *l* unter dem Siebblech *d* und von da durch das Rohr *m* in die Blase *F* zurückzugelangen. Hier verdampft das Lösungsmittel aufs neue und läßt die gelösten Stoffe in die Blase *F* zurück. Ein Schauglas *n* gestattet die Beobachtung des Extraktionsprozesses im Zylinder. Ist die Extraktion genügend fortgeschritten, so wird die Arbeit unterbrochen, um die in dem Rückstande zurückgehaltene Menge des Lösungsmittels wiederzugewinnen, wozu man das Rohr *o* und o_1 abschraubt und die Hähne *s* und *p* schließt. Hierauf wird der Behälter *E* mit heißem Wasser oder mit erwärmtem Öl gefüllt und die Trommel *A* von der Riemenscheibe *t* aus in Umdrehung versetzt. Hierbei kommen stets neue Teile des Materials mit den heißen Wandungen in Berührung; das Lösungsmittel verdampft und wird in dem durch den hohlen Zapfen gehenden Rohr *u* (Abteilung *b* der Trommel *A*) nach dem Kühler *v* geführt, von wo es verdichtet nach der Blase *F* zurückfließt. Zum Entleeren des Zylinders wird die Flüssigkeit aus dem Gefäße *E* abgelassen und der Mannlochdeckel *q* entfernt. Darauf werden die Bleche *z*, z_1 eingeschoben (siehe Fig. 191 b) und der Zylinder mit dem Mannloch nach abwärts gedreht, wobei die Stoffe ohne Verstreuen in ein untergesetztes Gefäß fallen.

Fig. 192 zeigt eine Ausführung desselben Extraktors mit einem in gleicher Höhe liegenden Verdampfungsgefäße *r*, welches durch das Rohr *w* mit der Extraktionstrommel in Verbindung steht.

Hirzels Extraktionsapparat.

In der Fachliteratur viel beschrieben und daher auch in weitesten Kreisen bekannt geworden sind die Einrichtungen der Extraktionsapparate für Ölsaaten von H. Hirzel[1]), Leipzig-Plagwitz und Wegelin & Hübner[2]) in Halle a. Saale. Hirzels Apparat besteht aus dem Extraktor, dem Destillator, dem Kondensator und Vorratsgefäße, welche Teile durch Rohrleitungen miteinander kommunizieren und in Verbindung mit einer Luftpumpe stehen, welche vor dem Beginn der Extraktion die Luft aus dem Apparate entfernt und nach Beendigung derselben die Verflüchtigung des Lösungsmittels unterstützt.

Extraktionsapparat von Wegelin & Hübner.

Der Extraktionsapparat von Wegelin & Hübner arbeitet ohne Vakuum, ist daher in seiner Konstruktion und Betriebsweise einfacher als der erstbesprochene.

Bei dem Extraktor von Wegelin & Hübner (Fig. 193) wird die zu entfettende Ölsaat durch das Mannloch *r* auf den falschen Boden *s* des Extraktors *A* gebracht, und man läßt durch den Hahn *q* aus dem Vorratsbehälter *D* Benzin zufließen. Durch das Rohr *u* wird die Fettlösung aus *A* abgezogen, doch fließt letztere nicht direkt durch *u f v* in den Destillator *C*, sondern passiert ein Übersteigrohr *l*, welche Anordnung den Abfluß des Lösemittels aus *A* nur dann gestattet, wenn der Niveaustand desselben eine gewisse Höhe überschritten hat. In *C* erfolgt die Abdestillierung des Extraktions-

---

[1]) Bornemann, Die fetten Öle, Weimar 1889, S. 153.

[2]) Dammer, Handbuch der chem. Technologie, Stuttgart 1896, Bd. 3, S. 35.

mittels aus der Fettlösung mittels einer Dampfschlange. Die durch *i* entweichenden Dämpfe werden im Kühler *B* kondensiert, um von hier nach dem Vorratsbehälter *D* zu gelangen. Ist die Entfettung in *A* beendet, so stellt man den Benzinzufluß bei *q* ab, schaltet das Übersteigrohr *l* aus und läßt die in *A* befindliche Flüssigkeit durch *u f v* nach *C* vollständig abfließen. Die von dem entölten Rückstande festgehaltenen Reste des Lösungsmittels vertreibt man durch Dampf, der bei den Ventilen *d* ein- und austritt;

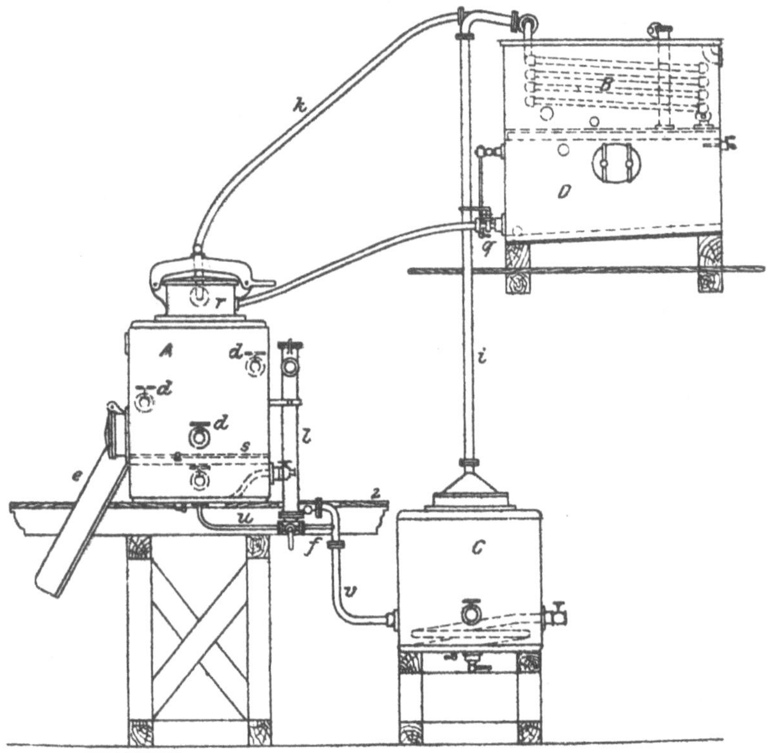

Fig. 193. Extraktionsapparat nach Wegelin & Hübner.

die gebildeten Dämpfe gehen durch *k* in die Kühlschlange *B* und von hier nach *D*. Die vollständige Befreiung des in *C* gesammelten Öles von dem Benzin geschieht ebenfalls durch Dämpfen; das entölte Material wird durch das Mannloch *e* aus *A* entfernt.

Apparat von Meyer.

Der Apparat von F. H. Meyer in Hannover-Hainholz arbeitet wie die vorigen und wird dabei, je nach der Art des verwendeten Extraktionsmittels, letzteres dem Extraktor entweder von oben, von unten oder in Dampfform zugeführt.

Eine Ausführungsform der Meyerschen Extraktion zeigt Fig. 194.

Zu den meistverbreiteten Extraktionsapparaten, welche nach dem Verdrängungsprinzip arbeiten, gehört die Konstruktion von J. Merz in Brünn.

Verdrängungsprinzip arbeiten, gehört die Konstruktion von J. Merz in Brünn.

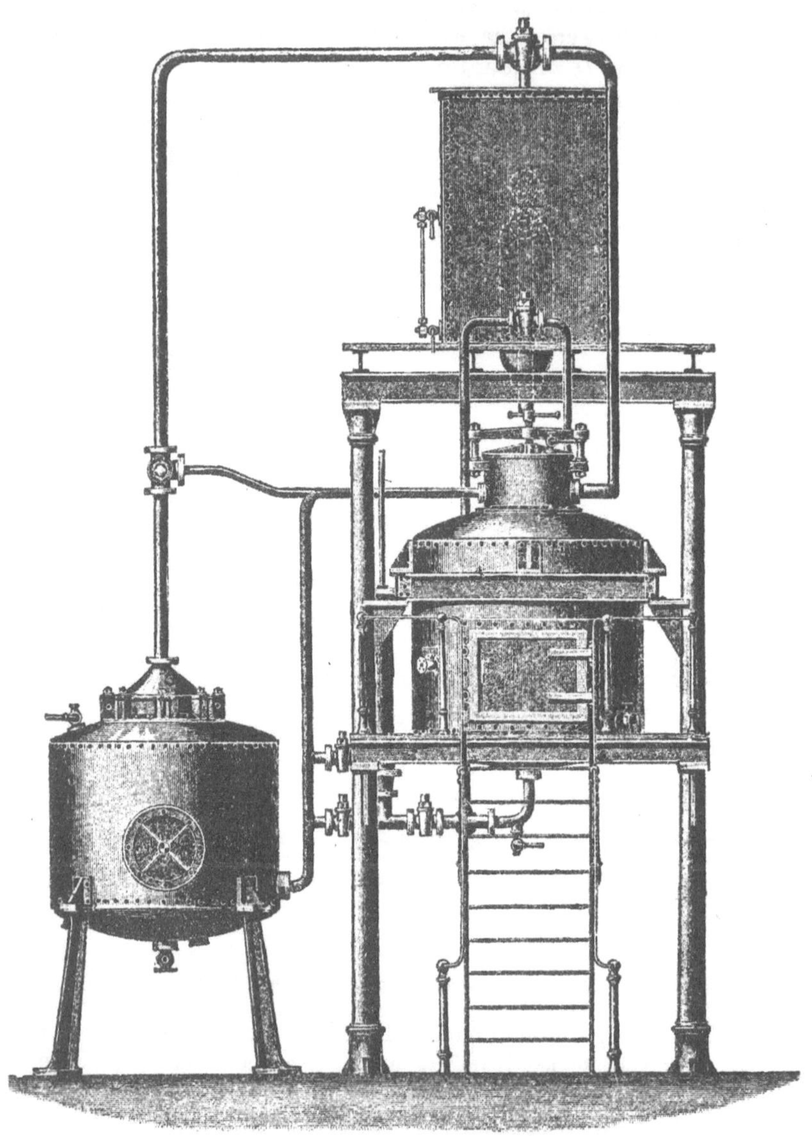

Fig. 194. Extraktionsapparat nach Meyer.

Die erste Form des Merzschen Extraktors[1]), welche teils an den Apparat von Lunge (s. Seite 370), teils an den bekannten Soxhletschen Laboratoriumsextraktionsapparat erinnert, ist in Fig. 195 wiedergegeben.

[1]) D. R. P. Nr. 20742 v. 18. Mai 1882.

Zur Aufnahme des Extraktionsgutes dient ein oben offenes, sonst allseits geschlossenes Gefäß *B*, das in den Extraktor *A* eingesetzt ist und durch die Mannlöcher *d* und *m* beschickt bzw. entleert werden kann. Aus dem Vorratsbehälter *S* läßt man bei Beginn der Extraktion durch *u* Benzin nach *B* fließen, wo es sich ansammelt, bis es die Höhe *g'* erreicht hat. In diesem Momente tritt das Heberohr *g h g' g"* in Tätigkeit und saugt von *s* aus die ganze in *B* gebildete Fettlösung ab, diese bei *z* in den unteren Raum des Extraktors *A* bringend. Während der Benzinzufluß bei *u* fortdauert, sich also wiederum Benzin in *B* ansammelt, um beim Erreichen des Flüssigkeitsniveaus bei *g'* abermals nach *A* abgehebert zu werden, läßt man durch die Dampfschlange *i* Dampf eintreten, wobei die Fettlösung das Benzin in Dampfform abgibt; die Dämpfe steigen in dem Mantelraum zwischen *A* und *B* zum Rückflußkühler *N* empor (ein mit Wasserkühlung *a b* versehener Röhrenkühler), wo sie verdichtet werden und auf *B* herabfließen. Das in *B* befindliche Extraktionsgut wird also sowohl von den *B* umstreichenden Benzindämpfen als auch durch das warme, frisch kondensierte Lösungsmittel erwärmt, kommt aber mit Wasserdämpfen in keinerlei Berührung.

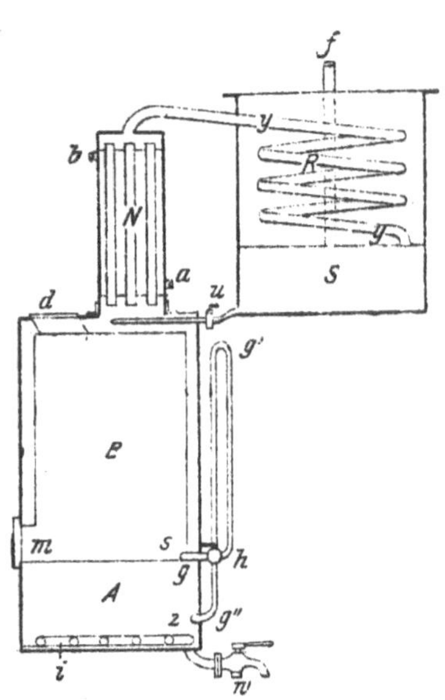

Fig. 195. Merzscher Extraktor.

Der Benzinzulauf bei *u* kann abgestellt werden, sobald sich ein gewisses Quantum Extraktionsmittel in Zirkulation befindet. Ist der Kreislauf oft genug wiederholt worden, das zu entölende Material also vollkommen entfettet, so stellt man die Kühlung *a b* ab. Die durch die Schlange *i* entwickelten Benzindämpfe können nun *N* passieren und gelangen in die Kühlschlange *y* des Gefäßes *R*, wo sie verflüssigt werden, um in den Sammelbehälter *S* zu fließen. Der geringe nicht verdichtete Teil der Dämpfe entweicht durch *f* ins Freie oder besser in Ölvorlagen zur Absorption des Benzins. Behufs vollständiger Befreiung des in *A* angesammelten Öles und des in *B* befindlichen Rückstandes werden beide Produkte gedämpft, hierauf das Öl durch den Hahn *w*, der Rückstand durch das Mannloch *m* aus dem Extraktor entfernt.

Bei dem Merzschen Extraktor ist das Extraktionsgut also nicht, wie bei dem Apparate von Wegelin & Hübner, mit einem stets gleichen Quantum Lösungsmittel in Berührung, sondern wird letzteres, sobald sich eine gewisse Menge davon im Extraktor angesammelt hat, durch ein Heberohr vollständig entfernt, unter gleichzeitigem Zulauf neuer Partien des Extraktionsmittels. Diese Art der Entölung, bei welcher periodisch für die gänzliche Entfernung der Fettlösung gesorgt wird, um hierauf neue Mengen fettfreier Lösungsmittel mit dem Extraktionsgute zusammenzubringen, ist entschieden jener vorzuziehen, bei welcher die Fettlösung durch den Zulauf weiterer Mengen

Extraktor von Merz.

[1]) Chem. Ztg., 1885, S. 156. — Muspratt, Chemie, 4. Aufl., Braunschweig, Bd. 3, S. 628.

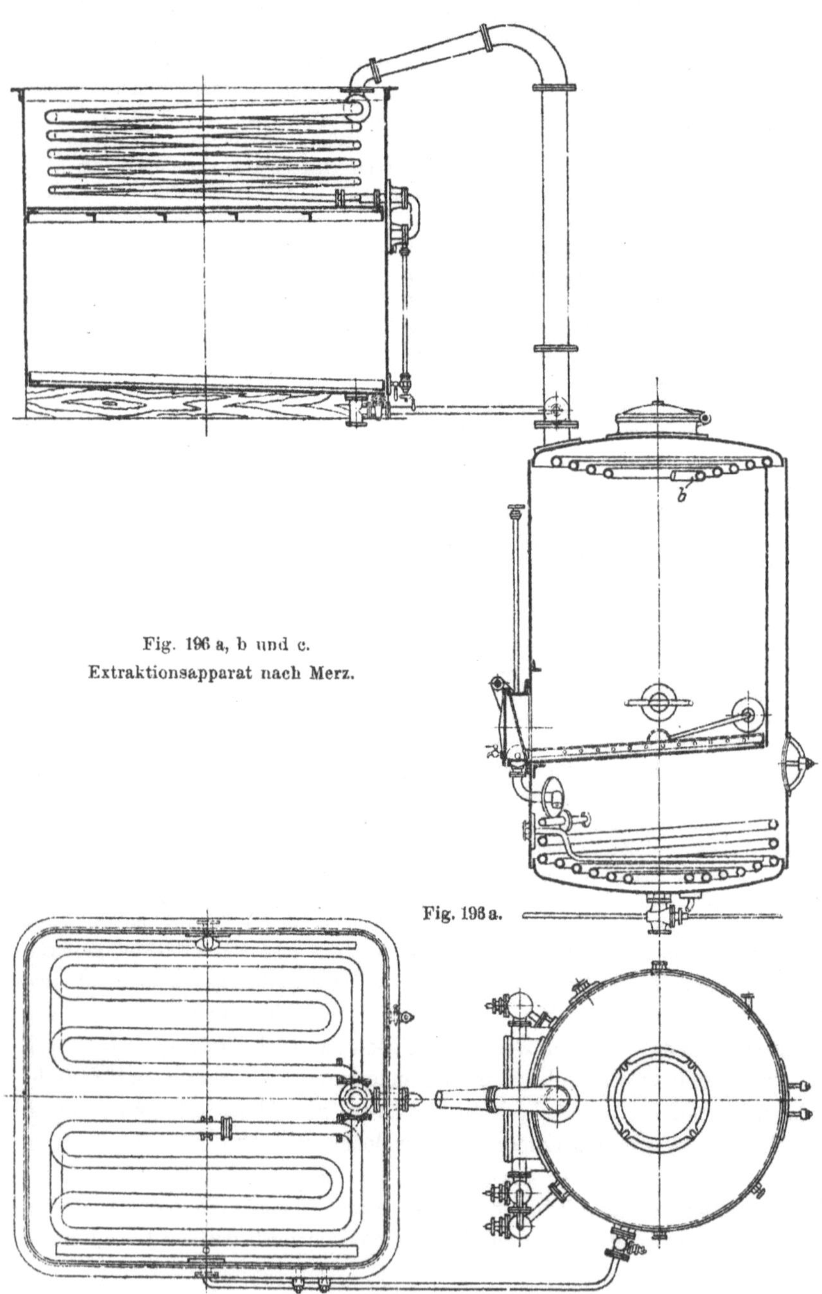

Fig. 196 a, b und c.
Extraktionsapparat nach Merz.

Fig. 196 a.

Fig. 196 b.

frischen Lösungsmittels allmählich verdünnt wird. Bei dieser intermittierenden Arbeit emanzipiert man sich auch vollständig von dem Einflusse des spezifischen Gewichtes des Extraktionsmittels.

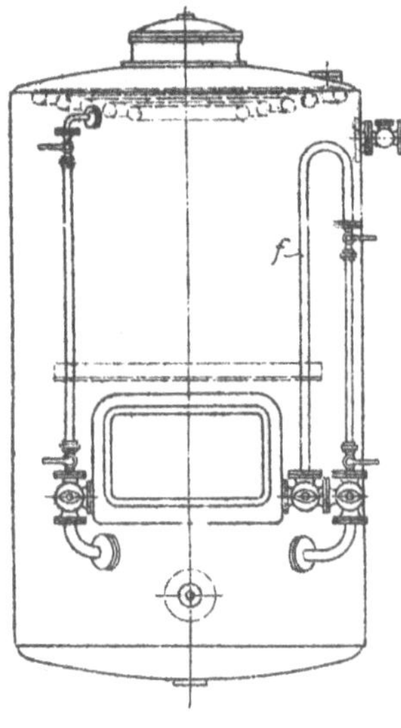

Fig. 196 c.

Merz hat später seine erste Konstruktion verbessert, indem er, unter Beibehaltung der Vereinigung des Extraktors und Destillators in einem Gefäße, den Rückflußkühler (siehe Fig. 195 unter *N*) wegließ und dessen Arbeit einer im oberen Teile des Extraktors angeordneten Kühlschlange übertrug, wodurch der Apparat (Fig. 196 a, b und c) [1]) noch praktischer und einfacher geworden ist.

Die Einrichtung und Arbeitsweise dieser Konstruktion ist nach dem bei Fig. 195 Gesagten ohne weiteres verständlich. Die an Stelle des Rückflußkühlers getretene Kühlschlange *b* im oberen Teil des Extraktors ist in Fig. 196 a und c, das Heberohr *f* in Fig. 196 c ersichtlich.

Der Merzsche Apparat, der zur Extraktion von Raps, Lein, Mohnsaat und anderen Ölsämereien vielfach Verwendung findet, wird in verschiedenen Größen konstruiert (1—10 m^3 Extraktionsgut [2])) pro Charge). Im Großbetriebe werden gewöhnlich mehrere Apparate nebeneinander geschaltet, wodurch der Dampf und die Arbeitskräfte eine rationelle Ausnutzung erfahren [3]).

Den Extraktionsraum einer großen Anlage nach dem System Merz zeigt Fig. 197, den dazu gehörigen Kühlraum Fig. 198.

In neuerer Zeit kommen vielfach Apparate zur Aufstellung, bei welchen der eigentliche Extraktor in mehrere Abteilungen unterteilt ist, die also ein ununterbrochenes Arbeiten ermöglichen (Kammerextraktoren).

Zu den bekanntesten Ausführungsformen dieser Art zählt der Kammerextraktor der Braunschweigischen Maschinenfabrik (System Heymann). **Heymannscher Kammerextraktor.**

---

[1]) Nach einer vom Erfinder, Herr J. Merz in Brünn, eingesandten Zeichnung.

[2]) Merz baut seinen Extraktionsapparat auch für noch größere Chargen. D. R. P. Nr. 135828 v. 24. Mai 1901.

[3]) E. Hübner (D. R. P. Nr. 118449 v. 10. Mai 1894) baut Extraktoren, bei welchen der Extraktionsraum, Verdampfer und Kühler zu einem gemeinschaftlichen Ganzen vereinigt sind, ohne daß die aus dem Extraktor ablaufende Öllösung und die aus dem Verdampfer aufsteigenden Dämpfe einander auf ihren Wegen begegnen.

Fig. 197. **Extraktionsraum der Extraktionsanlage** der Firma Georg Schicht in Aussig a. E

Fig. 198. Kondensatorenraum **der Extraktionsanlage** der Firma Georg Schicht in Aussig a. E.

Der Extraktor *A* (Fig. 199) besteht aus einem schmiedeeisernen Behälter *a*, welcher vier Kammern *b* einschließt, deren jede unabhängig von der anderen arbeitet. Ihre Füllung geschieht durch die Mannlöcher *c*, die Dechargierung durch die aufklappbaren Öffnungen *i* in schnellster und einfachster Weise durch Selbstentleerung. Die Dämpfe des Lösungsmittels treten durch das Rohr *f* aus dem Destillator *B* in den Behälter *a*, umspülen und erhitzen die Kammern *b* und gelangen dann durch die Leitung *g* in den Rückflußkühler *C*, in welchem sie kondensiert werden und von wo aus sie noch heiß in die einzelnen Kammern mittels der Leitung *h* auf das Extraktionsgut fließen. Hat das Lösungsmittel in den Kammern *b* die Höhe des Hebe-

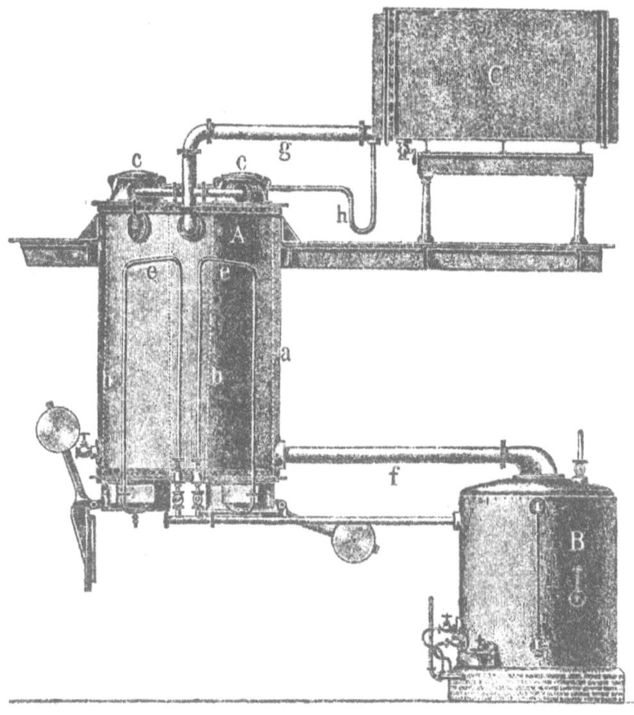

Fig. 199.
Extraktionsapparat System Heymann.

rohrs *e* erreicht, so wird die Lösung durch Überhebern in die Destillationsblase *B* gezogen. Hier wird das Lösungsmittel wieder verdampft, umspült die Kammern *b*, gelangt dann abermals in den Rückflußkühler *C* und von hier in das Innere der Kammern usw.

Ist die Extraktion in einer der Kammern beendet, so wird das im Extraktionsgut noch befindliche Lösungsmittel abgetrieben und dann durch Öffnung des unteren Deckels in einen unter dem Apparat stehenden Wagen oder in eine Transportschnecke entleert.

Die betreffende Kammer wird hierauf sofort wieder gefüllt, und es beginnt die Extraktion in derselben von neuem.

Den Schluß der nach dem Verdrängungsprinzip[1]) arbeitenden Konstruktionen mögen die

c) Extraktionsapparate für Tetrachlorkohlenstoff

Extraktionsapparat von Arens.

bilden. Da ist vorerst die Konstruktion von Arens[2]) in Forchheim zu nennen, bei welcher das Lösungsmittel von Wasser überschichtet auf das Extraktionsgut einwirkt, um die Verunreinigungen des zu extrahierenden Fettes in das Wasser überzuführen und ein helles Fett zu gewinnen.

Als man zu Beginn der 90er Jahre des vorigen Jahrhunderts anfing, Tetrachlorkohlenstoff als Extraktionsmittel zu verwenden, wurde allgemein über die dunkle Färbung der damit erhaltenen Fette geklagt. Speziell bei der Knochenentfettung erhielt man tiefbraune, bis schwarze Fette. Arens führt dies auf den Gehalt des technischen Tetrachlorkohlenstoffes an Schwefelkohlenstoff zurück, welcher mit dem in alten Knochen enthaltenen Ammoniak und dem in den anhaftenden Blutteilen enthaltenen Eisen sulfokarbonsaure Salze bilde, die später in Karbonate und Schwefelverbindungen zerfielen.

Arens versuchte nun den nachteiligen Einfluß des im technischen Tetrachlorkohlenstoff enthaltenen Schwefelkohlenstoffes dadurch zu umgehen, daß er die Entfettung in einem offenen, mit zwei Siebböden und einem aufgesetzten Kühler versehenen Extraktionsgefäß vornahm, in welchem das zu extrahierende Material und dessen Lösungsmittel von Kühlwasser überdeckt sind.

Den Arensschen Apparat, der nicht nur für Knochen bestimmt ist, sondern auch für andere Materialien verwendet werden kann, zeigt Fig. 200.

Nachdem das Extraktionsgefäß A (Fig. 200) durch das obere Mannloch O mit dem zu entfettenden Material beschickt worden ist, so daß dieses fast an den oberen Siebboden m heranreicht, welch letzterer das Schwimmen des Materials auf dem Lösungsmittel verhindert, schließt man die Mannlöcher O und O_1 und läßt aus dem Behälter Tetrachlorkohlenstoff so lange zufließen, bis das Lösungsmittel beim oberen Siebboden angekommen, was durch Schaugläser leicht zu beobachten ist; hierauf wird der Hahn a^2 des Zufuhrrohres für das Lösungsmittel geschlossen und in den Aufsatz B durch den Stutzen S so lange Kühlwasser eingelassen, bis dasselbe das obere Mannloch b beinahe erreicht; während dieser Zeit bleibt das Ventil u^1 des Übersteigrohres u geschlossen, der Mannlochdeckel b geöffnet. Das in A befindliche Lösungsmittel wird nun mittels der unter dem unteren Siebboden m^1 angeordneten Dampfschlange B^1 auf seinen Siedepunkt erhitzt und das Fett so in Lösung gebracht. Die sich beim Kochen entwickelnden Tetrachlorkohlenstoffdämpfe treten in das Wasser des Kühlaufsatzes, werden kondensiert und fallen, weil spezifisch schwerer, in das Extraktionsgefäß A zurück, um, dort angelangt, diesen Weg von neuem anzutreten. — Die zur Kondensation des Lösungsmittels in dem Kühlaufsatz B vorgesehenen Scheidewände x laufen spiralförmig von unten hinauf, sind zur Achse des

---

[1]) Erwähnt seien auch noch die Extraktionsapparate von F. W. Meyner und Emil Dietrich (D. R. P. Nr. 65186 v. 14. Juli 1891) und der Lever Brothers Ltd. in Port Sunlight (D. R. P. Nr. 68175 v. 9. Juni 1891).

[2]) D. R. P. Nr. 74432 v. 21. Okt. 1892.

Kühlers geneigt und durch feine Siebe y miteinander verbunden. Der Chlorkohlenstoff wird unter Einwirkung des Kühlwassers niedergeschlagen und rollt auf der schiefen Ebene unter Mithilfe des von S herabrieselnden und gleichsam einen Strudel bildenden Wassers herab, bis er den tiefsten Punkt z von x erreicht hat, um sodann in das Extraktionsgefäß A zurückzufallen. Bei Stoffen, die Ammoniak entwickeln, wird dieses im Kühlwasser gelöst und durch das Übersteigrohr u zur weiteren Verwendung abgeführt. Das Übersteigrohr hat nahe seiner Mündung in den Kühlaufsatz bei v einen Siebeinsatz und an der Mündung eine Überdachung w erhalten, um das zurückfließende Lösungsmittel seitlich abzulenken. Der etwa trotzdem mitgerissene Tetrachlorkohlenstoff wird in einem am anderen Ende des Übersteigrohres u angeordneten Scheidetrichter D abgesondert, fällt hier zu Boden und gelangt durch den Stutzen d, die Leitung e in ein Zirkulationsgefäß E und von dort zurück in das Extraktionsgefäß, während das Kühlwasser aus dem Scheidetrichter bei d^1

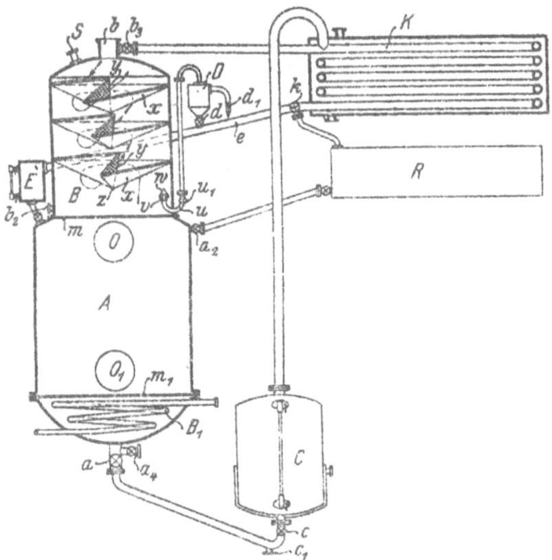

Fig. 200. Extraktionsapparat nach Arens.

abfließt. — Ist nach mehrstündiger Einwirkung des Extraktionsmittels die Hauptmenge des Fettes gelöst, so läßt man die Fettlösung nach Öffnen des Hahnes a in das Destillationsgefäß C ab, füllt das Extraktionsgefäß nach Schließung von a und Öffnung von a^2 bis zur ursprünglichen Höhe mit dem Lösungsmittel aus dem Behälter R und destilliert das Lösungsmittel von der Fettlösung in C ab, welch ersteres in dem Kühler K gekühlt und durch e und E in das Extraktionsgefäß zurückfließt. Man wiederholt diesen Vorgang so lange, bis alles Fett gelöst ist.

Das Zirkulationsgefäß E, welches einerseits mit dem Kühler, andererseits mit dem Extraktionsgefäß verbunden ist, dient dazu, den Gang der Operation zu beobachten, indem die vom Fett abdestillierte Flüssigkeit vom Kühler nach E und von dort nach dem Extraktionsgefäß fließt. Für diese Beobachtung ist am Zirkulationsgefäß ein Wasserstandsglas angeordnet, so daß man an den Höhenschwankungen der in diesem Gefäße stehenden Flüssigkeit den Gang der Operation beurteilen kann. — Sobald eine aus dem Verbindungsrohr zwischen dem Extraktions- und Destillationsgefäß bei c^1 entnommene Probe kein Fett mehr zeigt, ist die Extraktion beendet, und es wird zur Abtreibung des Lösungsmittels aus A geschritten. Dies geschieht durch Einlassen von direktem Dampf durch den Stutzen a^4 in A, indem man zuvor die Hähne a und c schließt, den Dreiweghahn k nach R umstellt, das Kühlwasser durch den Stutzen b^2 abläßt, den Mannlochdeckel b schließt und den Hahn b^3 für die Leitung zum Kühler K öffnet. Hierdurch strömt das Lösungsmittel zum Kühler K über, wird hier gekühlt, nach dem Behälter R geleitet und von neuem benutzt, während im Destillationsgefäß C das Fett von dem letzten Reste des Lösungsmittels befreit und abgelassen wird.

Bei dem ebenfalls mit Tetrachlorkohlenstoff arbeitenden Extraktor von Paul Benard[1]) ist als neu ein Kohlenfilter hervorzuheben, welchen das extrahierende Fett passieren muß, wie auch eine mit Dampf umspülte senkrecht stehende lange Röhre, die zwischen Verdampfer und Kondensator eingeschaltet ist und das Mitreißen von Fetteilchen in derselben verhindern soll, bemerkenswert ist[2]).

Im übrigen können für Tetrachlorkohlenstoff auch die für Schwefelkohlenstoff und Benzin empfohlenen Apparate verwendet werden, sofern man für deren Verzinnung oder Verbleiung sorgt.

Eine besondere Gruppe bilden jene, ebenfalls auf dem Verdrängungsprozeß aufgebauten Konstruktionen von Extraktionsapparaten, bei welchen das Extraktionsgut mit dem Lösemittel einer

Zentrifugalwirkung

ausgesetzt wird.

Zentrifugal-Extraktoren

Das Ausschleudern der Fettlösung aus dem zu entölenden Material wirkt nicht nur für die vollständige Entfettung[3]) äußerst günstig, sondern reduziert auch die von dem entölten Rückstande mechanisch festgehaltene Lösungsmittelmenge auf ein Minimum.

Das erste diesbezügliche Patent hat Th. H. Mullings[4]) erhalten, welcher Schwefelkohlenstoff als Lösemittel anwandte. Die zweite Zentrifugalentfettungsmaschine war die von A. Lommatsch[5]), bei welchem Apparat als Lösungsmittel Benzin oder Schwefelkohlenstoff in Dampfform und unter Druck angewandt wurde.

von Lommatsch.

Später hat Lommatsch[6]) (Fig. 201) die erste Konstruktion dahin umgeändert, daß an Stelle der vertikalen Achse eine horizontale trat und das zu entfettende Material (hauptsächlich Faserstoffe, die man vor dem Einbringen in den Apparat tüchtig mit Benzin tränkte) in herausnehmbaren Einsatzkasten untergebracht wurde.

---

[1]) Franz. Patent Nr. 338354 v. 24. Dez. 1903.

[2]) Genaue Beschreibung des Apparates siehe Chem. Rev., 1905, S. 13.

[3]) W. W. Wenski (D. R. P. Nr. 55055 v. 7. Mai 1890) empfiehlt das Zentrifugieren fetthaltiger Materialien zur Gewinnung des Fettes, ohne Verwendung eines Fettlösungsmittels. Er bewirkt durch Erwärmen ein Dünnflüssigwerden des Fettes, welches durch die Zentrifugalkraft ausgeschleudert wird.

[4]) D. R. P. Nr. 13262 v. 27. April 1880.

[5]) D. R. P. Nr. 59563 v. 24. März 1891.

[6]) D. R. P. Nr. 68124 v. 15. Jan. 1892.

Der feststehende, mit verschließbaren Klappen *B* versehene Mantel, welcher die Einsatzkasten *A* aufnimmt, ist auf der Trommelachse *a* dicht abgemetet. Letztere ist mit der Doppelpfanne *D* abgedichtet, welche mit der unter Druck stehenden Schmiermittelkammer *b* und der Schmiermittelabführkammer in Verbindung steht.

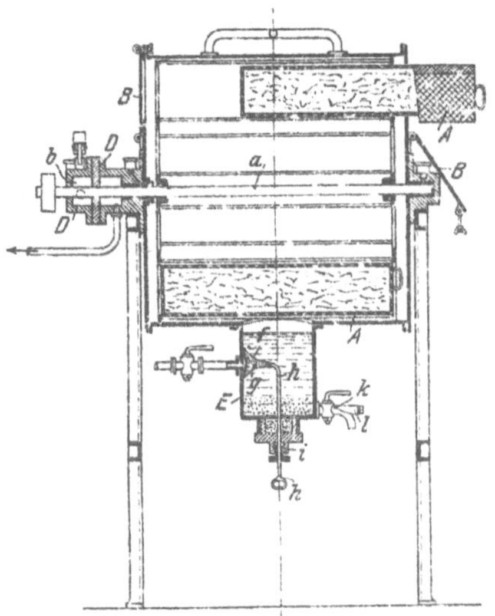

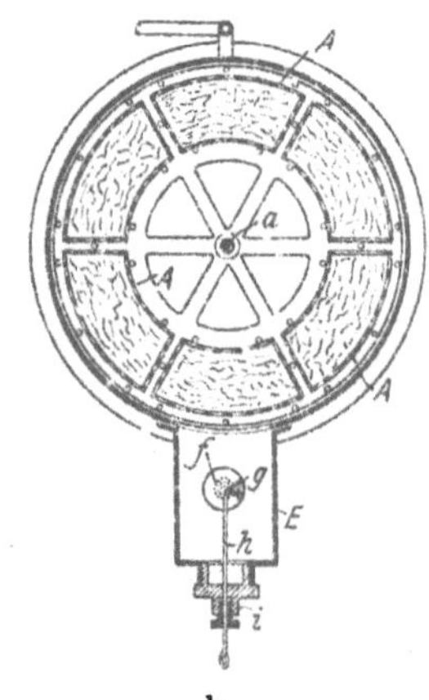

a b
Fig. 201 a und b. Extraktor nach Lommatsch.

Am unteren Teile des Trommelgehäuses befindet sich der Sammelsack *E*, in welchem der mit Fettlösung vermischte Schmutz zur Anhäufung gelangt. Um einen gesicherten Abfluß der Fettlösung ohne Vermischung mit Schmutz zu erzielen, ist folgende Einrichtung getroffen:

Im Sammelsack *E* befindet sich vor der Öffnung des Ablaufrohres das Sieb *f*, vor welchem ein Reinigungspinsel *g* angebracht ist. Der Stiel *h* dieses Pinsels, welcher ebensogut durch eine Kratze, einen Wischer oder dergleichen ersetzt werden kann, geht durch die Stopfbüchse *i* hindurch, in welcher er jederzeit auf und ab bewegt werden kann, wodurch sich die Möglichkeit bietet, das Sieb stets von Schmutz frei zu halten. Um den Schlamm aus dem unteren Teile ablassen zu können, ist ein Hahn *k* angeordnet, welcher mit dem Durchstopfstutzen *l* versehen ist.

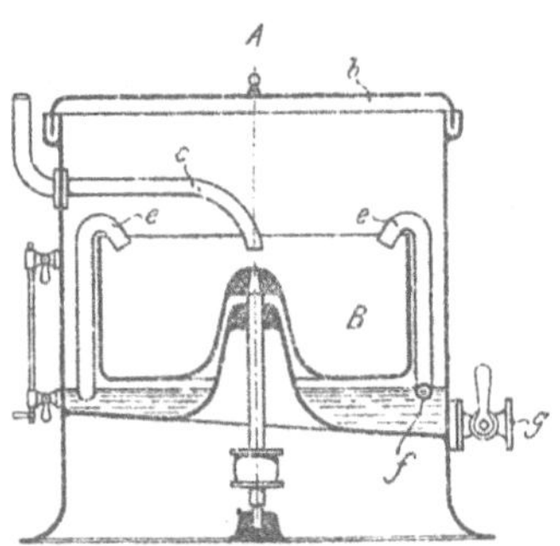

Fig. 202. Extraktor nach Schulze.

Zentrifugal-Extraktor von Schulze.

Der der Mullingschen Konstruktion nachgebildete Apparat von A. Schulze[1]) ist durch die Art der Rückleitung des Extraktionsmittels auf das zu entfettende Material interessant.

Die zur Aufnahme des Extraktionsgutes bestimmte Zentrifugentrommel *B* (Fig. 202) hat ein gelochtes Seitenblech und befindet sich in einem Behälter *A*, welcher zur Vermeidung von Verlusten mit einem unter Wasserverschluß stehenden Deckel *b* versehen ist. Nach der Einbringung der zerkleinerten Ölsaat in *B* läßt man

[1]) D.R.P. Nr. 41772 v. 13. März 1887.

durch *c* das Lösungsmittel zufließen, welches das Extraktionsgut durchdringt und durch die gelochten Seitenwände der Trommel *B* nach *A* fließt. Den Zulauf des Lösungsmittels unterbricht man erst, bis die Rohre *e* mit ihrem unteren Ende in die Flüssigkeit eintauchen, was durch einen Niveauanzeiger beobachtet werden kann. Hierauf setzt man die Trommel *B* in Rotation, wobei die Rohre *e* infolge der schaufelförmigen Ausbildung ihres unteren Endes *f* eine Saugwirkung äußern, das Extraktionsmittel heben und nach *B* bringen, wo letzteres das Extraktionsgut durchdringt, seitlich abfließt und neuerdings durch *e* gehoben wird. Ist das Lösungsmittel mit Fett gesättigt, so unterbricht man die Bewegung der Trommel, läßt die Fettlösung durch *g* ab, gleichzeitig neues Lösungsmittel durch *c* zubringend und diese Operation bis zur völligen Erschöpfung des Extraktionsgutes wiederholend. Schließlich folgt ein Ausschleudern des Rückstandes bei geöffnetem Hahn *g*.

Die Ausführung des Vorschlages von Schulze, durch Aufgießen von Wasser eine Verdrängung des von den Rückständen festgehaltenen Lösungsmittels zu erreichen, ist nicht empfehlenswert und sei nur der Vollständigkeit halber erwähnt.

Extraktionsapparate nach dem Anreicherungssystem.

Seyferths Extraktor. Der erste dieser Apparate, bei welchem das reine Extraktionsmittel das fast ganz entölte Material passierte, die nahezu gesättigte Lösung dagegen durch neu zugebrachtes, also ölreiches Material floß, wurde von A. Seyferth[1]) in Langensalza empfohlen.

Der Seyferthsche Apparat ist besonders durch die Konstruktion seines Kondensators interessant. Die von Deiß empfohlene einfache Kühlschlange ist hier durch eine Vorrichtung ersetzt, welche an die in der chemischen Industrie vielgebrauchten Tellerapparate erinnert[2]).

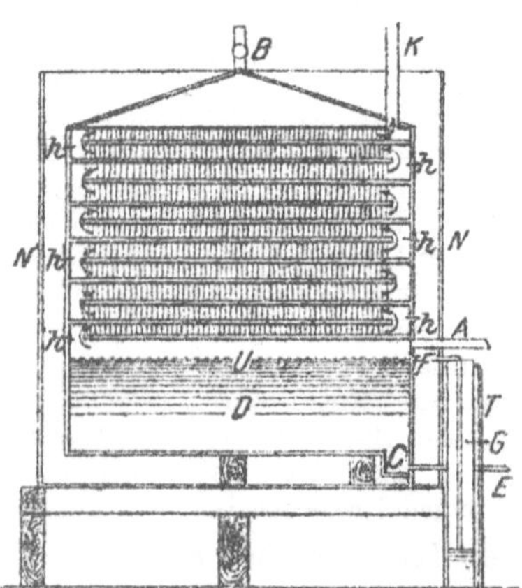

Fig. 203. Kondensator nach Seyferth.

In einem Kasten *N* (Fig. 203)[3]) befindet sich ein schmaler Behälter *D*, welcher in seinem oberen Teile eine Serie von Querblechen *h* besitzt, die abwechselnd auf der einen und anderen Seite Öffnungen frei lassen, so daß die bei *A* eintretenden Dämpfe des Extraktionsmittels nicht auf dem kürzesten Weg bei *K* austreten können, sondern gezwungen sind, in Schlangenlinien das System der Querbleche *h* zu durchstreichen. Die Platten sind außerdem siebartig gelocht und durch die einzelnen Öffnungen kurze Baumwollfäden gezogen. Das durch *B* zufließende Kühlwasser rieselt längs dieser Baumwollfäden hernieder und verteilt sich so ziemlich gleichmäßig im ganzen oberen Teile des Kondensators. Die bei *A* eintretenden

[1]) Hannoverisches Patent v. 4. Sept. 1857.

[2]) Mitteilungen d. Gewerbevereins f. Hannover, 1858, S. 25; Polyt. Zentralbl. 1858, S. 732.

[3]) Bornemann, Die fetten Öle, Weimar 1889, S. 117.

Schwefelkohlenstoffdämpfe gelangen in innige Berührung mit dem Wasser und erfahren dadurch eine ausgiebige Abkühlung, so daß bei richtigem Funktionieren des Apparates durch das Rohr *K* überhaupt kein Schwefelkohlenstoffdampf mehr entweicht, vielmehr die ganze Menge desselben bei der Passage durch das Plattensystem *h* kondensiert wird und sich infolge des größeren spez. Gewichtes gegenüber dem Wasser in der Vertiefung *C* des Kondensators *D* ansammelt. Von hier wird das Lösungsmittel durch das Rohr *E* abgezogen, um aufs neue zur Extraktion Verwendung zu finden. Das Kühlwasser sammelt sich gleichfalls in *D*; ist das Niveau desselben bis zur Höhe *U* gestiegen, so fließt es durch *F* in den Zylinder *G* ab. Das Rohr *F* reicht fast bis zum Boden des Zylinders *G*, während das Abflußrohr *T* sich am oberen Rande des Zylinders befindet. Jedes Wasserteilchen, das durch *G* geführt wird, muß also vor dem Ausfließen durch die ganze Höhe des Zylinders emporsteigen, wodurch etwa mitgerissene Schwefelkohlenstoffteilchen infolge ihrer Schwere sich separieren und am Boden des Zylinders *G* sammeln[1]).

Nach Bornemann soll bei dem Seyferthschen Kondensator das Kühlwasser dem Schwefelkohlenstoff auch die widerlich riechenden Bestandteile entziehen, also eine reinigende Wirkung ausüben

Der zweite, auf dem Prinzip der systematischen Anreicherung aufgebaute Extraktor war der von Löwenberg[2]), bei welchem unter Vakuum gearbeitet wurde. Der Löwenbergsche Apparat, der durch O. Braun keine günstige Beurteilung erfuhr, scheint zu keiner ausgedehnteren Verwendung gelangt zu sein, dagegen ist die Seyferthsche Konstruktion mit nur geringen Modifikationen im Jahre 1862 von C. O. Heyl in der Ölfabrik zu Riesa[3]) mit Erfolg angewandt worden.

Heyl hat später seine Konstruktion vervollkommnet[4]). Diese verbesserte Form sei nach der Schädlerschen Darstellung[5]) hier wiedergegeben: Heyls Extraktor.

Der Extraktionsapparat (Fig. 204) besteht aus vier oder mehreren miteinander kommunizierenden Zylindern A_1, A_2, A_3, A_4 usf., welche aus dampfdicht vernietetem Eisenblech oder Gußeisen bestehen und von einem zweiten Zylinder, dem Dampfmantel, umgeben sind. Die Extraktionsgefäße sind zum Zwecke des Entleerens zum Kippen eingerichtet, was aber umständlich ist, weil dabei sämtliche Rohre abgeschraubt werden müssen.

Im Innern des Zylinders ist dicht über dem Boden eine durchlöcherte, mit feinem Drahtgewebe überzogene Platte angebracht, auf welche man die zu entölende Substanz bringt. Der Zylinder wird bis zum oberen Rande gefüllt, auf die Masse eine gleiche Platte wie unten gelegt und die obere Öffnung mittels eines Deckels, der an einem Krane hängt, verschlossen. Der Zylinder sowie der Deckel sind mit

[1]) Ein lobendes Urteil über den Seyferthschen Kondensator findet sich im Polyt. Zentralbl., 1860, S. 1070. Im übrigen hat Seyferth diesen Kondensator in erster Linie für einen Motor konstruiert, welcher mit Schwefelkohlenstoffdämpfen betrieben wurde.

[2]) Mitteilungen d. Gewerbevereins f. Hannover, 1862, S. 115; Polyt. Zentralbl., 1862, S. 933.

[3]) Annalen d. Landwirtschaft in den königl. preuß. Staaten, 1866, S. 115. — Monatsblatt d. Gewerbevereins f. Hannover, 1867, S. 68. — Engl. Patent Nr. 3010 v. 7. Nov. 1862.

[4]) Engl. Patent Nr. 1887 v. 28. Juni 1867; Nr. 1897 v. 29. Juni 1867 und Nr. 2786 v. 19. Okt. 1871.

[5]) Schädler, Technologie der Fette, 2. Aufl., Berlin 1892, S. 423.

einem breiten Rande — Flanschen — versehen, zwischen welche ein Hanfgeflecht kommt, das durch zwölf Klammerschrauben fest zusammengepreßt wird und so die Abdichtung bewirkt. (Für Wasserdampf ist diese Dichtung wohl angemessen, für Schwefelkohlenstoff aber nicht hinreichend.)

Nachdem alle Zylinder mit Saatgut gefüllt sind und die Abdichtung stattgefunden hat, wird Schwefelkohlenstoff aus einem höher liegenden Reservoir durch die Hauptröhre B zu den Extraktionsgefäßen geleitet, und zwar zuerst in das zweite A_2, indem man den mit der Röhre B kommunizierenden Hahn C_1 öffnet. Der Schwefelkohlenstoff fließt durch die gebogene Zuleitungsröhre D_1, tritt durch den Hahn E_2 und den Siebboden des Zylinders A_2, durchtränkt die Masse, füllt den Zylinder und fließt durch den Hahn C_2, das gebogene Rohr D_2 und den Hahn E_3 in den dritten, von hier durch den Hahn C_3, die Röhre D_3 und den Hahn E_4 in den vierten Zylinder. Aus dem letzten Zylinder fließt durch den Hahn G_4 und das Rohr F eine sehr gesättigte Öllösung in ein zur Aufnahme bestimmtes Reservoir welches zur Beschleunigung der Zirkulation der Flüssigkeit im ganzen Apparate luftleer gemacht wird. Nachdem eine dem Inhalte des Zylinders A_4 entsprechende Menge Öllösung abgesaugt ist, wird der Hahn G_4 wieder geschlossen, dagegen der Hahn C_4 geöffnet und durch die gebogene Röhre D_4 sowie den Hahn E_1 der Zylinder A_4 mit dem Zylinder A_1 in Verbindung gesetzt.

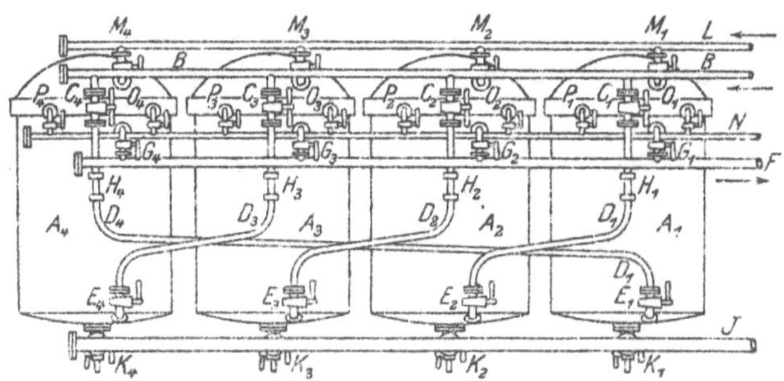

Fig. 204. Extraktionsanlage nach Heyl.

Nach Erschöpfung des Inhaltes von A_2, was durch die an D_2 angebrachte Glasröhre H_2 an der Farblosigkeit der ausfließenden Flüssigkeit zu erkennen ist, werden die Hähne C_1 und E_2 abgesperrt, dafür der Hahn C_2 mit Rohr B verbunden; der Schwefelkohlenstoff fließt dann direkt nach A_3 und von hier nach A_4. Die Hähne C_1, C_2, C_3, C_4 sind, um diese Ausschaltungen bewerkstelligen zu können und trotzdem den Zufluß von Schwefelkohlenstoff nicht zu verhindern, sogenannte Zweiweghähne, die bei der ersten Stellung das Hauptleitungsrohr B mit den Zweigleitungsröhren D verbinden, den Weiterfluß durch das Hauptleitungsrohr B jedoch unterbrechen, während sie in der zweiten Stellung die Röhren D absperren, dagegen das Hauptzuleitungsrohr B frei machen.

Die Entfernung des Schwefelkohlenstoffes aus den Extraktoren A_1, A_2, A_3, A_4 wird durch die Abflußhähne K_1, K_2, K_3, K_4 im Vereine mit der Abflußröhre J, welche den Schwefelkohlenstoff in ein Reservoir leitet, besorgt.

Der Abfluß wird befördert durch Öffnen der mit der Röhre L in Verbindung stehenden Hähne M_1, M_2, M_3 und M_4 und das Eintretenlassen von komprimierter Luft, welche den flüssigen Schwefelkohlenstoff verdrängt. Hat das Abfließen aufgehört, so werden unter fortwährendem Einlassen von Luft die Dampfhähne O_1, O_2, O_3 und O_4 am Zylindermantel und P_1, P_2, P_3, P_4 am Zylinder geöffnet und durch N Dampf in den oberen Teil des Zylinders geleitet.

Der sich durch die Erwärmung in Dampf verwandelnde Schwefelkohlenstoff sowie die einströmende Luft und der Dampf werden mittels der Hähne G_1, G_2, G_3, G_4 und der Röhre F in eine Kühlschlange geleitet und in einem Reservoir gesammelt, um von neuem verbraucht zu werden.

Der Verlust von Schwefelkohlenstoff würde seiner Flüchtigkeit halber durch die zuströmende Luft ganz bedeutend sein; um dieses zu vermeiden, ist das zur Aufnahme des gleichzeitig mit den Wasserdämpfen kondensierten Schwefelkohlenstoffes bestimmte Reservoir verschlossen und steht mittels eines Rohres mit einem langen engen liegenden Zylinder in Verbindung, welcher zur Hälfte mit Öl gefüllt und in dessen Innern eine mit Flügeln versehene Welle angebracht ist. Die aus dem Reservoir mit der Luft noch austretenden Schwefelkohlenstoffdämpfe treten in den Zylinder, werden von dem Öle, dessen Oberfläche durch die Um-

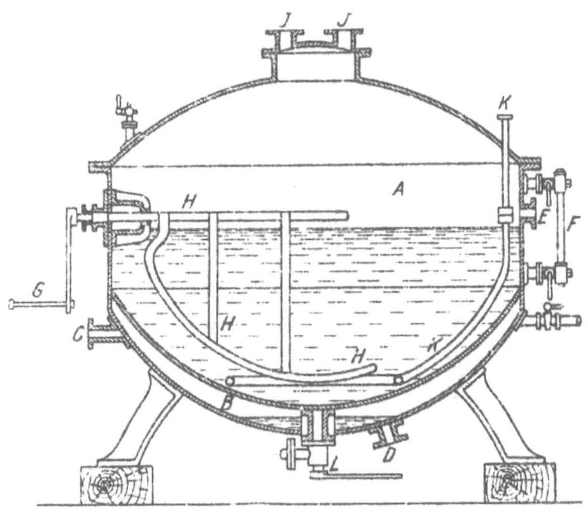

Fig. 205. Destillator nach Heyl.

drehungen der Flügelwelle fortwährend erneuert wird, absorbiert, und am unteren Ende tritt die Luft vollständig geruchlos aus. Nach längerem Gebrauch wird der Schwefelkohlenstoff von dem Öl durch Destillation geschieden und von neuem verwendet.

Ist der eine Extraktions-Zylinder, z. B. A_2, hinreichend ausgedämpft, so wird er entleert, mit neuen Samenmassen gefüllt und mit dem Zylinder A_1 in Verbindung gebracht, während mit dem Zylinder A_3 und den folgenden dieselben Manipulationen vorgenommen werden, wie oben beschrieben wurde.

Die gesättigte Öllösung muß zur Scheidung von Öl und Schwefelkohlenstoff einer Destillation unterworfen werden, was sehr gut in dem Heylschen Destillationsapparat geschieht, wie ihn Fig. 205 zeigt.

Die Destillationsblase A ist aus Kesselblech gefertigt und an ihrem unteren Teile mit einem Dampfmantel B umgeben, in welchen der Dampf durch das Anschlußrohr C einströmt und aus dem das Kondensationswasser durch D abgeleitet werden kann.

Die konzentrierte Öllösung fließt aus einem höher stehenden Reservoir durch das Rohr E in den Kessel; die hinreichende Füllung desselben ist am Flüssigkeitsanzeiger F zu erkennen. Durch den in den Mantel eingelassenen Dampf wird

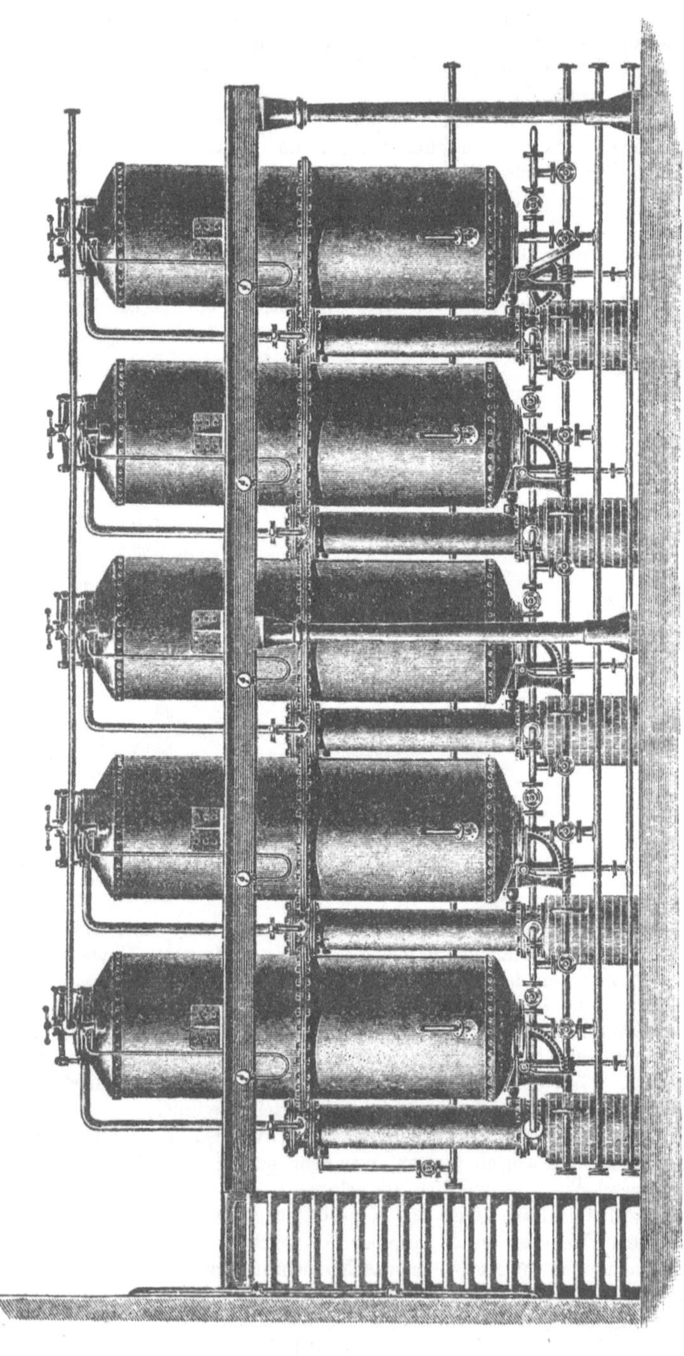

Fig. 206. Extraktionsbatterie.

der Schwefelkohlenstoff (Siedepunkt 46° C) zum Sieden und Verdampfen gebracht, was durch Drehen des Rührwerkes *H* an der Kurbel *G* beschleunigt wird.

Durch vier im oberen Teile der Blase angebrachte Öffnungen *J* entweichen die Schwefelkohlenstoffdämpfe in ein geräumiges Schlangenrohr, dessen unteres Ende unter Wasser in ein Reservoir mündet.

Trotz der Flüchtigkeit des Schwefelkohlenstoffes hält das Öl einen Teil desselben so hartnäckig zurück, daß durch die vom Dampfmantel *B* ausgehende Erwärmung eine vollständige Trennung beider Stoffe nicht möglich ist; es muß deshalb noch direkter Dampf in das Öl einströmen, wozu das bis auf den Boden der Blase reichende Kranzrohr *K* dient, welches unten fein durchlöchert ist und nach Herstellung der Verbindung mit der Dampfleitung den Dampf in feinen Strahlen durch das Öl treibt und so die vollständige Verflüchtigung des Schwefelkohlenstoffes bewirkt. Nach beendeter Destillation wird das Öl durch den Hahn *L* abgelassen.

Die aus der Blase entweichenden Dämpfe werden durch einen dem Seyferthschen ähnlichen Kondensator verflüssigt.

Extraktor von Braun.

Einfacher in der Bauart und Betriebsweise ist der Extraktor von O. Braun[1]), bei welchem sich nur ein Verlust von 0,75 % Schwefelkohlenstoff von dem gewonnenen Öl ergab.

Eine moderne Ausführungsart dieser Anreicherungs- oder Diffusions-Extraktor-Batterien ist in Fig. 206 dargestellt[2]).

Hier kann, wie bei dem Heylschen Extraktor ausführlich beschrieben wurde, durch ein Rohrleitungssystem der Inhalt eines jeden Gefäßes auf jedes andere übergeführt werden; dementsprechend sind auch sämtliche Gefäße mit allen erforderlichen Flotten-, Wasser-, Dampf-, Druck-, Überlauf- und anderen Leitungen nebst den zugehörigen Armaturen versehen, so daß jeder einzelne Körper ohne Unterbrechung des Betriebes ausgeschaltet werden kann. An den Körpern befinden sich Mannlöcher zur Beschickung und Entleerung. Die Erwärmung geschieht entweder mittels eingebauter Dampfschlangen oder durch besondere Kalorisatoren, welche je zwischen zwei Körper eingebaut sind und das Extraktionsmittel beim Übersteigen auf die richtige Temperatur erwärmen.

von Bang und Sanguinetti.

J. A. Bang und Sanguinetti[3]) haben eine Extraktionsanlage zur Entfettung von Sesamsaat und anderen Ölsämereien empfohlen, die sehr einfache Extraktoren besitzt, und bei welcher die Art der Vertreibung der vom Extraktionsrückstande zurückgehaltenen Lösemittelreste bemerkenswert ist.

Die gemahlenen Samen kommen in einen Korb *e* aus Metallgeflecht (Fig. 207), welcher mit abhebbarem Deckel *n* und zwei Griffen zur Einführung in den Kessel *R* versehen ist. Nachdem der Deckel *c* dicht aufgesetzt wurde, läßt man das reine Benzin durch den Hahn *t* eintreten, während durch *s* die Luft entweicht, bis man am Flüssigkeitsanzeiger *v* erkennt, daß der Behälter gefüllt ist.

Nach etwa 15 Minuten saugt man die Benzinlösung in einen folgenden, mit frischen Samen gefüllten Apparat *II*. Zu diesem Zwecke wird der Hahn *s* dieses Apparates mit einem Behälter verbunden, in welchem die Luft vorher verdünnt

---

[1]) Amtlicher Bericht über die Wiener Weltausstellung vom Jahre 1873, Bd. 3, Abteil. I, S. 272.

[2]) Ausgeführt von der Maschinenfabrik F. H. Meyer in Hannover-Hainholz.

[3]) Österr. Privil. v. 5. Juli 1883. — Dinglers polyt. Journ., Bd. 252, S. 412.

worden ist, ebenso der Hahn *r* des Apparates *I* durch ein Metallrohr mit luftdichter Flanschenverbindung mit dem Rohre *z* des Apparates *II*. Nun werden die beiden Hähne *s* und *t* geöffnet, und man läßt die Luftverdünnung wirken. Das flüssige Gemenge von Öl und Benzin tritt aus dem Apparate *I* nach *II* über, wo man wieder durch eine Viertelstunde die Einsaugung und Diffusion erfolgen läßt. In *I* wird von neuem Benzin aufgefüllt, welches wieder durch 15 Minuten mit dem zermahlenen Samen in Berührung bleibt. Unterdessen ist ein dritter Apparat mit zermahlenen Samen gefüllt worden, in welchen man dann das schon viel Öl enthaltende Gemenge von Öl und Benzin übertreten läßt. Wenn *II* dadurch geleert ist, läßt man die Flüssigkeit aus *I* abermals dahin übertreten. Auf diese Weise geht es zu einem 4., 5. und 6. Apparat fort, bis die Benzinlösung als fettgesättigt betrachtet werden kann[1]).

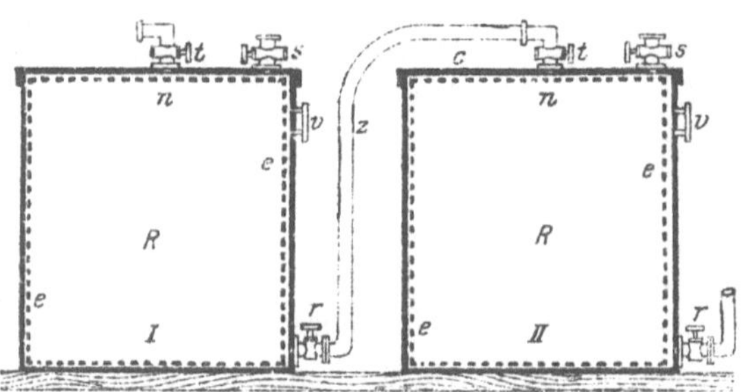

Fig. 207. Extraktor nach Bang & Sanguinetti.

Der entölte Rückstand wird vom Extraktionsmittel (Benzin) durch überhitzte Benzindämpfe befreit. Eine vollständige Befreiung von dem Benzin kann man auf diese Weise allerdings nicht erreichen; hierzu ist eine nachträgliche Behandlung der Rückstände mit Wasserdampf unerläßlich.

Bei den Anreicherungsextraktoren kennt man ebenso Kammerapparate wie bei den Verdrängungsextraktoren.

Kammerextraktor von Boyen.

Der erste dieser Art war der von E. v. Boyen[2]). Er besteht aus vier oder mehreren übereinander stehenden, gasdicht voneinander getrennten viereckigen Kammern mit Einsatzschalen, in welchen sich das zu entfettende Material befindet.

Über den mit gelochtem Boden versehenen Einsatzschalen befindet sich eine gelochte Verteilungsschlange mit zwei in der Diagonale liegenden Öffnungen. Ferner hat jede Kammer an ihrem tiefsten Punkte eine Austrittsöffnung, welche die Verbindung mit der Verteilungsschlange der darunter stehenden Kammer bewerkstelligt. Durch entsprechende Hähne und Ventile kann jede Kammer von den übrigen getrennt resp. mit denselben zu einem gemeinsamen System verbunden werden.

von Boyen und Schliemann.

Boyen hat im Vereine mit Schliemann seinem Kammerextraktor später die in Fig. 208 a und b gezeigte Form gegeben.

[1]) Wagners Jahresberichte, 1884, S. 1181.
[2]) Zeitschr. f. angew. Chemie, 1899, S. 1172.

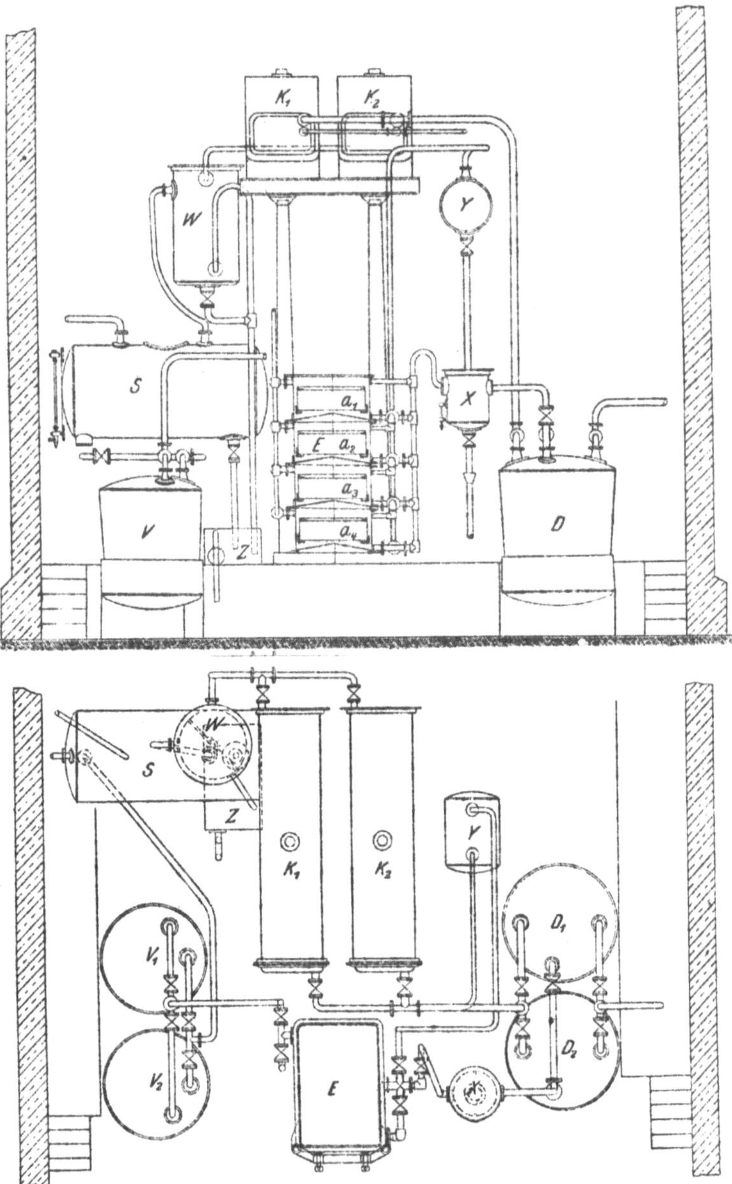

Fig. 208. Extraktionsanlage nach Boyen & Schliemann.

Die Arbeitsweise dieses Apparates geht in nachstehender Weise vor sich: Nachdem die Kammern a_1, a_2, a_3, a_4 usf. des Extraktors E mit Extraktionsgut beschickt und geschlossen wurden, tritt heißes Benzin oder ein anderes zur Extraktion geeignetes Lösungsmittel durch eine Lochschlange in die oberste Kammer ein und sickert in feinem Regen durch das Extraktionsgut, löst das Öl auf und führt es durch den durchlochten Schalenboden in die darunter liegende Extraktionskammer a_2. Von hier nimmt die Lösung den gleichen Weg durch sämtliche andere Kammern, bis sie, völlig mit Fett gesättigt, in die Sammelgefäße oder Destillatoren D_1 und D_2 gelangt. Ist die Schale a_1 entfettet, was sich durch Probenahme aus einem an jedem Abflußrohr befindlichen Probierhahn ermitteln läßt, so wird diese Kammer durch Schluß der betreffenden Hähne ausgeschaltet und das darin enthaltene Benzin mittels Wasserdampf vertrieben. Benzin und Dampf strömen durch eine separate Leitung nach der Vorlage Y und von dort in die Kühler K_1 und K_2. Die Kühler geben ihr Kondensat in einem Wasserabscheider W ab; das reine Extraktionsmittel fließt nach dem Sammelgefäße S und von hier in die Vorwärmer V_1 und V_2, welche ihrerseits den Extraktor E speisen. Die fertig extrahierten Einsatzschalen werden durch neu beschickte ersetzt und geht die Arbeit in den übrigen Kammern während dieser Operation ununterbrochen fort. Ist a_1 erschöpft, so tritt frisches Benzin in die Kammer a_2 ein, durchfließt der Reihe nach die Kammern a_2—a_4 und gelangt sodann durch eine separate Leitung in die oberste Kammer a_1, welche somit zur letzten wird und die völlig gesättigte Lösung nach Passierung von X an den Destillator D_1 und D_2 abgibt.

Apparat von Piemont und Risler-Beunat.

Zur Gruppe der Anreicherungsapparate müssen auch die Extraktionsanlagen nach Pimont und Risler-Beunat gezählt werden. Dieselben arbeiten unter Vakuum, benützen Luft zur Vertreibung der vom erschöpften Ölsamen rückgehaltenen Reste des Lösungsmittels und verwenden als solches ein Kondensationsprodukt des Acetons, welches sie Trimethylbenzin nennen und das offenbar mit dem Mesitylen identisch ist, einer farblosen, bei 163° C siedenden Flüssigkeit, die man durch Entwässerung von Aceton mittels Mineralsäuren erhält und als ein Anhydrid des Acetons, enstanden durch Zusammentritt dreier Moleküle Aceton, unter Austritt von drei Molekülen Wasser, aufzufassen ist.

Kontinuierliche Extraktionsapparate.

Bei diesen wird der eigentliche Extraktionsraum nicht, wie bei den Verdrängungs- oder Anreicherungsapparaten, periodisch mit dem zu entfettenden Material beschickt und entleert, sondern dieses fließt in einem kontinuierlichen Strom durch den Extraktor, wobei das Lösungsmittel mitunter den entgegengesetzten Weg nimmt.

Apparat von Fricke.

Der erste kontinuierliche Extraktionsapparat dürfte der von A. Fricke[1]) in Berlin gewesen sein. Die vielfachen Mängel seiner Konstruktion ließen eine praktische Verwendung dieses Apparates nicht aufkommen.

von Dombrain.

Im Jahre 1889 trat dann S. A. Dombrain[2]) mit seinem zur Extraktion von Ölsamen und Fischresten bestimmten Extraktor auf, dessen wesentlichster Teil in Fig. 209 wiedergegeben ist.

Derselbe besteht aus einer Reihe geneigter Zylinder, welche abwechselnd oben und unten verbunden und mit Transportschnecken versehen sind, deren Achsen dampfdicht durch Stopfbüchsen eingeführt werden. Die ölhaltige Masse wird durch ein Ventil, welches Dämpfe nicht entweichen läßt (oberhalb D angeordnet), in den ersten geneigten Zylinder C_1 gebracht, hierauf von der Transportschnecke desselben emporgeführt, tritt durch die Verbindungsöffnung x in den zweiten Zylinder C_2, in

[1]) D. R. P. Nr. 2644 v. 17. März 1878.

[2]) D. R. P. Nr. 55052 v. 5. Jan. 1890.

welchem sie herabsinkt, steigt nach Passierung des Schlitzes y im dritten Zylinder C_3 wieder empor und bewegt sich so in einer Zickzacklinie durch den ganzen Apparat bis zum oberen Teile des letzteren Gefäßes C_7, wo sie bei x in ein Sammelgefäß austritt. Das Lösungsmittel (Schwefelkohlenstoff) bewegt sich dem ölhaltigen Material entgegen und tritt durch einen Filter L aus. Die Extraktionsrückstände werden, nachdem sie den Extraktor bei x verlassen haben, durch Erhitzen in einem Zylinder mit Dampfmantel und Rührschnecke vom Schwefelkohlenstoff befreit, welcher in einem Kühler zu erneuter Benützung verflüssigt wird. Man baut den ganzen Apparat zweckmäßig in ein mit Wasser gefülltes Gefäß ein, um den Austritt der schädlichen und feuergefährlichen Schwefelkohlenstoffdämpfe aus undichten Stellen des Apparates zu verhindern[1]).

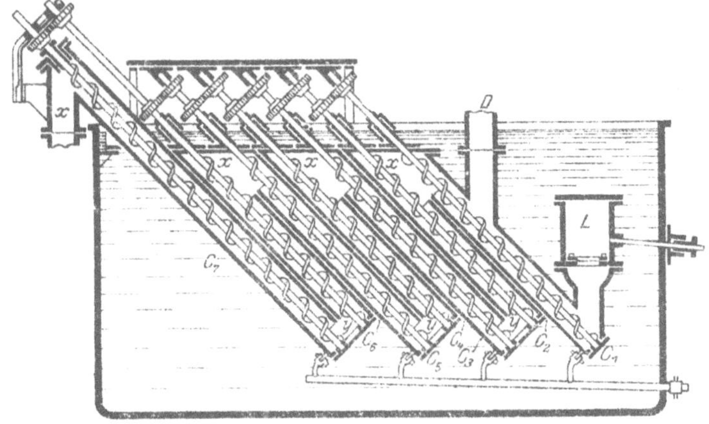

Fig. 209. Dombrains Extraktionsapparat.

Apparat von Mitchel. Eine weitere Konstruktion eines Apparates zum kontinuierlichen Extrahieren von Ölsaaten stammt von Georg Mitchel in Westmünster.

Der Extraktionsraum (Fig. 210 a und b) besteht bei diesem System aus zwei parallelen Röhren BB_1, von denen die eine einen Stutzen J zur Aufnahme des Extraktionsgutes besitzt. Beide Röhren sind durch zwei Verbindungsstücke D und D_1 miteinander verbunden. Letzteres besitzt eine Haube C, welche unten trichterförmig ausmündet. In dem Extraktionsraume, der sich als ein zusammenhängender, in sich zurückkehrender Kanal von gleichem Durchmesser und abgerundeten Ecken darstellt, zirkuliert eine endlose Kette E, an welcher sich in gewissen Abständen Platten e befinden. Die endlose Kette ist über verschiedene Führungsräder G_1, G_2, G_3 usf. geführt, wovon eines gleichzeitig zum Antrieb dieses Bewegungsmechanismus benutzt wird. Auch sind Vorkehrungen für ein Nachspannen der Ketten getroffen.

Die zerkleinerte Ölsaat wird in solchen Mengen in den Trichter H geschüttet, daß sie den Extraktionsraum von der Außenluft abschließt. Die Kette E mit den Platten e wird jetzt in Bewegung gesetzt und gleichzeitig das Lösungsmittel zugeführt. Die Mulden e senken sich in dem Rohr B_1 und erhalten durch das Rohr J die nötige Menge Mehles nachgeschoben, welches durch das Lösungsmittel hindurch transportiert wird, so daß beide Stoffe in innige Berührung kommen. Im Rohr D

[1]) Wagners Jahresbericht, 1891, S. 1162.

[2]) D. R. P. Nr. 111068 v. 27. April 1899.

legt jede Mulde das Mehl ab, welches dann von einer anderen Mulde erfaßt und im Rohre *B* nach aufwärts befördert wird. Während dieser Zeit findet eine Lösung des in der Saat enthaltenen Öles statt; Versuche haben ergeben, daß der perzentuelle Ölgehalt der Lösung stufenweise wächst, und zwar vom reinen Lösungsmittel in der Nähe der Zuführung desselben im Rohre *B* abwärts, das Rohr *D* entlang und im Rohre B_1 aufwärts bis zum Niveau der Einmündungsstelle des Rohres *N*.

Sobald die Mulden aus der Flüssigkeit auftauchen, setzen sie ihren Weg nach dem Rohr D_1 fort, welches durch seine schräge Lage ermöglicht, daß das mitgenommene Lösungsmittel zurücktropfen kann, während das Mehl über die Führungen G_3 und G_5 läuft und in den Trichter *C* fällt.

Das ölhaltige Lösungsmittel wird durch das Rohr *N* in die Absetzgefäße *M*, M_1, M_2 und M_3 abgezogen; wenn letztere gefüllt sind, schließt man das Zulauf-Ventil und öffnet das Ventil m_4, was durch die Vorrichtung m_2, welche die vertikale Welle m_1 bewegt, geschieht. Die festen mit abgezogenen Massen scheiden sich auf dem Boden der Absetzgefäße ab. Diese Niederschläge gehen durch das Rohr N_1 und gelangen in das Rohr *D*, um so abermals in den Extraktionsraum einzutreten, wo sie bis

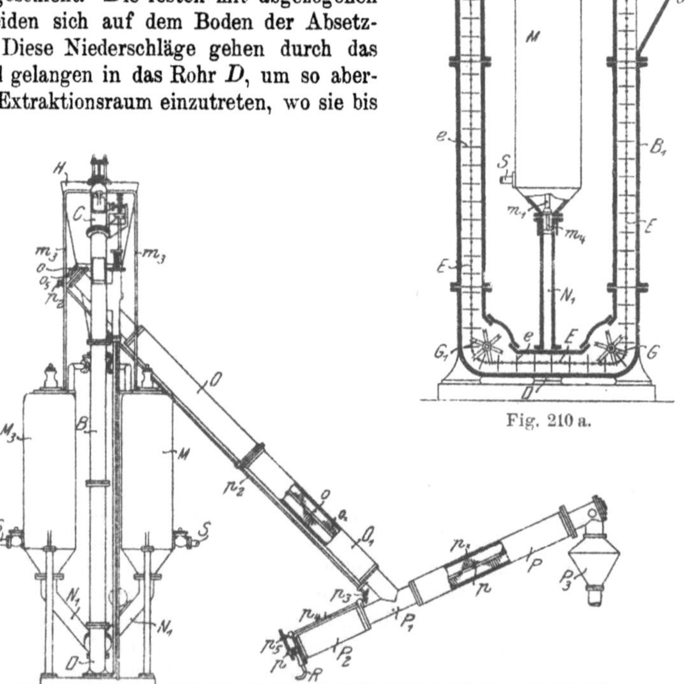

Fig. 210 a.

Fig. 210 b.

Fig. 210 a und b. Extraktionsapparat nach Mitchel.

zur vollkommenen Entölung den vorbeschriebenen Prozeß weiter durchlaufen müssen. Nach Abscheidung der festen Teilchen aus dem Lösungsmittel wird das Ventil m_4 geschlossen und die Mischung von Lösungsmittel und Öl durch das Rohr *S* abgezogen; von hier kann sie dann zur Trennung des Lösungsmittels vom Öl in einen geeigneten Apparat gebracht werden. Das obere Ende der Absetzgefäße *M*, M_1, M_2 und M_3

ist durch Röhre m_3 mit dem Innern der Haube C verbunden, so daß Dämpfe und Gase, welche sich etwa bilden und einen unerwünschten Druck auf die Flüssigkeit im oberen Teile der Absetzkammern erzeugen könnten, entweichen können. Das untere Ende der Haube C ist mit einem Rohre O verbunden, an welches sich das Rohr O_1 anschließt. Beide sind unter einem Winkel von 45° geneigt. Das untere Ende des Rohres steht vermittels Kniestücks P_1 mit dem Rohre P in ungefähr rechtwinkliger Verbindung. In den Rohren O P sind rotierende Bürsten o_x p_x an Wellen o p schneckenförmig angeordnet und erhalten durch die Rädergetriebe o_1, o_5, p, p_2, p_3, p_4 und p_5 ihren Antrieb. Die Rohre O O_1 und PP_2 sind mit Dampfrohren versehen, so daß man das Lösungsmittel aus dem Extraktionsgute verdampfen kann, während sich letzteres von C nach der Entrahmsstelle P_3 bewegt. Die gebildeten Dämpfe werden durch eine Luftpumpe bei R abgesaugt, um verflüssigt und wieder verwendet zu werden. Das vom Lösemittel befreite Extraktionsgut verläßt den Austrittstutzen P_3 in vollkommen trockenem Zustande[1]).

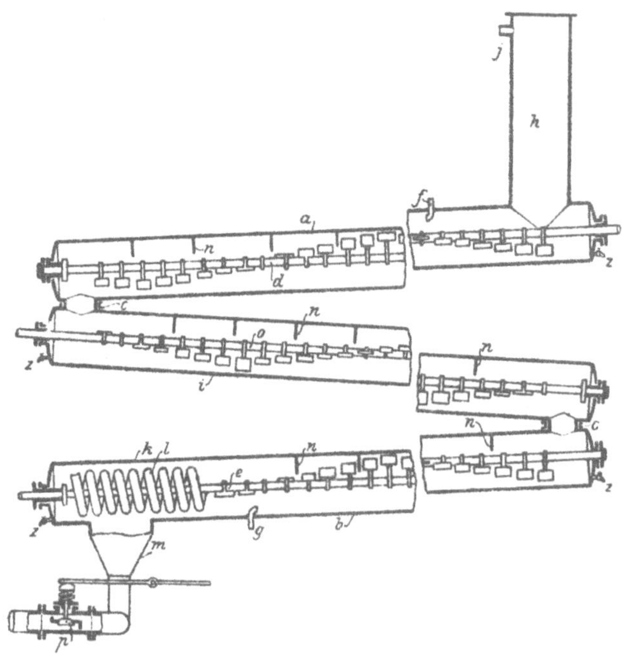

Fig. 211. Extraktionsapparat nach Delattre.

Der kontinuierliche Extraktor von Delattre[2]) besteht im wesentlichen aus einem langen geneigten Zylinder, in welchem sich das zu extrahierende Material von oben nach abwärts bewegt, während das Lösungsmittel die entgegengesetzte Richtung nimmt, so daß das Gegenstromprinzip verwirklicht ist. Der Extraktionszylinder wird in seinem unteren Teile unterhalb der Eintrittsstelle des Lösungsmittels erwärmt, damit ein Abdestillieren des größten Teiles des von dem entfetteten Material mitgenommenen Lösungsmittels

Apparat von Delattre.

[1]) Der von Mitchel empfohlene Extraktionsapparat für Ölkuchen (D. R. P. Nr. 119134 v. 27. April 1899) deckt sich mit dem beschriebenen vollkommen.

[2]) Österr. Patent Nr. 8409. — D. R. P. Nr. 127091 v. 29. Mai 1901.

stattfinde und dieses sofort wieder an der Extraktion teilnehmen könne. In dem oberen Teile, oberhalb der Eintrittsstelle des zu entfettenden Materials, mündet der Extraktionszylinder in einen vertikal stehenden Teil aus, in welchem das mit Fett und Ölstoffen gesättigte Lösungsmittel vor dem Austreten aus dem Apparat geklärt wird. Im Innern des röhrenförmigen Extraktors sind Rührwerke angebracht, deren löffelförmige Flügel das zu entfettende Material mit dem Lösungsmittel gut durchmischen.

Der Arbeitsgang dieses Apparates erhellt aus dem Gesagten von selbst. Durch *f* (Fig. 211) wird das zu entfettende Material, welches von schlammförmiger Beschaffenheit sein muß, durch eine Pumpe zugebracht (die verbindenden Rohre sind in unserer Figur weggelassen), während gleichzeitig durch *g* das Extraktionsmittel zufließt. Bevor dieses bei *j* Abfluß finden kann, muß es das ganze Extraktionsgut der Länge des Extraktionszylinders nach durchdringen und außerdem in dem Klärstutzen *h* emporsteigen, wobei sich die mechanisch mitgerissenen, nicht gelösten Fremdkörper absetzen, so daß eine ziemlich reine Lösung bei *j* abfließt. Der Austritt des extrahierten Gutes erfolgt durch den Stutzen *m*. Das entölte Extraktionsgut muß aber früher jenen Raum *k* passieren, in welchem die Heizschlange *l* untergebracht ist, durch welche Dampf zirkuliert. Die von dem entölten Material zurückgehaltene Menge des Lösungsmittels wird an dieser stark erwärmten Stelle zum größten Teil verdampft und steigt in Gasform in dem Extraktionsbehälter empor. Damit das Lösungsmittel aber gezwungen werde, sich zu kondensieren und in die Masse einzudringen, sind im Extraktionsbehälter in gewissen Entfernungen Nasen *n* angebracht, welche die gebildeten Gasblasen in die Masse untertauchen und so kondensieren. Für die Regulierung der ein- und ausgeführten Massen sorgt ein Apparat, das Auslaufsventil *p*, welches von der die Masse in den Apparat fördernden Pumpe, die in unserer Figur nicht gezeichnet ist, gesteuert wird. Es ist zu bemerken, daß der Apparat keinesfalls ein vom Lösungsmittel völlig befreites Extraktionsgut liefert; es wird durch die Heizvorrichtung *l* nur eine partielle Vertreibung des ersteren aus dem Extraktionsgute erreicht und erscheint ein nachträgliches Dämpfen der entölten Rückstände nach wie vor notwendig. Der Extraktionszylinder wird gewöhnlich in gebrochener, zickzackförmiger Art ausgeführt. In Fig. 211 sind 3 Zylinderglieder *a*, *i* und *b* (mit den Röhrenachsen *d*, *o* und *e*) durch 2 Verbindungsstützen *c* vereinigt; *z* sind Probierhähne. Die mit Löffeln versehenen Achsen *d*, *o* und *e* bewirken durch ihre Drehung ein gutes Durchmischen des Extraktionsgutes mit dem Lösungsmittel.

Apparat von Ed. Bataille.

Bei dem Extraktor von Ed. Bataille[1]) ist der Extraktionsraum in mehrere nebeneinander liegende Abteilungen geteilt und ein zickzackförmiger Transport des Extraktionsgutes durch die miteinander in Verbindung stehenden Kammern vorgesehen.

Der Apparat (Fig. 212) besteht aus einem großen rechteckigen Behälter, welcher mit einem Deckel *a* dicht verschlossen und durch Zwischenwände *b*, *c* und *d* in lange horizontale und in gleicher Höhe liegende Kammern geteilt ist, die abwechselnd am vorderen und am hinteren Ende mit der folgenden Kammer in Verbindung stehen (*e*, *f*, *g*). Die auf diese Weise gebildeten Kammern haben die Gestalt von mehr hohen als breiten Trögen, deren untere Winkel mit hölzernen Leisten *h* ausgefüllt sind. In diesen Kammern ist je eine Welle *v*, *i*, *j* und *k* mit schraubenförmig angeordneten Transportflügeln *l* gelagert. Die Enden der genannten Wellen tragen an den Übergängen der einen Kammer zur anderen Schaufelräder *o*, *m* und *n*, welche das Material in den Anfang der folgenden Kammer werfen.

[1]) D. R. P. Nr. 145622 v. 8. April 1902.

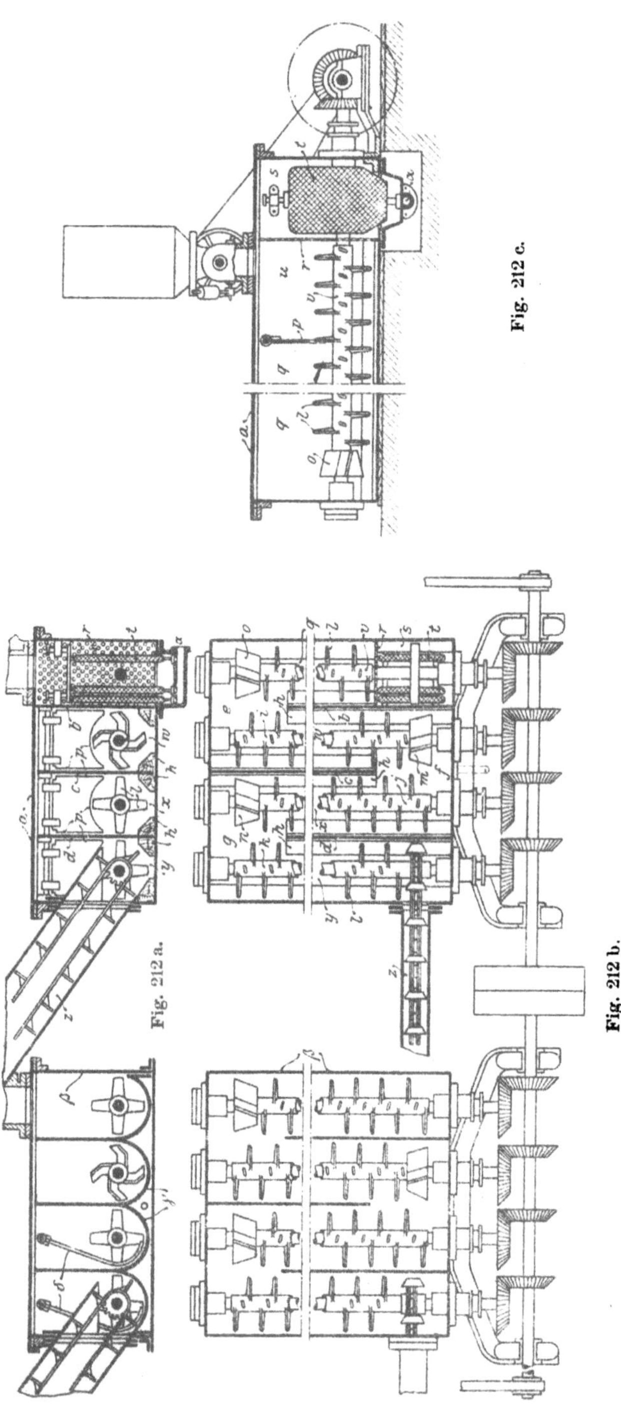

Fig. 212 a.

Fig. 212 b.

Fig. 212 c.

Fig. 212 a, b und c. Extraktionsapparat nach Bataille.

Oberhalb der Transportwelle sind in jeder Kammer in bestimmten Abständen freischwingende Querwände *p* vorgesehen, welche das Lösungsmittel zwingen, in die zu entfettende Masse einzudringen, bei Ansammlung von zu viel Materialien in einer Kammer aber genügend nachgeben, um die Entleerung in die nächste Kammer zu gestatten.

In der ersten Abteilung *q*, da, wo der Stoff in den Apparat gelangt, kann mittels einer siebartigen Wand *r* eine Kammer *s* abgeteilt werden, in welcher Filtertaschen *t* angeordnet sind, deren Inneres mit der Abflußleitung in Verbindung steht.

Der zu entfettende Stoff tritt bei *u* in den Extraktionsapparat und wird zunächst von der Transportwelle *v* durch die Kammer *q* geschoben, am Ende derselben von dem Schaufelrade *o* in die Abteilung *w* geworfen, die er von hinten nach vorwärts durchläuft, um dann wieder auf die nämliche Art in die Abteilung *x* befördert zu werden; nachdem er diese von vorn nach rückwärts passiert hat, gelangt er in die Abteilung *y*, an deren Ende er von dem Elevator *z* aufgenommen wird. Das Lösungsmittel gelangt durch eine Leitung in die vordere Abteilung *y* und durchläuft den Apparat in umgekehrter Richtung wie das Extraktionsgut, wobei die freischwingenden Querwände das etwa oberhalb des festen Stoffes schwimmende und das verdampfte Lösungsmittel verhindern, frei abzuziehen, es vielmehr zwingen, in den Stoff einzudringen. Bei *u* angelangt, passiert das Lösungsmittel, welches nun mit Fett gesättigt ist, die Siebwand *r*, gelangt in die Kammer *s*, durchdringt die Filtertaschen *t* und läuft vollständig rein durch das Rohr *x* ab, von wo es nach einem Verdampfer geleitet wird.

Die Zirkulation in dem Extraktionsapparat vollzieht sich in wagrechter Richtung, wodurch in allen Abteilungen ein gleichmäßiger Druck und ein gleichmäßiges Niveau für das Lösungsmittel und infolgedessen ein vollständig gleichmäßiges Produkt erhalten wird. Ein mit geschlossenem Gehäuse versehener Elevator *z* bringt die erschöpfte Masse aus dem Extraktionsapparat in den Trockenapparat β, welcher im allgemeinen ebenso wie der Extraktionsapparat eingerichtet ist. Der unterhalb des Bodens des letzteren liegende Raum γ kann als Dampfheizung ausgebildet sein, ebenso können die dritte und vierte Kammer Dampfzuleitungen δ haben. Bei kleineren Anlagen und wenn die Extraktion unter Anwendung von Wärme erfolgen soll, kann man den Extraktionsapparat auch mit Heizkörpern versehen und so auch als Trockenapparat verwendbar machen.

Extraktor von Minne. Der kontinuierliche Extraktionsapparat von M. Minne erinnert in einzelnen Teilen an den von Delattre, denn auch bei ihm wird das zu entfettende Material mittels einer Transportschnecke durch ein Rohr geführt, welches von dem Extraktionsmittel in entgegengesetzter Richtung durchlaufen wird. Die Apparate, in welchen das Lösungsmittel aus dem gewonnenen Öl wie auch aus den Rückständen vertrieben wird, sind doppelt vorhanden; während der eine Apparat arbeitet, wird der zweite beschickt, so daß die Extraktionsarbeit ungehindert weiterschreiten kann.

Das Extraktionsmittel (Schwefelkohlenstoff) befindet sich in einem Reservoir *A* (Fig. 213), fließt mittels Eigengefälle durch das Rohr *E* in die Extraktorrohre *B B*, um diese bei *G* zu verlassen und nach JJ_1 zu gelangen. Das zu entfettende Material wird in zerkleinertem Zustande durch den Elevator *V* von dem Vorratsbehälter C_1 in den Trichter *C* gebracht, welcher direkt in das linke Extraktionsrohr *B* einmündet. Die in *B B* befindliche Transportschnecke erfaßt das Material und führt es bis zum Auslauf *O*, von wo es in die Apparate DD_1 fällt. Diese beiden Apparate sind hintereinander angeordnet und ist in Fig. 213 einer derselben zu sehen. Die durch *G* ablaufende gesättigte Schwefelkohlenstofföllösung wird durch JJ_1 aufgefangen, das Extraktionsmittel durch die Dampfschlange *L* abdestilliert, im Kühler *K* verdichtet und durch die Pumpe *P* und das Rohr *m n* nach *A* zurückgebracht, das restierende Öl durch N abgelassen. Während in einem der Apparate abdestilliert wird, nimmt der andere die durch G zufließende ölgesättigte Lösung auf. Ebenso abwechselnd arbeiten die Apparate DD_1. Dieselben besitzen konisch geformte Unterteile mit eingelegtem perforierten falschen Boden, auf welchem das entölte Material aufruht. Aus dem durch einen Luftkompressor gespeisten Windkessel R läßt man Druckluft in diese Behälter, welche das Lösungsmittel durch das Rohr H nach den Destillatoren JJ_1 treibt und gleichzeitig die extrahierte Masse geruchfrei und trocken macht. Letztere wird durch das Mannloch P entleert.

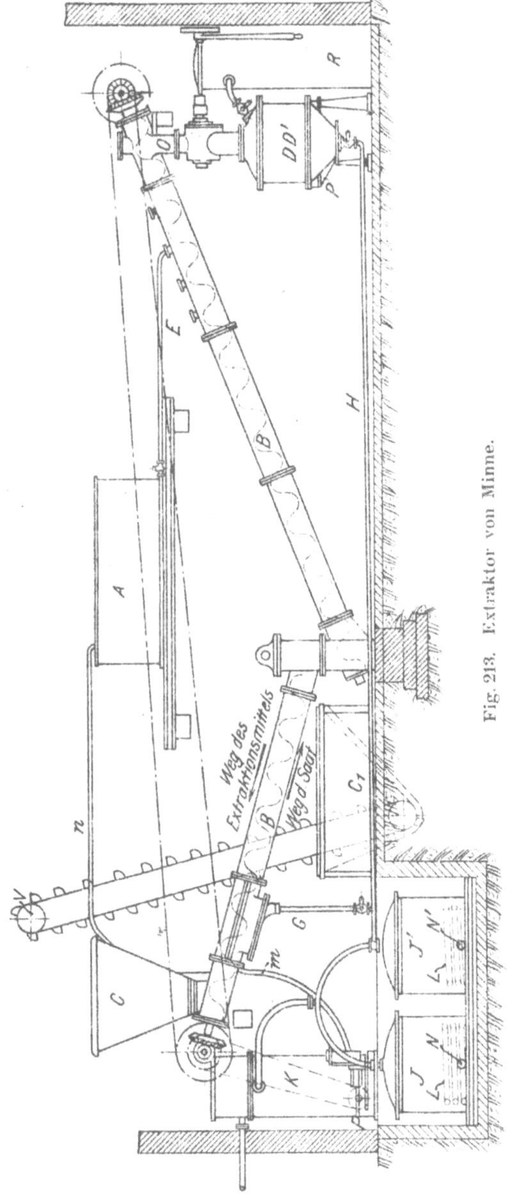

Fig. 213. Extraktor von Minne.

Die Apparate von Dombrain, Mitchel, Delattre, Bataille und Minne sind etwas kompliziert und bringen gewisse Betriebsschwierigkeiten mit sich.

Der kontinuierliche Extraktor von H. Hirzel[1]) verdient daher wegen seiner Einfachheit Beachtung. Er ist auf dem Kolonnensystem aufgebaut und besteht aus einer größeren Anzahl übereinander angeordneter runder Gefäße, deren Böden abwechselnd in der Mitte und am Umfange mit Öffnungen versehen sind und von einem Rührwerk bestrichen werden, dessen Rechen oder Bürsten das oben eingebrachte Extraktionsgut von einem Boden auf den nächst unteren bringen, bis es endlich den Apparat an seiner untersten Stelle verläßt. Das Extraktionsmittel nimmt den entgegengesetzten Weg, fließt also unten zu und

[1]) D. R. P. Nr. 56846 v. 10. Juli 1890.

oben ab, so daß eine systematische Extraktion stattfindet. Der ganze Apparat ist von einem Mantel umgeben, durch welchen heißes Wasser oder Dampf strömen und die Temperatur während der Extraktion beliebig eingestellt werden kann.

Die kontinuierlichen Extraktoren haben sich bislang trotz ihrer scheinbaren Vorzüge nicht einzubürgern vermocht.

Schließlich seien noch einige besondere Formen von

Kondensatoren und Vorrichtungen zum **Vertreiben der Extraktionsmittelreste** aus den entfetteten Rückständen

besprochen, während eine Reihe typischer Konstruktionen derselben bereits an früherer Stelle erwähnt wurde.

Vor allem ist da der Kondensator von L. & C. Steinmüller in Gummersbach[1]) zu nennen, welchen Fig. 214 zeigt.

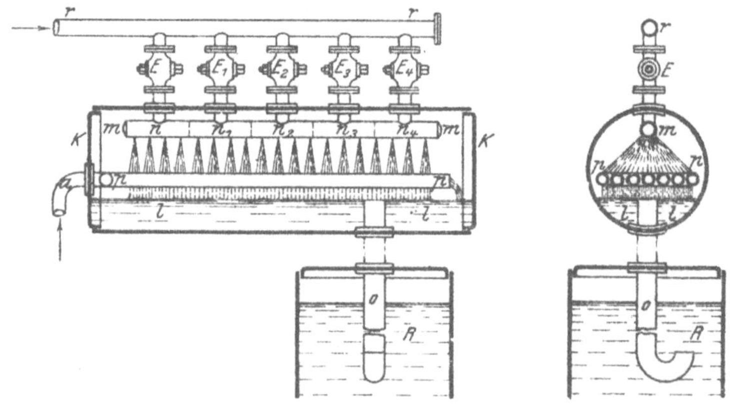

Fig. 214. Kondensator nach Steinmüller.

Kondensator von Steinmüller.

In dem geschlossenen Gefäß K befinden sich Rohre p oder Metallkasten von großer Oberfläche und dünner Wandung. In diese Hohlkörper treten die niederzuschlagenden Dämpfe, beispielsweise also Benzindämpfe, durch den Stutzen a ein. Über diesem Hohlkörper p befindet sich in dem Gefäß K eine durch Hähne E, E_1, E_2 usf. oder Ventile von außen regulierbare Wassereinspritzvorrichtung. Jeder Hahn läßt Kühlwasser in eine besondere Abteilung n des Rohres m eintreten und von diesen Abteilungen aus spritzt das Wasser in Strahlen gleichmäßig über die ganze Kühlfläche der Hohlkörper p. In diesen werden die Dämpfe niedergeschlagen, und das Kondensationsprodukt fließt am Ende der Hohlkörper in das Gefäß K und auf das Wasser hinab, welches zur Kühlung der Körper p gedient hat und nun in immer gleich hohem Niveau l in dem Gefäß K stehen bleibt, indem jeder Überschuß an Wasser oder Kondensationsflüssigkeit durch den Überlaufstutzen o in ein tiefer stehendes Gefäß R abfließt. Auf diese Weise wird eine Emulsion zwischen dem Wasser und den Kondensationsprodukten ganz vermieden, und beide Flüssigkeiten sammeln sich, nach dem spezifischen Gewicht getrennt, übereinander in dem Gefäß R an und können aus diesem getrennt entnommen werden.

---

[1]) D. R. P. Nr. 31238 v. 13. Sept. 1884.

Der Steinmüllersche Kondensator stellt also eine Kombination eines Oberflächen- und Einspritzkondensators dar. Letztere sind bei den Extraktionsapparaten übrigens mehrfach[1]) angewandt, doch haben die gewöhnlichen nassen Kondensatoren den Nachteil, daß leicht Emulsionen zwischen den Einspritzmassen und dem Extraktionsmittel gebildet werden, deren Trennung lange Zeit beansprucht.

Einen eigenartigen Kondensator verwendet A. Pongowski[2]) in Sorgues für die Dämpfe jenes Teiles des Extraktionsmittels, welche er aus den Rückständen und dem gewonnenen Fette durch Einblasen von Luft vertreibt. Die mit Benzindampf geschwängerte Luft geht vorerst durch einen Kühler, wird hier von der Hauptmasse des Benzins befreit und kommt dann in einen Gasometer, um von hier in einem Absorptionsapparat gepreßt zu werden, der aus 18 verschiedenen Absorptionsflaschen besteht, welche Teer oder fette Öle enthalten. Ist der Inhalt dieser Absorptionsgefäße mit Benzin gesättigt, so wird er von diesem in dem letzten Destillator befreit. Die Anlage ist so kompliziert, daß sie in der Praxis wohl niemals Verwendung gefunden hat, weshalb eine Besprechung derselben auch unterbleiben kann.

Kondensationsvorrichtung von Pongowski.

Die Absorption der Benzindämpfe durch Fett haben später auch Seltsam, Büttner und andere angewandt.

H. Kirchner in Sprottau[3]) läßt, um Wärme zu sparen, die aus dem Extraktor bzw. Verdampfer abziehenden, mit Luft, Wasserdampf u. dgl. gemischten Dämpfe des Lösungsmittels nur bis unmittelbar unter den Siedepunkt des Lösungsmittels abkühlen und darauf sofort einem Wasserabscheider zuführen, während der bei dieser Temperatur nicht kondensierte Teil der Lösungsmitteldämpfe durch einen zweiten Kühler vollständig verflüssigt wird.

Kondensator von Kirchner.

Erwähnt seien auch noch die Kondensatoren von J. Bernhardi[4]), welche an den Merzschen Rückflußkühler erinnern, und die Konstruktion von Volkmar, Hänig und Otto Reinhard[5]).

Von besonderen Vorrichtungen zum Abdestillieren des Extraktionsmittels aus der erhaltenen Fettlösung sei die Vakuumdestillation von H. T. Yaryan[6]) in Ohio genannt.

Destillator von Yaryan.

Bei derselben geht von dem Gefäße *A* (Fig. 215)[7]) ein Rohr zu der in *B* befindlichen Schlange, welche mittels des bei *G* einströmenden Dampfes geheizt werden kann. Diese Schlange steht mit *C* und durch ein Rohr *M* mit dem Kühler *D*

[1]) Den ersten Apparat dieser Art dürfte das amerik. Patent Nr. 183097 v. 10. Okt. 1876 beschreiben.

[2]) D. R. P. Nr. 12347 v. 29. Febr. 1880.

[3]) D. R. P. Nr. 150264 v. 28. Mai 1903.

[4]) D. R. P. Nr. 37191 v. 8. Nov. 1885.

[5]) D. R. P. Nr. 6737 v. 11. Aug. 1878; Nr. 10771 v. 11. Aug. 1878 und Nr. 18922 v. 26. Nov. 1881.

[6]) D. R. P. Nr. 31667 v. 10. Juni 1884.

[7]) Nach Bornemann, Die fetten Öle, Weimar 1889, S. 149.

in Verbindung, welcher mit einer Anzahl kleinerer Röhren und den Zu- und Abflußstutzen *J* und *K* für die Kühlflüssigkeit versehen ist. Nachdem durch eine Pumpe *E* eine teilweise Luftleere im Apparat erzeugt ist, öffnet man den Hahn *F*, so daß die Flüssigkeit aus dem Behälter *A* in die Schlange *B* gelangt. Während die Lösung abwärts fließt, werden die flüchtigen Bestandteile derselben unter dem Einfluß der Luftleere und der Hitze verdampft. Wenn die Lösung das Trennungsgefäß *C* erreicht hat, fließt das Öl in dem Rohr *L* ab, während die Dämpfe durch das Rohr *M* nach dem Kühler übergehen. Der Inhalt des Rohres *L* wirkt wie ein Ventil, indem er durch den äußeren Atmosphärendruck in bestimmter Höhe gehalten wird und der Überschuß unten durch das gebogene Ende abfließt, wenn der Inhalt des Rohres sich vermehrt hat.

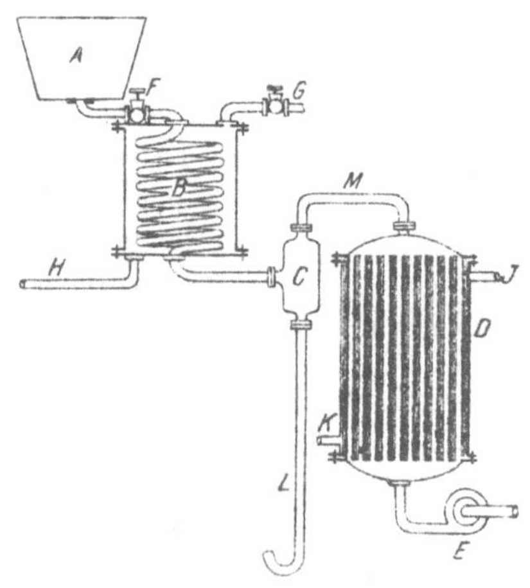

Fig. 215. Destillator nach Yaryan.

Vorrichtungen zum Vertreiben des Extraktionsmittels aus den Rückständen.

Um die letzten Reste des von dem extrahierten Öl und Fett festgehaltenen Lösemittels zu entfernen, empfiehlt die Société anonyme des Parfums naturels de Cannes in Paris die Erhitzung des Fettes unter Vakuum, die übrigens schon von einer Reihe anderer Konstrukteure angewendet wurde, und das nachträgliche Einwirkenlassen von Wasserdampf.

Ein Eindämpfen der Fettlösung im Vakuum entfernt das Lösemittel nicht vollständig; bläst man aber unter Beibehaltung des Vakuums trockenen Wasserdampf in das Fett, so reißt dieser die letzten Spuren des Lösemittels mit sich fort. Es ist dabei notwendig, die Temperatur des Öles höher zu halten als den der jeweiligen Luftverdünnung entsprechenden Siedepunkt des Wassers. Leitet man bei einer solchen Temperatur möglichst trockenen, schwach gespannten Wasserdampf ein und sorgt für ein gutes Durchmischen des Öles, damit möglichst alle Ölmoleküle mit dem Dampfe in Berührung kommen, so ist nach kurzer Zeit das vom Öl zurückgehaltene Lösemittel vertrieben. Die Temperatur des eingeblasenen Dampfes soll sich dabei einige Grade unterhalb der des Öles halten, doch muß dieselbe immer noch so groß sein, daß ein Kondensieren von Wasserdampf unmöglich ist. Der Temperaturunterschied zwischen Wasserdampf und Öl wird um so größer sein, je größer das Vakuum und je höher der Siedepunkt des Lösemittels und je weniger trocken der eingeblasene Wasserdampf ist[1]).

Später hat dieselbe Gesellschaft die gleiche Behandlung auch für die Extraktionsrückstände empfohlen und eine Vorrichtung[2]) unter Patentschutz gestellt, wie sie in Fig. 216 gezeigt ist.

[1]) D. R. P. Nr. 58988 v. 18. März 1891.
[2]) D. R. P. Nr. 75318 v. 14. Juli 1892.

Bei diesem Apparat wird die schon von Bang und Sanguinetti vorgeschlagene Art der Vertreibung des Lösemittels mittels überhitzter Dämpfe desselben angewendet, nachher aber in demselben Apparat eine Behandlung mit Wasserdämpfen unter Vakuum vorgenommen.

In Fig. 216 ist E das Gefäß, in welchem sich die Extraktionsrückstände befinden. Durch den Stutzen s treten Schwefelkohlenstoffdämpfe, welche eine Temperatur von ca. 80° C zeigen, in dasselbe ein. Diese Schwefelkohlenstoffdämpfe wurden in dem Überhitzer S gebildet, in welchen der Schwefelkohlenstoff auf 45° C vorgewärmt eintritt, durch Passierung des Schlangenrohres vergast und überhitzt wird. Die bei s nach E übergehenden überhitzten Dämpfe verdrängen vorerst den größten Teil des in den Rückständen enthaltenen Extraktionsmittels durch das

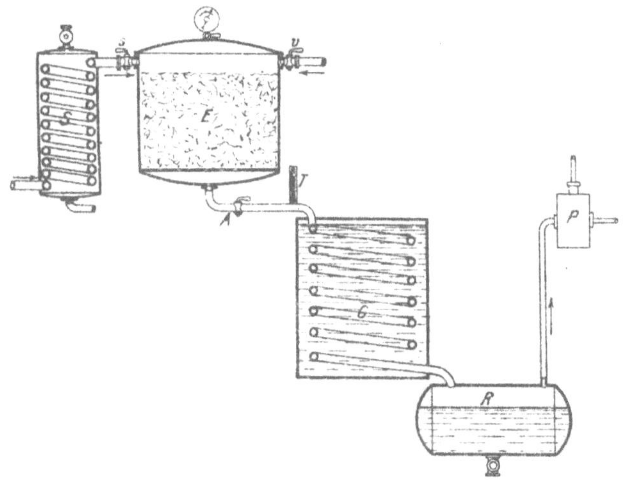

Fig. 216. Vorrichtung zum Vertreiben des Extraktionsmittels aus den Rückständen. (D. R. P. Nr. 75318.)

Ablaufrohr A und durch die Schlange C in das Reservoir R, durchdringen später das in E befindliche entfettete Material und gehen dann ebenfalls durch A und die Kühlschlange C nach R, sich auf diesem Wege verdichtend. Allmählich erwärmt sich der ganze Inhalt von E und die bei A austretenden Dämpfe zeigen 70—75° C, was durch das Thermometer T konstatiert werden kann. Hierauf schließt man den Hahn s, verringert mittels der Vakuumpumpe P den Druck im Extraktor E auf 18 cm Quecksilbersäule und läßt bei v trockenen Wasserdampf eintreten. Infolge des in E herrschenden Vakuums und der Temperatur von 70° C tritt eine Kondensation des Wasserdampfes nicht ein, sondern geht dieser, indem er die letzten Reste des in E vorhandenen Schwefelkohlenstoffes vertreibt, durch A nach der Kühlschlange C; nach R gelangt ein Gemenge von Wasser und Schwefelkohlenstoff. Sobald nun ganz reines Wasser aus der Kühlschlange tritt, wird die Dämpfung eingestellt und das Extraktionsgut aus E entfernt.

Verfahren von Bergmann und Berliner.

Bemerkenswert ist auch das Verfahren von E. Bergmann und Th. Berliner[1]) zur Entfernung des in den festen Extraktionsrückständen rückgehaltenen Fettlösungsmittels, welches in einem Verdrängen des letzteren

[1]) D. R. P. Nr. 156062 v. 28. Okt. 1902.

durch säure- oder alkalihaltiges Wasser besteht (Verdrängungsprinzip). Es ist natürlich nur bei Stoffen anwendbar, denen eine Bewässerung nicht schadet, und empfehlen die Patentinhaber ihre Methode besonders für Leder, Leimmaterialien und Knochen. In einem Zusatzpatente[1]) haben Bergmann und

Fig. 217. Trockenapparat für kleine Betriebe.

Th. Berliner ihr Verfahren dahin modifiziert, daß das Extraktionsgut vor dem Entfetten mit Säuren oder Alkalien behandelt wird und nach dem Extrahieren eine Entfernung der Lösungsmittelreste durch einfaches Bewässern erfolgt. Endlich schlagen die Genannten für leimgebende Materialien eine

[1]) D. R. P. Nr. 157406 v. 23. Juni 1903.

Verdrängung des Extraktionsmittels durch Wasser vor, ohne das Extraktionsgut früher mit chemischen Mitteln zu behandeln oder dem Wasser Reagenzien zuzusetzen[1]).

Für die Extraktionsrückstände von Ölsaaten ist diese nasse Verdrängung der Reste des Lösungsmittels nicht geeignet.

Sollen die entfetteten Rückstände als Futtermittel verwendet werden, so müssen sie frei von jedem Geruche des angewandten Extraktionsmittels sein.

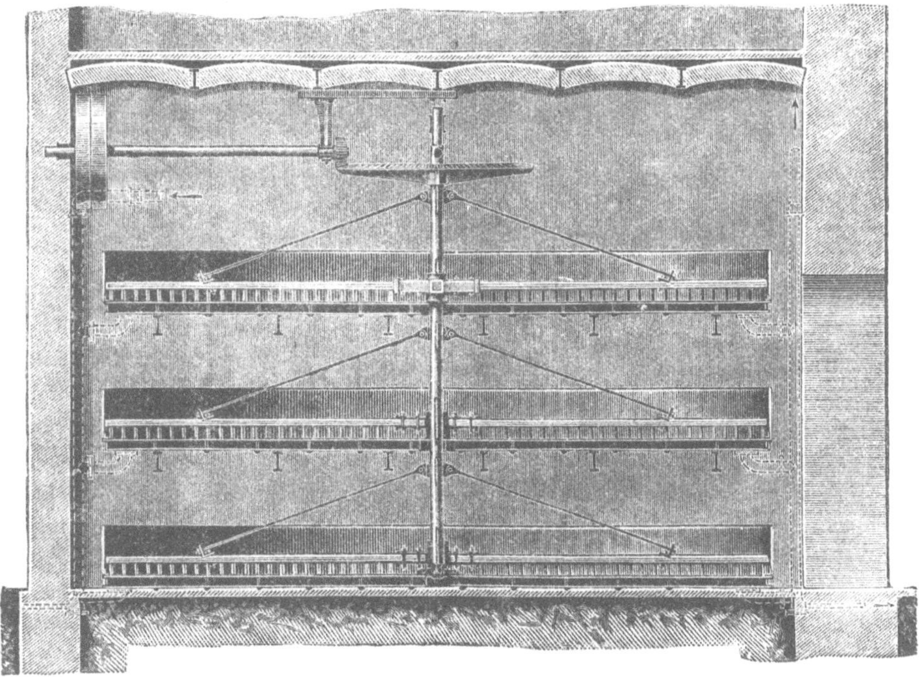

Fig. 218. Trockenapparat für Großbetriebe.

Darr- oder Trockenapparate.

Man erzielt geruchlose Produkte leicht durch die sogenannten Darr- oder Trockenapparate, welche gleichzeitig auch einen mitunter von den Dämpfen der Rückstände herrührenden übergroßen Wassergehalt verschwinden machen. Von diesen Trocken- bzw. Darrapparaten seien zwei Ausführungsformen vorgeführt: der offene (Fig. 217) und der geschlossene Apparat (Fig. 218).

Der Boden der beiden Apparate (Fig. 217 und 218) ist doppelwandig; der Mantelraum kann durch Ab- oder Frischdampf geheizt werden. Die Rührer, welche an der mittels konischer Räder angetriebenen Königswelle befestigt sind, bestehen aus Bechern oder verstellbaren Schaufeln, welche das Gut hin und her wenden.

[1]) D. R. P. Nr. 165235 v. 21. Okt. 1903.

Die in Fig. 217 gezeigte Form ist für eine kleinere Anlage, der geschlossene Trockner (Fig. 218) für größere Betriebe geeignet[1]).

Der Trockenapparat von M. Hecking[2]) sei hier nur erwähnt, ohne daß auf dessen Detailkonstruktion näher eingegangen wird.

Vergleich zwischen Pressung und Extraktion.

Vergleich zwischen Pressung und Extraktion

Die Frage, welchem der beiden Ölgewinnungssysteme — dem Preßverfahren oder der Extraktion — der Vorzug zu geben sei, läßt sich nur von Fall zu Fall beantworten. Man muß bei Beurteilung dieser Frage drei Faktoren in Betracht ziehen:

1. die Ölausbeute,
2. die Beschaffenheit der erhaltenen Produkte,
3. Betriebs- und Anlagespesen.

hinsichtlich: Ausbeute

Hinsichtlich der Ölausbeute unterliegt es keinem Zweifel, daß das Extraktionsverfahren weitaus besser arbeitet als die Preßmethode. Während letztere 6—10% Öl in den Rückständen zurückläßt, wird beim Extrahieren das Öl bis auf 1—2% gewonnen; man kann also annehmen, daß beim Extrahieren ungefähr 4—7% Öl (auf das Saatgewicht gerechnet) mehr erhalten werden als beim Pressen.

Qualität.

Bezüglich der Qualität der erhaltenen Produkte gehen die Meinungen der Fachleute auseinander. Vielfach wird behauptet, die durch Extraktion gewonnenen Öle seien reiner als die gepreßten[3]). Da die Qualität der gepreßten Öle, je nach den näheren Betriebsverhältnissen (Zerkleinerung und Erwärmung der Saat usw.), sehr variabel ist, die Reinheit der Extraktionsöle andererseits von der Beschaffenheit des Extraktionsmittels und der Betriebsweise wesentlich abhängt, so ist ein Vergleich extrahierter und gepreßter Öle nicht ohne weiteres möglich, und die Behauptung, daß gepreßte Öle in qualitativer Hinsicht höher stünden als extrahierte, ist in dieser allgemeinen Fassung ganz haltlos. Wenn einige Extraktionsmittel auch keine oder doch nur wenig Harz- und Schleimstoffe mit in Lösung nehmen, theoretisch daher reine Öle erwarten lassen, ist zu bedenken, daß auch beim Pressen der Ölsaaten nur sehr geringe Mengen Harz- und Schleimstoffe mit in das Öl übergehen, wenn bei gewöhnlicher Temperatur gearbeitet wird. Diese Mengen sind geringer als die durch das Extraktionsmittel indirekt in Lösung gehenden (vgl. S. 362 die Bemerkung von Kurtz), wie auch das Verdampfen des Lösungsmittels aus der Öllösung die Qualität der Öle stark benachteiligt. Der letztere Umstand macht es direkt unmöglich, Speiseöle durch Extraktion zu gewinnen. Man kann daher sagen, daß die Preßmethode im allgemeinen reinere Öle und Fette liefere als die Extraktion.

---

[1]) Ausführung von B. & G. Koebers Eisen- und Bronzewerken in Harburg a. E.

[2]) D. R. P. Nr. 77231 v. 28. Juli 1893. — Chem. Ztg., 1894, S. 1910.

[3]) Siehe: Bornemann, Die fetten Öle, Weimar 1889, S. 179.

Vergleich zwischen Pressung und Extraktion hinsichtlich der Qualität der Rückstände.

Auch betreffs der Rückstände hat das Preßverfahren einen Vorsprung. Die zumeist für Futterzwecke verwendeten Rückstände der Ölfabrikation werden leichter verkauft und erzielen höhere Preise, wenn sie neben ihren nährkräftigen stickstoffhaltigen Substanzen (Protein) auch größere Mengen Fett enthalten. Die ölärmeren[1]) (infolge der stattgefundenen intensiveren Ölentziehung allerdings etwas proteinreicheren) Extraktionsrückstände werten im Handel aber nicht nur deshalb geringer als die Preßkuchen, weil man dem Fette in der Ernährung der Pflanzenfresser eine wichtige Rolle beimißt[2]), sondern auch weil bei den Landwirten noch immer ein gewisses Vorurteil gegen die Extraktionsmehle vorhanden ist, das aus jener Zeit stammt, wo die vollständige Befreiung der Rückstände von dem angewendeten Extraktionsmittel Schwierigkeiten bereitete und Produkte auf den Markt kamen, welche wegen ihres schwachen Geruches nach Benzin oder Schwefelkohlenstoff von dem Vieh nicht gerne gefressen wurden.

J. Merz macht andererseits auch darauf aufmerksam, daß Pferde ölreiche Futtermittel (Ölkuchen) nicht gerne nehmen, wohl aber die fettärmeren Extraktionsmehle.

Die Schwierigkeit der vollständigen Geruchlosmachung der Extraktionsrückstände ist heute als überwunden anzusehen, und die Extraktionsmehle können in dieser Beziehung den durch Pressung gewonnenen Ölkuchen vollkommen gleichgestellt werden.

Die Pulver- oder Schrotform, in welcher man die Rückstände der Extraktion erhält, bietet dem Abnehmer eigentlich einen Vorteil, weil sie ihm die Zerkleinerung, das Mundgerechtmachen des Futters, erspart. Leider bestehen gegen die zerkleinerten Kraftfuttermittel gewisse Voreingenommenheiten: einesteils wegen der unbequemeren Verfrachtung, welche ein Einsacken der Ware nötig macht, das bei Ölkuchen wegfallen kann, und andererseits wegen der angeblich leichteren Verfälschbarkeit der Mehle. Es ist bezeichnend, daß z. B. die Deutsche Landwirtschaftsgesellschaft, welche im Jahre 1905 90717 Meterzentner Ölkuchen verschiedener Provenienz für ihre Mitglieder einkaufte und weitergab, bloß 200 Meterzentner Extraktionsmehl (Erdnußmehl) plazieren konnte und daß das letztere per 100 kg nur einen Preis von 12,36 Mk. erzielte, gegenüber 14,06 Mk., mit welchem Preise Erdnußpreßkuchen von gleichem Nährstoffgehalt bezahlt wurden.

Die Vorurteile, die man heute noch immer gegen Extraktionsware hegt, sind zumeist ungerechtfertigt und werden im Laufe der Zeit wohl gänzlich verschwinden.

---

[1]) L. Wittmack (Dinglers polyt. Journ., Bd. 229, S. 167) empfiehlt zwecks Erzielung ölreicher Rückstände, die Extraktion im gegebenen Momente zu unterbrechen, also auf eine höhere Ölausbeute zu verzichten.

[2]) Näheres siehe im folgenden Abschnitt: „Die Rückstände der Fabrikation vegetabilischer Öle".

Betriebs- und Anlagespesen.

Die Betriebs- und Anlagespesen sind bei dem Extraktionsverfahren geringer als bei der Preßmethode. Die Aufstellung einer genauen Spesenberechnung für beide Systeme sei unterlassen, weil die Höhe solcher Ziffern zu sehr von lokalen Verhältnissen, von der Größe der Fabrikanlagen, von der mehr oder weniger praktischen Einrichtung und fachkundigen Leitung derselben abhängt, als daß sich allgemein zutreffende Durchschnittszahlen aufstellen ließen.

Beim Preßverfahren spielen der Kraftverbrauch, der Preßtuchverschleiß, die Instandhaltung und der Arbeitslohn wichtige Rollen Das Anlagekapital ist wegen der relativ teuren Pressen, der umfangreichen Transmissionsanlage und der erforderlichen Kraftmotoren ziemlich groß.

Beim Extraktionssystem beschränken sich die Betriebsausgaben auf die zum Verdampfen des Extraktionsmittels nötige Wärmemenge, auf die Kosten für den Ersatz der stets verloren gehenden Quanten des Extraktionsmittels und auf die (bei praktischen Anlagen nur geringfügigen) Bedienungs- und Instandhaltungsspesen. Um die Verluste des Extraktionsmittels möglichst herabzudrücken, muß die Kondensationsanlage gut funktionieren, wozu reichliche Mengen möglichst kalten Wassers notwendig sind, deren billige Beschaffung wichtig ist. Die Anlagekosten von Extraktionsfabriken sind weit geringer als für Ölpressereien und erfordern erstere bei gleicher Tagesleistung auch viel weniger Raum; die Feuersicherheit ist dagegen bei dem Preßverfahren weit höher als in Extraktionsanlagen.

Die weitaus größte Menge der auf den Markt kommenden Ölsämereien wird nach dem Preßverfahren verarbeitet. Die Extraktion findet nur in beschränktem Maße Anwendung, und zwar hauptsächlich für Palmkerne, Raps und Lein sowie jene Ölsaaten, deren Fabrikationsrückstände infolge Giftigkeit oder Unbekömmlichkeit eine Verwendung als Futtermittel nicht finden können, bei denen also auf einen entsprechenden Ölgehalt des Rückstandes nicht Bedacht genommen, vielmehr auf eine vollständige Ausbringung des Öles hingearbeitet werden muß.

Kombiniertes Verfahren.

Vielfach kombiniert man bei der Verarbeitung von Ölsaaten das Preß- und Extraktionsverfahren (huilerie mixte), indem man die ölhaltigen Produkte zuerst preßt, um hochwertige, auch für Speisezwecke verwendbare Öle zu erhalten, und die verbleibenden Preßrückstände behufs vollständiger Entfettung extrahiert. Diese, schon von Deiß und Seyferth vorgeschlagene, kombinierte Arbeitsweise[1]) ist besonders dort am Platze, wo der höhere Ölgehalt der Preßrückstände nicht bezahlt wird, vielleicht sogar nachteilig ist, wie z. B. bei allen zu Dungzwecken verwendeten Ölkuchen. In der Olivenölindustrie

---

[1]) Hier sei auch auf das englische Patent Nr. 1472 v. 18. Mai 1867 von Richardson verwiesen, nach welchem das Preß- mit dem Extraktionsverfahren insofern kombiniert wird, als man die zerkleinerte Ölsaat mit Benzin, Chloroform, Schwefelkohlenstoff usw. mischt und dann auspreßt. Die Methode vereinigt die Nachteile beider Einzelsysteme, ohne deren Vorteile zu besitzen.

(Extraktion der Sanza — Gewinnung des sogenannten Sulfuröles), in den Rizinusölfabriken, auch bei der Verarbeitung minderwertiger Varietäten von Sesamsaat, ist das gemischte Verfahren im Gebrauche[1]).

Da die Extraktionsspesen per 100 kg Material einschließlich Kohlenverbrauch, Verlust an Extraktionsmittel, Bedienung und allgemeiner Unkosten sich ungefähr auf 1 Mk. bis 1,50 Mk. belaufen, so ist das Extrahieren von Preßrückständen, die nur als Dünger Verwendung finden können, bei denen der Fettgehalt also keinen wertbestimmenden Faktor bildet, schon rentabel, wenn wenigstens 4—5% Fett aus den Ölkuchen gewinnbar sind.

Ausschmelzen und Auskochen.

Neben dem Pressen und Extrahieren ist in der Pflanzenöl-Industrie auch das Ausschmelzen (Auskochen) und das Ausschleudern in Verwendung (vgl. S. 143), doch kommt diesen Gewinnungsmethoden eine allgemeinere technische Bedeutung nicht zu. Das Ausschmelzen von Öl und Fett aus gewissen Ölfrüchten und Ölsämereien wird von einigen Naturvölkern geübt, ebenso das Auskochen ölreicher Pflanzenteile mit Wasser, wobei man das obenaufschwimmende Fett vorsichtig abschöpft. Im II. Bande werden bei Besprechung jener Öle und Fette, welche in einigen Gegenden noch auf so primitive Weise gewonnen werden, diese Methoden kurze Erwähnung finden.

Ausschleudern.

Eine Gewinnung vegetabilischer Öle und Fette durch einfaches Ausschleudern (Zentrifugieren), ohne Zuhilfenahme von Lösungsmitteln, ist bisher noch nicht in allgemeinere Anwendung gekommen, wohl aber wurden zum Aufarbeiten von Raffinationsrückständen Zentrifugen vielfach benutzt. In neuerer Zeit hat man in Algier sehr einfach konstruierte zentrifugenartige Vorrichtungen zur Gewinnung des Olivenöles anzuwenden versucht und das Agrikultur-Departement der Universität Kaliforniens hat daraufhin über Zentrifugen als Ersatz von Olivenpressen äußerst günstig lautende Urteile abgegeben. Die Annahme von G. W. Shaw[2]), nach welcher man durch das Zentrifugieren eine weit höhere Ölausbeute erzielen soll als durch Pressen, ist aber wohl irrig.

Elektrisches Verfahren.

Ein eigenartiges Verfahren zur Gewinnung von Öl aus Oliven wendet seit neuestem die Société générale des huiles d'olive du Sud Tunesien an. Nach Breuillard[3]) kommen die auf Kollergängen zerkleinerten Oliven in größere mit Fliesen ausgekleidete Zisternen, welche mit Dampfschlangen und Zuführungsvorrichtungen für komprimierte Luft und auch mit Elektroden (aus Retortenkohle) ausgerüstet sind. Nachdem man eine dem Olivenbrei im Gewichte gleichkommende Menge verdünnter

---

[1]) Besonders empfohlen hat das gemischte Verfahren auch A. Villon. (Chem. Ztg., 1894, S. 767.) — Über das Extrahieren von Ölkuchen siehe auch L. Fabre: „Über die Extraktion von Fetten mit Schwefelkohlenstoff" (Seifensiederztg., Augsburg 1900, S. 387).

[2]) Soap. Journ., 1903, S. 276, durch Seifensiederztg., Augsburg 1903, S. 496.

[3]) Les corps gras industr., 1903, S. 290.

Pottasche- oder Sodalösung in die Zisternen gebracht und auf 30—40° C vorgewärmt hat, läßt man Luft eintreten und den elektrischen Strom einwirken. Diese Operation, bei welcher die kohlensauren Alkalien die Ölzellen auflockern und Olivenfarbstoff niederschlagen sollen, dauert 6 Stunden; hierauf folgt noch eine Behandlung des sich freiwillig absondernden Öles mit Alaun und Meerwasser; dadurch soll eine Filtration des Öles ganz und gar unnötig werden[1]).

So lange nicht detaillierte Angaben über das Verfahren vorliegen, kann man sich ein Urteil über dasselbe kaum bilden. Die von Breuillard gegebenen Ausbeuteziffern, welche höher sind als die beim gewöhnlichen Preßverfahren erzielten, müssen vorläufig bezweifelt werden.

VI. Die Rückstände der Fabrikation vegetabilischer Öle und Fette.

Allgemeines.

Bei der Gewinnung der pflanzlichen Öle und Fette — gleichgültig, ob das Preß- oder Extraktionsverfahren angewandt wurde — erfahren die Ölsamen und Ölfrüchte keinerlei chemische Veränderung und die nach der Ölentziehung verbleibenden Rückstände weisen die gleiche qualitative Zusammensetzung auf wie die analogen Rohprodukte; der reduzierte Fettgehalt der Rückstände bedingt nur eine Verschiebung in der prozentuellen (quantitativen) Zusammensetzung.

Der Gehalt dieser Rückstände an leichtverdaulichem Pflanzeneiweiß, Fett und Kohlehydraten stempelt sie zu einem wertvollen Futtermittel, während andererseits ihr Gehalt an Phosphaten, Kalisalzen und Stickstoff (Eiweißkörper) diese Produkte zu Dungzwecken sehr geeignet macht. Die Ölfabrikationsrückstände dürfen daher nicht schlechtweg als Abfallstoffe angesehen und — wie dies früher zu geschehen pflegte — als Brennmaterial verwendet werden, sondern man muß sie als wertvolle Nebenprodukte auffassen, deren richtige und sachkundige Ausnützung ein volkswirtschaftliches Gebot und für die Rentabilität der Ölfabriken von ausschlaggebendem Einflusse ist.

Arten und Benennung der Rückstände.

Die beim Preßverfahren erhaltenen festen Rückstände erinnern in ihrer Form ungefähr an Kuchen und werden daher auch „Öl-, Preß- oder Ölpreßkuchen“, wohl auch „Ölbrote“ oder „Preßlinge“ genannt. Die Franzosen nennen sie „tourteaux“ (was von dem lateinischen Namen torta = Kuchen abgeleitet ist), in manchen Provinzen aber auch trouilles, tourtes, matons, nougats, marcs, gâteaux oder pains-d'huile. In England ist die Bezeichnung „cakes“, in Italien „panelli“ für Ölkuchen gebräuchlich.

Im Handel werden die Ölkuchen nach ihrer Abstammung näher bezeichnet und spricht man von Lein-, Raps-, Palmkern-, Sesam-

[1]) Seifensiederztg., Augsburg 1903, S. 364.

kuchen usf. Für einige Sorten von Ölkuchen sind auch besondere Bezeichnungen üblich, welche ihre Herkunft auch ohne die namentliche Anführung derselben erkennen lassen; so z. B. nennt man in Indien und England die Kokoskuchen allgemein „Poonaac", die Olivenpreßlinge sind in Frankreich unter dem Namen „grignons", in Italien als „pulpa" und in Deutschland als „Sanza" bekannt.

Die beim Extraktionsverfahren erhaltenen pulverförmigen oder körnigen Rückstände heißt man „Extraktionsmehle"; sie müssen wohl unterschieden werden von den ölreicheren, durch Zerkleinern der festen Preßkuchen gewonnenen „Kuchenmehlen".

Die

Ölpreßkuchen

Allgemeine Beschaffenheit der Ölkuchen.

präsentieren sich als feste, mehr oder weniger harte, rechteckige, trapezförmige oder runde 1—2 cm dicke Platten von weißgrauer, grünlicher, brauner bis schwarzer Färbung. Ihre Form wird durch die Konstruktion der Pressen bzw. Preßbehälter bestimmt, mittels welcher sie erzeugt wurden. Ihre Farbe hängt in erster Linie von der Art der Ölsaat ab, von welcher sie stammen, doch hat auch die Fabrikationsweise einen gewissen Einfluß auf die Färbung der Rückstände. Je sorgfältiger die Saat gereinigt, je weniger heiß und weniger oft dieselbe gepreßt wurde, um so heller erscheinen die Kuchen.

Bei vielen Kuchengattungen (z. B. bei Baumwollsaat-, Sonnenblumen-, Kürbiskern-, Erdnußkuchen usw.) unterscheidet man im Handel eine aus geschälter und eine andere aus ungeschälter Saat gepreßte Qualität, welch beide Sorten sich nicht nur durch äußeres Aussehen, sondern auch hinsichtlich ihrer quantitativen Zusammensetzung voneinander unterscheiden.

Die Oberfläche der Ölkuchen ist nur in den seltensten Fällen glatt, meist zeigt sie deutliche Abdrücke von der Struktur der Preßstoffe, welche bei ihrer Fabrikation verwendet wurden. Glatt sind nur die Kuchen, welche ohne Einschlag- oder Zwischentücher gepreßt wurden (Palmkernkuchen). Die mit Hilfe von Woll- und Kamelhaar-Zwischenlagen erzeugten Kuchen zeigen den Abdruck der Textur dieser Gewebe, die mit Roßhaardeckeln oder Scourtins hergestellten sind genau so gewellt wie diese Preßstoffe.

Häufig haften an den Kuchenrändern und auch an der Oberfläche der Kuchen von den Preßstoffen herrührende größere oder kleinere Faser- oder Haarbüschel.

Härte der Kuchen.

Die Härte der Kuchen wird durch die Höhe des bei der Preßoperation angewandten Druckes sowie durch den Feuchtigkeits- und Temperaturgrad des Preßgutes bedingt.

Umpressen der Kuchen.

Die Vorurteile, welche manche Landwirte gegen Ölkuchen dieser oder jener Form haben, sind zum größten Teile grundlos. Nur das Hangen am Althergebrachten und unmotivierte Voreingenommenheiten haben es zuwege gebracht, daß in gewissen Gegenden vollkommen verkaufsfertige runde Ölkuchen vor ihrer Abgabe an die Konsumenten in trapezförmige oder rechteckige Kuchen umgepreßt werden, während man in anderen Distrikten das Umgekehrte praktizieren muß, um die Wünsche der Käufer zu befriedigen. Mit dieser durch das Umpressen erstrebten Formänderung verbindet man dann gewöhnlich noch ein Weichermachen der Kuchen, indem die feingemahlenen Originalkuchen mit nur geringem Atmosphärendruck in die neue Form gepreßt werden.

Härte als Wertmesser.

Damit kommt man gleichzeitig einem weiteren Wunsche der Landwirte entgegen, welche die Härte des Kuchens als ein Zeichen der Minderwertigkeit anzusehen gewohnt sind. Diese letztere Anschauung entbehrt insofern nicht einer gewissen Begründung, als die Härte der Kuchen von der Druckhöhe abhängt, härtere Kuchen also in der Regel ölärmer sein werden als weiche, mit geringem Drucke gepreßte Ware[1]).

An und für sich hat die Härte auf die Güte der Ölkuchen (Verdaulichkeit, Dungwert usw.) keinen Einfluß. Nachdem die Ölkuchen meist in gepulvertem oder aufgeweichtem Zustande zur Verwendung gelangen und der Gehalt an Nähr- oder Dungstoffen im Handel gewöhnlich garantiert wird, so sind die Forderungen hinsichtlich Weichheit und bestimmter Form der Kuchen eigentlich unmotiviert.

Farbe als Wertmesser.

Etwas berechtigter ist der Wunsch nach hellfarbiger Ware, doch spricht auch hier mitunter Unverständnis mit. Gewiß ist die Weiße bei Erdnuß- und Kokoskuchen ein Zeichen von Reinheit und Güte, doch dürfen deshalb dunkelfarbige Kuchen, wie sie gewisse Ölsaaten liefern, nicht ohne weiteres als minderwertig angesehen werden. Nur wenn die dunkle Färbung auf zu hohe Erwärmung der Saat (verbrannte Kuchen) oder ungenügendes Reinigen bzw. Entschälen der Saat zurückzuführen ist, kann man sie als Merkmal einer minder guten Ware ansehen.

Kuchenmehle.

Die Ölkuchen müssen, welcher Verwendung sie immer auch zugeführt werden, eine Zerkleinerung erfahren, eine Arbeit, welche die landwirtschaftlichen Betriebe als Hauptabnehmer dieser Produkte nicht immer bequem und leicht durchzuführen vermögen. Es hat sich infolgedessen der Usus ausgebildet, die Ölkuchen in den Ölfabriken zu zerkleinern, und heute kommen Ölkuchenmehle verschiedenster Feinheitsgrade auf den Markt: von Bruchstücken in Kastaniengröße, wie sie für Wildfütterung gern genommen werden, bis zu einem an Kleie erinnernden Mehle. Das Mahlen erfolgt auf Desintegratoren, Mahlgängen, Kollergängen und anderen Zerkleinerungsmaschinen. Hierüber wurde Seite 195—220 das Nötige gesagt.

---

[1]) Ganz ähnlich mag sich übrigens auch die Nachfrage nach Ölkuchen von ganz bestimmter Form erklären. Der Landwirt weiß, daß jede vom Ölfabrikanten gebrachte Änderung in der Kuchenform mit einem Wechsel im Pressensystem zusammenhängt und vermutet, daß man eine solche Neuerung nur wegen höherer Ölausbeute getroffen habe, wobei sich ölärmere Kuchen ergeben werden.

Gewöhnlich läßt man mehrere Arten von Zerkleinerungsvorrichtungen zusammenarbeiten und sorgt durch eine Siebpassage vor dem Einfüllen des Mehles in Säcke für die Entfernung der in den Kuchen etwa enthaltenen Haare und sonstigen Fremdkörper. Die zumeist in eigenen Betriebsabteilungen untergebrachten Kuchenmüllereien sind in den größeren Ölfabriken auf ganz stattliche Tagesleistungen eingerichtet. Fig. 219 zeigt eine solche Anlage, bei welcher das zerkleinerte Material durch Elevatoren in ein oberes Stockwerk gehoben wird, um dort ein Absieben zu erfahren.

Kuchenmühlen.

Fig. 219. Kuchenmüllerei.

Die durch Mahlen von Preßkuchen erhaltenen Kuchenmehle zeigen dieselbe chemische Zusammensetzung wie die Preßrückstände, sind also viel ölreicher als die sogenannten

Extraktionsmehle,

welche bei der Verarbeitung der Ölsaaten durch Extrahieren erhalten werden, weil man dabei die Entfettung gewöhnlich weiter treibt, als dies beim Preßverfahren möglich ist. Nur in seltenen Fällen hält man den Fettgehalt der Extraktionsrückstände absichtlich auf der Höhe der gepreßten Kuchen, indem man die Extraktion eben nicht bis zur äußersten Grenze treibt, sondern rechtzeitig unterbricht.

Extraktionsmehle.

Die extrahierten Rückstände bilden ein grobkörniges Pulver, das häufig noch einer weiteren Zerkleinerung unterworfen wird. Wenn diese Produkte frei von jeder Spur des angewandten Extraktionsmittel sind, also keinen auf ihre Gewinnungsweise hindeutenden Geruch zeigen, so sind sie im Aussehen von den durch Mahlen von Preßkuchen hergestellten Mehlen nicht zu unterscheiden.

Versand der ganzen Ölkuchen.

Der Versand der Preßkuchen kann lose oder in Säcken erfolgen. In amerikanischen Ölfabriken sind zum Einsacken der rechteckigen Kuchen, wie solche bei den Etagenpressen resultieren, besondere Vorrichtungen in Gebrauch.

Diese Kuchenpackmaschinen[1]) (Fig. 220) sind leichtgebaute, mit nur geringem Drucke arbeitende hydraulische Pressen, welche durch einen Hebel betätigt werden. Auf den in bequemer Arbeitshöhe liegenden Preßtisch bringt man die Säcke bereits so weit mit Kuchen beschickt, als sich letztere bequem von Hand aus in den Sack stecken lassen. Dann klemmt man 1 oder 2 Kuchen in der in Fig. 220 gezeichneten Weise in die Presse und läßt deren Kolben hoch gehen, womit die Kuchen gleichmäßig in den Sack gedrückt werden. Zum Festhalten der Kuchen sind am Kopfstück der Presse besondere Kannelierungen angebracht.

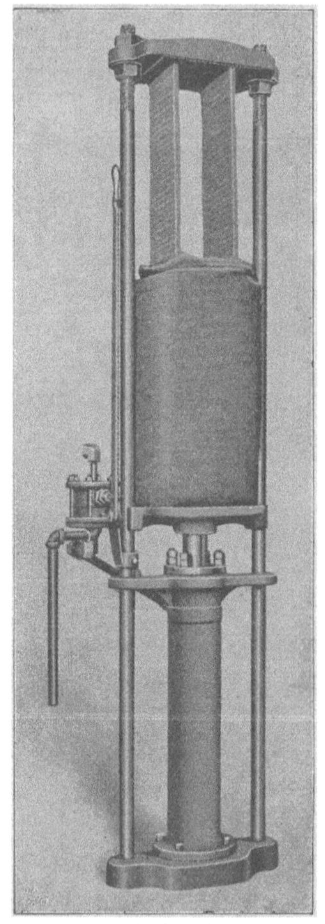

Fig. 220. Kuchenpackmaschine.

Der Vorteil dieser Kuchenpackmaschinen liegt in dem Herstellen gut angefüllter, strammer Pakete, welche ein leichtes Verladen ermöglichen und das Zerbrechen der Kuchen ziemlich ausschließen.

Ölkuchen- und Extraktionsmehle müssen natürlich für den Transport in Säcke verpackt werden; für das Auswiegen der einzelnen Säcke sind automatische Wagen in Verwendung.

Verpackung der Kuchenmehle.

Im allgemeinen werden ganze Kuchen den Kuchenmehlen vorgezogen[2]), weil man der Meinung ist, daß die Verfälschung bei letzteren Produkten schwerer zu erkennen und leichter zu bewerkstelligen sei als bei ganzen Ölkuchen, wie man auch gegen die Kuchenmehle ihr leichteres Verderben und ihren umständlichen Versand (dichte Säcke) ins Treffen führt. Dem wäre entgegen zu halten, daß die Mehlform die

---

[1]) Ausgeführt vom Buckeye Iron and Brass Works in Dayton.

[2]) Siehe Seite 432.

Abwesenheit von Eisenkörpern, Haaren und Fremdkörpern anderer Art bei richtiger Fabrikation garantieren läßt, während die gepreßten Kuchen trotz aller in den Ölfabrikbetrieben bestehenden Vorkehrungen doch mitunter kleine Eisenteilchen, welche sich von den Walzen, Schnecken und anderen bewegenden Teilen absplittern und in das Preßgut gelangen, aufweisen. Desgleichen haften an den Ölkuchen fast immer einige Haare von den bei der Fabrikation verwendeten Preßstoffen, die zu ganzen Büscheln anwachsen können[1]).

Die Herstellung absolut haarfreier Kuchen ist trotz aller Anstrengungen noch nicht erreicht, und als einziges Mittel, die letzten Spuren von Haaren und Fasern des Preßstoffes sowie in das Preßgut gelangte Eisenteile zu entfernen, ist und bleibt das Zermahlen und Absieben der Kuchen.

Die durchschnittliche chemische Zusammensetzung der wichtigsten Ölkuchen und Extraktionsmehle zeigt die nachstehende Tabelle[2]), bei deren Abfassung uns die von Böhmer, Décugis, Collin, Corenwinder, Kellner, Perrot, König, Pott und anderen angegebenen Mittelwerte dienten: Zusammensetzung der Ölkuchen.

Durchschnittliche chemische Zusammensetzung der wichtigsten Ölkuchen.

Kuchensorte	Wasser	Rohprotein	Rohfett	Stickstoffreie Extraktstoffe	Rohfaser	Asche
Bankoulnußkuchen (geschält)	10,3	47,8	5,5	16,5	7,5	12,4
Baumsaatkuchen (ungeschält)	10,8	24,7	6,4	26,6	24,9	6,6
„ „ (geschält)	9,6	43,9	12,9	20,5	5,7	7,4
Berafkuchen	8,8	30,6	7,3	23,8	22,8	6,7
Bucheckernkuchen (ungeschält)	10,0	23,9	4,2	31,8	24,0	6,1
„ „ (geschält)	9,5	36,7	9,2	28,6	6,6	9,4
Candlenußkuchen	8,4	49,0	11,2	18,7	4,1	8,6
Erdnußkuchen (ungeschält)	9,2	31,6	8,9	20,7	22,7	6,9
„ „ (geschält)	9,8	49,0	8,0	23,5	4,1	5,6
Hanfkuchen	11,9	29,8	8,5	17,3	24,7	7,8
Kakaokuchen	10,0	18,8	11,2	36,4	15,5	8,1
Kapokkuchen	12,3	26,3	5,8	19,9	28,2	5,5

[1]) Über Haare, Eisenteile und andere Fremdkörper in Ölkuchen berichten: v. Ollech, Rückstände der Ölfabrikation, Leipzig 1884, S. 67; Pott, Die landw. Futtermittel, Berlin 1889, S. 505; Römer, Kraftfuttermittel, Stuttgart 1895, S. 70; Böhmer, Kraftfuttermittel, Berlin 1903, S. 357.

[2]) Siehe auch Tafel I, auf welcher die prozentuelle Zusammensetzung der als Futtermittel verwendeten Ölkuchen graphisch dargestellt ist unter Berücksichtigung der Verdaulichkeit der einzelnen Nährstoffe.

Kuchensorte	Wasser	Rohprotein	Rohfett	Stickstoffreie Extraktstoffe	Rohfaser	Asche
Kokoskuchen	10,3	19,7	11,0	38,7	14,4	5,9
Krotonkuchen	6,0	14,88	17,00	30,62	25,0	5,50
Kürbiskernkuchen	9,5	36,1	22,7	11,8	14,1	5,8
Leinkuchen	11,8	28,7	10,7	32,1	9,4	7,3
Leindotterkuchen	10,4	33,1	9,7	29,1	11,2	6,5
Madiakuchen	10,8	31,8	9,0	21,7	19,2	7,5
Maffurakuchen	10,0	18,8	6,7	30,3	20,3	13,9
Maiskeimkuchen	11,3	19,5	9,0	44,8	8,8	6,6
Mandelkuchen	9,5	41,3	15,2	20,6	8,9	4,5
Mohnkuchen	11,4	36,5	11,5	18,4	11,2	11,0
Mowrahkuchen	6,8	27,7	7,1	37,1	11,6	9,7
Nigerkuchen	11,5	33,1	4,4	23,4	19,6	8,0
Nußkuchen	13,8	34,6	12,2	27,6	6,7	5,1
Olivenkernkuchen	10,7	7,2	13,8	28,1	33,7	6,5
Palmkernkuchen	10,4	16,8	9,5	35,0	24,0	4,3
Palmkernmehl (extrahiert)	10,9	17,4	4,5	36,9	25,9	4,4
Kuchen von Pignon d'Inde	9,3	19,5	17,0	24,5	22,0	7,7
Rapskuchen	11,5	30,9	9,6	29,8	11,0	7,2
Rizinuskuchen (geschält)	9,8	46,6	8,7	16,2	8,0	10,7
Rübsenkuchen	10,4	31,4	9,0	33,8	8,2	7,2
Senfkuchen (hell)	10,5	35,8	11,8	26,5	9,1	6,3
Senfkuchen (dunkel)	9,8	30,3	12,1	30,1	11,4	6,3
Sesamkuchen (hell)	9,9	39,5	10,5	22,0	8,5	9,6
Sesamkuchen (dunkel)	12,0	37,5	9,5	23,0	8,5	9,5
Sojabohnenkuchen	13,4	40,3	7,5	28,1	5,5	5,2
Sonnenblumenkuchen (geschält)	9,2	39,4	12,6	20,7	11,8	6,3
Touloucanakuchen (geschält)	12,5	27,3	4,5	38,4	12,5	4,8
Traubenkernkuchen	10,4	15,4	10,6	20,5	36,5	6,6

Die prozentige Zusammensetzung der Ölkuchen bestimmter Abstammung ist durchaus nicht feststehend, sondern wechselt nach Provenienz, Produktionsmodus, Jahrgang usw. Diese Schwankungen können so weit gehen, daß der Gehalt der nämlichen, aber aus Rohstoffen verschiedener Produktionsgebiete hergestellten Ölkuchen an Nährstoffen geradezu auffallende Differenzen zeigt, während andererseits zwei für gewöhnlich sehr verschiedengehaltige Ölkuchensorten unter Umständen gleichgehaltig sind.

Wird der Gehalt der Ölkuchen an Rohprotein, stickstoffreien Extraktstoffen und Rohfaser in erster Linie von der Natur selbst bestimmt, so ist für den jeweiligen Ölgehalt die Fabrikationsmethode ausschlaggebend.

Additional material from *Gewinnung der Fette und Öle,*
ISBN 978-3-662-42707-1 (978-3-662-42707-1_OSFO1),
is available at http://extras.springer.com

Das mehr oder minder vollständige Ausbringen des Öles beeinflußt dann auch etwas den prozentuellen Gehalt an anderen Stoffen.

In der Tabelle ist auf die verschiedenen, sich in den einzelnen Kuchensorten oft findenden, die einzelnen Gattungen charakterisierenden Stoffe keine Rücksicht genommen. Es seien von den vielen Fällen nur das giftige Rizin der Rizinuskuchen, die in den Senf- und Rapskuchen enthaltenen Glykoside (Sinigrin und Sinalbin) und das in den Kuchen als Fettbegleiter erscheinende Lecithin herausgegriffen. Diese Verbindungen erscheinen in den Analysenangaben entweder im Rohprotein, im Rohfett oder in den Kohlehydraten inbegriffen.

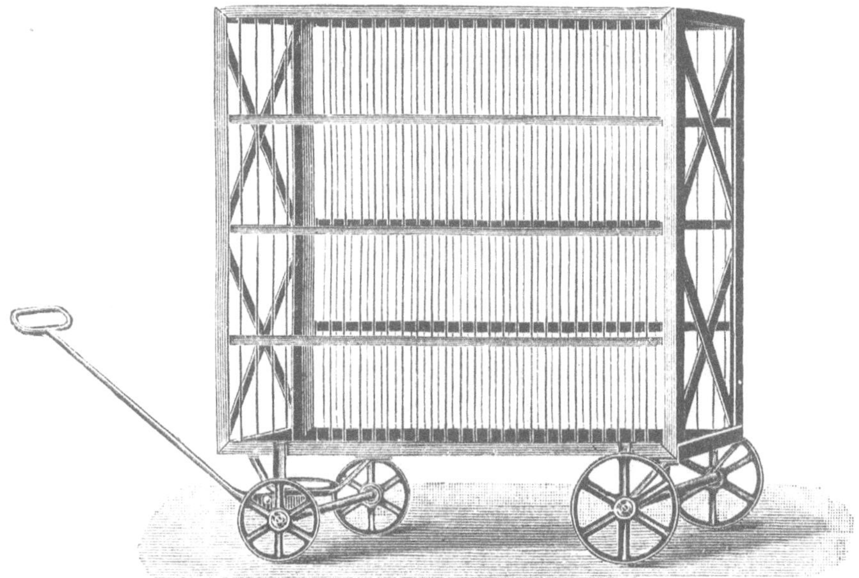

Fig. 221. Gitterwagen für Ölkuchen.

Wie alle stickstoff- und fettreichen Produkte, unterliegen auch die Ölkuchen beim Lagern gewissen Veränderungen (Verschimmeln, Ranzigwerden) und bilden auch ein Ansiedlungsfeld einiger Schmarotzer. Durch geeignete Aufbewahrung läßt sich dem Verderben der Ölkuchen ziemlich wirksam vorbeugen, so daß auch für Futterzwecke bestimmte Kuchen bei richtiger Behandlung eine Lagerzeit von selbst 3—4 Jahren, ohne Schaden zu nehmen, durchmachen können. (Garola-Larbalétrier.)

Einlagerung der Ölkuchen und Mehle.

Vor allem ist es wichtig, daß die die Presse verlassenden Ölkuchen gut auskühlen, die Extraktionsmehle richtig trocknen, bevor sie auf Lager kommen. Die Kuchen verlassen die Presse fast immer bei einer Temperatur von über 50° C; sie werden (eventuell nach vorangegangenem Beschneiden) in Gitterwagen (Fig. 221) gebracht, wo sie durch die allseitige Berührung mit Luft nach 1—2 Stunden vollkommen auskühlen. Die erkalteten Kuchen können dann in den Magazinen anstandslos in 4—5 m hohen Schichten aufgestapelt werden, nur muß der Lagerraum trocken, kühl und luftig sein und für eine Luftumspülung der einzelnen Kuchensäulen gesorgt werden. Um eine Luftzirkulation um jeden einzelnen Kuchen zu ermöglichen, hat man zwischen je zwei Stücken Zwischenlagen von Stroh oder die Aufstapelung in besonderen Holzstellagen empfohlen, Vorkehrungen, die sich aber nur in Kleinbetrieben durchführen lassen.

Das Trocknen der Extraktionsmehle ist schon Seite 430/31 beschrieben worden; das Einlagern der von überschüssiger Feuchtigkeit befreiten Ware wie auch das Einmagazinieren der durch Vermahlen der Preßkuchen hergestellten Kuchenmehle erfolgt am besten in Säcken und nicht in offenen Haufen. In letzterem Falle ist das Produkt zu sehr der Infektion durch Sporen, Pilzkeime und Insekten ausgesetzt. Werden frische, gesunde Kuchenmehle in reine Säcke verpackt, so können sie viele Monate lang ohne Nachteil lagern; die Angabe Décugis[1]), nach welcher als die größte zulässige Lagerdauer von Kuchenmehlen ein Monat angesehen werden könne, ist nicht zutreffend[2]).

Unter den nachteiligen Veränderungen, welche die Ölkuchen oder Ölkuchenmehle bei ungünstiger Einlagerung erfahren, ist vor allem das

Schimmligwerden

Schimmligwerden.

wichtig. Die Ursache desselben kann zweierlei sein: das Rohmaterial, welches zur Herstellung der Kuchen diente, kann schon von Haus aus mit Schimmelsporen behaftet gewesen sein, oder die aus gesunder Saat erzeugten Kuchen können von den überall vorhandenen Schimmelsporen befallen, also von außen infiziert werden.

Durch gute Reinigung der Ölsaaten vor der Verarbeitung und ausgiebiges Erwärmen des Preßgutes kann man die in dem Rohprodukt eventuell enthaltenen Schimmelsporen entfernen bzw. abtöten. Stark infizierte Saaten geben aber auch bei sorgfältigster Verarbeitung minderwertige, zur Schimmelbildung inklinierende Kuchen.

Ursprünglich gesunde, während des Lagerns von Schimmelsporen heimgesuchte Ölkuchen können trotz eines äußerlichen Schimmelbelages im Innern ganz gesund sein, weil die von außen kommende Infektion anfänglich bei der stark gepreßten Ware nur schwer in das Innere eindringt. Bei Kuchenmehlen, welche wegen der den Sporen preisgegebenen größeren

---

[1]) Les tourteaux de graines oléagineuses, Paris 1874, S. 99.

[2]) Die für Dungzwecke bestimmten Ölkuchenmehle, bei welchen eine Veränderung (Umsetzung der Stickstoffsubstanz in sich verflüchtigendes Ammoniak) ebenfalls nachteilig ist, kann man nach Decrombecque auch bei Lagerung in offenen, ca. 1 m hohen Schichten vor einer vorzeitigen Stickstoffabgabe durch Vermengen mit Gipsmehl schützen. (Compt. rendus, 1850, S. 803.)

Angriffsfläche überhaupt mehr zum Schimmeln neigen, greift eine beginnende Schimmelbildung weit rascher um sich.

Van Ryn[1]) hat beobachtet, daß Kuchen mit 13% Feuchtigkeit eine lebhafte Neigung zur Schimmelbildung haben, unter 12% dagegen eine geringe. In Holland werden deshalb Kuchen mit über 14% Wasser beanstandet.

Die verschiedenen Ölkuchensorten neigen übrigens nicht in gleicher Weise zum Schimmeln; Raps-, Kokos- und Palmkernkuchen zeigen nur eine geringe Neigung dazu, während Sesam- und Mohnkuchen leicht verderben.

Die an den Ölkuchen beobachteten Schimmelflecke erscheinen in Form eines weißlichen, blau-grünlichen oder intensiv gelben bis roten, ja selbst schwarzen Belages und sind meist Kulturen von Penicillium glaucum (Pinselschimmel), Aspergillus glaucus (Kolbenschimmel), A. niger, Mucor stolonifer und M. circinellus. Pilzarten.

Gewisse Ölkuchen weisen auch andere Pilze auf; so ist z. B. der häufig zu findende feine weiße Belag der Leinkuchen auf das Vorhandensein einer eigenen Pilzart zurückzuführen, Benecke hat bei Rizinuskuchen einen Pelagrapilz nachgewiesen und König, Spieckermann und Bremer haben im Kottonsaatkuchen einen Pilz, den sie Eurotium rubrum benannten, gefunden.

Verschimmelte Kuchen[2]) sind für Futterzwecke nicht geeignet, wenngleich die Verfütterung derselben nicht immer eine Erkrankung der betreffenden Tiere zur Folge haben muß. Für Dungzwecke sind sie gut verwendbar, zumal bei der Schimmelbildung der Stickstoff-(Protein-)Gehalt der Ware nur unwesentlich zurückgeht, sondern in erster Linie das Fett angegriffen wird. Die Düngung mit schimmligen Ölkuchen darf aber keinesfalls mit der Zeit des Aussäens zusammenfallen, weil die Schimmelpilze die jungen Pflanzenkeime zu töten vermögen.

Die Zerstörung des Fettes durch Schimmelpilze haben Ritthausen und Baumann[3]) nachgewiesen, die bei zwei in verschlossenen Glasflaschen aufbewahrten Rübsenkuchenmustern nach zwei Jahren das Fett fast gänzlich aufgezehrt fanden, unter gleichzeitigem Ansteigen des Wassergehaltes. Vom Fette wurden gegen 80% zerstört, wodurch sich auch die Zunahme der Feuchtigkeit erklärt. Reitmair[4]) hat bereits früher an einem längere Zeit lagernden schimmligen Erdnußkuchen einen höchst auffallenden Rückgang im Fettgehalt beobachtet, während gleich lang lagernde gesunde Erdnußkuchen in ihrem Fettgehalt annähernd konstant blieben. Zerstörung von Fett beim Schimmeln.

---

[1]) Landw. Versuchsstat., 1899, Bd. 52, S. 33.

[2]) Emmerling schlägt vor, die pilzfreien Kuchensorten als „Primaqualität", die schwach pilzhaltigen als „zweite Qualität" als Futterkuchen in den Handel zu bringen, die stark infizierten Sorten aber für Dungzwecke zu verwenden.

[3]) Landw. Versuchsstat., 1894, Bd. 47, S. 389.

[4]) Landw. Versuchsstat., 1885, Bd. 38, S. 373—400.

Ob neben den Schimmelpilzen bei dieser Fettzersetzung auch andere Organismen eine Rolle spielen, ist noch nicht mit Sicherheit ermittelt; die Hauptrolle fällt aber jedenfalls den Schimmelpilzen zu.

Veränderung des Fettes.

Das in den Ölkuchen und Kuchenmehlen enthaltene Fett neigt sehr stark zum

Ranzigwerden.

Mitunter hört man, daß mit geringerem Drucke gepreßte Kuchen eher ranzig werden als solche, bei deren Herstellung ein höherer Druck angewendet wurde (Collin und Perrot). Diese Annahme ist aber nicht richtig, im Gegenteil hat Reitmair[1]) experimentell festgestellt, das fettreiche Kuchen (unter niederem Druck hergestellte) eine relativ geringere Azidität zeigen als ölärmere (stark ausgepreßte) Kuchen. Reitmair sucht die Erklärung für dieses sonderbare Verhalten darin, daß fettarme Kuchen zumeist wiederholt heiße Pressungen durchgemacht haben und durch die Entfernung einer größeren Menge von Fett und die dadurch gesteigerte Fähigkeit zur Aufnahme von Luftfeuchtigkeit einen besseren Nährboden für fettspaltende Fermente abgeben als ölreiche, weniger oft gepreßte Kuchen. Emmerling[2]) fand bei ölreichen Palmkernkuchen ebenfalls eine kleinere Azidität als bei ölarmen. Bei extrahierten Waren versagt aber diese Gesetzmäßigkeit. Wahrscheinlich wirken das nach der Extraktion stattfindende Dämpfen und die Darre konservierend auf das Kuchenfett ein[3]).

Azidität und Ranzidität.

Auch bei Beurteilung der Ölkuchen muß zwischen Azidität (Gehalt des Fettes an freien Fettsäuren) und Ranzidität unterschieden werden. (Vgl. S. 123.)

Ob ein höherer Gehalt an freien Fettsäuren in sonst unverdorbenen, nicht ranzigen Ölkuchen für den Tierorganismus irgendwie schädlich oder auch nur weniger zusagend und minder nährkräftig sei als die äquivalente Neutralfettmenge, ist eine heute noch nicht geklärte Frage. Während einige Forscher die Schädlichkeit der freien Fettsäure bezweifeln (Lehmann, Märcker, Halenke, Pfeiffer, Kellner), weiß Klien zu berichten, daß man in manchen landwirtschaftlichen Bezirken nur neutrale oder schwachsaure Kuchen (mit nicht über 2% [??] Säure) verfüttere, da sonst die Butter von abweichender Qualität ausfalle.

Eine, wenn auch hohe, bald nach der Pressung auftretende Azidität der Ölkuchen, deren Bildung nicht durch Bakterien, sondern nur durch Enzyme bewirkt wurde, scheint für die Güte dieser Produkte ohne wesent-

---

[1]) Über die Veränderlichkeit einiger Futtermittelfette. (Landw. Versuchsstat., Bd. 38, S. 384).

[2]) Landw. Versuchsstat., 1891, Bd. 38, S. 373.

[3]) Die von H. Nördlinger (Zeitschr. f. analyt. Chemie, 1890, S. 6) gemachten Angaben über die Azidität der Ölkuchenfette treffen insofern nicht ganz das Richtige, weil Nördlinger offenbar frische Ölkuchen in Untersuchung zog.

liche Bedeutung zu sein, wenngleich die von Emmerling aufgestellten Thesen einer gewissen Berechtigung nicht entbehren.

Emmerling[1]) gibt neutralen Kuchen gegenüber sauren aus folgenden Gründen den Vorzug:

1. Eine hohe Azidität erschwert den Eintritt der für die Darmverdauung günstigsten alkalischen Reaktion.

2. Die Neutralisation der Fettsäure erfordert bei hoher Azidität einen größeren Aufwand an Alkali im Darm, wodurch, wenn auch nur vorübergehend, die Alkalität des Blutes herabgesetzt werden kann.

3. Je höher die Azidität eines Fettes, um so geringer ist dessen Gehalt an Neutralfett. Die Form des Neutralfettes gewährt aber eine größere Garantie dafür, daß das Fett auch in dieser Form zur Resorption gelange, und zwar besser als in jener von freier Fettsäure bzw. Seife. Wenn auch feststeht, daß Seife bei der Resorption wieder in neutrales Glyzerid verwandelt wird, so fragt es sich doch, ob dies jederzeit vollständig und ohne Verlust vor sich gehe. Fände aber eine Resorption der Seife auch ohne Rückverwandlung in neutrales Glyzerid statt, so würde sie, der physiologischen Oxydation unterliegend, zum Teil der Fett- und Milchbildung im Organismus entzogen werden.

Bei ranzig gewordenen Kuchen spielen die vorhandenen flüchtigen Fettsäuren und ihre Ester eine wichtige Rolle. Die flüchtigen Fettsäuren können auf die Darmschleimhäute reizend einwirken, wenngleich die Menge dieser Produkte meist zu gering ist, um eine merkliche Ätzung hervorzurufen. Andere Zersetzungsprodukte (z. B. Milchsäure) können nach Hartleb auf jene Darmbazillen günstig einwirken, die durch starke Alkalität der Verdauungssäfte sonst zugrunde gehen müßten. Ein Hauptgrund der vielfach beobachteten Unbekömmlichkeit ranziger Ölkuchen ist aber deren übler Geruch und unangenehmer Geschmack, wegen welcher Eigenschaften sie vom Vieh nur mit Widerwillen aufgenommen und infolge der durch den Ekel hervorgerufenen Verstimmung der Verdauungsorgane schlecht verdaut werden. (Emmerling, Hagemann.)

Parasiten der Ölkuchen und Mehle.

Die Kuchen sind auch der Gefahr ausgesetzt, von Parasiten der Milbenklasse und der Familie der Troglyphen sowie durch die Larven des Anobium paniceum angegriffen zu werden. Die Anwesenheit dieser Parasiten verrät sich durch die zahlreichen Minengänge und Löcher, welche solche Kuchen aufweisen. Am meisten neigen zu dieser Art des Verderbens die Kuchen von Sesam, Erdnüssen, Palmkernen, Koprah und Baumwolle.

Umfassende Untersuchungen über die Veränderungen, welche die Ölkuchen beim Aufbewahren erleiden, hat J. König[2]) angestellt, wobei 3 Sorten Baumwollsaatkuchenmehl als Versuchsobjekte dienten. Die beachtenswerten Resultate Königs lassen sich in folgende Punkte zusammenfassen[3]):

---

[1]) Landw. Versuchsstat., 1898, Bd. 50, S. 217.

[2]) Frühlings Landw. Zeitung, 1902, S. 77.

[3]) Nach Jahresberichten über Agrikultur-Chemie, 1902, S. 302.

Königs Befunde.

1. In den geprüften 3 Sorten Baumwollsaatmehl waren nur allgemein verbreitete Kleinwesen, Mycelpilze, sowie Bakterien aus der Gruppe der Heu- und Kartoffelbazillen vorhanden.

2. Eine Vermehrung der Pilze trat erst bei einem Wassergehalte von über 14% ein. (Hieraus folgt die Wichtigkeit der trockenen Aufbewahrung der Futtermittel; siehe auch die Seite 445 erwähnte, in Holland bestehende Maximalgrenze für Feuchtigkeit.)

3. Bei einem H_2O-Gehalte von 14—30% waltet das Wachstum der Mycelpilze vor, erst von mehr als 30% H_2O-Gehalt an gewinnen die Bakterien die Oberhand.

4. Die Mycelpilzeflora wechselt mit dem Steigen der Feuchtigkeit. Das Schimmeln wurde stets durch Eurotium repens eingeleitet, dem sehr bald Eurotium rubrum folgte. Bei ungefähr 20% Feuchtigkeit traten die als Oidiumarten bezeichneten Schimmelpilze auf, bei 25% Penicillium glaucum.

5. Das Wachstum der Pilze ist stets mit einem Verlust an organischer Substanz, aber mit einer Zunahme von H_2O (ohne Zweifel infolge der Atmung) verbunden.

6. Dieser Verlust wird in den ersten Abschnitten der Schimmelbildung — bis zu einem Feuchtigkeitsgrade von 20% — bei dem fettreichen Baumwollsaatmehl durch das Fett[1]) gedeckt. Bei höherer Feuchtigkeit, besonders mit dem Auftreten des Penicillium glaucum, werden die Fette, aber auch die stickstofffreien Extraktstoffe (Raffinose usw.) stark, die Pentosane in geringerem Maße verzehrt. Die Proteinstoffe werden durch die Mycelpilze nur in geringer Menge in wasserlösliche organische Stickstoffverbindungen überführt, aber nicht bis zu NH_3 abgebaut. Ein kleinerer Teil der Stickstoffverbindungen wird anscheinend unter Entbindung von elementarem Stickstoff verbrannt.

7. Die Bakterien decken ihren Bedarf an Kohlenstoff vorwiegend durch die stickstoffreien Extraktstoffe (Raffinose usw.) und Pentosane und nur in geringerem Grade durch das Fett. Dagegen führen sie eine tiefgehende Zersetzung der Proteinstoffe unter teilweisem Abbau bis zu Ammoniak herbei.

8. Die wichtige Frage, ob bei der Schimmelung, d. h. bei der Zersetzung der Futter- und Nahrungsmittel bei niedrigem Wassergehalte gesundheitsschädliche Stoffe entstehen, hat König bis jetzt nicht feststellen können, weil die Versuchstiere das verschimmelte Baumwollsaatmehl selbst im Gemisch mit anderen, zusagenden Futtermitteln verschmähten. Weil aber die Schimmel- und Oidiumarten die Proteinstoffe fast gar nicht angreifen und die stickstoffreien Stoffe (Fett und Kohlehydrate) zu Kohlensäure und Wasser veratmen, so ist die Bildung von gesundheitsschädlichen Stoffen durch diese Kleinwesen nicht wahrscheinlich; ob die gebildeten Sporen schädlich wirken können, muß noch festgestellt werden. Ohne Zweifel besteht der Hauptschaden der Schimmelbildung darin, daß die Futter- und Nahrungsmittel einen schlechten Geruch annehmen und infolgedessen überhaupt ungenießbar werden. Viel eher als durch Schimmel und Oidien ist die Bildung schädlicher Stoffe durch Bakterien, die erst bei höherem Wassergehalte gedeihen und vorwiegend auch Proteinstoffe umsetzen, zu erwarten.

Verwertung der Ölkuchen.

Allgemeines.

Die Rückstände der Ölfabrikation können als Dungmittel, als Viehfutter und zu verschiedenen anderen Zwecken verwendet werden; die rationelle Verwertung dieser Produkte hat ziemlich lange auf sich warten lassen. Namentlich in Deutschland, Österreich und Rußland hat man relativ

[1]) Siehe Beobachtungen von Ritthausen und Baumann (Seite 128).

spät den richtigen Wert der Ölkuchen erkannt; wurden doch noch in den fünfziger Jahren des vorigen Jahrhunderts auf der österr. Kaiser Ferdinands-Nordbahn Rapskuchen als Heizmaterial für Lokomotiven verwendet.

Ölkuchen als Heizmaterial.

Die Verwendung der Ölkuchen (hauptsächlich der Rizinuskuchen) zu Heizzwecken wurde seinerzeit bei den alten Römern geübt; heute werden nur noch in vereinzelten Fällen die Bucheichelkuchen, die Oliventrester und in einigen Weinbau treibenden Distrikten Italiens die Traubenkernpreßkuchen usw. diesem Zwecke zugeführt.

Ölkuchen als Düngemittel.

Geschichtliches.

Die ersten Versuche, Ölkuchen (besonders Raps-, Lein-, Hanf- und Rizinuskuchen) als Dünger zu verwerten, dürften um die Mitte des 18. Jahrhunderts gemacht worden sein. Man scheint diese Art von Düngung aber nur im Norden Frankreichs und Englands gekannt zu haben, was aus einer Schrift Duhamels du Monceau[1]) hervorgeht. Im südlichen Frankreich ist man der Sache trotz der dort heimischen Ölindustrie erst viel später nähergetreten, denn 1803 weiß Sinety[2]), der über die Verwertung der Oliven- und Weintrester zu Dungzwecken berichtet, noch nichts von der gleichen Verwendung von Ölkuchen zu sagen, wie auch J. S. Lardier[3]) in seinen Studien darüber nichts erwähnt.

Mit dem Aufschwunge der Marseiller Ölindustrie durch die Einfuhr überseeischer Ölsämereien studierte man aber diese Frage näher, und seit 1850 sollen nach Féraud Giraud[4]) alle im Süden Frankreichs erzeugten Ölkuchen — mit Ausnahme der teils verfütterten, teils exportierten Leinkuchen — als Dungmittel auf die Felder gewandert sein, bis man dann allmählich die höhere Verwertung derselben als Futtermittel allgemein anstrebte und durchsetzte.

Heute werden für Dungzwecke nur jene Kuchen verwendet, welche sich infolge ihrer Giftigkeit (Rizinus-, Senf-, Kroton- u. a. Kuchen) von vornherein nicht als Futtermittel eignen, ferner solche, die ursprünglich als Futterkuchen bestimmt waren, durch Verderben am Lager (Verschimmeln, Ranzigwerden) aber Schaden gelitten haben, und endlich extrahierte Ware, welche sich für Futterzwecke aus irgend einem Grunde (Giftigkeit, Verdorbenheit, Ölarmut) nicht empfiehlt.

Gehalt an Dungstoffen.

Der Dungwert der Ölfabrikationsrückstände wird durch ihren Gehalt an Stickstoff und Phosphorsäure bestimmt; der sich im allgemeinen in bescheidenen Grenzen bewegende Kaligehalt zählt erst in zweiter Linie.

---

1) Traité de la culture des terres, Paris 1761, Bd. 6, S. 193.

2) Agriculture du Midi, Marseille 1803, S. 103.

3) Essai sur les moyens de régénérer l'agriculture en France et plus particulièrement dans le Midi, Marseille 1820.

4) Enquête sur les engrais industriels, 1866, Bd. 2, S. 146.

Die nachstehende Tabelle zeigt den Gehalt einiger Ölkuchensorten und Extraktionsmehle an den drei wichtigsten Dungstoffen: Stickstoff, Phosphorsäure und Kali.

Kuchensorte:	Stickstoff	Phosphorsäure	Kali
Bankoulnußkuchen (geschält)	7,64	3,68	1,50
Baumwollsaatkuchen (ungeschält)	3,95	1,24	1,65
Bucheckernkuchen (ungeschält)	3,82	1,05	0,72
„ (geschält)	5,87	1,05	0,72
Candlenußkuchen	7,84	4,00	1,75
Hanfkuchen	4,76	1,89	1,50
Kuchen von Pignon d'Inde	3,14	1,51	?
Rapskuchen	4,94	2,00	1,30
Rizinuskuchen (ungeschält)	3,67	1,62	1,12
„ (geschält)	7,45	2,16	1,50
Sesamkuchen (hell)	6,32	3,07	1,40
„ (dunkel)	6,00	3,03	1,45
Sonnenblumenkuchen (ungeschält)	3,27	1,39	0,95
„ (geschält)	6,30	2,23	1,17
Touloucanakuchen (geschält)	4,36	0,86	?
Traubenkernkuchen	2,31	0,66	?

Dungwert im Vergleich zu Stallmist.

Im Vergleiche zu gewöhnlichem Stallmist[1]) ist der Dungwert der Ölkuchen sehr bedeutend. Es entsprechen z. B. hinsichtlich des Stickstoffgehaltes

100 kg	Sesamkuchen	1452 kg Stallmist,
100 „	Erdnußkuchen, ungeschält	1342 „ „
100 „	Rizinuskuchen	1855 „ „
100 „	Krotonkuchen	610 „ „
100 „	Senfkuchen	1157 „ „
100 „	Rübsenkuchen	1157 „ „

wie andererseits betreffs des Phosphorsäuregehaltes

100 kg	Sesamkuchen	1035 kg Stallmist,
100 „	Erdnußkuchen, ungeschält	295 „ „
100 „	Rizinuskuchen	1130 „ „
100 „	Krotonkuchen	560 „ „
100 „	Senfkuchen	1000 „ „
100 „	Rübsenkuchen	825 „ „

im Werte gleichkommen. Der Kaligehalt der Ölkuchen übertrifft den des Stallmistes um das $1^1/_2$—3 fache.

[1]) Stallmist enthält durchschnittlich:

Stickstoff	0,45 %
Phosphorsäure	0,39
Kali	0,51

Wirkung der Ölkuchen als Dünger.

Richtig angewandt, geben die Ölkuchen ein ganz vortreffliches Düngemittel ab; für eine erfolgreiche Düngung mit demselben ist es aber notwendig, daß man den zu düngenden Boden, die Nährbedürfnisse der Pflanze und die klimatischen Verhältnisse genau kenne.

Der hauptsächlich in Form von Proteinen vorhandene Stickstoff wird in eine assimilierbare Form überführt, indem sich die eingeackerten Ölkuchen unter dem Einflusse der Feuchtigkeit und der Luft im Boden allmählich zersetzen, wobei ein Zerfall der Proteinsubstanzen in Ammoniak stattfindet, welch letzteres nach und nach von den im Boden enthaltenen Mikroorganismen nitrifiziert wird. Gleichzeitig bildet sich unter dem Einflusse des Sauerstoffes der Luft aus den in den Kuchen befindlichen Kohlehydraten Kohlensäure, welche im Boden vorhandene unlösliche Salze in eine wasserlösliche Form überführt und sich zum Teil auch mit dem Ammoniak zu kohlensaurem Ammonium verbindet, das von den Wurzeln direkt absorbiert wird.

Nachteil des Fettes.

Der Fettgehalt[1]) der Ölkuchen spielt bei der Verwendung derselben als Dungmittel keine Rolle, ja er ist eher schädlich als nützlich. Extrahierte oder mehrfach gepreßte, also möglichst ölarme Kuchen sind demnach für Düngezwecke den als Futterkuchen so geschätzten ölreicheren Produkten vorzuziehen.

Für den mitunter beobachteten nachteiligen Einfluß ölreicher Düngerkuchen auf die Pflanzenentwicklung hat man mehrfache Erklärungen gesucht. So wurde angenommen, daß das Öl den Zutritt von Luft und Feuchtigkeit zu den Keimen und Wurzeln der Pflanzen abhalte, wie man andererseits die beim Zersetzen der Öle auftretenden Fettsäuren der Zerstörung der Keimfähigkeit des Samens zieh.

Die erstgenannten Ansichten stützten sich auf die vielfachen Beobachtungen, bei denen ausgiebige Regengüsse die Wirksamkeit des Kuchendüngers lebhaft hervortreten ließen, wogegen trockene Witterung die Wirksamkeit des Düngers merklich hemmte. Man nahm an, daß der Regen das Öl von den Samen und seinen Würzelchen wegspüle und so unschädlich mache, während in Wirklichkeit wohl nur die der Erde durch den Regen gegebene Feuchtigkeit die Überführung der Proteinsubstanzen in assimilierbare Stickstoffverbindungen beschleunigt.

Nicht nur für ölreiche Düngerkuchen, sondern auch für ölarme, ja sogar fast ölfreie ist eine genügende Menge von Feuchtigkeit absolute Bedingung zur Umwandlung der Eiweißstoffe in Ammoniak- und Salpeterverbindungen, die allein von der Pflanze aufgesaugt werden können.

---

[1]) Die irrige Meinung Delcourts, nach welchem der Dungwert der Ölkuchen ihrem Ölgehalte zuzuschreiben sei, wurde schon von Maurice (Annales de l'agriculture française 1824, S. 124), später von Kuhlmann (Ann. de chimie et d. phys. 1846, S. 142) und Boussingault (Économie rurale, 2. Auflage, Paris 1851, Band 1, S. 763) widerlegt.

Muentz und Girard[1]) haben experimentell bewiesen, daß Öl nicht keimtötend wirkt und daher auch die zweite Annahme hinfällig ist. Sie zeigten, daß die Keimfähigkeit von Samen aber sehr leicht Schaden nimmt, wenn letztere mit Kuchen in Berührung kommen, die irgendwie durch Schimmelbildung gelitten haben oder durch Bakterien infiziert sind. Aus diesem Grunde ist denn auch bei Verwendung von Ölkuchen (besonders verdorbener) als Dünger darauf zu sehen, daß dieselben nicht gleichzeitig mit dem Samen ausgestreut werden oder Dünger und Saat wenigstens nicht in eine und dieselbe Furche kommen, damit die Gelegenheit einer direkten Übertragung etwa vorhandener Pilzkulturen von den Kuchen auf die Saat verhindert werde.

Verwendungsweise.

Die Kuchen werden dem Boden auf verschiedene Weise einverleibt. Häufig streut man die bis auf Haselnußgröße zerkleinerten Kuchenstücke über den Boden, was jedoch nicht vorteilhaft ist, weil nicht nur durch den Wind ein Teil des Dungmittels vertrieben wird, sondern bei der Fermentation der Kuchen ein Teil der wirksamen Dungstoffe in Form von Ammoniak direkt in die Luft entweicht und sich so seiner Wirksamkeit entzieht. Es ist daher besser, die nußgroßen Kuchenstücke oder auch die zu Pulver vermahlenen Kuchen einzuackern, was jedoch nur bis zu einer Tiefe von 5—6 cm unter die Oberfläche erfolgen soll.

In manchen Gegenden werden die Kuchen nicht für sich eingeackert, sondern vorher mit anderen natürlichen oder künstlichen Dungstoffen fester oder flüssiger Art vermischt.

Die Mengen, welche man auf 1 Hektar Ackerland anwendet, variieren sehr stark und hängen sowohl von der Bodenbeschaffenheit als auch von den Kulturen ab, welchen der betreffende Boden dient. So werden für Zerealien durchschnittlich 400 kg pro Hektar genommen, Felder, welche mit den Boden stark erschöpfenden Pflanzen, wie Lein, Mohn, Hanf, Tabak usw., bebaut werden sollen, düngt man jedoch weitaus reichlicher und geht hier bis zu einem Quantum von 2000 kg Kuchen pro Hektar. Für Wiesen genügt in der Regel eine Gewichtsmenge von 10 kg pro Hektar, und man begnügt sich hier zumeist mit der nicht rationellen Düngungsart, das feingepulverte Kuchenmehl in den letzten Wintermonaten auf die Wiesen zu verstreuen.

Die Weinbauern haben den vorteilhaften Einfluß der Kuchendüngung für die Weinrebe schon seit langem erkannt und empfehlen dieses Dungmittel hauptsächlich für erschöpfte, früher schlecht gehaltene Reben; 500 g per Rebe werden als das Durchschnittsmaß bezeichnet.

Auch für Obstgärten empfiehlt sich die Anwendung der Ölkuchendüngung sehr, und bei jedem Baum wird hier 15—20 cm tief eine Menge von 1—10 kg dieses Düngemittels vergraben.

Die geeignetste Jahreszeit zur Veracker ung der Düngerkuchen sind die letzten Wintermonate. Sie finden um diese Zeit noch genügende Feuchtigkeit vor, die ihre Zersetzung begünstigt.

[1]) A. Muentz et A. Ch. Girard: Les Engrais, Paris 1889.

Die Wirkung der Ölkuchendüngung macht sich bei den einzelnen Kuchengattungen in verschieden rascher Weise bemerkbar. Kuchen von Arachides, Rübsen und Raps kommen später zur Geltung, zeigen aber eine anhaltendere Wirkung als Mohn, Sesam und Rizinuskuchen, welche rasch düngen, sich aber dementsprechend auch bald aufbrauchen. Collin und Perrot nennen daher die Kuchen der ersten Kategorie „tourteaux froids", jene der zweiten „tourteaux chauds". Dauer der Wirkung.

Positive Angaben über die Wirkungsdauer dieser zwei Gruppen zu machen, ist nicht leicht. Hängt dieselbe doch von drei sehr variablen Faktoren ab: von der Bodenzusammensetzung, der Feuchtigkeit und von der Witterung im allgemeinen.

Da bei den Kuchen der Gehalt an Stickstoff den an Phosphorsäure und an Kali bei weitem überragt und zu diesen letzteren in einem ganz ungleichartig höheren Verhältnisse steht, als dies bei dem als Normaldünger zu bezeichnenden Stallmist der Fall ist, so bietet sich die Möglichkeit der ausschließlichen Anwendung der Ölkuchen als Dungmittel nur in äußerst seltenen Fällen. Sie ist nur dort praktikabel, wo ein an Kali- und Kalkphosphat reicher Boden an Stickstoffarmut laboriert. Für gewöhnlich wendet man den Ölkuchendünger gleichzeitig mit anderen Dungstoffen an, doch kann auf dieses, in das Gebiet der Agrikulturchemie gehörende Thema an dieser Stelle nicht näher eingegangen werden.

Nicht unerwähnt darf dagegen die insektentötende oder richtiger wohl insektenabhaltende Wirkung einiger als Düngemittel verwendeten Ölkuchen bleiben. Man scheint diese Eigenschaften ursprünglich bei der mit Schwefelkohlenstoff extrahierten Ware beobachtet zu haben und suchte den Grund dafür fälschlich in den in den Extraktionsrückständen noch vielfach enthaltenen Spuren von Schwefelkohlenstoff. Die wahre Ursache dieser Nebenwirkung einiger Düngerkuchen ist aber teils in ihren toxischen Eigenschaften (Rizinus, Kroton), teils in ihrem bei der Fermentation sich entwickelnden Senfölgehalte (indischer Raps, Senfkuchen) zu suchen, wie auch die Kuchen von Hanf und Leindotter durch ihren charakteristischen Geruch Insekten vertreiben. Insektenabhaltende Wirkung.

In Weingärten vermögen Ölkuchen die Reben vor den Verwüstungen des Oidiums (Traubenkrankheit) zu schützen und verschiedene Insektenparasiten von den Weinkulturen fernzuhalten.

Verwendung als Futtermittel.

Dieselbe ist jedenfalls älter als die Verwertung der Ölkuchen zu Dungzwecken. Als ältesten schriftlichen Beleg kann das im Jahre 1700 erschienene Werk von Liger: „La nouvelle maison rustique" angesehen werden. Dieser Autor spricht aber von diesem Futtermittel nicht als von etwas Neuem, besonders Hervorhebenswertem, so daß die Annahme einer viel früheren Verwertung der Ölkuchen zu Futterzwecken berechtigt ist. Geschichtliches.

Die Verwendung beschränkte sich aber lange Zeit nur auf wenige in der Viehzucht vorausgeschrittene Länder. Die Holländer dürften die ersten gewesen sein, welche den hohen Wert der Ölkuchen als Futtermittel erkannten. Noch heute ist in keinem anderen Staate der Kleinbauer von der Wichtigkeit dieses Produktes mit Recht so überzeugt wie in Holland, wiewohl auch in Nordamerika, Deutschland, Frankreich, Italien, Österreich usw. die Fütterung mit Ölkuchen in den letzten Jahren mehr und mehr um sich greift.

In Deutschland hat besonders die Mißernte des Jahres 1893 die Einführung der Ölkuchen sehr gefördert. So wie durch das Hungerjahr 1817 der Kartoffelanbau, der trotz aller obrigkeitlichen Zwangsmaßregeln bis dahin keinen rechten Eingang finden konnte, rasch allgemeine Ausdehnung gewann, war auch in diesem Falle die Not die Lehrmeisterin. Während in einzelnen Gegenden Deutschlands in der Winterperiode 1893/94 das Vieh zu Spottpreisen verkauft werden mußte, nahm der Viehstand in anderen Distrikten, wo der Gebrauch der Ölkuchen eingeführt war, in der gleichen Zeit sogar zu. Diese Tatsache wirkte überzeugend auf die bisher der Ölkuchenfütterung ziemlich skeptisch gegenübergestandenen Kreise der Kleinbauern, und der allgemeinen Anwendung der Ölkuchen als Futtermittel waren die Wege geebnet.

Ölkuchen sind Kraftfuttermittel.

Die Ölkuchen können als die wertvollsten Kraftfuttermittel angesehen werden, über welche der Landwirt verfügt. Den Anforderungen, die man an ein Kraftfuttermittel stellt, entsprechen sie in vollkommenster Weise: sie enthalten in geringem Volumen verhältnismäßig große Mengen leichtverdaulicher Nährstoffe, insbesondere viel Fett und Eiweiß und weisen einen entsprechenden Gehalt an verdauungsfördernden und die andere Körpertätigkeit anregenden Reizstoffen auf.

Die Landwirtschaft hat den Handel mit Kraftfuttermitteln in einem ihre Interessen aufs beste wahrenden Sinne organisiert und für die Ölkuchenlieferungen Qualitätsforderungen aufgestellt, welche zum großen Teile ohne Anhören der anderen Interessentengruppe — der Produzenten — festgesetzt wurden. Es muß entschieden als eine Unterlassungssünde bezeichnet werden, daß die Ölindustriellen an den verschiedenen Beratungen über die im Handel mit Kraftfuttermitteln aufzustellenden Normen keinen lebhafteren Anteil nehmen. Wenn man auch zugeben muß, daß die maßgebenden Vertreter der landwirtschaftlichen Kreise ihre Forderungen stets wohl begründen und in lobenswerter Weise einsichtsvoll und gemäßigt vorgehen, so läßt sich doch nicht leugnen, daß einige laut gewordene, über das Ziel schießende Wünsche, die sich möglicherweise später einmal in strikte Forderungen umwandeln können, im Keime erstickt worden sein würden, wenn bei den Beratungen auch die Produzenten zu Worte gekommen wären und man den Ansichten der Agrarchemiker diejenigen der Ölindustriellen entgegengehalten hätte.

Alle grundlegenden Fragen über die Reinheits- und Gehaltsgarantie, Probeentnahme, Analysenmethoden und Wertberechnung der Ölkuchen sollten durch gemeinsame Beratung beider Interessentengruppen gelöst werden.

Es ist hier nicht der Ort, um dieses Thema weiter aufzurollen, und sei nur in gedrängter Kürze das Allerwichtigste über die Bewertung der Futterkuchen mitgeteilt:

Bestandteile der Ölkuchen.

Die chemischen Bestandteile aller Futtermittel — also auch der Kraftfuttermittel und insbesondere der Ölkuchen — teilt man in zwei große Gruppen ein, nämlich

in unorganische oder unverbrennliche und
in organische oder verbrennliche.

Zur ersten Gruppe gehören Wasser und Mineralstoffe, die zweite gliedert sich weiter in stickstoffhaltige und stickstofffreie Körper.

Wenn die unorganischen Verbindungen für die Ernährung des Tieres auch notwendig sind, so kommt ihnen dennoch bei der Futterbewertung nur eine untergeordnete Bedeutung zu. Wichtig und wertbestimmend sind nur die organischen Stoffe des Futters, von denen den stickstoffhaltigen in erster Linie die Aufgabe zufällt, Fleisch und Blut zu bilden, weshalb sie auch wohl plastische oder aufbauende Nährstoffe heißen. Dieselben können auch zur Fettbildung im Tierkörper beitragen sowie Kraft und Wärme erzeugend wirken, doch sollen bei richtig geleiteter Fütterung die Bildung von Fett, Kraft und Wärme die stickstoffreien Nährstoffe besorgen, die man mitunter auch Heizstoffe nennt.

In der Analyse der Futtermittel werden die stickstoffhaltigen Verbindungen unter dem Titel „Rohprotein" (fälschlich wohl auch kurzweg „Protein") angeführt, die stickstoffreien Stoffe in die Unterabteilungen „Rohfett", „stickstoffreie Extraktstoffe" (Kohlehydrate) und „Rohfaser" (Holzfaser) gegliedert. Keiner dieser Namen bezeichnet einen einheitlich zusammengesetzten Körper, sondern umfaßt mehrere zwar gleichartige, in ihrer näheren Zusammensetzung und ihrem Verhalten aber doch verschiedene chemische Verbindungen. So erscheinen im

Rohprotein

Rohprotein.

neben den eiweißartigen Stoffen auch solche nichteiweißartiger Natur zusammengefaßt. Die ersteren können sein: Albumine, Globuline, Fibrine, Nukleine, Proteide, Albuminoide, Albuminosen, Peptone, Fermente, Enzyme usw., während sich die nichteiweißartigen Verbindungen aus Amiden, (Glutin, Elastin), stickstoffhaltigen Glykosiden, organischen Basen (Alkaloiden), salpetersauren und Ammoniaksalzen zusammensetzen können.

Die eiweißartigen Verbindungen sind für die Ernährung des Tierkörpers viel wertvoller als die nicht eiweißartigen; da manche Futtermittel ganz beträchtliche Anteile ihrer Stickstoffsubstanz in Form von Amiden und anderen nichteiweißartigen Stoffen enthalten (im Wiesenheu sind 17—31% des Gesamtstickstoffes als Amide vorhanden), so wäre für die Wertbeurteilung der Futtermittel eine weitere Detaillierung des Rohproteins angezeigt. In für Handelszwecke bestimmten Analysen begnügt man sich aber stets mit der einfachen Angabe des alle Stickstoffverbindungen involvierenden „Rohproteingehaltes"[1]), den man aus dem Stickstoffgehalte des betreffenden Futtermittels berechnet. Man nimmt dabei an, daß die stickstoffhaltigen Substanzen, welche hier in Frage kommen, durchschnittlich 16% Stickstoff enthalten, also 1% Stickstoff (N) gleich sei 6,25% Rohprotein. Der Stickstoffgehalt vieler im „Rohprotein" inbegriffenen Verbindungen beträgt aber mehr als 16%, so daß man bei Berechnung des Rohproteins aus dem festgestellten Stickstoffgehalt durch Multiplikation mit dem Faktor 6,25 meistens zu hohe Rohproteinwerte erhält. Nach Ritthausen[2]) haben z. B. die Erdnußkuchen mit 7,6% N nicht $7{,}6 \times 6{,}25 = 47{,}5\%$, sondern nur 41,8% Proteingehalt, weil der Stickstoffgehalt des Erdnußkuchen-Eiweißes von 18,2% einem Umwandlungsfaktor von nur 5,40 und nicht 6,26 entspricht. Zu den aus diesem Umstande entspringenden Fehlern kommt weiters noch, daß man auch alle nichteiweißartigen Verbindungen als Protein berechnet.

Wolff[3]) ordnet die Ölkuchen nach ihrem Gehalte an Rohprotein in 3 Klassen, in deren erste Ölkuchen mit 16—24% Rohprotein gehören, während die Glieder der 2. Klasse 25—35% Rohprotein aufweisen müssen und alle über 35% Rohprotein enthaltenden Produkte in die 3. Klasse rangieren.

Verdaulichkeit des Ölkuchenproteins.

Die in der Analyse von Futtermitteln als Rohprotein ausgewiesenen Stickstoffverbindungen werden vom Tierkörper je nach ihrer Provenienz, also je nach ihrer näheren chemischen Zusammensetzung, in einer verschieden vollkommenen Weise verdaut. Je größer der Prozentsatz des verdaulichen Anteiles (Verdaulichkeitsgrad), um so wertvoller muß das Rohprotein gelten, denn nur der verdauliche Teil der rohen, von der chemischen Analyse ausgewiesenen Stickstoffe kann Nährwirkungen äußern.

In der die Zusammensetzung der wichtigsten Ölkuchen illustrierenden Tafel I ist der verdauliche Anteil des Rohproteins (wie der aller Nährstoffe) kenntlich gemacht. Die Ölkuchen stehen hinsichtlich der Verdaulich-

---

[1]) Das Rohprotein der Ölkuchen ist an Eiweißverbindungen sehr reich, reicher als die meisten anderen Kraftfuttermittel, ganz zu geschweigen von den Grün- und Rauhfutterstoffen.

[2]) Landw. Versuchsstat., Bd. 47, S. 391.

[3]) Krafft, Landw. Lexikon, Berlin 1889, S. 708.

keit ihrer Stickstoffsubstanz unter den Futtermitteln jedenfalls obenan. Während von 100 Teilen Rohprotein

des Haferstrohes	12—50%,	durchschnittlich	48% [1])
der Kartoffeln	23—88	„	51
des Heues	47—67	„	57
des Maises	58—84	„	70
des Hafers	67—94	„	76

verdaulich sind, werden von 100 Teilen Rohprotein

der Rapskuchen	48—79%,	durchschnittlich	66%
der Leinkuchen	74—88	„	79
der Erdnußkuchen	84—86	„	83
entfetteten Palmkernmehles	89—95	„	91

verdaut.

Auch bei diesen Verdauungskoeffizienten wurde auf den verschiedenen Wert der eiweißartigen und nichteiweißartigen Stoffe keine Rücksicht genommen.

Rohfett.

Das in der Analyse der Ölkuchen ausgewiesene Rohfett stellt den Gehalt derselben an äther- oder benzinlöslichen Stoffen dar. Außer den reinen Triglyzeriden und Fettsäuren figurieren unter denselben auch Cholesterine (richtiger Phytosterine), Lecithine, Pflanzenwachs, Chlorophyll und andere Pflanzenfarbstoffe, ätherische Öle, Harze usw.[2]).

Verdaulichkeit des Rohfettes der Ölkuchen.

Das im „Rohfett" enthaltene Neutralfett wie auch die freien Fettsäuren (s. S. 27) werden von dem Tierkörper zum größten Teile resorbiert, während die anderen Beimengungen nahezu unverdaulich sind und nur als Reizstoffe Beachtung beanspruchen dürfen. Das Fett der Ölkuchen enthält von wachsartigen, färbenden und anderen Beimengungen viel weniger als das Rohfett anderer Futtermittel, weshalb der Verdaulichkeitsgrad der Ölkuchenfette auch größer ist als der anderer Futtermittelfette. So werden z. B. von 100 Teilen Rohfett in

Haferstroh	14—51%,	durchschnittlich	36% [3])
Heu	45—68	„	57
Hafer	67—94	„	76
Roggenkleie	72—78	„	75

[1]) Diese Verdauungskoeffizienten sind Kellners „Ernährung der landw. Nutztiere", 2. Aufl., Berlin 1906, entnommen und stellen durch Tierversuche ermittelte Werte dar.

[2]) Siehe auch Seite 15.

[3]) Nach Kellner, Die Ernährung der landw. Nutztiere, 2. Aufl., Berlin 1906, S. 574—580.

Rapskuchen	60— 94	durchschnittlich	79%
Leinkuchen	86— 97	„	92
Palmkernkuchen	94—100	„	98

verdaut. Die Ölkuchen sind also auch hinsichtlich der Verdaulichkeit ihres Fettes höher zu bewerten als andere Futtermittel.

Stickstofffreie Extraktstoffe.

Die „stickstoffreien Extraktstoffe" (mitunter auch als „Kohlehydrate" angeführt) bezeichnen eine Gruppe von Körpern, welche zum Teil in Wasser, zum Teil in den Verdauungssäften leicht löslich sind. Die Analyse ermittelt den Gehalt an diesen Stoffen nicht durch eine direkte Bestimmung, sondern bezeichnet nach Bestimmung des Wassers, der Asche, des Rohproteins, des Fettes und der Rohfaser alles auf 100 Fehlende als „stickstoffreie Extraktstoffe". Daher kommt es, daß in denselben außer den eigentlichen Kohlehydraten (Stärkemehl, Dextrin, die verschiedenen Zuckerarten, Glykogen, Inulin, Galaktane und Mannane, Schleim- oder Pektinstoffe) auch Gummi, Pflanzenschleim und ätherische Öle, organische Säuren, ein Teil der in den Futterstoffen enthaltenen Pentosane und des Lignins verrechnet erscheinen.

Verdaulichkeit der Extraktivstoffe.

Ohne auf den Wert der einzelnen Glieder der als stickstoffreie Extraktstoffe bezeichneten Nährstoffgruppe näher einzugehen, sei nur der Ausnützungsgrad (Verdaulichkeitskoeffizient) derselben in einigen Futtermitteln erwähnt. Von 100 Teilen stickstoffreier Extraktstoffe sind bei

Haferstroh	33—55%,	durchschnittlich	46%[1])
Heu	53—73	„	64
Hafer	61—94	„	76
Rapskuchen	66—85	„	76
Erdnußkuchen	69—98	„	84
Palmkernmehl	92—99	„	94

verdaulich.

Rohfaser.

Unter dem Namen „Rohfaser" oder „Holzfaser" faßt man alle Verbindungen zusammen, welche bei je halbstündigem Erhitzen der Futtermittel mit 1,25prozentiger Schwefelsäure und 1,25prozentiger Kalilauge und darauf folgender Auslaugung mit Wasser, Alkohol und Äther ungelöst bleiben. Man isoliert durch diesen Vorgang aber durchaus nicht das eigentliche Zellengerüst, die reine Zellulose, es bleibt vielmehr ein Gemenge verschiedener Substanzen zurück (Zellulose, Pentosane, Lignin usw.), das entgegen früherer Annahme im Magen der Wiederkäuer zu einem ganz ansehnlichen Prozentsatze verdaut zu werden vermag; und zwar sind es

[1]) Nach Kellner, Die Ernährung der landw. Nutztiere, 2. Aufl., Berlin 1906, S. 574—580.

gerade Anteile der in der „Rohfaser" enthaltenen Zellulose, welche eine solche Veränderung erleiden.

Verdaulichkeit der Rohfaser.

Die Zellulose wird allerdings nicht, wie die ihr sehr ähnliche Stärke (Kohlehydrate), von den Verdauungssäften in resorbierbare Stoffe umgewandelt, durch diese Säfte vielmehr in keiner Weise angegriffen; dagegen bewirken die im Pansen des Wiederkäuers vorhandenen Bakterien eine Lösung der Zellulose, wobei Essigsäure, Buttersäure und ähnliche Verbindungen, Kohlensäure und Sumpfgas usw. abgespalten werden, durchwegs Produkte ohne Nährwert. Dennoch darf die Zellulose in Futtermitteln nicht als wertlos angesehen werden, denn als erstes Angriffsobjekt der Pansenbakterien schützt sie die stickstoffreien Extraktstoffe vor der zerstörenden Wirkung dieser Lebewesen und verhindert, daß diese Nährstoffe ihrer eigentlichen Bestimmung entzogen werden.

Ob der verdauliche Teil der Rohfaser (bei Kokosnußkuchen werden ca. 20%, bei Palmkernkuchen ca. 45% der Rohfaser verdaut) bei der Futterwertbestimmung den stickstoffreien Extraktstoffen gleichzusetzen sei oder ob er besser unberücksichtigt bleibe, darüber gehen die Ansichten der Agrarchemiker auseinander. Jedenfalls ist die Rohfaser nicht als wertloser Ballast, sondern als Kohlehydrate sparender Stoff zu betrachten. Die Rohfaser gibt dem Futter aber auch ein gewisses Volumen, das speziell den Kraftfuttermitteln abgeht, für die Ausfüllung des Verdauungskanales aber notwendig ist. Letzterer Umstand bedingt es auch, daß man mit nährkräftigen Futtermitteln allein nicht füttern darf, diese vielmehr mit einem entsprechenden Quantum nährstoffarmer Produkte (Ballaststoffe) mischen muß.

Außerdem üben rohfaserreiche, voluminösere und gröbere Futtermittel und Futtergemische einen erhöhten mechanischen Reiz auf die Innenwände des Verdauungskanals aus, wodurch einesteils die Peristaltik (Darmbewegung) erhöht, andererseits dem Futter eine lockere Beschaffenheit erteilt, die Absonderung von Verdauungssäften gesteigert und die animalische Verdauung indirekt befördert wird. Diese indirekte Förderung der Verdauung durch die Rohfaser ist nach Pott[1]) „ergiebiger, zugleich aber auch um so wichtiger, je verholzter, also je rohfaserreicher die verzehrten Futtermittel sind. Die verholzten Zellen der letzteren umschließen ja auch viele an sich leichter verdauliche Nährstoffe, welche erst durch längeres Verweilen und Erweichen des Futters im Verdauungskanal und die in demselben erfolgenden Spaltpilzgärungen bloßgelegt und dann zufolge der reichlicheren Absonderung von Verdauungssäften sowie durch die Einwirkung besonderer Verdauungsmikroben und Verdauungsenzyme um so gründlicher gelöst und dadurch resorptionsfähig gemacht werden".

---

[1]) Pott, Handbuch der tierischen Ernährung und der landw. Futtermittel, Berlin 1904, Bd. 1, S. 114.

An Rohfaser allzu reiche Futterstoffe gelten aber trotzdem mit Recht als minderwertig, weil die Rohfaser doch nur in bedingtem Sinne als Nährstoff aufzufassen ist und ihr Vorhandensein den Nährwert der Futtermittel (infolge der prozent. Herabminderung anderer Nährstoffe) vermindert. Aus letzterem Grunde stehen die von den holzfaserreichen Schalen oder Hülsen gewisser Ölsaaten freien Kuchen (entschälte Erdnußkuchen, Sonnenblumenkuchen) höher im Preise, als Kuchen die aus Saaten mit Schale gepreßt wurden (ungeschälte Kuchen).

Wertverhältnis der Nährstoffe.

Die Nährstoffgruppen Rohprotein, Rohfett und stickstoffreie Extraktstoffe — die Rohfaser wird im Falle ihrer Einberechnung nach einer entsprechenden Reduzierung zu den letzteren geschlagen — werten nicht gleich; der Landwirt schätzt kohlehydratreiche Futtermittel weniger hoch ein als protein- und fettreiche.

Um ein Maß für die Preisbewertung der verschiedenen Kraftfuttermittel zu schaffen, ist es daher notwendig, die verschiedenen Nährstoffe auf eine Einheit zurückzuführen; als diese nimmt man die stickstofffreien Extraktstoffe an, und zwar setzt man nach den Beschlüssen des „Verbandes landwirtschaftlicher Versuchsstationen im Deutschen Reiche" das Prozent Rohprotein wie auch das Prozent Rohfett gleich 2% stickstoffreier Extraktstoffe. Ein Leinkuchen mit

34% Rohprotein
8% Rohfett
30% stickstoffreier Extraktstoffe

hat demnach

Berechnung der Futterwerteinheiten.

$$34 \times 2 = 68$$
$$8 \times 2 = 16$$
$$30 \times 1 = 30$$

Summe = **114** Futterwerteinheiten,

bezogen auf Kohlehydrate.

Dividiert man den Marktpreis von 100 kg eines Futtermittels durch die Anzahl dessen Futterwerteinheiten, so erhält man den Preis, welchen man für **1 kg** Kohlehydrate in diesem Futtermittel zahlt. Kosten z. B. Leinkuchen mit obigem Nährstoffgehalte 14,50 Mk. per 100 kg, so bezahlt man darin 1 kg Kohlehydrate mit 14,50 Mk. : 114 = **0,127 Mk.** (Preis einer Futterwerteinheit.)

Preis für die Futterwerteinheit.

Nach den letzten Zusammenstellungen des Verbandes landw. Versuchsstationen im Deutschen Reiche verhielten sich die Preise für eine Futterwerteinheit in den wichtigsten Ölkuchen zu denen anderer Futtermittel im Jahre 1903 wie folgt[1]):

[1]) Nach Krische, Untersuchung und Begutachtung von Düngemitteln, Futtermitteln und Saatwaren, Berlin 1906, S. 178.

Futtermittel	Garantierte Rohnährstoffe			Futter-wert-ein-heiten	Markt-preis 1902/3 Mark	Preis der Futter-wert-einheit
	Roh-protein	Rohfett	N-freie Extrakt-stoffe			
Baumwollsaatmehl . . .	46,5	10,5	28,0	142,0	14,25	**10,0**
Erdnußkuchenmehl . . .	46,0	9,0	26,0	132,0	14,10	**10,7**
Leindotterkuchen . . .	31,0	9,0	26,5	106,5	9,88	**9,3**
Hanfkuchen	30,0	10,0	18,5	98,5	9,31	**9,5**
Kokoskuchen	18,0	12,0	39,0	99,0	13,10	**13,2**
Leinkuchen	34,0	8,0	30,5	114,5	14,33	**12,5**
Mohnkuchen	30,0	8,0	23,0	99,0	10,11	**10,2**
Palmkernkuchen	15,0	8,0	36,0	82,0	11,42	**13,9**
Rapskuchen	32,0	8,0	30,5	110,5	10,66	**9,6**
Sesamkuchen	42,0	7,0	21,0	119,0	12,22	**10,3**
Sonnenblumenkuchen . .	38,0	12,0	22,0	122,0	12,51	**10,3**
Hafer	10,5	4,8	58,5	89,1	14,42	**16,2**
Roggen	11,0	2,0	68,7	94,7	12,95	**13,7**
Mais	22,0	9,0	42,5	104,5	13,12	**12,6**
Roggenkleie	14,5	3,4	59,0	94,8	9,62	**10,2**

Verschiedene Wertverhältnisse.

Das Wertverhältnis Rohprotein : Rohfett : Kohlehydrate ist leider nicht auf einer exakten Grundlage ermittelt, sondern mehr oder weniger willkürlich angenommen. Während der Verband landw. Versuchsstationen Deutschlands das Verhältnis 2 : 2 : 1 festgesetzt hat[1]), rechnen die österreichischen landw. Versuchsanstalten mit 3 : 3 : 1, vielfach wird auch 3 : 2 : 1 gebraucht, ja selbst 6 : 4 : 1 (v. d. Goltz) und 6 : 2,4 : 5 (Kühne) ist in Anwendung.

Jede Änderung der Verhältniszahlen rüttelt natürlich aber auch an der Basis der mit der Aufstellung der Futterwerteinheiten bezweckten Vergleichsmöglichkeit des Handelswertes verschiedener Futtermittel. Protein- und fettreiche Futtermittel kommen bei dem heute in Deutschland eingeführten Wertverhältnis 2 : 2 : 1 nicht gut weg, weil für ihre Hauptbestandteile zu niedrige Kohlehydratäquivalente eingesetzt werden. Der Preis einer Futterwerteinheit ist bei dieser Berechnungsart in Ölkuchen daher kaum viel billiger als bei kohlehydratreichen Futterstoffen, wie Kleie, Reisfuttermehl usw., während bei Akzeptierung des Verhältnisses Kühne oder Goltz sich eine auffallende Billigkeit der Ölkuchen gegenüber allen anderen Futtermitteln ergibt. Ein Beispiel möge dies illustrieren:

[1]) Auf Grund der Handelswerte der wichtigsten Futtermittel berechnet.

Bewertung der Nährstoffe	Erdnußkuchenmehl 47% Rohprot., 7% Rohfett, 26% N-fr. Extraktstoffe		Roggenkleie 14,5% Rohprot., 7% Rohfett, 59% N-fr. Extraktstoffe	
	Preis 14,10 M. per 100 kg		Preis 9,62 M. per 100 kg	
	Futterwerteinheiten	Preis einer Futterwerteinheit	Futterwerteinheiten	Preis einer Futterwerteinheit
Deutsche Versuchsstationen 2:2:1 . .	132	10,7 Pf.	94,8	10,2 Pf.
Früher übliches Verhältnis: 3:2:1 . .	178	7,8	109,3	8,8
Österr. Versuchsstationen 3:3:1 . . .	185	7,4	112,7	8,5
Nach Kühne: 6:2,4:1	318,8	4,4	121,2	7,9
Nach Goltz 6:4:1	330	4,2	126,6	7,6

Die Futterwerteinheit stellt sich bei Zugrundelegung des Nährstoffwertverhältnisses, wie es die deutschen Versuchsstationen festlegten, im Erdnußkuchen um eine Kleinigkeit teurer als in der Roggenkleie, während nach dem Verhältnisse Kühne Erdnußkuchen ein beinahe um die Hälfte billigeres Futtermittel darstellen als Roggenkleie.

Die Ölfabrikanten hätten also Ursache, auf eine Änderung des bei der Futterwertberechnung momentan gebräuchlichen Verhältnisses 2:2:1 hinzuarbeiten und die Festlegung eines Verhältnisses zu erstreben, das den besonderen Wert des hohen Eiweißgehaltes der Ölkuchen zum besseren Ausdrucke bringt.

Der Wertvergleich der Futtermittel nach Futterwerteinheiten ist bei den Landwirten übrigens nicht allzusehr in Anwendung, weil Berechnungen, wie sie in der Tabelle auf Seite 461 verwertet sind, in jedem Falle ein ungenaues Bild ergeben müssen. Man kann nur problematische Werte erhalten, wenn man mit rohen Nährstoffen ohne Berücksichtigung deren Verdaulichkeit rechnet, welche, wie auf Seite 457 u. 458 gezeigt wurde, sehr schwankend ist. Um diese Fehler aus der Berechnung zu eliminieren, hat man vorgeschlagen, nicht mit rohen, sondern mit verdaulichen Nährstoffen zu kalkulieren und die so gefundenen Zahlen „Nährwerteinheiten" genannt. Bei der hohen Verdaulichkeit der in den Ölkuchen enthaltenen Nährstoffe erscheinen die Rückstände der Ölfabrikation bei diesem Vergleiche preislich noch vorteilhafter als bei einer Bewertung nach Rohnährstoffen.

Nährwerteinheiten.

Aber auch dieser Weg der wirtschaftlichen Bewertung der Futtermittel führt nicht ganz zum Ziele und gibt über den inneren Wert derselben keinen vollkommen exakten Aufschluß. Pott hält z. B. die Begriffe „Futterwerteinheit" und „Nährwerteinheit" überhaupt für nichtssagend, weil den in den Futtermitteln enthaltenen Nähr- und Reizstoffen im tierischen Organismus zu verschiedenartige Aufgaben zufallen. In jüngster Zeit hat Kellner eine Bewertung der Futtermittel empfohlen, bei welcher der eigentliche Produktionswert derselben zum Ausdruck kommt. So lange

Kellnersche Futterbewertung.

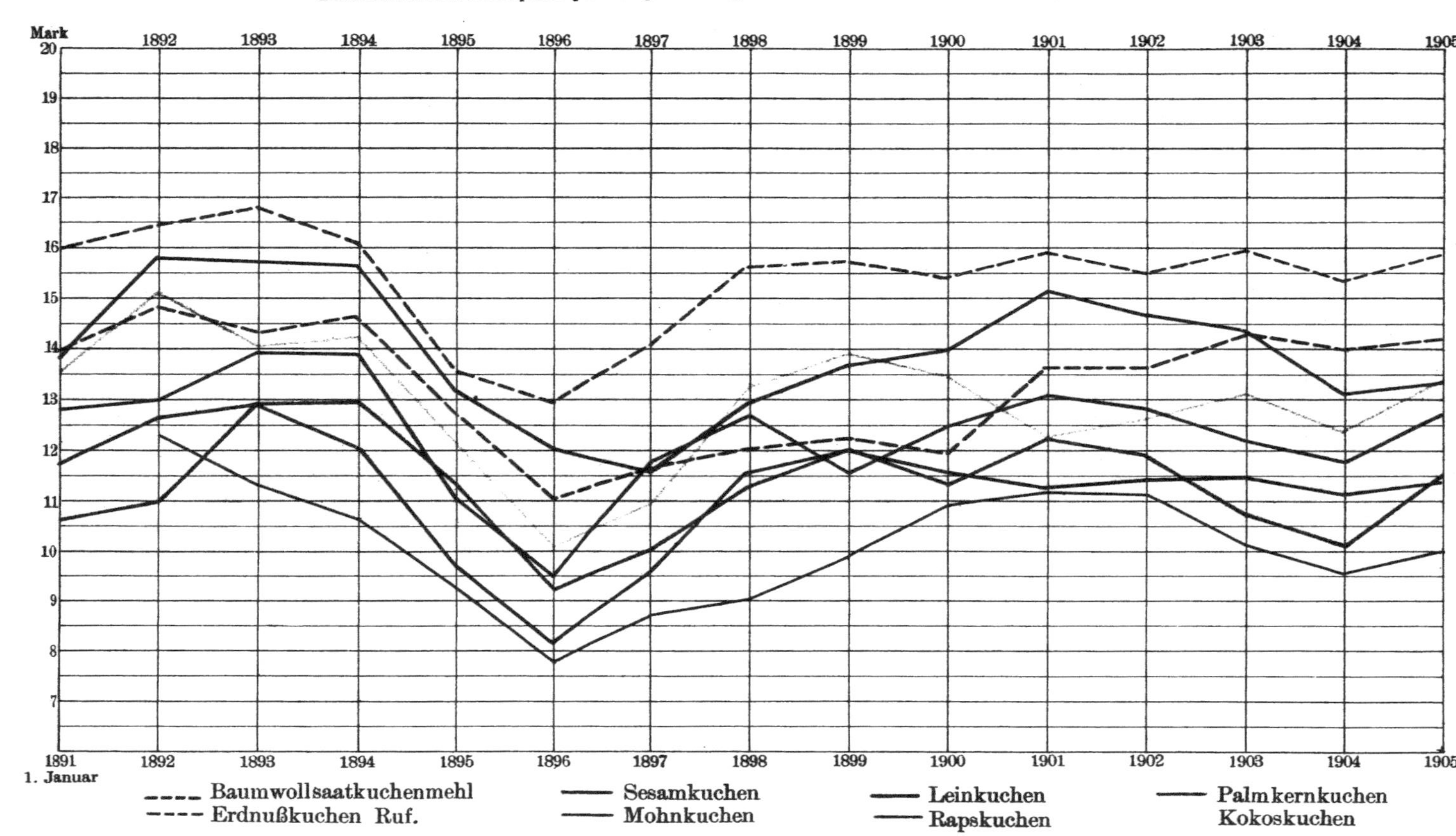

Verlag von Julius Springer in Berlin. Techn.-art. Anstalt von Alfred Müller in Leipzig.

die Kellnerschen[1]) Arbeiten aber nicht Gemeingut der Interessentenkreise geworden sind, verdienen die bisherigen Nährwertberechnungen als Behelf eines Wertvergleiches verschiedener Futterstoffe immerhin Beachtung.

Preisbewertung der garantierten Nährstoffe.

Im Futtermittelhandel werden bei Preisvergleichen häufig auch nur jene Nährstoffgruppen berücksichtigt, für die bei den Lieferungen Garantie geleistet wird, weil man annimmt, daß der Käufer in diesen Produkten nur die garantierten Nährstoffe, nicht aber solche anderer Art kaufe.

Die Deutsche Landwirtschafts-Gesellschaft in Berlin verfährt z. B. in dieser Weise und weist das letzte Jahrbuch dieser Gesellschaft die folgenden Werte auf:

Ölkuchensorten	1 kg Protein und Fett wurde bezahlt mit Pfennigen:											
	1893/4	1894/5	1895/6	1896/7	1897/8	1898/9	1899/00	1900/01	1901/02	1902/03	1903/04	1904/05
Amerikanisches Baumwollsaatkuchenmehl	25,03	21,69	18,97	19,90	20,97	21,12	20,39	23,50	23,38	24,57	24,07	25,10
Deutsches Erdnußkuchenmehl	28,75	23,57	22,45	26,08	27,79	29,26	26,83	27,28	26,18	26,60	25,19	26,52
Deutsche Sesamkuchen . .	27,60	22,20	18,90	23,28	25,28	23,14	24,84	26,18	25,44	24,44	23,50	25,24
Mohnkuchen	28,00	24,68	20,66	21,65	22,55	24,45	27,13	29,39	27,82	25,27	25,02	25,00
Sonnenblumenkuchenmehl .	25,92	23,02	20,20	21,44	24,98	24,88	24,30	25,60	25,96	26,04	24,00	25,98
Leinkuchen und -Mehl . .	41,11	37,00	31,32	27,62	30,55	32,45	32,63	39,58	34,95	34,12	31,00	31,59
Rapskuchen und -Mehl . .	34,05	29,97	24,47	24,98	28,18	29,78	28,45	32,00	29,52	26,65	25,07	28,67
Hanfkuchen	21,83	20,53	21,53	20,15	21,73	22,50	21,80	22,78	24,12	23,27	20,27	23,30
Palmkuchen und -Mehl . .	52,35	42,74	35,43	41,30	50,04	51,52	50,74	48,65	49,43	49,65	48,17	49,56
Kokoskuchen	47,80	40,67	33,67	36,40	44,63	46,53	45,00	41,17	41,90	43,66	41,53	44,53

Marktpreis.

Wie man aus dieser Tabelle ersehen kann, ist der Preis für die Gewichtseinheit der garantierten Nährstoffgruppen selbst innerhalb derselben Gattung von Futtermitteln (Ölkuchen) recht verschieden. Dies kommt daher, weil der Marktpreis nicht nur von dem Gehalte an den garantierten Nährstoffen bedingt ist, sondern auch die gewöhnlich nicht garantierten Nährstoffe (N-freie Extraktstoffe), das Eingebürgertsein des betreffenden Futtermittels und dessen spezifische Wirkungen (Gehalt an Reizstoffen, Erhöhung des Laktationsvermögens, Anregung der Freßlust usw.) eine preisbildende Rolle spielen. Die wechselnde Produktionsmenge der verschiedenen Kraftfuttermittel im Verein mit der Spekulation bewirken, daß die durch die inneren, wertbestimmenden Faktoren bedingten Preisverhältnisse zwischen den einzelnen Ölkuchen fortwährende Schwankungen erfahren und manche derselben einmal billiger, dann wieder teurer sind als andere. Dies zeigen die auf Tafel II verzeichneten Preiskurven recht deutlich.

[1]) Kellner, Die Ernährung der landwirtschaftlichen Nutztiere, 2. Aufl., Berlin 1906.

Vorteile der Ölkuchenfütterung

Eine sachgemäße Verfütterung von Ölkuchen bringt dem Viehzüchter mannigfache Vorteile. Diese Futtermittel üben fast durchwegs einen vortrefflichen Einfluß auf das Wachstum junger, der Muttermilch eben entwöhnter Tiere, erhöhen die Milchabsonderung von Melkkühen, üben eine vorteilhafte Wirkung bei der Mast, machen sich bei Schafen durch eine reichlichere Wollproduktion geltend und tragen endlich zur Anreicherung des Stallmistes an wertvollen Dungstoffen außerordentlich bei.

bei Jungvieh,

Für Jungvieh, welches der Muttermilch entwöhnt werden soll, sind Ölkuchen ein gutgeeignetes Futtermittel, und zwar empfehlen sich für diese Zwecke Lein-, Palmkern- und Mohnkuchen sowie auch die aus entschälter Baumwollsaat erhaltenen Kuchen.

bei Melkvieh,

Für Melkvieh sind Lein-, Kokos- und Palmkernkuchen besonders empfehlenswert. Schon Casparin und Payen[1]) beobachteten, daß bei richtiger Anwendung der Ölkuchenfütterung das Laktationsvermögen zunimmt und der Fettgehalt der Milch merklich steigt. Sie empfahlen die Verabreichung der Ölkuchen in Form von Tränken, weil dadurch sehr leicht jene reichliche Wasserportion dem Tierkörper zugeführt wird, die für eine ausgiebige Milchproduktion unerläßlich ist.

Benoist und Garola[2]) haben den Einfluß verglichen, welchen Kleie und Koprahkuchen auf die Milchabsonderung ausüben, und dabei gefunden, daß den Koprahkuchen gegenüber der Kleie bei weitem der Vorzug zu geben sei. Die Milch der mit Kokos gefütterten Tiere wies nicht nur einen weit höheren Gehalt an Fett auf, sondern war auch im Geschmack und in der sonstigen Qualität tadellos. Analoge Untersuchungen haben auch Eloire und Crespin mit Lein- und Kottonkuchen angestellt. Sie fanden, daß der Kottonkuchen dem von Leinsaat vorzuziehen sei, eine Tatsache, die später auch von Vitalis bestätigt wurde. Nach Versuchen von Knieriem und Heinrich stehen Palmkern- und Kokoskuchen als milchabsonderndes Futtermittel obenan.

Ein Teil des in den Ölkuchen enthaltenen Fettes geht unverändert in die Milch über, was Klien, Heinrich, Spampani und Daddi, Werenskiold, Baumert und Falke experimentell nachgewiesen haben[3]). Gewisse Kuchen sollen daher dem Milchvieh gar nicht verabreicht werden; so erteilen z. B. Rapskuchen selbst bei geringen Tagesgaben der Milch einen eigenartigen, an Senf erinnernden Geschmack. Bei den übrigen Kuchen machen sich nur sehr große Tagesrationen im Geschmack der Milch bemerkbar, zumeist in angenehmer Weise (Kokos- und Palmkernkuchen).

für Mastvieh,

Für Mastvieh wird die Ölkuchenfütterung allgemein als vorteilhaft anerkannt; der hohe Protein- und Fettgehalt, der Reichtum an verdaulichen

[1]) Expériences sur la valeur nutritive des tourteaux de Sésame. C. R. Ac. sc. 1844, S. 797.

[2]) Garola, Contribution à l'étude des tourteaux alimentaires, Chartres 1892.

[3]) Siehe Seite 25.

und appetitfördernden Reizstoffen begünstigt die Fleischbildung in ganz außerordentlicher Weise. Für Mastzwecke verwendet man gern geschälte Kottonkuchen sowie die Preßrückstände von Sesam, Lein, Erdnüssen, Mohn und Raps.

Man hat gegen die Ölfütterung den Vorwurf erhoben, daß die damit gefütterten Tiere ein ölhaltiges, weiches Fett und ein unangenehm schmeckendes Fleisch geben. Diese Einwürfe sind allerdings nicht ganz von der Hand zu weisen; besonders bei Schweinen und bei Geflügel zeigen sich bei zu großen Tagesrationen an Ölkuchen diese Übelstände, denen aber leicht zu begegnen ist, indem man 3—4 Wochen vor der Schlachtung der betreffenden Tiere die Ölkuchenfütterung einstellt und darauf sieht, daß die verabreichten Ölkuchen nicht ranzig sind[1]).

Vorteile der Ölkuchenfütterung für Wolle produzierende Schafe.

Auf die Wollproduktion macht sich die Verabreichung von Ölkuchen derart geltend, daß die Wolle der betreffenden Tiere an Glanz zunimmt; dies trifft auch bei den Haaren des Rindes, des Pferdes usw. zu. Die Wollindustrien machen sich diesen Vorteil zunutze und verwenden z. B. die Wolle von Schafen, die mit Ölkuchen großgezogen wurden, zur Herstellung von haarigen, glänzenden, seideartigen Stoffen.

Verbesserung des Düngers.

Außer dieser produktiven Wirkung im Tierkörper hat die Ölkuchenfütterung auch noch eine Verbesserung des Düngers zur Folge, denn die in den Ölkuchen enthaltenen Dungstoffe (Stickstoff, Phosphorsäure und Kali) werden vom Tierkörper nur zum Teil resorbiert. Je nach Alter und Art der Tiere gehen wechselnde Mengen dieser Stoffe in den Kot und Harn über. In den Exkrementen des Jungviehes findet sich nur ein relativ geringer Anteil der Dungstoffe wieder, weil der jugendliche Körper für die Ausbildung seiner Muskeln und Knochen gerade diese Stoffe am meisten braucht, bei Mastvieh finden sich dagegen die in dem verabreichten Futtermittel enthaltenen Dungwert besitzenden Verbindungen in den Ausscheidungen des Organismus fast vollständig wieder, weil diese Tiere vorzugsweise Fett produzieren, wozu weder stickstoffhaltige noch phosphor- oder kalihaltige Verbindungen nötig sind.

Nach Wolff gehen im Durchschnitt 50% des in den Futtermitteln enthaltenen Stickstoffes und 66% der Phosphorsäure und Kalisalze in die Exkremente über.

Wie aus der umstehenden Tabelle zu ersehen ist, berechnet sich daraus eine namhafte Anreicherung des Stallmistes pro 100 kg verfütterter Ölkuchen.

Die Ölkuchen bewirken also eine Anreicherung des Stallmistes, welche ungefähr 25% des Einkaufspreises dieser Produkte entspricht, während bei Heu kaum 16% vom Marktwerte desselben in den Dünger übergehen.

[1]) Gill und Dingler haben versucht, durch Vermischen ranziger Ölkuchen mit etwas Holzkohle die unerwünschte Nebenwirkung aufzuheben. (Journ. d'agric. pract. 1839, Band 3, Seite 287.)

Ölkuchensorte	In 100 Teilen Futtermittel sind enthalten			Von 100 Teilen Futtermittel gehen in Kot und Harn über			Wert des Düngers von 100 kg Futter, wenn 1 kg N = 1,00 M. 1 kg Phosphors. = 0,16 M. 1 kg Kali = 0,12 M. angenommen wird.
	Stickstoff	Phosphors.	Kali	Stickstoff	Phosphors.	Kali	
Sesamkuchen . .	6,00	3,03	1,45	3,00	2,02	0,96	3,44 Mark
Rapskuchen . .	4,94	2,00	1,30	2,47	1,32	0,86	2,78 Mark
Kokoskuchen . .	3,15	1,30	1,96	1,57	0,86	1,30	1,86 Mark
Palmkernkuchen	2,68	1,10	0,50	1,34	0,73	0,33	1,50 Mark
Leinkuchen . .	4,59	1,62	1,25	2,29	1,08	0,83	2,56 Mark
Erdnußkuchen .	7,83	1,31	1,50	3,91	0,87	1,00	4,17 Mark
Wiesenheu . . .	1,87	0,29	0,50	0,92	0,19	0,33	1,00 Mark

Art der Verabreichung.

Die so vielfache Vorteile bietenden Ölkuchen werden gewöhnlich in trockenem Zustande verabreicht, weil in dieser Form eine sorgfältige Einspeichelung stattfindet, welche die Gesamtverdauung lebhaft unterstützt. Einige Landwirte verfüttern die Ölkuchen in Form bohnengroßer Stücke und meiden die Anwendung feinpulveriger Mehle wegen des leichten Verstaubens derselben, andere geben gerade den feingriffigen Kuchenmehlen den Vorzug (Engländer und Amerikaner) und erwarten von dieser Verabreichungsart ganz besondere Nährwirkungen. Zu Tränken angerührte Ölkuchen werden nur bei der Aufzucht von Kälbern und Schweinen angewendet.

Tagesrationen.

Die tägliche Ration an Ölkuchen oder Kuchenmehl schwankt nach v. Ollech bei Milchkühen und Pferden zwischen 1—2 kg, bei Mastvieh zwischen 2—4 kg, bei Schafen zwischen 0,1—0,7 kg und bei Schweinen zwischen 0,2—0,5 kg.

Mitunter werden die Ölkuchen auch mit anderen Futterstoffen vermischt auf den Markt gebracht. So kennt man in England solche aus verschiedenen Futtermehlen und Ölkuchen zusammengesetzte „Kompositionskuchen", und in den Zuckerindustrie treibenden Staaten sind in letzterer Zeit zur Herstellung der „Melassefutterstoffe" vielfach Ölkuchen an Stelle des wertlosen Torfes zum Aufsaugen der Melasse verwendet worden. Das beste Aufsaugevermögen zeigen unter den Ölkuchen die Preßrückstände von Palm- und Kokoskernen, weniger gut eignen sich die von Sesam, Raps und Baumwollsamen.

Nicht alle Ölkuchen können zur Fütterung verwendet werden. Einige derselben erweisen sich für den Tierkörper mehr oder weniger nachteilig und erfordern daher eine sehr vorsichtige, in bescheidenen Grenzen sich bewegende Anwendung, andere sind infolge ihrer ausgesprochen giftigen Eigenschaft überhaupt von der Liste der Futtermittel zu streichen.

Kuchen mit unangenehmen Nebenwirkungen.

Die Kuchen von überseeischem Raps, Senf, Mowrah, Bucheicheln können zwar nicht direkt als giftig bezeichnet werden, beeinflussen aber die Gesundheit der damit gefütterten Tiere in unangenehmer Weise. Die

Ursachen dieser toxischen Nebenwirkungen sind bei den einzelnen Ölkuchen verschieden. Beim indischen Raps und bei Senf sind sie auf den Gehalt dieser Saaten an einem eigentümlichen Enzym und auf Glykoside zurückzuführen. Diese an und für sich nicht ungefährlichen Kuchen können durch Kochen in Wasser in ein unschädliches Futtermittel verwandelt werden, wogegen kaltes oder laues Wasser die Giftigkeit der Kuchen infolge Überführung des Fermentes in löslichen Zustand erhöht. Man soll daher solche Kuchen entweder in trockener Pulverform verabreichen oder aber mit Wasser angemacht längere Zeit kochen lassen.

Ähnlich wie beim Senf, steigert sich auch bei den Mandelkuchen bei Berührung mit Wasser das giftige Verhalten (Amygdalin).

Bei den Kuchen von Bucheicheln ist der Grund der giftigen Eigenschaften in einem noch nicht näher bekanntem Alkaloid (Fagin) zu suchen, das sich hauptsächlich in den Samenschalen vorfindet, weshalb Bucheicheln für Futterzwecke unter allen Umständen aus geschälten Nüssen erzeugt sein müssen.

Erwähnt muß hier auch die Beobachtung Cornevins werden, nach welcher Kottonkuchen unter Umständen einen nachteiligen Einfluß auf die Gesundheit der damit gefütterten Tiere (besonders Jungvieh) üben können.

Die Mehrzahl der Fälle von unerwünschten Nebenwirkungen, welche sich bei der Verfütterung von Ölkuchen hier und da einstellen, ist aber wohl auf sachunkundige Verabreichung dieser als vorzüglich anerkannten Futtermittel zurückzuführen.

Giftige Kuchen.

Direkt giftig und als für Futterzwecke ungeeignet müssen die Rizinuskuchen[1]), die Kuchen von Holznüssen, Bankoulnüssen, von Pignon d'Inde, Krotonsamen usw. gelten.

Regelung des Ölkuchenhandels.

Für die zu Fütterungszwecken ausgebotenen Kuchen stellen die Landwirte mit Recht gewisse Forderungen hinsichtlich der Beschaffenheit, Reinheit und des Nährstoffgehaltes; einige Staaten (Belgien, England, einzelne Staaten der nordamerikanischen Union) haben den Handel und Verkehr mit Kraftfuttermitteln (unter welche die Ölkuchen fallen) gesetzlich geregelt; in Deutschland und Österreich befindet sich ein solches Gesetz in Vorbereitung.

Gesundheit der Kuchen.

Was die Gesundheit der Futterkuchen anbetrifft, so muß zwischen der Azidität (Gehalt des in den Ölkuchen enthaltenen Fettes an freien Fettsäuren), Ranzidität und Alter (Schimmelbildung) unterschieden werden.

Die Azidität ist im allgemeinen ziemlich hoch, doch hat dieselbe (siehe Seite 123) wenig auf sich, so lange eine hinzutretende Oxydation nicht das Ranzigwerden veranlaßt hat.

[1]) Rizinuskuchen können durch Kochen mit Wasser oder durch Behandeln mit Kochsalzlösungen für Fütterungszwecke geeignet gemacht werden. Näheres siehe 2. Band, Abschnitt „Rizinusöl."

Die Bestimmung der Frische der Ölkuchen und die Ermittelung der Neigung derselben zur Schimmelbildung basieren auf recht unexakten Methoden, und Emmerling sagt sehr richtig:

„Schlüsse auf die etwaige Schädlichkeit, wie auf das Alter, die Frische eines Futtermittels, sollten nur dann gezogen werden, wenn alle vorliegenden Ermittelungen eine solche Schlußfolgerung mit Sicherheit begründen lassen.

Für die Beurteilung der „Frische" sind vorwiegend die äußeren Merkmale, wie Geruch, Aussehen der Probe, maßgebend. Eine solche Begutachtung erfordert eine reiche Erfahrung und muß ganz dem betreffenden Sachverständigen anheimgestellt werden."

Frische Ölkuchen haben einen für jede Kuchengattung charakteristischen Geruch, der sich beim Lagern allmählich mildert, so daß weniger Aroma habende Ölkuchen mit ziemlicher Sicherheit als länger lagernde Ware bezeichnet werden können. Wenn durch ungünstige Einlagerung oder sonstige Umstände ein Schimmeln der Kuchen eintritt, so weicht der frühere angenehme Geruch einem fauligen, muffigen und säuerlich ranzigen.

Sandgehalt. Die Beanstandung der Ölkuchen wegen zu hohen Sandgehaltes ist ebenfalls ganz und gar dem Ermessen des Analytikers überlassen, weil über die Frage des natürlichen, auch bei gut geleiteter Fabrikation nicht entfernbaren Sandquantums noch zu wenig Erfahrungsmaterial vorliegt. Nach Ansicht B. Schulzes[1]), der sich damit beschäftigte, die Grenze zu finden, wo der unvermeidliche Gehalt eines Futtermittels an Sand aufhört und eine durch ungenügende Reinigung oder absichtliche Vermehrung des Sandgehaltes desselben hervorgerufene Minderwertigkeit beginnt, muß das Vorhandensein von mehr als 1% an sandartigen Stoffen in Ölkuchen als nicht mehr „normal" angesehen werden. Krische[2]) findet dagegen nur jene Futtermittel zu beanstanden, die mehr als 3% Sand enthalten.

Direkt schädlich für den Tierkörper sind auch relativ große Mengen von Sand nicht, denn wenn es sich selbst um Ölkuchen mit 5% Sandgehalt handelt, so macht dies bei einer Tagesration von 1,5 kg doch nur 75 g Sand pro Tag aus, die ein Rind anstandslos verträgt. Zur Herbeiführung der sogenannten Sandkolik sind weit größere Mengen Sand notwendig.

Reinheitsgrad. Die „Reinheit" der Ölkuchen ist überhaupt ein vielumstrittenes Gebiet. In den zur Verarbeitung kommenden Staaten sind größere oder geringere Mengen von Unkrautsämereien aller Art enthalten, welche sich auch bei bester Reinigung der Ware nicht vollständig entfernen lassen; ferner mischen sich dem Preß- oder Extraktionsgute leicht Partien früherer Operationen zu, so daß Leinkuchen mit Raps, Sesamkuchen mit Mohn usw. verunreinigt

---

[1]) Jahresbericht der Agrar.-chem. Versuchsstation Breslau, 1902.

[2]) Krische, Untersuchung von Düngemitteln, Futtermitteln und Saatwaren, Berlin 1906, S. 158.

werden könnnen. Schließlich wird häufig auch durch ungenügendes Putzen der Saat oder durch Zusatz von Fremdstoffen (was auch aus fabrikatorischen Gründen geschehen kann) der Reinheit der erhaltenen Rückstände entgegengearbeitet.

Die groben Fälschungen, von denen die ältere Fachliteratur[1]) zu berichten weiß, sind heute zur Seltenheit geworden; die im Ölkuchenhandel eingebürgerte Gehaltsgarantie betreffend Protein und Fett schließt einen betrügerischen Zusatz nährstoffarmer Substanzen von vornherein aus.

In Holland wird von Leinkuchen ein Reinheitsgrad von 95% verlangt, d. h. es müssen in 100 Teilen Leinkuchen 95% effektiv aus Leinsaat stammende Stoffe enthalten sein. Böhmer[2]), der in kraftvoller Weise für das nicht allzu rigorose Beurteilen von Verunreinigungen in Kraftfuttermitteln, insbesondere Ölkuchen, eintritt, stellt in seinen Leitsätzen für den Futtermittelhandel folgende Forderung:

„Enthält ein Futtermittel laut Untersuchungsattest mehr als 3% fremder Schalen, Hülsen oder sonstiger Zusätze, die diese Qualität sonst nicht führt, so muß es eine die Mischung kennzeichnende Bezeichnung erhalten."

Damit toleriert Böhmer außer den natürlichen Verunreinigungen eigentlich auch fremde, absichtliche — sei es zum Zwecke der Einstellung des Fett- und Proteingehaltes auf das garantierte Niveau, sei es zwecks Erzielung besonderer technischer Vorteile gemachte — Zusätze, insolange dieselben 3% nicht übersteigen; höhere Zusätze sollen deklariert werden.

Der deutsche Gesetzentwurf, betreffend die „Regelung des Verkehres mit Handelsdünger, Kraftfuttermitteln und Saatgut", sieht eine Fixierung des Reinheitsgrades gar nicht vor, ebensowenig das belgische[3]) und englische[4]) Gesetz. Dagegen verlangen die deutschen und österreichischen Gesetzentwürfe wie auch die bereits gültigen Gesetze Belgiens und Englands eine obligate Garantie der Nährstoffe (gewöhnlich nur für Rohprotein und Rohfett). Nährstoffgarantie.

Diese Garantien sind im Ölkuchenhandel heute allgemein üblich, und zwar garantiert man in der Regel die Summe von Protein und Fett, während die Agrarier auf eine getrennte Garantie dieser Nährstoffe hinarbeiten. Eine solche, für jeden Nährstoff seperate Garantie hat für den Produzenten offenliegende Nachteile, weil sie ihm die Möglichkeit entzieht, das eventuelle Manko eines Nährstoffes durch einen zufällig vorhandenen Überschuß des anderen zu decken. Jedenfalls sollte bei Inkrafttreten der getrennten Garantie gegenüber der Vergütungspflicht für Untergehalte dem Verkäufer das Recht eingeräumt werden, Übergehalte separat zu verrechnen.

---

[1]) v. Ollech, Die Rückstände der Ölfabrikation, Leipzig 1884, S. 17.
[2]) Böhmer, Die Kraftfuttermittel, Berlin 1903, S. 9.
[3]) Vom 29. Dez. 1896, mit Ausführungsverordnung v. 8. März 1897.
[4]) Fertilisers and feeding stuffs. Akt v. 22. Sept. 1894.

Entwurf für Normen im Handel mit Kraftfuttermitteln.

Die Interessenten der Pflanzenölindustrie sollten gemeinsam mit den Agrariern dahin arbeiten, die im Ölkuchenhandel bestehenden Übelstände auszumerzen und ersteren auf eine streng reelle, die beiderseitigen Interessen in gleicher Weise Rechnung tragende Basis zu stellen. Dabei müßten wohl einige Punkte der nachstehenden, von dem Verbande der deutschen landw. Versuchsstationen entworfenen „Grundsätze für den Handel mit künstlichen Futtermitteln" eine Modifizierung erfahren[1]).

Dieser Entwurf lautet:

1. Bei jedem Verkauf von Futtermitteln ist seitens des Verkäufers unaufgefordert Garantie zu leisten:

a) für die der Natur der Futtermittel entsprechende Bezeichnung, für Unverdorbenheit und Unverfälschtheit (Reinheit von fremden, minderwertigen, indifferenten oder gesundheitsschädlichen, der Natur und Bezeichnung des Futtermittels nicht entsprechenden Bestandteilen),

b) für den Mindestgehalt an den wertbestimmenden Nährstoffen (s. Abs. 3).

2. Die Garantie ist schriftlich zu leisten durch Verzeichnung des Garantiegehaltes in der Offerte, dem Schlußschein oder der Faktura oder bei kleineren Bezügen (unter 200 Zentnern) durch besondere schriftliche Mitteilungen an den Bezieher. Dabei müssen angegeben werden: Name und Art des Futtermittels, garantierte Gehaltszahlen, Herkunft (letztere, wenn die Herkunft für bestimmte Qualitäten bezeichnend ist); ferner, ob und in welcher Höhe eine etwaige Entschädigung nach dem Grundsatze des Ausgleiches oder des Spielraumes berechnet werden soll.

Im Kleinverkehr ist anzustreben, daß bei in Säcken verkauften Futtermitteln die geleistete Garantie äußerlich an einer ein für allemal bestimmten Stelle durch Plomben, Zettel oder Aufschrift kenntlich gemacht wird. Zu diesem Zwecke haben die den Säcken aufzuklebenden Zettel (oder Aufschriften) zu enthalten: Namen des Händlers und dessen Marke, Gewicht des Sackes, Benennung des Futterstoffes, Gehaltsgarantie (die Nährstoffe vollständig bezeichnenden, nicht in Buchstaben abgekürzten Benennungen, also Protein, Fett usw.), Angabe des eventuellen Spielraumes oder Ausgleiches, in rotem Querüberdruck, die Versuchsstation, unter deren Kontrolle die betreffende Firma sich eventuell gestellt hat, und die Bedingungen, unter welchen die Ermittelung des Gehaltes an den garantierten Nährstoffen von der betreffenden Versuchsstation ausgeführt wird (1892).

3. Die Garantie für die wesentlichen, den Wert bestimmenden Nährstoffe bezieht sich in allen Fällen auf Protein und Fett, auf den Gehalt von Kohlehydraten nur, wo die Garantie für Kohlehydrate ausdrücklich vereinbart wird.

Die Garantie für Protein und Fett ist getrennt für jeden dieser Nährstoffe anzugeben.

Die Garantiezahlen bezeichnen den Mindestgehalt der in dem betreffenden Futtermittel garantierten Nährstoffe. Grenzzahlen zur Bezeichnung der Garantiezahlen (z. B. 18—20% Protein) sind unzulässig.

Für die an den garantierten Werten fehlenden Gehalte ist der Verkäufer verpflichtet, Entschädigung zu leisten. Die Entschädigung kann berechnet werden entweder: 1. nach dem Grundsatz des Ausgleiches oder 2. nach dem Grundsatz des Analysenspielraumes (Latitüde).

---

[1]) Nach Krische, Untersuchung und Begutachtung von Düngemitteln, Futtermitteln und Saatwaaren, Berlin 1906, S. 121—124.

Zu 1: Ausgleich.

Unter Ausgleich ist zu verstehen die Deckung eines etwaigen Mindergehaltes an einem der garantierten Nährstoffe dem Geldwerte nach durch einen gleichzeitig vorhandenen Überschuß eines anderen garantierten Nährstoffes.

Als Grenzen sind maßgebend:

Deckung eines Mindergehaltes an Fett bis 1% in Futtermitteln mit einem garantierten Fettgehalt bis zu 10%, bis zu 2% bei höheren Gehaltsgarantien.

Deckung eines Mindergehaltes an Protein bis zu 10% des garantierten Proteingehaltes, in maximo bis 3% Protein.

Deckung eines Mindergehaltes an Kohlehydraten bzw. stickstoffreien Extraktstoffen bis zu 5% Kohlehydrate (1892).

Bei einzelnen Futtermitteln bleibt es speziellen schriftlichen Vereinbarungen zwischen Verkäufer und Käufer bzw. zwischen Verkäufer und landwirtschaftlichen oder genossenschaftlichen Vereinigungen vorbehalten, mit Rücksicht auf größere oder geringere Schwankung des Gehaltes die angegebenen Ausgleichsgrenzen zu erweitern oder zu verengern.

Zu 2: Analysenspielraum.

Ein Analysenspielraum soll nur bewilligt werden, wenn ein solcher zwischen dem Käufer und Verkäufer vereinbart worden ist, wozu indessen der Vermerk: „Vorbehaltlich des Bernburger Spielraumes“[1]) (Latitüde) genügen soll. Dieser besagt: „daß von dem in den Futtermitteln enthaltenen Rohprotein bis zu einem Mindergehalt von 1,5%, bei Fett bis zu 0,5% noch keine Entschädigung gewährt werden soll. Übersteigt jedoch der Fehlbetrag 1,5% bei Rohprotein oder 0,5% bei Fett, so wird der volle Fehlbetrag in Anrechnung gebracht.“

Wenn die Entschädigung unter Anrechnung des Analysenspielraumes stattfindet, fällt der Ausgleich weg und umgekehrt.

Für die Berechnung der Entschädigung wird das Geldwertverhältnis von 1 Teil Protein zu 1 Teil Rohfett gleichgesetzt.

Der Wert von 1 Teil Kohlehydrat resp. stickstoffreier Extraktstoffe wird auf dem Wege der Differentialrechnung auf Grund der vom Verbande der landwirtschaftlichen Versuchsstationen auszuführenden Berechnungen festgestellt.

Für die Berechnung des Wertes resp. der Entschädigung der mit garantierten Gehalten in den Handel kommenden Futtermittel kommen nur diejenigen Nährstoffe in Betracht, auf welche sich die Garantie erstreckt (1892).

4. Werden Futtermittel nach „Prozenten der einzelnen Nährstoffe“ gehandelt, so fällt jeder Spielraum und jeder Ausgleich fort (1892).

5. Nachweislich der Bezeichnung des Futtermittels nicht entsprechende, verdorbene, ungesunde oder mit minderwertigen Stoffen untermengte Ware ist vom Verkäufer auf Verlangen ohne weiteres unter Ersatz der dem Käufer erwachsenen Unkosten zurückzunehmen (1892).

6. Die Feststellung des Gehaltes der Futtermittel erfolgt durch die zwischen Verkäufer und Käufer vereinbarten Versuchsstationen. Die zum Zwecke der Untersuchung an die Versuchsstationen zu sendenden Proben sind nach Maßgabe der folgenden Bestimmungen zu entnehmen (1892).

---

[1]) Der auf der Futtermittel-Kommission zu Bernburg 1890 beschlossene Spielraum. Landw. Versuchsstat. Bd. 38, S. 143.

Probeentnahme-Bestimmungen.

Bei Ölkuchen sind von verschiedenen Stellen mindestens 12 ganze Kuchen zu entnehmen; diese sind durch den vollkommen gereinigten Ölkuchenbrecher oder auf sonst geeignete Weise in etwa walnußgroße Stücke zu zerschlagen und ist aus dieser zerkleinerten Masse nach ihrer gründlichen Mischung ein Muster von 2 kg zu nehmen. Eine weitergehende Zerkleinerung der Probe ist zu vermeiden (1892).

Verwertung der Ölkuchen zu verschiedenen Zwecken.

Neben der Verwendung als Düngemittel und Viehfutter dienen die Ölkuchen einer Reihe anderer Zwecke, doch absorbieren dieselben keine nennenswerten Mengen.

Verwendung in der Pharmazie und Parfümerie.

Zu nennen ist vor allem die Anwendung gewisser Ölkuchen in der Pharmazie und in der Parfümerie. Die Pharmazeuten verwenden den Senfkuchen zur Herstellung der bekannten Senfpflaster und zur Bereitung der senfhaltigen Fußbäder. Die Kuchen von Bittermandeln sowie von Senf dienen auch zur Herstellung von ätherischen Ölen. Ein Gleiches gilt von den Preßkuchen der Aprikosenkerne. Der Leinkuchen wird wegen seiner hohen spezifischen Wärme mit Vorliebe für warme Umschläge verwendet. Lein- und Mandelkuchen dienen auch in den Apotheken zur Absorption von scharfen Gerüchen, die man aus Flaschen und Utensilien entfernen will.

Die Verwendung der Rückstände der süßen und bitteren Mandeln sowie der Aprikosenkerne (die im Handel ebenfalls unter dem Namen „Mandelkuchen" erscheinen) als Toilettemittel ist bekannt. Die feingemahlenen Kuchen werden gewöhnlich mit Riechstoffen versetzt und bilden ein die Geschmeidigkeit der Haut in hohem Maße erhöhendes Kosmetikum, das man beim Waschen wie Seife oder Sand verwendet.

Nicht unerwähnt darf die Verwendung der Kuchenmehle zum Fälschen verschiedener Gewürze bleiben; auch die Verarbeitung des Senfkuchens zu Tafelsenf muß genannt werden.

Die Preßrückstände von Oliven wurden in früherer Zeit an mehreren Orten Spaniens, speziell in Barcelona, als Zusatz zu heißen Bädern benutzt und sollen ein gutes Mittel gegen Rheumatismus und Gliederschwäche gewesen sein.

Die Kürbiskernkuchen, entsprechend gereinigt, können, in Wasser angerührt, als beruhigender Trank für die Haustiere verwendet werden. Bedingung ist dabei, daß die Kuchen frisch und nicht schon durch längeres Lagern ranzig geworden sind. Die Kuchen von Kreuzblütlern werden gegen die Wassersucht (Cachexie aqueuse) angewendet, jene von Pignon d'Inde als Purgativmittel. Bei der Giftigkeit der letzteren ist die größte Vorsicht bei der Verabreichung derselben geboten.

Die giftigen Ölkuchen werden beim Fischfang zum Betäuben der Fische oder gar zum Töten derselben verwendet. In Indien ist für diese Zwecke der Illipé-Kuchen beliebt.

Der unangemehme, penetrante Geruch, welcher beim Verbrennen der Preßrückstände von Saaten der verschiedenen Bassiaarten entsteht, wird in den Tropenländern benutzt, um Ratten, Schlangen und andere unerwünschte Belästiger abzuhalten.

In früheren Zeiten, als man in der Technik der Ölgewinnung noch wenig vorgeschritten war, wurden die besseren Ölkuchen dazu benutzt, um die beim Zerkleinern allzu ölreicher Samen ausfließenden Öle aufzusaugen. So z. B. wurden die Kerne der Walnuß nicht ledig gepreßt, sondern vorher mit den Preßrückständen anderer Ölsaaten vermischt. Für diese Zwecke erwiesen sich angeblich die Kuchen von Bucheicheln[1]) als die besten, da sie den Geschmack des Nußöles in keiner Weise alterierten. Verschiedene technische Verwendungen.

Die hygroskopische Eigenschaft der Ölkuchen wurde von Dubrunfaut und von Grouvelle zur Filtration wasserhaltiger Öle angewendet. Später empfahl man die erschöpften Kuchenmehle als Zugabe zur Wagenfettfabrikation, doch ist dieser Vorschlag wohl nie im großen zur Ausführung gekommen.

A. R. Shanton[2]) in Utica ließ sich eine Seifenkomposition (??) patentieren, welche aus Sesamkuchen, Natronlauge, Wasser, Natriumkarbonat, Borax und Chlorammonium bestehen soll. Die in den Tropen zu findende Verwendung gewisser Ölkuchen als Kerzen (Candlenußkuchen) hat nur ein untergeordnetes Interesse; Lucca[3]) in Nizza hat Olivenpreßlinge zur Darstellung von Leuchtgas empfohlen. Die in früheren Zeiten stattgehabte Anwendung holzfaserreicher oder giftiger Ölkuchen als Brennmaterial wurde bereits erwähnt.

Leinkuchen, vermischt mit Stärkemehl und mit Wasser zu einem Brei angerührt, geben einen sehr hart werdenden Kitt, der zum Dichten verschiedener chemischer Apparate mit Vorteil angewendet wird.

In Frankreich werden die Ölkuchen nach einem Vorschlag Payens auch zur Denaturierung von Vieh- und Dungsalz verwendet; vorgeschrieben ist dafür ein Zusatz von 20% von dem Gewichte des zu denaturierenden Salzes oder von 10% Ölkuchen und 1,5% Eisenoxyd[4]).

Endlich dienen einzelne Ölkuchen auch den Menschen als Nahrung. Der hohe Protein- und Fettgehalt würden die Kuchen als ein ganz vorzügliches Nahrungsmittel erscheinen lassen, wenn nicht die Verdaulichkeit dieser Produkte im menschlichen Organismus unvollkommen wäre. Die an Holzfaser armen Kuchen, wie z. B. die von süßen Mandeln, Nüssen und Arachis, auch die von Mohn, werden aber immerhin in einzelnen Teilen Südeuropas von den ärmeren Bevölkerungsschichten konsumiert; zwar Ölkuchen als menschliche Nahrung.

[1]) Carlier, Biblioth. physic. économique, Paris 1783, S. 81.

[2]) Amerik. Patent Nr. 183986 v. 31. Oktober 1876.

[3]) Franz. Patent Nr. 117198.

[4]) Franz. Gesetz v. 8. November 1869.

nicht in ihrem originalen Zustande, sondern mit Mehl und anderen Stoffen vermischt und gebacken.

In früherer Zeit scheinen gewisse Ölkuchen sogar in nicht unbeträchtlicher Menge als Nahrungsmittel verspeist worden zu sein. Nach Liébault[1]) wurden im 17. Jahrhunderte die Mandelkuchen unter Holzasche geröstet und galten dann als Leckerei.

In Spanien mischt man Arachiskuchen mit Zucker und aromatischen Stoffen und fabriziert so eine Art minderer Schokolade, welche von der armen Bevölkerung mit Vorliebe gegessen wird. In der Schweiz und im Département des Hautes Alpes werden die Nußkuchen in einer ähnlichen Weise zubereitet.

Die Leinkuchen wurden seinerzeit in einigen Gegenden Rußlands in Mehlform beim Backen des Brotes zugegeben, welcher Brauch besonders zuzeiten von Mißernten und Hungersnot stark praktiziert wurde.

In Ägypten wie auch im europäischen und asiatischen Orient dient der Sesamkuchen, vermischt mit Honig und Zitronensaft, als beliebte Speise, welche allgemein unter den Namen „Tahiné" bekannt ist. Die Inder essen sowohl Sesamsamen als auch Sesamkuchen ganz allgemein, wie auch in Georgien und Südkarolina die Neger in ihre tägliche Nahrung, welche aus Mais besteht, Sesamkuchen[2]) beimischen.

Die Kuchen der Weintraubenkerne dienten in früheren Zeiten zur Herstellung eines magenstärkenden Getränkes, das wie Kaffee oder Tee bereitet wurde, indem man das Produkt mit heißem Wasser aufkochte und dann abseihte[3]).

Die Nutzbarmachung der Ölkuchen für die Ernährung der Menschen ist ein schwer erreichbares, dafür aber umso erstrebenswerteres Ziel, denn der Gehalt an Eiweißstoffen ist bei diesem Produkte größer als bei irgend einem der menschlichen Nahrungsmittel.

H. Nördlinger[4]) will Ölkuchen für den menschlichen Genuß dadurch geeignet machen, daß er sie durch Auslaugen mit Alkohol von den freien Fettsäuren befreit und nachher sterilisiert. In einem späteren Patent[5]) empfiehlt Nördlinger das Rösten der Ölkuchen.

Reindarstellung von Planzeneiweiß.

Vielfach hat man auch die Reindarstellung von Pflanzeneiweiß aus Ölkuchen angestrebt. Die Versuche basieren auf der Löslichkeit des Eiweißes in Wasser oder in verdünnten Säuren.

---

[1]) L'agriculture et maison rustique, Lyon 1689, S. 388.

[2]) Merat et Lens Dict. de mat. médic., Paris 1850, Bd. 6, Seite 333.

[3]) Férussac, Bull. des sciences agric. et économ. 1830, Band 14, Seite 63, und Band 15, Seite 57.

[4]) D. R. P. Nr. 52310 v. 8. Nov. 1889 — Chem.-Ztg., 1890, Seite 976. — Siehe auch Spindler (Zeitschr. f. angew. Chemie, 1893, S. 311).

[5]) D. R. P. Nr. 57311 v. 14. Aug. 1890. — Chem.-Ztg., 1891, Seite 992.

Verfahren Fromm und Bredt.

E. Fromm & T. V. Bredt[1]) gewinnen das Eiweiß der Rapskuchen durch Auswaschen des zerkleinerten Produktes mit Wasser von 30—40° C und Erhitzen der erhaltenen Flüssigkeit bis zur Koagulation des gelösten Eiweißes. Die koagulierte Masse ist schwer zu filtrieren und wird daher vorteilhaft nach einem guten Auswaschen direkt im Vakuum oder im Luftstrome getrocknet. Es lassen sich nach dem Verfahren etwa 7—10% fast chemisch reinen Pflanzeneiweißes aus Rapskuchen extrahieren. Das Verfahren, bei welchem bei der Auslaugung höhere Temperaturen als 40° C vermieden werden, um eine Koagulation des Eiweißes im Ölkuchen und den Austritt von Öl aus demselben zu verhindern[2]), soll nur bei Rapskuchen anwendbar sein, bei den Preßrückständen anderer Ölsaaten aber versagen, weil deren Protein in lauem Wasser nicht so leicht löslich ist.

Verfahren Wulkan.

Das Verfahren von Wulkan[3]) in Maros-Vásárhely, welches sich mit der Gewinnung eines hochprozentigen wasserlöslichen Eiweißes aus Erdnußkuchen befaßt, verwendet ebenfalls Wasser zur Extraktion der Eiweißstoffe, doch wird hier bei Temperaturen bis zu 60° C gearbeitet und vollkommen entfettetes Material verwendet, das man vor der Eiweißentziehung noch mit Alkohol von 95% behandelt, um schleimige und gummiartige Substanzen, Stärke, Zucker, Salze usw., welche sonst teilweise in das Pflanzeneiweiß übergehen würden, zu entfernen.

Methode Wulkan und Schwarz.

Das Protein der Baumwollsaatkuchen ist nach H. Wulkan und A. Schwarz[4]) in Mähr.-Ostrau nur in Wasser von einem bestimmten Salzsäuregehalt löslich. Das auf dieser Beobachtung ausgearbeitete Verfahren arbeitet so, daß man das Baumwollsaatkuchenmehl durch eine Behandlung mit stark verdünnter Schwefeläure (1 : 500) von harzigen Substanzen und Pigmenten befreit (Protein geht dabei nicht in Lösung) und nachher mit der 20fachen Menge ein im Liter 1,8—2 g Salzsäure enthaltendes Wasser einwirken läßt. Beim vorsichtigen Neutralisieren der erhaltenen Lösung mit Soda fällt das Protein in käsigen, rein weißen Flocken aus; es stellt ein fast 100prozentiges Pflanzeneiweiß dar, das vollkommen geruch- und geschmacklos ist. Die Rückstände bilden nach Befreiung von den letzten Spuren des verwendeten Säurewassers ein (allerdings proteinarmes) Futtermittel. Erdnußkuchen verhalten sich bei diesem Verfahren gegenüber Kottonsaatkuchen ganz ähnlich.

Verfahren Zink.

Nach J. Zink[5]) in Hamburg werden behufs Gewinnung von Eiweiß aus Baumwollsaatkuchen die letzteren vor allem mit sehr verdünnten Lösungen von Hydrooxyden der alkalischen Erden behandelt wo-

[1]) D. R. P. Nr. 110792 v. 20. Sept. 1898; österr. Patent Nr. 3857 v. 1. Sept. 1900.

[2]) Wäre wohl nur bei Verarbeitung von Rapskuchen zu befürchten.

[3]) Österr. Patent Nr. 5427 v. 15. Mai 1901.

[4]) Österr. Patent Nr. 3095 v. 1. Juni 1900.

[5]) D. R. P. Nr. 148410 v. 18. Juni 1902.

durch färbende, riechende und schmeckende Stoffe entfernt werden. Darauf entzieht man dem Material durch eine verdünnte Säure — Zink empfiehlt besonders Orthophosphorsäure — unter Mitwirkung von Wärme das Protein. Aus der erhaltenen Lösung werden die Eiweißstoffe durch Zusatz einer starken, Eiweiß schwer lösenden Säure (Salpeter- oder Schwefelsäure) abgeschieden.

Zu einer praktischen Bedeutung haben es die auf die Gewinnung von Pflanzeneiweiß aus Ölkuchen abzielenden Verfahren [1]) bisher nicht bringen können.

VII. Die Einrichtung der Ölmagazine und die Anlage von Ölfabriken.

Die vegetabilischen Öle und Fette werden nur höchst selten direkt von der Presse oder dem Extraktor weg versandt oder eingelagert, sondern vorher fast immer einer Reinigung unterzogen, über welche im Abschnitt 8 dieses Bandes (Die Reinigung der Öle und Fette) ausführlich gesprochen wird.

Ablagern der Öle.

Mitunter wird die Raffination nicht an den frisch bereiteten Ölen vorgenommen, sondern diese vorher längere Zeit abgelagert, so z. B. Rapsöl, das in der Regel mehrere Tage in rohem Zustande sich selbst überlassen bleibt, bevor es mittels Schwefelsäure von seinen Harz- und Farbstoffen befreit wird.

Auch die gereinigten, verkaufsfertigen Öle läßt man vielfach vor dem Versande ablagern, teils um ihre technische Verwendbarkeit (Lackleinöl), teils um ihr Bouquett (Speiseöle) zu erhöhen, wie ein größeres Vorrathalten an fertiger Ware auch im Interesse einer glatten Expedition überhaupt liegt.

Einrichtung der Ölmagazine.

Das Ablagern der rohen Öle vor der Raffination sowie der gereinigten verkaufsfähigen Öle geschieht zumeist in eisernen, gemauerten oder zementierten Behältern.

Eisenreservoirs.

Über die Bauart der Eisenreservoirs braucht näheres nicht gesagt zu werden. Sie sind für alle jene Öle geeignet, welche Eisenblech nicht korrodieren, also für alle halbwegs neutralen Öle und Fette. Für starkranzige Öle, wie z. B. Palm-, Sulfuröl und ähnliche Fette, die bis zu 50% freie Fettsäure enthalten, empfehlen sich Eisenreservoirs nicht und muß man hier entweder verbleite Gefäße verwenden oder gemauerte resp. zementierte, mit Steinzeugplatten oder Glastafeln ausgekleidete Zisternen.

[1]) Siehe auch D.R.P. Nr. 15078; D.R.P. Nr. 121439 von Richard Theodor in Königsberg; österreichisches Patent Nr. 2015 v. 16. April 1900 des L. Geret in München usw. und andere.

Diese Zisternen (Fig. 222) bedürfen einer sehr exakten Ausführung. Die Verkleidungsplatten müssen dicht an den Wänden anliegen und sehr gut verfugt sein, damit die Öle nicht das Mauerwerk oder die Betonschicht angreifen. Gemauerte oder zementierte Behälter ohne Verkleidung können selbst bei bestem Zementverputz zur Aufbewahrung von Ölen und Fetten nicht empfohlen werden, da letztere einesteils den Zement an und für sich angreifen und durchlässig machen, andererseits in dem Verputz sehr leicht Sprünge entstehen, welche dem direkten Durchsickern von Öl Vorschub leisten.

Gemauerte und zementierte Zisternen.

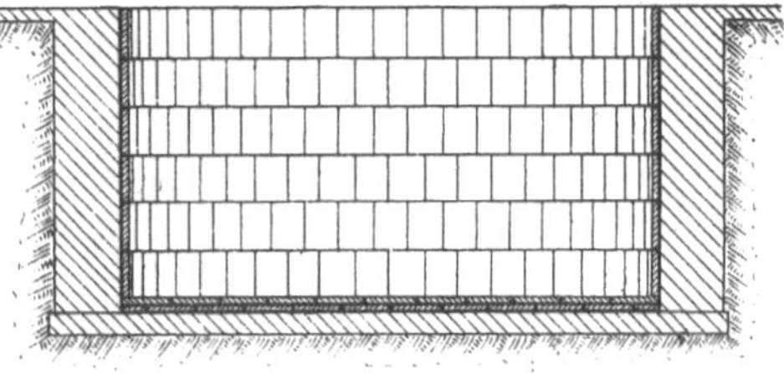

Fig. 222. Verglaste Ölzisternen.

Solid ausgeführte verglaste oder mit Steinzeugplatten verkleidete Reservoirs gestatten ein besseres Reinhalten als eiserne, deren vorstehende Nietenköpfe das Putzen erschweren. Man wendet derartige Zisternen fast ausschließlich als Unterflurreservoirs an, nur selten für Behälter über Fußbodenniveau. Unterflurbehälter sind deshalb angenehm, weil sie Platz sparen helfen; sie müssen jedoch mit großer Vorsicht bedient und überwacht werden, weil sehr leicht Schmutz oder Wasser in dieselben geraten kann.

Beförderungsmittel.

Die Beförderung der Öle und Fette von der Gewinnungsstelle zu den Reinigungsapparaten (Filter, Raffinationskessel usw.) und von dort in das Ölmagazin geschieht durch Pumpen oder Montejus.

Die Ölpumpen weisen keine Besonderheiten in ihren Konstruktionen auf, weshalb die Besprechung derselben entfallen kann. Montejus findet man in den Ölfabriken relativ selten und werden diese daher besser im III. Bande bei dem Kapitel „Stearinfabrikation" erörtert, weil sie in dieser Industrie in ausgedehnterem Maße zur Anwendung gelangen.

Die verbindenden Rohrleitungen sind in der Regel aus Eisen; Leitungen aus anderen Metallen werden in den Ölfabriken wenig angewandt. Nur in Sulfurölextraktionen sind mitunter Kupferleitungen anzutreffen, wie auch in manchen Ölraffinerien zur Beförderung von Mineral- und Fettsäuren Bleirohre in Verwendung stehen.

Automatische Ölwagen.

Um eine Kontrolle über das erzeugte Öl zu haben, sind in Ölfabriken vielfach automatische Ölwagen in Gebrauch; in gediegener Ausführung werden dieselben von der Hennefer Maschinenfabrik Reuther & Reisert hergestellt.

Die zu verwiegende Flüssigkeit (Fig. 223) wird dem Trichter zugeführt, läuft zuerst in einem starken Strom, später nur in einem ganz dünnen Strahle in das Wägegefäß, bis das genaue Gewicht eingefüllt ist. In dem Momente fängt die über dem Gefäß angeordnete Schale diesen dünnen Strahl auf, wodurch der Zufluß zum Wägegefäße vollständig abgesperrt wird und dieses entleert sich durch Überkippen.

Durch einen im Auslaufbehälter liegenden Schwimmer wird das Gefäß so lange in der übergeschlagenen Stellung gehalten, bis die Flüssigkeit aus demselben genügend ausgelaufen oder ausgetropft ist, worauf der ganze Mechanismus wieder in seine Anfangsstellung zurückkehrt.

Die Wage wird mit einem geschlossenen Gehäuse versehen, so daß sie Unbefugten nicht zugänglich ist, und stellt daher einen ganz vorzüglichen Kontrollapparat für Ölmühlen dar, welcher eine genaue Abrechnung zwischen Fabrik- und Magazinsarbeit ermöglicht.

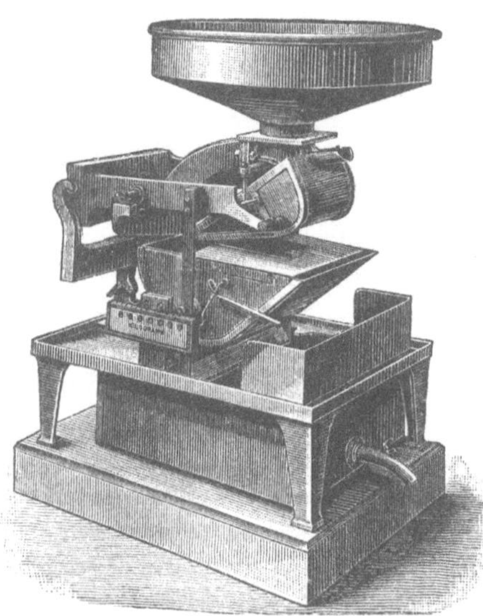

Fig. 223. Automatische Ölwage.

Um verläßliche Resultate zu erhalten, ist es notwendig, daß die zu wiegenden Öle frei von Schleimstoffen und Verunreinigungen sind; es ist daher nicht am Platze, ungefilterte Öle zu verwiegen. Diese können in der Wagschale Schlamm absetzen, der bei der Kippung des Ölbehälters sich nie ganz entleert, sondern im Behälter bleibt, also immer mitgewogen wird und zu Wiegefehlern Anlaß gibt. Auch ist es notwendig, daß man den Auffangtrichter der Wage mit einem Überlaufrohr versieht, damit bei zu starkem Zuströmen von Flüssigkeit der nicht bewältigte Überschuß austreten kann.

Der Versand der Pflanzenöle und Fette erfolgt entweder in Holz- oder Eisenfässern, in Karnistern oder in Zisternenwaggons.

Barrels. Das gebräuchlichste Versandgefäß ist das sogenannte Barrel, d. i. eine im Welthandel allgemein anerkannte Faßform von ungefähr 33—36 kg Eigengewicht und ca. 180 Liter Fassungsraum.

Gute Barrels müssen aus amerikanischem Eichenholz hergestellt sein und starke, haltbare Eisenreifen besitzen; alle anderen Holzgattungen, z. B. die europäischen Kastanienholzgattungen, Buchenholz usw., zeigen zu große Porosität und liefern Fässer, welche etwas leichter „schweißen" und daher an Qualität ein klein wenig hinter den amerikanischen Barrels zurückstehen. Bei dem heutigen sehr bedeutenden Import von amerikanischen Ölen und Fetten kommen alljährlich viele Tausende von Barrels nach Europa; da diese mehrere Reisen bequem aushalten, so hat sich in allen europäischen Industriestaaten ein schwunghafter Handel mit alten, gebrauchten Barrels ausgebildet, und die Neuherstellung von Barrels wird in den allerwenigsten Ölfabriken gepflogen.

Die Bemühungen der europäischen Staaten, die Einfuhr der amerikanischen Öle, hauptsächlich des in ungeheuren Mengen importierten Baumwollsamenöles durch möglichst hohe Schutzzölle einzudämmen, dürften in absehbarer Zeit eine Verminderung der Zufuhr von Barrels zur Folge haben, und dürfte sich ein fühlbarer Mangel in diesem Artikel geltend machen. Die Zeit ist daher nicht allzu ferne, wo alle größeren Ölfabriken sich nicht mehr auf die Erhaltung einer Reperaturwerkstätte für Fässer werden beschränken dürfen, sondern an die Errichtung eigener Faßfabriken werden denken müssen.

Andere Arten von Holzfässern.

Außer den Barrels werden zum Versand der vegetabilischen Öle auch Fässer verschiedenster Größe benutzt. Es seien von diesen nur erwähnt: die durch ihre Holzreifen gekennzeichneten Olivenölfässer, die 50—600 Liter zu fassen vermögen, die sogenannten amerikanischen Tierces, welche für Kottonstearin vielfach gebraucht werden, und endlich die von Ceylon kommenden 800—1000 kg fassenden großen Kokosölfässer (Ölpipen).

Adjustierung der Barrels und sonstigen Holzfässer.

Die zum Versand von Pflanzenölen verwendeten Fässer oder Barrels werden zur Entfernung der von der früheren Füllung her an den Dauben haftenden Fettreste durch Ausdämpfen befreit; der Dampf bewirkt gleichzeitig ein Aufquellen der Dauben und damit ein Dichterwerden. Hierauf werden die Fässer gewaschen, die schadhaften Böden und Dauben repariert oder ausgewechselt; durch Anziehen und Antreiben der Eisenreifen, sowie ein eventuelles Neuverrohren der Dauben erfolgt dann eine weitere Abdichtung.

Das in den Petroleum- und Mineralölfabriken allgemein geübte Ausleimen der Fässer, d. h. das Überziehen des Faßinnern mit einer dünnen Schicht von Knochenleim (in neuerer Zeit auch mit Surrogaten desselben) soll ein vollständiges Abdichten der Fässer bewirken und die Aufsaugefähigkeit der Dauben für Öl vermindern. Das Leimen ist in den europäischen Pflanzenölfabriken nicht üblich, weil die Meinung herrscht, daß vegetabilische Öle für Leim ein gewisses Lösungsvermögen zeigen und daher in geleimten Fässern eine Trübung erleiden. Diese Annahme trifft aber nur dann zu, wenn das Ausleimen nicht mit der nötigen Vorsicht geschah, besonders dann, wenn in die noch nicht vollkommen getrockneten Fässer Öl eingefüllt wurde. Einen Beweis, daß ein Ausleimen der Fässer möglich ist, bilden die amerikanischen Kottonölbarrels, welche fast ausnahmslos geleimt werden. Allerdings ist bei denselben die Leimschicht von viel geringerer Dicke als bei unseren Petroleumfässern.

Auch ein Überziehen des Faßinnern mit Paraffin wird in amerikanischen Ölfabriken vereinzelt gepflogen; derartige Fässer dürfen aber nicht in wärmere Räume kommen, weil sonst die Paraffinschicht schmilzt und sich mit dem Öle mischt. Übrigens dürfte auch bei niederer Temperatur das Paraffin von dem Öle teilweise aufgenommen werden, weshalb die Paraffinauskleidung nicht empfehlenswert ist.

Vor dem Einfüllen werden die Fässer gewöhnlich mit einem äußerlichen Harz- oder Firnisanstrich versehen.

Eiserne Fässer.

In neuerer Zeit schenkt man den eisernen Fässern mehr und mehr Beachtung. Die Vorteile derselben (Fig. 224) sind in dem absoluten Dichthalten, also dem Vermeiden jeglichen Mankos[1]), und in der großen Haltbarkeit bei ganz geringen Instandhaltungskosten zu suchen. Man konstruiert heute die Fässer mit so geringem Eigengewicht, daß der Perzentsatz der Tara auch hier nicht mehr beträgt als bei den Barrels, nämlich ca. 18—20% vom Gewicht des Inhaltes.

Fig. 224 a.

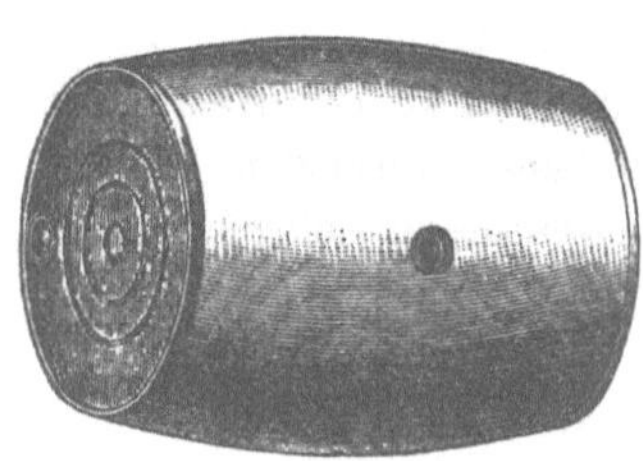

Fig. 224 b.

Fig. 224 a und b. Eiserne Ölfässer.

Blechkisten (Karnister) werden zum Verpacken vegetabilischer Öle relativ wenig angewandt; nur Speiseöle und einige exotische Fette kommen in Karnistern auf den Markt.

Zisternenwaggons.

Der Versand in Zisternenwaggons ist sowohl für Öle als auch für feste Fette anwendbar. Für letztere muß der Ölbehälter des Waggons mit einer Dampfschlange versehen sein, deren Enden Holländer tragen, um zwecks Auftauens der Fette vor dem Abfüllen bequem an eine Dampfleitung angeschlossen werden zu können.

Ölmagazine.

Die Ölbehälter (Ölreservoirs) sind in den Ölmagazinen entweder unterhalb des Fußbodens angeordnet (zementierte Zisternen) oder so hoch über diesen postiert, daß aus denselben durch freien Fall bequem ein Anfüllen der Fässer erfolgen kann. Auch sorgt man durch eine zweckentsprechende Anordnung der Reservoirs für einen möglichst großen, freien Manipulationsraum. Zweckmäßig ist es, die Reservoirs an dem Umfang des Lokales (eventuell auf Podesten) anzuordnen, den Mittelraum aber für Füll- und Manipulationszwecke frei zu lassen (Fig. 225).

Abfüllen der Öle.

Das Füllen der Fässer geschieht in den meisten Betrieben auf die bekannte Weise, unter Zuhilfenahme eines Trichters. Einige größere Be-

---

[1]) Die Barrels und sonstigen Holzfässer ergeben (speziell in neuem Zustande) auch bei vollständigem Abgedichtetsein stets ein Manko, weil die Faßdauben eine gewisse Menge Öl aufsaugen, die als verloren zu betrachten ist.

[2]) Den geringsten Prozentsatz an Tara haben Aluminiumfässer, welche von G. de Negri für Olivenöl empfohlen wurden. (Chem.-Ztg., Rep. 1895, S. 209.) Der teuren Gestehungskosten wegen ist eine allgemeinere Verwendung von Aluminiumfässer aber ausgeschlossen.

Fig. 225. Füllraum und Öldepot einer Ölfabrik.

triebe verwenden den in Petroleumraffinerien vielfach gebrauchten **automatischen Faßfüllapparat**, welcher das Achthaben auf das Übergehen der Flüssigkeit vollständig erspart und es ermöglicht, daß ein Arbeiter gleichzeitig eine ganze Serie von Fässern füllen kann, weil sich die zu verrichtende Handarbeit ganz und gar auf das Einsetzen und Herausheben des Apparates in die leeren bzw. gefüllten Fässer beschränkt.

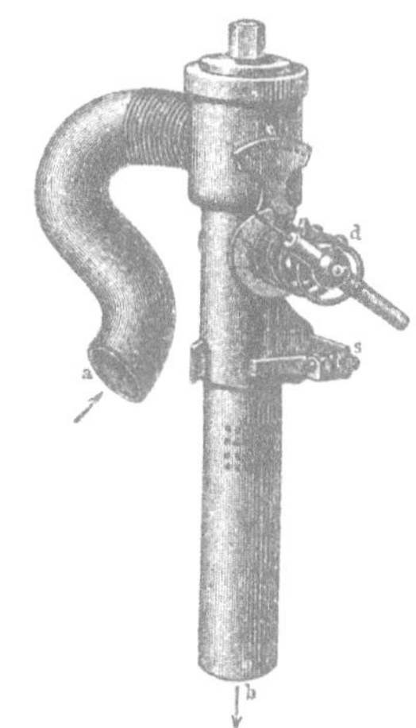

Fig. 226. Automatischer Faßfüllapparat.

Diesen aus Amerika stammenden Faßfüllapparat gibt Fig. 226[1]) wieder.

Bei *a* tritt das Öl vom Reservoir ein und geht bei *b* in das Barrel über. Der Sprunghebel *d* öffnet und schließt ein Ventil *c* im Innern des Füllers. Ersterer ist während des Füllens in eine Führung *s* eingehängt, welcher mit einem im Innern befindlichen Schwimmer korrespondiert. Erreicht der Flüssigkeitsspiegel diesen Schwimmer, so hebt er ihn, wodurch der Hebel *d* losgelassen und durch die Spiralfeder gezwungen wird, in seine in Fig. 226 gezeichnete Lage zurückzugehen, womit gleichzeitig ein Abschließen des Flüssigkeitszulaufes erfolgt.

---

[1]) Veith, Das Erdöl, Braunschweig 1892, S. 177.

Verlade-vorrichtungen.

Zum bequemen Verladen der Fässer in die Eisenbahnwaggons oder Frachtwagen sind um die Ölmagazine gewöhnlich Rampen angebracht, die in gleicher Höhe liegen wie das Ladeniveau der Transportvehikel. Wo dies nicht angängig ist, wird für besonders große Fässer auch der sogenannte „hydraulische Faßheber" benutzt, wie ihn Fig. 227 zeigt.

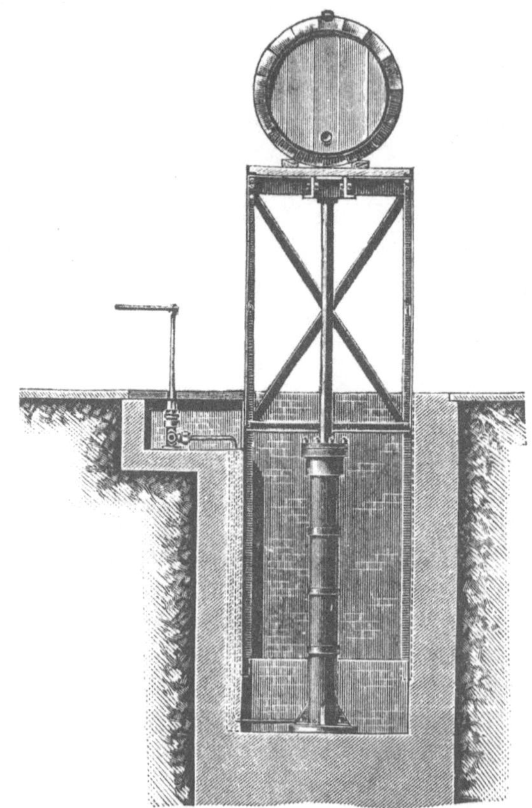

Fig. 227. Hydraulischer Faßheber.

Der Faßheber, welcher in seiner Konstruktion an die hydraulische Presse erinnert, besteht aus einem einfachen Zylinder, in welchem sich ein gut gedichteter Kolben bewegt, welcher durch Wasserdruck gehoben wird und beim Emporsteigen ein mit ihm fix verbundenes Plateau, auf welches die Fässer gebracht werden, mitnimmt.

Über die Anlage und Bauart der Ölfabriken.

Die Ölfabriken können entweder so angelegt sein, daß sie sämtliche Betriebsabteilungen wie auch die Magazine für rohe und fertige Ware in einem einzigen mehrstöckigen Gebäude vereinigen, welches durch Feuermauern (Brandmauern) in mehrere Räume abgetrennt ist, oder nach dem sogenannten Pavillonsystem, bei welchem eine strenge Sonderung der Lager- und Arbeitsräume durchgeführt und auch diese letzteren nicht in einem, sondern in mehreren, 10—20 m voneinander entfernt liegenden Objekten untergebracht sind.

Etagensystem.

Die erste Bauart ist aus feuersicherheitlichen Gründen entschieden zu verwerfen. Wenn sie heute noch immer anzutreffen ist, so liegt der Grund hierfür darin, daß die Getreidemühlen die ursprünglichen Vorbilder der Ölfabriken waren und die Etagenanordnung einige betriebstechnische Vorteile mit sich bringt. Die vielen großen Ölfabriksbrände der letzten Jahre haben aber in der Bauart der Ölfabriken einen merklichen Wandel geschaffen und dem Pavillonsystem mehr und mehr zum Durchbruch verholfen.

Pavillonsystem.

Bei den Extraktionsanlagen — wenigstens bei den größeren — ist das Pavillonsystem insofern in Anwendung, als der Extraktionsraum von den Magazinen für Ölsaat und denen für die fertigen Produkte getrennt ist.

In Ölfabriken, welche nach dem Preßverfahren arbeiten, ist das Pavillonsystem seltener zu finden, weil hier neben der hierfür nötigen großen Baufläche noch gewisse Betriebsschwierigkeiten zu überwinden sind. So bringt die Anordnung der verschiedenen Arbeitsabteilungen in Parterreräumen umfangreiche Transmissionsanlagen mit sich und erfordert viele mechanische Transportvorrichtungen, die zum großen Teil erspart werden können, wenn man, wie bei dem Etagensystem, die Putzapparate möglichst hoch anordnet, die Saat von hier durch freien Fall auf die Zerkleinerungsmaschinen führt und diese so postiert, daß die zerkleinerte Saat von hier ihren Weg durch einfachen Fall in die Wärmer nehmen kann und letztere das Preßgut direkt in die Füllapparate weitergeben können.

Bei den in letzterer Zeit geschaffenen Neuanlagen wird mitunter das Pavillonsystem in der Weise angewendet, daß die Magazine von den Fabrikationsräumen vollständig getrennt, diese aber in ein- bis zweistöckigen Objekten untergebracht werden.

Oberstes Gebot ist und bleibt es bei der Projektierung von Ölfabriken, die Lagerräume für die Saaten, für die fertigen Öle und Rückstände (Ölkuchen und Extraktionsmehle) von den eigentlichen Fabrikationsräumen, sei es räumlich, sei es nur durch Errichtung von Feuermauern, zu trennen.

Unterteilung der Fabrikationsräume.

Bei den nach dem Preßverfahren arbeitenden Fabriken gliedert man die Fabrikationsräume weiter in:

die Dampferzeugungsanlage (Kesselhaus),
die Kraftstation (Maschinenhaus),
die Pumpen- und Akkumulatoren-Anlage,
die Saatreinigungs- und Zerkleinerungs-Abteilung,
den Pressenraum,
die Ölreinigungsanlage und
die Kuchenmüllerei,

mehrere dieser Abteilungen mitunter verschmelzend.

Die für größere Betriebe notwendigen Reparaturwerkstätten (Schmiede, Schlosserei, Tischlerei, Küferei, Preßdeckelreparatur usw.) verlegt man am besten in ein separates Objekt.

Betriebskraft: Als bewegende Kraft kann in den Ölfabriken Wind, Wasser oder Dampf verwendet werden.

Wind, Die durch Windräder getriebenen Ölmühlen sind heute im Aussterben begriffen. Diese Anlagen, die von recht kleinem Betriebsumfange waren, hatten den Nachteil oftmaliger sich bei jeder Windabschwächung ergebender Betriebsstillstände. Ihre Leistungen erwiesen sich daher als recht wenig befriedigend.

Wasser, Mit dem Übelstande einer wechselnden Betriebskraft kämpfen auch die durch Wasserräder oder Turbinen getriebenen Ölfabriken. Damit dieselben im Hochsommer (Wassermangel) wie im strengen Winter (Frost) ungehindert weiter arbeiten können, sind neben den hydraulischen Motoren gewöhnlich auch Dampfmaschinen vorhanden, die in Aktion treten, sobald erstere irgendwie im Stiche lassen.

Dampf, Die weitaus meisten Ölfabriksanlagen arbeiten mit Dampfkraft.

Da bei dem nicht unbedeutenden Kraftverbrauch der nach dem Preßverfahren arbeitenden Ölfabriken, bei dem beträchtlichen Dampfverbrauche zum Erwärmen der Saat (bei Extraktionsanlagen für den Kreislauf des Extraktionsmittels) der Kohlenbedarf aller Ölfabriken ziemlich groß ist, so hat man bei der Wahl des Ortes für solche Anlagen auf eine möglichst billige Kohlenbeschaffung Rücksicht zu nehmen und bei der Disponierung solcher Fabriken darauf zu sehen, daß sie mit möglichst geringem Dampf- und Kraftaufwande arbeiten. Durch fachkundige Anordnung der einzelnen Lager- und Arbeitsräume lassen sich die Transportspesen für das Material reduzieren, durch richtige Postierung der einzelnen Apparate und Maschinen die Verluste, welche die Kraftübertragung mit sich bringt, einschränken. Eine konzentrierte Aufstellung der Zerkleinerungsmaschinen und Druckpumpen hilft viel an kostspieligen und kraftverbrauchenden Transmissionsanlagen sparen.

Elektrischer Antrieb. Ein gesonderter Antrieb der einzelnen Betriebsabteilungen durch elektrische Kraftübertragung ist in den wenigsten Ölfabriken vorhanden. Ob eine solche Antriebsart rationell ist, kann nur von Fall zu Fall entschieden werden.

Tag- und Nachtbetrieb. Die meisten Ölfabriken arbeiten ununterbrochen, d. h. sie haben Tag- und Nachtbetrieb. Dies ist deshalb vorteilhaft, weil beim Preßverfahren durch den nächtlichen Stillstand ein Abkühlen der ganzen Apparatur stattfinden und die ersten Morgenstunden daher stets schlechte Ausbeute ergeben würden.

Leistungsfähigkeit der Pflanzenfabriken. Das täglich verarbeitete Saatquantum beträgt in den allerwenigsten Ölfabriken weniger als 10000 kg; die meisten Betriebe haben eine Kapazität von 40000—50000 kg pro 24 Stunden, einzelne vermögen sogar bis zu 500000 kg und mehr in einer Tag- und Nachtschicht zu verarbeiten.

Additional material from *Gewinnung der Fette und Öle,*
ISBN 978-3-662-42707-1 (978-3-662-42707-1_OSFO2),
is available at http://extras.springer.com

Bei den Großbetrieben reduzieren sich die Fabrikationsspesen bedeutend, woraus sich die Tendenz erklärt, die Verarbeitung von Ölsaaten auf Betriebe mit größter Leistungsfähigkeit zu konzentrieren.

Ortswahl.

Daß für solche Massen verarbeitende Großbetriebe die Ortswahl der Betriebsstätte sehr wichtig ist, liegt auf der Hand. Billige Zufuhr des Rohmaterials und ebensolche Verfrachtung der Endprodukte ist absolut notwendig, und es empfiehlt sich daher, Ölmühlen an Wasserstraßen oder Eisenbahnknotenpunkten anzulegen. Da der weitaus größte Teil der verarbeiteten Ölsämereien überseeischer Herkunft ist, sind die Hafenstädte gut geeignete Plätze zur Errichtung von Ölfabriken: Marseille, Hamburg, Bremen und Triest bilden wichtige Zentren für die Fabrikation von Pflanzenölen.

Die nächste Umgebung der Ölfabriken soll eine hohe Konsumkraft für die erzeugten Öle und Fette sowie für die Ölkuchen bzw. Extraktionsmehle besitzen.

Es ist klar, daß die hier gegebenen allgemeinen Hinweise für die Anlage von Ölfabriken sich nicht immer vollkommen berücksichtigen lassen. Oft stehen dem einen Argument wichtige Gegengründe gegenüber; es muß auf lokale und andere Verhältnisse Bedacht genommen werden, so daß sich ein starres Schema nicht ausarbeiten läßt.

Nachstehend seien als Beispiele einige

Pläne von Ölfabriksanlagen

(sowohl für das Preß- als auch für das Extraktionssystem) beschrieben[1]).

Ölfabrik mit Marseiller Pressen.

Eine ältere mit Marseiller Pressen arbeitende Anlage, bei welcher die oberen Stockwerke nach altgewohnter Weise als Saatmagazine Verwendung finden, ist auf Tafel III[2]) wiedergegeben.

Die Saat wird durch die im zweiten Stockwerke befindlichen Siebzylinder gereinigt, gelangt von hier auf die Walzenstühle und dann auf die Kollergänge. Das gut zerkleinerte Preßgut wird hierauf durch in unserem Plane nicht gezeichnete Transportvorrichtungen in die Wärmpfannen geschafft, von wo aus auf den Packtischen das Einschlagen des Preßgutes in die Scourtins erfolgt, welche

---

[1]) Schilderungen und Pläne über Ölfabriksanlagen, welche nach dem Preßverfahren arbeiten, finden sich bei: Scholl, Bau und Betrieb der Ölmühlen, 1844; Förster, Allgemeine Bauztg., 1857, S. 152—170; Zeitschrift des Vereins deutscher Ingenieure, 1860, S. 242; Wiebe, Skizzenbuch, 1863, Heft 30, 1864, Heft 31, 1877, Heft 113; Wiecks deutsche Gewerbeztg., 1864, S. 339; Progrès de l'Industrie, 1868, Tafel 43 und 44; Uhland, Prakt. Maschinenkonstrukteur, 1872, S. 377, 1880, S. 206, 1883, S. 412; Engineer, 1881, S. 331, 1883, S. 399, 1885, S. 145; Uhland, Handbuch f. d. prakt. Maschinenkonstrukteur, 3. Bd., S. 1883; Gewerbeschau, 1887, S. 66; Rühlmann, Allgemeine Maschinenlehre, 2. Bd., Berlin 1877, S. 389 u. ff.; Deite, Industrie d. Fette, Braunschweig 1878, S. 123 u. ff.; Schädler Technologie der Fette, 2. Aufl., Leipzig 1892, S. 409 u. ff.

[2]) Nach Armengaud, Publication industrielle, Bd. 13, S. 85.

Pakete sodann in die Pressen gebracht werden. Letztere stehen mit zwei Akkumulatoren in Verbindung, welche ihrerseits von zwei Druckpumpen gespeist werden. Die beiden Druckleitungen (Hoch- und Niederdruck) wie auch die Retourleitung für das Wasser sind auf dem Plane deutlich zu sehen. Angetrieben werden die verschiedenen Putz- und Zerkleinerungsapparate, die Wärmer und die Pumpen durch eine stehende Dampfmaschine, welche durch Stirnräder die Kraft nach den verschiedenen Stockwerken überträgt.

Sollen Ölsaaten mehrmals gepreßt werden, so wird derart gearbeitet, daß man für die erste Pressung die Saat nur durch Walzenstühle laufen läßt, also ohne Kollergangpassage preßt. Für die erste Pressung verwendet man in einem solchen Falle ungefähr die Hälfte der vorhandenen Pressen und arbeitet mit nicht erwärmtem Preßgute. Die erhaltenen Kuchen des ersten Schlages bringt man direkt unter die Kollergänge, welche dieselben aufs feinste zerkleinern, worauf das Material in die Wärmer kommt, wo es erhitzt wird, um in einer zweiten Serie von Pressen das zweite Mal ausgepreßt zu werden.

Die auf Tafel III gezeigte Anlage stammt von Falguière in Marseille, der das Projekt seinerzeit für die Firma Maurel & Prom in Bordeaux ausarbeitete.

Anlage mit Seiher- und Etagenpressen.

Eine Anlage, bei welcher die Warenmagazine von den Fabrikationsräumen vollständig gesondert und die letzteren durchweg in Parterrebauten untergebracht sind, zeigt Tafel IV [1]). Diese für die Verarbeitung von Raps in zwei Pressungen (120000 kg Saat in 24 Stunden) gedachte Anlage ist in Hufeisenform angeordnet, eine Situierung, die mehrfache Vorteile bietet: vor allem wird dadurch ein Hofraum geschaffen, der durch Überdachung bequem für das Lagern von Kuchen und versandfertigen Ölfässern verwendet werden kann, ferner läßt sich eine sowohl dem Arbeitsgange der Ware gerecht werdende als auch auf den rationellen Bezug der Rohprodukte und Versand der fertigen Waren Bedacht nehmende Anordnung der einzelnen Abteilungen treffen.

Das von dem Hauptgebäude durch eine 10 m breite Straße getrennte Kesselhaus speist durch gut isolierte Dampfleitungen die Dampfmaschinen und die im Pressenraume befindlichen Wärmer. Eine Abzweigung der Dampfleitung geht nach Passierung eines Reduzierventils in die Raffinerie und in die Küferei.

Die Kraftverteilung erfolgt direkt von der Dampfmaschine aus auf 2 Transmissionsstränge, wodurch Zwischenvorgelege erspart werden und nur wenig Kraft durch Reibung verloren geht.

Die von dem Saatspeicher kommende Ölsaat wird durch einen einfachen Siebzylinder gereinigt, passiert dann eine Serie von Walzwerken, um durch geeignete Transportvorrichtungen in die Wärmpfannen der 3 Drehpreßbatterien zu fallen. Von hier gelangt das Preßgut in die Seiher und kommt zur ersten Pressung. Die erhaltenen leicht zerbrechlichen Ölkuchen werden durch Schnecken und Elevatoren auf die 2. Serie der Walzwerke zurückgeführt, nach deren Passage sie auf die Kollergänge kommen, wo ein Anfeuchten des Materials mit Wasser erfolgt. Die Kollergänge geben das Material nach den Wärmpfannen weiter, welche mit den die Etagenpressen bedienenden Formmaschinen in Verbindung stehen. Diese sind so aufgestellt, daß sie von der einen Seite be-

---

[1]) Ausgeführt von G. & R. Koebers Eisen- und Bronzewerken in Harburg a. E.

Additional material from *Gewinnung der Fette und Öle,*
ISBN 978-3-662-42707-1 (978-3-662-42707-1_OSFO3),
is available at http://extras.springer.com

schickt und von der anderen entleert werden können, durch welche Anordnung vermieden wird, daß die Bedienungsmannschaft sich gegenseitig im Wege steht. Die Preßrückstände gelangen durch ein zwischen den Preßserien laufendes Transportband direkt zu der automatisch arbeitenden Beschneidmaschine. Von dieser werden die Kuchen entweder in die Parterreräume des Speichers oder in die überdachte Halle gebracht, welche sich zwischen den Seitenflügeln der Fabriksanlage befindet.

Das ausgepreßte Öl gelangt in die Raffinerie, wo es in Reservoirs einige Zeit lagert, um dann in Raffinationsapparaten gereinigt zu werden. Das fertige versandfähige Öl kommt in eigene Vorratsbehälter, von wo aus es in Fässer gefüllt wird.

Das in der Faßausdämpferei mit dem kondensierten Wasser abgehende Fett wird durch geeignete Separatoren rückgehalten und als Abfallfett verkauft.

Durch ein Fabrikgeleise, das bis in das Innere des Silospeichers führt, ist für eine bequeme Zu- und Abfuhr der Ware gesorgt.

Die in Tafel IV wiedergegebene Anlage ist auch für die Verarbeitung von Lein in einer Pressung geeignet und erhöht sich dabei die oben für den in zwei Pressungen zu verarbeitenden Raps genannte Tagesleistung entsprechend.

Ein Projekt für eine Ölfabrik, welche gleichzeitig Speiseöle und Öle für technischen Gebrauch zu erzeugen vermag, bringt Plan V[1]).

Anlage zur gleichzeitigen Verarbeitung verschiedener Saatgattungen.

Die Speiseölsaat wird auf Seiherpressen geschlagen, die technische Öle ergebenden Sämereien teils auf anglo-amerikanischen, teils auf ausziehbaren Etagenpressen (Harmonikapressen).

Die Dampf- und Kraftstation, Reinigungs-, Zerkleinerungs- und Pressenanlagen sind in einem Mitteltrakte angeordnet, zur Unterbringung der Kuchen dienen zwei an diese Mitteltrakte sich beiderseits anschließende überdachte Hallen, während zwei vierstockhohe Seitenflügel zur Aufbewahrung der Saat dienen. An diese Saatspeicher schließt sich das Ölmagazin mit der Raffinerie und die Böttcherei. Durch diese Anordnung sind die Einlagerung und der Arbeitsgang der für Speiseöl bestimmten Saaten vollständig getrennt von den technische Öle ergebenden Sämereien.

Die auf Tafel V gegebenen Pläne der einzelnen Abteilungen dieser einerseits vom Wasser umspülten, andererseits von der Bahn begrenzten Anlage können einer Legende entbehren; die Arbeitsweise ist nach den früher gegebenen Beschreibungen der einzelnen Pressen und Apparate ohne weiteres verständlich.

Im Gegensatz zu den durch ihre Vollkommenheit imponierenden Einrichtungen der Großbetriebe[2]) haben sich die Maschinenfabriken auch bemüht, möglichst kompendiose Ölgewinnungsanlagen zu schaffen, die, mit bescheidenen Betriebsmitteln arbeitend, für Kleinbetriebe berechnet sind und vor allem andern den Zweck verfolgen, ölreiche Saaten und Früchte gleich an Ort und Stelle ihrer Ernte zu verarbeiten.

---

[1]) Projekt der Firma G. & R. Koebers Eisen- und Bronzewerke in Harburg a. E.

[2]) Pläne über Ölfabriken zur speziellen Verarbeitung von Baumwollsaat bringt auch der II. Band dieses Werkes.

Export-mühlen.

Solche unter dem Namen „Export- oder Kolonialmühlen“ bekannte Konstruktionen zeigen Fig. 228 und 229.

Sämtliche Apparate sind auf Eisenträgern montiert, wodurch ein sehr leichtes Montieren und Versetzen der ganzen Anlage an andere Orte ermöglicht wird. Wärmer, Zerkleinerungsapparate und Pressen sind ge-

Fig. 228. Kolonial-Ölmühle.

wöhnlich in recht geringer Größe gehalten, alles dicht nebeneinander gestellt, um Transportvorrichtungen und Transmissionen zu sparen. Vielfach werden die Exportmühlen durch Göpelbetriebe bedient.

Dispositionspläne für Extraktionsanlagen zeigen auch die Tafeln VI und VII.

Ex-traktions-anlagen.

Bei der Anlage mit geringer Leistungsfähigkeit (Tafel VI) stößt der Extraktionsraum direkt an den Zerkleinerungsraum, das Öl-

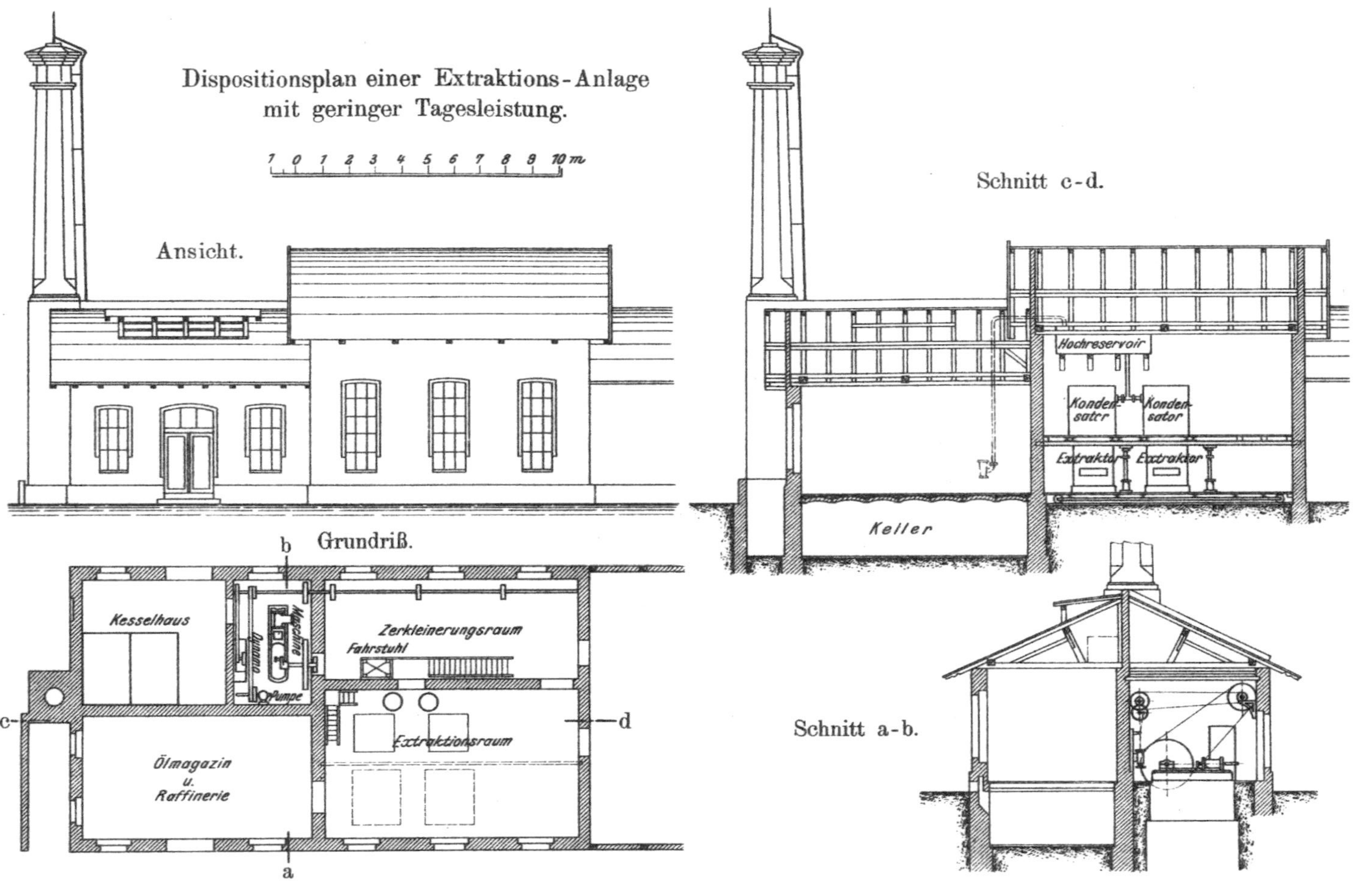

Dispositionsplan einer Extraktions-Anlage mit geringer Tagesleistung.

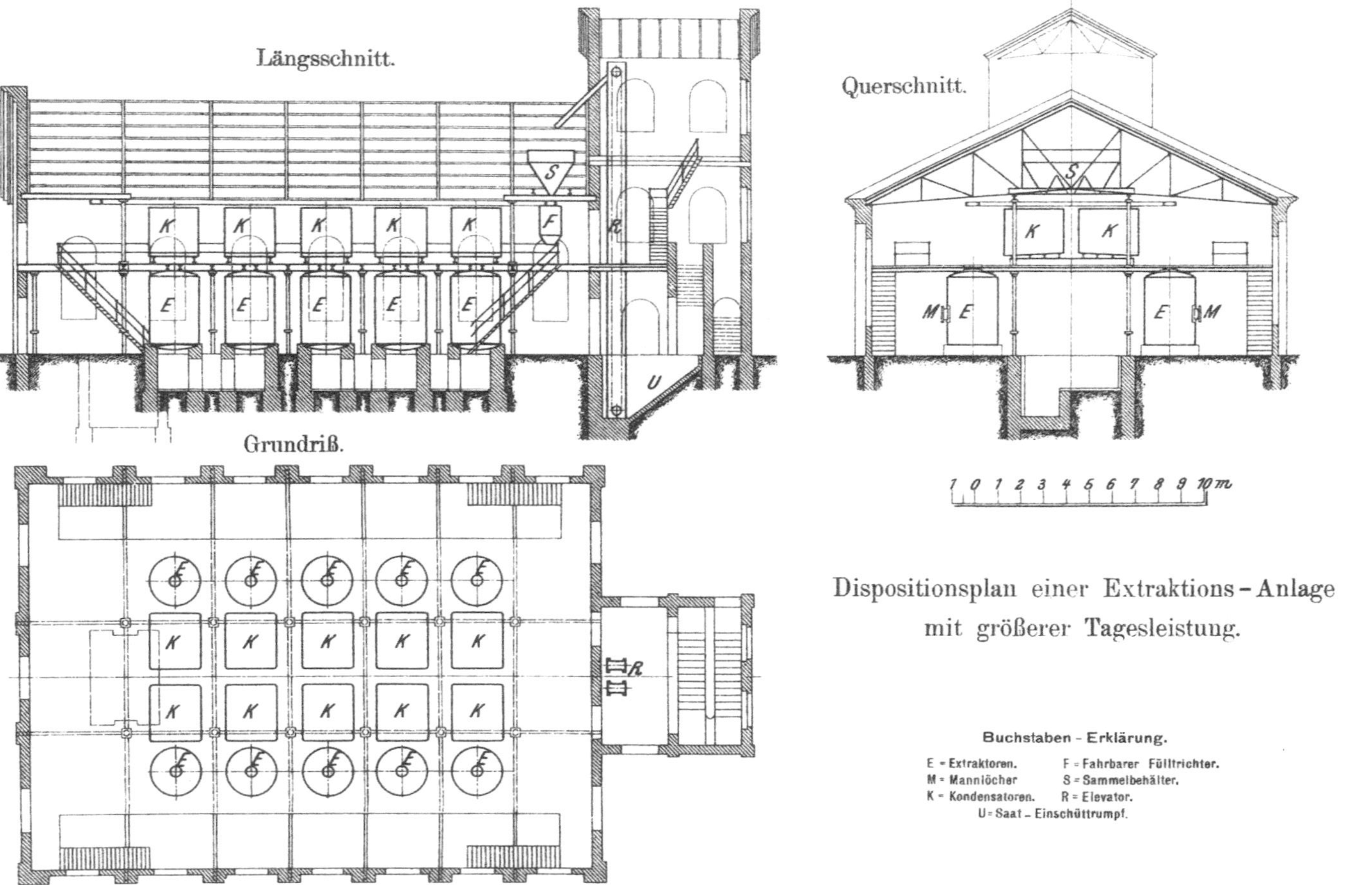

Verlag von Julius Springer in Berlin. Techn.-art. Anstalt von Alfred Müller in Leipzig.

magazin und den Saatspeicher, eine Anordnung, die aus feuersicherheitlichen Gründen nicht gutgeheißen werden kann und auch nur bei kleinen Anlagen getroffen wird.

Größere Extraktionsbetriebe[1]) zeigen eine vollständige Trennung des Extraktionsraumes von den übrigen Lokalitäten, und das bereits zerkleinerte Rohmaterial wird in Transportschnecken oder -Bändern der Extraktionsabteilung zugeführt.

Fig. 229. Kolonial-Ölmühle.

Tafel VII bringt die vom Ing.-Chem. J. Merz in Brünn eingerichtete Extraktionsanlage der Firma Georg Schicht in Aussig a. E.

Die in den Schüttrichter *U* gebrachte, für die Extraktion präparierte Saat wird durch den Elevator *R* in den Sammelbehälter *S* gehoben, der sie dem fahrbaren Fülltrichter *F*, welcher, auf einer Hängerollbahn laufend, eine bequeme Füllung der einzelnen Extraktoren *E* gestattet, weitergibt. Die Entleerung des entfetteten Gutes erfolgt durch die Mannlöcher *M*, welche dasselbe auf Wägelchen fallen lassen, die auf Schienen bis ins Versandmagazin gerollt werden. *K* stellen die Benzinkondensatoren dar.

[1]) Siehe auch Band II dieses Werkes.

Sechstes Kapitel.

Die Gewinnung der animalischen Öle und Fette.

Spielen bei der Gewinnung der vegetabilischen Öle und Fette das Preß- und das Extraktionsverfahren die ersten Rollen, so kommt für die Herstellung tierischer Fette hauptsächlich das Ausschmelzen in Betracht.

Allgemeines.

Die zur Gewinnung animalischer Fette dienenden Rohprodukte weichen in ihrer Beschaffenheit mehr voneinander ab, als dies bei den Ölsämereien und Ölfrüchten der Fall ist. Die Fettgewinnungsmethoden sind daher in ihren Ausführungsformen recht verschieden, denn es liegt auf der Hand, daß man bei der Erzeugung von Speisefetten aus dem Fettgewebe des Rindes oder Schweines in anderer Weise verfahren muß, als beim Ausbringen des Fettes aus Eingeweideteilen, Fischen, Knochen oder der Milch der Säugetiere.

Es ist deshalb nicht gut möglich, die verschiedenen Operationen, die bei der Gewinnung animalischer Öle und Fette in Betracht kommen, vom allgemeinen Gesichtspunkte aus in gleich eingehender Weise zu behandeln, wie dies im vorhergehenden Kapitel betreffs der Pflanzenölgewinnung geschehen ist. Wir müssen uns hier vielmehr darauf beschränken, das Wichtigste[1]) mitzuteilen, und behalten uns die Besprechung mancher Fabrikationsdetails für den II. und III. Band vor, wo die Monographien über die verschiedenen Tierfette bzw. das Kapitel „Kunstbutter“ Ergänzungen zu den folgenden Darlegungen bringen werden.

Die Erzeugung der animalischen Öle und Fette spielt sich in der Regel nicht in so großen, mit allen erdenklichen Hilfsmitteln ausgestatteten Fabriken ab, wie die Fabrikation vegetabilischer Öle, sondern wird vielfach in Kleinbetrieben in recht primitiver Weise durchgeführt. (Talgschmelzanlagen der Seifensiedereien, Trangewinnung usw.) In den folgenden Ausführungen sollen aber weniger die in diesen Kleinbetrieben gepflogenen

---

[1]) Die Herstellung der Butter bleibt als ein rein landwirtschaftlicher Betrieb an dieser Stelle unberücksichtigt, doch bringt der II. Band (Abschnitt „Butter“) einiges über die Gewinnung des Milchfettes.

Herstellungsweisen berücksichtigt, sondern in erster Linie jene nach modernen Prinzipien in rationeller Weise arbeitenden Fabriksanlagen beschrieben werden, wobei die nachstehende Gliederung des Stoffes Platz greifen möge:

I. Aufbewahrung des Rohmaterials,
II. Reinigung desselben,
III. Zerkleinerung desselben,
IV. Fettgewinnung nach dem Schmelzverfahren,
V. Fettgewinnung nach dem Preß- und Extraktionsverfahren und durch Zentrifugieren,
VI. Fettgewinnung aus Kadavern,
VII. Nebenprodukte der Gewinnung tierischer Fette,
VIII. Einrichtung der Fettschmelzereien.

I. Aufbewahrung des Rohmaterials.

Die für die Gewinnung tierischer Fette in Betracht kommenden Rohmaterialien, über deren Zusammensetzung S. 18—22 bereits das Wesentlichste[1]) mitgeteilt wurde, lassen sich nicht, wie die Ölsamen, längere Zeit unverändert auf Lager halten.

Leichtes Verderben des Rohmaterials.

Das tierische Fettgewebe geht bald in Fäulnis über, und zwar neigt es je nach seiner Herkunft verschieden stark zum Verderben. Das Fettgewebe des Rindes verdirbt schon nach kurzer Lagerung, dabei einen fast unerträglichen Geruch annehmend; der rohe Schaftalg ist haltbarer als Rindstalg, wogegen roher, ungesalzener und ungeräucherter Schweinespeck geringere Haltbarkeit zeigt als dieser.

Die verschiedenen zur Fettgewinnung herangezogenen Teile von Fischen zersetzen sich ebenfalls sehr rasch, und der bei der Fäulnis dieser Produkte auftretende Geruch ist noch viel lästiger als der des verdorbenen rohen Fettes der Landtiere.

Knochen leiden beim Lagern in qualitativer Hinsicht ebenso wie das Fettgewebe und andere fettreiche Tierteile. Werden frische, ungetrocknete Knochen sich selbst überlassen, so treten Fäulnisprozesse auf, welche sich zwar im Aussehen des Materials nicht so deutlich bemerkbar machen wie beim Fettgewebe, wohl aber durch den Geruch erkennbar sind. Das aus nicht genügend konservierten Knochen gewonnene Fett riecht daher unangenehm, ist von dunkler Farbe und weist einen beträchtlichen Gehalt an freien Fettsäuren auf.

Über die chemischen Vorgänge, welche sich bei dem Fäulnisprozeß der verschiedenen für die Gewinnung animalischer Fette in Betracht kom-

[1]) Näheres hierüber siehe die Abschnitte „Talg, Hammeltalg, Schweinefett, Lebertran, Fischfette, Knochenfette“ usw. im II. Bande.

Versuche von E. Dieterich

menden Rohstoffe abspielen, sind eingehendere Studien noch nicht angestellt worden. E. Dieterich[1]) untersuchte die Zusammensetzung von Fetten, welche er aus verdorbenen, in der Zersetzung verschieden weit fortgeschrittenen Fettgeweben durch Ausschmelzen gewann, und glaubt, daß bei der oft weitgehenden Spaltung dieser Fette keine Fermentwirkung mitspiele, sondern erstere lediglich auf den Fäulnisprozeß zurückzuführen sei.

Dem Verderben der Rohmaterialien und der dadurch bedingten Qualitätsverminderung der daraus erzielbaren Fette wird am besten durch rasches Verarbeiten der frischen, eben erhaltenen Rohprodukte vorgebeugt. Da dies aber nicht immer angeht, muß die nach Tunlichkeit abzukürzende Aufbewahrung unter Bedingungen erfolgen, welche der Fäulnis entgegenarbeiten, also konservierend wirken.

Trocknen und Kühlen der Rohstoffe.

Bei dem Rohfette unserer Säugetiere ist vor allem wichtig, daß das noch körperwarme Fett, wie es von den geschlachteten Tieren ausgelöst wird, gut abkühlt und abtrocknet. Die prallen, geschmeidigen Fettzellen schrumpfen dabei zusammen, sie werden höckerig und spröde, so daß sich größere Stücke gut gekühlten Rohtalges unserer Wiederkäuer leicht brechen lassen. In der kälteren Jahreszeit genügt ein mehrstündiges Hängenlassen des Rohtalges in luftigen und gleichzeitig kühlen Räumen zum Abkühlen und Trocknen des Rohfettes vollständig, während der Sommermonate sind für diesen Zweck mit künstlicher Kühlung ausgestattete Trockenräume sehr empfehlenswert; wenigstens sollte alles zur Gewinnung von Speisefetten dienende Rohmaterial in Kühlräumen aufbewahrt werden[2]).

Die größeren Stücke des Rohfettes werden in den Lagerräumen auf mit verzinkten Haken versehene Holzstellagen aufgehängt, die kleinen in dünnen Schichten auf Hürden ausgebreitet.

Aufbewahren der Rohfette unter Wasser.

Soll das Material nur wenige Stunden aufbewahrt werden, so wendet man vielfach die Aufbewahrung des Rohfettes unter Wasser an. Dabei kommt der Rohstoff in große Holzbottiche, wo er ununterbrochen von möglichst kaltem Wasser berieselt wird. Das Material wird dadurch nicht bloß kühl gehalten, sondern auch von den ihm mechanisch anhaftenden Blutteilen und anderen Verunreinigungen befreit und so mit der Konservierung eine Reinigung verbunden. Da das abfließende Wasser auch kleine Zell- und Fettfragmente mitreißt, passiert es gewöhnlich eine Separationsgrube, in der es seine fetten, unlöslichen Stoffe absetzt, aus welchen man das darin enthaltene Fett zurückgewinnt. (Vergleiche Seite 496, Fig. 233.)

Konservieren durch Sauerteig.

Nach Schädler soll ein Aufbewahren des Fettgewebes unter Wasser, welchem man 3—4% Sauerteig zugesetzt hat, sehr vorteilhaft sein. Die durch den Sauerteig bewirkte Gasentwicklung schützt die tierischen Sub-

[1]) Chem. Revue, 1899, S. 168, 182 und 210.

[2]) Näheres über Kühlanlagen siehe III. Band, Kapitel „Kunstbutterfabrikation“.

stanzen vor der Einwirkung des Luftsauerstoffes, während die sich durch den Sauerstoff bildenden Säuren (Essig-, Milchsäure usw.), gleichzeitig die Zellmembranen lösen und das Ausschmelzen des bloßgelegten Fettes erleichtern sollen.

Eine konservierende Wirkung auf Rohfett übt auch Kochsalz aus, doch wird in der Fettgewinnung kaum Gebrauch davon gemacht. durch Kochsalz.

Ein Patent von Huët[1]) in Paris, welches verdorbenes Rohunschlitt und Schlachtabfälle durch 24 stündiges Einlagern in eine Chloraluminiumlösung von 10° Bé. aufbessern und sogar zur Herstellung von Speisefett brauchbar machen soll, hat nicht das Versprochene gehalten, dafür aber wesentlich beigetragen, das Märchen fortzuspinnen, nach welchem man die viel befeindete Kunstbutter aus Rohprodukten inferiorster Art herstellen soll. Verfahren von Huët.

Ein interessanter Vorschlag zum Konservieren von Rohtalg stammt von A. Hlawatschka[2]) in Wien. Das den frisch geschlachteten Tieren entnommene Rohfett wird in Melasse eingebettet, welche infolge ihres Zucker- und Salzgehaltes konservierend wirkt. Die Melasse umhüllt die Talgstücke, ohne in das Innere derselben einzudringen, und daher genügen relativ geringe Mengen, um den Talg zu präparieren. Nach Versuchen Hlawatschkas benötigen 100 kg Rohfett 10 kg Melasse. Soll derart konserviertes Fett aufgearbeitet werden, so läßt man die Melasse abtropfen, um diese zu weiteren gleichen Operationen zu verwenden, unterläßt aber das Abwaschen der noch anhaftenden Melasse, sondern zerkleinert den mit dieser bedeckten Rohtalg direkt und schmilzt auf die gewöhnliche Weise aus. Die geringen Mengen von Melasse, die dadurch mit dem Rohfett zur Verschmelzung kommen, beeinflussen das genommene Fett nicht nachteilig und konservieren obendrein die erhaltenen Schmelzrückstände, welche sich infolge des Melassegehaltes leichter in Kuchen- oder Ziegelform bringen lassen und an Wert als Futtermittel gewinnen. Auch soll dieses Verfahren den eigenartigen Talggeruch in den Schmelzräumen mildern. Methode Hlawatschka.

Bei der Gewinnung der Öle und Fette aus Fischen und Fischteilen wendet man der Aufbewahrung der Rohprodukte in der Regel sehr geringe Sorgfalt zu. Bei etwas größerer Achtsamkeit würde man zweifellos Produkte von weitaus besserer Qualität erhalten, als sie die Mehrzahl der heute auf den Markt kommenden Fischöle und Trane zeigen. Aufbewahren von Fischen und Fischteilen,

Am sorglosesten geht man wohl bei der Aufbewahrung von Knochen vor, obzwar sich diese durch Trocknen sehr leicht in einen haltbaren Zustand überführen ließen. Eine Schwierigkeit der Knochenkonservierung liegt aber darin, daß nur der geringste Teil der Knochen vom Schlachthaus direkt in die Leimfabriken abgegeben, der größte Teil derselben vielmehr erst in den Fleischbänken und in Haushalten gesammelt wird und von Knochen.

---

[1]) D. R. P. Nr. 19011 v. 13. Jan. 1882; Engl. Patent Nr. 134 v. 10. Jan. 1882. — Chem. Industrie. 1883, S. 55.

[2]) Österr. Patent Nr. 6247 v. 15. Mai 1901.

daher schon in einem mitunter stark verdorbenen Zustande von den Kleinhändlern aus in die Fabriken wandert. Aus frischen Knochen ließe sich ein ganz weißes Fett, frei von unangenehmem Geruche, ohne sonderliche Schwierigkeiten gewinnen. Aber selbst die Knochen des Handels würden ein besseres Fett ergeben, als man es gewöhnlich erhält, wenn man ihrer Aufbewahrung in den Fabriken etwas mehr Aufmerksamkeit zuwendete. So beschränkt man sich zumeist darauf, die Knochen in Haufen aufzustapeln (nur selten werden sie auf Hürden in dünner Lage ausgebreitet) und durch Sonnenwärme zu trocknen. Die im Interesse der Hygiene sehr zu befürwortende künstliche Trocknung der Knochen vor ihrer Einlagerung wird fast nie angewendet, obwohl sie allein imstande wäre, den Fäulnisprozeß vollkommen hintanzuhalten. Beachtung verdient auch das Konservieren von Knochen durch Karbolsäure. Das Aufbewahren der Knochen in einer verdünnten Lösung dieser Säure (0,03%) erfordert allerdings eine große Anlage von Holzbottichen und viel Raum.

II. Reinigen des Rohmaterials.

Allgemeines.

Das Reinigen des Fettgewebes erstreckt sich auf das Entfernen der Sehnen, der Fleisch- und Blutteile, was teils von Hand aus (Ausschneiden) teils auf mechanischem Wege (Waschen) geschieht.

Das Entfernen der Sehnen und der dem Rohfette anhaftenden Fleischteile durch Ausschneiden erfolgt teils schon in den Schlachthäusern, teils erst in den Fettschmelzereien; den größeren, schöneren Talgstücken (Vorfette) hängt fast gar kein Fleisch an; um so mehr dem sogenannten „Ausschnitte“, der mit Blut und anderen Körperflüssigkeiten mehr oder weniger durchsetzt ist.

Waschen des Rohfettes.

Es wurde schon Seite 492 erwähnt, daß das Berieseln des Rohfettes mit Wasser neben dem Konservieren auch die Reinigung desselben besorgt. Die hierfür verwendeten Waschbottiche zeigen gewöhnlich eine Einrichtung nach Fig. 230.

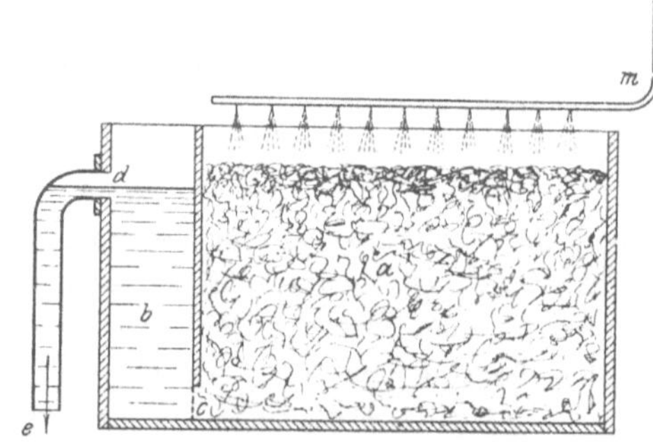

Fig. 230. Waschbottich für Rohtalg.

Die in die Abteilung *a* gebrachten Rohfette werden durch das Berieselungsrohr *m* bewässert und steigt mit dem Flüssigkeitsniveau in *a* auch das von *b* an, weil die beiden Abteilungen durch den Schlitz *c* kommunizieren. Damit durch denselben nicht auch Fettstücke nach *b* gelangen, wird *c* mit einem Drahtsieb oder perforierten Eisenblech versehen. Ist das Wasser bis in die Höhe des Ablaufes *d* gestiegen, so fließt es durch das Rohr *e* über. Das durch *m* zufließende Wasser muß die ganze Fettmasse in *a* durchdringen, um zum Auslaufe *d* zu gelangen, und wird auf seinem Wege alle auswaschbaren Stoffe des Rohfettes aufnehmen.

Bevor das gewaschene Rohfett auf die Zerkleinerungsapparate kommt, läßt man es von dem anhaftenden Wasser abtropfen. Dies geschieht meist

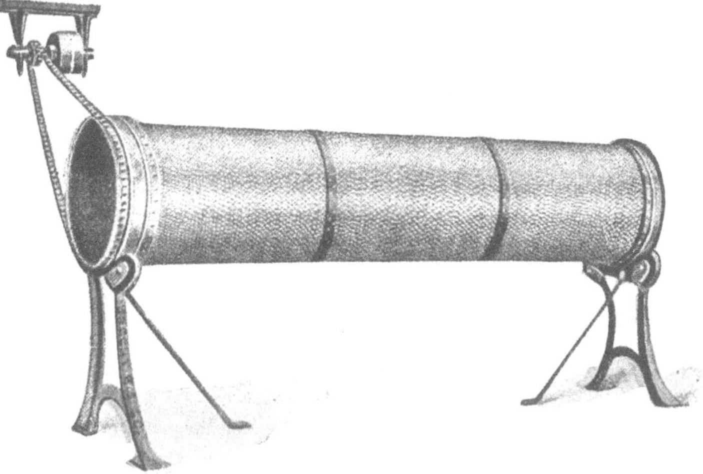

Fig. 231. Waschtrommel für Rohtalg.

durch Aufwerfen auf Siebe oder Drahtnetze, auch wohl auf mit Lochungen versehene Bretter. In Amerika verwendet man dazu zweckmäßigerweise rotierende Siebtrommeln (Fig. 231). **Maschinelle Vorrichtungen.**

Fig. 232. Waschtrommel für Knochen.

Ähnliche Vorrichtungen, wie die in Fig. 231 gezeigte, verwendet man auch zum Waschen der Knochen, nur ist der Zylinder dabei aus Holzlamellen gebildet (Fig. 232).

Das von den Waschvorrichtungen ablaufende Waschwasser führt stets kleine Fettpartikelchen wie auch Teile von Sehnen, Fleisch usw. mit fort, Stoffe, welche sowohl aus sanitären Rücksichten als auch im Interesse der Betriebsrationalität nicht ohne weiteres in den Kanal abgelassen werden dürfen. Man sammelt derlei Abwässer in Separationsgruben, wo sie die ungelösten Fettstoffe abgeben.

Separationsgruben.

Diese Separationsgruben zeigen eine Einrichtung nach Fig. 233, haben aber mitunter auch nur eine Scheidewand. Das Wasser nimmt den durch die Pfeilrichtung *m* angedeuteten Weg, während sich die festen Stoffe, da leichter als Wasser, zum größten Teil in den Abteilungen *a* und *b* ablagern. Der Rest der Schwebestoffe wird in *c* und *d* zurückgehalten, so daß bei *n* von suspendierter Verunreinigung ziemlich freies Wasser abfließt. Neben den spezifisch leichten festen Stoffen sind auch geringe Mengen Sinkstoffe in den Abwässern vorhanden, die sich am Boden der Kammern *a*, *b*, *c* als Schlammschicht *S* ablagern.

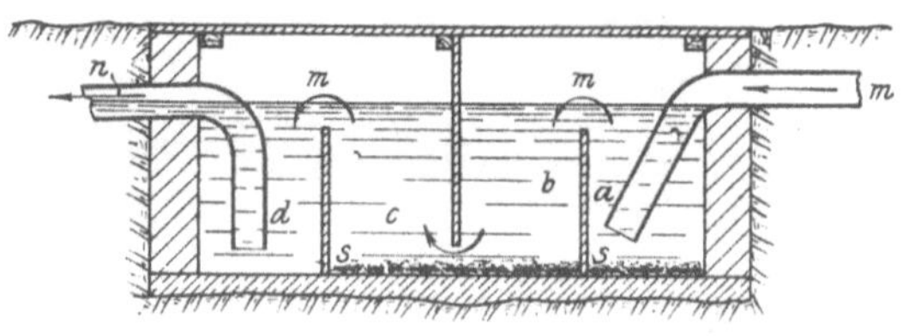

Fig. 233. Separationsgrube.

Die Reinigung des Rohfettes ist vollkommener, wenn das Waschen desselben nicht vor, sondern nach dem Zerkleinern erfolgt; in diesem Falle ist die Menge der mit dem Wasserstrom fortgeschwemmten Fetteilchen aber viel größer als beim Waschen des unzerkleinerten Fettgewebes.

III. Zerkleinern des Rohmaterials.

Allgemeines.

Zur leichteren Ausbringung des Fettes aus den Zellen — gleichgültig, ob die Gewinnung des Fettes durch Schmelzen, Pressen oder Extrahieren geschieht — ist ein Zerreißen der Zellwände nötig. Die Zellmembranen können durch alleinige Anwendung von Hitze (Schmelzen) oder Druck (Pressen) zum Bersten gebracht werden, doch bietet das vorhergehende Öffnen der Zellen große Vorteile; nicht nur daß dann die Gewinnung des Fettes wesentlich leichter vor sich geht, auch die Ausbeute erhöht sich mit der Intensität der Zerkleinerung des Rohfettes.

Daß die gebräuchlichen Extraktionsmittel die Zellmembranen nicht zu durchdringen vermögen, wurde schon Seite 18 gesagt.

Das Zerkleinern der zur Gewinnung animalischer Fette dienenden Rohmaterialien wird auf sehr verschiedene Weise bewerkstelligt.

Zerkleinern durch Handarbeit.

Mitunter geschieht es von Hand aus, indem die größeren zusammenhängenden Stücke des Rohfettes einfach zerhackt oder zerschnitten werden. Auch ein Stampfen ist bisweilen in Anwendung, meist aber benutzt man besondere Schneidemaschinen, die in ihrer Konstruktion, je nach der Art des zu verarbeitenden Materials, stark voneinander abweichen.

Fig. 234. Schneidmaschine für Rohfette.

Fig. 235. Schneidmaschine für Rohfette.

Fig. 236. Fettzerkleinerungsmaschine mit einem Walzenpaar.

Fig. 237. Fettzerkleinerungsmaschine mit zwei Walzenpaaren.

Die zum Zerkleinern des Fettgewebes verwendeten Maschinen können dasselbe zerschneiden, zerquetschen, zerreißen oder zermalmen. Für Knochen hat man Pochwerke und Sägen im Gebrauch.

Eine Fettzerkleinerungsmaschine, bei welcher nur ein Zerschneiden der Fettstücke erfolgt, damit letztere von den weiter folgenden eigentlichen Zerkleinerungsapparaten besser gefaßt werden können, ist in Fig. 234 wiedergegeben. Zerschneiden des Rohfettes.

Von zwei gegeneinander rotierenden Walzen ist die eine mit einer Serie von Messerscheiben versehen, während die andere korrespondierende Einschnitte besitzt, in welche die äußersten Kanten der Messer eindringen können. Die Maschine besorgt auf diese Weise gleichzeitig ein Schneiden und Quetschen der Fettmassen.

Eine Kombination dieser Schneidwalzen mit einem Paare mit gezahnten kreisrunden Messern versehener Walzen (Fig. 235) gibt eine intensivere Zerkleinerung der Fettmassen. Solche Zerkleinerungsmaschinen sind in den amerikanischen Fettschmelzereien vielfach zu finden.

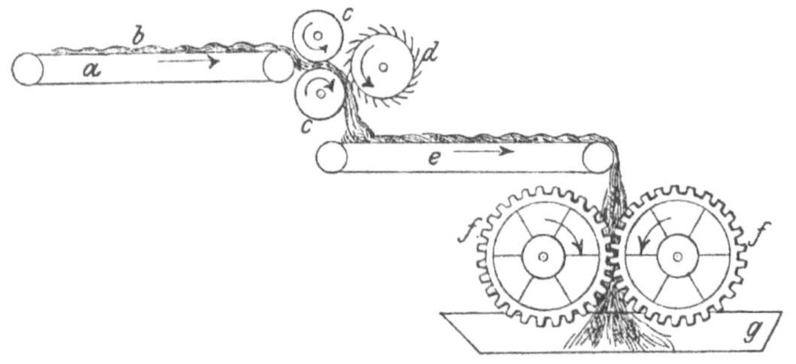

Fig. 238. Zerkleinerungsanlage für Rohfett.

Zum Zerquetschen der Fettmassen dienen Vorrichtungen, welche den Seite 200—213 beschriebenen Walzwerken ähnlich sind[1]. Zerquetschen des Rohfettes.

Die Walzen sind hierbei mit Kannelierungen oder Zähnen versehen und im allgemeinen leichter konstruiert als bei den Walzenstühlen für Ölsaaten.

Fig. 236 [2]) bringt eine Fettzerkleinerungsmaschine mit einem, Fig. 237 [3]) eine solche mit zwei Walzenpaaren.

Mitunter werden diese Quetschwerke mit den Vorschneidmaschinen kombiniert, und der Transport des Fettes vom Waschtroge zur Schneidmaschine und von dieser zum Walzwerke wird durch Transportbänder besorgt. [Fig. 238 [4]).]

---

1) Die Schädlersche Angabe, nach welcher auch Kollergänge zum Zerquetschen des Fettgewebes verwendet werden sollen, ist nicht zutreffend.

2) Hartlebens Chem.-techn. Bibliothek, Bd. 238. — Andés, Animalische Fette und Öle, Wien 1897, S. 24.

3) Fritsch, Fabrication de la Margarine, Paris 1905, S. 43.

4) Mayer, Die Kunstbutter, Heidelberg 1884, S. 10.

Fig. 239. Maschine zum Zerfasern von Rohfett.

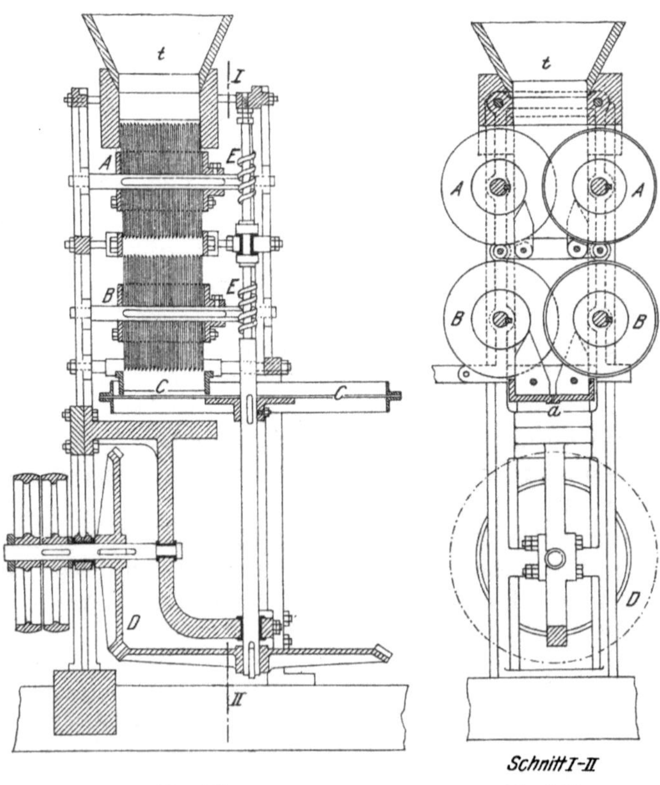

Fig. 240 a　　　　Fig. 240 b

Fig. 240 a und b. Fettschneidmaschinen von Lissagaray und Leplay.

Der gewaschene Talg *b* wird auf dem endlosen Band *a* durch zwei Walzen *c c* geführt, welche das Fett ergreifen und gegen eine dritte, mit scharfen Messern versehene rotierende Walze *d* pressen. Das in kleine Stücke zerschnittene Material fällt nun wieder auf ein Band ohne Ende *e*, wird durch dieses dem Walzenpaare *ff* zugeführt, welches das Fett zerquetscht, teilweise auch zerreißt und das zerkleinerte Produkt in den Auffangtrog *g* wirft.

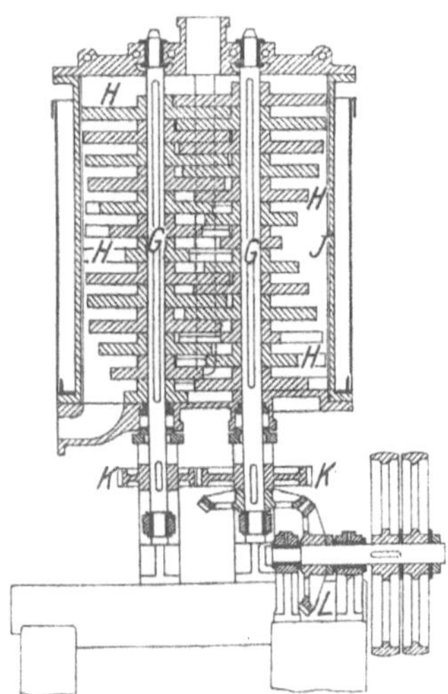

Fig. 241 a.

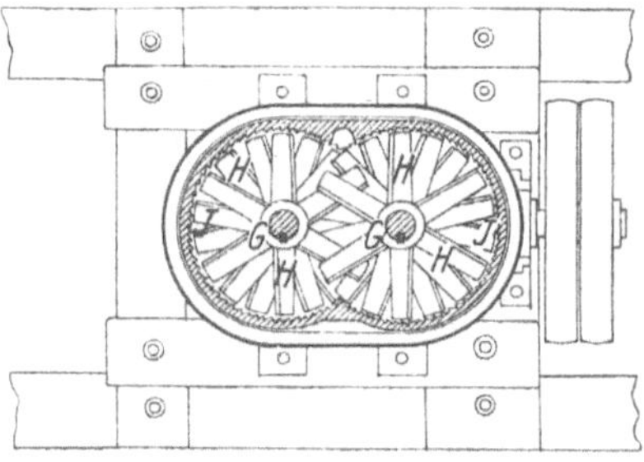

Fig. 241 b.

Fig. 241 a und b. Knetmaschine für Rohfette von Lissagaray und Leplay.

Zermalmen des Rohfettes.

Das Passieren des Rohfettes durch gezahnte Walzen liefert keine sehr feine Zerkleinerung; daher wird das Fett nach dem Verlassen der Walzen häufig noch in Apparate gebracht, in welchen rotierende Messer das Fettgewebe vollständig zermalmen und es gegen engmaschige Siebe oder perforierte Blechplatten pressen, die nur vollständig zerfasertes Material durchlassen, das in Strangform aus der Maschine tritt.

Diese Zerkleinerungsapparate (Fig. 239) erinnern etwas an die allgemein bekannten Wurstmaschinen, wie sie auch mit dem Seite 221 beschriebenen „Zerfaserer“ manches gemein haben.

Zerkleinerungsmaschine von Lissagaray und Leplay.

H. Lissagaray und H. Leplay[1]) in Paris haben sich Fettzerkleinerungsapparate patentieren lassen, welche aus einer Schneidmaschine (Fig. 240) und einer Knetmaschine (Fig. 241) bestehen.

Die Schneidmaschine (Fig. 240) besteht aus drei übereinander liegenden Messerreihen; zwei derselben werden durch die rotierenden Scheiben *A* und *B* gebildet, während die Messer *C* rechtwinklig zur Drehungsebene dieser Messer bewegt werden. Die Schneidscheiben *A* greifen ineinander und sind in Abständen von ungefähr drei Millimetern nebeneinander aufgestellt, so daß aus dem in den Trichter *t* geworfenen und zwischen die Scheiben *A* fallenden Fettgewebe parallele Streifen geschnitten werden. Diese fallen ihrer Länge nach zwischen die Messerscheiben der beiden unteren Messerwalzen *B* und werden hier wiederum in parallele Stücke geteilt. Die so erhaltenen Fäden gleiten mittels Führungen durch eine Spalte *a* herab, an deren unteren Flächen die um eine Vertikalachse rotierenden Messer *C C* sich vorbeibewegen und die aus der Spalte *a* herauskommenden Fäden in Stücke von ungefähr 3 mm Länge zerschneiden, welche

[1]) D. R. P. Nr. 26827 v. 3. Jan. 1883.

auf einen darunter liegenden Tisch fallen und von hier durch geeignete Vorrichtungen abgeführt werden. Die Bewegung wird den Achsen der Messer *A* und *B* sowie den Messerscheiben *C* mittels einer durch Kegelräder *D* getriebenen senkrechten Welle und durch das Schraubengetriebe *E* erteilt.

Die geschnittene Fettmasse wird alsdann auf der Knetmaschine (Fig. 241) bearbeitet und die Gewebesubstanz dadurch in einen Molekularzustand

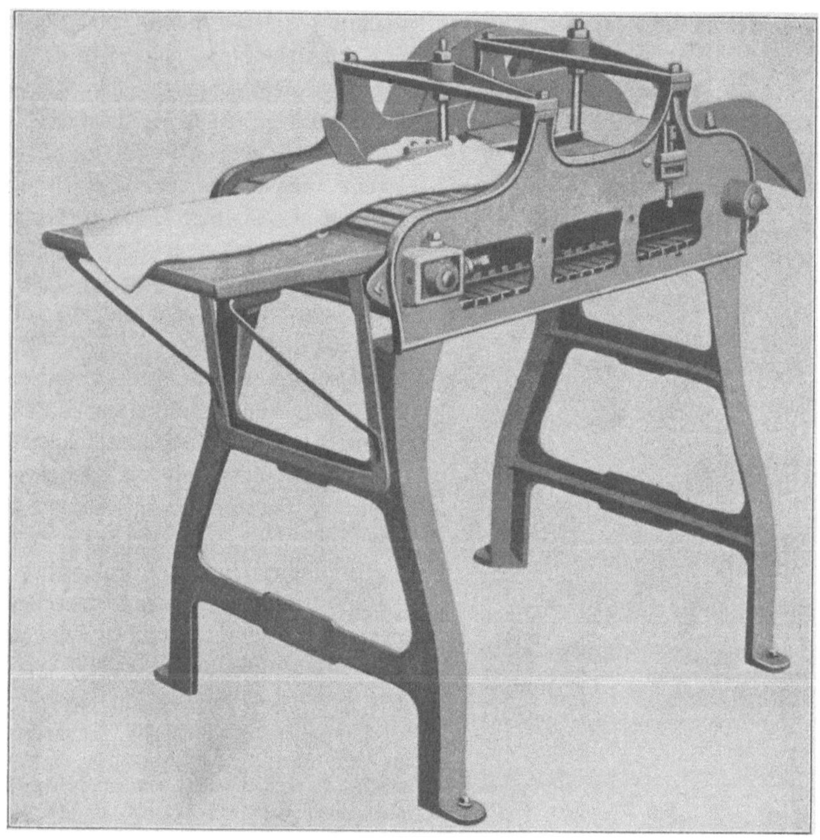

Fig. 242. Häuteschabmaschine.

überführt, bei welchem die vollständige und augenblickliche Abscheidung des Fettes vom Gewebe bei möglichst niedriger Temperatur vor sich geht.

Die Knetung findet in einem zylindrischen Gehäuse *J* (Fig. 241) mit zwei Achsen *G* statt, auf welchen die flachen und auf beiden Seiten geschärften Arme *H* in schneckenförmiger Anordnung sitzen. Durch die nach entgegengesetzten Richtungen stattfindende Drehung der Achsen *G* wird die Talgmasse zwischen den sehr eng aneinander vorbeigehenden beiden Reihen von Armen hindurchgedrückt. Die Drehung wird den Achsen *G* durch eine Räderübersetzung *L K* erteilt.

Zerkleinern von Fischen,

Die für die Zerkleinerung von Fischen und ölhaltigen Teilen derselben verwendeten Vorrichtungen sind vielfach noch primitivster Art; zumeist ist noch das Zerkleinern durch Handarbeit in Anwendung. In neuerer Zeit werden aber in den größeren Fischfaktoreien, speziell bei der Verarbeitung des Menhadenfisches, auch moderne Zerkleinerungsmaschinen verwendet, deren Arbeit auf ein Zerschneiden und Zermalmen des Materials hinausläuft[1]).

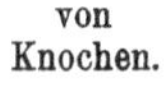
von Knochen.

In der Knochenverarbeitung kennt man eigene Knochenbrechmaschinen und -sägen sowie Desintegratoren, Stampfwerke usw. Die Besprechung der letzteren kann unterbleiben, weil sich die Einrichtung dieser Vorrichtungen mit den Seite 195 und 214—220 besprochenen Stampfwerken und Desintegratoren für Ölsaaten deckt; die Knochensägen erfahren im 2. Bande (Abschnitt „Knochenfett“) eine nähere Besprechung.

Fig. 243. Transportwagen für Rohfette.

Entfetten von Tierhäuten.

Wenn, streng genommen, auch nicht zu den Fettzerkleinerungsapparaten gehörend, sollen an dieser Stelle doch jene Vorrichtungen kurz erwähnt werden, welche zum Abschaben oder Abschneiden des an den Tierhäuten haftenden Fettes dienen. Eine solche Vorrichtung zeigt Fig. 242.

Die frischen, eben vom Tierkörper abgezogenen Felle werden auf ein endloses Band so ausgebreitet, daß die Haarseite unten, die Fleischseite oben liegt. Rotierende Messer schaben bzw. schneiden die anhaftenden Fett- und Fleischteilchen sauber ab, ohne die Felle selbst zu verletzen, und das aus diesen sehnenreichen Abschnitzeln gewonnene Fett kann zur Herstellung von Seifensiedertalg verwendet werden.

Zum Transporte des Rohstoffes von dem Waschapparate zu der Zerkleinerungsmaschine und von hier zum Schmelzbottich bedient man sich entweder endloser Bänder oder mit Zinkblech beschlagener Holzwägelchen nach Fig. 243.

---

[1]) Näheres siehe 2. Band, Abschnitt „Menhadenfischöl“.

IV. Die Fettgewinnung durch Ausschmelzen.

Die Fettgewinnung durch Ausschmelzen beruht darauf, daß das in den Zellmembranen eingeschlossene Fett durch die Temperaturerhöhung zum Schmelzen gebracht wird, sich dabei ausdehnt und endlich die Zelle sprengt. Bei den durch Zerkleinern des Rohmaterials bereits geöffneten Zellen braucht das Fett eine Sprengung der Membranen nicht erst vorzunehmen, sondern kann direkt nach der Verflüssigung ausfließen.

Einteilung der Schmelzmethoden.

Eine Einteilung der zahlreichen Schmelzmethoden kann von verschiedenen Gesichtspunkten aus getroffen werden. So unterscheidet man ganz allgemein, nach der Art der Wärmezuführung, ein Schmelzen

über direktem Feuer,
im Wasserbade und
mittels Dampf.

Rationeller ist aber wohl jene Einteilung, bei welcher man davon ausgeht, ob das auszuschmelzende Material trocken, d. h. ohne mit Wasser oder Dampf in direkte Berührung zu kommen, ausgeschmolzen, oder ob während des Schmelzprozesses das fettliefernde Material mit Wasser oder Dampf gemischt, also feucht geschmolzen wird.

Die erste Art des Schmelzens nennt man Trockenschmelze, die zweite Naßschmelze.

Bei der Trockenschmelze kann das Material entweder

a) über direktem Feuer,
b) mittels Dampf
c) mittels Heißluft oder
d) mittels heißen Wassers

zum Ausschmelzen gebracht werden;

bei der Naßschmelze unterscheidet man wiederum die

a) Schmelze auf Wasser,
b) „ mittels direkten Dampfes,
c) auf angesäuertem Wasser,
d) mittels alkalisch reagierender Flüssigkeiten.

Die Trockenschmelze.

a) Über direktem Feuer.

Die Feuerschmelze ist die älteste Form des Schmelzens von Rohfetten, doch findet man diese seit vielen Jahrhunderten geübte Methode heute eigentlich nur in ganz kleinen Betrieben angewandt. Der mit der Ausführung derselben verbundene fast unerträgliche Gestank hat vielfach polizeiliche Verbote dieses Verfahrens zur Folge gehabt, und wegen dieses Umstandes kann die Methode nur außerhalb der Städte und Dörfer durchgeführt werden.

Die für die Feuerschmelze nötige Apparatur besteht aus einem eisernen, mitunter auch kupfernen Kessel, der derart vermauert ist, daß die Gase der unter ihm befindlichen Feuerung den Kessel gut umstreichen, bevor sie in den Fuchs gelangen (Fig. 244). Das Rohfett wird in fein zerkleinertem Zustande in den Kessel gebracht, weil sich dadurch die Geruchsentwicklung um ein merkliches reduzieren läßt. Hat das Fett längere Zeit gelagert und dabei einen Teil seiner natürlichen Feuchtigkeit durch Verdunstung verloren, so bringt man vor dem Schmelzen zweckmäßigerweise 3—5% Wasser, vom Gewichte des Rohfettes gerechnet, in den Kessel; im Winter, wo ein Austrocknen der Rohmaterialien nicht zu befürchten ist, kann die Wasserzugabe unterbleiben. Nach Anmachen des Feuers unterhalb des Kessels beginnt das Fett langsam auszufließen, und das im Fettgewebe enthaltene Wasser entweicht in Dampfform, wodurch der Kesselinhalt einer kochenden Masse nicht unähnlich sieht. Dabei muß durch fortwährendes Umrühren des Kesselinhaltes mittels eines Rührscheites oder einer Krücke (nach Fig. 245) dem Anbrennen des Kesselinhaltes an den Kesselwandungen, hauptsächlich am Boden, vorgebeugt werden. Ist die Schmelzoperation beendet,

Gewöhnliche Feuerschmelze.

Fig. 244.
Kessel für Talgschmelzen über direktem Feuer.

Fig. 245. Krücke für die Feuerschmelze.

so überläßt man das Material der Ruhe, schöpft die wenigen an der Oberfläche schwimmenden Grieben (die Hauptmenge derselben befindet sich am Boden des Schmelzkessels) durch Seiher (nach Fig. 246 a und b) ab und läßt einige Stunden klären. Darauf wird das Fett von den zu Boden gesunkenen Grieben durch einen Handschöpfer (Fig. 247) abgezogen, wobei man bestrebt ist, dasselbe, soweit dies geht, ohne Grieben in den Schöpfer zu bekommen. In diesem Moment hängt man ein starkes Kupfersieb in den Kessel, welches fast den ganzen Boden desselben bedeckt, und drückt es mit ziemlicher Kraft nieder, auf diese Weise die Grieben zusammenpressend und sie von dem angesogenen Fett befreiend. Das oberhalb des Siebes schwimmende Fett schöpft man von neuem ab und nimmt endlich die Grieben heraus.

Mitunter wird auch während des Wegnehmens der Fettreste von den Grieben ein schwaches Feuer unterhalten, also eine Art Nachschmelze durchgeführt. Gewöhnlich aber legt man auf letztere keinen Wert, sondern begnügt sich damit, die Grieben möglichst heiß unter eine Presse[1]) zu bringen, um das ihnen anhaftende Fett durch Druck zu entfernen.

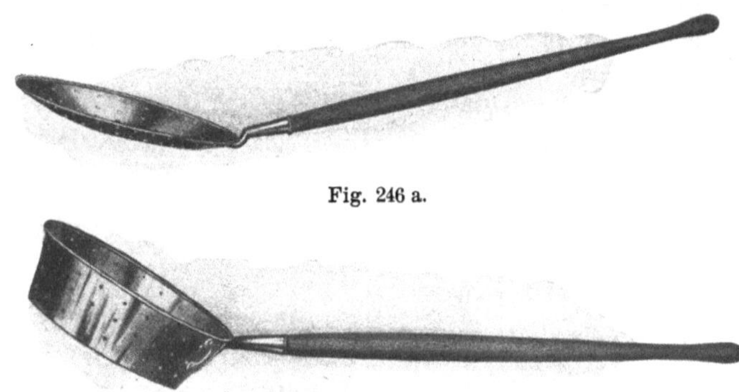

Fig. 246 a.

Fig. 246 b.

Fig. 246 a und b. Fettseiher.

Das von den Grieben abgepreßte Fett wird mit dem durch Ausschmelzen gewonnenen durch Abstehen oder auch durch Aufkochen mit Wasser (eventuell unter Zusatz von etwas Kochsalz, Alaun, Salpeter und anderen Salzen) geklärt.

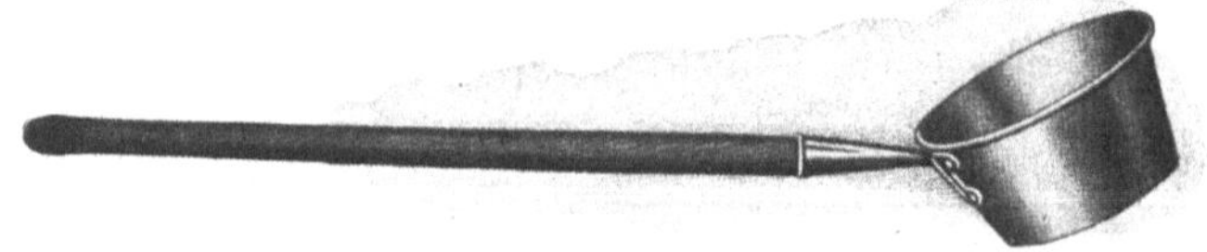

Fig. 247. Fettschöpfer.

Vor- und Nachteile der gewöhnlichen Feuerschmelze.

Die Vorteile der Feuerschmelze sind in dem sehr geringen Brennmaterialverbrauch, in der Einfachheit der Einrichtung und der Brauchbarkeit der Grieben als Viehfutter zu suchen. Diesen Vorzügen stehen die Belästigung der Arbeiterschaft und Anwohner durch den infolge teilweisen Anbrennens des Materials sich entwickelnden widerlichen Geruch und die nicht ganz befriedigende Ausbeute gegenüber. Auch ist die Qualität des erhaltenen Talges in der Farbe nicht so gut wie bei den übrigen Schmelzmethoden, wenngleich andererseits die Härte des so gewonnenen Fettes größer ist als bei der Naßschmelze, zwei Momente, die in ihrem Für und Wider sich ziemlich die Wagschale halten.

---

[1]) Näheres siehe in dem Abschnitte: „Die bei der Gewinnung animalischer Fette erhaltenen Neben- und Abfallprodukte" dieses Kapitels.

Ein übler Geruch läßt sich bei der Trockenschmelze selbst bei noch so achtsamem Umrühren des Kesselinhaltes während des Schmelzens nicht vermeiden; einzelne Fettpartien erleiden an den heißen Kesselwandungen eine partielle Überhitzung und entwickeln dabei Dünste von höchst unangenehmem Geruch. Ohne merkliche Geruchsentwicklung erfolgt nur das Ausschmelzen von Schweinefett, das aber nur selten über offenem Feuer, sondern meist in mit Dampf geheizten Pfannen vorgenommen wird. Geradezu widerwärtig ist der Geruch, der sich beim Ausschmelzen von Fischlebern und Robbenspeck bildet, besonders dann, wenn die Rohmaterialien nicht mehr ganz frisch sind und schon an und für sich einen Fäulnisgeruch zeigen.

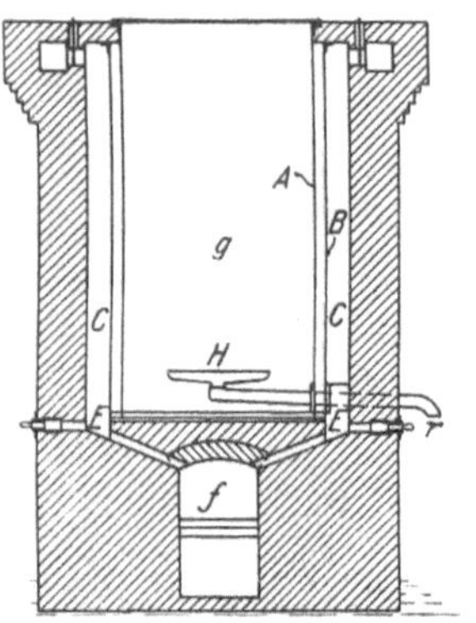

Fig. 248.
Fettschmelzkessel nach Dignef.

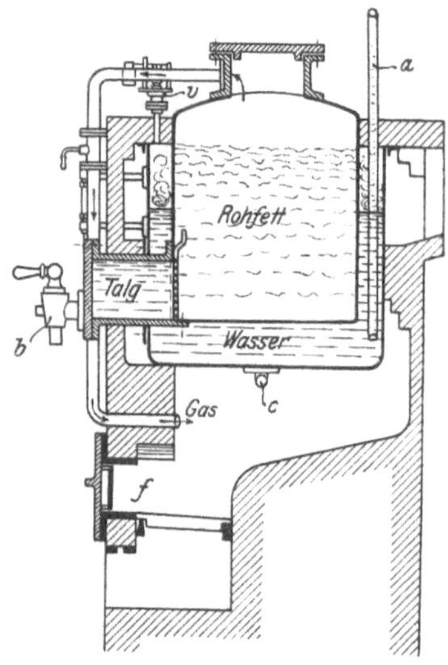

Fig. 249.
Schmelzapparat nach Hesselbach.

Zur Beseitigung oder wenigstens zur Verminderung des bei der Trockenschmelze über freiem Feuer auftretenden Geruches hat man die verschiedensten Vorkehrungen getroffen, welche weiter unten noch des näheren besprochen werden.

Das einfachste Mittel, um der partiellen Überhitzung einzelner Fettpartien vorzubeugen, besteht in dem Bekleiden der Kesselwandungen durch wärmeausgleichende Stoffe. So hat z. B. Dignef[1]) als Schmelzgefäß einen doppelwandigen Kessel empfohlen, dessen Mantelraum mit feinem Sand gefüllt ist (Fig. 248).

Methode von Dignef.

Zwischen den beiden Kesselwänden *A* und *B* befindet sich eine Sandschicht, welche durch die von der Feuerung *f* kommenden, durch die Kanäle *E* in den Feuerzug *C* gelangten Heizgase erhitzt wird und die Wärme gleichmäßig nach dem Innern *g* des Kessels *A* weitergibt, wo sie die Fettmasse zum Schmelzen bringt. Ein

[1]) D. R. P. Nr. 81554 v. 4. Febr. 1894.

Trichterrohr *H* gestattet das Ausziehen des ausgeschmolzenen Fettes durch das Rohr *r*.

Apparat von Hesselbach.

Als der beste Wärmeausgleicher für diesen Zweck kann Wasser angesehen werden; der Hesselbachsche Schmelzapparat [Fig. 249[1])], bei welchem der Schmelzkessel in einem Wasserbade sitzt, das durch direkte Feuerung (*f*) erhitzt wird, stellt eine äußerst zweckmäßige Form eines Feuerschmelzapparates dar. Die aus dem Rohtalge entwickelten Dünste werden durch ein Rohr in den Feuerraum geleitet, verbrennen dortselbst und helfen auf diese Weise Brennmaterial sparen. Der Apparat ist mit einem Steigrohr *a* und einem Sicherheitsventil *v* versehen und bedarf, da eine Explosionsgefahr nicht besteht, keiner amtlichen Revision und Kontrolle. Der geschmolzene Talg wird bei dem Hahn *b* abgelassen, das Wasser des Wasserbades bei *c*.

Seiferts Schmelzapparat.

Etwas komplizierter ist der Seifertsche Schmelzapparat, welchen man eigentlich nicht zu den gewöhnlichen, mit direkter Feuerung arbeitenden Apparaten zählen darf, weil das Feuer bzw. die Rauchgase den Schmelzkessel nicht unmittelbar, sondern durch Vermittlung von Wasserdämpfen erwärmen. Man hat es hier also mehr mit einer Dampfschmelze zu tun, genau so, wie bei dem Hesselbachschen Apparat streng genommen eine Wasserschmelze vorhanden ist.

Die Einrichtung des Seifertschen Apparates in der Ausführung der Firma Wilhelm Boese jun. in Breslau zeigt Fig. 250.

[1]) Ausgeführt von Karl Hesselbach in Kitzingen.

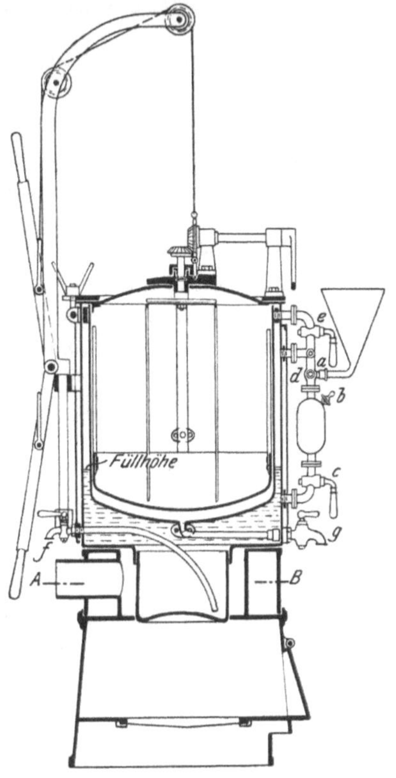

Fig. 250 a.

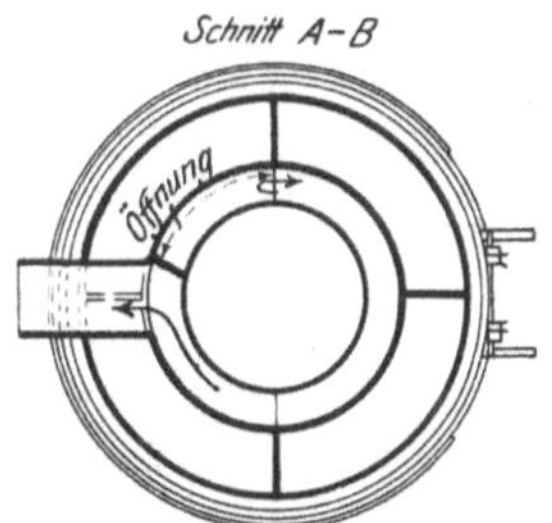

Fig. 250 b.

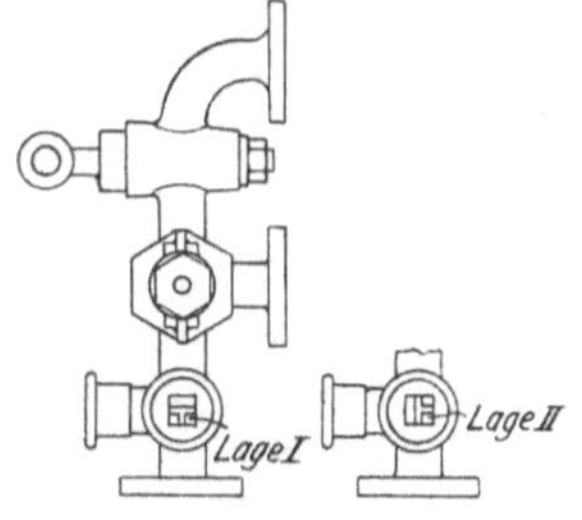

Fig. 250 c.

Fig. 250 a, b und c. Seiferts Talgschmelzapparat.

Der äußere Kessel wird zunächst mit Hilfe des in den Muff *a* eingeschraubten Trichters bis nahe zur Marke „Füllhöhe“ mit Wasser gefüllt, der Hahn *c* hierauf geschlossen und das Feuer angezündet. Sobald der Zeiger des Manometers durch Vorwärtsbewegung die Dampfentwicklung anzeigt, kann der Talg in den inneren Kessel eingeschüttet werden. Der Rohtalg fällt auf einen siebartigen Einsatz, der durch eine Hebelvorrichtung mit Rollenübersetzung aus dem Apparate herausgehoben werden kann. Nach erfolgter Füllung wird der Deckel fest aufgeschraubt und die Feuerung derart reguliert, daß die Dampfspannung auf zwei Atmosphären erhalten bleibt. Ein Rührwerk sorgt für eine gute Durchmischung des Rohtalges während des Aussschmelzens. Von Zeit zu Zeit öffnet man einmal das im Deckel eingeschraubte Lufthähnchen, um die sich im inneren Kessel bildenden Wasserdämpfe abzulassen, wodurch das Schmelzen des Talges eine Beschleunigung erfährt. Den Abflußhahn *g* für den geschmolzenen Talg darf man nicht zu zeitig öffnen, auch muß das Rührwerk steter in Bewegung bleiben, damit die Talgwürfel das Fett schneller abgeben. Der Hahn *e* darf während des Talgschmelzens nie geöffnet werden; er dient nur dazu, den inneren Kessel zwecks Reinigung mit direktem Dampf auszukochen. Sollte während des Schmelzprozesses das Wasser im äußeren Kessel unter den noch zulässigen niedrigsten Wasserstand sinken, so muß man durch den Trichter wieder Wasser nachfüllen, was auf die folgende Art und Weise geschieht: Zunächst öffnet man das an der Speisevorrichtung angebrachte Lufthähnchen *b* und achtet darauf, daß der Hahn *d* sich in der Lage *I* (Fig. 250c) befinde, d. h. den Dampfzutritt von oben versperre. Nun wird soviel Wasser in den Trichter gefüllt, bis es zum Lufthähnchen *b* herausläuft; hierauf schließt man dieses Hähnchen, bringt durch möglichst schnelle Drehung den Hahn *d* in die Lage *II* und öffnet dann den Hahn *c*. Der durch *d* eintretende Dampf treibt nun das Wasser aus der Speisevorrichtung in den Kessel; sobald dies geschehen ist, schließt man den Hahn *c* wieder und bringt den Hahn *d* in die Lage *I* zurück.

Diese Manipulation wird nun so oft wiederholt, bis das Wasser im Kessel über die Marke „niedrigster Wasserstand“ steigt. Der am unteren Teile des Kessels angebrachte kleinere Schnabelhahn *f* dient zum Ausblasen des im äußeren Kessel befindlichen Wassers, das von Zeit zu Zeit einmal geschehen muß, damit sich auf dem unteren Kesselboden nicht zuviel Schlamm absetze[1]).

b) Trockenschmelze mit Dampfheizung.

Indirekt wirkender Dampf kann ein vollständiges Ausschmelzen des Fettes nur dann erzielen, wenn er eine höhere Temperatur als 100° C besitzt, also entweder einige Atmosphären Spannung hat oder überhitzt ist.

Zu den Dampfschmelzvorrichtungen müßte eigentlich auch der Seifertsche Apparat (Fig. 250) gerechnet werden, weil bei diesem auch der Schmelzkessel von Dampf umspült und so erwärmt wird. Unter Dampfschmelzapparaten versteht man aber gewöhnlich nur eine solche Konstruktion, bei welcher der Dampf nicht etwa erst im Apparate selbst gebildet wird, sondern wo eine Zuleitung von Dampf, der an einer getrennten Produktionsstelle entwickelt wurde, stattfindet.

---

[1]) Seifenfabrikant, 1895, S. 826.

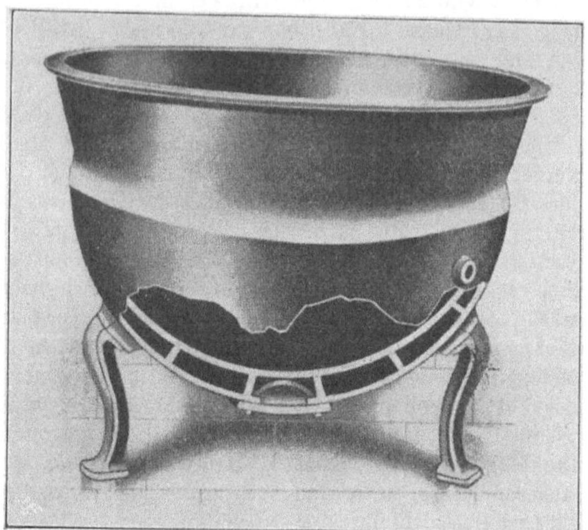

Fig. 251. Dampfschmelzkessel für Schweinefett.

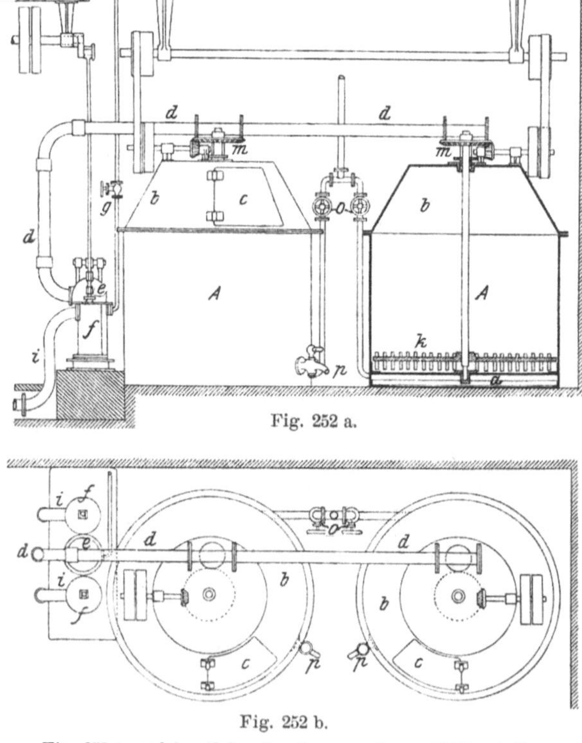

Fig. 252 a und b. Talgschmelzapparat von Müller & Co.

Einfache Schmelzkessel mit Dampfmantel, wie in Fig. 251 abgebildet, finden bei der Herstellung von Schweinefett Anwendung.

Einen Apparat für Trockenschmelze mit Dampfheizung und gleichzeitiges Unschädlichmachen der sich entwickelnden überlriechenden Gase hat sich die Firma C. Müller & Co.[1]) in Stuttgart patentieren lassen. Apparat von Müller & Co.

Der Apparat (Fig. 252) besteht aus zwei schmiedeeisernen Kesseln *A* mit Doppelboden *a*. Durch die mit der eisernen Haube *b* verbundene Rohrleitung *d* sollen die sich entwickelnden übelriechenden Gase mittels Luftpumpen *ff* abgesaugt werden. Der zerkleinerte Rohtalg bzw. die Rückstände der Margarinetalgschmelze werden in die beiden Kessel durch eine bequem verschließbare Öffnung *c* eingefüllt. Nach Verschluß dieser Öffnung läßt man den Dampf durch die beiden Einströmventile *o* in den Zwischenraum des Doppelbodens *a* der Kessel *A* eintreten und setzt nach etwa 10 Minuten das Rührwerk *k* mittels Vorgelege *m* in Umdrehung. Die während des Schmelzens entwickelten Dämpfe werden von den Luftpumpen *ff* in den Luftkessel *e* gesaugt, wo sie nach Öffnung des Kaltwasserhahnes *g* angeblich völlig kondensiert und durch die Röhrenleitung *i* in den Abzugskanal abgeführt werden. Den geschmolzenen Talg läßt man schließlich durch den Hahn *p* ab.

Eigenartig sind die Fettschmelzapparate von J. Haas[2]) und von Ottos Eisenwerk in Altona. Apparat von Haas.

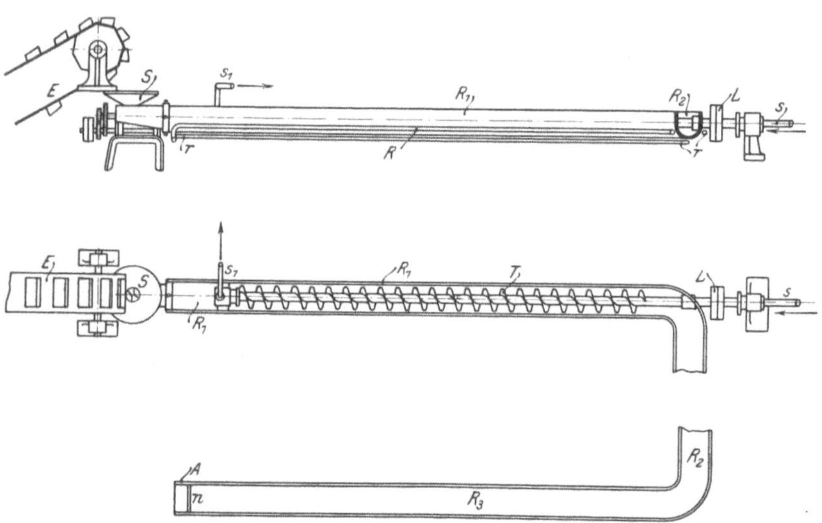

Fig. 253. Fettschmelzapparat von Haas.

Beim ersteren (Fig. 253) fördert ein Hebewerk *E* das Schmelzgut zur Zerkleinerungsmaschine *S*, von welcher es in die Rinne R_1 fällt. Diese Rinne ist heizbar, und zwar entweder dadurch, daß sie doppelwandig hergestellt ist und zwischen die Wandungen das Heizmittel in Gas- oder flüssiger Form eingeleitet wird, oder daß Heizröhren *Rr* außen und innen zugleich am Rinnenmantel ent-

[1]) D. R. P. Nr. 19738 v. 25. Febr. 1882.

[2]) D. R. P. Nr. 86201. — Wagners Jahresberichte, 1896, S. 1040.

lang geführt sind. Die selbsttätige Bewegung des Schmelzgutes in dieser Rinne wird entweder durch geneigtes Lagern derselben, durch Anordnung einer Transportvorrichtung, z. B. einer Transportschnecke T, oder durch eine endlose, mit Krücken besetzte Kette erzielt. Bei Anwendung einer Transportschnecke T kann dieselbe selbst wieder durch ihre Rohrwelle (Einleiten von Dampf, Heißwasser o. dgl.) zum Erwärmen eingerichtet sein. (s = Dampfeintritt, s_1 Dampfaustritt.) Das Schmelzgut, z. B. Speck, wird vom Elevator E in den Trichter der Zerkleinerungsmaschine S geworfen, welche dasselbe zerschneidet und in die erhitzte Rinne R_1 schiebt. Bei dem in Fig. 253 dargestellten Fall ist der erste Teil derselben R_1 wagrecht geführt. Die darin angeordnete Schnecke T, welche durch die Riemenscheibe L in Umdrehung versetzt wird, bewegt das Schmelzgut gegen das Rinnenende zu und bringt es dann nach R_2 und R_3. Die Erwärmung der Rinne R_1 bzw. das Einleiten des Heizmittels geschieht vom Rinnenende A gegen die Zerkleinerungsmaschine zu, so daß das von derselben austretende Schmelzgut bei seinem Weiterbewegen in der Rinne immer auf höher erhitzte Rinnenteile trifft und das flüssige Fett an der höchst erwärmten Stelle A abgeleitet wird. Durch den am Rinnenende A angeordneten Schieber n ist der Abfluß des flüssigen Fettes in das Sammelgefäß, dem Nachschub durch die Zerkleinerungsmaschine S entsprechend, zu regeln[1]).

Apparat von Otto.

Der Schmelzapparat von Otto[2]) ist in Fig. 254 wiedergegeben.

Er besteht aus einem aufrechtstehenden, mit einem durch Wasser heizbaren Mantel versehenen, am oberen Teil durch Klappen verschließbaren Zylinder A (Fig. 254), auf dessen innerer Mantelfläche eine durchbrochene Schraubenfläche b befestigt ist. Ein zweiter, gleichfalls mit einem heizbaren Mantel versehener und durch Klappen verschließbarer Zylinder C trägt auf der äußeren und inneren Mantelfläche durchbrochene Schraubenflügel d und f. Endlich läuft auch um die durch die Mitte der Zylinder geführte hohle Säule g eine durchbrochene Schraubenfläche h. Der äußere Zylinder sowie die Säule g stehen fest, während der innere Zylinder C mittels einer durch die hohle Säule g geführten Welle i in Umdrehung versetzt werden kann, wobei die einzelnen Schraubenflächen durcheinander hinstreichen und ein stetiges Bewegen der in dem Apparate befindlichen Masse bewirken. Am Boden besitzt der Zylinder A eine Öffnung k, unter welcher sich der Talgsammler l befindet. Letzterer ist gegen den Zylinder durch ein Sieb m geschlossen, welches auf einer durch ein Handrad verstellbaren Spindel angeordnet ist, um behufs Entfernung der Grieben aus dem Zylinder gesenkt werden zu können.

Der zerschnittene Talg wird dem Apparat oben zugeführt. Darauf läßt man durch das Rohr n heißes Wasser in den Kopf der Säule g strömen, von wo es durch Rohrstutzen nach dem Mantel des inneren Zylinders C fließt und diesen sowie die auf ihm befestigten Schraubenflächen erwärmt, um dann aus dem unteren Teil des Zylinders C durch die Säule g auch in den Mantel des äußeren Zylinders A zu treten, auch diesen mit seinen Schraubenflächen zu erwärmen und den Mantel bei o zu verlassen. Gleichzeitig wird der Zylinder C in langsame Umdrehung versetzt und hierdurch eine vollständige, gleichmäßige Erwärmung erzielt, da kein Teil des Inhaltes unbewegt bleibt. Ist die Schmelztemperatur erreicht, so sinkt der geschmolzene Talg abwärts und gelangt durch das Sieb m bei k in den Talgsammler l,

---

[1]) Auch nach dem Patent Lissagaray & Leplay (siehe Seite 501), welches neben dem Zerkleinern des Rohfettes auch dessen Ausschmelzen umfaßt, wird das zerkleinerte Preßgut gezwungen, durch ein erwärmtes Rohr seinen Weg in den Schmelzkessel zu nehmen, wobei es schon zum größten Teile ausgeschmolzen wird. Dieses Patent ist daher im gewissen Sinne als ein Vorläufer der Haasschen Konstruktion zu betrachten.

[2]) D. R. P. Nr. 86564.

von wo er durch geeignete Vorrichtungen abgelassen werden kann. Nach Beendigung des Schmelzprozesses senkt man das Sieb, worauf der unterste Schraubenflügel die Grieben nach der Öffnung *k* schiebt, so daß sie aus dem geöffneten Talgsammler herausfallen oder leicht entfernt werden können.

Apparat von F. X. Miller.

Ein Trockenschmelzapparat mit Dampfheizung, der durch seine eigenartige Beschickungsvorrichtung auffällt, ist von Franz Xaver Miller in Regensburg[1]) konstruiert worden.

Der Hohlzylinder *a* (Fig. 255), welcher in seinem Innern eine axial verschiebbare Förderschnecke *b* enthält (ev. kann auch eine Spirale mit oder ohne Achse, je nach Bedarf, Verwendung finden), die an den Stirnseiten a^1 und a^2 des Hohlzylinders *a* drehbar gelagert ist, kann den Umständen entsprechend entweder doppelwandig, wie Fig. 255 zeigt. oder mit einfachen Wänden hergestellt sein. Im ersten Falle wird der Hohlzylinder *a* durch Einlassen von Dampf (bei *c*) erhitzt, im zweiten durch eine andere Art auf die nötige Temperatur gebracht. Je nach Bedürfnis kann der Hohlzylinder *a* auch nach der einen oder anderen Seite (a^1 oder a^2) Gefälle bekommen.

Fig. 254 a.

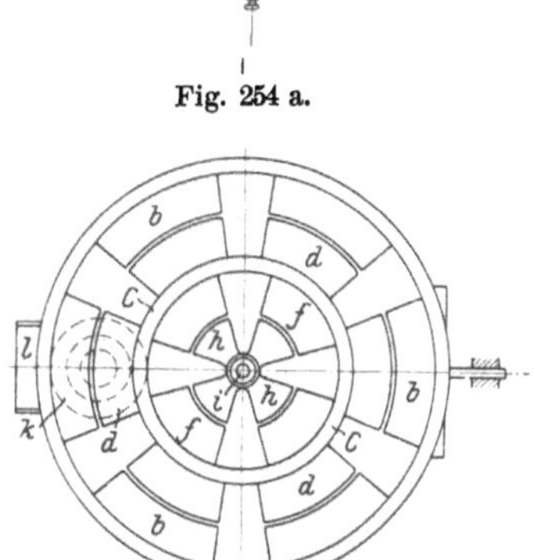

Fig. 254 b.
Fig. 254 a und b.
Schmelzapparat nach Otto.

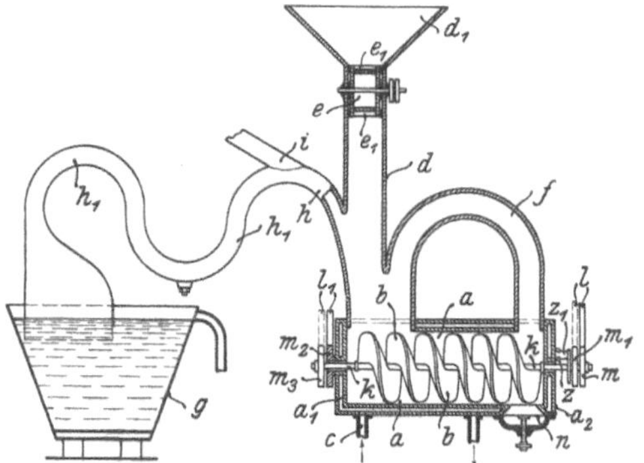

Fig. 255.
Schmelzapparat nach F. X. Miller.

Oberhalb des Hohlzylinders *a* ist ein Schacht *d* vorgesehen, welcher in einen Trichter d^1 ausmündet und eine etwas über die Hälfte mit Wasser gefüllte Trommel *e* trägt, die mit Mulden e^1 versehen und innerhalb des Schachtes *d* drehbar gelagert ist. Neben dem Schachte *d* ist ein Rohr *f* auf dem Hohlzylinder befestigt, welches bezweckt, den aufschäumenden Inhalt abzukühlen, und eventuell schlangenartig verlängert werden kann.

---

[1]) Österr. Patent Nr. 2388 v. 15. Juni 1900; D. R. P. Nr. 14407 u. 14408; engl. Patent Nr. 2806 v. 12. Febr. 1900.

Die aufsteigenden Dünste und Gase entweichen durch das Rohr *h* und zwar entweder durch das Abzweigrohr *i* in den Schornstein oder durch h^1 in das Gefäß *g*, welches mit Wasser gefüllt ist und alle Dämpfe und Gase niederschlägt resp. kondensiert.

Die Gebrauchsweise ist wie folgt:

Das Rohmaterial wird in geeignet zerkleinertem Zustande in den Trichter d^1 geschüttet, fällt von hier auf die rotierende Trommel *e*, wird durch die Mulden e^1 derselben in den Schacht *d* befördert und fällt von hier in den Hohlzylinder *a*. Durch die Schnecke *b* wird das Rohmaterial von a^1 nach a^2 befördert, staut sich hier an und drückt die axial verschiebbar gelagerte Schnecke *b* nach a^1, während gleichzeitig mit dieser Bewegung der Riemen *l* von der in Betrieb befindlichen Riemenscheibe *m* auf die an diese anstoßende Leerscheibe m^1 gleitet; der Riemen l^1 wird dadurch selbsttätig von der Leerscheibe m^2 auf die Vollscheibe m^3 geschoben und die Achse *k* und mit ihr die Schnecke *b* in entgegengesetzter Richtung in Rotation versetzt, wobei das Rohmaterial von a^2 wieder nach a^1 gelangt. Ist das Material wieder bei a^1 angelangt, so wiederholt sich der gleiche Vorgang (Anstauen des Fettes bei a_1 und Verschieben der Schnecke gegen a_2) und so fort, bis der Inhalt, welcher sich an den Wandungen des Hohlzylinders erwärmt, gar gesotten ist und entfernt werden kann. Zwecks Probenahme ist ein Schraubenverschluß *n* vorgesehen. An Stelle der Riemenscheibenausrückvorrichtung kann eventuell ein Hebelausrücker treten, welcher die abwechselnd zu ändernde Bewegungsvorrichtung der Förderschnecke *b* bewirkt. Um erwünschten Falles die Verschiebung der Förderschnecke *b* von a^1 nach a^2 und umgekehrt zu verhindern, die Umdrehungsrichtung also festzulegen, kann bei *z* (Fig. 255) ein Keil z^1 eingeschoben werden.

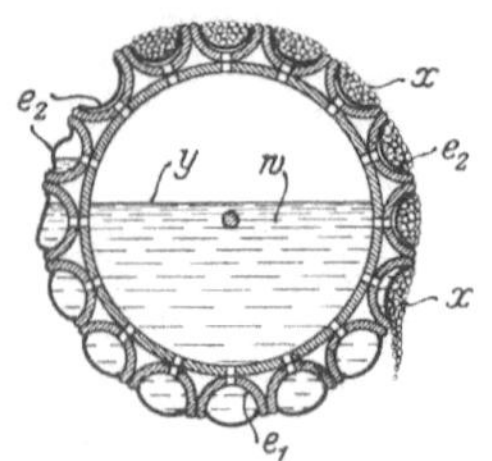

Fig. 256 a.

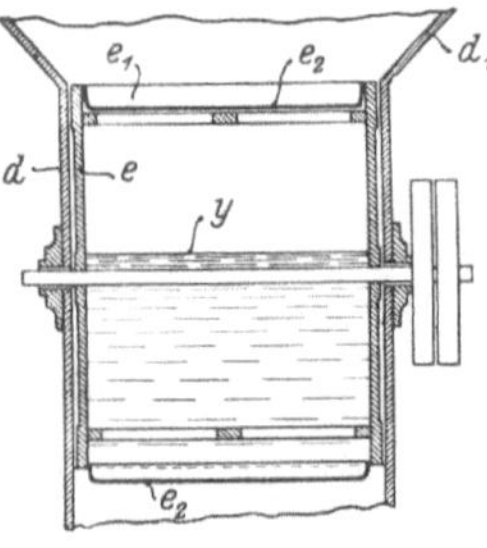

Fig. 256 b.

Fig. 256 a und b. Beschickungsvorrichtung zum Millerschen Schmelzapparat.

Interessant ist bei dem Millerschen Schmelzapparat die Beschickungsvorrichtung (Fig. 256), welche verhindern soll, daß Dämpfe und Gase austreten.

Sie besteht aus einer unmittelbar unter dem Aufgabstrichter d_1 liegenden, etwas über die Hälfte (Niveau *y*) mit Wasser oder anderen Flüssigkeiten *w* gefüllten rotierenden Trommel *e*, die am Umfange mit axial laufenden Mulden e_1 versehen ist, welche mit wasserdichtem Stoff e_2 ausgekleidet sind, der sich bei Aufnahme der zu verarbeitenden Fettstoffe an die Wandungen der Mulden anlegt, beim Entleeren der Fettstoffe hingegen durch das in die Mulde eintretende Wasser aushebt und das darauf lagernde Fördergut auswirft, hierbei an den Wandungen des Förderschachtes *d* stets einen dichten Abschluß bewirkend.

Vor- und Nachteile des Trockenschmelzens mittels Dampf.

Die Trockenschmelze mittels Dampf ist der Feuerschmelze in jeder Hinsicht vorzuziehen. Das Festbrennen der Fettmassen ist zwar auch bei jener nicht ganz ausgeschlossen, doch läßt es sich bei entsprechend vorsichtiger Arbeit wohl vermeiden. Die Belästigung der Nachbarschaft durch üblen Geruch ist bei der Dampftrockenschmelze viel geringer als beim Schmelzen über direktem Feuer.

c) Trockenschmelze in erwärmter Luft.

Das Ausschmelzen des zerkleinerten Fettes durch erwärmte Luft ist zuerst durch Peter Wild in Vorschlag gebracht worden, welcher diese Methode zur Erzeugung von Oleomargarine benutzen wollte.

Wild sucht zu vermeiden, daß das ausgeschmolzene Fett mit dem Zellgewebe zu lange in Berührung bleibe; die von ihm konstruierten zwei Apparate arbeiten wie folgt:

Wilds Schmelzapparat.

Die erste Form[1]) des Wildschen Schmelzapparates (Fig. 257) besteht aus einem von einem Dampfmantel oder Dampfheizungsrohr umgebenen kastenartigen Raum, in welchem zwei Reihen von flachen Talgschmelzgefäßen *e* in geneigter, über-

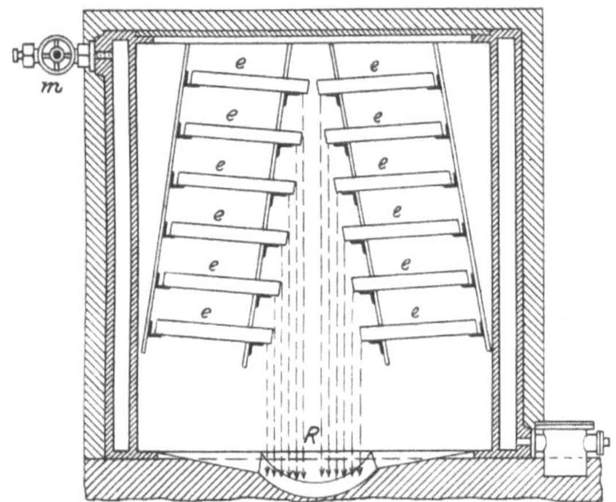

Fig. 257. Schmelzapparat nach Wild.

einander liegender Position so untergebracht sind, daß das schmelzende Fett frei in die am Boden liegende Schmelzrinne *R* abtropfen kann. Durch das Einlaßventil *m* läßt sich die Temperatur im Schmelzkasten regulieren.

Später hat Wild den Schmelzraum mit einem Schraubenventilator oder Exhaustor verbunden[2]), welcher die im Schmelzraum vorhandene heiße Luft zwischen die Schmelzgefäße drückt und wieder ansaugt, um eine innige Berührung derselben mit dem zu schmelzenden Talg herbeizuführen.

Dieses Prinzip läßt mehrere Ausführungen zu, von denen nur die eine festgehalten sei:

Dabei mündet der Scheibenventilator (Fig. 258) direkt in den Schmelzraum, und es sind die Heizkörper *a* (Rippenheizkörper) zwischen dem Ventilator *V* und den Talgschmelzpfannen *h* angeordnet, so daß die Luft sich an den Heizkörpern erwärmt und unmittelbar darauf über den Talg hinstreicht, welcher infolgedessen

---

[1]) D. R. P. Nr. 55050 v. 8. Okt. 1889. — Chem. Ztg., 1891, S. 225.

[2]) D. R. P. Nr. 57275 v. 20. Aug. 1890. — Chem. Ztg., 1891, S. 1210; siehe auch engl. Patent Nr. 19960 v. 6. Dez. 1890.

sehr schnell schmilzt. Das flüssig gewordene Fett gelangt durch Schlitze und Löcher, welche sich an der tiefsten Stelle der geneigt gelagerten Schmelzpfannen befinden, nach einer am Boden des Schmelzofens liegenden, aus Gips hergestellten Rinne (dem „Fettsammler“) und aus dieser in das Sammelgefäß.

Der zur Erzeugung der heißen Luft bestimmte Raum kann von dem Schmelzraume ganz getrennt sein und die Luft statt durch Dampf durch direktes Feuer erwärmt werden.

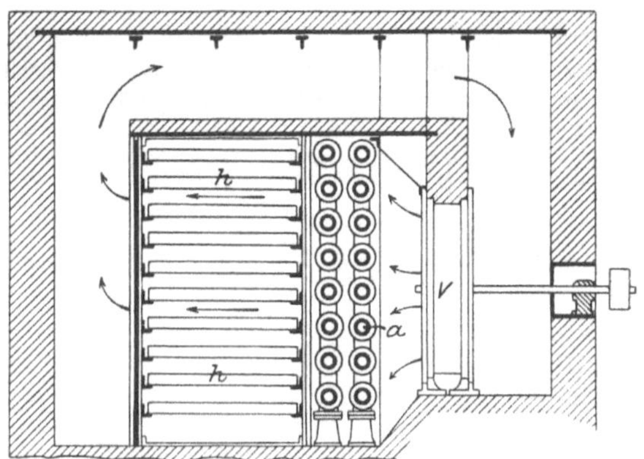

Fig. 258. Schmelzapparat nach Wild.

Später hat L. Mühleisen[1]) auch ein Patent auf einen Luftschmelzapparat genommen, der jedoch ebensowenig reüssierte wie die beiden Wildschen Konstruktionen.

Apparat von Scheffel und Schiel.

Hier wäre auch schließlich noch das Patent von Scheffel und Schiel in Mülheim a. Rh. zu nennen[2]), welche ursprünglich Fettschmelzgefäße mit wellenförmigen Böden empfahlen, die in ihren Vertiefungen bogen-

Fig. 259. Böden der Schmelzgefäße nach Scheffel & Schiel.

und winkelförmige, an ihren unteren Wänden mit Aussparrungen versehene Einlagen (c_1, c_2, c_3) hatten (Fig. 259). Das Rohfett soll in solchen Apparaten schneller und besser ausschmelzen, das Schmelzgut leichter und vollständiger abgeleitet werden.

Später haben Scheffel und Schiel[3]) an Stelle der mit wellenförmigen Böden versehenen Schmelzgefäße solche mit gewöhnlichen flachen Böden empfohlen, auf welchen unmittelbar oder in einem bestimmten Abstande

---

[1]) D. R. P. Nr. 64403. — Zeitschrift für angew. Chemie, 1894, S. 57.

[2]) D. R. P. Nr. 68829 v, 30. Aug. 1892.

[3]) D. R P. Nr. 7228 v. 1. Febr. 1893. — Chem. Ztg., 1894, S. 207.

wellenförmige Platten eingelegt werden. Das Rohfett wird auf diese Platten gebracht, und das Ausschmelzen erfolgt im übrigen genau so wie bei dem früheren Apparat.

Nachteile der Heißluftschmelze.

Die Heißluftschmelze, welche man hauptsächlich für Speisefette (Oleomargarine) empfahl, hielt nicht das, was man sich von ihr versprochen hatte. Die damit erhaltenen Fette sind von keiner besonders feinen Beschaffenheit, weil die Luft bei der relativ hohen Temperatur und bei der großen Oberflächenberührung, in welche das ausschmelzende Fett mit ihr kommt, einen Ranziditätsprozeß einleitet, der die Fettqualität beeinflußt. Auch die Ausbeute läßt bei der Luftschmelze zu wünschen übrig[1]).

Vakuumschmelze von Flottmann.

Den nachteiligen Einfluß der Luft vermeidet H. Flottmann[2]) in Bochum durch Vornahme des Schmelzprozesses im Vakuum.

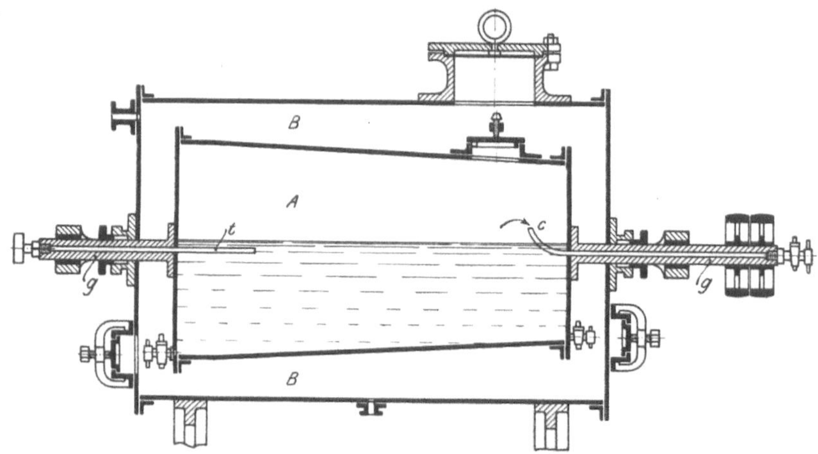

Fig. 260. Schmelzapparat von Flottmann.

Den Schmelzkessel *A* dieses Apparates bildet ein kegelstumpfartiges Gefäß, welches innerhalb eines Dampfmantels *B* rotiert und dessen Achsen *g* durch Stopfbüchsen dampfdicht eingeführt sind. An einer der Achsen, deren jede eine zentrale Bohrung besitzt, ist ein Rohr *c* eingeführt, durch welches während des Schmelzens Luft und Dämpfe aus dem Apparat abgesaugt werden, während durch die Bohrung der anderen Achse ein Metallthermometer *t* eingesetzt ist. Die Lage der Mannlöcher und Ventile am Schmelzkessel und Dampfmantel gestattet eine bequeme Füllung und Entleerung dieses Apparates.

Vorteile der Vakuumschmelze.

Später hat A. Lidoff[3]) die Vorteile der Vakuumschmelze eindringlich betont und insbesondere deren Vorzüge gegenüber dem gewöhnlichen Naß-

[1]) F. X. Byerley ließ sich ein Verfahren zum Ausschmelzen von Fetten patentieren, bei welchem entweder heiße Luft oder ein anderes erwärmtes Gas das Schmelzen besorgt. (Amerik. Patent Nr. 347288 v. 10. Aug. 1886.) Chem.-Ztg., 1886, S. 1069.

[2]) D. R. P. Nr. 49240 v. 16. April 1889.

[3]) Führer durch die Fettindustrie, St. Petersburg 1901, Heft 9, S. 203.

schmelzen hervorgehoben, bei welchem stets etwas Leimsubstanz in das Fett gerät und dieses zum Verderben geneigt macht, während der bei einer Luftverdünnung von 350—400 mm ausgeschmolzene Talg absolut rein und daher sehr haltbar sein soll.

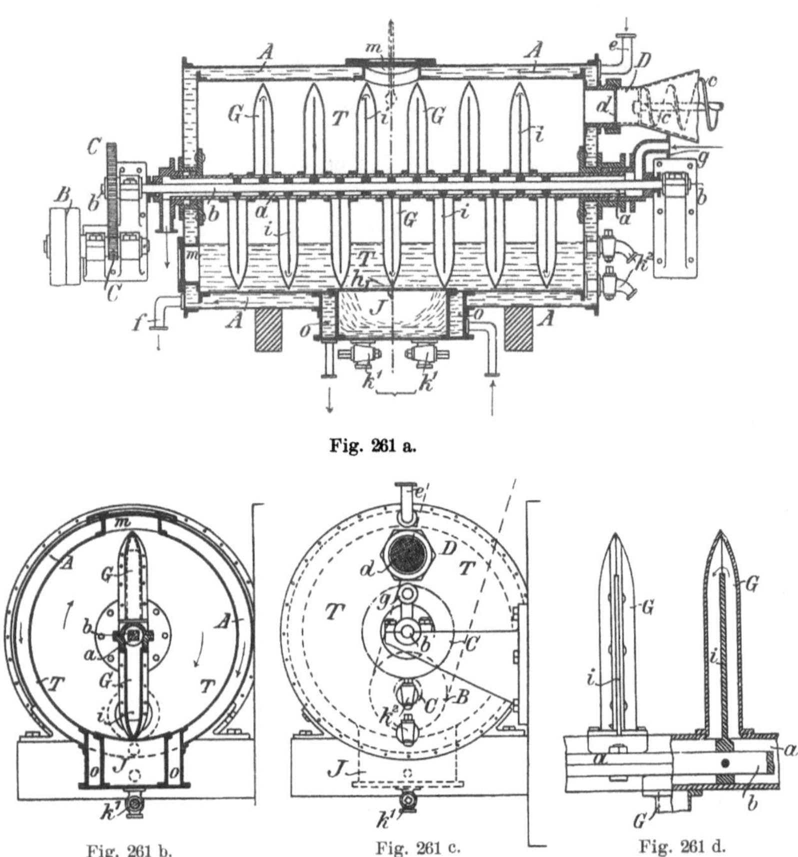

Fig. 261 a.

Fig. 261 b. Fig. 261 c. Fig. 261 d.

Fig. 261 a, b, c und d. Schmelzapparat von Pfützner.

d) Trockenschmelze mittels heißen Wassers.

Hiermit erzielt man zweifellos in qualitativer Hinsicht die besten Resultate[1]), und es sollte das Verfahren in der Oleomargarinefabrikation in ausgedehnterer Weise angewendet werden, als dies bis jetzt der Fall ist. Ein Apparat, der durch eine möglichst große Wärmeausstrahlungsfläche mit

[1]) Freeman Payzant in Locke Port (Kanada) hat in den 80er Jahren des vorigen Jahrhunderts zum Ausschmelzen der Fischlebern einen Apparat vorgeschlagen, der eigentlich ein Wasserbad darstellte und sehr gute Öle geliefert haben soll. Amerik. Patent v. 11. Juli 1883. — Chem. Ztg., 1883, S. 1641.

gleichzeitigem Durchrühren des zu schmelzenden Materials vorzügliche Resultate ergibt, ist der von Pfützner[1]) in Leipzig konstruierte Schmelzapparat.

Der Apparat (Fig. 261 a—d) besteht aus einer festgelagerten Trommel *T*, welche mit einem Mantel *A* versehen ist, und in deren Mitte sich die hohle Welle *a* befindet. Letztere wird mittels der Achse *b* von der Scheibe *B* aus durch Räder *C C* angetrieben; dieser in der Zeichnung auf der linken Seite angebrachte Antrieb kann auf der einen oder anderen Seite angeordnet sein. Die Trommel hat

Fig. 262. Schmelzanlage nach System Pfützner.

einen Einlauf *D* für die Fettstücke, welcher mit einer mechanischen Zuführvorrichtung, z. B. einer Schnecke *c*, versehen ist. Die Stücke werden durch das Sieb *d* hindurchgedrückt und gelangen mithin in das Innere der durch heißes Wasser erhitzten Trommel, ohne daß sie von Händen berührt zu werden brauchten.

Das heiße Wasser tritt bei *e* in den Mantel und läuft bei *f* wieder ab. Einen weiteren Zufluß von heißem Wasser erhält die hohle, mit den Rührfingern *G* versehene Welle *a* bei *g*. Das Wasser geht in der Richtung des Pfeiles durch die Welle sowie durch jeden einzelnen der Rührfinger *G*, welche durch Scheidewände *i* in zwei Räume geteilt sind (siehe Fig. 261 a und d). Die Rührfinger bewegen sich infolge der Rotation der Welle *a* langsam durch die in der Trommel *A* befindlichen Fettstückchen, so daß diese der Wirkung des heißen Wassers in reichlichstem Maße ausgesetzt werden und ein Ausschmelzen rasch erfolgt.

[1]) D. R. P. Nr. 63 537 v. 19. Juli 1891. — Zeitschrift f. angew. Chemie, 1895, S. 598; siehe auch engl. Patent Nr. 13198 v. 4. Aug. 1891.

Der geschmolzene Talg sinkt abwärts und gelangt durch das Sieb h nach dem Talgsammler J, welcher mit Ablaßhähnen k^1 k^1 versehen ist, durch welche der geschmolzene Talg nach Erfordernis in die Klärkessel abgelassen werden kann.

Der Talgsammler ist, um den geschmolzenen Talg in ihm gehörig dünnflüssig zu erhalten, durch einen ihn umgebenden Heißwassermantel O vor Wärmeverlust geschützt.

Der Apparat ist zum Zweck der Entleerung und Reinigung mit Mannlöchern m versehen; außerdem sind auch noch Reservehähne k^2 angeordnet, welche bei etwa vorkommender Verstopfung des Siebes benutzt werden.

Der Apparat liefert ein schönes, gleichmäßiges Produkt, weil durch die eigenartige Verteilung von festen und bewegten Wärmestrahlenflächen (Mantel A und Finger G) eine sehr gleichmäßige Schmelzung herbeigeführt und jede Überhitzung vermieden wird.

Fig. 262, welche diese Apparate perspektivisch darstellt, zeigt auch den auf der Speisevorrichtung angebrachten Zerkleinerungsapparat, von welchem ein zweites Exemplar etwas tiefer angeordnet ist, zum Vorzerkleinern dient und mit dem am Schmelzapparate befindlichen in Verbindung steht. Die guten Ausbeuten, welche der Pfütznersche Schmelzapparat, wie ihn die Kesselfabrik Göhrig & Leuchs A-G. in Darmstadt zur Ausführung bringt, aufweist, sind zum Teil den vorzüglich arbeitenden Fettzerkleinerern zuzuschreiben.

Apparat von Hentschel.

Ein kontinuierlicher Schmelzapparat, der Klär- und Läutergefäße in sich vereinigt, ist der von O. Hentschel[1]) in Grimma.

Der Hentschelsche Schmelzapparat besteht aus dem eigentlichen Schmelzraume, dem Klärraume und den Läutergefäßen.

Der Schmelzraum A (Fig. 263) besteht aus einem zylindrischen, mit trichter- oder schüsselförmigem Boden versehenen Kessel, welcher durch einen Doppelmantel, Rohrschlangen, Querrohre, Taschen oder sonstige Heizvorrichtungen erwärmt werden kann. (In Fig. 263 bilden neben dem Doppelmantel die Rohre H und M Wärmevorrichtungen.)

In der Achse dieses Kessels befindet sich, durch den Deckel und Boden hindurchgehend, eine mit oberem Rotationsantrieb versehene und mit Rührarmen R besetzte Filterwelle, welche unten offen ist und, da sie durch den Boden von A hindurchreicht, mit B kommunizieren würde, falls nicht unterhalb desselben noch ein Verschluß, z. B. ein Schieber, Hahn V usw., angebracht wäre, wodurch die Möglichkeit gegeben ist, die Räume A und B voneinander abschließen zu können. Dicht neben dem Filterrohr, fast am tiefsten Punkte des Bodens von A, befindet sich eine zweite Öffnung O, welche durch den von außen stellbaren Verschluß die Räume A und B miteinander verbinden oder gegenseitig abschließen kann.

Die Filterwelle hat einen gelochten oder geschlitzten Mantel, durch welche Öffnungen das in A durch die Zufuhröffnung T eingebrachte Fett, nachdem es durch das in die doppelte Wandung oder das Heizsystem geleitete erwärmte Wasser geschmolzen ist, filtrieren kann. Das ins Innere der Filterwelle gelangte Fett läuft nach Öffnen von V ab und sammelt sich in B an. Behufs größerer und energischer Filterfähigkeit können auch die auf dem Filterrohre sitzenden Rührarme R durch Filterrohre ersetzt werden, doch dürfen diese behufs Vermeidung des Verstopfens der Filterflächen nur an der der Bewegungsrichtung entgegengesetzten Seite gelocht sein. Um auch auf der Filterwelle das

---

[1]) D. R. P. Nr. 77143 v. 16. Febr. 1893.

Selbstverstopfen der Filteröffnungen zu verhindern, kann an derselben ein Schieber angebracht werden, welcher mit den Filteröffnungen der Welle korrespondierende Schlitze hat und durch eine geeignete Vorrichtung während der Rotation des Filterrohres auf- und abwärts bewegt wird, so alle sich an den Filteröffnungen ansetzenden Fasern usw. abschabend, oder es wird ein mit einem Teile des Apparates verbundener feststehender Schaber angebracht, welcher mit seiner Schneide auf der Filterwelle aufliegt und während der Rotation derselben alle sich ansetzenden Faserteilchen regelmäßig abstreicht.

Der Klärraum *B* ist unterhalb *A* angeordnet, hat einen konischen heizbaren Boden, an dessen tiefster Stelle eine verschließbare Öffnung *U* und daneben ein von außen stellbares Scharnier oder teleskopartig bewegliches Rohr *Z* angebracht ist.

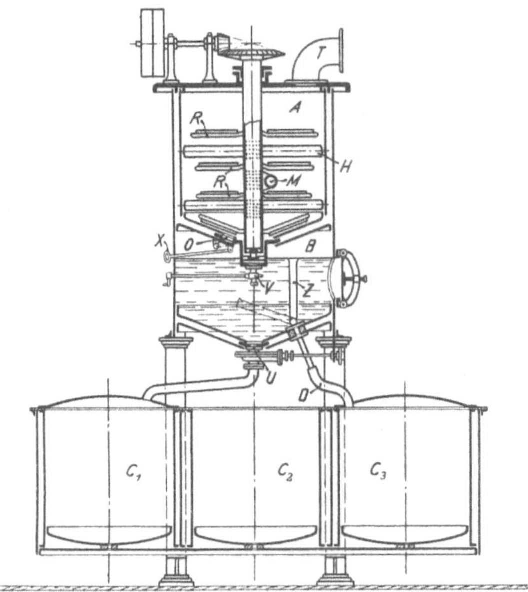

Fig. 263. Schmelzapparat von Hentschel.

Ist nun aus dem Schmelzraum *A* eine gewisse Menge geschmolzenen Materials in den Klärraum *B* gelaufen, so wird *B* von *A* durch Schließen der dazwischen befindlichen Öffnung *V* abgesperrt.

Es kann alsdann durch entsprechende Einstellung des Ablaufrohres *Z* das Fett von oben aus abgeleitet und durch ein damit verbundenes Drehrohr *D* in die entsprechenden heizbaren Läutergefäße C_2 und C_3 abgezogen werden.

Die bei dem fortgesetzten Schmelzprozeß sich über dem Boden des Schmelzraumes *A* ansammelnden nicht durchfiltrierbaren festen Bestandteile des Rohmaterials, die sogenannten Grieben, sowie die sich am Boden sammelnden Wasser- und Blutüberreste usw. werden von Zeit zu Zeit durch den Verschluß *O* (betätigt durch den Hebel *X*) gleichfalls in den vorher entleerten Klärraum *B* gelassen, abgeklärt, noch darin enthaltene flüssige bessere Fette durch das Abzugrohr *Z* wie zuvor abgeleitet und schließlich die minderwertigsten dickflüssigen Rückstände durch den Verschluß *U* in das darunter stehende Gefäß C_1 behufs anderweitiger Behandlung abgelassen.

Die Naßschmelze.

Bei dieser kommt das fetthaltige Rohmaterial mit Wasser oder Dampf in Berührung, wobei außer der Sprengung der Zellwände durch die Ausdehnung des erwärmten Fettes auch eine Art Verdrängung des in den Zellen eingeschlossenen Fettes durch Eindringen von Wasser oder Dampf erfolgt. Diese Diffusion ist allerdings nicht sehr intensiv, weil Fett und Wasser bzw. Dampf sich nicht mischen, die Durchtränkung des Materials also eine unvollständige bleibt.

a) Wasserschmelze.

Die älteste Methode der Naßschmelze ist das Auskochen des fetthaltigen Materials. Dieses Verfahren wird vielfach bei der Trangewinnung angewandt, wo man die zerkleinerten Fische (Heringe, Sprotten, Sardinen, Sardellen usw.) in größeren eisernen Kesseln mit Wasser kocht und das ausschmelzende, oben schwimmende Öl abschöpft und klären läßt[1]).

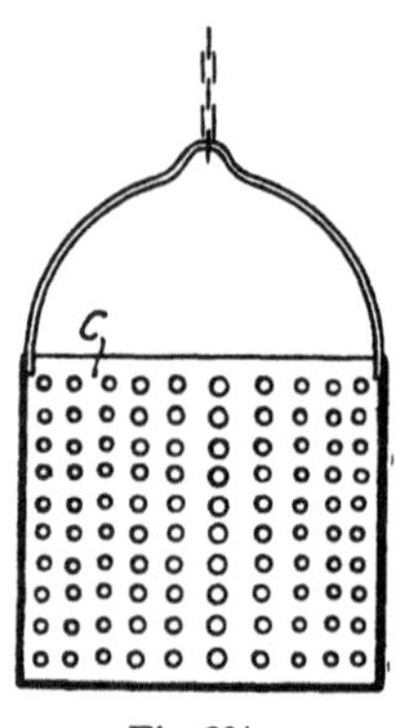

Fig. 264. Korb zur Aufnahme des Rohmaterials.

Früher war auch bei der Knochenverarbeitung das Auskochen vielfach im Gebrauch, doch ist diese Methode durch die heute weit rationelleren Entfettungsverfahren des Ausdämpfens und der Extraktion fast gänzlich verdrängt worden. Nur bei der Gewinnung von Klauen-, Schafpfotenöl und ähnlichen Produkten hat sich das Auskochen noch erhalten.

Man bringt bei der Ausführung des Verfahrens die Klauen, Hufe usw. der betreffenden Tiere nach entsprechender Reinigung in eiserne gelochte Körbe (Fig. 264), welche in einen mit siedendem Wasser gefüllten Kessel versenkt werden. In letzterem verbleibt der Korb mit dem Rohmaterial so lange, als noch namhafte Mengen von Fett an die Oberfläche des Wassers steigen, wo sie abgeschöpft werden[2]). Der Korb wird dann durch eine zweckmäßige Hebevorrichtung [Fig. 265 [3])] ausgehoben, um nach Entfernung des entfetteten Materials und Einbringung von frischem aufs neue in den Kochkessel versenkt zu werden.

Um die Ausbeute beim Ausschmelzen von Fetten durch kochendes bzw. heißes Wasser zu erhöhen, hat man Apparate konstruiert, bei welchen während des Zusammenseins mit dem Wasser ein Zerkleinern und Pressen

---

[1]) Näheres hierüber folgt im 2. Bande bei der Besprechung der verschiedenen Fischöle.

[2]) Monit. scientif., Bd. 10, S. 801.

[3]) Friedberg, Verwertung der Knochen, 2. Aufl., Wien 1901, S. 79.

des Materials stattfindet. So wird z. B. aus Fischen Öl abgeschieden, indem man dieselben unter heißem Wasser durch eine Schnecke zerkleinert und gleichzeitig durch den Kochbehälter bewegt[1]). Später hat man auf das zerkleinerte Material auch einen Druck auszuüben versucht, und zwar durch Hindurchdrücken durch gelochte konische, unter Wasser befindliche Behälter.

Eine derartige Vorrichtung, die insbesondere bei der Verarbeitung von Fischen vorzügliche Dienste leisten soll, stammt von Charles Wacker in Baltimore[2]). Apparat von Wacker.

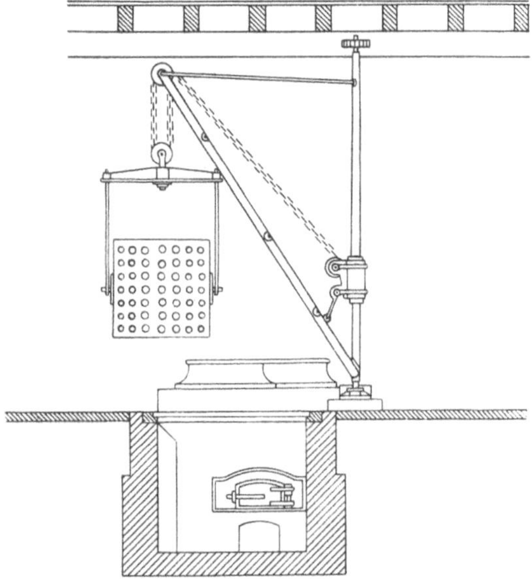

Fig. 265. Vorrichtung zum Auskochen von Knochen, Klauen usw.

In der Nähe des Bodens des langgestreckten und vorteilhafterweise flachen Gefäßes *a* (Fig. 266) ist innerhalb eines spitzzulaufenden, aus perforiertem Blech gebildeten Behälters *c b* eine Schneckenpresse mit auf der Welle *e* befestigten Schraubenflügeln *d* angeordnet. An den beiden Enden der in den Lagern *f* laufenden Welle befinden sich Triebräder *g*. Die engere Seite *h* des Preßbehälters *c b* springt aus dem Gefäße *a* vor; dieser Teil *i* ist nicht durchlöchert. In die hohle gelochte Welle *e* wird durch das stationäre Verbindungsstück *k* und das Rohr *l* Dampf geleitet.. Ein Zuführungsrohr *o m* ist mit der größeren Seite des Behälters der Schneckenpresse verbunden und mit einem Trichter *n* sowie einer Transportschnecke, die auf einer senkrechten Welle *p* angebracht ist und das zu behandelnde Material in den Behälter der Schneckenpresse treiben kann, versehen.

---

[1]) D. R. P. Nr. 92798 des Fish Utilisation Syndicate (Chem. Ztg., 1898, S. 465.)

[2]) D. R. P. Nr. 135566 v. 15. Mai 1901.

Auf der Welle *e* ist eine Verschlußscheibe *q* angeordnet, welche über die Entleerungsöffnung *r* greifen und dieselbe schließen kann. Diese Scheibe umschließt die Welle dicht, ist aber auf derselben in der Längsrichtung beweglich und kann durch eine an dem Hebel *t* angebrachte Feder *s* gegen die Öffnung *n* gepreßt werden. Der Hebel *t* ist um *u* drehbar und hat eine gabelförmige Seite, die in eine ringförmige Nut *v* auf der Scheibe einpaßt. Wenn der Behälter *a* mit Wasser gefüllt und der Apparat nicht in Tätigkeit ist, so schließt die Scheibe das Mundstück des Behälters der Schneckenpresse und verhindert den Austritt des Wassers, kann aber jederzeit mittels des als Handhabe dienenden Hebels *t* weggezogen werden. Durch eine nahe an der oberen Seite des Behälters *a* angebrachte Öffnung *w* kann das Öl, welches an die Oberfläche des Wassers steigt, durch ein Rohr abgeleitet werden. In den Behälter *a* wird Wasser durch ein Einlaßrohr unterhalb der Flüssigkeitsoberfläche eingeführt.

Bei der Benützung des Apparates werden das Fischmaterial oder andere Stoffe in den Trichter *n* gebracht und mittels der Transportschnecke nach abwärts in den Behälter der Schneckenpresse gedrückt. In die hohle Welle *e* wird durch das Rohr *l* Dampf geleitet und das in Behandlung befindliche Material durch die Schraube *d* vorwärts transportiert. Das Schmelzgut wird, je mehr es sich der schmaleren Seite der Schneckenpresse nähert, allmählich immer kompakter. Aus der durchlöcherten Welle tritt der Dampf nach außen, erhitzt das Wasser und kocht und zerkleinert das Material. Die Geschwindigkeit der Schraubendrehung wird derartig geregelt, daß genügende Zeit für das gründliche Kochen des Materials gegeben ist, bevor dasselbe die Seite des Behälters, wo die Entleerung erfolgt, erreicht. Das Öl steigt an die Oberfläche des Wassers, von wo es kontinuierlich durch die Öffnung *w* abgelassen wird.

Wenn das Material die Auslaßseite des Behälters erreicht hat, so bildet es einen kompakten Pfropfen, welcher das Entweichen von Wasser aus dem Behälter verhindert. Der Druck des Materials auf die Verschlußscheibe *q* treibt dieselbe von der Seite des Behälters fort, so daß das Material herausfallen kann. Die Verschlußscheibe wird so lange von

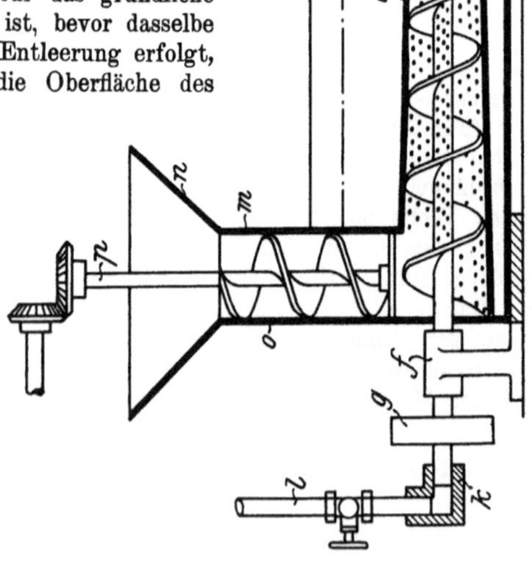

Fig. 266. Vorrichtung zum Gewinnen von Fischöl nach Wacker.

der Öffnung des Behälters ferngehalten, als das Material hindurchgepreßt wird. Wenn die Maschine außer Betrieb ist, so liegt die Verschlußscheibe *q* infolge der Feder *s* dicht an der Austrittsöffnung *r*.

Feste Substanzen, welche durch die Löcher der Schneckenpresse in den Behälter *a* getrieben werden, fallen auf den Boden des Gefäßes und können von hier entfernt werden, wenn es notwendig oder wünschenswert ist.

Ein Verstopfen der Löcher während des Stillstandes der Presse[1]) kann nicht eintreten, weil die Öffnungen beständig unter Wasser bleiben und ein Austrocknen bzw. Festwerden des Materials unmöglich ist.

Dieser Apparat kann auch so ausgeführt werden, daß man in dem Wasserbehälter zwei miteinander in Verbindung stehende Schneckenpressen unterbringt, durch welche das zu entfettende Material befördert wird.

Verfolgt man bei der Verarbeitung von Fischen[2]), Schlachthausabfällen und anderem minderwertigen Rohmaterial durch die Wasserschmelze eine möglichst vollständige Ausbringung des in diesen Stoffen enthaltenen Fettes, so wird in anderen Fällen auf die Qualität des erhaltenen Fettes das Hauptaugenmerk gerichtet und die Frage der Ausbeute mehr vernachlässigt. So wird z. B. in der Oleomargarinefabrikation die Wasserschmelze in entsprechend modifizierter Weise angewandt. Da die Güte des erhaltenen Fettes neben anderen Faktoren auch von der Temperatur während des Schmelzens wesentlich abhängt, so wird das Wasser nur wenige Grade über dem Schmelzpunkt des Fettes gehalten.

Das Ausschmelzen des Rohtalges geschieht in den Oleomargarinfabriken gewöhnlich in Bottichen aus Lärchenholz[3]), in welche man ungefähr handhoch Wasser bringt, das durch einströmenden Dampf auf ca. 50° C erwärmt wird. Man trägt einige Kilogramm von einer früheren Operation herrührendes Premier jus[4]) in den Bottich ein und setzt hierauf unter langsamem Umrühren mit einem hölzernen Rührscheit successive das zerkleinerte Rohfett zu. Man achte dabei auf zwei Dinge: auf das genaue Einhalten der Temperatur und auf ein richtiges Rühren. Hier das Passendste zu treffen, ist die Kunst eines guten Margarineschmelzers. **Margarinschmelze.**

Ist die Temperatur während des Schmelzens zu hoch, so zeigt das Premier jus und das daraus gepreßte Oleomargarin einen talgigen Bei-

---

[1]) Wie bei den auf Seite 342/43 beschriebenen kontinuierlichen Ölsaatpressen.

[2]) Über die Gewinnung von Fischölen siehe auch die englischen Patentschriften Nr. 6736 v. 19. Mai 1886 (J. S. Edwards); Nr. 11505 v. 9. Aug. 1888 (C. Weigelt); Nr. 17205 v. 13. Sept. 1893 (J. C. W. Stanley); Nr. 18414 v. 2. Okt. 1895 (J. C. W. Stanley); Nr. 2511 v. 4. Febr. 1896 (J. Jack und M. Blake); Nr. 7268 v. 2. April 1896 (Fish Utilisation Syndicate and J. C. W. Stanley); Nr. 6334 v. 15. Mai 1898 (J. C. W. Stanley & Fish oil and Guano Syndicate); Nr. 25680 v. 5. Dez. 1898 (J. F. Johnstone); Nr. 4594 v. 2. Mai 1899 (S. O. G. Schuseil).

[3]) Dieses Verfahren ist wohl zuerst in der Patentschrift von J. Jaroslawski in New York (D. R. P. Nr. 1591 v. 4. Nov. 1877) beschrieben worden.

[4]) Premier jus ist ein aus bestem Rohtalg bei niederer Temperatur ausgeschmolzenes, zur Herstellung von Oleomargarin bzw. Kunstbutter dienendes Produkt.

geschmack und ist für die Herstellung feiner Marken von Kunstbutter nicht zu gebrauchen. Ist die Temperatur zu niedrig, so bilden sich Klumpen, die sich nur schwer wieder trennen lassen. Ein zu heftiges Rühren gibt dem Margarin einen Grammelgeschmack, ein zu langsames Durchmischen führt zu Klumpenbildungen. Man muß trachten, daß schon während des Schmelzens die Grammeln unten bleiben und mit dem ausgeschmolzenen Fette nicht in zu innige Berührung kommen, weshalb eine mehr kreisende als aufziehende Rührbewegung am Platze ist.

Sobald der Bottich ziemlich voll ist, unterbricht man das weitere Eintragen von Rohtalg, wartet, bis alle Klumpen verschwunden sind, und stellt hierauf das Rühren ein. Der Bottichinhalt sieht dann, von oben bebetrachtet, wie ein mit Wasser getrübtes Öl aus, in welchem viele kleine, äußerst fein verteilte Membranen herumschwimmen. Bloßes Absetzenlassen in der Wärme würde eine Absonderung dieser Verunreinigungen nicht bewirken, und man ist deshalb gezwungen, zu künstlichen Klärungsmitteln zu greifen; hiervon ist Kochsalz das bewährteste. Man gießt eine ziemlich konzentrierte Lösung desselben auf die Oberfläche des Bottichs und streut auch etwas festes Salz in fein gepulverter Form darüber[1]). Dann läßt man eine Stunde stehen, entfernt den obenschwimmenden Schaum mittels eines Sieblöffels und zieht das klare Fett durch ein Ablaßrohr ab. Der geringe Bruchteil klaren Fettes, der auf den Grammeln zurückbleibt, wird vorsichtig abgeschöpft und mit dem übrigen Fett vereinigt. Dann wird durch einen Bodenwechsel das Wasser abgelassen (meist schmutzig, trüb und unangenehm riechend), während die darauf schwimmende Schicht von Grammeln oder Grieben (das ausgeschmolzene Zellgewebe, gemischt mit Sehnen) durch Rinnen in ein Sammelgefäß geleitet wird, um weiter entfettet zu werden[2]).

Verleimen der Schmelze.

Eine unrichtige Handhabung der Methode kann sehr leicht eine vollständige Emulgierung des ausgeschmolzenen Fettes mit dem Schmelzwasser und den Zellmembranen zur Folge haben; diese Emulsionen sind umso hartnäckiger, als sie stets etwas tierischen Leim (von dem Zellgewebe und den Sehnen herrührend) enthalten und dieser emulsionsfördernd wirkt. (Verleimte Talgschmelze).

Das Klären des ausgeschmolzenen Fettes (Premier jus) geschieht dann weiter in eigenen Absetzgefäßen[3]) (Marienbädern).

---

[1]) Vielfach wird auch dem Schmelzwasser vor Beginn der Operation etwas Kochsalz zugesetzt, was der Emulsionsbildung (Verleimung genannt) vorbeugt.

[2]) Siehe den Aufsatz des Verfassers: „Die Margarinefabrikation in Verbindung mit der Talgschmelzerei“, Chem. Mitteilungen, 1897, Nr. 47.

[3]) Die frisch bereiteten animalischen Fette, nach welcher Methode immer sie gewonnen wurden, werden meist durch Absetzen geklärt, während die vegetabilischen Öle und Fette gewöhnlich durch Filtration gereinigt werden. Sowohl über das Klären durch Absetzenlassen als auch über die Filtration wird im Schlußkapitel dieses Bandes das Nötige gesagt. Über die in der Margarinerzeugung verwendeten Marienbäder siehe auch 3. Band, Abschnitt „Kunstbutter“.

Neben den hölzernen Schmelzbottichen stehen vereinzelt auch solche aus verzinntem Eisenblech in Anwendung. Diese sind dann behufs besserer Klärung des frischgeschmolzenen Fettes vom Schmelzwasser mit einem Wassermantel *w* versehen (s. Fig. 267), was ein längeres Warmhalten der Schmelze und damit ein schnelleres Absetzen derselben bewirkt.

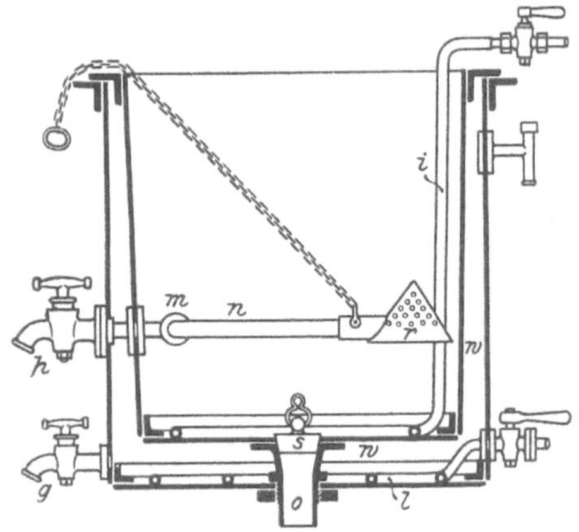

Fig. 267. Apparat für Wasserschmelze.

In Fig. 267 ist auch das Dampfrohr *i* zu sehen, welches das Schmelzwasser im Innenkessel anwärmt, sowie die zum Erwärmen des im Mantelraum *w* befindlichen Wassers dienende Dampfleitung *l*. Das Ablassen des Fettes geschieht durch den Hahn *h* und ein um den Punkt *m* drehbares Rohr *n*, an dessen Ende ein Siebtrichter *r* sitzt, der nur von oben das Eindringen von Flüssigkeit (hier des klaren Fettes) gestattet; durch Heben oder Senken des Rohres *n* wird die Entnahme von Fett aus beliebigen Höhenschichten des Kesselinhaltes ermöglicht. Die Schmelzrückstände werden durch Löcher des Stöpselverschlusses *s* mittels des Rohres *o* entfernt. Der Hahn *g* dient zum Ablassen des Wassers aus dem Mantelraume *w*, dessen jeweilige Temperatur durch ein Thermometer (in Fig. 267 ist nur dessen Schutzhülse sichtbar) abgelesen werden kann.

b) Das Schmelzen mittels Dampf.

Dasselbe kann sowohl mittels gespannten Dampfes als auch mittels keinen Überdruck zeigender Wasserdämpfe erfolgen. Gespannte Dämpfe vermögen bei genügend langandauernder Einwirkung die Zellwände des tierischen Fettgewebes zu zerstören, und man kann hier die Zerkleinerung des Rohfettes mehr oder weniger vernachlässigen; Dampf ohne Überdruck besitzt diese Kraft nicht, und das Rohfett muß in diesen Fällen besonders gut zerkleinert und wenn möglich auch durch Ansäuerung präpariert werden. Allgemeines.

Das Schmelzen mittels gespannter Dämpfe in geschlossenen Apparaten ist im Großbetrieb für die Herstellung des Talges allgemein in Anwendung.

Schon Appert[1]) schlug vor, die Rohfette in einem Papinschen Topfe auf 115—130° C zu erhitzen, doch fand dieser Vorschlag erst in der Buffschen Modifikation[2]) Beachtung, bei welcher nicht, wie bei Appert, der Druck durch Erhitzen von Wasser im Schmelzkessel selbst erzeugt wird, sondern in diesen letzteren gespannte Dämpfe von einer Zentraldampferzeugungsstelle aus geleitet werden.

---

[1]) Dinglers polyt. Journ., Bd. 31, S. 454.

[2]) Inaugural-Dissertation, Göttingen 1863, S. 15.

Die zur Ausführung der Buffschen Methode dienenden Apparate sind verschiedenster Konstruktion; eine einfache Form derselben ist in Fig. 268 wiedergegeben.

Schmelze mit gespannten Wasserdämpfen.

Der aus 8—10 mm starkem Schmiedeeisenblech geformte Zylinder hat gewöhnlich 2 m Höhe und $1^1/_2$ m Durchmesser; das pro Operation verarbeitete Quantum beträgt meist 2000 kg. Am oberen Teile dieses Zylinders ist ein Mannloch *M* angebracht, welches die innere Reinigung des Schmelzgefäßes gestattet und auch zum Füllen des Rohtalges dient. Das Dampfzuführungsrohr *a* geht bis zum Boden des Schmelzgefäßes und hat dort in der Regel spiralförmige Windungen, welche mit Löchern zum Ausströmen des Dampfes versehen sind. Ein Sicherheitsventil *S*, ein Manometer *i* und ein Einsaugventil *l* dürfen nicht fehlen; letzteres ist ein einfacher Ventilkegel, der sich bei einem Drucke von innen nach außen schließt, während der Arbeit des Apparates also vollkommen dicht hält. Tritt indes im Innern des Schmelzgefäßes Luftleere ein, so öffnet sich das Ventil und es tritt ein Druckausgleich ein. Diese Vorrichtung hat also lediglich den Zweck, eine Vakuumbildung im Schmelzgefäße zu vermeiden.

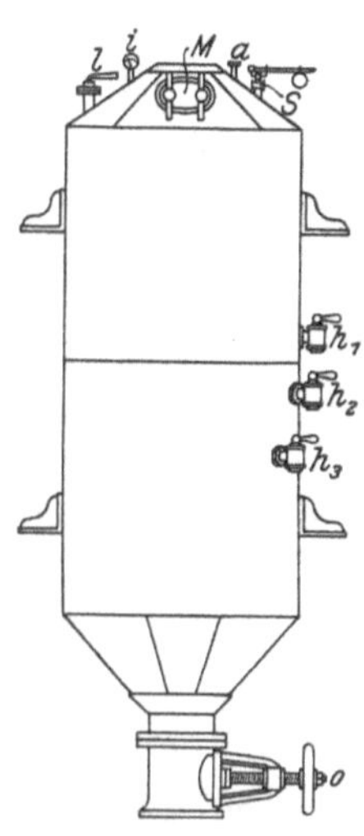

Fig. 268. Dampfschmelzapparat nach Buff.

In der unteren Hälfte des Zylinders sind drei Schnabelhähne h_1, h_2, h_3 in verschiedener Höhe angebracht, welche zum Ablassen des Kondenswassers und des Fettes dienen. Ein großer, wenigstens 80 mm Durchgangsweite habender Bodenhahn *o*, an den sich ein ebenso weites Rohr anschließt, dient zum Entleeren der beim Ausschmelzen sich bildenden Grieben.

Die Arbeitsweise ist ungefähr die folgende: Der bis höchstens zu $^3/_4$ seines Inhaltes mit Rohtalg gefüllte Apparat wird durch Aufsetzen des Mannlochdeckels *M*, der mit Bleiringen verdichtet ist, geschlossen. Auch alle Hähne und Wechsel werden geschlossen, nur das Lufteinsaugventil bleibt durch ein eingekeiltes Holzstück geöffnet. Jetzt öffnet man auch das Dampfeinströmungsventil; der einströmende Dampf vertreibt die Luft, welche durch das offengehaltene Einsaugventil austritt. Sobald nicht mehr Luft, sondern Dampf entweicht, schließt man dieses Ventil, wodurch der einströmende Dampf in dem Apparat eine Spannung erzeugt. Ist dieselbe auf 3 Atmosphären gestiegen, so hält man auf konstantem Drucke, was am einfachsten und sichersten durch ein an die Dampfzuleitung eingeschaltetes Reduzierventil bewerkstelligt wird. Solche Reduzierventile kann man ganz nach Belieben für jeden gewünschten Dampfdruck einstellen, nur verlangen sie eine aufmerksame Wartung und Reinhalten.

Ist die Spannung im Schmelzgefäß durch 4—5 Stunden auf 3 Atmosphären erhalten worden, so sperrt man das Dampfventil ab und überläßt den Apparat durch 8—10 Stunden der Ruhe. Die Dampfspannung schwindet allmählich, und das Innere des Kessels sondert sich in drei Schichten: Zu unterst ist das Kondensationswasser, dann kommen die Zellgewebsreste und Sehnen und obenauf das ausgeschmolzene Fett. Aus dem tieferen Schnabelhahn h_3 läßt man nun das Wasser abfließen und probiert gleichzeitig, ob bei dem nächst oberen Schnabelhahn h_2 nicht schon Fett abläuft. Ist das Talgniveau so weit gefallen, so schließt man den unteren Hahn und zieht mittels der Hähne h_1 und h_2 das Fett in ein Reservoir ab. Dann läßt man in den Apparat wiederum Dampf einströmen, bis eine Spannung von $1—1^1/_2$ Atmosphären Überdruck erreicht ist. In diesem Moment öffnet man rasch den großen Bodenhahn *o* des Schmelzgefäßes, wobei die Dampfspannung den ganzen Inhalt (Grieben und Wasser) in eine Sammelgrube entleert. Letztere steht unter hydraulischem Geruchsverschlusse und hat am Deckel ein weites Abzugsrohr, das direkt in den Fabrikschornstein führt. Durch diese Vorrichtung wird einmal be-

Fig. 269. Dampfschmelzapparat mit Trockenvorrichtung für die Schmelzrückstände.

wirkt, daß die übelriechenden Gase direkt in so hohe Luftschichten getragen werden, daß sie zu keiner Belästigung führen können, und zweitens, daß die Grammeln behufs weiterer Verarbeitung gesammelt werden.

Bei guter Abdichtung aller Öffnungen des Schmelzgefäßes arbeiten solche Dampfschmelzapparate ziemlich geruchlos; nur während des Ausblasens der Schmelzrückstände macht sich ein lästiger Gestank bemerkbar[1]). Handelt es sich um die Bewältigung größerer Mengen von Rohfetten, so werden vorteilhafterweise 2 oder 4 Dampfschmelzgefäße (die man auch Digestoren nennt) zu einem Apparate kombiniert. Die amerikanischen Großschlächtereien lassen diese mitunter sehr groß dimensionierten Schmelzapparate mit Trockenvorrichtungen für die Schmelzrückstände zusammenarbeiten, so daß aus dem Rohmaterial Talg und trockene, für Düngerzwecke verwertbare Rückstände erhalten werden.

In Fig. 269 ist ein solcher Apparat mit 4 Schmelzkesseln und 2 Trockenzylindern (ausgeführt von The Plant Iron Works Co. in Dayton), dargestellt. Bei demselben geben je 2 Schmelzzylinder (Digestoren) ihre Grieben in einen horizontal liegenden Trockenzylinder ab, der unter Vakuum arbeitet. Sowohl die im Schmelzzylinder befindlichen Rohfette als auch das entfettete Material im Trockner werden durch Rührvorrichtungen in Bewegung erhalten, um ein gleichmäßiges Arbeiten zu erreichen.

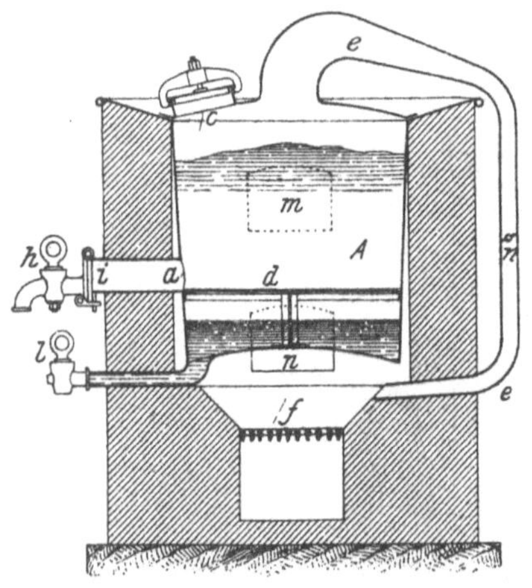

Fig. 270.
Schmelzapparat von Kurtz.

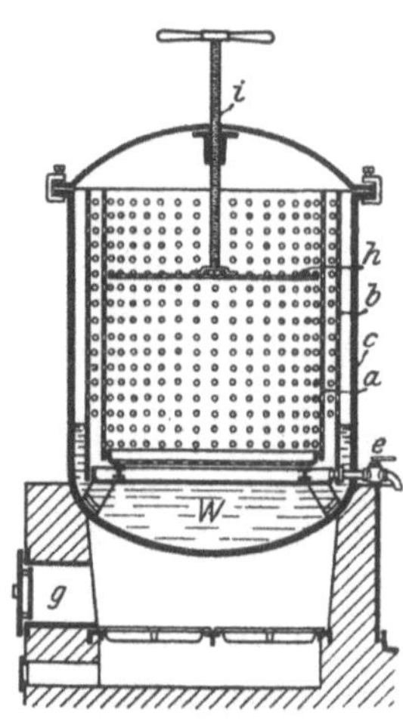

Fig. 271.
Schmelzapparat nach Seifert.

Dort, wo eine zentrale Dampferzeugung (Dampfkesselanlage) nicht vorhanden ist, man aber den Vorteilen der Dampfschmelze (geruchfreies Arbeiten, hellfarbiger Talg) nicht entsagen will, verdienen die Schmelzvorrichtungen von Kurtz, Seifert und Hesselbach Beachtung.

Der Apparat von K. J. Kurtz[2]) in Würzburg ist in Fig. 270 wiedergegeben.

Apparat von Kurtz.

Er besteht aus einem aus Kupferblech hergestellten Kessel *A* mit dem Mannloch *c*, durch welches vorerst etwas Wasser, dann die sich auf dem Siebboden *d* ablagernden Fettmassen eingefüllt werden. Die Feuerung wird zunächst bei geöffnetem Zuge

[1]) Eine Anordnung für Dampftalgschmelzereien haben sich W. Gellhorn, H. Flottmann & Co. in Bochum patentieren lassen. (D. R. P. Nr. 7211 v. 1. Mai 1879). Eine Beschreibung dieses Systems findet sich in Schädler, Technologie der Fette, 2. Aufl., Berlin, S. 498.

[2]) D. R. P. Nr. 21291 v. 25. Mai 1882.

m in Gang gesetzt, wobei das Schmelzen des Fettes teils durch direkte Erwärmung des Kessels, teils durch Verdampfen des Wassers vor sich geht. Um im Laufe des Schmelzprozesses zu verhindern, daß das Fett anbrenne, wird der Zug *m* geschlossen und *n* geöffnet, wodurch das Feuer unten abgezogen und das Fett nunmehr nur mittels Dampf geschmolzen wird. Die beim Schmelzen sich bildenden Dünste werden durch das mit einer Klappe versehene Rohr *e* abgeführt und unterhalb des Kessels in die Feuerung *f* geleitet, woselbst sie verbrannt werden. Ist der Schmelzprozeß beendet, so wird das geschmolzene Fett durch den Hahn *h* abgelassen, worauf man die vollständig abgetrockneten Grieben nach Entfernung des Verschlußstückes *i* mit einer Krücke durch das geöffnete Rohr *a* herauszieht. Schließlich wird das noch im Kessel vorhandene Wasser durch den Hahn *l* abgezogen.

Der Seifertsche Apparat ist in einer Form schon Seite 509 bei der Trockenschmelze besprochen worden. Früher hat Seifert eine Konstruktion nach Fig. 271 empfohlen. Apparat von Seifert.

Dieselbe besteht aus drei ineinander gesteckten Kosseln *a b c*, von welchen der äußere *c* ein Wasserbad bildet und der innere (gelochte) *a* die auszuschmelzende Masse enthält. Durch die Feuerung *g* wird das Wasser *W* im Kessel erhitzt, und es treten die Dämpfe durch die im oberen Teile des Kessels *b* befindlichen Öffnungen nach *a*, wo sie das Fett ausschmelzen. Dasselbe fließt durch die Lochungen der Kesselwandungen in den unteren Teil des Gefäßes *b*, von wo es durch den Hahn *e* abgezogen werden kann. Das in den Rückständen noch vorhandene Fett wird mittels einer Scheibe *h* mit Handspindel *i* ausgepreßt[1]).

Seifert hat später die Öffnungen des Mittelgefäßes *b* durch eine oder mehrere verschließbare Öffnungen ersetzt, durch welche der in einem abgeschlossenen Dampfraum entwickelte und unter Spannung gebrachte Dampf in den inneren Siebkessel geführt wird. Eine Drehscheibe bewirkt dann das Öffnen und Schließen der Dampfeintrittsöffnungen[2]).

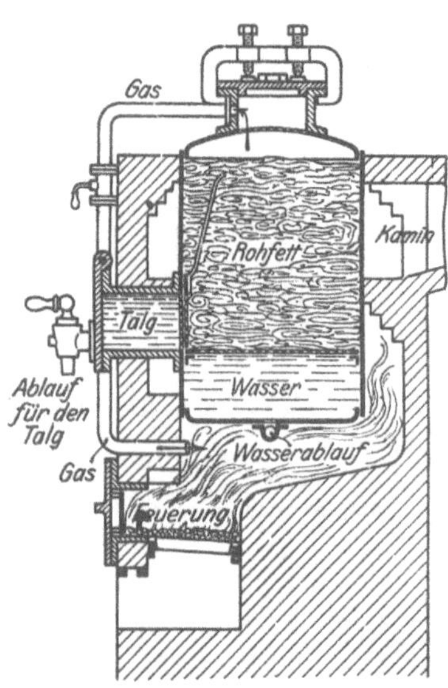

Fig. 272. Schmelzapparat von Hesselbach.

Der von Karl Hesselbach in Kitzingen gebaute Schmelzapparat zeichnet sich durch fast ganz geruchloses Arbeiten und geringen Brennmaterialverbrauch aus (Verbrennung der gebildeten Gase und Verwendung der dadurch entwickelten Wärme zum Heizen des Schmelzgefäßes). Apparat von Hesselbach.

Der in Fig. 272 wiedergegebene Apparat wird bis zu dem Siebboden des Schmelzkessels mit Wasser angefüllt, das zerkleinerte Rohfett auf diesen Siebboden gebracht, das Mannloch geschlossen und hierauf mit dem Anfeuern begonnen. Die

[1]) D. R. P. Nr. 56585 v. 11. Okt. 1890.
[2]) D. R. P. Nr. 59610 v. 15. April 1891.

sich aus dem Wasser bildenden Dämpfe durchdringen das Rohfett, erwärmen es und nehmen die entweichenden übelriechenden Dämpfe mit, sie durch ein Abzugsrohr in den Feuerraum bringend. Die Wasserdämpfe entweichen unkondensiert in den Kamin, die sich aus dem Fett entwickelten Gase verbrennen und helfen an Brennmaterial sparen. Das ausgeschmolzene Fett läuft durch das Sieb in einen Sammelraum, von wo es durch einen Hahn abgezogen werden kann. Im Schmelzkessel bleiben schließlich die entfetteten Grieben zurück, welche entsprechend verwertet werden.

Der Hesselbachsche Apparat weist einen bedeutend geringeren Brennmaterialbedarf gegenüber den sonstigen Schmelzvorrichtungen auf, vermeidet das bei der Trockenschmelze notwendige, für die Arbeiter unangenehme Umrühren und reduziert die lästige Geruchsentwicklung auf ein Minimum[1]).

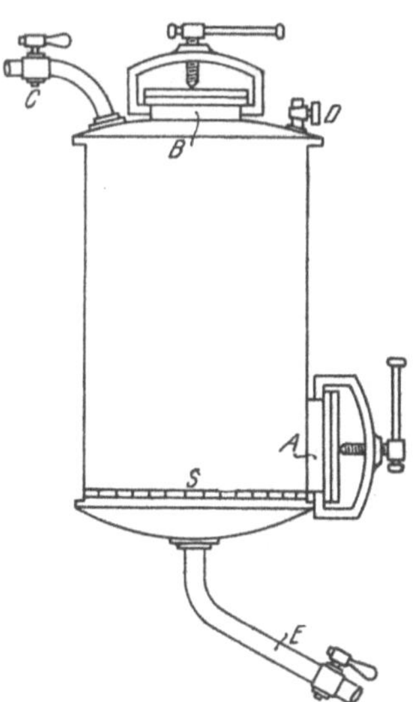

Fig. 273. Knochendämpfer.

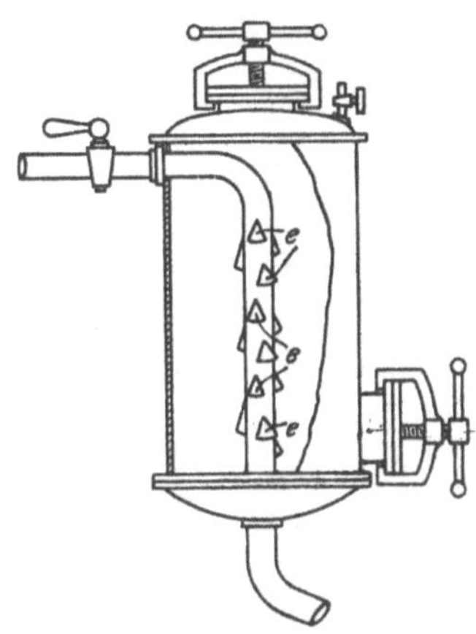

Fig. 274. Knochendämpfer nach Friedberg.

Das Fettausschmelzen durch direkten Dampf ist auch in der Knochenverarbeitung im Gebrauch, und zwar wird für diesen Zweck ein Apparat nach Fig. 273[2]) benutzt, der vielfach Ähnlichkeit mit dem Seite 528 beschriebenen Fettschmelzapparat besitzt.

Knochendämpfer.

Dieser Knochendämpfer (Fig. 273) besteht aus einem Eisenzylinder von 1 bis $1^1/_2$ m Durchmesser und 3—4 m Höhe, besitzt 2 Mannlöcher, von denen das eine *(B)* zum Einbringen des von den Knochenbrechern kommenden Rohmaterials, das andere *(A)* zum Herausnehmen der entfetteten Knochen dient. *S* ist ein Siebboden, auf welchem die Knochen ruhen, *C* das Dampfeinströmungsrohr, *D* ein Lufthahn und *E* eine Ablaßleitung. Manometer und Sicherheitsventil sind auf der Zeichnung weggelassen.

---

[1]) Brin (Berichte d. deutsch. chem. Gesellsch., 1873, S. 156) empfahl während der Dampfschmelze das Einleiten eines Luftstromes und die Filtration des erhaltenen Fettes im Vakuum.

[2]) Andés, Animalische Fette und Öle, Wien 1897.

Nachdem der Apparat mit Knochen gefüllt ist, wird das Mannloch *B* geschlossen, der Lufthahn *D* geöffnet, der Hahn an dem Rohre *E* geschlossen und durch *C* Dampf eintreten gelassen. Anfangs kondensiert sich der einströmende Dampf, später vertreibt er die in den Dämpfen befindliche Luft, welche durch *D* austritt. Entweicht bei *D* endlich Dampf, so schließt man *D*, wodurch der Dampfdruck ansteigt und das in den Knochen enthaltene Fett zum Schmelzen bringt. Am Boden des Gefäßes sammelt sich alsbald eine Flüssigkeit, welche Leim gelöst enthält, durch beigemengte Fettropfen milchig getrübt erscheint und auf welcher eine ziemlich starke Fettschicht schwimmt. Von Zeit zu Zeit (ungefähr in Zwischenräumen von 1 Stunde) öffnet man den Hahn am Rohre *E*, wodurch die Flüssigkeit mit großer Kraft ausgetrieben wird. Das Dämpfen setzt man so lange fort, bis die periodisch abgelassene Flüssigkeit keine Fettropfen mehr zeigt. Ist dieser Moment erreicht, so öffnet man das Mannloch *A* und entfernt die Knochen. Die aus *E* ablaufende Flüssigkeit wird in Sammelgefäßen gesammelt und durch Abstehenlassen in eine Fettschicht und eine Leimlösung getrennt. Soll diese Trennung glatt verlaufen, so ist ein Anwärmen des Sammelbehälters nötig.

Gewöhnlich werden 4—6 Dämpfer zu einer Batterie vereinigt, wobei man die Dampfzuströmungrohre *C* wie auch die Ablaßrohre *E* in ein gemeinschaftliches Rohr ausmünden läßt.

Um bei den Knochendämpfern ein besseres Durchdringen des Materials mit Dampf zu erzielen, hat Friedberg[1]) die in Fig. 274 gezeigte Form des Dampfzuströmungsrohres vorgeschlagen. Das Dampfrohr mündet nicht frei in den Dämpfer ein, sondern reicht stets in der Richtung der Achse desselben bis fast zum Boden und trägt am Umfange verschiedene Öffnungen, welche durch kleine dachförmig gebogene Blechstücke *e* so bedeckt sind, daß keine Knochenstückchen in das Rohr eindringen können.

Nachteile der Knochendämpfung.

Die Knochenentfettung durch Dämpfe ist nur in beschränktem Maße in Anwendung, weil die gedämpften Knochen ein geringerwertiges Knochenmehl oder Spodium[2]) ergeben als extrahierte. Nur wenn die Knochen zur Phosphorerzeugung dienen sollen, ist das Entfetten derselben durch Dämpfen zweckmäßig.

Vor- und Nachteile der Dampfschmelze.

Das Ausschmelzen durch direkte Dampfeinwirkung liefert selbst bei Verarbeitung besten Rohmaterials Fette, die nur für technische Zwecke verwendet werden können; daher wird auf die möglichst vollständige Ausbringung des Fettes aus dem Rohmaterial hingearbeitet. Gespannte Dämpfe bewirken eine ziemlich vollkommene Entfettung des tierischen Fettgewebes, nicht so gewöhnlicher Dampf, der z. B. bei dem Fettgewebe die Zellmembranen nicht aufzuschließen vermag und bei dessen Anwendung man auf eine mechanische Zerstörung (Zerkleinerungsmaschine) der Zellwände bedacht sein muß.

Aufschließen d. Zellgewebes durch Säuren.

Das Zellgewebe durch chemische Mittel für den Schmelzprozeß geeignet vorzubereiten aufzuschließen), hat zuerst d'Arcet[3]) versucht, indem

[1]) Friedberg, Die Verwertung der Knochen, Wien 1901, S. 86.

[2]) Wegen Überführung der Knorpelsubstanz in Leim. Siehe auch 2. Band, Abschnitt „Knochenfett".

[3]) Dinglers polyt. Journ., Bd. 31, S. 37.

er eine Behandlung der Rohfette mit verdünnter Schwefelsäure vornahm. Die Idee wurde später von Lefèvre[1]) aufgegriffen, welcher den Rohtalg 3—4 Tage in Wasser, welchem Schwefel-, Salz- oder Salpetersäure zugesetzt war, einweichte, um das so behandelte Material auf die gewöhnliche Weise auszuschmelzen; auf 100 Teile Rohtalg nahm er 30 Teile Wasser und 1 Teil Säure[2]).

Bei den Apparaten von Seifert (S. 531) und Hesselbach (S. 532), wo mit Dampf ohne nennenswerte Spannung gearbeitet wird, ist eine Einsäuerung des Rohfettes vor der Schmelzung sehr zu empfehlen[3]). Wird ein Säurezusatz bei der Wasserschmelze vorgenommen, so kommt man zur sogenannten

c) Säureschmelze,

die in ihrer einfachen Ausführungsart in offenen, mit Blei ausgeschlagenen Holzbottichen vorgenommen wird. Das Säurewasser enthält gewöhnlich 5—8% Schwefelsäure und wird durch eine offene Bleischlange zum Kochen gebracht. Dabei tritt mitunter ein Verleimen (S. 526) des ausgeschmolzenen Fettes ein, doch können diese Emulsionen durch Zugabe von Chlornatrium und Warmhalten des Bottichs, eventuell durch größeren Säurezusatz getrennt werden. Ein wirksames Mittel, dem Verleimen von vornherein vorzubeugen, besteht darin, an Stelle der gebräuchlichen offenen eine geschlossene Dampfschlange anzuwenden, das Säurewasser also indirekt anzuwärmen.

Apparat nach Vohl.

H. Vohl[4]) hat für die Säureschmelze einen besonderen Apparat konstruiert, in welchem die sich entwickelnden übelriechenden Gase in einem Kondensationskasten durch Kalk und mit Säurewasser getränkten Koks unschädlich gemacht werden sollen. Die basischen Charakter zeigenden Riechstoffe werden von dem gesäuerten Koks, die sauer reagierenden von dem Kalk absorbiert.

Der Vohlsche Apparat (Fig. 275) besteht aus einem gußeisernen verbleiten Kessel *A*, welcher einen Siebboden *d d* besitzt. Der Hahn *a* dient zum Ablassen der sauren Flüssigkeit, der Hahn *b* zum Ablassen des Talges. *B* ist ein gußeiserner zylindrischer Aufsatz, welcher mit einer hermetisch schließenden Tür *T* versehen ist, die zum Eintragen des Talges dient. Der kuppelartige Deckel dieses Aufsatzes ist bei *S S* mit einer Glimmerplatte geschlossen, wie auch die Tür *T* eine mit einer Glimmerplatte geschlossene Sehluke hat, um den Vorgang im Innern des Kessels beobachten zu können. Die während des Schmelzens in *A* sich entwickelnden Gase

---

[1]) Journ. f. prakt. Chemie, Bd. 6, S. 251.

[2]) Faißt hat auf diese Weise mit Schwefelsäure 92% rein weißen, mit Salpetersäure 91% etwas gelben, mit Salzsäure nur 87% gelben Talges erhalten. (Dinglers polyt. Journ., Bd. 122, S. 378.)

[3]) Eine Vorbehandlung der Rohfette mit verdünnten Säuren empfehlen auch W. J. Fraser und T. C. Palmer (engl. Patent Nr. 8740 v. 1. Mai 1893).

[4]) H. Vohl, Dinglers polyt. Journ., Bd. 198, S. 29. — Deutsche Industrie-Ztg., 1870, S. 438. — Polyt. Zentralbl., 1870, S. 1694. — Polyt. Notizblatt, 1871, S. 27. — Chemic. News, 1870, Nr. 572, S. 240.

und Dämpfe treten durch das Rohr *w* in den Kondensationskasten *D*, welcher mit einem bei *r r* einen Sandverschluß habenden Deckel *y* geschlossen ist. Im Innern des Kastens, der aus Holz hergestellt und innen mit Teer und Asphalt getränkt ist, befinden sich schiefliegende Bühnen, welche mit zu Pulver gelöschtem Kalk bestreut sind. Die in diesem Apparat allenfalls angesammelte Flüssigkeit fließt durch die Röhre *h* ab. Die nicht kondensierten Gase und Dämpfe gelangen durch die Röhre *R* nach dem verbleiten Kondensator *E*, welcher mit schwefelsäuregetränktem Koks gefüllt ist. Die Röhre *z* führt die sich ansammelnde Flüssigkeit nach *K*, wo sie zum Abfluß gelangt. Die nicht kondensierbaren Gase werden durch die Röhre *g* nach dem Kanal *F* geleitet, welcher in den Aschenfall *G* unter dem Rost der Feuerung *q* mündet, wo die Gase zur Verbrennung gelangen. Der Talg wird bei *b* abgezogen, das Säurewasser bei *a* abgelassen[1]).

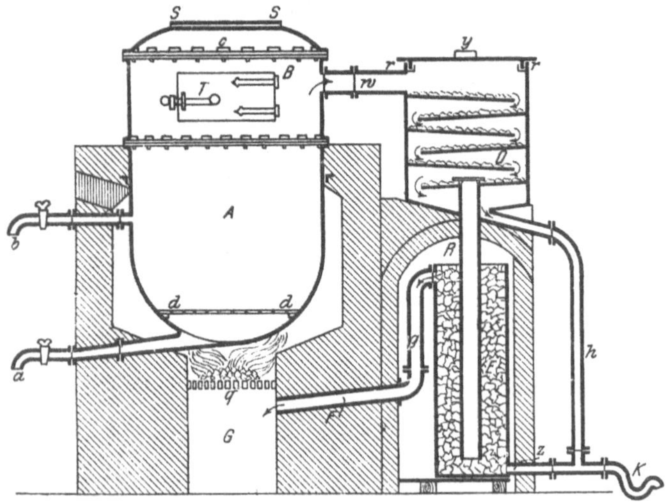

Fig. 275. Schmelzapparat nach Vohl.

Die Bleiausfütterung dürfte bei dem Vohlschen Apparate nicht allzu lange halten, weil die direkte Feuerung eine partielle Überhitzung mit sich bringen wird.

Eine geringere Abnützung dürfte daher der Fouchésche Apparat zeigen, der nur den Fehler der Kostspieligkeit hat. Derselbe ist in Fig. 276[2]) abgebildet.

Der Kessel *A* hat eine kupferne Kuppel *B*, die durch Vernietung auf demselben befestigt ist. An dieser Kuppel ist eine Öffnung *C* zum Eintragen des Fettes angebracht, die mit einem Deckel versehen ist, der mittels einer über eine Rolle geschlagenen Kette gehoben werden kann und dessen Rand mit Klemmschrauben *Z* auf dem Kessel befestigt ist. Dieser Deckel besitzt ein Schauloch, das mit einer an einem Hebel *D'* befestigten Klappe *D* verschlossen werden kann. *E* ist ein Aufsatz auf der Kuppel, an dem ein Abzugsrohr *P* für Dämpfe, ein Sicher-

[1]) Wagners Jahresberichte, 1870, S. 689.

[2]) Deite, Industrie der Fette, Braunschweig 1878, S. 177.

heitsventil mit dem Gegengewichte *R* und ein beim Luftleerwerden des Kessels wirkendes Ventil nebst einer Thermometerhülse angebracht sind. Die durch das Rohr *P* (welches mittels des Hahnes *O* geöffnet worden) entweichenden Dämpfe treten nach *U* über, um dort zum Teil verdichtet zu werden oder durch ein senkrechtes Rohr zu entweichen. *V V* deutet einen Niveauanzeiger an. In ein auf

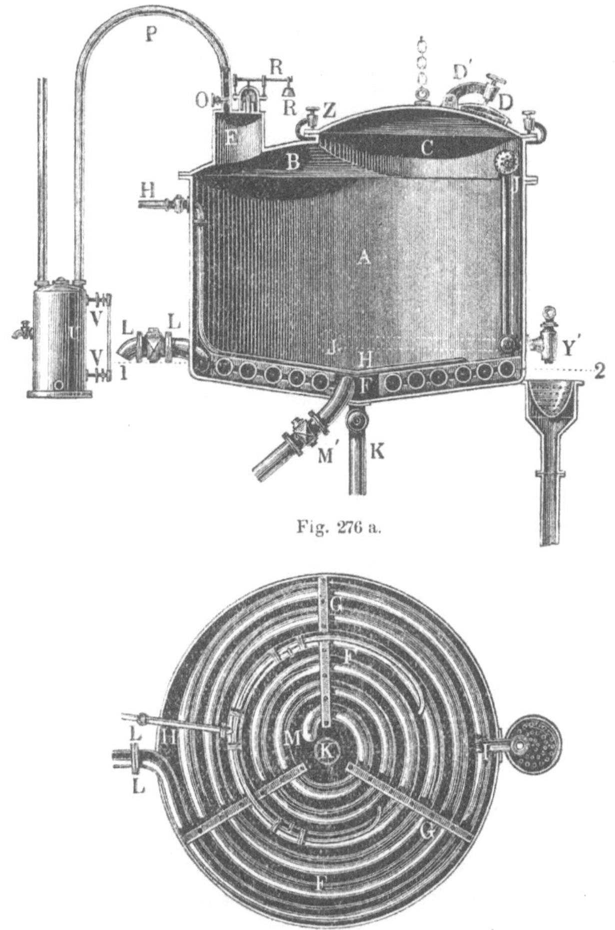

Fig. 276 a.

Fig. 276 b. — Schnitt 1/2.

Fig. 276 a und b. Schmelzapparat nach Fouché.

dem Kamme *G* befestigtes, auf dem Boden des Kessels *A* liegendes Schlangenrohr *F* wird durch *L L* Dampf eingeführt, welcher durch *M* wieder austritt. *H H* ist ein in den Kessel *A* mündendes Dampfrohr. Es tritt durch dasselbe direkter Dampf in den Kessel hauptsächlich zu dem Zweck, um die Flüssigkeit in einiger Bewegung zu erhalten. *J* ist ein Rohr, das an seinem oberen Ende ein Sieb hat und unten mit einem beweglichen Knie versehen ist, mittels dessen es an den beweglichen Hahn *Y'* befestigt wird. (Vgl. Seite 517, Fig. 267.)

In den Apparat sollen auf 1000 Teile Fett 80 Teile Wasser gebracht, dann 2,4 Teile Schwefelsäure von 66° Bé, die jedoch zuvor mit 16 Teilen Wasser verdünnt werden muß, eingetragen werden. Der Dampf soll eine Spanunng von 3 Atmosphären (135° C) haben. In dem Kessel *A* bedarf es keiner höheren Spannung als $1^1/_2$ Atmosphären, auf welche auch die Belastung des Sicherheitsventils eingerichtet ist. Die Dämpfe, die sich in den Fettkufen bilden, läßt man durch die Röhren, welche auf die Kupferdeckel aufgesetzt sind (in unserer Zeichnung durch *X*), in die Esse des Dampfkesselherdes eintreten[1]).

Soll der Kessel entleert werden, so wird das Rohr *J* allmählich gesenkt, bis dessen oberer, mit Sieb versehener Teil auf die Rückstände niedergebogen ist. Das ausgelaufene Fett wird außerhalb des Kessels noch durch ein freies Sieb, das wie ein Filter wirkt, laufen gelassen.

Vor- und Nachteile der Säureschmelze.

Durch Säureschmelze gewonnene Fette sollen einen niedrigeren Schmelzpunkt besitzen als aus denselben Rohmaterialien durch andere Methoden erhaltene; so sollen z. B. Kerzen aus säuregeschmolzenem Talg leichter ablaufen als solche aus trockengeschmolzenem Talg. Dieser Qualitätsunterschied dürfte weniger auf unvollkommene Entfernung der Mineralsäuren, als auf Beimengungen von Verbindungen zurückzuführen sein, die sich durch die Einwirkung der Säuren auf die Zellmembranen gebildet haben und in das Fett übergegangen sind. Die Säureschmelze wird aus diesem Grunde heute nur mehr wenig zum Ausschmelzen von Rohfetten verwendet[2]), umso ausgiebiger aber zur Aufarbeitung der bei der Wasser- und Dampfschmelze restierenden, noch fetthaltigen Rückstände (Grieben) benutzt.

Säureschmelze bei Lederfettgewinnung.

J. A. L. Leblanc[3]) benutzt eine Art Schwefelsäureschmelze zur Gewinnung des Fettes aus den Rückständen der Lederleimfabrikation, wobei er allerdings mit wesentlich stärkerer Säure arbeitet, als solche bei der gewöhnlichen Säureschmelze angewandt wird. Die Abfälle, welche man beim Ausfleischen der in den Gerbereien verarbeiteten Häute erhält, werden vorerst der Leimgewinnung dienstbar gemacht[4]); die dabei resultierenden Rückstände enthalten noch namhafte Fettmengen, welche Leblanc so gewinnt, daß er dieselben in einem Holzbottich mit Säurewasser kocht (auf 100 kg Abfälle 50 kg mit Schwefelsäure versetztes Wasser von 5—6° Bé) und dann nach und nach Schwefelsäure von 48° Bé zugibt, bis alles Fett obenauf schwimmt und kein Aufbrausen mehr stattfindet. Diese Behandlung dauert etwa zwei bis drei Stunden. Man schlägt alsdann die Fettmasse in Mengen von 15—20 kg in Tücher ein und bringt sie unter eine hydraulische Presse. Die beim Auspressen ablaufende Flüssigkeit wird in Behälter eingebracht und das obenauf schwimmende Fett abgeschöpft. Die

---

1) Polyt. Zentralblatt, 1857, S. 129.

2) Das D. R. P. Nr. 14502 v. A. Dohrmann wendet die Säureschmelze bei der Gewinnung von Fischtran an (Wagners Jahresberichte, 1881, S. 912.)

3) D. R. P. Nr. 23779.

4) Siehe auch engl. Patent Nr. 1835 v. 10. Febr. 1885 (J. Roß) zur Gewinnung von Lederfetten.

in den Tüchern verbleibenden Preßkuchen bestehen aus an Stickstoff sehr reichen Substanzen, welche an sich den vollen Dungwert der behandelten Abfälle besitzen[1]).

d) Laugenschmelze.

Methode von Evrard.

Diese rührt von Evrard[2]) her, der sie für die Verarbeitung von Rohtalg empfahl. Die Lauge darf nach seiner Angabe nur einen Natrongehalt von 1—1$\frac{1}{2}$% haben, weil sonst eine partielle Verseifung eintritt und sich hartnäckige Emulsionen bilden, die nur sehr schwierig zu trennen sind. In der von Evrard vorgeschlagenen Durchführungsart findet die Laugenschmelze keine Anwendung, doch wird in einzelnen Fällen ein Zusatz von Natriumkarbonat zum Schmelzwasser empfohlen, der aber mehr den Zweck der Neutralisation vorhandener freier Fettsäuren, als den des Aufschließens der Zellmembranen verfolgt[3]).

Mittel zur Geruchsverminderung.

Vorkehrungen zum geruchlosen Schmelzen.

Wie schon oben mehrfach erwähnt wurde, entwickeln sämtliche Schmelzmethoden einen verschieden intensiven unangenehmen Geruch, wenn nicht entsprechende Vorkehrungen zur Abfuhr oder Absorption der sich bildenden Gase getroffen werden.

Die in den Fettschmelzereien gebrauchten Mittel zur Geruchsverminderung, von denen einige schon bei Besprechung der verschiedenen Apparate (Hesselbach, Kurtz, Vohl, Fouché usw.) erwähnt wurden, beruhen darauf, die Gase

1. in höhere Luftschichten abzuführen, unter vorheriger Kondensation ihres zu verflüssigenden Anteiles,
2. zu verbrennen oder
3. auf chemischem Wege unschädlich zu machen.

Eingehend beschäftigt haben sich mit diesen Fragen Grodhaus und Fink sowie Stein.

Die ersteren fanden bei ihren systematischen Versuchen, daß eine Schmelze in geschlossenen, mit einem Helme bedeckten Gefäßen fast geruchlos verläuft, wenn die entwickelten Dämpfe durch ein Rohr in den

[1]) Das Auskochen von Fischteilen zwecks Ölgewinnuug mit verdünnter Salzsäure hat H. Lissagaray (engl. Patent Nr. 5286 v. 27. Dez. 1879) vorgeschlagen. Die Schwefelsäurekochung zur Fischölgewinnung hat N. B. Powter (engl. Patent Nr. 23558 v. 4. Dez. 1894) empfohlen.

[2]) Dinglers polyt. Journ., Bd. 120, S. 204.

[3]) Siehe auch die verschiedene Schmelzmethoden zum Gegenstande habenden engl. Patentschriften Nr. 4433 v. 30. Okt. 1880 (B. J. B. Mills — L. Anthony); Nr. 4663 v. 12. Nov. 1880 (W. R. Deheer); Nr. 15456 v. 26. Nov. 1886 (C. Appleby); Nr. 19015 v. 29. Dez. 1888 (G. T. Bishop); Nr. 951 v. 18. Jan. 1892 (L. Bertram); Nr. 12204 v. 31. Mai 1898 (G. J. Roberts).

Schornstein geführt werden. Diese bequeme und einfache Methode kann bei nebligem Wetter allerdings versagen, weil es an solchen Tagen bei nicht genügender Schornsteinhöhe an Zug mangelt.

Das Abziehen der Gase kann durch injektorartige Saugapparate, welche man in die Dunstabzüge einbaut, befördert werden; hier sind die Vorschläge von J. Jaroslawski[1]) in Berlin und H. C. Sommer[2]) in Darmstadt zu erwähnen. Abführung der Gase.

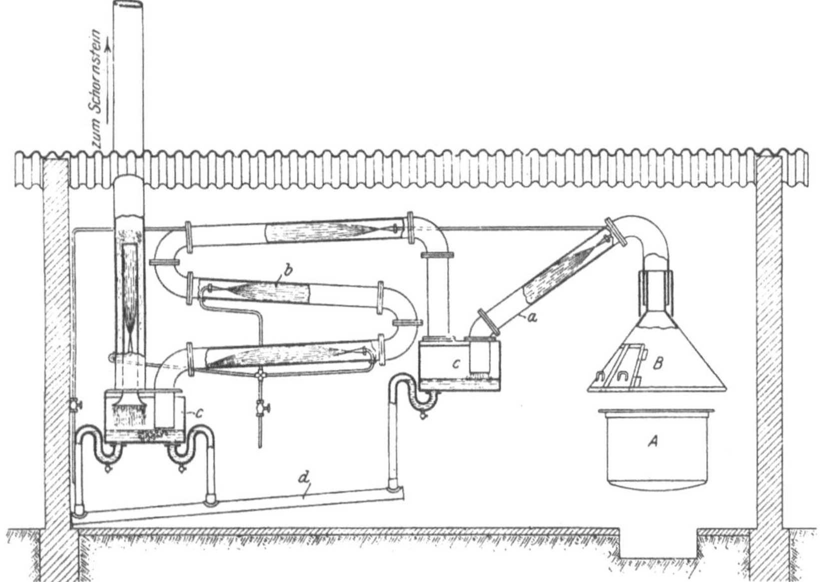

Fig. 277. Vorrichtung zur Geruchlosmachung des Fettschmelzens nach Sommer.

Bei der Sommerschen Vorrichtung (Fig. 277) werden die Dämpfe aus dem Schmelzkessel *A* durch einen Helm *B* und die Rohre *a* und *b* mittels Wasserstrahldüsen abgesaugt und dadurch abgekühlt und verdichtet. Die Kondensationsprodukte sammeln sich in den siphonartigen Abschlüssen *c*, von wo aus sie in das Sammelrohr *d* geleitet werden, welches die kondensierte Flüssigkeit in einen Apparat zur Wiedergewinnung des eventuell mitgerissenen Öles führt. Die nicht kondensierbaren Gase werden in den Schornstein geleitet.

Die Saugwirkung der Wasserapparate wird in vorliegendem Falle durch jene Luftverdünnung, welche durch die Abkühlung und die damit verbundene partielle Kondensation der Abgase eintritt, erhöht.

Die Verbrennung der aus dem Schmelzkessel entweichenden Gase hat schon d'Arcet[3]) im Jahre 1834 versucht. Verbrennung derselben.

---

[1]) D. R. P. Nr. 13426. — Chem. Ztg., 1881, S. 459.

[2]) D. R. P. Nr. 100482. — Chem. Ztg., 1900, S. 927. — Seifensiederztg., Augsburg 1902, S. 333 (aus Zeitschr. f. Gewerbe-Hygiene).

[3]) Dinglers polyt. Journ., Bd. 31, S. 37.

Untersuchungen von Grodhaus und Fink.

Grodhaus und Fink[1]) haben dann mehrere Experimente über den Wert dieser Methode angestellt und gefunden, daß man die Abgase nicht unter den Rost der Feuerung, sondern direkt in den Feuerraum einleiten soll. Ersterenfalls tritt bei der Naßschmelze, wo die Gase mit Wasserdämpfen gemischt sind, unter Umständen das Erlöschen der Feuerung ein, während im letzteren Falle recht befriedigende Resultate erzielt wurden[2]).

Amtliche Vorschriften.

Bemerkt sei hier auch die technische Anleitung, welche das preußische Ministerium für Handel und Gewerbe am 15. Mai 1895 als Grundlage für die Bewilligung industrieller Anlagen erlassen hat. Es heißt dort in dem von den Fettschmelzereien handelnden Absatz:

„Die Belästigung läßt sich verringern, wenn der Schmelzkessel während des Schmelzens mit einem gut schließenden Helm bedeckt bleibt und die entweichenden Dünste durch ein Rohr in die Feuerung geleitet werden. Hierbei ist jedoch zu beachten, daß gegen Ende des Schmelzvorganges die unangenehmen Dünste entweichen, die Feuerung dagegen sehr schwach wird, so daß eine Verbrennung der Dünste kaum mehr stattfindet. Es wird daher zweckmäßiger sein, die Dämpfe unter den Rost einer besonderen Feuerung[3]) zu leiten. Jedenfalls muß durch Anbringung von geeigneten Vorkehrungen, z. B. Drahtsieben, ein Zurückschlagen der Flammen durch das Ableitungsrohr sicher verhindert werden. Ebenso ist der Heizraum zu trennen. Mindere Belästigung als das Ausschmelzen über freiem Feuer erzeugt das Ausschmelzen mittels Wasserdampf. Hierbei kann das die Dünste abführende Rohr unter[4]) die Kesselfeuerung geführt werden. Am wenigsten Belästigung bewirkt das Ausschmelzen in dicht geschlossenen Gefäßen, „Autoklaven" genannt, mittels Dampf. Hierbei kann entweder nach dem Abstellen des Dampfzuflusses der Apparat stehen gelassen werden, bis der Überdruck vollkommen aufgehört hat, oder der Überdruck so abgelassen werden, daß die Dämpfe durch kaltes Wasser streichen. Auf die Einrichtung und den Betrieb der Autoklaven finden die Verordnungen betreffend die Dampffässer Anwendung. In jedem Fall empfiehlt es sich, die Talgschmelzereien nur an abgelegenen Orten zu errichten."

Um das Unschädlichmachen der übelriechenden Substanzen auf chemischem Wege hat sich Stein[5]) besonders bemüht.

Absorption der Gase.

Er suchte vor allem die aus flüchtigen Säuren bestehenden Riechstoffe in geruchlose oder wenigstens schwach riechende Salze zu überführen und

---

[1]) Polyt. Zentralblatt, 1857, S. 123.

[2]) Die Seifenfabrik Arlot & Co. in La Vilette bei Paris hat für ihre Naßschmelzerei im Jahre 1860 eine Verbrennung der Gase eingerichtet, welche Anlage gut funktionierte. — Polyt. Zentralblatt, 1861, S. 184. Siehe auch Deite, Industrie der Fette, Braunschweig 1878, S. 183.

[3]) Lockwood und Everett (Dinglers polyt. Journ., Bd. 213, S. 493; Polyt. Zentralblatt, 1874, S. 1555; Schädler, Technologie der Fette, 2. Aufl., Berlin 1892, S. 494) haben einen Schmelzapparat konstruiert, bei welchem die entweichenden übelriechenden Dämpfe in einem eigenen Ofen verbrannt, also unschädlich gemacht werden.

[4]) Diese Bestimmung läuft den Befunden von Grodhaus und Fink zuwider.

[5]) Polyt. Zentralblatt, 1855, S. 449.

die neutralen oder basischen Verbindungen durch einen gasaufsaugenden Stoff zu absorbieren[1]).

Zur Absorption der sauren Abgase ist Kalkhydrat das naheliegendste und billigste Mittel, zur Aufsaugung der übrigen Stoffe sollte Holzkohle das ihrige tun. Zu diesem Zwecke wurde ein 5—7$^1/_2$ cm breiter Siebkranz, der dampfdicht auf die Mündung des Schmelzkessels aufgesetzt werden konnte, an Stelle des Siebbodens mit Packleinwand überspannt, mit einem Gemenge von gelöschtem Kalk und frischgeglühter Holzkohle in haselnußgroßen Stücken angefüllt und auf das Schmelzgefäß aufgesetzt. Alle aus dem letzteren entweichenden Dämpfe mußten bei ihrem Entweichen ihren Weg durch das Kalkkohlengemenge nehmen und zeigten sich alsdann bei ihrem Austreten vollkommen geruchlos.

Steins Kohlendeckel.

Stein nennt diese Vorrichtung „Kohlendeckel"; derselbe entspricht unter Umständen in der Tat den strengsten Anforderungen, doch ist er wenig oder gar nicht in Verwendung gekommen. Bei der Trocken- und Naßschmelze läßt er sich nämlich schwer anbringen, weil man hier die Masse auch manchmal rühren muß, und bei der Dampfschmelze ist der Kohlendeckel nur beim Ausblasen der Schmelzrückstände von Nutzen. Das hier stattfindende sehr rasche Hindurchtreiben hebt leider die Wirkung des Kohlendeckels auf.

Steins weitere Versuche.

Stein hat übrigens der Geruchsentwicklung beim Fettschmelzen durch Behandlung des Rohfettes vor dem Schmelzen vorzubeugen versucht; seine ersten Experimente liefen darauf hinaus, das Verderben (Faulen) der Rohfette hintanzuhalten, wozu teils fäulniswidrige (Gerbstofflösung, schweflige Säure), teils Fäulnis zerstörende Stoffe (Kaliumpermanganat, Kaliumbichromat, Salpetersäure usw.) angewandt wurden. Nach Mißlingen dieser Versuche trachtete Stein das Rohfett vor der Schmelze so zu präparieren, daß die sich beim Schmelzprozeß bildenden Gase im status nascendi unschädlich gemacht werden müßten. Er behandelte z. B. das Fettgewebe mit Kalkwasser und Natronlauge, wobei sich letztere infolge ihrer stark verseifenden Eigenschaft als unbrauchbar erwies, während eine Kalkwasserbehandlung der Rohfette zwar den Geruch des Rohmaterials besserte, nicht aber die Schmelze selbst geruchlos verlaufen ließ. In sehr sinnreicher Weise strebte nun Stein noch die Umbildung der stinkenden Säuren in Äthyloxyde an, die sogar einen recht angenehmen Geruch besitzen. Obgleich hier ein sehr günstiger Erfolg erzielt wurde, indem der Geruch verschwand und auch beim Schmelzen nicht wieder zum Vorschein kam, so trat ein anderer Umstand ein, an welchem das Verfahren scheiterte. Die aus der Ätherschwefelsäure, welche zur Bildung

---

[1]) Ein einfaches Einspritzen von Wasser in die Gas-Abzugsröhren zwecks Absorbierung der Gase hat seinerzeit die Price Patent Candle Company in Battersa (Wagners Jahresberichte, 1864, S. 627) in Verwendung gehabt.

der Äthyloxyde nötig ist, sich abscheidende Schwefelsäure bewirkte die Lösung der leimgebenden Gebilde, wodurch Emulsionsbildungen auftraten, aus denen sich das Fett nur schwierig wieder absondern ließ, weshalb auch diese Methode wieder aufgegeben wurde.

V. Die Gewinnung tierischer Fette durch Pressen, Extrahieren und Zentrifugieren.

Diese Verfahren spielen in der Gewinnung der animalischen Öle und Fette eine weit bescheidenere Rolle als die verschiedenen Schmelzmethoden; immerhin werden aber auch durch Pressung und Extraktion (weniger durch Zentrifugierarbeit) ganz respektable Mengen von Tierfetten gewonnen (Trane, Knochenfett).

a) Preßverfahren.

Die Gewinnung von Oleomargarine aus Premier jus, von Lardöl aus Schweinefett usw. darf nicht hierher gerechnet werden, denn bei dem Abpressen des Premier jus bzw. Schweinefettes handelt es sich mehr um eine Veredlung der betreffenden Produkte, als um eine Herstellung animalischer Fette aus von der Natur gegebenen Rohprodukten. Diese Prozeduren, bei welchen Fette in einen höher und einen tiefer schmelzenden Teil getrennt werden, finden daher erst im letzten Kapitel dieses Bandes (Reinigung der Fette und Öle) eine nähere Behandlung.

Auspressen durch Eigengewicht.

Zum Ausbringen animalischer Fette aus den Rohprodukten ist das Pressen nur bei der Trangewinnung im Gebrauch, und selbst hier verliert es mehr und mehr an Boden. Die primitivste Art des Tranauspressens ist jene, bei welcher man Robbentran aus den Speckteilen durch deren Eigengewicht zum Ausfließen bringt. Man häuft zu diesem Zwecke den Robbenspeck in 8—10 m langen und ebenso hohen Behältern an und sorgt durch eine geeignete Abflußöffnung am Boden derselben, daß der durch den Druck der darüberliegenden Masse aus den unteren Schichten ausfließende Tran einen Weg ins Freie finde. Anfangs erhält man einen fast geruchlosen und hellfarbigen Tran, sobald der Speck aber in Fäulnis überzugehen beginnt, fließt ein minderwertiges Produkt ab, das nach und nach ganz dunkelbraun und höchst übelriechend wird. Das freiwillige Austropfenlassen läßt man oft 2—3 Monate lang ruhig vor sich gehen und gewinnt so ungefähr 60—70 % Tran vom Gewicht des Speckes. Das Auslaufen wird dabei durch die infolge der eintretenden Fäulnis erfolgte Zerstörung des Zellgewebes sehr befördert, so daß das folgende Auskochen der Rückstände eigentlich geringere Mengen Fett ergibt, als man erwarten sollte.

Eine intensivere Entfettung des Rohmaterials wird erzielt, wenn man nicht nur durch das bloße Eigengewicht des fettführenden Materials, sondern durch besondere Preßvorrichtungen einen Druck auf dasselbe ausübt und außerdem die Prozedur in der Wärme vornimmt. Die gereinigten, gut zerkleinerten Fischlebern werden in eisernen Kesseln auf 80—90° C erwärmt, bis sie eine breiige Masse darstellen. Diese wird dann in heißem Zustande in Tücher eingeschlagen und die Pakete übereinander geschichtet, wobei durch das Eigengewicht ein qualitativ guter Tran abfließt, während bei dem darauf folgenden Auspressen (mittels Schrauben oder hydraulischer Pressen) eine dunklere und mindere Sorte gewonnen wird. **Abpressen in der Wärme.**

E. Moride[1]) macht die Fischteile zum Auspressen geeigneter, indem er dieselben mit 5% einer Eisenchloridlösung oder einer solchen von Eisenvitriol übergießt und mehrere Tage stehen läßt. Die Eisensalze bringen die Eiweißstoffe zum Gerinnen, greifen die Gewebszellen an und erleichtern auf diese Weise den Ölaustritt beim Auspressen. **Verfahren von Moride.**

Nach Kurt Weigelt[2]) in Berlin werden Fischabfälle und ähnliches Fettmaterial mehrere Tage der Einwirkung von gepulverten Kali- und Mangansalzen ausgesetzt, wodurch eine Entwässerung des Materials eintritt und nach dem Abgießen der Salzlösung eine Entölung durch Auspressen (nach eventueller noch vorhergegangener Lufttrocknung) besser gelingt als ohne diese Entwässerung[3]). **von Weigelt.**

C. Paul[4]) wendet zum Entfetten von Walspeck ein kombiniertes Preß-Extraktionsverfahren an, wobei das Pressen des zerkleinerten Speckes in kaltem Zustande erfolgt und die Preßrückstände dann durch ein beliebiges Lösungsmittel extrahiert werden. Die Ausbeute ist bei diesem kombinierten Verfahren (vgl. die Seite 434 erwähnte „huilerie mixte") viel besser als beim einfachen Pressen, was hier auch noch den Vorteil der lukrativeren Verwertung der Rückstände (siehe Seite 563) mit sich bringt. **von Paul.**

b) Extraktionsverfahren.

Die Gewinnung der animalischen Fette durch Extraktion deckt sich bis auf kleine Einzelheiten, die an anderer Stelle (2. Band) zur Sprache kommen werden, mit dem Seite 345—432 beschriebenen Extraktionsverfahren für vegetabilische Öle. Es wurde in dem betreffenden Abschnitt sogar eine Reihe Extraktionsapparate besprochen, deren Konstruktion fast ausschließlich für die Verarbeitung animalischer Substanzen (hauptsächlich Knochen) verwendet wird.

---

[1]) Les corps gras, 1883, S. 85.

[2]) D. R. P. Nr. 44447 v. 17. Febr. 1888. — Chem.-Ztg., 1888, S. 1213.

[3]) Später hat Weigelt eine Behandlung sehr feuchter, fetthaltiger Produkte mit Moorerde, Torf usw. empfohlen (D. R. P. Nr. 52854 v. 8. Jan. 1890).

[4]) D. R. P. Nr. 131315.

Vortrocknen des Materials.

Bei dem oft nicht geringen Wassergehalt der für die Tierfette in Betracht kommenden Rohprodukte, der den Feuchtigkeitsgrad der Ölsämereien bedeutend übersteigt, sind bei den Extraktionsanlagen für die Gewinnung animalischer Öle und Fette vielfach Trockenvorrichtungen im Gebrauch.

Diese besonders bei der Fischverarbeitung vielfach angewandten Dampf-Trockenvorrichtungen, die zumeist unter Luftleere arbeiten, sollen hier nicht näher erörtert werden, da sie prinzipiell wenig Neues bieten.

Erwähnenswert sind dagegen die Verfahren von T. C. Vogellus[1]) in Gloucester und von R. Herwig[2]).

Methode Vogellus.

Nach der Methode von Vogellus werden Fische und ähnliches Material mit gebranntem Gips vermengt, welch letzterer Feuchtigkeit als Kristallwasser aufnimmt und eine glatte Extraktion des mit ihm vermengten Materials gestattet.

Methode Herwig.

Nach R. Herwig wird frisches Fischmaterial zunächst auf einem auf 100—200° C erhitzten Quetschwalzenpaare verarbeitet, wodurch die Gewebszellen infolge der Quetschung und der durch die Erhitzung bewirkten heftigen Dampfentwicklung geöffnet werden und gleichzeitig eine Entwässerung des Materials erzielt wird.

Verfahren von Alt-Pillau.

Die Extraktion von Fischen hat einen bedeutenden Aufschwung genommen, seitdem man erkannte, daß die früher beobachtete nachteilige Erscheinung bei Verfütterung der durch Pressen entfetteten Fische (Tranigwerden des Fleisches) vollständig ausbleibt, sobald der Fettgehalt dieser Rückstände unter 2% gesunken ist. In Alt-Pillau in Ostpreußen werden seither alljährlich 850000—1250000 kg Fische extrahiert, wobei man wie folgt verfährt[3]):

Die kleinen Fische kommen im frischen, häufig noch lebenden Zustande in den Fischerbooten bis dicht vor die Fabrik und werden in kippbare Wägelchen umgeschaufelt, deren Auffangkasten perforierte Wände haben, damit das Wasser abfließen kann. Die Fische werden dann mittels eines Elevators zwischen mit Dampf geheizte große Walzen gebracht, wo das Material zerquetscht wird, um nachher einer dreistündigen Trocknung unterzogen zu werden. Hierauf folgt die Entfettung mittels Benzin, das Absondern des Tranes und Raffinieren desselben und ein Trocknen des Extraktionsrückstandes, der gewöhnlich bis auf 1—2% entfettet ist.

Trotz der Aufnahme des Extraktionsverfahrens in der Fischverwertung rangiert unter den durch Extrahieren gewonnenen Tierfetten das Knochenfett in quantitativer Hinsicht noch immer an erster Stelle.

Über die verschiedene Behandlung der Knochen vor ihrer Entfettung folgt Näheres im 2. Bande.

---

[1]) Amerik. Patent Nr. 294940 v. 11. Aug. 1884; siehe auch Fußnote 1 Seite 364.

[2]) D. R. P. Nr. 62471.

[3]) Wiener landwirtsch. Ztg., 1895, S. 492. — Deutsche landwirtsch. Presse, 1900, S. 468.

c) Zentrifugierverfahren.

Dieses ist von H. Moltrecht[1]) & Cie. in Hamburg in die Fettindustrie eingeführt worden. Patent Moltrecht.

Nach dem Verfahren dieser Firma werden Fischabfälle entfettet, indem man sie in Zentrifugen bringt, deren Trommelwände nicht gelocht, sondern geschlossen sind. Die festen, spezifisch schweren Bestandteile des Materials sammeln sich am Mantel, der flüssige, spezifisch leichte Tran gruppiert sich dagegen um die Achse der Zentrifuge, welche hohl gestaltet und mit Löchern versehen ist, so daß man durch diese Achse das Öl abziehen kann[2]).

Die Bemerkung Bornemanns[3]), daß in Wirklichkeit die Sache sich umgekehrt verhalten dürfte, ist nicht zutreffend; in der Kokosbutterfabrikation werden heute ähnliche Zentrifugenvorrichtungen zum Trennen der aus den freien Fettsäuren gebildeten Seife von den ihr mechanisch anhaftenden Ölen in ausgedehntem Maße angewandt. Solange das Öl spezifisch leichter ist als die Rückstände, muß ein Ansammeln desselben um die Zentrifugenachse erfolgen.

W. W. Wenski[4]) hat später das Zentrifugieren auch zur Entfettung von Knochen empfohlen; er macht das in denselben enthaltene Fett durch vorheriges Schmelzen desselben zentrifugierfähig (flüssig) und wendet sowohl eine Vorwärmung des auszuschleudernden Materials als auch eine direkte oder indirekte Wärmung der Zentrifuge selbst durch warme Luft, Dampf oder Wasser an. Patent Wenski.

Eine nennenswerte Ausbreitung hat das Zentrifugierverfahren bis heute nicht gefunden, nur in der Aufarbeitung von Ölraffinationsrückständen spielt es eine Rolle.

VI. Die Fettgewinnung aus Kadavern.

Dank der in den letzten Jahrzehnten in lobenswerter Weise erhöhten sanitätspolizeilichen Fürsorge werden in allen größeren Städten die Tierkadaver nicht mehr wie ehedem einfach in die Erde verscharrt, sondern in einer Art und Weise behandelt, welche jede weitere Gefahr für die Gesundheit der Umwohner ausschließt und dabei eine Verwertung der in den Tierleichen enthaltenen Fette und Dungstoffe gestattet. Selbstverständlich dürfen die aus den Tierkadavern gewonnenen Fette — die das wertvollste Produkt der Kadaververwertung darstellen und deren Rentabilität bedingen — keineswegs als Speisefette, sondern nur zu technischen Zwecken verwendet werden. Allgemeines.

1) D. R. P. Nr. 23974 v. 27. Febr. 1883.

2) Die Patentschrift erwähnt auch die Entfernung des auszentrifugierten Tranes durch Herausschleudern über den inneren Trommelrand und durch sogenannte Schälvorrichtungen.

3) Bornemann, Die fetten Öle, Weimar, S. 297.

4) D. R. P. Nr. 55055 v. 27. Febr. 1883. (Siehe auch Seite 408.)

Neben den aus Tierkadavern gewonnenen Fetten ergeben sich auf größeren Schlachthöfen auch regelmäßig Fettmengen, die beim Sterilisieren von nicht bankfähigem Fleische als Nebenprodukt gewonnen und nach den heute bestehenden Gesetzesvorschriften teilweise zu Genußzwecken verwendet werden dürfen[1]).

Fett-schmelz-apparat von Rietschel und Henneberg.

Von Apparaten, welche zum Dämpfen nicht ganz gesunden Fleisches und nebenbei auch zur Fettgewinnung dienen, sind die von Rietschel & Henneberg und von Venuleth & Ellenberger zu nennen.

Der Apparat von Rietschel & Henneberg in Berlin besteht aus dem eigentlichen Kochgefäße *a*, welches (Fig. 278) oben mit einem Deckel *b* dampfdicht verschlossen wird. Zum leichten Hochheben des Deckels ist derselbe durch eine Kette mit Rolle und Gegengewicht, welch letzteres in der Säule *f* läuft, ausbalanciert. Der Boden des Kochgefäßes *a* ist doppelwandig ausgeführt und der Mantelraum *c* mit einer direkten Dampfzuleitung *d* sowie mit der Kondensationsabteilung *e* versehen. Die übrige Ausrüstung besteht aus dem Sicherheitsventil *g* und einem Manometer, den herausnehmbaren Körben *i*, dem Lufthahn *k* und dem Ablaßhahn *l*.

Der Betrieb des Apparates gestaltet sich wie folgt:

Man bringt auf den Boden des Schmelzgefäßes Wasser, beschickt sodann die aus Drahtgeweben hergestellten, heraushebbaren Körbe *i* mit dem auszuschmelzenden Material und läßt nach Aufbringen des bisher abgehobenen Deckels *b* und Abdichten desselben Dampf nach *c* strömen, wodurch das in *a* befindliche Wasser zum Sieden kommt. Anfangs läßt man den Hahn *k* offen, bis an Stelle

[1]) Nach dem Gesetz vom 3. Juni 1900, betreffend die Schlachtvieh- und Fleischbeschau (Reichsgesetzblatt S. 547), darf auch das Fett von kranken Tieren nicht zu Genußzwecken verwendet werden, sofern die Tiere an Milzbrand, Rauschbrand, Rinderseuche, Tollwut, Rotz (Wurm), Rinderpest, eitriger oder jauchiger Blutvergiftung, Tuberkulose mit hochgradiger Abmagerung, Rotlauf, Schweinepest, Starrkrampf, Gelbsucht usw. erkrankt waren (§ 33); dagegen ist zwar das Fleisch, nicht aber das Fett als zum Genusse untauglich zu erklären (§ 34), wenn einer der nachstehend ausgeführten Mängel festgestellt ist:

1. Tuberkulose ohne hochgradige Abmagerung, wenn Erscheinungen einer frischen Blutinfektion vorhanden sind und diese sich nicht auf die Eingeweide und das Euter beschränken.

2. Gesundheitsschädliche Finnen (bei Rindern Cysticercus inermis, bei Schweinen, Schafen und Ziegen Cysticercus cellulosae), wenn das Fleisch wässerig oder verfärbt ist oder wenn die Schmarotzer, lebend oder abgestorben, auf einer größeren Anzahl der ergiebig und tunlichst in Handtellergröße, besonders auch an den Lieblingssitzen der Finnen (§§ 24, 27) anzulegenden Muskelschnitte verhältnismäßig häufig zutage treten. Dies ist in der Regel anzunehmen, wenn in der Mehrzahl der angelegten Muskelschnittflächen mehr als je eine Finne gefunden wird.

Die finnenfreien Eingeweide dürfen, falls andere Mängel nicht vorliegen, dem freien Verkehr überlassen werden.

3. Miescher sche Schläuche, wenn das Fleisch dadurch wässerig geworden oder auffallend verfärbt ist.

4. Trichinen bei Schweinen.

Auch kann das Fett all jener Tiere als Speisefett verwendet werden, welche an Krankheiten litten, bei welchen nur gewisse durch die Krankheit veränderte Fleischteile, nicht aber die übrigen Fleischpartien als zum Genusse untauglich bezeichnet werden (§ 35).

der zuerst ausströmenden Luft Dampf auszutreten beginnt. Nach Schließen des Hahnes *k* etabliert sich im Innern von *a* ein Dampfdruck, der das Fett des in *i* befindlichen Rohmaterials zum Ausschmelzen bringt. Man läßt den Druck nie höher als auf $^3/_4$—1 Atmosphäre ansteigen, hält diese Spannung aber zwei bis drei Stunden

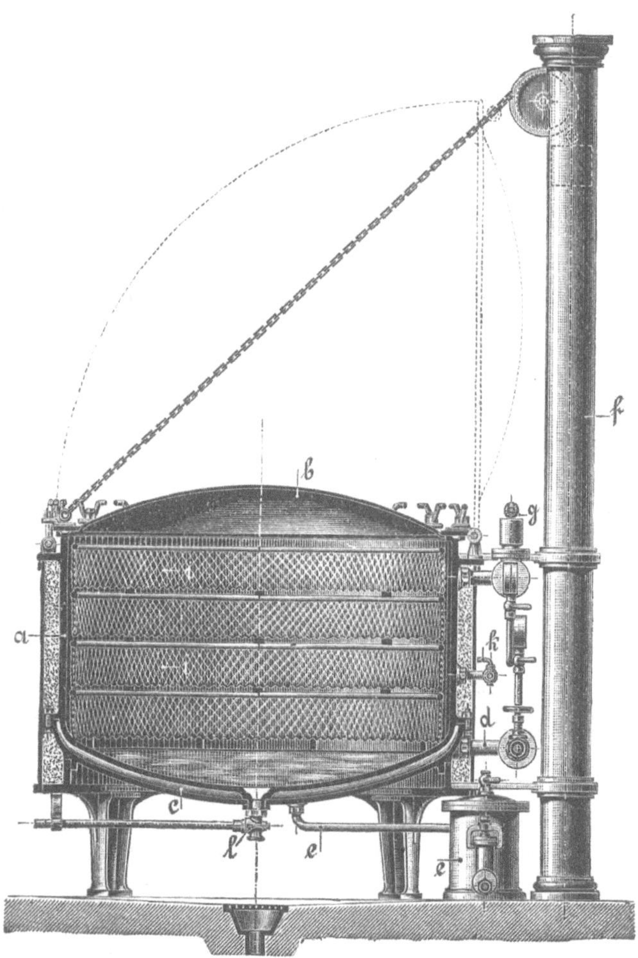

Fig. 278. Schmelzapparat nach Rietschel & Henneberg.

an. Hierauf schließt man das Dampfventil *d*, wartet, bis der Druck in *a* zurückgegangen ist, öffnet dann den Lufthahn *k* und hebt endlich den Deckel *b* auf. Das ausgeschmolzene Fett nebst dem Schmelzwasser wird durch *l* abgezogen, die Körbe *i* werden mit den darin verbleibenden Rückständen aus dem Apparate genommen, entleert und wieder frisch beschickt[1]).

[1]) Schwarz, Schlacht- und Viehhöfe, 3. Aufl., Berlin 1903, S. 807.

Apparat von Venuleth und Ellenberger.

Das Hantieren mit den Einsatzkörben ist bei dem Apparat von Rietschel & Henneberg etwas umständlich, weshalb die auf gleichen Prinzipien beruhende Konstruktion von Venuleth & Ellenberger, bei welcher die Körbe seitlich herausgezogen werden können, besondere Beachtung verdient.

Das Schmelzgefäß *A* (Fig. 279) erscheint hier durch einen liegenden Zylinder gebildet, der mit einem aufklappbaren Deckel *B*, Dampfmantelraum *C*, Fettablaßhahn *l*, Manometer *G*, Sicherheitsventil *H* und Lufthahn *k* versehen ist. Das zu verarbeitende Material befindet sich in seitlich ausziehbaren Körben *K*, der Dampf strömt durch das Rohr *b* in den Mantelraum *C*, der seinerseits mit dem Kondenstopf *E* in Verbindung steht. Ein Stirnblech *f* verhindert das Herausfließen des Fettes bei ungenügend abgedichtetem Deckel *B*.

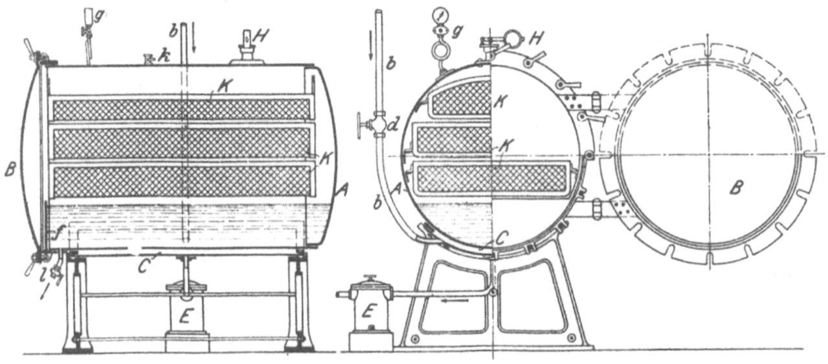

Fig. 279. Schmelzapparat nach Venuleth & Ellenberger.

Die Arbeitsweise des Apparates ist dieselbe wie die bei Fig. 278 beschriebene.

Die in Fig. 278 und 279 abgebildeten Apparate sind mehr zur Sterilisierung nicht ganz gesunden Fleisches als zum Fettausschmelzen aus Kadavern in Verwendung, und die bei der Fleischsterilisierung statthabende Fettgewinnung spielt gewöhnlich nur eine untergeordnete Rolle. Handelt es sich um das Verarbeiten von Kadavern, so sind Apparate nach der in Fig. 273 (Seite 532) gezeigten Konstruktion am Platze und wird gewöhnlich mit 4 Atmosphären Dampfdruck gearbeitet. Der Inhalt dieser „Digestoren" genannten Kadaververarbeitungsapparate wird nach Entfernung des Fettes und der Leimlösung auf einer Mischmaschine zerkleinert, in besonderen Trockenräumen getrocknet und schließlich auf Mahl- und Siebwerken zu Pulver vermahlen; das aus koaguliertem Blute, Fleisch- und Knochenmassen bestehende Produkt liefert ein gutes Düngemittel.

Digestoren.

Nachteile der Dämpfmethoden.

Die Verarbeitung von Kadavern in solchen Digestoren geht nicht ganz ohne Belästigung der Nachbarschaft vor sich, weil — speziell beim Dämpfen schon in Fäulnis übergegangener Tierleichen — während des

Ablassens des Fettes und Leimwassers recht übelriechende Gase entweichen. Auch enthalten die Schmelzrückstände gegen 30% Wasser, deren Entfernung zwecks Weiterverarbeitung zu Düngermehl ein kostspieliges Trocknen erfordert.

Man nimmt daher heute das Unschädlichmachen von Kadavern in Apparaten vor, deren Betrieb einen Nachteil für die Umwohnerschaft nicht mit sich bringt, und sucht die festen Rückstände in einer Form zu gewinnen, in welcher sie als Futtermittel Verwendung finden können.

Der älteste der sogenannten Kadaververwertungsapparate dürfte der Kafill-Desinfektor[1]) sein, der im Jahre 1884 von de la Croix[2]) in Antwerpen entworfen wurde.

Dieser Apparat ist von R. Henneberg[3]) verbessert worden und zeigt jetzt die in Fig. 280 schematisch dargestellte Form. **Apparat von Henneberg.**

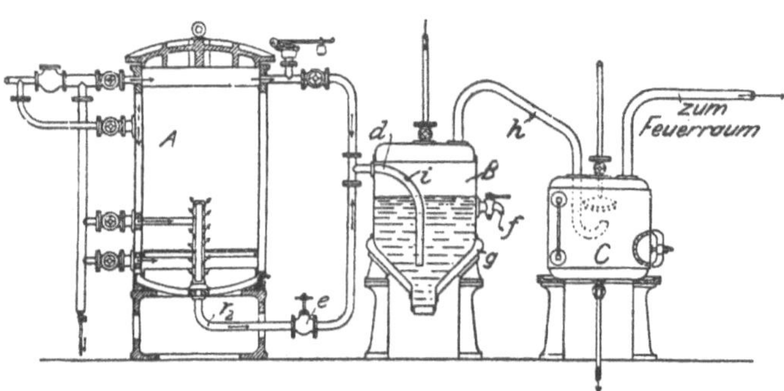

Fig. 280. Kadaververwertungsapparat von Henneberg.

Das gesamte Arbeitsverfahren, also die Durchdämpfung des zu verarbeitenden Materials, die Abscheidung reinen Fettes und die Eindampfung des Leimwassers, geschieht dabei gleichzeitig.

Die zu verarbeitenden Massen werden in den Dämpfer A gebracht, dessen Einrichtung keine neuen Einzelheiten bietet. Die in A gebildete Flüssigkeit geht durch das Rohr r_2, Ventil e und Rohr d nach dem Behälter B über. Das Rohr d ist am oberen Ende mit einer genügend großen Öffnung i versehen, während das untere Ende des Rohres bis nahe auf den Boden des Gefäßes hinabreicht. Wenn nun nach Öffnen des Ventils e die mit Dampf vermischte Flüssigkeit aus dem Behälter A nach dem Behälter B überströmt, wird der Dampf durch die Öffnung i austreten und durch das Rohr h nach dem Kondensator C gelangen, während die Flüssigkeit selbst im Rohre d ruhig nach abwärts fließt und sich am Boden des Gefäßes in Fett

[1]) Nach Schwarz kommt der Name Kafill von dem in Süddeutschland noch viel gebrauchten Ausdruck Kafiller, Kaviller, Kafeller, Kafäller, mit welchem man den Abdecker (Schinder) bezeichnet (Schwarz, Schlacht- u. Viehhöfe, 3. Aufl., Berlin 1903, S. 826).

[2]) Engl. Patent Nr. 9176 v. 13. Juni 1890.

[3]) D. R. P. Nr. 97439; Chem. Ztg. 1891, S. 1129.

und Leimwasser scheidet, ohne wie bisher durch den Dampfstrom erhitzt und durcheinandergerührt zu werden. Die Abscheidung des Dampfes kann auch noch auf andere Weise erfolgen; die Patentschrift gibt einige Varianten an[1]).

Nachdem in dem unteren Teile des Gefäßes *B* eine völlige Abscheidung des Fettes von dem Leimwasser stattgefunden hat, wird das Fett durch den Hahn *f* abgelassen und das zurückbleibende Leimwasser in dem Gefäß *B* selbst eingedampft. Zu diesem Zwecke ist am unteren Ende des Gefäßes *B* eine Heizvorrichtung angebracht, z. B. ein Dampfmantel *g*. Mittels dieser Heizvorrichtung wird das in dem Gefäß *B* enthaltene Leimwasser zum Sieden gebracht und völlig eingedampft. Die sich hierbei entwickelnden Dämpfe strömen durch das Rohr *h* in den Kondensator *C*, in welchem sie zum größten Teile niedergeschlagen werden, während der Rest verbrannt wird. Das Eindampfen geht auf diese Weise vollständig geruchlos vor sich. Als Rückstand verbleibt die im Leimwasser enthaltene stickstoffhaltige Trockensubstanz, welche durch eine passend angebrachte Öffnung aus dem Gefäße *B* herausgenommen werden kann. — Die Neuerung hat also den großen Vorteil, daß der Dämpfungsprozeß in dem Gefäß *A* in keiner Weise durch das Eindampfen im Gefäße *B* beeinflußt wird, vielmehr können beide Arbeiten gleichzeitig betrieben werden, nur muß der Kondensator leistungsfähig genug sein, um sowohl den aus dem Gefäße *A* strömenden als auch den in dem Gefäße *B* aus dem Leimwasser entwickelten Dampf gleichzeitig niederschlagen zu können.

Durch die unschädliche Beseitigung des leicht faulenden Leimwassers erreicht der Apparat einen wichtigen hygienischen Vorteil und arbeitet fast geruchlos.

System Podewils.

Ein weiterer Apparat zur Verarbeitung von Tierkadavern ist der von Podewils[2]), der aus einer liegenden, um ihre Längsachse rotierenden starken Trommel mit Heizmantel und Stirndeckel besteht. Die Füllung und Entleerung geschieht durch ein luftdicht schließendes Mannloch, und die eingebrachten Kadaverteile werden mit direktem Dampf von 5—6 Atmosphären Spannung 3—4 Stunden lang behandelt. Die entstandene fetthaltige Fleischbrühe wird hierauf in einen Fettabscheider geleitet, welcher das spezifisch leichtere Fett von der leimigen Fleischbrühe scheidet. Die in der Trommel bleibenden entfetteten Kadaverteile werden sodann getrocknet, indem man unter Abstellung des direkten Dampfzutrittes den Trommelinhalt durch den Heizmantel des Apparates, den man in Rotation versetzt, erwärmt. Eine im Innern frei bewegliche Walze zerdrückt und mahlt das weiche Material und befördert dadurch die Trocknung, welche auch durch ein Absaugen der entweichenden Wasserdämpfe beschleunigt wird, die, so weit dies geht, kondensiert werden und deren unkondensierbarer Teil in der Kesselfeuerung verbrannt wird. Nach 7—10stündiger Trocknung sind die Kadaverteile genügend entwässert und verlassen in Pulverform den Kessel.

Um aus Kadavermaterial unmittelbar nach beendeter Sterilisation die noch anhaftenden Fetteile auszulaugen und zugleich das Fett mit dem

---

[1]) D.R.P. Nr. 82872 v. 9. Febr. 1895. — Wagners Jahresberichte, 1895, S. 1117.

[2]) Die städtische Abdeckerei in Hamburg unter Berücksichtigung ihrer Beziehungen zur Landwirtschaft, Hamburg 1897. — Archiv f. wissensch u. prakt. Tierheilkunde, 1901, Bd. 27, S. 451 u. ff.

unter Hochdruck stehenden Kadaverapparat in emulsionsfreier, reiner Form zu entnehmen, führen die Podewilsschen Fäkalextraktfabriken aus einem Nebengefäße Flüssigkeit in den Kadaverapparat ein und leiten sie unter Verhinderung jeglicher Kocherscheinung durch das Material, wodurch das flüssige Fett nach aufwärts gehoben und aus dem Apparate hinausgedrängt wird[1]).

Apparat von Otto.

Eine dem Podewilsschen Apparate ganz ähnliche Konstruktion stammt von F. Otto[2]) in Hamburg-Altona.

Bei diesem in Fig. 281 abgebildeten Apparate ist im Innern des mit einem Dampfmantel A versehenen festen Gefäßes eine drehbare Siebtrommel B angeordnet, die zur Aufnahme des Rohmaterials dient. Nachdem dieses zuerst mit indirektem und nach Ablassung des Fettes mit direktem Dampf behandelt wurde, wird nach Abziehen der Leimbrühe das in der Siebtrommel B verbleibende Material durch

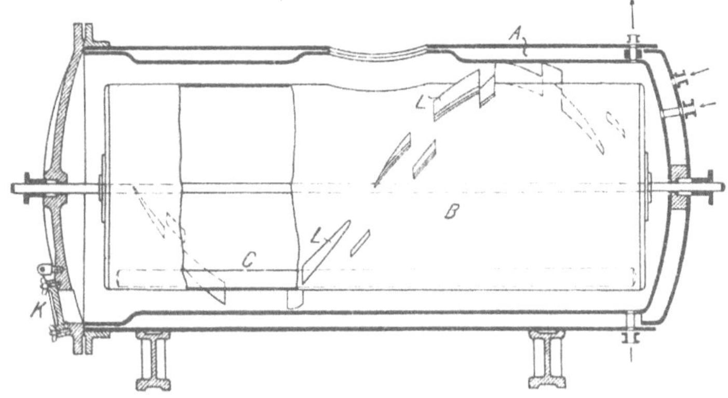

Fig. 281. Kadaververwertungsapparat nach Otto.

Heizung des Dampfmantels getrocknet und zugleich durch die in der rotierenden Siebtrommel lose liegende Walze C gemahlen, so daß es als Mehl durch die Maschen der Siebtrommel B durchfällt, um mittels der am äußeren Umfange der letzteren angebrachten Schnecke L durch die seitlichen Öffnungen K heraustransportiert zu werden[3]).

Kadaververwertungs-Anlage nach Venuleth und Ellenberger.

Sehr rationell arbeitende Kadaververwertungsanlagen baut auch die Aktien-Maschinenbauanstalt vorm. Venuleth & Ellenberger in Darmstadt. Bei dieser in Fig. 282 schematisch wiedergegebenen Anlage wird auch die Unschädlichmachung der Spülwässer besorgt.

Der Desinfektor A dient zum Kochen bzw. zur Sterilisation des Rohmaterials und ist in der Wand eingemauert, so daß eine vollständige Trennung zwischen Schlacht- und Apparatenraum stattfindet. Im Innern des Desinfektors befindet sich eine Siebtrommel A_1, welche auf Rollen läuft und zwecks Füllung mit dem Roh-

---

[1]) D. R. P. Nr. 124870.

[2]) D. R. P. Nr. 81493 v. 28. Sept. 1894. — Fischerei-Zeitung f. Mecklenburg-Schwerin, Neudamm 1898, S. 401.

[3]) Das Ottosche Patent wurde seinerzeit von der Aktiengesellschaft für Trebertrocknung in Kassel erworben.

material, eventuell unzerteilten Kadavern, zum Herausziehen eingerichtet ist. Bei kleineren Apparaten geschieht dies mittels der Hand, bei größeren Desinfektoren mittels einer Windenvorrichtung. In der Trommel A_1 befinden sich einige Kugeln *m* und außerdem noch Winkeleisen *n*, welch letztere in Schneckenform angebracht sind, wodurch das gekochte Gut bei einer Rotation der Trommel den Kugeln *m* zugebracht wird, die es zerkleinern und durch die Löcher der Siebtrommel drücken. Die Deckel *o* der Trommeln sind mit Scharnieren befestigt und können leicht beseitigt werden. Der Desinfektordeckel *q* ist mit Klappschrauben festgeschraubt, so daß das Öffnen und Schließen des Desinfektors wenig Zeit in Anspruch nimmt.

Die Kochperiode dauert, je nachdem das Rohmaterial mager oder fett ist, 3—4$^1/_2$ Stunden. Die extrahierten Flüssigkeiten, Fett und Leimbrühe, tropfen durch

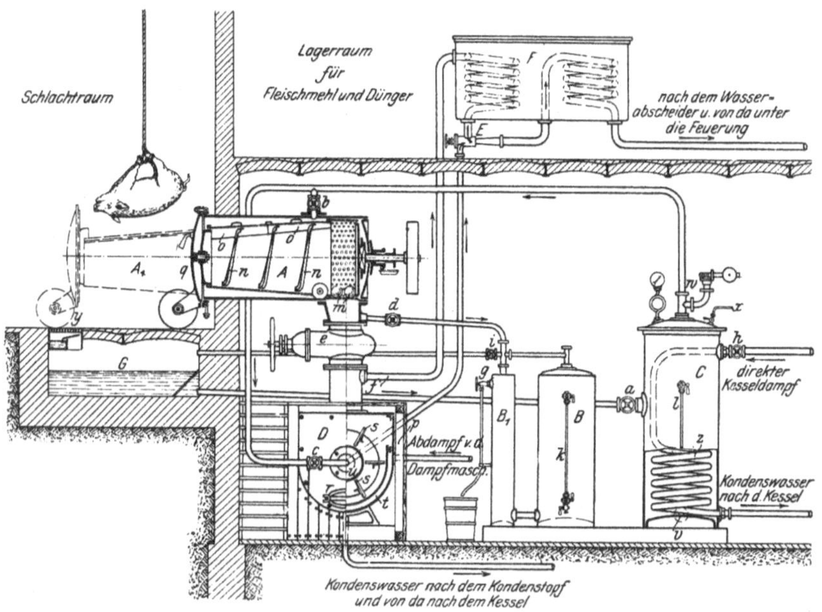

Fig. 282. **Kadaververwertungsanlage nach Venuleth & Ellenberger.**

die Löcher der Siebtrommel kontinuierlich ab, sammeln sich über dem Absperrschieber *e*, der zu gleicher Zeit als Schlammfänger dient, und laufen durch das Ventil *d* nach dem Rezipienten *B*.

Ist die Kochperiode beendet, so wird die Siebtrommel in Bewegung gesetzt, der Schieber *e* geöffnet und das entfettete und zerkleinerte Rohmaterial fällt in den Trockenapparat *D*.

Die Siebtrommel A_1 kann nun sofort wieder gefüllt und dieses neue Einsatzgut zusammen mit dem im Trockenapparat *D* befindlichen Trockengut verarbeitet werden.

B ist der Rezipient, in welchem sich die beim Kochen ablaufenden Flüssigkeiten zunächst sammeln und nach dem Gesetz der Schwere abscheiden. Dieser Rezipient ist mit einem Separationsgefäß B_1 versehen, welches das Fett in reiner Beschaffenheit auch während des Betriebes abgibt. Das Fett wird durch das Ventil *g* abgelassen.

C ist der **Verdampfer**, in welchem die Blut- und Spülwässer verdampft und so vollständig beseitigt werden. Die Spülwässer aus dem Schlachtraum gehen bei *y* durch den Sinkkasten in die Grube *G*. Ebenso gelangt die Fleisch- und Leimbrühe aus dem Rezipienten *B* durch das Ventil *i* mittels einer Pumpe in dieselbe Grube. Von da können diese Wässer durch das Ventil *a* in den Verdampfer *C* abgelassen werden.

Im Innern des Verdampfers ist die Heizschlange *z* angebracht, welche mit direktem Kesseldampf geheizt wird. Durch die Heizung entwickelt sich aus den Spül- resp. Leimwässern Dampf, welcher bei *w* den Verdampfer verläßt, durch das Ventil *b* in den Desinfektor und durch das Ventil *c* in den Trockenapparat gelangt, wo er zum Kochen resp. Trocknen des Fleisches verwendet wird. Es verursacht demnach die Beseitigung der Leimbrühe und der Spülwässer keine besonders erheblichen Kosten, um so weniger, da das in der Schlange *z* sich bildende Kondenswasser mit seiner vollen Temperatur durch einen Speiseapparat wieder in den Dampfkessel gedrückt wird.

Der **Trockenapparat** *D* besteht aus einer doppelwandigen Mulde *t* und einem Heizzylinder *u*. Zwischen beiden Heizkörpern befindet sich ein Rührwerk mit den Schaufeln *s*.

Nachdem das gekochte Rohmaterial aus dem Desinfektor *A* durch den Schieber *e* in den Trockenapparat *D* gefallen ist, wird das Rührwerk in pendelnde Bewegung gesetzt. Die Trocknung des Materials wird wesentlich dadurch beschleunigt, daß bei der pendelnden Bewegung des Rührwerkes die im Verlauf einer Schneckenlinie angebrachten Schaufeln *s* das Trockengut andauernd durchrühren und von einer Stelle zur anderen befördern, so daß die einzelnen Teile desselben immer wieder mit neuen Punkten des Heizkörpers in Berührung kommen.

Eine weitere energische Förderung erfährt die Trocknung dadurch, daß die aus dem Trockengut frei werdenden Dämpfe und Gase durch den Injektor *E* abgesaugt werden, wodurch im Trockenapparat eine starke Luftverdünnung eintritt. In dem so evakuierten Raum gibt naturgemäß das zu trocknende Material das Wasser leichter ab, als wenn die Wasserdämpfe in mehr oder minder mangelhafter Weise beseitigt werden und zum Teil wieder im Trockenapparate *D* kondensieren.

Die doppelwandige Mulde wird mit dem Abdampf der Maschine geheizt. Das sich aus diesem Abdampf bildende Kondenswasser geht nach einem Kondenstopf, in welchem das dem Wasser anhaftende Schmieröl der Dampfmaschine abgesondert wird, und kommt von da ebenfalls nach dem Dampfkessel zurück. Der innere Heizzylinder *u* wird mit den aus *C* kommenden Spül- und Leimwässerdämpfen geheizt, welche von hier direkt nach dem Ejektor *E* und dann durch den Kondensator *F* gehen, wo sie kondensiert werden.

Nach ca. 3 Stunden ist die Trockenperiode beendet; die bis dahin pendelnde Bewegung des Rührwerkes wird nun in eine einseitig rotierende verwandelt, wodurch die Transportschaufeln *s* das Trockengut selbsttätig durch die geöffnete Auswurfluke *r* ausstoßen.

Der **Ejektor** *E* (Dampfstrahlgebläse) dient, wie schon erwähnt, zum Absaugen der sich im Trockenapparate *D* während des Trocknens bildenden Dämpfe und Gase. Derselbe wird mit den Fleisch- und Leimbrühdämpfen in Funktion gesetzt und steht mit dem Heizzylinder *u* des Trockenapparates in direkter Verbindung.

Der **Kondensator** *F* ist ein Oberflächen-Kondensator und dient zu gleicher Zeit als Wasserreservoir. Die Oberflächenkondensation hat erstens den Vorzug, daß die Kondenswässer mit den Kühlwässern nicht in direkte Berührung kommen, und zweitens den Vorteil, daß das zum Spülen der Räumlichkeiten benötigte Wasser angewärmt ist, wodurch eine schnellere und bessere Reinigung erzielt wird. Die sich beim Trocknen bildenden Dämpfe, welche bei F abgesaugt werden, passieren, bevor sie nach dem Ejektor E kommen, zum Teil die erste Kühlschlange, in der die Wasserdämpfe niedergeschlagen werden. Die übrigen Gase werden zusammen mit dem Betriebsdampf des Ejektors E durch die zweite Kühlschlange gedrückt. Hier kondensieren die Wasserdämpfe; das Kondensat wird durch einen Wasserabscheider abgeleitet, während die permanenten Gase unter die Kesselfeuerung gebracht werden, wo sie verbrennen.

Kadaververwertung nach System Hartmann

Endlich wäre noch der Kadaververwertungsapparat System Hartmann[1]) zu erwähnen, bei welchem die Durchdämpfung der Kadaver ebenfalls nicht durch Einwirkung von direktem Kesseldampf erfolgt, sondern durch Dämpfe, die aus dem vom Rohmaterial abtropfenden Wasser gebildet werden. Den Kesseldampf verwendet man wie bei den früher besprochenen Apparaten zur Verdampfung des Spül- und Leimwassers, wie auch die Ausnützung der Wärme des Leimdampfes zum Trocknen der Rückstände nach der Hartmannschen Konstruktionsart dem Apparate von Venuleth & Ellenberger als Vorbild gedient haben mag.

Die indirekte Durchdämpfung, die Rückspeisung des Kesselwassers, die Ausnützung der Leimdampfwärme und die Kondensation des Leimdampfes im geschlossenen Apparate ohne Aufwand von Kühlwasser sind nicht zu unterschätzende Vorteile dieser beiden Systeme[2]). Das Hartmannsche System ist auf Tafel VIII wiedergegeben.

Zur Aufnahme des Rohmaterials dient die im Innern des Extraktionsapparates drehbar gelagerte Siebtrommel *b*. Dieselbe besitzt auf ihrem äußeren Umfang eine Anzahl von Rührarmen *c*, welche während der Rotation der Siebtrommel das durch die Sieblöcher hindurchgefallene Material an der heißen Apparatwand vorbeiführen und zu Pulver zerreiben. Der Apparat selbst ist durch den Deckel *a* verschlossen. Die Größe des letzteren ist derart bemessen, daß die Siebtrommel durch die Deckelöffnung eingebaut und im Falle von Reparaturen wieder herausgenommen werden kann. Bei den größeren Apparatnummern genügt die Deckelöffnung zum Einbringen eines ganzen Stückes Großvieh. Bei den kleineren Apparaten ist diese Öffnung noch groß genug, um ein ganzes Schwein in unzerlegtem Zustande einfüllen zu können. Der Deckel *a* ist in Ketten aufgehängt und kann durch die seitlich angebrachte Winde leicht gehoben werden, wobei das vom Deckel nach aufwärts führende Teleskoprohr sich zusammenschiebt, d. h. verkürzt. Außer der Siebtrommel, welche ihre Rotation durch das an der Seite befindliche Rädervorgelege erhält, kann der Extraktionsapparat selbst vermittels eines passend angebrachten Schneckengetriebes derart um seine Achse gedreht werden, daß die Einfüllöffnung *a* nach abwärts zu liegen kommt, wobei sich alsdann der Apparat von selbst entleert. Die Drehbarkeit des Apparates hat ferner den Zweck, die Einfüllung der Kadaver zu erleichtern, indem die Einfüllöffnung *a* halbschräg zur Seite gestellt werden kann und so leichter vom Fußboden aus zu erreichen ist. Die in den Dampfmantel *d* führenden Rohrleitungen *i* und *h* sind in Stopfbüchsen durch den Tragzapfen des Apparates hindurchgeführt, hindern also eine Drehung des letzteren nicht. Die Rohrleitungen *k* und *g* sind durch leicht lösliche Kupplungen mit dem Apparate verbunden und müssen vor jedesmaliger Drehung desselben abgetrennt werden.

---

[1]) Früher der Aktiengesellschaft für Trebertrocknung in Kassel gehörig.

[2]) Siehe auch Haefke, Die technische Verwertung von tierischen Kadavern, Wien 1899.

Additional material from *Gewinnung der Fette und Öle,*
ISBN 978-3-662-42707-1 (978-3-662-42707-1_OSFO4),
is available at http://extras.springer.com

Die sonstige Einrichtung ist aus der dem Plane beigegebenen Buchstabenerklärung und nach der Beschreibung zu Fig. 282 ohne weiteres verständlich[1]).

Von Methoden zur Kadaververwertung wären noch die patentierten Verfahren von E. Reuther[2]) und C. Lasch[3]) zu erwähnen. Letzterer hat zum Entfetten und Trocknen von Kadavern und Fleischabfällen einen Apparat empfohlen, der aus einem Zylinder mit etagenförmig übereinander liegenden Sieben besteht. Unterhalb der Siebe befinden sich nach der Mitte trichterförmig vertiefte und an der tiefsten Stelle in nach abwärts gerichtete Rohrstutzen auslaufende Böden und an den Sieben selbst sitzen nach aufwärts gerichtete Rohrstutzen, so daß der Dampf von oben und unten zu jedem Sieb freien Zutritt erhält und die extrahierte Brühe durch einen gemeinschaftlichen, durch die Rohre gebildeten Kanal in den Sammelraum abfließt, ohne wiederholt mit den nach ihrer Beschaffenheit sortierten und auf die einzelnen Siebe verteilten zu entfettenden Materialien in Berührung zu kommen.

Verfahren von Lasch.

Die Methode von Charles Storey Wheelwright in Bristol und John Thomas Fiske jr. in Pascoag[4]) (V. St. A.) zum Gewinnen von Fett aus Eingeweideteilen beruht auf einem Auspressen des Materials in erwärmtem Zustande; die Apparaturen erinnern dabei an das S. 342 beschriebene Verfahren und an die S. 343/44 beschriebene Andersonpresse.

Fettausbeute.

Die aus den Tierkadavern gewonnenen Produkte (Fett, Fleischfuttermehl und Dünger) betragen zusammen ungefähr 35% vom Gewichte des Rohmaterials, worunter das Fett mit beiläufig 10% vertreten ist. Die Ausbeute des Fettes schwankt natürlich je nach den verarbeiteten Tierteilen und nach der Beschaffenheit derselben. Das Fett ist das wertvollste Produkt der Kadaververwertungsanlagen und hängt deren Rentabilität gewöhnlich von der Fettausbeute ab.

Die Farbe des erhaltenen Fettes ist bei Rindern und Schweinen hellgelb, fast weiß, bei Pferden gelb bis braungelb.

VII. Die bei der Gewinnung animalischer Fette erhaltenen Neben- und Abfallprodukte.

Bei der verschiedenartigen Beschaffenheit der Rohprodukte müssen auch die bei der Gewinnung animalischer Fette erhaltenen Neben- und Abfallprodukte in ihrer Zusammensetzung stark voneinander abweichen und ist demnach auch ihre Verwertung sehr verschieden. Ihre Hauptverwendung

---

1) Schwarz, Schlacht- und Viehhöfe, 3. Aufl., Berlin 1903, S. 830 u 831.
2) D. R. P. Nr. 82246. — Zeitschr. f. angew. Chem. 1895, S. 558.
3) D. R. P. Nr. 117347. — Wagners Jahresberichte 1901, Bd. 2, S. 597.
4) D. R. P. Nr. 165576 v. 27. Jan. 1903.

finden sie als Futter- und Düngemittel[1]), doch kommt diesen Produkten bei weitem nicht die volkswirtschaftliche Bedeutung der Rückstände der Pflanzenölgewinnung zu.

Die bei der Trockenschmelze erhaltenen Rückstände halten noch so viel Fett mechanisch fest, daß es unrationell wäre, diese Fettmengen in den Residuen zu belassen. Es folgt daher der Trockenschmelze regelmäßig ein Abpressen der erwärmten Schmelzrückstände, wobei ein Fett erhalten wird, das in Farbe etwas dunkler als das ursprünglich ausgeschmolzene Fett ist und einen eigenartigen Geruch und Geschmack nach Braten zeigt.

Fig. 283. Schraubenpresse für Grieben.

Entfettung der Grieben.

Zum Auspressen der Grammeln, Grieben oder Griefen bedient man sich in Kleinbetrieben gewöhnlich einfacher Schraubenpressen (Fig. 283), wobei sich das auszupressende Material in einer Art Preßseiher befindet. Vorteilhafter, weil mit höherem Drucke arbeitend und daher intensiveres Entfetten erzielend, sind die vielfach gebrauchten Kniehebelpressen, deren eine Fig. 284 zeigt.

Der Preßbehälter ist hier aufklappbar eingerichtet und ruht während der Arbeit auf einem gelochten Eisenboden, der dem abfließenden Fett bequemen Durchgang gestattet.

Die erhaltenen Preßrückstände (Grieben- oder Grammelstock genannt) können nach Öffnen des Preßkorbes leicht weggenommen werden.

In den größeren Fettschmelzereien, besonders in Amerika, stehen auch hydraulische Grammelpressen in Anwendung.

Hydraulische Griebenpressen.

Konstruktiv bieten diese Pressen (Fig. 285 u. 286) wenig Neues. Der von oben in den Preßkorb eindringende Preßholm ist mitunter zwecks leichterer Beschickung und Entleerung des Preßgutbehälters seitlich verschiebbar (Fig. 286), welche Bewegung durch ein Gliederkettengetriebe mittels Handkurbel bewerkstelligt wird.

---

[1]) Über die für Futter- und Düngemittel wertbestimmenden Faktoren siehe Seite 449—463.

Fig. 285. Hydraulische Griebenpresse.

Fig. 284. Kniehebelpresse für Grieben.

Fig. 286. Hydraulische Griebenpresse.

Zusammensetzung abgepreßter Grieben.

Die abgepreßten Rückstände der Trockenschmelze sind noch immer ziemlich fettreich und enthalten bei Verarbeitung von **Rindsfett** im Durchschnitte:

Wasser	9,52 %[1])
Stickstoffhaltige Substanzen	58,25

[1]) Nach König, Chemie der Nahrungs- und Genußmittel. 4. Aufl., Berlin 1904, II. Bd., S. 507.

Rohfett	25,49%
Asche	6,74

Ihres hohen Fettgehaltes wegen werden diese Preßkuchen mitunter noch einer Benzinextraktion unterzogen, in der Regel aber direkt als Futter für Schweine, Hunde und Geflügel verkauft. Für Wiederkäuer und Pferde ist dieses sehr fette Futtermittel nicht empfehlenswert, für Mastschweine dagegen soll es — gemeinsam mit Kartoffeln verabreicht — besten Erfolg erzielen, und G. Ruf rühmt die gepreßten Grieben als das beste und billigste Hühnerfutter[1]).

Futterwert derselben.

Werden die abgepreßten Grieben noch extrahiert, so resultiert fast reines Zellgewebe, das infolge seines Stickstoffgehaltes als Düngemittel oder zur Erzeugung von Blutlaugensalz verwendet, vermöge seines Gehaltes an leimgebender Substanz aber auch der Leimindustrie zugeführt werden kann.

Verwendung als Düngemittel.

Die Schmelzrückstände von Schweine-Rohfett dienen ähnlichen Zwecken; mitunter werden sie auch für den menschlichen Genuß bestimmt, wie auch die Grammeln von Gänsen, Enten usw. als Nahrungsmittel verwendet werden.

Schweinegrieben.

Die Naßschmelze liefert Schmelzrückstände, deren weitere Entfettung auf den Seite 556 beschriebenen Griebenpressen nicht möglich ist. Deren Aufarbeitung erfolgt daher auf andere Weise:

Rückstände der Naßschmelze.

Die bei der Margarinschmelze erhaltenen Rückstände, welche sehr fettreich sind, werden zumeist einer Behandlung mit gespannten Dämpfen unterzogen (in dem S. 328, Fig. 268 abgebildeten und beschriebenen Apparate). Aber auch die Schmelze mit direktem gespannten Dampfe ergibt keine absolute Entfettung, weshalb diese Residuen mitunter noch eine Kochung mit verdünnter Schwefelsäure erfahren, welche Prozedur die letzten Fettreste ausbringt. In größeren Talgschmelzereien werden daher gewöhnlich mehrere Schmelzmethoden gepflogen: ein Schmelzen über lauem Wasser (Margarinschmelze für die besten und schönsten Rohtalgstücke), ein Schmelzen unter Dampfdruck (für die minder gute Ware und für die bei der Margarinschmelze erhaltenen Rückstände), endlich eine Säureschmelze zum Entfetten der bei der Dampfschmelze restierenden Produkte.

Die bei der Säureschmelze sich ergebenden vollkommen entfetteten Fettgewebsteile würden bei ihrem hohen Stickstoffgehalte noch ein gutes Düngemittel geben, doch läßt der saure Charakter dieser Produkte eine solche Verwertung derselben sehr gewagt erscheinen, weshalb man dort, wo eine Verarbeitung der Schmelzrückstände zu Dünger beabsichtigt wird, von der Säureschmelze Abstand nimmt und die von der Dampfschmelze kommenden Rückstände direkt durch geeignete Vorrichtungen trocknet.

---

[1]) Pott, Die landwirtschaftlichen Futtermittel, Berlin 1889, S. 658.

Man kann das stark wasserhaltige Material entweder abpressen oder in Dämpfern, die unter Mithilfe von Vakuum arbeiten, trocknen. Bei dem Seite 529 Fig. 269 vorgeführten Schmelzapparate ist ein Residuentrockner mit dem Schmelzapparate in direkter Verwendung[1]).

Der von J. Clute, B. P. Rose und J. M. Aubery[2]) in Chicago in Vorschlag gebrachten Verwertung der beim Ausschmelzen tierischen Fettgewebes durch Dampf verbleibenden Rückstände zur Seifenerzeugung kommt eine praktische Wichtigkeit nicht zu.

Kadavermehle.

Die bei der tierischen Kadaververwertung erhaltenen Rückstände, die sogenannten Kadavermehle, wurden ehedem zu Düngezwecken verwendet, wozu sie sich wegen ihres hohen Stickstoff- und Phosphorsäuregehaltes sehr gut eigneten. Nach Völtz[3]) schwankt der Gehalt getrockneten, von Fett befreiten Kadavermehles

an Stickstoff	zwischen	6,41—20,34 %
an Phosphorsäure	„	5,02—12,96.

In den letzten Jahren suchte man dem Kadavermehl durch Ausbietung desselben als Futtermittel eine höhere Verwertung zu geben und ließ sich dabei von der Idee leiten, daß diese Produkte in ihrer Zusammensetzung und Wirkungsweise Ähnlichkeit mit den bei der Gewinnung von Liebigs Fleischextrakt als Nebenprodukt erzeugten Fleischfuttermehlen haben[4]).

Zusammensetzung derselben.

Nach Analysen von Völtz[5]), Loges[6]), Voigtländer[7]) und anderen enthalten die als Futtermittel auf den Markt gebrachten Kadavermehle ungefähr:

Wasser	8 %
Rohprotein	50
Rohfett	17
Stickstoffreie Extraktstoffe	1
Rohfaser	1
Asche	23,

[1]) Einen besonderen Trockenapparat für Residuen der Naßschmelze haben sich J. Spencer und C. B. Lotherington (engl. Pat. Nr. 23542 v. 20. Dez. 1892) patentieren lassen.

[2]) D. R. P. Nr. 39945 v. 10. Aug. 1886. Die Rückstände werden mit der doppelten Menge reinen Rindstalges und etwas Harz vermischt und das Gemenge mit Natronlauge auf bekannte Weise verseift.

[3]) Deutsche landw. Presse, Jahrg. 26, S. 627 u. 644.

[4]) Die Kadavermehle unterscheiden sich von den eigentlichen Fleischmehlen durch ihren hohen Aschengehalt, der von der Mitverarbeitung der Knochen herrührt.

[5]) Landw. Versuchsstationen, 1903, Bd. 58, S. 39.

[6]) Sächs. landw. Zeitschr. 1899, S. 398.

[7]) Urteile und Gutachten über das deutsche Tierkörpermehl und seine Verwendbarkeit als Futtermittel. Herausgegeben im Auftrage der Polizeibehörde in Hamburg 1902.

würden also auf Grund ihres Nährstoffgehaltes (siehe S. 460) ein wertvolles Kraftfuttermittel darstellen, wenngleich die Stickstoffsubstanz einen bemerkenswerten Anteil an Nichteiweißstoffen aufweist.

Verwertung als Dünger- und Futtermittel.

Die Verdaulichkeit des Rohproteins wurde im günstigsten Falle mit 92,3% (im schlechtesten mit 61,2%), die des Rohfettes im besten Falle mit 97,6% (im ungünstigsten mit 78,1%) ermittelt. Diese beträchtlichen Schwankungen deuten auf große Verschiedenheiten in der inneren Beschaffenheit der Stickstoffsubstanz und des Fettes hin. Die zur Verarbeitung kommenden Tierleichen sind eben mitunter schon stark im Verwesungsprozeß vorgeschritten (besonders zur heißen Jahreszeit), wie andererseits die Eingeweideteile oder wenigstens die im Magen und Darme enthaltenen Stoffe nicht überall mit der notwendigen Sorgfalt entfernt werden, weshalb die Kadavermehle in ihrer Zusammensetzung sehr variieren und sogar die giftigen Ptomaine (Abbauprodukte der stickstoffhaltigen Körper) und Toxine (Stoffwechselprodukte) enthalten können, welche sich bei der Verfütterung höchst nachteilig bemerkbar machen.

Scholl[1]) zeigte schon 1899, daß die Giftigkeit der Toxine erst nach 1½stündiger Erhitzung auf 100° C aufgehoben wird, und Loges ist der Meinung, daß einige Ptomaine und Toxine selbst bei Behandlung mit gespanntem Wasserdampf nicht gänzlich unschädlich gemacht werden könnten. Ein Vergleich der Kadavermehle mit den amerikanischen Fleischfuttermehlen ist also nicht ohne weiteres zulässig, und die ersteren werden den letzteren nur dann wirksame Konkurrenz machen können, wenn die Verarbeitung der Tierleichen derart geschieht, daß man die Eingeweide und die beim Dämpfen bzw. Ausschmelzen des Fettes erhaltene Leimbrühe nicht mit zu Kadavermehl verarbeitet, sondern getrennt verwertet. Die wechselnde Beschaffenheit der zurzeit erzeugten Kadavermehle — einige sind fast geruchlos und von heller Farbe, andere zeigen einen widerlichen Geruch und sind dunkelbraun — ist nämlich nicht allein auf den steten Wechsel in der Zusammensetzung des verarbeiteten Rohmaterials, sondern auch darauf zurückzuführen[2]), daß man die Tierleichen

Qualitäten, je nach der Herstellungsart.

a) ohne Eingeweide und ohne Leimbrühe,
b) „ „ mit Leimbrühe,
c) mit Eingeweide und mit Leimbrühe

zu Kadavermehl verarbeitet. So lange man hinsichtlich der vollständigen Unschädlichkeit dieser Erzeugnisse für den Tierorganismus keine Gewähr bietet — letztere müßte sich auf eine umsichtigere Fabrikation gründen — wird man denselben in landwirtschaftlichen Kreisen stets mit berechtigtem Mißtrauen begegnen.

---

[1]) Ostertag, Handbuch der Fleischbeschau, Berlin 1899.
[2]) Böhmer, Die Kraftfuttermittel, Berlin 1903, S. 602.

Fütterungsresultate.

Pferde, Schafe und Rinder nehmen übrigens Kadavermehl selbst nach längerer Hungerperiode nicht an (Vibrans[1]); Hunde fressen es ungern und ziehen sich damit Durchfall zu (Zuntz[2]), Ostertag[3]).

Nur Schweinen, welche Tierkörpermehl gern und ohne Widerwillen aufnehmen, bekommt es gut, wenn das Futter in zweckmäßiger Weise verabreicht wird. Selbst bei ausschließlicher Fütterung mit diesen Produkten zeigten Schweine gegen dieselben keine Abneigung und wiesen ein befriedigendes Wohlbefinden auf[4]).

Über die Erfolge bei Geflügel und Fischen liegen günstige[5]) und ungünstige[6]) Urteile vor, doch überwiegen die ersteren.

Fischmehle.

Die Rückstände der Fischölgewinnung wurden bis in die 50er Jahre des vorigen Jahrhunderts zu Düngezwecken benutzt (Fischguanomehl). Später fanden nur die Rückstände verdorbener Fische als Dünger Anwendung, während man diejenigen von gesunden, frischen Fischen als Futter zu verwerten trachtete. (Fischfuttermehl.)

Jene Produkte, welche man durch Auspressen, Trocknen und Zerkleinern der ölhaltigen Fische erhält, zeigen den Übelstand, daß sie beim Lagern einen tranigen Geruch annehmen und daher von unseren Nutztieren, mit Ausnahme des Schweines, nur widerwillig gefressen werden. Das Fleisch bzw. Fett sowie die Milch der mit ölreichen Fischmehlen gefütterten Tiere haben einen unangenehmen, an Tran erinnernden Geschmack. Diese Beobachtungen werden als so vollkommen erwiesen betrachtet, daß man am Berliner Schlachtviehmarkte die Einführung der mit Fischmehl gemästeten Tiere verboten und ihr Fleisch als unverkäuflich erklärt hat.

Zusammensetzung der durch Pressung entölten Fischfuttermehle.

Die mittlere Zusammensetzung der wichtigsten Fischfuttersorten ist nach Böhmer:

	Wasser	Rohprotein	Rohfett	N-freie Extraktstoffe	Rohfaser	Asche
Walfischmehl	—	58,29%	23,79%	—	—	—
Heringsmehl	8,32%	58,91%	14,02%	—	—	127,08%
Heringskuchen	8,01%	37,59%	12,91%	24,04%	9,04%	8,05%

Trotz des günstigen Verdaulichkeitsgrades des Rohproteins (ca. 80%) und des Rohfettes (ca. 76%) haben die durch Pressung entölten Fisch-

[1]) Deutsche landw. Presse, 26. Jahrg., S. 1133.

[2]) Landw. Versuchsstationen, 1903, Bd. 58, S. 44.

[3]) Der prakt. Landwirt, 1898, Nr. 2.

[4]) Versuche der tierärztlichen Hochschule zu Dresden. Deutsche landw. Presse, 27. Jahrg., S. 776. Ähnliche Resultate erzielten auch Hoesch, Jensen, Lehmann, Vibrans, Zuntz, Klee, Dammann, Völtz, Loges, Hagemann und Ramm, Landbeck und Moszeik, Ellenberger und Klimmer, Glage und andere. (Näheres siehe in dem Aufsatze: „Das Kadavermehl" von V. Schenke. Landw. Versuchsstationen, 1903, Bd. 58, S. 46—50.

[5]) Allgemeine Fischereiztg., 1896, Nr. 7. — Podewils, Bayerl sowie Frenzel haben gute Resultate erzielt. (Siehe Urteile u. Gutachten über das deutsche Tierkörpermehl und seine Verwendbarkeit als Futtermittel, Hamburg 1902.)

[6]) E. Walter (Jahresber. des schles. Fischereivereins, 1896).

futtermehle aus den oben erwähnten Gründen noch nicht das Interesse der Landwirtschaft gefunden. Selbst die in Schweden und Norwegen gemachten Versuche, die durch Pressung entölten Fischmehle mit Kleie oder Abfällen der Graupen- und Grützefabrikation zu mischen und aus dem Gemenge Futterkuchen zu formen, haben daran nichts zu ändern vermocht.

Erst als die landw. Versuchsstationen von Hohenheim und Proskau[1]) nachgewiesen hatten, daß ölarme Fischmehle von unseren Nutztieren gerne genommen werden und auf deren Produkte nicht qualitätsverschlechternd einwirken und man auf Grund dieser Beobachtung eine intensivere Entfettung der Fische (durch Extraktion mittels Benzin) versuchte, konnten sich die Fischfuttermehle einen Platz unter den Kraftfuttermehlen sichern.

Zusammensetzung der extrahierten Fischfuttermehle.

Nach Analysen der Versuchsstationen in Göttingen[2]) setzen sich die extrahierten Fischfuttermehle wie folgt zusammen:

	Wasser	Rohprotein	Rohfett	Asche
Stichlingsmehl	10,12 %	64,87 %	1,96 %	23,69 %
Schellfischmehl	14,34	68,55	1,75	16,67

Wenn die Stickstoffsubstanz der extrahierten Fischfuttermehle auch zu ungefähr $^1/_3$ aus leimgebendem Gewebe besteht, dessen Nährwert nur gering ist, so muß man diese Produkte dennoch zu den proteinreichsten Futtermitteln zählen, die wir kennen. Der Verdaulichkeitskoeffizient der Stickstoffsubstanz beträgt 85,5 %, der des Fettes 100 %.

Der hohe Gehalt der Fischmehle an Phosphorsäure (ca. 10 % entsprechen ungefähr 20 % phosphorsauren Kalkes) bedingt bei den damit gefütterten Tieren eine kräftige Entwicklung des Knochengerüstes. Der Reichtum an Kalkphosphaten erheischt andererseits aber auch Vorsicht bei der Verabreichung von Fischmehlen, weil bei zu großen Gaben feste Ausscheidungen in den Harnwegen und dadurch schwere Erkrankungen hervorgerufen werden.

Eingehendere, abschließende Versuche und Fütterungsergebnisse[3]) betreffend extrahiertes Fischmehl liegen heute noch nicht vor, und die Urteile

[1]) Hannoverische land- und forstwirtschaftliche Ztg., 1893, S. 310.

[2]) Zeitschr. d. sächs. landw. Vereines, 1892, S. 208.

[3]) Versuche mit gepreßten (also ölreichen) Fischfuttermehlen haben vorgenommen: Weiske (Wochenbl. d. landw. Vereine in Baden, 1874, S. 318; Jahresber. über d. Fortschr. d. Agrik.-Chemie, 1873, S. 186); Kellner (Landw. Versuchsstationen, 1877, Bd. 20, S. 423); Hirsch (Bied. Zentralbl. f. Agrik.-Chemie, 1888, S. 855); Nilson (Tidskrift für Landtmän, 1890, S. 17 u. 41); Hennings (Jahresber. ü. d. Fortschr. d. Agrik.-Chemie, 1890, S. 656) u. Winberg (Milchztg., 1891, Nr. 69). Versuche mit extrahierten (also ölarmen) Fischfuttermehlen stellten F. Lehmann (Zeitschr. d. sächs. landw. Vereins, 1892, S. 208); Kühn (Westpreuß. landw. Nachrichten, 1894; Molkereiztg. Hildesheim, 1894, S. 675) und Fink (Westpreuß. landw. Nachrichten, 1895, S. 257) an. Näheres über die erzielten Resultate siehe auch Landw. Versuchsstationen, 1903, Bd. 58, Abhandlung „Fischfuttermehl" von V. Schenke.

der Agrarchemiker über diese Futterstoffe lauten noch immer reserviert. Nur für Schweinemast empfiehlt man die extrahierten ölarmen Fischmehle übereinstimmend.

Über die Verwendung durch Abpressen entölter oder auch nur getrockneter, mit Schwefelsäure vorher aufgeschlossener Fische als Düngemittel berichteten Way[1]), Pettitt[2]), Molon[3]) und Payen[4]).

Die Aufarbeitung entfetteter Knochen zu Superphosphaten, Spodium usw. bildet besondere Industriezweige und soll hier nicht weiter aufgerollt werden.

VIII. Über die Einrichtung der Fettschmelzereien.

Allgemeines.

Die Gewinnung der animalischen Fette vollzieht sich nur in seltenen Fällen in so groß angelegten Betriebsstätten, wie sie bei der Pflanzenölfabrikation zu finden sind. Dies hat seinen Grund darin, weil einesteils das Pflanzenreich mit den fetthaltigen Rohprodukten viel freigebiger ist als das Tierreich und weil andererseits das leichte Verderben und die damit gegebene Unmöglichkeit des Aufstapelns von Rohmaterialien der Bildung von Großbetrieben (besonders der Fettgewebe verarbeitenden) hinderlich ist.

Ortswahl.

Die rasch eintretende Fäulnis der Rohfette, Fische, Knochen usw. und die bei deren Verarbeitung auftretenden üblen Gerüche machen eine Verlegung dieser Betriebe nach weniger bevölkerten Orten ratsam. Solche Anlagen in ganz entlegene Gegenden zu verpflanzen, wo sie keinerlei sanitären Einwänden zu begegnen hätten, geht allerdings nicht gut an, weil die Rohstoffe sich nur in größeren Bevölkerungszentren in reichlicherer Menge ergeben und eine Verfrachtung von hier nach entfernten Orten ihre Schwierigkeiten hat.

Die neuerer Zeit sich geltend machende Strömung, die Rohfette in den Schlachthäusern selbst auszuschmelzen, das Rohprodukt also in ganz frischem Zustande zur Verarbeitung zu bringen, verdient allgemeine Nachahmung. Am weitesten voran ist man in dieser Hinsicht in Amerika, wo die großen Monstre-Schlächtereien ihre eigenen Fettschmelzen und Kunstbutterfabriken haben.

Bauart der Fettschmelzereien.

Sollen aus den Rohfetten nicht nur Fette für den technischen Bedarf, sondern auch Speisefette hergestellt werden, so ist der Ausstattung der einzelnen Arbeitsräume besondere Sorgfalt zuzuwenden. Man sorgt für einen waschbaren Fußbodenbelag (aus Stein, Tonfliesen, Beton usw.), versieht die Seitenwände bis zu einer Höhe von 2 m mit einem

---

[1]) Journ. of the Royal Agricult. Society of England, Bd. 10, S. 2.

[2]) London Journ. of arts, 1813, S. 312. — Dinglers polyt. Journ., Bd. 129, S. 159.

[3]) Compt. rendus, Bd. 37, S. 1018. — Dinglers polyt. Journ., Bd. 132, S. 466.

[4]) Précis de chim. industr., 3. éd., S. 420. — Dinglers polyt. Journ., Bd. 139, S. 61. — Polyt. Zentralblatt 1856, S. 491.

waschbaren Anstrich, sorgt für luftige und lichte Räume sowie für eine gute Kanalisierung, deren Einsteigschächte Wasserverschluß haben sollen.

Der Versand der animalischen Öle und Fette erfolgt in ungefähr derselben Weise wie jener der Pflanzenöle. Vielfach sind leichter gearbeitete Fässer (Tierces) in Verwendung. Eisenfässer werden seltener gebraucht, dafür gewisse Sorten von Tierölen (Klauen-, Schafpfotenöl usw.) und Trane häufig in Kistchen aus Weißblech (Karnister) verpackt. Versand der animalischen Öle und Fette.

Hochschmelzbare Tierfette (z. B. der bei der Oleomargarine gewonnene Preßtalg) kommen auch in Säcken zum Transport.

Für die Probeentnahme fester, in Fässer verpackter Fette bedient man sich eines Probeziehers, wie ihn Fig. 287 zeigt.

Fig. 287. Probezieher für feste Fette.

Als mustergültiges Beispiel einer modernen Fettschmelzerei sei die nach dem System Pfützner (D. R. P. Nr. 63537, siehe Seite 519) von Göhrig & Leuchs A.-G. in Darmstadt ausgeführte Fettschmelzanlage der Stadt Leipzig beschrieben. (Tafel IX.)

Das Gebäude besteht aus zwei Abteilungen: der Dampftalgschmelze und den Räumen zur Aufbereitung, Trocknung und Aufbewahrung der Häute und Felle; die Schmelzanlage erhält nur das für dieselbe bestgeeignete Nordlicht. Beide Gebäudeteile haben Keller, Erdgeschoß, zwei Obergeschosse und Dachraum. Im Innern ist durch eine Scheidewand die Talgschmelze von der Häuteverwertung getrennt, es hat demzufolge jedes der beiden Gebäude einen besonderen Eingang mit separatem Treppenhaus vom Keller bis zum Dachgeschoß. Im Erdgeschoß sind beide Teile durch die Eisenbahndurchfahrt (Normalspurgleis) getrennt. Ein zweites Gleis dient zur Kohlenzufuhr. Leipziger Talgschmelze.

Die Gebäude sind massiv, die Decken sämtlicher Räume aus Stampfbeton mit Eisengurtung nach System Hennebique. Die Fußboden sind mit 14 cm dicken Granitfliesen belegt, die Innenwandflächen der Talgschmelzräume im unteren Teile bis auf 1,8 m Höhe mit weißglasierten Tonplatten bekleidet, während der obere Teil nacktes Verblendmauerwerk mit Zementfugung ist.

Die Raumlüftung erfolgt durch Ventilationsschächte, die sämtlich in einen Dunstkanal münden, welcher unter dem Kellerfußboden liegt. Aus dem Kanal werden die Dünste abgesaugt und in den Schornstein geleitet. Die Ventilationsanordnung dient nur zur Raumentlüftung, für die Beseitigung der Dünste, welche aus den Apparaten entweichen, ist eine besondere Ventilationsanlage vorhanden.

Die Entwässerung der einzelnen Räume erfolgt durch ein Netz gußeiserner Rohre nach der Klärgrube. Die Abwässer werden der Hauptkläranlage des Schlacht hofes zugeführt und braucht daher vorläufig nur eine teilweise Reinigung zu erfolgen, die in der Ausscheidung von Fett und Schlamm besteht. Zur Abführung der Dünste ist die Klärgrube durch eine Tonrohrleitung mit einem Schornstein verbunden.

Zur Heizung der Räume findet hauptsächlich Frischdampf, welcher den Kesseln entnommen wird, Verwendung.

Nach dem Etagensystem erbaut, beherbergen die einzelnen Stockwerke die nachstehenden Betriebsabteilungen:

Im 2. Obergeschosse sind untergebracht:

Schmelzraum für Feintalg,
Schmelzraum für technischen Talg,
Schmelzraum für Klauenöl,
Talgtrockenraum,
Chemisches Laboratorium.

Im 1. Obergeschoß befinden sich:

Klärraum für Feintalg,
Klärraum für technischen Talg und Griebenverarbeitung,
Klärraum für Klauenöl,
Faßreinigung und
Leutestube.

Im Erdgeschoß ist stationiert:

Kristallisationsraum,
Maschinenraum.

Der Keller wird als

Gießraum für Feintalg,
Gießraum für technischen Talg und
Akkumulatorenraum

benutzt.

Zur Lastbeförderung innerhalb der einzelnen Stockwerke dient ein vom Keller bis zum Boden durchgehender und vom Keller bis zum Kristallisationsraum reichender Fahrstuhl.

Den notwendigen Dampf liefern zwei Cornwallkessel von je 75 m² Heizfläche und 8 Atmosphären Betriebsdruck, die Betriebskraft schafft eine Einzylindermaschine von 90 HP. Zur Beleuchtung der Anlage ist eine Dynamo und eine Akkumulatorenbatterie vorhanden.

Die Anlage kann in 12 Arbeitsstunden 10000 kg besten Rohtalges zu Oleomargarin resp. Speisetalg und 4500 kg minder guten Rohtalges zu technischen Fetten verarbeiten.

Für das Ausschmelzen des besseren Rohtalges (Feintalges) sind vorhanden:

eine Talgzerkleinerungsmaschine (Patent Pfützner) für eine Leistungsfähigkeit von 2000 kg pro Stunde, bestehend aus Vor- und Nachschneider,
1 Schmelzapparat (Patent Pfützner) für eine Füllmenge von 1500 kg,
1 Vorklärkessel, 6 Klärkessel, 1 Mischkessel und 2 kleine Kochkessel.

Die Arbeitsweise ist wie folgt:

Der frische Rohtalg wird in den Talgtrockenraum (2. Obergeschoß) gebracht, wo er auf mannshohe Gestelle mit verzinkten Eisenhaken gehängt wird. Ein Windflügelapparat befördert die dem Rohfett entströmende warme Luft ins Freie und sorgt so in dem Raume für eine gesunde Atmosphäre. Nach genügender Entlüftung und Auskühlung wird der Talg nochmals sortiert und in Körben nach dem anstoßenden Schmelzraum gebracht. Hier wird das Rohfett auf einem Tisch in kleine Stücke zerschnitten, von etwa noch anhaftenden Fleischteilen befreit und sodann in die Zerkleinerungsmaschine gegeben, welche es in den Schmelzapparat, dessen

Additional material from *Gewinnung der Fette und Öle,*
ISBN 978-3-662-42707-1 (978-3-662-42707-1_OSFO5),
is available at http://extras.springer.com

Wirkungsweise Seite 519 beschrieben wurde, zuführt. Pro Stunde können 1500 kg Rohtalg geschmolzen werden.

Der geschmolzene Talg wird in einen Vorklärkessel abgezogen, der mit seinem Oberteile ins 2. Obergeschoß hineinragt, während sein unterer Teil sich schon im 1. Stockwerk befindet. In dem Vorklärkessel werden die in dem frischgeschmolzenen Fette enthaltenen Schwebestoffe ausgeschieden, die noch nicht abgesetzten Reste der letzteren in den Wasserbädern (Marienbädern) abgesondert, in welche das Premier jus gebracht wird. Nach beendeter Klärung wird das Fett aus mehreren Klärkesseln gleichzeitig in einen Sammelbehälter abgelassen und von diesem aus entweder durch eine Rohrleitung im Keller in Versandfässer gefüllt oder in den im Erdgeschoß befindlichen Kristallisierraum gebracht, um hier auf Oleomargarin und Preßtalg weiter verarbeitet zu werden. Die sich bei der Schmelzoperation ergebenden Grieben werden in einen Abwässerungskessel gebracht (1. Obergeschoß), kommen von hier nach erfolgter Entwässerung in den Auskochkessel und endlich in den Röstkessel und unter die Griebenpresse, durch welche Vorrichtungen und Prozeduren die Schmelzrückstände den größten Teil des darin noch enthaltenen Fettes abgeben und gleichzeitig in ein stapelfähiges Handelsprodukt (Futtermittel) verwandelt werden.

Die Verarbeitung des minder guten Rohfettes (Ausschnittes) geschieht in zerkleinertem Zustande, teils in einem Schmelzapparat, ähnlich dem für Feintalg in Verwendung stehenden, teils in zwei Hochdruckapparaten (Schmelzung durch direkte Einwirkung gespannter Wasserdämpfe). Sämtliche Dünste, welche bei der Verarbeitung entstehen, werden durch einen Exhaustor angesaugt, unter die Feuerung der Dampfkessel geleitet und verbrannt, wobei darauf Rücksicht zu nehmen ist, daß die Feuerungen keinen Überschuß an Luft bekommen. Von der Schmelzvorrichtung, welche sich im 2. Stock befindet, wird der Talg in die im 1. Obergeschoß untergebrachten Klärapparate abgezogen. Die Hochdruckschmelzapparate geben ihr Fett an einen Kessel ab, der eine Dunsthaube trägt, welche mit der zur Feuerung führenden Dunstableitung in Verbindung steht. Der Wasserschmelzapparat entleert seine Chargen in offene Klärgefäße (Marienbäder).

Auch zur Verarbeitung von Klauen zu Klauenöl sind im zweiten Stockwerke geeignete Schmelzgefäße und im 1. Obergeschoß Klärvorrichtungen vorgesehen.

Das Verhältnis der verschiedenen Qualitäten des ausgeschmolzenen Talges ist:

45 % Premier jus,
36 % Speisetalg,
19 % technischen Talges.

Ausbeute an verschiedenen Talgsorten.

Die Betriebskosten (inkl. sämtlicher Regiekosten, wie Löhne, Verzinsung, Amortisation und Instandhaltung) sollen sich bei diesen Anlagen auf 5—8 Pfennig pro kg Rohfett belaufen. Der Schmelzverlust (Wasser, Manipulationsverlust usw.) bewegt sich zwischen 21—25 % und richtet sich nach der Beschaffenheit des verarbeiteten Rohfettes.

Über Anlagen zum Ausschmelzen von Schweinefett, Gewinnung von Fischölen usw. wird im 2. Band an geeigneter Stelle berichtet.

Siebentes Kapitel.

Die Gewinnung der Wachsarten und der Abfallfette.

a) Wachsarten.

Gegenüber den enormen Quanten Fett, welche uns das Tier- und Pflanzenreich liefert, ist die Menge des produzierten Wachses fast verschwindend zu nennen. Die Gewinnung desselben spielt sich daher auch meist in recht primitiver Form ab, und zwar ist hier das Schmelzverfahren allgemein gebräuchlich.

Gewinnung der Wachsarten.

So werden die verschiedenen exotischen Pflanzenwachse durch Auskochen der betreffenden Pflanzenteile gewonnen und die derart erhaltenen Produkte in rohem Zustande auf den Markt gebracht, um später in besonderen Wachsbleichereien einer Reinigung und Veredlung unterzogen zu werden. Die animalischen Wachse werden ebenfalls durch einen Schmelzprozeß in die handelsübliche Form der Brote oder Kuchen überführt.

Ist mit dem Wachse ein anderer wertvoller Stoff in inniger Verbindung (wie z. B. der Honig in den Wachswaben unserer Bienen), so muß dem Einschmelzen des Wachses eine möglichst gründliche Separierung der beiden Stoffe vorausgehen. Früher wurde darauf allerdings weniger geachtet und ein Teil des Honigs, der sogenannte „Jungfernhonig", durch freiwilliges Auslaufenlassen der Waben gewonnen und der Rest des Honigs durch Auspressen der in einen Leinensack gefüllten Waben ausgebracht, ohne daß damit eine vollständige Trennung des Honigs vom Wachse erreicht worden wäre.

Nach Deite soll man im südlichen Rußland ein Trennen des Wachses von den letzten Honigteilchen so erzielen, daß man die ausgelaufenen Waben zugleich mit einem schweren Steine in ein Tuch einschlägt und dieses in ein Gefäß mit kochendem Wasser bringt. Das ausgeschmolzene Wachs filtriert durch die Maschen des Einschlagtuches und steigt an die Wasseroberfläche, während der Honig sich im Wasser auflöst, welche Lösung zu Met verarbeitet wird.

Die beste Sonderung des Honigs vom Wachse wird durch den von F. v. Hruschka[1]) im Jahre 1865 in Vorschlag gebrachten Zentrifugalapparat erreicht. Dabei wird nicht nur der Honig aus den Waben mit einer sonst auf keine Weise erzielbaren Gründlichkeit entfernt, sondern die letzteren auch vollständig geschont, so daß sie zur nochmaligen Füllung in die Bienenstöcke[2]) zurückgebracht werden können, falls man kein Einschmelzen derselben bezweckt. **Hruschkas Wachsschleudermaschine.**

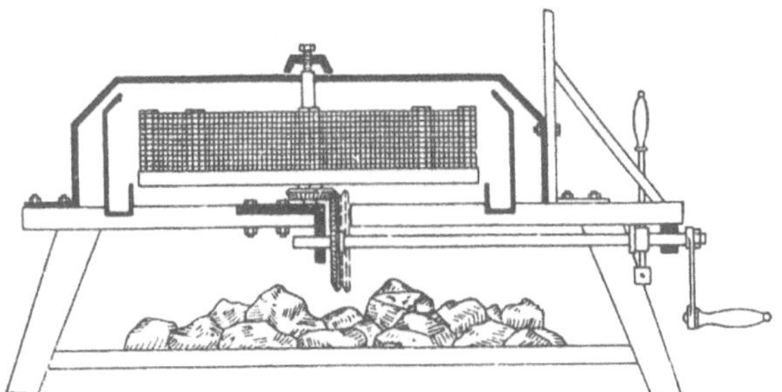

Fig. 288 a.

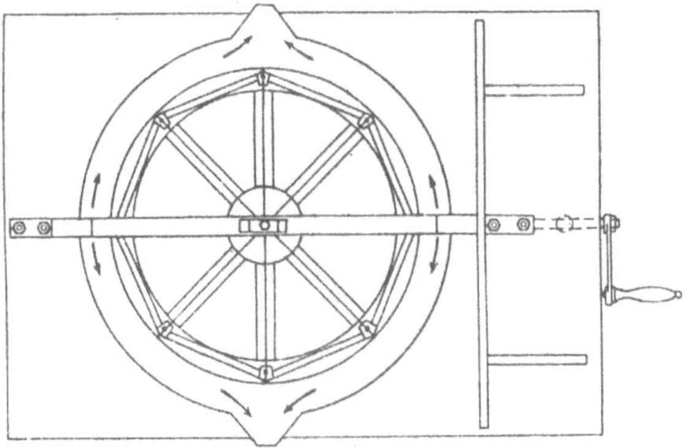

Fig. 288 b.

Fig. 288 a und b. Honigschleudermaschine von Hruschka.

Den aus Fig. 288 ersichtlichen Apparat beschrieb v. Hruschka in einer Imker-Versammlung am 13. September 1865 mit folgenden Worten:

„Um diesen Apparat ganz kurz zu versinnlichen, stelle man sich eine horizontale Scheibe mit dem Mechanismus eines gewöhnlichen Mühlrades vor, welche an dem Rande 8 vertikal stehende Säulchen trägt, die ihrerseits mit einem Drahtnetze umgeben sind und so auf der Scheibe ein achtseitiges Polygon bilden. Hängt man die zuvor entdeckelten Honigwaben mittels der Stäbchen auf die Köpfe der Säulchen an der inneren Seite des Draht-Polygons und versetzt dann die Scheibe in eine so rasche Umdrehung, daß ungefähr 6 Umdrehungen auf eine Sekunde kommen,

[1]) Eichstädter Bienenztg., 1865, S. 236, 279 u. 1866, S. 20, 270, 272.

[2]) Die Honigschleuderapparate dienen also nur indirekt der Wachsgewinnung

so werden die Honigwaben in 1—2 Minuten entleert sein. Der Honig selbst wird durch ein ringförmiges Gehäuse aufgefangen und läuft durch die angebrachten Öffnungen in die untergestellten Gefäße[1])."

Die vom Honig befreiten Waben ergeben beim einfachen Umschmelzen (welches in Kesseln mit direkter Feuerung mittels heißen Wassers oder Dampf erfolgen kann) ein durch anhaftende Nymphenhäutchen und Schmutz verunreinigtes Rohwachs, welches durch eine Läuterungsschmelze gereinigt werden muß.

Die für diese Läuterungsschmelze angewandten Vorrichtungen sind sehr verschiedener Art. Hier seien nur die von W. Schüller[2]) in Köln, von Valentin Rösel[3]) in Münchenbernsdorf und von H. Bruder[4]) erwähnt.

Schüllers Schmelzapparat.

Der Schüllersche Apparat (Fig. 289) besteht aus dem Kessel A, in welchen der unten mit Sieböffnungen versehene Zylinder B eingesetzt ist. Über B ist mit möglichst wenig Zwischenraum der Zylinder C gestülpt, welcher unten Ausschnitte d besitzt und oben das geneigte Sieb D, das Rührwerk E sowie einen in die Abflußröhre a mündenden Auslaufstutzen b trägt.

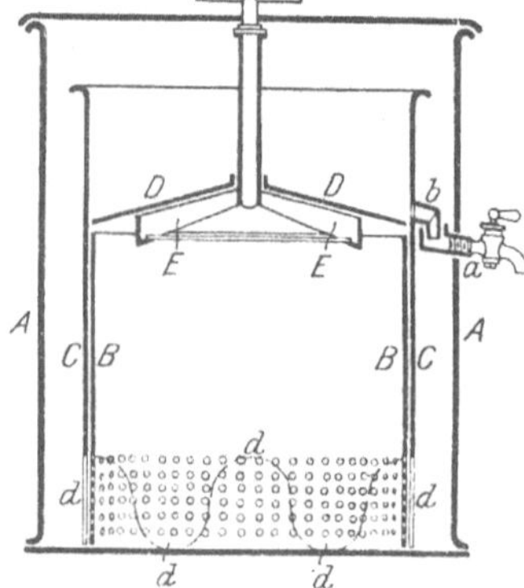

Fig. 289.
Wachsschmelzapparat von Schüller.

Zum Zwecke des Wachsauswaschens oder Auslassens wird der Zylinder B mit Rohwachs gefüllt, der Zylinder C übergeschoben, so daß die Verbindung der Ausflußröhren a und b hergestellt ist, und in den Apparat kaltes oder warmes Wasser gegossen, bis dasselbe etwa 20 mm über dem höchsten Punkt des Siebes D zu stehen kommt. Hierauf bringt man den Apparat ans Feuer und erhitzt den Inhalt desselben bis auf den Siedepunkt des Wachses. Ist letzteres erreicht, so treten alsbald kleine Wachsaugen auf die Oberfläche des Wassers. Das unter dem Siebe flüssig werdende Wachs drängt stärker nach aufwärts gegen die Wasseroberfläche und in ungefähr 20 Minuten ist der größte Teil des Waches von den Nymphenhäutchen geschieden. Während der Siedezeit setzt man das Rührwerk einigemal in Bewegung. Mit dem bei a ablaufenden Wasser kommt auch das flüssige Wachs in ein untergestelltes Geschirr, welches samt seinem Inhalt wieder erwärmt wird, um das Wasser zum Sieden zu bringen, wobei das Wachs mit einem Löffel abgeschäumt wird. — Ist das Wachs von den wenigen noch anhaftenden Schmutzteilen durch dieses Abschäumen befreit, läßt man an ruhiger Stelle im Geschirr erkalten; die gebildete Wachsscheibe wird dann ausgehoben und mit einem Tuch abgetrocknet, die unten an der Scheibe sitzende dünne Schmutzschicht mit einem Messer abgeschabt, und das für technische, medizinische u. dgl. Zwecke geeignete reinste Wachs ist gewonnen.

---

[1]) Paul v. Beck-Mannagetta, Der Zentrifugalapparat (Honigschleuder), Katalog der österr. Abteilg. auf der Weltausstellung Paris. 1900, Heft 5, S. 43.

[2]) D. R. P. Nr. 33777 v. 19. Mai 1885.

[3]) D. R. P. Nr. 62726 v. 7. April 1891.

[4]) D. R. P. Nr. 62922 v. 10. Mai 1891.

Die Röselsche Vorrichtung ist eine Schleudermaschine, bei welcher während des Ausschleuderns ein Erwärmen (Schmelzen) des Wachses stattfindet.

Der Wachsauslaßapparat von H. Bruder sieht beim Schmelzen des Wachses auch ein Auspressen vor. Die Schmelzrückstände werden durch Abpressen oder besser durch Extrahieren (Extraktionswachs) von den letzten Wachsresten befreit [1]).

b) Abfallfette.

Allgemeines und Geschichtliches.

Unter diesem Namen sind alle jenen Fette und wachsartigen Stoffe zu verstehen, die aus Abwässern und Unratstoffen oder sonstigen Abfällen der Wohnungen oder Gewerbebetriebe gewonnen werden. Im erweiterten Sinne sind auch die aus Kadavern erzeugten Fette zu den Abfallfetten zu zählen; doch beschränkt man diesen Begriff gewöhnlich auf die aus den Flußläufen, den städtischen Abfuhrstoffen, den Waschwässern der Spinnereien, Tuchwalken und ähnlichen Fabriken gewonnen Fette und — last not least — das bei der Reinigung der Schafwolle erhaltene Wollfett.

Kurrer, von Westrumb und andere haben schon in den zwanziger Jahren des vorigen Jahrhunderts auf die großen Fettverluste hingewiesen, welche das Verlorengeben der Seifenwässer, insbesondere der Spinnereien und Tuchwalken, involviert, und die Wiedergewinnung des in den Abwässern enthaltenen Fettes empfohlen.

Daß aber nicht nur die industriellen Abwässer große Fettmengen teils in Form von Seife, teils in unveränderter emulgierter Form mit sich führen, beweist der in den Wasserklärbecken größerer Städte sich bildende Schlamm. Nach Untersuchungen von Bechhold (siehe Seite 128) enthält der Schlamm des Frankfurter Klärbeckens bis zu 14,68 % Fett.

Die Gewinnung dieser Fettstoffe aus den Flußabläufen großer Städte hat die Firma Souffrice & Co. in St. Denis schon im Jahre 1863 versucht, indem sie in Paris die Ausbeutung des Seine-Abschaumes ins Leben rief. Der Seinepräfekt erteilte dieser Firma das ausschließliche Recht der Verarbeitung des Abschaumes der Seine, welcher stets eine Menge schwimmenden Fettes, Tierkadaver und ähnlicher Stoffe enthält und daher eine relativ günstige Ausbeute an technisch brauchbaren Fetten ergeben mußte. Das Beispiel fand jedoch wenig oder gar keine Nachahmung und man läßt heute noch immer die Abwässer fast aller großen Städte nutzlos verloren gehen, obzwar Vohl im Jahre 1867 die Aufmerksamkeit der Großstädte Deutschlands auf diesen Punkt zu richten versuchte.

Abfallfette der Haushaltungen.

Vohl empfahl ein Behandeln der in den Haushalten abfallenden Waschwässer mit Kalk oder Magnesia (Ausfällen der gelösten Seifen in Form

[1]) Näheres über die Gewinnung der einzelnen Wachssorten siehe 2. Band bei den betreffenden Monographien.

unlöslicher Kalk- oder Magnesiaseifen), übersah dabei jedoch, daß das Gros des Abfallfettes der Haushaltungen nicht in Seifen, sondern in verschiedenen Speisefetten und Küchenabfällen besteht, wie andererseits ein Ausfällen der Waschwässer in jeder einzelnen Haushaltung zu umständlich wäre.

Walkfett. Anders ist es in dieser Hinsicht mit den Abwässern der Wollwäschereien, Tuch- und Seidenfabriken bestellt, die sich in großen Mengen ergeben und weit höhere Prozentsätze von Seife gelöst enthalten als die Haushaltungsabwässer. Ist eine sorgfältige Reinigung solcher Industrie-Abwässer schon vom hygienischen Standpunkte aus zu fordern, so bringt die Gewinnung des in ihnen enthaltenen Fettes den betreffenden Fabriken einen nicht unbedeutenden Nutzen. Nach Stiepel schätzt man die in Europa zur Walke gelangenden Tuchmengen auf 10 000 000 Meterzentner, wozu eine Seifenmenge gebraucht wird, der ca. $^1/_8$ Million Meterzentner Fettsäure (ca. 5 Millionen Mark Wert) entspricht.

Wollfett. Einen bedeutenden Fettgehalt zeigen auch die Abwässer der Wäschereien von roher Schafwolle. Die rohe Schafwolle enthält 7—9% eines eigenartig zusammengesetzten Fettes, welches durch die mittels Alkalien oder Seifenlösung erfolgenden Waschprozesse entfernt wird. Bei dem jährlichen Weltkonsum an Wolle von 10 Millionen Meterzentner entspricht die mit den Reinigungswässern der Rohwolle abgehende Fettmenge allerwenigstens einer halben Million Meterzentner, was bei einem Preise von nur 20 Mark pro 100 kg 10 Millionen Mark Wert repräsentiert.

Wenngleich man in den letzten Jahrzehnten der Wiedergewinnung der Fette aus Wollwaschwässern mehr und mehr Beachtung schenkt, so gehen doch noch immer alljährlich Fettmengen im Werte von vielen Millionen Mark verloren. Verfügt doch der größte Teil der 200 Wollwäschereien und noch mehr Tuchwalken, welche Deutschland aufweist, über keine geeignete Abwässer-Verwertungsanlage.

Poudrette-Fett. Der jüngste Zweig der Abfallfettgewinnung hängt mit der Verwertung der sich in den Kanälen ansammelnden Schlammstoffe zusammen (Poudrette-Verwertung). Nach neueren Berechnungen gelangen pro Person und Tag wenigstens 20 g Fett mit den verschiedenen Spülwässern, Fäkalien usw. in die Kanäle, was für eine Stadt von 1 Million Einwohner pro anno 2—3 Millionen Mark verlorengehende Werte repräsentiert[1]).

---

[1]) B. Terne berichtet über die Resultate einer Straßen- und Küchenabfälle verarbeitenden Extraktionsanlage, bei welcher 3% fast schwarzes Fett (vom Gewichte des Rohmaterials) erhalten wurden. (Wagners Jahresberichte, 1893, S. 1169). — Siehe auch engl. Patent von J. A. & W. K. Baker, Nr. 21618 v. 14. Okt. 1898.

1. Gewinnung der Walk- und Wollfette aus Waschwässern.

Über die Ausführung des Waschprozesses, wie er in Tuchwalken und Spinnereien geübt wird, brauchen wir uns hier nicht weiter zu verlieren, weil er ganz und gar in das Gebiet der Textilindustrie gehört. Festgehalten sei nur, daß Waschwässer neben den zum Reinigen der Gewebe oder Gespinstfasern verwendeten Seifenlösungen meistens auch andere Fette in Emulsionsform enthalten. Es sind dies die sogenannten Wollschmälz- oder Spicköle, die zum Geschmeidigmachen der Fasern gedient haben. Werden zum Spicken der Öle mineralölhaltige Schmälzöle verwendet, so geht das Mineralöl ebenfalls in die Waschwässer über und wird bei Entfettung der letzteren das erhaltene Wollfett verunreinigen. Jedenfalls darf ein Gehalt des rohen Walkfettes an Mineralöl nicht befremden.

Abwässer der Tuchfabriken, Spinnereien usw.

Die Zusammensetzung des rohen, aus Wollwaschwässern abgeschiedenen Fettes können auch die verwendeten Waschmittel beeinflußen, weil Bestandteile derselben beim Abscheiden des Fettes aus den Wässern in jenes übergehen können.

Wollwaschmittel.

Wasser allein genügt zum Entfetten der Rohwolle nicht[1]); es müssen vielmehr schwach alkalisch reagierende, emulsionsfördernde Lösungen verwendet werden. In früheren Zeiten war faulender Urin ein für diesen Zweck gern verwendetes Mittel. Nachdem als dessen wirksames Prinzip Ammoniumkarbonat[2]) erkannt wurde, nahm man an Stelle des Urins verdünnte Lösungen dieses Salzes, um später zu Soda, Pottasche[3]) und Seife zu greifen. Von den übrigen Waschmitteln sei nur das von Baerle & Cie.[4]) empfohlene neutrale Wasserglas, das früher schon von Friedländer, Loewe, Stephan und O. Buchner ohne Erfolg versucht worden war und dessen Kieselsäure sich beim Ansäuern der Waschwässer gemeinsam mit dem Fette abscheidet, erwähnt.

---

[1]) Das Waschen der Wolle auf dem Körper der Tiere (Rücken- oder Pelzwäsche, auch Sturz- oder Spritzwäsche genannt), welches entweder mit kaltem oder auch bis auf 32—34° C vorgewärmtem Wasser stattfindet, entfernt nur die gröberen Verunreinigungen der Wolle und den Schweiß, aber nicht das Fett.

[2]) Ammoniumkarbonat an Stelle des faulen Urins hat zuerst A. L. Trenn im Jahre 1866 in der Tuchfabrik von J. S. Förster in Grüneberg angewendet. Etwas später haben ein Gleiches A. Philippe und G. Fortier versucht. (Dinglers Polyt. Journ., Bd. 183, S. 479 bzw. Monit. scientif., 1867, S. 973.)

[3]) Villermet und Mannheimer haben 1856 Pottasche zur Wollentfettung in Vorschlag gebracht; später hat sich Kraut ein ähnliches Verfahren patentieren lassen. (Deutsche Industrieztg., 1874, S. 308.)

[4]) Dinglers polyt. Journ., Bd. 200, S. 425; siehe auch Grothes günstige Besprechung der Wasserglaswäsche. (Zeitschr d. Ver. f. Wollinteressenten, 1871, S. 212.)

A. Kann[1]) schlägt die Verwendung von Alkalien oder alkalisch reagierenden Substanzen in heißem Zustande vor, wobei er einer Schädigung der Wollfaser durch Formaldehyd vorzubeugen sucht.

H. W. Langbeck[2]) verwendet als Wollwaschmittel ein Gemenge von Olivenöl und Kalilauge; auch Abkochungen von Seifenrinde (Quillaja sap.) sind in Vorschlag gebracht worden. Am häufigsten werden zu diesem Zwecke Lösungen sogenannter Textilseifen[3]) verwendet und bedient man sich zur Durchführung des Verfahrens eigener Wollwaschmaschinen (Leviathans), bei welchen verschiedene Bottiche, Kufen und Passagen zu einer einzigen Maschine vereinigt sind, deren Bewegungsmechanismen von einer Transmission aus betätigt werden.

Methode der Fettabscheidung.

Das Abscheiden der nach welcher Art immer erhaltenen Waschwässer, gleichgültig, ob dieselben aus Tuchwalken, Färbereien, Spinnereien oder Wollwäschereien stammen, erfolgt gewöhnlich durch Ausfällen mittels Alkalien, Metalloxyden, Salzen oder Säuren.

Basische und saure Verfahren.

Die Verfahren, bei welchen durch alkalisch reagierende Flüssigkeiten oder Salzlösungen die Fette in der Hauptsache als wasserlösliche Seifen abgeschieden werden, faßt man gewöhnlich unter dem Namen „Basische Verfahren“ zusammen, während man jene Methoden, bei welchen die Abwässer mit Mineralsäure versetzt und die darin enthaltenen Fette der Hauptsache nach in Form von Fettsäuren ausgeschieden werden, als „Säureverfahren“ bezeichnet.

Es ist dabei ausdrücklich festzuhalten, daß bei dem basischen Verfahren durchaus nicht die gesamte Fettmenge in Form von Seife erhalten wird, wie umgekehrt beim Säureverfahren das abgeschiedene Fett nicht ausschließlich aus freien Fettsäuren besteht. In beiden Fällen sind die erhaltenen Fettmassen vielmehr Gemische von Seifen resp. Fettsäuren und von Wollschmälzölen, Wollfett und ähnlichen Fettstoffen.

α) Basisches Verfahren.

Kalkmethode.

Bei der ältesten Ausführungsform desselben wurden die Abwässer in Zisternen geleitet, dort mit Kalkmich vermischt und diese Mischung längere Zeit der Ruhe überlassen. Nach Entfernung der schlammigen Flüssigkeit wurde der Bodensatz (der Hauptsache nach Kalkseife) durch grobe Leinwandtücher geseiht, um Sand und ähnliche Verunreinigungen aus ihm zu entfernen. Der gereinigte Schlamm kam dann behufs Trocknung in kellerartige Räume, wo er in dünnen Schichten lagern blieb, bis er teigartig geworden war; er wurde hierauf zu Ziegeln geformt, um entweder an der

---

[1]) D. R. P. Nr. 144485 v. 24. Jan. 1901.
[2]) Engl. Patent Nr. 66 v. 2. Juni 1889.
[3]) Siehe Band 4 dieses Werkes.

Luft oder in eigenen Trockenapparaten von der restlichen Feuchtigkeit befreit zu werden.

Die getrockneten Ziegel, „Suinter", genannt, wurden in eisernen Retorten einer trockenen Destillation unterworfen und die entstandenen Gase zur Leuchtgasfabrikation verwendet.

Nähere Angaben über diese Art der Fettgewinnung aus Abwässern wurden von Landolt und Stahlschmidt[1]) gemacht, welche im Auftrage des preußischen Handelsministeriums die Frage der Abwässerreinigung im Aachener Industriegebiet studierten. Das Kalkverfahren soll nach dem Bericht von Landolt und Stahlschmidt zuerst von Schwamborn in Aachen ausgeführt worden sein, welcher die Schwierigkeiten der Separierung der ausgefällten Kalkseife von der Flüssigkeit und des Trocknens der nassen Kalkseife auf folgende Weise überwand:

Verfahren nach Schwamborn.

Schwamborn sammelte die Abwässer seiner Fabrik durch mehrere Tage in einem großen Bassin[2]), aus welchem er die Flüssigkeit in einem dicken Strahl in einen gleich großen tiefer gelegenen Behälter gleichzeitig mit der zur Fällung notwendigen Menge Kalkmilch abließ. Die durch das Zusammenstoßen der beiden Flüssigkeitsstrahlen erzielte Mischung hatte eine so rasche Abscheidung der Kalkseife zur Folge, daß schon nach zwei Stunden das Klärwasser vom Bodensatz abgezogen werden konnte. Der Schlamm blieb am Boden des Gefäßes liegen, bekam dort nach 2—3 Tagen infolge Eintrocknens unzählige feine Risse an der Oberfläche, welche sich stetig erweiterten und der nassen Kalkseife Gelegenheit darboten, die eingeschlossene Wassermenge durch den porösen Boden des Fällbehälters abfließen zu lassen. Die zurückgebliebene Kalkseife wurde dann ausgestochen und in nicht zu großen Stückchen auf Brettergestellen getrocknet, bis sie eine brechliche Masse darstellte.

Die Zusammensetzung derselben bewegte sich innerhalb der folgenden Grenzen:

Wasser	3—4%
Kalk und Eisenoxyd	18,47—22,60
Fettsäure	61,02—71,96
Haare, Schmutz, Farbstoff usw.	6,46—16,30

Der getrocknete Suinter wurde zu 9 Mark pro 100 kg an private Gasanstalten verkauft, welche Verwertung als recht unrationell bezeichnet werden muß[3]).

---

[1]) Deutsche Industrieztg., 1874, S. 210.

[2]) Dabei ist allerdings zu beachten, daß die meisten Waschwässer bei längerem Stehen einen höchst unangenehmen Geruch, vornehmlich nach Schwefelwasserstoff, annehmen.

[3]) Nach Schwamborn soll das aus Suinter gewonnene Leuchtgas vorzüglicher Qualität sein und fast keiner Reinigung bedürfen, weil der überschüssige, in dem Suinter enthaltene Kalk an und für sich schon eine Absorptionswirkung auf die Schwefelverbindungen des Gases äußere.

Ätzbaryt statt Kalk.

An Stelle der Kalkmilch haben Daudenart und Verbert[1]) in Brüssel Ätzbarytlösungen empfohlen, und zwar verarbeiten sie die Waschwässer in der Weise, daß sie dieselben mit Ätzbarytlösungen versetzen, solange noch ein Niederschlag entsteht, nach dem Absetzen die klare Lösung abdampfen und den Rückstand kalzinieren, wobei ein Gemisch von Pottasche und etwas Chlorkalium erhalten wird. Aus dem die Fettsäuren enthaltenden Niederschlag werden diese Säuren durch Salzsäure abgeschieden, gewaschen und ausgepreßt. Die Chlorbariumlösung wird mit Magnesiahydrat versetzt, in die Mischung Kohlensäure bis zur vollständigen Fällung des Baryts eingeleitet und der kohlensaure Baryt schließlich durch Kalzinieren mit Kohle in Ätzbaryt verwandelt.

Chlorcalcium statt Kalk.

Beachtenswerter als dieses etwas umständliche und kostspielige Verfahren ist der Vorschlag von H. Vohl[2]), nach welchem zum Fällen der Fette Chlorcalcium verwendet werden soll. Bei der Destillation des erhaltenen Suinters setzte er zur Abstumpfung sich eventuell bildenden Säuren Ätzkalk zu und nannte das so hergestellte Gas „Oleon“.

Vohl sah die Unrentabilität der Verwendung der abgeschiedenen Fettmasse zur Gasfabrikation bald ein und modifizierte dementsprechend sein Verfahren.

Methode Vohl.

Nach der verbesserten Methode Vohl[3]) wird die durch Behandeln der Abwässer mit Chlorcalcium gebildete Masse in große, mit nicht zu grobem Hanftuch ausgekleidete geflochtene Körbe abgeseiht und durch nachheriges Pressen von der Hauptmenge des anhaftenden Wassers befreit, um dann in mit Deckel verschließbare Kufen gebracht und mit einer entsprechenden Menge Salzsäure unter Einleiten von Wasserdampf versetzt zu werden. Die sich bei der Ansäuerung entwickelnden übelriechenden Gase und Dämpfe werden in eine Kühlschlange geleitet, wo sie sich zum Teil kondensieren, während der andere Teil in einen eisernen, mit gelöschtem Kalk gefüllten Kasten weitergeht und hier absorbiert wird. Die nicht zurükgehaltenen Reste gelangen unter die Feuerung und werden dort verbrannt.

Den Inhalt des Zersetzbottichs überläßt man mehrere Stunden der Ruhe und zieht hierauf durch einen Bodenhahn die Chlorcalciumlösung ab, welche für neue Fälloperationen verwendet werden kann; allerdings muß früher eine Neutralisation derselben durch Kalkmilch erfolgen.

Das in der Zersetzkufe verbleibende Fett wird einer Nachbehandlung mit verdünnter Salzsäure unterzogen und endlich eine Wasserwaschung folgen gelassen. Die Fettmasse, der Hauptsache nach aus

---

[1]) Bull. de la Soc. Chim., 1874, Bd. 21, Nr. 3 o. 143. — Dinglers polyt. Journ. 1874, Bd. 213, S. 362. — Polyt. Zentralbl., 1874, S. 795. — Deutsche Industrieztg., 1874, S. 258.

[2]) Dinglers polyt. Journ., 1858, Bd. 147, S. 304.

[3]) Dinglers polyt. Journ., 1867, Bd. 185, S. 465.

Fettsäure bestehend (aber auch Neutralfette, Mineralöle, Wollfett usw. enthaltend, je nach Beschaffenheit der Abwässer), werden dann mitunter noch gebleicht (wobei man in der Regel recht wenig befriedigende Resultate erzielt) oder nur entwässert (Erhitzen unter Zusatz von Kochsalz) oder durch Kristallisation und Abpressen in einen festen und flüssigen Teil getrennt.

Vohls Mittel zur Zerstörung der Emulsionen.

Das Abscheiden des Fettsäuregemisches nach der Zersetzungsoperation erfolgt nie glatt; es bilden sich vielmehr zwischen der Fettschicht und dem Unterwasser gewöhnlich Emulsionsschichten, in welchen sich auch die in dem Kalkschlamm enthalten gewesenen mechanischen Verunreinigungen suspendiert vorfinden. Zur Trennung dieser Emulsionen hat Vohl einen Zusatz von Kanadol (Benzin) vorgeschlagen, wodurch die Fette in Lösung gebracht werden, während die Verunreinigungen zu Boden fallen.

Methode Neumann.

Ed. Neumann[1]) in Roßwein hat das Vohlsche Fällverfahren dahin modifiziert, daß er die in systematischer Weise aus den Abwässern hergestellte Kalkseife durch Filterpressen pumpt, also eine vollständige Klärung der Abwässer zu erreichen sucht. Die Verarbeitung der erhaltenen Filterpreßkuchen zu Ölgas oder zu Fettsäure bleibt im wesentlichen dieselbe wie beim Verfahren von Vohl.

In einem Zusatzpatent hat dann Neumann[2]) die Abscheidung der Kalkseife dadurch zu fördern gesucht, daß er neben Kalkmilch gleichzeitig Eisenvitriol oder schwefelsaures Magnesium zusetzt, unter Umständen auch schwache Gerbsäurelösungen[3]).

Die Umsetzung des Kalkes mit dem Magnesiumsulfat in Gips und Magnesiumhydroxyd bewirkt eine sofortige Klärung des Wassers, indem das Magnesiumhydroxyd im statu nascendi sich mit den gelösten Stoffen verbindet und im Verein mit dem spezifisch schwereren Gips einen Niederschlag bildet, welcher alle Schwebestoffe mit sich niederreißt[4]).

Neben der Verarbeitung der Filtrationskuchen[5]) nach der Vohlschen Art (Fettsäureabscheidung) will Neumann den gewonnenen Schlamm auch der trockenen Destillation unterwerfen, wobei Ammoniakwasser und ein dunkles Fett von butterartiger Konsistenz überdestilliert, während im Destillationsgefäß Gips, Magnesia und andere unorganische Stoffe zurückbleiben, welche als Düngemittel Verwendung finden können. Das

---

[1]) D. R. P. Nr. 277.

[2]) D. R. P. Nr. 11112. — Industrieblätter, 1894, S. 153.

[3]) Für den Fall, daß die Waschwässer Leim oder andere stickstoffhaltige Bestandteile enthalten.

[4]) Siehe den Aufsatz des Verfassers: „Rohes Wollfett und Lanolin" in „Chem. Industrie", 1894, S. 153.

[5]) Hier sei auch auf die Verwendung dieser Fettkuchen zur Herstellung von Asphaltmastix hingewiesen (D. R. P. Nr. 24712 v. 6. April 1883 u. Nr. 30318 v. 12. Febr. 1884).

Ammoniakwasser wird auf bekannte Art verarbeitet und das Fett rektifiziert, wobei zunächst ein helles, dünnes Öl übergeht, welches nach Entfernung der gelösten Säuren und Harze als Schmieröl Verwendung finden kann. Das später übergehende dickflüssige Destillat bildet bei niedriger Temperatur einen Kristallbrei, welcher durch schwach gebrannte Tonzellen abfiltriert, sich in einen wachsartigen Körper und in ein dickflüssiges, rotgelbes Öl scheidet; ersteres Produkt kann zur Kerzenfabrikation benutzt werden, während das rötlichgelbe Öl nach Entfernung der Säuren und Harze ein Schmiermittel bildet.

Methode Graff.

Wilhelm Graff[1]) verwendet zum Fällen der Abwässer eine saure Chlorcalciumlösung, wodurch er die Bildung von kohlensaurem Kalk, die sonst durch Umsetzung der in den Wollwaschwässern enthaltenen kohlensauren Alkalien platzgreift, verhüten will. Das Ausfällen von kohlensaurem Kalk vergrößert unnötigerweise die Masse des Niederschlages, verzögert die Klärung der Flüssigkeit und erschwert die für die Abscheidung des Fettes notwendigen Operationen.

Das Graffsche Verfahren bietet auch den Vorteil, daß die Waschwässer ausschließlich Chloralkalien enthalten und daher anstandslos in die Flußläufe geleitet werden können, während bei der Verwendung von Kalkmilch als Fällmittel die geklärten Wässer infolge der Umsetzung der Kalkmilch mit Alkalikarbonaten Ätzalkalien enthalten.

Die Menge des Säurezusatzes zur Chlorcalciumlösung muß eine solche sein, daß die Wässer nach der Fällung vollständig neutral sind und nicht etwa sauer reagieren.

Als Fällungsmittel sind ferner noch Ferri- und Ferrosulfat, Ferri- und Ferrochlorid vorgeschlagen worden. So werden z. B. die Abwässer der Städte Roubaix und Tourcoing, welche Wollwaschwässer enthalten, mit 0,1% Ferrisulfat versetzt und durch Absitzenlassen geklärt. Nach A. Buisine[2]) ist der Erfolg bei Verwendung von $Fe_2(SO_4)_3$ besser als bei Kalkfällung.

H. Lockwood[3]) nimmt zum Fällen der Waschwässer Ferrosulfat und Kalk, P. Landy[4]) benutzt Ferrosulfat[5]) und Ferrochlorid, gemischt mit Schwefel- oder Salzsäure und Mangansuperoxyd.

Vor- und Nachteile der basischen Verfahren.

Die basischen Verfahren bewirken eine möglichst weitgehende Reinigung der Abwässer und verursachen relativ geringe Fällungskosten, sie sind dagegen hinsichtlich der zuzusetzenden Menge der Fällungsreagenzien heikel zu

---

[1]) D. R. P. Nr. 41597 v. 16. Sept. 1886.

[2]) Compt. rendus, Bd. 115, S. 661; vgl. auch J. Barrow u. H. Grimshaw, Journ. Soc. Chem. Ind., 1892, S. 4 u. 5.

[3]) Engl. Patent Nr. 2560 v. 10. Febr. 1892.

[4]) Engl. Patent Nr. 17275 v. 10. Okt. 1891 von T. B. Wilson in Manchester.

[5]) Siehe auch Verfahren von Delattre (Compt. rendus, 1883, S. 1480).

handhaben und geben eine unvollkommene Verwertung des Kalkseifenschlammes. In letzterer Hinsicht hat sich in den letzten Jahren aber eine Wendung zum Besseren vollzogen, indem man die Gewinnung des in dem ausgefällten und getrockneten Schlamm enthaltenen Fettes durch eine einfache Benzinextraktion anstrebt (System Merz). Dabei gehen nicht nur die in den Fettkuchen enthaltenen neutralen Fette, sondern auch die Kalkseife in Lösung und man erspart die umständliche Scheidung der Masse durch Säuerung.

β) Säureverfahren.

Bei diesem wahrscheinlich von Theodor de Kock zuerst angewandten Verfahren werden die Waschwässer mit Mineralsäure versetzt, wodurch sowohl aus der Seife freie Fettsäure, als auch die sonst in den Abwässern enthaltenen Fette (Spicköle, Wollfett usw.) abgeschieden werden. Die rahmähnliche Masse, welche sich an der Oberfläche der Wässer sammelt, schließt auch erdige und sandige Beimengungen sowie vereinzelte Wollfasern ein. **Allgemeines.**

In der Regel genügt ½—1% Schwefelsäure von 66° Bé vom Gewicht der Wollwaschwässer zur vollständigen Abscheidung des Fettes. Die notwendige Säuremenge richtet sich übrigens nach dem Alkaligehalt der zu verarbeitenden Flüssigkeit; sie muß zu deren Neutralisation und zur Zersetzung der vorhandenen Seifen hinreichen. Die ausgeschiedene rohe Fettmasse (Magma oder Poudrette genannt) beträgt 2—3% vom Gewichte der Waschwässer. Nach Kassler zeigten drei Proben dieser Fettmasse folgende Zusammensetzung: **Gewöhnliches Verfahren.**

	I	II	III	im Durchschnitt
Wasser	44,2%	50,0%	41,5%	45,2%
Öl	25,7	25,3	32,8	27,9
Wollfasern	30,1	24,7	25,7	26,9

Diese Massen werden entsprechend entwässert, dann mittels Hanftücher zu Presspaketen geformt und zuerst kalt, dann warm gepreßt. Das abfließende, mit Wasser vermischte Fett wird einer Klärung und Bleichung unterworfen (Operationen, die nicht immer glatt von statten gehen) und resultieren schließlich aus 100 kg roher Magma 18—22 kg gereinigten Fettes.

[1]) Chem. Rev. 1903, S. 280.

Die Preßrückstände, welche 50% des Preßteiges ausmachen, ergaben bei vorgenommenen Untersuchungen nachstehende Zusammensetzung:[1])

Wasser	10,66
Fettsubstanzen	34,74
Sonstige organische Stoffe	22,37
Feiner toniger Sand	30,32
Lösliche Kieselerde	0,08
Schwefelsäure	0,28
Phosphorsäure	0,09
Eisenoxyd und Tonerde	0,99
Kalk	0,25
Magnesia	0,10
Alkalien	0,12
	100,00

Dieses Produkt wird entweder mittels Benzin extrahiert oder zur Leuchtgasfabrikation verwendet, wobei es ungefähr dieselbe Gasmenge liefert wie gute Gaskohle, daher auch ungefähr denselben Preis erzielt wie diese. Die Verwertung als Gasmaterial ist aber viel weniger ökonomisch als ein Extrahieren.

Spezielle Methoden.

C. Bogaerts[2]) in Bradford schlug an Stelle der Schwefelsäure zum Ausfällen des Fettes Salzsäure vor, preßte die gewonnenen Rohfette ab und raffinierte das ablaufende Fett mittels Salpetersäure (?).

A. Gawalovski versuchte Natriumbisulfat ($NaHSO_4$) statt Schwefelsäure zu verwenden.

F. Prevost[3]) in Amiens versetzt die seifenhaltigen Abwässer der Wollfabriken mit einem Gemisch von Schwefel- und Salzsäure. Der erhaltene Fettschlamm wird in einen Kessel gebracht, erhitzt und dann auf je 80 kg Fett mit 1 hl Sägespäne gemischt. Die erkaltete Masse wird in einer hydraulischen Presse abgepreßt, das abfließende Öl erwärmt und nach dem Absetzen dekantiert.

Die norddeutsche Woll- und Kammgarnspinnerei[4]) in Bremen verwendet zur Abscheidung des Wollfettschlammes aus den Wässern nicht

[1]) Dinglers polyt. Journ., 195, S. 173. — Polyt. Zentralbl., 1870, S. 558. — Reimanns Musterztg., 1870, Nr. 14, S. 112. — Chem. Zentralbl., 1870, S. 186. — Deutsche Industrieztg., 1870, S. 53. (Vgl. Jahresber. 1858, S. 585; 1867, S. 705.)

[2]) Bericht d. deutsch. chem. Gesellschaft, 1871, S. 423.

[3]) Österr. Patent v. 9. Sept. 1881.

[4]) D. R. P. Nr. 55056 v. 15. Juni 1890. — Die Anwendung schwefliger Säure zum Fällen der Wollwaschwässer hat schon Chaudet (Deutsche Industrie-Ztg., 1873, S. 127) vorgeschlagen.

Schwefel- oder Salzsäure, sondern schweflige Säure; dieselbe verhindert nicht nur die sonst sehr rasch eintretende Fäulnis der Waschwässer, sondern verwandelt auch den im Wollschweiß mitunter vorhandenen Schwefelwasserstoff in schweflige resp. unterschwefligsaure Salze und Schwefel. Die so hergestellten Rohfette sollen frei von jedem unangenehmen Geruche sein.

Eine eigenartige Aufarbeitung des beim Säureverfahren erhaltenen Fettschlammes hat W. Kleewein[1]) in Hannover vorgeschlagen. Nach demselben wird der Fettschlamm in gewöhnlichem oder vorher verseiftem Zustande der Einwirkung von Benzin und 2—3 % konzentrierter Schwefelsäure unterworfen, wobei infolge Verkohlung aller organischen Verunreinigungen und Nichtfette eine vollkommen reine Fett-Benzinlösung erhalten wird, welche durch Abdestillieren ein gutes Walk- oder Wollfett liefert. **Aufarbeitung des Fettschlammes (Magma) nach Kleewein.**

Kleewein hat auch die Farbstoffe aus der Benzinlösung niederzuschlagen versucht und dies durch einen Zusatz von Gerbsäure, Ortho-, Pyro- und Metaphosphorsäure, Essigsäure oder Bleiacetat unter Beisein von Alkohol erreicht[2]). Später ist es ihm auch gelungen, den Alkoholzusatz durch anhaltendes Erhitzen zu ersetzen[3]).

Auf eine besondere Weise sucht E. Vial[4]) die Reinigung des Fettschlammes zu erzielen. Er empfiehlt, den Niederschlag vorerst mehr oder weniger zu entwässern, indem man denselben in geeigneten Gefäßen mittels Abdampf erwärmt. Sodann wird die Masse in einen doppelwandigen, mit Dampf geheitzten Kessel gebracht, welcher mit einem Rührwerk versehen ist und eine der Masse fast gleiche Menge geschmolzenen Fettes, eventuell von früherer Operation herrührendes Wollfett enthält, dessen Temperatur einige Grade über dem Kochpunkt des Wassers gehalten wird. Die Mischung wird durch das Rührwerk dauernd in Bewegung erhalten und dadurch eine lebhafte Verdampfung erzielt, welche in dem Augenblicke aufhört, als die in der Masse enthaltenen festen Stoffe erdiger oder organischer Natur wasserfrei geworden sind. Die festen Stoffe setzen sich schnell zu Boden, und man kann ohne große Schwierigkeiten das klare Wollfett von dem Bodensatz trennen. Aus dem wasserfreien Rückstand wird dann noch der Rest des Fettes auf bekannte Weise durch ein flüchtiges Lösungsmittel extrahiert. Der Rückstand stellt ein trockenes und sehr feines Pulver dar, das einen Stickstoffgehalt von etwa 4 ¼ % hat und ein wertvolles Düngemittel abgibt. **Methode Vial.**

Bei dem Säureverfahren werden mit den ausgeschiedenen Fettsäuren auch die emulgierten Fette der Wässer abgesondert, doch ist zur vollständigen Entfettung der Wässer ein Überschuß an Säure und ein Er- **Vor- und Nachteile des Säureverfahrens.**

---

1) D. R. P. Nr. 74646 v. 30. Okt. 1892.
2) D. R. P. Nr. 76381 v. 26. Mai 1893.
3) D. R. P. Nr. 86707 v. 11. Aug. 1895.
4) D. R. P. Nr. 99953 v. 18. Aug. 1897.

wärmen der ganzen Flüssigkeit nötig, wodurch das Verfahren kostspielig wird. Dabei werden die in den Wässern suspendierten organischen Körper nur zum geringen Teile entfernt, und die gelösten Substanzen (Farbstoff, Metallsalze usw.) bleiben ganz in Lösung. Die Weiterverarbeitung des Fettschlammes ist wegen der schwierigen Entwässerung desselben umständlich und geht nicht ohne Fettverluste vor sich[1]).

Andere Entfettungsmethoden.

Neben den Fällungsverfahren (basische oder Säuremethode) sind noch andere Vorschläge zur Gewinnung des Fettes der Waschwässer, insbesondere der Wollwaschwässer, gemacht worden, doch laufen diese Vorschläge meist darauf hinaus, mit der Fettgewinnung zugleich eine Sonderung des aus der Rohwolle stammenden Fettes von dem Fett der zum Waschen verwendeten Seifen zu erzielen.

Es sei von diesen Methoden hier vor allem die von Langbeck[2]) genannt, bei welcher die Waschwässer im Vakuumapparat konzentriert und dann mit Alkohol behandelt werden, welcher das Seifenfett aufnimmt, das Fett der Wolle aber ungelöst läßt. Ein Patent von R. B. Griffin[3]), bei welchem eine Trennung des Wollfettes vom Seifenfette nicht stattfindet, behandelt die konzentrierten Abwässer mit aufsaugend wirkenden Stoffen (z. B. phosphorsaurem Kalk). Das Gemenge wird dann erhitzt, um alles Wasser zu entfernen, und das Wollfett durch irgend ein mechanisches Trennungsverfahren ausgeschieden; so z. B. kann man es ausschmelzen oder unter Benutzung von Beuteln auspressen und den erhaltenen Preßkuchen als Düngemittel verwerten.

Das Verfahren von G. Smith and Sons Ltd. und W. Leach[4]) lehnt sich an das von Langbeck an (Konzentration der Waschwässer und Alkoholauslaugung derselben), doch wird hier nicht wie bei diesem die Alkohollösung von dem Wollfette durch Abstehen, sondern durch Zentrifugieren getrennt.

Brauns Patent.

Eine besondere Bedeutung kommt einer Idee von O. Braun[5]) zu, weil dieselbe die Basis bildet, auf welche sich die mit der Reinigung des rohen Wollfettes befassende Lanolinindustrie aufgebaut hat. Nach Braun werden die Wollwaschwässer durch eine Zentrifuge in Schmutz, Seifenwässer und ungelöstes Fett (Wollfett) getrennt. Die Seifenwässer können zu neuen Waschoperationen verwendet werden oder man kann aus denselben die Fettsäuren abscheiden; das von der Zentrifuge abgesonderte Fett wird weiter zu Lanolin verarbeitet[6]).

---

[1]) Herbig, Verwertung der Abfallprodukte der Wollwäschereien, Leipzig-Gohlis, 1900, S. 29—36.

[2]) Donath-Margosches, Das Wollfett, Stuttgart 1901, S. 44.

[3]) D. R. P. Nr. 66754 v. 3. Mai 1892.

[4]) D. R. P. Nr. 113894 v. 13. Jan. 1899.

[5]) D. R. P. Nr. 22516 v. 20. Okt. 1882

[6]) Über die weitere Ausgestaltung dieses Patentes und die sonstigen Methoden zur Veredlung des Wollfettes (Reindarstellung von Lanolin) siehe im 2. Band den Abschnitt „Wollfett“.

Borchers[1]) weist übrigens darauf hin, daß er, ohne von dem Braunschen Patent Kenntnis gehabt zu haben, in Boston schon früher ähnliche Versuche mit Wollwaschwässern vorgenommen habe, und Borchers Zentrifuge soll derart reine Seifenwässer geliefert haben, daß diese ohne weitere Reinigung zum neuerlichen Waschen von Wolle verwendet werden konnten.

Das Verfahren Vials[2]), die fetthaltigen Abwässer von Wollwäschereien und Spinnereien direkt mittels Benzin zu entfetten, sei ebenfalls erwähnt.

2. Gewinnung des Wollfettes durch Extraktion der Wolle.

Neben der Entfettung der Rohwolle durch Waschen hat man eine solche auch durch Fettlösungsmittel und aufsaugende Stoffe (trockene Extraktion) zu erreichen versucht, und diese Verfahren dürfen bei Besprechung der Methoden zur Gewinnung von Abfallfetten nicht übergangen werden.

Das Entfetten der Wolle mittels Schwefelkohlenstoff hatten schon Deiß und Seyferth bei ihren Patenten[3]) vorgesehen; den ersten, speziell für Wolle berechneten Extraktionsapparat konstruierte dann Moison[4]). Schon im Jahre 1867 berichtete aber E. Jacobsen[5]), daß das Entfetten der Wolle durch Schwefelkohlenstoff höchstens für ordinäre, überseeische Ware empfehlenswert sei, keineswegs aber für feinere Wolle, weil diese hart, brüchig und gelb werde, indem der Schwefelkohlenstoff die Wolle nicht nur entfette, sondern die Wollfasern selbst angreife, die in denselben enthaltenen Schwefelverbindungen auflösend. Auch glaubt er, das beobachtete Gelbwerden der extrahierten Wolle auf ein Zersetzen der in jeder Rohwolle enthaltenen Eisenverbindungen zurückführen zu müssen, welche Verbindungen durch Extraktionsmittel eben nicht entfernbar seien.

Wollextraktion.

Auch F. Hartmann[6]) referierte in einem Reiseberichte über das ungünstige Schicksal einiger nach dem Extraktionsverfahren arbeitenden Wollentfettungsanstalten Belgiens und Frankreichs.

Trotz der von allen Seiten gemeldeten unbefriedigenden Resultate hat es späterhin an weiteren Vorschlägen und Patenten für Wollextraktion nicht gefehlt. Es seien von den mit Schwefelkohlenstoff arbeitenden Apparaten

---

[1]) Zeitschr. f. angew. Chemie, 1890, S. 98. — Amerik. Patent Nr. 349106.

[2]) D. R. P. Nr. 141103.

[3]) Vgl. S. 369 u. S. 410 dieses Bandes.

[4]) Ann. d. Conserv. des arts et métiers, 1863, 3. Bd. S. 55; Dinglers polyt. Journ. 1863, Bd. 170, S. 290.

[5]) Polyt. Zentralbl., 1867, S. 1148. — Deutsche Industrie-Ztg., 1867, S. 128 u. 208. — Wagners Jahresberichte, 1866, S. 617.

[6]) Nach Hartmann ging die von Chaudet im Jahre 1858 in Elbeuf gegründete Anstalt nach 18monatigem Betriebe ein, weil die durch Schwefelkohlenstoff entfettete Wolle zu trocken und spröde wurde und beim Spinnen brach. Eine in Elbeuf im Jahre 1865 von Moison & Co. gegründete Aktiengesellschaft zum Entfetten von Wolle mittels Benzin mußte den Konkurs eröffnen, weil die Opposition der brotlos gewordenen Walker zu heftig war. Eine dritte ähnliche, von H. Schmittmann errichtete Anlage erwies sich ebenfalls als nicht lebensfähig.

nur jene von Th. J. Mullings[1]) (zentrifugenartige Extraktion), von J. Singer und M. W. Jüdell[2]) (die Wolle wird in einem Fließ oder in einer dünnen Schicht mittels Riemen oder endloser Bänder zuerst durch eine Anzahl Abteilungen, welche Schwefelkohlenstoff, und sodann durch solche, welche Wasser enthalten, geleitet, um auch die Salze zu entfernen) und von Oskar von Reichenbach[3]) (Entfettung der Wolle in geschlossenen Behältern, unter tunlichster Vermeidung von Schwefelkohlenstoffverlusten) genannt.

Das bereits von J. de Hall[4]) und Jean[5]) für die Wollentfettung geeigneter befundene Benzin empfahlen auch Zuber und Rieder sowie Simonis und Coffin[6]); später lenkte E. F. Richter[7]) die Aufmerksamkeit auf den Amylalkohol und O. Braun[8]) auf Äther.

Die verschiedenen zur Wollentfettung versuchten, jedoch kaum bleibend angewandten Extraktionsapparate sind zum großen Teile schon Seite 368 bis 432 beschrieben worden und brauchen hier nur noch die Apparate von J. Rhodes[9]), F. N. Turney[10]), Cutter[11]), E. Maertens[12]), W. Fager[13]), J. H. Wingfield[14]), N. Rouselle[15]) (rotierender Zylinder als Extraktionsraum), M. Jaques[16]) (Wolle wird durch ein endloses Band durch den mittels Zwischenwände in mehrere Abteilungen geteilten Extraktor geleitet), F. Wislicki[17]) (Extraktion unter Druck, welche flüssige schweflige Säure liefert), Delainage Verviétois Peltzer & Co.[18]) (Tetrachlorkohlenstoff) aufgezählt zu werden.

Trockene Extraktion.

Endlich wären noch die Verfahren der sogenannten trockenen Extraktion zu erwähnen, obwohl dieselben kaum mehr als ein akademisches

---

[1]) Siehe S. 408.

[2]) D. R. P. Nr. 46015 v. 23. März 1888 u. D. R. P. Nr. 49031.

[3]) D. R. P. Nr. 80241 v. 13. April 1894.

[4]) Deutsche Industrieztg., 1873, S. 35. — Polyt. Zentralbl., 1872, S. 204.

[5]) Monit. de la Temture, 1873, S. 142.

[6]) Donath-Margosches, Das Wollfett, Stuttgart 1901, S. 18.

[7]) Der Verlust an Amylalkohol war so bedeutend, daß die Kosten des Verfahrens zu groß wurden. (Ber. d. deutsch. chem. Gesellschaft, 1871, S. 534. — Deutsche Industrieztg., 1871, S. 348.)

[8]) Der von Braun konstruierte Ätherextraktor ist in Deite, Industrie der Fette, Braunschweig 1878, S. 195, abgebildet und beschrieben.

[9]) D. R. P. Nr. 69242 v. 27. Okt. 1892. — Chem. Ztg., 1893, S. 1107.

[10]) D R. P. Nr. 79142 v. 21. Febr. 1894. — Chem. Ztg., 1894, S. 488 u. D. R. P. Nr. 90467 v. 24. Okt. 1895. — Chem. Ztg., 1896, S. 160.

[11]) Amerik. Patent Nr. 482995 v. 20. Sept. 1892. — Chem. Ztg., 1892, S 1524.

[12]) D. R. P. Nr. 93743 v. 11. Sept. 1895. (Wollentfettung in der Atmosphäre eines indifferenten Gases.) — Chem. Ztg., 1897, S. 919.

[13]) Franz. Patent Nr. 260799. — Chem. Rev., 1897, S. 137.

[14]) Amerik. Patent Nr. 548942. — Chem. Ztg., 1895, S. 2085.

[15]) D. R. P. Nr. 117727 v. 27. Mai 1900.

[16]) D. R. P. Nr. 11978 v. 3. Jan. 1900.

[17]) D. R. P. Nr. 121093 v. 10. Juni 1900.

[18]) D. R. P. Nr. 122800 v. 3. Febr. 1900 u. Nr. 122801 v. 28. Okt. 1900.

Interesse beanspruchen dürfen. Bei diesen wird das Fett der Rohwolle durch poröse Stoffe aufgesaugt und aus dem fettgeschwängerten Material auf irgend eine Weise (Pressung oder Extraktion) gewonnen.

J. L. Larcarde[1]) hat im Jahre 1864 für diesen Zweck bereits Gips vorgeschlagen, später empfahl Eberz Kieselgur und Löbner[2]) Ton[3]) für den gleichen Zweck.

Obgleich diese Verfahren keine greifbaren Vorteile bieten, weil sie mit der Entfettung keine eigentliche Reinigung der Wollfasern verbinden, im Gegenteil diese eher durch haftenbleibende Reste des fettaufsaugenden Materials verunreinigen und diese indirekte Gewinnung des Fettes unrationell ist, sind in neuer Zeit weitere zwei ähnliche Verfahren, das von K. Grüne[4]) in Ousby (Schweden) und jenes von A. Born[5]) in Berlin, patentiert worden.

Bei dem ersteren wird die Wolle mit den fettabsorbierenden Materialien, wie Infusorienerde, Magnesia, Walkerde u. dgl., zwischen endlosen Transportbändern im Zickzackwege bewegt und währenddessen einer rotierenden und schlagenden Wirkung ausgesetzt; Born sucht die innige Vermischung der Wolle mit der Saugerde und die stetige Erneuerung der letzteren mit Hilfe eines starken, eventuell angewärmten Luftstromes oder Luftwirbels zu erreichen[6]).

3. Gewinnung von Fett aus Sielwässern, Kanalschlamm und Fäkalien.

Fettgewinnung aus Sielwässern.

Die sogenannten Sielwässer enthalten das Fett nur zum geringsten Teile in Form von Seife; die weitaus größte Menge besteht aus festen oder flüssigen schwebenden Fettpartikelchen, welche durch Küchenabfälle, beim Scheuern usw. in die Abwässer gelangen. Diese nur suspendierten Fettstoffe setzen sich in den Kanälen gemeinsam mit anderen Schwebestoffen ab und rufen mitunter Verstopfungen der Kanäle hervor. Man sucht diesem Übelstand durch besondere Fettfangvorrichtungen vorzubeugen (Fettöpfe, Separatoren), welche zwischen Haupt- und Straßenleitung eingeschaltet werden. Von diesen Vorrichtungen sind die nach Fig. 233, Seite 496 konstruierten, wie sie in Fettschmelzereien und fettverarbeitenden Betrieben gebräuchlich sind, die einfachsten. Nach W. Wunsch[7]) in Aachen wird das

System Wunsch.

[1]) Monit. de la Teinture, 5. Mai 1874. — Bull. de la Soc. Chim., 1874, 22, Nr. 4 und 5, S. 228. — Chem. News, 1874, 30, Nr, 780, S. 218.

[2]) Deutsch. Wollgewerbe, 1893, S. 221.

[3]) Daher auch der Name „Walkerde".

[4]) D. R. P. Nr. 115992 v. 9. Nov. 1898.

[5]) D. R. P. Nr. 143567 v. 30. Juni 1901.

[6]) Die „Kirchheimer Wollwäscherei-Gesellschaft für trockene Wollentfettung" soll nach dem Patente Born arbeiten.

[7]) D. R. P. Nr. 119419 v. 18. Dez. 1899.

in Abwässern suspendierte Fett so zurückgewonnen, daß man erstere über Quer- bzw. Scheidewände und durch mit letzteren Wänden verbundene Siebe fließen läßt. Die Verzögerung im Abfließen bewirkt dabei eine Abkühlung der Flüssigkeit (welche durch Kühlung der Behälter noch erhöht werden kann) und somit ein Gerinnen der Fettstoffe, welche von den Sieben zurückgehalten werden.

In einem späteren Patente[1]) empfiehlt Wunsch, das gewonnene Fett durch lose Weidenruten, Rohrgeflechte oder flache Rutenbesen, welche auf den Abwässern schwimmen, zu sammeln. Diese Geflechte bieten nämlich für das ebenfalls auf dem Wasser schwimmende Fett eine passende Ansammlungsfläche, an der es sich abscheiden und festsetzen kann. Die Geflechte lassen sich dann leicht herausnehmen und von dem anhaftenden Fett befreien.

System Kremer. Ch. Kremer[2]) in Wiesbaden benutzt zur Gewinnung des Fettes der Abwässer größerer Hotels und Haushaltungen sowie Schlächtereien, Wurstfabriken usw. einen Apparat, welcher auf dem Prinzip der kommunizierenden Röhre beruht.

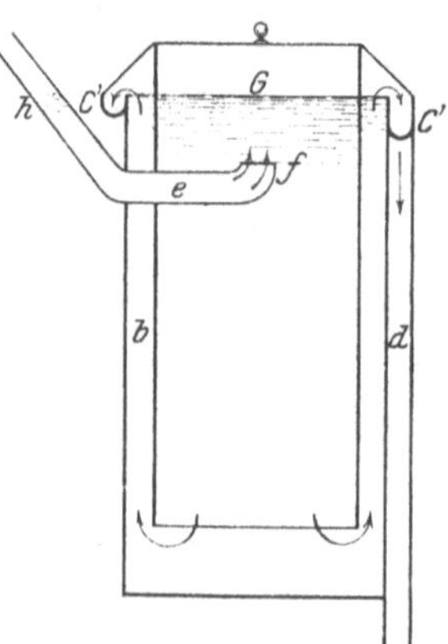

Fig. 290.
Fettabscheider nach Kremer.

Bei diesem in Fig. 290 dargestellten Apparate ist G das Fettgefäß, welches in ein zweites Gefäß b so eingesetzt ist, daß unten eine Kommunikation der beiden Behälter besteht. Das äußere Gefäß b mündet oben in einen Überlauf C_1. Damit nun in dem Gefäß G beim stärkeren Einlaufen des Spülwassers kein zu starker Strom nach dem Überlauf C_1 hin stattfinde, welcher ev. Fetteilchen mit sich fortreißen könnte, findet die Kommunikation sowie der Überlauf des Gefäßes auf seinem ganzen Umfange statt. Bei einem Spülwasserzuführungsrohr von 6 cm lichter Weite besteht dann in dem Gefäß G eine kaum merkliche Strömung. Der ringförmige Überlaufskanal C_1 ist so eingerichtet, daß er sämtliches Wasser dem Rohre d zuführt, welches dasselbe in den Kanal leitet.

Wie aus der Zeichnung ersichtlich ist, geschieht der Einlauf des Spülwassers in das Gefäß G nicht von oben, denn, falls ein stärkerer Strom in dem Gefäß entsteht, kann es bei einem Einlauf von oben, wenn derselbe mit stärkerem Druck erfolgt, vorkommen, daß Fett, welches durch irgend einen Anhang nur schwer oben bleibt, mit in die Tiefe gerissen wird. Es ist deshalb der Einlauf von der Seite und zwar derart angeordnet, daß das Spülwasser aus dem sich allmählich erweiternden Rohre e in der Mitte des Gefäßes G bei f quellenartig heraustritt und durch den Druck nach aufwärts strebt, wodurch das Fett um so sicherer an die Oberfläche gebracht wird, weil ja auch noch der Strom des warmen Wassers nach aufwärts dabei mithilft. Es muß aber darauf geachtet werden, daß diese seitliche Einführung nicht zu tief stattfinde, da sonst leicht Fetteilchen mit in das Gefäß b gerissen und dem Kanal zugeführt werden könnten. Es soll deshalb diese Einführung in

---

[1]) D. R. P. Nr. 123536 v. 15. Dez. 1899.
[2]) D. R. P. Nr. 126672 v. 3. April 1901.

dem obersten Viertel des Gefäßes *G* bewerkstelligt werden, wobei die vorgesehene Zeit des Ansammelns und die Menge des innerhalb dieser Zeit sich ansammelnden Fettes berücksichtigt werden muß. Will man z. B. eine Fettscheibe von 5—8 cm erzeugen, so wird man die Einführung ungefähr 12—15 cm unter dem Überlaufniveau erfolgen lassen.

Infolge der beschriebenen Einführung des Spülwassers wird die Fettschicht von oben in keiner Weise beunruhigt; das Fett kann von oben her allmählich erstarren und auch flüssige Speiseöle in sich einschließen. Die allmähliche Erweiterung des Zuführungsrohres *e* hat den Zweck, den sich während der Pausen bei *h* ansammelnden Fettpfropfen leichter durch das Rohr nach *e* zu bringen.

Während sich in dem Gefäß *G* zur Zeit des Spülwassereinlaufes das Fett an der Wasseroberfläche ansammelt, sinken die in dem Spülwasser enthaltenen festen Stoffe und setzen sich, da nur ein schwacher Strom nach dem Überlauf stattfindet, auf dem Boden ab.

Der Apparat kann auch als Separator für fett- und ölhaltige Abwässer von Öl-, Stearin- und Seifenfabriken verwendet werden, indem man ihn einfach in die Kanäle dieser Anlagen einbaut[1]).

Die Fettfangvorrichtungen sind nur sehr wenig in Gebrauch, weshalb die Kanalwässer der Städte wie auch die in denselben eingebauten Klärbecken große Mengen eines Schlammes absondern, der einen beträchtlichen Fettreichtum zeigt. So hat Bechhold in dem Schlamm des Klärbeckens von Frankfurt a. M. 14,68% Fett gefunden; Buttenberg[2]) konnte in dem Hamburger Schlamm 6,0—67,0% Fett (auf Trockensubstanzen gerechnet) nachweisen. Um aus dieser Schlammasse das Fett zu gewinnen, wird dieselbe nach Beck und Henkel[3]) in Kassel mit so viel Schwefel- oder Salzsäure versetzt, bis alle Seifen zersetzt sind und eine erwärmte Probe klar filtriert. Man gebraucht pro Kubikmeter Schlamm 10—20 kg Schwefelsäure oder die entsprechende Menge Salzsäure.

Verfahren von Beck und Henkel.

Nachdem man auf mindestens 40° C, besser aber 80—90° C erwärmt hat, befreit man die dünnflüssig gewordene Masse durch Zentrifugen, Nutschapparate oder Filterpressen von dem größten Teil ihres Wassers. Die schwach saure Flüssigkeit läßt man fortlaufen — am besten zu den abgesetzten Kanalwässern — der feste Rückstand, der leicht auf einen Gehalt von nicht über 50% Trockensubstanz zu bringen ist, wird entweder in geeigneten Apparaten bekannter Konstruktion vorgetrocknet und erst dann, oder auch sofort, in einen Fettextraktionsapparat gebracht und extrahiert.

Das erhaltene Fett ist von grünlicher Farbe, besteht ungefähr aus 70% freier Säure, 10% Unverseifbarem und 20% Neutralfetten und läßt sich durch Destillation leicht reinigen und in ein für Seife verwendbares Fett verwandeln.

---

[1]) Das auf diesen Fettfang genommene Patent ist durch mehrere Zusatzpatente, D. R. P. Nr. 153330, 153331, 157372 und 168305, ergänzt worden (siehe auch Seifensieder-Ztg., Augsburg 1902, S. 926 u. Chem. Rev., 1905, S. 201).

[2]) Chem. Revue 1902, S. 286.

[3]) D. R. P. Nr. 135313 v. 23. Febr. 1900.

Der entfettete Rückstand enthält zwischen 2,5- 4,5 % Stickstoff und 30—40 % Asche. Er bildet ein brauchbares Düngemittel, kann aber auch nach Entfernung der staubförmigen Anteile als Material zur Papierfabrikation verwendet werden.

Fettgewinnung aus Fäkalstoffen.

In den letzten Jahrzehnten wendet man auch der lukrativeren Verwertung der Fäkalstoffe, die früher nur als Düngemittel Verwendung fanden, eine erhöhte Aufmerksamkeit zu, und es wären von den Verfahren, welche eine Gewinnung des in den Fäkalien enthaltenen Fettes (Poudrettefett genannt) anstreben, die Methoden von Beck und Henkel, Heimann, Kaeppel und Arnold zu erwähnen.

Verfahren von Beck und Henkel.

Nach Beck und Henkel[1]) werden die in Fäulnis übergegangenen Fäkalien nach Austreibung des Ammoniaks und der Kohlensäure durch Destillation mit Schwefelsäure, schwefliger Säure oder Salzsäure versetzt. Die erhaltene Masse wird zwecks Abscheidung des wässerigen Anteils abfiltriert, der Rückstand getrocknet und extrahiert, wobei 14—17% Fett (vom Gewichte der Trockensubstanz) erhalten werden sollen.

Nach E. Heimann hat dieses Verfahren mehrfache Nachteile:

1. ist die ganze Masse durch ihren Fettgehalt selbst nach Schwefelsäurezusatz schwer filtrierbar, da die abgeschiedenen Schlammteile eine Emulsion bilden;

2. entstehen beim Arbeiten mit den Filterpressen, beim Entleeren usw., bevor das Fett ausgeschieden ist, die Arbeiter und die Umgebung sehr belästigende, äußerst übelriechende Dünste;

3. geht beim Austreiben des Benzins aus der Masse, welches mittels direkten Dampfes geschehen muß, ein großer Teil des Stickstoffgehaltes des Rückstandes durch Ausdampfen verloren.

Verfahren von Heimann.

Diese Übelstände vermeidet ein von E. Heimann[2]) ausgearbeitetes Verfahren, bei welchem die abgelagerte Masse erhitzt, dann in flüssigem Zustande in Auslaugungsapparate gebracht, der gleichzeitigen Einwirkung von Benzin und geringen Mengen von Schwefelsäure unterworfen und so das Fett extrahiert wird. Die Auslaugeapparate sind mit einem Rührwerk versehen, welches die Masse und das Benzin emulgiert. Ist die Extraktion beendet, so wird das Rühren eingestellt, so daß sich die Benzinfettlösung oben abscheidet, wo sie leicht abgelassen werden kann. Das Fett wird nun durch Abtreiben des Benzins in bekannter Weise in besonderen Apparaten gewonnen. Der in den Auslaugungsapparaten zurückbleibende Schlamm, welcher durch die Entfettung und die ganze Behandlung geruchlos geworden ist, läßt sich nun leicht in Filterpressen abpressen, worauf die erhaltenen Preßkuchen getrocknet werden, um als Dünger oder sonstwie Verwendung zu finden.

---

[1]) D. R. P. Nr. 122921 v. 19. Jan. 1900.
[2]) D. R. P. Nr. 145389 v. 27. Febr. 1902.

Fr. Kaeppel in Bad Neuenahr gewinnt das in Fäkalien, Effluvien usw. enthaltene Fett durch Verseifen dieser Materialien mittels Natronlauge, Ausziehen der gebildeten Seife durch Wasser und Behandeln der Seifenlösungen mit Mineralsäuren[1]).

Die nordamerikanischen Großstädte befassen sich mit der Verwertung der Fäkalien in viel intensiverer Weise als die europäischen. So haben z. B. New-York und Philadelphia Anlagen, welche pro Tag 1200 Meterzentner Fäkalien verarbeiten können. Die Verarbeitung des Materials erfolgt dort durch Dämpfen desselben in großen Eisenzylindern, nachheriges Abpressen der Masse und Ausscheiden des Fettes aus dem ablaufenden flüssigen Anteile. (Patent Arnold[2]).

---

[1]) D. R. P. Nr. 159170 v. 20. Jan. 1903.

[2]) O. Pick, Techn. Fettextraktion aus Fäkalien. Seifensieder-Ztg., Augsburg, 1903, S. 997.

Achtes Kapitel.

Das Reinigen der Öle, Fette und Wachsarten.

Notwendigkeit der Reinigung.

Die Fette und Öle, nach welchem Verfahren sie immer auch gewonnen werden mögen, sind in frisch bereitetem Zustande fast regelmäßig durch flüchtige, schleimige, harzige oder farbige Fremdkörper verunreinigt. Diese Beimengungen gereichen den Fetten und Ölen bei ihrer Verwendung zum Nachteil; setzen die zu Speisezwecken dienenden Öle und Fette von vornherein die höchste erzielbare Reinheit voraus, so ist bei Brennölen, abgesehen von der Entfernung der mechanischen Verunreinigungen, die Ausscheidung der harzigen und schleimigen Körper notwendig, weil diese beim Verbrennen Kohle ablagern, wodurch die Poren des Dochtes sehr bald verstopft und dessen Aufsaugefähigkeit aufgehoben wird; Schmieröle müssen wiederum möglichst frei von verharzenden Stoffen, mechanischen Verunreinigungen und freien Fettsäuren sein; bei Ölen für Firnisse und Lacke hat man besondere Wünsche bezüglich der Haltbarkeit beim Erhitzen usf. So stellt ein jeder der verschiedenen fett- und ölkonsumierenden Industriezweige besondere Anforderungen an seine Rohprodukte.

Wichtiger als der Reinheitsgrad im allgemeinen ist daher mitunter die Beseitigung einer einzigen, ganz bestimmten Art von Verunreinigung und viele der in der Fett- und Ölindustrie gebrauchten Reinigungsmethoden laufen darauf hinaus, einzelnen Industriezweigen oder Verwendungsgebieten wohlgeeignete Fettmaterialien zu liefern.

Die richtige Auswahl der passendsten Raffinationsmethode aus der Unzahl der bekannten Verfahren ist nicht immer leicht zu treffen; sie erfordert neben genauer Kenntnis der Natur der einzelnen Fette ein inniges Vertrautsein mit der Weiterverarbeitung derselben und eine reiche Erfahrung. Fällt es auch nicht schwer, die Grundmethode zu wählen, nach welcher ein Fett raffiniert werden soll, so ist das Anpassen der Ausführungsdetails des Verfahrens in jedem einzelnen Falle um so schwieriger und erfordert einen wohl vertrauten Kenner der Sache.

Eine systematische Einteilung der verschiedenen Raffinations-, Bleich- und Desodorisationsmethoden, die für Fette und Öle gebräuchlich sind oder doch wenigstens in Vorschlag gebracht wurden, ist nicht leicht durchführbar, weil es bei vielen Methoden an markanten Unterscheidungsmerkmalen fehlt, manche Verfahren daher sowohl der einen als auch der anderen Gruppe beigezählt werden können und weil es viele kombinierte Verfahren gibt.

Einteilung der Raffinationsverfahren.

Am übersichtlichsten ist wohl noch eine Einteilung nach den folgenden 7 Hauptgruppen:

I. Methoden zur Entfernung mechanischer Verunreinigungen;
II. Methoden zur Entfernung von gelösten Eiweißstoffen, Harzen, Pflanzenschleim;
III. Methoden zur Entfernung freier Fettsäuren (Neutralisationsmethoden);
IV. Methoden zur Entfernung von Farbstoffen (Bleichverfahren);
V. Methoden zur Entfernung von Riechstoffen (Desodorisationsmethoden);
VI. Methoden, welche auf eine Geschmacksverbesserung, eine größere Haltbarkeit und Ähnliches abzielen;
VII. Methoden, welche die Erhöhung des Schmelzpunktes oder die Herabsetzung des Erstarrungspunktes bezwecken.

I. Methoden zur Entfernung mechanischer Verunreinigungen.

Die frisch bereiteten Fette und Öle enthalten stets fein verteilte, suspendierte Verunreinigungen, wie Samenpartikelchen, Fragmente von Pflanzen- oder Fleischfasern, Teile von Preßstoffen, erdige Beimengungen, Staub, Wasser usw.

Die Abscheidung dieser Stoffe kann geschehen:

a) durch Abstehenlassen (Selbstklärung),
b) Filtration,
c) Zentrifugieren.

a) Klärung durch Abstehenlassen (Selbstklärung).

Klärung durch Abstehenlassen.

Das Klären durch Ruhe ist das einfachste, aber auch zeitraubendste Verfahren. Der Erfolg desselben hängt ab:

1. von der Beschaffenheit und dem Gewichte der suspendierten Stoffe,
2. von der Form und Größe des Gefäßes,
3. von der Viskosität der Öle, die ihrerseits von der Temperatur abhängig ist.

Spezifisch schwere, grobkörnige und grobflockige Verunreinigungen werden sich rascher absetzen als spezifisch leichtere und kleinere. Sind die Verunreinigungen spezifisch schwerer als das Öl, so gehen sie zu Boden, andererseits sammeln sie sich an der Oberfläche als Schaum an. Die leichteren Verunreinigungen wie auch Schwebestoffe können durch Zusatz von spezifisch schwereren Körpern unter gewissen Umständen eingehüllt und zu Boden gerissen werden. Solche klärungsbeschleunigende Mittel sind Walkerde, Bauxit, Infusorienerde usw.

In flachen Gefäßen erfolgt die Klärung rascher als in hohen, weil dort die Schmutzteilchen bis zum Boden oder zur Oberfläche nur einen kurzen Weg zurückzulegen haben. Leider hat bei flachen Gefäßen das Abziehen des klaren Öles seine Schwierigkeiten, weil dabei sehr leicht der abgesetzte Schmutz wieder aufgewirbelt wird. Hohe Gefäße sind daher häufiger anzutreffen; die meisten derselben haben an mehreren Stellen Hähne, durch welche man das Öl aus verschiedenen Höhenlagen abziehen kann, und besitzen konisch zulaufende Böden, wodurch das Absetzen erleichtert wird. (Fig. 291.)

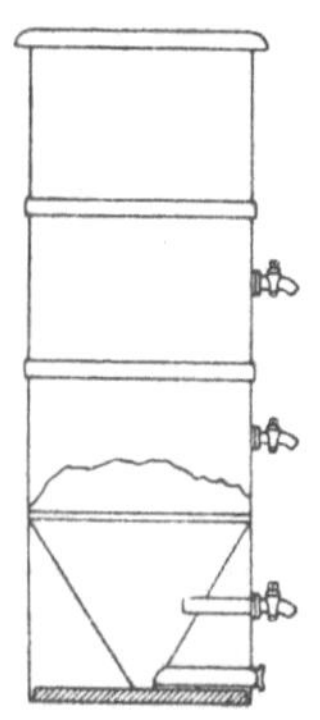

Fig. 291. Absetzgefäß für Öle.

Wenn das Öl nicht mit sehr leichten, in die Höhe treibenden Stoffen verunreinigt ist, werden die obersten Schichten am schnellsten geklärt und zum Versand geeignet gemacht sein, während der übrige Teil des Öles noch absteht. Auch ein Wendhahn, ähnlich dem in Fig. 267, Seite 527 gezeigten, der das Abziehen des Öles aus ganz beliebigen Höhenschichten gestattet, leistet für diesen Zweck gute Dienste.

Die Selbstklärung kann nur bei Temperaturen erfolgen, bei welchen das betreffende Öl oder Fett eine solche Dünnflüssigkeit besitzt, die ein Niedersinken oder Aufsteigen der Verunreinigungen in den Fettmassen gestattet. Bei Fetten, die bei gewöhnlicher Temperatur fest oder doch sehr dickflüssig sind, ist daher ein vorheriges Schmelzen oder Anwärmen sowie ein Warmhalten während des Abstehens unerläßlich; selbst bei dünnflüssigen Ölen beschleunigt Wärme das Absetzen.

Vielfach begnügt man sich mit dem Warmhalten des Klärungslokales, mitunter sind aber auch die Reservoirs mit besonderen Heizvorrichtungen (Dampfschlange, Dampfmantel, Wassermantel) versehen. In jedem Falle ist es wichtig, daß die Temperatur möglichst konstant sei, denn jähe Temperaturänderungen rufen Strömungen in der Flüssigkeit hervor, welche der Klärung entgegenwirken.

Marienbäder.

Die mit Wassermantel ausgestatteten Klärgefäße werden in der Premier jus-Erzeugung allgemein benutzt (Marienbäder). Diese Klärgefäße erinnern in ihrer Einrichtung ganz und gar an die in Fig. 267, Seite 527 gezeigte Konstruktion. Die Margarinschmelzereien besitzen gewöhnlich mehrere Serien derartiger Marienbäder, welche in ihrer Kapazität nicht mit über 5000 kg Inhalt gewählt werden.

In Fig. 292 ist eine Feintalg-Kläranlage mit 6 Marienbädern (Talgschmelzanlage Leipzig) wiedergegeben.

Zur Beschleunigung der Klärung durch Ruhe hat man eine Menge Klärmittel in Vorschlag gebracht, die entweder, wie schon bemerkt, leichtere schwimmende Stoffe niederreißen, oder aber wasserentziehend wirken, wie z. B. Kochsalz, Glaubersalz, Chlorcalcium usw. Diese letzteren Körper, in feinst gepulverter Form trüben Ölen zugemischt, binden das in denselben enthaltene Wasser und fallen dann rasch zu Boden, indem sie ein geklärtes Öl zurücklassen. Klärungbeschleunigende Mittel sind ferner Ölkuchen-

Klärungbeschleunigende Mittel.

Fig. 292. Kläranlage einer Talgschmelze.

mehl, Blutkohle, Magnesiumhydrosilicat, Moos, Torf usw., doch wirken diese Mittel nicht nur durch das Niederschlagen mechanischer Verunreinigungen, sondern auch durch die Entfernung von Farbstoffen, Eiweiß usw. und werden daher besser bei den Bleichmethoden besprochen.

Die Selbstklärung bleibt trotz solcher Hilfsmittel recht primitiv und unsicher. Die Großbetriebe der Pflanzenölerzeugung können sich auf diese langsame Arbeit schon deshalb nicht einlassen, weil die notwendigen bedeutenden Mengen lagernden Öles ein zu großes unverzinsliches Kapital darstellen würden; Margarinschmelzanlagen arbeiten dagegen ausnahmslos mit Marienbädern, weil ein Filtrieren des Premier jus auf dieses qualitätsverschlechternd wirkt.

b) Klärung durch Filtration.

Rascher als mittels des zeitraubenden Klärverfahrens kommt man mit der Filtration zum Ziele; sie erfordert aber ein größeres Anlagekapital für die Filtervorrichtungen und bringt laufende Ausgaben infolge Verschleißes von Filterstoffen und Filtermaterial mit sich.

Allgemeines. Bei der Filtration müssen zwei Fälle streng auseinandergehalten werden; man muß unterscheiden, ob es sich

α) nur um die Entfernung fester, mechanisch suspendierter Verunreinigungen handelt, oder ob

β) auch fein verteilte Wasserteilchen in Frage kommen.

Im ersteren Falle genügt eine einfache Passage des zu klärenden Öles oder Fettes durch ein Medium, das zufolge seiner Feinporisität dem Öle zwar Durchtritt gestattet, feste und schlammige Teile jedoch zurückhält. Im anderen Falle

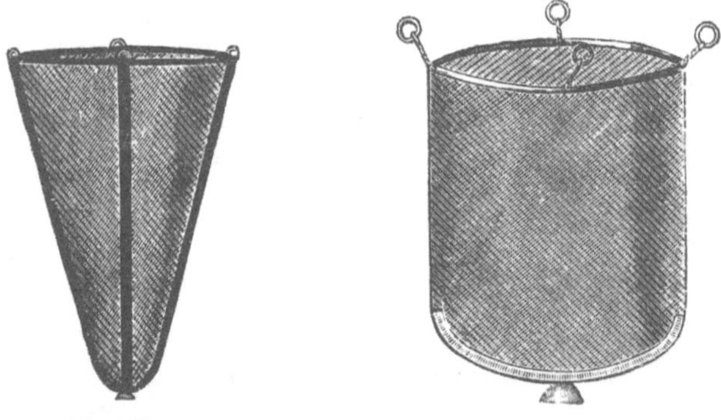

Fig. 293 a Fig. 293 b
Fig. 293 a und b. Einfache Sackfilter.

ist eine solche Passage ungenügend, weil die Wasserteilchen, welche anfangs an dem fettgewordenen Filtermaterial allerdings adhärieren und nicht sofort mit durchschlüpfen, schließlich das Filtertuch doch durchdringen und so abermals in das Öl gelangen; hier muß also das Filtermaterial gleichzeitig wasserabsorbierend wirken, wenn gute Resultate erzielt werden sollen.

Das nicht genügende Auseinanderhalten der zwei möglichen Fälle schafft oft Filteranlagen, die ihrem Zwecke ganz und gar nicht entsprechen, denn die Filter, welche gleichzeitig zu entwässern vermögen, eignen sich zwar auch für die Filtration von wasserfreien Ölen, wasserhaltige Öle lassen sich aber auf gewöhnlichen Filtern nicht klären.

α) Filtration wasserfreier Öle.

Betrachten wir zunächst den einfacheren Fall, bei welchem es sich nur um die Separierung der festen und halbfesten (schleimigen) Verunreinigungen handelt. Hier muß das Öl durch einen Filterstoff geschickt werden, dessen Poren zwar die Flüssigkeit, nicht aber feste und schlammige

Stoffe durchlassen. Solche Stoffe sind Gewebe aus Schafwolle, Baumwolle, Hanf, Leinen, Papier usw., aber auch Sand, Kohlenlösche und Ähnliches. Die Leistung dieser Filtervorrichtungen hängt von vier Faktoren ab:

1. von der Größe der Filterfläche,
2. von dem Drucke, unter welchem die Flüssigkeit gegen das Filtermaterial gepreßt wird,
3. von der Beschaffenheit des Filterstoffes,
4. von der Viskosität der zu filtrierenden Flüssigkeit.

Sackfilter.

Als die primitivste Filtervorrichtung kann der gewöhnliche Filz- oder Leinensack (Fig. 293 a u. b) angesehen werden, wie man ihn häufig bei Ölhändlern in Anwendung findet, welche ihre Ölreste, die mit Holzspänen (von den Faßspunden herrührend) verunreinigt sind, durch einen senkrecht hängenden Sack laufen lassen[1]). Auch die Kottonöle werden durch solche einfache Sackfilter von ihren Tristearinausscheidungen befreit.

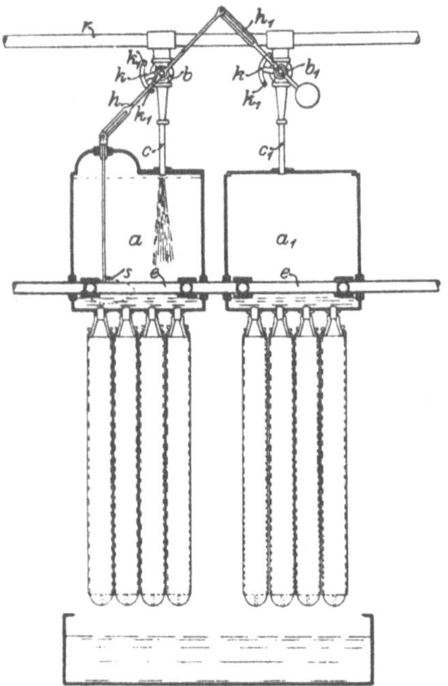

Fig. 294 a.

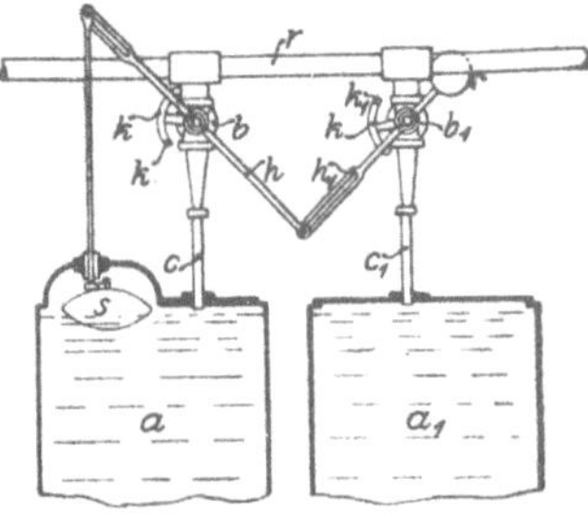

Fig. 294 b.

Fig. 294 a und b. Filter nach Gerritzen.

Ein Sackfilter, welches selbsttätig ab- und angestellt werden kann und keinerlei Wartung bedarf, hat B. Gerritzen[2]) in Goch empfohlen.

Bei dem in Fig. 294 a u. b dargestellten Apparate sind zwei Behälter $a\,a^1$ angeordnet, an welchen die Filtersäcke angebracht sind. In dem einen Behälter ist ein Schwimmer *s* angeordnet, dessen Stange mit einem Hebel *h* in Verbindung steht. Letzterer ist mit einem im Einlaßrohr *r* befindlichen Hahn *b* verbunden.

[1]) Engebretsen verwendet für Tran ein Sackfilter, das aus einem Holzkasten, der oben mit Haken zum Aufhängen eines großen Sackes versehen ist und ca. 15 hl Öl enthalten kann, besteht. Um den Sack zu stützen, hat der Kasten an der inneren Seite Rippen, wodurch zugleich ermöglicht wird, in der kalten Jahreszeit Dampf oder warme Luft unter den Sack einzulassen. (Norw. Patent Nr. 3857 v. 11. Juli 1894).

[2]) D. R. P. Nr. 75793 v. 19. Okt. 1893.

Hat sich der Schwimmer gesenkt, so steht der Hahn offen; er schließt sich aber, wenn der Schwimmer gehoben wird. Der Hebel *h* steht mit dem Hebel h^1 in Verbindung, welcher bei dessen Bewegung mitbewegt wird. Der Hebel h^1 beeinflußt einen zweiten Hahn b^1, und zwar wird dieser stets geöffnet, wenn der Hahn *b* geschlossen wird und umgekehrt. Das durch das Rohr *r* zugeführte Öl gelangt, wenn der Schwimmer gehoben ist, durch das Rohr c^1 in den zweiten Behälter a^1 und fließt hier so lange zu, bis sich der Behälter *a* geleert hat. Es senkt sich dann der Schwimmer *s*, wodurch der Hahn b^1 geschlossen und der Hahn *b* geöffnet wird. Durch dieses Spiel wird ein Überlaufen der Behälter unmöglich gemacht. Damit die Hähne erst geschlossen bzw. geöffnet werden, wenn der Schwimmer ziemlich die höchste bzw. die niedrigste Stellung erreicht hat, sind die Kegel der Hähne *b* b^1 mit den Bügeln *k* versehen, welche oben und unten einen Anschlag k^1 erhalten haben; an diese treffen die Hebel *h* h^1, sobald dieselben ziemlich in die Endstellung gekommen sind.

Es können auch mehr als zwei Apparate in ähnlicher Weise verbunden werden.

In den rechteckigen Behältern sind die Dampfrohre *e* angebracht, welche dazu dienen, das etwa zu dicke oder erstarrte Öl zu erwärmen und flüssiger zu machen.

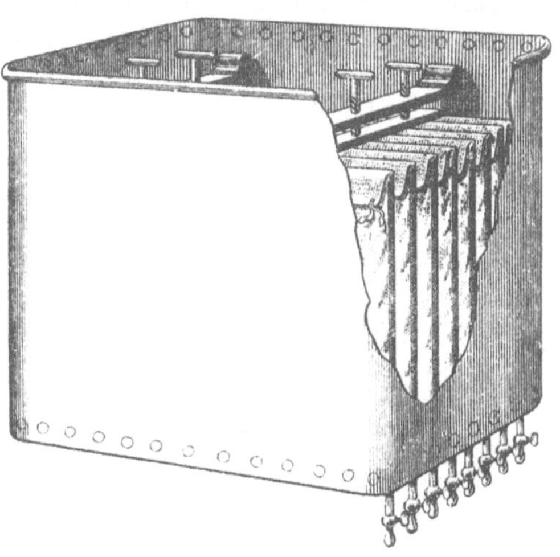

Fig. 295. Delos-Filter.

Delosfilter. Als ein sehr einfaches Filter muß auch das von Delos (Fig. 295) genannt werden:

In einem eisernen Behälter finden sich 20 eichene Holzrahmen eingelegt, über welche Taschen aus Filtertuch gespannt sind, die durch ihren überlappten Oberteil geschlossen werden. Durch die inliegenden Rahmen stellen die 20 Filtertaschen eigentlich Filtersäcke dar und ein in den Eisenbehälter gegossenes Öl wird durch den eigenen Druck in das Innere dieser Filtersäcke eindringen. Eine Anbohrung des Holzrahmens an seinem unteren Teile, welcher in ein nach aufwärts führendes Rohr mit Hahn ausmündet, gestattet das Abziehen des Öles aus dem Innern der Taschen, eines Öles, das also durch das Passieren der Filtergewebe bereits vollständig geklärt wurde.

Bei den Delos-Filtern[1]) kommt ein Druck während der Filtration kaum zur Geltung; der ganz geringe Seitendruck, den die Flüssigkeit auf die Filtertaschen ausübt, läßt das Öl durch diese letzteren treten und es natürlich erscheinen, daß die an den Tüchern haften bleibenden Rückstände sehr ölreich sein werden (was nie erwünscht ist) und der Filtration bald ein

[1]) Seifensieder-Ztg., Augsburg 1900, S. 358; Konstruktion der Firma J. Delos fils in Lille.

Ziel gesetzt wird, weil der minimale Druck nicht imstande ist, durch eine, wenn auch nur dünne Schicht von Filterrückständen weiteres Öl zu drücken.

Für die Filtration frisch gepreßter, an Schleimteilen reicher Öle ist das Delos-Filter nicht geeignet, wohl aber kann es zum Nachfiltrieren von Ölen bei Ölhändlern vorteilhaft Verwendung finden.

Filterkasten.

Ähnlich diesen Filtervorrichtungen arbeiten die Filterkasten.

Dieselben (Fig. 296 a, b und c) bestehen aus einem hölzernen Gestell von 2—4 m Länge und 1 m Breite mit abnehmbarem hölzernen Deckel, unter welchem 5 Blechpaare angeordnet und derart befestigt sind, daß sie trichterförmige Mulden T

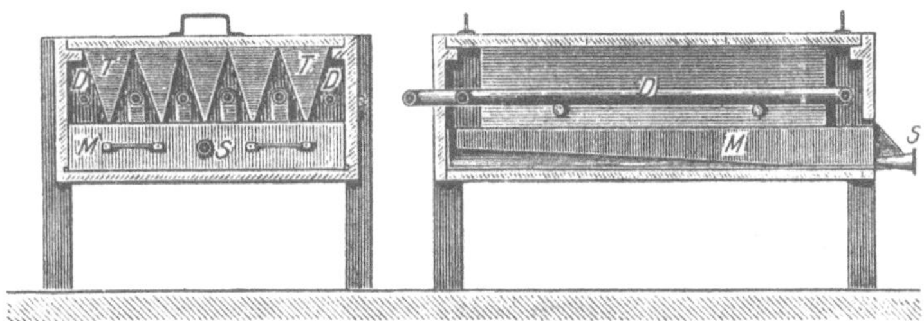

Fig. 296 a. Fig. 296 b.

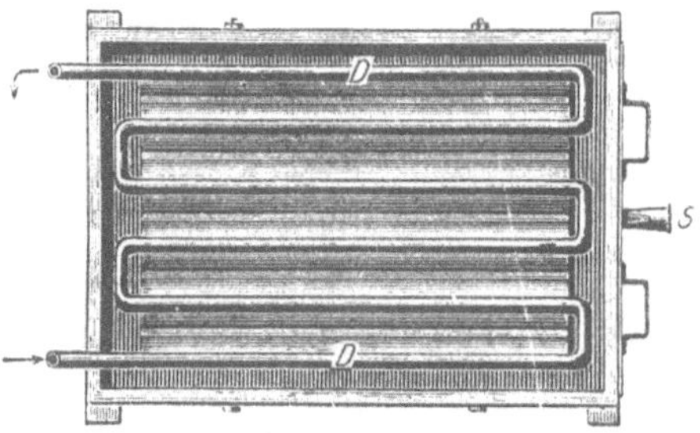

Fig. 296 c.

Fig. 296 a, b und c. Filterkasten.

bilden[1]). Unter diesen befindet sich der Blecheinsatz M mit dem Abflußstutzen S, der mit einem Holzspund verschlossen wird. Zwischen den Blechtrichtern zirkuliert eine Dampfschlange D. Die Trichter bespannt man mit Filterpapier von der Länge des Filterkastens und befestigt selbes mittels Blechreifen auf der Kante der Trichter.

Diese Filterkasten sind für Wachse, Rizinusöl usw. in Gebrauch; nach Bonnaterre und de Villepoix[2]) finden sie auch in der nordfranzösischen Mohnölfabrikation ausgedehnte Anwendung.

---

[1]) Berlinerblau, Das Erdwachs, Braunschweig 1897, S. 162.

[2]) Neue Wochenschrift für Öl- und Fetthandel, 1878, S. 91; Chem. Industrie, 1878, S. 128.

Apparat von Schneider.

Das wenig gebrauchte, dafür in der Fachliteratur um so öfter erwähnte Filter von Schneider[1]) besteht aus mehreren ineinander geschalteten, oben offenen Kasten verschiedener Konstruktion (Fig. 297a u. b).

Eine Gattung dieser Kasten (*A*) besteht aus senkrechten Seitenwänden und Boden und hat in der Nähe des Oberrandes der Seitenflächen horizontale Schlitze *D*. Rings um diese „Dekantier-Kasten" genannten Behälter ist ein Mantel *E* angebracht, welcher sich oberhalb der Schlitze *D* an die Kastenränder anschließt.

Die Kasten der zweiten Art (*B*) sind aus einem Boden und rahmenförmigen Seitenwänden gebildet, die in ihrer ganzen Höhe mit Filterstoff überspannt werden (Filterkasten). Endlich ist ein Kasten *C* da (Siebkasten), dessen Boden und Seitenwandungen gelocht sind.

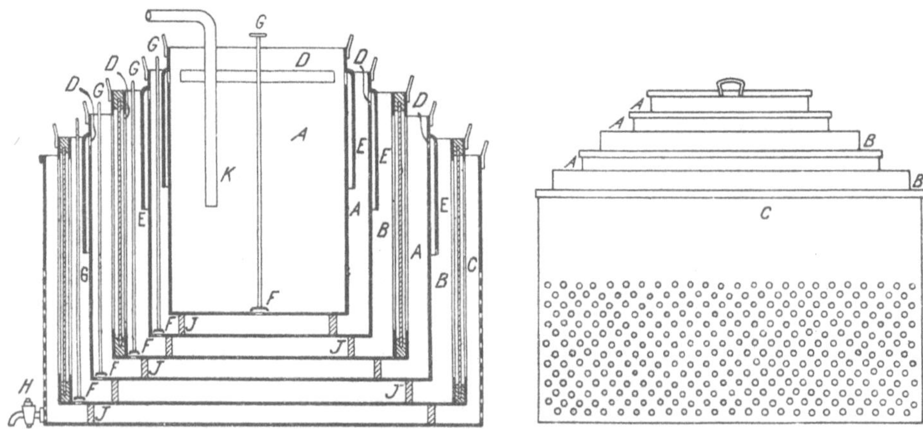

Fig. 297 a Fig. 297 b

Fig. 297 a und b. Filter nach Schneider.

Die Filtrierkasten *B* und die Dekantierkasten *A* sind mit Ventilen *F* versehen, welche durch Ventilstangen *G* geöffnet und geschlossen werden können; der Siebkasten besitzt einen Ablaßhahn *H*. Der Apparat wirkt auf folgende Weise:

Der Siebkasten *C* wird über einen Behälter, in welchem die geklärte Flüssigkeit gesammelt werden soll, gehängt und in ihm die Dekantierkasten *A* und Filterkasten *B* auf Unterleisten *J* eingesetzt. Die zu klärende Flüssigkeit wird dann in den innersten Dekantierkasten *A* zugeführt, geht durch die Schlitze *D* in den zweiten Kasten *A* und von diesem aus in den Filterkasten *B*, wo sie die mit Filterstoff bespannten Wände desselben durchdringt. Hierauf gelangt das Öl wiederum in einen Dekantierkasten, von hier in einen Filterkasten und kommt endlich in den Siebkasten *C*, durch dessen Löcher die klare Flüssigkeit abläuft.

Beim Schneiderschen Filter benutzt man also neben der Filtration auch die Dekantierung (Klären durch Absetzen) zur Klärung der Öle.

Filter von Wider.

P. Wider[2]) empfiehlt ein Filter zum Reinigen von Ölen und Fetten, bei dem das Gut zum oftmaligen Durchlaufen bzw. Berühren des Filter-

[1]) Schädler, Technologie der Fette u. Öle, 2. Aufl., Leipzig 1892, S. 834; D. R. P. Nr. 17275.

[2]) D. R. P. Nr. 80812 v. 14. Aug. 1894.

tuches dadurch genötigt wird, daß das Tuch über ein treppenförmiges Gestell gespannt ist, dessen Stufen sich in der Vertikalprojektion zum Teil überdecken. Das Filtertuch wird durch Stäbe in die Zwischenräume der Stufen hineingezogen, so daß es eine Zickzackform annimmt.

Die Zahl der vorgeschlagenen Ölfilter ist übrigens enorm; sie bezwecken hauptsächlich die Klärung von gebrauchtem Schmieröl und weichen in ihrer Konstruktion nur unwesentlich voneinander ab, so daß auf deren namentliche Anführung und Beschreibung leicht verzichtet werden kann[3]). Um so größere Wichtigkeit kommt daher der Filterpresse zu, welche als die meist gebrauchte und praktischeste Filtervorrichtung angesehen werden kann. Filterpresse.

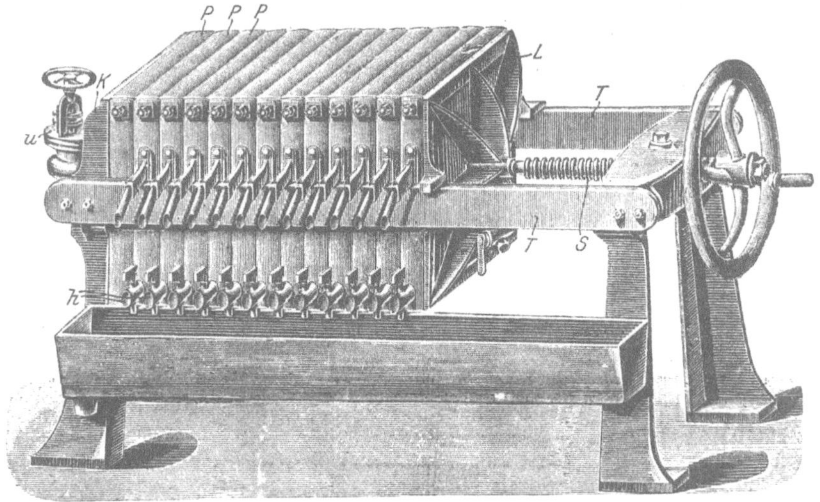

Fig. 298. Filterpresse.

Die Filterpresse (Fig. 298) besteht aus einem System passend geformter Platten *P* besonderer Konstruktion, die zwischen zwei starken Kopf- oder Endstücken (*K* und *L*) eingeschaltet und mit Filtertüchern überzogen werden. Die eine der Kopfplatten (*K*) steht fest, die andere (*L*) ist beweglich und läßt sich (wie auch

[1]) Vergl. die D. R. P. Nr. 36782 u. Nr. 39951 (Rieck); Nr. 39767 (Materne); Nr. 43997 (Streitz); Nr. 54046, Nr. 55299 u. Nr. 56582 (A. Köllner); Nr. 62316 (Deuss); Nr. 68260 (Nordtmeyer); Nr. 68371 (R. Schmidt); Nr. 69781 (E. Skoryna); Nr. 69444 (v. Thomassen); Nr. 67758 u. 72756 (Berk); Nr. 70968 (Noppel, Grosche u. Tack); Nr. 73800 (Bouvier); Nr. 82295 (Brückner): Nr. 83907 (Tong u. Wood); Nr. 90044 (Gerhardt); Nr. 108553 (Klingenberg); Nr. 109880 (Siegel); Nr. 110882 (Vogelsang); Nr. 112395 (Hanspach); Nr. 117866 (The Reeves Patentfilters Company); Nr. 150482 (Neurary) sowie die österr. Patente Nr. 2387 v. 10. Okt. 1900 u. Nr. 6764 v. 10. Febr. 1902 (A. Mészáros); Nr. 624 v. 25. Nov. 1899 (Jakob Müller); Nr. 2744 v. 26. Nov. 1900 (Aug. Heyne); Nr. 3169 v. 25. Jan. 1901 (Max u. Geza Geiger); Nr. 6241 v. 27. Dez. 1901 (Bernhard Meyer); Nr. 8166 v. 10. Juli 1902 (Wilh. Zell).

die Filterplatten) auf zwei kräftigen Tragschienen T verschieben. Das ganze System kann mittels einer starken Druckspindel S oder einer sonstigen Vorrichtung fest zusammengeschraubt werden und bildet, dank der eigenartigen Konstruktion der Zwischenplatten, eine größere Anzahl nebeneinander gereihter, gut abgedichteter, untereinander kommunizierender Räume, bei denen die bereits erwähnten Filtertücher die Abdichtung besorgen. Die zu filtrierende Flüssigkeit strömt durch das Ventil u in das Plattensystem, durchdringt infolge des auf die Flüssigkeit ausgeübten Druckes die Filtertücher, an welchen der Schmutz und die sonstigen festen oder schleimigen Verunreinigungen hängen bleiben, und die klare Flüssigkeit läuft durch die Hähne h ab.

Je nach der Art, wie die zwischen den Filterplatten befindlichen Hohlräume gebildet werden, spricht man von Kammer- und von Rahmen-Filterpressen.

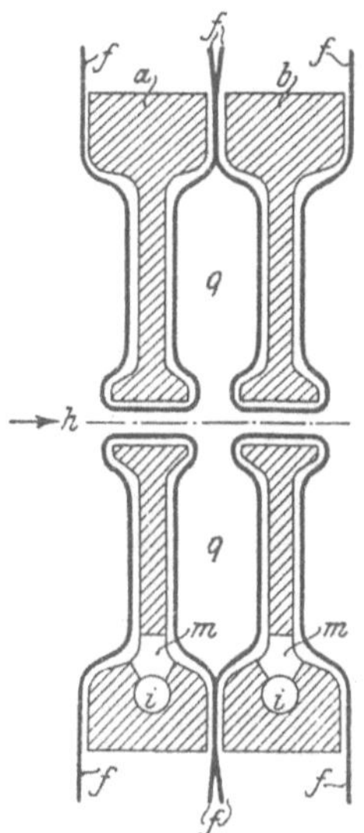

Fig. 299.
Prinzip der Kammerfilterpresse.

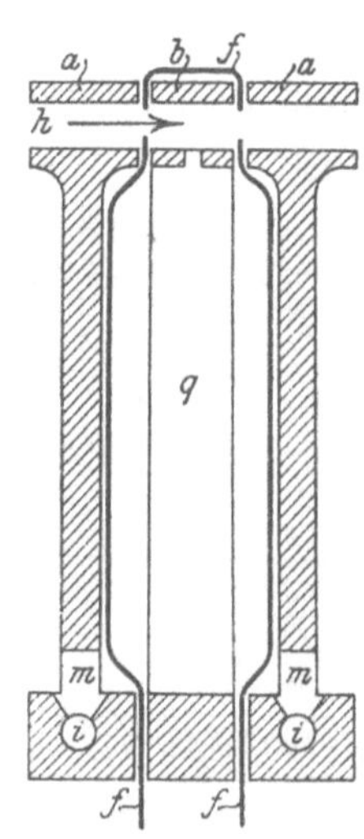

Fig. 300.
Prinzip der Rahmenfilterpresse.

Bei den Kammerfiltern (Fig. 299) werden die einzelnen Filterräume q zwischen je zwei Platten durch kastenförmige Austiefungen der Platten a und b gebildet. Die durch h einströmende Flüssigkeit durchdringt von dem Raume q aus die Filtertücher f und findet bei den Öffnungen m und i Gelegenheit zum Austritt.

Bei den Rahmenfiltern (Fig. 300) kommt die durch h zulaufende Flüssigkeit in den durch den Rahmen b gebildeten Hohlraum q, um von hier nach Durchdringung des Filtertuches f bei m und i auszutreten.

Die Filtrationsrückstände sammeln sich in der Kammer q (Fig. 299) oder innerhalb des Hohlraumes q des Rahmens b (Fig. 300) an.

Die Kammerfilterpressen eignen sich für die Filtration solcher Flüssigkeiten, welche wenig Rückstände bilden, die Rahmenfilterpressen dagegen mehr für jene Zwecke, wo es sich um einen größeren Prozentsatz von Rückständen handelt oder wo diese besonders kompakt sind.

Die Ölfabrikation wählt daher fast ausschließlich Kammerpressen, während die Stearinindustrie zur Oleinfiltration mit Vorteil Rahmenpressen benutzt (siehe Band 3).

Die Kammerpressen dichten gut ab, da immer zwei Filtertücher zusammenstoßen, und kann bei denselben die Eintrittsöffnung so groß gemacht werden, daß ein Verstopfen ausgeschlossen ist. Die Abdichtung der Filtertücher an der Eintrittsöffnung der Platte geschieht entweder durch Verschraubung oder aber so, daß man zwei Filtertücher mittels einer sogenannten „Hose“ verbindet und dieses Doppelfiltertuch (Fig. 301) durch die zu diesem Zwecke möglichst groß dimensionierte Eintritts-

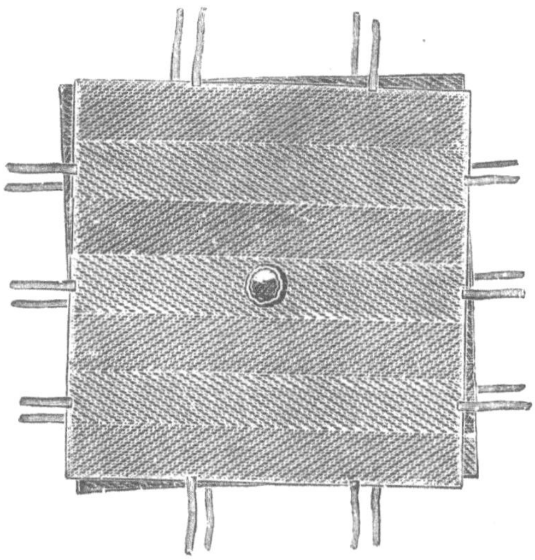

Fig. 301. Doppelfiltertuch.

öffnung zieht. Die Montierung der Tücher bei den Kammerpressen ist daher immer etwas zeitraubend, dafür geht aber die sonstige Arbeit sehr glatt vor sich.

Bei Rahmenfilterpressen, wo zwischen je zwei Filtertuchflächen ein Rahmen liegt, ist die Abdichtung nicht so exakt wie bei den Kammerpressen und muß hier vor allem die Abdichtungsfläche der Rahmen sehr sauber gehalten werden. Die Befestigung des Tuches ist dafür äußerst einfach: es wird bloß um die Filterplatte gelegt, die Abdichtung bei den stets seitlich gelegenen Eintrittsöffnungen besorgt der genau auf die Platte anpassende Rahmen (siehe Fig. 300).

Das Zusammenpressen der einzelnen Filterplatten kann durch Hebel, Schrauben oder durch hydraulischen Druck geschehen und richtet sich die Auswahl dieser Vorrichtungen nach der Größe der Presse.

Verschluß der Filterpresse.

Bei den Filterpressen mit Filterplatten von 700—1000 mm Seitenlänge ist der Schraubenverschluß (Fig. 302) am gebräuchlichsten und gibt es davon vielerlei Ausführungsformen, die zum Teil das etwas langwierige

Fig. 302. Filterpresse mit Schraubenverschluß.

Aufschrauben der Presse beim Putzen durch Einsetzen von Zwischenstücken, drehbaren Schraubenspindeln (Patent Dehne, siehe Fig. 303) usw. zu vereinfachen suchen.

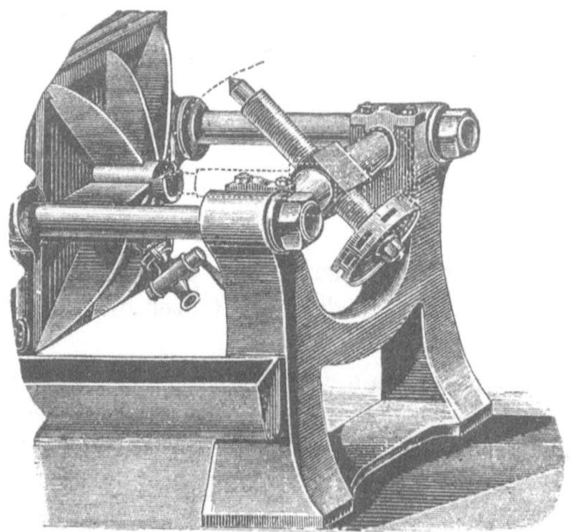

Fig. 303. Filterpressenverschluß (Patent Dehne).

Für größere Filterpressen verwendet man den sogenannten Hebelverschluß und für die allergrößten den hydraulischen; letzteren besonders bei den sogenannten Mammutfiltern, die sich entweder durch sehr groß dimensionierte Filterflächen oder durch eine sehr bedeutende Anzahl von Filterplatten auszeichnen. Filterplatten von über 1000 mm Seitenlänge lassen sich nur schwer vollständig abdichten und werden daher in Ölfabriken fast nie angewendet. Filterpressen von 600—700 mm Seitenlänge der Platten sind am gebräuchlichsten und geht man selten über eine Plattenanzahl von 40 hinaus. Anders in Amerika, wo man in Kottonölfabriken auch Filterpressen bis zu 240 Platten kennt.

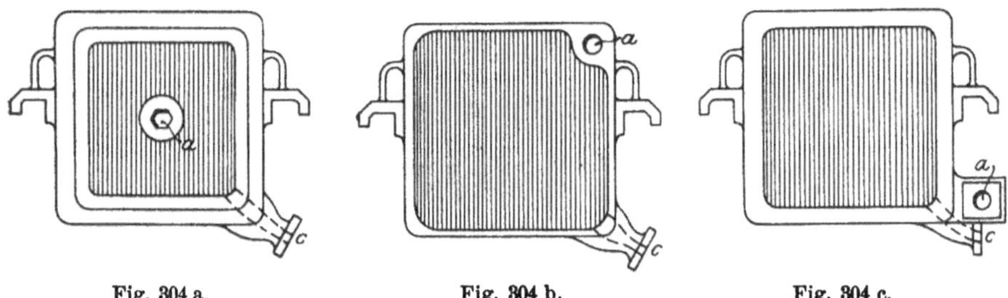

Fig. 304 a. Fig. 304 b. Fig. 304 c.

Fig. 304 a, b und c. Filterpressenplatten.
a = Einströmungsöffnung, b = Auslauf.

Konstruktion der Filterplatten.

An den Filterpreßplatten unterscheidet man die Öffnung zur Einführung der zu filtrierenden Flüssigkeit und die Austrittsöffnung für das Filtrat, eventuell auch noch die Kommunikationsöffnungen der Wärm- und Kühlvorrichtung und der Auslaugung.

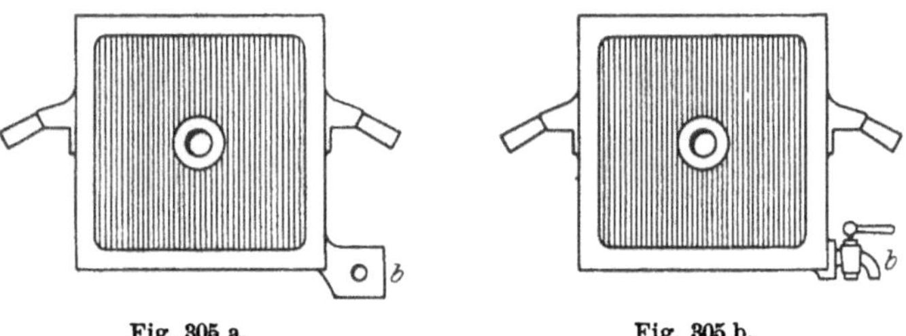

Fig. 305 a. Fig. 305 b.

Fig. 305 a und b. Filterpressenplatten.
b = Auslauf.

Die Einführungsöffnung *a* (Fig. 304) kann in der Mitte, in der Ecke der Filterplatte oder auch außerhalb der eigentlichen Filterfläche in einer an die Filterplatte angegossenen Lasche liegen.

Die Austrittsöffnung *b* (Fig. 305) für das Filtrat kann entweder einen geschlossenen Kanal bilden, es kann jede Platte einen offenen Auslauf haben oder jeder Plattenauslauf durch einen Hahn abstellbar sein, so daß jede einzelne Platte nach Belieben außer Betrieb gesetzt zu werden vermag. Die letzte Gattung trifft man am häufigsten an, weil sie die sofortige Ausschaltung jeder einzelnen Filterplatte beim Schadhaftwerden eines Filtertuches gestattet. Um dem Übelstande abzuhelfen, daß beim Reißen eines Tuches das trübauslaufende Öl einer Kammer das ganze Filtrat der Presse verunreinige, hat W. Wehrspann[1]) eine besondere Konstruktion erdacht, durch welche das trübe Öl gesondert abgeführt wird.

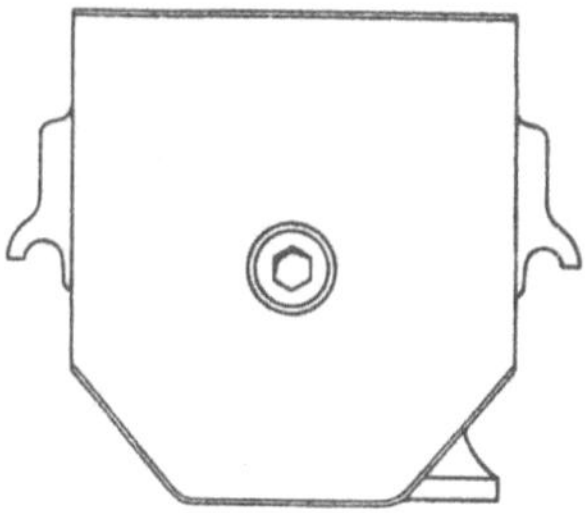

Fig. 306 a. Eckige Filterplatte.

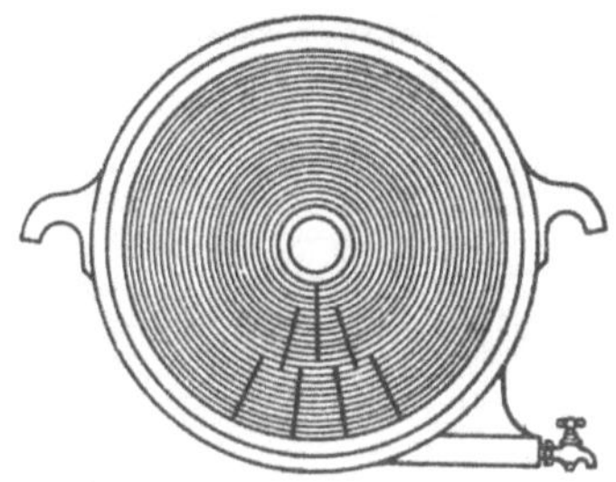

Fig. 306 b. Runde Filterplatte.

Die Filterplatten sind, wie die ganze Filterpresse, zumeist aus Gußeisen. Handelt es sich aber um die Filtration von Stoffen, die Eisen angreifen, so gebraucht man Material, welches den betreffenden Flüssigkeiten widersteht. Auf diese Art kommt man zu Filterplatten aus Holz, Bronze, Hartblei und zu Eisenplatten, die mit Zinn, Hartgummi usw. überzogen sind.

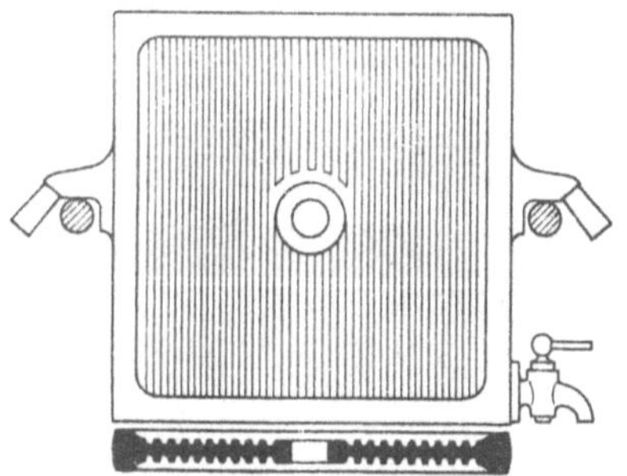

Fig. 307 a.
Parallel gewellte Filterplatte.

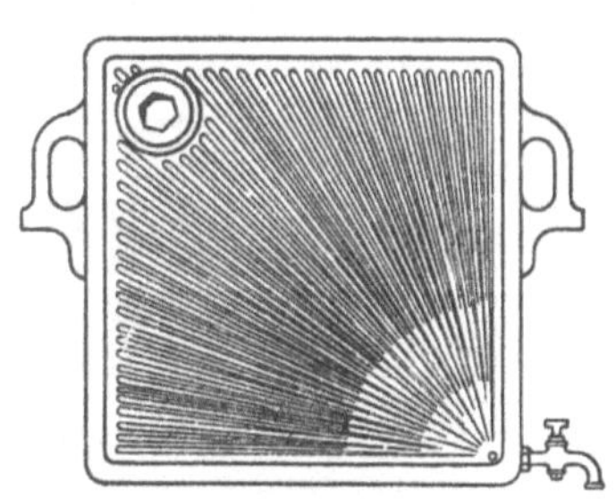

Fig. 307 b.
Gewellte Filterplatte.

Form der Platten.

Die Filterplatten haben sehr verschiedene Formen; die quadratische herrscht vor, doch trifft man auch vielfach rechteckige oder runde Filterplatten (Fig. 306).

Die Oberfläche der Platten ist gewellt, welche Kannelierungen entweder parallel (Fig. 307 a) oder in der Richtung zum Auslaufe verlaufen (Fig. 307 b) und sowohl die Filtration als auch das Abfließen des gefilterten Öles wesentlich erleichtern.

---

[1]) D. R. P. Nr. 117867.

Zur Schonung der Filtertücher, welche durch diese Unebenheiten der Filterplatten infolge des Betriebes und hauptsächlich infolge des Putzens leichter verschleißen, versieht man die eisernen gewellten Platten häufig mit gelochten Blechen (Fig. 308)[1]), die ein glattes Anlegen der Filtertücher gestatten.

Je höher der Druck ist, mit dem die zu filtrierende Flüssigkeit gegen die Filterwand gepreßt wird, um so weniger wird der Filtrationsrückstand an Flüssigkeit zurückbehalten. Damit selbst dieser Rest nicht verloren gehe, hat man auch Filterpressen konstruiert, welche ein Auslaugen (Extrahieren) des Rückstandes nach beendigter Filtration zulassen. Solche Filter mit Auslaugevorrichtung sind in der Öl- und Fettindustrie nur wenig gebräuchlich; sie finden weiter unten bei Besprechung der Aufarbeitung der Raffinations- und Bleichrückstände (Seite 666) nochmals flüchtige Erwähnung. **Filterpressen mit Auslaugung,**

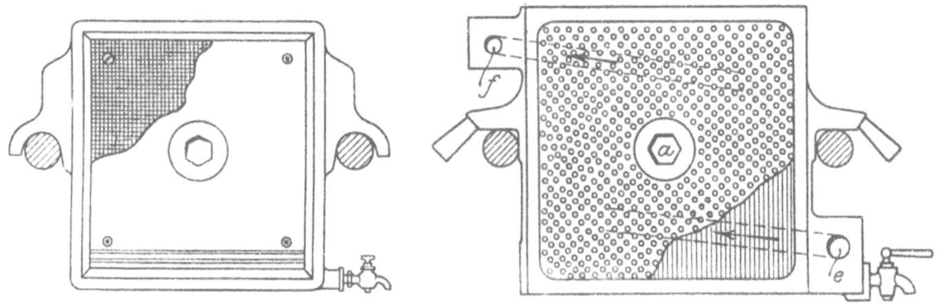

Fig. 308. Filterplatte mit Schutzblech.

Fig. 309. Filterplatte mit Dampfheizung. a = Flüssigkeitszulauf. e = Dampfeintritt, f = Dampfaustritt.

mit Heiz- oder Kühlvorrichtung. Um auch Fette und Wachse filtrieren zu können, die bei gewöhnlicher Temperatur fest sind, muß man Filterpressen mit heizbaren Platten benutzen. In diese Platten sind entweder Kanäle eingegossen oder Schlangen eingelegt, durch welche Dampf oder heißes Wasser zirkuliert (Fig. 309). Durch Anwendung von kaltem Wasser oder Kältemischungen kann man mit solchen Filtern auch bei beliebig niedriger Temperatur filtrieren. Geheizte Filter sind in der Stearin- und Wachsindustrie, in der Fabrikation von Sheabutter, Ilippéfett und anderen festen Fetten in Verwendung; gekühlte Pressen werden bei der Erzeugung kältebeständiger Trane und Öle mit Erfolg gebraucht.

Dreikammerpresse. Endlich kennt man noch Filterpressen, die statt des Filtertuches Schichten anderen Materials besitzen (Dreikammerpresse). Die Einrichtung dieses Filters, bei welchem die Filtermasse in besonderen Rahmen im Filter selbst gebildet wird, sei durch umstehende zwei Skizzen erklärlich gemacht (Fig. 310).

---

[1]) In Fig. 308 sind die Wellungen der Filterplatte nicht angedeutet; das nur im linken oberen Eck gezeichnete perforierte Schutzblech ist durch 4 Schrauben an der Filterplatte befestigt.

Zwischen je zwei Rahmen *a* befindet sich je eine Platte *c*, während an der anderen Seite der Rahmen *a* die Platten *b* liegen (Fig. 310a). Sowohl diese Platten *b* als auch die Platten *c* dienen zur Ableitung der bei der Herstellung der Filtermasse frei werdenden Flüssigkeit. Das Filtermaterial, Sand, Kohle usw., tritt in breiigem Zustande oben in die Rahmen *a* ein und gestaltet sich innerhalb desselben zu einem festen Kuchen, während die Flüssigkeit an den Kannelierungen der benachbarten Platten *b* und *c* abfließt.

Ist die Filterschicht in dem Rahmen *a* auf diese Weise gebildet, so werden die Platten *c* aus der Presse gehoben und an deren Stelle die Rahmen *d* eingehängt, während die Rahmen *a* und die Platten *b* an ihren bisherigen Plätzen verbleiben (Fig. 310b).

Das Filtrat tritt nun oben bei *d* ein, durchdringt den rechts und links liegenden, mit Sand, Kohle usw. gefüllten Filterrahmen *a* und fließt vollständig geklärt aus dem Hahne der Platte *b* ab.

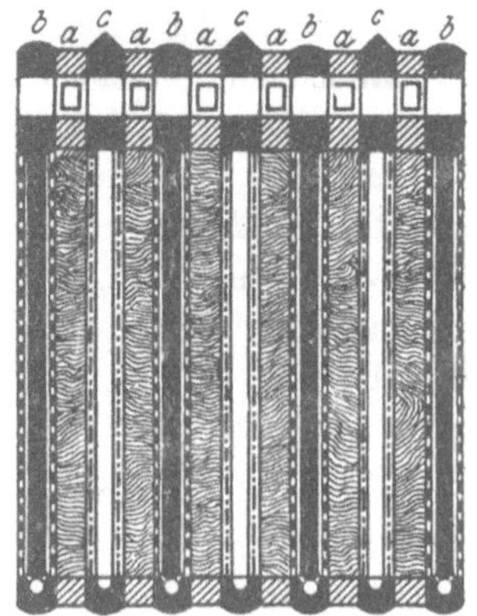

Fig. 310 a.

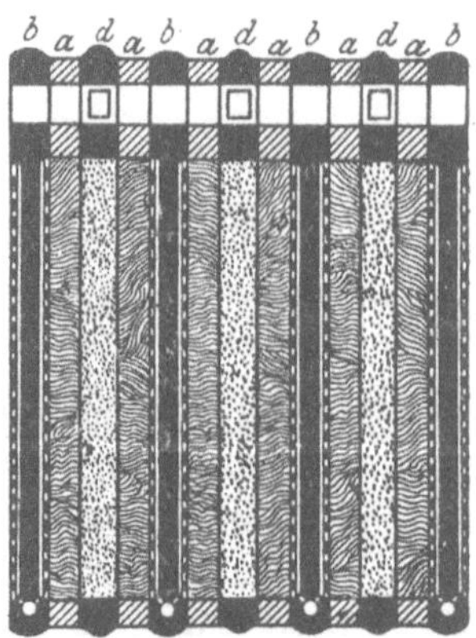

Fig. 310 b.

Fig. 310 a und b.
Dehnes Dreikammerfilterpresse.

Diese Filter können zum Bleichen von Ölen und Fetten mittels Bleichpulver gebraucht werden und sind wohl auch für diesen Zweck schon versucht worden. Die Herstellung der Filtermassen in den Rahmen hat aber ihre Schwierigkeit und erfordert die Aufschlämmung des Filtermaterials in irgend einem Öl, Benzin usw., was im Betriebe teils zu umständlich, teils zu teuer kommt.

Die den Filterpressen zugebrachte Flüssigkeit muß unter einem gewissen Drucke stehen, wenn sie die Filtertücher durchdringen soll, welcher Betriebsdruck auf verschiedene Weise erreicht werden kann; am einfachsten und sichersten ist die

Filtration durch Höhendruck.

Filtration durch Höhendruck.

Bei derselben liegt das die zu filtrierende Masse beherbergende Reservoir um wenigstens 4 m höher als der Einlauf der Filterpresse. Der durch solchen Höhenunterschied erzeugte Flüssigkeitsdruck genügt für eine einfache Filtration, doch sind Höhendifferenzen von ungefähr 10 Metern angezeigt. Viele Ölfabriken bringen ihre Reservoirs für ungefilterte Öle im obersten Stockwerk oder im Bodenraume unter und verteilen das Öl von einer Zentralleitung aus in die manchmal an verschiedenen Orten untergebrachten Filter. Die Filtration durch Höhendruck hat auch den großen Vorteil, daß der Druck auf die Filterfläche konstant ist und die Filtration ohne jede Störung ganz selbsttätig erfolgt.

Bei der

Filtration mittels Pumpendruck

Filtration durch Pumpendruck.

kann das Öl direkt von den Auffanggefäßen weg zu den Filterpressen gebracht werden. Die Pumpe, welche die Flüssigkeit gegen das Filter drückt, muß eine Druckregulierungsvorrichtung haben, welche verhindert, daß der Druck über ein gewisses Maximum ansteigt. Trifft man eine solche Sicherheitsvorkehrung nicht, so kann der Flüssigkeitsdruck in der Filterpresse leicht eine Höhe erreichen, welche das Bersten der Filtertücher oder selbst einen Bruch der Filterpreßplatten zur Folge hat. Die Filterpressen haben daher zur Verhinderung eines zu hoch ansteigenden Druckes in ihrer Druckleitung ein Sicherheitsventil eingeschaltet, welches dem überschüssig angepumpten Flüssigkeitsquantum den Austritt gestattet; letzterer erfolgt in der Regel so, daß die Flüssigkeit wieder in das Ölreservoir oder in das Saugrohr der Pumpe zurückgebracht wird.

Die Filtration mittels Pumpen hat den Nachteil des ruckweisen Arbeitens. Jeder Kolbenstoß macht sich auf jedem einzelnen Filtertuche geltend und bei diesem stoßweisen Arbeiten rutscht viel leichter Schmutz durch die Poren des Filtertuches als bei dem gleichbleibenden, ruhigen Drucke der Filtration durch Höhendruck. Eine Einschaltung sogenannter Windkessel in die Druckleitung der Pumpe verringert zwar die Stoßwirkung merklich, hebt sie aber nicht gänzlich auf. Die

Filtration durch pneumatischen Druck

arbeitet ebenso gleichmäßig wie die durch Höhenunterschied bewirkte, nur erfordert sie eine etwas kompliziertere Anlage. Aus Fig. 311 ist der Arbeitsgang ersichtlich.

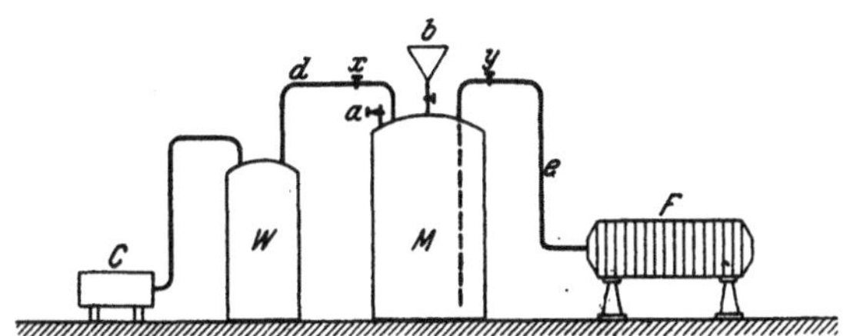

Fig. 311. Filtration mittels pneumatischen Druckes.

Das durch das Füllrohr *b* zu beschickende Monte-jus *M* steht durch das Rohr *e* mit der Filterpresse *F* in Verbindung und erhält durch *d* vom Kompressor *C* resp. Windkessel *W* pneumatischen Druck.

Die Beschickung des Monte-jus *M* erfolgt bei geöffnetem Luftrohr *a*; ist genügend Flüssigkeit in *M*, so wird *a* sowie der Hahn bei *b* geschlossen und die Ventile *x* und *y* geöffnet, dadurch die durch den Kompressor früher im Windkessel *W* aufgespeicherte Druckluft in das Monte-jus gelassen und die in selbem befindliche Flüssigkeit durch *e* zur Filterpresse *F* gedrückt.

Endlich kann man sich auch den Fall denken, daß dem Filter nicht eine unter Druck stehende Flüssigkeit zugeführt, sondern daß diese durch die Filter gesaugt wird, wobei man zur

Saugfiltration

kommt. Bei der Filterpresse ist ein solches Absaugen (Abnutschen) nicht in Anwendung, wohl aber bei einigen anderen Filtervorrichtungen. (Vakuum-, Saug- oder Nutschfilter.)

Saugfilter. Die Vakuumfilter (Nutschapparate, Saug- oder Extraktionsfilter, Fig. 312) bestehen aus einem offenen Oberkasten *A*, welcher die zu filtrierende Masse aufnimmt, und einem allseits luftdicht geschlossenen Unterkasten *B*, beide getrennt durch einen Rost *e*, welcher auf einem gelochten Blech das Filtertuch trägt.

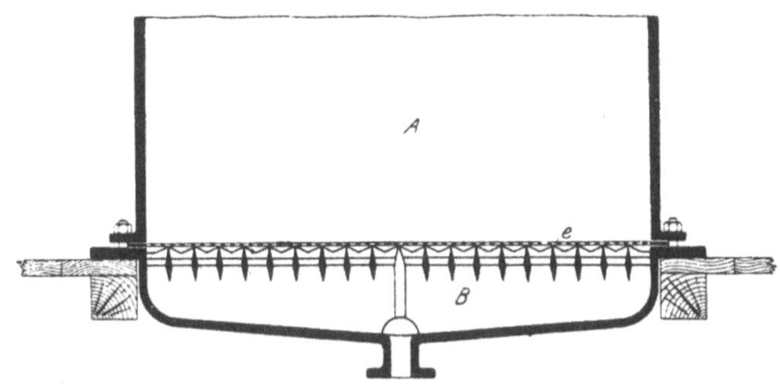

Eig. 312. Nutschfilter.

Wird aus dem Unterkasten die Luft abgesaugt, so drückt der auf der im Oberkasten befindlichen Masse lastende Atmosphärendruck die Flüssigkeit durch das Filtertuch und die festen Verunreinigungen des Öles sammeln sich auf letzterem an. Je nachdem man den Unterkasten größer oder kleiner dimensioniert, kann man ihn entweder direkt als Sammelgefäß für das Filtrat benutzen oder ihn in Verbindung mit einem separaten zur Ölaufnahme dienenden Sammelreservoir bringen, welches natürlich auch luftdicht abgeschlossen sein und mit der Luftpumpe in Verbindung stehen muß.

Saugvorrichtungen. Das Vakuum kann entweder durch eine Luftpumpe oder auch durch einen injektorartigen Luftsaugeapparat erzeugt werden. Diese Luftsaugeapparate (System Körting) werden in der in Fig. 313 gezeigten Art und Weise verwendet.

Das zu filtrierende Produkt wird auf den mit einem Filtertuche bekleideten Rost *B* gebracht, hierauf das Dampfventil *D* geöffnet, wobei der durch *a* nach *L* entweichende Dampf seitlich Luft ansaugt und dadurch in *C* eine Luftverdünnung hervorruft, welche eine Filtration der in *B* befindlichen Flüssigkeit bewirkt. Das Filtrat wird bei *H* abgelassen.

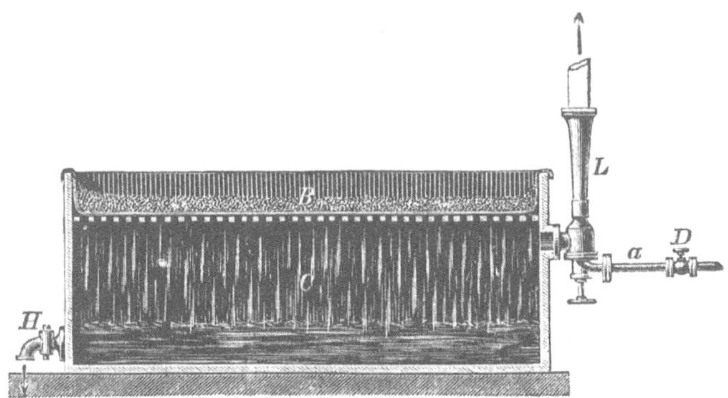

Fig. 313. Nutschfilter mit Luftsaugapparat.

Derartige Nutschfilter eignen sich besonders für dickflüssige Öle, Firnisse und schlammartige Massen, die durch Pumpen- oder Höhendruck nicht gut zugebracht werden können; auch eine Abtrennung der in Filterrückständen und ähnlichen halbfesten Produkten enthaltenen Flüssigkeitsreste kann man durch Nutschfilter erzielen.

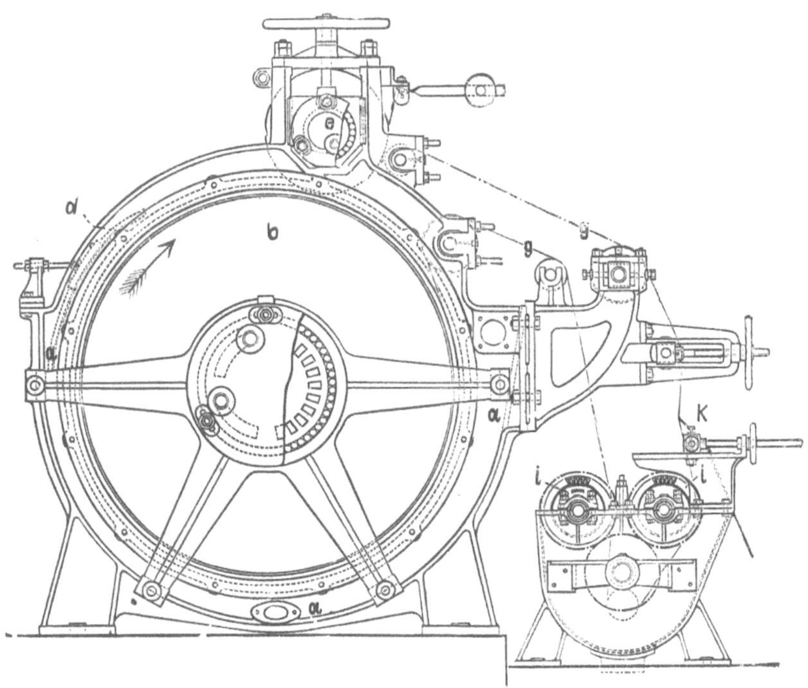

Fig. 314. Separator von Hencke.

Separator Hencke.

Ein ähnlich den Nutschfiltern wirkender Apparat ist der von der Fürstl. Stolbergschen Maschinenfabrik in Magdeburg ausgeführte Separator (Patent Hencke). Dieser Apparat, der zurzeit in der Ölindustrie zwar noch keinen Eingang gefunden hat, verdient die Beachtung der Interessenten; er dürfte zur Gewinnung des Öles aus Ölsatz, vielleicht auch zur Filtration von Ölen an Stelle der Filterpresse, mit Vorteil angewandt werden können.

Der Separator (Fig. 314) besteht im wesentlichen aus einem rotierenden, am Umfang durchlässigen Zylinder *b*, über welchem ein endloses Seihertuch *g* läuft. Dieser Zylinder *b* wird während des Betriebes evakuiert und hängt mit der unteren Hälfte exzentrisch in einem Blechtrog *a*. Das zu behandelnde Material wird in den Trog *a* gebracht, durch welchen sich das endlose Tuch ununterbrochen bewegt und dabei mit einer Schicht des Materials belegt. Die Stärke dieser Schicht wird bei dünnflüssigen Produkten durch deren Viskosität bestimmt, bei dicken oder halbfesten Stoffen durch die Stellvorrichtung *d* reguliert. Während das mit dem Material bedeckte Filtertuch den oberen Teil des Zylinders *b* passiert, wird durch das in dem Zylinder herrschende Vakuum kontinuierlich Flüssigkeit abgesaugt. Der auf dem Filtertuche verbleibende, zum größten Teil von Flüssigkeit befreite Rückstand passiert noch die oberhalb des Zylinders rotierende evakuierte Preß- und Saugwalze *e*, welche noch weitere Flüssigkeitsmengen entfernt. Durch die Schabvorrichtung *k* wird sodann der auf dem Filtertuch verbleibende Rückstand abgestrichen und das Filtertuch durch zwei in einem mit einer passenden Flüssigkeit gefüllten Troge rotierende Bürstenwalzen *i i* gereinigt. Bei der Filtration fetter Materialien müßte für diesen letzteren Zweck ein Teil des gefilterten Öles verwendet werden (Auflockerung der durch den Abstreifer *h* eventuell verstopften Gewebsmaschen).

Der Separator, welcher in Fig. 315 auch perspektivisch vorgeführt wird, arbeitet vollkommen automatisch, erspart das lästige Austauschen der Filtertücher, wie es bei den Filterpressen notwendig ist, und gestattet ein ziemlich langes Arbeiten mit ein und demselben Filtertuch, bevor dieses gewaschen werden muß. Bei dünnflüssigen Ölen ist leider die an dem Seihertuch haften bleibende Schicht zu gering und macht die Leistung des Separators unbefriedigend.

Leistungen der Filter.

Die Leistungen aller bisher besprochenen Filtervorrichtungen hängen — wie schon Seite 595 bemerkt wurde — ab:

1. von der Größe der Filterfläche,
2. vom Druck, mit welchem die Flüssigkeit gegen das Filtermaterial gepreßt wird,
3. von der Beschaffenheit des Filterstoffes,
4. von der Viskosität der zu filtrierenden Flüssigkeit.

Filterfläche.

Die größte Filterfläche auf kleinstem Raume bietet die Filterpresse, weshalb diese, was Leistung anbelangt, obenan steht.

Druck.

Der größte Druck der zu filtrierenden Flüssigkeit gegen das Filtermaterial kann durch Pumpendruck erreicht werden. Der Höhendruck wird selten über 1 Atmosphäre betragen, weil es schwer fällt, Höhendifferenzen über 10 m zu schaffen; beim Vakuumfilter ist ebenfalls ein Druck unter 1 Atmosphäre vorhanden, der pneumatische Druck bewegt sich zumeist

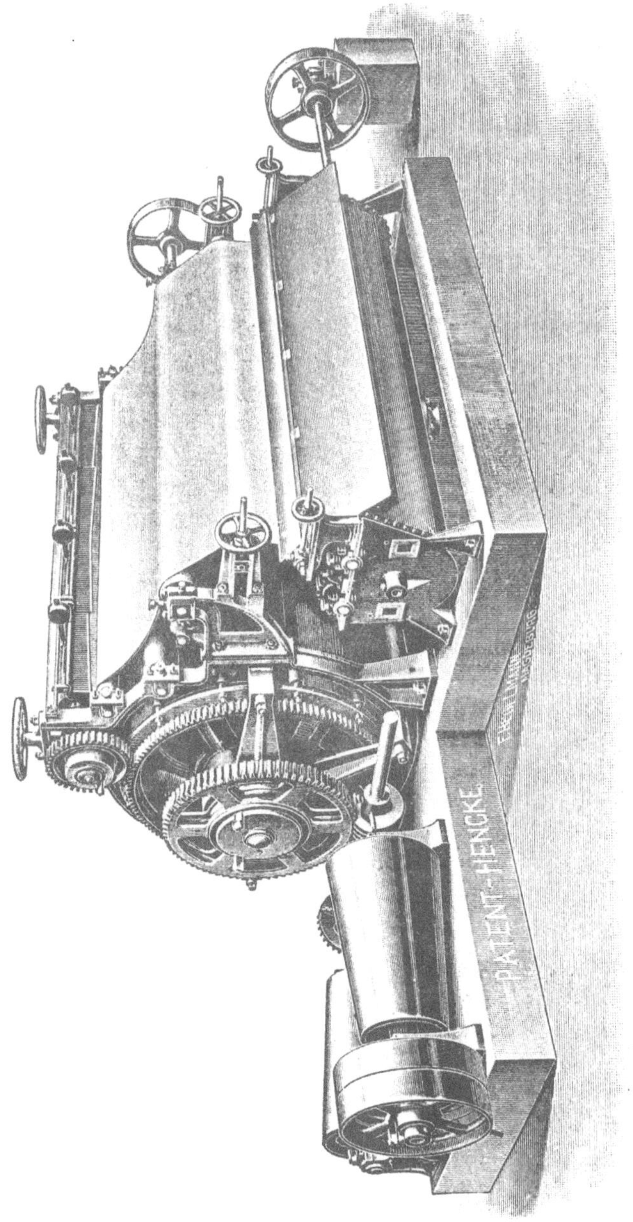

Fig. 315. Separator von Hencke.

unter 2 Atmosphären, nur die Pumpenzuführung arbeitet manchmal über diesen Druck hinaus.

Der vielleicht nicht ganz glücklich gewählte Name Filterpresse, welcher bei Laien leicht falsche Vorstellungen erweckt, besagt schon, daß dieselbe eine gewisse Pressung (Druck) aushält; bei keiner zweiten Filtervorrichtung kann man mit einer solchen Pression arbeiten wie bei Filterpressen, was derselben abermals einen großen Vorsprung betreffs Leistungsfähigkeit vor allen anderen Filtervorrichtungen gibt.

Filtermedium.

Die Beschaffenheit des Filtermediums ist ein weiterer auf die Leistung der Filter Einfluß nehmender Faktor. Das Filtermaterial besteht aus Geweben von Wolle, Baumwolle, Leinen usw., aus Papier, Sand, Schlacke u. dgl.

Bei den Geweben hängt die Durchlässigkeit von der Art der Faser, der Dicke derselben und der Webeart des Stoffes ab.

Papier[1]) ist nur in ungeleimtem Zustande (Filterpapier) zu gebrauchen und müssen auch ziemlich starke Sorten verwendet werden, sonst erfolgt zu leicht ein Reißen. Sand, Schlacke und ähnliche Filtermaterialien werden in der Ölindustrie nur selten angewendet.

Das Filtermaterial muß entsprechend dicht sein, damit es keinerlei Verunreinigungen durchlasse, andererseits aber wieder porös, um eine leichte Filtration zu ermöglichen. Anfangs schlüpfen wohl einige Schmutzteile durch die Poren des Filtermediums; nach kurzer Dauer der Filtration verlegen sich aber diese Poren und das Filtrat läuft vollkommen klar ab. Ist die Oberfläche des Filterstoffes mit einer entsprechend dichten Schicht von Filterrückständen belegt, so hindert diese den weiteren Durchgang von Flüssigkeit und setzt der Filtration ein Ende. Bei Geweben kann nach einfachem Putzen des Filtertuches (Abschaben des Filterrückstandes) die Filtration von neuem begonnen werden. Nach mehrmaliger Wiederholung dieses Putzens wäscht man die Filtertücher und verwendet die gereinigten Gewebe so lange, bis infolge der durch das Putzen (Abschaben) und Waschen herbeigeführten mechanischen Abnützung Undichtheiten entstanden sind.

Waschmaschine für Filtertücher.

In größeren Fabriken sind neuerer Zeit für das Waschen der Filtertücher eigene Waschmaschinen in Verwendung. Bei denselben (Fig. 316)[2]) wird das zu reinigende Gewebe in einem in einem Troge rotierenden, aus gelochten Blechen gebildeten Zylinder durch Schlagleisten oder an der Zylinderachse angebrachte Schlagarme mechanisch gereinigt.

Eine wiederholte Verwendung der Papierfilter ist ausgeschlossen; sobald die Papierblätter einmal mit Filterrückständen belegt sind und kein Öl mehr durchlassen, müssen sie durch neue ersetzt werden; das ihnen anhaftende Fett wird entweder durch Auspressen oder durch Verseifen mit Lauge zurückgewonnen.

---

[1]) Nach Bonaterre und de Villepoix arbeiten mehrere französische Mohnölfabriken ausschließlich mit Papierfiltern. (Siehe Seite 597.)

[2]) Ausgeführt von A. L. G. Dehne in Halle a. Saale.

Beim Filtrieren durch Sand, Kohlenschlacke usw. ist die Feinkörnigkeit und die Oberflächenbeschaffenheit des Materials für die Qualität und Menge des Filtrats ausschlaggebend.

Hoch viskose Flüssigkeiten filtrieren naturgemäß langsamer als dünnflüssige; es liegt daher nahe, die Dickflüssigkeit mancher Öle vor dem Filtrieren durch Anwärmen zu vermindern und so deren Filtration zu beschleunigen. Wenn aber die bei gewöhnlicher Temperatur feste Beschaffenheit von Fettstoffen nicht geradezu ein vorheriges Anwärmen, d. h. hier Flüssigmachen gebietet, soll man die Filtration nie bei über 20° C gelegener Temperatur vornehmen. Warm filtrierte Öle verlassen zwar die Filter

Viskosität der Flüssigkeit.

Fig. 316. Waschmaschine für Filtertücher.

spiegelblank, trüben sich aber sehr leicht beim vollständigen Erkalten am Lager, indem sie in der Wärme gelöst gebliebene Schleimstoffe und andere Verunreinigungen ausscheiden.

Benz[1]) hat nachgewiesen, daß die Ausscheidung der anwesenden Gesamtmenge dieser Verunreinigungen bei Temperaturen von 5—35° C erst in 4 Wochen freiwillig erfolgt und daß auch nach dieser Zeit noch weitere Ausscheidungen stattfinden können. Als die Ursache dieser Ausscheidungen nimmt Benz gärungsähnliche Vorgänge an[2]). Er empfiehlt zur Erzielung klar bleibender, auch bei Temperaturwechsel nicht brechender Öle ein Ab-

Beobachtungen von Benz.

[1]) Allgem. Chem.-Ztg., 1905, S. 100.

[2]) Das Trübwerden klargefilterter Öle, ein von Ölfabrikanten unangenehm empfundener Übelstand, wird vielfach auch im Öl lebenden Bazillen zugeschrieben. Scheiks will solche sogar in mit Schwefelsäure (!) raffinierten Mineralölen nachgewiesen haben (Neftianoje Djelo, Nr. 7, 1901), worüber Stahl (Chem.-Ztg., 1901, S. 646) in ironisierender Weise berichtet.

kühlen derselben auf 4° C. Hält diese Temperatur wenigstens 24 Stunden an, so werden alle fällbaren Substanzen ausgeschieden und können abfiltriert werden, da sie, einmal ausgefällt, auch bei höheren Temperaturen nur zum kleinsten Teil wieder in Lösung gehen.

Patent Niegemann.

C. Niegemann[1]) hat unabhängig von Benz die gleiche Beobachtung gemacht und sich ein Verfahren patentieren lassen, nach welchem fette Öle, besonders Leinöl, das zur Herstellung von Firnissen und Lacken dienen soll, einer dem Gefrierpunkt des Öles nahekommenden Temperatur ausgesetzt und dann so weit angewärmt werden, daß sie sich filtrieren lassen. Die Filtrationstemperatur muß aber jedenfalls unter dem Nullpunkt liegen.

Die Feuchtigkeit der Öle spielt bei der nachträglichen Trübung übrigens eine wichtige Rolle; wahrscheinlich ist ein, wenn auch noch so geringer, Prozentsatz Wasser notwendig, um die Schleimstoffe in Lösung zu halten und die Gärungserscheinungen auszulösen; durch eine vollständige Entwässerung der Öle kann daher ihrem späteren Brechen (wie man das Trübwerden der Öle nennt) ziemlich vorgebeugt werden.

β) Filtration wasserhaltiger Öle.

Filtration wasserhaltiger Öle.

Will man mit dem Filtrieren von Ölen und Fetten nicht nur eine Entfernung fester und schleimiger Verunreinigungen bezwecken, sondern auch die Entwässerung derselben bewirken, so muß man sich, wie schon oben erwähnt, anderer Filtriervorrichtungen als der bisher besprochenen bedienen. Die Fälle, wo es sich um eine Entwässerung von Ölen handelt, sind sehr häufig. Nicht nur nach allen Raffinationsprozessen der Fette und Öle, mit denen ein Waschen verbunden war, ist eine solche wasserbefreiende Filtration nötig, sie muß häufig auch für Öle angewandt werden, die bereits spiegelklar waren, jedoch durch Einfüllen in nicht ganz trockene Fässer, durch jähe Temperaturunterschiede bei gleichzeitiger hoher Luftfeuchtigkeit und andere Umstände feucht und trüb geworden sind.

Filtermaterialien.

Bei den hierzu verwendeten Filtervorrichtungen wird das zu reinigende Öl durch eine mehr oder weniger dicke Schicht eines Filtermaterials von hygroskopischen Eigenschaften geschickt. Von solchen Materialien sind Leinenfäden, Baumwolle und Werg die am meisten angewandten; weiter kommen auch Sägespäne, getrocknetes Moos und Torf, Ton, Walkerde, Holzkohlenpulver und Ölkuchenmehl in Betracht.

Die pflanzlichen Textilfasern stellen das am längsten bekannte und wohl am meisten verwendete Filtermaterial dieser Art dar; besonders Leinenfäden werden viel gebraucht. Sägespäne geben an das gefilterte Öl etwas Harz ab und verunreinigen so die fertige Ware, Moos und Torf sind wegen der anhaftenden Erde und sonstigen Schmutzes nicht empfehlens-

---

[1]) D. R. P. Nr. 163056 v. 8. März 1904.

wert; Ton und Walkerde sowie Holzkohlenpulver sind dagegen vorzügliche Filtermaterialien, die gleichzeitig auch eine entfärbende Wirkung auf die Öle und Fette ausüben.

Dubrunfaut empfahl Ölkuchen als Entwässerungsmittel für Öle; die hygroskopische Wirkung der Ölkuchen steht außer Zweifel, doch sind sie nur in wenigen Fällen anwendbar, weil sie an das gefilterte Öl zumeist harzige und färbende Stoffe abgeben, die das Öl dunkler machen und verunreinigen.

Arten der Filter.

Bei der Filtration wasserhaltiger Öle und Fette kann man entweder von oben nach abwärts oder auch in umgekehrter Richtung das Öl seinen Weg nehmen lassen. Die zweite Methode ist entschieden die bessere; es wird dabei vermieden, daß sich das Öl falsche Wege bahne und so Partien desselben der Passierung durch das Filtermaterial entgehen.

Auch muß man damit rechnen, daß das mit Feuchtigkeit geschwängerte Filtermaterial Wasser ausscheidet, welches in der Filtermasse allmählich nach abwärts strebt. Bei der Filtration von oben nach abwärts hat dann das gefilterte Öl dieselbe Richtung und kann leicht mit dem Wasser aufs neue verunreinigt werden, während bei der Filtration von unten nach aufwärts das spezifisch schwerere Wasser stets im unteren Teile des Filters bleibt und sich mit dem in entgegengesetzter Richtung bewegenden Öl nicht vermischen kann.

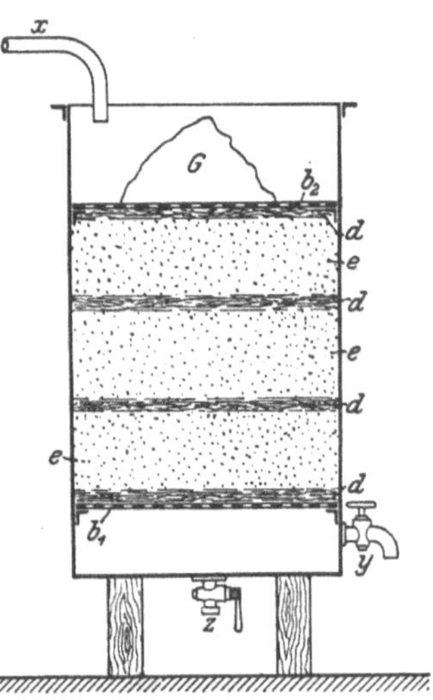

Fig. 317.
Filtration von oben nach abwärts.

Das Zusammenpressen des Filtermaterials und eine möglichst gleichmäßige Dichte desselben ist für eine gute Filtration Hauptbedingung. Wenn es sich um Klärung emulsionsartig getrübter Öle handelt, wie z. B. bei der Filtration frisch raffinierter und eben gewaschener Rüböle, so ist ein recht dicht gelagertes Filtermaterial von ganz besonderem Vorteil, weil die Emulsionen zerstört werden, wenn man sie durch ein entsprechend dichtes Medium hindurchpreßt. Ist ein genügend dichtes Filtermaterial in seiner Wasseraufnahmsfähigkeit erschöpft, zur Absorption weiterer Wassermengen also nicht mehr geeignet, so wirkt es wenigstens emulsionstrennend.

Filtration nach abwärts.

Das primitive Filter von oben nach abwärts ist in Fig. 317 gezeigt. Auf dem siebartig gelochten Doppelboden b_1 des Filtergefäßes wird ein Filtertuch (Leinwandgewebe) gebreitet und darauf eine mehrere Zentimeter starke Schicht von Weidenruten (d); auf diese kommen in einer Höhe von ca. 40—50 cm gleichmäßig verteilte Leinenfäden (e), dann wieder eine Lage Weidenruten, wiederum Leinenfäden usf. bis fast zum Rand des Bottichs. Den Abschluß bildet ein loser, kreisrunder, fast bis an die Peripherie des Bottichs reichender gelochter Eichenholzdeckel b_2, der mit Gewichten, Steinen (G) usw. beschwert wird, um das Filtermaterial zusammenzupressen. Das zu filtrierende Öl fließt bei x zu, durchdringt das Filtermaterial und wird bei y klar abgezogen, während Feuchtigkeit und Schmutz im Filtermaterial zurückbleiben. Ist dieses letztere erschöpft, so läßt man das Filter einen Tag ruhen, wobei das Filtermaterial den Überschuß an angesaugtem Wasser abgibt, welches sich am Boden ansammelt und durch z abgezogen werden kann. Durch diese Vorkehrungen kann die Wirksamkeit des Filters wesentlich verlängert werden. Ein Gleiches erzielt man durch periodisches Auflockern des Filtermaterials (Wegnahme der Beschwerungsgewichte, Nachlassen des Druckes), was jedoch, trotz der zu diesem Zwecke gemachten Ruteneinlagen, seine Schwierigkeit hat.

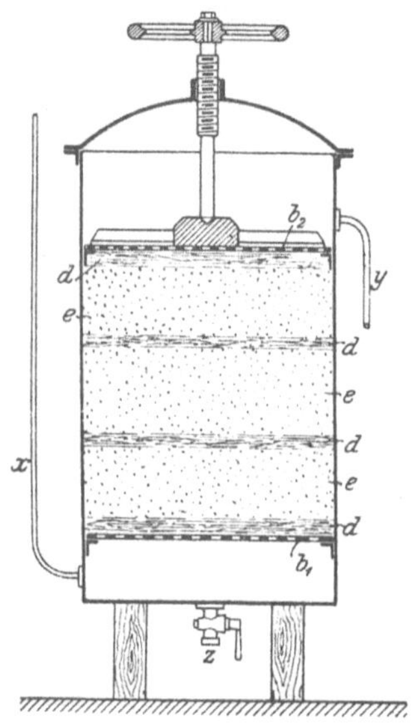

Fig. 318.
Filtration von unten nach aufwärts.

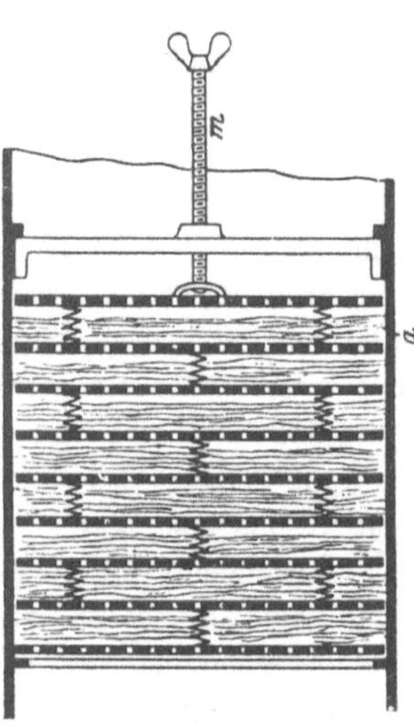

Fig. 319.
Filter mit Spiralfedereinlagen (nach Koellner).

Ist das Filter endlich unwirksam geworden, so wird das Filtermaterial durch Auspressen in Schrauben- oder hydraulischen Pressen von Öl und Wasser befreit und hierauf an der Luft getrocknet, wodurch es regeneriert und zur Wiederverwendung geeignet gemacht wird. Diese Wiederbelebung läßt sich aber nur einigemale wiederholen, weil dann die Kapillarröhrchen der Fasern derart mit Verunreinigungen angefüllt sind, daß die Filtrationsfähigkeit fast auf Null sinkt.

Filtration nach aufwärts.

Eine einfache Konstruktion eines Filters von unten nach aufwärts zeigt Fig. 318. Seine Beschickung und Handhabung ist dieselbe wie bei der vorbeschriebenen Filtriervorrichtung, nur muß das Öl hier mit einem entsprechenden Drucke zugeführt werden, der um so größer sein muß, je dichter das Filtermaterial ist. Das Zusammendrücken desselben braucht nicht durch Beschwerungsgewichte, sondern kann auch durch eine Schraubenspindel erzielt werden, durch deren Anziehen oder Nachlassen man die

Dichte des Filtermaterials und damit die stündliche Filterleistung regulieren kann.

Um das schon erwähnte Lockern des Filtermaterials zu ermöglichen und die jeweils bestimmte Spannung in demselben nach Belieben herstellen zu können, sind elastische Zwischenlagen in der Filtermasse vorgeschlagen worden. Die in Fig. 317 und Fig. 318 verwendeten Weidenruten stellen ein solches elastisches Zwischenlager dar; A. Koellner[1]) empfiehlt als solche gebogene federnde Metallbleche oder lagert horizontal eingebaute, unelastisch ebene Zwischenbleche auf Spiralfedern *a* (Fig. 319), welche ein Zusammenschrauben der Filterschicht und ebenso ein Lockern derselben durch die Druckschraube *m* leicht gestatten.

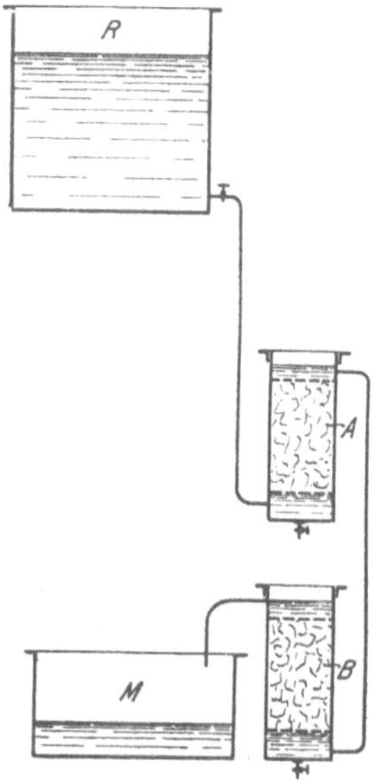

Fig. 320. Schema einer Filtrationsanlage.

A = Vorfilter, *B* = Nachfilter, *R* = Behälter f. ungefiltertes Öl, *M* = Behälter für gefiltertes Öl.

Sehr häufig werden zwei Filter zusammenarbeiten gelassen, indem man das eine als Vor-, das andere als Nachfilter benutzt und gleich eine Anordnung trifft, bei welcher die Höhenunterschiede zwischen Vor- und Nachfilter genügenden Druck zur zweiten Filtration geben (Fig. 320).

Wendet man an Stelle eines hygroskopischen Filtermaterials Substanzen an, welche durch Flächenattraktion Bleichwirkung äußern (Blutkohle, Magnesium-Aluminiumhydrosilikat usw.), so kommt man zu Bleichanlagen, über welche weiter unten gesprochen werden wird.

Kombinierte Filter.

Manchmal kombiniert man auch zwei verschiedene Filtertypen und schafft so für spezielle Zwecke wohlgeeignete Anlagen. Durch derlei Kombinationen der verschiedenen Einzelheiten der oben aufgezählten Haupttypen der Filter ist die Anzahl der Filterkonstruktionen zu einer stattlichen Höhe angewachsen; die meisten derselben sind allerdings für Ölfabrikationszwecke nicht geeignet, sondern mehr zur Wiederverwendbarmachung gebrauchter Schmieröle bestimmt, welchem Zwecke sie im allgemeinen gut entsprechen, wenn auch mitunter die Kompliziertheit ihrer Konstruktion zu tadeln ist.

Die Leistungsfähigkeit der wasserentziehenden Filter hängt von den gleichen Faktoren ab, wie die der gewöhnlichen Filter, und sei diesbezüglich auf das Seite 610—613 Gesagte verwiesen.

[1]) D. R. P. Nr. 38008 v. 28. Jan. 1886 u. Nr. 38009 v. 5. Juni 1886 u. Nr. 38010 v. 10. Juni 1886.

c) Reinigen durch Zentrifugieren.

Allgemeines. Man kann eine Trennung flüssiger von festen Körpern auch durch die Fliehkraft herbeiführen und nennt die dazu dienenden Apparate Zentrifugen. Man benutzt diese Vorrichtungen gewöhnlich zum Ausbringen von Flüssigkeitsresten aus festen Körpern, wie z. B. zum vollständigen Entsaften des kristallisierten Zuckers, zum Entwässern von Wäsche usf. Auch zum Gewinnen von Pflanzen- und Tierölen (siehe Seite 435 und 545) sowie zum Ausschleudern des Honigs (siehe Seite 569) werden Zentrifugen gebraucht.

Als eigentliche Filtriervorrichtungen hat H. Betcke[1]) die Zentrifugen vorgeschlagen und O. C. Hagemann und T. C. Palmer[2]) haben diese Apparate speziell für die Reinigung von Firnissen und Ölsatz empfohlen.

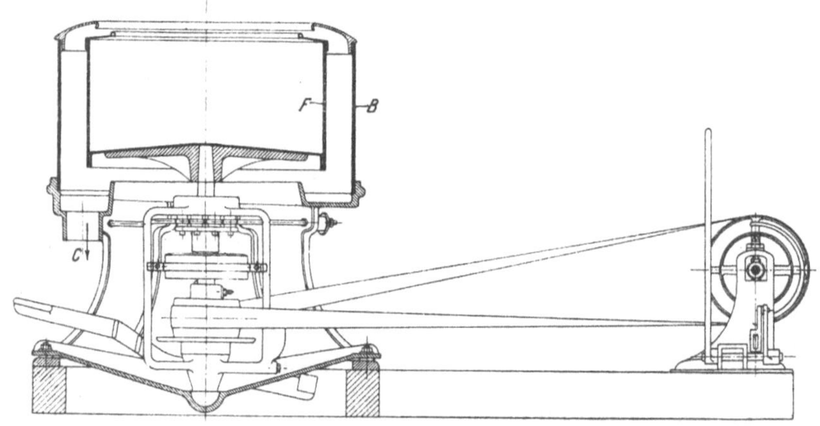

Fig. 321. Einfache Zentrifuge mit Untenantrieb.

Einfache Zentrifugen. Die Zentrifugen (Fig. 321) bestehen aus einer Siebtrommel *F*, welche in sehr rasche Rotation versetzt werden kann und von einer äußeren feststehenden, massiven Trommel *B*, die zur Aufnahme der ausgeschleuderten Flüssigkeit dient, umgeben ist. Bringt man nach *F* eine lose Masse, so wird sich letztere bei beginnender Rotation der Trommel an dem Mantel derselben gleichmäßig verteilen. Die mit steigender Tourenzahl wachsende Zentrifugalwirkung, welche die Masse erfährt, drückt dieselbe gegen die Trommelwandung; der flüssige Anteil der Masse wird ausfließen, der feste, dem der Durchtritt durch die kleinen Öffnungen der Trommelwand verwehrt ist, sich als feste Schicht anlegen.

Die ausgeschleuderte Flüssigkeit findet bei *C* ihren Abfluß, die Rückstände müssen durch Handarbeit oder besondere Vorrichtungen von der Trommelwand abgenommen und durch die obere Öffnung der Trommel entfernt werden. In Fig. 321 erfolgt der Antrieb der Zentrifuge von unten.

---

[1]) D. R. P. Nr. 23404 v. 17. Juli 1882.

[2]) Engl. Pat. Nr. 10837 v. 25. Juni 1891.

Die Trommel ist für gewöhnlich aus perforiertem Eisen- oder Kupferblech, doch wird der Mantel für Ölfiltrationszwecke vielfach mit einem feinmaschigen Siebe oder auch einem leichten Filtertuchgewebe ausgekleidet. **Konstruktionsvarianten.**

Der Antrieb der rotierenden Trommel geschieht selten von oben, sondern fast immer von unten, entweder durch ein ausrückbares Riemenvorgelege von der Transmissionswelle aus oder durch eine anmontierte Maschine oder einen Elektromotor. Der Untenantrieb hat die leichtere Montage, das Freibleiben der Trommelöffnung (leichteres Bedienen) und die Unmöglickeit der Verunreinigung des zu verarbeitenden Materials mit Schmieröl voraus.

Bei der hohen Tourenzahl der Zentrifugen (800—1200) ist eine tadellose Ausführung dieser Apparate und eine peinliche Instandhaltung absolut notwendig. Bei schlechter Verfassung oder unverständiger Bedienung kann ein Bersten der rotierenden Trommel (Explodieren der Zentrifuge) eintreten. Das Beladungsmaximum muß — ähnlich wie der Maximaldruck der Dampfkessel — deutlich sichtbar an der Zentrifuge angeschrieben sein und ist eine Überschreitung strengstens zu ahnden. Das Füllen der Zentrifuge soll im Stillstand oder während langsamen Ganges derselben geschehen und ist für eine gleichmäßige Verteilung des auszuschleudernden Materials an der Trommelperipherie Sorge zu tragen. **Explosion der Zentrifugen.**

Auf die verschiedenen Spezialkonstruktionen, welche prompte Beschickung und Entleerung, kontinuierlichen Betrieb, Heizbarkeit der Trommel, Vermeidung von Verlusten, Sicherheitsvorkehrungen usw. betreffen, kann hier nicht näher eingegangen werden.

Ein Zentrifugenfilter, bei welchem die zu filtrierende Flüssigkeit durch ein Filtermaterial dringen muß, dem man wasserentziehende oder entfärbende Eigenschaften erteilen kann, stammt von W. Jaeger[1]). Bei dieser Vorrichtung ist es wichtig, daß die Filterschicht überall gleich dicht gelagert sei, damit bei der Rotation durch ungleiche Belastung kein Schlagen der Zentrifuge stattfinde. **Jaegers Filterzentrifuge.**

Der Filterstoff (zerkleinerte Knochenkohle, Silikatpulver usw.) wird mit Wasser vermischt, in die oben offene, am Mantel C durchlöcherte und nur mit einem feinen Metallgewebe F überzogene Zentrifugentrommel C geschüttet und, sobald sich letztere in Bewegung setzt, aus einem etwa zolldicken Gummischlauch ein Wasserstrahl hineingelassen, mit welchem man dem weichenden Filterstoff folgt, bis letzterer am Rande D der Zentrifugentrommel angelangt ist. Dann fährt man zuletzt noch mit dem Wasserstrahl an dem inneren Mantel des so geformten Zylinders CD einigemale auf und ab, um denselben zu glätten und gleichsam wie auf einer Drehbank genau abzudrehen.

Nachdem das Zentrifugalfilter auf diese Weise als ein vollkommen gerader, hohler Kreiszylinder hergestellt ist, wird derselbe gut austrocknen gelassen, was mehrere Tage währt und am besten in angewärmten Räumen geschieht. Ist die Filterschicht vollkommen ausgetrocknet, so wird auf dem oberen Ende der Welle A der Flüssigkeitsverteiler befestigt, welcher aus dem flachen, runden, gerippten Teller H und der Glocke J besteht. Der Raum DCE hat den Zweck, den Stoß

[1]) D. R. P. Nr. 38236 v. 18. März 1886.

der aus dem Verteiler kommenden Flüssigkeit aufzufangen, damit dieselbe nicht Löcher in die Filterwand reiße, und den größten Schmutz durch Absetzen zurückzuhalten. Aus dieser Absetzkammer *DCE* tritt die Flüssigkeit um den äußeren Rand des Ringes *G* herum und gelangt über den inneren Rand *D* in den Filterraum *CD*, dringt vermöge der Zentrifugalkraft durch die Filtermasse, durch das Metallgewebe *F* und durch die Löcher des Mantels *C*, sammelt sich in dem durch den Zentrifugenschutzmantel gebildeten Raum und fließt durch die Öffnung *T* ab. Da bei Inbetriebsetzung der Trommel im Anfang die Flüssigkeit nicht rein austritt, wird zur getrennten Abführung derselben das Ventil *u* gehoben, wodurch der Abfluß durch *TUVW* stattfindet. Nach kurzer Zeit wird das Ventil *U* geschlossen, worauf die filtrierte Flüssigkeit durch das Rohr *x* abfließt. Damit die zu filtrierende Flüssigkeit stets einen gleichmäßigen Stand über der Eintrittsoberfläche des Zentrifugalfilters bilde, geschieht der Zufluß durch den nachfolgend beschriebenen selbst-

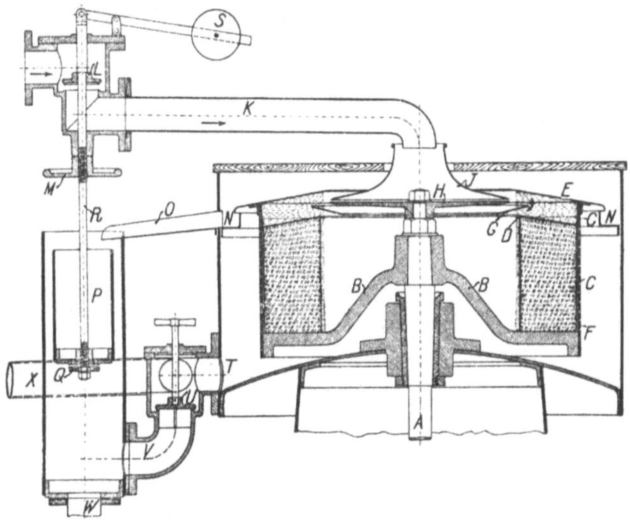

Fig. 322. Zentrifugenfilter von Jaeger.

tätigen Regulator. *K* ist das Zuflußrohr, *L* ein Ventil in diesem Rohr, welches durch das Handrad *M* nach Bedürfnis gestellt werden kann. Durch die Stange *R* ist der Ventilkegel *L* in Verbindung mit der Glocke *P* gesetzt, welche die über den Rand *E* aus der Zentrifugentrommel abfließende Flüssigkeit durch die Rinne *N* und das Rohr *O* aufnimmt und durch das verstellbare Ventil *Q* abfließen läßt. Bei zu großem Zufluß senkt sich die Glocke *P* mit dem Ventil *L* und vermindert dementsprechend den Zufluß.

S ist ein Gegengewicht gegen die Stange *R* mit dem daran befestigten Ventil *L* und der Glocke *P*.

Häufiger als diese Filtration bzw. Bleichzentrifuge und die einfache Form der Filtrierzentrifuge nach Fig. 321 werden Apparate verwendet, bei welchen die rotierende Trommel nicht flüssigkeitsdurchlässig, sondern massiv konstruiert ist. In diesem Falle muß das in die Trommel gebrachte Material eine Separierung nach dem spezifischen Gewichte der einzelnen Bestandteile desselben erfahren. Die spezifisch schwereren Anteile werden der

Peripherie zuströmen, während die leichteren sich um die Zentrifugenachse sammeln. Beim Trennen von Seife und Öl (siehe Neutralisationsmethoden) wie auch beim Ölgewinnen durch Zentrifugen nach System Wensky (Seite 545) macht man von solchen Apparaten Gebrauch.

Bei der Unvermischbarkeit der Öle und Fette mit Wasser, Säuren und Salzlösungen spielen bei den in der Öl- und Fettindustrie gebräuchlichen Reinigungsmethoden solche Vorrichtungen eine wichtige Rolle, mittels welcher eine möglichst innige Berührung der zur Raffination verwendeten Reagenzien mit den Ölen und Fetten herbeigeführt werden kann.

Fig. 323. Mischstange. **Fig. 324. Einfache auf- und abgehende Rührvorrichtung.**

Diese Vorrichtungen (Mischapparate) kann man in drei Gruppen einteilen, und zwar in

mechanische Rührwerke,
pneumatische Mischvorrichtungen und
Zentrifugalmischer.

Die Gruppe der

mechanischen Rührwerke

Mechanische Rührwerke.

ist die älteste; als ihr primitivster Vertreter kann das gewöhnliche Rührscheit gelten. Die Ölmühlen verwendeten später an dessen Stelle ein an einer Stange befestigtes gelochtes Brettchen (Fig. 323), welches durch Auf- und Abziehen im Ölbehälter ein Durchmischen der Flüssigkeit erzielte. Einen Schritt weiter, und man kam zu dem noch heute in kleinen Betrieben zu findenden Rührwerke, wie es Fig. 324 zeigt.

In einem Bottiche aus Eichenholz lassen sich zwei hölzerne gelochte Scheiben *BB*, die in einer Entfernung von 15—20 cm übereinander an einem gemeinsamen Stiel *C* angebracht und durch Querleisten *D* miteinander verbunden sind, durch einen einfachen Hebelmechanismus auf und ab bewegen. Ein lose schließender Deckel verhindert das Verspritzen, gestattet aber durch angebrachte Trichter das Einbringen der Reagenzien. Die Entleerung des Mischgefäßes nach beendeter Operation erfolgt durch einen Hahn[1]).

Hübner[2]) hat diese einfachen Vorrichtungen dem Maschinenbetriebe angepaßt.

Der Kolben *C* (Fig. 325), welcher das Holzscheibenpaar von Fig. 324 ersetzt, ist durchlöchert. Die Auf- und Abwärtsbewegung geschieht durch einen in Fig. 325 nicht gezeichneten Kurbelmechanismus, wobei zur richtigen Führung zwei Zahnstangen *DD* angebracht sind. Ein Mantelraum *B* gestattet ein Kühlen und Anwärmen der zu mischenden Flüssigkeiten.

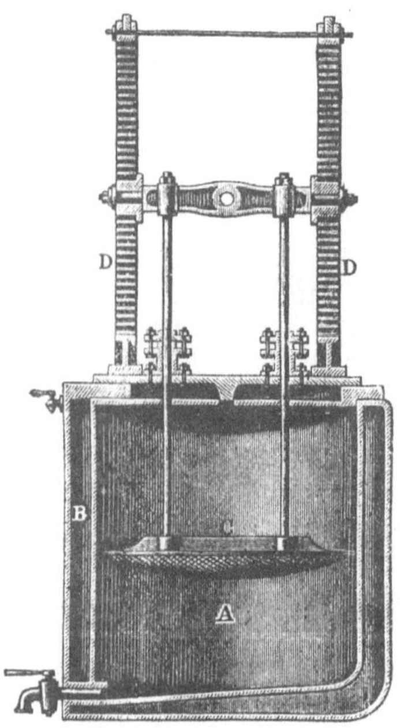

Fig. 325.
Rührwerk nach Hübner.

Die hin und her gehende Bewegung der Rührvorrichtungen nach Fig. 323—325 bewirkt bei entsprechender Geschwindigkeit des Ganges ein sehr gutes Durchmischen, doch ist der Kraftverbrauch, wie bei allen bewegungsändernden Mechanismen, sehr groß.

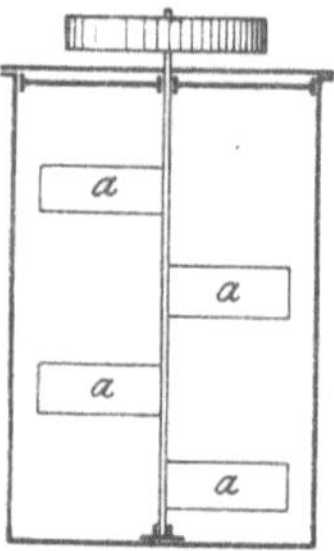

Fig. 326.
Einfaches rotierendes Rührwerk.

Weniger kraftverbrauchend arbeiten die rotierenden Rührvorrichtungen, deren einfachste Form in Fig. 326 wiedergegeben ist. Die Rührarme *a* zerteilen bei ihren Umdrehungen die Flüssigkeit und erzeugen dadurch Strömungen, welche ein Durchmischen der Flüssigkeit zur Folge haben.

Leider gerät durch die Rotation des Rührwerkes auch die Flüssigkeit selbst allmählich in eine rotierende Bewegung, was der Intensität der Durchmischung Abbruch tut.

---

[1]) Deite: Industrie der Fette, Braunschweig 1878, S. 148.

[2]) Perutz, Die Industrie der Mineralöle, Berlin 1870, S. 201. — Scheithauer, Fabrikation der Mineralöle, Braunschweig 1895, S. 131.

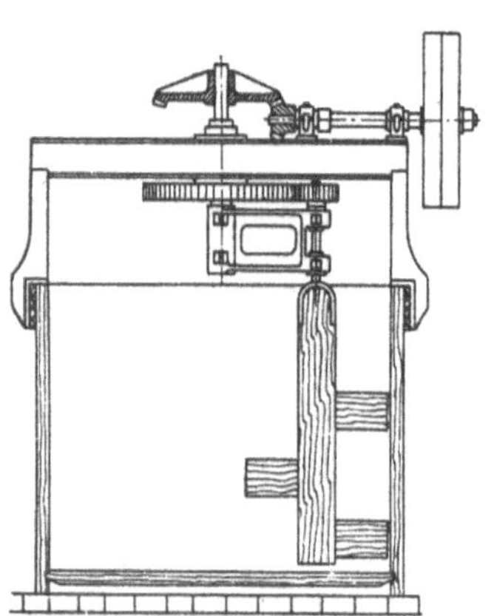

Fig. 327. Planetenrührwerk.

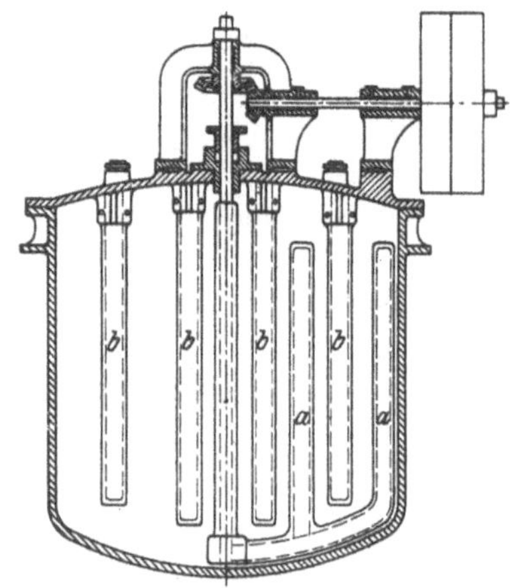

Fig. 328. Rührwerk mit Stoßleisten.

Planeten-Rührwerk.

Man beugt diesem Übelstande auf verschiedene Weise vor. Erstens ordnet man das Rührwerk nicht im Zentrum des Mischgefäßes an, sondern postiert es seitlich (Fig. 327)[1]). Dadurch wird die Flüssigkeit in Strömungen geraten, welche nicht konzentrisch mit der Bewegung des Rührwerkes verlaufen, es werden vielmehr strudelartige Bewegungen stattfinden, welche ein intensives Durchmischen gewährleisten.

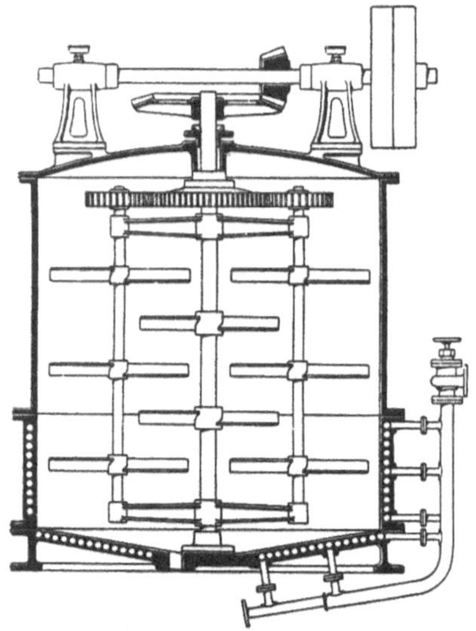

Fig. 329. Raffinierkessel mit mehreren Rührersystemen.

Rührwerke mit Schlagleisten.

Zweitens kann man die kreisende Bewegung der Flüssigkeit durch Einbau fixer Schlagleisten in das Mischgefäß hemmen (Fig. 328).

Die durch die Rührarme *a* in Rotation versetzte Flüssigkeit stößt sich an der feststehenden Schlagleiste *b* und erhält dadurch möglichst unregelmäßige, die Durchmischung befördernde Strömungen.

Mehrere Rührersysteme.

Ein Gleiches erreicht man durch Anordnung mehrerer rotierender Rührer in einem Mischgefäße (siehe Fig. 329)[2]). Die dadurch in der Flüssigkeit hervorgerufenen verschiedenen, sich gegenseitig brechenden Strömungen bürgen für eine innige Durchmischung.

[1]) Diese Art der Rührer ist unter dem Namen Planeten-Rührwerke bekannt und wird von der Maschinenfabrik H. F. Stollberg in Offenbach a. M. ausgeführt.

[2]) Der in Fig. 329 gezeigte Raffinierapparat zeigt die Heizvorrichtung nach Patent Frederking. (Siehe auch Seite 227.)

Durch Schiefstellen der Rührflügel kann man auch eine schraubenartige Bewegung der Flüssigkeit erzielen; noch besser gelingt dies durch Verwendung eines Schraubenflügels an Stelle der Rührarme.

Schraubenrührer.

Wird dieser Schraubenflügel wie in Fig. 330 mit einem zylindrischen Aufsatze bedeckt, der oben offen ist und unten Schlitze *a* besitzt, so bewirkt das Rührwerk eine Flüssigkeitsbewegung in dem durch die Pfeile angedeuteten Sinne[1]).

Mitunter wird die Wirkung derartiger Schraubenrührer noch dadurch erhöht, dass man den Überwurf *a* nicht zylindrisch, sondern konisch gestaltet[2]). (Fig. 331.)

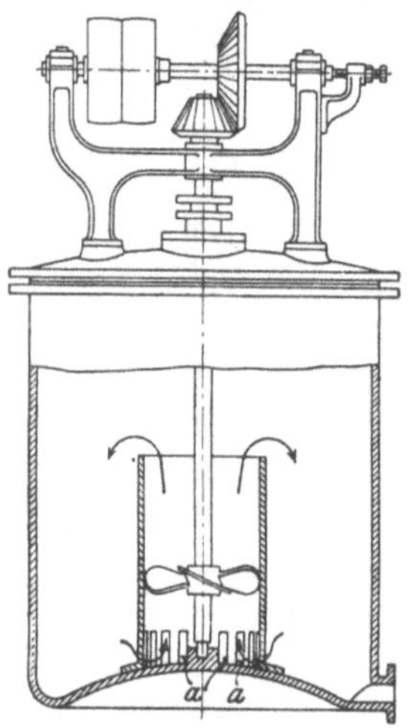

Fig. 330. Schraubenrührer.

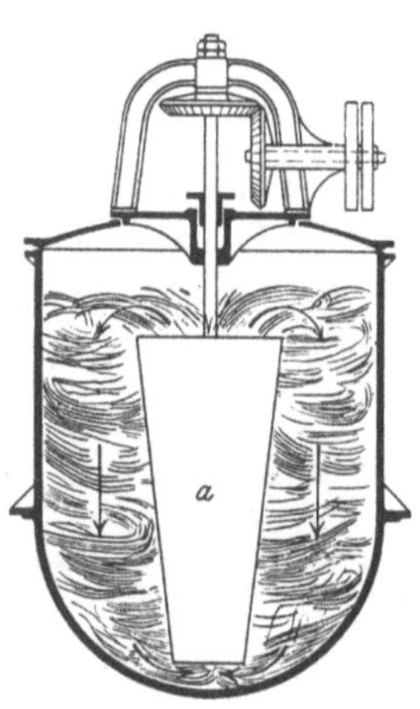

Fig. 331. Schraubenrührer.

Bequemer und billiger arbeitend als die mechanischen Rührwerke ist die Durchmischung der Raffinationsflüssigkeit mittels

Luftrührung.

Luftrührung.

Fein verteilte Luft hat für Zwecke der Ölraffination schon Trillard (1833) vorgeschlagen, doch erst J. H. Johnson[3]) hat komprimierte Luft an Stelle des mechanischen Durchmischens in der Rübölfabrikation ange-

---

[1]) Einen ähnlichen Apparat haben bereits im Jahre 1861 Thirion und Mastaing empfohlen (Génie Industriel, 1861, S. 110. — Dinglers polyt. Journ., Bd. 162, S. 116.

[2]) Eine solche Mischvorrichtung hat sich die chemische Fabrik Hansa in Hamburg für Seifenkochkessel patentieren lassen. (Österr. Patent Nr. 14366 v. 10. Dez. 1903.)

[3]) Engl. Patent Nr. 1440 v. 13. Mai 1862 — Journal of arts 1863, S. 78. — Dinglers polyt. Journ., Bd. 171, S. 158. — Polyt. Zentralblatt, 1863, S. 555. — Chem. Zentralhalle, 1863, S. 1038.

wandt; Michaud[1]) hat das Verfahren dann im Jahre 1865 in großen Fabriken in Honfleur und in Saint Servan eingeführt. Wird in eine Flüssigkeit Luft eingeblasen oder durchgesaugt, so bringt jede einzelne Luftblase beim Aufsteigen eine geringe Durchmischung hervor. Ein kontinuierlicher Luftstrom muß daher als Summe der Einzelleistungen der vielen Luftbläschen, in die er durch den Flüssigkeitswiderstand zerteilt wird, ein veritables Durchagitieren hervorrufen, dessen Intensität von der Geschwindigkeit (dem Druck) des Luftstromes abhängt.

Form des Mischgefäßes.

Auch ist dabei die Form des Mischgefäßes nicht gleichgültig, was aus folgender Betrachtung erhellt: Eine einzige Luftblase wird in einem sehr dünnen Rohre eine Bewegung des ganzen Inhaltes herbeiführen, jedoch fast wirkungslos bleiben, wenn sie die gleiche, in einem flachen, schalenartigen Gefäß untergebrachte Flüssigkeitsmenge durchstreift. Es sind daher möglichst hohe Gefäße für Luftrührung anzuraten.

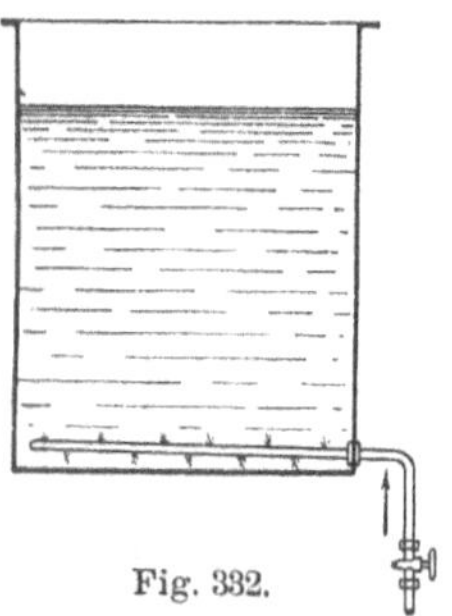

Fig. 332.

Schema des Untergebläses.

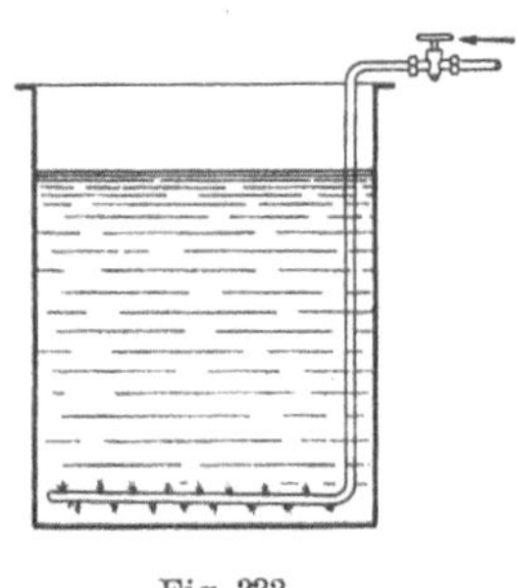

Fig. 333.

Schema des Obergebläses.

Der Luftaustritt in die Flüssigkeit kann entweder durch Brausen oder gelochte Rohrspiralen erfolgen, und unterscheidet man, je nach Art der Luftzuleitung, Unter- und Obergebläse.

Ober- und Untergebläse.

Bei dem ersteren (Fig. 332) tritt die vom Luftkompressor kommende Luft direkt am Boden des Mischgefäßes ein, bei dem Obergebläse (Fig. 333) macht die Rohrleitung den Umweg über den oberen Rand des Raffiniergefäßes, was insofern von Vorteil ist, als sich beim Auslassen des Kompressors oder beim Undichtwerden des Abschlußventils die Flüssigkeit nicht in den Kompressor ergießen kann.

Wenn die Ausmündung der Luft durch gelochte Spiralschlangen erfolgt, ist es gut, überdies einige nach abwärts gerichtete Bohrungen anzubringen, damit durch die aus denselben entströmende Luft auch die unterhalb der Schlange gelegenen Flüssigkeitspartien in Bewegung gebracht werden.

Die Druckluft kann durch Kompressoren oder durch sogenannte Luftsaug- oder Luftdruckapparate erzeugt werden.

---

[1]) Bull. de la Soc. d'encouragement, 1869, S. 195 — Dinglers polyt. Journ., Bd. 193, S. 147 — Polyt. Zentralblatt, 1869, S. 1275.

Kompressoren.

Die Luftkompressoren werden entweder durch Riemen angetrieben, oder sie haben eigene Dampfzylinder. Ein Erwärmen des Luftzylinders verhindert eine Kaltwasserkühlung. Von einem guten Luftkompressor verlangt man, daß er

1. ein möglichst großes Volumen Druckluft liefere,
2. möglichst geringen Kühlwasserverbrauch habe,
3. möglichst geringen Arbeitsaufwand benötige.

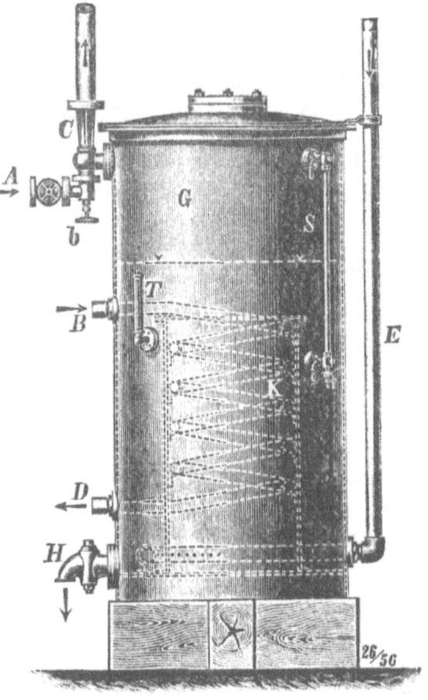

Fig. 335.
Raffiniergefäß mit Luftsaugapparat.
G = Bleichkessel, S = Ölstandsglas,
T = Thermometer, H = Ölablaßhahn,
E = Luftrohr, K = Dampfheizschlange,
B = Dampfeintritt derselben,
D = Dampfaustritt derselben,
C = Dampfstrahl-Luftsaugapparat,
A = Dampfeintritt desselben,
b = Regulierspindel desselben.

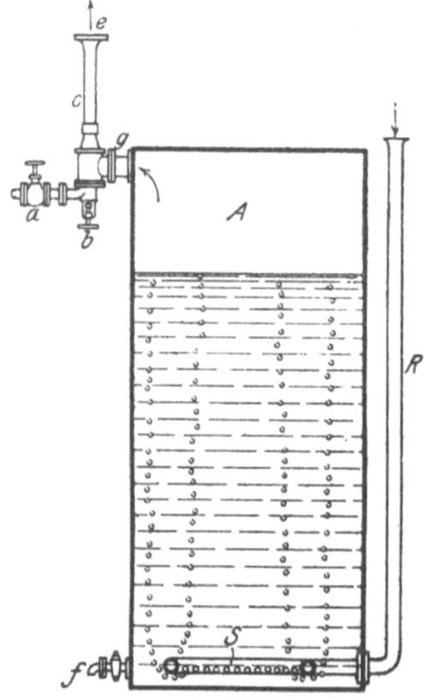

Fig. 334.
Raffiniergefäß mit Luftsaugapparat.

Diesen Anforderungen werden die mannigfaltigen Konstruktionen der Luftkompressoren in verschieden vollkommener Weise gerecht.

Um die stoßweise Wirkung der Luftkompressoren auszugleichen, ist die Einschaltung eines Windkessels in die Druckluftleitung notwendig.

Die Luft bleibt nicht immer ohne Einwirkung auf die damit behandelten Öle und Fette, doch ist dieser Umstand für gewöhnlich nicht nachteilig. Mitunter sucht man durch besonders langes Andauern der Luftzufuhr oder durch gleichzeitiges Erwärmen der Öle und Fette absichtlich eine Reaktion herbeizuführen. (Bleichen, geblasene Öle, Desodorisieren, Renovatedbutter.)

In allen Fällen, wo ein eventueller Feuchtigkeitsgehalt der Luft Schaden bringen könnte, muß letztere vor dem Eintritt in den Kompressor durch wasserentziehende Stoffe filtriert werden.

Anstatt komprimierte Luft durch die Öle zu drücken, kann man durch saugend wirkende Vorrichtungen auch Luft durch die zu mischenden Flüssigkeiten durchsaugen. Diese Luftsaugapparate (Patent B. & E. Körting in Körtingsdorf vor Hannover) sind nach dem Prinzipe der Injektoren bzw. Ejektoren gebaut und werden wie in Fig. 334 gezeigt angewendet. **Luftsaugapparate.**

An das luftdicht schließende Raffinationsgefäß *A* wird der Luftsaugapparat *C* oben angeschraubt. Läßt man bei *a* Dampf in den Apparat treten, so äußert sich bei *g* eine Saugwirkung, zufolge welcher durch das Rohr *R* Außenluft nachströmt. Letztere steigt in Blasenform durch die Öffnungen der Schlange *S* in der Flüssigkeit auf und durchmischt diese. Durch die Spindel *b* kann die Stärke der Saugwirkung reguliert werden. Der bei *a* eintretende Dampf tritt vermischt mit der durch *g* angesaugten Luft bei *e* aus. Der Hahn *f* dient zur Entleerung von *A* nach beendeter Operation.

Einen dem gleichen Zweck dienenden Apparat, bei welchem die Erwärmung des Öles während der Operation vorgesehen ist und der durch ein Ölstandsglas *S* sowie ein Thermometer *T* noch weiter armiert ist, bringt Fig. 335.

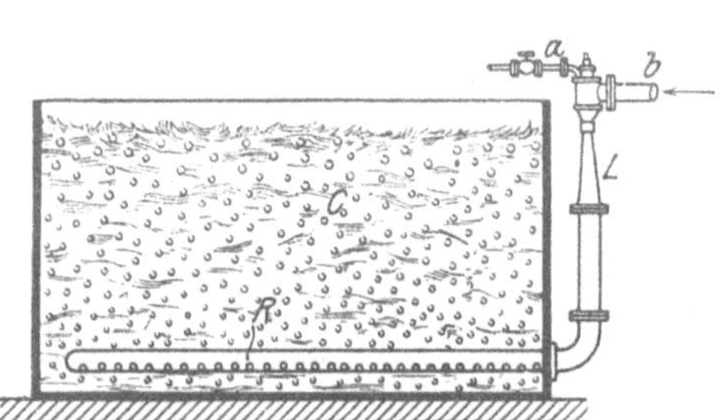

Fig. 336.
Raffiniergefäß mit Luftdruckapparat.

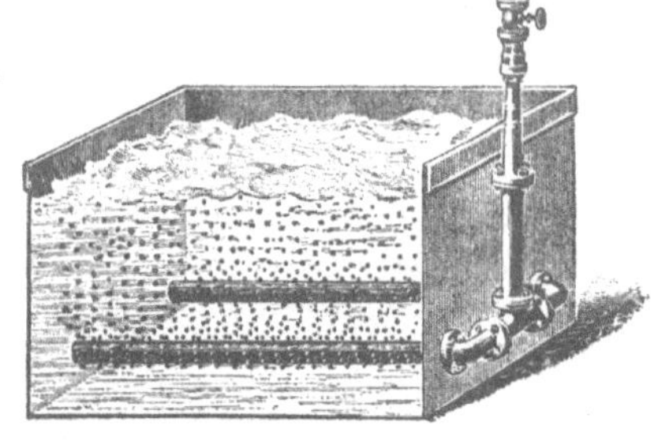

Fig. 337.
Raffiniergefäß mit Luftdruckapparat.

Die Einrichtung nach Fig. 334 und 335 ist nur für eine Bleiche der Öle mittels Luft gedacht. Bei Verwendung einer solchen Einrichtung zum Raffinieren der Öle und Fette mittels Reagenzien muß eine Vorrichtung zum Einführen derselben in das Mischgefäß so angebracht sein, daß durch dieselbe keine Luft eintreten kann, ohne vorher die Flüssigkeit zu passieren.

Das Dichthalten aller Öffnungen des Raffinationsgefäßes hat seine Schwierigkeiten, weshalb man diese Luftsaugapparate häufig in etwas modifizierterer Form als Luftdruckapparate anwendet. **Luftdruckapparate.**

Bei dieser Anordnung (Fig. 336) saugt der durch *a* zugeführte Dampf infolge der Konstruktion des Apparates *L* durch *b* Luft an und das Gemisch von Dampf und Luft tritt durch das Rohr *R* in die in *C* untergebrachte Flüssigkeit.

An Stelle der Rohrspiralen, welche die austretende Luft über eine größere Fläche möglichst gleichmäßig verteilen sollen, wird bei den Luftgebläsen häufig außerhalb des Mischgefäßes eine Verzweigung der Luftleitung nach Art von Fig. 337 vorgesehen[1]).

[1]) Ausführung von B. & E. Körting in Körtingsdorf vor Hannover.

Die Luftgebläse führen nicht nur Luft, sondern Luft und Dampf in die Flüssigkeit ein und können daher nur dort angewendet werden, wo eine Wasserzufuhr bei gleichzeitiger Temperaturerhöhung nicht schadet (Waschoperationen).

Die normalen Luftsaug- und Luftdruckapparate vermögen nur den Druck einer Wassersäule von 3—4 m zu überwinden; man darf daher die damit auszustattenden Raffinationsgefäße nicht allzu hoch wählen.

Infolge der Einfachheit, Betriebssicherheit, Billigkeit und Bequemlichkeit in der Aufstellung und im Betriebe finden diese Apparate trotz ihres nicht geringen Dampfverbrauches vielfach Anwendung.

Die denkbar innigste Vermengung zweier Flüssigkeiten erzielen die

Zentrifugalmischvorrichtungen.

Zentrifugalmischer.

Der wichtigste Repräsentant dieser Gruppe, der Zentrifugalemulsor der Aktiebolaget „Separator" in Stockholm, machte zu Anfang der 90er Jahre des vorigen Jahrhunderts viel von sich reden; man erwartete von ihm eine förmliche Umgestaltung einzelner Branchen der Fett- und Ölindustrie. Seltsamerweise hat er aber nicht jene Verbreitung gefunden, die man mit Recht erhoffen durfte.

Der Zentrifugalemulsor (Fig. 338) besteht im wesentlichen aus zwei flachen Tellern, *G* und *F*, von eigentümlicher Form, welche mit ihren vollkommen eben geschliffenen, doppelten, ineinander gehenden Rändern gegeneinander gekehrt sind. Der untere Teller ist mit einer Achse *M* fest verbunden, der obere auf ein sich nach aufwärts hin konisch verengendes Rohrstück *O* aufgeschraubt, welch letzteres die zu mischenden Flüssigkeiten dem Apparate zuführt. Zu diesem Zweck ist es unmittelbar oberhalb des unteren Tellers *G*, mit welchem es ein Stück bildet, mit zwei seitlichen Ausflußöffnungen *e* versehen, aus welchen die Flüssigkeiten in den Raum zwischen den beiden Tellern gelangen.

In den Rand des oberen Tellers sind drei Mikrometer-Stellschrauben *i* eingesetzt, welche eine genaue und leicht zu messende Einstellung der Entfernung der beiden Teller voneinander gestatten. Dieser Abstand läßt sich nach Bedarf von 0,05 bis 2,00 mm regulieren; je geringer die Entfernung, desto inniger die erzielte Mischung.

Die Teller des Emulsors umgibt ein feststehendes Gehäuse *C*, dessen Innenwände mit Blei plattiert sind; es dient zum Auffangen des die Emulsorteller verlassenden Flüssigkeitsgemisches, welches von hier mittels eines angesetzten Abflußrohres *r* abgeleitet wird. Auf den Deckel des Gefäßes ist ein oben offenes zylindrisches, durch eine senkrechte Scheidewand *p* in zwei Kammern geteiltes Gefäß *D* aufgesetzt, dessen Abteilungen mit den zu mischenden Flüssigkeiten gespeist werden. Jede dieser Kammern ist mit einer mittels Regulierstifte *(g, h)* verschließbaren Ausflußöffnung versehen, aus welcher die Flüssigkeiten in ein gemeinschaftliches Rohr gelangen, welches in das obere offene Ende des Emulsors hineinragt. Durch die Stifte läßt sich das Mischungsverhältnis der beiden Flüssigkeiten genau regulieren. Zur Erleichterung der Einstellung sind die Spindeln beider Stifte mit einer von 0—100 reichenden Skala versehen. Zwei Schwimmer *l k* halten in beiden Kammern, welche durch die beiden Reservoirs *A B* gespeist werden, ein konstantes Niveau.

Der Antrieb des Emulsors erfolgt entweder durch ein Schnurgetriebe *R* oder durch eine eigene am Fuße angebrachte kleine Dampfturbine. So interessant diese

Antriebsdetails auch sein mögen, so kann hier darauf doch nicht näher eingegangen werden.

Die Zentrifugalemulsoren rotieren gewöhnlich mit 7000 Umdrehungen pro Minute und muß der Apparat so exakt konstruiert sein, daß er vollkommen geräuschlos läuft und die Gefahr des Hinausschleuderns des oberen Teiles (die sogenannte Explosion des Emulsors) ausgeschlossen ist[1]).

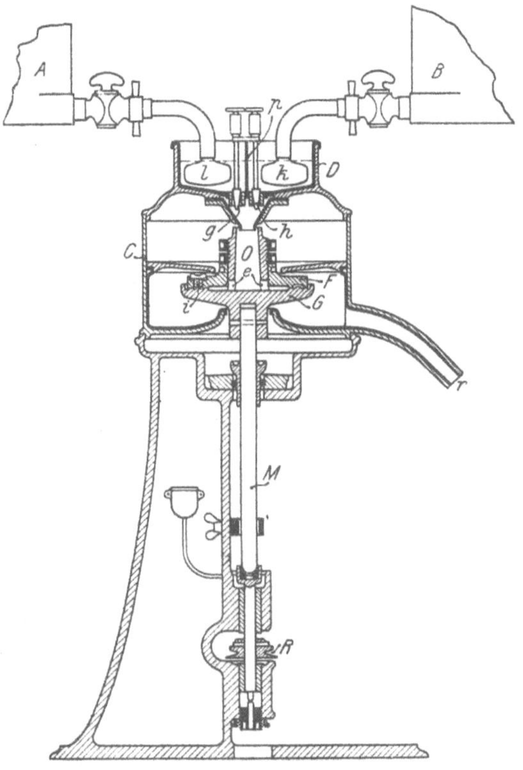

Fig. 338. Zentrifugalemulsor.

Die Leistungsfähigkeit ist von der Größe des Tellerzwischenraumes und der Viskosität der Flüssigkeiten abhängig; der Durchschnitt beträgt 3000—6000 kg in 12 Stunden.

Das von dem Emulsor kommende Flüssigkeitsgemisch wird in einem Sammelgefäße der Ruhe überlassen, wobei sich in vielen Fällen die beiden Flüssigkeiten von selbst wieder sondern. Um ein regelmäßiges Arbeiten zu erzielen, ist die Anbringung eines Sammelgefäßes nach Art der Floren- Separatoren nach Art der Florentinerflasche.

[1]) Vergleiche den Aufsatz des Verfassers über den gleichen Gegenstand in Chem. Mitteilungen, 1897, Nr. 43.

tinerflasche sehr angezeigt. Die Größe dieser Separierungsapparate (Fig. 339) muß so gewählt werden, daß die Flüssigkeiten Zeit genug finden, sich zu trennen; es fließt dann die spezifisch leichtere Flüssigkeit bei *a*, die spezifisch schwerere bei *b* ab.

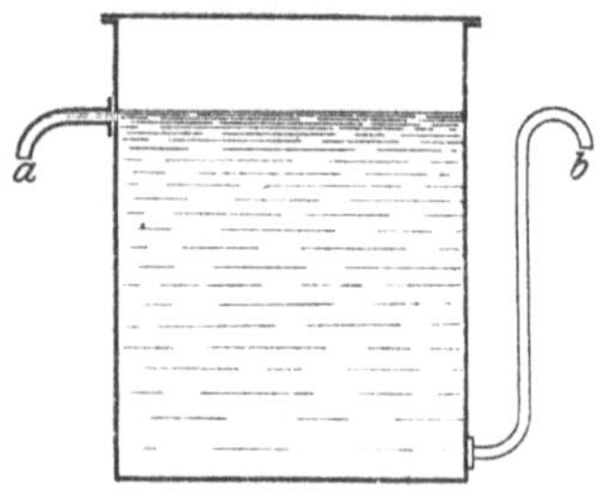

Fig. 339. Florentinerflasche.

Zentrifugalseparatoren.

Bei Emulsionen, die sich nicht so glatt entmischen, ist die Anwendung eigener Entmischungsvorrichtungen[1]) (Separatoren) notwendig. Es sind dies Apparate, welche eine den Emulsionen entgegengesetzte Wirkung ausüben und nichts anderes darstellen, als für die Fettindustrie adoptierte Milchzentrifugen. Man kann mittels derselben Flüssigkeiten von beliebigem spezifischen Gewichte trennen, was um so vollkommener geschieht, je größer der Dichtenunterschied der beiden Flüssigkeiten ist. Der Separator muß für jedes Flüssigkeitsgemisch neu eingestellt werden; erfolgt diese Einstellung nicht ganz präzis, so läßt er in seiner Wirkungsweise zu wünschen übrig. Aber selbst bei richtiger Einstellung des Apparates kommt es vor, daß die Emulsionen nicht scharf genug geschieden werden.

Kritische Emulsionen.

Nach Benedikt[2]) bleiben namentlich beim Waschen fetter Öle mit Laugen häufig größere Fettmengen in den wässerigen Flüssigkeiten suspendiert. Es gibt sogar Emulsionen, welche Ekenberg „kritische" nennt, die durch den Separator überhaupt nicht geschieden, sondern noch stabiler gemacht werden. Abänderungen des Mischungsverhältnisses, der Konzentration der Waschflüssigkeit der Temperatur, Zusätze von Kochsalz, Natriumsulfat usw. bringen hier Hilfe.

In allen Fällen, wo Öle und Fette mit alkalischen oder gummi- und harzhaltigen Flüssigkeiten emulgiert werden, kann man des Separators zur Trennung dieser Gemische nicht entraten.

Ekenbergs Waschelement.

Ekenberg[3]) hat auf dem Zentrifugalemulsor ein eigenes Raffinationssystem für Öle gegründet; er läßt die zu reinigenden Öle durch ein System von Emulsoren und Separatoren hindurchlaufen und heißt die Kombination von je einem Emulsor mit einem Separator ein „Waschelement". Durch Hintereinanderschalten mehrerer solcher Waschelemente erreicht Ekenberg nicht nur jede gewünschte Einwirkung eines Reagens auf die Öle, sondern befreit diese auch nachher wieder vollständig von den verwendeten Chemikalien[4]).

---

[1]) Nach C. Hellström in Stockholm werden Emulsionen leicht getrennt, wenn man sie der gleichzeitigen Beeinflussung der Schleuderkraft und einer hin und her gehenden Bewegung in der Richtung der Schleudertrommelachse aussetzt. (D. R. P. Nr. 52290 v. 29. Jan. 1890.)

[2]) Zeitschrift für angewandte Chemie, 1892, S. 675.

[3]) Zeitschrift für angewandte Chemie, 1892, S. 487.

[4]) Näheres siehe unter „Neutralisationsmethoden", Seite 647.

In der Regel fließt die Emulsion aus dem Emulsor direkt in den Separator, denn die Reaktion zwischen dem Reinigungsmittel und dem Fette vollzieht sich bei der innigen Mischung meist augenblicklich. Sollte in einzelnen Fällen aber eine längere Einwirkung erwünscht sein, so führt man einfach Reservoire in die Apparatenreihe ein, welche die Mischung abwechselnd aufnehmen.

Mittels des Zentrifugalemulsors lassen sich, wie Ekenberg berichtet, Emulsionen bis zu 40% Fettgehalt, bei gewissen Ölen sogar bis zu 50% herstellen, dann aber tritt zwischen 50—70% eine Pause ein, in welcher sich keine Emulsionen bilden, wogegen sich wiederum 70% und mehr Öl mit Wasser emulgieren. Zwischen 50—70% sind die Ölwassermischungen derart zähflüssig, daß sich Emulsionen nicht erzielen lassen.

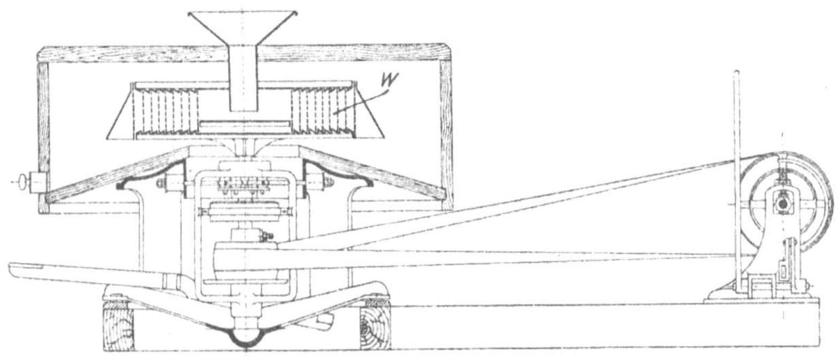

Fig. 340. Zentrifugalmischer von Haubold.

Der Zentrifugalemulsor erreicht mit der kleinsten Menge von Reagenzien die denkbar größte Wirkung bei kürzester Einwirkungsdauer. Der Separator gestattet wiederum eine so vollkommene Absonderung der verwendeten Reinigungsmittel, wie sie mit keinem anderen Mittel erreicht werden kann. Es ist daher nicht recht verständlich, warum die Zentrifugalemulsoren im Verein mit den Separatoren in der Öl- und Fettindustrie zu keiner größeren Bedeutung gelangten. Jedenfalls sei hier nochmals ausdrücklichst auf diese Mischvorrichtungen hingewiesen [1]).

Haubolds Misch-zentrifuge.

Außer dem in Fig. 338 gezeigten Emulsor gibt es noch andere auf der Zentrifugalkraft basierte Mischvorrichtungen [2]), von denen nur die Schleuderemulsoren der Firma C. G. Haubold jr. in Chemnitz genannt seien.

[1]) Beachtenswert sind auch die für Laboratoriumsversuche bestgeeigneten sogenannten Kolibri-Handemulsoren, bei welchen der Antrieb durch einen Handzugriemen erfolgt.

[2]) Ein älterer Zentrifugalmischapparat ist der von Voigt. (Bornemann, Die fetten Öle, Weimar 1889, S. 194). — Auch der von C. O. Levae in Stockholm (D. R. P. Nr. 34781) wäre hier zu nennen.

Diese Vorrichtung (Fig. 340) besteht aus vielfach durchbrochenen, verschiedenartig gestalteten und angeordneten Widerständen *w*, welche, da sie konzentrisch und gleichmäßig angebracht sind, von jedem Teile des Mischgutes in gleicher Weise getroffen werden müssen. Durch das Aufschlagen auf diese Widerstände wird das Mischgut zerstreut und durcheinander geworfen. Bringt man mehrere Ringe dieser Widerstände an, so wiederholt sich der Vorgang des Mischens so oft, als solche Ringgarnituren vorhanden sind. Wenn das Mischgut den Schleuderkorb verläßt, wird es in dem Auffangkasten auf eine größere Fläche gleichmäßig aufgestreut, wobei wiederum ein Mischen erfolgt.

Mit dem Hauboldschen Schleuderemulsor können nicht nur Flüssigkeiten, sondern auch feste Körper aufs innigste vermischt werden.

Mischvorrichtung von Petit.

Eine ebenfalls die Zentrifugalkraft benutzende Mischvorrichtung ist von Emil Petit[1]) in Paris für die Mischung von Fetten mit Schwefelsäure und von P. Schach[2]) zum Vermischen von Fett mit wässerigen Flüssigkeiten (hauptsächlich Milch) empfohlen worden.

Zuführung der Raffinationsflüssigkeit.

Zur Erreichung einer möglichst innigen Durchmischung der Fette mit den Agenzien ist außer dem guten Funktionieren der Rührvorrichtung auch die Art der Zugabe der Agenzien wichtig. Bei den Emulsoren wird diese ohnehin durch den Apparat selbst geregelt, bei den Raffinationsgefäßen, die mit mechanischen Rührern oder mit Luftrührern arbeiten, muß Sorge getragen werden, daß das Zugeben der Reagensflüssigkeit erst nach der Ingangsetzung des Rührwerkes beginne und nicht zu plötzlich erfolge, daß die Eintragung derselben vielmehr ganz allmählich geschehe, damit das Rührwerk Zeit finde, die zugebrachte Menge im Öle gleichmäßig zu verteilen. Die sofortige Verteilung des Reagenses in dem zu raffinierenden Öle ist deshalb wichtig, weil im anderen Falle die Reaktionsprodukte sich mitunter ballen (Flockenbildung) und auf diese Weise sowohl Öl als auch Teile des Reagenses eingeschlossen werden und verloren gehen. (Geringe Ölausbeute und unvollständige Ausnutzung der Reagenzien.)

Säuren, Laugen oder andere Chemikalien dürfen daher nie in allzu dickem Strahle in das Öl eingeführt werden. Eine möglichst gleichmäßige Verteilung der in ganz dünnem Strahle oder gar in Tropfenform zuzuführenden Raffinationsflüssigkeit über die ganze Oberfläche kann durch besondere Vorrichtungen erreicht werden.

Brausen und Verteilungsrohre.

Die einfachste derselben ist eine feingelochte Brause, welche aber nur für die Zufuhr größerer Flüssigkeitsmengen (z. B. Wasser bei Waschoperationen) am Platze ist; für Säuren oder Laugen sind spiralförmige Zuleitungsröhren mit möglichst kleinen Ausflußöffnungen vorzuziehen. Am meisten wird für diese Zwecke wohl das Segnersche Rad gebraucht,

---

[1]) Diese, eine Verseifung der Fette mittels Schwefelsäure bezweckende Vorrichtung wird im 3. Bande (Kapitel Stearinfabrikation) Besprechung finden.

[2]) D. R. P. Nr. 106729. — Chem. Rev., 1900, S. 28.

das ist ein System drehbarer Röhren mit seitlichen Ausflußöffnungen. Der einseitige Ausfluß bewirkt infolge des ungleichen Seitendruckes ein Rotieren des Rohrsystems und damit eine gleichmäßige Verteilung des Reagenses über die Oberfläche des zu raffinierenden Öles.

Patent der Badischen Anilin- und Sodafabrik.

Eine eigene Säurezuführung hat sich die Badische Anilin- und Sodafabrik[1]) in Ludwigshafen patentieren lassen. Diese Vorrichtung soll speziell die Verwendung rauchender Schwefelsäure an Stelle der 66gradigen englischen Säure in der Mineralöl-Raffination ermöglichen, scheint aber auch für vegetabilische Ölraffination geeignet. Bei so energisch

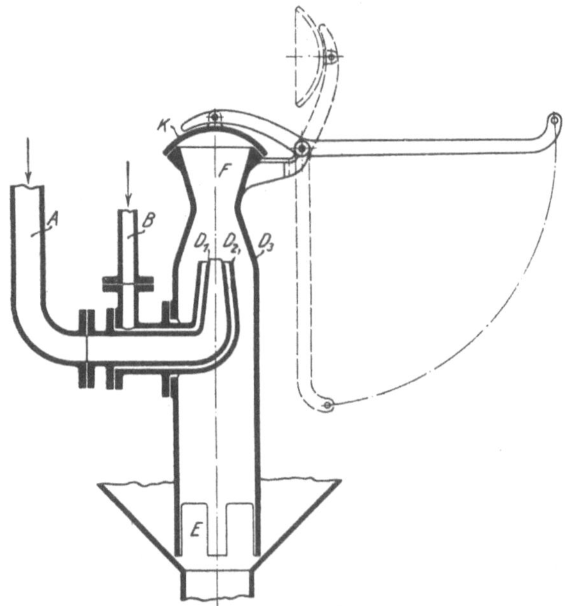

Fig. 341. Apparat zur Säurezuführung (D.R.P. Nr. 92018).

wirkenden Reagenzien, wie rauchende Schwefelsäure, ist eine äußerst feine Verteilung im Öl doppelt notwendig, weil die rauchende Säure sehr rasch verharzend wirkt, wodurch die in der Flüssigkeit verteilten Oleumtröpfchen mit einer Harzschicht überzogen werden, so daß erstere überhaupt nicht oder erst nach längerer Zeit zur Wirkung gelangen.

Läßt man aber rauchende Schwefelsäure zwischen die Berührungsflächen zweier gleichgerichteten und einander durchdringenden Ölströme oder eines Stromes von Öl und eines solchen von Luft oder Gasen von verschiedener Geschwindigkeit einfließen, so daß die Säure mitgerissen und zwischen jenen Strömen zerrieben wird, um alsdann in diesem fein ver-

---

[1]) D. R. P. Nr. 92018 v. 28. Jan. 1896. — Seifenfabrikant, 1899, S. 47.

teilten Zustande im Weiterfließen der Hauptmenge des zu raffinierenden Öles beigemischt zu werden, so wird dadurch die oben geschilderte Bildung von verharzten Oleumtröpfchen verhütet.

Die Einrichtung des Mischapparates (Fig. 341) ist sehr einfach. Derselbe besteht aus einem zylindrischen Gehäuse D_3, in welches zwei konzentrisch ineinander steckende konische Düsen D_1 und D_2 münden. Der inneren Düse D_1 wird mittels des Rohres A Druckluft bzw. Gas oder Druckflüssigkeit und dem Zwischenraum zwischen den Düsen D_1 und D_2 mittels des Rohres B die zerstäubende Säure zugeführt. Oberhalb der Düsenmündungen hat das Gehäuse eine konische Verengung und darüber eine trichterförmige Erweiterung F, welche durch eine Klappe K verschließbar ist. Das untere Ende des Gehäuses ist mit Schlitzen E versehen, um die zu reinigende Flüssigkeit eintreten zu lassen. Der Apparat wird am tiefsten Punkte des Raffinierbehälters angebracht, das Gehäuse füllt sich mit dem Öl und der Apparat wird in Tätigkeit gesetzt, indem durch A und somit durch die innere Düse D_1 Luft oder Gase unter Druck eingepreßt werden. Dieser kontrahierte Strahl bewirkt bei geöffneter Klappe K eine heftige Aufwärtsbewegung des Öles im Apparat von E nach F. Das Öl wird stets zentral aufsteigen und darauf wieder dem tiefsten Punkt zuströmen, wo es bei E in den Apparat wiederum eingesaugt wird, und der Kreislauf beginnt von neuem. Durch die Leitung B fließt das zuzumischende Reagens zu. In dem Moment, wo es zwischen die Berührungsfläche des aus D_1 kommenden Luft- bzw. Gasstromes von verschiedener Geschwindigkeit gelangt, wird es mitgerissen, zwischen jenen Flächen fein zerrieben und in diesem zerstäubten Zustande dem in dem Apparat aufsteigenden Öle zugemischt. Ist die Zerstäubung beendet, so läßt man so viel Druckluft durch A in den Apparat eintreten, daß das Öl in wallender Bewegung bleibt, wodurch man ein rasches Sichzusammenballen und ein schnelles Absetzen des Raffiniersatzes nach Beendigung der Luftagitation erzielt. Während des Absetzens der raffinierten Flüssigkeit wird die Klappe K geschlossen.

In der Abklärungsperiode verhindert die geschlossene Klappe K, daß Raffiniersatz in den Apparat und in die Düsen gelangen kann.

II. Methoden zur Entfernung von Eiweißstoffen.

Die in den Ölen und Fetten enthaltenen Eiweißstoffe, Pflanzenschleim, Harze, tierischer Leim und ähnliche Fremdkörper werden entweder durch einfaches Erwärmen oder durch chemische Mittel niedergeschlagen oder zerstört. Die Ausscheidung dieser Fremdstoffe erfolgt gewöhnlich in flockiger Form (Koagulation), wobei zumeist ein mechanisches Ausfällen der im Öle gelösten Farbstoffe und damit ein Hellwerden der so behandelten Produkte eintritt.

Die einfachste Art des Gerinnenlassens der Eiweißstoffe ist die

Kochen mit Wasser.

Koagulation durch Wärme. So wird z. B. in Indien das frisch gepreßte Rizinusöl durch Kochen mit Wasser entschleimt und gleichzeitig gebleicht. Ein Patent von Cattanach[1]) fußt auf dem gleichen Prinzip; nach diesem Verfahren wird Leinöl zu 20% seines Gewichtes mit Wasser vermischt und unter Überdruck bei einer Temperatur von 120° C gekocht.

---

[1]) D. R. P. Nr. 11213 v. 13. Jan. 1880.

Die Entschleimung des Leinöls durch hohe Temperatur ist ebenfalls hierher zu rechnen. Wird Leinöl möglichst rasch auf über 250 °C erhitzt, so erleidet es eine Trübung und erscheint nach dem Erkalten mit einer froschlaichartigen Ausfällung durchsetzt. Im Großbetriebe macht man von dieser Art Entschleimung nur selten Gebrauch, weil sich die gallertartigen Ausscheidungen [1]) nur äußerst schwierig abfiltrieren lassen [2]). Koagulation durch rasches Erhitzen.

Bei den durch Extraktion gewonnenen Ölen erfolgt eine teilweise Koagulierung des gelösten Eiweißes beim Abtreiben des Extraktionsmittels [3]).

Ausfällen der Schleim- und Eiweißstoffe durch Gerbstoffe und Alaun: Gerbstoffe und Alaunlösungen bringen die in Ölen und Fetten gelösten Eiweißstoffe zum Gerinnen. Wässerige Auszüge von Lohe sind von Davidson besonders für Tran empfohlen worden und sollen diese Gerbstofflösungen auch eine merkliche Bleichung bewirken. Gerbstoff und Alaun.

Alaun wird auch zur Entfernung von Leimsubstanzen aus animalischen Fetten angewendet, doch erfolgt eine Ausfällung des Leimes nur bei alkalischer Reaktion und längerer Einwirkungsdauer. Eine Lösung von Gelatine gibt z. B. beim Zusammenbringen mit einer Alaunlösung keinen Niederschlag, weil Alaun eben sauer reagiert [4]). Auch Abkochungen von Seifenrinde (D. R. P. Nr. 70314) werden zum Entschleimen von Ölen und Fetten gebraucht. Das von Villon vorgeschlagene „Algesin" ist ebenfalls hier zu nennen.

Zerstörung der Eiweiß- und Schleimstoffe durch Säure: Die Vorgänge, welche sich beim Behandeln der Fettkörper mit konzentrierten Säuren abspielen, wurden bereits im 2. Kapitel beschrieben. Bei der Raffination der Öle macht man von der wasserentziehenden und eiweißverkohlenden Wirkung der konzentrierten Mineralsäuren (vornehmlich Schwefelsäure) Gebrauch [5]). Säureraffination.

Wird von einer Säureraffination gesprochen, so versteht man darunter wohl immer die Schwefelsäureraffination, wie sie von Ch. Gower [6])

---

[1]) Der Niederschlag besteht übrigens nur zur Hälfte aus organischen Verbindungen, zur anderen aus Phosphaten und Sulfaten.

[2]) Näheres über diese Methode bringt der 2. Band (Abschnitt „Leinöl").

[3]) Die Cleveland Linseed Company (D. R. P. Nr. 91760 v. 4. Dez. 1895) ist der Ansicht, daß die Beseitigung dieser gelösten Substanzen den Wert des Öles für gewisse industrielle Zwecke, z. B. Herstellung von Ölfarben (?), beeinträchtige, und hat daher ein Verfahren ausgearbeitet, bei dem das Vertreiben des Extraktionsmittels bei niederer Temperatur erfolgt, so daß ein Gerinnen der Eiweißkörper nicht stattfinden kann.

[4]) Lake, Cullmann und andere verwenden Alaun und Gerbsäure in Gemeinschaft mit anderen Mitteln auch zur Geruchlosmachung von Ölen und Fetten.

[5]) Das Kochen mit verdünnter Säure fällt Eiweißstoffe ebenfalls aus, doch wird gerade dieses Verfahren bei Ölen und Fetten nicht oder doch nur sehr selten angewandt. Verdünnte Säuren werden mehr als emulsionszerstörende und klärende Mittel gebraucht.

[6]) Engl. Patent Nr. 1864 v. 5. April 1792.

im Jahre 1792 vorgeschlagen, von Thenard, Cogan, Hall, Puscher, Michaud und anderen verbessert wurde.

Allgemeines. Das Verfahren beruht auf der Eigenschaft der konzentrierten Schwefelsäure, Ölen in geringer Menge zugesetzt, die in denselben gelösten Eiweißkörper, Harz und Schleimstoffe zu verkohlen, die Öle selbst jedoch nicht oder doch nur sehr wenig anzugreifen.

Beim Vermischen von rohen Pflanzen- und Tierölen mit geringen Mengen konzentrierter Schwefelsäure tritt eine allmähliche Verfärbung der Öle ein, unter Ausscheidung dunkelgrüner bis schwarzer Flocken, die sich nach und nach zusammenballen und zu Boden setzen, sofern das Durchmischen aufhört und die Flüssigkeit der Ruhe überlassen wird. Hat man den Säurezusatz nicht zu groß genommen und war die Temperatur während der Operation nicht zu hoch, so ist das Öl nach Vornahme der Durchmischung nicht nur frei von gelösten Eiweißstoffen, Harzen und Schleim, welche Körper eine Verkohlung erfahren haben, sondern auch heller von Farbe, weil der Farbstoff des Rohöles durch die in Flocken ausgefallenen Eiweißstoffe mit niedergerissen wird. Bei zu groß bemessenem Säurezusatze sowie zu hoher Temperatur während des Vermischens oder bei zu lange andauernder Einwirkung greift die Säure auch den Fettkörper selbst an und zerlegt einen Teil der Triglyzeride in Glyzerinschwefelsäure und Sulfofettsäure, unter gleichzeitiger Rötung des Öles.

Das richtige Gelingen des Schwefelsäure-Raffinationsverfahrens hängt von folgenden Faktoren ab:

1. von der Qualität des Öles,
2. der Stärke der Säure,
3. der Intensität der Mischung,
4. der Temperatur während der Raffination,
5. der Zeitdauer der Einwirkung der Säure.

Ölqualität. Die Qualität der Öle ist insofern im Spiele, als z. B. kaltgepreßte Öle weniger zu verkohlende Stoffe enthalten als heißgepreßte. Wasserhaltige Fette beeinträchtigen durch Verdünnen der Säure deren Wirkung.

Stärke der Säure. Von der Stärke der Säure hängt ihre wasserentziehende und verkohlende Eigenschaft ab. Man nimmt in der Regel Schwefelsäure von 66^{0} Bé ($d = 1{\cdot}85$). Versuche, englische Schwefelsäure unter Zusatz von etwas rauchender Schwefelsäure zu verwenden, sind zwar gelungen, doch ist das Arbeiten mit solchen Mischungen heikel; sie wirken leicht zu energisch und liefern dann rote Öle. Der Seite 634 beschriebene Mischapparat der Badischen Anilin-Sodafabrik hilft dem Übelstande allerdings ab.

Mischungsintensität. Wie bei allen chemischen Reaktionen, ist natürlich auch hier eine innige Berührung der Reagenzien ein Haupterfordernis für das Gelingen des Prozesses. Die Intensität der Durchmischung hat nicht nur Einfluß auf die notwendige Säuremenge, sondern auch auf den Zeitpunkt des Eintretens der Ausscheidung.

Die Temperatur soll während der Operation möglichst niedrig sein. Die in einigen Handbüchern angegebenen Temperaturen von 30—50° C (für Rüböl-Raffination) sind entschieden zu hoch; man sollte nie über 15 bis 20° C hinausgehen. Eine Temperaturerhöhung um einige Grade tritt während der Raffination ohnedies ein. Bei höherer Temperatur erfolgt die Einwirkung der Säure rascher als bei niederer, doch treten auch die erwähnten unangenehmen Nebenwirkungen der Säure viel leichter auf. Feste Fette, die eine Reinigung mittels Säure natürlich nur nach ihrer Verflüssigung erfahren können, werden daher selten nach diesem Verfahren gereinigt. Temperatur.

Mit der Einwirkungsdauer der Säure wächst die Raffinationsintensität; man kann daher bis zu einer gewissen Grenze mit geringeren Säuremengen bei langer Einwirkung dasselbe Resultat erzielen wie mit größerem Säureaufwande bei kurzer Reaktionsdauer. Bleibt die Säure mit dem Öle aber gar zu lange Zeit in Berührung, so treten Zersetzungen des Öles auf; die Unterbrechung der Operation im richtigen Moment ist daher wichtig. Einwirkungsdauer.

Die Menge der angewandten Schwefelsäure beträgt in der Regel $^1/_2$—$1^1/_2$ % vom Ölgewicht, die Zeitdauer schwankt zwischen 2—6 Stunden. Säuremenge und Zeitdauer.

Die Schwefelsäure-Raffination ist bei Rüböl allgemein in Anwendung und wird in den Rübölfabriken wie folgt verfahren:

Das durch Ablagern möglichst wasser- und schleimfrei gemachte Rohöl wird in mit Bleiblech ausgekleidete eiserne Raffinationsbehälter gebracht, das in denselben befindliche Rührwerk in Tätigkeit gesetzt und die Säure in ganz dünnem Strahl nach und nach zufließen gelassen. Die ursprünglich tiefgelbe Farbe des Öles verfärbt sich alsbald in ein Grünlichgelb; später bilden sich in dem Öl kleine schwarze Punkte, die sich allmählich zu immer größer werdenden Flocken verdichten. Die Ölmasse, welche selbstverständlich unausgesetzt durch das Rührwerk in Bewegung gehalten werden muß, sieht jetzt in der Daraufsicht in ihrer tiefschwarzen Färbung einer Teermasse nicht unähnlich. Läßt man eine Ölprobe auf dem Spatel abtropfen und beachtet die dünnen Ölschichten im durchfallenden Lichte, so erscheint das Öl fast wasserhell, aber mit grünlich bis intensiv schwarzen Flocken durchsetzt. Auf eine Porzellanplatte gebrachte Probetropfen lassen ebenfalls ganz deutlich diese flockige Ausscheidung erkennen. Je leichter sich diese aus verkohlten Harzen, Schleimstoffen, Sulfofettsäuren und mechanisch eingekapseltem, unverändertem Öle sowie mitgerissenen Farbstoffen bestehenden Verunreinigungen absetzen, um so besser ist die Raffination gelungen. Arbeitsweise.

Es ist Sache der Erfahrung, bei jeder Ölqualität gleich anfangs die notwendige Menge Schwefelsäure zuzusetzen. Hat man diese Menge unterschätzt, so zeigt sich dies an einer weniger glatten Ausscheidung der verkohlten Masse und an einer minder hellen Färbung des raffinierten Öles.

Eine Nachhilfe durch späteren Zusatz neuer Mengen Schwefelsäure richtet hier in der Regel nur wenig aus. In 3, höchstens 5 Stunden soll die Reinigung vollendet sein und folgt jetzt eine zirka zweistündige Ruhepause, während welcher sich die Ausscheidungen absetzen sollen.

Wasserzusatz. In den meisten Fabriken gibt man vor dem Abstellen des Rührwerkes, also vor der Ruheperiode, ca. 3—4% heißes Wasser in das Öl, um die Säure zu verdünnen und eine weitere Einwirkung derselben auf das Öl abzuschwächen bzw. unmöglich zu machen. Beim Zugeben des Wassers entsteht eine Emulsion, welche sich beim darauffolgenden Absetzen in drei Schichten trennt:

1. in eine obere, aus raffiniertem Öl und wenig Wasser bestehende,
2. in eine mittlere, den Raffinationssatz enthaltende, und
3. in eine untere, aus verdünnter Schwefelsäure bestehende Schicht.

Bei gut geleiteter Raffination müssen sich diese drei Schichten scharf voneinander abtrennen.

Einige wenige Betriebe unterlassen den Wasserzusatz vor der Ruheperiode. Auch in diesem Falle setzen sich der Raffinationssatz und die noch unverbrauchte Schwefelsäure zu Boden, doch besteht dabei die Gefahr, daß bei zu lange andauernder Berührung des stark sauren Raffinationssatzes mit dem darüber stehenden Öl Rotfärbungen des letzteren eintreten, und zwar Rotfärbungen sehr zäher Natur, die sich durch kein Mittel beheben lassen. Eine Wasserzugabe vor dem Abstellen des Rührwerkes ist daher sehr anzuraten.

Unschädlichmachen der Säurereste. Das von den Harzkörpern, Schleim- und Farbstoffen befreite Öl hält Spuren mechanisch beigemengter Säure zurück und muß daher unter allen Umständen einer gründlichen Waschung unterzogen werden. Man bringt zu diesem Zwecke das vom Raffinationssatze getrennte Öl in einen zweiten Behälter aus Holz oder verbleitem Eisenblech, in welchem man das Öl zu $^1/_3$ seines Gewichtes mit Wasser gut durchmischt. Es ist vorteilhaft, diese Waschungen in der Wärme vorzunehmen; die Wirkung ist dann vollkommener und das Abstehen des Waschwassers vollzieht sich rascher.

Zur leichteren Ausbringung der letzten Schwefelsäurereste aus dem Öle hat man auch verschiedene Zusätze zu dem Waschwasser empfohlen, so z. B. eine Zugabe von etwas Kalkmilch, Kreide, Soda, Kochsalz usw.

Kalkmilch und Soda üben neben der säureabstumpfenden auch eine verseifende Wirkung, und zwar in erster Linie auf die vorhandenen freien Fettsäuren, Kalkmilch unter Umständen aber auch auf die Triglyzeride. Die sich dabei bildenden im Öl löslichen Kalkseifen machen sich bei Verwendung des Öles zu Brennzwecken durch Verstopfen des Dochtes sehr unangenehm bemerkbar.

Aufgeschlämmte Kreide[1]) (kohlensaurer Kalk), welche die Fettsäuren und Neutralfette nicht alteriert, erzeugt einen recht lästigen Schaum. Kochsalz äußert natürlich keine neutralisierende Wirkung auf die Schwefelsäure, beschleunigt aber wegen des höheren spezifischen Gewichtes des Waschwassers ein leichteres Absetzen desselben.

Die Entsäurungsmittel[2]), wie Kalk, Kreide und Soda, sind besonders dann von Wichtigkeit, wenn es sich um die Herstellung von vegetabilischem Schmieröl handelt, von welchem totale Abwesenheit aller Mineralsäuren und ein Minimalgehalt an freier Fettsäure verlangt wird.

Das bei der Waschoperation resultierende Öl enthält beträchtliche Mengen Wasser und erscheint dadurch milchig und emulsionsartig. Ein einfaches mehrtägiges Absetzen dieses wasserhaltigen Öles in warmen

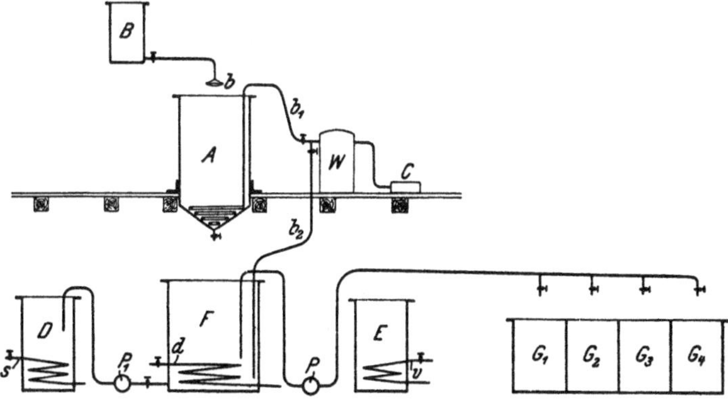

Fig. 342. Schema einer Rübölraffinationsanlage.

Räumen bewirkt zwar eine Klärung; besser und rationeller ist es aber, dem Absetzen eine Filtration folgen zu lassen, wozu man sich Vorrichtungen bedient, wie sie auf Seite 615/16 beschrieben wurden.

Raffinationsanlage. Eine rationelle Anlage zur Ausführung der Ölraffination mit Schwefelsäuren zeigt Fig. 342.

Das eigentliche Raffinationsgefäß *A* ist unten konisch zugespitzt, weil diese Form ein leichteres Absetzen des Säurewassers gestattet. Die Zuführung der Schwefelsäure erfolgt durch eine Brause *b*, die durch das Gefäß *B* die Säure empfängt. Als Rührvorrichtung dient komprimierte Luft, die vom Kompressor *C* aus durch den Windkessel *W* und von da mittels des Rohres b_1 in das Öl geleitet wird.

---

[1]) Beckmann hat die Schwefelsäuremethode dadurch vervollkommnet, daß er das von der Säure getrennte Öl mit einem Überschusse von trockenem Calciumkarbonat vermischte, wodurch die dem Öl noch anhaftende freie Säure neutralisiert, infolge Bildung von $CaSO_4 + 2\,H_2O$ die Feuchtigkeit beseitigt wird und alle schwebenden Verunreinigungen durch den niederfallenden Gips eingehüllt werden. Das Verfahren bietet in der Ausführung einige Schwierigkeiten, weil sich der Gips nicht immer glatt absetzt, sondern häufig eine Filtration notwendig erscheint. (D.R.P. Nr. 11 737.)

[2]) Siehe auch Abschnitt „Neutralisationsmethoden".

Die nach beendigter Raffination und Wasserzugabe sich in *A* bildenden drei Schichten werden durch den Bodenhahn des Gefäßes *A* wie folgt verteilt:

Die untere Säurewasserschicht kommt in ein verbleites Sammelgefäß *D*, der dann folgende Raffinationssatz nach *E* und das Öl nach *F*, wo es sofort der Waschung mit heißem Wasser (mit oder ohne neutralisierende Zusätze) unterworfen wird. Als Rührvorrichtung dient hier ebenfalls Druckluft (Zuleitungsrohr b_2); für ein eventuelles Anwärmen des Öles ist der Behälter vorteilhafterweise auch mit einer Dampfschlange *d* ausgestattet. Das gewaschene Öl wird durch die Pumpe *P* in die Standgefäße $G_1 G_2 G_3 G_4$ befördert und hier noch weiter abstehen gelassen, um nach mehreren Tagen gefiltert zu werden. Sehr empfehlenswert ist es, das zur Raffination kommende Rohöl vorher durch eine Filterpressen-Passage von seinen mechanischen Verunreinigungen zu befreien; meist erfolgt diese Klärung jedoch durch einfaches Abstehenlassen des Rohöles.

Das im Waschgefäße *F* resultierende Waschwasser wird durch die Pumpe P_1 nach *D* gebracht, wo sich schon das Säurewasser von *A* befindet. Beim direkten Ablassen des Säure- und des Waschwassers in den Kanal würden, so vorsichtig man auch zu Werke gehen mag, immer gewisse Ölanteile mitgerissen werden. Ein Sammeln aller Abwässer im Reservoir *D* gestattet ohne Schwierigkeiten die Gewinnung des sonst verlorengehenden Öles, weil längere Ruhe die Emulsionen klärt, besonders wenn man die fetthaltigen Wässer schwach anwärmt, wozu Dampfschlangen *s* vorhanden sind.

Der in *E* gesammelte Raffiniersatz wird ebenfalls durch eine Dampfschlange *v* mäßig warm gehalten und dadurch entwässert.

Raffiniersatz.

Der Raffiniersatz (Sauertrieb genannt) stellt eine dickflüssige, zähe, schwarzgraue, eigentümlich riechende Masse dar, welche die kohligen Zersetzungsprodukte der Eiweiß- und Schleimstoffe sowie Harze des Rohöles und außerdem noch Sulfofettsäuren und Glyzerin-Schwefelsäure enthält. Der Gehalt des Raffiniersatzes an Sulfofettsäuren, welche im Aussehen ganz an Öl erinnern, beim Kochen mit Wasser in Fett- und Schwefelsäure zerfallen, sichert diesem Abfallprodukte eine Verwendung in verschiedenen Industriezweigen. So findet der Raffiniersatz beim Verzinnen von Weißblech, in der Weißgerberei, in der Spiritusfabrikation und in der Rübenzuckerindustrie Verwendung. Nach Deite wird er hier als Mittel gegen das Schäumen beim Eindicken von Siruplösungen angewendet, doch nimmt man für diesen Zweck jetzt hauptsächlich unraffiniertes Rüböl.

Das eben beschriebene Verfahren stammt in der Hauptsache von Gower und Thenard und ist mehrfach modifiziert worden. Von diesen Modifikationen seien die von Cogan, Puscher und Hall angeführt.

Methode Cogan.

Die Cogansche Methode[1]) unterscheidet sich von der Thenardschen eigentlich nur durch die Konzentration der verwendeten Schwefelsäure, denn die dem Säurungsprozesse folgenden Waschoperationen, für die Cogan besondere Vorschriften gibt, sind nur nebensächlicher Natur.

Die bei diesem Verfahren in Verwendung kommende Schwefelsäure soll einen H_2SO_4-Gehalt von 50% haben, während die bei dem Thenardschen Verfahren verwendete Säure von 66° Be einem Gehalte von 96%

---

[1]) Bornemann, Die fetten Öle, Weimar 1889, S. 195.

H_2SO_4 entspricht. Cogan trägt in das zu raffinierende Öl 2—2½% Säure ein, und zwar in drei Portionen, die er in stündlichen Zwischenräumen zugibt. Nach erfolgter Flockenbildung läßt er absetzen und zieht das klare Öl in einen Waschapparat ab, wo es durch einströmenden Dampf 6—7 Stunden lang auf 100° C gehalten wird, um es möglichst von Säure zu befreien. Nach dem Abstehen wird das saure Unterwasser abgezogen und das obenauf schwimmende Öl durch Filtration geklärt.

Die Vorteile des Coganschen Verfahrens sind nach Ansicht des Erfinders darin zu suchen, daß die geringe Konzentration der angewendeten Schwefelsäure das Rotwerden des Öles unmöglich macht.

Bei der Puscherschen Methode wird an Stelle der Schwefelsäure ein Gemenge gleicher Teile 96prozentigen Alkohols und konzentrierter Schwefelsäure verwendet, welches Gemisch (Äthylschwefelsäure) dieselbe Wirkung, wenn auch in milderer Form, äußert wie Schwefelsäure allein. Der Raffinationssatz ist bei dem Puscherschen Verfahren grünlichgrau. Methode Puscher.

Nach dem Patente von A. T. Hall[1]) in Hull wird das zu raffinierende Öl in Benzin gelöst, dann auf gewöhnliche Art mit Schwefelsäure raffiniert, mit Wasser gewaschen, das (noch immer mit Benzin vermischte) Öl durch Tierkohle filtriert, hierauf das Benzin abgetrieben und durch Kondensation wiedergewonnen. Das in Benzin gelöste Öl ist viel dünnflüssiger und daher den Reagenzien leichter zugänglich, weshalb Hall eine bessere und vollständigere Raffination bei geringem Reagenzienverbrauche erwartet. Verfahren Hall.

Nicht zu unterschätzen ist aber der selbst bei noch so gut geleiteter Wiedergewinnung des Lösungsmittels auftretende Benzinverlust. Aus diesem Grunde konnte sich auch das Verfahren weder in Betrieben, die nach dem Preßverfahren arbeiten, noch in den Extraktionsfabriken Eingang verschaffen.

Zum Bleichen und Geruchlosmachen von Fetten treibt Walter Mills[2]) in London ein Gemisch von trockener warmer Luft und gasförmigem Schwefelsäureanhydrid durch die Öle. Das durch die warme atmosphärische Luft verdünnte Schwefelsäureanhydrid wird in schweflige Säure und Sauerstoff zersetzt, welche, da sie sich im statu nascendi befinden, bleichend, geruchlosmachend und reinigend auf das Fett oder Öl einwirken. Die hierbei entstehenden kohlenstoffhaltigen und anderen Nebenprodukte können mittels Filtration durch tierische und andere Kohle oder durch Waschen mit Wasser, Dampf oder anderswie ausgeschieden werden. (?) 1 g Schwefeltrioxyd soll sich zur Reinigung von 1 kg Öl als genügend erwiesen haben. Methode Mills.

Von R. v. Wagner[3]) stammt ein Vorschlag, an Stelle der Schwefelsäure, deren sachunkundige Anwendung leicht ein Röten des Öles nach sich ziehen kann, Zinkchlorid zu verwenden. Chlorzink ist ein höchst Methode Wagner.

[1]) D. R. P. Nr. 38470 v. 21. Mai 1886.
[2]) D. R. P. Nr. 75567 v. 1. Sept. 1892. — Chem.-Ztg., 1894, S. 1125.
[3]) Wagners Jahresberichte, 1855, S. 395.

hygroskopischer Körper, dessen konzentrierte Lösungen auf Öl ähnlich einwirken wie konzentrierte Schwefelsäure. Vermengt man vegetabilische Öle mit 1—2% Zinkchloridlösung von der Dichte 1·85, so tritt zu rasch eine gelbbraune, dann eine dunkelbraune Verfärbung ein und nach längerer Zeit scheiden sich schwarzbraune bis schwarze Flocken aus. Das Wagnersche Verfahren hat aber nur ganz akademisches Interesse und ist in der Praxis wohl nie zur Anwendung gekommen[1]).

Geschichtliches.

Entfernung der Eiweiß- und Schleimstoffe durch Ätzalkalien. Die ersten Vorschläge über die Verwendung von Alkalien zur Ölreinigung stammen von Evrard[2]) und Bareswill[3]). Ersterer empfahl die Anwendung schwacher, letzterer gebrauchte starke Laugen. Die leichte Verwertung des bei diesem Verfahren resultierenden Raffinationssatzes — der halb verseifte Abfall bildet ein gut brauchbares Rohmaterial für Seifensieder — und die früher einzig an diese Reinigungsmethoden gestellte Anforderung, helles Öl zu ergeben, sind der Vervollkommnung dieser Methode lange Zeit hemmend im Wege gestanden. Die Laugenraffination wurde erst weiter ausgebildet, als die Kottonöl-Industrie in Amerika ihren Aufschwung genommen hatte. Die erstrebte Erzielung von speisefähigem Öl in Verbindung mit dem Wunsche, möglichst rationell zu arbeiten, also hohe Ölausbeuten zu erhalten, führten zu einer vollkommeneren Ausgestaltung der Laugenraffination.

Allgemeines.

Werden Öle und Fette mit geringen Mengen von Ätzalkalien zusammengebracht, so tritt vor allem eine Verseifung der freien Fettsäuren und der etwa vorhandenen harzartigen Körper ein. Die gebildete Seife fällt meist flockenförmig aus, hüllt die in den Ölen enthaltenen Verunreinigungen, Farbstoffe, Eiweiß- und Schleimstoffe mechanisch ein und wirkt auf diese Weise reinigend auf die Öle. Bei der Laugenraffination verbindet man also mit der Entfernung der Öle von eiweißartigen Stoffen, Pflanzenschleim, Leim usw. eine Neutralisation des Fettkörpers, während die weiter unten besprochenen Neutralisationsmethoden überhaupt nur auf eine möglichst vollkommene Entfernung der freien Fettsäuren abzielen und die Beseitigung von Schleim und Eiweißstoffen als ganz nebensächlich betrachten.

Zu den hier in Frage kommenden eigentlichen Laugenraffinationsmethoden müssen die zum Reinigen von Leinöl, zum Härten von Talg und zum Raffinieren von Kottonöl verwendeten Verfahren gezählt werden.

Leinölraffination.

Die Raffination des Leinöles mittels Lauge wird weniger in der Absicht unternommen, das Öl von Schleimstoffen zu befreien, sondern damit in erster Linie ein Bleichen angestrebt. Die Leinölbleiche nimmt man ge-

---

[1]) L. Krafft und Tessié du Mottay haben Zinkchlorid auch für die Verseifung von Fetten an Stelle der Schwefelsäure empfohlen. (Wagners Jahresberichte, 1859, S. 604.)

[2]) Polyt. Zentralblatt, 1855, S. 368.

[3]) Journ. d. Pharm., 1858, S. 446. — Dinglers polyt. Journ., Bd. 149, S. 80. — Verhandlungen des niederösterr. Gewerbevereins, 1858, S. 413.

wöhnlich mit Kalilauge vor, um den dabei erhaltenen Raffinationssatz für Schmierseifenfabrikation verwenden zu können.

Man bringt das Leinöl in einen Kessel und rührt 5% heiße Kalilauge von 30° Bé ein. Nach einigen Minuten bildet sich ein weißer feiner, flaumiger Niederschlag, dessen Flocken allmählich größer werden und schließlich die Größe eines dicken Stecknadelkopfes annehmen. Diese Flocken sinken beim Aufhören des Durchmischens zu Boden und das klare Öl kann abgeschöpft werden[1]).

M. v. Schmidt[2]) verwendet zum Raffinieren von Ölen Natronlauge in einer Lösung von 29% NaOH-Gehalt. Er nimmt von derselben auf 100 kg Öl 5 kg, rührt eine Stunde lang und überläßt dann die Mischung der Ruhe. Nach einigen Stunden hat sich am Boden des Gefäßes die gebildete Seife als dichter Kuchen abgesetzt, welcher die vorhandenen Verunreinigungen, wie Farbstoffe, Zellgewebsreste u. dgl., einschließt. Die darüber stehende klare Ölschicht wird abgelassen und zur Entfernung von einzelnen, möglicherweise noch suspendierten Flocken durch eine Filterpresse getrieben. Feste Fette werden zuvor geschmolzen und auf einer Temperatur erhalten, welche 30° C nicht überschreiten darf. Liegt der Erstarrungspunkt eines Fettes höher, so ist das Verfahren nicht anwendbar.

Das Reinigen von Talg mittels Ätznatron wird aber trotz dieser letzten Angabe Schmidts in ähnlicher Weise durchgeführt.

Besondere Wichtigkeit kommt der Laugenraffination in der Kottonöl-Industrie zu. Um aus dem rohen dunkelroten Baumwollsaatöle durch Raffinieren gutes Speiseöl zu erzeugen, ist eine große Erfahrung notwendig; mit allgemeinen Regeln und Verhaltungsvorschriften läßt sich hier wenig ausrichten. Reinigen von Kottonöl.

Der Laugenzusatz, die Temperatur während der Raffination und die Operationsdauer richten sich ganz und gar nach der Qualität des zu raffinierenden Öles. Öl aus frischer Kottonsaat läßt sich mit wenig Lauge leicht raffinieren, aus älterer Saat gepreßtes oder lange Zeit gelagertes Öl braucht mehr Lauge und gibt überhaupt kein so gutes Raffinat, wie frisches Öl. Der jeweilige Gehalt der Öle an freien Fettsäuren steht mit der notwendigen Laugenmenge in einem gewissen Verhältnisse, doch ist die zur vollständigen Reinigung erforderliche Laugenquantität größer, als zur Absättigung der Säuren theoretisch notwendig. Die Lauge muß bei der Kottonölreinigung außer den freien Fettsäuren und den harzartigen Verbindungen auch etwas Neutralfett verseifen, wenn die gebildete Seife den Farbstoff in der richtigen Weise niederschlagen soll.

Die amerikanischen Kottonölfabriken bedienen sich meist des folgenden Verfahrens: Arbeitsweise in amerikanischen Kottonölfabriken.

Nachdem man durch Vorversuche die notwendige Laugenmenge bestimmt hat, wird das Rührwerk des mit Öl gefüllten Raffinationsgefäßes in

[1]) T. H. Gray in Bermondsey nimmt nach der Laugenbehandlung eine Kochsalzwaschung vor (engl. Patent Nr. 13434 v. 25. Jan. 1890).

[2]) D. R. P. Nr. 76615 v. 25. Juni 1893.

Tätigkeit gesetzt und die vorher gewogene Quantität Lauge durch eine Brause auf die Oberfläche des rohen Kottonöles verspritzt. Es ist wichtig, daß die Lauge nicht über 30° C warm sei. Hat man 30—40 Minuten gut durchgemischt, so beginnt die Masse eine schwarze Färbung anzunehmen, in welchem Moment man die Temperatur auf 45—50° C erhöhen kann. Dabei fallen Flocken von dunkelbrauner bis braunroter Farbe aus, welche dem Kesselinhalte ein geronnenes Aussehen geben. Man rührt so lange, bis eine durch Filterpapier gegangene Probe ein qualitätsgerechtes Öl zeigt. Sobald dies erreicht ist, unterbricht man das Rühren und überläßt den Kesselinhalt der Ruhe. Der verseifte Anteil, der sog. „soap stock", sammelt sich als braunrote bis braun- und grünlichschwarze Masse, die aus verseiften Harzen, Öl und den verschiedenen in den Kottonölen enthalten gewesenen Verunreinigungen besteht. Das obenstehende Öl wird dann in einem separaten Gefäße (dem „finishing tank") etwas erwärmt, um etwa vorhandenes Wasser aus dem Öle zu entfernen, und dann durch Abstehenlassen oder Filtration vollkommen geklärt.

Mindere Rohöle, bei denen größere Laugenmengen von höherer Konzentration verwendet werden mußten, zeigen einen unangenehmen Seifengeschmack, den man durch Waschen mit Wasser oder Salzlösungen zu beheben sucht.

Die Stärke der in der Kottonölraffination angewandten Lauge schwankt zwischen 6 und 25° Bé und die angewandte Laugenmenge liegt zwischen 2—6% (vom Gewicht des Öles). An Raffinationssatz (soap stock) werden 5—12%, mitunter sogar 20% erhalten; dieses Produkt besteht gewöhnlich zur Hälfte aus Fettsäuren und wird in den Seifensiedereien zur Herstellung dunkler, minderwertiger Seifen verwendet.

Von den nach Dutzenden zählenden Varianten der oben kurz skizzierten für Kottonöl gebräuchlichen Laugenraffination sollen im 2. Bande (Abschnitt „Kottonöl") die wichtigsten beschrieben werden.

Ölreinigung mittels Metalloleaten. Nach Nördlinger fallen die schleimigen Verunreinigungen der Fette und Öle auch beim Zusammenbringen mit Metalloleaten und Metallresinaten aus. Nach seiner Methode werden zunächst besondere Reinigungsöle hergestellt, indem man Zink-, Kadmium-, Eisen-, Mangan-, Blei- oder Kupfersalze der höheren Fettsäuren (Stearin-, Palmitin- oder Ölsäure) oder der Harzsäuren (Abietin-, Sylvinsäure) oder der Benzoesäuren und ihrer Homologen in 10—20 Teile Öl unter Erwärmen auf etwa 150° C löst und die klare Flüssigkeit von den am Boden abgesetzten unlöslichen Verunreinigungen abzicht.

Die zu reinigenden Tier- oder Pflanzenfette vermischt man mit 5 bis 10% dieser Reinigungsöle, wobei die schleimigen Stoffe der ersteren mit den Metallsalzen Niederschläge bilden[1]).

---

[1]) D. R. P. Nr. 58959 v. 9. Nov. 1890.

Behufs Reinigung von Talg und anderen tierischen Fetten und Ölen werden dieselben im geschmolzenen Zustande mit einer Lösung von Bleioleat in Talg vermischt. Dann läßt man die frische Lösung so lange in der Wärme stehen, bis sich die Verunreinigungen in feinen Flocken ausgeschieden haben, und zieht hierauf den klaren Talg vom Niederschlage ab. Für Tran verwendet man vorteilhaft an Stelle des Bleioleates eine Lösung von fettsaurem Eisen in Öl[1]).

III. Methoden zur Entfernung freier Fettsäuren.

(Neutralisationsmethoden.)

Allgemeines.

Die Entfernung der in Ölen und Fetten enthaltenen freien Fettsäuren kann erfolgen:

a) durch Überführung derselben in Seifen, welche dann auf irgend eine Weise von dem Neutralfett getrennt werden,
b) durch Behandlung der Fette mit Flüssigkeiten, welche freie Fettsäuren, nicht aber Neutralfette zu lösen vermögen,
c) durch Abdestillieren.

a) Überführung der Fettsäuren in Seifen.

Bei dem Verfahren der ersten Gruppe werden die freien Fettsäuren durch Alkalien, Oxyde oder Hydrooxyde der alkalischen Erden, durch Schwermetall-Oxyde, kohlensaure Salze, Wasserglas, Borax usw. abgebunden. Je glatter diese Stoffe mit den Fettsäuren in Verbindung treten, je weniger sie die Triglyzeride angreifen und sich in denselben lösen, je leichter und vollständiger sich die gebildeten Seifen von den Neutralfetten trennen, um so besser sind die Reagenzien für den gedachten Zweck geeignet.

Neutralisation mit Ätzlaugen.

Kali- und Natronlauge. Die Seite 643 beschriebene Laugenraffination ist eigentlich nichts anderes als eine Entsäuerungsoperation, nur daß man dabei das zur Absättigung der vorhandenen freien Säure und sonst vorhandenen sauer reagierenden Körper (Harze) notwendige Maß von Lauge absichtlich überschreitet, um auch eine partielle Verseifung des Neutralfettes herbeizuführen und damit andere Verunreinigungen (Farbstoffe) mechanisch niederzureißen.

Notwendiger Laugenüberschuß.

Handelt es sich weniger um ein Bleichen und Raffinieren roher Öle, wie z. B. beim Kottonöl, sondern lediglich um die Neutralisierung fettsäurereicher Öle oder Fette, so wird man die Lauge in der für die Absättigung der freien Fettsäure stöchiometrisch notwendigen Menge halten, damit möglichst wenig Triglyzeride verseift werden. Ganz zu umgehen ist ein über das theoretische Maß hinausgehender Überschuß an Alkali allerdings nicht,

[1]) D. R. P. Nr. 64136 v. 14. Aug. 1891.

falls man eine vollständige Neutralisation der Öle erzielen will, und zwar muß dieser Überschuß um so größer sein, je stärker die Konzentration der angewandten Lauge ist.

Diese Tatsache erklärt sich so, daß die ausfallenden Seifenflocken Laugenteilchen mechanisch einschließen, bevor diese noch zur Wirkung gekommen sind. Der Laugenüberschuß bedingt andererseits, daß neben der Abbindung freier Fettsäure auch stets etwas Neutralfett verseift wird. Deshalb, wie auch wegen der Löslichkeit der Alkaliseifen in Neutralfetten und der Neigung der mit Lauge versetzten Öle zu Emulsionsbildungen ist die Ausführung der Laugenneutralisation mit gewissen Schwierigkeiten verbunden.

Verfahren von Dangivillé.

Die Anwendung verdünnter Laugen zur Reinigung ranziger Öle hat schon E. S. Dangivillé[1]) in Paris vorgeschlagen. Er kocht das Öl in einem Vakuumapparate bei höchstens 35—40° C mit einer 0,25—1,5 prozentigen Kalilauge und gibt das verdampfte Wasserquantum sofort wieder zu, um eine Konzentration der Lauge zu vermeiden. Charakteristisch für dieses Verfahren ist der Luftabschluß und die niedere Temperatur während des Reinigungsprozesses, zwei Umstände, welche auf die Güte des Raffinates von bestem Einflusse sein müssen.

Methode de Laval.

Patrik de Laval[2]) in Stockholm legt bei seiner Methode den Hauptwert auf eine intensive Durchmischung des Öles mit der Lauge und empfiehlt für diesen Zweck eine Pumpe, welche das von ihr aus zwei getrennten Behältern zugebrachte Material (Öl und Lauge) ansaugt und gegen eine mit sehr feinen Spalten versehene Trommel preßt, wodurch eine fast milchartige Emulsion entsteht, zu deren Scheidung eigene Trennungsvorrichtungen verwendet werden müssen.

Entsäuerung mittels Zentrifugalemulsor.

Vorzüglich ist für die Entsäuerung von Ölen und Fetten mittels ganz schwacher Kalilösung auch der Zentrifugalemulsor geeignet, der selbst bei sehr sauren Fetten (bis zu 25% Gehalt an freien Fettsäuren) eine vollständige Neutralisation ermöglicht.

Benedikt[3]) beschreibt eine solche mit Laval-Emulsoren arbeitende, von Ekenberg projektierte Raffinationsanlage.

Dieselbe besteht aus sechs Zentrifugalemulsoren, von denen drei mit Zentrifugalseparatoren, drei mit Florentinerflaschen kombiniert sind. (Fig. 343.)

Das zu raffinierende Öl fließt aus dem Reservoir *1* nach dem Elemente $E_1 S_1$ (vergleiche Seite 630), wo es eine Laugenbehandlung erfährt, um sogleich in $E_2 S_2$ mit Wasser gewaschen zu werden. In $E_3 S_3$ folgt nun wiederum eine Laugenbehandlung, in E_4 eine Auswaschung mit kaltem Wasser, in E_5 eine solche mit ganz schwacher Salzsäure oder Schwefelsäure und endlich in E_6 eine mit warmem Wasser.

Die Konzentration der Lauge ist von den auszuwaschenden Säuremengen und dem Volumenverhältnis zwischen Öl und Lauge abhängig und bewegt sich zwischen

---

[1]) Engl. Patent Nr. 6219 v. 29. Dez. 1882.

[2]) D. R. P. Nr. 34781 v. 11. Okt. 1884.

[3]) Zeitschrift für angewandte Chemie, 1893, S. 675.

0,25 und 0,5% NaOH-Gehalt. Die Reservoirs *2* und *6* sind Laugenbehälter, *4*, *8* und *12* Standgefäße für Wasser, *10* für Säure und *3*, *5* und *7* Auffanggefäße für Seifenlösung. *9*, *11* und *13* stellen Florentinerflaschen dar.

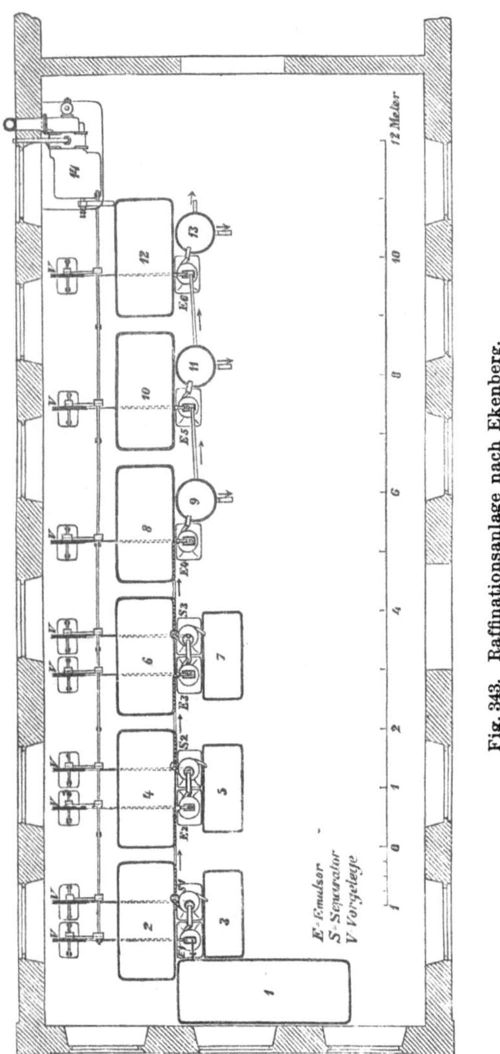

Fig. 343. Raffinationsanlage nach Ekenberg.

Trennung auftretender Emulsionen.

Die in den Waschwässern stets suspendiert bleibenden kleinen Öltröpfchen gewinnt man nach Ekenberg entweder mittels Filtration durch Baumwolle oder durch Vermischen derselben mit mehr Öl (auf Separatoren mit weiten Zwischenräumen zwischen den Emulsorentellern) und nachheriges Trennen der Emulsion, wobei die sich bildenden größeren Öltröpfchen beim

Aufsteigen nach der Oberfläche die kleineren mitnehmen. Diese letztere Methode ist sehr erfolgreich und kann zur Rückgewinnung kleiner Ölmengen aus allen möglichen Waschwässern usw. benutzt werden.

Die intensive Wirkung des Emulsors zeitigt bei dieser Entsäuerungsmethode mitunter unliebsame Nebenerscheinungen. Soll z. B. ranziges Speiseöl wieder genußfähig gemacht werden, so verschwindet dabei auch das natürliche Aroma der Öle und man erhält ein Öl ohne jeden spezifischen Geschmack (sogenannte „tote Öle"). Durch größere Tellerentfernung (weniger energisches Emulgieren) und Reduktion der Alkalizugabe unter die theoretische Menge kann man diesen Übelstand vermindern.

Tote Öle.

Säurewaschung.

Bemerkenswert ist die der letzten Entsäuerung folgende Waschung mit verdünnter Salzsäure. Dieselbe soll die geringen Mengen der in Öl gelösten Seifen zersetzen und damit einem Seifengeschmack der Öle vorbeugen.

Die bei der Verwendung stark verdünnter Laugen auftretenden starken Emulsionsbildungen lassen das Arbeiten mit stärkeren Laugen (10—25° Bé) ratsam erscheinen. Dabei sucht man gleichzeitig eine Lösung der gebildeten Seifen in den Neutralölen durch chemische Mittel zu vermeiden.

Verfahren von Huth,

So empfiehlt P. Huth in Wörmlitz die Anwendung einer mit konzentrierter Kochsalzlösung versetzten Natronlauge; die gebildeten Seifen werden durch das vorhandene Kochsalz sofort ausgeschieden (ausgesalzen) und damit Emulsionen verhindert. Eventuell in Lösung gehende geringe Seifenmengen können nachträglich durch Kochen mit einer Chlornatriumlösung aus den Ölen entfernt werden.

von Aspinall,

Auf einem ähnlichem Prinzip fußt auch das Patent E. B. Aspinall[1]), nach welchem Baumwollsaatöl raffiniert wird, indem man es mit einer Kochsalzlösung kräftig durchmischt und dieses innige Gemenge dann mit Natronlauge behandelt.

von Khuner,

E. Khuner[2]) hat gefunden, daß die Entfernung der in den Ölen gelösten Alkaliseifen leicht gelingt, wenn man diese durch Zusatz wasserlöslicher Verbindungen der Erdalkalisalze, wie z. B durch $BaCl_2$ oder $CaCl_2$, in wasserunlösliche fettsaure Erdalkalien überführt, und zwar kann für diesen Zweck sowohl eine konzentrierte Lösung des betreffenden Erdalkalisalzes verwendet oder aber dasselbe in kristallinischer Form dem Öle beigemengt und dieses dann in der Wärme der Ruhe überlassen werden.

von Ekenberg.

Ein anderes, von Ekenberg[3]) stammendes Verfahren sucht eine exakte Seifenausscheidung so zu erzielen, daß der Raffinierlauge Glyzerin zugemischt wird, wodurch die gebildeten Seifen kompakt und in Öl unlöslich

---

[1]) D. R. P. Nr. 82734 v. 3. Jan. 1895. — Engl. Patent Nr. 11324 v. 11. Juli 1894.

[2]) Österr. Patent Nr. 9710 v. 10. Nov. 1902.

[3]) D. R. P. Nr. 108671 v. 8. Aug. 1898. — Aktienbolaget Göteborgs Oljeraffinerie in Göteborg (Schweden). — Schwed. Patent Nr. 10041 v. 26. Juli 1898. — Engl. Patent v. 8. Aug. 1898.

gemacht werden. Das Glyzerin, welches ungefähr 5—10% vom ausgeschiedenen Seifengewicht betragen soll, teilt der Seife auch die Fähigkeit mit, in höherem Maße als sonst Farbstoffe und andere Verunreinigungen des Öles in sich aufzunehmen und niederzuschlagen.

Man setzt das Glyzerin der Alkalilösung zu und neutralisiert im übrigen in bekannter Weise unter allmählichem Erhitzen auf 100—110° C. Über 120° C darf die Temperatur aber keinesfalls gehalten werden, weil sonst infolge Wasserverdampfung ein außerordentlich heftiges Schäumen auftritt, während andererseits unter 80° C die gedachte Wirkung des Glyzerins kaum merklich ist.

Methode Busek.

Hier muß auch der Vorschlag Buseks[1]) erwähnt werden, der bei der Laugenraffination Alkohol zusetzt, offenbar, um durch die Bildung einer alkoholischen Seifenlösung eine vollständige Trennung der Seifen von dem Öle zu erzielen.

Ammoniak-Methoden.

Ammoniak. Da Ammoniak nur die freien Fettsäuren zu binden vermag, Neutralfette aber nicht angreift, hat es vor den fixen Alkalien manches voraus.

Zur Aufbesserung ranzig gewordener Olivenöle hat schon Carpenter ein Durchmischen des Öles mit $^1/_2$% konzentrierter Ammoniaklösung, die man vorher mit der doppelten Menge Wasser verdünnte, empfohlen, und de Keyser[2]) will durch Emulgieren der Öle mit fast konzentrierter Ammoniakflüssigkeit und dreitägiges Stehen der Emulsion unter Luftabschluß, nachherige Wasserabscheidung und Filtration gute Resultate erreicht haben[3]).

Verfahren Pick.

Pick[4]) empfiehlt zur Bindung freier Fettsäuren gasförmiges Ammoniak. Dasselbe bietet den Vorteil, daß es ohne Wasser angewandt werden kann und daß sich bei seiner Verbindung mit den Fettsäuren kein Wasser abscheidet, was bei der Verseifung mittels anderer Alkalien und den Erdalkalioxyden der Fall ist.

$$R \cdot COOH + NaOH = R \cdot COONa + H_2O$$
$$2\,R \cdot COOH + CaO = (R \cdot COO)_2Ca + H_2O\,.$$

Die Verseifung von Fettsäure mit gasförmigem Ammoniak verläuft hingegen ohne Wasserabspaltung.

$$R \cdot COOH + NH_3 = R \cdot COONH_4\,.$$

Die Ammoniakseife scheidet sich daher rascher, ohne jede Emulsionsbildung und ohne Mitreißen von Neutralfett ab. Einen eventuellen Ammoniaküberschuß vertreibt Pick nach dem Abfiltrieren der Seife durch Erhitzen und Durchleiten eines Kohlensäurestromes durch das

---

[1]) Seifensieder-Ztg., Augsburg 1901, S. 766.
[2]) Génie industr., 1868, S. 194. — Dinglers polyt. Journ., Bd. 191, S. 254.
[3]) Auch Kasein-Ammoniak hat man zum Aufbessern ranziger Öle empfohlen.
[4]) D. R. P. Nr. 166866 v. 16. Nov. 1904.

Fett, was allerdings nicht immer glatt gelingen dürfte. Die aus der Fettsäure getrennte Ammoniakseife wird durch Erwärmen auf 100° C zerlegt und das freigewordene Ammoniak neuerdings verwendet, so daß man theoretisch stets mit ein und derselben Menge NH_3 arbeitet. Der durch das entsäuerte Fett getriebene Kohlensäurestrom bewirkt auch eine Trocknung desselben sowie ein Ausfallen der Eiweißstoffe und macht dadurch das Raffinat besonders haltbar.

Kohlensaure Alkalien. Dieselben werden sowohl in fester als auch gelöster Form zur Neutralisation von Ölen und Fetten verwendet; sie greifen das Neutralfett nicht an und sind daher in gewisser Beziehung den Ätzalkalien vorzuziehen, wenngleich die infolge der Kohlensäureentwicklung auftretende Schaumbildung oft recht lästig wird.

Geschichtliches.

J. Casthelaz[1]) hat während der Pariser Belagerung im Jahre 1870 versucht, ranzig gewordenen alten Talg durch Kochen mit Sodalösung aufzubessern und für Genußzwecke geeignet zu machen. Später trachtete man dann Kokosöl[2]) mittels einer Natriumkarbonatlösung, der man 10% Kochsalz (vom Gewichte des zu reinigenden Ölquantums) zugesetzt hatte, zu raffinieren.

Verfahren von Viallis,

Originell ist ein Vorschlag der Gebrüder Viallis[3]), nach welchem man Sägespäne mit einer Sodalösung imprägniert, trocknet und diese alkalisch gemachten Sägespäne als Filtermaterial für ranzige Öle verwendet.

von Hagemann,

O. Ch. Hagemann[4]) hat ein Patent auf ein Verfahren genommen, nach welchem man Kristallsodastücke mäßig anfeuchtet und in das auf 80° C erwärmte Öl rührt. Die Soda zergeht in ihrem Kristallwasser und kommt in diesem hochkonzentrierten Zustande zur Wirkung. Es bilden sich, wenn man die Mischung der Ruhe überläßt, in kurzer Zeit drei Schichten: eine obere aus Öl, eine mittlere aus Seife und eine dritte, untere, aus Sodalösung bestehend. Man zieht die obere klare Schichte ab und reinigt sie weiter durch Waschen mit Wasser.

Dieses Verfahren hat nach Hagemann den Vorteil, daß sich keine Emulsion bildet, wie das bei der Anwendung verdünnter Alkalikarbonatlösungen der Fall ist. Hagemann verbindet mit dieser Methode auch eine Desodorisierung durch Einblasen eines durch Passieren eines mit Tierkohle gefüllten Behälters gereinigten, indifferenten Gases, wie Kohlensäure, Stickstoff oder Wasserstoff.

von Schuckert & Co.

Nach einem anderen Patente[5]) ist zur Neutralisation von Ölen Ammoniumkarbonat oder Ammoniumbikarbonat sehr gut geeignet. Man mischt

[1]) Compt. rendus, Bd. 71, S. 812. — Deutsche Industrie-Ztg., 1871, S. 375.

[2]) Chem.-Ztg., 1883, S. 1509.

[3]) Pharm. Rundschau, 1882, S. 514. — Chem.-Ztg., 1882, S. 831.

[4]) D. R. P. Nr. 50944 v. 26. März 1889. — Seifenfabrikant, 1890, S. 228. — Chem.-Ztg., 1890, S. 553.

[5]) D. R. P. Nr. 121689 v. 15. Sept. 1900. (Schuckert & Co. in Nürnberg.)

dasselbe den Ölen bei gewöhnlicher Temperatur zu und erwärmt nachher, wobei das kohlensaure Ammoniak sich zersetzt. Das entwickelte Ammoniak durchdringt das Öl und neutralisiert die freien Fettsäuren.

Das Verfahren ist aber auch in der Kälte ausführbar; in diesem Falle läßt man nach dem Vermischen des Öles mit dem Ammoniumbikarbonat einfach absetzen und filtriert das obenstehende Öl.

Oxyde und Karbonate der Erdalkalien. Kalkhydrat in pulverförmigem Zustande und auch Kalkmilch[1]), ebenso Magnesia werden zur Absättigung der freien Fettsäuren in der Ölraffination angewandt, erfordern aber besondere Aufmerksamkeit.

Kalk.

Sowohl frisch gebrannter Kalk, der äußerst fein gepulvert sein muß und daher wegen des lästigen Staubens unangenehm wird, als auch Kalkmilch müssen in weitaus größerer als der theoretisch erforderlichen Menge angewendet werden, weil die Verteilung dieser Stoffe im Öle sich nie so gut durchführen läßt, wie dies bei Lösungen möglich ist. Durch den zugegebenen Überschuß und die notwendigerweise längere Einwirkungsdauer wird auch ein Teil des Neutralfettes mitverseift. Die gebildete Kalkseife gibt außerdem sehr hartnäckige Emulsionen, die sich zumeist nur durch eine unter Anwendung hohen Druckes vorgenommene Filterpressen-Passage oder durch Zentrifugieren trennen lassen, wobei die Kalkseife aber beträchtliche Ölmengen festhält und so die Ausbeute verschlechtert.

Methode von Jüssen,

Die Mitverseifung von Neutralfett bei Anwendung von Kalk als Entsäuerungsmittel will Jüssen[2]) durch intensivere Mischung umgehen. Er hat die Wahrnehmung gemacht, daß bei einer Temperatur von ca. 100 ^{0} C die freien Säuren durch verdünnte Kalkmilch eine momentane Verseifung erfahren, wenn die Kalkmilch in äußerst feiner Zerteilung in das Öl eingeführt wird. Er verwendet zu dieser Verteilung statt des sonst üblichen Luftgebläses einen Dampfstrahlzerstäuber und erzielt auf diese Weise mit der theoretischen Kalkmenge eine sofortige Verseifung der Fettsäuren, bei Vermeidung jedes Neutralfettverlustes.

von Ruffin,

Die Abscheidung der gebildeten Kalkseife erfolgt nach Ruffins[3]) Vorschlage dann sehr glatt, wenn man die gebildete Emulsion entwässert. Dieses Entwässern durch gewöhnliches Abdampfen herbeizuführen, geht nicht gut an, weil die Öle darunter leiden; eine durch Evakuierung herbeigeführte Verdunstung des Wassers liefert dagegen vorzügliche Resultate.

---

[1]) Ein recht primitives Verfahren zur Reinigung von festen Fetten mittels Kalkwasser stammt von Baillot. Nach demselben soll man die Fette mit doppelter Menge Kalkwasser erhitzen und die nach dem Erkalten dickflüssig gewordene Masse zwischen Leinen oder Flanell abpressen. Der Preßkuchen zeigt volle Weiße. Über die Unzweckmäßigkeit dieser Methode brauchen nicht viele Worte verloren zu werden. (Compt. rendus, Bd. 73, S. 141. — Deutsche Industrie-Ztg., 1873, S. 414.)

[2]) D. R. P. Nr. 125993 v. 9. Nov. 1900.

[3]) D. R. P. Nr. 90521 v. 1. Febr. 1896. — Franz. Patent Nr. 253417 v. 6. Mai 1896.

Ist das Wasser bis zu einem gewissen Punkte verdampft, so fällt die Seife in kleinen Körnchen aus und die Masse läßt sich dann sehr leicht und rasch durch Filterpressen oder auch durch einfaches Abstehen trennen.

Methode von Fresenius.

Nach C. Fresenius[1]) werden die gebildeten Emulsionen, gleichgültig, ob diese durch Kalk- oder Alkaliseifen hervorgerufen wurden, sehr schnell niedergeschlagen, wenn man sie kurze Zeit unter geringem Überdruck von etwa 1—$1^1/_4$ Atmosphäre erwärmt, bis die Masse eine dem Überdruck entsprechende Temperatur angenommen hat. Dabei findet man gleichzeitig das Auskommen mit der fast theoretischen Menge Ätzkalk. Zur Verhinderung der Bildung von Zersetzungsprodukten und des schädlichen Einflusses der Luft, Wärme, des Druckes usw. auf Geruch und Geschmack des fertigen Produktes setzt man vorher Schutzmittel, wie reine, frische Holzkohle oder ähnlich wirkende Körper, Infusorienerde, Walkerde usw. zu.

Magnesia.

Magnesia und Magnesiamilch sind schon vor mehr als 30 Jahren zur Neutralisation von Ölen vorgeschlagen worden und werden heute sowohl in der Olivenöl-Appretierung[2]) als auch in der Kokosbutterraffination angewandt. Für letztere Zwecke wurden sie zuerst von Paul Jeserich und Meinert[3]) gebraucht.

Calciumkarbonat.

Calciumkarbonat in Form feingepulverter Kreide oder Marmorstaub zur Sättigung der freien Fettsäuren zu verwenden, ist bei der sehr trägen Reaktion, welche kohlensaurer Kalk auf Fettsäuren übt, nur in Fällen angängig, wo es sich um die Bindung ganz geringer Fettsäuremengen handelt. Seidel[4]) hat damit gute Resultate erzielt.

Borate und Silikate.

Borate und Silikate. Die Borate und Silikate der Alkalien sind für Entfernung der Fettsäuren deshalb sehr gut geeignet, weil sie beim Abbinden der Fettsäuren unlösliche Bor- resp. Kieselsäure frei werden lassen, welche die Seife einhüllt und mit zu Boden reißt.

Obwohl die Anwendung von Natronwasserglas zur Entfernung von Fetten schon früher bekannt war, ist Ch. Godard[5]) in Termonde ein englisches Patent darauf erteilt worden.

Das Reinigen mit Boraxlösung und nachherigem Durchtreiben von Kohlensäure durch das Öl ist John C. Flemming[6]) in New York patentiert worden.

H. Schwarz[7]) beschrieb seinerzeit eine Entsäuerungsmethode für Rübschmieröl mittels Zinkstreifen, welche in das Öl eingehängt werden. Auch

---

1) D. R. P. Nr. 143946 v. 14. Aug. 1901.

2) Seifenfabrikant, 1894, S. 842.

3) D. R. P. Nr. 19819.

4) Mitteilungen d. k. k. techn. Gewerbemuseums Wien, Bd. 10, S. 159.

5) Engl. Patent Nr. 22085 v. Jahre 1901.

6) Amerik. Patent Nr. 749925.

7) Breslauer Gewerbebl., 1864, S. 65. — Dinglers polyt. Journ., Bd. 173, S. 299. — Polyt. Notizbl., 1864, S. 193 und 215.

Blei sowie Zink- oder Bleiweiß können nach Schwarz zum Abstumpfen der freien Fettsäuren des Öles angewendet werden.

Welches Neutralisationsmittel immer verwendet werden mag, es wird stets von der gebildeten Seife eine gewisse Menge Neutralfett festgehalten, welche nicht ohne weiteres in der Seife belassen werden darf, wenn man die Ölausbeute nicht allzusehr herabdrücken will.

Verarbeitung der gebildeten Seife.

Zum Ausbringen des Öles aus der ausgefällten Seifenmasse ist das Zentrifugieren das geeignetste Mittel. Man bringt die Seife in eine mit 800 Touren per Minute kreisende Zentrifuge, deren Trommel nicht wie gewöhnlich gelocht, sondern vollwandig ist. Infolge der geringen spezifischen Schwere des Öles sammelt sich dasselbe um die Achse der Zentrifuge, während die schwerere Seife an die Peripherie geschleudert wird[1]). Durch eine derartige Behandlung der Seifenmasse gelingt es, das von derselben eingeschlossene Öl zum größten Teil herauszubringen; immerhin aber hält die Seife 40—60% Neutralfett zurück, so daß ein Öl mit a% freier Fettsäure eine perzentuelle Ausbeute an Raffinat von ungefähr 100—1,5 a liefert.

b) Waschmethoden.

Historisches.

Den Waschmethoden, bei welchen die freie Fettsäure durch Lösungsmittel aus den Ölen und Fetten ausgelaugt werden, kommt nicht jene Bedeutung zu wie dem Neutralisationsverfahren.

Herz[2]) hat zuerst auf diese Methoden der Fettsäureentfernung hingewiesen und für das Reinigen von Kokosfett ein Auswaschen desselben mittels Alkohol empfohlen.

Pollatschek[3]) berichtet über eine solche Anlage, die nach Art der Diffusionsapparate der Zuckerfabriken eingerichtet war, deren Betrieb aber wegen höchst lästiger Fettalkohol-Emulsion schon nach Jahresfrist wieder eingestellt werden mußte.

Waschen mit Alkohol,

Das Aufbessern ranziger Olivenöle mit Alkohol ist alt, wird aber nur selten angewendet. Reich hat eine Reinigungsmethode für Medizinal-Rizinusöl auf diesem Prinzip aufgebaut.

mit Wasser.

Auch ein Waschen mit purem Wasser kann freie Fettsäuren entfernen; natürlich nur die niederen wasserlöslichen Glieder der Fettsäurereihe. Hargreave[4]) macht z. B. ranzige Butter wieder gesund und genußfähig, indem er diese umschmilzt, in kaltem Wasser granuliert und in diesem Zustande mit fließendem Wasser unter verstärkter Bewegung gründlich auswäscht.

---

[1]) Siehe Seite 621.

[2]) Chem.-Ztg., 1889, S. 264.

[3]) Chem. Rev., 1902, S. 28.

[4]) Franz. Patent Nr. 261708.

Die Waschmethoden geben wenig befriedigende Resultate; sie entfernen die vorhandenen freien Fettsäuren unvollständig aus den Ölen und Fetten, lassen in letzteren aber leicht Spuren des verwendeten Lösungsmittels zurück, weshalb sie nur höchst selten Anwendung finden.

c) Destillier-Verfahren.

Abblasen der Öle.

Das Entfernen der in Ölen enthaltenen freien Fettsäuren durch Abdestillieren (Abblasen) ist deshalb möglich, weil die Fettsäuren — speziell die niederen Glieder der Fettsäurenreihe — im Wasserdampfstrome flüchtig sind, die Neutralfette dagegen so gut wie nicht destillieren. Das Verfahren des Verflüchtigens der freien Fettsäuren ist aber nur in der Kokosbutterraffination üblich und wird auch hier mehr zur Geruchlosmachung des Kokosöles denn als Entsäuerungsmittel angewandt, weshalb es bei den Desodorisierungsmethoden zur Besprechung gelangen soll.

Ranzige Öle und Fette.

Die verschiedenen Entsäuerungsmethoden vermindern in mehr oder weniger exakter Weise den Gehalt der Öle und Fette an freien Fettsäuren, doch vermag man durch sie nicht ohne weiteres ranzige Öle zu regenerieren. Wie schon auf Seite 125 ausgeführt wurde, enthalten ranzige Öle außer freien Fettsäuren auch noch

a) Oxyfettsäuren,
b) Laktone und Fettsäureanhydride,
c) Butyl-, Amyl-, Kaproyl-, Kaprylalkohol,
d) Ester von Oxyfettsäuren,
e) gesättigte und ungesättigte Aldehyde,
f) Acetale (esterartige Verbindungen der Aldehyde und Alkohole),
g) Terpene.

Die Regenerierung ranziger Öle erfordert eine Entfernung all dieser Verbindungen, wofür O. Nagel[1]) folgende allgemeine Regeln angibt:

Die Oxyfettsäuren werden gemeinsam mit den freien unoxydierten Fettsäuren bei der Neutralisation der Fette entfernt.

Die Laktone, sofern sie flüchtig sind, werden durch Abtreiben mittels Wasserdampf (siehe Desodorisationsmethoden) weggebracht. Die nicht flüchtigen müssen in Salze der Oxysäuren überführt werden; man erreicht dies durch mehrstündiges Kochen des vorher von freien Fettsäuren befreiten Öles mit einer geringen Menge konzentrierter Alkalien oder Alkalikarbonaten. Die hierbei gebildete Seife (oxyfetts. Verbindung) setzt sich leicht ab und kann bequem abfiltriert werden.

Die Alkohole und Fettsäureester werden mittels Dampf abgetrieben, genau so wie die flüchtigen Laktone, ebenso die Aldehyde und die Terpene, soweit diese Verbindungen flüchtig sind. Die nicht flüchtigen

---

[1]) Amerik. Chem. Journ., Bd. 23, S. 173.

Aldehyde entfernt man durch mehrstündiges Kochen mit einer konzentrierten Lösung von Natriumbisulfit, wobei sich kristallinische Körper bilden, die bei nur geringem Vorhandensein von Aldehyden sich in Form einer wolkigen Schicht zwischen Wasser und Öl abscheiden.

Die Acetale und Terpene werden teils mit Wasserdampf abgetrieben, teils müssen sie durch Kochen mit verdünnter Schwefelsäure befestigt werden.

IV. Methoden zur Entfernung von Farbstoffen.
(Bleichverfahren.)

Die Bleichverfahren spielen in der Öl- und Fettindustrie eine wichtige Rolle. Man ist gewohnt, die Hellfarbigkeit der Öle und Fette als einen Wertmesser zu betrachten, weshalb in allen fetterzeugenden Betrieben auf die Herstellung möglichst heller Produkte hingearbeitet wird. Allgemeines.

Eine teilweise Entfärbung der Öle und Fette tritt bei vielen Ölraffinationen, welche in erster Linie ein Entschleimen usw. bezwecken, nebenher ein. Speziell bei der Säure- und Laugenraffination fallen mit den verkohlten bzw. verseiften Stoffen auch Farbstoffe aus, wie ja auch eine wässerige Fuchsinlösung fast ganz entfärbt werden kann, wenn man in der Farbflüssigkeit einen möglichst käsig ausfallenden Niederschlag von Metallsalzen, koagulierendem Albumin usw. erzeugt.

Die Reinigung des rohen Kotton- und Rüböles ist ein Beispiel für das Hellerwerden der Öle bei Raffinationsmethoden, die nicht als eigentliche Bleichmethoden aufzufassen sind. Bei der Schwefelsäureraffination findet übrigens außer dem mechanischen Niederreißen des Farbstoffes auch eine teilweise Zerstörung des letzteren statt.

In vielen Fällen ist die mit den gewöhnlichen Raffinationsverfahren verbundene partielle Entfärbung nicht ausreichend, um den Ansprüchen der Konsumenten Rechnung zu tragen. Man wendet in solchen Fällen besondere Bleichmethoden an, von denen die Fettindustrie eine erkleckliche Zahl kennt und die man in 3 große Gruppen unterscheiden kann.

Man kann den Farbstoff

a) verdecken (kolorimetrische Methoden),
b) absorbieren (Absorptionsmethoden),
c) zerstören (chemische Bleichmethoden).

a) Kolorimetrische Methoden.

Wie die Wäscherin zur Erzielung einer blendend weißen Wäsche dem Wasser etwas Waschblau zusetzt, um den Gelbstich des Leinens zu decken; wie unserem Raffinatzucker mit Ultramarinlösung eine größere Weiße gegeben wird: so versucht man bei manchen Ölen und Fetten ein Ver- Komplementärfarben.

decken des vorhandenen Gelb- oder Rotstiches durch Zusatz von Komplementärfarben.

Wichtig ist für das Gelingen, die der zu deckenden Farbe genau komplementäre Farbennuance herauszufinden und nicht allzu intensive Töne verdecken zu wollen. Schwach gelbstichige Öle können durch Spuren von Methylviolett heller gemacht werden, einen Rotstich vermag man durch Chlorophyll zum Verschwinden zu bringen. Sind die Gelbfärbung bzw. der Rotstich aber zu stark hervortretend, braucht man also zu deren Deckung größere Mengen der betreffenden Komplementärfarben, so resultieren unansehnliche, mißfarbige Öle. Man darf mit Komplementärfarben nur dann manipulieren, wenn es sich bloß um die Beseitigung von Spuren irgend eines Farbstiches handelt. In solchen Fällen leistet dann die Zufärbung, welche in der Kerzenfabrikation in allgemeiner Anwendung ist, recht viel.

Zu den kolorimetrischen Methoden müssen auch jene Verfahren gerechnet werden, bei welchen man durch teilweise Verseifung des Fettes oder durch Herstellung von Emulsionen hellere Färbung vorzutäuschen sucht.

Partielles Verseifen.

Dunkle, minderwertige Talgsorten, auch Knochenfette wurden in früherer Zeit häufig mit einer geringen Menge Kalk oder Natronlauge versetzt, um eine partielle Verseifung und damit ein helleres Aussehen der Ware zu erzielen. So präparierte Fette hatten noch den Vorzug größerer Härte und nahmen ohne Schwierigkeit größere Mengen Wasser auf [1]). Derartige unreelle Manipulationen kommen heute allerdings wohl nur mehr selten vor.

Emulsionen.

Ein feines Verteilen von Wasser in Ölen oder festen Fetten bedingt ebenfalls ein helleres Aussehen dieser Produkte. Solche Emulsionen werden im großen zwar nicht absichtlich hergestellt, bilden sich aber bisweilen von selbst.

Verteilte Luft.

In Fetten äußerst fein verteilte Luft läßt erstere gleichfalls heller erscheinen, als sie tatsächlich sind. In der Wachsindustrie (speziell bei Ceresin) wird hiervon Gebrauch gemacht.

b) Absorptions-Methoden.

Farbabsorbierende Stoffe.

Manche Stoffe besitzen die Eigentümlichkeit, in entsprechender Form mit gefärbten Flüssigkeiten zusammengebracht, die Farbstoffe der ersteren zu absorbieren, ohne dabei selbst tiefergehende Veränderungen zu erleiden oder die ursprüngliche Beschaffenheit der entfärbten Produkte zu ändern. Für die Öl- und Fettindustrie kommen von diesen Stoffen hauptsächlich in Betracht:

die Knochen- oder Tierkohle,
das Entfärbungspulver der Blutlaugensalzfabriken und
tonerdeartige Produkte (Silikate).

---

[1]) Siehe Seite 85.

Knochenkohle.

Die **Knochenkohle**[1]), Beinschwarz, Spodium oder Tierkohle, ist ein durch Glühen der Knochen unter Luftabschluß erhaltenes Produkt von schwankender Zusammensetzung. Frühling und Schulz geben für dieselbe folgende Grenzzahlen an:

Kohlenstoff	7,5 —10,5 %
Kohlensaurer Kalk	6,0 — 8,0
Schwefelsaurer Kalk	0,15— 0,25
Phosphorsaurer Kalk	75,0 —80,0
Phosphorsaure Magnesia	0,8 — 1,4
Chloralkalien	0,2 — 0,5
Silikate	0,5 — 0,8
Eisenoxydul	0,2 — 0,3
Schwefel- und Stickstoffverbindungen	0,5 — 1,4,

wozu noch ein wechselnder Gehalt an Wasser, Sand und Ton kommt.

Geschichtliches.

Gute Knochenkohle soll an der Zunge fest haften (Zeichen für Frische und Wirksamkeit), muß matt tiefschwarz und nicht glänzend und glasartig sein.

Auf die entfärbende Wirkung, welche Knochenkohle besitzt, machte Figuier (1811) aufmerksam; auf die Empfehlungen von Derosne, Payen und Pluvier wurde sie dann in der Zuckerfabrikation versuchsweise als Entfärbungsmittel für die Zuckersäfte angewandt. Dumont, der 1828 zum ersten Male gekörnte Knochenkohle benutzte, entdeckte später ihre Wiederbelebungsfähigkeit, d. h. die Eigenschaft, die in ihrer Bleichwirkung erschöpfte Materie durch Ausglühen neuerdings farbstoffabsorbierend zu machen.

Ursachen der Bleichwirkung der Knochenkohle.

Die eigentliche Ursache der Eigenschaft der Knochenkohle, Farbstoffe zu absorbieren, ist noch nicht zur Genüge ergründet; vielleicht wirkt dabei neben der reinen Flächenanziehung auch der Umstand mit, daß sich beim Lagern von feuchter Knochenkohle im Lichte eine gewisse Menge Wasserstoffsuperoxyd bildet, also neben der rein mechanischen Bleiche auch eine Oxydationsbleiche stattfindet.

In französischen Ölfabriken soll nach Sartori[2]) Knochenkohle, die man vorher durch Waschen mit Salzsäure reinigte, vielfach zum Bleichen von Speiseölen gebraucht und die Bleichrückstände für die Stiefelwichsfabrikation verwendet werden.

Die Anwendung der Knochenkohle zum Bleichen von Ölen und Fetten[3]) ist übrigens auch verschiedentlich patentiert worden. Heute verwendet man sie trotz ihrer leichten Regeneration nur noch ausnahmsweise in der

[1]) Die Verwendung der Tierkohle zum Bleichen von Fetten dürfte Pohl zuerst beschrieben haben. (Dinglers polyt. Journ., Bd. 135, S. 140. — Journ. f. prakt. Chemie, Bd. 153, S. 240. — Polyt. Zentralblatt, 1855, S. 165.)

[2]) L'Industrie, 1887, S. 94.

[3]) A. Jolles (Chem.-Ztg., 1890, S. 1708) empfiehlt Blutkohle als Bleichmittel für Talg und Margarin.

Fett- und Ölindustrie. Nur in der Glyzerinraffination hat sie ihr Feld bis heute tapfer behauptet[1]).

Entfärbungspulver der Blutlaugensalzfabrikation

Das **Entfärbungspulver der Blutlaugensalzfabriken** (kurzweg auch schwarzes oder graues Entfärbungspulver genannt) stellt ein Nebenprodukt der Blutlaugensalzfabrikation dar und wurde zuerst im Jahre 1867 von der Firma Hochstetter & Co. in Florisdorf bei Wien zur Entfärbung von Paraffinmassen in Anwendung gebracht[2]).

Dieses in seiner Zusammensetzung ziemlich wechselnde Produkt stellt ein graues, mitunter auch rötliches, oft ganz schwarzes Pulver von sehr verschieden intensiver Entfärbungskraft dar. Die aus Schottland kommenden Entfärbungspulver sind von schwarzer Farbe, sehr hygroskopisch und enthalten mitunter bis zu 30% Feuchtigkeit. Die deutschen und österreichischen Fabrikate sind wesentlich ärmer an Feuchtigkeit und zumeist von grauer Farbe. Über die Zusammensetzung des Entfärbungspulvers gibt eine Analyse von Pawlewski[3]) Aufschluß:

Feuchtigkeit	11,87%
Eisen und Aluminiumoxyd	13,83
Kalk	14,82
Magnesia	0,94
In kaltem Wasser unlöslich	13,65
Kohle	19,20
Kieselsäure	12,84
Schwefelsäureanhydrid	9,90
Kohlensäure	3,05.

Karmrodt[4]) hat auf die sehr wechselnde Zusammensetzung des Entfärbungspulvers aufmerksam gemacht und gezeigt, daß die Beschaffenheit und Art der zur Herstellung des Blutlaugensalzes verwendeten Rohstoffe von großem Einflusse auf die Zusammensetzung des Entsäuerungspulvers ist.

Trocknen des Pulvers.

Das Entsäuerungspulver muß vor dem Gebrauche bei 100—110° C getrocknet werden; in Betrieben, die dieses Material in größerem Maßstabe verwenden, geschieht diese Trocknung in eigenen Öfen, doch ist dies bei dem leichten Verstauben des schwarzen Pulvers meist eine recht unangenehme, schmutzige Arbeit. Eine von Scheithauer[5]) vorgeschlagene Einrichtung erscheint daher sehr beachtenswert.

Nach derselben wird das Entfärbungspulver in einem doppelwandigen Zylinder (Fig. 344) getrocknet, durch dessen Innenraum A Dampf strömt, welcher das im Mantelraum B befindliche Pulver wärmt und trocknet. Das verdampfte Wasser wird durch einen Körtingschen Luftsaugapparat L abgesaugt. Damit kein

[1]) Siehe 3. Band, Abschnitt „Glyzerinfabrikation".
[2]) Dinglers polyt. Journ., 1880, Bd. 236, S. 502 und 1884, Bd. 253, 412.
[3]) Techn. Rundschau, Warschau, 1887, S. 42.
[4]) Perutz, Industrie der Mineralöle, Berlin 1871, 2. Teil, 135.
[5]) Scheithauer, Fabrikation der Mineralöle, Braunschweig 1895, S. 171.

Pulver mitgerissen werde, muß zwischen den Saugapparat und den Trockenzylinder ein Filter F eingeschaltet werden, welches mitgerissenes Pulver rückhält und den Apparat L vor einem Verstopfen schützt. Das frische Entfärbungspulver wird oben beim Schieber S_1 zugegeben, das trockene, gebrauchsfertige Material beim Schieber S_2 abgezogen. Die Schieber sind derart konstruiert, daß während der Manipulation nur ein minimales Verstauben eintreten kann.

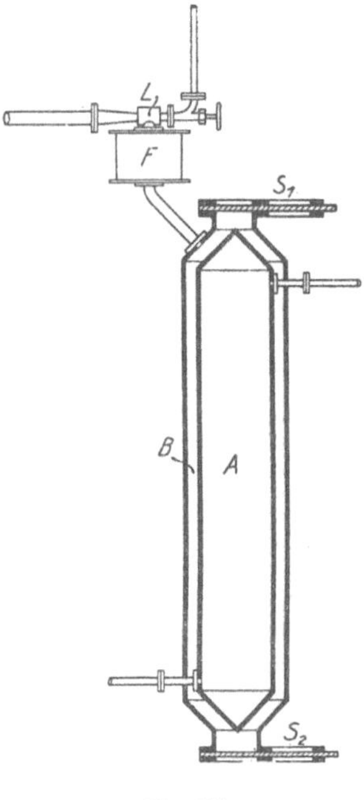

Fig. 344. Trockenapparat für Entfärbungspulver.

Ursachen der Bleichwirkung.

Mit der Erforschung der Ursache der entfärbenden Wirkung des Blutlaugensalz-Entfärbungspulvers hat sich Zaloziecki[1]) beschäftigt. Er gelangte auf Grund seiner Versuchsergebnisse, bei welchem Experiment er nicht Fette, sondern Paraffin und Ceresin benutzt hatte, zu der Annahme, daß die Bleichwirkung dieses Pulvers folgenden Faktoren zuzuschreiben sei:

1. einer durch die Porosität des Pulvers bedingten lebhaften Oberflächenanziehung, welche auf die Farbstoffe kräftiger einwirkt als auf die Fette;

2. einer oxydierenden Wirkung, hervorgerufen durch die Eigenschaft des Pulvers, Sauerstoff der Luft zu absorbieren. Dieser Sauerstoff soll auf die in den Fetten enthaltenen Farbstoffe stark oxydierend wirken und dieser Umstand bei der Entfärbung mithelfen;

3. einer neutralisierenden Wirkung des Entfärbungspulvers, bedingt durch dessen Gehalt an basischen Substanzen.

Die erste und letzte Annahme sind zweifellos richtig; sehr zu bestreiten ist jedoch die Mitwirkung von Sauerstoff. Hat ja Scheibler schon darauf hingewiesen, daß eine längere Behandlung des Entfärbungspulvers im Wasserstoffstrome den Effekt desselben in keiner Weise herabzusetzen vermag, wie auch ein Evakuieren des Pulvers oder ein längeres Erhitzen im Kohlensäurestrom seiner Bleichwirkung keinen Eintrag tut.

Zaloziecki hat auch Versuche angestellt, um die entfärbende Wirkung des Bleichpulvers zu erhöhen.

Seine Versuche ergaben folgendes:

Erhöhen der Bleichkraft.

1. Ein Auswaschen des Pulvers mit Wasser, also die Entfernung der wasserlöslichen Substanzen desselben, erhöht die Bleichkraft.

2. Ein Kochen mit Salzsäure und darauffolgendes Waschen mit Wasser steigern die entfärbende Kraft des nachher getrockneten Pulvers auf das

[1]) Dinglers polyt. Journ., 1887, Bd. 265, S. 20, 72 und 117.

Dreifache, doch schrumpft allerdings bei dieser Behandlung auch die Menge fast auf ein Drittel zusammen.

3. Das veraschte, mit Salzsäure ausgelaugte Pulver (wobei reine Kieselsäure zurückbleibt) zeigt eine ganz enorme Entfärbekraft.

Regenerierung.

Die Regenerierung von gebrauchten Entfärbungspulvern ist nicht usuell, weil die entfärbende Wirkung des wiederbelebten Pulvers weit geringer ist als die des frischen Produktes und die Regenerierung selbst schwierig durchzuführen ist. Das feinpulverige Material liefert nämlich nicht, wie die grobkörnige Knochenkohle, direkt extraktionsfähige Bleichrückstände, sondern schmierige Massen, die vor der Extraktion mit indifferenten Stoffen, z. B. Sägespänen, vermengt werden müssen, um ein Eindringen des Extraktionsmittels zu ermöglichen. Auch ist nach erfolgter Entfettung wegen des Feinheitsgrades des Materials ein Glühen in stehenden Zylindern, wie es bei gebrauchter Knochenkohle üblich ist, nicht gut durchführbar. Man muß liegende Retorten wählen, darf das Pulver nur in dünnen Schichten ausbreiten, muß bei schwacher Rotglut unter Luftabschluß erhitzen und das Pulver auch nach dem Glühen längere Zeit unter Luftabschluß belassen, weil sonst ein Verglimmen desselben stattfindet.

Das Blutlaugensalz-Entfärbungspulver wird für viele animalische und vegetabilische Öle und Fette mit Erfolg als Bleichmittel angewandt[1]); auf einige Ölsorten (z. B. Rizinusöl, Erdnußöl usw.) übt dieses Produkt aber fast gar keine Wirkung aus.

Die **tonerdeartigen Produkte** (Silikate) wie auch einige Kieselsäuren haben sich in letzter Zeit in der Öl- und Fettindustrie ein ausgiebiges Arbeitsfeld erobert.

Sand- und Kieselsäure.

Daß natürliche Kieselsäure (Kieselgur oder feingemahlener, gewaschener Quarzsand) auf Fette und Öle entfärbend wirkt, ist eine altbekannte Tatsache, die schon vor Dezennien zur praktischen Verwertung empfohlen wurde. H. Stern[2]) in Warschau hat später chemisch reine Kieselsäure anzuwenden versucht, welche er durch Fällen löslicher Silikate mittels Säure herstellte. O. Sander[3]) in Beuel ließ sich ein Verfahren zur Herstellung von Bleichmitteln aus Hochofenschlacken (Zersetzen der zerkleinerten Schlacke mit Schwefel- oder Salzsäure) patentieren.

Hochofenschlacke.

Künstliche Silikate.

A. Smith & Field in London[4]) nahmen 1873 ein Patent zur Herstellung von künstlichen Silikaten; die durch Fällen einer Wasserglaslösung mit Lösungen von Eisen und Mangansalzen und scharfes Trocknen des erhaltenen Niederschlages hergestellten Produkte wurden als Entfärbemittel angeboten.

---

[1]) E. Meißl in Wien empfiehlt die Blutlaugensalz-Entfärbungspulver für animalische Fette. (Amerik. Patent Nr. 568983 v. 6. Okt. 1896.)

[2]) Engl. Patent Nr. 7142 v. 7. Mai 1890. — Chem.-Ztg., 1891, S. 1603.

[3]) D.R.P. Nr. 11951.

[4]) Berlinerblau, Das Erdwachs, Braunschweig 1897, S. 143.

Bald darauf hatte v. Ofenbein[1]) auf gewisse Tongattungen als Bleichmittel für Ceresin aufmerksam gemacht, was dann den Anlaß gab, auch Infusorienerde, Trippel, Polierschiefer usw. auf ihre Bleichwirkung hin zu untersuchen. Jehring[2]) fand den fetten bläulich-weißen Ton von Aue bei Zeitz besonders wirksam und stellte durch Versuche fest, daß die entfärbende Wirkung desselben mit dem Feinheitsgrade steigt und die geringste Feuchtigkeit die Entfärbekraft aufhebt oder doch sehr stark herabmindert. Die in den Marseiller Ölfabriken gebrauchte terre à foulon (Töpfererde), in England fuller earth (Walkerde) genannt, ist nichts anderes als ein äußerst feiner pulverisierter trockener Ton von eigenartiger physikalischer Beschaffenheit[3]). Ton. Walkerde.

Die Entfärbekraft all dieser Stoffe ist aber nicht sehr intensiv. Die amerikanischen Schmalzraffinerien und Kottonölfabriken, welche eifrig nach einem billigen und kräftigen Bleichmittel gesucht hatten, fanden ein bleichkräftiges Produkt in einem Aluminium-Magnesiumhydrosilikat,[4]) von welchem 1893 große Lagerstätten bei Quincy in Florida entdeckt wurden. Dieses Produkt ist heute unter dem Namen Silikatpulver oder Florida-Bleicherde allgemein bekannt und wird in großer Menge von Amerika nach Europa geschickt. Floridaerde.

Außer in Quincy hat man auch in Virginien und Carolina ähnliche Silikatlager gefunden, doch ist die Lagerstätte von Quincy heute die weitaus bedeutendste. Dieses Lager erstreckt sich auf mehr als 57 km²; das Produkt findet sich dort als alluviale Ablagerung am Fuße von Abhängen in sumpfigen Niederungen, unter einer Schicht von etwa $^1/_2$ m Humus und $1^1/_2$—2 m plastischen Tones. Die Mächtigkeit der Walkerde selbst schwankt von $^1/_2$—4 m, dann kommt eine Sandschicht und unter dieser findet sich sehr häufig abermals ein Lager von Bleicherde. In frisch gegrabenem Zustande stellt dieselbe eine grünliche feuchte Masse dar, die vor allem von dem anhaftenden Sande befreit werden muß und dann an der Sonne getrocknet wird. Dabei verliert sie bis zu 50% ihres Gewichtes, bekommt eine gelblich-weiße Farbe, wird porös und läßt sich leicht zerkleinern. Nach vorgenommener Vermahlung wird das Mehl durch verschiedenmaschige Siebe in diverse Korngrößen sortiert. Die feinste Handelsmarke ist fast so feingriffig wie Weizenmehl, die gröbste Marke hat Körner von etwa Hirsengröße. Vorkommen der Floridaerde.

---

[1]) Dinglers polyt. Journ., 1880, Bd. 237, S. 81. — D. R. P. Nr. 9291 v. 21. Aug. 1879.

[2]) Dinglers polyt. Journ., 1888, Bd. 271, S. 182.

[3]) R. A. L. Hill in Wimbledon verwandelt plastischen Ton durch Glühen in ein Bleichmittel. (Engl. Patent Nr. 7808 v. 1. April 1898.)

[4]) Die Gegenstand der amerikanischen Patente Nr. 233453 von Winter in St. Franzisko (Chem.-Ztg., 1881, S. 380) und Nr. 345872 von W. B. Allbright in Boston bildende Walkerde dürfte ein dem heutigen Silikatpulver nahe verwandtes Produkt sein; ebenso das von F. Lamb, A. C. Sterry und G. Furdred zum Bleichen von Ölen empfohlene Material (Deutsche Industrie-Ztg., 1869, S. 99.)

Zusammensetzung.

Nach Hirzel[1]) ist die durchschnittliche Zusammensetzung der Florida-Bleicherde:

56,53 %	Kieselsäure
11,57 %	Aluminiumoxyd
6,29 %	Magnesia
3,32 %	Eisenoxyd
3,06 %	Kaliumoxyd
17,95 %	Wasser
1,28 %	Alkali und Differenz
100,00 %.	

Eine in England gefundene ähnliche Tonerde soll in großen Quanten nach Amerika gesandt werden und speziell für Speiseöl-Raffination Verwendung finden.

Trocknung.

Die Floridaerde übt in lufttrockenem Zustande auch bei gewöhnlicher Temperatur eine Bleichwirkung auf die meisten animalischen und vegetabilischen Fette und Öle aus, doch ist die entfärbende Kraft des Produktes bei weitem größer, wenn man die Bleichoperation in der Wärme vornimmt und das Produkt entwässert.

Rösten.

Das Entwässern des Silikatpulvers kann durch Erhitzen desselben auf 120° C während weniger Minuten erfolgen, doch wird hierbei nur das hygroskopische Wasser entfernt. Rationeller ist es, die Erhitzung auf 300 bis 400° C zu treiben, um damit auch das chemisch gebundene Hydratwasser zu beseitigen, wobei die Floridaerde in einen für die Bleichwirkung ganz besonders günstigen porösen Zustand übergeht.

Beim Entwässern (Rösten) der Bleicherde reißen die entweichenden Wasserdämpfe Teile des Pulvers mit. Ein im offenen Gefäße vorgenommenes Erhitzen des Bleichpulvers hat infolge dieses Verstaubens einen nicht geringen Gewichtsverlust zur Folge. Eigene Trockenapparate, welche ein Verspritzen des Pulvers unmöglich machen, sind daher vielfach im Gebrauch.

Bleichintensität des Silikatpulvers.

Die Floridaerde wirkt nicht nur bleichend auf die Öle und Fette ein, sondern entwässert auch dieselben. Die Bleichwirkung des Silikatpulvers auf die einzelnen Fette ist sehr verschieden; so werden z. B. rohes Wollfett und Erdnußöl fast gar nicht entfärbt; bei Kokosöl steht die Entfärbungskraft des Silikatpulvers hinter der des Blutlaugensalzpulvers zurück, während jenes bei anderen Ölen und Fetten besser wirkt als dieses.

Die Floridaerde (auch Floridin genannt) vermag auch Schleimstoffe aus Ölen entfernen, und kann ein mit diesem Produkte behandeltes rohes Rüböl ohne weiteres als Brennöl verwendet werden. Um eine so weitgehende Reinigung von Ölen zu erzielen, ist aber die Anwendung größerer Prozentsätze (8—15% Floridaerde) notwendig.

---

[1]) Chem. Rev., 1904, S. 117.

Verschiedene Entfärbemittel. Neben der Knochenkohle, den Blutlaugensalzfabrikationsrückständen und den in die Gruppe der Silikatpulver einzurechnenden Stoffen sind noch andere ähnlich wirkende Körper zu nennen, wie z. B. Holzkohle, gebrannte Magnesia, Ätzkalk, Koks, Magnesiumsulfat usw.; dieselben spielen aber nicht jene wichtige Rolle, wie die oben beschriebenen Hauptrepräsentanten der Bleichpulver.

Holzkohle wird mehr als Desodorisations- als Entfärbungsmittel angewandt. Brunner[1]) hat beobachtet, daß die entfärbende Wirkung der Holzkohle besonders dann kräftig hervortritt, wenn man sie nicht direkt auf das Öl, sondern auf eine Emulsion desselben einwirken läßt. Die etwas komplizierte und in der Praxis wohl kaum noch ausgeführte Brunnersche Vorschrift sei des Kuriosums halber hier angeführt:

Brunnersches Verfahren.

„Eine Gummi- und Stärkekleisterlösung wird mit dem Öle zu einer Emulsion angerührt und diese der Holzkohle zugemischt. Die entstandene teigige Masse trocknet man bei Temperaturen unter 100° C vollkommen aus und extrahiert sie dann mit Benzin oder Äther.“

Ein Entfärben von Ölen durch Vermischen derselben mit trockenem gepulverten Kalk hat sich C. A. Sanguinetti in Marseille[2]) patentieren lassen. Gebrannte Magnesia brachte O. Heller[3]) in Vorschlag; um dieselbe zu einer besseren Wirkung gelangen zu lassen, soll man sie nach Heller mit kohlensaurer Magnesia vermischen[4]).

Patent Reye.

J. & G. Müller[5]) wollen zum Entfärben von Ölen und Fetten kalziniertes Magnesiumsulfat benutzen; die Hamburger Schmelzraffinerie-Aktiengesellschaft vormals Ernst Reye[6]) verwendet zum Bleichen von Schmalz Chlorkalzium, von welchen $^3/_4$—1% in trockenem gepulverten Zustande in das auf etwa 75° C erwärmte Schmalz eingetragen und dann filtriert wird.

G. W. Scollay[7]) in New York empfiehlt Hämatit oder Limonit im Verein mit Borax oder Chlorcalcium zum Entfärben von Ölen.

Nach Heller[8]) beruht die Bleichwirkung aller wasserentziehenden Körper auf dem Umstande, daß die in vielen Ölen enthaltenen färbenden Eisenseifen[9]) in vollkommen wasserfreien Fetten unlöslich sind.

---

[1]) Amerik. Patent Nr. 287216 v. 23. Aug. 1893. — Chem.-Ztg., S. 1549.

[2]) Amerik. Patent Nr. 287216 v. 23. Aug. 1883 (Chem.-Ztg., 1883, S. 1549).

[3]) Seifenfabrikant, 1900, S. 386.

[4]) Basisch reagierende Körper, wie Ätzkalk, gebrannte Magnesia, wirken nicht nur bleichend, sondern auch neutralisierend. Siehe Seite 651/52.

[5]) Chem. News, 1875, S. 175.

[6]) D. R. P. Nr. 105671 v. 29. März 1898.

[7]) Amerik. Patent Nr. 474864 v. 17. Mai 1892. — Engl. Patent Nr. 9292 v. 17. Mai 1892.

[8]) Seifenfabrikant, 1900, S. 386.

[9]) Nach Bornträger werden die färbenden Eisenverbindungen aus Ölen und Fetten entfärbt, indem man diese in Benzin löst und die Lösung mit Schwefelnatrium behandelt. (Deutsche Chem.-Ztg., Berlin 1898, Nr. 15.)

Ausführungsarten der Absorptionsbleiche.

Die Seite 657—664 besprochenen Entfärbemittel können auf zweierlei Weise angewandt werden: man kann dieselben den zu bleichenden Ölen zumischen und durch Absetzenlassen oder Filtration klären (Mischverfahren), oder die Öle durch ein Filter drücken, dessen Filterschicht aus einem Entfärbungspulver gebildet wird (Filtrationsverfahren).

Misch-verfahren.

Bei dem häufiger angewandten Mischverfahren wird entweder bei gewöhnlicher (Speiseöle) oder bei höherer Temperatur (technische Öle und Fette) gearbeitet, doch geht man nur selten mit dem Erwärmen über 70—90° C hinaus.

Das Filtrationsverfahren liefert keine so egalen Produkte wie die Mischmethode, weil die Wirksamkeit der Filtermasse mit dem Mengen des durch diese gefilterten Öles abnimmt.

Filtrations-methode.

Um ein gleichmäßiges Filtrat zu erzielen, ist es daher notwendig, mehrere verschieden lange Zeit im Betrieb befindliche Filter zusammenarbeiten zu lassen und ihre Filtrate zu vereinigen, oder aber mehrere Filter hintereinander zu schalten, das Öl durch diese Filterserie durchzuschicken und dabei nach dem bekannten Gegenstromprinzip zu verfahren.

Die Regulierung der Bleichwirkung hat man beim Filtrierverfahren aber jedenfalls nicht so in der Hand wie bei der Mischmethode, wenn auch durch Forcierung der Durchflußgeschwindigkeit auf die Bleichintensität ein Einfluß ausgeübt werden kann.

Will man in der Wärme bleichen, so kann man das Öl entweder vorgewärmt in das Filter schicken oder dieses heizbar einrichten. Das Bleichen nach dem Filtrierverfahren wird bei Ölen und Fetten sehr wenig gebraucht, bei Glyzerin ist es dagegen vielfach in Anwendung.

Für Filter verwendet man vorteilhaft grobkörnigere Bleichmaterialien, für die Mischmethode möglichst feingepulverte.

Methode Chavanon.

Nach Firmin Chavanon sollen im Benzin oder im Schwefelkohlenstoffe gelöste Öle und Fette durch Entfärbungspulver besser gebleicht werden als im naturellen Zustande, eine Annahme, die nicht für alle Fälle zutreffend ist.

Veränderung der Fette bei der Absorptionsbleiche.

Obzwar bei der Absorptionsbleiche keine chemische Reaktion stattfindet, die Öle und Fette daher in ihrer Zusammensetzung eigentlich nicht alteriert werden können, so zeigen viele Öle nach der Behandlung mit Bleichpulvern (besonders mit Floridaerde) doch gewisse Veränderungen im Geschmack und in der Viskosität. Es ist erwiesen, daß Silikatpulver bei Mineralöl geradezu eine Fraktionierung[1]) bewirken kann. Die Veränderungen, welche Triglyzeride erleiden, sind noch nicht näher studiert. In einem Patent von A. Marix[2]) spricht dieser von einer durch eine Art

---

[1]) K. Engler u. Albrecht: Mitteilungen a. d. chem. Laboratorium d. techn. Hochschule in Karlsruhe. — Zeitschr. f. angew. Chemie, 1901, Heft 36.

[2]) Engl. Patent Nr. 2349 v. 9. Mai 1883.

Reibung bewirkten teilweisen Zerlegung der Fettkörper in Glyzerin und Fettsäure beim Behandeln mit Magnesiumsilikat, Talcum, Pfeifenton usw.

Sicher ist, daß alle mit Bleichmitteln, insbesondere Silikatpulver behandelten Fette und Öle mehr zum Ranzigwerden neigen als in ungebleichtem Zustande; feinere Speiseöle zeigen bei Anwendung halbwegs nennenswerter Perzentsätze von Entfärbungspulver sofort nach der Bleichung einen schwach ranzigen Geschmack. Die Société Anonyme des Usines J. E. de Bruyn[1]) in Termonde will dieses Ranzigwerden vermeiden, indem sie das Bleichen nicht in offenen Gefäßen unter Zutritt von oxydierender Luft vornimmt, sondern im Vakuum. Durch die Evakuierung findet gleichzeitig auch eine Entwässerung des Fettes statt, was für die Bleichwirkung nur von Vorteil ist.

Bleichmethode de Bruyn.

Die Amerikaner, welche Silikatpulver, Walkerde usw. bei Herstellung von hellfarbigem Speisekottonöl in ausgedehntem Maße anwenden, suchen das Ranzigwerden hintanzuhalten, indem sie dem Bleichpulver vor dem Gebrauch einen geringen Perzentsatz doppeltkohlensauren Natrons zumengen. Die Mischung soll auch vermeiden, daß die gebleichten Öle den sogenannten Erdgeschmack bekommen. Das ist ein eigenartiger, undefinierbarer unangenehmer Beigeschmack, den mit Silikatpulver behandelte Speiseöle zeigen, wenn man bei der Bleichung nicht mit der nötigen Sorgfalt vorgeht. Dieser Beigeschmack kann auch durch Mischen des gebleichten Öles mit einer 10prozentigen Kochsalzlösung zum Verschwinden gebracht werden.

Zusatz von Natriumbikarbonat.

Bei der Wahl eines Entfärbungsmittels für einen bestimmten Zweck muß man sich von folgenden Grundsätzen leiten lassen:

Wahl des Bleichmittels.

1. Wie hoch ist der zur gewünschten Entfärbung notwendige Prozentsatz des Bleichpulvers?

2. Wieviel Fett wird von den Bleichmittelrückständen absorbiert?

3. Ist eine Wiederbelebung des einmal gebrauchten Bleichmittels möglich?

Über den ersten Punkt können nur Versuche eine entscheidende Antwort geben. Auf viele Fette wirken gewisse Entfärbemittel gar nicht, auf andere wiederum sehr kräftig ein; das trifft nicht nur für verschiedene Ölgattungen, sondern auch für die verschiedenen Qualitätsabstufungen ein und derselben Ölgattung zu.

Menge des Bleichmittels.

Die Absorptionsfähigkeit der verschiedenen Entfärbungspulver für Fette ist ziemlich bedeutend, die meisten Bleichpulver halten ungefähr ihr Eigengewicht an Fett zurück. Übrigens ist diese Fettmenge von dem Schmelzpunkte bzw. der Viskosität des betreffenden Fettkörpers und somit von der Temperatur, bei welcher die Operation vorgenommen wird, sowie von dem Drucke, unter welchem die eventuelle Filtration stattfindet, abhängig.

Fettverlust.

---

1) Franz. Patent Nr. 338677.

Wieder-gewinnung des Fettes

Das richtige Wiedergewinnen des von den Bleichrückständen festgehaltenen Fettes ist oft ausschlaggebend für die Rentabilität der Bleichoperation. Die Entfettung der Bleichrückstände wird auf die verschiedenste Weise vorgenommen.

Ein Kochen der Rückstände mit säurehaltigem Wasser liefert wenig befriedigende Resultate. Auch die Wiedergewinnung des Fettes durch Verseifen der Rückstände und nachheriges Aussalzen des Bleichpulvers hat seine Schwierigkeit. S. Crowder befreit die Rückstände vom Fett, indem er sie mit einem Überschusse von Wasser mengt und in dieses Gemisch Luft einbläst. Das Öl steigt an die Oberfläche und wird von dort durch Überlaufrohre entfernt[1]).

nach owder,

nach Allen und Holde,

Nach dem Verfahren von L. Allen und D. Holde[2]) gelingt die Entfettung von gebrauchten Bleichpulvern fast vollkommen, wenn man diese mit Wasser unter Druck bei hoher Temperatur behandelt. Dabei findet zwar eine partielle Verseifung (Spaltung) des Fettes statt, die jedoch der praktischen Verwendung der erhaltenen Fette keinen Eintrag tut, weil diese doch nur für Seifensiederzwecke verwendet werden können. Die Entfettung ist fast eine quantitative, und der hochgespannte Wasserdampf bewirkt auch eine Wiederbelebung der Bleichmaterialien.

Wieder-gewinnung des Fettes durch Extraktion.

Am öftesten greift man zur Extraktion. Die oft sehr schmierigen Massen müssen vor dem Extrahieren aber mit größeren Mengen von Sägespänen, Sand usw. vermischt werden, weil das Extraktionsmittel sie sonst nicht durchdringen kann und der Extraktor verschmiert werden würde.

Auslaugen der Filter-rückstände.

Wenn Filterpressen mit Auslaugevorrichtungen verwendet werden, kann man durch ein Auswaschen der in den Filterpressen sich bildenden Filtrationsrückstände sehr leicht Fettverluste beim Bleichen vermeiden.

A. L. G. Dehne in Halle a. S. hat eine Filterpresse mit Verschlußhaube konstruiert, welche auch einen Verlust des Extraktionsmittels durch Verdunsten ausschließt. Nach Berlinerblau müßten diese Filterpressen mit Auslaugung und Verschlußhaube, um vollkommen zu sein, noch dahin ausgebildet werden, daß man zum Schluß der Auslaugung das Benzin aus dem Preßrückstande verjagen könnte. Zu diesem Zwecke wäre das Anbringen eines Destillierhelmes an der Decke der Verschlußhaube und einer Vorrichtung zum Verteilen des direkten Dampfes in die einzelnen Preßkammern notwendig, wodurch der Apparat aber recht kompliziert werden würde.

Wieder-belebung des Bleich-mittels.

Die Wiederbelebung der meisten durch Absorption wirkenden Bleichmittel ist möglich, wenngleich sie dabei nie ihre volle ursprüngliche Bleichintensität wiedererlangen. Die Regenerierung erfolgt durch Ausglühen der vorher gut entfetteten Bleichrückstände; die für Knochenkohle angewendeten

---

[1]) D. R. P. Nr. 90143 v. 6. Dez. 1895 der Floating Metal Company Ltd. in Llanfachreth.

[2]) D. R. P. Nr. 106119 v. 29. Nov. 1899.

Additional material from *Gewinnung der Fette und Öle,*
ISBN 978-3-662-42707-1 (978-3-662-42707-1_OSFO6),
is available at http://extras.springer.com

Apparaturen sollen beim Kapitel Glyzerin (Band 3) eingehender besprochen werden.

Für schwarzes Entfärbungspulver wird eine Wiederbelebung gewöhnlich nicht durchgeführt; Silikatpulver wird dagegen häufig regeneriert, und zwar in Rösttrommeln, wie sie für die Vortrocknung dieses Bleichmittels verwendet werden.

Soll gebrauchtes Silikatpulver neu belebt werden, so ist vor allem eine vollständige Entfettung desselben notwendig, doch darf man dem Extraktionsgute kein Sägemehl oder sonstige porös machende Stoffe beimischen, sondern muß die Schwierigkeiten der Extraktion auf andere Weise überwinden (Aufschlämmen des Rückstandes in Benzin). Das entfettete Produkt wird dann Temperaturen von ca. 500° C ausgesetzt, wobei selbstverständlich neben der vollkommenen Entwässerung auch eine Verkohlung aller durch den Bleichprozeß in das Material gelangten organischen Stoffe erfolgt. Die ursprüngliche hellgraue bis gelbe Farbe des Silikatpulvers verändert sich durch diese Verkohlung in ein Grauschwarz.

An Wirksamkeit hat das regenerierte Pulver ca. $^1/_3$ eingebüßt, vorausgesetzt, daß das Material vor dem Glühen gut entfettet wurde. Andernfalls verstopfen sich beim Glühen die Poren des Pulvers, womit die Oberflächenanziehung, also auch die Bleichwirkung geschwächt wird.

Keroff[1]) will eine Regenerierung so herbeiführen, daß er die gebrauchten Hydrosilikate durch Pressen oder Abdampfen von der Hauptmenge des Öles befreit und dann eine Behandlung mit überhitztem Wasserdampfe folgen läßt. Dabei soll das Fett überdestillieren und kann als Fettgas gewonnen werden.

Eine komplette, mit Silikatpulver arbeitende Ölbleichanlage zeigt Tafel X[2]).

Im Kompressorenraum befindet sich der Luftkompressor *a* und der Windkessel *b*. Die komprimierte Luft geht in Rohrleitungen von hier in den Bleichraum und mischt das in dem Bleichreservoir *c* befindliche Öl mit dem Silikatpulver. Als Reservemischvorrichtung ist auch ein mechanisches Rührwerk in *c* eingebaut. Das Gemisch passiert dann die Filterpresse *d*, das klare, gebleichte Öl wird in *e* gesammelt und von da in die Vorratsbehälter gepumpt, während die in der Filterpresse *d* verbleibenden Rückstände auf dem Packtische *h* in Preßtücher eingeschlagen und unter der mittels der Pumpe *g* betriebenen hydraulischen Presse *f* abgepreßt werden. Dabei geben die Filtrationsrückstände den größten Teil des angesogenen Öles ab; die Preßkuchen werden nun in den Extraktionsraum transportiert, hier von dem Zerkleinerungsapparate *k* pulverisiert und in den Extraktor *i* fallen gelassen. Dieser stellt einen einfachen Mischkesssel dar, in welchem durch ein mechanisches Rührwerk die ölhaltigen, gepulverten Preßkuchen mit Benzin tüchtig durchgemischt werden. Der Inhalt des Extraktors *i* durchläuft hierauf die beiden fahrbaren Filterpressen *m*, welche zweckmäßigerweise mit Aus-

---

[1]) Amerik. Patent Nr. 726091 v. 21. April 1903.

[2]) Nach Plänen der Owl Commercial Co., Akt.-Ges. in Bremen und New York, welche als Hauptimporteur von Silikatpulver gelten kann.

laugevorrichtung und Dampfmantel *n* versehen sind (siehe Seite 667). Die Ölbenzinlösung wird im Destillator *o* gesammelt und sodann abdestilliert. Die durch die Kühler *p*, *q* und *r* kondensierten Benzindämpfe laufen in den Benzinvorratsbehälter *s*, der mit dem Sicherheitskühler *t* versehen ist; das in *o* verbleibende benzinfreie Öl wird abgezogen.

Das in den Filterpressen *m* sich ansammelnde entölte Silikatpulver wird durch Dämpfen vom Benzin befreit und schließlich in den Regenerationsraum gebracht, wo es in den Glühöfen *u*, welche auch zum Vortrocknen dienen, wiederbelebt wird.

c) Chemische Bleichmethoden.

Dieselben können unterschieden werden in solche, bei denen der Farbstoff

α) ausgefällt oder verkohlt,

β) durch Oxydation zerstört,

γ) durch Reduktion in ungefärbte Verbindungen überführt wird

All-gemeines. α) **Ausfällen oder Verkohlen des Farbstoffes.** Die Bleichmethoden, bei welchen der Farbstoff ausgefällt wird, gehören, streng genommen, nicht zu den „chemischen" Bleichverfahren, weil dabei zumeist nur ein Entfernen des Farbstoffes auf rein mechanischem Wege (Einhüllen und Niederreißen des Farbstoffes durch erzeugte Niederschläge) stattfindet. Die Prozesse, bei welchen der Farbstoff eine partielle oder vollständige Verkohlung erfährt, sind dagegen den chemischen Bleichmethoden ohne weiteres zuzuzählen.

Ausfällung des Farbstoffes. Ein Ausfällen des Farbstoffes findet bei der Laugenraffination und den verschiedenen Neutralisationsmethoden statt; ebenso bei dem sogenannten Entschleimen des Leinöles, wenn dieses durch rasches Erwärmen des Öles auf 200° C durchgeführt wird. Dabei scheiden sich die schleimigen Verunreinigungen des Öles in Form eines froschlaichartigen Niederschlages aus, welcher den Farbstoff einhüllt.

Auch die Eiweißkoagulation macht man für Zwecke der Ölbleiche dienstbar. So beruht z. B. das Bleichen des Rizinusöles durch Kochen desselben mit Wasser auf dem Gerinnen des in dem Öle enthaltenen Eiweißes und dem damit verbundenen Ausfällen des Farbstoffes. Auch rührt man verdünnte Eiweißlösungen bei gewöhnlicher Temperatur in die zu bleichenden Öle, erhitzt die Mischungen, bis eine deutliche Flockenbildung (Koagulation) eingetreten ist, und filtriert dann. S. Sequelin[1]) in Deptford hat für den gleichen Zweck Hausenblase vorgeschlagen.

Durch hohe Temperaturen oder durch kondensierte Schwefelsäure kann der in Ölen und Fetten enthaltene Farbstoff verkohlt werden. Letzteres tritt bei der Schwefelsäure-Raffinationsmethode ein (Seite 636—640), ersteres wird hauptsächlich bei Palmöl angewandt.

---

[1]) Amerik. Chem. Revue, 1882, S. 316.

Das vorher durch Umschmelzungen und Abstehenlassen geläuterte und von allen mechanischen Verunreinigungen befreite Fett wird auf 240° C erhitzt, was wegen der sich entwickelnden lästigen Dämpfe vorteilhafterweise in einem allseits geschlossenen eisernen Kessel geschieht, der nur zu ca. $^2/_3$ angefüllt wird. Die Methode erfordert große Vorsicht, weil eine bedeutende Entzündungsgefahr besteht und bei einer Überhitzung des Fettes statt eines hellgebleichten ein braunes bis schwarzes Palmöl erhalten wird. Verkohlung des Farbstoffes durch Hitze.

Der Kessel, in welchem das Bleichen stattfindet, muß möglichst luftdicht abgeschlossen sein und nur ein 8—10 cm Durchmesser habendes Blechrohr, durch welches die höchst unangenehm rauchenden Dämpfe entweichen, stellt eine Kommunikation des Kessels mit dem Schornstein her. Ferner ragt ein Thermometer durch den Deckel in das Innere des Kessels, damit man leicht die jeweilige Temperatur prüfen kann. Auch für die Möglichkeit der Probenahme muß vorgesorgt sein. Ist die Entfärbung eingetreten, so läßt man absetzen, wobei die verkohlten Verunreinigungen zu Boden sinken.

Das zuerst von Cameron (1844) und später von Pohl[1]) empfohlene Bleichen durch Hitze war früher besonders für Palmöl in Anwendung; auch für Talg wurde es mehrfach versucht. Die bei dieser Methode erhaltenen Resultate lassen aber meist zu wünschen übrig; so zeigt z. B. das durch Hitze gebleichte Palmöl stets einen bräunlichen Stich, die Feuersgefahr ist nicht zu unterschätzen und die Verluste an Fett sind immerhin bemerkenswert. Der feine Fettbelag, welchen alle Metallgegenstände, die sich im Bleichlokale befinden, nach beendeter Operation zeigen, ist ein Beweis dafür, daß bei der hohen Temperatur Fettanteile sich verflüchtigen.

β) **Oxydationsmethoden.** Zu diesen muß vor allem die

Bleiche durch Belichtung

gerechnet werden, weil hier (selbst wenn dieselbe ausnahmsweise unter teilweisem Abschluß der Luft erfolgt[2]) stets eine Oxydation des Farbstoffes stattfindet.

Die bleichende Wirkung, welche das Sonnenlicht[3]) auf die Farbstoffe der Fette und Öle ausübt, ist schon lange bekannt und bei den einzelnen Fetten sehr verschieden. So bleichen z. B. einige Öle und Fette selbst bei schwacher Belichtung schon nach wenigen Tagen aus, wogegen andere ihre Färbung auch nach langer Zeit kaum verändern. Selbst verschiedene Provenienzen ein und derselben Fettgattung zeigen in dieser Beziehung oft ein äußerst divergierendes Verhalten. Gewöhnliches Lagos-Palmöl bleicht z. B. in der Sonne nach einigen Wochen vollständig, während das zinnoberrote Palmöl von Astrocaryum vulgare selbst nach Jahren noch seine intensive Färbung aufweist. Lichtbleiche.

---

[1]) Deutsche Industrie-Ztg., 1867, S. 28.

[2]) Polyt. Zentralblatt, 1855, S. 165.

[3]) Sonnenlicht bleicht auch bei absoluter Abwesenheit von Luft und Wasser, doch ist die Wirkung bei Gegenwart dieser beiden Stoffe lebhafter.

Der bei der Lichtbleiche sich abspielende Vorgang ist heute noch nicht völlig aufgeklärt. Bei Gegenwart von Luft und Feuchtigkeit mag das Licht wahrscheinlich den Luftsauerstoff ozonisieren; vielleicht aber verwandelt auch das Licht einen Teil des vorhandenen Wassers in Wasserstoffsuperoxyd.

Die Bleichung durch Sonnenlicht (Insolation) ohne gleichzeitige Mitwirkung von Luft wird nur selten angewandt. Man könnte als Beispiel für diesen Fall nur das Bleichen von Ölen in geschlossenen Flaschen und Gläsern durch Sonnenexponierung nennen. Bei allen anderen Fällen der Sonnenbleiche wirkt neben Licht auch Luft mit; so beim Bleichen von Ölen und Fetten in offenen flachen Zinkblechkasten oder mit Weißblech ausgeschlagenen Holzkasten.

Durch Zusätze von hochprozentigen Alkoholen, Eisenvitriollösungen usw. zu den Ölen sucht man die Bleichwirkung zu erhöhen, wobei man durch wiederholtes Umrühren eine möglichst innige Berührung dieser Lösungen mit dem Öle zu erzielen trachtet. Ob und in welcher Weise diese Chemikalien den Bleichprozeß beeinflussen, ist noch näher zu ermitteln.

Der häufigste Gebrauch von der Lichtbleiche wird in der Wachsindustrie gemacht; lichtgebleichtes Wachs wird jeder chemisch gebleichten Ware vorgezogen, weil der Honiggeruch des Wachses ziemlich erhalten bleibt.

Oberflächenvergrößerung.

Sehr wichtig ist für die Lichtbleiche, daß man die zu bleichenden Fette oder Wachse in möglichst dünnen Schichten dem Lichte exponiert. Bei festen Fetten und Wachsen formt man das Material vor der Bleiche in dünne Bänder oder feine Körner um. Sowohl das Bändern als auch das Granulieren des Wachses werden im 2. Bande beim Kapitel „Bienenwachs“ ausführlich besprochen, hier sei nur erwähnt, daß S. Ramboe[1]) auch den Zentrifugalemulsor für diese Zwecke empfiehlt. Das geschmolzene Wachs wird mit heißem Wasser emulgiert und diese Mischung in kaltes Wasser fließen gelassen, wobei ein äußerst feinverteiltes Wachsgerinnsel resultiert, was für die Lichtbleiche bestgeeignet ist.

Patent Stark.

Ein interessanter Vorschlag, die Oberfläche der zu bleichenden Öle zu vergrößern, stammt von Stark[2]). Er rührt in Öle 10% feingeschnittenen Moostorfes ein, der infolge seines enormen Aufsaugevermögens das Öl ganz aufzunehmen imstande ist, setzt diese vollgesogenen Späne dem Lichte aus und gewinnt nach einiger Zeit der Exponierung das Öl durch Auspressen oder Extrahieren wieder zurück. Wegen der damit verbundenen Fettverluste und infolge der Umständlichkeit der Methode ist dieser keine Bedeutung beizumessen.

Patent Stanley.

Die Cotton Seed oil Syndicate Comp. hat sich in Gemeinschaft mit J. C. W. Stanley[3]) einen Apparat patentieren lassen, nach welchem

---

[1]) Chem.-Ztg., 1896, S. 1004. — J. Ronczewski will granuliertes Knochenfett durch Belichtung bleichen. — Chem.-Ztg., 1892, S. 239.

[2]) D. R. P. v. 24. April 1883.

[3]) Engl. Patent Nr. 17443 v. 2. Okt. 1900.

das Öl in dünner Schicht über ein Gehäuse aus Glasplatten läuft. Das abfließende Öl wird unten in einem Reservoir gesammelt und durch Pumpen und besondere Vorrichtungen von neuem auf die Glasfläche gebracht, welcher Vorgang sich kontinuierlich so lange wiederholt, bis der gewünschte Grad der Bleiche erzielt ist. Um das Glasplattengehäuse vor äußeren Einflüssen zu schützen, ist es selbst in einer Art von Glashaus untergebracht. Im Innern des Glashauses sind Beleuchtungskörper (elektrische Glühlampen usw.) vorgesehen, so daß auch während der Nacht gebleicht werden kann. Das Sammelreservoir für das zu bleichende Öl ist mit einer Heizschlange (die selbstredend bei gewissen Ölen ebensogut als Kühlschlange benutzt werden kann) ausgestattet, um die Temperatur und damit die Viskosität (Schichtendicke) des Öles regulieren zu können.

Bei trockenen Ölen kann durch diese Vorrichtung mit der Bleichung ein Eindicken, ja selbst ein Festmachen verbunden werden.

Untersuchungen von Ramboe.

Ramboe[1]) hat die Bienenwachs-Naturbleiche näher studiert und dabei gefunden, daß die Bleichzeit von folgenden Faktoren abhängig ist:

1. dem Wassergehalt des Wachses,
2. der Feuchtigkeit der Luft,
3. der Oberfläche des Wachses,
4. der Temperatur,
5. dem Licht.

Ganz trockenes Wachs erfordert fast die doppelte Bleichzeit wie solches mit ca. 5% Wassergehalt, wogegen eine mit Wasserdampf beladene Luft viermal so langsam bleicht wie trockene. Dieser Widerspruch bedarf noch der Aufklärung. Die günstigste Temperatur ist eine solche zwischen 20 bis 35° C. Diffuses Sonnenlicht ist fast so wirksam wie grelle Sonnenbeleuchtung.

Die Tatsache, daß ein der Naturbleiche ausgesetztes Wachs auch während der Nacht, also bei vollständiger Abwesenheit des Lichtes weiter bleicht, zeigt, daß bei den gewöhnlichen Bleichen neben dem Licht auch die Luft eine wichtige Rolle spielt.

Durch den Zusatz sauerstoffabgebender und ozonbildender Mittel kann die Bleichwirkung gefördert werden. So ist z. B. ein Terpentinölzusatz zu Bienenwachs für dessen Bleiche sehr von Vorteil.

Wird Luft allein als bleichendes Agens verwendet, spielt also Sonnen- oder anderes Licht nicht mit, so kommt man zur eigentlichen

Luft- und Ozonbleiche.

Luftbleiche.

Bei derselben spielen drei Faktoren eine Rolle: die Temperatur des Fettes und der Luft, die Dauer der Einwirkung und die Innigkeit der Berührung. Je höher die Temperatur (innerhalb gewisser Grenzen) während

[1]) Chem.-Ztg., 1896, S. 1004.

des Prozesses, je länger die Einwirkungsdauer der Luft andauert und je intensiver die Vermischung derselben mit dem Fettkörper, um so lebhafter ist die Bleichwirkung. Bei höherer Temperatur und zu langer Einwirkungsdauer wird aber nicht nur der Farbstoff angegriffen, sondern auch die Triglyzeride selbst. (Geblasene Öle.) Bei trockenen Ölen ist die Oxydationswirkung größer und kann hier sogar ein Festwerden der Öle eintreten. (Siehe Seite 120 und 122.)

Die Luftbleiche wird bei Palmöl seit vielen Dezennien allgemein angewandt.

Primitive Form der Luftbleiche.

Anfänglich wurde das zum Bleichen bestimmte Palmöl nach der notwendigen Läuterung in einem Kessel auf 100° C erhitzt und mehrere Arbeiter hoben mit einem großen Schöpfer das Öl aus dem offenen Kessel heraus, um es von 1—1½ m Höhe wieder frei herabfließen zu lassen. Durch diese langwierige Arbeit kam das Palmöl mit der Luft in Berührung und bleichte aus, doch brauchte man bei großer Bedienungsmannschaft 10—12 Arbeitsstunden für eine Operation. In kleinen Betrieben bediente man sich dann auch eines in das zu bleichende Öl eintauchenden Siebes, welches man rasch in die Höhe zog, wobei das Fett in dünnen Strahlen durch die Siebmaschen zurückfiel und so mit der Luft in innige Berührung kam. Auch Schaufelwerke, mit welchen man das Öl hob, um es dann wiederum aus einer Höhe von 1—2 Fuß niederfallen zu lassen, waren früher in Gebrauch.

Einblasen von Luft.

Jetzt hat man für die Luftbleiche die einzige richtige Methode gewählt, nach welcher man nicht das Fett in verteilter Form der Luft exponiert, sondern umgekehrt Luft in die Fettmasse einbläst[1]).

Man kann sich hierzu der auf Seite 624—628 beschriebenen Apparate bedienen; für den Großbetrieb verwendet man am besten Kompressen. Eine für die Luftbleichapparate vielfach getroffene Anordnung ist in Fig. 334 u. 335, Seite 626 gezeigt. Da Wärme, wie schon bemerkt, die Bleichwirkung fördert, so wird während der Operation das zu bleichende Öl oder Fett fast immer erwärmt.

Der Luftstrom reißt — besonders wenn bei höherer Temperatur gearbeitet wird — Riechstoffe mit sich fort und wirkt nebenbei auch desodorisierend. Auf die oxydierende Wirkung, welche unter Umständen die Fette und Öle bei dieser Bleichmethode erfahren können, wurde bereits hingedeutet. Nichttrocknende Öle erleiden aber auch bei Temperaturen von 100° C kaum eine Veränderung. Das Einblasen von feuchter Luft kann ein Ranzigwerden der Fette zur Folge haben.

Fettrückhaltende Vorrichtungen.

Bei besonders starken Luftströmen, speziell wenn bei höherer Temperatur gearbeitet wird, findet neben dem Abtreiben von flüchtigen Stoffen, wie Riechstoffen, flüchtigen Fettsäuren usw., auch ein mechanisches Mitreißen von Neutralfett statt. Zur Vermeidung von Fettverlusten muß man durch

---

[1]) Siehe auch amerik. Patent Nr. 273036 v. 15. Jan. 1883 von J. D. Brooklyn.

Hauben oberhalb des Bleichgefäßes und der eingebauten Stoßbleche oder durch ähnliche Vorrichtungen dafür Sorge tragen, daß diese Fettpartikelchen zurückgehalten werden.

Ozonbleiche.

Statt Luft Sauerstoffgas oder die allotrope Modifikation desselben — Ozon — zu verwenden, ist vielfach vorgeschlagen worden. Speziell mit Ozon, das bekanntlich chemisch aktiver Sauerstoff ist, hat man vielfach experimentiert. Unbewußt wird Ozon seit undenklichen Zeiten als Bleichmittel angewandt, denn bei der Sonnenbleiche spielt Ozon eine wichtige Rolle und ist ihm die mitunter so rasch erfolgende Bleichung zuzuschreiben, wogegen bei bestimmten Witterungsverhältnissen (Abwesenheit von Ozon) die Ware sehr langsam bleicht. (Vergleiche Seite 670.)

Ozon bildet sich beim Durchschlagen elektrischer Funken durch die Luft (der dabei auftretende charakteristische Geruch wurde schon 1785 von van Marun beobachtet) und erzeugt man denselben auch im großen durch in der Luft bewirkte stille elektrische Entladungen. Die so elektrisierte Luft (oder auch Sauerstoffgas) enthält, den beliebig einstellbaren Betriebsbedingungen entsprechend, 5—10 g Ozon im Kubikmeter und liefert eine Pferdekraftstunde ca. 15—30 g Ozon. Die Größe dieser Ausbeute hängt von der Temperatur, der Geschwindigkeit des Luftstromes im Entladungsraume usw. ab.

Eigenschaften des Ozons.

Reines Ozon ist ein Gas von bläulicher Farbe und einem auch noch in sehr verdünntem Zustande wahrnehmbarem unangenehmen Geruch, der teils an Chlor, teils an Untersalpetersäure erinnert. Schon kleine Mengen reizen eingeatmet die Schleimhäute und erzeugen Blutspeien.

John Longsdon Garle in Kensington und Colin Charlwood Frye in Ealing Midd.[1]) schlagen die Verwendung von Ozon oder ozonisierter Luft zum Bleichen von Palmöl vor und A. Brin[2]) will Leinöl auf ähnliche Weise bleichen oder zu Firnis oxydieren[3]). Auch E. Ronco empfiehlt Ozon für die Leinölbleiche; zu 1000 kg Öl sollen 310—315 m^3 ozonisierter Luft ausreichen und das Öl nicht nur gebleicht, sondern auch vom Wasser und Schleim befreit werden[4]).

Ozonöle.

Ozon wird übrigens von Ölen und Fetten absorbiert. Die Firma Graf & Co.[5]) in Berlin hat auf diese Erscheinung ein Verfahren zur Herstellung sog. Ozonöle aufgebaut, welche Produkte antiseptische Eigenschaften haben und für Wundbehandlung wie auch als internes Medikament gebraucht werden sollen.

---

1) D. R. P. Nr. 91760.

2) Englisches Patent Nr. 12652 vom 5. Okt. 1886 und Nr. 10968 vom 27. Aug. 1886.

3) Chem.-Ztg., Repert, 1899, S. 181.

4) Ozonisierte Luft haben auch schon E. Schrader und O. Dumcke (D. R. P. Nr. 6322) zum Ölbleichen vorgeschlagen.

5) Chem.-Ztg., 1891, S. 672.

Ein in seiner Wirkung dem Sauerstoff und Ozon ähnliches Produkt, das

Wasserstoffsuperoxyd.

Wasserstoffsuperoxyd.

ist zum Bleichen der Fette und Öle wiederholt vorgeschlagen worden. L. J. Thenard hat zu Anfang des vorigen Jahrhunderts diese Sauerstoffverbindung entdeckt, doch hat es relativ langer Zeit bedurft, bevor das Produkt zu einem annehmbaren Preise im Handel erschien und der Industrie dienstbar gemacht werden konnte.

Eigenschaften.

Reines Wasserstoffsuperoxyd ist eine sirupähnliche Flüssigkeit, farblos und vollkommen durchsichtig, von bitterlich herbem und dabei ätzendem Geschmack. Auf die Haut gebracht, erzeugt es heftiges Jucken und bildet weiße Flecken. Wasser löst das Präparat in jedem Verhältnis, nicht ganz so Äther. Selbst bei 32 ° C Wärme wird es nicht fest, sondern nur dickflüssig. In konzentriertem Zustande zersetzt es sich in kurzer Zeit freiwillig in Wasser und Sauerstoff, während es sich in verdünnter Form, in kühlen dunklen Räumen aufbewahrt, mehrere Monate hindurch unverändert hält, besonders wenn es mit einigen Tropfen Salzsäure oder Schwefelsäure vermischt wird. Bei 25 ° C zersetzen sich auch wässerige verdünnte Lösungen von H_2O_2, und zwar um so lebhafter, je konzentrierter sie sind und je höher die Temperatur ist. Das in den Handel kommende Präparat enthält 3—10% H_2O_2.

Bleichen mit Wasserstoffsuperoxyd.

Beim Bleichen von Ölen setzt man denselben 4—5% dieses handelsüblichen Wasserstoffsuperoxydes zu und schüttelt wiederholt kräftig durch[1]). Im Großbetrieb findet die Methode aber nur selten Anwendung.

Villon verwendet H_2O_2 zum Bleichen von Ölen, die nachher mittels Algesin leichter haltbar zu machen sind als andere Öle. Grünstichiges Olivenöl soll durch ammoniakalische Wasserstoffsuperoxydlösung und nachheriges Kochen mit Salzwasser gebleicht werden. Die Vorschläge werden im großen aber kaum verwendet und der relativ hohe Preis des Wasserstoffsuperoxydes bei seiner wenig energischen Wirkung wird eine allgemeine Anwendung in der Öl- und Fettindustrie nicht so bald aufkommen lassen. Ein Gleiches muß vom

Natriumsuperoxyd

Natriumsuperoxyd.

gesagt werden, welches man in neuerer Zeit an Stelle des Wasserstoffsuperoxydes zu verwenden sucht, und das vor diesem eine intensivere Oxydationswirkung voraus hat.

Als vor nunmehr 2 Dezennien das Natriumsuperoxyd (Na_2O_2) im Handel aufgetaucht war, brachte man demselben großes Interesse entgegen. Das gelblich-weiße Pulver, welches, auf Holz, Papier oder Stroh gebracht, so heftige Oxydationswirkung äußert, daß diese Stoffe aufflammen und ver-

---

[1]) Nach Hauchecarne kann die Verfärbung, welche beim Vermischen von Ölen mit Wasserstoffsuperoxyd eintritt, zur Erkennung der Reinheit der ersteren verwendet werden. (Dinglers polyt. Journ., Bd. 169, S. 79.)

brennen, an der Luft allmählich unter Sauerstoffentwicklung und Bildung von Ätznatron zerfließt, sich mit Wasser unter starker Erhitzung — unter Umständen selbst unter Explosionserscheinungen — in NaOH und H_2O_2 zersetzt, wurde vielfach ausprobiert.

1894 ließ sich Burton die Anwendung dieses Produktes zum Bleichen von Fetten und Ölen patentieren. Er schlug ein aufeinanderfolgendes Behandeln der Öle mit Schwefelsäure und Natriumsuperoxyd vor.

Später tauchten von England ausgehende Nachrichten auf, nach welchen man die beiden Operationen ganz leicht vereinbaren könne; es wurde für das Bleichen von Leinöl angegeben, dasselbe in einen verbleiten oder kupfernen Kessel zu bringen, in das 20° C warme Öl langsam $^1/_4$% Schwefelsäure von 1,75 spez. Gewicht fließen zu lassen und nach ca. $^1/_4$stündigem guten Rühren mit der Eintragung von $^1/_4$% Na_2O_2 zu beginnen. Dieses Eintragen sollte aber so langsam geschehen, daß für $^1/_2$ Kilo Na_2O_2 fast eine Stunde gebraucht würde. Das Rührwerk sollte dabei in ununterbrochener Tätigkeit verbleiben. Dann rührte man noch weitere 12 Stunden, ließ endlich abhitzen und wusch das klare Öl erst mit warmem, dann mit kochendem Wasser aus[1]).

Daß Na_2O_2 gerade für trocknende Öle, wie z. B. Leinöl, ein geeignetes Bleichmittel sei, möchten wir bezweifeln.

Rüböl dürfte sich nach dieser Methode eher raffinieren lassen, nur muß hier Säure vom spez. Gewichte 1,8 angewendet werden.

Wichtig ist beim Bleichen mit Na_2O_2, daß man die Temperatur entsprechend tief hält. Bei zu hoher Temperatur gibt das Bleichmittel einen Teil seines Sauerstoffes zu rasch und zu heftig ab, so daß dessen Bleichwirkung größtenteils verloren geht. Je langsamer die Na_2O_2-Zugabe zu dem Öle erfolgt, je niedriger die Temperatur und je intensiver die Durchmischung, um so vollkommener ist die Bleichung. Bei Luftrührung genügt die mit der Luft zugeführte Kohlensäure und Feuchtigkeit, um die Reaktion einzuleiten, und ist ein besonderer Säurezusatz nicht absolut erforderlich. Bei Nichtanwendung von Säure bilden sich aber NaOH und Na_2CO_3, welche partiell verseifend wirken:

$$Na_2O_2 + H_2O = 2\,NaOH + O$$

$$Na_2O_2 + CO_2 + H_2O = Na_2CO_3 + H_2O_2\,.$$

Man arbeitet daher lieber mit Säurebädern oder auch mit einem Gemenge von Na_2O_2 und Magnesiumsalzen. Solche Mischungen schlug zuerst Castner[2]) vor, und zwar empfahl er ein Gemenge von Na_2O_2 mit wasserfreiem Magnesiumsulfat oder Magnesium- und Calciumchlorid. Diese Salze schlagen eine gewisse Menge Superoxydhydrat nieder, welches beim Erhitzen viel beständiger als Wassersuperoxyd ist; für Stoffe, die ihrer

[1]) Chem. Trade Journ., 1899, S. 315.

[2]) D. R. P. Nr. 74113 v. 29. Juli 1892.

Natur nach schwieriger zu bleichen sind, wird die Menge des gefällten Superoxydhydrates dadurch gesteigert, daß man die relative Menge des Calciumsalzes gegenüber dem Magnesiumsalz vermehrt; aus ersterem wird ein reines Superoxydhydrat gefällt, während Magnesiumsalze Gemische von Hydrat und Superoxydhydrat ergeben.

Na_2O_2 hat bisher weder für sich noch im Gemische mit anderen Stoffen in der Fettindustrie nennenswerte Anwendung gefunden; seine hohe Explosions- und Feuersgefahr[1]) mag zu dieser Passivität der Fettchemiker nicht wenig beigetragen haben.

Perkarbonate.

Kaliumperkabonat. Von sauerstoffabgebenden Verbindungen sei hier noch das Kaliumperkarbonat ($K_2C_2O_6$) erwähnt, welches bei trockener Aufbewahrung dauernd haltbar ist und beim Zusammenbringen mit verdünnten kalten Säuren sofort H_2O_2 entwickelt.

$$K_2C_2O_6 + 2\,H_2SO_4 = 2\,KHSO_4 + 2\,CO_2 + H_2O_2\,.$$

Auch Ammoniumperkarbonat verhält sich ganz ähnlich. Ständen diese Produkte nicht so hoch im Preise, so würden sie zum Bleichen von Fetten mit Vorteil verwendet werden können.

Als Bleichmittel wird häufig auch

Salpetersäure

Salpetersäure. angewandt, deren Wirkung auf Fette schon Seite 133 beschrieben wurde.

J. Oettinger[2]) will Sulfuröle mittels Salpetersäure bleichen, indem er diesen 1% Salpetersäure, die vorher mit der doppelten Menge Wasser verdünnt wurde, bei 90° C einrührt. Die grüne Farbe der Sulfuröle schlägt dabei in ein Gelb bis Gelbbraun um; die aus solchen Ölen hergestellten Seifen sind dunkelgelb, weil die Salpetersäure nicht nur den grünen Farbstoff des Sulfuröles zerstört, sondern auch zersetzend auf das Öl selbst wirkt, unter Bildung von gelbgefärbten Nitroverbindungen, die sich durch Aussalzen der Seifen nur schwer beseitigen lassen. Die mit Salpetersäure behandelten Sulfuröle können daher für gewisse Zwecke das Palmöl als Färbemittel in der Seifenfabrikation ersetzen.

Solly hat ferner für Bienenwachs eine Bleiche mit Natronsalpeter und verdünnter Schwefelsäure vorgeschlagen und sollen durch eine sachkundige Leitung dieses Verfahrens recht gute Erfolge zu erzielen sein.

---

[1]) Die große Gefährlichkeit beim Arbeiten mit Na_2O_2 ist durch verschiedene bedauerliche Unfälle, welche beim Verfrachten dieses Bleichmittels vorkamen, bewiesen. So z. B. die Explosion auf dem Dampfer „Preußen“ am 25. April 1900 im Hafen von Kobe und der frühere ganz ähnliche Unfall auf dem Postdampfer „Sachsen“.

[2]) Österr. Patent v. 18. Aug. 1885.

Einen ausgedehnten Gebrauch macht man von den Bichromaten und Permanganaten, die bekanntlich beim Zusammenbringen mit Säuren Sauerstoff oder Chlor entwickeln. Die

Bichromatbleiche

ist zuerst von Watt[1]) praktisch angewandt worden; dann hat sie Engelhardt[2]) durch seine Veröffentlichungen in weiteren Kreisen bekannt gemacht und J. Davis[3]) hat viele Jahre später ein amerikanisches Patent auf diese Methode genommen. Bichromatbleiche.

Das Verfahren beruht auf folgender Reaktion:

$$K_2Cr_2O_7 + 4\,H_2SO_4 = K_2SO_4 + Cr_2\,(SO_4)_3 + 4\,H_2O + 3\,O\,.$$

Man löst $^1/_2$—2% doppelchromsaures Kali in möglichst wenig warmem Wasser, vermischt die Lösung mit der notwendigen Menge vorher verdünnter Schwefelsäure (auf 1 kg Bichromat kommen 2 kg Schwefelsäure von 66° Bé) und setzt diese Mischung dem zu bleichenden Öle oder Fette zu. Das Durchmischen der Bleichflüssigkeit mit dem Öle muß möglichst innig geschehen, sonst bleibt der erwünschte Bleicheffekt aus. Die Herbeiführung eines fast emulsionsartigen Zustandes ist dabei anzustreben; man kommt diesem am nächsten, wenn man die Bleichung bei möglichst niederer Temperatur vornimmt, weil dann die Öle ziemlich viskos und daher auch der Emulsionsbildung am zugänglichsten sind. Bei gewöhnlicher Temperatur sollen flüssige Öle nie angewärmt werden; feste Fette, wie z. B. Palmöl, dürfen nur bei wenige Grade über ihrem Schmelzpunkt liegenden Temperaturen gebleicht werden. Das Arbeiten bei niederen Temperaturgraden hat auch noch den Vorteil, daß die Reaktion nicht zu schnell verläuft, die Gefahr des Entweichens unausgenutzten Sauerstoffes also recht gering ist.

An Stelle des Kalisalzes wird sehr häufig das Natronsalz verwendet; es ist nicht nur billiger, sondern auch im Wasser leichter löslich als das Kalisalz und ermöglicht dadurch die Herstellung konzentrierter Lösungen. Das zu bleichende Öl oder Fett muß vor der Bleiche durch Waschen mit Wasser von allen mechanischen Verunreinigungen möglichst befreit werden.

Nach dem Eintragen der Bleichflüssigkeit nehmen die Fette zuerst eine rötliche Färbung an, die jedoch bald in ein Grünlichgelb und später in ein intensives Chromgrün übergeht. Es braucht dazu ungefähr $^1/_2$—1 Stunde; hierauf gibt man ca. $^1/_4$ des Ölgewichtes heißes Wasser zu

[1]) Siehe Wagner, Handbuch der chem. Technologie, 1. Aufl., Leipzig 1859, 2. Bd., S. 419. — Engl. Patent Nr. 7028 v. 8. März 1836.

[2]) Deutsche Industrie-Ztg., 1866, S. 266. — Polyt. Notizblatt, 1866, S. 251. — Polyt. Zentralblatt, 1866, S. 1292.

[3]) Amerik. Patent Nr. 306324 v. 7. Okt. 1883. — Davis schlägt Kaliumbichromat oder Kaliumpermanganat vor.

und mischt kräftig durch, wobei ein Anwärmen des Öles durch Dampf empfehlenswert ist. Nach halbstündigem Rühren läßt man absetzen, zieht die unten angesammelte Lösung von Chrom-Kalisulfat ab und entfernt die eventuell im Fett noch enthaltenen Spuren des Reaktionsproduktes durch nochmaliges Waschen mit heißem Wasser[1]).

Das in der Bleichlauge enthaltene Chrom braucht man nicht ungenützt abfließen zu lassen; durch Versetzen der Abwässer mit Natronlauge kann man leicht Chromhydroxyd ausfällen, das verwendet werden kann.

Die Bichromatbleiche liefert sehr befriedigende Resultate. Die gebleichten Öle haben häufig einen eigentümlichen, durchaus nicht unangenehmen, aber doch charakteristischen Geruch. Bei Palmöl bleibt der eigentümliche Veilchengeruch zum Teil erhalten[2]).

Die Permanganatbleiche

Permanganatbleiche.

wird in ähnlicher Weise durchgeführt wie das Bichromatverfahren, doch findet sie in der Fettindustrie nur eine sehr beschränkte Anwendung. Der bei dieser Methode sich abspielende Prozeß verläuft nach folgender Gleichung:

$$K_2Mn_2O_8 + 4\,H_2SO_4 = K_2SO_4 + 2\,MnSO_4 + 3\,H_2O + 5\,O\,.$$

Das Verfahren ist fast ebenso lange bekannt wie das Bichromatverfahren. Eugen Dietrich[3]) hat es als einer der ersten beschrieben, später haben Beau und Commaille[4]), Davis[5]) und A. Rock[6]) das Bleichen mit Permanganaten empfohlen.

Nach A. Jolles[7]) sollen die mit übermangansaurem Kali gebleichten Öle und Fette häufig einen bräunlichen Stich zeigen, der aber durch schweflige Säure leicht wegzubringen ist.

---

[1]) Siehe die diesbezüglichen Aufsätze des Verfassers im Chem. Notizblatt, 1891, S. 85 und Chem. Revue, 1895, Nr. 5, Seite 1—3.

[2]) Bleichversuche mit Bichromat haben bei Baumwollsamenöl in letzter Zeit A. Jolles u. L. Wild angestellt.

[3]) Wittsteins Vierteljahresschrift, 1868, S. 437. — Schweiz. polyt. Zeitschrift, 1868, S. 185.

[4]) Bullet. de la Soc. Chim., 1873, S. 92. — Berichte d. deutsch. chem. Gesellsch., 1873, S. 1318.

[5]) Amerik. Patent Nr. 306324 v. 7. Okt. 1883.

[6]) Amerik. Patent Nr. 316663 v. 28. April 1885. — Rock verwendet Kaliumpermanganat oder Kaliumbichromat im Gemische mit Kalk. — Chem. Ztg., 1885, S. 796.

[7]) Chem. Ztg., 1890, S. 1708. — Jolles hat im Vereine mit F. Wallenstein die Permanganatbleiche für tierische Fette (Talg, Margarin, Schweinefett) versucht. — Zeitschrift für Nahrungsmittel, 1891, S. 162.

Bei dem hohen Preise der Permanganate ist eine allgemeine Verwendung derselben in der Öl- und Fettindustrie auch in Zukunft kaum zu erwarten [1]).

An Stelle der sauerstoffentwickelnden Reaktionen verwendet man häufig

chlorabspaltende Prozesse.

Chlor wird in der Fettindustrie stets im status nascendi angewandt, also in den zu bleichenden Ölen entwickelt. Chlorbleiche.

Verwendet man bei den Seite 677/78 beschriebenen Prozessen statt der Schwefelsäure Salzsäure, so wird aus der Sauerstoffbleiche eine Chlorbleiche:

$$K_2Mn_2O_8 + 16\,HCl = 2\,KCl + 2\,MnCl_2 + 8\,H_2O + 10\,Cl\,,$$

$$K_2Cr_2O_7 + 14\,HCl = 2\,KCl + Cr_2Cl_6 + 7\,H_2O + 6\,Cl\,.$$

Die Verwendung von Salzsäure an Stelle der Schwefelsäure ist bei diesen Prozessen, deren Durchführung dabei keinerlei Änderung erfährt, von Vorteil. Es scheint, daß der indirekt freiwerdende Sauerstoff eine stärkere Wirkung ausübt als der direkt entwickelte [2]).

Für die Chlorbleiche von Ölen und Fetten werden auch unterchlorigsaure Salze (Hypochlorite) und Chloraie verwendet. Die unterchlorigsauren Salze, von denen das Kalisalz ($KClO$ = Eau de Javelle), das Natronsalz ($NaClO$ = Eau de Labaraque) und der allgemein bekannte Chlorkalk = $Ca(ClO)_2 + CaCl_2 + Ca(OH)_2$ in den Handel kommen, spalten in der Wärme sehr leicht Chlor ab, noch leichter unter Einwirkung einer Säure. Es genügt sogar schon der Kohlensäuregehalt der Luft, um aus diesen Verbindungen Chlor frei zu machen; leichter wird dies allerdings noch durch verdünnte Salzsäure bewirkt. Hypochlorite.

$$Ca(ClO)_2 + 4\,HCl = CaCl_2 + 2\,H_2O + 4\,Cl\,.$$

Das Bleichen mit Chlorkalk [3]) wird am zweckmäßigsten so ausgeführt, daß man sich eine Bleichflüssigkeit durch Vermischen einer Chlorkalkaufschlämmung mit Soda herstellt. Werden 100 kg Chlorkalk (mit Chlorkalkbleiche.

---

[1]) Man hat versucht, an Stelle der Permanganate Braunstein (Mangansuperoxyd) zu verwenden ($MnO_2 + H_2SO_4 = MnSO_4 + H_2O + O$), doch ohne nennenswerten Erfolg.

Die Bleichmethode, welche Rougier für Palmöl vorschlug (Braunstein und Salzsäure), läuft auf eine Chlorbleiche hinaus (Génie ind., 1859, S. 1514. — Verhandlung des niederöst. Gewerbe-Vereines, 1859, S. 281).

[2]) Chlor wirkt bekanntlich durch indirekte Oxydation der Farbstoffe bleichend, indem es sich mit Wasser zu Salzsäure und Sauerstoff umsetzt

$$HO_2 + 2\,Cl = 2\,HCl + O\,.$$

[3]) Ein Bleichverfahren mit Chlorkalk und Salzsäure, Salpetersäure und Chinarinde (?) beschrieb 1862 Demetz (Genie indust., 1862, S. 224). Zum Raffinieren von rohem Baumwollsamenöl verwendet E. S. Wilson Chlorkalk neben Wasserglas (amerik. Patent Nr. 921 v. 5. Juli 1887).

35—38% wirksamen Chlors) in Wasser aufgeschlämmt, 80 kg kalz. Soda zugegeben und die Mischung nach gutem Umrühren absetzen gelassen, so bildet sich ein hauptsächlich aus $CaCO_3$ bestehender Bodensatz und eine NaClO enthaltende klare Lösung, mit der es sich leichter manipuliert als mit Chlorkalkaufschlämmungen.

Charles Bacon empfiehlt Chlorkalk hauptsächlich als Bleichmittel für die mittels Schwefelkohlenstoff extrahierten Öle. Die betreffenden Öle werden mit 4% Chlorkalk, der in wenig Wasser angemacht wurde, während 10 Stunden tüchtig gerührt (Luftrührung angezeigt); hierauf wird durch Dampf bis auf 90—100° C angewärmt und 4% verdünnte Schwefelsäure (1 : 2) zugegeben. Nach weiteren 5 Stunden stellt man die Dampfzufuhr und das Rühren ein, zieht nach einer Ruhepause die Unterlage ab und wäscht das gebleichte Öl mit Wasser aus.

Die unterchlorigsauren Alkalien (KClO und NaClO) finden in der Weise Anwendung, daß man Lösungen dieser Salze mit den zu bleichenden Ölen möglichst innig mischt und dabei allmählich erwärmt. Die Wärme spaltet Hypochlorite nach folgender Gleichung:

$$NaClO = NaCl + O\,.$$

E. Andreoli[1]) rühmt dem Magnesiumhypochlorit besondere Wirkung nach. Er vermischt eine Lösung dieses Salzes mit dem rohen, mit 10—15% Wasser emulgierten Fett, läßt nach Erschöpfung der Bleichflüssigkeit absetzen und wiederholt den Bleichvorgang.

Chlorate. Neben unterchlorigsauren Salzen werden auch die Chlorate[2]) in der Fett- und Wachsindustrie nicht selten angewandt. Man zersetzt ihre Lösungen gewöhnlich mittels Salzsäure:

$$KClO_3 + 6\,HCl = 3\,H_2O + KCl + 6\,Cl\,.$$

Nach manchen Vorschriften, welche aber auf ihre Richtigkeit meist nicht näher geprüft erscheinen, soll an Stelle der Salzsäure mit Vorteil auch Schwefel- oder Salpetersäure verwendet werden. Renard berichtet, daß in englischen Kottonölraffinerien eine Bleichmethode, bei welcher Kaliumchlorat und Salpetersäure die erste Rolle spielen, viel in Anwendung steht.

Das billigere Natronsalz kann bei der Chloratbleiche das Kalichlorat ohne weiteres ersetzen. Der relativ hohe Preis der Chlorate macht diese Bleichverfahren aber zu etwas kostspieligen Operationen und eine aus-

---

[1]) Engl. Patent Nr. 14569 v. 1. Juli 1898. — Chem. Ztg., 1899, S. 958.

[2]) Beau und Coumaille beschreiben ein Ölbleichverfahren, nach welchem Kaliumchlorat und Salzsäure zur Anwendung kommen (Wagners Jahresberichte 1873, S. 695).

gedehntere allgemeine Verwendung der chlorsauren Salze als Ölbleichmittel ist daher kaum zu erwarten.

Die Rougiersche[1]) Chlorbleichmethode (Entwicklung von Chlor aus mit den Fetten innig vermischtem Braunstein und Salzsäure) wird heute wohl kaum noch angewandt.

Bei dem Angriffsvermögen, welches Chlor Triglyzeriden gegenüber besitzt (siehe Seite 134), ist bei allen Chlorbleichmethoden Vorsicht geboten. Besonders macht sich der Einfluß von Chlor bei Bienenwachs unangenehm bemerkbar, und in der Wachsindustrie das Bleichen mit chlorerzeugenden Prozessen ist deshalb nicht beliebt. Jedenfalls muß man bei allen Chlormethoden beachten, mit möglichst geringen Mengen von Bleichmitteln auszukommen, wie man auch durch gründliches Auswaschen der gebleichten Fette für ein vollständiges Entfernen der letzten Spuren von Chlor Sorge tragen muß.

γ) **Reduktionsbleiche.** Hierfür kommt eigentlich nur die schweflige und hydroschweflige Säure in Betracht. Die Einwirkung von Wasserstoff auf Fette und Öle, wie sie bei einigen elektrischen Raffinationsverfahren platzgreift, bezweckt weniger ein Zerstören von Farbstoff, als vielmehr anderer Verunreinigungen. **Reduktionsbleiche.**

Schweflige Säure (SO_2), ein farbloses, stechend riechendes, wasserlösliches Gas, ist zum Bleichen von Ölen nicht besonders geeignet, weil ihre auf eine Reduktion des Farbstoffes hinauslaufende Wirkung nicht sehr energisch ist:

$$SO_2 + 2\,H_2O = H_2SO_4 + 2\,H\,.$$

Die von Bornemann[2]) erwähnten Verfahren, bei denen gasförmige schweflige Säure durch Verbrennen von Schwefel hergestellt und durch das Öl getrieben wird, sind in der Praxis wohl nie in größerem Maßstabe zur Ausführung gekommen. Die seltenen Fälle der Anwendung von SO_2 als Bleichmittel für Fette basieren durchwegs auf der Zersetzung von saurem schwefligsauren Natron (Bisulfit = $NaHSO_3$) mit Schwefelsäure oder durch Wärme. **Schweflige Säure.**

$$2\,NaHSO_3 + H_2SO_4 = Na_2SO_4 + 2\,H_2O + 2\,SO_2\,,$$

$$2\,NaHSO_3 = Na_2SO_3 + H_2O + SO_2\,.$$

Man löst das Bisulfat in Wasser, rührt die Lösung gut durch und erwärmt dann langsam, eventuell unter allmählichem Zusatze von verdünnter Schwefelsäure. Beim bloßem Erwärmen tritt keine volle Ausnützung der

---

[1]) Siehe Fußnote 1 auf S. 679.

[2]) Bornemann, Die fetten Öle, Weimar, 1889, S. 235.

Bleichkraft ein, man kann diese aber durch nachträglichen Säurezusatz vollständig zur Geltung kommen lassen.

$$Na_2SO_3 + H_2SO_4 = Na_2SO_4 + H_2O + SO_2 .$$

Schweflige Säure wirkt auf die einzelnen Farbstoffe sehr verschieden ein. Einzelne derselben werden bleibend zerstört, bei anderen findet dagegen nur eine vorübergehende Reduktion (und somit eine Entfärbung) statt, und genügt in diesen Fällen schon der Sauerstoff der Luft, um nach kurzer Zeit die ursprüngliche Farbe wieder entstehen zu lassen. Endlich kann die Bleichwirkung auch auf einer Verbindung des SO_2 mit dem betreffenden Farbstoffe oder auf bisher noch nicht aufgeklärten Vorgängen beruhen.

Das Bleichen von Fettsäuren mittels schwefliger Säure haben Bang und de Castra[1]) versucht.

Hydroschweflige Säure. Die hydroschweflige Säure (H_2SO_2) wirkt stärker reduzierend, also auch stärker bleichend als die schweflige Säure. Hydroschweflige Säure bildet sich beim Zusammenbringen einer gesättigten wässerigen Lösung von SO_2 mit Zink:

$$Zn + H_2O + SO_2 = ZnO + H_2SO_2 .$$

Bornemann[2]) macht den beachtenswerten Vorschlag, das Bleichen von Ölen mittels schwefliger Säure bei Gegenwart von Zinkstaub auszuführen, also im Öle hydroschweflige Säure zu bilden.

Schließlich sei noch das Verfahren von A. Nicolle[3]) als eine eigentümliche Bleichmethode für Wachs erwähnt. Dieselbe beruht darauf, daß in Aceton gelöstes Wachs durch Wasserzusatz ausgefällt wird, wobei die Farbstoffe zum größten Teil im Wasser gelöst bleiben, während ein ziemlich helles und von Essigsäure und allen Körpern mit niedrigerem Schmelzpunkte befreites Wachs resultiert.

V. Methoden zur Entfernung von Riechstoffen.

(Desodorisationsverfahren.)

Allgemeines. Neben den Eiweiß- und Schleimstoffen, den freien Fettsäuren und farbgebenden Verunreinigungen schädigt mitunter auch der Geruch die Qualität gewisser Fette. Besonders seit das Streben, Fette aus Abfallstoffen aller Art zu gewinnen, täglich mehr um sich greift, ist die Frage nach wirksamen Desodorisationsmethoden akut geworden. Aber nicht nur

---

[1]) Engl. Patent Nr. 3658 v. 26. Juli 1883.

[2]) Bornemann, Die fetten Öle, Weimar 1889, S. 206.

[3]) Merc. scientif, 1896, S. 163. — Chem. Rev., 1886, S. 288.

bei diesen inferioren Fettgattungen ist das Geruchlosmachen von großer Wichtigkeit, sondern auch bei höherwertigen Produkten (Kokosbutter) usw.

Arten der Geruchsubstanzen.

Die in den Ölen und Fetten enthaltenen Geruchsubstanzen kann man in drei Gruppen einteilen:

Die erste Art von Riechstoffen muß als ein integrierender Bestandteil der betreffenden Fettkörper betrachtet werden; die in manchen reinen, frisch bereiteten Fetten und Ölen sich vorfindenden und deren charakteristischen Geruch bedingenden niederen Fettsäuren sowie deren Glyzeride sind hierher zu zählen.

Die zweite Gattung von Riechstoffen entsteht bei der teilweisen Zersetzung der Fettsubstanzen unter sonst normalen Verhältnissen (z. B. beim Ranzigwerden der Fette, Geruch der Trane) [1].

Die dritte Gruppe endlich umfaßt Riechstoffe, die entweder durch fremde Beimengungen in die Fette gelangt sind oder sich durch eigenartige, außergewöhnlichen Umständen zuzuschreibende Zersetzungen der Fettsubstanz oder deren Verunreinigung gebildet haben; der charakteristische Geruch des rohen Wollfettes, mancher Extraktöle, Knochenfette usw. gehören hierzu.

Passys Studien.

Die Studien über die Natur und das Verhalten (Intensität) der einzelnen sich in Ölen und Fetten vorfindenden Riechstoffe sind sehr lückenhaft. Nur über die gesättigten Fettsäuren der Reihe $CnH_{2n+2}O_2$ hat Passy [2]) Versuche angestellt und ermittelt, welche kleinsten Mengen dieser Fettsäuren durch den Geruch noch wahrnehmbar sind. Passy fand, daß in 1 Liter Luft zur Erzielung eines wahrnehmbaren Geruches enthalten sein müssen:

Ameisensäure	25—50 Milliontel Gramm
Essigsäure	5—10
Propionsäure	0,05
Buttersäure	0,001
Valeriansäure	0,01
Kapronsäure	0,04
Önanthsäure	0,3
Kaprylsäure	0,05
Pelargonsäure	0,02
Kaprinsäure	0,04
Laurinsäure	0,1
Myristinsäure und höhere Säuren	geruchlos.

[1]) Der eigenartige Trangeruch rührt von stickstoffhaltigen Verbindungen her, welche bei der gewöhnlich recht primitiven Gewinnungsweise der Trane vom Rohprodukte in die Fettsubstanz übergehen und sich in dieser dann in verschiedene übelriechende Basen, wie Kadaverin, Kadaserin ($C_5H_{16}N_2$), Gadinin ($C_7H_{17}NO_2$) und Putrescin ($C_4N_{12}N_2$) zersetzen, welche Verbindungen man unter dem Namen Phonicin zusammenfaßt (Chem. Ztg., 1900, S. 354).

[2]) Bull. Soc. Chim., Paris 1903, S. 361—364. Seifenfabrikant, 1903, S. 332.

Die Skala ist also bis zur Laurinsäure eine auf und abgehende und nur die höheren Homologen stimmen durch Geruchlosigkeit untereinander überein. Das Abhandensein eines Geruches bei den kohlenstoffreichen Fettsäuren liegt vielleicht weniger an deren mangelnder Flüchtigkeit, als in dem Abnehmen der Geruchs-Intensität mit steigendem Molekulargewichte. Es scheint diese Intensität geringer zu sein als die Empfindlichkeitsgrenzen unserer Riechorgane, und Passy vergleicht den Geruch dieser Säuren mit den durch das Gehör nicht mehr wahrnehmbaren Schwingungen oder den ultraroten und ultravioletten, für unser Auge nicht mehr sichtbaren Lichtstrahlen.

Passy unterscheidet neben der Qualität und Intensität des Geruches noch dessen Stärke. Er bezeichnet mit dieser den reziproken Wert der noch durch den Geruch wahrnehmbaren Menge eines Körpers, während er als Intensität die Eigenschaft ansieht, den Geruch eines anderen Körpers zu übertönen und zu verdecken. Die beiden Begriffe sind nicht proportionale Größen, sondern stehen oft in umgekehrtem Verhältnisse, denn der stärkste Geruch entschwindet mitunter bei der Verdünnung am ehesten (Kampfer), während andere, leicht überdeckbare Gerüche (Vanilin) für sich in äußerster Verdünnung noch wahrnehmbar sind.

Vorbedingung der Desodorisierung.

Die Geruchlosmachung kann dort mit Erfolg versucht werden, wo es sich um Riechstoffe der ersten und dritten der Seite 683 genannten Gruppen handelt. Befreit man z. B. ein Fett von seinen flüchtigen Fettsäuren und deren Glyzeriden, so wird es geruchlos; ebenso läßt sich eine bleibende Desodorisation erzielen, wenn die einem Fette anhaftenden fremden Riechstoffe entfernt oder zerstört werden und man für die Beseitigung jener Verunreinigungen oder jener besonderen Umstände sorgt, die eine Neubildung jener Riechstoffe herbeiführen könnten. Als Beispiel sei hier das übelriechende Knochenfett angeführt, dessen Geruch nur auf Fremdstoffe (Leimsubstanz und Fäulnisprodukte) zurückzuführen ist. Befreit man das Fett von diesen Verunreinigungen, so ist damit die Bildung neuer Fäulnisprodukte behoben und eine dauernde Geruchlosigkeit erreicht[1]).

In allen Fällen, wo es sich um Riechstoffe der zweiten Gruppe handelt, ist ein bleibender Erfolg ausgeschlossen, weil sich eben in dem geruchlos gemachten Fette die lästigen Riechstoffe stets aufs neue bilden. Die Trane sind ein lehrreiches Exempel hierfür. Wenn man deren eigenartigen Geruch auch entfernt hat und es selbst gelungen ist, die Wiederkehr desselben beim einfachen Lagern der Trane zu vermeiden, so tritt der Geruch doch bei der Weiterarbeitung dieser Produkte aufs neue auf. Selbst Prozesse, wie die Spaltung der Trane in Fettsäure und Glyzerine und die Destillation der ersteren, schützen nicht davor, daß

---

[1]) Siehe auch Seidler und Stiepel, Über die Aufarbeitung minderwertiger Fette. — Seifenfabrikant, 1903, S. 353.

die aus dem an und für sich geruchlosen Destillate hergestellten Seifen wiederum den unangenehmen Fischgeruch zeigen und ihn der damit gereinigten Wäsche mitteilen. Hier ist also der Liebe Müh' umsonst, weil eine vollkommene Befreiung der Fettsubstanz von gewissen stickstoffhaltigen Verbindungen technisch nicht zu erreichen ist, aus diesen letzteren aber durch neuerliche Zersetzungen der unerwünschte Geruch stets wieder aufs neue entsteht.

Was die Methode zur Beseitigung des Geruches von Fetten und Ölen anbelangt, so laufen dieselben auf eines der nachstehenden Prinzipe hinaus: Prinzip der Desodorisation.

1. Verdecken des Riechstoffes durch aromatisch riechende Stoffe,
2. Absorption des Riechstoffes durch geruchentziehende Körper,
3. Verflüchtigung des Riechstoffes,
4. Auswaschen des Riechstoffes,
5. Neutralisation der sauren Riechstoffe,
6. Entfernung der aldehyd- und ketonartigen Körper,
7. verschiedene nicht näher einzureihende Methoden.

1. Das **Verdecken des Riechstoffes** ist die primitivste Weise der Geruchsverbesserung. Verdecken des Riechstoffes. Salpetersäure-Äthyläther ($C_2H_5NO_2$), Mirbanöl, Cumarin, Menthol, Thymol und andere künstliche Riechstoffe können den Geruch gewisser Fette etwas verdecken, doch gelingt dies fast nie in vollkommener Weise. Ist der zu verdeckende Geruch halbwegs intensiv und charakteristisch, so wird er immer schwach durchschimmern. Nur bei ganz geruchsschwachen Fetten und bei solchen, bei denen es sich weniger um die Verdeckung eines bestehenden, als um die Hervorrufung eines fehlenden Geruches oder um eine Geruchsverstärkung handelt, kann man befriedigende Resultate erzielen. Hierher gehören die Zusätze von Cumarin zur Kunstbutter, das Vermischen geruchsschwacher Öle mit starkes Aroma habenden Olivenölen usw.

2. Zur **Absorption von Riechstoffen** ist Holzkohle, Kalk und Ulmenrinde in Anwendung. Absorptionsmethoden.

Die geruchanziehenden Eigenschaften der Holzkohle sind bekannt; letztere wird bisweilen in verwerflicher Weise zur Aufbesserung verdorbener Nahrungsmittel (Fleisch) angewandt. Zum Geruchlosmachen minderer Öle und Fettstoffe ist Holzkohle weniger geeignet, wird aber trotzdem öfters für solche Zwecke empfohlen.

Gebrannter Kalk wirkt hauptsächlich durch Neutralisation flüchtiger Säuren desodorisierend und ist daher eigentlich zu den Neutralisationsmitteln zu zählen.

Ulmenrinde soll, zwischen 65—95 °C den Fetten in feingepulvertem Zustande zugemischt, sehr gut wirken; H. Cochran in Everett hat sich dieses Verfahren patentieren lassen. Stephenson verwendet zur Absorp-

[1]) D. R. P. Nr. 22638 v. 5. Sept. 1882.

tion von Riechstoffen eine Komposition, die er durch Ausglühen einer Mischung von kalkfreiem Ton, Magnesia, Eisen und Kohle in geschlossenen Retorten herstellt und welche gleichzeitig entfärbende Eigenschaften hat.

Das von Dubrunfaut veröffentlichte Verfahren (Geruchlosmachen der Fette durch Kochen mit Zwiebeln, Kartoffeln usw.) soll weniger auf einer Absorption der Riechstoffe, als auf einem Mitreißen derselben durch die beim Erhitzen dieser Stoffe sich bildenden Wasserdämpfe beruhen.

Verflüchtigen des Riechstoffes.

3. Das **Verflüchtigen des Riechstoffes** durch Hitze oder durch das Fett durchströmende Gase gehört zu den in der Fettindustrie häufig angewandten Raffinationsmethoden.

Die Desodorisierung durch einfaches Erhitzen der Fette hat Dubrunfaut empfohlen, welcher Fischtran durch Erwärmen auf 330° C von seinem widerlichen Geruch befreien will. Bessere Resultate erzielt man beim Verflüchtigen der Riechstoffe durch Gasströme. Cassgrand[1]) hat schon 1854 auf die geruchlosmachende Wirkung des Wasserdampfes auf Fette hingewiesen. Dubrunfaut[2]) zeigte später, daß in einem Wasserstrome von 100° C die in Fetten enthaltenen freien Fettsäuren sich verflüchtigen, während die Triglyzeride unverändert bleiben, und wurde darauf eine Reinigungsmethode aufgebaut. Wurtz & Wilm[3]) versuchten, Rüböl durch Einleiten eines Wasserdampfstromes von 116—120° C vollkommen geruchlos zu machen, um es dann durch Sodalösung zu neutralisieren und so speisefähig zu machen.

Heute sind zum Vertreiben von flüchtigen Riechstoffen aus Ölen und Fetten außer Wasserdampf auch noch Luft und indifferente Gase in Verwendung, doch nimmt Wasserdampf die erste Stelle ein. Besonders geeignet hat sich für diesen Zweck der überhitzte Dampf[4]) erwiesen, bei dessen Verwendung ein Kondensieren ausgeschlossen ist und dessen höhere Eigentemperatur die Verflüchtigung der Riechstoffe begünstigt.

Für das in der Öl- und Fettindustrie unter dem Namen „Abblasen" bekannte Desodorisieren durch gespannte oder überhitzte Wasserdämpfe können einfache offene Behälter mit einer am Boden liegenden Dampfschlange oder auch hierfür speziell konstruierte Apparate verwendet werden. Besonders in der Tranabfallfett- und Kokosbutter-Industrie kommen eigene Desodorisationsapparate vielfach zur Anwendung.

Patent Rocca.

Unter den neuen Konstruktionen dieser Apparate ist der von Rocca[5]) in Marseille hervorzuheben. Ohne hier auf die Konstruktionsdetails dieses Apparates näher einzugehen, sei nur erwähnt, daß sich das System Rocca

---

[1]) Chemic. Gazette, 1854. S. 283. — Dinglers polyt. Journ., Bd. 134, S. 59.

[2]) Wagners Jahresberichte, 1873, S. 694.

[3]) Jacobson, Chem. tech. Repert., 1872, S. 39.

[4]) Das amerik. Patent Nr. 522156 v. 26. Juni 1894 empfiehlt vor dem Erhitzen des Dampfes dessen Expandierung (Americ. Soap Journ., 1894, S. 188).

[5]) D. R. P. Nr. 127492 v. 1. März 1900.

an die in der Spiritusindustrie allgemein verwendeten Kolonnenrektifizierapparate anlehnt. Der Dampf wirkt auf die in einer Reihe von Behältern oder Abteilungen befindlichen Fette systematisch, und zwar derart ein, daß er bei seinem Eintritt in den Apparat zunächst mit den von Verunreinigungen fast befreiten Fetten in Berührung kommt, worauf er immer weiter weniger gereinigte Fettkörper durchströmt, bis der mit Riechstoffen bereits beladene Dampf vor seinem Austritt aus dem Reinigungsapparate endlich mit noch gänzlich unbehandelten Fettkörpern zusammenkommt. Sechs bis acht solcher Apparate sind zu einer Ringbatterie vereinigt, welche wiederum nach dem Gegenstromprinzip zusammenarbeitet.

Der Apparat Rocca ist hauptsächlich für Kokosbutter bestimmt, ebenso ein ähnlich gebauter Kolonnenapparat der Société anonyme des usines J. E. Bruyn[1]) in Termonde, die beide neben anderen Desodorisierungsapparaten im 3. Band beim Kapitel Kokosbutter näher behandelt werden. Patent Bruyn.

Ein Verfahren der Société anonyme des parfums naturels de Cannes[2]) wendet zur Desodorisierung und gleichzeitigen Entwässerung riechender Fette ein Dämpfen im Vakuum an. Die Fette und Öle werden danach in einem Vakuumapparat erhitzt und dieser soweit evakuiert, daß der einströmende Wasserdampf keine Kondensation erfährt, sondern vielmehr ganz trocken bleibt und die flüssigen Stoffe sowie die eventuell vorhandene Feuchtigkeit mit sich fortführt. Es ist zweckmäßig, das betreffende Fett vorher mit einem leicht flüssigen Lösungsmittel zu behandeln; letzteres reißt dann bei seiner Verflüchtigung durch den Wasserdampf die Riechstoffe mit. Patent Cannes.

Ausgeführt wird dieses Verfahren entweder so, daß man das geeignet vorgewärmte Fett in einen Vakuumapparat mit einem Dampfverteilungsinjektor bringt, oder das vorgewärmte Fett durch eine Brause in feinverteilten Poren dem kolonnenartig gebauten Vakuumapparat oben zufließen läßt. Das Fett verteilt sich über die eingebauten Siebteller, während von unten der Dampf zuströmt.

Um zu vermeiden, daß die mit Wasserdampf behandelten Fette nach Verflüchtigung ihrer Riechstoffe einen ranzigen Geschmack und neuerlich Geruch annehmen, nimmt man nicht nur die Operation selbst in der Luftleere oder in der Atmosphäre eines indifferenten Gases (Stickstoff, Kohlensäure) vor, sondern läßt die heißen Fette auch im Vakuum oder in der Atmosphäre der erwähnten indifferenten Gase vollständig erkalten. Diese Methode bedeutete seinerzeit für die Kokosbutterfabrikation einen wichtigen Schritt nach vorwärts[3]). Patent Thann.

---

[1]) Franz. Patent Nr. 338678.

[2]) Österr. Privilegium v. 21. März 1894.

[3]) D. R. P. Nr. 79706 vom 26. April 1893 der „des fabriques de produits chimiques de Thann et Mulhouse". Näheres siehe 3. Bd., Kapitel „Kokosbutter".

Ein ähnliches Verfahren empfiehlt H. H. Kaallund[1]) in Aalborg für Tranfettsäuren, die er mit überhitztem Wasserdampf abtreibt, unter gleichzeitiger Behandlung mit trockener Kohlensäure.

Anwendung von Luft.

Das Einblasen von Luft an Stelle des Wasserdampfes ist trotz der oxydierenden Wirkung der Luft sogar für Speiseöle und Speisefette mehrfach vorgeschlagen worden. So verwendet Brooklyn[2]) Luftströme bei Gegenwart von Wasser und gleichzeitiger Einwirkung von Wärme, Morgans[3]) bläst Luft in die mit Wasser emulgierten Fette und verwendet bei Speiseölen statt Wasser Milch. Dem Wasser kann man Säuren, Alkalien oder Salze zur Erhöhung des beabsichtigten Effektes zusetzen.

Robert Andrew[4]) hat für die Desodorisation und Verbesserung von Fetten und Ölen (Reifmachen) das Einblasen von abwechselnd heißer und kalter Luft in Vorschlag gebracht.

H. Filbert[5]) schickt einen Luftstrom durch die rohen, feinzerstäubten, erwärmten Fette und nimmt diese Operation in einem liegenden, etwa halb gefüllten Zylinder mit einem Rührwerk vor. Ein Doppelmantel mit Warmwasserheizung liefert die gewünschte Temperatur. Das Rührwerk arbeitet so kräftig, daß sich die obere Hälfte des Zylinders mit zerstäubtem Fett füllt, durch welches ein Luftstrom geblasen wird, der die übelriechenden Gase mit fortreißt und durch ein vertikal auf dem Zylinder aufgesetztes Ausblasrohr entweichen läßt; in letzterem ist eine besondere Vorrichtung, welche das mitgerissene Fett niederschlägt und in den Zylinder zurückführt.

Das Verfahren von Schill & Teilacker[6]) in Stuttgart zum Geruchlosmachen von Tran und Fischfett beruht darauf, daß die auf 120°C erhitzten Fette in einer Kammer mittels Luft zerstäubt werden. Der in der ersten Abteilung der Kammer niedergeschlagene Teil des Fettes ist geruchlos, doch entweicht der größte Teil desselben als Nebel in die anstoßenden Kammerabteilungen, in welchen Querwände eingebaut sind, an denen das zerstäubte Fett Widerstand findet und sich verdichtet. Das in den letzten Kammerabteilungen erhaltene Fett ist stark oxydiert und kann als Moellon oder Degras Verwendung finden.

Indifferente Gase.

Indifferente Gase (wie Kohlensäure, Stickstoff) haben Bang & Ruffin zum Geruchlosmachen von Fetten vorgeschlagen. Die in vollkommen trockenem Zustande verwendeten Gase werden nach Gebrauch durch Schwefelsäure geleitet und so regeneriert.

Auswaschen der Riechstoffe.

4. Das **Auswaschen der Riechstoffe** wird relativ selten angewandt. Nur wenige Riechstoffe gehen beim Waschen der Öle mit Säuren, Laugen, Amyl- und Äthyläther in Lösung.

---

[1]) Dänisches Patent Nr. 2911 v. 16. Febr. 1899. — Chem.-Ztg., 1900, S. 354.

[2]) Amerik. Patent Nr. 273036 v. 15. Januar 1883.

[3]) Engl. Patent Nr. 24714 v. 24. Dez. 1895.

[4]) D. R. P. Nr. 79159.

[5]) Amerik. Patent Nr. 535721 (Americ. Soap Journ., 1895, Heft 6, S. 20).

[6]) D. R. P. Nr. 39952 v. 7. Oktober 1886.

5. **Saure Riechstoffe** werden am besten durch Laugen, Soda- und Pottaschelösung, Ammoniak, Kalkhydrate usw. entfernt; diese Methoden ähneln im allgemeinen den Seite 645—653 beschriebenen Neutralisationsverfahren. Zur Geruchlosmachung von Talg empfiehlt sich das Waschen mit verdünnter Sodalösung bei 75° C. Seidel[1]) hat ein nach saurer Milch riechendes Speiseöl durch Schütteln mit kohlensaurem Kalk vollkommen geruchlos machen können. Neutralisation saurer Riechstoffe.

6. Die Entfernung der **aldehyd- und ketonartigen Riechstoffe** geschieht durch Kochen mit Natriumbisulfat; das Verfahren ist heute in der Praxis noch nicht recht eingeführt, verdient aber als Aufbesserungsmittel ranzig gewordener Fette Beachtung. Entfernen von aldehyd- und ketonartigen Riechstoffen.

7. **Besondere Methoden.** Von Methoden, die sich nicht gut in eine der vorgenannten Gruppen einreihen lassen, seien das Waschen mit Borax, Weinstein, Alaun, Eisenvitriol, Manganchlorür, Natriummanganat, Chlorkalk, Gips, Magnesiumsulfat usw. genannt. Diverse Methoden.

Die Wirkung einzelner dieser Körper ist ganz plausibel; die Wirkungsweise anderer ist dagegen unaufgeklärt, und einzelne Stoffe sind sogar als bloße Sympathiemittel anzusehen, welche keinen tatsächlichen Effekt äußern.

Chlorkalk zerstört Miasmen und wirkt durch diese Desinfektion geruchvermindernd sowie der Wiederkehr einer Zersetzung vorbeugend. Eisenvitriol, Manganchlorür wirken durch die Absorption von Schwefelwasserstoff und Ammoniak. Bei Natriummanganat ist die stark oxydierende Eigenschaft das wirksame Prinzip. Nach Prime ist dieses Mittel in Verbindung mit $CaCl_2$ (1 Teil Natriummanganat, $6^1/_2$ Teile $CaCl_2$ und $17^1/_2$ Teile NaCl) sehr wirksam, weil diese Mischung an der Luft nicht zerfließt und langsam Chlor entwickelt.

Mit Weinstein, Borax, Magnesiumsulfat erreicht man zumeist keinen rechten Erfolg. Durch eine Behandlung mit Alaun werden jene Fette, deren Geruch auf einen Gehalt von Leimsubstanzen zurückzuführen ist, wesentlich verbessert.

So verwendet Lake[2]) bei seinem Reinigungsverfahren zur Ausfällung der Albumin- und Leimsubstanzen ebenfalls Alaun. Er entfernt zuerst die flüchtigen Stoffe durch Abtreiben mit überhitztem Dampf, läßt dann die Alaunbehandlung folgen, entfernt durch Säurebehandlung die anorganischen Verunreinigungen und dann mit Alkali oder deren Karbonaten jene Fettsäuren, welche beim Abtreiben nicht verflüchtigt wurden, und entfärbt schließlich, wozu er Salpetersäure empfiehlt. Verfahren von Lake.

Manche Fette, wie Trane usw., gestatten aber eine Behandlung mit Dampf nicht, weil sich dabei hartnäckige, untrennbare Emulsionen bilden. Cullmann[3]) hat beobachtet, daß diese Emulsionen vermieden werden, wenn von Cullmann.

---

[1]) Mitteilungen d. techn. Gewerbemuseums Wien, 1900, S. 15.
[2]) Engl. Patent Nr. 2100 v. 14. Febr. 1885
[3]) Österr. Patent Nr. 609 v. 1. Juli 1899.

man den überhitzten Dampf gleichzeitig mit einer gesättigten Alaun- oder Aluminiumsulfatlösung einwirken läßt. Es tritt dabei eine Spaltung der niederen Glyzeride ein, ohne daß die Teile der höheren Fettsäure (das eigentliche Tranfett) eine Zersetzung erleiden. Die so behandelten Trane sollen geruchlos sein, weil sie ihre Riechstoffe teils in flüchtigem Zustande an den durchströmenden Dampf abgegeben haben, teils diese auch in die niedergeschlagenen Leimmassen übergegangen sind. Absolut geruchfreie Trane lassen sich aber auch durch dieses Verfahren nicht herstellen.

Verfahren von Miller. J. A. Miller[1]) reinigt Talg durch Alaunbehandlung und nachträgliches Einleiten von Luft.

VI. Methoden, welche auf eine größere Haltbarkeit, eine Geschmacksverbesserung und Ähnliches abzielen.

Die Veränderungen, welche Öle und Fette beim Lagern erleiden, wurden bereits auf Seite 117—129 besprochen. Wenn man von einem Haltbarmachen der Fette spricht, so hat man dabei die Vermeidung des Ranzigwerdens im Sinne.

Als Mittel, welche einem vorzeitigen Ranzigwerden der Öle und Fette vorbeugen, wurden Seite 129 erwähnt: absolute Trockenheit, Reinheit und Lagerung unter Licht- und Luftabschluß.

Entwässern der Öle und Fette. Öle und Fette vermögen 0,2—0,5% Wasser zu lösen; Öle mit solchem Wassergehalt sind spiegelklar und blank und verraten durch ihr Aussehen die Gegenwart von Feuchtigkeit in keiner Weise. Das Lösungsvermögen steigt mit zunehmender Temperatur; in der Wärme gefilterte wasserhaltige Öle scheiden daher beim Erkalten einen Teil des gelösten Wassers unter Trübwerden aus. Selbst bei den bei gewöhnlicher Temperatur vollkommen klaren Ölen läßt sich durch entwässertes Kupfervitriol etwas Wasser nachweisen. In der Praxis wird zum Entwässern von Ölen häufig kalziniertes Glaubersalz (Na_2SO_4) verwendet, welches man in feinpulverisierter Form in die Öle einrührt und dann filtriert. Auch Gips, Chlorcalcium und ähnliche wasseranziehende Salze können für diesen Zweck verwendet werden. Beim Entwässern der Öle und Fette tritt mitunter auch ein Hellwerden derselben ein, weil vorhandene färbende Eisensalze in wasserfreien Fetten nicht löslich sind[2]).

Neben dem Wasser, welches zu einer Spaltung der Fette, die ihrerseits Vorbedingung des Ranzigwerdens ist, unumgänglich notwendig erscheint, sind auch stickstoffhaltige Verunreinigungen der Haltbarkeit der Fette schädlich. Pflanzeneiweiß, Schleimstoffe und ähnliche Verbindungen bilden einen vorzüglichen Nährboden für Bakterien und geben widerlich riechende Zersetzungsprodukte. Gut raffinierte Öle sind daher haltbarer als unreine.

---

[1]) Berichte d. deutsch. chem. Gesellschaft, 1875, S. 1364.

[2]) Vergleiche S. 664, Patent Reye.

Eine Entfernung der letzten Spuren von Wasser und Eiweißstoffen sucht Pick[1]) durch Einleiten erwärmter indifferenter Gase (Kohlensäure) in die Fette zu erreichen und erzielt damit, daß

Patent Pick.

1. die Öle und Fette absolut wasserfrei, daher theoretisch und praktisch unspaltbar werden,
2. die Eiweißkörper koagulieren und ausfallen,
3. durch die Wärme eine Sterilisierung der Fette erfolgt,
4. durch das Fehlen von Wasser allen Bakterien der Nährboden entzogen wird.

Charles de la Roche[2]) verwendet Calciumkarbid als wasserentziehendes Agens für trocknende Öle und behauptet, daß so behandelte Öle eine kaum glaubliche Erhöhung ihres Trockenvermögens aufweisen und beim Kochen mit Blei- und Manganpräparaten nicht nachdunkeln. Neben der wasserentziehenden Wirkung findet bei der Behandlung mit Calciumkarbid auch eine Neutralisation statt, weil sich das Präparat mit Wasser zu Acetylen und Kalkhydrat umsetzt, wovon letzteres auf die freien Fettsäuren des Öles verseifend wirkt.

Reinigen mittels Calciumkarbid.

Villon[3]) empfiehlt zum Konservieren von Speiseölen einen aus Algen gewonnenen tragantähnlichen Stoff, den er „Algesin“ nennt. Eine konzentrierte Lösung von Algesin wird mit dem Öle vermischt, wodurch die Verunreinigungen des letzteren niedergeschlagen und eine Art Sterilisierung des Fettes erzielt werden soll.

mittels Algesin.

Zahlreich sind die Vorschläge, die betreffs der Konservierung von Butter gemacht wurden. So hat z. B. W. Wüstenberg[4]) in Burow durch Druckverminderung eine absolute Entlüftung des durch Ausschleudern von Milch erhaltenen Rahms empfohlen, weil er die in der gewöhnlichen Butter eingeschlossenen Luftbläschen als für die Haltbarkeit derselben nachteilig ansieht.

Konservieren durch Entlüften.

Vielfach wurden Zusätze von antiseptisch wirkenden Stoffen, besonders Borsäure und Salizylsäure[5]), vorgeschlagen. Beide Stoffe sind übrigens in den meisten Staaten zum Konservieren von Nahrungsmitteln — also auch für Butter und Margarine — verboten.

durch Bor- und Salizylsäure.

Vor Jahren wurde zur Konservierung von Butter und Speisefetten auch ein angeblich Kohlensäure, Salpetersäure und Glyzerin enthaltendes Präparat „Sjelo Jasrieäch“ angeboten, welches die chemische Fabrik Montijn & Co. in Kampen (Holland) herstellte[6]).

---

[1]) D. R. P. Nr. 166866 v. 16. Nov. (siehe auch S. 649).

[2]) D. R. P. Nr. 105570 v. 11. Dez. 1898.

[3]) Chem. Ztg., 1895, S. 650. (Siehe auch Seite 635.)

[4]) D. R. P. Nr. 37100.

[5]) P. A. Newton (engl. Patent Nr. 9380 v. 6. Aug. 1885) präpariert rohe Tierfette durch Salizylsäure.

[6]) Chem. Ztg., 1882, S. 1172.

Konservieren durch Benzoeharz.

Speiseöle sollen durch ein Behandeln mit Wasserstoffsuperoxyd und geringe Zusätze von Menthol haltbarer werden. Das Haltbarmachen von Fetten für pharmazeutische Zwecke durch Benzoe (sogen. Benzoefett) ist bekannt.

Die Verbesserung des Geschmackes von Ölen und Fetten ist ein Feld, auf dem sich die wildeste Empirie betätigt. Die Methoden zur Entfernung freier Fettsäuren und zur Beseitigung der das Ranzigwerden bedingenden Verbindungen (Seite 659) fußen auf richtiger theoretischer Erkenntnis, nicht so die vielen Verfahren, bei denen Elektrizität mitspielt, und die verschiedenen geschmackverbessernden Zusätze, welche man für diese Zwecke empfohlen hat.

Elektrische Verfahren

Ranzige Butter und Speck hat man durch den elektrischen Strom zu verbessern versucht. Die Butter wird in ein Gefäß gebracht, in welchem sich verdünnte Salzlösung oder Milch befindet. Hierauf werden die Pole eingetaucht und der elektrische Strom so lange einwirken gelassen, bis die Butter ihren unangenehmen Geschmack verloren hat[1]).

Bei der Behandlung von Speck verfährt man in derselben Weise, indem man Milch als Leitungsflüssigkeit gebraucht und so den üblen Geschmack, Geruch und Unreinigkeiten, welche sich an der Oberfläche ansammeln, entfernt.

von Trichenor.

Nach Tichenor soll die Einwirkung des elektrischen Stromes ungefähr $2^1/_2$ Stunden andauern.

Bei der Regenerierung von Ölen soll man keiner Leitungsflüssigkeit bedürfen, sondern den elektrischen Strom ohne jede Vermittelung (??) durch das Öl leiten.

von Levat,

L. A. Levat[2]) will Aussehen und Geschmack der Öle verbessern, indem er letztere über Wasser schichtet und dieses elektrolysiert. Die naszierenden Gase sollen stark reinigend und geschmackverbessernd einwirken, ja sogar den Gehalt an freier Fettsäure vermindern. Bei den von Levat in der École nationale des Arts et Metiers in Aix angestellten Versuchen wurden ganz schwache Ströme (2—3 Volt) verwendet.

von Aspinall, Hoar und Wise.

F. B. Aspinall, R. W. Hoar und G. H. Wise[3]) teilen nach ihren Methoden den Behälter, in welchem die Operation vorgenommen werden soll, durch ein Diaphragma in zwei Teile und bringen dann in jeden Teil des Behälters eine Elektrode, wobei an der positiven Seite vorzugsweise eine Kohlenelektrode und an der negativen eine Kupferelektrode gebraucht wird. Die Elektroden werden mit einer Gleichstrommaschine verbunden, deren Spannung nicht weniger als 6 Volt beträgt. Die Kohlenelektroden taucht man in eine Kochsalzlösung von 8° C. Das Öl wird am besten leitend

[1]) Wagners Jahresberichte, 1884, S. 1061.
[2]) Compt. rendus, 1893, Bd. 117, S. 734. — Chem. Ztg., Repert. 1893, S. 329.
[3]) D. R. P. Nr. 80935 v. 28. Aug. 1894.

gemacht, indem man es mit einer gleichen Menge Salzlösung[1]) mischt. Mit diesem Gemenge von Öl und Salzlösung wird der die Kupferelektrode enthaltende Teil gefüllt. Das Diaphragma ist porös und gestattet dem Strom den Durchgang, hält aber das Öl in dem einen Behälter zurück. Eine Trennung des Öles von der Salzlösung wird durch kräftiges Rühren vermieden, das am besten durch ein mechanisches Rührwerk bewerkstelligt wird.

Beim Durchgang des Stromes werden Ätzalkali und Wasserstoff gebildet; diese wirken auf das Öl, während es mit Salzlösung innig vermengt ist. Die Verunreinigungen des Öles sollen hierbei schnell aus diesem in die Salzlösung übergehen. Für gewöhnlich wird der Prozeß in der Kälte vorgenommen, nur bei schwer zu reinigenden Ölen arbeitet man in der Wärme, nie aber über 80° C[2]).

Nach einem Patent von Desruelles[3]) wird eine durch freie Fettsäure angreifbare Anode und nicht angreifbare Kathode verwendet; erstere besteht aus Magnesium, Zink oder Eisen, letztere aus Aluminium oder Kohle. **Verfahren von Desruelles.**

Die Geschmacksverbesserung durch Zusätze aromatischer Natur (Cumarin, flüchtige Glyzeride) oder Süßstoffe wird in der Kunstbuttererzeugung viel gebraucht und auf diese Mittel im 3. Bande beim Kapitel „Margarinefabrikation“ näher eingegangen. **Geschmackverbessernde Verfahren von Desruelles.**

Ein eigenartiges geschmackverbesserndes, für Olivenöle empfohlenes Verfahren stammt von Desruelles[4]). und beruht auf der Einwirkung der Oliven und Maulbeeren auf geringwertige Öle in geschlossenen Gefäßen bei 55—80° C. Die Oliven bzw. Maulbeeren unterliegen dabei einer alkoholischen Gärung; es werden wohlriechende Substanzen gebildet, welche das zu verbessernde Öl absorbiert. Schließlich filtriert man über Gips oder Chlorcalcium.

Vielfach wird eine Verbesserung des Geschmackes und Geruches durch Milch oder Milchpräparate herbeizuführen versucht. Ein besonderes Verfahren dieser Gruppe hat H. Stanley-Headlington[5]) in London ausgearbeitet. Nach demselben werden Butter, Talg oder andere tierische Fette verflüssigt, durch Vermischen mit 10prozentiger Lösung von Kochsalz **Patent Headlington.**

---

[1]) Nach dem Verfahren von Herzog in Hoboken werden Fette ebenfalls mit einer Kochsalzlösung vermischt und elektrolysiert, doch wird hierbei hauptsächlich auf die Bleichwirkung des freiwerdenden Chlors gerechnet (Industrie-Blätter, 1884, S. 362).

[2]) Eine ähnliche Methode ist auch durch ein engl. Patent Nr. 17160 v. 27. Okt. 1890 (E. Hermite, G. J. Paterson und C. F. Cooper in Dalston) geschützt. — Chem. Ztg., 1892, S. 536. — Dullo empfahl auch für Knochenfettreinigung den elektrischen Strom. (Dinglers polyt. Journ., 1865, Bd. 176, S. 83, Deutsche Industrie-Ztg., 1865, S. 108.)

[3]) Franz. Patent Nr. 251363 v. 15. Febr. 1896.

[4]) Franz. Patent Nr. 253482 v. 6. März 1896.

[5]) Österr. Patent Nr. 720 v. 1. Aug. 1899; ähnlich lautet auch das amerik. Patent Nr. 550676.

oder von 1% Schwefelsäure in Milch, Buttermilch oder Molken emulgiert und einige Zeit (ca. 12 Stunden) in der Wärme (bei etwa 40° C) stehen gelassen. Der Emulsion wird dann eine weitere Menge 5prozentiger Lösung von Kochsalz und Milch, Buttermilch oder Molken oder auch eine $^1/_2$prozentige Lösung von Schwefelsäure in Buttermilch oder Molken zugesetzt und durch die Mischung warme Luft (38—60° C) streichen und das Ganze einige Zeit stehen gelassen. Der größte Teil der flüchtigen Verunreinigungen des Fettes ist durch die Luftbehandlung entfernt, die nicht flüchtigen sind von der Waschflüssigkeit aufgenommen worden. Man wiederholt jetzt die Waschprozedur und Luftbehandlung (mit schwächeren Lösungen und bei etwas niedrigerer Temperatur) und wäscht schließlich mit reinem Wasser unter nochmaligem Lufteinblasen bei 54° C.

Patent Linde.

Fr. Linde in Dortmund[1]) verwendet zum Läutern von Rüböl süße, fette Milch, und zwar bei hoher Temperatur (180° C). Man setzt dem Rüböl 10—15% fette, ungekochte Milch oder Sahne zu und rührt dieses Gemenge gleichmäßig durch. Sodann bringt man das Gemisch in einen offenen Dampfkochapparat, der durch einen Überhitzer geheizt wird und etwa zwei- bis dreimal so groß sein muß wie die darin aufzunehmende zu läuternde Ölmenge. Hierauf wird allmählich auf 100° C erhitzt, wobei die Wasserteile der Milch verdampfen und sich auf der Oberfläche der Masse eine weiße Schicht bildet, die das starke Hochsteigen und Überkochen der Flüssigkeit auch bei Erreichung höherer Hitzegrade verhindert.

Sobald das Wasser verdampft ist, hört das Gemisch auf zu kochen; man steigert nun die Temperatur, bis sich die weiße Schicht auf dem Öl bräunt, worauf der Dampf abgestellt und das Öl filtriert wird. Das auf die beschriebene Weise geläuterte und durch die Fettsubstanzen der Milch äußerst günstig beeinflußte Öl schäumt und riecht nicht wie rohes Rüböl, wenn damit gebraten oder gebacken wird, wie überhaupt der Charakter des Öles in bezug auf Geruch und Geschmack ein ganz anderer geworden ist.

Die Rückstände des Öles, welche sich beim Filtrieren desselben ergeben, lassen sich als Viehfutter vorzüglich verwenden.

Verfahren Rößler.

Eine etwas sonderbare Raffinationsmethode für Fette hat Rößler angegeben[2]). Nach derselben wird das Fett mit der doppelten Menge rohen oder raffinierten Fuselöles in geschlossenen Gefäßen erhitzt, wodurch die Verunreinigungen des Fettes am Boden als Satz ausgeschieden werden sollen. Aus dem geklärten Öle wird das Fuselöl durch Abdestillieren entfernt und das Fett durch Knochenkohle gebleicht.

Methode Weiß.

G. H. Weiß in Jersey[3]) reinigt Kokosöl durch Dampfen und Behandeln mit einem Gemische von Schwefel und Alkohol. Nach Entfernung dieser Mischung wird abermals gedämpft und dann mit Alkohol gewaschen.

---

[1]) Österr. Patent Nr. 5136 v. 10. Sept. 1901.

[2]) Wiecks Gew.-Ztg., 1881, S. 254.

[3]) Amerik. Patent Nr. 468498 v. 9. Febr. 1892.

Die vielen Raffinationsmethoden folgenden Waschoperationen werden benutzt, um durch Zusatz verschiedener Stoffe zu dem Waschwasser eine reinigende (vielfach nur imaginäre) Wirkung zu erzielen Von diesen Stoffen seien nur Weinstein, Eisenvitriol, Kupfersulfat und Mennige[1]) erwähnt.

VII. Methoden, welche die Erhöhung des Schmelzpunktes oder die Herabsetzung des Erstarrungspunktes der Fette und Öle bezwecken.

Austranen.

Hochschmelzbare Fette und kältebeständige Öle sind im Handel gesucht. Als einfachstes Mittel zur Gewinnung hochschmelzbarer Fette wurde Seite 86 das sogenannte Austranen des Talges genannt, eigentlich ein partielles Auskristallisieren stearinreicher Anteile unter Bildung einer oleinreichen Mutterlauge.

Fig. 345. Lardölpresse.

Abpressen.

In der Fettindustrie wird ein Trennen höher und niedriger schmelzender Anteile von Fetten häufig durch Abpressen der kristallinisch erstarrten Fettmassen durchgeführt. So wird beispielsweise bei der Fabrikation von Oleomargarine das kristallinisch erstarrte Premier jus durch hydraulische Pressen abgepreßt, wobei Oleomargarine abfließt und ein hochschmelzbares Tristearin (im Handel „Preßtalg" genannt) zurückbleibt[2]).

Auch Schweinefett wird in ähnlicher Weise in Lardstearin und Lardöl getrennt. Die hierzu verwendeten Pressen müssen äußerst langsam wirken, denn jäh ansteigender Druck schließt das Abfließen des flüssigen Fettanteiles aus. In der Lardindustrie verwendet man häufig statt der hydraulischen Pressen Vorrichtungen nach Fig. 345, bei welchen durch an einem Hebel hängende Gewichte ein Druck auf das in den Preßtüchern eingeschlagene und zu Paketen geformte Material ausgeübt wird[3]).

Die Kokosbutter-Industrie versucht, höher schmelzbare Pflanzenfette (als Kakaobutterersatz) zu erzeugen, und M. C. Ruffin[4]) hat in Paris ein

[1]) Verfahren nach Henser (Technologiste, 1880, Nr. 93).

[2]) Näheres siehe Bd. 3, Kapitel „Margarinefabrikation".

[3]) Andere in der Lard-Industrie verwendete Pressenkonstruktionen finden im Bd. 2, Abschnitt „Schweinefett", ihre Besprechung.

[4]) Engl. Patent Nr. 1827 v. 25. Jan. 1896.

dahin zielendes Patent genommen. Die abgepreßten härteren Kokosbuttersorten kommen unter dem Namen Kunerat, Kakaoline usw. auf den Markt.

Auskristallisieren.

Ein Verfahren von José Soler y Vila und Ed. Jos. Jean Baptiste Bénoît[1]) in Paris sucht eine Trennung des Talges in einen festeren und flüssigeren Anteil ohne Verwendung von Pressen zu erreichen.

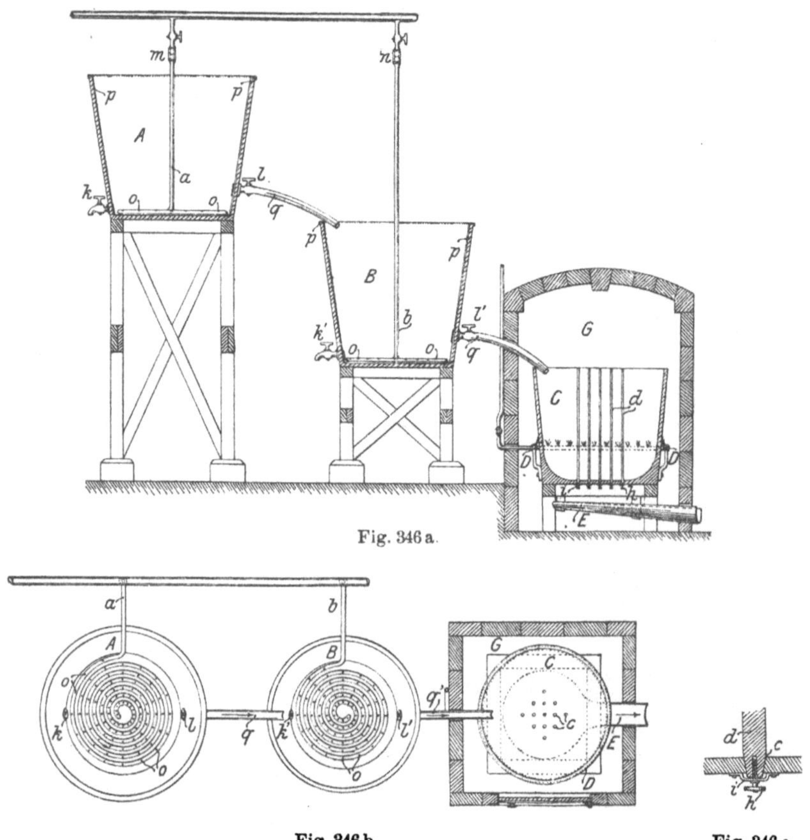

Fig. 346 a. Fig. 346 b. Fig. 346 c.

Fig. 346 a, b und c. Anlage zum Trennen der festen und flüssigen Anteile der Fette.

Verfahren von Soler und Bénoit.

Die beiden mit Bleibelag *p* ausgekleideten Holzbottiche *A* und *B* (Fig. 346) sind mit Dampfschlangen *a* und *b* versehen, welche mittels der Muffen *m* und *n* an die Dampfleitung auswechselbar angehängt sind. Der Dampf tritt durch die Öffnungen *o o* aus den Rohren *a b* aus und kann das sich etwa bildende Kondenswasser durch die Hähne *k k'* abgelassen werden. Mit Hilfe der Hähne *l l'* und der kurzen Rohrleitungen *q q'* ist man imstande, den Inhalt des Bottichs *A* nach *B* und von dort nach *C* zu leiten. Der dritte Bottich *C* (Ruhebottich) ist in einer Kammer *G* aufgestellt, welche

[1]) D. R. P. Nr. 67531 v. 10. April 1892. — Amerik. Patent Nr. 498375 v. 30. Mai 1893.

auf einer konstanten Temperatur von ca. 30° erhalten wird. Dieser Bottich besteht aus Holz oder anderem passenden Material und besitzt einen konkaven, mit konischen Löchern *c* versehenen Boden. Durch mit konischen Enden versehene Holzstäbe *d* können diese Ausflußöffnungen nach Bedarf reguliert oder ganz verschlossen werden; dies wird durch die in dem Bügel *i* (Fig. *c*) gelagerte Stellschraube *h* bewirkt, welche in eine Kupferhülle des Stabes *d* eingeschraubt ist.

Der Betrieb geht folgendermaßen vor sich: Man füllt den Bottich *A* mit Talg und erwärmt so lange, bis derselbe flüssig geworden ist. Hierauf klärt man den geschmolzenen Talg und läßt nach 4—5 stündigem Stehen bei gleichbleibender Temperatur in den Bottich *B* ab, wobei alle Fremdkörper auf dem Boden des Bottichs *A* bleiben. Im Bottich *B* läßt man das Gemisch wiederum ca. 1/2 Stunde sieden und fügt dann 2—5 % reinen Weinsteins mit etwas Wasser hinzu; hierauf läßt man das Ganze 3—4 Stunden stehen, wobei infolge des langsamen Abkühlens ein kristallinisches Erstarren und eine Scheidung des Oleins vom Talg eintritt; gegen Ende derselben leitet man die Flüssigkeit in den Bottich *C* über und läßt sie während 4—6 Tagen stehen, wobei die Erwärmung des Raumes *G* und des Bottichs *C* durch die den letzteren umgebende Dampfheizung *D* erfolgt. Man erwärmt mit dieser den Bottichinhalt auf 30° C, bei welcher Temperatur das Olein flüssig bleibt, während das Stearin erstarrt. Das abgeschiedene Olein fließt durch die Öffnungen *e* aus und sammelt sich dann in dem Behälter *E*; das Stearin bleibt im Bottich zurück, von wo es in festem Zustande entnommen wird.

Zentrifugieren.

Brin[1]) schlug in einem französischen Patent das Zentrifugieren des kristallinisch erstarrten Fettes als Mittel zur Separierung der festeren und flüssigeren Fettanteile vor.

Partielles Lösen.

Evrard[2]) empfahl, die leichtere Löslichkeit der Oleine in Lösungsmitteln wie Äther, Azeton und Benzin zum gleichen Zwecke zu benutzen.

Verfahren Lake.

Lake[3]) hat die Ideen Brins und Evrards kombiniert. Nach ihm werden die zu behandelnden Fette in Benzin gelöst und die Lösung wird filtriert, um Eiweiß und andere Stickstoffkörper zu entfernen. Das Filtrat überläßt man in Kufen eine Zeitlang der Ruhe, bis es sich in zwei Schichten scheidet. Die obere, flüssige, das Olein enthaltende, wird abgezogen und in einen Destillierkessel gebracht; die untere, breiige Masse, hauptsächlich aus Stearin bestehend, wird in Zentrifugalmaschinen vom Reste des Lösungsmittels getrennt. Die bei dieser Operation ausgeschleuderte Flüssigkeit wird mit der im Kessel enthaltenen vereinigt und das Lösungsmittel aus der Masse abdestilliert.

Methode Bourguignon.

Bourguignon[4]) sucht Olein und Stearin in festen Fetten durch eine Ammoniakbehandlung zu trennen. Er emulgiert die Fette mit flüssigem Ammoniak und preßt das erhaltene Gemisch ab. Das Olein soll sich dabei vollständig vom Stearin und Palmitin absondern (?).

---

1) Berichte d. deutsch. chem. Gesellschaft, 1873, S. 156. — Bullet. de la société chim., 1873, Bd. 19, Nr. 8, S. 140.

2) Bull. Soc. Chim., 1873, Bd. 20, Nr. 2, S. 91. — Berichte d. deutsch. chem. Gesellschaft, 1873, S. 1318.

3) Berichte d. deutsch. chem. Gesellschaft, 1873, S. 686.

4) Dinglers polyt. Journ., Bd. 186, S. 246.

Kältebeständigmachen von Ölen.

Die Methoden zur Erhöhung des Schmelzpunktes von Fetten können, sinngemäß angewandt, auch dazu dienen, Öle kältebeständiger zu machen. Öle mit relativ tiefem Erstarrungspunkt wünscht man für Schmierzwecke; auch Speiseöle sollen nicht allzubald trüb werden oder gar stocken, d. h. fester werden, und es gilt z. B. das frühe Erstarren von Erdnußöl und gewisser tunesischer Olivenöle als eine wahre Kalamität, welche die Ölfabrikanten von Sfax sogar zu einer Petition an die französische Regierung veranlaßte, dahingehend, es mögen in den staatlichen Laboratorien Versuche angestellt werden, um ein Mittel zur Ausscheidung des sogenannten Margarins[1]) aus den tunesischen Olivenölen zu finden, denen bei dem natürlichen hohen Erstarrungspunkte sonst der Weltmarkt verschlossen bleibe.

Am häufigsten wird das Ausscheiden der festen Glyzeride aus Ölen in der Kottonöl-Industrie angewandt. Durch langsames, ganz allmähliches Abkühlen des Öles bringt man die im Baumwollsaatöle enthaltenen Komponenten mit höherem Erstarrungspunkte zum Festwerden und filtriert den flüssigen Anteil ab. Das so gewonnene Öl wird „Winteröl" genannt. Bei den stearin- bzw. arachinsäurereichen Erdnußölen läßt sich ein Entmargarinieren nach gleichem Prinzipe nicht durchführen, weil die festeren Triglyzeride mit fortschreitender Abkühlung nicht kristallinisch, sondern gelatineartig ausfallen und eine Trennung dieser Masse in einen festen und einen flüssigen Anteil weder durch Filtration noch durch Pressung oder Zentrifugieren möglich ist.

Das Zentrifugieren an Stelle des Filtrierens wird von Bertainchand[2]) für die tunesischen Olivenöle empfohlen. Auch Bertainchand betont, daß der wichtigste Punkt bei diesem Verfahren die Erzielung einer richtigen Temperatur für die Kristallisation sei. Die Trennung der flüssigen und festen Produkte erfolgt aber nur dann glatt, wenn die Kristalle der festen Glyzeride gut ausgebildet sind. Die Öle von Sfax erstarren bei niederer Temperatur (von $+6^0$ C abwärts) zu einer kompakten Masse; die Kristalle sind dabei von außerordentlicher Feinheit, so daß man einen Unterschied zwischen den verschiedenen Kristallen und den flüssigen Ölen kaum machen kann. Ein derartiges Produkt läßt sich weder durch Pressen noch durch Filtration oder Zentrifugieren verarbeiten. Kühlt man das Öl aber recht langsam bis zu einer Temperatur von ungefähr $+8^0$ C, so vollzieht sich die Kristallisation ähnlich wie in gesättigten Salzlösungen. Es bilden sich zunächst einige Kristalle, um welche sich andere gruppieren; die Kristalle sind voluminöser als im vorhergehenden Falle und sammeln sich vorwiegend am Boden des Kristallisationsgefäßes. Die Masse bleibt flüssiger und läßt sich leicht zentrifugieren, wobei die Zentrifugentrommel, welche man zweck-

[1]) Mit dem Ausdrucke „Margarin" bezeichnet man die in Ölen enthaltenen festen Triglyzeride (Tristearin, Tripalmitin usw.) und spricht daher von dem Kältebeständigmachen der Öle als von einem „Demargarinieren".

[2]) Bull. de l'agricult. et de com., Tunis 1903, S. 167.

mäßigerweise mit einem Filtertuch bekleidet, sich mit einer weißen, vorwiegend aus Tristearin und Tripalmitin bestehenden Masse bedeckt[1]).

Die Tourenzahl der Zentrifuge schwankt zwischen 1000—1200 pro Minute; die Zentrifugentrommel sowie alle mit dem Olivenöl in Berührung kommenden Teile sollen verzinnt sein.

Der feste Rückstand kann als Speisefett und zu Seifensiederzwecken Verwendung finden.

---

[1]) Seifensieder-Ztg., Augsburg, 1903, S. 528.

Nachträge und Berichtigungen.

Zum vierten Kapitel:

Fett-synthese.

Zu **„Synthese der Glyzeride“** (S. 144—146): Zur Umwandlung von Kohlenwasserstoffen des Petroleums in seifenbildende Fettsäuren hat J. Reale in Lauria (Italien) in England ein Patent (engl. Patent Nr. 11778 vom 23. Mai 1903) erworben. Das Verfahren, dessen Wert recht fraglich ist, soll im Band IV des näheren besprochen werden.

Zum fünften Kapitel:

Ausbeute-verschlechterung durch aufsaugende Stoffe.

Zu **„Faktoren für Ölausbeute beim Preßverfahren“** (S. 239): Das Vorhandensein von aufsaugend wirkenden Stoffen im Preßgute (z. B. von Hülsen der Sonnenblumenfrüchte) setzt nach T. Iwanow die Ölausbeute merklich herab (Wiestnik žirowych wieschtsch. 1905, S. 24, durch Chem. Ztg.). Diese Beobachtung Iwanows widerspricht nur scheinbar den in dem Patente Johnson (siehe Fußnote 1 auf Seite 239) niedergelegten Mitteilungen, nach welchen ein Zusatz von Kottonschalen zum Preßgute ausbeuteverbessernd wirken soll. Den Kottonsaatschalen kommt ein Aufsaugevermögen, wie es Sonnenblumenhülsen zeigen, eben nicht zu.

Selbstentzündung gebrauchter Preßtücher.

Zu **„Preßtücher“** (S. 241—243): Voulalas macht auf die Selbstentzündungsgefahr gebrauchter ölgetränkter Roßhaarpreßtücher aufmerksam. Er beobachtete eine Selbstentzündung bei Oliven-Roßhaar-Preßmatten; eine noch größere Gefahr bilden jedenfalls in Haufen lagernde Preßtücher, welche zur Herstellung trocknender Öle (vgl. S. 121) dienten (Les corps gras durch Seifensiederztg., Augsburg 1905, S. 179).

Donaldsons Patentpresse.

Zu **„Hebelpresse“** (S. 244): Die in Indien neuerer Zeit unter dem Namen Donaldson-Patent-Ölpresse gebrauchte Vorrichtung zum Ausbringen von Öl aus Samen und Früchten ist im Prinzip mit dem „Chekku“ der Singhalesen und der schon vor mehr als 100 Jahren von Wuttich beschriebenen „Samarkandpresse“ identisch. Vergleiche auch Band II, Abschnitt „Kokosöl“.

Kontinuierliche Olivenölpresse.

Zu **„Kontinuierliche Pressen“** (S. 338—345): Eine der Andersonpresse (S. 343) nicht unähnliche primitive Schneckenpresse wird in Tunis zum Auspressen der Oliven verwendet (Seifensiederztg., Augsburg 1905, S. 741). Weiteres siehe Band II, Abschnitt „Olivenöl".

Zu **„Extraktionsmittel"** (S. 348—358): C. Pape berichtet über die Selbstentzündung und Explosion von Schwefelkohlenstoff und ist der Ansicht, daß als Ursache solcher Erscheinungen in erster Linie durch Reibung hervorgerufene elektrische Entladungen gelten müssen, wiewohl bei Entzündungen in eisernen Gefäßen möglicherweise auch die Bildung von Schwefeleisen mitspielt. Ein sicher wirkendes Vorbeugungsmittel solcher Explosionen ist nach Pape das Anfüllen der Behälter mit Kohlensäure oder anderen nicht oxydierenden Gasen vor dem Einbringen des Schwefelkohlenstoffes (Chem. Ztg. 1904, S. 99). Explosionsgefahr von Schwefelkohlenstoff.

Zu **„Extraktionsapparate"** (S. 368—340): Einen an die Extraktionsapparate von Delattre (S. 421) und Minne (S. 424) erinnernden Extraktor hat Max Jacques konstruiert (Seifensiederztg., Augsburg 1905, S. 401). Ein französisches Patent zur Extraktion von Fettstoffen stammt von F. Genoyer (franz. Patent Nr. 344919). Ein neuer Extraktor von Scott und Wolff (amerik. Patent Nr. 747108) besteht aus einer rotierenden Trommel, welche zur besseren Durchmischung des darin befindlichen Extraktionsgutes mit Längsrippen derart versehen ist, daß dem Extraktionsmittel dabei eine freie Zirkulation ermöglicht bleibt. Neue Extraktoren.

Eine eigenartige Methode zur Extraktion von Ölsaaten geben W. H. Gesner und A. R. Brandly an. Sie kochen die zerkleinerte Ölsaat mit einer Lösung von Alkalisilikat auf und lassen die Masse dann in heißes Wasser oder in eine geeignete wässerige (säurehaltige ??) Lösung fallen, wobei sich das Öl an der Oberfläche ausscheidet, während der Rückstand zu Boden geht. Zur Ausführung des Verfahrens werden besondere Konstruktionen von Trockenapparaten für die zerkleinerte Saat und von Separatoren angegeben. (franz. Patent Nr. 357329 vom 29. Aug. 1905 durch Seifensiederztg., Augsburg 1906, S. 167). Extraktion nach Gesner und Brandly.

Zu **„Vertreiben des Extraktionsmittels aus dem entfetteten Gute"**: Bergmann und Th. Berliner empfehlen zur Verdrängung des Lösungsmittels aus den Extraktionsrückständen neben gewöhnlichem, saurem und alkalischem Wasser (s. S. 430/31) auch salzhaltiges Wasser und nahmen auch einen Patentschutz für eine Ausführungsform des Verfahrens, wobei das Salz nicht der Verdrängungsflüssigkeit, sondern dem Extraktionsgute zugesetzt wird (D. R. P. Nr. 161648 v. 9. Okt. 1903). Vertreiben des Extraktionsmittels.

Zu **„Gewinnung von Öl durch Zentrifugieren"** (S. 435): Über das in Algier und Kalifornien versuchte Zentrifugierverfahren zur Verarbeitung von Oliven sind in der Versuchsstation zu Berkeley (Kalifornien) mit einer für diese Zwecke besonders geeigneten, von der American Tool and Machine Co. zu Boston hergestellten Weston-Zentrifuge weitere Experimente angestellt worden. Das Resultat derselben gibt meiner S. 435 geäußerten Meinung recht, wonach das Ausschleudern das Pressen nicht Ölgewinnung durch Zentrifugieren.

zu ersetzen imstande ist. Näheres Band II, Abschnitt „Olivenöl" (Seifenfabrikant 1905, S. 453 u. 477).

Neue Formmaschine.

Zu **„Kuchenformmaschinen"** (S. 303—308): Eine Konstruktion von Ed. Charl. Bisbee und Charl. Freeman Elmes in Chicago (D. R. P. Nr. 156445 v. 22. Sept. 1903) wird beim Abschnitte „Kottonöl" des II. Bandes Besprechung finden.

Trockenapparat für Ölfabrikationsrückstände.

Zu **„Rückstände der Fabrikation vegetabilischer Öle und Fette"** (S. 436—476): Zum Trocknen und Auskühlen der Ölkuchen, besonders aber der Extraktionsmehle empfiehlt A. W. French in Piqua eine Vorrichtung (amerik. Patent Nr. 808081 v. 26. Dez. 1905).

Zisternenwaggons mit Schmelzvorrichtung.

Zu **„Zisternenwaggons zum Transport für Öle und Fette"** (S. 480): Um den Bezug leicht erstarrender Öle in Kesselwaggons auch solchen Fabriken zu ermöglichen, die kein Anschlußgleis haben, die festgewordenen Öle also nicht durch Einleiten von Kesseldampf auftauen können, hat die Firma Eugen Roeder in Budenheim eine besondere Vorrichtung konstruiert, welche einen kleinen, am Kesselwaggon angebrachten Dampferzeuger darstellt (Seifensiederztg., Augsburg 1905, S. 877 u. 897). Bildlich vorgeführt wird diese Vorrichtung im II. Bande beim Abschnitt „Palmkernöl" werden.

Zum sechsten Kapitel:

Trangewinnung durch Ausschmelzen.

Zu **„Gewinnung tierischer Fette durch Ausschmelzen"** (S. 504—538): Zur Gewinnung von Fett aus Fischen und Fischabfällen durch Ausschmelzen wären die Apparate von Frederik Viktor Spetie und Eugene Riley Edson zu nennen. Ersterer schmilzt die Fische durch direkt einwirkenden hochgespannten Dampf aus und verwendet dabei einen Apparat mit Rührwerk, dessen Arme aus senkrechten Stangen bestehen, welche in die unteren Teile der Masse eingreifen, so daß in dieser senkrechte Kanäle zum Austritt des Dampfes und zur Erleichterung des Aufsteigens der Tranteile entstehen. Bei dem Apparate von Eugene Riley Edson in Cleveland (D. R. P. Nr. 149613 v. 26. Aug. 1902) wird das Material durch Erwärmen in einem geschlossenen Behälter unter gleichzeitigem Einleiten von Druckluft entfettet. Von oben eintretende Druckluft soll der Emulsionsbildung entgegenwirken, während periodische, von unten kommende gekühlte Luftströme das Zusammenbacken der Massen verhindern sollen. Näheres siehe unter „Fischöle" im Band II.

Geruchlose Talgschmelze.

Zu **„Mittel zur Geruchsverminderung"** (S. 538—542): P. Huth und M. A. Rotter haben für den geruchlosen Betrieb von Talgschmelzanlagen eine Kombination von Verbrennen und Kondensieren der Gase (wie sie auch Sommer in Darmstadt im Prinzip verwendet) empfohlen und für ihre Einrichtung Musterschutz erworben (Seifensiederztg., Augsburg 1904, S. 223).

Zu **„Gewinnung tierischer Fette durch Pressen und Extrahieren“** (S. 542—545): Das an den Rohhäuten haftende Fett läßt sich durch die S. 502 beschriebene Schabvorrichtung nicht ganz entfernen, weshalb man in den großen englischen Gerbereien eine warme hydraulische Pressung der von der Wolle befreiten nassen Schafhäute vornimmt. Das Fett derselben beträgt mitunter 40% ihres Gewichtes; es kann durch Auspressen aber nicht vollständig gewonnen werden, weshalb man vielfach auch zur Extraktionsmethode greift (Oil and Colourmans Journal durch Chem. Revue 1903, S. 286).

Entfetten von Schafhäuten.

Zu **„Fettgewinnung aus Kadavern“** (S. 545—555): Zur leichteren Abscheidung des Fettes von der beim Dampfen der Tierleichen erhaltenen Leimbrühe schaltet E. Clarenbach in Berlin (D. R. P. Nr. 146795 v. 16. Febr. 1902) in die Verbindungsleitung zwischen Extraktor und Rezipient ein besonderes Scheidegefäß derart ein, daß das Fett sich in demselben sammeln und nicht eher weitere Leimflüssigkeit in den Rezipienten gelangen kann, als bis das betreffende Gefäß ganz gefüllt ist. Hierauf wird das Fett an höchsten Punkten abgezapft, wobei im gleichen Maße neue Flüssigkeit in das Abscheidungsgefäß nachdringt.

Fettgewinnung aus Kadavern nach Clarenbach.

Zum siebenten Kapitel:

Zu **„Gewinnung von Fett aus Wollwaschwässern“** (S. 571—582): Nach einem amerikanischen Patente (Nr. 761165 v. 31. Mai 1904) setzt Ch. E. Sweet den Wollwaschwässern Alkalimanganat oder -permanganat zu und säuert nachher an. Die erhaltene Magma wird nach dem Trocknen extrahiert. Welchen Zweck die durch die Manganate erzielte Oxydation der organischen Stoffe des Wollwaschwassers haben soll, ist nicht recht verständlich. Übrigens dürfte die Methode am Kostenpunkte scheitern.

Entfettung von Wollwaschwässern.

Zum achten Kapitel:

Zu **„Reinigen von Ölen durch Zentrifugieren“** (S. 618—620): In letzter Zeit hat man zur Absonderung des Fruchtwassers aus frischgepreßtem Olivenöl das Schleuderverfahren versucht. Hignette in Paris hat zu diesem Zwecke eine besondere Zentrifuge konstruiert, über deren Betriebsresultate Bertainchand und R. Marcille berichten. Näheres siehe beim Abschnitt „Olivenöl“ im II. Band (Seifensiederztg., Augsburg 1905, S. 765 u. 781).

Ölreinigung durch Zentrifugieren.

Zu **„Entfernen freier Fettsäuren“** (S. 645—653): Alkalisilikate sind zum Neutralisieren freier Fettsäuren in Frankreich der Société anonyme des Usines J. E. de Bruyn patentiert worden (franz. Patent Nr. 338678). Das Mittel wird hauptsächlich für Kokosbutter empfohlen und gleichzeitig ein Abblasen des neutralisierten Öles vorgesehen.

Silikate als Neutralisationsmittel.

Alkoholische Kalilauge als Neutralisationsmittel.

P. Herm. Klein will als Entsäuerungsmittel alkoholische Kalilauge verwenden. Die aus den Fettsäuren gebildete Kaliseife löst sich in dem Alkohole und die Lösung steigt bei Vorhandensein einer genügenden Menge von Alkohol als spezifisch leichter an die Oberfläche des Öles, von wo sie abgezogen und weiter verwertet wird. Das im II. Bande beim Abschnitte „Olivenöl" eingehender besprochene Verfahren unterschätzt die Schwierigkeiten, welche sich der vollständigen Entfernung von Alkohol aus Ölen entgegenstellen (Les corps gras 1905, S. 66 u. 82).

Verbessertes Patent Fresenius.

C. Fresenius hat sein Raffinationsverfahren (s. S. 652) in der Weise verbessert, daß er den in seiner früheren Methode (D. R. P. Nr. 143946) durch gewöhnlichen Dampf erzielten Überdruck nunmehr durch ein unter entsprechendem Überdruck gehaltenes Gas erzeugt, wodurch er bei niederer Temperatur arbeiten kann, was der Güte der Raffinatöle förderlich ist (franz. Patent Nr. 354810 v. 17. Mai 1905).

Produktion von Silikatpulvern.

Zu **„Bleichen von Ölen und Fetten"** (S. 655—682): Die Berichte des United States Geological Depart. enthalten einige interessante Mitteilungen über die Produktion und den Verbrauch Amerikas an Silikatpulvern (Floridin usw.). Nach Florida, welches ungefähr $^3/_4$ der in Nordamerika geförderten fuller earth liefert, ist Arkansas zu nennen, dann folgen die Unionstaaten Alabama, Massachusetts, Colorado, New York und Utah. Die Produktionsmenge ist in den letzten Jahren enorm angewachsen. Es wurden erzeugt:

im Jahre 1895:	6900 Tonnen	im Werte von	41400 Dollar
1900:	9698 „	„ „ „	67535 „
1901:	14112 „	„ „ „	96835 „
1902:	11492 „	„ „ „	98144 „
1903:	20693 „	„ „ „	190277 „
1904:	29480 „	„ „ „	168500 „

Trotz dieser bedeutenden Eigenproduktion, von welcher allerdings ein großer Teil exportiert wird, führen die Vereinigten Staaten noch beträchtliche Mengen dieses Bleichmittels ein. So wurden

im Jahre 1897:	4446	Tonnen Silikatpulver
„ „ 1900:	8173	„ „
„ „ 1904:	9126	„ „

importiert (Seifenfabrikant 1905, S. 999).

Bleichen im Vakuum.

Das Bleichen von Ölen mittels Entfärbungspulvern im Vakuum, welches in Frankreich unter Nr. 338677 der Société anonyme des Usines J. E. de Bruyn in Termonde (s. S. 665) patentiert wurde, bildet auch einen integrierenden Teil der Patentschrift Charles Godards (engl. Patent 22086 v. 10. Dez. 1903, S. 652), so daß diese als eine Verschmelzung der beiden französischen Patente de Bruyns Nr. 338677 und 338678 (siehe „Nachträge") zu betrachten ist.

Bleichverfahren de Menou.

Ein etwas umständliches Bleichverfahren brachte de Menou in Vorschlag; nach dieser Methode wird das Öl oder Fett in alkalischer Emulsion mit Tierkohle behandelt, hierauf mit Säure neutralisiert und filtriert (Seifensiederztg., Augsburg 1905, S. 115).

Bleichen mit Calciumsuperoxyd.

An Stelle des vielfache Unannehmlichkeiten und Betriebserschwerungen mit sich bringenden Natriumoxyds wird jetzt das Calciumsuperoxyd empfohlen. R. v. Foregger hat dieses Mittel besonders zum Bleichen von Kottonöl mit Erfolg angewendet und soll $^1/_8$ % des Präparates schon sehr gute Resultate liefern, wobei der Geschmack und Geruch des Öles eher gewinnen als verlieren. Unter Zugrundelegung amerikanischer Preisverhältnisse kostet eine solche Bleichung nur $^1/_4$ Cent per 1 kg Öl.

mit Perboraten.

Auch Perborate werden in Amerika zum Bleichen von Kotton-, Oliven- und Leinöl in letzter Zeit viel verwendet, wobei sich die Kosten auf 0,16 Cent per 1 kg Öl stellen. Perborate sind die Salze der im freien Zustande unbekannten Über- oder Perborsäure. Das von der Société d'Oxylithe fabrizierte Natriumperborat kristallisiert aus Wasser von 30° C in glänzenden voluminösen Prismen. Die wässerige Lösung des Natriumperborats beginnt bei 40° C Sauerstoff abzugeben; durch Säurezusatz tritt sofort lebhafte Säurestoffentwicklung ein. Die deutsche Gold- und Silberscheideanstalt vorm. Rößler in Frankfurt a. M. stellt auch Magnesia- und Zinkperborate dar, welche Produkte neben dem Natriumperborate als brauchbare Substitute des Wasserstoff- und Natriumsuperoxyds gelten können. Ob ihre Anwendung in der Ölindustrie eine ausgedehnte werden wird, bleibt abzuwarten (Seifensiederztg. 1905, S. 627 u. 903).

Desodorisierung nach Fresenius.

Zu **„Entfernen von Riechstoffen"** (S. 682—690): Um die fettspaltende Wirkung des Dampfes beim Abtreiben flüchtiger Fettsäuren aus für Speisezwecke bestimmten Ölen aufzuheben, setzt C. Fresenius den Ölen schwache Lösungen von Alkalien, Erdalkalien oder deren Karbonate zu. Etwa freiwerdende Fettsäuren werden durch diese Stoffe sofort abgebunden (D. R. P. Nr. 151 217 v. 18. Okt. 1902).

Geruchlosmachen nach Hemptinne.

A. de Hemptinne desodorisiert übelriechende Öle, besonders Trane, durch Einwirkung elektrischer Glimmentladungen in einer Wasserstoffatmosphäre und gibt hierfür einen ziemlich komplizierten Apparat an (engl. Patent Nr. 12 525 v. 16. Juni 1905; D. R. P. Nr. 169 410 v. 22. Juni 1905).

Verfahren Breda zur Schmelzpunkterhöhung.

Zu **„Erhöhung des Schmelzpunktes von Fetten"** (S. 695—697): Halvor Breda in Berlin entfernt aus Fetten und Wachsarten die flüssigen Anteile durch Behandeln mit Aceton, wodurch diese gelöst und aus der Acetonlösung durch Wasserzusatz ausgeschieden werden. Das Verfahren ist in erster Linie für Wollfett bestimmt und gelangt im III. Bande (Kapitel „Lanolin") zur Erörterung (D. R. P. Nr. 144 368 v. 15. Juni 1902).

Sach- und Namenregister.

Abblasen der Öle und Fette 654, 686
Abfallfette 144, 561
— aus Fäkalien 585
— aus Kanalschlamm 585
— aus Sielwässern 585
— Gewinnung der 571
Abfallfetten, Gewinnung von — nach System Beck und Henkel . 587
— — nach System Heimann . . 588
— — nach System Kaeppel . . . 589
— — nach System Kremer . . . 586
— — nach System Wunsch . . . 586
Abführung übelriechender Gase . . 539
Ablagern der Öle 476
Absorptionsbleiche, Ausführungsarten der 664
— Filtrationsverfahren 664
— Mischverfahren 664
— Veränderung der Fette bei der 665
Absorption übelriechender Gase . . 540
Abstehenlassen 591
Abwurfvorrichtungen 166
Acetale 354
Acetonchloroform 355
Achard 635
Adamson 347
Adamson, Bolder und 347
Adipinsäure 50
Adipocire 27
Äther 313
Ätherische Öle 457, 458
Äther sulfuricus 353
Äthyläther 353
Akkumulatoren 323, 330
— mit Ballasttrommel 335
— mit Mauerwerkbelastung . . . 335
Akkumulatoren, pneumatische . . 335
— Vor- und Nachteile der . . . 331
Akkumulatorenstation 337
Alaun 635, 689
Alban, E. 329
Albert, F. 25
Albitzky 51
Albrecht, K., Engler und 665
Albumine 455
Albuminoide 455
Albuminosen 455
Alby, C. 21
Aldehyde 654
Aleuronkörper 4
Alexandroff und Saytzeff . . . 53, 60
Algesin 653, 691
Alkalien, Verhalten der Fette gegen 108
Alkaliseifen 114
Alkoholchloroform 335
Alkohole 33
— der Äthanreihe 33, 61
— der Allylreihe 33, 62
— der aromatischen Reihe . . 33, 69
— der Formel $C_nH_{2n}O$ . . . 33, 62
— der Formel $C_nH_{2n+2}O$ . . 33, 61
— der Formel $C_nH_{2n+2}O_2$ . . 33, 64
— der Formel $C_nH_{2n+6}O$ . . 33, 64
— der Formel $C_nH_{2n+2}O_3$ . . 33, 64
— der Glykolreihe 33, 64
Allbright, W. B. 661
Allen 72, 89, 130, 174
Allen, L., und D. Holde 666
Altschul 45, 136
Aluminiumfässer 480
American Tool and Machine Co. . 701
Amide 456

Ammoniakseifen 114
Ammoniumperkarbonat 676
Amthor und Zink 20, 26
Amygdalin 467
Analysenspielraum 471
Anaxandrides 140
Andersonpresse 343
Anderson, Val. D. 343
Andés 532
Andreoli, E. 680
Andrew, Rob. 688
Anglo-amerikanische Pressen . 251, 298
Animalische Öle und Fette, Gewinnung der 490
— siehe auch „Öle“ und „Fette“ 140
Anlage von Ölfabriken 482
Anthony, L. 538
Apparat zur Säurezuführung . . . 633
Appert 102, 527
Appleby, C. 538
Arachin 75
Arachinsäure 31, 45
Arbós y Tor 100
d'Arcet 533, 539
Archbutt 130
Arellendorf und Kopp 91
Arens 406
Aristoteles 94
Arlot & Co. 540
Armengaud 329, 485
Armstrong 329
Arnaud 54
Arnold 589
Arnschink 26, 27
Arsenigsäure-Glyzerinester 67
Aspinall, E. B. 648
—, E. B., R. W. Hoar und G. H. Wise 692
Aspirator 192
Asselinsäure 31, 48
Atkins, Sudds, Barker und 247
Atkinson 300
Aubery, J. M., J. Clute, B. P. Rose und — 560
Aufbewahren von Fetten und Ölen 476
— von Fischen 493
— von Knochen 493
Aufgabsvorrichtungen 220
Ausbeuten, Berechnung der Öl- . 193
— siehe auch „Ölausbeute“.
Ausdämpfen 522
Ausdrückapparate 274, 276
Auskochen 435
Ausnützungsgrad, siehe „Verdaulichkeitsgrad“.
Auspressen von Pflanzenfetten und Ölen 141
— von Tierfetten 144
Aussalzen 109
Ausschleudern 143, 435
Ausschmelzen 435, 504
— siehe „Schmelze“ und „Schmelzapparat“.
Ausschnittfett 494
Austranen 695
Automatische Füllapparate 481
Azaleinsäure 60
Azidität 123, 446

Bach 119
Bacon, Ch. 680
Baczewski 45
Baerle & Co. 573
Baillot 651
Baker, J. A., und W. K. 572
Balbiano 101
Ballantyne 119, 124
—, Thomson und 130
Ballaststoffe 459
Bang und de Castra 682
— und Ruffin 688
— J. A., und Sanguinetti 415
Barker, Sudds, — und Atkins . . 247
Barlow 250
Barral, J. A. 372
Barrels 478
— Abdichten der 479
— siehe auch „Fässer“.
Barrow, J., und H. Grimshaw . . 578
Barth und Neßler 65
Bartlett, H. J. 336
Basische Seifen 115, 116
Basisches Füllverfahren 144
Bastiaans, H. W. J., und H. Grenwood 301

Bataille, Ed. 422
Bauart der Ölfabriken 482
Baudoin 97
Baudot 112
Bauer und Hazura 60, 118
Baumann, Ritthausen und 128, 445, 448
Baumert, G. 25
Baumert und Falke 464
Baumgartner . . . 162, 163, 181, 195
Baumwolle 614
Bauxit 592
Baxter, W. H. 174
Bayerl 562
Beau und Coumaille 678, 680
Becherwerke, siehe „Elevatoren".
Bechhold 127, 128, 571, 587
Beck und Henkel 587
Beckmann 639
Beck-Mannagetta 570
Behauen der Steine 196
Behensäure 31, 45
Beinschwarz 617
Bell und Lewins 74
Benard, Paul 357, 408
Benecke 445
Benedikt 60, 45
Benedikt-Ulzer 63
Benedikt und Ulzer 130, 131
Benedikt und Zsigmondy 68
Benoist und Garola 464
Benoit 201
Benoît, José Soler y Vila und Ed. J. J. B. — 696
Benson, C., und J. W. Garrett . . 301
Benz 613
Benzin 351
Benzinoform 358
Benzoe 692
Benzoefett 692
Benzol 353
Bérard 46
Berendes, Schmidt und 47
Bergé, Stein, — und de Roubaix . 105
Berggreen 342
Berggreen-Presse 342
Bergmann, E., und Ph. Berliner 429, 430, 701
Berk 599
Berliner, E. Bergmann und Th. — 429, 430, 701
Berlinerblau 597, 667
Bernhardi, G. 427
Bertainchand 698
Bertainchand und R. Marcille . . 703
Berthelot 71, 73, 102, 104
Bertlett 94
Bertram, L. 538
Besana 124
Bessemer, H., und J. Haywood . 339
Betcke, H. 618
Bevan, Croß und 62
Bianchini, L. L. 357
Bichromatbleiche 677
Bienenwachs 22
Bignon 108
Bisbee, Ed. Ch., und Ch. Fr. Elmes 702
Bizzari, Campani und 68
Le Blanc 197, 225
Le Blanc et Pouillet 247
Blake, M., und J. Jack 525
Bleichanlage 668
Bleiche durch Absorption 656
— mittels Bichromate 677
— — Chlor 679
— — Chlorkalk 679
— — Hitze 668
— — Licht 668
— — Luft 671
— — Na_2O_2 675
— — Oxydation 668
— — Ozon 673
— — Perkarbonate 676
— — Permanganate 678
— — Salpetersäure 676
— — schwefliger Säure 681
— — Wasserstoffsuperoxyd . . . 674
Bleichkraft, Erhöhung der 659
— Ursache der 659
Bleichmethode nach de Bruyn . . 665
Bleichmethoden, chemische . . . 668
Bleichmittel, Regenerierung der . 667
— Wiedergewinnung des Fettes aus dem 666
Bleichverfahren 654
— nach Stark 670

Bleiseifen 114
Blessichi 370
Blown oils 122, 147
Blümer 222
Blut 18
Blutkohle 593
Blutlaugensalzentfärbungspulver . 658
Bock 105
Bodenspeicher 151
— Ausführung der 151
— mit Rieselvorrichtung 152
— Vor- und Nachteile der 152
Bodenstein 48
Bodmer 289
Bodmersche Trogpresse 289
Böhmer 441, 469, 561
Bömer 70, 97
Bogaerts, C. 580
Bogdanow und Dormayer 18
Boggio, G. G. 346, 372
Bois du Reymonds 91
Bolder und Adamson 347
Bolle 152
Bollinger 200
Bondzynski und Rufy 123
Bonière, Deprat und Pignol . 346, 370
Bonnaterre und de Villepoix . . . 597
Borax 689
Borchers 583
Borgnis 250
Born, A. 585
Bornemann 195, 225, 230, 261, 290, 330, 350, 360, 366, 369, 372, 411, 427, 432, 545, 631, 640, 681, 682
Borntrager 664
Borsäure 691
Bouis 101
Boullay 354
Boussingault 24, 451
Bouvier 599
Box presses, siehe „Schachtelpresse".
Boyen 416
Boyen und Schliemann 416
Bramah, Josef 248, 250
Brandly, A. R., W. H. Gesner und 701
Brassicasäure 31, 52
Brassidin 76
Brassidinsäure 31, 53
Bräunlich, Margosches und 360
Braun 345, 346, 350, 354, 357, 411, 415, 582, 584
Brausen 632
Brauseöle 90
Breda, Halvor 705
Bremer, König, Spickermann und . 445
Bremsventile 331
Brendt, T. V., C. Fromm und . . 475
Brennbarkeit der Öle und Fette . 92
Brennöle 147
Brenot & Sohn 262
Breuillard 435, 436
Bricke 323
Brin 532, 697
Brinck und Hübner 293, 294
Brittain, M. Gandy und C. S. . . 301
—, C. S., und H. King 301
Brodie 43, 46, 47, 62
Bromfette 90, 135
Bromipin 135
Brooklyn 688
Bruder, H. 571
Brücke, O. 357, 364
Brückner 599
Brüggemann, L. 287
Brunner 663
Bruyn, de 665, 703, 704
Buchner, O. 573
Buckeye Iron and Brass Works . 440
Bürstenapparate mit stehender Welle 192
Bürstenmaschinen 190
Bürstenmaterial 190
Bürstenschnecken 191
Büttner, W. 347, 382, 387, 389, 390, 391, 393, 427
Buff 106, 527
Buffsche Schmelzmethode 527
Buisine 62
Bull 52, 56
Bullnheimer 68
Burian 70
Burton 675
Busch 222
Busek 649
Bushell, W., und W. Th. Haydon 267, 278

Bussels, J. F. 342
Buttenberg 587
Buttersäure 30, 40
Butyrin 74
Byerley, F. X. 517

Cakes 436
Calciumcarbid 691
Calciumsuperoxyd 705
Cameron 669
Campani und Bizzari 68
Canadol 351
Carter, Tomlinsen und 94
Carlier 473
Carnaubasäure 31, 46
Carnaubylalkohol 33, 62
Carnevas 185
Carpenter 649
Caspari 25
Casselmann 130
Casthelaz 650
Castner 675
Castra, Bang und de 682
Cattanach 634
Caulosterin 70
Cazalat, Galy — und Huillard . . 349
Cazalis und Cordier 225
Cerotin 75
Cerotinsäure 31, 46
— -Cholesterinester 78
Cerylalkohol 33, 62
Cerylcerotat 78
Cerylpalmitat 77
Cetylalkohol 33, 16
Cetylpalmitat-Cetin 77
Chancel und Parmentier 350
Chaniewski 28
Charlot 123
Chaudelon und Perroncel 349
Chaudet 580, 583
Chevreul 40, 41, 71, 115
Chevreuls Theorie 115
Chekku 244, 700
Chiandi Bey 350
Chittenden und Smith 73
Chloralchloroform 355
Chlorate 679
Chlorbleiche 679
Chlorcalcium 690
Chlorkalk 679, 689
Chloroform 355
Chlorophyll 4, 15, 457
Cholesterin 33, 69, 79
Cholesterincerotat 78
Cholesterine 457
Cholesterinoleat 78
Cholesterinpalmitat 78
Cholesterinstereat 78
Chromatbleiche 677
Chromogene Verbindungen 79
— Zerstörung derselben 97
Clapham 109
Clarenbach, E. 703
Claus 58
Claus und v. Dresden 62
Cleveland Linseed Comp. 635
Cloez 54, 55, 193
Clute, J., B. P. Rose und J. M. Aubery 560
Coccerin 78
Coccerinsäure 32, 56
— -Coccerylester 78
Coccerylalkohol 33, 64
Coccerylcoccerat 78
Cochenhausen 62
Cochran, H. 685
Coffin, Simonis und 584
Cogan 640
Collier 201
Collin 441
Collin und Perrot 453
Collot, Laurent und 283
Commaille, Beau und 678
Compounddrehpresse 285
Conink und Havre 154
Connstein, Hoyer u. Wartenberg 107, 112
Contet 301
Cooley-Hill 174
Cooper, C. F., E. Hermite, G. J. Paterson und 693
Cordus, Val. 353
Corenwinder 441
Cornevin 467
Côte, E. F. 356

Cotham, Ed., F. Robinson und . . 257
Coumaille, Beau und 680
Crawford, Thompson und 339
Cremer 27
Crespin, Eloire und 464
Croix, de la 549
Cross und Bevan 62
Crowder 666
Cullmann 635, 689
Cutter 584
Cuvelier, E. 220, 339

Daddi, L., und G. Spampani . 25, 464
Dammann 562
Dammer 398
Dampfpumpen 328
Dampfschmelze 527
Dampftalg 143
Dampfwärmapparate 225
Dampfwärmer 225, 227
— Chargierapparate für 236
— Dampfzuführung 229
— doppelter 229
— einfacher 229
— Füll- und Entleervorrichtung . 228
— Rührwerk 227
Dangivillé 645
Danziger und Kohnstamm 130
Darby 52
Darmstädter und Lifschütz 46, 56, 58, 62, 63, 64
Darr- und Trockenapparate 431
Daturinsäure 31, 34, 44
Daturodistearin 77
Daudenart und Verbert 576
Davidson 635
Davis 677, 678
Decrombecque 444
Décugis 441, 444
Dehne, A. L. G. 72, 666
Deiß 345, 349, 368, 434, 583
Deite 195, 225, 245, 485, 535, 540, 568, 584, 622
Delattre 421, 578
Delcourts 451
Delosfilter 596
Demargarinieren 87, 698
Demetz 679
Deprat 369
— Bonière — und Pignol . . 346, 370
Derosne 657
Desaggregatoren 216
Desintegratoren 214, 215, 438
Desodorisation durch Absorption des Riechstoffes 685
— durch Auswaschen des Riechstoffes 688
— durch Entfernung saurer Riechstoffe 689
— durch Entfernung von Aldehyden und Ketonen 689
— durch Verdecken des Riechstoffes 685
— durch Verflüchtigen des Riechstoffes 686
— nach Cassgrand 686
— nach Cullmann 689
— nach Lake 689
Desruelles 693
Destillation, trockene 97
Destillator von Yaryan 427
Destilliergefäße 366
Deheer, W. R. 538
Deuß 599
Deutsche Landwirtschaftsgesellschaft 433, 463
Deveaux 155
Dextrin 458
Dibutyrin 73
Dierucin 72, 73
Dieterich, K. 90, 492
Dietrich 127
Dietrich, Eugen 678
Dietrich, E., F. M. Meyner und . 406
Diffusionsbatterien 415
Digestoren 530, 548
Diglyzeride 66, 73
Dignef 507
Dihydrostearinsäure 60
Dihydrostearidinsäure 60
Dihydroxybehensäure 60
Dihydroxyjecoleinsäure 60
Dihydroxylierte Säuren 59
Dihydroxypalmitinsäure 60
Dimethylketon 354
Dingler, Gill und 465

Diolein 73
Dioleostearin 77
Dioskorides 140
Dioxystearinsäure 32, 58
Dipalmitin 72, 73
Dipalmitoolein 76
Dipalmitostearin 77
Dismembratoren 214, 216
Dissoziation der Seifenlösungen . 115
Dissoziationshindernde Substanzen 116
Distearin 72, 73
Distearodaturin 77
Distearopalmitin 77
Döglingsäure 31, 52
Dohrmann, A. 537
Dombrain, S. A. 418
Donald, T. Mc. 301
Donaldson-Patentpresse 700
Donath 145
Donath und Margosches . . . 582, 584
Donndorf 222
Doppelfiltertuch 601
Doppelwärmer 229, 232
Dormayer und Bogdanow 18
Doumer und Thibaut 88
Doverpressen 278
Drahtgeflecht 185
Drahtgewebe 185
Dreikammerpressen 605
Drainageplatten 303, 317
v. Dresden, Claus und 62
Droux 104
Druckakkumulatoren, siehe „Akkumulatoren".
Druckdauer 239
Druckflüssigkeiten 338
Druckluft 625
Druckventile 336
Dubois, Müller und 356, 357
Dubrunfaut 473, 685, 686
Duclaux 123, 126
Duffy 85
Duhamel du Monceau 449
Dujardin 340
Dullo 112, 347, 693
Dumas 24, 354
Dumcke, O., E. Schrader und . . 673
Dunstbäder 223
Dupin 250
Dvořák 68
van Dyck 119
Dynamit 67

Eau de Javelle 679
— de Labaraque 679
Eberz 585
Edson, Eug. Riley 702
Edwards, J. S. 525
Egestorff, G. 257
Ehrhardt 267, 275
Einschlagtücher 242
Eiweiß aus Ölkuchen 475
Eiweißstoffe, Ausfällen der . . . 635
— Entfernung der 634
— Koagulation der — durch Wärme 634
— Zerstörung der — durch Säure 635
Eisenreservoirs 476, 480
Eisenvitriol 689
Ekeberg 223
Ekenberg 91, 630, 645, 648
Ekenbergs Waschelement 630
Eläomargarinsäure 32, 54
Elaidinprobe 133
Elaidinreaktion 40
Elaidinsäure 31, 51
Elaidinstearin 77
Elastin 455
Elevatoren 155, 170
— Kraftbedarf der 172
— Teile der 170
— Vor- und Nachteile der . . . 172
Ellis 130
Ellenberger und Klimmer 562
—, Venuleth und . . . 546, 548, 551
Elmes, Fr., Ed. Ch. Bisbee und . 702
Eloire und Crespin 464
Emmerling 445, 446, 447
Emulsionen, kritische 630
— Zerstörung von 577
Emulsionsvermögen der Öle und Fette 91
Emulsionsverseifung 108
Emulsor von Ekenberg 628
— von Haubold 631

Emulsoren, Explosion der 629
Engebresten 595
Engelhardt 677
Engler, C. 99, 100, 351
Engler, C., und Albrecht 665
Enfleurage 82
Entfärbungsmittel 658
— Regenerierung der 660
Entfernung von Eiweißstoffen . . 634
— von freien Fettsäuren 645
— von Riechstoffen 682, 705
Entfetten von Abwässern 92
Entfettung der Grieben 556
Enthülsungsmaschinen 192
Entlüften von Fetten 691
Entsäuerungsmethode mittels Alkohol 653
— mittels Kalk 651
Entsäuerungsverfahren mittels kohlensaurer Alkalien 650
— mittels Lauge 645
Entschleimen von Leinöl 634
Entwässern der Fette 663
Enzyme 26, 455
Ephraim, J. 134
Ergosterin 70
Erhöhung der Leuchtkraft der Öle und Fette 93
— des Schmelzpunktes 86
Erlenmayer 29
Erstarrungspunkt der Fettsäuren . 35
— der Öle und Fette 85
— Herabsetzen des 697, 698
Erucasäure 31, 52
Erucin 76
Erwärmen der Ölsaaten 363
Eskrett, C., M. Samuelson und . 300
— und W. H. Searle 241, 300
Essigalkohol 354
Essigsäure 30, 40
Essigsäureanhydrid, Verhalten gegen Fettsäure 38
Ester der Fettsäuren 654
Etagenpressen 251, 298
— ausziehbare 311
— Formmaschinen für 303
— Harmonika- 311
Etagenpressen mit großer Chargierfähigkeit 308
— Vor- und Nachteile der . . . 317
Etagensystem 483
Etreindelles 323
Eutektische Verbindungen 35
Everett, Lokwood und 540
Evrard 538, 697
Exner, S. 26
Explosion von Emuloren 629
Exportmühlen 488
Extraktion 142, 345
— Temperatur 365
— trockene 584
— Vergleich zwischen — und Pressung 432
— Zeitdauer 366
Extraktionsapparate für Benzin 377, 701
— für Schwefelkohlenstoff 368
— für Tetrachlorkohlenstoff . . . 406
Extraktionsapparat von Arens . . 406
— von Bang und Sanguinetti . . 416
— von Bataille 422
— von Boggio 372
— von Boyen 416
— von Boyen und Schliemann . . 416
— von Büttner . . 389, 390, 391, 393
— von Deiß 369
— von Delattre 421
— von Dombrain 418
— von M. Friedrich & Co. 388
— von Gerr 395, 396
— von van Haecht 372
— von Haedicke 372
— von Heyl 411
— nach Heymann 403
— von Hirzel 398, 425
— von Kaleczok 394
— Kammer- 403, 416
— kontinuierlicher 418
— von Leuner 381
— von Lommatsch 408
— von Lunge 371
— von Lutze und Heimann . . . 396
— von Merz 401
— von Minne 424
— von Mitchel 419

Extraktionsapparat von Neumeyer 387
— von Pöppinghausen 385
— von Richters 380
— von Roth 373
— von Schneider 376
— von Schulze 409
— von Seltsam 379
— von Seyferth 410
— von Vohl 377
— von Wegelin und Hübner . . 398
— von Wellstein und Birkenheuer 380
— Zentrifugal- 408
Extraktionsmehle 432, 437, 439
— Trocknen der 444
— Vergleiche zwischen — und Preßkuchen 433
Extraktionsmittel 348
— chemische Einwirkung der . . 362
— Feuersicherheit der 360
— Flüchtigkeit der 361
— Kältebeständigkeit der 363
— Lösungsvermögen der 361
— Schädlichkeit der 362
— Vertreiben des 426, 428, 429. 430, 431
— Vor- und Nachteile der verschiedenen 360
— Wiedergewinnung der 367
Extraktionsrückstände, Behandeln der 367
— Geruchlosmachung der 433
— siehe „Rückstände“.
Extraktionsverfahren . . 142, 144, 345
— Destilliergefäß 366
— Erwärmen der Saat 363
— Geschichte 345
— Kondensatoren 367
— Reinigen der Saat 363
— Trocknen der Saat 363
— Zerkleinern der Saat 363
Extraktorbatterie 415
Extraktoren 364
— Arbeitsweise der 364
— Kammer der 403, 416
— kontinuierliche 418
Extraktstoffe, stickstofffreie, siehe auch „stickstofffreie Extraktstoffe“.
Fabre, S. 435
Fäkalien 572
Fässer aus Aluminium 480
— automatische Füllapparate für . 481
— Füllen der 480
Fager, W. 584
Fagin 467
Fahrion 38, 48, 55, 60, 118
Faißt 534
Faktis 136, 138, 147
Falguière 486
Falke, Baumert und 464
Fallrohre 173
Farbabsorbierende Stoffe 656
Farbe der Fette und Öle 81
Farbstoff, Ausfällen des —es . . 668
— Entfernung von 655
—e in Fetten und Ölen 79
— Verkohlen des —es 668
Farnsteiner 51
Faßbender 261, 323
Fawsitt 137
Febvre, J. B. 356
Fehling 41
Fergusson 103
Ferié, Partheil und 77, 119
Fermente 455, 467
Ferrard 345
Férussac 474
Fettausbeute, Berechnung der . . 193
Fett, Bildung im Tierkörper:
aus Kohlehydraten 27
aus Nahrungsfett 24
aus Protein 27
— Definition des Begriffes . . . 1
Fette, Aussehen der 81
— Begleitstoffe der 81
— Bestandteile der 30
— Bildung der — in der Pflanzenzelle 23
— — im Tierkörper 24
— Bleichen der 654
— Brennbarkeit der 92
— Chemismus der 71
— Eigenschaften der 71, 81
— Einwirkung verschiedener Reagenzien auf 111
— — von Ammoniak auf 111

Fette, Einwirkung von Lauge auf 111
— — von Salpetersäure auf . 130, 133
— Elementarzusammensetzung der 16, 18, 22
— Emulsionsvermögen der 91
— Erhitzen der — unter Druck . 99
— Farbe der 81
— Geruch der 81
— Geschmack der 82
— Geschmacksverbesserung der . 693
— Hydrolyse der 100
— Leitungsvermögen der 93
— Lichtbrechung der 88
— Löslichkeit der 88
— Optisches Verhalten 88
— Polarisation der 88
— Polymerisation 97, 98
— Ranzigwerden der . . 117, 122, 123
— Reinigen der 590
— Schmelzpunkterhöhung der . . 695
— Schmelz- und Erstarrungspunkt der 85
— siehe auch „Öle", „vegetabilische Fette", „animalische Fette", „Pflanzenfette" und „Tierfette".
— Spaltung der 100
— spezifisches Gewicht der . . . 83
— systematische Einteilung der . 2, 3
— überhitzte 97
— Veränderung der — durch höhere Temperatur 97
— Verhalten der — gegen Chlorschwefel 137
— — gegen Halogene 134
— — gegen Luft 117
— — gegen Metalle 96
— — gegen Mineralsalze 129
— — gegen Reagenzien 81
— — gegen Sauerstoff 117
— — gegen Schwefel 136
— Verseifung der 100
— Verwendung der 147
— Viskosität und Konsistenz der . 84
— Verkommen in der Natur . 18 u. ff.
— Zerfall in Kohlenwasserstoff . 97
— Zerstörung chromogener Substanzen 97

Fettgehalt, Ermittlung des —es . 193
Fettgewebe 18
— Aufbewahren 493
— Konservieren 492
— Kühlen 492
— siehe auch „Rohfett".
— Trocknen 492
— Verderben 491
Fettgewebe, Zusammensetzung von verschiedenen Körperstellen . . 19
Fettgewinnung aus Abwässern . . 573
— aus Fäkalien 585
— aus Kadavern 545, 703
— aus Kanalschlamm 585
— aus Sielwässern 573
— aus Walkwässern 573
— aus Wollwaschwässern . . 573, 703
Fettöpfe 585
Fettquellen, natürliche 144
Fettsäuren 31, 341
— allgemeine Eigenschaften der . 34
— der Essigsäurereihe 30, 40
— der Formel $C_nH_{2n}O_2$ 30, 40
— der Formel $C_nH_{2n}O_3$ 32
— der Formel $C_nH_{2n}O_4$ 32
— der Formel $C_nH_{2n-2}O_2$ . . 31, 47
— der Formel $C_nH_{2n-4}O_2$ . . 32, 53
— der Formel $C_nH_{2n-6}O_2$ . . 32, 55
— der Formel $C_nH_{2n-8}O_2$ . . 32, 55
— der Formel $C_nH_{2n-2}O_3$ 32, 56, 57
— der Formel $C_nH_{2n-2}O_4$ . . 32, 59
— der Linolensäurereihe . 32, 53, 55
— der Linolsäurereihe 32
— der Ölsäurereihe 31
— der Rizinolsäurereihe 32, 53
— Entfernung freier 645
— freie, in Ölen und Fetten . . 80
— — in Wachsen 80
— Lichtbrechungsvermögen der . 36
— Löslichkeit der 36
— Schmelz- u. Erstarrungspunkt der
— Siedepunkt der 35
— spezifisches Gewicht der . . . 34
— Verhalten der — gegen Essigsäureanhydrid 38
— — gegen Halogene 38
— — gegen Luft und Sauerstoff . 38

Fettsäuren, Verhalten der — gegen Natriummetall 37
— — gegen Reagenzien 36
— — gegen Salpetersäure 39
— — gegen salpetrige Säure . . 40
— — gegen schmelzende Alkalien 37
— — gegen Schwefel 39
— — gegen Schwefelsäure . . . 39
— — gegen Wasserstoff 38
Fettsaure Salze, „siehe Seifen".
Fettschmelze, Leipziger 565
Fettschmelzereien, Bauart der . . 564
— Einrichtung der 564
— Amtliche Vorschriften zur Einrichtung von 540
Fettschöpfer 506
Fettseiher 506
Fett, Verbrennungswärme 93
— Verdauung desselben 26
Fettzellen 18
Fett, Zweck des —es im Pflanzen- und Tierkörper 29
Feuerschmelze 504
— Vor- und Nachteile der . . . 506
Fibrine 455
Ficocerylalkohol 33, 64
Ficocerylsäure 30, 43
Fibert, H. 688
Field 138
Field, A., Smith und 660
Fiersen 323
Figuier 657
Filtereinlagen 617
Filterkasten 597
Filter, kombinierte 617
— Leinensack- 595
— Leistung der 610
— Mammut- 602
Filtermaterialien 612, 614
Filterpressen 599
— Dreikammer- 605
— Kammer- 600
— mit Kühl- und Heizvorrichtung 605
— Rahmen- 601
Filterpressenverschluß 602
Filterpreßplatten 603
Filter, Sack- 595
Filtertücher, Waschen der 608
Filter von Delos 596
— von Gerritzen 595
— von Schneider 598
— von Wider 598
Filterzentrifuge nach Jaeger . . . 619
Filtration 594
Filtrationsbleiche 664
Filtration durch Höhendruck . . . 606
durch pneumatischen Druck . . . 606
— durch Pumpendruck 606
— durch Vakuum 608
— siehe auch „Filter".
— von oben 615
— von unten 616
— wasserhaltiger Öle 614
Fink 563
Firnis 119
Firnisse, kalt bereitete 120
— Resinat- 120
Firnisfabrikation 38, 147
Fische, Aufbewahren von 493
Fischer, Hermann 163, 169, 190, 195, 225
Fischer, Jesse 346, 347, 349
Fischer, R. 29
Fischersche Ölwage 84
Fische, Zerkleinern von 503
Fischfuttermehl, siehe „Fischmehl".
Fischmehle 562
— extrahierte 562
— gepreßte 562
— Zusammensetzung der . . 562, 563
Fischöle 3
— Gewinnung der 544, 702
Fischverarbeitung 544
Fittig 47
Fitz 53
Fleischfuttermehle 562
Flemming, John C. 652
Florentinerflasche 630
Florida-Bleichpulver 662
Floridaerde 662, 704
— siehe „Silikatpulver".
Floridin 662
Flottmann, H. 517
— Gellborn und 530
Förderrinne 168

Förderrinne, Vor- und Nachteile der 168
Förderschnecke, siehe „Transportschnecke".
Förderschraube 161
Förster 485
Forbes, W. T. 365
Formmaschinen 303, 702
— mit Dampfbetrieb 304
— hydraulische 306
— mit Kraftbetrieb 308
— mechanische 308
Formylchlorid 355
Fortier, G., A. Philippe und . . . 573
Fouché 104, 535, 538
Fournier 106
Fox, Wanklyn und 68
Franchimont 61
Franchise 176
Frank, F. 353
Frankforter und Harding 70
Franklin 350
— Benjamin 94
Frederking 227, 623
Freeman, Payzant 518
Freie Fettsäuren, Entfernung der . 645
— in Ölen 446
— in Ölkuchen 446
Freire 123
Frémy 131
French, A. W. 702
Frenzel 562
Fresen, W. J., und T. C. Palmen . 534
Fresenius 652, 704, 705
Freundler 60
Freye, C. Ch. 673
Fricke, A. 418
Frick, Grodhaus und 538, 540
Friedberg 522, 533
Friedel 129
Friedländer 573
Friedrich, Hazura und 60
Friedrich 387
Frische der Ölkuchen 468
Fritsch 499
Fritsche, W. 339
Fritzweiler 44, 77
Frobenius 354
Frobert, J. 111
Fromm, E., und T. V. Bredt . . . 475
Frühling und Schulz 657
Füllapparate, automatische 481
Füllpressen 278
Fünfwalzenstuhl 208
— mit Spannrolle 211, 212
Fuller earth 661
Furdred, G., F. Lamb, A. C. Sterry und 661
Futterbewertung nach Futterwerteinheiten 460
— nach Kellner 462
— nach Nährwerteinheiten 461
Futtermittelgesetze 469
Futterwerteinheit 460
— Berechnung der —en 460
— Preis einer 460, 561

Gadamer 52
Gadinin 683
Galaktane 458
Galy, Cazalat und Huillard . . . 349
Ganswindt, A. 348
Garle, J. B. 673
Garola 464
Garola, Benoist und 464
Garola Larbalétrier 443
Garrett, J. W., C. Benson und . . 301
Gascard 63
Gasolin 351
Gâteaux 436
Gatheman 95
Gandy, M., und C. J. Brittain . . 301
Gawalowski, A. 580
Geblasene Öle . . . 38, 117, 122, 147
Gebrannter Kalk 685
Gehaltsgarantie 469
Geiger, Max und Geza 599
Geitel 60, 101, 126, 130, 131
— und van der Want 59
Gekochte Öle 119
Gellhorn und Flottmann 530
Gelochte Bleche 185
Gemischte Glyzeride 66
Gerard 44
Gerber, C. 23

Gerbstoffe 635
Geret, L. 476
Gerhardt 599
Gerr, Jul. 395
Gerritzen, B. 595
Geruch der Öle und Fette 81
Geruchssubstanzen, Arten der . . 683
— Intensität der 683
— Stärke der 684
Geruchsverminderung 538, 702
Geschlossene Pressen 239, 240
Geschmack der Öle und Fette . . 82
Geschmacksverbesserung von Ölen 93
Geschwefelte Fette 136
Gesner, W. H., und A. R. Brandly 701
Gewinnung der Abfallfette . . . 571
— von Fetten aus Kadavern . . . 545
— von Pflanzenölen durch Pressen 222
— — durch Extrahieren 345
— — durch Zentrifugieren . . . 435
— tierischer Fette 490
— — durch Ausschmelzen 504
— — durch Extrahieren 543
— — durch Pressen 542
— — durch Schmelzen 504
— — durch Zentrifugieren . . . 545
— der Wachsarten 568
Gezahnte Walzen 204
Gilbert 250
Gilbert, J. H., und G. B. Laves . 28
Gill und Dingler 465
Gintl 133
Gips 639, 689
Girard 155
— Muentz und 452
Giraud Férraud 449
Gitterwagen für Ölkuchen 443
Glage 562
Glattwalzen 203
Glaubersalz, kalziniertes 690
Globuline 455
Glukoside 467
Glutin 455
Glykogen 458
Glykoside 443, 455
Glyzeride 66, 71
— Beständigkeit der 112
Glyzeride, gemischte 76
— Synthese der 72, 700
— Verseifung der 100
Glyzerin 33, 64
Glyzerinarsenit 67
Glyzerinate 66
Glyzerinfabrikation 148
Glyzerin, Flüchtigkeit desselben . . 65
— Löslichkeitsverhältnisse . . 65, 66
— Oxydation desselben 67
— reduzierende Wirkung 68
Glyzerinsäureester 66
Glyzerinschwefelsäure 66
Godard, Ch. 652, 704
Göhrig & Leuchs 565
Göhring, C. F. 358
Görgey 42
Gößmann 45
— und Scheven 47
Goldschmidt 52
Goldsobel und Kasansky 57
Goltz, v. d. 461
Gower 640
Graf & Co. 673
Graff, Wilhelm 578
Graham, Th., und Kellogg . . . 345
Grainelevator 155
Grammeln 144
Grammelpressen 556
Grammelstock 556
Gray, T. H. 643
Greenwood, H., H. W. J. Bastiaans und 301
Greiner und Stoppani 84
Greshoff und Sack 43, 61, 64
Grieben 144, 556
— Entfettung der 556
Griefen 144
Griffin, R. B. 582
Grignard 146
Grignons 437
Grillo, W., und M. Schroeder . . . 358
Grimshaw, H., und J. Barrow . . 578
Grodhaus und Fink 538, 540
Gröger 58, 123
Grouven 19
Grosche, Noppel und Tack . . . 599

Grothes 573
Grouvelle 473
Gruber 27
Grüne, K. 585
Grüßner, Hazura und 60
Grützner 54
Gummi 458
Gundlach 29
Gurtenmaterial 166
Gurtentransport 164
Gurten siehe „Transportbänder"
Gurtentransport für Säcke 167
Guth 72, 75, 76, 77, 85

Haarmatten 303
Haecht, van 346
Hädicke 346
Haefke 554
Hängstück 256
Hänig, Volkmer, — und Reinhard 427
Hänisch und Schroeder 359
Häuteschabmaschine 502
Haffner, Kreis und 77, 86
Hagemann 447, 650
— O. Ch., und J. C. Palmer . . . 618
— und Ramm 562
Halbtrocknende Öle 119
Halenke 446
Hall, A. T. 641
— J. de 584
Halogene, Verhalten gegen Fettsäuren 38
Halphen 98
Haltbarmachen von Fetten 691
Hammerstein 107
Hansen 76, 77
Hansen, C., und L. Henriques . 20, 25
Hanspach 599
Harding, Frankforter und 70
Hargreave 653
Harmonikapressen 311
Hart 359
Hartleb 447
Hartmann, F. 554, 583
Harze 15, 24 457
Harzkörper 4
Haubold, C. G., jun. 631
Hauchecarne 674
Hausknecht 53
Havre, Conink und 154
Haydon, W. Th., Will. Bushell und 267, 278
Haye, C. M. de la, C. L. Renard und 173
Haywood, J., H. Bessemer und . 339
Hazura 54, 55, 60
—, Bauer und 60, 118
— und Friedrich 60
— und Grüßner 60
Headlington und H. Stanley . . . 693
Hebelpressen 244
Hébert 38, 55
Hecatäus 140
Hecking, M. 432
Heffter, A. 129, 135
Hehner und Mitchell 43
Heimann 588
— Lutze & 396
Heinrich 25, 464
— Knieriem und 464
Heintz 43, 62, 85
Heise 74, 77
Heißluftschmelze 515
Heizwert der Öle und Fette . . . 93
Helfenberg 200
Heller, O. 663
Hell und Hermann 46
Heeren 137
Hemptinne, A. de 705
Hencke 609
Henckes Separator 609
Henkel, Beck und 587, 588
Henneberg, R. 549
— W., E. Kern und H. Watteberg 28
— Rietschel und 546, 548
Hennebique 565
Henning 563
Henriques 47, 101, 110, 112, 136, 137, 138
— und Hansen 20, 25
— und Künne 74
Hentschel, O. 520
Henser 695
Hentze 353
Herbig 78, 104, 130, 132, 582

Hermann und Hell 46
Hermbstädt 223, 244
Hermite, E., G. J. Paterson und C. F. Cooper 693
Herwig, R. 544
Herz 653
Herzog 693
Hesse 62, 70
Hesselbach 508, 531, 538
Hexahydrostearinsäure 60
Hexylalkohol 33, 61
Hexylsäure 31, 47
Heyerdahl 52, 56, 123
Heyl 346, 411
Heymann 403
Heyne, Aug. 599
Hick, Benjamin 254
Hill, R. A. L. 661
— und Tufts 70
Hippokrates 140
Hirsch 563
Hirseölsäure 32, 54
Hirzel 346, 347, 351, 364, 377, 398, 425, 662
Hlawatschka 493
Hoar, E. B., R. W. Aspinall und G. H. Wise 692
Hoblin 250
Hochdruck 331
Hochstetter & Co. 658
Höfer 352
Hoesch 562
Hofbauer, L. 26
Hoffmann, A. W. 356
— J. J. 370
Hofstädter 48
Holde 44, 45, 87
—, L. Allen und 666
— und Stange 77
Holländische Wärmpfanne 225
Holmes 78
Holt, H. 300
Holtzhausen 191
Holzfaser siehe „Rohfaser“.
Holzkohle 663, 685
Holzkohlenpulver 614
Homer 195
Honigschleuder 569
Horizontale Pressen 243, 322
Hoyer, Connstein, — und Wartenberg 107, 112
Hruschka, v. 569
Hübner 622
— Brinck & 293, 294
— E. 403
Hürthle 78
Huët 493
Hugues 104
Huilerie mixte 434
Huillard Galy, Cazalat und . . . 349
Hundeshagen 73
Huret 89
Huth, P. 648
Huth, P., und M. A. Rotter . . . 702
Huward 80
Hyänasäure 31, 46
Hydraulische Pressen 248
— angloamerikaniche Pressen 251, 298
— Einteilung 251
— Etagenpressen 251, 298
— Geschichte 250
— Hängstück 256
— Kastenpressen 251, 257
— Kolben 253
— Kolbenliderung 254
— Kopfstück 256
— Manschetten 254
— Marseiller Pressen 251, 297
— Packpressen 251, 297
— Preßtisch 256
— Preßzylinder 252
— Ringpressen 251, 293
— Säulen 257
— Schachtelpressen 251, 317
— Seiherpressen 251, 260
— Trogpressen 251, 288
Hydrocaraton 70
Hydrolyse durch Säuren 104
— durch Wasserdämpfe 102
Hydroschwefelige Säuren 682
Hydroxylierte Säuren 32, 56
Hydroxystearinsäuren 59
Hypochlorite 679
Hypogäasäure 31, 47

Infusorienerde 592
Insektenwachs 22
Insolation 670
Inulin 458
Irvine, Richardson — und Lundy 347, 351, 377
Isansäure 32, 55
Isocerylalkohol 33, 62
Isocetsäure 30, 43
Isocholesterin 33, 69
Isocholesterinstereat 78
Isodihydroxybehensäure 60
Isoerucasäure 31, 53
Isoglyzerin 68
Isolinolensäure 32, 55
Isolinusinsäure 60
Isoölsäure 31, 51
Isorizinolsäure 32, 57
Isotrihydroxystearinsäure 60
Isovaleriansäure 30, 41
Iwanow 700

Jack, J., und M. Blake 525
Jacobsen, E. 583
Jacques, M. 584
Jaeger, W. 619
Jaegers Zentrifugenfilter 619
Japansäure 32, 59
Jaquet, Schneider und 173
Jaroslawski, J. 525, 539
Jean 130, 584
Jecoleinsäure 31, 52
Jecorinsäure 32, 55
Jehring 661
Jenkins 130
Jensen 562
Jeserich, Paul, und Meinert . . . 652
Jodfette 90, 135
Jodipin 135
Jodschwefelfette 135
Johnson, E. L. 239
— J. H. 624
Johnstone, J. F. 525
Jolles, A. 657, 678
— und L. Wild 678
Jonge, de 61
Jorissen 129
Joy, D. 300
Jüdell, M. W., J. Singer und . . 584
Jüssen 651
Juillard 57, 58, 76, 130
Juinnemann 101
Jungfernhonig 568

Kaalund, H. H. 688
Kadaserin 683
Kadaverin 683
Kadavermehle 560
— Qualitäten derselben 561
Kadaververarbeitung 545
Kadaververwertungsapparat von Henneberg 549
— von Otto 551
— von Venuleth und Ellenberger . 552
Kältebeständigkeit, Erhöhung der . 87
Kältebeständigmachen der Öle 697, 698
Kaeppel, Fr. 589
Kästner 223
Kafill 549
Kaiserling, v. 223
Kakaoline 696
Kaleczok 387, 394
Kaliumbichromat 677
Kaliumperkarbonat 676
Kaliumpermanganat 678
Kalkmilch 639
Kalte Verseifung 108
Kaltgepreßte Öle 222
Kametaka 55
Kammerextraktoren 403, 416
Kanadol 379
Kanister 478, 480
Kanitz 116
Kann, A. 574
Kapillarität der Öle und Fette . . 92
Kaprin 74
Kaprinsäure 30, 42
Kaproin 74
Kapronsäure 30, 41
Kaprylin 74
Kaprylsäure 30, 41
Karbonatverseifung 36
Karmrodt 658
Karsten 24

Kasansky, Goldsobel und 57
Kassler 579
Kassner 54
Kastenpresse 258
— Geschichtliches 257
Kastenpressen 251, 257
Kastner, M. 198
Katz 90
Kaufmann, M. 28
Keilpresse 244
— rotierende 339
Kellner 27, 28, 441, 446, 457, 458, 463, 563
Kellogg, Th., Graham und 345
Kenrick 88
Kern, E., W. Henneberg, — und H. Watteberg 28
Keroff 667
Kerzenfabrikation 148
Kessel 63, 64
Keutgen 68
Keyser, de 649
Khuner, E. 648
Kick 154
Kieselgur 660
Kieselsäure 660
King, H., C. S. Brittain und . . . 301
Kirchner 127, 427
Kißling, R. 78, 121
Klärung 591
— durch Filtration 594
Klärungbeschleunigende Mittel 592, 593
Klecki, v. 124, 126
Klee 562
Klein, P. Herm. 704
Klien 25, 446, 464
Klimmer, Ellenberger und 562
Klimont . . . 74, 76 77, 102, 103, 112
Klingenberg 599
Kniehebelpresse 247, 556
Knieriem und Heinrich 464
Knochen, Aufbewahren von . . . 493
Knochenbrechmaschine 503
Knochendämpfer 532
Knochen, Fettgehalt der 21
Knochenkohle 617
Knochenmark 18
Knochen, Waschen der 495
Knochen, Zerkleinern der 503
— Zusammensetzung der 21
Koebers Eisenwerke 213, 283, 285, 302, 308, 311, 486, 487
Koellner, A. 599, 617
König 16, 147, 441, 445, 447, 448, 588
Körting, B. & E. 608, 627
Kohlendeckel von Stein 541
Kohlenhydrate 458
— siehe auch „stickstoffreie Extraktstoffe“.
Kohlensäure in Ölen und Fetten . 90
— flüssige, als Extraktionsmittel . 359
Kohnstamm, Danziger und 130
Kohlenstoffperchlorid 356
Kohlenstofftetrachlorid 356
Kolbe, H. 356
Kolbenaufgaben 220
Kolbenliderung 254
Kollagen 18
Kollergang 197, 438
— kontinuierlich arbeitender . . . 199
— Vor- und Nachteile 200
Kolorimetrische Methode 655
Kombinierte Siebapparate 182
Kombiniertes Verfahren 434
Komplementärfarben 655
Kompressen 626
Kondensation übelriechender Gase . 539
Kondensatoren 367, 426
Kondensator von Pongowski . . . 427
— von Seyferth 410
— von Steinmüller 426
Konservieren des Fettgewebes 492, 493
Konsistenz der Öle und Fette . . 84
Kontinuierliche Pressen 338
Kopfstück 256
Kopp, Arellendorf und 91
Korbpresse 262
Korksäure 50, 60
Kottonölraffination 643
Krafft 45, 57, 58, 62, 73, 456
— L. und Tessié du Mottay . . . 642
— und Nördlinger 51, 53
— und Stern 115
— und Wiglow 116
Kraftfuttermittel siehe „Ölkuchen“.

Kratzentransport 169
Kraut 573
Kreide 638
Kreiling 45
Kreis und Haffner 77, 86
Kremer, Ch. 586
Kreuztücher 242
Krische 468, 470
Kritische Lösungstemperatur . . . 89
Kritische Emulsionen 91, 630
Kronstein 99
Krotonoleinsäure 34
Krücke für Feuerschmelze 505
Kuchen siehe „Ölkuchen".
Kuchenbrecher 206
Kuchenformmaschine, siehe „Formmaschine".
Kuchenmehle 437, 438, 440
Kuchenmüllerei 439
Kuchenschneidmaschine 314
Kühlmann 451
Kühn 28, 563
Kühne und Radziejewski . . . 26, 27
Künne, Henriques und 74
Kunerat 696
Kupfervitriol 690
Kurpjuweit 127
Kurtz 347, 362, 432
— K. J. 530, 538
Kwjatkowsky-Rakusin 353

Labois, E. und L. 349
Läutern des Wachses 144
Läuterungsschmelze 570
Lafay 135
Lake 635, 689, 697
Laktone 654
Lallemand 357
Lamb, F., A. C. Sterry und G. Furdred 661
Lambert, Herbert 283
Lambicco 374
Lampadius 348
Landbeck und Moszeik 562
Landolt und Stahlschmidt 575
Landwirtschaftsgesellschaft, Deutsche 433, 463
Landy, P. 578
Langbeck, H. W. 574, 582
Lange 57, 32
Langer 48
Lanocerinsäure 32, 58
Lanolinalkohol 33, 62
Lanopalminsäure 22, 56
Larcarde, J. L. 585
Lardöl 695
Lardstearin 695
Lasch, C. 555
Laugenraffination 642
Laugenschmelze 538
Laugenverseifung 108
Laurent 112
Laurent und Collot 283
Laurinsäure 30, 42
Laves, J. B., und J. H. Gilbert . . 28
Laval, de 91
Leach, W. 582
Lebedeff 51
Lebedeff und Munk 24
Leberöle 3
Lebertran 91
Leblanc, J. A. L. 537
Lecointe 329
Lecithin 15, 79, 80, 443, 457
Lecithingehalt der Ölsamen . 15, 80
Lederle 283
Leechman, W. C. 301
Lefèbresches Oleometer 84
Lefèvre 534
Lehmann 446, 562, 563
Lehmann und E. Voit 28
Leichenwachs 27
Leinensackfilter 595
Leinölraffination 642
Leitrollen 165
Leitungsvermögen der Fette . . . 93
Lelgreld 94
Lens, Merat und 474
Lenz 124
Leplay, Lissagaray und . . . 501, 512
Lerch 41, 42
Leuchs 200
Leuchs, Göhrig und 520, 565
Leuchs, J. L. 111

Leuner, A. 380
Lavae, C. O. 631
Levat, L. A. 692
Lever Brothers 357, 406
Lever und Scott 356
Leviathan 574
Lewin, J. 26
Lewins, Bell und 74
Lewkowitsch 3, 38, 42, 46, 48, 49, 51, 55, 60, 62, 64, 90, 101, 104, 114, 116, 126
Lichtbleiche 668
Lichtbrechung der Öle und Fette 88
— der Fettsäuren 36
Lidoff, A. 517
Lidoff und Phokin 118
Liebault 474
Liebermann 52, 56
Liebig 24, 27, 28, 354
Liebreich 87, 90, 110
Liechti und Suida 130, 131
Liegende Pressen, siehe „Pressen".
Liegende Pumpwerke 328
Lifschütz, Darmstädter und 46, 56, 58, 62, 63, 64
Liger 453
Lighthall, J. A. 365
Lignin 458
Lignocerinsäure 31, 45
Ligroin 351
Linde, Fr. 694
Lindemann, C. 262
Linoleumfabrikation 120
Linolensäure 32, 55
Linolsäure 32, 53
Linoxyn 54
Linusinsäure 60
Lipase 26
Lissagaray, H. 538
Lissagaray und Leplay . . . 501, 512
Lithiumseifen 114
Lithographischer Firnis . . . 98, 147
Little, J. 164
Livache 119, 350
Ljubarsky 60
Löbner 585
Lockwood, H. 578
Löslichkeit der Fettsäuren 36
— der Öle und Fette 88
Lösungsmittel für Öle und Fette . 88
Lösungstemperatur, kritische . . . 89
Lösungsvermögen der Öle und Fette 89
Loewe 573
Löwenberg 346, 411
Löwenthal 91
Loges 560, 562
Lokwood und Everett 540
Lommatsch, A. 408
Lorenz 28
Lotherington, C. B., und J. Spencer 560
Lotz, Rupe und Ronus 47
Loy, F. 372
Luca, de 24
Luft, Einwirkung auf Fette . . . 113
Luftdruckapparate 627
Luftgebläse 624
Luftkompressoren 626
Luftrührer 624
Luftsaugapparate 608, 626, 627
Lundy, Richardson, Irvine und 347, 351, 377
Lunge 145, 346, 353, 370
Luther, G. . 155, 159, 166, 173, 189
Luther, Peters 257
Lutze und Heimann 396
Lycopodiumsäure 31, 48

Macadam, St. 96
Machalske, F. J. 356
Machalski, E. J. 365
Mackenzie, J. W. 301
Mackey, W. D. 121
Märcker 446
Maertens, E. 584
Magma 579
— Aufarbeitung der 581
Magnesia, gebrannte 663
Magnesiumsulfat 663, 689
Magnesiumhydrosilikat 593
Magnetapparate 189
Mahlgang 195, 438
— Erwärmen des 196
— Steinmaterial des 196
Majert 135

Mamich, Thoms und 43
Mammutfilter 602
Mannane 458
Manganchlorid 689
Mangold 60
Manicler 102
Mannheimer, Villermet und . . . 273
Mannit 24
Manschetten 254
Manschettenpressen 255
Maquenne 55
Marchetti 63
Marcille, R., Bertainchand und . . 703
Marcs 436
Marechaux 250
Margarin 698
Margarinsäure 45
Margarinschmelze 525
Margosches 357, 360
— und Bräunlich 360
—, Donath und 582, 584
Marie 46, 76
Marienbäder 526, 592
Marquardt 349
Marseiller Pressen 251, 297
Marsson 42
Marun 673
Marx, E. 222
Maskelyne 63
Mastaing de, Thirion und 624
Materne 599
Matons 436
Maudslay, Henry 225, 254
Maumené 128, 130
Maurel und Prom 486
Maurice 451
Mauthner und Suida 69
Mayer 58, 499
Mayer, L. 20
Mechanischer Rührer 621
Medullinsäure 34
Mège-Mouriès 108
Meinert, Paul Jeserich und . . . 652
Meißl, E. 660
Meißl und Strohmer 28
Melissin 76
Melissinsäure 31, 47
Melissinsäure-Myricylester 78
Melissylalkohol 33, 62
Melsens 104
Mène 21
Menou, de 705
Menthol 692
Merat und Lens 474
Mercier 137
Merck 134
Merlis und E. Schulze 15
Merz, J. 347, 360, 399, 433, 489, 579
Mesitalkohol 354
Mesitgeist 354
Mesitylen 418
Metallseifen 36, 107
Meyer 57, 76
Meyer, Bernhard 599
Meyer, F. H. 399, 415
Meyner, F. W. und E. Dietrich . 406
Michael 136
Michaud 625
Michel 104
Mikosch 5, 16
Milch 22
Miller, F. X 513, 514
Miller, J. A. 689
Millon 345
Mills, B. J. B. 538
Mills, Walter 641
Milly, de 106
Milly-Prozeß 106
Mineralölseifen 147
Mineralöl, verseifbares 147
Minkowski, O 26
Minne, M. 424
Miscella 374
Mischapparate 621
— mechanische 621
Mischapparat, nach Hübner . . . 621
— pneumatischer 624
Mischen mittels Zentrifugal-
emulsoren 628
Mischschnecken 164
Mitchell 130
Mitchell und Hehner 43
Mitschell, G. 419, 421
Mitscherlich 354

Mitteldruck 331
Möslinger 61
Moison 346, 370
Moison & Co. 583
Molon 564
Moltrecht 545
Monobutyrin 73
Monoglyzeride 66, 72
Monolaurin 73
Monomyristin 73
Monoolein 73
Monopalmitin 73
Monostearin 72, 73
Montejus 477
Montgolfier 250, 297
Montijn & Co. 691
Moore, B., und D. P. Rackwood . 6
Moos 593, 614
More, P. 253
Morel, A. 358
Morgans 688
Mori, de E. 543
Moszeik, Landbeck und 562
Moser 20
Moussu 346, 370
Mühleisen, L. 516
Müller 88
Müller & Co. 511
Müller und Dubois 356, 357
Müller, Fritz 278, 282, 329
Müller, J. 599
Müller, J. und G. 663
Müller-Jacobs 127, 130, 131
Müller, v. 200
Muentz und Girard 452
Münz, A. 23
Mulder 118
Mullings, Th. H. 408, 584
Munk, J. 26, 27
Munk und Lebedeff 24
Muspratt 401
Myricylalkohol 33, 62
Myricylmellissat 78
Myricylpalmitat-Myricin 78
Myristin 75
Myristinsäure 30, 43
Myristopalmitolein 76
Nährstoffe, Wertverhältnis der 460, 461
Nährstoffgarantie 469
Nährwerteinheiten 462
Nafzger 46
Nagel, O. 125, 654
Naphtha vitrioli 353
Napoleon 244
Naßschmelze 522
— mittels Dampf 527
— — Lauge 538
— — Säurewasser 534
— über Wasser 522
Nathusius 250
Natriumbichromat 677
Natriummanganat 689
Natriumsuperoxyd 674
Natrium, Verhalten gegen Fettsäure 37
Nebenprodukte der tierischen Fettgewinnung 555
Negri, de G. 480
Negri, de und Sburlatti 54
Neill, O. und Stillmann 42
Nerking 18
Neßler und Barth 65
Neubauer 250
Neumeyer, H. 387
Neurary 599
Neutralisationsmethoden . 645, 703, 704
Neutralisationsverfahren, siehe „Entsäuerungsverfahren“.
Newton, P. A. 691
Nichelson 250
Nichtfette 78, 79
Nichttrocknende Öle 119
Niederdruck 331
Niebuhr 244
Nilson 563
Nitrierte Öle 133, 147
Nitroglyzerin 67
Nördlinger 44, 446, 474, 644
Nördlinger und Krafft 51, 53
Noppel, Grosche und Tack 599
Nordtmeyer 599
Nougats 436
Nukleine 455
Nutschfilter 607
Nutt, J. H. 300

Obergebläse 625
Octodecylalkohol 33, 62
Ölareometer 84
Ölausbeute, Berechnung der . . . 193
— Faktoren für die 239, 700
Ölbarrels, siehe „Barrels" 478
Öl, Bildung im Tierkörper aus Kohlehydraten 27
— — aus Nahrungsfett 24
— — aus Protein 27
Ölbleichanlage 667
Ölbrote 436
Öl, Definition des Begriffes . . . 1
Öle, Abblasen der 654
— Ablagern der 476
— Aussehen der 81
— Begleitstoffe der 78
— Bestandteile der 30
— Bildung der, in der Pflanzenzelle 23
— — im Tierkörper 24
— Bleichen der 654
— Chemismus 71
— Eigenschaften 81
— Elementarzusammensetzung d. 16, 18, 22
— Entlüften von —n 691
— Entwässern von —n 690
— extrahierte 432
— gekochte 119
— gepreßte 432
— Geschmacksverbesserung der . . 690
— halbtrocknende 3
— Haltbarmachen der 691
— Herabsetzen des Erstarrungspunktes 698
— Kältebeständigmachen der . . . 698
— kaltgepreßte 222
— der Landtiere 3
— nichttrocknende 3
— nitrierte 133, 147
— Reinigen derselben 590
— der Seetiere 3
— Selbstentzündung der . . . 117, 121
— systematische Einteilung der . 2, 3
— tote 648
— trocknende 3
— Trocknen der 117
— Verdauung derselben 26
Öle, Verhalten der 71
— — gegen Reagenzien 81
— Verwendung der 147
— Vorkommen der — in der Natur 4 u. ff., 18
— Waschen der 628
— wellenberuhigende Wirkung der 94
— Zweck derselben in Pflanzen und im Tierkörper 29
— siehe auch „Fette".
Ölfabriken, Anlage von 482
— Bauart der 482
— Betriebskraft 484
— Exportmühlen 488
— Leistungsfähigkeit 484
— Pläne von 485
Ölfässer, siehe „Fässer".
Ölfrüchte, Haltbarkeit der 149
— Handelswert der 193
Ölgehalt, Ermittlung des 193
Ölgewinnung durch Auskochen . . 435
— Ausschleudern 435
— Ausschmelzen 435
— Zentrifugieren 435, 701
— Extraktion 345
— aus Ölsaaten 150
— nach dem Preßverfahren . . . 222
Ölkuchen 436
— Analysenspielraum 471
— Anwendung der — als Dünger 452
— Art der Verabreichung 466
— Arten und Benennung der . . 436
— Azidität der 467
— Berechnung des Rohproteins . 456
— Beschaffenheit der 437
— Beschneiden der 296
— Bestandteile der 455
— Düngeräquivalent 450
— als Dungmittel 449, 451
— Eiweißdarstellung aus 475
— Farbe des 438
— Fremdkörper in 441
— Frische der 468
— als Futtermittel 483
— Futtermittelgesetze 469
— Gehalt an Dungstoffen . . 449, 450
— — an Reizstoffen 454, 463

Ölkuchen, Gehaltsgarantie 469
— Gesundheit der 467
— als Gewürzverfälschungsmittel 472
— Giftigkeit 449
— Gitterwagen für 443
— Haare in 441
— Härte der 438
— Heizmaterial 449
— insektenabhaltende Wirkung der 453
— für Jungvieh 464
— Marktpreis 463
— für Mastvieh 464
Ölkuchenmehle 437, 438, 440, 593, 614
Ölkuchen für Melkvieh 464
— als menschliches Nahrungsmittel 473
— Nachteile des Fettes der — beim Düngen 451
— Nährstoffgarantie 469
— Normen für den Handel mit . . 470
— Parasiten in 447
— in der Parfümerie 472
— in der Pharmazie 472
— Preiskurven 463
— Ranzidität der 467
— Ranzigwerden der 443
— Regelung des Handels mit . . 467
— Regelung des Verkehres mit . 469
— Reinheitsgrad der 468
— Rohfett 457
— Rohprotein 455
— zur Salzdenaturierung . . . 473
— Sandgehalt der 468
— als Toilettemittel 472
— Umpressen der 437
— unangenehme Nebenwirkungen 466
— Veränderung beim Lagern 444, 448
— zum Verbessern des Düngers . 465
— Verdaulichkeit des Rohfettes der 457
— — des Rohproteins der 456
— Verdaulichkeitsgrad der . . . 456
— Verpackung der 440
— Versand der 440
— Verschimmeln der 443, 444
— Verwertung der 448
— Weichmachen der 437
— für Wollschafe 465
— Zerkleinern der 438, 439
Ölkuchen, Zusammensetzung der . 441
Ölmagazine 476
Ölpipen 479
Ölpumpen 477
Ölraffination nach Aspinall . . . 648
— mittels Chlorzink 641
— nach Dangivillé 646
— siehe „Ölreinigung“.
Ölreinigung durch Abstehen . . . 591
— Entfernung von Eiweißstoffen . 634
— mittels Ammoniak 649
— — Borate 649
— — Elektrizität 692
— — Erdalkalien 652
— — Filtration 594
— — Lauge 642
— — Magnesia 652
— — Metalloleate 644
— — Säuren 635
— — Silikate 652
— — Zentrifugieren 617, 703
— nach Bruyn 687
— — Ekenberg 648
— — Fresenius 652
— — Huth 648
— — Jüssen 651
— — Khuner 648
— — de Laval 645
— — Linde 694
— — de Menou 705
— — Pick 649, 691
— — Rocca 682
— — Ruffin 651
— — des Fabriques de Thann et Mulhouse 687
— — Société des Parfums de Cannes 687
Ölreservoirs 476, 480
Ölsaaten, Einfluß der Feuchtigkeit 150
— Erwärmen der 222, 363
— Franchise 176
— Haltbarkeit der 149
— Handelswert der 193
— Hektolitergewicht derselben . . 157
— Keimen der 150
— Reinigen der 176, 363
— Trocknen der 158, 363
— Zerkleinern der 194, 363

Ölsaatwärmung, Nachteile der . . 223
— siehe auch „Wärmung“.
— Zweck der 223
Ölsäure 31, 48
— -Cholesterinester 78
Ölsamen, siehe „Ölsaaten“.
Ölschlagen 245
Ölwagen, automatische 477
Ölzisternen 476
Oettinger, J. 675
Ofenheim, v. 661
Offene Pressen 239, 240
Olein 76
Oleodimargarin 77
Oleodipalmitin 76
Oleodistearin 74, 77
Oleopalmitobutyrat 74
Oleopalmitostearin 77
Olivenöl 139
Olivenseiherpressen 262
Ollech, v. 441, 469
Opelt, E. 262
Optisches Verhalten der Öle und Fette 88
Organische Säuren 458
Ostenbach und Vogel 221
Ostertag 561, 562
Otto 551
Oudemans 42
Overbeck 58
Oxydationsbleiche 668
Oxyfettsäuren 654
Ozon 673
Ozonbleiche 673
Ozonöle 673

Packpressen 240, 251, 297
Page 350
Pains d'huile 436
Palmer, P. C., W. J. Fraser und . 534
Palmer, P. C., O. C. Hagemann und 618
Palmitin 75
Palmitinsäure 31, 43
Palmitinsäure-Cetylester 77
— -Cholesterinester 78
Palmitin-Myricylester 78
Palmitodistearin 77
Panelli 436
Pankreassaft 26
Pape 701
Papinscher Topf 527
Pappenheim 154, 195
Paraölsäure 31, 51
Parasiten in Ölkuchen 447
Parmentier, Chancel und 356
Partheil und Ferié 77, 114
— und v. Velsen 72
Partielles Verseifen 656
Pasqual 248
Pasqualscher Lehrsatz 248
Passy 683
Paterson, E. Hermite, G. J. — und C. F. Cooper 693
Paton, J. M. und J. Wilkinson . 301
Patrik de Laval 645
Paul, C. 543
Pauly 195
Pavillonsystem 483
Pavy 155
Pawlewski 658
Payen . . 24, 106, 307, 473, 569 657
Payne, Wilsow und 103
Payzant, Freeman 518
Peano, C. 15
Pearson, G. J. 300
Pektinstoffe 458
Pelouze 107, 111, 112
Peltzer & Co. 357, 584
Pelzwäsche 573
Peptone 455
Pentosane 458
Perborate 705
Perchlormethan 356
Perforierte Bleche 185
Permanganatbleiche 678
Perra 137
Perroncel, Chaudelon und 349
Perrot 441
Perrot, Collin und 453
Perutz 622, 658
Peters, Luther und 257
Petit, Emil 632
Petroläther 351
Petroleumseifen 147

Pettenkofer, M. v. 27, 351
Pettitt 564
Peugeot 220
Pfeiffer 446
Pfister 360
Pflanzeneiweiß aus Ölkuchen . . 475
Pflanzenölfabriken, siehe „Ölfabriken“.
Pflanzenfarbstoffe 457
Pflanzenöle, Geschichtliches . . . 139
— Gewinnung der 141, 149
Pflanzenschleim 458
Pflanzenwachse 15, 16, 457
Pflüger, E. 26, 27
Pfützner 519
Philipp 357
Philipp, A. und G. Fortier . . . 573
Philippot 173
Phokin, Lidoff und 118
Phonicin 683
Phosphoröle 90
Physetölsäure 31, 48
Phytosterin 15, 70, 79, 457
Pick, O. 649
Pickering, B. 300
Pictet, Raoul 359
Pienerling 63
Pignol, Bonière, Deprat und . 346, 370
Pimelinsäure 50
Pimont und Risler Beunat . . . 418
Pisangcerylalkohol 33, 61
Pisangcerylsäure 31, 46
Planetenrührwerk 623
Plansieb 181
Plansiebe, Ausführungsformen . . 181
— mit Ventilator 187
Planta-Reichenau 29
Playfair 43
Plinius der Ältere 94
Plump, Henry 250
Plutarch 94
Pluvier 657
Podewils 550, 562
Pöpel, M. 350
Pöppinghausen 385
Pohl 657, 668
Polarisation der Öle und Fette . 88
Pollatschek 653
Polymerisation der Fette und Öle 98, 120
— von Holzöl 98
— von Leinöl 98
— von Rizinusöl 98
Pommerhanz, Ulrich und 94
Poncic 45
Pongowski, A. 427
Poonaac 437
Poppe 222
Poteau 290
Pott 25, 28, 441, 459, 559
Poudrette 572, 579
Pouillet, Le Blanc und 247
Poutet 133
Prechtl 200, 201
Premier jus 143, 525
Preßbehälter 240
Preßdeckel 242
Presse der American Process Company 342
Presse nach Anderson 343
— nach Dujardin 340
— nach Tissot 340
Pressen 238, 239, 243
Pressenbatterie 275, 281
Pressen, Füllpressen 278
— geschlossene 239, 240
— Glyzerin- 338
— Hebel- 244, 700
— horizontale 243
— hydraulische 248
— hydraulische, siehe auch „hydraulische Pressen“.
— Keil- 244
— Kniehebel- 247
— kontinuierliche 338, 700
— liegende 243, 322
— mit Öl 338
— offene 239, 240
— Ramm- 244
— Schrauben- 246
— Spindel- 246
— vertikale 243
— mit Wasser 338
Preßgut, Feuchten des 237
Preßkolben 253
Preßlinge 436

Preßplatten 298
— Bronze- 318
— Drainage- 303, 317
— Filter- 603
— gewellte 302
— mit Haarmatten 303
Preßrückstände 432
— der Wollfettgewinnung . . . 580
— siehe „Ölkuchen".
Preßsäcke 261
Preßseiher 240, 265
Preßseiher-Ausdrückapparate . . . 274
Preßseiher, Doppel- 266
— einfacher 265
— fahrbare 273
— Füllung der 269, 273
— gekuppelte 283
— Größe der 269
— heizbare 269
— mit Mantel 266
— Stabseiher 267
Preßstoffe 242
Preßtalg 695
Preßtisch 256
Preßtöpfe 240
Preßtröge 240, 289
Preßtücher 240, 241, 700
— für offene Pressen 243
Preßverfahren 141, 144, 222
Pressung, Vergleich zwischen — und Extraktion 432
Preßzylinder 252
Prevost, F. 580
Prom, Maurel und 486
Proteide 455
Protein-Fett, Einheitspreis von . . 463
Protein, Verdaulichkeitsgrad des —s 561
Prott-Seelhoff, C. 336
Psyllostearylalkohol 33, 62
Psyllostearylsäure 31, 47
Ptomaine 561
Pulpa 437
Pumpen, siehe „Pumpwerke" . . 477
Pumpenstation 337
Pumpwerke 323
— Aufgabe der 324
— Dampf- 328
Pumpwerke mit elektrischem Antrieb 328
— liegende 328
— stehende 328
— Transmissions- 325
Puscher 641
Putrescin 683
Pyrolein 100

Quetschwalzwerk 206
Quittenölsäure 32, 58

Radziejewski und Kühne . . . 26, 27
Raeymackers, G. & Co. 145
Raffination, siehe „Ölreinigung".
Raffinationsflüssigkeit, Zuführung der 632
Raffiniersatz 640
Ramage 120
Ramboe, S. 670
Ramdohr 290
Ramm 25
Ramm, Hagemann und 562
Rammpresse 244
Ranzidität 123, 446
Ranziditätsgrad 125
Ranziditätsprozeß 123, 124
— Endprodukte desselben 124
Ranzige Öle, Verbessern derselben 654
Ranzigsein, Nachweis des 125
Ranzigwerden, Mittel gegen das . 129
— Mitwirkung von Fermenten . 126
— Mitwirkung von Luft 128
— Mitwirkung von Mikroorganismen 127
— der Öle und Fette . 117, 122, 123
— der Ölkuchen 443, 446
— physikalische Veränderung der Fette beim 125
— Ursache des 126
Rapinsäure 31, 52
Rauchende Schwefelsäure in der Ölraffination 633
Raymann 47, 64
Reale 700
Reduktionsbleiche 681
Redwood 96
Reformatzky 54

Refraktometer, Veränderung der — Anzeige durch Hitze 98
Regenerierung des Bleichmittels . 667
Regnault, J., und Villejeau . . . 358
—, V. 356
Reich 653
Reichenbach, Oskar v. 584
Reid 118
Reimer und Will 52, 72, 73
Reinecke, A., und E. Schulze 18, 19, 22
Reinemann 126, 128
Reinhard, Volkmar, Hänig und . 427
Reinheitsgrad der Ölkuchen . 468, 469
Reinigen der Ölsaaten . . . 176, 363
Reinigen von Ölen siehe „Ölreinigung".
Reinitzer 69
Reisert, E. 174
—, Reuther und 77, 174
Reitmair 445
Rempel 350, 362
Renard 680
—, L. C., und C. M. de la Haye 173
Renesse 61
Renowated Butter 626
Reservoirs 476, 480
Resinatfirnis 120
Reuther, C., und Reisert . . 174, 477
—, E. 555
Reychler und P. de Wilde . . . 50
Reye, Ernst 663, 690
Rhodes, J. 584
Richardson, Irvine und Lundy 347, 351, 377
Richmond 130
Richter, E. F. 347
—, M. M. 95
Richters 347, 380
— Wellenöl 95
Rieck 599
Rieder, Zuber und 584
Riedinger, L. A. 174
Rieselvorrichtung 152
Rietschel und Henneberg . . 546, 548
Riffelwalzen 203
Rigolen 351
Ringpressen 251, 293
Riesler Beunat, Pimont und . . . 418
Ritthausen 456
Ritthausen und Baumann . . 445, 448
Ritsert 123, 126, 128
Rizin 443
Rizinelaidinsäure 32, 58
Rizinolein 76
Rizinolsäure 32, 57
Rizinsäure 32, 58
Rizinusöl, lösliches 122
Robbins, W. O. 365
Roberts, G. J. 538
Robinson, F. und Ed. Cotham . . 257
Rocca 682
Roche, Ch. de la 691
Rochleder 137
Rock, A. 678
Rockwood, D. P. und B. Moore . . 26
Roeder, Eugen 702
Römer 441
Rösel, Valentin 570
Rößler 694
Rohfaser 458
— Verdaulichkeitsgrad 457
Rohfett 15, 78, 457
— Schneidmaschinen für 497
— Verdaulichkeitsgrad 457
Rohfettes, Waschen des . . . 494, 495
— Zerkleinern des 496
— Zermalmen des 501
— Zerschneiden des 499
Rohprotein 455
— Berechnung des 455
— Zusammensetzung des . . 455, 457
Romburgk 72
Ronco, E. 673
Ronczewski 670
Rondel le Sueur 60
Ronus, Rupe, — und Lotz 47
Rose, B. P., J. Clute und J. M. Aubery 560
Roß, J. 537
Rost 246
Rotativsiebe 178
— Leistungsfähigkeit der 180
Roth, H. 373
Rotierende Keilpresse 339
Rotondi 115

Rotondis Theorie 115
Rotter, M. A., P. Huth und . . . 702
Roubaix de, Stein, Bergé und . . 105
Rougier 681
Rouselle, N. 584
Rubner 28
Rübölraffination 639
Rückenmark 18
Rückenwäsche 573
Rückstände der Naßschmelze . . . 559
— der Pflanzenölfabrikation 143, 433, 436
— — siehe „Ölkuchen".
— Trockenschmelze 558
Rühlmann 201, 222, 225, 251, 254, 257, 261, 323, 330, 485
Rührwerk, rotierendes 622
Ruf, G. 559
Ruffin 651, 695
Ruffin, Bang und 688
Rufy, Bondzynski und 123
Ruggeri, Tortelli und 97
Runge 106
Rupe, Ronus und Lotz 47
Russin 137
Ryn, van 445

Saalmüller 57
Saateinlagerung 151
Saaten, siehe „Ölsaaten" 149
Saatkonservierung 152
Saatmagazine 150
— Einrichtung der 160
Saatreinigung durch Windströme . 186
Saatreinigungsschnecken 164
Saat, Schädlinge der 152
Saattrocknungsapparate 237
Saatwärmung 222
— Geschichtliches 223
Saatwage, automatische 175
Sachs, Albert 359
Sackfilter 595
Sack, Greßhoff und 43, 61, 64
Sägespäne 614
Säulen 257
Säureraffination 635
— Anlage einer 639
— Arbeitsweise 637
Säureraffination, Einwirkungsdauer 637
— Entsäuerungsmittel 638
— Mischintensität 638
— nach Cogan 640
— — Hall 641
— — Mills 641
— — Puscher 641
— Rückstände der 640
— Säuremenge 637
— Stärke der Säure 636
— Temperatur 637
— Unschädlichmachen der Säurereste 638
Säureschmelze 534
Säuretalg 143
Säurezuführung, Apparat für . . . 633
Salaville 155
Salizylsäure 671
Salpetersäure - Glyzerinester . . . 66
Salpetersäure, Verhalten gegen Fettsäuren 39
Salpetrige Säure, Verhalten gegen Fettsäuren 45
Samarkandpresse 244, 700
Sameneiweiß 5
Samenöle 139, 143
Samen, siehe „Ölsaaten".
Samuelson 221, 251, 300
—, M., und C. Eskrett 300
Sanctis, de 41
Sander, O. 660
Sandgehalt der Ölkuchen 468
Sanguinetti, Bang und 415, 429
—, C. A. 663
Sanza 347, 435, 437
Sartori 657
Sativinsäure 60
Sauerstoff, Verhalten gegen Fettsäuren 38
Sauertrieb 640
Saugfilter 607
Saugrohre 172
Saure Seifen 115, 116
Saussure 123, 354
Saytzeff 39, 44, 48, 49, 51, 53, 58, 59, 60, 130, 131
—, Alexandroff und 53, 60
Sburlatti, de Negri und 254

Schaal 145
Schach, P. 632
Schachtelpresse 251, 317
— Vor- und Nachteile der 318
Schachtsohle der Silos 156
Schädler 5, 152, 195, 225, 336, 346, 411, 485, 493, 499, 540, 598
Schälmaschinen 193
Schalfejeff 47
Scharling 52
Scheffel und Schiel 516
Scheibenmühlen 214, 216
Scheibler 659
Scheij 72
Scheiks 613
Scheithauer 622, 658
Schellenberger 22
Schenke 562, 563
Schestakoff und Shukoff . . . 51, 59
Scheurer-Kestner 130
Scheven und Gößmann 47
Schiel, Scheffel und 516
Schill und Teilacker 688
Schlagen, siehe „Ölschlagen".
Schlagkreuzmühle 216
— amerikanische 219
— Vor- und Nachteile der . . . 220
Schlagwerk 195
Schleimstoffe 79, 458
Schleißner 91
Schleppwalzen 201
Schleuderemulsoren 631
Schleudermühlen 214
Schliemann, Boyen und 416
Schmelzapparat für Wasserschmelze 527
— nach Buff 527
— — Digneff 507
— — Fouché 536
— — Flottmann 517
— — Haas 511
— — Hentschel 520
— — Hesselbach 508, 531
— — Kurtz 530
— — F. X. Miller 513, 514
— — Müller & Co. 511
— — Otto 512
— — Pfützner 519
Schmelzapparat nach Rietschel und Henneberg 546
— — Scheffel und Schiel 516
— — Seifert 508, 531
— — Venuleth und Ellenberger . 548
— — Vohl 534
— — Wacker 523
— — Wild 515, 516
Schmelzen über direktem Feuer . 504
— der Fette 86
— — siehe auch „Fettschmelzereien".
Schmelzende Alkalien, Verhalten gegen Fettsäuren 37
Schmelzen von Wachs 570
Schmelze, Trockenschmelze mittels Dampf 509, 514
Schmelzpunkt, doppelter 85
— Erhöhen desselben . . 86, 695, 705
— der Fette 85
— der Fettsäuren 35
Schmid 130
Schmidt 162
Schmidt, E. 358
Schmidt, R. 599
Schmidt, R. H. 5
Schmidt und Berendes 47
Schmiermittel 147
Schmittmann 583
Schneider 287, 598
Schneider, Osk. 351
Schneider, W. 376, 386
Schneider und Jaquet 173
Schneidmaschinen 221
— für Rohfett 497
Schnitzelwalzwerk 206
Schön 48
Scholl 225, 485, 561
Schrader, E., und O. Duncke . . 673
Schraubenpresse 246
Schraubenrührer 623
Schreiber, G. L. 198
Schröder 47, 166
Schroeder, Hänisch und 359
—, M., W. Grillo und 358
Schrötter 348
Schrotwalzen 208

Schrotwalzwerk 208
Schubaufgaben 220
Schübler 92, 93
Schüller, W. 570
Schüttelaufgabe 220
Schüttelsiebe 180
Schulze 69
Schulze, A. 409
Schulze, B. 28
Schulze, E., und Merlis 15
Schulze, E., und A. Reinecke 18, 19, 22
Schulz, Frühling und 657
Schuseil, J. O. G. 525
Schwahn 195, 225
Schwalb 47, 62, 63
Schwamborn 575
Schwarz . . 372, 547, 549, 555, 652
Schwarz, A., H. Wulkan und . . . 475
Schwefeläther 353
Schwefelbalsame 138
Schwefelfette 90
Schwefelgehalt der Öle und Fette 80
Schwefelkohlenstoff 348, 701
Schwefelsäure, Raffination mittels 635
Schwefelsäureraffination nach Cogan 641
— — Hall 641
— — Mills 641
— — Puscher 641
Schwefel, Verhalten gegen Fettsäure 3
Schweflige Säure als Bleichmittel 681
— als Extraktionsmittel 358
Schweiß 18
Schweizer, A. 365
Scollay, G. W. 663
Scott, Müller und 356
Scott und Wolff 701
Scourtins 241, 297
Searle, H., und C. Eskrett . 241, 300
Sebazinsäure 60
Sechskanter 178, 179
Sechswalzenstuhl 208
Seibel 136
Seidel 652, 689
Seidler und Stiepel 684
Seifen 36, 107
— Alkali- 114
— allgemeine Eigenschaften . . . 114
Seifen, Ammoniak- 114
— basische 115, 116
— Blei- 114
Seifenfabrikation 148
Seifenlösung, Dissoziation 115
Seifen, Lithium- 114
— seewasserlösliche 110
— saure 115, 116
— Siedepunkterhöhung des Wassers durch Seife 114
— Verhalten gegen Salze 109, 110, 113
— wasserunlösliche 114
Seifert 508, 531
Seiherhut 269
Seiherpressenbatterie 275, 281
Seiherpressen, Compoundpressen . 285
— Drehpressen 283, 294
— Füllpressen 278
— für Oliven 262
— Geschichtliches 261
— mit fahrbaren Seihern 272
— mit fixem Vortisch 271
— Preßseiher 265
— Seiherwagen 279
— Vor- und Nachteile 288
Seiher, siehe „Preßseiher“.
Seiherwagen 279
Selbstentzündung der Öle . . 117, 121
Selbstklärung 591
Selby, G. E. 301
Sellers 253
Sellnick 201
Seltsam 347, 379, 427
Senkowski 49
Separationsgruben 496
Separatoren 585, 630
Separator von Hencke 609
Sesamin 79
Sestini 350
Sequelin 668
Seyferth . . 346, 410, 411, 434, 583
Shanton, A. R. 473
Shaw, G. W. 435
Sherman 130
— C., und J. F. Snell 93
Shukoff und Schestakoff . . . 51, 59
Siebapparate 178

Siebschnecke 184
Siebzylinder 181
Siedepunkt der Fettsäuren . . . 35
Siegel 599
Sielwässer 585
Sigmund 10Ƨ
Sikkative 120
Silikatpulver 660, 704
— Trocknen des 662
Siloanlagen 154
Silo, Beschaffenheit der Wände . 155
— Krankenzelle 158
— Schachtsohle des 156
— siehe auch „Speicher“.
— Unterbau der 158
— Ventilieren der 158
— Vor- und Nachteile der . . . 158
— Zellenform der 155
Simonis und Coffin 584
Sinalbin 443
Sinclair 155
Sinety 449
Singer, J. 349
— J., und M. W. Jüdell 584
Sinigrin 443
Sjelo Jasrieäch 691
Skala 47
Skoryna, E. 599
Skrimprozeß 120
Smeaton 223
Smith, A., und Field 660
— Chittenden und 73
— G., und Sons 582
— H. F., W. Walker und . . . 300
Snell, J. F., C. Sherman und . . 93
Soda 638
Soler, J., y Vila und E. J. J. Baptiste 696
Soltsien 97
Sommer 137
— H. C. 539
Soubeiran 354
Souffrice & Co. 571
Soxhlet 22, 28, 400
Späth 123
Spampani und Daddi 25, 464
Speichel 18
Speicher, kombinierte 159
— Boden- 151
— siehe auch „Bodenspeicher“ und „Silo“.
Spencer, J., und C. B. Lotherington 560
Spetie, Fred. Vikt. 702
Spezifisches Gewicht der Fettsäuren 35
Spiby, T. M. 301
Spieckermann 445
Spindelpressen 246
Spindler 474
Spindler & Stautz 237, 345
Spiritus pyroaceticus 354
Spitz, H. 241
Spodium 657
Spontanemulsion 91
Spritzwäsche 573
Ssabanjeff 130, 131
Stabseiher 267
Stachelwalzen 203
Stärkekörner 4
Stärkemehl 458
Stahl 613
Stahlschmidt, Landolt und 575
Stampfen 496
Stampfwerk 195
Standard oil Comp. 144
Standöle 99
Stange, Holde und 77
Stanley, J. C. W. 525, 670
Stanley, H., Headlington 693
Staß 105
Stautz, Spindler und 237, 345
Stearin 75
Stearinindustrie 148
Stearinsäure 31, 44
Stearinsäure-Cetylester 78
— -Cholesterinester 78
— -Isocholesterinester 78
Stearopalmitoolein 77
Stehende Pumpwerke 328
Stein 538, 540
Stein, Bergé und de Roubaix . . 105
Steinmüller, L. und C. 426
Steins Kohlendeckel 541
Stein, W. 349
Stengl 168

Stephan 573
Stephenson 685
Stern, H. 660
Stern, Krafft und 115
Sterodipalmitin 77
Sterriker, J. 300
Sterry, A. C., F. Lamb, — und G. Furdred 661
Stickstoffreie Extraktstoffe 458
—, Verdaulichkeitsgrad 458
Stiepel 110, 117, 572
—, Seidler und 684
Stillmann und O. Neill 42
Stollberg, H. F. 623
Stoppani, Greiner und 84
Storey-Wheelwright, Ch. 555
Stoßaufgaben 220
Streitz 599
Strippelmann, ... 351
Strohmer und Meißl 28
Stürke 46, 47, 56, 63, 64
Sturzwäsche 573
Sudds, Barker und Atkins . . . 247
Suida, Liechti und 130, 131
Suida, Mauthner und 69
Suinter 575
Sulfuröle 273, 435
Superoxydiertes Leinöl 118
Sweet, Ch. E. 703

Tack, Noppel, Grosche und . . . 599
Talenzeff 45
Talgkerzen 147
Talgschmelze, amtliche Vorschriften 540
Talgschmelze, siehe „Fettschmelze".
—, Leipziger 565
Taririnsäure 32, 54
Tarpetum 197
Tarpetus 197
Taylor-Presse 318
Telfairasäure 32, 54
Teilacker, Schill und 688
Terne, B. 572
Terpene 654
Terre à foulon 661
Tessié du Mottay, L. Krafft und . 642
Tetra 357
Tetrachlorkohlenstoff 356
Tetrachlormethan 356
Tetrahydroxystearinsäure 60
Thaker, R. P. 301
Theis, W. 262
Thenard, L. J. 674
Theobrominsäure 34
Theodor, Rich. 476
Theophilus 119
Therapinsäure 32, 56
Thibaut und Doumer 88
Thiel, C. 372
Thirion und de Mastaing 624
Thomassen, v. 599
Thompson 79
Thompson und Crawford 339
—, Wright und 113
Thoms und Mamich 43
Thomson und Ballantyne 130
Thorpe 78
Thum 112
Tichenor 692
Tierces 479
Tierfette 140, 490
— Geschichtliches 140
— Gewinnung der . 143, 490, 702, 703
— siehe auch „Fette".
— Versand der 565
Tierische Öle, siehe „Tierfette".
Tierkohle 657
Tiglinsäure 31, 47
Tilghmann 104
Tissier 50
Tissot 340
Töpfererde 661
Tomlinsen und Carter 94
Ton 614
Tonerdeartige Entfärbungsmittel . 660
Tonerdehydrate 92
Tonerdesilikate 92
Tong und Wood 599
Torelli, Enea 262, 278
Torf 593, 614
Torta 436
Tortelli 52
Tortelli und Ruggeri 46, 97
Tourtes 436

Toxine 561
Trane 3
Trannin, L. D. 323
Transmissionspumpen 325
Transportbänder 164
— Abwurfvorrichtung 166
— Form der Leitrollen 165
— Gurtenmaterial 166
— Leistungsfähigkeit 165
— Vor- und Nachteile der . . . 167
Transportgurten siehe „Transportbänder".
Transport, pneumatischer 172
Transportschnecken 161
— Ausführung 162
— Leistungsfähigkeit 162
— Vor- und Nachteile der 164
Transportspirale 163
Transportvorrichtungen 160
— kontinuierliche 160
Traumann, Rud. 298
Trenn, A. L. 573
Trent 174
Treviranus 250
Triarachin 75
Tribrassidin 76
Tributyrin 74
Tricerotin 75
Trichlormethan 355
Trierucin 76
Trieurbatterie 189
Trieure 188
Triglyzeride 60, 74
— gemischte 74
— normale 74
— Synthese der 144
Trihydroxystearinsäure 60
Trikaprin 74
Trikaproin 74
Trikaprylin 74
Trilaurin 75
Trimelissin 76
Trimyristin 75
Trinitroglyzerin 66
Triolein 76
Tripalmitin 75
Tririzinolein 76
Tristearin 72, 75
Trockene Destillation 97
— Extraktion 584
Trockenschmelze 504
— mittels Heißluft 515
— mit Heißwasser 518
Trocknende Öle 119
Trocknen der Öle 117
— — Beschleunigung desselben . 120
— der Ölsaat 237, 363
Trogpresse nach Bodmer 289
— nach Ehrhardt 290
Trogpressen 251, 288
Trouilles 436
Tschirwinski, N. 28
Türkischrotöl 57, 133, 197
Tufts, Hill und 70
Turney, F. N. 584
Tuschfabrikation 92
Twitchell 54, 105
Twitchells Reagens 105

Überhitzte Fette 97
Überhitzter Dampf 686
Übermangansaures Kali 678
Uhland 485
Ulmenrinde 685
Ulrich und Pommerhanz 94
Ulzer 41
Ulzer, Benedikt und 130
Umschmelzen des Wachses . . . 144
Untergebläse 625
Unterkältung 87
Unverseifbares 78, 79
Urbain 340, 357
Utz 97, 98

Vakuumfilter 608
Vakuumschmelze 517
Valenta 89
Vallery 155
Vaughan Harley 26
Vegetabilische Öle, siehe „Fette", „Öle" und „Pflanzenöle".
Veith, Alex. 351, 352
Velsen v., Partheil und 72

Ventilator, siehe „Saatreinigung durch Windströme".
Venuleth und Ellenberger 546, 548, 551
Verbert, Daudenart und 576
Verbrennungswärme der Fette . . 93
Verbrennung übelriechender Gase . 539
Verdaulichkeit der Extraktivstoffe . 458
— der Rohfaser 459
— des Rohfettes 457
— des Rohproteins 456
Verdaulichkeitsgrad 457
Verdaulichkeitskoeffizienten . . . 457
Verderben des Fettgewebes . . . 491
Verleimen 526
Verschimmeln der Ölkuchen . 443, 444
Verseifbares Mineralöl 147
Verseifung mittels Alkalikarbonate 111
— mittels alkohol. Alkali 110
— Aussalzen 109
— Emulsions- 108
— kalte 108
— mittels Erdalkalien 108
— — Lauge 108
— — Schwefelalkalien 111
— nach Henriques 110
— notwendiger Alkaliüberschuß . 109
— Vorsieden 108
Versuchsstationen, deutsche . 461, 462
Verteilungskörper 336
Verteilungsrohre 632
Vertikale Pressen 243
Verwertung der Ölkuchen 448
Viallis 650
Vibrans 562
Vierfachchlorkohlenstoff 356
Villejeau, J. Regnault und . . . 358
Villepoix, Bonnaterre und de . . 597
Villermet und Mannheimer . . . 573
Villon 435, 635, 674, 691
Vinohradov 237
Vis, G. N. 355
Viskosität der Öle und Fette . . 84
Visser, de 35, 44
Vitalis 464
Völtz 560, 562
Vogellus, T. C. 364, 544
Vogel, Ostenbach und 221
Vogelsang 599
Vohl . . 347, 351, 377, 534, 538, 571
Voigt 631
Voigtländer 97 560
Voit, B. v. 27
— E. 27
— E., und Lehmann 28
— J. M. 221
Volkmar, Hänig und Reinhard . . 427
Volney, C. W. 96
Vor- und Ausdrückapparate . . . 277
Vordrückapparate 275, 276
Vorfette 494
Vorpressen 275
Vorsieden 108
Voulalas 700

Wachsarten, Gewinnung der . 144, 568
Wachsbildung im Tierkörper . . . 24
Wachs, Dennition des Begriffes . 2
Wachse, Aussehen 81
— Begleitstoffe 78
— Bestandteile der 30
— Bildung der — in der Pflanzenzelle 29
— Chemismus der 71
— Eigenschaften der 71, 81
— Einteilung der 113
— Farbe der 81
— Geschichte der 141
— Geruch der 81
— Reinigen derselben 590
— Schmelz- und Erstarrungspunkt 85
— spezifisches Gewicht 83
— Verhalten der 81
— — gegen Reagenzien 81
— Verseifung derselben 113
— Verwendung der 147
— Vorkommen in der Natur 4, 16, 22 u. ff.
Wachsschleudermaschine 569
Wacker, Charles 523
Wägevorrichtungen 174
Wägevorrichtungen, automatische . 174
Wärmerbatterien 243
Wärmersystem mit 3 Pfannen . . 233
Wärmpfannen 227
— siehe auch „Dampfwärmapparate"

Wärmpfannen, holländische . . . 225
Wärmung mit Dampf 225
— über direktem Feuer 224
— mit heißem Wasser 225
Wagner, R. v. 137, 641, 677
Walden 60
Walitzky 69
Walkerde 592, 614, 661
Walker, W., und H. F. Smith . . 300
Walkfett 572
— Gewinnung von 574
— siehe auch „Wollfett".
Wallenstein, F. 678
Walrat 22
Walter, E. 562
Walzen, Erwärmung der 204
Walzengeschwindigkeit 203
Walzen, gezahnte 204
Walzen, Glatt- 203
— Lagerung der 204
Walzenmaterial 204
Walzen, Riffel- 203
— Stachel- 203
Walzenstühle, siehe „Walzwerk".
Walzenstuhlanlage 213
Walzwerke 200
— Beschicken der 205
— Prinzip derselben 201
— Riemenführung der 205
— Riementrieb der 204
— Zahntrieb der 204
Wanklyn und Fox 68
Want, van der, und Geitel . . . 59
Warmgepreßte Öle 222
Warnecke 95
Warren 137
Wartenberg, Connstein, Hoyer und 107, 112
Waschapparate 192
Waschelement 630
Waschen von Ölen 628
Waschmaschine für Filtertücher . 612
Wasser in Ölen und Fetten . . . 79
Wasserschmelze 522, 527
Wasserstoffsuperoxyd 674, 692
Wasserstoff, Verhalten gegen Fettsäuren 38
Watson, M. H. 96
Watt 677
Watteberg, H., W. Henneberg und E. Kern 28
Way 564
Weber & Co. 387
Webers 138
Websky 52
Wegelin und Hübner 398, 401
Weigelt, Curt 525, 543
Weineck 108
Weinstein 689
Weiß, G. H. 694
Weiske 563
Wellenberuhigung durch Öle . . . 94
Wellenöl nach Richter 95
Wellstein, H. 364
Wellstein, J., und B. Birkenheuer 383
Wenski, W. W. 408, 545, 621
Werenskiold 25, 564
Werg 614
Wertverhältnis der Nährstoffe 460, 461
Westphal 68
Westrumb, v. 571
Whitelaw 109, 111
Whitham, J. 301
Wick 251
Wider, P. 598
Wiehe 154, 485
Wieberg 563
Wiecks 485
Wiederbelebung des Bleichmittels 667
Wiedergewinnung des Fettes aus Bleichmitteln 666
Wiglow, Krafft und 116
Wild, A. Jolles und L. 678
Wild, E. 21
Wilde, P. de, und Reychler . . . 50
Wild, Peter 515, 516
Wilkinson, J., J. M. Paton und . . 301
Williamson 354
Will und Reimer 52, 72, 73
Wilm, Würtz und 686
Wilson 102
Wilson, E. S. 679
Wilson und Payne 103
Windkessel 626

Windkessel, siehe auch „Akkumulatoren“.
Windreinigungsmaschinen 187
Wingfield, J. H. 584
Winter 661
Winternitz 134
Wippe 108
— Vor- und Nachteile 108
Wise, H. St., E. B. Aspinall, R. W. Hoar und 692
Wislicki, F. 584
Witoshenz 253
Wittmack 433
Wöhler 358
Wolff 130, 456, 465
Wolff, Scott und 701
Wollfett 572
Wollfettgewinnung 574
— Basisches Verfahren 574
— mittels Chlorcalcium 576
— Extraktion 583
— Kalk 574
— nach Braun 582
— — Graff 578
— Griffin 582
— Kleewein 581
— Langbeck 582
— Neumann 577
— Schwamborn 575
— Vial 581
— Vohl 576
— Saures Verfahren 579
Wollspickmittel 92
Wollspicköle 147
Wollwaschmittel 573
Wollwaschwasser 573
Wood, Tong und 599
Wright Alder . . . 99, 101, 104, 110
Wright und Thompson 113
Wrigley, H. F. 351
Wunsch, W. 585
Würfelplatte 302
Wurtz 71
Wurtz und Wilm 686
Wüstenberg, B. W. 691
Wuttich 244
Wulkan, H. 475
Wulkan, H. und A. Schwarz . . . 475
Wurster, Kasimir 221
Wursters Zerfaserer 221

Yaryan, H. T. 427

Zaloziecki 659
Zatzek 46
Zelinsky 146
Zellgewebe 79
Zellulose 458
Zell, Wilh. 599
Zentrifugalemulsor 91, 628
Zentrifugalextraktoren 408
Zentrifugalmischer von Haubold . 631
Zentrifugalseparatoren . . . 91, 630
Zentrifugalsichter 180
Zentrifugen 618
— Explosion der 619
Zentrifugieren 143, 435
— von Ölen 703
— von Oliven 701
Zerfaserer 221
Zerkleinern von Fischen 503
— — Knochen 503
— — Ölsaat 194, 363
— — Rohfett 496
Zerkleinerungsmaschine für Rohfett 498
Zerkleinerungsvorrichtungen . . . 194
Zink, Amthor und 20, 26
Zink, J. 475, 476
Zinke 61
Zisternen 476
—, verglaste 477
Zisternenwaggons . . . 478, 480, 702
Zuber und Rieder 584
Zuckerarten 458
Zuführen der Raffinationsflüssigkeit 632
Zuntz 26, 562
Zsigmondy, Benedikt und 68
Zylinderbohrapparate 253